当代天体物理学导论
(原书第二版)

An Introduction to Modern Astrophysics
(Second Edition)

〔美〕布拉德利·W.卡罗尔（Bradley W. Carroll）

〔美〕戴尔·A.奥斯利（Dale A. Ostlie） 著

姜碧沤 李庆康 高 健 孔令杰 译

科学出版社

北 京

图字：01-2022-4270 号

内 容 简 介

《当代天体物理学导论》第二版经过彻底修订，反映了过去十年中天体物理学发生的巨大变化和进步。本书的内容包括以下几部分。第一部分"天文学的工具"：天球、天体力学、光的连续谱、狭义相对论、光与物质的相互作用、望远镜；第二部分"恒星的性质"：双星系统和恒星参数、恒星光谱分类、恒星大气、恒星内部、太阳、星际介质和恒星形成、主序和主序后恒星的演化、恒星脉动、大质量恒星的命运、恒星的简并遗迹、广义相对论和黑洞、密近双星系统；第三部分"太阳系"：太阳系中的物理过程、类地行星、巨行星的王国、太阳系小天体、行星系统的形成；第四部分"宇宙中的星系"：银河系、星系的性质、星系演化、宇宙的结构、活动星系、宇宙学、早期宇宙。书后还有附录部分。

本书适合高等院校天文专业的本科生和研究生，第一部分适合天文爱好者。

图书在版编目（CIP）数据

当代天体物理学导论：原书第二版/(美)布拉德利·W.卡罗尔(Bradley W. Carroll)，(美)戴尔·A.奥斯利(Dale A. Ostlie)著；姜碧沩等译. —北京：科学出版社，2023.11
书名原文：An Introduction to Modern Astrophysics (Second Edition)
ISBN 978-7-03-076666-3

Ⅰ.①当… Ⅱ.①布… ②戴… ③姜… Ⅲ.①天体物理学 Ⅳ.①P14

中国国家版本馆 CIP 数据核字(2023) 第 196180 号

责任编辑：陈艳峰 郭学雯/责任校对：杨聪敏
责任印制：赵 博/封面设计：无极书装

科 学 出 版 社 出版
北京东黄城根北街 16 号
邮政编码：100717
http://www.sciencep.com
北京天宇星印刷厂印刷
科学出版社发行 各地新华书店经销
*
2023 年 11 月第 一 版 开本：787×1092 1/16
2024 年 3 月第二次印刷 印张：69 1/2
字数：1 650 000
定价：368.00 元
(如有印装质量问题，我社负责调换)

译 者 的 话

这是一本很厚的书 (英文版 1300 多页)，翻译它实在是项极端费力的工程，然而，我最终还是决定做了这件事情，唯一的原因是"值得"。

21 年前，2002 年，我加入北京师范大学天文系；3 年后，开始讲授研究生的课程"天体物理导论"。开课之前，浏览了一些中文教材。不得不说，虽然中文的基础天文学教材琳琅满目，却没有我满意的，不少充斥着拼凑的痕迹，缺乏系统性和连贯性。偶尔有以自主创作为主的，又缺乏全面性和前沿性。最终，我选择了英文教材 *The Physical Universe: An Introduction to Astronomy*，这是一本由著名华裔天文学家徐遐生撰写的天文学导论，涵盖行星、恒星、星系和宇宙学等天文的主要分支，我特别喜欢的是，其中的物理思想非常清晰，是学生进入天体物理领域非常合适的教材。我在北京师范大学天文系和中国科学院研究生院多次使用这本教材授课，每次的教学评估都会得到不少的溢美之词，很大程度上归功于这本优秀的教材。不过，与此同时，也会收到学生们的批评声音，非常集中的一点意见是：教材偏旧。确实，徐遐生这本书是 1982 年出版的，之后也没有更新，所以，对于近四十年天文学日新月异的发展没有反映出来。

当老师的大概都有体会，换教材是项烦琐的工程，重新熟悉教材、重新制作课件都是极费时间的。在大学科研任务繁重的时代，建设一部教材是要狠下决心的。另外，学生的期望一直萦绕在我心头，也与自己的认识一致，所以，从大约 2010 年开始，我就琢磨更换教材。第一个问题就是：在众多的基础天文学书籍中，选取哪本呢？这时候，我的在加州理工学院读天文博士的学生推荐了本书：*An Introduction to Modern Astrophysics*。鉴于加州理工学院天文专业的权威性，我立即买了这本书。拿到这本书的第一感慨是，真厚啊！但是，当我开始阅读起来后，立即喜欢上了。跟 *The Physical Universe: An Introduction to Astronomy* 相比，这本书继承了其优点，即系统性、全面性和井井有条的物理思想，事实上，书的框架基本没变。同时，还有更加优秀的特征：涵盖了最新天文学进展、精美的图形和图片、可读性非常强的文字，以及难易适当的习题，这些也是其他使用本书的教师们的共识。

确定了新教材后，我花了很多时间重新制作课件，于 2013 年秋季开始使用这本书 (英文版) 在北京师范大学天文系讲授"天体物理导论"和在中国科学院大学讲授"高等天文学"，中国科学院大学讲课的视频已公布到 B 站 (哔哩哔哩网) 上，观者颇众。然而，事情远没有达到完美。经常听到学生的抱怨是：能不能有个中文版本？实际上，有些学生会找中文书作为参考书。有的学生英文不够好，读英文教材要花不少时间理解语言；即使英文好的学生，读英文教材的效率也不如中文的高。在课堂之外，随着祖国经济的腾飞，中国天文也突飞猛进，天文专业工作者和爱好者大幅增加，优秀的中文教材必不可少。所以，最可行的方法就是给这本书翻译中文译本。就像之前所说，这本书的厚度不一般，这个念头带给我的就是"压力"。我曾经译过《射电天文工具》，深知翻译一本书所需的精力，而《当代天体物理学导论》的体量约是《射电天文工具》的四倍。所幸的是，当我跟同事们聊起这个困境时，却有了意想不到的收获，他们说愿意帮我。于是，就有了这个合作翻译的版本。没有同事们的参与，我绝不可能一个人完成这个鸿篇巨著的翻译。我们的主要分工如下：李庆康教授翻译第 3、7、8、10、11、13、15、16 章，高健教授翻译第 1、2、6、19 ～ 23 章，孔令杰女士翻译第 24 ～ 30 章，我翻译第 4、5、9、12、14、17 和 18 章，附录部分也是分工完成的，随后交换校对，与出版和排版相关的琐碎事务多由李庆康和高健教授协调处理。此外，翻译过程中得到了学生李颖、王钰溪和吕志磊的帮助。本译著的出版得到国家自然科学基金项目 (NSFC11533022) 和北京师范大学天文系的资助。

相对于英文原版书，中文版适用的中国读者范围更广。首先，对于攻读天文专业的本科生和研究生以及从事天文研究的专业人员，本书都不失为一本非常优秀的教材或者参考书。其次，对于爱好天文的人来说，第一部分 (天文工具) 和第三部分 (太阳系) 具有很高的可读性。最后，每章的例题和习题对于参加天文竞赛和备考研究生的学生将很有帮助。此外，恒星天文在书中占较大篇幅，一共 12 章 (第 7 ～ 18 章)，比很多恒星天文专著都写得清晰易懂而且深入，值得推荐。

严复以为，翻译三难为 "信、达、雅"，我们不敢说 "达" 和 "雅"，但力求 "信"，因为这是科学书籍最重要的元素。所以，书中不妥之处，诚恳地欢迎读者批评指正。

姜碧沩

2023 年 8 月

原 书 前 言

自 1996 年第一版《当代天体物理学导论》及其简短的配套文本《当代恒星天体物理学导论》首次出版以来，我们对天体的了解发生了令人难以置信的爆炸式增长。仅仅在第一版印刷之前两个月，米歇尔·迈耶和迪迪埃·奎洛兹就宣布了第一颗环绕主序恒星 51 Pesasi 的系外行星的发现。在接下来的 11 年里，已知的太阳系外行星的数量已经增加到 193 颗。这些发现不仅为恒星和行星系统的形成提供了新的线索，而且还给我们提供了太阳系形成和行星演化的信息。

此外，在过去十年中，在我们太阳系内、冥王星之外已经有了重要的天体发现，这些天体的大小与冥王星这颗小的行星相似。事实上，新发现的柯伊伯带天体之一，目前被称为 2003 UB313 的 (直到国际天文学联合会做出正式决定之前)，似乎比冥王星还要大，这对行星的定义以及我们太阳系家园所拥有的行星数量形成了挑战。

自动飞船和着陆器对整个太阳系的探索也获得了关于我们邻近天体的大量新信息。轨道飞行器舰队，连同非凡的漫游车 "勇气号" 和 "机遇号"，已经证实液态水曾存在于火星表面。我们也有机器人使者访问木星和土星，接触土卫六和小行星的表面，撞击彗核，甚至将彗星尘埃带回地球。

像 "雨燕" 这样的卫星使我们能够接近神秘的伽马射线暴的答案，在《当代天体物理学导论》第一次出现时，这些都是一个谜。我们现在知道，一类伽马射线暴与核心坍缩超新星有关，而另一类可能与双星系统中两颗中子星或一颗中子星和一个黑洞的并合有关。

自第一版出版以来，对银河系和其他星系中心的惊人精确观测表明，许多 (也许是大多数) 旋涡星系和大型椭圆星系的中心都存在一个或多个超大质量黑洞，星系并合似乎也有助于在它们的中心培育这些 "怪物"。此外，现在几乎可以肯定的是，超大质量黑洞是导致与射电星系、赛弗特星系、耀变体和类星体相关的奇异且高能现象的核心引擎。

过去十年还见证了一个惊人的发现，即宇宙的膨胀并没有放缓，而是在加速！这一非凡的观测表明，我们目前生活在一个由暗能量主导的宇宙中，其中爱因斯坦的宇宙常数 (曾被认为是他的 "最大错误") 在我们对宇宙学的理解中发挥着重要作用。在第一版出版时，甚至在宇宙学模型中都没有想到暗能量。

事实上，自从第一版出版以来，宇宙学已经进入了一个精确测量的新时代。随着威尔金森微波各向异性探测器 (WMAP) 获得的非凡数据的发布，之前宇宙年龄的巨大不确定性已经降低到不到 2%((13.7 ± 0.2) Gyr)。同时，恒星演化理论和观测已经确定最古老的球状星团年龄，与宇宙年龄上限完全一致。

我们以 "研究当代天体物理学从未有过如此激动人心的时刻" 作为第一版的序言；过去十年所取得的巨大进步无疑证明了这一点。同样很明显，这个令人难以置信的十年发现只是未来进一步发展的序幕。钱德拉 X 射线天文台和斯皮策红外空间望远镜加入了哈勃空间望远镜对天空的高分辨率研究；在地面上，8 m 和更大的望远镜也加入了寻找关于我们非凡宇宙的新信息的行列。雄心勃勃的巡天项目产生了以前无法想象的大量数据，这些数据提供了极其重要的统计数据；斯隆数字巡天、两微米全天巡天、2dF 红移巡天、哈勃深场和超深场等已成为众多研究不可或缺的工具。我们还期待来自新天文台和航天器的首批观测，包括高海拔 (5000 m) 阿塔卡马大型毫米波阵列，高精度天体测量项目如 Gaia 和 SIM PlanetQuest。当然，对我们太阳系的研究也在继续。就在写这篇前言的前一天，火星侦察轨道器进入了环绕这颗红色星球的轨道。

在撰写第一版时，甚至万维网还处于起步阶段。那时候，很难想象今天的这样一个世界，在这个世界中，你想要的几乎任何信息都只需要一个搜索引擎和鼠标单击即可。凭借在线提供的大量数据以及完全可搜索的期刊和预印本档案，快速访问关键信息的能力已真正具有革命性。

毋庸置疑，BOB("大橙皮书"，作为《当代天体物理学导论》已经为许多学生所知) 的第二版及其相关文本早就该出版了。除了专注于恒星天体物理学的缩略版 (《当代恒星天体物理学导论》)，第二个缩略版 (《当代星系天体物理学和宇宙学导论》) 正在出版。我们相信 BOB 及其篇幅较小的姊妹篇将满足一系列导论性天体物理学课程的需求，并且，它们将逐渐引入世界范围内的令大量天文学家和天体物理学家以及作者们感到激动的成果。

在第二版中我们已经从 cgs 切换到 SI 单位。虽然我们个人更愿意用 erg/s，而不是 W 来表示光度，但我们的学生不是。我们不希望学生在第一次接触当代天体物理学概念时对新的单位系统感到恼火。但是，我们保留了秒差距 (pc) 和太阳单位 ($M_\odot$ 和 $L_\odot$) 的自然单位，因为它们为数值提供了比较。这个版本也为那些深入研究专业文献并发现埃 (Å)、尔格 (erg) 和静电单位制世界的人提供了单位转换的附录。

我们撰写这些书本的目标是通过仅使用物理学的基本工具向你打开当代天体物理学的整个领域。没有什么比通过理解宇宙的基本物理原理来欣赏宇宙的戏剧性更令人满意的了。柏拉图在理解宇宙奇观方面的数学方法的优势是显而易见的，正如在他的《厄庇诺米斯》(*Epinomis*) 中所表明的那样：

> 你不知道真正的天文学家一定是大智慧的人吗？因此，将需要几门科学。第一个也是最重要的是处理纯数。对于那些以适当的方式进行研究的人，所有几何结构，所有数字系统，所有适当构成的旋律运动，所有天体旋转的单一有序方案都应该揭示它们自己。而且，相信我，如果没有我们所描述的研究，没有人会看到这一奇观，因此能够吹嘘他们通过一条简单的途径赢得了它。

现在，24 个世纪之后，一点点物理和数学的应用仍然可以带来深刻的见解。

这些文本也源于我们在教授初级天体物理学课程时遇到的挫折。大多数可用的天文学书似乎不是数学的，而更像是描述性的。在其他课程中学习薛定谔公式、配分函数和多级展开式的学生感到很不方便，因为他们的天体物理学课文没有利用他们的物理学背景。对我们来说，这似乎是一种双重耻辱，因为天体物理学课程为学生提供了独特的机会，可以实际使用他们所学的物理学来欣赏许多天文学的迷人现象。此外，作为一门学科，天体物理学几乎涉及物理学的各个方面。因此，天体物理学让学生有机会回顾和扩展他们的知识。

任何上过基于微积分的介绍性物理课程的人都已经具备理解当代天体物理学的几乎所有主要概念的能力。这门课程涵盖的现代物理学内容千差万别，因此我们包括了关于狭义相对论的一章和关于量子物理学的一章，提供这些领域的必要背景。正文中的其他所有内容都是独立的，并且大量交叉引用，因此你不会忘记导致所有科学中一些最令人震惊的想法的推理链[①]。

尽管我们试图尽量严格，但我们倾向于使用所研究系统的简单模型进行粗略计算。付出与努力的比率如此之高，以 20% 的努力产生 80% 的理解，以至于这些快速计算应该成为每个天体物理学家工具包的一部分。事实上，在写这本书的过程中，我们经常对可以用这种方式描述的现象的数量感到惊讶。最重要的是，我们试图对您诚实，我们仍然决心不将材料简化得面目全非。恒星内部、恒星大气、广义相对论和宇宙学——所有这些都以比单纯的手势示意更令人满意的深度来描述。

今天，计算天体物理学对于我们对天文学的理解和观察与传统理论一样重要，因此我们开发了许多计算机习题，以及与正文材料集成的几个完整代码。读者可以自己计算行星轨道，计算双星系统的观测特征，制作自己的恒星模型，并重现星系之间的引力相互作用。出于教学原因，这些代码倾向于简单而不是复杂，你可以轻松扩展我们提供的概念透明的代码。天体物理学家历来在大规模计算和可视化方面处于领先地位，我们试图对这种科学与艺术的融合进行温和的介绍。

教师可以使用这些内容创建适合他们特定需求的课程，方法是将内容视为天体物理学的大杂烩。通过明智地选择主题，我们使用 BOB 教授了一门一学期的恒星天体物理学课程。(当然，前 18 章中省略了很多内容，但正文旨在适应这种操作。) 感兴趣的学生随后继续学习宇宙学的额外课程。另外，使用整本书可以很好地完成为期一年的概观课程，涵盖所有当代天体物理学。为了便于主题的选择，以及确定章节中的重要主题，我们在第二版中添加了小节标题。教师可以根据自己和学生的兴趣选择略读甚至省略小节，从而设计他们喜欢的课程。

在以下网页的资源选项卡下能找到本书附带的其他资源：

www.cambridge.org/astrophysics。它包含各种语言的计算机代码的可下载版本，Fortran、C++，在某些情况下，还有 Java，以及一些指向天文学中许多重要网站的链接。此外，还提供了指向课本中的公共领域图像和可用于教师演示的线图的链接，教师也可以直接从出版商处获得详细的习题答案手册。

在第二版的大量修订过程中，我们的编辑们一直保持着积极和支持的态度，支撑着我们。尽管我们一定非常考验他们的耐心，但能与 Adam R. S. Black，Lothlórien Homet，Ashley Taylor Anderson，Deb Greco，Stacie Kent，Shannon Tozier 和 Carol Sawyer (在 Techsetters) 一起工作真的很棒。

多年来，我们在专业团体中无疑是幸运的。我们要向 Art Cox、John Cox (1926—1984)、Carl Hansen、Hugh Van Horn 和 Lee Anne Willson 表示感谢和赞赏，他们对我们的深远影响一直存在，我们希望他们在后面的课本中闪闪发光。

我们的幸运已经扩展到包括许多专家的审阅者，他们对我们的章节严谨地批阅，并就如何改进它们提供了宝贵的建议。我们非常感谢 Robert Antonucci, Martin Burkhead, Peter Foukal, David Friend, Carl Hansen, H. Lawrence Helfer, Steven D. Kawaler, William

---

[①] 当我们不想打断段落的主要内容时，会使用脚注。

Keel，J. Ward Moody，Tobias Owen，Judith Pipher，Lawrence Pinsky，Joseph Silk，J. Allyn Smith 和 Rosemary Wyse，感谢他们对第一版的仔细阅读。此外，Byron D. Anderson，Markus J. Aschwanden，Andrew Blain，Donald J. Bord，Jean-Pierre Caillault，Richard Crowe，Manfred A. Cuntz，Daniel Dale，Constantine Deliyannis，Kathy DeGioia Eastwood，J. C. Evans，Debra Fisher，Kim Griest，Triston Guillot，Fred Hamann，Jason Harlow，Peter Hauschildt，Lynne A. Hillenbrand，Philip Hughes，William H. Ingham，David Jewitt，Steven D. Kawaler，John Kielkopf，Jeremy King，John Kolena，Matthew Lister，Donald G. Luttermoser，Geoff Marcy，Norman Markworth，Pedro Marronetti，C. R. O'Dell，Frederik Paerels，Eric S. Perlman，Bradley M. Peterson，Slawomir Piatek，Lawrence Pinsky，Martin Pohl，Eric Preston，Irving K. Robbins，Andrew Robinson，Gary D. Schmidt，Steven Stahler，Richard D. Sydora，Paula Szkody，Henry Throop，Michael T. Vaughn，Dan Watson，Joel Weisberg，Gregory G. Wood，Matt A. Wood，Kausar Yasmin，Andrew Youdin，Esther Zirbel，E. J. Zita 以及其他人仔细审阅了第二版并进行广泛修订。在过去的十年中，我们从本书第一版用户那里收到了宝贵的意见，这些意见形成了对第二版的许多修订和更正。几代学生也为我们提供了不同且极其宝贵的视角。当然，无论筛子有多细，一些错误肯定会漏掉，一些论证和推导可能不太清楚。其责任完全由我们承担，我们邀请你通过电子邮件向我们提交评论和更正：modastro@weber.edu。

　　写作的负担并不仅限于作者，而是不可避免地由家人和朋友共同承担。我们感谢我们的父母 Wayne 和 Marjorie Carroll，以及 Dean 和 Dorothy Ostlie，他们把我们培养成这个迷人宇宙的知识探索者。最后，我们将这本书献给那些让我们的宇宙如此奇妙的人：我们的妻子 Lynn Carroll 和 Candy Ostlie，以及 Dale 了不起的孩子 Michael 和 Megan。没有他们的爱、耐心、鼓励和不断的支持，这个任务永远不会完成。

　　现在是时候到犹他州美丽的山脉去滑雪、远足、骑山地自行车、钓鱼和露营，并与我们的家人分享那些脚踏实地的快乐啦！

Bradley W. Carroll，Dale A. Ostlie

韦伯州立大学

奥格登，犹他州

modastro@weber.edu

目　　录

第三部分　太　阳　系

第四部分　宇宙中的星系

第一部分
天文学的工具

第 1 章 天　　球

1.1　希腊传统

长久以来，人类仰望天空，并思考其中奥秘。在世界各地的文化遗迹中，人类长期努力了解天空奥秘的证据随处可见：英格兰的巨石阵、玛雅和阿兹特克人的建筑和文字以及美洲土著的药轮。我们对宇宙的现代科学观点可以追溯至古希腊的自然哲学传统。毕达哥拉斯 (Pythagoras，约公元前 550 年) 首先通过他对音乐音程以及对直角几何的研究，证明了数字和自然之间的基本关系。希腊人用毕达哥拉斯所使用的自然数学语言继续研究宇宙长达数百年之久。现代天文学在很大程度上依赖于物理理论的数学化公式，延续了古希腊的传统。

在对夜空的初步研究中，细心的观察者会发现，夜空最明显的特征可能就是它在不断发生变化。星星不仅在晚上从东到西稳定地移动，而且根据季节的不同，不同的夜晚天空中可以看到的星星也不同。当然，月亮在天空中的位置和相位也会发生变化。更微妙和更复杂的是行星的运动，它们是 "徘徊之星"。

1.1.1　地心宇宙

柏拉图 (Plato，约公元前 427—前 347 年) 提出，要理解天空的运动，首先必须从一系列可行的假设开始。夜空中的星星看上去在围绕着一个固定的地球旋转，而天空应该遵循最纯粹的运动形式。因此，柏拉图提出所有天体应该以统一的速度 (或匀速) 绕地球运动，并以地球为中心做圆周运动。如果恒星都固定在星座里，并且彼此之间的关系不变，自然就能得到 "**地心宇宙**"(geocentric universe) 这一概念。

如果将恒星看成是简单地附着在**天球** (celestial sphere) 上，而天球绕着一条分别穿过地球南、北两极并与天球相交于**南、北天极 (north and south celestial pole)** 的轴线旋转 (图 1.1)，那么所有已知的恒星运动都可以被描述出来。

1.1.2　逆行

徘徊运动的行星带来了更难解决的问题。像火星这样的行星，在固定的恒星背景下从西向东缓慢地移动，但在一段时间内会神秘地反转其运动方向 (图 1.2)，随后恢复之前的路径。试图理解这种 "后退" 或者 "**逆行**" (retrograde motion) 的现象，成为了天文学研究了近 2000 年的主要问题! 柏拉图的学生、杰出的数学家尤得塞斯 (Eudoxus of Cnidus) 提出，每一颗徘徊之星本身都是一个球体，而所有的球体都通过不同角度的轴线连接起来，并以不同的速度旋转。虽然这个复杂的球体系统理论最初在解释逆行运动方面略为成功，但随着人们获得更多数据，预测开始明显偏离观测结果。

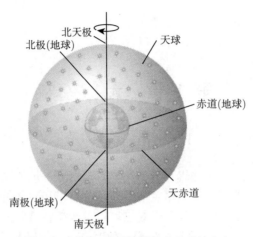

图 1.1 天球。地球被描绘在天球的中心

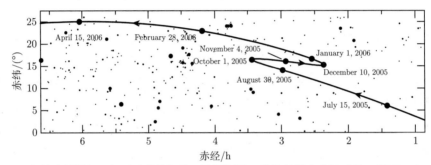

图 1.2 2005 年的火星逆行。相对于背景恒星,这颗行星一般是长期向东运动的。然而,在 2005 年 10 月 1 日 ~ 12 月 10 日,火星的运动方向暂时变成了向西 (逆行)。(当然,火星每天在天空中的短期运动总是由东向西的。) 第 11 页和图 1.13 将会讨论本图中的赤经和赤纬坐标。猎户座中的亮星参宿四在 $(\alpha, \delta) = (5^{\rm h}55^{\rm m}, +7°24')$ 处可见,金牛座中的毕宿五的坐标为 $(4^{\rm h}36^{\rm m}, +16°31')$,毕星团和昴星团 (也位于金牛座) 分别在 $(4^{\rm h}24^{\rm m}, +15°45')$ 和 $(3^{\rm h}44^{\rm m}, +23°58')$ 处可见

依巴谷 (Hipparchus,约公元前 150 年) 也许是希腊天文学家中最著名的一位,他提出用一个圆圈系统来解释逆行。通过将行星放置在一个小的、旋转的**本轮 (epicycle)** 上,而圆形的**本轮**又在较大的**均轮 (deferent)** 上运动,他能够重现行星徘徊游走的行为。此外,这一系统还能够解释天体在逆行期间亮度的增加是因为它们与地球的距离发生了变化。依巴谷还创建了第一份星表,开发了一套至今仍在使用的、描述恒星亮度的星等系统,并对三角学的发展作出了贡献。

在接下来的两百年里,依巴谷提出的行星运动模型在解释观测的许多细节方面也越来越不能令人满意。克劳迪乌斯·托勒密 (Claudius Ptolemy,约公元 100—170) 通过增加等分点,对本轮/均轮系统进行了修正 (图 1.3),让本轮围绕均轮运动的角速度保持恒定 (假设 $\mathrm{d}\theta/\mathrm{d}t$ 为常数)。他还将地球从均轮中心移开,甚至允许均轮本身有晃动。托勒密模型的预测确实比以前设计的任何方案更接近于观测结果,但却对柏拉图最初提出的哲学原理 (匀速运动和圆周运动) 带来了很大的挑战。

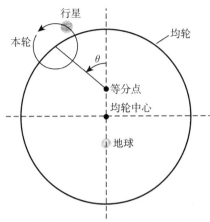

图 1.3 托勒密的行星运动模型。尽管托勒密模型也存在缺陷，但它几乎被普遍接受，作为对行星徘徊运动的正确解释。当模型和观测结果出现分歧时，就会通过增加另一个圆圈的方式对模型稍作修改。这种"固化"现有理论的过程，导致对观测现象的理论解释越来越复杂

1.2 哥白尼革命

到 16 世纪，托勒密模型固有的简单性已经消失。出生在波兰的天文学家尼古拉·哥白尼 (Nicolaus Copernicus，1473—1543)，希望将科学回归到一个不那么烦琐、更优雅的宇宙观去，他提出了一个行星运动的日心 (以太阳为中心) 模型 (图 1.4)[①]。哥白尼害怕受到天主教会的严厉批评，因为当时天主教会的教义宣称地球是宇宙的中心，所以哥白尼将他的想法推迟到晚年才发表。*De Revolutionibus Orbium Coelestium* (*On the Revolution of the Celestial Sphere*，《天体运行论》) 最早出现在他去世的那一年。面对这个激进的新宇宙观，

(a)　　　　　　　　　　　　　　　(b)

图 1.4 (a) 尼古拉·哥白尼 (1473—1543)；(b) 哥白尼的行星运动模型：行星以太阳为中心按圆周运动 (叶凯士 (Yekkes) 天文台提供)

---

① 实际上，亚里士多德在公元前 280 年就提出了宇宙的日心模型，但当时并没有令人信服的证据表明地球本身在运动。

以及地球在其中的位置，甚至一些哥白尼的支持者也认为，日心模型只是代表了计算行星位置的数学改进，但实际上并没有重新揭示宇宙的真实几何学。事实上，担任该书出版者的奥西安德牧师为此加了一篇序言。

1.2.1　让行星井井有序

哥白尼模型的重要性直接在于它能够确定所有行星与太阳的次序，以及它们的相对距离和轨道周期。毋庸置疑，水星和金星的轨道位于地球轨道的内部，它们在分别超过距太阳东或西 28° 和 47° 之外的地方从未被看见过。这些行星称为**内行星 (inferior planets)**，它们在太阳以东或以西的最大角距分别称为**东大距 (greatest eastern elongation)** 和**西大距 (greatest western elongation)** (图 1.5)。火星、木星和土星 (哥白尼已知的最遥远的行星) 与太阳的角距离可达 180°，此时这些行星与太阳的排列称为**冲 (opposition)**。只有当这些**外行星 (superior planets)** 的轨道在地球轨道之外时，才会出现这种情况。哥白尼模型还预言，只有内行星才能从太阳盘面前经过 (**下合，inferior conjunction**)，正如实际观察到的那样。

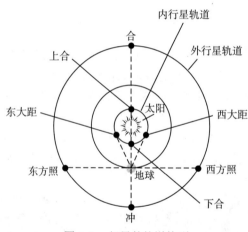

图 1.5　行星的轨道构型

1.2.2　重温行星逆行

天文学中长期存在的代表性问题——行星逆行，利用哥白尼模型也很容易解释。就以火星这颗外行星为例，假设如哥白尼所言，行星离太阳越远，它在轨道上的移动就越慢，那么火星就会被移动速度更快的地球所超越。因此，火星的视位置将在相对固定的恒星背景上发生变化，行星在冲的位置附近似乎在向后移动，那里是火星离地球最近也是最亮的地方 (图 1.6)。由于所有行星的轨道都不在同一个平面上，所以会出现逆行环结。这样的分析同样适用于所有其他行星，无论是内行星还是外行星。

地球和其他行星的相对轨道运动意味着，行星连续两次冲或合的时间间隔与其相对于背景恒星完成一个轨道所需的时间有很大的不同 (图 1.7)。前者称为**会合周期 (synodic period，S)**，后者称为**恒星周期 (sidereal period，P)**。下面的公式可用来说明这两个

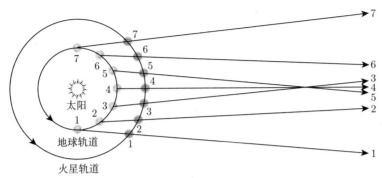

图 1.6   哥白尼模型所描述的火星逆行。请注意，从地球到火星的视线在 3 号、4 号、5 号位置处交叉。这些视线交叉再加上两颗行星的轨道平面略有不同，造就了冲位置附近的逆行路径。请回忆如图 1.2 所示的 2005 年 10 月 1 日至 12 月 10 日期间火星的逆行 (或西向) 运动

周期之间的关系是

$$
1/S = \begin{cases} 1/P - 1/P_\oplus & \text{(内行星)} \\ 1/P_\oplus - 1/P & \text{(外行星)} \end{cases} \tag{1.1}
$$

这里假设轨道是完美的圆并且是匀速运动；$P_\oplus$ 是地球轨道的恒星周期 (365.256308 天)。

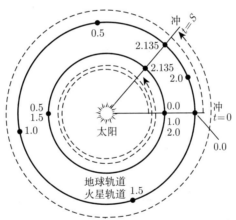

图 1.7   火星的恒星周期和会合周期之间的关系。由于地球的运动，这两个周期不一致。图中数字代表地球的恒星年时间，起始点位于冲。请注意，地球在一个 $S = 2.135$ 年的会合周期内完成了两次以上的轨道公转，而火星在两次冲的会合周期内完成了略多于一次的公转

　　虽然哥白尼模型确实是一个更简单、更优雅的行星运动模型，但它在预测行星位置方面并没有比托勒密模型准确多少。这是由于哥白尼无法放弃有 2000 年历史的行星运动是圆形的概念，这是人类的"完美"概念。因此，哥白尼被迫 (如同希腊人一样) 引入本轮的概念来"固化"他的模型。

　　或许科学革命最具代表性的例子是由哥白尼引发的革命。我们今天认为的行星运动问题的合理解决方案——日心宇宙说，在大动荡时期被认为是一种非常奇怪甚至是叛逆的观念，当时哥伦布刚刚驶向"新世界"，马丁·路德 (Martin Luther) 也对基督教提出了激进

的修改。托马斯·库恩 (Thomas Kuhn) 曾提出，一个既定的科学理论不仅仅是指导研究自然现象的框架。目前的**范式 (paradigm，或主流科学理论)** 实际上是一种我们看待周围宇宙的方式。我们提出问题，提出新的研究难题，并在范式的背景下解释实验和观测结果。以任何其他的方式看待宇宙，都需要跳出当前的范式，彻底转变。提出地球实际上是围绕太阳运行，而不是相信太阳在不可逆转地围绕着一个固定不动的地球升起和落下，这就等于是主张改变宇宙的唯独结构，而这一结构在近 2000 年的时间里被认为是正确的且不容置疑的。直到旧托勒密理论的复杂性使之变得难以操纵，学术界才可能达到接受日心宇宙观念的地步。

1.3　天球上的位置

哥白尼革命表明地心宇宙的概念是不正确的。然而，除了对少数行星的探测，我们对天空的观测仍然是基于以地球为中心的参考架。地球每天 (或周日) 的自转，外加围绕太阳的周年运动和地球自转轴的缓慢摆动，连同恒星、行星和其他天体的相对运动，导致天体的位置不断变化。为了给位于金牛座 (Taurus) 的蟹状超新星遗迹或是雄伟的仙女座 (Andromeda) 旋涡星系等天体的位置编目，必须确定它们的坐标。另外，坐标系不应对地球运动的短期表现敏感，否则，确定好的坐标会不断发生变化。

1.3.1　高度–方位角坐标系 (地平坐标系)

观察夜空中的天体，只需要知道它们的方向，而不需要知道它们的距离。我们可以想象所有天体都位于一个天球上，就像古希腊人相信的那样。那么，只需指定两个坐标就足够了。最直截了当的坐标系是以观测者所处当地的地平为基础的。**高度–方位角 (altitude-azimuth，或地平 (horizon))** 坐标系基于测量沿地平线的方位角和地平线以上的高度角 (图 1.8)。**高度角 (altitude)** h 是从地平沿一个大圆[①]到天体所测得的角度，这一大圆穿过天体和观测者正上方天球上的一点，亦即被称为**天顶 (zenith)** 的点。同理，**天顶距 (zenith distance)** z 是指从天顶到天体所测得的角度，所以 $z + h = 90°$。简而言之，**方位角 (azimuth)** A 就是沿地平从北向东到用于测量高度角的大圆的角度。(**子午圈 (meridian)** 是另一个频繁使用的大圆；它穿过观测者的天顶，并与地平相交于正北和正南。)

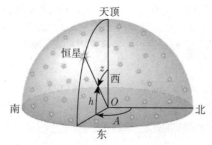

图 1.8　高度–方位角坐标系。h、z、A 分别为高度角、天顶距和方位角

---

① 大圆是球体与通过球体中心的平面相截而形成的曲线。

高度–方位角系统虽然定义简单，但在实践中难以使用。在这一系统中，天体的坐标取决于观测者当地的经纬度，很难转换至地球上的其他位置。另外，由于地球在自转，恒星看起来在天空中不断移动，这意味着每个天体的坐标都在不断变化，即使对本地观测者来说也是如此。让问题更加错综复杂的是，在每个连续的夜晚，星星都会提前大约 4min 升起，因此，即使在指定的时间从同一地点观测，天体坐标也会每天发生变化。

1.3.2 星空的周日和季节变化

为了理解高度–方位角坐标的周日变化问题，我们必须顾及地球围绕太阳的轨道运动 (图 1.9)。当地球绕着太阳运行时，我们看到的遥远恒星的景象是不断变化的。在不同的季节，我们朝向太阳的视线会扫过不同的星座，亦即，我们看到太阳似乎沿着被称为**黄道 (ecliptic)**[①]的路径在这些星座中穿行。春天，太阳位于双鱼座 (Pisces)；夏天开始时，太阳位于金牛座；而秋天伊始时，太阳位于室女座 (Virgo)；冬天降临时，太阳位于人马座 (Sagittarius)。因此，这些星座在白天被强光所遮蔽，而其他星座则出现在我们的夜空中。星座的这种季节性变化与某颗恒星每天提前约 4min 升起有着直接的关系。由于地球在大约 365.26 天内完成一个恒星周期，它在 24h 内沿其公转轨道移动的角度略小于 1°。因此，地球必须实际自转近 361°，才能连续两天让太阳出现在子午圈上 (图 1.10)。由于恒星距离地球要远得多，所以当地球绕太阳运行时，它们的位置不会发生明显的移动。因此，要让一颗恒星连续两个夜晚出现在子午圈上，只需要地球转动 360°。地球需要大约 4min 来自转额外的 1°。所以每天晚上，某颗被指定的恒星会提前 4min 升起。**太阳时 (solar time)** 定义太阳连续两次经过子午圈的时间为 24h，而**恒星时 (sidereal time)** 则是基于某颗恒星连续两次经过子午圈的时间。

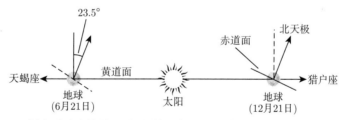

图 1.9　侧向看地球轨道平面。图中还标示出地球自转轴相对于黄道的倾角

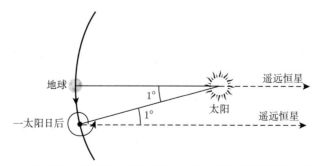

图 1.10　地球每个太阳日必须自转近 361°，而每个恒星日只自转 360°

---

① 黄道 (ecliptic) 一词来源于日、月食在天空中出现时所经过的路径。

地球的轨道运动加上自转轴约 23.5° 的倾斜造成了气候的季节性变化。由于地轴的倾斜，黄道向**天赤道 (celestial equator)** 的南北移动 (图 1.11)——天赤道是由地球赤道所在平面延伸至与天球相交形成的。图中呈正弦形的黄道是由于地球在其周年公转轨道上，北半球会来回朝向太阳，然后又避开太阳。一年之中，太阳会两次穿过天赤道，一次是沿黄道向北移动，随后向南移动。在第一种情况下，交会点被称为**春分点 (vernal equinox)**，而南向的交会点则是**秋分点 (autumnal equinox)**。当太阳的中心正好在春分点上时，春天正式到来；同样，当太阳的中心越过秋分点时，秋天来临了。太阳沿黄道最北端的运动发生在**夏至点 (summer solstice)**，代表着夏季的正式来临，而太阳运动到最南端时的位置被定义为**冬至点 (winter solstice)**。

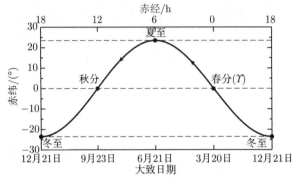

图 1.11   黄道是太阳在天球上的周年路径，相对于天赤道呈正弦形。夏至的赤纬为 23.5°，冬至的赤纬为 −23.5°。赤经和赤纬的说明请见图 1.13

天气的季节性变化源自于太阳相对于天赤道的位置。在北半球的夏季，太阳偏北的赤纬让其在天空中显得更高，从而有更长的白昼和更强烈的日光。在冬季，太阳的纬度在天赤道以下，其出现在地平之上的路径较短，光芒也较弱 (图 1.12)。太阳光线越直射，单位面积上照射到地球表面的能量就越多，由此产生的表面温度就越高。

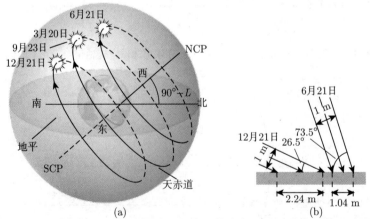

图 1.12   (a) 当太阳位于春分点 (3 月)、夏至点 (6 月)、秋分点 (9 月) 和冬至点 (12 月) 时，地理纬度为 L 的观测者所看到的太阳穿过天球的周日路径，NCP 和 SCP 分别为北天极和南天极，圆点代表太阳在当地正午时分的位置；(b) 北纬 40° 的观测者在夏至日 (约 6 月 21 日) 和冬至日 (约 12 月 21 日) 正午时看到的太阳光方向

1.3.3 赤道坐标系

周日运动和周年运动的复杂性,决定了能让天体的坐标值保持几乎不变的坐标系,必然不如高度–方位角坐标系那样直截了当。**赤道坐标系 (equatorial coordinate system)** (图 1.13) 以地球的经纬度系统为基础,但不考虑地球的自转。**赤纬 (declination)** δ 相当于纬度,从天赤道向北或向南以角度量度。**赤经 (right ascension)** α 类似于经度,从春分点 (Υ) 开始沿天赤道向东量度至天赤道与天体**时圈 (hour circle,** 穿过天体和北天极的大圆) 的交点。赤经习惯上以 h、min 和 s 为单位;赤经 24h 相当于 360°,或 1h 相当于 15°。这一测量单位的基本原理是基于一个天体连续两次穿越观测者当地的子午圈需要 24h (恒星时)。图 1.2 和图 1.11 也标示出了赤经和赤纬坐标。由于赤道坐标系是以天赤道和春分点为基础的,所以观测者经纬度的变化不会影响赤经和赤纬的数值。α 和 δ 的值同样不受地球每年绕太阳运动的影响。

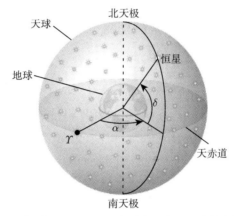

图 1.13　赤道坐标系。α、δ 和 Υ 分别表示赤经、赤纬和春分点的位置

观测者的**本地恒星时 (local sidereal time)** 是春分点距上次穿越子午圈后所经过的时间。本地恒星时也等于春分点的时角 (**hour angle**) H,时角是指天体与观测者当地子午圈之间的角度,朝天体绕天球运动的方向测量。

1.3.4 岁差

虽然赤道坐标系以天赤道及其与黄道的交点 (春分点) 为参照,但**岁差 (precession)** 会使天体的赤经和赤纬发生变化,尽管非常缓慢。岁差是地球自转轴的缓慢摆动,这是由地球的非球形形状及其与太阳和月球的引力相互作用造成的。依巴谷最先注意到了岁差的影响。虽然我们不会详细讨论这种现象的物理原因,但它完全类似于众所周知的儿童玩具陀螺的进动。地球的岁差周期为 25770 年,导致北天极在天上缓慢地转圈。虽然北极星目前距离北天极 1° 以内,但在 1.3 万年后,它将距离北天极差不多 47°。同样的效应也导致春分点沿黄道每年向西运动 50.26″[①]。另外,由于地球与行星的相互作用,所以春分点每年向东运动 0.12″。

---

① 1 角分 $=1' = 1/60$ 度;1 角秒 $=1'' = 1/60$ 角分。

　　由于岁差改变了春分点在黄道上的位置，所以在列出天体的赤经和赤纬时，有必要参考一个特定的**历元** (epoch，或参考日期)。然后可以根据距参考历元的时间间隔，计算出 α 和 δ 的瞬时值。现今，恒星、星系和其他天文现象的天文星表中通常使用的历元是以英国格林尼治 2000 年 1 月 1 日正午 (**世界时，universal time，UT**) 时天体的位置为参照[①]。

　　使用这一参考历元的星表会标示出 J2000.0。J2000.0 中的前缀 J 指的是公元前 46 年由尤利乌斯·凯撒 (Julius Caesar) 引入的**儒略历** (**Julian calendar**)。

　　相对 J2000.0 的坐标变化的近似表达式为

$$\Delta\alpha = M + N \sin\alpha \tan\delta, \tag{1.2}$$

$$\Delta\delta = N \cos\alpha. \tag{1.3}$$

其中，M 和 N 的表达式为

$$M = 1°.2812323T + 0°.0003879T^2 + 0°.0000101T^3,$$

$$N = 0°.5567530T - 0°.0001185T^2 - 0°.0000116T^3.$$

而 T 的定义为

$$T = (t - 2000.0)/100, \tag{1.4}$$

其中，t 是当前日期，以年的小数表示。

　　例 1.3.1　牛郎星 (Altair) 是夏季里天鹰座 (Aquila) 中最亮的恒星，其 J2000.0 坐标如下：$\alpha = 19^{\mathrm{h}}50^{\mathrm{m}}47.0^{\mathrm{s}}$，$\delta = +08°52'06.0''$。利用式 (1.2) 和式 (1.3)，我们可以将恒星的坐标换算至格林尼治平时的 2005 年 7 月 30 日正午。将日期写为 $t = 2005.575$，我们得到 $T = 0.05575$。这意味着 $M = 0.071430°$，$N = 0.031039°$。由赤经坐标中时间与角度的关系可知，

$$1^{\mathrm{h}} = 15°,$$

$$1^{\mathrm{m}} = 15',$$

$$1^{\mathrm{s}} = 15'',$$

因此坐标修正为

$$\Delta\alpha = 0.071430° + (0.031039°)\sin 297.696° \tan 8.86833°$$

$$= 0.067142° \simeq 16.11^{\mathrm{s}}$$

和

$$\Delta\delta = (0.031039°)\cos 297.696°$$

$$= 0.014426° \simeq 51.93''.$$

因此换算后, 牛郎星的坐标是 $\alpha = 19^{\mathrm{h}}51^{\mathrm{m}}03.1^{\mathrm{s}}$ 而 $\delta = +08°52'57.9''$。

1.3.5 时间测量

今天大多数国家普遍使用的公历是**格里高利历 (Gregorian calendar)**。格里高利历由教皇格里高利十三世于 1582 年推出, 仔细确定了哪些年份是闰年。虽然闰年在很多方面都有益, 但天文学家通常对不同事件之间的天数 (或秒数) 感兴趣, 并不会因闰年的复杂性而焦虑。因此, 天文学家通常会根据从某个指定的时间零点开始起算所经过的时间来表示观测的时间。普遍使用的时间零点是公元前 4713 年 1 月 1 日的正午, 正如儒略历所规定的那样。这一时刻表示为 JD 0.0, 其中 JD 表示**儒略日期 (Julian date)**[①]。J2000.0 的儒略日期为 JD 2451545.0。除了世界时正午外, 其他时刻都是一天的分数; 例如, 世界时 2000 年 1 月 1 日下午 6 点可以表示为 JD 2451545.25。参考儒略日, 公式 (1.4) 中定义的参数 T 也可写为

$$T = (\mathrm{JD} - 2451545.0)/36525,$$

其中的常数 36525 源自于儒略年, 1 儒略年刚好为 365.25 儒略日。

另一种常用的表示方式是**简化儒略日期 (modified Julian date, MJD)**, 其定义为 MJD≡JD−2400000.5, 其中 JD 指的是儒略日。因此, MJD 的一天从世界时午夜开始, 而不是从正午开始。

因为天文学需要非常精确地给出事件发生的时间, 由此产生了各种各样的高精度时间计量方法。例如, **日心儒略日期 (heliocentric Julian date, HJD)** 是指从太阳中心计量事件时刻的儒略日期。为了确定日心儒略日期, 天文学家必须考虑光从天体到达太阳中心而不是到达地球所需的时间。**地球时 (terrestrial time, TT)** 是在地球表面测量的时间, 考虑了地球绕太阳公转和绕自转轴转动时的狭义和广义相对论的影响 (有关狭义相对论和广义相对论的讨论, 请分别参见第 4 章和 17.1 节)。

1.3.6 考古天文学

前文所述观点的一个有趣应用是在**考古天文学 (archaeoastronomy)** 这一交叉学科领域, 它是考古学和天文学的结合。考古天文学这一研究领域在很大程度上依赖于修正由岁差引起的天体位置的历史改变。考古天文学的目标是研究过往文化中的天文学, 其调研对象主要是依照天体位置而修建的古代建筑。由于这些建筑自建造以来已过去了很长时间, 如果想理解建造时的天体排列意义, 就必须对天体坐标做正确的岁差修正。

世界七大奇迹之一的吉萨（Giza）大金字塔 (图 1.14) 就是这样的例子。据信, 大金字塔约建于公元前 2600 年, 它长期以来一直是人们思考推测的对象。虽然许多关于这个令

---

① 约瑟夫·贾斯图斯·斯卡利格 (1540—1609) 在 1583 年提出了儒略日 JD 0.0 的概念。这一选择综合考虑了三种历法周期: 儒略历需要 28 年才能让同一日期落在一周的同一天, 相同的月相需要 19 年才能大致出现在一年中的同一日期, 以及 15 年的罗马税赋周期。28×19×15=7980, 意味着这三种历法每 7980 年才对齐一次。JD 0.0 对应的是三种历法最近一次开始新循环的时间。

人惊叹的纪念碑的揣测伴随着一些想象，但毫无疑问，它的东南西北四个基本位置都经过了精心的定位。金字塔任何一面与正确的基本方向的最大偏差不超过 5.5′。同样令人震惊的是，其底座是近乎完美的正方形，两边长度相差不超过 20cm。

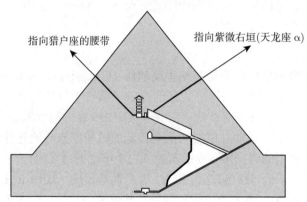

图 1.14　吉萨大金字塔的天文平面图 (根据格里菲斯 (Griffith) 天文台的图表改编)

迄今为止发现的最复杂的指向排列也许与从国王墓室 (金字塔的主墓室) 通往外部的"通风井" (air shafts) 有关。这些通风井的设计似乎太不完善，无法将新鲜空气循环输送到法老墓中，但现在，人们认为它们还有另外的功能。古埃及人相信，当他们的法老死后，灵魂会飞升到天上去，成为奥西里斯 (Osiris)，即生命、死亡和重生之神。奥西里斯与我们现在所知的猎户座 (Orion) 有关。自大金字塔建成后已经历了超过六分之一的岁差周期，弗吉尼亚·特林布尔 (Virginia Trimble) 已经证明，其中一个通风井直接指向猎户座的腰带。另一个通风井指向紫微右垣 (Thuban，天龙座 α)——这是当时最接近北天极的恒星，天空中所有其他恒星都围绕着北天极转动。

作为一种现代科学文化，天文学研究可以追溯至古希腊，但很明显，许多文化都曾细致研究过天空以及其中神秘的光点。世界各地的古代建筑显然都有天文指向排列的表现。虽然其中一些指向排列可能只是巧合，但很明显，许多指向排列是有意为之的。

1.3.7　在天空中穿行的影响

导致赤道坐标变化的另一个影响是天体本身的固有速度[①]。正如我们已经讨论过的，太阳、月亮和行星在天空中表现出相对快速和复杂的运动。但恒星也在彼此相互运动。尽管它们的实际运动速度可能非常快，但由于它们的距离非常遥远，从而恒星表观出来的相对运动通常是非常难以测量的。

考虑一颗恒星相对于观测者的速度 (图 1.15)。速度矢量可以分解成两个相互垂直的分量，一个沿视线方向，另一个是垂直于视线的分量。视线分量是恒星的**视向速度 (radial velocity)**，v_r，这将在 4.3 节中讨论；第二个分量是恒星沿天球的**横向或切向速度 (transverse or tangential velocity)**，v_θ。横向速度表现为赤道坐标的缓慢角度变化，即所谓的**自行 (proper motion，**通常用 "角秒/年" 来表示)。在 Δt 的时间间隔内，恒星将沿着

---

① 视差 (parallax) 是地球围绕太阳公转所产生的一种重要的恒星的周期性运动，3.1 节将详细讨论该问题。

垂直于观测者的视线方向移动一段距离:

$$\Delta d = v_\theta \Delta t.$$

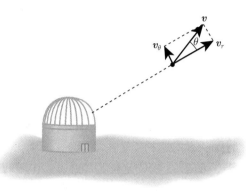

图 1.15　速度的分量。v_r 是恒星的视向速度，而 v_θ 是恒星的横向速度

如果观测者到恒星的距离为 r，则恒星在天球上位置的角度变化可由以下公式给出:

$$\Delta\theta = \frac{\Delta d}{r} = \frac{v_\theta}{r}\Delta t.$$

因此，与该恒星的横向速度有关的自行 μ，可用以下公式表示:

$$\boxed{\mu \equiv \frac{\mathrm{d}\theta}{\mathrm{d}t} = \frac{v_\theta}{r}.} \tag{1.5}$$

1.3.8　球面三角学的应用

要想确定天球上 $\Delta\theta$ 与赤道坐标 $\Delta\alpha$ 和 $\Delta\delta$ 的变化关系，需要运用球面三角定理。如图 1.16 所示，球面三角形由三段相交的大圆弧构成。对于球面三角形，有以下关系 (所有边长都以弧长为单位，如度)。

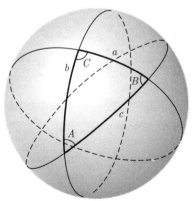

图 1.16　球面三角形。每条边都是球面上大圆的一段，所有的角都小于 $180°$。a、b、c 都以角度为单位
(如度)

正弦定理

$$\frac{\sin a}{\sin A} = \frac{\sin b}{\sin B} = \frac{\sin c}{\sin C}.$$

边的余弦定理

$$\cos a = \cos b \cos c + \sin b \sin c \cos A.$$

角的余弦定理

$$\cos A = -\cos B \cos C + \sin B \sin C \cos a.$$

图 1.17 展现了一颗恒星在天球上从 A 点到 B 点的运动，所走的角距离为 $\Delta\theta$。设点 P 位于北天极，弧段 AP、AB、BP 都是大圆上的弧段。恒星沿与北天极夹角为**位置角 (position angle)** $\phi(\angle PAB)$ 的方向运动。现在，构造一段圆弧 NB，使 N 与 B 处于同一赤纬，且 $\angle PNB = 90°$。若恒星在 A 点的坐标为 $(\alpha,\ \delta)$，它在 B 点的新坐标为 $(\alpha + \Delta\alpha,\ \delta + \Delta\delta)$，则 $\angle APB = \Delta\alpha$，$AP = 90° - \delta$，$NP = BP = 90° - (\delta + \Delta\delta)$。利用正弦定律可得

$$\frac{\sin(\Delta\theta)}{\sin(\Delta\alpha)} = \frac{\sin\left[90° - (\delta + \Delta\delta)\right]}{\sin\phi},$$

或

$$\sin(\Delta\alpha)\cos(\delta + \Delta\delta) = \sin(\Delta\theta)\sin\phi.$$

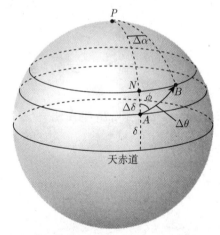

图 1.17　恒星在天球上的自行。假设恒星沿着位置角 ϕ 从 A 移动到 B

假设位置变化远小于 1 弧度，我们可以利用小角度近似得到 $\sin\epsilon \sim \epsilon$ 和 $\cos\epsilon \sim 1$。采用适当的三角函数运算并忽略所有二阶或更高阶的项，前面的公式将被简化为

$$\Delta\alpha = \Delta\theta \frac{\sin\phi}{\cos\delta}. \tag{1.6}$$

边的余弦定理也可以用来求出赤纬变化的表达式：

$$\cos\left[90° - (\delta + \Delta\delta)\right] = \cos(90° - \delta)\cos(\Delta\theta) + \sin(90° - \delta)\sin(\Delta\theta)\cos\phi.$$

同样，利用小角度近似和三角函数运算，这个表达式可以简化为

$$\Delta\delta = \Delta\theta \cos\phi. \tag{1.7}$$

(请注意，如果我们使用平面三角形，也会得到同样的结果。无论怎样，这都是合乎情理的，因为我们假设所考虑的三角形的面积比球体的总面积小得多，所以本质上三角形应该呈现为平面。) 结合式 (1.6) 和式 (1.7)，我们得到以赤经和赤纬的变化来表示所移动的角距离的表达式：

$$\boxed{(\Delta\theta)^2 = (\Delta\alpha \cos\delta)^2 + (\Delta\delta)^2.} \tag{1.8}$$

1.4 物理学与天文学

毕达哥拉斯和古希腊人首先提出的数学自然观最终导致了哥白尼革命。天文学家无法用数学模型准确地确定观测到的 "游荡的星星 (行星)" 的位置，这导致我们对地球在宇宙中位置的认识日新月异。然而，在科学发展过程中，仍然存在着同样重要的一步：寻找可观测现象的物理原因。正如我们在本书中会不断看到的那样，现代天文学的研究在很大程度上依赖于对宇宙物理本质的理解。事实证明，将物理学应用于天文学，即天体物理学，在解释广泛的天文观测现象方面是非常成功的，其中包括奇怪的和奇特的天体和事件，如脉冲星、超新星、X 射线变源、黑洞、类星体、伽马射线暴和宇宙大爆炸。

作为天文学研究的一部分，有必要研究天体运动的细节、光的本质、原子结构和空间本身的形状。在过去几十年里，天文学快速发展，这都要归因于我们对基础物理学理解的进步，以及我们用来研究天体的工具：望远镜和计算机的改进。

实质上，物理学的每一个领域都在天文学的某些方面发挥着重要作用。粒子物理学和天体物理学在宇宙大爆炸的研究中融为一体；基本粒子的 "动物园" 起源这一基本问题，以及基本力的真正本质，与宇宙如何形成密切相关。核物理学提供了关于恒星内部可能发生的反应类型的信息，原子物理学描述了单个原子彼此如何相互作用以及如何与光相互作用，这些过程是许多天体物理现象的基础。凝聚态物理学在研究中子星的外壳及木星的中心时起着作用。从宇宙大爆炸到恒星内部，到处都有热力学的参与。就连电子学也在开发新型探测器方面发挥着重要作用，能够让我们更清楚地看到周围的宇宙。

随着现代科技的发展和太空时代的到来，望远镜的建造使天体研究的灵敏度不断提高。望远镜不再局限于探测可见光，现在能够 "看到" 伽马射线、X 射线、紫外线、红外辐射和射电信号。其中许多望远镜需要在地球的大气层上方运行，才能执行其观测任务。其他类型的望远镜在性质上也有很大的不同，它们探测的是基本粒子而不是光，所以通常在地表下研究天空。

计算机为我们提供了从基本物理原理构建数学模型时所需的大量算力。高速计算机的诞生使天文学家能够计算恒星的演化，并将这些计算结果与观测结果进行比较；还可以研究星系的旋转及其与邻近星系的相互作用。需要演化数十亿年的过程 (比美国国家科学基金会的任何拨款时限都要长得多) 而不可能被直接观测到，但可以使用现代的超级计算机进行研究。

所有这些工具和相关学科都被用来追根究底地观测天空。天文学的研究是人类最纯粹的好奇心的自然延伸。就像一个小孩子总是喜欢问东问西那样，天文学家的目标是试图了解宇宙的本质，了解其所有的复杂性，仅仅是为了了解——这是任何知识探险的最终目的。毋庸置疑，天空真正的美不仅在于在漆黑的夜晚观察星星，还在于考虑导致星星存在的物理过程之间微妙的相互作用。

宇宙最不可理解的地方就是它是可以理解的。

—— 阿尔伯特·爱因斯坦

推 荐 读 物

一般读物

Aveni, Anthony, *Skywatchers of Ancient Mexico*, The University of Texas Press, Austin, 1980.

Bronowski, J., *The Ascent of Man*, Little, Brown, Boston, 1973.

Casper, Barry M., and Noer, Richard J., *Revolutions in Physics*, W. W. Norton, New York, 1972.

Hadingham, Evan, *Early Man and the Cosmos*, Walker and Company, New York, 1984.

Krupp, E. C., *Echos of the Ancient Skies: The Astronomy of Lost Civilizations*, Harper & Row, New York, 1983.

Kuhn, Thomas S., *The Structure of Scientific Revolutions*, Third Edition, The University of Chicago Press, Chicago, 1996.

Ruggles, Clive L. N., *Astronomy in Prehistoric Britain and Ireland*, Yale University Press, New Haven, 1999.

Sagan, Carl, *Cosmos*, Random House, New York, 1980.

SIMBAD Astronomical Database, http://simbad.u-strasbg.fr/.

Sky and Telescope Sky Chart, http://skyandtelescope.com/observing/skychart/.

专业读物

Acker, Agnes, and Jaschek, Carlos, *Astronomical Methods and Calculations*, John Wiley and Sons, Chichester, 1986.

Astronomical Almanac, United States Government Printing Office, Washington, D.C.

Cox, Arthur N. (ed.), *Allen's Astrophysical Quantities*, Fourth Edition, Springer-Verlag, New York, 2000.

Lang, Kenneth R., *Astrophysical Formulae*, Third Edition, Springer-Verlag, New York, 1999.

Smart, W. M., and Green, Robin Michael, *Textbook on Spherical Astronomy*, Sixth Edition, Cambridge University Press, Cambridge，1977.

习　题

1.1　推导行星的会合周期与其恒星周期之间的关系 (1.1)。同时考虑内行星和外行星。

1.2　根据哥白尼掌握的资料 (行星与太阳之间的可观测角度、轨道构型和会合周期)，设计确定每颗行星与太阳的相对距离的方法。

1.3　(a) 观测到的金星和火星的轨道会合周期分别为 583.9 天和 779.9 天。计算它们的恒星周期。

(b) 外行星中哪颗行星的会合周期最短？为什么？

1.4　列出太阳位于春分点、夏至点、秋分点、冬至点时的赤经和赤纬。

1.5　(a) 参照图 1.12(a)，计算夏季的第一天，北纬 $42°$ 的观测者所见的太阳在子午圈上的高度角。

(b) 在同一纬度，太阳在冬季第一天的高度角最高是多少？

1.6　(a) 拱极星指永远不会落在当地观测者地平线以下或永远不会在地平线以上可见的恒星。在画出类似于图 1.12(a) 的图后，计算对于纬度 L 处的观测者，这两组恒星的赤纬范围。

(b) 在地球什么纬度上，太阳在夏至时永远不会落下？

(c) 地球上是否存在一个纬度，太阳在春分时永远不会落下？如果有，在哪里？

1.7　(a) 确定 2006 年 7 月 14 日世界时 16:15 的儒略日期 (提示：在计算时一定要考虑闰年)。

(b) 对应的简化儒略日是多少？

1.8　比邻星 (Proxima Centauri, α 半人马座 C 星) 是离太阳最近的恒星，它处在一个三体系统中。它的历元 J2000.0 坐标 $(\alpha, \delta) = (14^\mathrm{h}29^\mathrm{m}42.95^\mathrm{s}, -62°40'46.1'')$。该系统中最亮的成员半人马 α 星 (α 半人马座 A 星) 的 J2000.0 坐标为 $(\alpha, \delta) = (14^\mathrm{h}39^\mathrm{m}36.50^\mathrm{s}, -60°50'02.3'')$。

(a) 比邻星与半人马座 α 星的角距离是多少？

(b) 如果太阳到比邻星的距离是 4.0×10^{16}m，那么比邻星距离半人马座 α 星有多远？

1.9　(a) 利用习题 1.8 中的信息，将比邻星的坐标换算到历元 J2010.0。

(b) 比邻星的自行为每年 $3.84''$，位置角为 $282°$。计算从 2000.0 到 2010.0，由自行引起的 α 和 δ 的变化。

(c) 哪种效应对比邻星坐标的变化贡献最大：岁差还是自行？

1.10　1 月，在纬度 $40°$ 的地方，赤经为多少的天体最适合观测者观测？

1.11　验证公式 (1.7) 能否直接从前面的表达式得出。

第 2 章 天 体 力 学

2.1 椭 圆 轨 道

尽管哥白尼模型固有的简单性在美学上是令人愉悦的，但日心宇宙的观念并没有立即被人们接受，它缺乏能够明确证明地心模型是错误的观测证据支持。

2.1.1 第谷·布拉赫：伟大的裸眼观测者

哥白尼去世后，最重要的裸眼观测者——第谷·布拉赫 (Tycho Brahe, 1546—1601)，仔细跟踪观测了"游荡的星星 (行星)"和其他天体的运动。他在赫文岛 (Hveen) 的乌拉尼堡 (Uraniborg) 天文台 (丹麦国王腓特烈二世 (Frederick II) 为他提供的设施) 开展工作。为了提高观测精度，第谷使用了大型测量仪器，如图 2.1(a) 中壁画里的象限仪。第谷的观测非常细致，他能够以优于 4′ 的精度，测量出天体在天上的位置，这一精度约为满月角直径的八分之一。通过准确的观测，他第一次证明了彗星一定比月球远得多，而不是某种形式的大气现象。第谷也被认为观测到了 1572 年的超新星，它清楚地证明了天空并非如教会教义所认为的那样是一成不变的。(这一观测结果促使腓特烈国王建造了乌拉尼堡天文台。) 尽管第谷非常谨慎地进行了他的工作，但他还是没能找到地球在天空中运动的任何明确证据，因此他得出结论，哥白尼模型一定是错的 (见 3.1 节)。

(a)   (b)

图 2.1　(a) 第谷·布拉赫 (1546—1601) 的壁画；(b) 开普勒 (1571—1630) (叶凯士 (Yerkes) 天文台提供)

2.1.2 开普勒行星运动定律

应第谷的邀请，德国数学家约翰内斯·开普勒 (Johannes Kepler，1571—1630) 后来在布拉格加入了他的行列 (图 2.1(b))。与第谷不同的是，开普勒是一位日心主义者，他希望找到一个与当时最好的观测结果，即第谷的观测结果一致的宇宙几何模型。第谷去世后，开普勒继承了第谷多年来积累的大量观测数据，并开始对数据进行艰苦分析。开普勒最初近乎神秘的想法是，宇宙是由五个完美的立方体排列而成，嵌套在水晶球上支撑着 6 颗肉眼可见的行星 (包括地球)，整个系统以太阳为中心。在这个模型被证明不成功之后，他试图设计一套精确的围绕太阳的圆形行星轨道，并且特别关注了火星。通过巧妙运用偏移圆和等分线①，开普勒能够获得与第谷数据相当一致的结果，但有两个点除外。尤其是这两个不一致的点中的每一个都偏离了大约 $8'$，也就是第谷数据精度的两倍。由于相信第谷不可能出现如此大的观测误差，开普勒被迫否定了纯圆周运动的想法。

开普勒抛弃了托勒密模型的最后一个基本假设，开始考虑行星轨道是椭圆而非圆形的可能性。通过这个相对较小的数学变化 (虽然是哲学上的重大变化)，他最终能够将第谷的所有观测结果与行星运动模型达成一致。这一范式转变也让开普勒发现，行星的轨道速度并不是恒定的，而是随行星在其轨道上的位置而精确变化的。1609 年，开普勒在《新天文学》(Astronomica Nova) 一书中发表了行星运动三大定律中的前两条。

开普勒第一定律：行星以椭圆轨道围绕太阳运行，太阳在椭圆的一个焦点上。

开普勒第二定律：行星和太阳的连线在相等的时间间隔内扫出的面积相等。

开普勒第一定律和第二定律如图 2.2 所示，椭圆上的每一个点代表行星在均匀时间间隔内的位置。

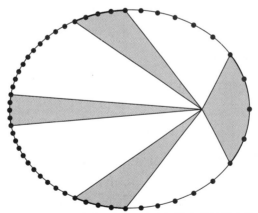

图 2.2 开普勒第二定律指出，在给定的时间间隔内，无论行星在其轨道上的位置如何，行星与椭圆焦点之间的连线所扫出的面积总是相同的。这些点在时间上的间隔是均匀的

开普勒第三定律在 10 年后发表在《世界的和谐》(Harmonica Mundi) 一书中。最后的这一定律将行星到太阳的平均轨道距离与其恒星周期联系起来。

开普勒第三定律：调和定律

$$\boxed{P^2 = a^3.}$$

---

① 请回顾托勒密对圆和等分线的使用，见图 1.3。

其中，P 是行星的公转轨道周期，以年为单位；a 是行星到太阳的平均距离，以天文单位 (astronomical unit) 即 AU 为单位。根据定义，一个天文单位是地球与太阳之间的平均距离，即 1.496×10^{11}m。图 2.3 所示的开普勒第三定律示意图是利用附录 C 中给出的太阳系中每颗行星的数据绘制的。

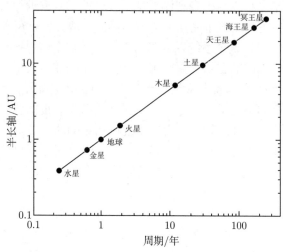

图 2.3   关于行星绕太阳运行的开普勒第三定律

回过头来看，很容易理解为什么近 2000 年前提出的匀速圆周运动的假设没有很快被确定是错误的；在大多数情况下，行星的运动与纯粹的圆周运动差别并不大。事实上，开普勒选择关注火星其实是很偶然的，只是因为这颗行星的数据质量特别好，而且火星对圆周运动的偏离比其他大多数行星都要大。

2.1.3 椭圆运动的几何学

为了理解开普勒定律的意义，我们必须首先了解椭圆的性质。椭圆 (图 2.4) 是由满足以下公式的点定义的：

$$r + r' = 2a, \tag{2.1}$$

其中，a 是常数，称为**半长轴** (semimajor axis，椭圆长轴或主轴长度的一半)；r 和 r' 分别代表椭圆上的任意一点到两个**焦点** (focal point) F 和 F' 的距离。根据开普勒第一定律，行星绕太阳运行的轨道是椭圆，太阳位于椭圆的一个焦点上，即**主焦点** (principal focus) F (另一个焦点上没有天体)。注意，如果 F 和 F' 位于同一点，那么 $r' = r$，前面的公式就会简化为 $r = r' = a$，即圆的公式。因此，圆只是椭圆的一种特殊情况。距离 b 称为**半短轴** (semiminor axis)。椭圆的**偏心率** (eccentricity) $e(0 \leqslant e < 1)$ 定义为焦点之间的距离除以椭圆的长轴 $2a$，这意味着任一焦点距椭圆中心的距离可以用 ae 来表示。椭圆上最接近主焦点的点 (位于长轴上) 称为**近日点** (perihelion)；位于长轴另一端、离主焦点最远的点称为**远日点** (aphelion)。

a、b 和 e 之间的实用关系可以用几何方法确定。考虑椭圆半短轴两端的其中一点，在那里 $r = r'$。在这种情况下，$r = a$，根据毕达哥拉斯定理，有 $r^2 = b^2 + a^2e^2$。代入后可立

即得到表达式

$$b^2 = a^2 \left(1 - e^2\right).$$ (2.2)

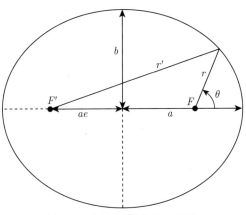

图 2.4 椭圆轨道的几何形状

开普勒第二定律指出,一颗行星的轨道速度取决于它在该轨道上的位置。为了详细描述一颗行星的轨道运动,有必要明确该行星的位置 (位置矢量) 以及该行星的速度大小和方向 (速度矢量)。通常,最简便的做法是用极坐标来表示行星的轨道,用从椭圆长轴逆时针方向测量的角度 θ 来表示它到主焦点的距离 r,从近日点方向开始起算 (图 2.4)。利用毕达哥拉斯定理,我们可以得到

$$r'^2 = r^2 \sin^2 \theta + (2ae + r \cos \theta)^2,$$

可简化为

$$r'^2 = r^2 + 4ae(ae + r \cos \theta).$$

利用椭圆的定义,$r + r' = 2a$,我们可以发现

$$r = \frac{a \left(1 - e^2\right)}{1 + e \cos \theta} \quad (0 \leqslant e < 1).$$ (2.3)

我们可以通过练习来证明,椭圆的总面积可由以下公式给出:

$$A = \pi a b.$$ (2.4)

例 2.1.1 利用式 (2.3),可以确定一颗行星在整个轨道上与主焦点的距离变化。火星轨道的半长轴为 1.5237AU (或 2.2794×10^{11} m),行星的轨道偏心率为 0.0934。当 $\theta = 0°$ 时,火星位于近日点,距离为

$$r_p = \frac{a \left(1 - e^2\right)}{1 + e}$$

$$= a(1-e)$$

$$= 1.3814\text{AU.} \tag{2.5}$$

同样，在远日点 $(\theta = 180°)$，也就是火星离太阳最远的地方，其距离可用以下公式计算出来：

$$r_a = \frac{a\left(1-e^2\right)}{1-e}$$

$$= a(1+e)$$

$$= 1.6660\text{AU.} \tag{2.6}$$

因此，火星在近日点和远日点到太阳的轨道距离变化约为 $20.6‰$。

椭圆实际上是一类被称为圆锥曲线的其中一种，可以利用平面截过圆锥来产生 (图 2.5)。每一种圆锥曲线都有其特有的偏心率范围。如前所述，圆是 $e=0$ 的圆锥曲线，椭圆有 $0 \leqslant e < 1$。$e=1$ 的曲线称为**抛物线 (parabola)**，用公式描述为

$$r = \frac{2p}{1+\cos\theta} \quad (e=1), \tag{2.7}$$

其中，p 是当 $\theta = 0$ 时，距抛物线的焦点最近的距离。偏心率大于 1 的曲线，即 $e > 1$，是**双曲线 (hyperbolas)**，其形式是

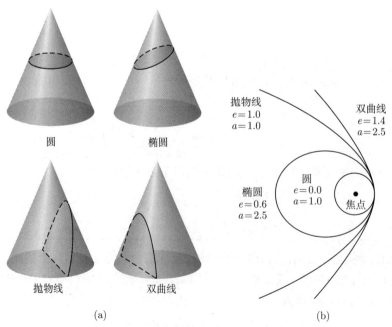

图 2.5   (a) 圆锥曲线；(b) 相关的轨道

$$r = \frac{a\,(e^2 - 1)}{1 + e\cos\theta} \quad (e > 1). \tag{2.8}$$

每种类型的圆锥曲线都与一种特殊的天体运动形式有关。

2.2　牛 顿 力 学

在开普勒发展他的行星运动三定律时，伽利略 (Galileo Galilei，1564—1642，图 2.6(a))，也许是第一位真正的实验物理学家，正在研究地球上物体的运动)。伽利略最早提出了惯性的概念。他对加速度也有了一定的认识，特别是他意识到，地球表面附近的物体落下时的加速度是一样的，与它们的重量无关。但伽利略是否通过从比萨斜塔上抛下不同重量的物体来公开证明这一事实，是一个有争议的事情。

(a)　　　　　　　　　　　(b)

图 2.6　(a) 伽利略·伽利雷 (1564—1642)；(b) 艾萨克·牛顿 (1643—1727) (由叶凯士天文台提供)

2.2.1　伽利略的观测

伽利略也是现代观测天文学之父。在得知 1608 年发明了第一架粗糙的望远镜后不久，他就对其设计进行了思考，并建造了自己的望远镜。伽利略利用他的新望远镜仔细观测天象，很快就做出了许多重要的观测结果，以支持宇宙的日心模型。特别是，他发现跨越地平线的被称为银河的光带，并不像以前认为的那样仅仅是一团云，而是实际上包含了大量肉眼无法分辨的单颗恒星。伽利略还观测到，月球上有着陨石坑，因此不是一个完美的球体。对金星不同相位的观测表明，这颗行星并不是靠自己的力量发光，而是在其绕着太阳运行时，从相对于太阳和地球不断变化的角度反射太阳光。他还发现，太阳本身是有瑕疵的，有数量和位置不同的太阳黑子。但对仍然得到教会大力支持的地心模型来说，最具破坏性的观测结果也许是伽利略发现了四颗围绕木星运行的卫星，这表明宇宙中至少还有另一个运动中心的存在。

1610 年，伽利略的许多初步观测结果都发表在他的《星际信使》(*Sidereus Nuncius*) 一书中。1616 年，教会迫使他撤回对哥白尼模型的支持，尽管他还能继续研究天文学好几年。1632 年，伽利略又出版了另一部著作《关于两大世界体系的对话》(*The Dialogue on the Two Chief World Systems*)，并在其中展示了一出三人戏剧。在剧中，萨尔维阿蒂 (Salviati) 是伽利略观点的支持者，辛普利西奥 (Simplicio) 信奉亚里士多德的旧观点，萨格雷多 (Sagredo) 则充当中立的第三者，他总是被萨尔维阿蒂的观点所左右。一石激起千层浪，伽利略被传唤至罗马宗教裁判所，他的书也被大量删改。该书随后被列入禁书名单，名单中还包括哥白尼和开普勒的作品。伽利略接着被软禁了一生，直至他在佛罗伦萨的家中逝世。

1992 年，梵蒂冈的专家在进行了长达 13 年的研究之后，教皇约翰·保罗二世正式宣布，由于"悲剧性地相互不理解"，罗马天主教会在大约 360 年前对伽利略的谴责是错误的。通过重新评估其立场，教会表明，至少在这个问题上，科学和宗教的哲学观点有着共存空间。

2.2.2　牛顿三定律

牛顿 (Isaac Newton，1643—1727)，可以说是历史上最伟大的科学家之一 (图 2.6(b))。18 岁时，牛顿考入剑桥大学，随后获得学士学位。在完成正式学业后的两年里，牛顿住在英格兰乡村的伍尔斯索普 (Woolsthorpe) 的家中，以远离瘟疫的直接危险。在这段时间里，他从事了可能是有史以来由个人进行的最富有成效的科学工作。他在理解运动、天文学、光学和数学方面取得了重大发现和理论上的进步。虽然他的作品没有被立即出版，但《自然哲学的数学原理》(*Philosophiae Naturalis Principia Mathematica*)，如今简称为《原理》(*Principia*)，最终在 1687 年现世，其中包含了他在力学、万有引力和微积分方面的许多工作。《原理》的出版主要是受埃德蒙·哈雷 (Edmond Halley) 的敦促，并且他也支付了印刷费用。另一本书《光学》(*Optiks*)，在 1704 年单独出版，包含了牛顿关于光的性质的想法和他早期的一些光学实验。虽然他的许多关于光的粒子性质的观点后来被证明是错误的 (见 3.3 节)，但牛顿的许多其他工作至今仍被广泛使用。

牛顿的伟大智慧体现在，他解决了瑞士数学家约翰·伯努利 (Johann Bernoulli) 为了向其同事挑战而提出的所谓"最速降线问题"。最速降线问题就是要找出一条曲线，在重力的作用下，一颗滚珠能在最短的时间内滑过无摩擦力的钢丝。找到解决方案的最后期限被设定为一年半。这个问题后来在某个下午提交给牛顿；第二天早上，牛顿就通过发明一个新的数学领域，即变分法，找到了答案。虽然应牛顿的要求，解法按匿名公布，但伯努利评价说："通过爪子，狮子本相毕露。"关于自己事业的成功，牛顿写道：

"我不知道我在世人眼中是什么样子，但在我自己看来，我似乎一直只是一个男孩，在海边玩耍，自娱自乐，时不时地发现一块更光滑的鹅卵石或一个比普通的贝壳更漂亮的贝壳，而真理的大海在我面前都未被我发现。"

今天，经典力学是由牛顿的运动三定律以及他的万有引力定律所描述的。除去原子维度、接近光速的速度或极端引力的领域，牛顿物理学已被证明在解释观测和实验结果方面非常成功。那些已被证明牛顿力学也不令人满意的情况将在后面的章节中讨论。

牛顿第一运动定律可表述如下：

牛顿第一定律　惯性定律。静止的物体将保持静止，运动的物体将保持在一条直线上以恒定的速度运动，除非受到外力的作用。

要确定一个物体是否真的在运动，必须建立一个参考系。在后面的章节中，我们将提到具有第一定律效果的特殊属性的参考系，所有这样的参考系都称为**惯性参考系** (inertial reference frames)。非惯性参考系相对于惯性参考系是加速运动的。

牛顿第一定律可以用物体的动量重新表述，$p = mv$，其中 m 和 v 分别是质量和速度[①]。因此，牛顿第一定律可以表述为："物体的动量保持不变，除非它受到外力的作用。"[②]

牛顿第二定律实际上是力的概念的定义：

牛顿第二定律　作用在物体上的合力 (所有力的总和) 与物体的质量和加速度成正比。

如果一个物体受到了 n 个力，那么合力的大小为

$$\boldsymbol{F}_{\text{net}} = \sum_{i=1}^{n} \boldsymbol{F}_i = m\boldsymbol{a}, \tag{2.9}$$

然而，假设质量不变，由定义 $\boldsymbol{a} \equiv \mathrm{d}\boldsymbol{v}/\mathrm{d}t$，牛顿第二定律也可以表示为

$$\boldsymbol{F}_{\text{net}} = m\frac{\mathrm{d}\boldsymbol{v}}{\mathrm{d}t} = \frac{\mathrm{d}(m\boldsymbol{v})}{\mathrm{d}t} = \frac{\mathrm{d}\boldsymbol{p}}{\mathrm{d}t}. \tag{2.10}$$

一个物体所受的合力等于它动量 $\boldsymbol{p}$ 的时间变化率。$\boldsymbol{F}_{\text{net}} = \mathrm{d}\boldsymbol{p}/\mathrm{d}t$ 实际上代表了牛顿第二定律最一般化的表述，也允许物体质量随时间发生变化，如火箭推进时发生的变化。

牛顿第三运动定律一般表述如下：

牛顿第三定律　每一个作用力都有一个与之相等且相反的作用力。

在这个定律中，作用和反作用力要理解为作用在不同物体上的力。考虑第二个物体 (物体 2) 对第一个物体 (物体 1) 施加的力，$\boldsymbol{F}_{12}$。牛顿第三定律指出，物体 1 施加在物体 2 上的力 $\boldsymbol{F}_{21}$，一定是大小相同但方向相反的力 (图 2.7)。在数学上，牛顿第三定律可以表示为

$$\boldsymbol{F}_{12} = -\boldsymbol{F}_{21}.$$

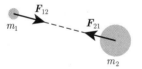

图 2.7　牛顿第三定律

2.2.3　牛顿的万有引力定律

利用他的三条运动定律和开普勒第三定律，牛顿能够找到一个表达式来描述将行星固定在其轨道上的力。考虑一个质量 m 以圆轨道围绕一个大得多的质量 $M(M \gg m)$ 运动的特殊情况。应用年和天文单位之外的其他单位系统，开普勒第三定律可以写成

$$P^2 = kr^3,$$

[①] 后文中，所有的矢量都将用粗体字表示。矢量是用大小和方向共同描述的量。有些教材利用不同的符号来表示矢量，如用 $\vec{v}$ 或 $\underline{v}$ 表示。

[②] 惯性定律是伽利略首创的概念的延伸。

其中, r 是两个物体之间的距离; k 是比例常数。用轨道周长和 m 的恒定速度来表示轨道周期, 可得

$$P = \frac{2\pi r}{v},$$

并代入前述公式, 可得

$$\frac{4\pi^2 r^2}{v^2} = kr^3.$$

将参数重新排列, 并且两边乘以 m, 得到以下表达式:

$$m\frac{v^2}{r} = \frac{4\pi^2 m}{kr^2}.$$

公式的左侧可以认为是圆周运动的向心力, 因此

$$F = \frac{4\pi^2 m}{kr^2}.$$

然而, 牛顿第三定律指出, m 对 M 施加的力的大小必须等于 M 对 m 施加的力的大小。因此, 公式的形式应该是对称的, 交换 m 和 M, 有

$$F = \frac{4\pi^2 M}{k'r^2}.$$

明确表达这种对称性, 并将其余的常数归为一个新的常数, 我们有

$$F = \frac{4\pi^2 Mm}{k''r^2},$$

其中, $k = k''/M$, $k' = k''/m$。最后, 引入一个新的常数, $G \equiv 4\pi^2/k''$, 我们得出牛顿发现的**万有引力定律** (law of universal gravitation) 的公式,

$$\boxed{F = G\frac{Mm}{r^2},} \tag{2.11}$$

其中, $G = 6.673 \times 10^{-11}$ N·m^2·kg^{-2} (**万有引力常数**, universal gravitational constant)[①]。

牛顿万有引力定律适用于任何两个有质量的物体。特别地, 对于一个延伸物体 (而不是一个质点), 该物体对另一个延伸物体所施加的力可以通过对其质量分布的积分来计算。

例 2.2.1 质量为 M 的球对称物体对质点 m 所施加的力, 可以通过对以连接质点和延伸物体中心的连线为中心的环进行积分来计算 (图 2.8)。此外, 由于环的对称性, 与之相关的引力矢量是沿着环的中心轴方向的。一旦确定了某个环所产生的力的一般形式, 就可以把质量 M 的整个体积中所有这些环的单独贡献累加起来。

---

① 在撰写本书时, G 的不确定度为 0.010×10^{-11} N·m^2·kg^{-2}。

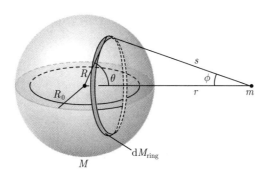

图 2.8 球对称质量分布的引力效应

设 r 为两个质量 M 和 m 的中心之间的距离，R_0 为大质量物体的半径，s 为质点到环上某点的距离。由于问题的对称性，只需计算沿连接两物体中心线的引力矢量分量，而垂直分量会被抵消。如果 $\mathrm{d}M_{\mathrm{ring}}$ 是所计算的环的质量，则该环对 m 施加的力可由以下公式给出：

$$\mathrm{d}F_{\mathrm{ring}} = G\frac{m\mathrm{d}M_{\mathrm{ring}}}{s^2}\cos\phi.$$

假设延伸物体的质量密度 $\rho(R)$ 仅是半径的函数，厚度为 $\mathrm{d}R$ 的环的体积为 $\mathrm{d}V_{\mathrm{ring}}$，我们发现

$$\mathrm{d}M_{\mathrm{ring}} = \rho(R)\mathrm{d}V_{\mathrm{ring}}$$
$$= \rho(R)2\pi R\sin\theta R\mathrm{d}\theta\mathrm{d}R$$
$$= 2\pi R^2\rho(R)\sin\theta\mathrm{d}R\mathrm{d}\theta.$$

余弦的计算公式为

$$\cos\phi = \frac{r - R\cos\theta}{s},$$

其中，s 可以利用毕达哥拉斯定理求得

$$s = \sqrt{(r - R\cos\theta)^2 + R^2\sin^2\theta} = \sqrt{r^2 - 2rR\cos\theta + R^2}.$$

将其代入 $\mathrm{d}\boldsymbol{F}_{\mathrm{ring}}$ 的表达式，并将位于质量 M 中心距离 R 处的所有环相加 (即保持 R 不变，从 0 到 π 对所有 θ 进行积分)，然后从 $R = 0$ 到 $R = R_0$ 将半径为 R 的所有球壳层相加，得出沿系统对称线作用于小质量 m 的总引力为

$$F = Gm\int_0^{R_0}\int_0^{\pi}\frac{(r - R\cos\theta)\rho(R)2\pi R^2\sin\theta}{s^3}\mathrm{d}\theta\mathrm{d}R$$
$$= 2\pi Gm\int_0^{R_0}\int_0^{\pi}\frac{rR^2\rho(R)\sin\theta}{(r^2 + R^2 - 2rR\cos\theta)^{3/2}}\mathrm{d}\theta\mathrm{d}R$$
$$- 2\pi Gm\int_0^{R_0}\int_0^{\pi}\frac{R^3\rho(R)\sin\theta\cos\theta}{(r^2 + R^2 - 2rR\cos\theta)^{3/2}}\mathrm{d}\theta\mathrm{d}R.$$

对 θ 的积分可以利用变量变换来进行，令 $u \equiv s^2 = r^2 + R^2 - 2rR\cos\theta$。则 $\cos\theta = (r^2 + R^2 - u)/(2rR)$，$\sin\theta\mathrm{d}\theta = \mathrm{d}u/(2rR)$。对新变量 u 进行恰当的替换和积分后，力的公式变为

$$F = \frac{Gm}{r^2} \int_0^{R_0} 4\pi R^2 \rho(R)\mathrm{d}R.$$

请注意，被积函数只是厚度为 $\mathrm{d}R$、体积为 $\mathrm{d}V_{\mathrm{shell}}$ 的球壳的质量，或者是

$$\mathrm{d}M_{\mathrm{shell}} = 4\pi R^2 \rho(R)\mathrm{d}R = \rho(R)\mathrm{d}V_{\mathrm{shell}}.$$

因此，被积函数给出质量为 $\mathrm{d}M_{\mathrm{shell}}$ 的球对称壳层对质点 m 的引力为

$$\mathrm{d}F_{\mathrm{shell}} = \frac{Gm\mathrm{d}M_{\mathrm{shell}}}{r^2}.$$

球壳层的引力作用就像它的质量完全位于其中心一样。最后，对球壳层进行积分，我们得到，一个延伸的、球对称的质量分布对 m 施加的力是沿两个物体之间的对称线的，并且可以用以下公式表示出来：

$$F = G\frac{Mm}{r^2},$$

这正是两个质点之间的引力公式。

当物体落在地球表面附近时，它以 $g = 9.80~\mathrm{m\cdot s^{-2}}$ 的速度朝向地球中心加速，这就是重力的局部加速度。利用牛顿第二定律和万有引力定律，可以找到重力加速度的表达式。如果 m 为下落物体的质量，$M_\oplus$ 和 $R_\oplus$ 分别为地球的质量，半径 h 为物体在地球上方的高度，那么地球对 m 的重力作用可由以下公式给出：

$$F = G\frac{M_\oplus m}{(R_\oplus + h)^2}.$$

假设 m 在地球表面附近，那么 $h \ll R_\oplus$，并且有

$$F \simeq G\frac{M_\oplus m}{R_\oplus^2}.$$

然而，因为 $F = ma = mg$，所以

$$\boxed{g = G\frac{M_\oplus}{R_\oplus^2}.} \tag{2.12}$$

将 $M_\oplus = 5.9736 \times 10^{24}$ kg 和 $R_\oplus = 6.378136 \times 10^6$ m 的值代入，得到与测量值一致的 g 值。

2.2.4 月球轨道

"一个苹果落在牛顿的头上,使他立即意识到引力使月球在其轨道上运行。" 这个著名的故事可能有些虚构和不准确。然而,牛顿确实证明了,引力既是导致苹果落下的加速度,也是地球最近的邻居运动的原因。

例 2.2.2 为简单起见,假设月球的轨道正好是圆形,我们可以迅速计算出月球的向心加速度。回想一下,完美圆周运动的物体的向心加速度可由以下公式给出:

$$a_c = \frac{v^2}{r}.$$

在这种情况下,r 是地球中心到月球中心的距离,$r = 3.84401 \times 10^8 \text{m}$,$v$ 是月球的轨道速度,由以下公式给出:

$$v = \frac{2\pi r}{P},$$

其中,$P = 27.3$ 天 $= 2.36 \times 10^6 \text{s}$,这是月球的恒星轨道周期。从而得到 $v = 1.02 \text{ km·s}^{-1}$,由此给出向心加速度的数值为

$$a_c = 0.0027 \text{ m} \cdot \text{s}^{-2}.$$

地球引力引起的月球加速度也可以直接由下面的公式计算出来:

$$a_g = G\frac{M_\oplus}{r^2} = 0.0027 \text{ m} \cdot \text{s}^{-2},$$

与向心加速度的大小一致。

2.2.5 功和能量

天体物理学中,像任何物理学领域一样,对特定物理现象的能量有一定的了解往往是非常有益的,这样才能确定这些过程在特定的系统中是否重要。一些模型如果不能解出观测到的能量,一般会被立即排除。能量参量也常常能够为特定的问题提供简单的解决方案。例如,在行星大气层的演化过程中,必须考虑大气层中某一特定成分逃逸的可能性。这种考虑是基于对气体粒子逃逸速度的计算。

在引力的作用下,将质量为 m 的物体提升至高度 h 所需的能量 (功) 等于系统势能的变化。一般来说,两点之间位置的变化所引起的势能变化可用以下公式给出:

$$U_\text{f} - U_\text{i} = \Delta U = -\int_{\boldsymbol{r}_\text{i}}^{\boldsymbol{r}_\text{f}} \boldsymbol{F} \cdot \mathrm{d}\boldsymbol{r}, \tag{2.13}$$

其中,$\boldsymbol{F}$ 为力矢量;$\boldsymbol{r}_\text{i}$ 和 $\boldsymbol{r}_\text{f}$ 分别为初始位置矢量和最终位置矢量;$\mathrm{d}\boldsymbol{r}$ 为某一常规坐标系下位置矢量的微小变化 (图 2.9)。如果 m 上的引力是由位于原点的质量 M 引起的,那么 $\boldsymbol{F}$ 的方向向内指向 M,$\mathrm{d}\boldsymbol{r}$ 向外,$\boldsymbol{F} \cdot \mathrm{d}\boldsymbol{r} = -F\mathrm{d}r$,势能的变化就变为

$$\Delta U = \int_{r_\text{i}}^{r_\text{f}} G\frac{Mm}{r^2}\mathrm{d}r.$$

积分上式，我们可得

$$U_{\text{f}} - U_{\text{i}} = -GMm \left(\frac{1}{r_{\text{f}}} - \frac{1}{r_{\text{i}}} \right).$$

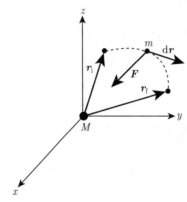

图 2.9 引力势能。所做的功取决于相对于力矢量方向的运动方向

由于只有势能的相对变化才有物理意义，所以可以选择一个势能完全为零的参考位置。如果对于一个特定的引力系统，假设势能在无限远处为零，那么让 r_{f} 趋近于无限 $(r_{\text{f}} \to \infty)$，为了简单起见，去掉下标，就可以得到

$$\boxed{U = -G \frac{Mm}{r}.} \tag{2.14}$$

当然，这个过程可以反过来：可以通过微分引力势能来计算引力。对于只取决于 r 的力，

$$F = -\frac{\partial U}{\partial r}. \tag{2.15}$$

在通常的三维描述中，$\boldsymbol{F} = -\nabla U$，其中 ∇U 代表 U 的梯度。在直角坐标系中，变成

$$\boldsymbol{F} = -\frac{\partial U}{\partial x}\hat{\boldsymbol{i}} - \frac{\partial U}{\partial y}\hat{\boldsymbol{j}} - \frac{\partial U}{\partial z}\hat{\boldsymbol{k}}.$$

如果要改变一个大质量物体的速度 $|\boldsymbol{v}|$，就必须对它做功。可以通过改写功的积分形式来说明，先用时间，再用速度来表示：

$$W \equiv -\Delta U$$

$$= \int_{\boldsymbol{r}_{\text{i}}}^{\boldsymbol{r}_{\text{f}}} \boldsymbol{F} \cdot \mathrm{d}\boldsymbol{r}$$

$$= \int_{t_{\text{i}}}^{t_{\text{f}}} \frac{\mathrm{d}\boldsymbol{p}}{\mathrm{d}t} \cdot (\boldsymbol{v}\mathrm{d}t)$$

$$= \int_{t_{\text{i}}}^{t_{\text{f}}} m\frac{\mathrm{d}\boldsymbol{v}}{\mathrm{d}t} \cdot (\boldsymbol{v}\mathrm{d}t)$$

$$= \int_{t_i}^{t_f} m \left(\boldsymbol{v} \cdot \frac{\mathrm{d}\boldsymbol{v}}{\mathrm{d}t} \right) \mathrm{d}t$$

$$= \int_{t_i}^{t_f} m \frac{\mathrm{d}\left(\frac{1}{2}v^2\right)}{\mathrm{d}t} \mathrm{d}t$$

$$= \int_{v_i}^{v_f} m \mathrm{d}\left(\frac{1}{2}v^2\right)$$

$$= \frac{1}{2}mv_f^2 - \frac{1}{2}mv_i^2.$$

现在我们可以确定以下面的量作为物体的**动能 (kinetic energy)**:

$$K = \frac{1}{2}mv^2. \tag{2.16}$$

因此,对质点所做的功,会导致质点动能的等效变化。这个立论只是**能量守恒 (conservation of energy)** 的一个简单例子,但这一概念在所有物理学领域都经常遇到。

考虑一个质量为 m 的质点,它的初速度为 v,并且距离一个较大的质量 M (如地球) 的中心为 r。该质点向上移动的速度要多快才能完全摆脱引力的拉扯?要想计算**逃逸速度 (escape speed)**,可以直接用能量守恒来计算。质点的总初始机械能 (包括动能和势能) 由以下公式给出:

$$E = \frac{1}{2}mv^2 - G\frac{Mm}{r}.$$

假设在临界情况下,在离 M 无限远的位置处,质点的最终速度将变为零,这意味着动能和势能都将为零。显然,根据能量守恒,质点的总能量在任何时候都必须完全为零。因此,

$$\frac{1}{2}mv^2 = G\frac{Mm}{r},$$

可以立即求出 m 的初速度是

$$v_{esc} = \sqrt{2GM/r}. \tag{2.17}$$

请注意,逃逸物体的质量并没有在逃逸速度的最终表达式中。在地球表面附近,$v_{esc} = 11.2 \text{ km·s}^{-1}$。

2.3 开普勒定律的推导

虽然开普勒最终确定了行星运动的几何形状的一般形式是椭圆而非圆周运动,但他无法解释让行星按这样的精确模式运动的力的性质。牛顿不仅成功地量化了这种力,而且还能概括开普勒的工作,从万有引力定律推导出行星运动的经验定律。推导出开普勒定律是现代天体物理学发展的关键一步。

2.3.1 质心参考系

然而，在继续推导开普勒定律之前，更细致地研究一下轨道运动的动力学将是有益的。有着相互作用的二体问题，如双星轨道，或更一般的多体问题 (通常称为 N 体问题)，最容易在质心参考系中体现。

图 2.10 显示了两个质量分别为 m_1 和 m_2 的物体，它们分别位于 $\boldsymbol{r}'_1$ 和 $\boldsymbol{r}'_2$，从 $\boldsymbol{r}'_1$ 到 $\boldsymbol{r}'_2$ 的位移矢量可由以下公式给出。

$$\boldsymbol{r} = \boldsymbol{r}'_2 - \boldsymbol{r}'_1.$$

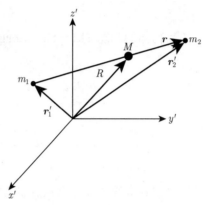

图 2.10　广义笛卡儿坐标系中标示出的 m_1、m_2 和质心 (center of mass，位于 M 处) 的位置

定义位置矢量 $\boldsymbol{R}$ 为两个物体位置矢量的加权平均：

$$\boldsymbol{R} \equiv \frac{m_1\boldsymbol{r}'_1 + m_2\boldsymbol{r}'_2}{m_1 + m_2}. \tag{2.18}$$

当然，这一定义可以直接归纳为 n 个物体时的情况：

$$\boldsymbol{R} \equiv \frac{\displaystyle\sum_{i=1}^{n} m_i\boldsymbol{r}'_i}{\displaystyle\sum_{i=1}^{n} m_i}.$$

改写公式，我们有

$$\sum_{i=1}^{n} m_i\boldsymbol{R} = \sum_{i=1}^{n} m_i\boldsymbol{r}'_i.$$

然后，如果我们定义 M 为系统的总质量，$M \equiv \displaystyle\sum_{i=1}^{n} m_i$，那么前面的公式将变成

$$M\boldsymbol{R} = \sum_{i=1}^{n} m_i\boldsymbol{r}'_i.$$

假设物体质量不发生变化，公式两边对时间微分可得

$$M\frac{\mathrm{d}\boldsymbol{R}}{\mathrm{d}t} = \sum_{i=1}^{n} m_i \frac{\mathrm{d}\boldsymbol{r}_i'}{\mathrm{d}t}$$

或

$$M\boldsymbol{V} = \sum_{i=1}^{n} m_i \boldsymbol{v}_i'.$$

右侧是系统中每个质点的线性动量之和，所以系统的总线性动量可以当作是所有的质量都位于 $\boldsymbol{R}$ 处，都以速度 $\boldsymbol{V}$ 运动。因此 $\boldsymbol{R}$ 为系统的质心位置所在，$\boldsymbol{V}$ 为质心速度。设 $\boldsymbol{P} \equiv M\boldsymbol{V}$ 为质心的线性动量，$\boldsymbol{p}_i' \equiv m_i\boldsymbol{v}_i'$ 为质点 i 的线性动量，再将公式两边对时间进行微分，得到

$$\frac{\mathrm{d}\boldsymbol{P}}{\mathrm{d}t} = \sum_{i=1}^{n} \frac{\mathrm{d}\boldsymbol{p}_i'}{\mathrm{d}t}.$$

如果我们假设作用在系统中各个质点上的力都是由系统中所包含的其他质点引起的，那么按照牛顿第三定律的要求，总合力必须为零。这一约束条件之所以存在，是因为作用力–反作用力的大小相等，方向相反。当然，各个质点的动量可能会发生变化。使用质心的相关量，我们发现系统的总合力 (或净力) 为

$$\boldsymbol{F} = \frac{\mathrm{d}\boldsymbol{P}}{\mathrm{d}t} = M\frac{\mathrm{d}^2\boldsymbol{R}}{\mathrm{d}t^2} = 0.$$

因此，如果没有外力存在，质心将不会加速。这意味着与质心相关的参考系必定是一个惯性参考性，N 体问题可以通过选择这一坐标系来进行简化，其质心在 $\boldsymbol{R} = 0$ 处静止。

如果我们为一个双星系统选择质心参考系，如图 2.11 所示 ($\boldsymbol{R} = 0$)，则式 (2.18) 变为

$$\frac{m_1\boldsymbol{r}_1 + m_2\boldsymbol{r}_2}{m_1 + m_2} = 0, \tag{2.19}$$

其中，上标已被去掉，表示是质心坐标。现在，$\boldsymbol{r}_1$ 和 $\boldsymbol{r}_2$ 可以利用位移矢量 $\boldsymbol{r}$ 来表示。代入 $\boldsymbol{r}_2 = \boldsymbol{r}_1 + \boldsymbol{r}$，得到

$$\boldsymbol{r}_1 = -\frac{m_2}{m_1 + m_2}\boldsymbol{r}, \tag{2.20}$$

$$\boldsymbol{r}_2 = \frac{m_1}{m_1 + m_2}\boldsymbol{r}. \tag{2.21}$$

下一步，定义**折合质量 (reduced mass)** 为

$$\boxed{\mu \equiv \frac{m_1 m_2}{m_1 + m_2}.} \tag{2.22}$$

那么 $\boldsymbol{r}_1$ 和 $\boldsymbol{r}_2$ 成为

$$\boxed{\begin{aligned} \boldsymbol{r}_1 &= -\frac{\mu}{m_1}\boldsymbol{r}, \\[1mm] \boldsymbol{r}_2 &= \frac{\mu}{m_2}\boldsymbol{r}. \end{aligned}}$$

(2.23)

(2.24)

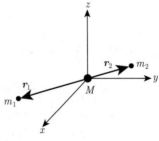

图 2.11　双星轨道的质心参考系，质心位于坐标系的原点

当涉及系统的总能量和轨道角动量时，质心参考系的便利就一目了然了。引入必要的动能项和引力势能项，总能量可以表示为

$$E = \frac{1}{2}m_1\,|\boldsymbol{v}_1|^2 + \frac{1}{2}m_2\,|\boldsymbol{v}_2|^2 - G\frac{m_1 m_2}{|\boldsymbol{r}_2 - \boldsymbol{r}_1|}.$$

将 $\boldsymbol{r}_1$ 和 $\boldsymbol{r}_2$ 的关系式，以及系统总质量的表达式和折合质量的定义代入，可得

$$E = \frac{1}{2}\mu v^2 - G\frac{M\mu}{r},$$

(2.25)

其中，$v = |\boldsymbol{v}|$ 和 $\boldsymbol{v} \equiv \mathrm{d}\boldsymbol{r}/\mathrm{d}t$。这里还使用 $r = |\boldsymbol{r}_2 - \boldsymbol{r}_1|$。系统的总能量等于折合质量的动能加上折合质量围绕质量 M 运动的势能，假设 M 位于原点并保持不动。μ 和 M 之间的距离等于质量为 m_1 和 m_2 的物体之间的距离。

同样，总的轨道角动量为

$$\boldsymbol{L} = m_1\boldsymbol{r}_1 \times \boldsymbol{v}_1 + m_2\boldsymbol{r}_2 \times \boldsymbol{v}_2,$$

亦即

$$\boldsymbol{L} = \mu\boldsymbol{r} \times \boldsymbol{v} = \boldsymbol{r} \times \boldsymbol{p},$$

(2.26)

其中，$\boldsymbol{p} \equiv \mu\boldsymbol{v}$。总轨道角动量恰好等于折合质量的角动量。一般而言，二体问题可以等效看作单体问题：折合质量 μ 围绕固定质量 M 在距离 r 处运动 (图 2.12)。

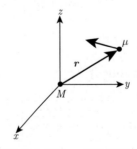

图 2.12　双星轨道可简化为解决折合质量 μ 绕位于原点的总质量 M 运动的等效问题

2.3.2 开普勒第一定律的推导

为了推导开普勒第一定律,我们首先考虑引力对行星轨道角动量的影响。使用质心坐标,并对折合质量的轨道角动量 (2.26) 求导,可得

$$\frac{\mathrm{d}\boldsymbol{L}}{\mathrm{d}t} = \frac{\mathrm{d}\boldsymbol{r}}{\mathrm{d}t} \times \boldsymbol{p} + \boldsymbol{r} \times \frac{\mathrm{d}\boldsymbol{p}}{\mathrm{d}t} = \boldsymbol{v} \times \boldsymbol{p} + \boldsymbol{r} \times \boldsymbol{F},$$

表达式的第二部分源自于速度的定义和牛顿第二定律。请注意,由于 $\boldsymbol{v}$ 和 $\boldsymbol{p}$ 沿同一方向,从而它们的矢积完全为零。同样,由于 $\boldsymbol{F}$ 是沿 $\boldsymbol{r}$ 向内的中心力,从而 $\boldsymbol{r}$ 和 $\boldsymbol{F}$ 的矢积也为零。于是得到关于角动量的一个重要的一般化结果:

$$\frac{\mathrm{d}\boldsymbol{L}}{\mathrm{d}t} = 0, \tag{2.27}$$

对有心力来说,系统的角动量是常量。式 (2.26) 进一步说明,位置矢量 $\boldsymbol{r}$ 总是垂直于恒定的角动量矢量 $\boldsymbol{L}$,即折合质量的轨道位于垂直于 $\boldsymbol{L}$ 的平面上。

利用径向单位矢量 $\hat{\boldsymbol{r}}$ (有 $\boldsymbol{r} = r\hat{\boldsymbol{r}}$),我们可以将角动量矢量写成另一种形式,即

$$\begin{aligned}
\boldsymbol{L} &= \mu \boldsymbol{r} \times \boldsymbol{v} \\
&= \mu r\hat{\boldsymbol{r}} \times \frac{\mathrm{d}}{\mathrm{d}t}(r\hat{\boldsymbol{r}}) \\
&= \mu r\hat{\boldsymbol{r}} \times \left(\frac{\mathrm{d}r}{\mathrm{d}t}\hat{\boldsymbol{r}} + r\frac{\mathrm{d}}{\mathrm{d}t}\hat{\boldsymbol{r}} \right) \\
&= \mu r^2 \hat{\boldsymbol{r}} \times \frac{\mathrm{d}}{\mathrm{d}t}\hat{\boldsymbol{r}}.
\end{aligned}$$

(最后一步用到了 $\hat{\boldsymbol{r}} \times \hat{\boldsymbol{r}} = 0$。) 以矢量形式表示,在 M 的引力作用下,折合质量的加速度为

$$\boldsymbol{a} = -\frac{GM}{r^2}\hat{\boldsymbol{r}}.$$

将折合质量的加速度与其自身的轨道角动量矢量相乘,可得

$$\boldsymbol{a} \times \boldsymbol{L} = -\frac{GM}{r^2}\hat{\boldsymbol{r}} \times \left(\mu r^2 \hat{\boldsymbol{r}} \times \frac{\mathrm{d}}{\mathrm{d}t}\hat{\boldsymbol{r}} \right) = -GM\mu \hat{\boldsymbol{r}} \times \left(\hat{\boldsymbol{r}} \times \frac{\mathrm{d}}{\mathrm{d}t}\hat{\boldsymbol{r}} \right).$$

应用矢量公式 $\boldsymbol{A} \times (\boldsymbol{B} \times \boldsymbol{C}) = (\boldsymbol{A} - \boldsymbol{C})\boldsymbol{B} - (\boldsymbol{A} - \boldsymbol{B})\boldsymbol{C}$,结果得到

$$\boldsymbol{a} \times \boldsymbol{L} = -GM\mu \left[\left(\hat{\boldsymbol{r}} \cdot \frac{\mathrm{d}}{\mathrm{d}t}\hat{\boldsymbol{r}} \right)\hat{\boldsymbol{r}} - (\hat{\boldsymbol{r}} \cdot \hat{\boldsymbol{r}})\frac{\mathrm{d}}{\mathrm{d}t}\hat{\boldsymbol{r}} \right].$$

因为 $\hat{\boldsymbol{r}}$ 是单位矢量,所以 $\hat{\boldsymbol{r}} \cdot \hat{\boldsymbol{r}} = 1$,且

$$\frac{\mathrm{d}}{\mathrm{d}t}(\hat{\boldsymbol{r}} \cdot \hat{\boldsymbol{r}}) = 2\hat{\boldsymbol{r}} \cdot \frac{\mathrm{d}}{\mathrm{d}t}\hat{\boldsymbol{r}} = 0,$$

于是,

$$\boldsymbol{a} \times \boldsymbol{L} = GM\mu \frac{\mathrm{d}}{\mathrm{d}t} \hat{\boldsymbol{r}},$$

或参考式 (2.27),

$$\frac{\mathrm{d}}{\mathrm{d}t}(\boldsymbol{v} \times \boldsymbol{L}) = \frac{\mathrm{d}}{\mathrm{d}t}(GM\mu\hat{\boldsymbol{r}})$$

对时间进行积分,则得到

$$\boldsymbol{v} \times \boldsymbol{L} = GM\mu\hat{\boldsymbol{r}} + \boldsymbol{D}, \tag{2.28}$$

其中, $\boldsymbol{D}$ 是一常数矢量。因为 $\boldsymbol{v} \times \boldsymbol{L}$ 和 $\hat{\boldsymbol{r}}$ 都位于轨道平面内,所以 $\boldsymbol{D}$ 也一定在轨道平面内。此外,在近日点处,当折合质量的速度为最大时,公式左边的量也将最大。此外,当 $\hat{\boldsymbol{r}}$ 和 $\boldsymbol{D}$ 指向同一方向时,公式右边的量最大。因此, $\boldsymbol{D}$ 应该指向近日点。如后面的推导所示, $\boldsymbol{D}$ 的大小决定了轨道的偏心率。

接下来,我们用位置矢量 $\boldsymbol{r} = r\hat{\boldsymbol{r}}$ 对式 (2.28) 的两边求点积:

$$\boldsymbol{r} \cdot (\boldsymbol{v} \times \boldsymbol{L}) = GM\mu r\hat{\boldsymbol{r}} \cdot \hat{\boldsymbol{r}} + \boldsymbol{r} \cdot \boldsymbol{D}.$$

援引矢量运算公式 $\boldsymbol{A} \cdot (\boldsymbol{B} \times \boldsymbol{C}) = (\boldsymbol{A} \times \boldsymbol{B}) \cdot \boldsymbol{C}$,可得

$$(\boldsymbol{r} \times \boldsymbol{v}) \cdot \boldsymbol{L} = GM\mu r + rD\cos\theta.$$

最后,回忆角动量的定义式 (2.26),我们得到了

$$\frac{L^2}{\mu} = GM\mu r \left(1 + \frac{D\cos\theta}{GM\mu}\right),$$

其中, θ 是折合质量位置与近日点方向的夹角。定义 $e \equiv D/(GM\mu)$ 并求解 r,我们得到

开普勒第一定律 (修正后)

$$\boxed{r = \frac{L^2/\mu^2}{GM(1 + e\cos\theta)}.} \tag{2.29}$$

通过将式 (2.29) 与椭圆、抛物线和双曲线的式 (2.3)、式 (2.7) 和式 (2.8) 比较可以看出,式 (2.29) 正是圆锥曲线的公式。在引力 (或其他平方反比力) 的作用下,折合质量围绕质心的运动路径是一条圆锥曲线。当系统的总能量小于零时,诸如引力的正比于 r^{-2} 的有心力产生的是椭圆轨道 (约束系统),当系统能量等于零时,可得到抛物线轨道,而双曲线轨道则由能量大于零的非约束系统产生。

当在天空中建立的实际参考系里考虑式 (2.29) 时,我们发现开普勒第一定律对于约束行星轨道可以表述为:双星轨道上的两颗天体都以椭圆轨道围绕质心运动,质心是每个椭圆轨道的其中一个焦点。牛顿能够证明行星以椭圆轨道运动,并且发现开普勒第一定律必须进一步加以修正:位于椭圆焦点的实际上是系统的质心,而不是太阳的中心。对于我们太阳系来说,这样的错误是可以理解的,因为最大的行星——木星的质量只有太阳质量的

1/1000。这就让太阳–木星系统的质心靠近太阳表面。开普勒使用的是第谷肉眼观测的数据，他并没有意识到自己的错误，因此这是可以原谅的。

对于闭合的行星轨道，比较式 (2.3) 和式 (2.29) 可以看出，系统总轨道角动量为

$$L = \mu \sqrt{GMa\left(1 - e^2\right)}. \tag{2.30}$$

请注意，纯圆周运动 ($e = 0$) 时，L 有最大值；当偏心率接近于 1 时，L 为零，正如预期。

2.3.3 开普勒第二定律的推导

为了推导开普勒第二定律，亦即椭圆的截面面积与时间间隔的关系，我们首先考虑极坐标系中的无限小面积，如图 2.13 所示。

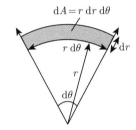

图 2.13 极坐标系中的无限小面积

如果我们从椭圆的主焦点积分到某一特定的距离 r，那么 θ 的无限小变化扫出的面积为

$$\mathrm{d}A = \mathrm{d}r(r\mathrm{d}\theta) = r\mathrm{d}r\mathrm{d}\theta.$$

因此，椭圆上的一点到焦点的连线扫出的面积的时间变化率为

$$\frac{\mathrm{d}A}{\mathrm{d}t} = \frac{1}{2}r^2\frac{\mathrm{d}\theta}{\mathrm{d}t}. \tag{2.31}$$

现在，轨道速度 $\boldsymbol{v}$ 可以用两个分量来表示，一个沿 r 方向，另一个垂直于 $\boldsymbol{r}$。令 $\hat{\boldsymbol{r}}$ 和 $\hat{\boldsymbol{\theta}}$ 分别是沿 $\boldsymbol{r}$ 和与其正交的单位矢量，$\boldsymbol{v}$ 可以写成 (图 2.14)

$$\boldsymbol{v} = \boldsymbol{v}_r + \boldsymbol{v}_\theta = \frac{\mathrm{d}r}{\mathrm{d}t}\hat{\boldsymbol{r}} + r\frac{\mathrm{d}\theta}{\mathrm{d}t}\hat{\boldsymbol{\theta}}.$$

将 v_θ 代入式 (2.31)，得到

$$\frac{\mathrm{d}A}{\mathrm{d}t} = \frac{1}{2}rv_\theta.$$

由于 $\boldsymbol{r}$ 和 $\boldsymbol{v}_\theta$ 是相互垂直的，有

$$rv_\theta = |\boldsymbol{r} \times \boldsymbol{v}| = \left|\frac{\boldsymbol{L}}{\mu}\right| = \frac{L}{\mu}.$$

最终，面积的时间导数变成

开普勒第二定律 (修正后)

$$\boxed{\frac{\mathrm{d}A}{\mathrm{d}t} = \frac{1}{2}\frac{L}{\mu}.}$$

(2.32)

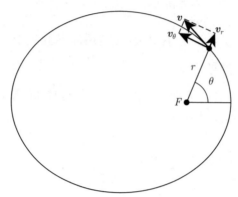

图 2.14   极坐标系下椭圆运动的速度矢量

前面已经表明, 轨道角动量是一个常量, 所以行星与椭圆焦点的连线扫出的面积的时间变化率是一个常数, 是单位质量轨道角动量的一半。这就是开普勒第二定律。

折合质量在近日点 $(\theta = 0)$ 和远日点 $(\theta = \pi)$ 时的速度表达式可以很容易地从式 (2.29) 推导得到。因为在近日点和远日点, $\boldsymbol{r}$ 和 $\boldsymbol{v}$ 都是相互垂直的, 所以在这两点, 角动量的大小就变成

$$L = \mu r v.$$

在近日点, 式 (2.29) 可以写为

$$r_p = \frac{(\mu r_p v_p)^2 / \mu^2}{GM(1+e)},$$

而在远日点有

$$r_a = \frac{(\mu r_a v_a)^2 / \mu^2}{GM(1-e)}.$$

由例 2.1.1 可知, 在近日点时 $r_p = a(1-e)$, 在远日点时 $r_a = a(1+e)$, 我们可以立即得到在近日点有

$$v_p^2 = \frac{GM(1+e)}{r_p} = \frac{GM}{a}\left(\frac{1+e}{1-e}\right),$$

(2.33)

而在远日点有

$$v_a^2 = \frac{GM(1-e)}{r_a} = \frac{GM}{a}\left(\frac{1-e}{1+e}\right).$$

(2.34)

总轨道能量也可以求得

$$E = \frac{1}{2}\mu v_p^2 - G\frac{M\mu}{r_p}.$$

进行适当的替换，并重新整理公式可得

$$E = -G\frac{M\mu}{2a} = -G\frac{m_1 m_2}{2a}. \tag{2.35}$$

双星轨道的总能量只取决于半长轴 a，正好是系统时间平均势能的一半。

$$E = \frac{1}{2}\langle U \rangle,$$

其中，$\langle U \rangle$ 表示一个轨道周期内的能量平均值 ①。这其实是位力定理的一个例子，它是引力约束系统的一般属性。位力定理将在 2.4 节中详细讨论。

利用能量守恒并令总轨道能等于动能和势能之和，可以直接得出一个有用的折合质量的速度 (或 m_1 和 m_2 的相对速度) 表达式：

$$-G\frac{M\mu}{2a} = \frac{1}{2}\mu v^2 - G\frac{M\mu}{r}.$$

利用 $M = m_1 + m_2$，上式可简化为

$$v^2 = G(m_1 + m_2)\left(\frac{2}{r} - \frac{1}{a}\right). \tag{2.36}$$

这一表达式也可以通过轨道速度的矢量分量相加直接得到。$\boldsymbol{v}_r$、$\boldsymbol{v}_\theta$ 和 v^2 的计算将留作练习。

2.3.4 开普勒第三定律的推导

我们终于可以推导最后一条开普勒定律了。将开普勒第二定律的数学表达式 (2.32) 在一个轨道周期 P 内进行积分，得到的结果是

$$A = \frac{1}{2}\frac{L}{\mu}P.$$

这里，围绕质量较大的物体 M 运行的物体 m 的质量已经用围绕质心运行的更一般形式的折合质量 μ 所取代。代入椭圆面积 $A = \pi ab$，公式两边平方，并重新整理，我们得到下面的表达式：

$$P^2 = \frac{4\pi^2 a^2 b^2 \mu^2}{L^2}.$$

最后，利用式 (2.2) 和总轨道角动量的表达式 (2.30)，公式最后简化为

开普勒第三定律 (修正后)

$$P^2 = \frac{4\pi^2}{G(m_1 + m_2)}a^3. \tag{2.37}$$

---

① $\langle U \rangle = -GM\mu/a$ 的证明留作练习。注意，$\langle 1/r \rangle$ 的时间平均等于 $1/a$，但 $\langle r \rangle \neq a$。

这就是开普勒第三定律的一般形式。牛顿不仅证明了椭圆轨道的半长轴与轨道周期的关系，而且还发现了一个开普勒没有利用其经验发现的关系，即轨道周期的平方与系统总质量成反比。开普勒没有注意到这一关系同样是情有可原的。第谷的观测数据仅适用于太阳系，太阳的质量 $M_\odot$ 比任何一颗行星的质量都大得多，所以 $M_\odot + m_{\text{planet}} \simeq M_\odot$。用年表示 P，用天文单位表示 a，则可给出式 (2.37) 的常数集合的统一值 (其中包含太阳的质量)[①]。

牛顿形式的开普勒第三定律对天文学的重要性不言而喻。这一定律提供了获得天体质量最直接的方法，而天体质量是理解各种天文现象的关键参数。牛顿导出的开普勒定律，同样适用于绕太阳运行的行星、绕行星运行的卫星、恒星之间的轨道运动以及星系与星系之间的轨道运动。知道了轨道周期和椭圆半长轴，就可以得到系统的总质量。如果还知道到质心的相对距离，则可以用式 (2.19) 确定个体质量。

例 2.3.1 木星四颗伽利略卫星之一的木卫一的轨道恒星周期是 1.77 天 $= 1.53 \times 10^5$ s，其轨道半长轴为 4.22×10^8 m。假设木卫一的质量与木星相比微不足道，那么木星的质量可以用开普勒第三定律来估计：

$$M_{\text{Jupiter}} = \frac{4\pi^2}{G}\frac{a^3}{P^2} = 1.90 \times 10^{27} \text{ kg} = 318 \, M_\oplus.$$

附录 J 介绍了一个简单的计算机程序，它利用了本章中讨论过的许多概念。程序 Orbit 可以计算围绕一颗质量较大的恒星运行的小质量天体随时间变化的位置 (或者看成是计算折合质量相对于总质量的轨道运动)。图 2.2 是用程序 Orbit 生成的数据来绘制的。

2.4 位 力 定 理

在 2.3 节中我们发现，双星轨道的总能量只是引力势能时间平均值的二分之一 (式 (2.35))，即 $E = \langle U \rangle/2$。由于系统的总能量为负值，所以系统必然受到约束。对于处于平衡状态的引力约束系统，可以证明其总能量总是时间平均势能的一半，这就是知名的**位力定理 (virial theorem)**。

为了证明位力定理，首先要考虑到以下量：

$$Q \equiv \sum_i \boldsymbol{p}_i \cdot \boldsymbol{r}_i,$$

其中，$\boldsymbol{p}_i$ 和 $\boldsymbol{r}_i$ 是质点 i 在某一惯性参考系中的线性动量和位置矢量，并对系统中的所有质点取总和。Q 对时间导数的为

$$\frac{\mathrm{d}Q}{\mathrm{d}t} = \sum_i \left(\frac{\mathrm{d}\boldsymbol{p}_i}{\mathrm{d}t} \cdot \boldsymbol{r}_i + \boldsymbol{p}_i \cdot \frac{\mathrm{d}\boldsymbol{r}_i}{\mathrm{d}t} \right). \tag{2.38}$$

---

① 1621 年，开普勒证明了四颗伽利略卫星也服从他的第三定律，其形式为 $P^2 = ka^3$，其中常数 k 并不统一。然而，他并没有将 $k \neq 1$ 这一事实与系统质量联系起来。

这样，表达式的左边就应该是

$$\frac{\mathrm{d}Q}{\mathrm{d}t} = \frac{\mathrm{d}}{\mathrm{d}t}\sum_i m_i \frac{\mathrm{d}\boldsymbol{r}_i}{\mathrm{d}t}\cdot\boldsymbol{r}_i = \frac{\mathrm{d}}{\mathrm{d}t}\sum_i \frac{1}{2}\frac{\mathrm{d}}{\mathrm{d}t}\left(m_i r_i^2\right) = \frac{1}{2}\frac{\mathrm{d}^2 I}{\mathrm{d}t^2},$$

其中，

$$I = \sum_i m_i r_i^2$$

是质点集的转动惯量。再代入式 (2.38)：

$$\frac{1}{2}\frac{\mathrm{d}^2 I}{\mathrm{d}t^2} - \sum_i \boldsymbol{p}_i \cdot \frac{\mathrm{d}\boldsymbol{r}_i}{\mathrm{d}t} = \sum_i \frac{\mathrm{d}\boldsymbol{p}_i}{\mathrm{d}t}\cdot\boldsymbol{r}_i. \tag{2.39}$$

左边的第二项

$$-\sum_i \boldsymbol{p}_i \cdot \frac{\mathrm{d}\boldsymbol{r}_i}{\mathrm{d}t} = -\sum_i m_i \boldsymbol{v}_i \cdot \boldsymbol{v}_i = -2\sum_i \frac{1}{2} m_i v_i^2 = -2K,$$

是系统总动能的负两倍。如果我们利用牛顿第二定律，则式 (2.39) 变成

$$\frac{1}{2}\frac{\mathrm{d}^2 I}{\mathrm{d}t^2} - 2K = \sum_i \boldsymbol{F}_i \cdot \boldsymbol{r}_i. \tag{2.40}$$

这一表达式的右边被称为"克劳修斯位力定理"，是以发现这个重要能量关系的物理学家的名字命名的。

如果 $\boldsymbol{F}_{ij}$ 代表系统中两个质点之间的相互作用力 (实际上是质点 j 对质点 i 的作用力)，那么，考虑所有可能作用在 i 上的力为

$$\sum_i \boldsymbol{F}_i \cdot \boldsymbol{r}_i = \sum_i \left(\sum_{\substack{j \\ j\neq i}} \boldsymbol{F}_{ij}\right)\cdot\boldsymbol{r}_i.$$

将质点 i 的位置矢量改写为 $\boldsymbol{r}_i = \frac{1}{2}\left(\boldsymbol{r}_i + \boldsymbol{r}_j\right) + \frac{1}{2}\left(\boldsymbol{r}_i - \boldsymbol{r}_j\right)$，我们发现

$$\sum_i \boldsymbol{F}_i \cdot \boldsymbol{r}_i = \frac{1}{2}\sum_i \left(\sum_{\substack{j \\ j\neq i}} \boldsymbol{F}_{ij}\right)\cdot\left(\boldsymbol{r}_i + \boldsymbol{r}_j\right) + \frac{1}{2}\sum_i \left(\sum_{\substack{j \\ j\neq i}} \boldsymbol{F}_{ij}\right)\cdot\left(\boldsymbol{r}_i - \boldsymbol{r}_j\right).$$

从牛顿第三定律可知，$\boldsymbol{F}_{ij} = -\boldsymbol{F}_{ji}$，意味着右边第一项是零，这是由对称性决定的。因此，克劳修斯位力定理可以表示为

$$\sum_i \boldsymbol{F}_i \cdot \boldsymbol{r}_i = \frac{1}{2}\sum_i \sum_{\substack{j \\ j\neq i}} \boldsymbol{F}_{ij}\cdot\left(\boldsymbol{r}_i - \boldsymbol{r}_j\right). \tag{2.41}$$

如果假设系统中质点之间的引力相互作用是系统中力的唯一贡献，那么 $\boldsymbol{F}_{ij}$ 即是

$$\boldsymbol{F}_{ij} = G\frac{m_i m_j}{r_{ij}^2}\hat{\boldsymbol{r}}_{ij},$$

其中，$r_{ij} = |\boldsymbol{r}_j - \boldsymbol{r}_i|$ 是质点 i 和 j 之间的距离，i 到 j 的单位矢量 $\hat{\boldsymbol{r}}_{ij}$ 为

$$\hat{\boldsymbol{r}}_{ij} \equiv \frac{\boldsymbol{r}_j - \boldsymbol{r}_i}{r_{ij}}.$$

将引力代入式 (2.41) 中，可得

$$\sum_i \boldsymbol{F}_i \cdot \boldsymbol{r}_i = -\frac{1}{2}\sum_i \sum_{\substack{j \\ j \neq i}} G\frac{m_i m_j}{r_{ij}^3}\left(\boldsymbol{r}_j - \boldsymbol{r}_i\right)^2$$

$$= -\frac{1}{2}\sum_i \sum_{\substack{j \\ j \neq i}} G\frac{m_i m_j}{r_{ij}}. \tag{2.42}$$

参量

$$-G\frac{m_i m_j}{r_{ij}}$$

正是质点 i 和 j 之间的势能 U_{ij}。然而，请注意，

$$-G\frac{m_j m_i}{r_{ji}}$$

也代表相同的势能项，同时也包含在二重和中，因此，式 (2.42) 的右侧包含两次每对质点之间的势能相互作用。考虑 $1/2$ 的因子，式 (2.42) 简单地变成

$$\sum_i \boldsymbol{F}_i \cdot \boldsymbol{r}_i = -\frac{1}{2}\sum_i \sum_{\substack{j \\ j \neq i}} G\frac{m_i m_j}{r_{ij}} = \frac{1}{2}\sum_i \sum_{\substack{j \\ j \neq i}} U_{ij} = U, \tag{2.43}$$

即为质点系统的总势能。最后，将其代入式 (2.40)，并取其相对于时间的平均值，可得

$$\frac{1}{2}\left\langle \frac{\mathrm{d}^2 I}{\mathrm{d}t^2}\right\rangle - 2\langle K\rangle = \langle U\rangle. \tag{2.44}$$

在某一时间间隔 τ 内，$\mathrm{d}^2 I/\mathrm{d}t^2$ 的平均值正好为

$$\left\langle \frac{\mathrm{d}^2 I}{\mathrm{d}t^2}\right\rangle = \frac{1}{\tau}\int_0^\tau \frac{\mathrm{d}^2 I}{\mathrm{d}t^2}\mathrm{d}t$$

$$= \frac{1}{\tau}\left(\left.\frac{\mathrm{d}I}{\mathrm{d}t}\right|_\tau - \left.\frac{\mathrm{d}I}{\mathrm{d}t}\right|_0\right). \tag{2.45}$$

如果系统是周期性的，正如轨道运动那样，则

$$\left.\frac{\mathrm{d}I}{\mathrm{d}t}\right|_\tau = \left.\frac{\mathrm{d}I}{\mathrm{d}t}\right|_0,$$

而且一个周期的平均值将为零。即使所考虑的系统不是严格意义上的周期系统，当在足够长的时间段内 (即 $\tau \to \infty$) 进行衡量时，平均值仍将接近于零，当然需要假设 $\mathrm{d}I/\mathrm{d}t$ 是有界的，比如，描述一个已经达到平衡或稳态构型的系统。无论是哪种情况，我们现在都有 $\langle \mathrm{d}^2 I/\mathrm{d}t^2 \rangle = 0$，所以

$$-2\langle K \rangle = \langle U \rangle. \tag{2.46}$$

这一结果是位力定理的一种形式。该定理也可以用系统的总能量来表示，利用关系 $\langle E \rangle = \langle K \rangle + \langle U \rangle$。因此，

$$\langle E \rangle = \frac{1}{2}\langle U \rangle, \tag{2.47}$$

正是我们在双星轨道中所发现的问题。

位力定理适用于各种各样的系统，从理想气体到星系团。例如，考虑一颗静态恒星。在平衡状态下，一颗恒星必须服从位力定理，这意味着它的总能量是负的，是总势能的一半。假设恒星是由大团气体云 (星云) 的引力坍缩而形成的，那么系统的势能一定从初始几乎为零变为静态时的负值。这意味着恒星在这一过程中一定损失了能量，也就是说在坍缩过程中一定有引力能量辐射到空间。位力定理的应用将在后面的章节中详细介绍。

推 荐 读 物

一般读物

Kuhn, Thomas S., *The Structure of Scientific Revolutions*, Third Edition, University of Chicago Press, Chicago, 1996.

Westfall, Richard S., *Never at Rest: A Biography of Isaac Newton*, Cambridge University Press, Cambridge, 1980.

专业读物

Arya, Atam P., *Introduction to Classical Mechanics*, Second Edition, Prentice Hall, Upper Saddle River, NJ, 1998.

Clayton, Donald D., *Principles of Stellar Evolution and Nucleosynthesis*, University of Chicago Press, New York, 1983.

Fowles, Grant R., and Cassiday, George L., *Analytical Mechanics*, Seventh Edition, Thomson Brooks/Cole, Belmont, CA, 2005.

Marion, Jerry B., and Thornton, Stephen T., *Classical Dynamics of Particles and Systems*, Fourth Edition, Saunders College Publishing, Fort Worth, 1995.

习 题

2.1 假设直角坐标系的原点在行星椭圆轨道的中心，坐标系的 x 轴位于椭圆的主轴上。说明椭圆的公式可由以下公式给出：

$$\frac{x^2}{a^2} + \frac{y^2}{b^2} = 1,$$

其中，a 和 b 分别是椭圆半长轴和半短轴的长度。

2.2 利用习题 2.1 的结果，证明：椭圆的面积由 $A = \pi ab$ 给出。

2.3 (a) 从式 (2.3) 和开普勒第二定律开始，推导质量 m_1 在椭圆轨道上相对于另一质量 m_2 的 $\boldsymbol{v}_r$ 和 $\boldsymbol{v}_\theta$ 的一般表达式。你最终的答案应该是 P、e、a 和 θ 的函数。

(b) 利用你在 (a) 部分中得出的 $\boldsymbol{v}_r$ 和 $\boldsymbol{v}_\theta$ 的表达式，直接从 $v^2 = v_r^2 + v_\theta^2$ 证明式 (2.36)。

2.4 利用质量 m_1 和 m_2 的动能和势能项的总和推导式 (2.25)。

2.5 根据质量 m_1 和 m_2 的总角动量推导式 (2.26)。

2.6 (a) 假设太阳只与木星相互作用，计算太阳–木星系统的总轨道角动量。木星轨道的半主轴为 $a = 5.2\mathrm{AU}$，其轨道偏心率为 $e = 0.048$，轨道周期为 $P = 11.86$ 年。

(b) 估计太阳对太阳–木星系统总轨道角动量的贡献。为简单起见，假设太阳的轨道偏心率为 $e = 0$，而不是 $e = 0.048$。提示：先求出太阳中心与质心的距离。

(c) 近似认为木星的轨道是一个完美的圆，估计它对太阳–木星系统的总轨道角动量的贡献。将你的答案与 (a) 和 (b) 部分中的两个结果之差进行比较。

(d) 回顾质量为 m、半径为 r 的实心球体，当球体绕通过其中心的轴旋转时，其惯性动量为 $I = \dfrac{2}{5}mr^2$。此外，其转动角动量可写为

$$L = I\omega,$$

其中，ω 是以 $\mathrm{rad\cdot s^{-1}}$ 为单位的角频率。假设 (实际是不正确的) 太阳和木星都是以实心球的形式自转，计算太阳和木星转动角动量的近似值。取太阳和木星的公转周期分别为 26 天和 10 h。太阳的半径为 6.96×10^8 m，木星的半径为 6.9×10^7 m。

(e) 太阳–木星系统中，哪个部分对总角动量的贡献最大？

2.7 (a) 利用习题 2.6 和本章中的数据，计算木星表面的逃逸速度。

(b) 计算从地球轨道开始的太阳系逃逸速度。假设太阳包含太阳系的全部质量。

2.8 (a) 哈勃空间望远镜处于近乎圆形的轨道上，距离地球表面约 610km (380 英里)。请估计其轨道周期。

(b) 通信和气象卫星经常被放置在地球上空的地球同步轨道上。在这些轨道上，卫星可以固定在地球表面某一特定地点的上方。则这些卫星必须位于什么高度？

(c) 地球同步轨道上的卫星是否有可能保持"停放"在地球表面的任何位置之上？为什么？

2.9 一般来说，某个连续函数 $f(t)$ 在区间 τ 上的积分平均值由以下公式给出：

$$\langle f(t) \rangle = \frac{1}{\tau} \int_0^\tau f(t)\mathrm{d}t.$$

从积分平均值的表达式出发，证明：

$$\langle U \rangle = -G\frac{M\mu}{a}$$

为双星系统在一个周期内的引力势能的平均值，它等于当两颗成员星的距离为 a (折合质量相对于质心的轨道半长径) 时的系统瞬时势能值。提示：你会发现下面定义的积分很有用，即

$$\int_0^{2\pi} \frac{\mathrm{d}\theta}{1 + e\cos\theta} = \frac{2\pi}{\sqrt{1-e^2}}.$$

2.10 利用习题 2.9 中给出的积分平均值的定义，证明：对于折合质量绕质心运动的轨道，有

$$\langle r \rangle \neq a.$$

2.11　鉴于地心宇宙 (数学上) 只与选择的参考系有关, 请解释为什么托勒密的宇宙模型能够在如此长的时间内经受住检验。

2.12　验证以式 (2.37) 的形式表示的开普勒第三定律适用于伽利略发现的围绕木星运行的四颗卫星 (伽利略卫星: 木卫一、木卫二、木卫三和木卫四)。

(a) 利用附录 C 中的数据, 绘制 $\log_{10} P$ 与 $\log_{10} a$ 的关系图。

(b) 据图说明数据最佳拟合直线的斜率是 3/2。

(c) 根据 y 轴截距的数值计算木星的质量。

2.13　运用角动量和能量守恒定律可以得到轨道总角动量的另一种推导方法。

(a) 由角动量守恒, 说明近日点和远日点的轨道速度之比可由下式给出:

$$\frac{v_p}{v_a} = \frac{1+e}{1-e}.$$

(b) 利用近日点和远日点的轨道机械能不变, 分别推导近日点速度和远日点速度的式 (2.33) 和式 (2.34)。

(c) 由 v_p (或 v_a) 的表达式直接推导式 (2.30)。

2.14　彗星轨道通常有着非常大的偏心率, 通常接近 (甚至大于) 1。哈雷彗星的轨道周期为 76 年, 轨道偏心率为 $e = 0.9673$。

(a) 利用第 21 页给出的开普勒第三定律的原始形式, 计算哈雷彗星的轨道半长轴。

(b) 利用牛顿对开普勒第三定律的表述式 (2.37) 和哈雷彗星的轨道数据估计太阳的质量。

(c) 计算哈雷彗星在近日点和远日点时到太阳的距离。

(d) 计算彗星位于近日点、远日点和轨道半短轴时的轨道速度。

(e) 哈雷彗星在近日点的动能比远日点的大多少倍?

计算机习题

2.15　使用 Orbit 程序 (介绍在附录 J 中, 程序可在配套网站上获得), 结合习题 2.14 中给出的数据, 估算哈雷彗星从近日点移动到距离主焦点 1AU 的距离时所需的时间。

2.16　给定中心星的质量、轨道半长轴和轨道偏心率, 程序 Orbit (附录 J) 可以用来生成轨道位置。利用 Orbit 生成的数据, 绘制出三颗围绕太阳运行的假想天体的轨道。假设假想天体的轨道半长轴均为 1AU, 轨道偏心率分别为

(a) 0.0;

(b) 0.4;

(c) 0.9。

注: 将三条轨道绘制在一个共同的坐标系上, 并标出主焦点, 让主焦点位于 $x = 0.0$, $y = 0.0$。

2.17　(a) 根据例 2.1.1 中给出的数据, 使用 Orbit (附录 J) 生成火星的轨道。在一张图纸上绘制至少 25 个点, 有着相等的时间间隔, 并清楚地标明主焦点。

(b) 用圆规在火星的椭圆轨道上画一个完美的圆, 仔细选择圆的半径和圆心, 以便尽可能地近似火星的轨道。一定要在你选择的圆心上做记号 (注意, 它不会对应椭圆轨道的主焦点)。

(c) 你对开普勒第一次尝试使用偏移圆和等分线来模拟火星轨道的优点得出什么结论?

2.18　图 1.7 是在假设地球和火星做圆周运动并且轨道速度不变的情况下绘制的。稍微修改一下程序 Orbit (附录 J), 可以构建一幅更真实的图。

(a) 首先假设火星最开始位于冲日点, 而地球和火星恰好处于它们最接近的位置 (分别是远日点和近日点)。使用你修改过的 Orbit 程序来计算地球和火星在连续两次火星冲之间的位置。用图表示结果。

(b) 两次冲之间经过了多少时间 (年)?

(c) 你在 (b) 部分的答案是否与式 (1.1) 的结果完全一致？为什么？

(d) 如果你从地球近日点和火星远日点开始计算，你会得到与 (b) 部分相同的答案吗？请解释你的答案。

(e) 根据你的数值实验结果，解释为什么火星在夜空中有的冲时比其他的冲时更亮。

第 3 章　光的连续谱

3.1　恒 星 视 差

　　测量恒星的固有亮度与确定它们的距离密不可分。本章是关于恒星发出的光,所以它将从确定天体的距离这个问题开始,但此问题一直是天文学家面临的最重要和最艰巨的任务之一。开普勒定律的原始形式是以天文单位 (AU) 描述了行星轨道的相对大小。开普勒和他同时代的人并不知道它们的实际大小。太阳系的真实尺度是在 1761 年首次被揭示的,当时出现了"下合"时的一次罕见的凌日,当金星穿过太阳圆面时,就测量出了到金星的距离。使用的方法就是**三角视差**,即常见的勘测人员用的三角测量技术。在地球上,到远处山峰的距离可以通过两个不同的观测点所测量得到的山峰的角度位置来确定,其中,这两个观测点之间的距离是一个已知的基线距离。然后,使用简单的三角法就能够计算出到山峰的距离,见图 3.1。同样,在地球上两个相距甚远的观测点也可以测量出到行星的距离。

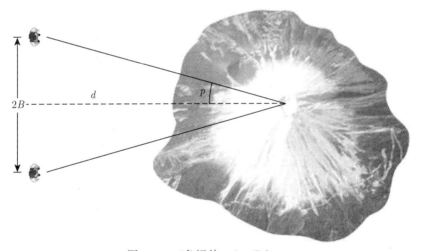

图 3.1　三角视差:$d = B/\tan p$

　　即使是测量离我们太阳系最近的恒星的距离,也需要比地球直径更长的基线。当地球绕太阳公转时,对同一颗恒星进行相隔 6 个月的两次观测所使用的基线正好等于地球公转轨道的直径。测量显示,相对于更遥远的恒星组成的固定背景,一颗附近恒星的位置会呈现出一个每年的来回变化。(正如 1.3 节所述,一颗恒星也可能由于自身在空间中的运动而改变其位置。然而,从地球上看到的这种自行并不是周期性的,因此可以与由地球的轨道运动引起的恒星周期性位移区分开来。) 如图 3.2 所示,由**视差角** p 的测量 (角位置最大变化值的一半) 可以计算出到恒星的距离 d。

$$d = \frac{1\text{AU}}{\tan p} \simeq \frac{1}{p}\text{AU},$$

此处采用了小角度近似 $\tan p \approx p$，其中视差角 p 的单位是弧度 (rad)。使用 1 rad $=$ $57.2957795° = 206264.806''$，可将 p 转换为以角秒 (arcsec) 为单位的 p''，从而得到

$$d \simeq \frac{206265}{p''} \mathrm{AU}.$$

通过定义一个新的距离单位，**秒差距** (parallax-second，缩写为 pc)，1 pc $= 2.06264806 \times$ $10^5 \mathrm{AU} = 3.0856776 \times 10^{16}$ m，可以得到

$$\boxed{d = \frac{1}{p''} \ \mathrm{pc}.} \tag{3.1}$$

根据定义，当视差角 $p = 1''$ 时，到该恒星的距离为 1 pc。因此，1 pc 是地球轨道半径 (1 AU) 对着的张角为 $1''$ 时对应的恒星距离。另一个经常遇到的距离单位是**光年** (light-year，缩写为 ly)，即在真空中光在一个儒略历年里穿过的距离：1 光年 $= 9.460730472 \times 10^{15}$ m。1 pc 等于 3.2615638 光年。

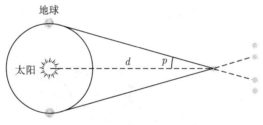

图 3.2　恒星视差: $d = 1/p''$ pc

除了太阳之外，离我们最近的恒星是半人马座比邻星。即使是比邻星，其视差角也是小于 $1''$。(比邻星是半人马座 α 三合星系统中的一员，其视差角为 $0.77''$。如果地球绕太阳的轨道用一个角币大小来表示，那么半人马座比邻星就在 2.4 km 之外。) 事实上，恒星视位置的这种周期性变化非常难以探测，以至于直到 1838 年才首次被德国数学家和天文学家弗里德里希·威廉·贝塞尔 (Friedrich Wilhelm Bessel，1784—1846) 测量到[①]。

例 3.1.1　在对天鹅座 (Cyqni) 61 进行 4 年观测后，1838 年，贝塞尔宣布他测量到该恒星的视差角为 $0.316''$。它对应的距离为

$$d = \frac{1}{p''} \ \mathrm{pc} = \frac{1}{0.316} \ \mathrm{pc} = 3.16 \ \mathrm{pc} = 10.3 \ \mathrm{ly},$$

与现代测量值 3.48 pc 相比，在 10% 误差范围以内。天鹅座 61 是太阳最近的邻居之一。

从 1989 年到 1993 年，欧洲空间局 (ESA，简称欧空局) 的依巴谷空间天体测量卫星在远离地球抖动的大气之上运行[②]。该卫星能够测量的视差角的精度接近 $0.001''$，它测量

---

① 早在 250 年前，第谷·布拉赫就曾寻找过恒星视差，但他的仪器太不精确而无法找到它。第谷的结论是，地球不会在太空中移动，因此他无法接受哥白尼的日心太阳系模型。

② **天体测量学**是天文学的分支学科，它涉及天体的三维位置。

了超过 118000 颗恒星，对应的距离达到 1000 pc≡1 kpc。随着高精度的依巴谷测量实验在卫星上的进行，低精度的第谷测量实验给出了 100 多万颗恒星的星表，其视差降到了 $0.02'' \sim 0.03''$。这两个星表在 1997 年出版，可通过光盘 (CD-ROM) 和互联网获取。尽管依巴谷卫星的精确度令人印象深刻，但是得到的距离与到我们银河系中心的 8 kpc 距离相比，仍然相当小，因此，恒星三角视差法目前只适用于测量太阳附近的邻居的距离。

然而，在未来十年内，美国国家航空航天局 (NASA) 计划启动空间干涉测量任务 (SIM-PlanetQuest (行星探索))。这座天文台将能够测定恒星的位置、距离和自行，视差角小到 4 微角秒 (0.000004″)，从而在假定天体足够亮的情况下，直接确定天体的距离最远达 250 kpc。此外，欧空局还将在未来十年内启动盖亚 (Gaia) 任务，它将对最亮的 10 亿颗恒星进行编目，视差角小到 10 微角秒。在预期的精度水平下，这些任务将能够对整个银河系甚至附近星系的恒星和其他天体进行编目。显然，这些雄心勃勃的项目将给我们提供有关银河系的三维构造和它的成分本质等惊人的丰富的新信息。

3.2 星 等 大 小

天文学家所获得的关于我们太阳系以外的宇宙的几乎所有信息，都是来自我们对恒星、星系以及由气体和尘埃构成的星际云所发出的光的详细研究。我们已经能够深刻理解现代宇宙，主要是得益于对电磁波谱中的每一部分光的强度和偏振进行定量测量。

3.2.1 视星等

古希腊天文学家依巴谷是最早把所看到的恒星编目的天文观测者之一。除了编制了一份约 850 颗恒星的位置列表外，依巴谷还发明了一种数字标度来描述每颗恒星在天空中出现时的明亮程度。他给天空中最亮的恒星的**视星等**定为 $m = 1$，给肉眼可见的最暗的恒星的视星等定为 $m = 6$。请注意，一颗恒星的视星等越小意味着其看起来越明亮。

自依巴谷时代以来，天文学家已经扩展并重新定义了他的视星等标度。在 19 世纪，人们认为人眼对两个发光物体亮度差异的反应呈对数关系。这一理论给出了一种比例关系，即两颗星之间的星等差为 1，意味着它们之间的亮度比是恒定的。根据现代定义，星等差为 5 正好相当于亮度比是 100。因此，星等差为 1 正好对应于亮度比为 $100^{1/5} \approx 2.512$。因此，一等星的亮度是二等星的 2.512 倍，是三等星亮度的 $2.512^2 = 6.310$ 倍，是六等星亮度的 100 倍。

利用灵敏的探测器，天文学家可以测量天体的视星等，其精度达 ±0.01 星等，而星等差的精度达 ±0.002 星等。依巴谷标度法在亮和暗两个方向上都得到了扩展，从太阳的视星等为 $m = -26.83$ 到可观测到的最暗天体[①]，其视星等大约为 $m = 30$。接近 57 个星等的整个跨度对应于太阳的视亮度与迄今观测到的最暗恒星或星系的视亮度之比超过 $100^{57/5} = (10^2)^{11.4} \approx 10^{23}$。

3.2.2 流量、光度和平方反比定律

恒星的 "亮度" 实际上是根据接收到的恒星**辐射流量** F 来测定的。辐射流量是在单位

---

① 本节中讨论的星等实际上是热星等，对应测量整个波长范围内光的辐射，参看 3.6 节对星等的讨论，其对应的是探测器测量某个有限波长范围的辐射。

时间内与光的传播方向垂直的单位接收面积内所有波长的光的总能量。也就是，瞄准着恒星的探测器上 1 m² 接收面积上单位时间所接收到的星光能量的焦耳数 (即瓦特数)。当然，从一个天体接收到的辐射流量取决于它的固有**光度** (每秒发射的能量) 以及它与观测者之间的距离。同一颗恒星，如果距离地球更远，那么在天空中会显得更暗一些。

设想一颗光度为 L 的恒星被半径为 r 的巨大球壳包围。然后，假设恒星发出的光在向外行走到达球壳的过程中没有被吸收，在 r 处测量到的辐射流量 F 与恒星的光度之间的关系为

$$F = \frac{L}{4\pi r^2},$$
(3.2)

分母简单来说就是球面积。由于 L 并不依赖于 r，所以辐射流量其实就是反比于距离的平方。这就是著名的光的**平方反比定律**[①]。

例 3.2.1　太阳的光度为 $L_\odot = 3.839 \times 10^{26}$ W。在 1 AU $=1.496\times10^{11}$ m 的距离处，在地球大气上方接收到的太阳的辐射流量为

$$F = \frac{L}{4\pi r^2} = 1365 \ \text{W} \cdot \text{m}^{-2}.$$

太阳的这个辐射流量值称为**太阳辐照度**，有时也称为**太阳常数**。在距离太阳 10 pc$=$ 2.063×10^6 AU 处，观测者能测量到的辐射流量仅仅为太阳常数的 $1/(2.063\times10^6)^2$ 那么大。也就是说，在 10 pc 距离处，来自太阳的辐射流量将是 3.208×10^{-10} W·m^{-2}。

3.2.3　绝对星等

利用平方反比定律，天文学家可以给每颗恒星确定一个**绝对星等** M。我们定义位于 10 pc 距离处的一颗恒星的视星等为绝对星等。回想一下，两颗恒星的视星等之间相差 5 个星等，那么对应于较小星等的恒星比较大星等的恒星亮 100 倍。这可以让我们给出它们的流量比为

$$\frac{F_2}{F_1} = 100^{(m_1-m_2)/5}.$$
(3.3)

两边取对数可得到另一种形式:

$$m_1 - m_2 = -2.5 \log_{10}\left(\frac{F_1}{F_2}\right).$$
(3.4)

3.2.4　距离模数

通过合并式 (3.2) 和式 (3.3)，可以发现恒星的视星等和绝对星等与它的距离之间的联系:

$$100^{(m-M)/5} = \frac{F_{10}}{F} = \left(\frac{d}{10\text{pc}}\right)^2,$$

[①] 如果恒星以接近光速的速度运动，则必须稍稍修改平方反比定律。

其中, F_{10} 是假如恒星在位于 10 pc 的距离处, 我们可接收到的辐射流量; d 是恒星的距离, 以 pc 为单位。求解 d, 给出

$$d = 10^{(m-M+5)/5} \text{ pc.} \tag{3.5}$$

因此, 量 $m - M$ 是到恒星的距离的一个量度, 所以称为恒星的**距离模数**:

$$m - M = 5\log_{10}(d) - 5 = 5\log_{10}\left(\frac{d}{10 \text{ pc}}\right). \tag{3.6}$$

例 3.2.2 太阳的视星等为 $m_{\text{Sun}} = -26.83$, 它离我们的距离为 1AU$=4.848\times10^{-6}$ pc。式 (3.6) 给出太阳的绝对星等为

$$M_{\text{Sun}} = m_{\text{Sun}} - 5\log_{10}(d) + 5 = +4.74,$$

因此, 太阳的距离模数为 $m_{\text{Sun}} - M_{\text{Sun}} = -31.57$。[①]

对于相同距离的两颗星, 式 (3.2) 表明它们的辐射流量之比等于它们的光度之比。因此, 对于绝对星等, 式 (3.3) 可变为

$$100^{(M_1-M_2)/5} = \frac{L_2}{L_1}. \tag{3.7}$$

假设其中一颗恒星是太阳, 这揭示了恒星的绝对星等与它的光度之间的直接关系:

$$M = M_{\text{Sun}} - 2.5\log_{10}\left(\frac{L}{L_\odot}\right), \tag{3.8}$$

其中, 太阳的绝对星等和光度分别为 $M_{\text{Sun}} = +4.74$ 和 $L_\odot = 3.839 \times 10^{26}$ W。留给大家做一道练习题, 推导恒星的视星等 m 与从恒星接收到的辐射流量 F 之间的关系式:

$$m = M_{\text{Sun}} - 2.5\log_{10}\left(\frac{F}{F_{10,\odot}}\right), \tag{3.9}$$

其中, $F_{10,\odot}$ 是在 10 pc 距离处接收到的太阳辐射流量 (见例 3.2.1)。

光的平方反比定律式 (3.2) 把恒星的固有属性 (光度 L 和绝对星等 M) 与从某个距离处观测那颗恒星得到的测量量 (辐射流量 F 和视星等 m) 联系到一起。乍一看, 天文学家似乎必须从可测量量 F 和 m 入手, 然后使用到恒星的距离 (如果知道的话) 来确定恒星的固有属性。但是, 如果恒星属于某一类重要类型的天体, 比如大家知道的脉动变星, 其固有光度 L 和绝对星等 M 可以在不知道其距离的情况下来确定。然后, 式 (3.5) 给出到变星的距离。这些将在 14.1 节中讨论, 这些恒星就像灯塔一样照亮了宇宙的基本距离尺度。

[①] 太阳的星等 m 和 M 有一个 "Sun" 下标 (而不是 $\odot$) 以避免与太阳质量的标准符号 $M_\odot$ 相混淆。

3.3　光的波动本质

物理学的大部分历史都与我们关于光的本质的观念的演变有关。

3.3.1　光速

1675 年，丹麦天文学家奥勒·罗默 (Ole Roemer，1644—1710) 首次较为精确地测量了光速。罗默观测了木星的卫星进入这颗巨大行星的阴影中，而且他还能利用开普勒定律计算出这些卫星未来的"月食"将何时发生。然而，罗默发现，当地球越接近木星时，则食发生的时间比预期的更早。同样，当地球远离木星时，食发生的时间比预期要晚。罗默意识到，造成这种差异的原因是，两个行星之间的距离在不断变化，光在两个行星之间传播的时间也不同。因此他的结论是光穿过地球轨道的直径需要 22min[①]。得到的光速值 2.2×10^8 m·s^{-1} 比较接近于光速的现代值。1983 年，真空中的光速被正式定义为 $c = 2.99792458 \times 10^8$ m·s^{-1}，而且现在长度单位 (m) 也是通过这个值推导出来的[②]。

3.3.2　杨氏双缝实验

甚至光的基本性质也一直在争论。例如，艾萨克·牛顿认为光一定是由直线的粒子流组成的，因为只有这样的粒子流才能解释阴影的锐度。与牛顿同时代的克里斯蒂安·惠更斯 (Christiaan Huygens，1629—1695) 提出了光必须由波组成的观点。根据惠更斯的观点，光可由适用于波的通常的物理量来描述。两个连续波峰之间的距离是**波长** λ，而每秒在空间中通过一个点的波数就是波的**频率** ν。那么光波的速度由下式给出：

$$\boxed{c = \lambda\nu.} \tag{3.10}$$

粒子模型和波动模型都可以解释人们所熟悉的光的反射和折射现象。然而，直到托马斯·杨 (Thomas Young，1773—1829) 的著名双缝实验最终证明了光的波动性之前，粒子模型一直占据着主导地位，这主要是由于牛顿的声望。

在双缝实验中，来自单个光源的波长 λ 的单色光穿过两个窄的平行狭缝，两个缝以距离 d 分开。然后，光落在两个狭缝之外距离为 L 处的屏幕上 (图 3.3)。杨在屏幕上观察到

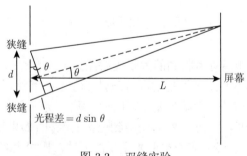

图 3.3　双缝实验

[①] 我们现在知道光传播 2AU 距离大约需要 16.5min。

[②] 1905 年，阿尔伯特·爱因斯坦认识到光速是自然界的一个普适常量，其值与观察者无关 (见第 74 页)。这一认识在他的狭义相对论中起着核心作用 (第 4 章)。

的一系列明暗相间的干涉条纹只能用光的波动模型来解释。当光波穿过狭缝时[①]，它们以连续的波峰和波谷的形式放射状地散开 (衍射)。光遵循叠加原理，所以当两个波相遇时，它们会代数相加，见图 3.4。在屏幕上，如果来自一个狭缝的波峰与来自另一个狭缝的波峰相遇，所导致的**相长干涉**产生了明亮的条纹或最大值。但是，如果来自一个狭缝的波峰与来自另一个狭缝的波谷相遇，它们相互抵消，因此这种**相消干涉**产生暗条纹或最小值。

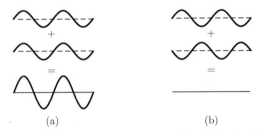

图 3.4　光波叠加原理: (a) 相长干涉；(b) 相消干涉

因此，观察到的干涉图案取决于从两个狭缝到屏幕之间光波行进的路径长度的差异。如图 3.3 所示，如果 $L \gg d$，那么作为一个很好的近似，该光程差为 $d\sin\theta$。如果光程差等于波长的整数倍，那么光波将以同相位到达屏幕。另外，如果光程差等于半波长的奇数倍，那么光波将以 $180°$ 异相到达。所以，对于 $L \gg d$，**双缝干涉**的明暗条纹的角位置由下式给出:

$$d\sin\theta = \begin{cases} n\lambda & (n=0,1,2,\cdots \text{对于明干涉条纹}) \\ \left(n-\dfrac{1}{2}\right)\lambda & (n=1,2,3,\cdots \text{对于暗干涉条纹}). \end{cases} \tag{3.11}$$

在这两种情况下，n 称为最大或最小的**阶数**。根据屏幕上明暗条纹的位置测量，杨能够确定光的波长。在短波尾端，杨发现紫光具有大约 400 nm 的波长，而在长波尾端，红光的波长只有 700 nm[②]。在日常生活中，对于这些短波来说，光的衍射没有被注意到，这就解释了牛顿的锐利阴影现象。

3.3.3　麦克斯韦的电磁波理论

这些光波的性质一直难以捉摸，直到 19 世纪 60 年代初，苏格兰数学物理学家詹姆斯·克拉克·麦克斯韦 (James Clerk Maxwell, 1831—1879) 才成功地将所有已知的关于电学和磁学的知识浓缩成今天以他的名字命名的四个方程。麦克斯韦发现，巧妙地处理他的方程组可以产生关于电场和磁场矢量 **E** 和 **B** 的波动方程。这些波动方程预言了电磁波的存在，它们在真空的传播速度为 $v = 1/\sqrt{\varepsilon_0 \mu_0}$，其中 ε_0 和 μ_0 分别是与电场和磁场相关的基本常数。在把 ε_0 和 μ_0 值代入后，麦克斯韦惊奇地发现电磁波以光速传播。与此同时，这些方程表明了电磁波是横波，振动的电场和磁场相互垂直，并且与波的传播方向垂直 (图 3.5)；这样的波会呈现大家所熟知的光的偏振特性[③]。麦克斯韦写道:"我们几乎不能避免这样的

---

① 实际上，杨在他最初的实验中使用了针孔。

② 另一种常用的光的波长单位是**埃** (Å)，1 Å=0.1 nm。在这些单位中，紫光的波长为 4000 Å，而红光的波长是 7000 Å。

③ 图 3.5 所示的电磁波是平面偏振波，它的电场和磁场在平面内振动。因为 **E** 和 **B** 总是垂直的，所以它们各自的偏振面也是垂直的。

推论，即光存在于同一介质的横向调制中，这是产生电和磁现象的原因。"麦克斯韦没有活着看到他对电磁波的预言的实验验证。麦克斯韦去世十年后，德国物理学家亨利希·赫兹 (Heinrich Hertz，1857—1894) 在他的实验室里成功地产生了无线电波。赫兹确定这些电磁波确实以光速传播，而且他还计算了它们的反射、折射和偏振特性。1889 年，赫兹写道：

"什么是光？从杨和菲涅耳时代起，我们就知道它是波动。我们知道波的速度，知道它们的波长，而且知道它们是横向的。简而言之，我们对其运动几何条件的了解是完整的。对这些事情的怀疑不再可能；对这些观点的反驳对物理学家来说是不可想象的。从人类的角度来看，光的波动理论是确定性的。"

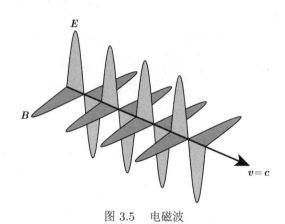

图 3.5　电磁波

3.3.4　电磁波谱

今天，天文学家利用**电磁波谱**中的每一部分光来研究天体。整个光谱由所有波长的电磁波组成，波长范围从波长很短的伽马射线到波长很长的射电波。表 3.1 显示了电磁波谱是如何被武断地划分成各种波长区域的。

表 3.1　电磁波谱

区域	波长
γ 射线	$\lambda < 0.01$ nm
X 射线	0.01 nm$< \lambda < 10$ nm
紫外线	10 nm$< \lambda < 400$ nm
可见光	400 nm$< \lambda < 700$ nm
红外线	700 nm$< \lambda < 1$ mm
微波	1 mm$< \lambda < 10$ cm
射电波	10 cm$< \lambda$

3.3.5　坡印亭矢量和辐射压

与所有的波一样，电磁波在传播方向上携带能量和动量。**坡印亭矢量**描述了光波携带能量的比率[①]：

$$S = \frac{1}{\mu_0} E \times B,$$

---

① 坡印亭矢量是以第一位描述它的物理学家约翰·亨利·坡印亭 (John Henry Poynting，1852—1914) 的名字命名的。

其中，S 的单位为 $W \cdot m^{-2}$。坡印亭矢量指向电磁波的传播方向，其大小等于每单位时间内穿过垂直于电磁波传播方向的单位面积的能量。

由于 E 和 B 的大小随时间呈谐波变化，所以有实际意义的量是坡印亭矢量在电磁波一个周期上的时间平均值。在真空中，坡印亭矢量的时间平均值的大小 $\langle S \rangle$ 是

$$\langle S \rangle = \frac{1}{2\mu_0} E_0 B_0, \tag{3.12}$$

其中，E_0 和 B_0 分别是电场和磁场的最大幅度 (振幅)。(对于真空中的电磁波，E_0 和 B_0 之间的关系为 $E_0 = c B_0$。) 因此，根据光波的电场和磁场，坡印亭矢量的时间平均提供了对辐射流量的一个描述。然而，应该记住，3.2 节所讨论的辐射流量涉及从恒星接收的所有波长的能量，而 E_0 和 B_0 描述特定波长的电磁波。

由于电磁波携带动量，所以它可以在被其撞击的表面施加力。所产生的**辐射压**取决于光是否从表面反射或被表面吸收。参见图 3.6，如果光被完全吸收，则辐射压产生的力在光的传播方向上，并且它的大小为

$$F_{\text{rad}} = \frac{\langle S \rangle A}{c} \cos \theta \quad (\text{吸收}), \tag{3.13}$$

其中，θ 是光的入射角，从垂直于表面面积 A 的方向开始测量。或者，如果光被完全反射，那么辐射压力必须在垂直于表面的方向上产生作用；反射光不能在平行于表面的方向上产生力。该辐射压力的大小为

$$F_{\text{rad}} = \frac{2\langle S \rangle A}{c} \cos^2 \theta \quad (\text{反射}). \tag{3.14}$$

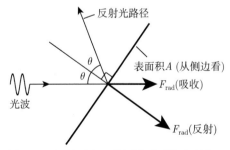

图 3.6　辐射压力。从侧边看到的表面积 A

在日常条件下，辐射压力对物理系统的影响可以忽略不计。然而，辐射压力在确定极端发光天体 (如早期主序星、红超巨星和吸积致密星) 的某些行为方面可能起到主导作用。它也会对在星际介质中发现的小尘埃颗粒产生重大影响。

3.4　黑体辐射

在晴朗的冬夜，观察过猎户座的任何人都会注意到红色参宿四 (Betelgeuse，在猎户的东北侧肩上) 和蓝白色参宿七 (Rigel，在猎户西南侧腿上) 有着惊人的颜色差别，见图 3.7。这些颜色暴露了两颗恒星表面温度的差异。参宿四的表面温度约为 3600 K，明显要比参宿七的 13000 K 的表面温度冷得多[①]。

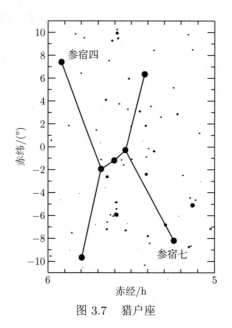

图 3.7　猎户座

3.4.1　颜色与温度的联系

1792 年英国瓷器制造商霍马斯·韦奇伍德 (Thomas Wedgewood) 第一次注意到热的物体发出的光的颜色和它的温度之间的联系。他的所有炉子在相同的温度下都变得赤热，与它们的大小、形状和构造无关。许多物理学家随后的研究表明，温度高于 0 K 的任何物体都会以不同的效能度发出所有波长的光。理想的辐射体能吸收入射到它上面的所有光能，并且以图 3.8 所示的特征谱再次辐射这一能量。因为理想的辐射体不反射光线，所以称为**黑体**，它发出的辐射称为**黑体辐射**。至少在粗略的一级近似下，恒星和行星都是黑体。

图 3.8 显示温度为 T 的黑体在所有波长都发射具有一定能量的**连续谱**，并且该黑体谱在波长 $\lambda_{\max}$ 处达到峰值，该峰值随温度升高而变短。$\lambda_{\max}$ 与 T 的关系称为**维恩位移定律**[②]：

$$\boxed{\lambda_{\max} T = 0.002897755 \text{ m} \cdot \text{K}.} \tag{3.15}$$

---

① 这两颗恒星都是脉动变星 (第 14 章)，所以所引用的数值都是平均温度。参宿四表面温度的估值范围实际上相当大，为 3100 ∼ 3900 K。同样，参宿七表面温度的估值范围是 8000 ∼ 13000 K。

② 德国物理学家威廉·维恩 (Wilhelm Wien，1864—1928) 因其对理解黑体谱的理论贡献而获得了 1911 年的诺贝尔物理学奖。

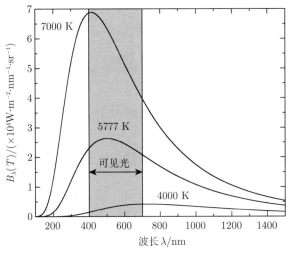

图 3.8 黑体谱 (普朗克函数 $B_\lambda(T)$)

例 3.4.1 参宿四的表面温度为 3600 K。如果我们把参宿四作为一个黑体来处理，维恩位移定律表明其连续谱的峰值波长为

$$\lambda_{\max} \simeq \frac{0.0029 \text{ m} \cdot \text{K}}{3600 \text{ K}} = 8.05 \times 10^{-7} \text{ m} = 805 \text{ nm},$$

它位于电磁谱的红外区域。参宿七的表面温度为 13000 K，其连续谱的峰值波长为

$$\lambda_{\max} \simeq \frac{0.0029 \text{ m} \cdot \text{K}}{13000 \text{ K}} = 2.23 \times 10^{-7} \text{ m} = 223 \text{ nm},$$

它在紫外线区域。

3.4.2 斯特藩–玻尔兹曼公式

图 3.8 还显示，随着黑体温度的升高，它在所有波长上每秒发射的能量都会增加。奥地利物理学家约瑟夫·斯特藩 (Josef Stefan，1835—1893) 在 1879 年进行的实验，证明了面积为 A 和温度为 T (单位为 K) 的黑体的光度 L，由下式给出：

$$L = A\sigma T^4. \tag{3.16}$$

五年后，另一位奥地利物理学家路德维希·玻尔兹曼 (Ludwig Boltzmann，1844—1906) 利用热力学定律和麦克斯韦辐射压公式推导出了这个公式，现在称之为**斯特藩–玻尔兹曼公式**。斯特藩–玻尔兹曼常量 σ 的值为

$$\sigma = 5.670400 \times 10^{-8} \text{ W} \cdot \text{m}^{-2} \cdot \text{K}^{-4}.$$

对于半径为 R 且表面积 $A = 4\pi R^2$ 的球形恒星，斯特藩–玻尔兹曼公式可采用如下形式：

$$\boxed{L = 4\pi R^2 \sigma T_e^4.} \tag{3.17}$$

由于恒星不是完美的黑体，我们用这个公式来定义恒星表面的**有效温度** T_e。合并这个公式和平方反比定律公式 (3.2)，可得到在恒星的表面 ($r = R$) 处的表面流量是

$$F_{\text{surf}} = \sigma T_e^4. \tag{3.18}$$

例 3.4.2 太阳的光度为 $L_\odot = 3.839 \times 10^{26}$ W，它的半径为 $R_\odot = 6.95508 \times 10^8$ m。太阳表面的有效温度为

$$T_\odot = \left(\frac{L_\odot}{4\pi R_\odot^2 \sigma} \right)^{\frac{1}{4}} = 5777 \text{ K}.$$

太阳表面的辐射流量是

$$F_{\text{surf}} = \sigma T_\odot^4 = 6.316 \times 10^7 \text{ W} \cdot \text{m}^{-2}.$$

根据维恩位移定律，太阳的连续谱的峰值波长为

$$\lambda_{\max} \simeq \frac{0.0029 \text{ m} \cdot \text{K}}{5777 \text{ K}} = 5.016 \times 10^{-7} \text{ m} = 501.6 \text{ nm}.$$

该波长落在可见光光谱的绿色区域 (491 nm $< \lambda <$ 575 nm)。然而，太阳发出的连续光的波长有比 $\lambda_{\max}$ 更短的和更长的，人眼感知太阳的颜色为黄色。因为太阳辐射的大部分能量都是在可见光波段 (图 3.8)，又因为地球大气在这些波长下是透明的，所以自然选择的进化过程导致人眼对电磁波谱中的这一波长区域敏感。

对 $\lambda_{\max}$ 和 $T_\odot$ 分别取值 500 nm 和 5800 K，可以以近似形式写出维恩位移定律：

$$\lambda_{\max} T \approx (500 \text{ nm})(5800 \text{ K}). \tag{3.19}$$

3.4.3 新世界观的前夜

本节在 19 世纪末画上了句号。当时的物理学家和天文学家相信，所有支配物理世界的原理都已经最终被发现了。他们的科学世界观 (即牛顿范式) 认为经典物理学的史诗般的、黄金时代的顶峰已经繁荣了超过三百年。这一范式的建构始于伽利略的卓越观测和牛顿的精微洞见。它的总体结构是由牛顿定律构架，由能量守恒和动量守恒两大支柱支撑的，麦克斯韦电磁波使其熠熠生辉。它的遗产是对宇宙确定性的描述，宇宙像发条装置一样运行，轮子嵌着轮子转动，所有的齿轮都完美啮合。物理学面临着成为自身成功的牺牲品的危险，没有剩下任何挑战了。所有的重大发现显然都已经完成了，而且在 19 世纪末男男女女科学家们剩下的唯一任务就是研究一些枝节末叶。

然而，随着 20 世纪的开始，越来越明显的是一场危机正在酝酿。物理学家们因无法回答一些与光有关的最简单的问题而感到沮丧。在恒星之间的遥远距离中光波传播的介质是什么？还有，地球穿过这种介质的速度是多少？是什么决定了黑体辐射的连续谱和充满炽热发光气体的电子管的特有的、分离的颜色？天文学家被他们无法理解的知识宝藏的暗示所诱惑。

像阿尔伯特·爱因斯坦这样地位的物理学家才推翻了牛顿范式，并带来了物理学的两次革命。一个改变了我们对空间和时间的看法，另一个改变了我们对物质和能量的基本概念的认识。人们发现，黄金时代严格的发条装置宇宙是一种幻觉，取而代之的是由概率和统计法则支配的随机宇宙。下面四行字恰当地概括了这种情况。前两行是与牛顿同时代的英国诗人亚历山大·波普 (Alexander Pope，1688—1744) 写的，后两行是斯奎尔爵士 (Sir J. C. Squire，1884—1958) 在 1926 年写的。

"自然界和自然界的规律隐藏在黑夜里。

上帝说：'让牛顿去吧！' 于是，一切成为光明。

但这并没有持续下去。

魔鬼咆哮着 '呵呵！让爱因斯坦去吧！' 于是，一切又回到黑暗中。"

3.5　能量的量子化

19 世纪末困扰物理学家的问题之一是他们无法从基本物理原理推导出如图 3.8 所示的黑体辐射曲线。瑞利勋爵[1] (Lord Rayleigh，1842—1919) 曾试图通过应用经典电磁理论的麦克斯韦公式和热物理的结果得出该表达式。他的策略是考虑一个充满黑体辐射的温度为 T 的空腔。这可以想成是充满电磁辐射驻波的热炉。如果炉壁之间的距离是 L，则允许的辐射波长为 $\lambda = 2L$，L，$2L/3$，$2L/4$，$2L/5$，$\cdots$ 一直延伸到越来越短的波长[2]。根据经典物理学，这些波长中的每一个应当接收到等于 kT 的能量，其中 $k = 1.3806503 \times 10^{-23}$ J·K^{-1} 是玻尔兹曼常量，在大家所熟悉的理想气体定律 $PV = NkT$ 中出现。瑞利推导出的结果是

$$B_\lambda(T) \simeq \frac{2ckT}{\lambda^4} \quad \text{（仅仅在长波长时有效）}, \tag{3.20}$$

这与黑体辐射曲线的长波长部分的拖尾很好地吻合。然而，大家立即认识到瑞利的结果有一个严重的问题。当 $\lambda \to 0$ 时，他的 $B_\lambda(T)$ 会无限制地增长。问题的根源是，根据经典物理学，一个无限小数目的无限短的波长意味着热炉中含有无限量的黑体辐射能量。这个理论结果是如此的荒谬，以至于被称为 "紫外灾难"。今天人们称式 (3.20) 为**瑞利–金斯定律**[3]。

维恩也在研究黑体辐射曲线的正确数学表达式。在斯特藩–玻尔兹曼定律式 (3.16) 和经典热物理的引导下，维恩提出一条经验定律来描述短波长部分的黑体辐射曲线，但在较长波长部分却是失效的：

$$B_\lambda(T) \simeq a\lambda^{-5}\mathrm{e}^{-b/(\lambda T)} \quad \text{（仅仅在短波长时有效）}, \tag{3.21}$$

其中，a 和 b 是为实验数据提供最佳拟合而选择的常数。

---

[1] 众所周知，瑞利勋爵原名约翰·威廉·斯特拉特，但在他 30 岁时继承了埃塞克斯郡维特姆镇特灵广场的第三代瑞利男爵的头衔。

[2] 这类似于两端固定、长度为 L 的弦上的驻波。允许的波长与电磁波驻波的波长相同。

[3] 英国天文学家詹姆斯·金斯 (James Jeans，1877—1946) 在瑞利的原始工作中发现了一个数值错误。现在修正后的结果用他们两个人的名字命名。

3.5.1 黑体辐射曲线的普朗克函数

到 1900 年末，德国物理学家马克斯·普朗克 (Max Planck，1858—1947) 发现，可以对维恩的表达式进行修正以获得如图 3.8 所示的黑体谱，同时复制了瑞利–金斯定律的长波长的成功，并避免了紫外灾难:

$$B_\lambda(T) = \frac{a/\lambda^5}{e^{b/(\lambda T)} - 1},$$

为了确定常数 a 和 b，同时绕过紫外灾难，普朗克采用了一种巧妙的数学技巧。他假设波长为 λ 和频率 $\nu = c/\lambda$ 的电磁波驻波不能获得任意数量的能量。相反，该波仅可以具有特定的允许能量值，它是最小波能的整数倍[①]。这个最小能量，即能量**量子**，由 $h\nu$ 或 hc/λ 给出，其中 h 是常数。因此，电磁波的能量是 $nh\nu$ 或 nhc/λ，其中整数 n 是波的量子数。假定量子化波能的最小能量正比于波的频率，那么整个热炉甚至不能容纳足够的能量以提供给短波长、高频波一份量子能量。这样就可以避免紫外灾难。普朗克希望在他的推导结束时，可以将常数 h 设为零; 确实，一个人为常数不应该保留在他的 $B_\lambda(T)$ 的最后结果中。

普朗克的策略奏效了! 他的公式，即现在的**普朗克函数**，与实验结果完全吻合，但前提是公式中的常数 h 必须保留[②]:

$$B_\lambda(T) = \frac{2hc^2/\lambda^5}{e^{hc/(\lambda kT)} - 1}. \tag{3.22}$$

普朗克常量的值为 $h = 6.62606876 \times 10^{-34} \text{J·s}$。

3.5.2 普朗克函数与天体物理

最后，有了黑体谱的正确表达式的武装，我们可以将普朗克函数应用到天体物理系统。在球坐标中，温度为 T 且表面积为 $\mathrm{d}A$ 的黑体，每单位时间在波长 λ 和 $\lambda + \mathrm{d}\lambda$ 之间，发射到立体角 $\mathrm{d}\Omega \equiv \sin\theta\mathrm{d}\theta\mathrm{d}\phi$ 中的辐射能量由下式给出:

$$B_\lambda(T)\mathrm{d}\lambda\mathrm{d}A\cos\theta\mathrm{d}\Omega = B_\lambda(T)\mathrm{d}\lambda\mathrm{d}A\cos\theta\sin\theta\mathrm{d}\theta\mathrm{d}\phi; \tag{3.23}$$

请参看图 3.9[③]。因此，B_λ 的单位是 $\text{W·m}^{-3}\text{· sr}^{-1}$。不幸的是，这些单位可能会产生误导。请应该注意，$\text{W·m}^{-3}$ 表示的是每单位波长间隔每单位面积的功率 (每单位时间的能量)，即 $\text{W·m}^{-2}\text{·m}^{-1}$，并不是每单位体积每单位时间的能量。为了避免混淆，波长间隔 $\mathrm{d}\lambda$ 的单位有时用 nm 而不是 m 来表示，因此普朗克函数的单位变为 $\text{W·m}^{-2}\text{·nm}^{-1}\text{·sr}^{-1}$，如图 3.8 所示[④]。

---

① 实际上，普朗克限制了发射电磁辐射的炉壁中假想的电磁振荡器的可能能量。

② 给大家留个作业，证明普朗克函数在长波处退化为瑞利–金斯定律 (习题 3.10)，在短波处退化为维恩表达式 (习题 3.11)。

③ 注意，$\mathrm{d}A\cos\theta$ 是 $\mathrm{d}A$ 投影到垂直于辐射传播方向的平面上的面积。立体角的概念将在 6.1 节中详细描述。

④ 因此，普朗克函数的值取决于波长间隔单位。$\mathrm{d}\lambda$ 从 m 转换成 nm 意味着通过求解式 (3.22) 得到的 B_λ 值必须除以 10^9。

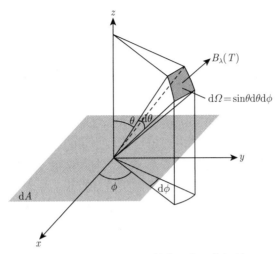

图 3.9　表面积为 $\mathrm{d}A$ 的体元的黑体辐射

有时, 处理频率间隔 $\mathrm{d}\nu$ 比处理波长间隔 $\mathrm{d}\lambda$ 更方便。在这种情况下, 普朗克函数的形式为

$$B_\nu(T) = \frac{2h\nu^3/c^2}{\mathrm{e}^{h\nu/(kT)}-1}. \tag{3.24}$$

因此, 在球面坐标中,

$$B_\nu\mathrm{d}\nu\mathrm{d}A\cos\theta\mathrm{d}\Omega = B_\nu\mathrm{d}\nu\mathrm{d}A\cos\theta\sin\theta\mathrm{d}\theta\mathrm{d}\phi$$

是温度为 T 且表面积为 $\mathrm{d}A$ 的黑体, 每单位时间在频率 ν 和 $\nu+\mathrm{d}\nu$ 之间发射到立体角 $\mathrm{d}\Omega \equiv \sin\theta\mathrm{d}\theta\mathrm{d}\phi$ 中的黑体辐射能量。

普朗克函数可以用来建立起一颗恒星的观测特性 (辐射流量、视星等) 与它的固有性质 (半径、温度) 之间的联系。考虑一个半径为 R、温度为 T 的球形黑体构成的模型星。假设表面积为 $\mathrm{d}A$ 的每一小块各向同性地 (在所有方向上均等地) 向外发射黑体辐射, 那么该恒星在波长 λ 和 $\lambda+\mathrm{d}\lambda$ 之间每秒发射的能量是

$$L_\lambda\mathrm{d}\lambda = \int_{\phi=0}^{2\pi}\int_{\theta=0}^{\pi/2}\int_A B_\lambda\mathrm{d}\lambda\mathrm{d}A\cos\theta\sin\theta\mathrm{d}\theta\mathrm{d}\phi. \tag{3.25}$$

角积分产生因子 π, 整个球面积的积分产生因子 $4\pi R^2$。结果是

$$L_\lambda\mathrm{d}\lambda = 4\pi^2 R^2 B_\lambda\mathrm{d}\lambda \tag{3.26}$$

$$= \frac{8\pi^2 R^2 hc^2/\lambda^5}{\mathrm{e}^{hc/(\lambda kT)}-1}\mathrm{d}\lambda. \tag{3.27}$$

其中, $L_\lambda\mathrm{d}\lambda$ 称为**单色光度**。将斯特藩–玻尔兹曼公式 (3.17) 与式 (3.26) 对所有波长的积分结果进行比较, 可见:

$$\int_0^\infty B_\lambda(T)\mathrm{d}\lambda = \frac{\sigma T^4}{\pi}. \tag{3.28}$$

在习题 3.14 中，大家可以根据基本常数 c、h 和 k 用式 (3.27) 表示斯特藩–玻尔兹曼常量 σ。通过光的平方反比定律式 (3.2)，单色光度与**单色流量** $F_\lambda \mathrm{d}\lambda$ 之间的关系为

$$F_\lambda \mathrm{d}\lambda = \frac{L_\lambda}{4\pi r^2}\mathrm{d}\lambda = \frac{2\pi hc^2/\lambda^5}{\mathrm{e}^{hc/(\lambda kT)}-1}\left(\frac{R}{r}\right)^2 \mathrm{d}\lambda, \tag{3.29}$$

此处，r 是到模型星的距离。因此，如果假设在从恒星到探测器这段旅程中星光没有被吸收或散射，那么 $F_\lambda \mathrm{d}\lambda$ 是每秒到达瞄准模型星的探测器的 $1\ \mathrm{m}^2$ 接收面积上、在波长 λ 和 $\lambda + \mathrm{d}\lambda$ 之间的星光能量的焦耳数。当然，地球的大气层吸收了一些星光，但是，通过考虑这种吸收，可以对辐射流量和视星等的测量结果进行校正，参看 9.2 节。通常引用的恒星的这些量的值实际上是修正值，并且是在地球吸收大气之上测量的结果。

3.6　色　指　数

在 3.2 节中讨论的视星等和绝对星等，如果是对恒星发射的所有波长的光进行测量的结果，那么它们被称为**热星等**并分别用 m_{bol} 和 M_{bol} 表示[①]。然而，实际上，探测器仅仅是在探测器的灵敏度限定范围内的特定波长区域内测量恒星的辐射流量。

3.6.1　UBV 波长滤光片

恒星的颜色可以通过使用只在某些窄波段内允许传输星光的滤光片来精确确定。在标准的 UBV 系统中，一颗恒星的视星等是通过三个滤光片来测量的，用三个大写字母表示它们：

• U，恒星的紫外星等，是通过中心波长为 365 nm、有效带宽为 68 nm 的滤光片测量的。

• B，恒星的蓝色星等，是通过中心波长为 440 nm、有效带宽为 98 nm 的滤光片测量的。

• V，恒星的目视星等，是通过中心波长为 550 nm、有效带宽为 89 nm 的滤光片测量的。

3.6.2　色指数和热改正

利用式 (3.6)，如果恒星的距离 d 是已知的，则可以确定恒星的颜色绝对星等 M_U、M_B 和 M_V[②]。恒星的 $U-B$ **色指数**是其紫外星等和蓝色星等的差值，而恒星的 $B-V$ **色指数**是其蓝色星等和目视星等之间的差值：

$$U - B = M_U - M_B$$

和

$$B - V = M_B - M_V.$$

---

① 辐射热计是一种仪器，用来测量它所接收到的所有波长的辐射流量所引起的温度升高。

② 请注意，尽管在 UBV 系统中的视星等没有用 "m" 指代，但是绝对星等用了 "M" 指代。

恒星的星等值随亮度的增加而减小；结果是，色指数 $B-V$ 更小的恒星就比色指数 $B-V$ 更大的恒星显得更蓝。因为色指数是两个星等的差值，所以式 (3.6) 表明它独立于恒星的距离。恒星的热星等和它的目视星等的差值是 **热改正** (BC)：

$$\mathrm{BC} = m_{\mathrm{bol}} - V = M_{\mathrm{bol}} - M_V. \tag{3.30}$$

例 3.6.1 天狼星 (Sirius) 是天空中最亮的恒星，它的 U、B 和 V 视星等分别为 $U = -1.47$，$B = -1.43$ 和 $V = -1.44$。因此对于天狼星而言，

$$U - B = -1.47 - (-1.43) = -0.04$$

和

$$B - V = -1.43 - (-1.44) = 0.01.$$

天狼星在紫外波段是最亮的，正如所预期的那样，它的有效温度为 $T_{\mathrm{e}} = 9970$ K。对于这样的表面温度，

$$\lambda_{\max} = \frac{0.0029\ \mathrm{m \cdot K}}{9970\ \mathrm{K}} = 291\ \mathrm{nm},$$

它位于在电磁谱的紫外部分。天狼星的热改正为 $\mathrm{BC} = -0.09$，因此它的视热星等为

$$m_{\mathrm{bol}} = V + \mathrm{BC} = -1.44 + (-0.09) = -1.53.$$

视星等与辐射流量之间的关系式 (3.4) 可以用来推导 (在地球大气层之上) 测量到的恒星的紫外星等、蓝色星等和目视星等的表达式。使用灵敏度函数 $S(\lambda)$ 描述在波长 λ 处探测到的恒星的辐射流量部分。S 取决于望远镜镜面的反射率，U、B 和 V 滤光片的带宽，以及光度计的响应。例如，恒星的紫外星等 U 由下式给出：

$$U = -2.5 \log_{10} \left(\int_0^\infty F_\lambda \mathcal{S}_U \mathrm{d}\lambda \right) + C_U \tag{3.31}$$

其中，C_U 是常数。对于恒星在其他波段内的视星等也使用类似的表达式。针对不同波长区域的这些 U、B 和 V 表达式中的常数 C 各不相同，通过用这三个波段滤光片确定织女星 (Vega，天琴座 α) 的星等为零来选择这些常数[1]。这完全是一个任意的选择，并不意味着织女星在 U、B 和 V 波段看起来同样明亮。但是，得到的恒星的目视星等值与依巴谷在两千年前记录的值大致相同[2]。

因为热星等需要测量恒星发出的所有波长的光，所以要用不同的方法来确定热星等表达式中的常数 C_{bol}。对于理想的辐射热计，它能够探测到来自恒星百分之百的辐射，可以设定 $S(\lambda) \equiv 1$：

$$m_{\mathrm{bol}} = -2.5 \log_{10} \left(\int_0^\infty F_\lambda \mathrm{d}\lambda \right) + C_{\mathrm{bol}}. \tag{3.32}$$

---

[1] 实际上，若干颗恒星的平均星等常常用来进行这种校正。
[2] 对天文学家使用的变化莫测的星等系统的进一步讨论，请见 Böhm-Vitense (1989b) 的第 1 章。

C_{bol} 的值源于天文学家的良好愿望，即热改正值

$$\mathrm{BC} = m_{\mathrm{bol}} - V,$$

它对所有恒星都是负的 (因为恒星在所有波长上的总辐射流量一定大于其在任何特定波段上的辐射流量)，同时仍然尽可能地接近于零。在大家认可 C_{bol} 的值之后，人们发现一些超巨星具有正的热改正。尽管如此，天文学家还是选择继续使用这种非物理的方法来测量星等[①]。给大家留一道练习题：通过使用太阳的给定 m_{bol} 值 $m_{\mathrm{sun}} = -26.83$ 来计算常数 C_{bol}。

色指数 $U - B$ 和 $B - V$ 立即可见：

$$U - B = -2.5 \log_{10} \left(\frac{\int F_\lambda \mathcal{S}_U \mathrm{d}\lambda}{\int F_\lambda \mathcal{S}_B \mathrm{d}\lambda} \right) + C_{U-B}, \tag{3.33}$$

此处，$C_{U-B} \equiv C_U - C_B$。对于 $B - V$，也存在类似的关系。从式 (3.29)，请注意尽管视星等取决于模型星的半径 R 和它的距离 r，但是色指数不依赖于它，这是因为在式 (3.33) 中因子 $(R/r)^2$ 互相抵消。因此，色指数仅仅是黑体模型星的温度的量度。

例 3.6.2　某颗热星的表面温度为 42000 K，色指数为 $U - B = -1.19$，$B - V = -0.33$。$U - B$ 的大的负值表明该恒星在紫外波段显得最亮，这可以用维恩位移定律式 (3.19) 来证明。温度为 42000 K 的黑体的光谱峰值为

$$\lambda_{\mathrm{max}} = \frac{0.0029 \ \mathrm{m \cdot K}}{42000 \ \mathrm{K}} = 69 \ \mathrm{nm},$$

位于电磁波谱的紫外区。这个波长比由 U、B 和 V 滤光片传输的波长短得多 (图 3.10)，因此我们将处理普朗克函数 $B_\lambda(T)$ 的平滑下降的长波部分的 "拖尾"。

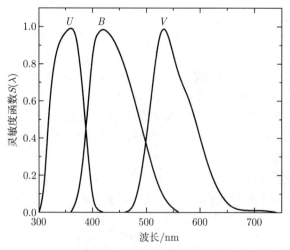

图 3.10　U、B 和 V 滤光片的灵敏度函数 $S(\lambda)$ (数据来自 Johnson，*Ap. J.*，141，923，1965)

[①] 一些作者，比如 Böhm-Vitense (1989a，1989b)，倾向于将热改正定义为 $\mathrm{BC} = V - m_{\mathrm{bol}}$，因此，它们的 BC 值通常为正的。

我们可以使用色指数的值来估算式 (3.33) 中的常数 C_{U-B}，以及用色指数 $B-V$ 来估算类似公式中的 C_{B-V}。在该估算中，我们使用阶跃函数来表示灵敏度函数：在滤光片的带宽内，$S(\lambda) = 1$；否则，$S(\lambda) = 0$。那么式 (3.33) 中的积分可以通过滤光片带宽的中心处的普朗克函数 B_λ 的值乘以该带宽来近似表示。因此，对于第 64 页列出的波长和带宽 $\Delta\lambda$，

$$U - B = -2.5 \log_{10}\left(\frac{B_{365}\Delta\lambda_U}{B_{440}\Delta\lambda_B}\right) + C_{U-B},$$

$$-1.19 = -0.32 + C_{U-B},$$

$$C_{U-B} = -0.87$$

和

$$B - V = -2.5 \log_{10}\left(\frac{B_{440}\Delta\lambda_B}{B_{550}\Delta\lambda_V}\right) + C_{B-V},$$

$$-0.33 = -0.98 + C_{B-V},$$

$$C_{B-V} = 0.65.$$

给大家留一道练习题：使用 C_{U-B} 和 C_{B-V} 的这些值来估算表面温度为 5777 K 的黑体模型星 (比如太阳) 的色指数。对于太阳，尽管所得出的值 $B-V = +0.57$ 与测量的值 $B-V = +0.650$ 相当一致，但是估算的 $U-B = -0.22$ 与测量的值 $U-B = +0.195$ 相差很大。在紫外波段这种巨大差异的原因将在例 9.2.4 中讨论。

3.6.3 双色图

图 3.11 是**双色图**，它显示了主序星的色指数 $U-B$ 和 $B-V$ 之间的关系[①]。天文学家们面临着一项艰巨的任务，那就是将一颗恒星在双色图上的位置与该恒星本身的物理性质

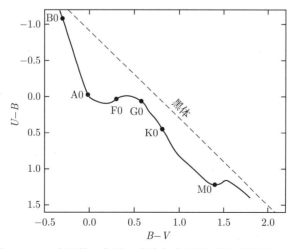

图 3.11 主序星的双色图。虚线代表黑体 (数据来自附录 G)

---

① 正如将在 10.6 节讨论的那样，主序星是由其中心的氢原子核的核聚变提供能源的。80%～90% 的恒星是主序星。图 3.11 中的字母标记是光谱类型，参看 8.1 节。

联系起来。如果恒星实际上表现为黑体，那么双色图将是图 3.11 所示的直虚线。然而，恒星并不是真正的黑体。正如将在第 9 章中详细讨论的，一些光在穿过恒星的大气层时被吸收了，被吸收的光的量值取决于光的波长和恒星的温度。其他因素也起作用，导致相同温度的主序星和超巨星的色指数略有不同。双色图 3.11 表明，对于非常热的恒星，实际恒星和模型黑体恒星之间的一致性是最好的。

推 荐 读 物

一般读物

Ferris, Timothy, *Coming of Age in the Milky Way*, William Morrow, New York, 1988.

Griffin, Roger, "The Radial-Velocity Revolution," *Sky and Telescope*, September 1989.

Hearnshaw, John B., "Origins of the Stellar Magnitude Scale," *Sky and Telescope*, November 1992.

Herrmann, Dieter B., *The History of Astronomy from Hershel to Hertzsprung*, Cambridge University Press, Cambridge, 1984.

Perryman, Michael, "Hipparcos: The Stars in Three Dimensions," *Sky and Telescope*, June 1999.

Segre, Emilio, *From Falling Bodies to Radio Waves*, W. H. Freeman and Company, New York, 1984.

专业读物

Arp, Halton, "U-B and B-V Colors of Black Bodies," *The Astrophysical Journal*, 133, 874, 1961.

Böhm-Vitense, Erika, *Introduction to Stellar Astrophysics, Volume 1: Basic Stellar Observations and Data*, Cambridge University Press, Cambridge, 1989a.

Böhm-Vitense, Erika, *Introduction to Stellar Astrophysics, Volume 2: Stellar Atmospheres*, Cambridge University Press, Cambridge, 1989b.

Cox, Arthur N. (ed.), *Allen's Astrophysical Quantities*, Fourth Edition, Springer-Verlag, New York, 2000.

Harwit, Martin, *Astrophysical Concepts, Third Edition*, Springer-Verlag, New York, 1998.

Hipparcos Space Astrometry Mission, European Space Agency, http://astro.estec.esa.nl/Hipparcos/.

Lang, Kenneth R., *Astrophysical Formulae*, Third Edition, Springer-Verlag, New York, 1999.

van Helden, Albert, *Measuring the Universe*, The University of Chicago Press, Chicago, 1985.

习　题

3.1　在 1672 年，当时火星最接近地球，国际上进行了一项合作来测量火星冲日时的视差角。

(a) 假设有两个观测者，他们之间的基线距离等于地球的直径。如果他们测量火星角度位置差是 $33.6''$，那么在冲日时地球和火星之间的距离是多少？用 m 和 AU 这两个单位来表示你的答案。

(b) 如果到火星的距离要测量到 10% 精度以内，那么两个观测者使用的时钟必须同步到什么程度？提示：忽略地球的自转。地球和火星的平均轨道速度分别为 $29.79\ \mathrm{km\cdot s^{-1}}$ 和 $24.13\ \mathrm{km\cdot s^{-1}}$。

3.2　在离 100 W 灯泡多远的地方，其辐射流量等于太阳的辐射流量？

3.3　天狼星的视差角为 $0.379''$。

(a) 计算到天狼星的距离，用以下距离单位表示：(i) pc；(ii) 光年；(iii) AU；(iv) m。

(b) 确定天狼星的距离模数。

3.4　利用例 3.6.1 和习题 3.3 中的信息，确定天狼星的绝对热星等，并与太阳的绝对热星等进行比较。天狼星的光度与太阳的光度之比是多少？

3.5　(a) 依巴谷空间天体测量卫星能够测量低至近 $0.001''$ 的视差角。为了有一点分辨率级别的感觉，你需要在多远的地方才能看到一角硬币的张角是 $0.001''$？（一角硬币的直径约为 1.9 cm。）

(b) 假设绿草以每周 5 cm 的速率生长。

i. 绿草 1 s 长多长？

ii. 你需要在离绿草多远的地方才能看到它以每秒 $0.000004''$（4 微角秒）的速率生长？4 微角秒是 NASA 的天体测量任务 SIM 计划的预估角分辨率。

3.6　推导下面的关系式：

$$m = M_{\mathrm{Sun}} - 2.5 \log_{10}\left(\frac{F}{F_{10,\odot}}\right).$$

3.7　从地球发射 1.2×10^4 kg 的飞船，并利用圆形太阳帆使其径向加速远离太阳。飞船的初始加速度为 $1g$。假设太阳帆是平坦的，请确定太阳帆的半径，如果它是

(a) 黑色的，所以它能吸收太阳光；

(b) 闪亮的，所以它反射太阳的光。

提示：宇宙飞船，像地球一样，都是围绕太阳运动的。在你的计算中，是否应该把太阳的引力也考虑在内？

3.8　在大约 306 K ($92°F$) 的皮肤温度下，普通人的皮肤面积平均为 $1.4\ \mathrm{m^2}$。站在温度为 293 K ($68°F$) 的房间里，假设普通人就是理想的散热器。

(a) 普通人以黑体辐射的形式辐射能量，计算每秒可以辐射多少能量。用单位 W 表示你的答案。

(b) 确定普通人发出的黑体辐射的峰值波长 $\lambda_{\max}$。这个波长在电磁谱的哪个区域？

(c) 黑体也从其环境中吸收能量，比如从温度为 293 K 的房间中吸收能量。描述吸收的公式与描述黑体辐射发射的公式 (3.16) 是相同的。计算普通人平均每秒吸收的能量，单位用 W。

(d) 计算普通人通过黑体辐射平均每秒损失的净能量。

3.9　考虑房宿三 (Dschubba，天蝎座 δ) 的恒星模型。房宿三是位于天蝎座 (Scorpius) 头部的中心恒星。假设房宿三是一个球状黑体，其表面温度为 28000 K，半径为 5.16×10^9m，假设该模型星与地球的距离为 123 pc。确定该恒星的以下参量：

(a) 光度；

(b) 绝对热星等；

(c) 视热星等；

(d) 距离模数；

(e) 恒星表面的辐射流量；

(f) 传到地球表面的辐射流量 (与太阳的辐射流量进行比较)；

(g) 峰值波长 $\lambda_{\max}$。

3.10 (a) 证明：瑞利–金斯定律式 (3.20) 是在 $\lambda \gg hc/(kT)$ 极限下普朗克函数 B_λ 的一个近似。(在 $x \ll 1$ 情形，$\mathrm{e}^x \approx 1 + x$ 的第一阶展开式将是有用的。) 请注意，普朗克常量并未出现在你的答案中。瑞利–金斯定律是一个经典的结果，因此，由分母中的 λ^4 产生的短波长处的"紫外灾难"是无法避免的。

(b) 将太阳 ($T_\odot = 5777$ K) 的普朗克函数 B_λ 和瑞利–金斯定律绘制在同一张图上。在大约多少波长处，瑞利–金斯的值是普朗克函数的两倍？

3.11 证明：维恩的黑体辐射表达式 (3.21) 在短波长处直接遵循普朗克函数。

3.12 通过设置 $\mathrm{d}B_\lambda/\mathrm{d}\lambda = 0$，推导出维恩位移定律表达式 (3.15)。提示：你会遇到一个公式，必须采用数值解，而非代数解。

3.13 (a) 利用式 (3.24)，给出普朗克函数 B_ν 达到其最大值时的频率 $\nu_{\max}$ 的表达式。(注意：$\nu_{\max} \neq c/\lambda_{\max}$。)

(b) 太阳的 $\nu_{\max}$ 值是多少？

(c) 给出频率为 $\nu_{\max}$ 的光波的波长。这个波长位于电磁谱的哪个区域？

3.14 (a) 对式 (3.27) 在整个波长进行积分，得到黑体模型星的总光度的表达式。提示：

$$\int_0^\infty \frac{u^3 \mathrm{d}u}{\mathrm{e}^u - 1} = \frac{\pi^4}{15}.$$

(b) 将你的结果与斯特藩–玻尔兹曼公式 (3.17) 进行比较，并证明斯特藩–玻尔兹曼常量 σ 由下式给出：

$$\sigma = \frac{2\pi^5 k^4}{15 c^2 h^3}.$$

(c) 根据该表达式计算 σ 的值，并与附录 A 中列出的值进行比较。

3.15 使用附录 G 中的数据回答以下问题。

(a) 计算太阳的绝对目视星等 M_V 和目视星等 V。

(b) 确定太阳的星等 M_B、B、M_U 和 U。

(c) 在图 3.11 双色图中找到太阳和天狼星。关于天狼星的数据，请参阅例 3.6.1。

3.16 使用第 64 页上 UBV 系统的滤光片带宽和织女星的有效温度 9600 K 来确定通过哪一个滤光片时织女星在光度计上看起来最亮。(即忽略式 (3.31) 中的常数 C。) 假设在滤光片带宽内 $S(\lambda) = 1$，而在滤光片带宽外 $S(\lambda) = 0$。

3.17 通过使用 $m_{\text{sun}} = -26.83$，计算式 (3.32) 中的常数 C_{bol}.

3.18 使用例 3.6.2 中的常数 C_{U-B} 和 C_{B-V} 的值来估计太阳的色指数 $U - B$ 和 $B - V$。

3.19 尾宿八 (Shaula，天蝎座 λ) 是一颗明亮 ($V = 1.62$) 的蓝白色亚巨星，位于天蝎座的尾尖部位。其表面温度约为 22000 K。

(a) 使用例 3.6.2 中的常数 C_{U-B} 和 C_{B-V} 的值来估计尾宿八的色指数 $U - B$ 和 $B - V$。请将你的答案与测量值 $U - B = -0.90$ 和 $B - V = -0.23$ 进行比较。

(b) 依巴谷空间天体测量卫星测得尾宿八的视差角为 $0.00464''$。确定该星的绝对视星等。(尾宿八是一颗脉动星，属于仙王座 (Cephei) β 变星类型，见 14.2 节。随着它的星等在 $V = 1.59 \sim 1.65$ 变化，变化周期是 5h8min，它的色指数也有微小变化。)

第 4 章 狭义相对论

4.1 伽利略变换的失败

波是通过介质传播的一种扰动。水波是通过水传播的扰动，声波是通过空气传播的扰动。詹姆斯·克拉克·麦克斯韦预言，光由 "引起电磁现象的同一介质的调制" 组成，但是光波传播的介质是什么？当时，物理学家认为光波会通过一种叫作**发光以太**的介质传播，这种无处不在的以太的想法起源于希腊早期的科学。希腊人认为：除了土、气、火和水这四种尘世元素之外，天堂是由第五种完美元素——以太组成的。麦克斯韦回应他们古老的信仰道：

"毫无疑问，行星际空间和星际空间不是空的，而是被某种物质或物体占据，这当然是我们所知道的最大的，也许也是最均匀的物体。"

人们提出现代的以太化身，仅是为了用于传输光波，通过以太移动的物体不会受到机械阻力，因此无法直接测量地球在以太中的运动速度。

4.1.1 伽利略变换

实际上，没有任何机械实验能够确定观察者的绝对速度，无法判断观察者处于静止状态还是匀速运动 (不加速)，这项基本原则很早就被认可。伽利略描述了一个完全封闭在光滑帆船甲板下方的实验室，并辩称在这个匀速运动的实验室中进行的任何实验都无法测量该船的速度。要了解其原因，需考虑两个惯性参考系 S 和 S'。如 2.2 节所述，惯性参考系可以被认为是牛顿第一定律有效的实验室：静止的物体将保持静止，运动的物体将以恒定的速度沿直线运动，除非有外力作用。

如图 4.1 所示，实验室 (原则上) 由无穷多个米尺和同步时钟组成，它们可以记录实验室中发生的任何事件的位置和时间，这消除了将有关事件的信息中继到遥远的记录设备所涉及的时间延迟。在不失一般性的情况下，可以将参考系 S' 视为以恒定速度 u 在正 x 方向 (相对于参考系 S) 上移动，如图 4.2 所示[①]。此外，两个参考系中的时钟在坐标系原点 O 和 O' 重合时 $t = t' = 0$ 时开始计时。

两个参考系 S 和 S' 中的观察者测量同一移动对象，分别在时刻 t 和 t' 记录其位置 (x, y, z) 和 (x', y', z')。常识和直觉将导致**伽利略变换公式**：

$$x' = x - ut, \tag{4.1}$$

$$y' = y, \tag{4.2}$$

$$z' = z, \tag{4.3}$$

---

① 这并不意味着参考系 S 静止而 S' 在运动，当 S 沿负 x' 方向移动时，S' 可能处于静止状态，或者两个参考系都在移动，意思是，没有办法区分这些情况，只有相对速度 u 才有意义。

$$t' = t. \tag{4.4}$$

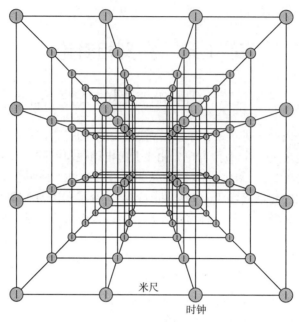

图 4.1   惯性参考系

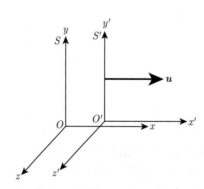

图 4.2   惯性参考系 S 和 S'

取关于 t 或 t' 的时间导数 (因为它们总是相等的), 得到在两个参考系中测得的物体速度 v 和 v' 的分量之间的关系:

$$v'_x = v_x - u,$$

$$v'_y = v_y,$$

$$v'_z = v_z,$$

或以矢量形式,

$$\boldsymbol{v}' = \boldsymbol{v} - \boldsymbol{u}. \tag{4.5}$$

由于 u 为常数，所以，另一个时间导数得到的加速度将是相同的：

$$a' = a.$$

因此，对于质量为 m 的物体，$F = ma = ma'$，即在两个参考系中都遵守牛顿定律。无论实验室位于伽利略的船舱内还是宇宙中的其他任何地方，都无法进行机械实验来测量实验室的绝对速度。

4.1.2　迈克耳孙–莫雷实验

麦克斯韦发现电磁波以 $c \simeq 3 \times 10^8$ m·s^{-1} 的速度穿过以太，这使得似乎可以通过测量地球参考系的光速并将其与麦克斯韦的 c 的理论值进行比较，从而可能探测地球通过以太的绝对运动。1887 年，两个美国人，物理学家阿尔伯特·A·**迈克耳孙** (Albert A.Michelson，1852—1931 年) 和化学家爱德华·W·**莫雷** (Edward W.Morley，1838—1923) 进行了一次经典实验，试图对地球的绝对速度进行测量。

尽管地球以大约 30 km·s^{-1} 的速度绕太阳运行，但迈克耳孙–莫雷实验的结果与地球通过以太的速度为零一致[①]！此外，随着地球绕其轴自转并绕太阳公转，实验室通过以太的速度应不断变化，不断变化的 "以太风" 应该容易被发现。但是，此后以更高的精度重复进行迈克耳孙–莫雷实验的所有物理学家都报告了相同的 "零" 结果，不论实验室在地球上的速度或光源的速度如何，每个人测量的光速值都完全相同。

另外，式 (4.5) 暗示两个以相对速度 u 运动的观察者应该获得不同的光速值。从式 (4.5) 得到的常识与实验确定的光速恒定性之间的矛盾意味着该公式以及由其得出的公式 (伽利略变换公式，式 (4.1) ~ 式 (4.4)) 是不正确的。尽管伽利略变换充分描述了 $v/c \ll 1$ 所熟悉的日常生活低速世界，但它们与接近光速时的实验结果完全不同。牛顿范式的危机出现了。

4.2　洛伦兹变换

年轻的**阿尔伯特·爱因斯坦** (Albert Einstein，1879—1955，图 4.3) 喜欢和他的朋友们讨论一个难题：如果您以光速运动时照镜子，会看到什么？您会否在镜子中看到您的图像？

图 4.3　阿尔伯特·爱因斯坦 (1879—1955) (由 Yerkes 天文台提供)

---

① 严格来说，地球上的实验室不在惯性参照系之内，因为地球既绕其轴自转，也绕太阳变速公转。但是，这些非惯性效应对于迈克耳孙–莫雷实验并不重要。

这是爱因斯坦寻找简单而一致的宇宙图景的开始，这一探索最终导致了他的相对论。经过深思，爱因斯坦最终拒绝了以太的概念。

4.2.1　爱因斯坦的假设

1905 年，爱因斯坦在一篇引人注目的论文 "运动物体的电动力学" 中介绍了他的两个狭义相对论[①]假设：

"电动力学现象和力学现象都没有与绝对静止的思想相对应的特性,它们反而表明 ……对于力学公式适用的所有参考系，电动力学与光学定律一样也将有效。我们将这个 '猜想' (其在下文中称为 '相对性原理') 提升到一个 '假设' 的位置，并引入另一个假设，这看起来与前者是不可调和的，即，光在空旷的空间中总是以一定的速度 c 传播，该速度与发光体的运动状态无关。"

换句话说，**爱因斯坦的假设**是

相对性原理　在所有惯性参考系中，物理定律都是相同的。

光速恒定　光在真空中以恒定速度 c 移动，该速度 c 与光源的运动无关。

4.2.2　洛伦兹变换的推导

随后，爱因斯坦继续推导他的狭义相对论理论核心的公式，即洛伦兹变换[②]。对于图 4.2 所示的两个惯性参考系，对于 S 和 S' 测量的同一事件的坐标 (x, y, z, t) 和 (x', y', z', t')，其时空之间最通用的线性变换公式组为

$$x' = a_{11}x + a_{12}y + a_{13}z + a_{14}t, \tag{4.6}$$

$$y' = a_{21}x + a_{22}y + a_{23}z + a_{24}t, \tag{4.7}$$

$$z' = a_{31}x + a_{32}y + a_{33}z + a_{34}t, \tag{4.8}$$

$$t' = a_{41}x + a_{42}y + a_{43}z + a_{44}t. \tag{4.9}$$

如果变换公式不是线性的，则运动对象的长度或两个事件之间的时间间隔将随参考系 S 和 S' 的原点选择而改变，这是不可接受的，因为物理定律不能依赖于任意选择的坐标系的坐标。

系数 a_{ij} 可以通过使用爱因斯坦的两个假设和一些简单的对称性参数来确定。爱因斯坦的第一个假设是相对性原理，它意味着垂直于 u (参考系 S 相对于 S' 的速度) 的长度不变。要理解这一点，假设每个参考系都有一个沿着 y 和 y' 轴取向的量尺，每个量尺的一端位于其相应参考系的原点 (图 4.4)。油漆刷垂直安装在每个量尺的两端，并且参考系之间由一块在 x-y 平面上无限延伸的玻璃板隔开。当两个参考系彼此通过时，每把刷子在玻璃板上画一条线。假设参考系 S 使用蓝色油漆，而参考系 S' 使用红色油漆，如果在参考系 S 中的观察者测量在参考系 S' 中的量尺比自己的量尺短，他将在玻璃上的蓝线内看到红线。但是根据相对性原理，在 S' 参考系中的观察者会测量到在 S 参考系中的量尺比自己的量

---

① 狭义相对论只处理静止参考系，而广义相对论包括加速参考系。

② 这些公式是荷兰的洛伦兹 (Hendrik A.Lorentz，1853—1928) 首次推导的，但后来应用于涉及相对于以太绝对禁止的情况。

尺短，并且会看到红色线条中涂有蓝线。但两条色线都不能位于另一条线内，唯一的结论是蓝线和红线必须重叠，所以，垂直于 u 的量尺的长度不变。因此，$y' = y$ 和 $z = z'$，因而，$a_{22} = a_{33} = 1$，而 a_{21}，a_{23}，a_{24}，a_{31}，a_{32} 和 a_{34} 均为零。

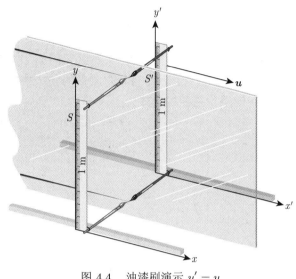

图 4.4　油漆刷演示 $y' = y$

另一个简化来自于要求：当 y 为 $-y$ 替换或用 $-z$ 替换 z 时，式 (4.9) 的结果相同，这必须是正确的，因为绕平行于相对速度 u 的轴的旋转对称性意味着时间测量不能取决于事件发生在 x 轴的哪一侧，因此 $a_{42} = a_{43} = 0$。

最后，考虑参考系 S' 的原点 O' 的运动。由于参考系的时钟是假设当原点 O 和 O' 重合时在 $t = t' = 0$ 同步，则 O' 的 x 坐标由 S 参考系中的 $x = ut$ 和 S' 参考系中的 $x' = 0$ 给出。因此式 (4.6) 变为

$$0 = a_{11}ut + a_{12}y + a_{13}z + a_{14}t,$$

这意味着 $a_{12} = a_{13} = 0$ 且 $a_{11}u = -a_{14}$。综合所有这些结果表明，公式组式 (4.6) ~ 式 (4.9) 已蜕化成

$$x' = a_{11}(x - ut), \tag{4.10}$$

$$y' = y, \tag{4.11}$$

$$z' = z, \tag{4.12}$$

$$t' = a_{41}x + a_{44}t. \tag{4.13}$$

这时候，如果 $a_{11} = a_{44} = 1$ 和 $a_{41} = 0$，这些公式将与常识性的伽利略变换式 (4.1) ~ 式 (4.4) 相符。然而，到目前为止，在推导中仅采用了爱因斯坦的一个假设：首先由伽利略本人提出的相对性原理。

现在，轮到介绍爱因斯坦的第二个假设了：每个人对光速的测量值完全相同。假设当原点 O 和 O' 在时间 $t = t' = 0$ 重合，闪光灯在公共原点处点燃。在稍后的时间 t，参考

系 S 中的观察者将测量到半径为 ct 的光的球面波前,其以速度 c 远离原点 O 并满足

$$x^2 + y^2 + z^2 = (ct)^2. \tag{4.14}$$

类似地,在时间 t',参考系 S' 中的观察者将测量半径为 ct' 的光的球面波前,以速度 c 远离原点 O' 并满足

$$x'^2 + y'^2 + z'^2 = (ct')^2. \tag{4.15}$$

将式 (4.10) ~ 式 (4.13) 代入式 (4.15) 中,并将结果与式 (4.14) 比较,得出 $a_{11} = a_{44} = 1/\sqrt{1 - u^2/c^2}$ 和 $a_{41} = -ua_{11}/c^2$。因此,从 S 和 S' 测得的同一事件的链接空间和时间坐标 (x, y, z, t) 和 (x', y', z', t') 的**洛伦兹变换公式**为

$$x' = \frac{x - ut}{\sqrt{1 - u^2/c^2}}, \tag{4.16}$$

$$y' = y, \tag{4.17}$$

$$z' = z, \tag{4.18}$$

$$t' = \frac{t - ux/c^2}{\sqrt{1 - u^2/c^2}}. \tag{4.19}$$

无论何时使用洛伦兹变换,都应确保这种情况与图 4.2 的几何构形一致,其中惯性参考系 S' 以速度 u 相对于参考系 S 在正 x 方向上移动。

无处不在的所谓**洛伦兹因子** γ 可用于估计相对论效应的重要性:

$$\gamma \equiv \frac{1}{\sqrt{1 - u^2/c^2}}. \tag{4.20}$$

粗略地估算,当 $u/c \simeq 1/7$ 时,相对论与牛顿力学相差 1%($\gamma = 1.01$);当 $u/c \simeq 5/12$ 时,相差 10%(图 4.5)。在低速的牛顿世界中,洛伦兹变换简化为伽利略变换式 (4.1) ~ 式 (4.4)。所有相对论公式都满足类似的要求;它们必须在 $u/c \to 0$ 的低速极限中与牛顿公式一致。

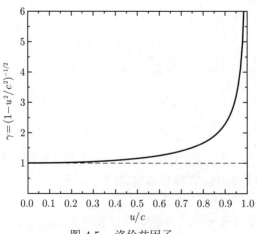

图 4.5   洛伦兹因子 γ

洛伦兹逆变换可以通过代数形式推导，也可以更容易地通过切换带撇号和不带撇号 (如 x 和 x') 的量并用 $-u$ 代替 u 来获得。(请确保你了解这些替换的物理基础。) 不管哪种方式，都得到逆变换：

$$x = \frac{x' + ut'}{\sqrt{1 - u^2/c^2}}, \tag{4.21}$$

$$y = y', \tag{4.22}$$

$$z = z', \tag{4.23}$$

$$t = \frac{t' + ux'/c^2}{\sqrt{1 - u^2/c^2}}. \tag{4.24}$$

4.2.3 四维时空

洛伦兹变换公式是狭义相对论的核心，它们具有许多令人惊讶和不同寻常的含义，最显而易见的惊喜是空间和时间坐标在变换中的交织作用。用爱因斯坦的教授赫尔曼·**闵可夫斯基** (Hermann Minkowski, 1864—1909) 的话来说，"从此空间自身和时间自身注定会如影子一般逐渐消失，只有两者之间的某种结合才能保持独立的真实"。物理世界的戏剧性在四维时空的舞台上展开，其中的事件由其时空坐标 (x, y, z, t) 标识。

4.3 狭义相对论时空

假设在 S 参考系中的观察者测量了两个分别在 x_1 和 x_2 处同时在 t 时刻熄灭的闪光灯，那么，在 S' 参考系中的观察者将测量两个熄灭的灯泡之间的时间间隔 $t'_1 - t'_2$ (参见式 (4.19))：

$$t'_1 - t'_2 = \frac{(x_2 - x_1)\, u/c^2}{\sqrt{1 - u^2/c^2}} \tag{4.25}$$

对于在 S' 坐标系的观察者来说，如果 $x_1 \neq x_2$，那么灯泡就不会同时熄灭！在一个惯性参考系中同时发生的事件不会在所有其他惯性参考系中同时发生，没有在不同位置发生的两个事件绝对同时发生这样的事情。式 (4.25) 表明，如果 $x_1 < x_2$ 那么对于正 u 有 $t'_1 - t'_2 > 0$，即测得 "灯泡 1" 在 "灯泡 2" 之后熄灭。如果观察者以相同的速度沿相反方向移动 (u 变为 $-u$) 将得出相反的结论："灯泡 2" 在 "灯泡 1" 之后熄灭。对称地，S' 参考系中的观察者将得出结论，他或她第一个经过的闪光灯在另一个闪光灯之后熄灭。引出的问题是："哪个观察者真的正确？" 但是，这个问题毫无意义，等同于问："哪个观察者真的在移动？" 这两个问题都没有答案，因为在这种情况下 "真的" 是没有意义的。没有绝对的同时性，就如同没有绝对的运动一样。根据他或她自己的参考系，每个观察者的测量都是正确的。

普适同时性的坍塌，其影响是深远的。其缺失意味着相对运动的时钟将不会保持同步。牛顿关于绝对时间的观念 "时间本身和它自身的性质不依赖于任何外部因素均匀地流动" 被推翻了。相对运动中的不同观察者将测量得到相同两个事件之间的不同时间间隔！

4.3.1　固有时间和时间膨胀

想象一个相对于参考系静止的频闪灯，每 $\Delta t'$ 秒产生一道闪光灯，参见图 4.6。如果在时刻 t' 发射了一个闪烁，则在时刻 $t_2' = t_1' + \Delta t'$ 时将发射下一个闪烁，如参考系 S' 中的时钟所测量的。使用式 (4.24) 以及 $x_1' = x_2'$，

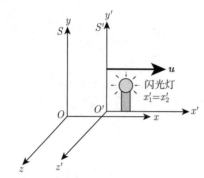

图 4.6　S' 参考系中静止的闪光灯 $(x' = $ 常数$)$

参考系 S 中的时钟测量的这两个脉冲之间的时间间隔 $\Delta t \equiv t_2 - t_1$ 为

$$t_2 - t_1 = \frac{(t_2' - t_1') + (x_2' - x_1')\, u/c^2}{\sqrt{1 - u^2/c^2}}$$

或

$$\Delta t = \frac{\Delta t'}{\sqrt{1 - u^2/c^2}}. \tag{4.26}$$

由于参考系 S' 中的时钟相对于频闪灯的光是静止的，则 $\Delta t'$ 将称为 Δt_{rest}，S' 称为时钟的静止参考系。类似地，由于参考系 S 中的时钟相对于频闪灯在移动，Δt 将称为 Δt_{moving}。因此，式 (4.26) 变为

$$\boxed{\Delta t_{\text{moving}} = \frac{\Delta t_{\text{rest}}}{\sqrt{1 - u^2/c^2}}.} \tag{4.27}$$

该公式显示了移动时钟的时间膨胀效应，即两个事件之间的时间间隔是由相对运动的不同观察者以不同的方式测量的。最短的时间间隔由相对于两个事件的静止时钟测量，此为两个事件之间的固定时，相对于这两个事件运动的任何其他时钟将测量得到这两个时间之间的较长的时间间隔。

时间膨胀效应通常用短语"移动时钟运行较慢"来描述，而没有明确标识所涉及的两个事件，这很容易引起混乱，因为式 (4.27) 中的下标"移动"或"静止"是相对于两个事件的。为了更深入地了解这一短语的含义，假设你拿着时钟 C 每秒滴答一次，同时测量相对于你移动的完全相同的时钟 C' 的滴答声，要测量的两个事件是时钟 C' 的连续滴答声。由于时

钟 C' 相对于其自身处于静止状态，所以它在自己的滴答之间测量的时间为 $\Delta t_{\text{rest}} = 1$ s。但是，使用时钟 C 来测量的时钟 C' 的滴答之间的时间是

$$\Delta t_{\text{moving}} = \frac{\Delta t_{\text{rest}}}{\sqrt{1 - u^2/c^2}} = \frac{1 \text{ s}}{\sqrt{1 - u^2/c^2}} > 1 \text{ s} ,$$

因为你测量的时钟 C' 的滴答声比 1 s 长，所以你得出的结论是，相对于你移动的时钟 C' 的运行速度比你的时钟 C 慢。非常精确的原子钟已随喷气飞机绕世界飞行了，证实了相对论的结果，移动的时钟的确运行得更慢[①]。

4.3.2 固有长度和长度收缩

时间膨胀和同时性的坍塌都与牛顿对绝对时间的信念相矛盾。取而代之的是，两个事件之间测量的时间对于相对运动的不同观察者而言是不同的。牛顿还认为，"本质上，与任何外部事物都没有关系的绝对空间始终是相似且不可移动的。"但是，洛伦兹变换公式要求相对运动的不同观察者对空间的测量也应不同。

想象沿着 x' 轴的一根杆，相对于参考系 S' 静止，即 S' 是杆的静止参考系 (图 4.7)。令杆的左端坐标为 x'_1、右端坐标为 x'_2，那么，在参考系 S' 中测量的杆的长度为 $L' = x'_2 - x'_1$，从 S 参考系中测得的杆的长度是多少？由于杆相对于 S 在运动，所以必须同时测量杆端的 x 坐标 x_1 和 x_2。等式 (4.16) 在 $t_1 = t_2$ 的情况下，表明从 S 中测得的长度 $L = x_2 - x_1$ 能从下式得到：

$$x'_2 - x'_1 = \frac{(x_2 - x_1) - u(t_2 - t_1)}{\sqrt{1 - u^2/c^2}}$$

或

$$L' = \frac{L}{\sqrt{1 - u^2/c^2}}. \tag{4.28}$$

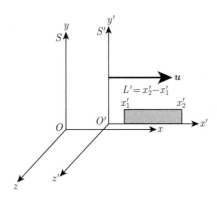

图 4.7　参考系 S' 中的静止杆

由于杆相对于 S' 静止，所以 L' 称为 L_{rest}。同样，因为杆是相对于 S 的运动，所以 L 称为 L_{moving}。因此式 (4.28) 变为

[①] 有关时间膨胀测试的详细信息，参见 Hafele 和 Keating (1972a，1972b)。

$$L_{\text{moving}} = L_{\text{rest}}\sqrt{1 - u^2/c^2}. \tag{4.29}$$

该公式显示了运动杆的长度收缩效应，即由两个相对运动的观察者测量的长度或距离是不同的。如果杆相对于观察者运动，则该观察者测量的杆比静止的观察者要短，最长的长度 (称为杆的固有长度) 是在杆的静止参考系中测量的。长度收缩只会影响平行于相对运动方向的长度或距离，垂直于相对运动方向的距离不变 (式 (4.17) 和式 (4.18))。

4.3.3   时间膨胀和长度收缩是互补的

时间膨胀和长度收缩并不是爱因斯坦观察宇宙新方法的独立效应，相反，它们是互补的，每种效应的大小取决于事件相对于观察者的运动。

例 4.3.1   来自太空的宇宙射线与地球高层大气中的原子核相撞，产生了称为 μ子 (muons) 的基本粒子。μ 子不稳定，在静止参考系中的衰变时标为 $\tau = 2.20\mu s$，也就是说，给定样本中的 μ 子数应根据 $N(t) = N_0 e^{-t/\tau}$ 随时间减少，其中 N_0 是时间 $t = 0$ 时样本中的 μ 子数。一个探测器在新罕布什尔州的华盛顿山 (Mt.Washington) 上检测到以 $u = 0.9952c$ 的速度向下运动的 563 muons·h^{-1}，另一个探测器在海平面上、第一个探测器的下方 1907m 处，计数得到 408 muons·h^{-1}[①]。

μ 子从华盛顿山顶传播到海平面所需的时间为 $(1907 \text{ m})/(0.9952c) = 6.39\mu s$，因此，每小时在海平面上检测到的 μ 子数量应为

$$N = N_0 e^{-t/\tau} = \left(563 \text{muons} \cdot \text{h}^{-1}\right) e^{-(6.39\mu s)/(2.20\mu s)} = 31 \text{muons} \cdot \text{h}^{-1}.$$

这比在海平面上实际测量的 408muons·h^{-1} 少得多！μ 子如何存活足够长的时间才能到达较低的探测器呢？前述计算的问题在于，2.20μs 的寿命是在相对于 μ 子静止的参考系中测量的 Δt_{rest}，但实验者在华盛顿山和海平面的时钟相对于 μ 子是运动的。

他们测量的 μ 子寿命应为

$$\Delta t_{\text{moving}} = \frac{\Delta t_{\text{rest}}}{\sqrt{1 - u^2/c^2}} = \frac{2.20\mu s}{\sqrt{1 - (0.9952)^2}} = 22.5 \ \mu s,$$

μ 子的寿命是其自身静止的参考系中测量的寿命的 10 倍多，运动中的 μ 子的时钟运行较慢，因此更多的 μ 子可以存活到足以到达海平面的时候。使用实验人员测得的 μ 子寿命重复上述计算，得出

$$N = N_0 e^{-t/\tau} = \left(563 \text{ muons} \cdot \text{h}^{-1}\right) e^{-(6.39 \ \mu s)/(22.5 \ \mu s)} = 424 \text{ muons} \cdot \text{h}^{-1}.$$

当包括时间膨胀的效应时，理论预测与实验结果非常吻合。

从 μ 子的静止参考系来看，其寿命仅为 2.20μs。如图 4.8 所示，如果观察者与 μ 子同行，则如何解释它们到达海平面的能力呢？观察者将测量出在相对运动方向严重收缩的华盛顿山。μ 子所行进的距离不是 $L_{\text{rest}} = 1907$ m，而是

$$L_{\text{moving}} = L_{\text{rest}}\sqrt{1 - u^2/c^2} = (1907 \text{ m})\sqrt{1 - (0.9952)^2} = 186.6 \text{ m}.$$

---

① 该实验的细节可以在 Frisch 和 Smith (1963) 一书中找到。

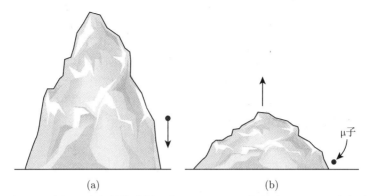

图 4.8　向下运动穿越华盛顿山的 μ 子：(a) 山参考系；(b) μ 子参考系

因此，根据观测者在 μ 子的静止参考系中测得的到达海平面的收缩长度，它需要的时间为 $(186.6 \text{ m})/(0.9952c)=0.625 \text{ μs}$，那么，该观察者将计算到达下面的检测器的 μ 子数为

$$N = N_0 \mathrm{e}^{-t/\tau} = \left(563 \text{ muons} \cdot \text{h}^{-1}\right) \mathrm{e}^{-(0.625 \text{ μs})/(2.20 \text{ μs})} = 424 \text{ muons} \cdot \text{h}^{-1},$$

与之前的结果一致。这表明，在一个参考系中测量的时间膨胀所引起的影响相当于在另一参考系中测量的长度收缩的影响。

时间膨胀和长度收缩的影响在相对运动的两个观察者之间都是对称的。想象一下两个相同的飞船以相反的方向运动，它们以相对论的速度彼此通过。每艘太空飞船上的观察者将测量得到另一艘船的长度短于自己飞船的长度，而另一艘船的时钟则慢一些。两位观察者都是正确的，他们已经从各自的参照系中进行了正确的测量。

这些影响并不是由某种 "光学错觉" (光从移动物体的不同部位到达观察者所花费的时间不同) 引起的。前面的讨论中所用的语言涉及使用事件发生时的量尺和时钟来测量事件的时空坐标 (x, y, z, t)，因此没有时间延迟。当然，真实的实验室都不可能有无限长的量尺和时钟，必须考虑有限的光传播时间所引起的时间延迟，这对于确定随后的相对论多普勒频移公式非常重要。

4.3.4　相对论多普勒频移

1842 年，奥地利物理学家克里斯蒂安·**多普勒** (Christian Doppler) 指出，当声源在介质 (例如空气) 中运动时，波长在向前方向上压缩，而在向后方向上扩展。由源或观察者的运动引起的任何类型的波长变化都称为多普勒频移。多普勒推论得出，对于运动的声源观察到的波长 λ_{obs} 与在实验室为静止的参考源测得的波长 λ_{rest}，两者之间的差异与源通过介质的径向速度 v_r 有关 (速度直接朝向或远离观察者方向上的径向分量，见图 1.15)

$$\frac{\lambda_{\mathrm{obs}} - \lambda_{\mathrm{rest}}}{\lambda_{\mathrm{rest}}} = \frac{\Delta\lambda}{\lambda_{\mathrm{rest}}} = \frac{v_r}{v_{\mathrm{s}}}, \tag{4.30}$$

其中，v_{s} 是介质中的声速。但是，该表达式对于光是不精确的。比如，迈克耳孙和莫雷的实验结果使爱因斯坦放弃了以太的概念，他们证明光波的传播不涉及任何介质。光的多普勒频移与声波的多普勒频移在本质上是不同的。

考虑一个遥远的光源，在时刻 $t_{\text{rest},1}$ 发射光信号，在时刻 $t_{\text{rest},2} = t_{\text{rest},1} + \Delta t_{\text{rest}}$ 发射另一个光信号，该时间由相对于光源的静止时钟测量。如果此光源相对于观察者以速度 u 移动，如图 4.9 所示，则在观察者位置接收光信号之间的时间将取决于时间膨胀效应以及信号从源头到观察者的不同距离。(假设光源很远，信号可以当作沿平行路径到达观察者。) 利用式 (4.27)，我们发现在观察者参考系中测得的光信号发射的时间间隔为 $\Delta t_{\text{rest}}/\sqrt{1 - u^2/c^2}$，这时，观察者确定的光源距离已经改变了 $u\Delta t_{\text{rest}} \cos\theta/\sqrt{1 - u^2/c^2}$。因此，两个光信号到达观察者的时间间隔为 Δt_{obs}：

$$\Delta t_{\text{obs}} = \frac{\Delta t_{\text{rest}}}{\sqrt{1 - u^2/c^2}}[1 + (u/c)\cos\theta]. \tag{4.31}$$

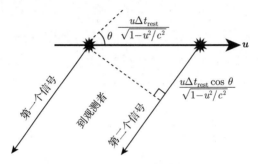

图 4.9　相对论多普勒频移

如果将 Δt_{rest} 视为发射光波峰之间的时间间隔，并且将 Δt_{obs} 作为它们到达时间的间隔，则光波的频率为 $\nu_{\text{rest}} = 1/\Delta t_{\text{rest}}$ 和 $\nu_{\text{obs}} = 1/\Delta t_{\text{obs}}$。因此，描述相对论多普勒频移的公式为

$$\boxed{\nu_{\text{obs}} = \frac{\nu_{\text{rest}}\sqrt{1 - u^2/c^2}}{1 + (u/c)\cos\theta} = \frac{\nu_{\text{rest}}\sqrt{1 - u^2/c^2}}{1 + v_r/c},} \tag{4.32}$$

其中，$v_r = u\cos\theta$ 是光源的径向速度。如果光源径向远离观察者 ($\theta = 0°$，$v_r = u$) 或朝向观察者 ($\theta = 180°$，$v_r = -u$) 运动，那么相对论多普勒频移会简化为

$$\nu_{\text{obs}} = \nu_{\text{rest}}\sqrt{\frac{1 - v_r/c}{1 + v_r/c}} \quad (\text{视向移动}). \tag{4.33}$$

还有一个来自垂直于观察者视线方向运动 ($\theta = 90°$，$v_r = 0$) 的横向多普勒频移，这种横向移动完全是由时间膨胀引起的。注意，与描述声音的多普勒频移的公式不同，式 (4.32) 和式 (4.33) 没有区分源的速度和观察者的速度，只有相对速度是重要的。

当天文学家观察到一个恒星或星系远离或朝向地球运动时，他们接收到的光的波长分别向更长或更短的波长移动。如果光源远离观察者 ($v_r > 0$)，则 $\lambda_{\text{obs}} > \lambda_{\text{rest}}$，这种向较长波长的偏移称为**红移**。同样，如果光源正在朝向观察者运动 ($v_r < 0$)，则存在向较短波长的偏移，即**蓝移**[①]。因为我们银河系外的大多数天体正在远离我们，所以天文学家观测到的

---

① 多普勒本人坚持认为，所有恒星在静止时都将是白色的，并且恒星的不同颜色归因于其多普勒频移。但是，恒星移动太慢，以至于它们的多普勒频移无法显著地改变其颜色。

常常是红移。**红移参数** z 用于描述波长的变化，它被定义为

$$z \equiv \frac{\lambda_{\mathrm{obs}} - \lambda_{\mathrm{rest}}}{\lambda_{\mathrm{rest}}} = \frac{\Delta\lambda}{\lambda_{\mathrm{rest}}}. \tag{4.34}$$

观测到的波长 λ_{obs} 从式 (4.33) 得到，结合 $c = \lambda\nu$ 则有

$$\lambda_{\mathrm{obs}} = \lambda_{\mathrm{rest}} \sqrt{\frac{1 + v_r/c}{1 - v_r/c}} \quad \text{(视向移动)}, \tag{4.35}$$

而红移参数变为

$$z = \sqrt{\frac{1 + v_r/c}{1 - v_r/c}} - 1 \quad \text{(视向移动)}. \tag{4.36}$$

通常，根据式 (4.34) 与 $\lambda = c/\nu$ 得到

$$z + 1 = \frac{\Delta t_{\mathrm{obs}}}{\Delta t_{\mathrm{rest}}}. \tag{4.37}$$

该表达式表明，如果观测到红移参数 $z > 0$ (退行) 的天体物理源的光度在一定时间 Δt_{obs} 内变化，则光度的变化在源的静止参考系中发生在较短的时间内，$\Delta t_{\mathrm{rest}} = \Delta t_{\mathrm{obs}}/(z+1)$。

例 4.3.2 类星体 SDSS 1030+0524 在其静止参考系中产生波长为 $\lambda_{\mathrm{rest}} = 121.6$ nm 的氢发射线。在地球上，测得该发射线的波长为 $\lambda_{\mathrm{obs}} = 885.2$ nm。因此，该类星体的红移参数为

$$z = \frac{\lambda_{\mathrm{obs}} - \lambda_{\mathrm{rest}}}{\lambda_{\mathrm{rest}}} = 6.28.$$

使用式 (4.36)，我们可以计算类星体的退行速度：

$$z = \sqrt{\frac{1 + v_r/c}{1 - v_r/c}} - 1$$

$$\frac{v_r}{c} = \frac{(z+1)^2 - 1}{(z+1)^2 + 1} \tag{4.38}$$

$$= 0.963.$$

类星体 SDSS 1030+0524 似乎正以光速的 96% 的速度远离我们！但是，像类星体这样与我们相距遥远的天体具有明显的退行速度，这是由宇宙的整体膨胀引起的。在这种情况下，观测到的波长增加实际上是由空间本身的扩展 (延伸了光的波长)，而不是由物体在空间中的运动引起的！这种宇宙学的红移是大爆炸的结果。

这个类星体是斯隆数字巡天发现的，详细信息参见 Becker 等 (2001)。

假设光源的速度 u 远小于光的速度 $(u/c \ll 1)$，进行一级展开得到

$$(1 + v_r/c)^{\pm 1/2} \simeq 1 \pm \frac{v_r}{2c},$$

联立表示径向运动的式 (4.34) 和式 (4.35)，则对于低速运动：

$$z = \frac{\Delta\lambda}{\lambda_{\text{rest}}} \simeq \frac{v_r}{c}, \tag{4.39}$$

其中 $v_r > 0$ 对应于退行光源 $(\Delta\lambda > 0)$，而 $v_r < 0$ 对应于前行光源 $(\Delta\lambda < 0)$。尽管该式与式 (4.30) 相似，但应该记住的是式 (4.39) 是一个近似，仅对低速有效，若将这个式子错误地应用于例 4.3.2 中讨论的相对论类星体 SDSS 1030 + 0524，会得出一个错误的结论，即类星体以 6.28 倍光速远离我们！

4.3.5 相对论速度变换

由于空间和时间间隔在相对运动中由不同的观察者测量得到不同的值，所以速度也必须转换。将洛伦兹变换式 (4.16) ∼ 式 (4.19) 写成微分的形式，然后将 $\mathrm{d}x', \mathrm{d}y'$ 和 $\mathrm{d}z'$ 的公式除以 $\mathrm{d}t'$ 的公式，就可以很容易地找到描述速度的相对论变换的公式：

$$\boxed{\begin{aligned} v_x' &= \frac{v_x - u}{1 - uv_x/c^2}, \\ \\ v_y' &= \frac{v_y\sqrt{1 - u^2/c^2}}{1 - uv_x/c^2}, \\ \\ v_z' &= \frac{v_z\sqrt{1 - u^2/c^2}}{1 - uv_x/c^2}. \end{aligned}}$$

$$v_x' = \frac{v_x - u}{1 - uv_x/c^2}, \tag{4.40}$$

$$v_y' = \frac{v_y\sqrt{1 - u^2/c^2}}{1 - uv_x/c^2}, \tag{4.41}$$

$$v_z' = \frac{v_z\sqrt{1 - u^2/c^2}}{1 - uv_x/c^2}. \tag{4.42}$$

与洛伦兹逆变换一样，**速度逆变换**也可以通过交换带撇的分量和不带撇的分量并用 $-u$ 替换 u 来获得，剩下的练习就是证明这些公式确实满足了爱因斯坦的第二个假设：光在真空中的速度恒定，与光源的运动无关。如果 v 的大小为 c，从式 (4.40) ∼ 式 (4.42) 可以得到 v' 的大小也为 c (见习题 4.12)。

例 4.3.3 在参考系 S' 中，光源是静止的并且辐射是各向同性的，尤其是，一半的光发射到前向半球 (即正 x') 内。从沿着 x 轴方向以相对论速度 u 运动的参考系 S 观测时，情况会发生变化吗？

考虑一束光线，其在 S' 中的速度分量为 $v_x' = 0, v_y' = c$ 和 $v_z' = 0$，这束射线在参考系中 S' 沿着光的前半部和后半部之间的边界传播。但是，在参考系 S 中测量时，此光线具有由式 (4.40) ∼ 式 (4.42) 的逆变换给出的速度分量：

$$v_x = \frac{v_x' + u}{1 + uv_x'/c^2} = u,$$

$$v_y = \frac{v_y'\sqrt{1 - u^2/c^2}}{1 + uv_x'/c^2} = c\sqrt{1 - u^2/c^2},$$

$$v_z = \frac{v_z'\sqrt{1 - u^2/c^2}}{1 + uv_x'/c^2} = 0.$$

如图 4.10 所示，在参考系 S 中，光线的传播并不垂直于 x 轴。

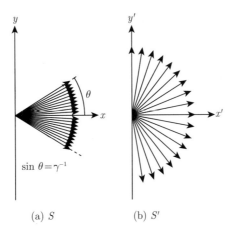

(a) S (b) S'

图 4.10 相对论的前灯效应。(a) 参考系 S；(b) 参考系 S'

实际上，对于 u/c 接近 1 的情况，实测光线和 x 轴之间的夹角 θ 可以从 $\sin\theta = v_y/v$ 得到，其中，

$$v = \sqrt{v_x^2 + v_y^2 + v_z^2} = c$$

是在参考系 S 中测量的光速，因此

$$\sin\theta = \frac{v_y}{v} = \sqrt{1 - u^2/c^2} = \gamma^{-1}, \tag{4.43}$$

其中，γ 是由式 (4.20) 定义的洛伦兹因子。这意味着，对于相对论速度 $u \approx c$，γ 非常大，因此 $\sin\theta$ (进而 θ) 变得非常小。所有在 S 参考系中前向发射的光在 S' 参考系中将集中在一个狭窄的圆锥体中。这种现象称为**前灯效应** (headlight effect)，在天体物理学的许多领域都起着重要作用。例如，相对论电子围绕磁场的螺旋运动，它们以同步辐射的形式发光，辐射集中在电子运动的方向，并且是高度面偏振的。同步辐射是太阳、木星的磁层、脉冲星和活动星系的重要电磁辐射过程。

4.4 相对论动量和能量

到目前为止，仅考虑了相对论运动学，爱因斯坦的狭义相对论也需要对动量和能量的概念进行新的定义。线性动量和能量守恒的思想是物理学的两个基石。根据相对论，如果动量在一个惯性参考系中守恒，那么它必须在所有惯性系中守恒。本节的最后部分证明了这一要求导致了**相对论矢量动量 $\boldsymbol{p}$** 的定义：

$$\boldsymbol{p} = \frac{m\boldsymbol{v}}{\sqrt{1 - v^2/c^2}} = \gamma m\boldsymbol{v}. \tag{4.44}$$

其中，γ 是由式 (4.20) 定义的洛伦兹因子。注意：有些作者更喜欢通过定义 "相对论质量" $m/\sqrt{1-v^2/c^2}$ 来区分公式中的 m 和 v，但这种区分并没有令人信服的理由，而且可能会产生误导。在本书中，粒子的质量 m 在所有的惯性参考系中都将取为相同值；在洛伦兹变换下它是不变的，没有理由将其定义为 "静止质量"。因此，运动粒子的质量不会随速度增加而增加，不过，它的动量随着 $v \to c$ 接近无穷大。还要注意，分母中的 v 是相对于观察者的粒子速度的大小，而不是两个任意参考系之间的相对速度 u。

4.4.1　$E = mc^2$ 的导出

使用式 (4.44) 和从 2.2 节中的动能与功之间的关系，我们可以得出**相对论动能**的表达式。起点是牛顿第二定律 $\boldsymbol{F} = d\boldsymbol{p}/dt$，将其应用于最初处于静止状态的质量为 m 的粒子[①]。考虑一个大小为 F 的力，该力沿 x 方向作用于该粒子。粒子的最终动能 K 等于粒子从其初始位置 x_i 运动到最终位置 x_f 时所受到的力的总功：

$$K = \int_{x_i}^{x_f} F dx = \int_{x_i}^{x_f} \frac{dp}{dt} dx = \int_{p_i}^{p_f} \frac{dx}{dt} dp = \int_{p_i}^{p_f} v dp,$$

其中，p_i 和 p_f 分别是粒子的初始和最终动量。将最后一个表达式进行分部积分，并使用初始条件 $p_i = 0$：

$$\begin{aligned} K &= p_f v_f - \int_0^{v_f} p dv \\ &= \frac{mv_f^2}{\sqrt{1-v_f^2/c^2}} - \int_0^{v_f} \frac{mv}{\sqrt{1-v^2/c^2}} dv \\ &= \frac{mv_f^2}{\sqrt{1-v_f^2/c^2}} + mc^2 \left(\sqrt{1-v_f^2/c^2} - 1 \right). \end{aligned}$$

如果丢掉下标 f，相对论能量的表达式变为

$$\boxed{K = mc^2 \left(\frac{1}{\sqrt{1-v^2/c^2}} - 1 \right) = mc^2(\gamma - 1).} \tag{4.45}$$

尽管动能的公式在低速牛顿极限时不能简化为熟悉的形式 $K = \frac{1}{2}mv^2$ 或 $K = p^2/(2m)$，但如果式 (4.45) 是正确的，那么这两种形式都必须成立，证明留作练习。

该动能表达式的右侧由两个能量项之间的差组成，第一项为相对论总能量 E，

$$\boxed{E = \frac{mc^2}{\sqrt{1-v^2/c^2}} = \gamma mc^2.} \tag{4.46}$$

第二项是不依赖于粒子速度的能量，即使处于静止状态，粒子也具有这种能量，mc^2 这一项称为粒子的静止能量：

$$E_{\text{rest}} = mc^2. \tag{4.47}$$

---

① 作为练习，请证明 $\boldsymbol{F} = m\boldsymbol{a}$ 是不正确的，因为在相对论速度下，力和加速度不必在同一方向上！

粒子的动能是其总能量减去其静止能量。当粒子的能量为 (例如) 40 MeV 时, 其隐含含义是粒子的动能为 40 MeV, 不包括静止能量。最后, 有一个非常有用的表达式, 它表示粒子的总能量 E、动量 p 的大小以及静止能量 mc^2 之间的关系:

$$E^2 = p^2 c^2 + m^2 c^4. \tag{4.48}$$

正如我们将在 5.2 节中讨论的那样, 该公式即使对于没有质量的粒子 (例如光子) 也有效。

对于由 n 个粒子组成的系统, 系统的总能量 E_{sys} 是各个粒子的总能量 E_i 之和: $E_{\text{sys}} = \sum_{i=1}^{n} E_i$。类似地, 系统的矢量动量 $\boldsymbol{p}_{\text{sys}}$ 是单个粒子的动量 $\boldsymbol{p}_i$ 的和: $\boldsymbol{p}_{\text{sys}} = \sum_{i=1}^{n} \boldsymbol{p}_i$。如果粒子的动量守恒, 那么总能量也将守恒, 即使对于系统动能 $K_{\text{sys}} = \sum_{i=1}^{n} K_i$ 减少的非弹性碰撞也是如此。在非弹性碰撞中损失的动能会增加粒子的静止能量, 从而增加其质量, 静止能量的增加使系统的总能量得以守恒。质量和能量是同一枚硬币的两面, 一面可以转化为另一面。

例 4.4.1 在一维完全非弹性碰撞中, 质量为 m 且速度为 v 的两个相同的粒子相互接近, 正面碰撞, 合并成质量为 M 的单个粒子。粒子系统的初始能量为

$$E_{\text{sys,i}} = \frac{2mc^2}{\sqrt{1 - v^2/c^2}}.$$

由于粒子的初始动量大小相等且方向相反, 所以在碰撞之前和之后, 系统的动量 $\boldsymbol{p}_{\text{sys}} = 0$。因此, 碰撞后, 粒子处于静止状态, 其最终能量为

$$E_{\text{sys,f}} = Mc^2.$$

令系统的初始能量和最终能量相等, 那么黏合体的质量 M 为

$$M = \frac{2m}{\sqrt{1 - v^2/c^2}}.$$

因此, 粒子质量的增加量为

$$\Delta m = M - 2m = \frac{2m}{\sqrt{1 - v^2/c^2}} - 2m = 2m \left(\frac{1}{\sqrt{1 - v^2/c^2}} - 1 \right).$$

质量增加的起源可以通过比较动能的初始值和最终值来找到。系统的初始动能为

$$K_{\text{sys,i}} = 2mc^2 \left(\frac{1}{\sqrt{1 - v^2/c^2}} - 1 \right)$$

最终动能 $K_{\text{sys,f}} = 0$。在这种非弹性碰撞中损失的动能除以 c^2 等于粒子质量增加 Δm。

4.4.2 相对论动量 (式 4.44) 的推导

为了证明**相对论动量**表达式 (4.44)，我们将考虑质量为 m 的两个相同粒子之间的掠射弹性碰撞。从三个精心选择的惯性参考系中观察这种碰撞，如图 4.11 所示。当在惯性参考系 S'' 中测量时，两个粒子 A 和 B 在碰撞之前和之后均具有大小相等且方向相反的速度和动量，所以，在碰撞前后总动量都必须为零，动量守恒。还可以从其他两个参考系 S 和 S' 中测量该碰撞。根据图 4.11，如果 S 沿负 x'' 方向运动，其速度等于 S'' 中粒子 A 的 x'' 分量，则从参考系 S 测得，粒子 A 的速度仅具有 y 分量。类似地，如果 S' 以等于 S'' 中粒子 B 的 x'' 分量的速度沿正 x'' 方向移动，则从参考系 S' 测量，粒子 B 的速度只有 y 分量。实际上，如果将其中一个参考系旋转 $180°$，并且将 A 和 B 标签颠倒，则参考系 S 和 S' 的图将相同。这意味着，在参考系 S 中测得的粒子 A 动量的 y 分量的变化与在参考系 S' 中测得的粒子 B 动量的 y' 分量的变化相同，但符号变化 (由于 $180°$ 旋转)：$\Delta p_{A,y} = -\Delta p'_{B,y}$。另外，动量必须在 S 和 S' 参考系中保持不变，就像在 S'' 参考系中一样。这意味着，在 S' 参考系中测量，粒子 A 和 B 的 y' 分量变化之和必须为零：$\Delta p'_{A,y} + \Delta p'_{B,y} = 0$。将这些结果结合起来可得出

$$\Delta p'_{A,y} = \Delta p_{A,y}. \tag{4.49}$$

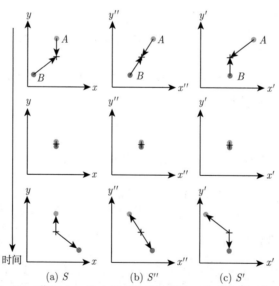

图 4.11　在参考系 (a) S，(b) S'' 和 (c) S' 中测量的弹性碰撞。从参考系 S'' 观察到，参考系 S 与粒子 A 沿负 x'' 方向移动，参考系 S' 与粒子 B 沿正 x'' 方向移动。对于每个参考系，三个纵向图按顺序显示了碰撞之前 (顶部)，碰撞过程中和碰撞之后的情况

到目前为止，该结论与相对论动量矢量 p 的特定公式无关。假设相对论动量矢量的形式为 $\boldsymbol{p} = fm\boldsymbol{v}$，其中 f 是相对论因子，它取决于粒子速度的大小，而与速度的方向无关。当粒子的速度 $v \to 0$ 时，要求因子 $f \to 1$，与牛顿结果一致[①]。

---

① 不要求相对论公式在低速时与牛顿公式类似 (式 (4.45))，但是，这样简单的论证得到了正确的结果。

第二个假设可以确定相对论因子 f：选择每个粒子速度的 y 和 y' 分量与光速相比为任意小，因此，在参考系 S 和 S' 中，粒子 A 速度的 y 和 y' 分量非常小，并且在参考系 S' 中，粒子 A 的速度的 x' 分量是相对论性的。因为

$$v'_A = \sqrt{v'^2_{A,x} + v'^2_{A,y}} \approx c$$

在 S' 参考系中，粒子 A 在 S' 参考系中的相对论因子 f' 不等于 1，而在 S 参考系中，f 可以任意地接近于 1。如果 $v_{A,y}$ 和 $v'_{A,y}$ 是粒子 A 速度的最终 y 分量，则式 (4.49) 变为

$$2f'mv'_{A,y} = 2mv_{A,y}. \tag{4.50}$$

为了使 $v'_{A,y}$ 和 $v_{A,y}$ 关联起来，需要使用式 (4.41) 和 S 与 S' 的相对速度。因为在参考系 S 中 $v_{A,x} = 0$，所以式 (4.40) 表明，$u = -v'_{A,x}$，也就是说，参考系 S' 相对于参考系 S 的相对速度 u 恰好是粒子 A 在参考系 S' 中的速度的 x' 分量的负值。此外，由于粒子 A 速度的 y' 分量任意小，我们可以将 $v'_{A,x} = v'_A$ 设置为在参考系 S' 中测量的粒子 A 速度的大小，因此使用 $u = -v'_A$。将其代入式 (4.41)，结合 $v_{A,x} = 0$ 给出

$$v'_{A,y} = v_{A,y}\sqrt{1 - v'^2_A/c^2}.$$

最后，将 $v'_{A,y}$ 和 $v_{A,y}$ 之间的关系代入式 (4.50) 和消掉相同项，得到在参考系 S' 中测量的相对论因子 f 为

$$f = \frac{1}{\sqrt{1 - v'^2_A/c^2}},$$

删除上标 $'$ 和下标 A（仅标识所涉及的参考系和粒子）得到

$$f = \frac{1}{\sqrt{1 - v^2/c^2}}.$$

因此，相对论动量矢量 $\boldsymbol{p} = fm\boldsymbol{v}$ 的公式为

$$\boldsymbol{p} = \frac{m\boldsymbol{v}}{\sqrt{1 - v^2/c^2}} = \gamma m\boldsymbol{v}.$$

推 荐 读 物

一般读物

French, A.P.(ed.), *Einstein: A Centenary Volume*, Harvard University Press, Cambridge, MA, 1979.

Gardner, Martin, *The Relativity Explosion*, Vintage Books, New York, 1976.

专业读物

Becker, Robert H. et al., "Evidence for Reionization at Z ~ 6: Detection of a Gunn–Peterson Trough in a Z = 6.28 Quasar," *The Astronomical Journal*, preprint, 2001.

Bregman, Joel N. et al., "Multifrequency Observations of the Optically Violent Variable Quasar 3C 446," *The Astrophysical Journal*, 331, 746, 1988.

Frisch, David H., and Smith, James H., "Measurement of the Relativistic Time Dilation Using µ-Mesons," *American Journal of Physics*, 31, 342, 1963.

Hafele, J. C., and Keating, Richard E., "Around-the-World Atomic Clocks: Predicted Relativistic Time Gains," *Science*, 177, 166, 1972a.

Hafele, J. C., and Keating, Richard E., "Around-the-World Atomic Clocks: Observed Relativistic Time Gains," *Science*, 177, 168, 1972b.

McCarthy, Patrick J. et al., "Serendipitous Discovery of a Redshift 4.4 QSO," *The Astrophysical Journal Letters*, 328, L29, 1988.

Sloan Digital Sky Survey, http://www.sdss.org

Resnick, Robert, and Halliday, David, *Basic Concepts in Relativity and Early Quantum Theory*, Second Edition, John Wiley and Sons, New York, 1985.

Taylor, Edwin F., and Wheeler, JohnA., *Spacetime Physics*, Second Edition, W. H. Freeman, San Francisco, 1992.

习　　题

4.1　使用式 (4.14) 和式 (4.15) 从式 (4.10) ～ 式 (4.13) 推导洛伦兹变换公式。

4.2　因为没有绝对的同时性，所以两个相对运动的观察者可能关于 A 和 B 这两个事件中的哪一个首先发生会有不同意见。但是，假设参照系 S 中的观察者测量到事件 A 首先发生并引起了事件 B，例如，事件 A 可能是正在按下电灯开关，而事件 B 可能是灯泡点亮。证明：在另一参考系 S' 中，观察者不会测量到事件 B (结果) 发生在事件 A (原因) 之前，即因果的时间顺序在洛伦兹变换中得以保留。提示：为了使事件 A 导致事件 B，信息必须已经从 A 传播到 B，并且任何事物传播的最快速度就是光速。

4.3　考虑图 4.12 所示的特殊光钟。光钟在 S' 参考系中静止不动，由两个垂直距离为 d 的完美反射镜组成。观察者在 S' 参考系中测量，光脉冲在两个反射镜之间垂直地来回反射，光脉冲离开和随后返回底镜之间的时间间隔为 $\Delta t'$。但是，参考系 S 中的观察者看到了一个移动的时钟并确定光脉冲离开和返回底镜之间的时间间隔为 Δt。利用两个观察者必须测量光脉冲以速度 c 以及一些简单几何形状运动的事实，得出时间膨胀公式 (4.27)。

4.4　测量得到，一个相对于观察者运动的杆的长度 L 为静止时长度的一半，计算杆的静止参考系相对于观察者参考系的 u/c 值。

4.5　当高速火车以 $u/c = 0.8$ 经过时，站在月台上的观察者 P 测量得到平台长为 60 m，同时注意到，火车的前端和后端同时准确地与月台的两端对齐。

(a) 观察者 P 站在月台上时，根据他的手表测量，火车需要经过多长时间通过他？

(b) 根据车上乘客 T 的说法，火车有多长？

(c) 根据车上乘客 T 的说法，火车站月台的长度是多少？

(d) 根据列车上乘客 T 的说法，列车需要经过多长时间通过站在月台上的观察者 P？

(e) 根据列车上乘客 T 的说法，列车的两端不会同时与月台的两端对齐。那么，在 T 看来，列车的前端和月台的前端对齐时与列车的后端和站台的后端对齐时的时间间隔是多少？

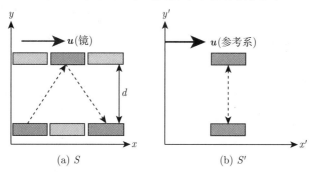

图 4.12　　(a) 在参考系 S 中移动的光钟；(b) 在参考系 S' 中静止的光钟

4.6　　一名宇航员乘星际飞船以 $u/c = 0.8$ 的速度飞向距离地球约为 4 光年的半人马座 α。

(a) 用地球上的时钟测量，到半人马座 α 的旅程需要多长时间？

(b) 星际飞船飞行员测量的到半人马座 α 的旅程需要多长时间？

(c) 星际飞船飞行员测量的地球与半人马座 α 之间的距离是多少？

(d) 以地球时钟为准，每 6 个月从地球发送无线电信号到星际飞船，星际飞船上接收到两个连续信号之间的时间间隔是多少？

(e) 以星际飞船上的时钟为准，每 6 个月向地球发送一个无线电信号，在地球上，接收到两个连续信号之间的时间间隔是多少？

(f) 如果从地球发出的无线电信号的波长是 $\lambda = 15$ cm，那么这艘星际飞船的接收机必须调到什么波长？

4.7　　当到达半人马座 α 时，习题 4.6 中的星际飞船立即改变方向，以 $u/c = 0.8$ 的速度返回地球。(假设转向本身不需要任何时间。) 地球和星际飞船继续以它们各自的时钟所测量的 6 个月的时间间隔发射无线电信号。把整个行程制一张表，显示地球接收到星际飞船信号的时间，同时也为星际飞船接收到来自地球的信号的时间制一张表。因此，地球观测者和星际飞船飞行员都将认可飞行员在往返半人马座 α 的航程中比地球观测者年轻 4 岁。

4.8　　在静止参考系中，类星体 Q2203+29 产生了一条波长为 121.6 nm 的氢发射线，地球上的天文学家测量到这条线的波长为 656.8 nm。确定这颗类星体的红移参数和退行的视向速度。(有关这颗类星体的更多信息，请参见 McCarthy 等 (1988)。)

4.9　　类星体 3C446 是一个剧烈变化的天体，它的光波光度在短短 10 天内就发生了 40 倍的变化。利用测量到的 3C446 的红移参数 $z = 1.404$，确定类星体在静止参考系中光度变化的时间。(详情见 Bregman 等 (1988)。)

4.10　　使用洛伦兹变换式 (4.16) ~ 式 (4.19) 推导速度变换式 (4.40) ~ 式 (4.42)。

4.11　　两个坐标为 (x_1, y_1, z_1, t_1) 和 (x_2, y_2, z_2, t_2) 的事件之间的时空间隔 Δs 被定义为

$$(\Delta s)^2 \equiv (c\Delta t)^2 - (\Delta x)^2 - (\Delta y)^2 - (\Delta z)^2.$$

(a) 使用洛伦兹变换式 (4.16) ~ 式 (4.19) 证明：Δs 在所有参考系中具有相同的值，即时空间隔在洛伦兹变换下是不变的。

(b) 如果 $(\Delta s)^2 > 0$，则时空间隔是类时的。证明：在这种情况下，

$$\Delta \tau \equiv \frac{\Delta s}{c}$$

是两个事件之间的固有时间。假设 $t_1 < t_2$，第一个事件是否可能导致了第二个事件？

(c) 如果 $(\Delta s)^2 = 0$，那么时空间隔是类光的或为零，证明：只有光可以在这两个事件之间传播。第一个事件可能导致了第二个事件吗？

(d) 如果 $(\Delta s)^2 < 0$，则间隔为类空的，那么 $\sqrt{-(\Delta s)^2}$ 的物理意义是什么？第一个事件可能引起第二个事件吗？

时空间隔的概念将在第 17 章的广义相对论的讨论中发挥关键作用。

4.12　在参考系 S 中测量的光线速度分量的一般表达式是

$$v_x = c\sin\theta\cos\phi,$$

$$v_y = c\sin\theta\sin\phi,$$

$$v_z = c\cos\theta.$$

其中，θ 和 ϕ 是球坐标系中的角坐标。

(a) 证明：

$$v = \sqrt{v_x^2 + v_y^2 + v_z^2} = c.$$

(b) 使用速度转换公式证明：在参考系 S' 中，

$$v' = \sqrt{v_x'^2 + v_y'^2 + v_z'^2} = c,$$

并且确认光速在所有参考系中都具有恒定值 c。

4.13　星际飞船 A 以 $v_A/c = 0.8$ 的速度离开地球，星际飞船 B 以速度 $v_B/c = 0.6$ 从相反的方向离开地球。由星际飞船 B 测量的星际飞船 A 的速度是多少？由星际飞船 A 测量的星际飞船 B 的速度是多少？

4.14　使用牛顿第二定律 $\boldsymbol{F} = \mathrm{d}\boldsymbol{p}/\mathrm{d}t$ 和相对论动量公式 (4.44) 证明：由作用在质量 m 的粒子上的力 $\boldsymbol{F}$ 产生的矢量加速度 $\boldsymbol{a} = \mathrm{d}\boldsymbol{v}/\mathrm{d}t$ 为

$$\boldsymbol{a} = \frac{\boldsymbol{F}}{\gamma m} - \frac{\boldsymbol{v}}{\gamma mc^2}(\boldsymbol{F}\cdot\boldsymbol{v}),$$

其中，$\boldsymbol{F}\cdot\boldsymbol{v}$ 是力 $\boldsymbol{F}$ 与质点速度 $\boldsymbol{v}$ 之间的矢量点积，因此，加速度依赖于粒子的速度，一般与力的方向不一致。

4.15　假设大小为 F 的恒定力作用于质量为 m、初始状态静止的粒子上。

(a) 对习题 4.14 中的加速度公式进行积分，从而证明时间 t 之后的粒子速度由下式给出：

$$\frac{v}{c} = \frac{(F/m)t}{\sqrt{(F/m)^2t^2 + c^2}}.$$

(b) 将此式变形为以 v/c 表示的时间 t。如果粒子在时间 $t = 0$ 时的初始加速度是 $a = g = 9.80$ m·s^{-2}，那么粒子达到 $v/c = 0.9$ 的速度需要多少时间？$v/c = 0.99$ 呢？$v/c = 0.999$ 呢？$v/c = 0.9999$ 呢？$v/c = 1$ 呢？

4.16　求当粒子的动能等于其静止能时的 v/c 值。

4.17　证明：在 $v/c \ll 1$ 的低速牛顿极限中，式 (4.45) 确实蜕化到了熟悉的形式，$K = \frac{1}{2}mv^2$。

4.18　证明：粒子的相对论动能可以写成

$$K = \frac{p^2}{(1+\gamma)m},$$

其中，p 是粒子相对论动量的大小，这表明在 $v/c \ll 1$ 的低速牛顿极限时，$K = p^2/(2m)$ (如预期)。

4.19　推导式 (4.48)。

第 5 章 光与物质的相互作用

5.1 谱 线

1835 年，法国哲学家奥古斯特·孔德 (Auguste Comte，1798—1857) 思考了人类知识的极限。在他的《实证哲学》(*Positive Philosophy*) 一书中，孔德这样描述恒星："我们知道，我们可以确定它们的形式、距离、体积和运动，但我们永远无法了解它们的化学或矿物结构。"然而，33 年前，威廉·沃拉斯顿 (William Wollaston，1766—1828)，就像他之前的牛顿一样，将阳光穿过棱镜，产生了彩虹般的光谱。他发现，在连续光谱上叠加了大量的暗**光谱线**，在连续光谱上，太阳光在某些特定的离散波长处被吸收。到 1814 年，德国眼镜商约瑟夫·冯·夫琅禾费 (Joseph von Fraunhofer，1787—1826) 已经编目了 475 条太阳光谱中的暗线 (今天称为**夫琅禾费线**)，在测量这些谱线的波长时，夫琅禾费第一次从观测上证明了孔德是错误的。夫琅禾费确定了太阳光谱中一条突出的暗线的波长与火焰中撒盐时发出的黄光的波长相对应。随着对钠线的鉴定，**光谱学**这门新学科诞生了。

5.1.1 基尔霍夫定律

波谱学的基础是由德国化学家**罗伯特·本森** (Robert Bunsen，1811—1899) 和普鲁士理论物理学家**古斯塔夫·基尔霍夫** (Gustav Kirchhoff，1824—1887) 创立的。本森灯产生的无色火焰是研究加热物质光谱的理想选择。然后，他和基尔霍夫设计了一个分光镜，将火焰光谱的光通过一个棱镜进行分析，发现一种元素吸收和发射的光的波长是相同的；基尔霍夫确定，太阳光谱中的 70 条暗线对应着 70 条由铁蒸气发出的亮线。1860 年，基尔霍夫和本森发表了他们的经典著作《光谱观测的化学分析》，在这本书中，他们提出一个观点，即每个元素都会产生自己的谱线模式，因此可以通过其独特的谱线"指纹"来识别。基尔霍夫用三条定律总结了谱线的产生规律，这三条定律现在称为**基尔霍夫定律**:

- 热而稠密的气体或热的固体产生一个没有暗谱线的连续光谱[①]。
- 热的弥漫气体产生明亮的谱线 (发射线)。
- 连续光谱源前面的冷而弥漫的气体会在连续光谱中产生暗谱线 (吸收线)。

5.1.2 恒星光谱数据的应用

这些结果的一个直接应用就是证认了在太阳和其他恒星中发现的元素。一种在地球上未知的新元素——氦[②]，是 1868 年在太阳上用光谱法发现的；直到 1895 年它才在地球上被发现。图 5.1 显示了太阳光谱的可见光部分，表 5.1 列出了一些产生暗吸收线的元素。

[①] 在基尔霍夫定律第一条中，"热"实际上是指高于 0K 的任何温度，而根据维恩位移定律式 (3.19)，λ_{max} 需要几千开尔文的温度才能落在电磁光谱的可见光部分。正如将在第 9 章讨论的那样，是气体的不透明度或光学深度产生了黑体连续谱。

[②] 氦这个名字来源于希腊太阳神赫利俄斯 (Helios)。

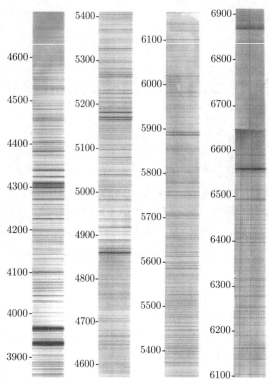

图 5.1　具有夫琅禾费线的太阳光谱。请注意，波长用埃 (1Å=0.1 nm) 表示，这是天文学中常用的波长单位。现代对光谱的描述通常为流量随波长的变化 (参见图 8.4 和图 8.5) (由华盛顿卡内基 (Carnegie) 研究所天文台提供)

表 5.1　在海平面高度附近测量得到一些较强夫琅禾费线的空气中的波长。原子表示法在 8.1 节解释，谱线的等值宽度在 9.5 节定义。例 5.3.1 讨论了空气中与在真空中测量谱线波长的差异 (数据来自 Lang，《天体物理公式》(*Astrophysical Formulae*)，第三版，施普林格 (Springer)，纽约，1999)

波长/nm	名字	原子	等值波长/nm
385.992		Fe I	0.155
388.905		H_8	0.235
393.368	K	Ca II	2.025
396.849	H	Ca II	1.547
404.582		Fe I	0.117
410.175	h, Hδ	H I	0.313
422.674	g	Ca I	0.148
434.048	G′, Hγ	H I	0.286
438.356	d	Fe I	0.101
486.134	F, Hβ	H I	0.368
516.733	b_4	Mg I	0.065
517.270	b_2	Mg I	0.126
518.362	b_1	Mg I	0.158
588.997	D_2	Na I	0.075
589.594	D_1	Na I	0.056
656.281	C, Hα	H I	0.402

另一个丰富的研究方向是测量谱线的 **多普勒位移**。对于单个恒星，$v_r \ll c$，则式 (4.39) 的低速近似

$$\frac{\lambda_{\text{obs}} - \lambda_{\text{rest}}}{\lambda_{\text{rest}}} = \frac{\Delta\lambda}{\lambda_{\text{rest}}} = \frac{v_r}{c}, \tag{5.1}$$

可以用来确定它们的径向速度。到 1887 年，天狼星、南河三 (Procyon)、参宿七 (Rigel) 和大角星 (Arcturus) 的径向速度已经精确到几千米每秒。

例 5.1.1　一条重要的氢线 (以 Hα 著称) 在空气中的静止波长 λ_{rest} 为 656.281 nm。然而，在地面望远镜上测得天琴座织女星光谱中 Hα 吸收线的波长为 656.251 nm。由式 (5.1) 可知织女星的视向速度为

$$v_r = \frac{c\,(\lambda_{\text{obs}} - \lambda_{\text{rest}})}{\lambda_{\text{rest}}} = -13.9 \text{ km} \cdot \text{s}^{-1};$$

负号表明织女星正在朝向太阳运动。然而，回想一下 1.3 节，恒星还有一个垂直于视线方向的自行运动 μ。织女星在天空中的角度变化为 $\mu = 0.35077('') \cdot \text{yr}^{-1}$。在距离 $r = 7.76$ pc 时，这一自行与式 (1.5) 和恒星的横向速度 v_θ 有关。用 m 表示 r，用 rad·s^{-1} 表示 μ，得到

$$v_\theta = r\mu = 12.9 \text{ km} \cdot \text{s}^{-1}.$$

这个横向速度与织女星的径向速度大小相当。织女星相对于太阳的空间速度就是

$$v = \sqrt{v_r^2 + v_\theta^2} = 19.0 \text{ km} \cdot \text{s}^{-1}.$$

太阳附近恒星的平均速度约为 25 km·s^{-1}。实际上，恒星的径向速度的测量由于地球以 29.8 km·s^{-1} 的运动绕太阳公转而变得复杂，这导致谱线的 λ_{obs} 波长在一年中呈正弦变化，这种地球速度的影响可以很容易地通过从恒星测量的径向速度中减去地球轨道速度沿视线方向的分量来补偿。

5.1.3　光谱仪

当今的方法测量径向速度精度可以优于 $\pm 3 \text{ m} \cdot \text{s}^{-1}$! 今天，天文学家使用如图 5.2[①] 所示的光谱仪测量恒星和星系的光谱。星光经过狭缝后，由镜面准直照射到 **衍射光栅** 上。衍射光栅是一块玻璃，上面均匀地排列着窄窄的、密集的线条 (通常是每毫米几千条线)；光栅可以透射光 (**透射光栅**) 或反射光 (**反射光栅**)。在这两种情况下，光栅的作用就像一系列相邻的双狭缝。式 (3.11) 给出了不同波长的光在不同角度 θ 处有其最大值：

$$d\sin\theta = n\lambda \quad (n = 0, 1, 2, \cdots),$$

[①] 正如我们将在第 7 章讨论的，测量双星系统中恒星的径向速度可以确定恒星的质量，同样的方法现在已经被用来探测许多系外行星。

其中, d 是光栅相邻刻线之间的距离; n 是光谱的阶数; θ 是与光栅法线 (或者垂直于光栅方向) 之间的夹角。($n = 0$ 对于所有波长都有 $\theta = 0$, 所以在这种情况下光不会分散形成光谱。) 然后, 将光谱聚焦到照相底片或电子探测器上进行记录。

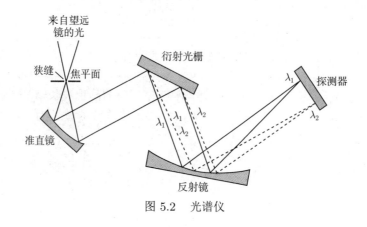

图 5.2　光谱仪

摄谱仪分辨两个间隔很近的波长 (间隔 $\Delta\lambda$) 的能力取决于光谱的阶数 n 以及被照亮的光栅刻线的总数 N。光栅能分辨的最小波长差是

$$\Delta\lambda = \frac{\lambda}{nN},\tag{5.2}$$

其中, λ 是被测量的紧密相连的两个波长之一, $\lambda/\Delta\lambda$ 是**光栅的分辨率**[①]。

天文学家们认识到, 已知的光谱经验规律——维恩定律、斯特藩–玻尔兹曼公式、基尔霍夫定律和光谱学新科学对于揭示恒星的秘密具有巨大的潜力。到 1880 年, **古斯塔夫·维德曼** (Gustav Wiedemann, 1826—1899) 发现, 对夫琅禾费谱线的详细研究可以揭示产生这些谱线的太阳大气的温度、压力和密度。1897 年, 荷兰的彼得·**塞曼** (Pieter Zeeman, 1865—1943) 发现了磁场分裂谱线的现象, 这提出了测量恒星磁场的可能性。但一个严重的问题阻碍了进一步的进展: 虽然这些结果给人深刻印象, 但它们缺乏解释恒星光谱所需的坚实的理论基础。例如, 织女星上氢产生的吸收线比太阳强得多, 这是否意味着织女星的氢气含量比太阳的要高得多? 答案是否定的, 但是如何从照相底片上记录的恒星光谱的暗吸收线中收集到这些信息呢? 这个问题的答案需要我们对光的本质有新的认识。

5.2　光　　子

尽管海因里希·**赫兹** (Heinrich Hertz) 对光的波动本质深信不疑, 但黑体辐射连续光谱之谜的解决给出了一种额外的描述, 并最终带来了物质和能量的新概念。普朗克常量 h (见 3.5 节) 是被称为物质和能量的**量子力学**现代描述的基础。今天 h 被认为是自然的基本常数, 像光速 c 和万有引力常量 G 一样。尽管普朗克本人并不喜欢他发现的能量量子化的含义, 但是量子理论仍然发展成了至今对物理世界的非常辉煌的描述。爱因斯坦又向前迈出了一步, 他令人信服地证明了普朗克能量量子束的存在。

[①] 在某些情况下, 光谱仪的分辨能力可能由其他因素 (如狭缝宽度) 决定。

5.2.1 光电效应

当光照射在金属表面时，电子会从表面上发射出来，这种现象称为**光电效应**。发射的电子的能量具有一定的范围，但来自最表面的电子具有最大动能 K_{max}。光电效应的一个令人惊讶的特征是 K_{max} 的值不取决于照在金属上的光的亮度，增加单色光源的强度将发射更多的电子，但不会增加其最大动能。相反，K_{max} 随照亮金属表面的光的频率而变化。实际上，每种金属都具有**特征截止频率** ν_c 和相应的**截止波长** $\lambda_c = c/\nu_c$。仅当光的频率 ν 满足 $\nu > \nu_c$ (或波长满足 $\lambda < \lambda_c$) 时，才会发射电子。这种令人费解的频率依赖性是麦克斯韦对电磁波的经典描述中所没有的，坡印亭矢量式 (3.12) 在描述光波所携带的能量时不含频率。

爱因斯坦大胆的解决方案是认真考虑普朗克关于电磁波能量量子化的假设。根据爱因斯坦对光电效应的解释，照射在金属表面的光是由一束无质量的粒子即所谓的**光子流**组成的[①]。频率为 ν、波长为 λ 的单个光子的能量就是普朗克能量子的能量：

$$E_{photon} = h\nu = \frac{hc}{\lambda}. \tag{5.3}$$

例 5.2.1 以日常标准衡量，单个可见光光子的能量很小。对于波长为 $\lambda = 700$ nm 的红光，一个光子的能量为

$$E_{photon} = \frac{hc}{\lambda} \simeq \frac{1240 \text{ eV} \cdot \text{nm}}{700 \text{ nm}} = 1.77 \text{ eV}.$$

在这里，hc 的乘积以 (电子伏特)×(纳米) 的单位方便地表示。回想一下，1 eV = 1.602×10^{-19} J，那么对于 $\lambda = 400$ nm 的单个蓝光光子，

$$E_{photon} = \frac{hc}{\lambda} \simeq \frac{1240 \text{ eVnm}}{400 \text{ nm}} = 3.10 \text{ eV}.$$

一个 100W 的灯泡 (假设它是单色的) 每秒发射出多少可见光子 ($\lambda = 500$ nm) 呢？每个光子的能量是

$$E_{photon} = \frac{hc}{\lambda} \simeq \frac{1240 \text{ eVnm}}{500 \text{ nm}} = 2.48 \text{ eV} = 3.97 \times 10^{-19} \text{ J}.$$

这意味着 100 W 的灯泡每秒发出 2.52×10^{20} 光子。正如这个巨大的数字所说明的那样，有了这么多光子，自然不会呈现 "粒状"。我们视世界为光的连续体，被大量光子所照亮。

爱因斯坦推断，当光子以光电效应撞击金属表面时，其能量可能被单个电子吸收。电子利用光子的能量来克服金属的结合能，从而逃离表面。如果金属中电子的最小结合能 (称为金属的**功函数**，通常是几电子伏特) 为 φ，则出射电子的最大动能为

$$\boxed{K_{max} = E_{photon} - \phi = h\nu - \phi = \frac{hc}{\lambda} - \phi.} \tag{5.4}$$

[①] 只有无质量的粒子才能以光速运动，因为有质量的粒子将拥有无限的能量 (式 (4.45))。1926 年，物理学家**刘易斯** (G. N. Lewis，1875—1946) 首次使用了光子这个术语。

令 $K_{\max} = 0$，得到金属的截止频率和截止波长分别为 $\nu_c = \phi/h$ 和 $\lambda_c = hc/\phi$。

光电效应确立了普朗克量子的真实性。阿尔伯特·爱因斯坦被授予 1921 年的诺贝尔奖，不是为了表彰他的狭义相对论和广义相对论，而是"表彰他对理论物理学的贡献，尤其是他发现的光电效应定律"。今天，天文学家在各种仪器和探测器中使用光的量子特性，例如将在 6.2 节中描述的**电荷耦合器件** (charge-coupled devices，CCD)。

5.2.2 康普顿效应

1922 年，美国物理学家阿瑟·霍利·**康普顿** (Arthur Holly Compton，1892—1962) 提供了最令人信服的证据，证明光在与物质相互作用时确实表现出粒子的性质。康普顿测量了 X 射线光子被自由电子散射时波长的变化。因为光子是以光速运动的无质量粒子，相对论能量公式 (4.48)(对于光子，质量 $m = 0$) 表明光子的能量与它的动量 p 有关：

$$E_{\text{photon}} = h\nu = \frac{hc}{\lambda} = pc. \tag{5.5}$$

康普顿考虑的是光子与最初处于静止状态的自由电子之间的"碰撞"，如图 5.3 所示，电子以 ϕ 角散射，光子以 θ 角散射。因为光子把能量传给了电子，光子的波长就增加了。

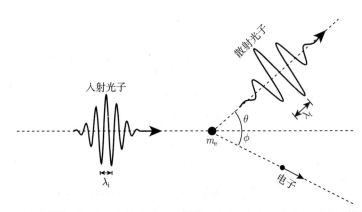

图 5.3   康普顿效应: 自由电子对光子的散射，θ 和 ϕ 分别为光子和电子的散射角

在这种碰撞中，动量和能量都是守恒的，请读者证明：光子的最终波长 λ_f 大于它的初始波长 λ_i，增长量为

$$\Delta\lambda = \lambda_f - \lambda_i = \frac{h}{m_e c}(1 - \cos\theta), \tag{5.6}$$

其中，m_e 是电子的质量。现在，这种波长变化称为**康普顿效应**。式 (5.6) 中的 $h/(m_e c)$ 项称为**康普顿波长** λ_C，是散射光子波长的特征变化，其值 $\lambda_C = 0.00243$ nm，比康普顿使用的 X 射线光子的波长小 30 倍。康普顿对该公式的实验验证提供了令人信服的证据，证明光子确实是无质量的粒子，但仍具有动量，如式 (5.5) 所述。这是辐射作用在物质上的力的物理基础，即我们在 3.3 节中讨论的辐射压力。

5.3　原子的玻尔模型

普朗克、爱因斯坦等在 20 世纪初的开创性工作揭示了光的**波粒二象性**。光在空间中传播时表现出波的特性，这可以由它的双缝干涉图来证明。另一方面，光在与物质相互作用时表现出粒子性，如光电效应和康普顿效应。普朗克描述黑体辐射能量分布的公式解释了恒星发出的连续光谱的许多特征。但是，究竟是什么物理过程导致了恒星连续光谱中散布的暗吸收线，以及实验室中由热的弥漫气体产生的明亮发射线呢？

原子的结构

在 19 世纪的最后几年，**约瑟夫·约翰·汤姆孙** (Joseph John Thomson，1856—1940) 在剑桥大学卡文迪什 (Cavendish) 实验室工作时发现了电子。由于大块物质是电中性的，原子被推断为由带负电荷的电子和分布不确定的等量正电荷组成。新西兰的**欧内斯特·卢瑟福** (Ernest Rutherford，1871—1937) 在英国曼彻斯特大学工作时，于 1911 年发现一个原子的正电荷集中在一个体积小、质量大的原子核中。卢瑟福将高速 α 粒子 (现在已知是氢核) 定向打到薄金属箔上。他惊讶地观察到，一些 α 粒子被箔片向后弹回，而不是仅仅稍有偏差地穿过它们。卢瑟福后来写道："这是我一生中最难以置信的事件，如同你用 15 英寸 (in，1in=2.54 cm) 巨炮朝着一张纸巾射击，而炮弹却被反弹回来打到你自己身上。"这样的事件只可能发生在 α 粒子与一个小的、大质量的、带正电荷的原子核的单次碰撞时。卢瑟福计算出原子核的半径是原子半径的万分之一，这表明普通物质的大部分都是空的! 他确立了一个有 Z 个电子 (其中 Z 是一个整数) 与限制在原子核内的 Z 个正电荷的电中性原子结构。卢瑟福创造了**质子**这个术语来指代氢原子的原子核 ($Z = 1$)，它的质量是电子的 1836 倍。但是这些电荷是怎样分布的呢？

5.3.1　氢的波长

实验数据丰富，氢的 14 条谱线的波长已被精确测定，在可见光区有 656.3 nm (红色，Hα)、486.1 nm (绿松石色，Hβ)、434.0 nm (蓝色，Hγ) 和 410.2 nm (紫色，Hδ)。1885 年，一位瑞士教师**约翰·巴尔末** (John Balmer，1825—1898) 经过反复试验，发现了一个公式，可以再现氢的谱线波长，这个公式今天称为**巴尔末系列**或巴尔末线:

$$\frac{1}{\lambda} = R_{\mathrm{H}} \left(\frac{1}{4} - \frac{1}{n^2} \right), \tag{5.7}$$

其中，$n = 3, 4, 5, \cdots$，并且 $R_{\mathrm{H}} = (1.09677583 \times 10^7 \pm 1.3) \ \mathrm{m}^{-1}$，是实验确定的氢的**里德伯** (Rydberg) 常量[①]。巴尔末的公式非常精确，精确到百分之几。代入 $n = 3$ 给出 Hα 线的波长，代入 $n = 4$ 给出 Hβ 的波长，依此类推。此外，巴尔末意识到，由于 $2^2 = 4$，他的公式可以推广为

$$\frac{1}{\lambda} = R_{\mathrm{H}} \left(\frac{1}{m^2} - \frac{1}{n^2} \right), \tag{5.8}$$

其中，$m < n$ (都是整数)。正如巴尔末所预测的那样，后来发现了许多氢的非可见波段谱线。现在，与 $m = 1$ 对应的线叫作**莱曼 (Lyman) 线**，莱曼线系是在电磁波谱的紫外波段

---

① R_{H} 是为了纪念约翰内斯·里德伯 (Johannes Rydberg，1854—1919)，一位瑞典的光谱学家。

发现的。同样地，将 $m = 3$ 代入式 (5.8) 得到**帕邢** (Paschen) 系列谱线的波长，它完全位于光谱的红外部分。表 5.2 给出了重要的氢谱线的波长。

表 5.2　在真空中测量的氢原子部分莱曼谱线，以及在空气中测量的部分巴尔末线和帕邢线。(基于考克斯 (Cox)，《艾伦的天体物理量》(*Allen's Astrophysical Quantities*)，第四版，施普林格，纽约，2000)

线系名字	符号	跃迁	波长/nm
莱曼	Lyα	$2 \leftrightarrow 1$	121.567
	Lyβ	$3 \leftrightarrow 1$	102.572
	Lyγ	$4 \leftrightarrow 1$	97.254
	Ly$_{\text{limit}}$	$\infty \leftrightarrow 1$	91.18
巴尔末	Hα	$3 \leftrightarrow 2$	656.281
	Hβ	$4 \leftrightarrow 2$	486.134
	Hγ	$5 \leftrightarrow 2$	434.048
	Hδ	$6 \leftrightarrow 2$	410.175
	Hε	$7 \leftrightarrow 2$	397.007
	H8	$8 \leftrightarrow 2$	388.905
	H$_{\text{limit}}$	$\infty \leftrightarrow 2$	364.6
帕邢	Paα	$4 \leftrightarrow 3$	1875.10
	Paβ	$5 \leftrightarrow 3$	1281.81
	Paγ	$6 \leftrightarrow 3$	1093.81
	Pa$_{\text{limit}}$	$\infty \leftrightarrow 3$	820.4

然而，所有这些都是纯粹的数字命理学，当时没有物理学基础，即使是这样最简单的原子，物理学家们也无法建立一个模型，这让他们感到沮丧。一个关于氢原子的行星模型，即由一个中心质子和一个电子因电相互吸引而结合在一起的模型，应该是最容易分析的。然而，由单个电子和质子围绕共同质心运动所组成的模型却存在基本的不稳定性。根据麦克斯韦的电磁公式，电荷加速时会发出电磁辐射，因此，轨道上的电子在螺旋下降进入原子核时，会因发射频率 (轨道频率) 不断增加的光而失去能量，这种对连续光谱的理论预测与实际观测到的离散发射线不一致。更糟糕的是计算出的时间尺度：电子应该在 10^{-8}s 内掉进原子核。显然，物质在长得多的时间内都是稳定的!

5.3.2　玻尔的半经典原子

理论物理学家希望在光子和量子化能量的新思想中找到答案，丹麦物理学家**尼尔斯·玻尔** (Neils Bohr，1885—1962，图 5.4) 于 1913 年提出了一个大胆的建议来拯救这个困境 (图 5.4)。普朗克常量的量纲 J × s 等价于 kg × (m·s^{-1}) × m，即**角动量**的单位，也许**电子轨道**运动的**角动量**被量子化了，这种量子化之前已经由英国天文学家 J.W. 尼科尔森 (J.W.Nicholson) 引入原子模型了。尽管玻尔知道尼克尔森的模型是有缺陷的，但他认识到了**角动量量子化**的可能意义，假设氢原子的角动量的值只能是普朗克常量除以 2π 的整数倍，即 $L = nh/(2\pi) = n\hbar$[①]，就像频率为 ν 的电磁波的能量只能是某个量子的整数倍一样，$E = nh\nu$。玻尔假设，在角动量允许值的轨道上，电子将是稳定的，尽管它有向心加速度，但是却不会辐射。如此大胆地背离经典物理学，其结果会是什么呢？

---

① 参量 $\hbar = h/(2\pi) = 1.054571596 \times 10^{-34}$ J·s，发音为 "h-bar"。

图 5.4 尼尔斯·玻尔 (1885—1962) (由哥本哈根的尼尔斯·玻尔档案馆提供)

为了分析原子的电子–质子系统的机械运动，我们从库仑定律给出的电子–质子系统的电引力的数学描述开始。对于距离 r 的两个电荷 q_1 和 q_2，电荷 1 对电荷 2 施加的电场力是我们熟悉的形式：

$$\boxed{\boldsymbol{F} = \frac{1}{4\pi\epsilon_0}\frac{q_1 q_2}{r^2}\hat{\boldsymbol{r}},} \tag{5.9}$$

其中，$\epsilon_0 = 8.854187817\cdots \times 10^{-12}\ \mathrm{F}\cdot\mathrm{m}^{-1}$ 是自由空间[①]的介电常量；$\hat{\boldsymbol{r}}$ 是从电荷 1 指向电荷 2 的单位矢量。

考虑一个质量为 m_e、电荷为 $-e$ 的电子和质量为 m_p、电荷为 $+e$ 的质子在相互的电场力的吸引下围绕共同的质心在圆形轨道上运动，其中 e 是基本电荷，$e = 1.602176462 \times 10^{-19}\ \mathrm{C}$。根据 2.3 节的知识，这样的二体问题可以等价地视为约化质量 μ 的一体问题：

$$\mu = \frac{m_\mathrm{e} m_\mathrm{p}}{m_\mathrm{e} + m_\mathrm{p}} = \frac{(m_\mathrm{e})(1836.15266 m_\mathrm{e})}{m_\mathrm{e} + 1836.15266 m_\mathrm{e}} = 0.999455679 m_\mathrm{e}.$$

而系统的总质量为

$$M = m_\mathrm{e} + m_\mathrm{p} = m_\mathrm{e} + 1836.15266 m_\mathrm{e} = 1837.15266 m_\mathrm{e} = 1.0005446 m_\mathrm{p}.$$

由于 $M \simeq m_\mathrm{p}$ 和 $\mu \simeq m_\mathrm{e}$，氢原子可以被认为是由处于静止状态、质量为 M 的质子，以及质量为 μ，以质子为圆心、半径为 r 的圆轨道上的电子组成的，参见图 5.5。电子和质子之间的电吸引力产生电子的向心加速度 v^2/r，如牛顿第二定律所述：

$$\boldsymbol{F} = \mu\boldsymbol{a},$$

意味着

$$\frac{1}{4\pi\epsilon_0}\frac{q_1 q_2}{r^2}\hat{\boldsymbol{r}} = -\mu\frac{v^2}{r}\hat{\boldsymbol{r}},$$

或

$$-\frac{1}{4\pi\epsilon_0}\frac{e^2}{r^2}\hat{\boldsymbol{r}} = -\mu\frac{v^2}{r}\hat{\boldsymbol{r}}.$$

---

① 形式上，ϵ_0 的定义为 $\epsilon_0 = 1/\mu_0 c^2$，其中 $\mu_0 = 4\pi \times 10^{-7}\mathrm{NA}^{-2}$，是自由空间的磁导率，$c = 3 \times 10^8\mathrm{m}\cdot\mathrm{s}^{-1}$ 为光速。

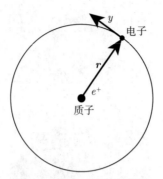

图 5.5   氢原子的玻尔模型

消去负号和单位向量 $\hat{r}$, 这个表达式可以求出动能 $\frac{1}{2}\mu v^2$:

$$K = \frac{1}{2}\mu v^2 = \frac{1}{8\pi\epsilon_0}\frac{e^2}{r}. \tag{5.10}$$

玻尔原子的电势能 U 是①

$$U = -\frac{1}{4\pi\epsilon_0}\frac{e^2}{r} = -2K.$$

因此原子总能量 $E = K + U$ 是

$$E = K + U = K - 2K = -K = -\frac{1}{8\pi\epsilon_0}\frac{e^2}{r}. \tag{5.11}$$

请注意, 动能、势能和总能量之间的关系遵从平方反比力的位力定理, 正如在 2.4 节讨论的重力一样, $E = \frac{1}{2}U = -K$。因为动能一定是正的, 总能量 E 就是负的, 这仅仅表明电子和质子是束缚在一起的。要使原子电离 (即, 将质子和电子分开至无穷远的距离), 必须向原子中添加大小为 $|E|$ (或更多) 的能量。

到目前为止, 这种推导在本质上是完全经典的。然而, 从这里开始, 我们可以使用玻尔的**角动量量子化**

$$L = \mu v r = n\hbar, \tag{5.12}$$

重写动能表达式 (5.10):

$$\frac{1}{8\pi\epsilon_0}\frac{e^2}{r} = \frac{1}{2}\mu v^2 = \frac{1}{2}\frac{(\mu v r)^2}{\mu r^2} = \frac{1}{2}\frac{(n\hbar)^2}{\mu r^2}.$$

解此公式求出半径 r, 得到玻尔量子化条件所允许的唯一值是

$$\boxed{r_n = \frac{4\pi\epsilon_0\hbar^2}{\mu e^2}n^2 = a_0 n^2,} \tag{5.13}$$

---

① 这可以从与引力的结果式 (2.14) 类似的推导中得到, 在 $r = \infty$ 处为势能的零点, 即势能为零。

其中，$a_0 = 5.291772083 \times 10^{-11}$ m $= 0.0529$ nm，称为**玻尔半径**。因此电子可以在与质子相距 $a_0, 4a_0, 9a_0, \cdots$ 的轨道上运行，但其他距离不行。根据玻尔的假设，当电子在其中一个轨道上时，原子是稳定的，不会发出辐射。

将 r 的这个表达式代入式 (5.11)，则**玻尔原子**的允许能量为

$$\boxed{E_n = -\frac{\mu e^4}{32\pi^2 \epsilon_0^2 \hbar^2} \frac{1}{n^2} = -13.6\text{eV}\frac{1}{n^2}.} \tag{5.14}$$

整数 n 称为主量子数，它完全决定了**玻尔原子**每个**轨道**的特性。因此，当电子处于最低轨道 (基态) 即 $n = 1$ 且 $r_1 = a_0$ 时，其能量为 $E_1 = -13.6$ eV。即当电子处于**基态**时，至少需要 13.6 eV 的能量才能电离原子。当电子处于 $n = 2$ 且 $r_2 = 4a_0$ 的**第一激发态**时，其能量大于在基态下的能量：$E_2 = -13.6/4$ eV $= -3.40$ eV。

如果电子在任何允许的轨道上都没有辐射，那么观察到的氢谱线的起源是什么？玻尔提出，当一个电子从一个轨道过渡到另一个轨道时，光子被发射或吸收。考虑一个电子从一个较高的轨道 (n_{high}) "跌落" 到一个较低的轨道 (n_{low})，而不在任何中间轨道停留。(这不是经典意义上的坠落，在这两个轨道之间永远观察不到电子。) 电子失去的能量 $\Delta E = E_{\text{high}} - E_{\text{low}}$，此能量被单个光子从原子带走。由式 (5.14) 可得发射光子波长的表达式：

$$\boxed{E_{\text{photon}} = E_{\text{high}} - E_{\text{low}}}$$

或

$$\frac{hc}{\lambda} = \left(-\frac{\mu e^4}{32\pi^2\epsilon_0^2\hbar^2}\frac{1}{n_{\text{high}}^2}\right) - \left(-\frac{\mu e^4}{32\pi^2\epsilon_0^2\hbar^2}\frac{1}{n_{\text{low}}^2}\right),$$

这给出

$$\frac{1}{\lambda} = \frac{\mu e^4}{64\pi^3\epsilon_0^2\hbar^3 c}\left(\frac{1}{n_{\text{low}}^2} - \frac{1}{n_{\text{high}}^2}\right). \tag{5.15}$$

与式 (5.7) 和式 (5.8) 进行比较，表明式 (5.15) 只是氢谱线的**广义巴尔末公式**，巴尔末级数的 $n_{\text{low}} = 2$。将值代入括号前面的常数组合中，得到该项恰好是氢的**里德伯常量**：

$$R_{\text{H}} = \frac{\mu e^4}{64\pi^3\epsilon_0^2\hbar^3 c} = 10967758.3 \text{ m}^{-1}.$$

此值与约翰·巴尔末所测定的氢谱线的实验值 (式 (5.7)) 完全一致，证明了玻尔氢原子模型的巨大成功[①]。

例 5.3.1 当一个电子从玻尔氢原子的 $n = 3$ 轨道**跃迁**到 $n = 2$ 轨道时，发出的光子的波长是多少？电子失去的能量被光子带走了，所以

---

① 在许多文本中都会出现稍有不同的里德伯常量 R_∞，它们都假设了一个无穷重的核，R_{H} 表达式中的约化质量 μ 已被 R_∞ 中的电子质量 m_e 所代替。

$$E_{\text{photon}} = E_{\text{high}} - E_{\text{low}}$$

$$\frac{hc}{\lambda} = -13.6\text{eV}\,\frac{1}{n_{\text{high}}^2} - \left(-13.6\text{eV}\,\frac{1}{n_{\text{low}}^2}\right)$$

$$= -13.6\text{eV}\left(\frac{1}{3^2} - \frac{1}{2^2}\right)$$

求解得到波长 $\lambda=656.479$ nm, 这个结果与例 5.1.1 和表 5.2 的 Hα 谱线的测量值差 0.03%。计算值与观测值之间的差异是由于测量是在空气中而不是在真空中进行的。在海平面附近, 光速比真空中的速度慢约 1.000297 倍。定义折射率为 $n = c/v$, 其中 v 是测量的光在介质中的速度, $n_{\text{air}} = 1.000297$。假定波的传播满足 $\lambda\nu = v$, 并且由于光波在从一种介质到另一种介质时 ν 不能改变, 否则电磁场将出现非物理的不连续性, 所以测量波长必须与波速成正比。因此, $\lambda_{\text{air}}/\lambda_{\text{vacuum}} = v_{\text{air}}/c = 1/n_{\text{air}}$, 因此得到测量波长的 Hα 线在空气中的值为

$$\lambda_{\text{air}} = \lambda_{\text{vacuum}}/n_{\text{air}} = 656.469 \text{ nm}/1.000297 = 656.275 \text{ nm}.$$

这个结果与被引用的值只相差 0.0009%。差异的其余部分是由折射率与波长有关这一事实造成的。**折射率**也取决于环境条件, 如温度、压力和湿度[①]。

除非另有说明, 本书其余部分都假定波长是在空气中 (从地面) 测量的。相反的过程也可能发生。如果一个光子的能量等于两个轨道之间的能量差 (电子在较低的轨道上), 光子可能会被原子吸收。电子利用光子的能量, 从较低轨道向上跃迁到较高轨道。光子的波长与两个轨道的量子数之间的关系再次由式 (5.15) 给出。量子革命之后, **基尔霍夫定律** (5.1 节讨论过) 的物理过程终于变得清晰起来。

- 高温、高密度气体或高温固体产生的连续光谱没有暗谱线, 这是在 0 K 以上的任何温度下黑体辐射发出的连续光谱, 由普朗克函数 $B_\lambda(T)$ 和 $B_\nu(T)$ 描述。普朗克函数 $B_\lambda(T)$ 峰值波长 λ_{max} 由维恩位移定律 (式 (3.15)) 给出。

- 热的弥漫气体产生明亮的发射线。当电子从高轨道跃迁到低轨道时, 会产生发射线, 电子损失的能量被单个光子带走。例如, 氢的巴尔末发射线是由电子从较高的轨道 "下落" 到 $n = 2$ 轨道时产生的, 参见图 5.6(a)。

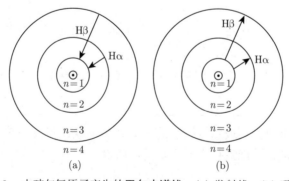

图 5.6   由玻尔氢原子产生的**巴尔末谱线**: (a) 发射线; (b) 吸收线

[①] 例如, 关于 $n(\lambda)$ 的拟合公式参见 Lang 的《天体物理公式》, 1999 年, 第 185 页。

• 在连续光源前的冷而弥漫气体会在连续光谱中产生暗吸收线。当电子从低轨道跃迁到高轨道时，就会产生吸收线。如果来自连续光谱的入射光子的能量恰好等于较高轨道和初始轨道之间的电子能量差，光子被原子吸收，电子向上跃迁到更高轨道。例如，氢的巴尔末吸收线是由原子吸收光子产生的，光子使电子从 $n = 2$ 轨道跃迁到更高轨道，参见图 5.6(b) 和图 5.7。

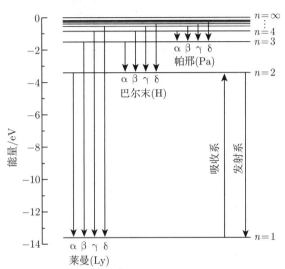

图 5.7 氢原子能级图，显示了莱曼、巴尔末和帕邢谱线 (向下的箭头表示发射线，向上的箭头表示吸收线)

5.3.3 量子力学和波粒二象性

尽管玻尔的氢原子模型取得了惊人的成功，但它并不完全正确。虽然角动量是量子化的，但它不具有玻尔所指定的值[①]。玻尔描绘了一幅氢原子的半经典画面，这是一个微型的太阳系，电子在经典的圆形轨道上绕着质子旋转。事实上，电子轨道不是圆形的，它们甚至根本不是轨道，在经典意义上，电子在一个精确的位置以精确的速度运动。相反，在原子层面上，自然是 "模糊的"，伴随着无法避免的不确定性。幸运的是，尽管玻尔的模型存在种种缺陷，但它还是得出了轨道能量的正确值，并对谱线的形成作出了正确的解释。这种直观的、容易想象的原子模型是大多数物理学家和天文学家在想象原子过程时脑海中的图像。

5.4 量子力学和波粒二象性

量子革命的最后一幕始于法国王子**路易·德布罗意** (Louis de Broglie, 1892—1987，图 5.8)。他在思考当时发现的光的波粒二象性后，提出了一个深刻的问题: 如果光 (一般认为是波) 能表现出粒子的特性，粒子有时会表现出波的特性吗？

---

① 在 5.4 节中我们将看到，轨道角动量不是 $L = n\hbar$，而是 $L = \sqrt{\ell(\ell+1)}\hbar$，其中整数 ℓ 是一个新量子数。

图 5.8　路易·德布罗意 (1892—1987) (由 AIP 尼尔斯·玻尔图书馆提供)

5.4.1　德布罗意波长和频率

在他 1927 年的博士学位论文中，德布罗意将波粒二象性扩展到所有的自然界。光子携带能量 E 和动量 p，这些量与光波的频率 ν 和波长 λ 由式 (5.5) 联系起来：

$$\nu = \frac{E}{h} \tag{5.16}$$

$$\lambda = \frac{h}{p}. \tag{5.17}$$

德布罗意提出用这些公式来定义所有粒子的频率和波长。德布罗意的波长和频率不仅可以描述无质量的光子，还可以描述大质量的电子、质子、中子、原子、分子、人、行星、恒星和星系，这个关于物质波的看似不可思议的提议已经在无数的实验中得到证实。图 5.9 为电子在双缝实验中产生的干涉图样。正如托马斯·杨的双缝实验建立了光的波动性，电子双缝实验只能用电子的波动性行为来解释，每个电子都通过双缝进行传播[①]。波粒二象性适用于物理世界的一切事物，任何事物在传播中都表现出波的性质，在相互作用中表现出粒子的性质。

例 5.4.1　比较自由电子以 3×10^6 m·s^{-1} 的速度运动和 70kg 的男子以 3 m·s^{-1} 的速度慢跑时的波长。对于电子，

$$\lambda = \frac{h}{p} = \frac{h}{m_e v} = 0.242 \text{ nm},$$

它大约有一个原子大小，比可见光的波长短得多。电子显微镜利用比波长为可见光波长一百万分之一的电子来获得比光学显微镜高得多的分辨率。

慢跑者的波长是

$$\lambda = \frac{h}{p} = \frac{h}{m_{man} v} = 3.16 \times 10^{-36} \text{ m},$$

[①] 参见费曼 (Feynman) (1965) 第 6 章对电子双缝实验的细节和深远意义的精彩描述。

在日常世界的尺度上，甚至在原子或核的尺度上，这都是完全可以忽略的。因此，慢跑的绅士不用担心回到家门时会发生衍射！

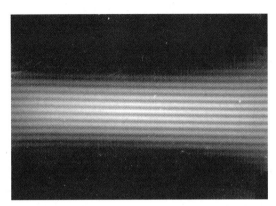

图 5.9 **电子双缝实验**的干涉图 (取自 Jönsson，Zeitschrift für Physik，161，454，1961)

在波粒二象性中涉及的波到底是什么？在双缝实验中，每个光子或电子必须通过两个缝，因为干涉图样是由两个波的相长干涉和相消干涉产生的，所以，波不能传递光子或电子在哪里的信息，而只能传递光子或电子可能在哪里的信息。波是一种概率，其振幅用希腊字母 Ψ(psi) 表示。在一个特定的位置的波振幅的平方，$|\Psi|^2$，描述了在那个位置找到光子或电子的概率。在双缝实验中，来自狭缝 1 和狭缝 2 的波发生相消干涉的地方，也就是 $|\Psi_1 + \Psi_2|^2 = 0$ 的地方，永远找不到光子或电子。

5.4.2 海森伯不确定性原理

物质的波动性导致了一些对天文学极其重要的意想不到的结论。例如，考虑图 5.10(a)。概率波是一种正弦波 Ψ，具有精确的波长 λ，因此，由这个波所描述的质点的动量 $p = h/\lambda$ 是精确已知的。然而，因为 $|\Psi|^2$ 由许多等高的峰组成，延伸到 $x = \pm\infty$，所以粒子的位置是完全不确定的。如果将几个不同波长的正弦波叠加在一起，粒子的位置范围就可以缩小，因此，它们几乎在任何地方都相互产生相消干涉，图 5.10(b) 显示出产生的波的组合，除了一个位置外，Ψ 在所有地方都近似为零，那么粒子的位置可以更加确定，因为 $|\Psi|^2$ 只在 x 的一个小范围内的值大。然而，粒子的动量值变得更不确定，因为 Ψ 现在是不同波长的波的组合。这是自然界内在的权衡：粒子位置的不确定度 Δx 与其动量的不确定度 Δp 成反比：一个减少，另一个必然增加。粒子不能同时具有准确的位置和准确的动量，这是波粒二象性的直接结果。德国物理学家**维尔纳·海森伯** (Werner Heisenberg, 1901—1976) 将这种物理世界固有的"模糊性"置于一个牢固的理论框架中，他证明了粒子位置的不确定性乘以其动量的不确定性必须至少大于 $\hbar/2$：

$$\Delta x \Delta p \geqslant \frac{1}{2}\hbar. \tag{5.18}$$

今天，这称为**海森伯不确定性原理**，其中的等式形式很少自然实现，实际上，通常用来作估计的公式是

$$\Delta x \Delta p \approx \hbar. \tag{5.19}$$

类似的表述将能量测量的不确定度 ΔE 和测量能量的时间间隔的不确定性 Δt 联系起来:

$$\Delta E \Delta t \approx \hbar. \tag{5.20}$$

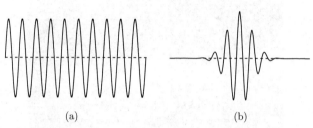

$$(a) \qquad\qquad\qquad (b)$$

图 5.10　概率波的两个例子: (a) 单个正弦波和 (b) 多个正弦波组成的脉冲

随着可用于能量测量的时间的增加, 能量测量结果中固有的不确定度降低。在 9.5 节中, 我们将把这个版本的不确定度原理应用到谱线的锐度上。

例 5.4.2　想象一个电子被限制在一个氢原子大小的空间区域内, 我们可以利用海森伯不确定性原理估计电子的最小速度和动能。由于只知道粒子在一个原子大小的空间区域内, 我们可以取 $\Delta x \approx a_0 = 5.29 \times 10^{-11}$ m, 这意味着, 电子动量的不确定性大致是

$$\Delta p \approx \frac{\hbar}{\Delta x} = 1.98 \times 10^{-24} \ \text{kg} \cdot \text{m} \cdot \text{s}^{-1}.$$

因此, 如果重复测量电子动量的大小, 得到的值将在平均值 (或**期望值**) $\pm \Delta p$ 的范围内变化。由于这个期望值以及单次测量值必须大于等于 0, 期望值必须至少大于 Δp, 所以, 我们可以将动量的最小期望值与其不确定性等同: $p_{\min} \approx \Delta p$。用 $p_{\min} = m_e v_{\min}$, 估计电子的最小速度为

$$v_{\min} = \frac{p_{\min}}{m_e} \approx \frac{\Delta p}{m_e} \approx 2.18 \times 10^6 \ \text{m} \cdot \text{s}^{-1}.$$

(非相对论性) 电子的最小动能近似为

$$K_{\min} = \frac{1}{2} m_e v_{\min}^2 \approx 2.16 \times 10^{-18} \ \text{J} = 13.5 \text{eV}.$$

这与氢原子基态电子的动能是一致的, 一个被限制在如此小区域内的电子必须以不小于这个值的速度和能量快速运动。在第 16 章中, 我们将看到, 这种微妙的量子效应支撑白矮星和中子星以对抗巨大的向内引力。

5.4.3　量子力学隧道效应

当一束光从玻璃棱镜进入空气时, 如果它与表面的夹角大于临界角 θ_c, 可能发生全反射, 其中, 临界角由玻璃和空气的折射系数确定:

$$\sin \theta_c = \frac{n_{\text{air}}}{n_{\text{glass}}}.$$

尽管这是一个熟悉的结果，但它还是令人惊讶的，因为即使光线被完全反射，外界空气的折射率也出现在这个公式中。事实上，电磁波确实进入空气，但它不再振荡，而是呈指数衰减。一般来说，当经典波，如水波或光波进入它不能通过的介质时，它的振幅随距离呈指数衰减进而消失。

事实上，如果在第一个棱镜旁边放置另一个棱镜，使它们的表面几乎 (但不完全) 接触，这种全反射就会受阻。然后，在空气中消失的波就可以在其振幅完全消失之前进入第二棱镜。电磁波在进入玻璃后再次发生振荡，这样光线就从一个棱镜传播到另一个棱镜，而没有穿过棱镜之间的气隙。用粒子的语言来说，光子从一个棱镜**隧穿**到另一个棱镜，而不需要在它们之间的空间中穿行。

自然界的波粒二象性意味着粒子也能穿过它们在经典理论上不能存在的空间区域 (势垒)，如图 5.11 所示。如果要发生**隧穿**，**势垒**不能太宽 (不能超过几倍的粒子波长)，否则，**消散波** (evanescent wave) 的振幅将下降到几乎为零。这与海森伯的不确定性原理是一致的，这意味着一个粒子的位置的不确定度不能小于其波长。因此，如果势垒只有几个波长宽，粒子可能突然出现在势垒的另一边。在放射性衰变中，势垒穿透是极其重要的，在这种衰变中，α 粒子从原子核中钻出；在现代电子学中，它是 "隧道二极管" 的基础；而在恒星内部，核聚变反应的速率依赖于隧道效应。

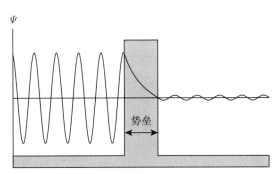

图 5.11　向右行进的粒子的量子力学**隧穿** (势垒穿透)

5.4.4　薛定谔公式和量子力学原子

玻尔的氢原子模型意味着什么？海森伯不确定性原理不允许经典轨道，因为它们同时精确地给定了电子的位置和动量。相反，电子轨道必须被想象成模糊的概率云，在电子有较高概率被发现的区域，云更 "密集" (图 5.12)。1925 年，与经典物理学的彻底决裂即将来临，它将完全融入德布罗意的物质波。

如 3.3 节所述，通过变换麦克斯韦电磁公式可以产生描述光子传播的电磁波的波动公式。类似地，奥地利物理学家**埃尔温·薛定谔** (Erwin Schrödinger，1887—1961) 于 1926 年发现的波动公式导致了真正的**量子力学**，这是能与源自伽利略和牛顿的经典力学相提并论的量子论。

薛定谔公式的解能够给出描述粒子能量、动量等的允许值，以及粒子在空间中传播的概率波。尤其是，薛定谔公式给出氢原子的解析解，与玻尔得到的能量允许值完全相同 (参见式 (5.11))。但是，薛定谔发现，除了主量子数 n 之外，还需要两个额外的量子数，ℓ 和

m_ℓ，才能完整地描述**电子轨道**，这些额外的数字描述了原子的**角动量矢量 $\boldsymbol{L}$**。与玻尔所采用的量子化方法 $L = nh$ 不同，薛定谔公式的解表明角动量允许值的大小 L 实际上是

$$L = \sqrt{\ell(\ell+1)}h, \tag{5.21}$$

其中，$\ell = 0$，1，2，$\cdots$，$n-1$，而 n 是决定能量的主量子数。

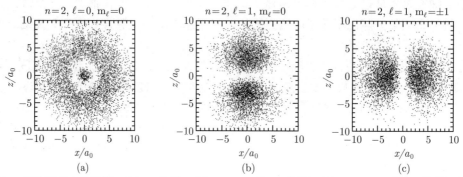

图 5.12　氢原子的电子轨道。(a) 2s 轨道；(b) $m_\ell = 0$ 的 2p 轨道；(c) $m_\ell = \pm 1$ 的 2p 轨道。量子数 n, ℓ, 和 m_ℓ 在书中有描述

　　注意，人们通常沿用它们的历史光谱名称 s，p，d，f，g，h 等来指代角动量量子数，相应的 $\ell = 0$，1，2，3，4，5 等。当相关的主量子数与角动量量子数结合使用时，主量子数放在前面。例如 $(n = 2, \ell = 1)$ 对应 2p，$(n = 3, \ell = 2)$ 为 3d。图 5.12 和图 5.13 的标题中都使用了这种符号。

　　角动量矢量的 z 分量 L_z 只能取值 $L_z = m_\ell h$，其中 m_ℓ 等于 $-\ell$ 和 $+\ell$ 之间的 $2\ell + 1$ 个整数中的任意一个，因此角动量矢量可以指向 $2\ell + 1$ 个不同的方向。对于我们的目的来说，重要的一点是孤立氢原子的能量值不依赖于 ℓ 和 m_ℓ。在空间中没有首选方向的情况下，角动量的方向对原子的能量没有影响。不同的轨道，用不同的 ℓ 和 m_ℓ 值标记 (图 5.12)，如果它们的主量子数 n 相同，因此能量相同，则称它们是简并的。电子从一个给定的轨道跃迁到几个简并轨道中的一个，会产生相同的谱线，因为它们经过了相同的能量变化。

　　但是，原子的外部环境可能会区别空间方向。例如，原子中的电子将受到外部磁场的影响，这种影响的大小将取决于电子运动的 $2\ell + 1$ 个可能的方向 (由 m_ℓ 给出) 以及磁场强度 B，其中 B 的单位为特斯拉 (T)[①]。当电子在磁场中运动时，普通情况下简并的轨道将获得略有不同的能量，因此，在这些先前简并的轨道之间跃迁的电子将产生频率略有不同的谱线。弱磁场中谱线的分裂称为**塞曼 (Zeeman) 效应**，如图 5.13 所示。在最简单的情况下 (称为**正常塞曼效应**)，分裂谱线的三个频率为

$$\nu = \nu_0 \quad \text{和} \quad \nu_0 \pm \frac{eB}{4\pi\mu}, \tag{5.22}$$

---

① 另一个常用的磁场强度单位是高斯 (G)，$1\,\text{G} = 10^{-4}\text{T}$。地球的磁场约为 $0.5\,\text{G}$，或 $5 \times 10^{-5}\,\text{T}$。

其中，ν_0 为无磁场时的谱线频率；μ 为简并质量。尽管能级被分割成 $2\ell+1$ 个分量，但涉及这些能级的电子跃迁只产生三条偏振不同的谱线，不是所有的方向都会看到三条线，例如，当沿着与磁场平行的方向看时 (就像向下看太阳黑子时)，就看不到频率不变的 ν_0 谱线。

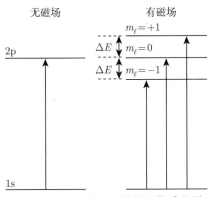

图 5.13　塞曼效应导致的吸收系分裂

因此，天文学家利用塞曼效应对太阳黑子周围和其他恒星上的磁场进行了探测。即使谱线的分裂太小而不能直接探测到，但仍然可以测量密近分量之间的不同偏振，并推导出磁场强度。

例 5.4.3　星际云可以包含非常弱的磁场，小到 $B \approx 2 \times 10^{-10}$ T，天文学家已经测量到了这种磁场。他们探测到了由这些氢气体云产生的吸收线的混合塞曼成分的偏振变化，这种大小的磁场所产生的频率变化 $\Delta\nu$ 可由式 (5.22) 计算得出，其中的约化质量 μ 取电子的质量 m_e：

$$\Delta\nu = \frac{eB}{4\pi m_\mathrm{e}} = 2.8 \text{ Hz},$$

很小的改变。从这条混合线的一边到另一边的总频率差是这个量的两倍，或 5.6 Hz。相比之下，$\lambda = 21$ cm 的氢线频率为 $\nu = c/\lambda = 1.4 \times 10^9$ Hz，是这个值的 2.5 亿倍！

5.4.5　自旋和泡利不相容原理

1925 年，物理学家们试图理解更复杂的、通常涉及偶数条不等间隔的谱线的磁场分裂模式 (**异常塞曼效应**)，这导致他们发现了第四个量子数：电子除了轨道运动外，还具有**自旋**。这不是一个经典的绕轴旋转，而是纯粹的量子效应，对应于电子的**自旋角动量 S**。S 是一个大小恒定的矢量：

$$S = \sqrt{\frac{1}{2}\left(\frac{1}{2}+1\right)}h = \frac{\sqrt{3}}{2}h,$$

其 z 分量 $S_z = m_s h$，第四个量子数 m_s 的唯一值是 $\pm\frac{1}{2}$。

　　每个轨道或量子态都由四个量子数标记，物理学家想知道在一个多电子原子中有多少电子可以占据同一量子态。奥地利理论物理学家**沃尔夫冈·泡利** (Wolfgang Pauli, 1900—1958) 在 1925 年给出了答案: 没有两个电子可以占据相同的量子态。**泡利不相容原理**，即没有两个电子能够具有相同的一组四个量子数，解释了原子的电子结构，从而提供了对众所周知的元素周期表的性质的解释。尽管取得了这样的成功，泡利还是对电子自旋的坚实理论解释的缺失感到不满。自旋以一种特殊的方式被缝合到量子理论中，缝合线凸显出来，泡利对这种拼凑理论表示遗憾，并感叹: "想到**反常塞曼效应**，怎不令人沮丧呢？"

　　1928 年，最终的弥合来自一个意想不到的事件。**保罗·阿德里安·莫里斯·狄拉克** (Paul Adrien Maurice Dirac, 1902—1984) 是一位杰出的英国理论物理学家，他在剑桥工作，致力于将薛定谔的波动公式与爱因斯坦的狭义相对论结合起来。当他最终成功地写出电子的相对论波动公式时，他很高兴地看到，数学解自然地包含了电子的自旋，它还解释和扩展了泡利不相容原理，将粒子世界分为两个基本群: **费米子**和**玻色子**。费米子[①] 是像电子、质子和中子[②]这样自旋为 $\frac{1}{2}\hbar$ (或奇数倍，如 $\frac{3}{2}\hbar$，$\frac{5}{2}\hbar$，$\cdots$) 的粒子，质子和中子自旋为 $\frac{1}{2}\hbar$ (或奇数倍，如 $\frac{3}{2}\hbar$，$\frac{5}{2}\hbar$，$\cdots$)。费米子遵循泡利不相容原理，所以同一类型的两个费米子不可能有相同的量子数集。费米子不相容原理和海森伯不确定性关系解释了白矮星和中子星的结构，这将在第 16 章讨论。玻色子[③]是像光子这样自旋为 $\hbar$ 的整数倍 $(0, \hbar, 2\hbar, 3\hbar, \cdots)$ 的粒子，玻色子不服从泡利不相容原理，所以，任意数量的玻色子都可以占据相同的量子态。

　　狄拉克公式的最后一个成果是预测了**反粒子**的存在，粒子与其反粒子除了电荷和磁矩相反外，其他性质是一致的。粒子和反粒子对能由伽马射线光子的能量 (根据 $E = mc^2$) 产生，反之，粒子–反粒子对也会相互湮灭，它们的质量转换回两个伽马射线光子的能量。正如我们将在 17.3 节中看到的，粒子对的产生和湮灭在**黑洞的蒸发**中扮演着重要的角色。

5.4.6　原子的复杂光谱

　　有了描述原子中每个电子的详细状态的四个量子数 (n, ℓ, m_ℓ 和 m_s) 的完整列表，可能的能级数随着电子数的增加而迅速增加。当我们考虑到外加磁场带来的额外复杂性、电子之间以及电子与原子核之间的电磁相互作用时，频谱确实会变得非常复杂。图 5.14 显示了中性氢原子的两个电子的一些可能**能级**[④]。想象一下相对富有的拥有 26 个电子的铁原子的复杂性吧!

　　尽管存在各种量子数组合的电子能级，但电子从具有一组特定量子数的一个量子态到另一量子态的跃迁并不总是容易的。特别是，自然施加了一组**选择定则**，限制了某些跃迁。例如，仔细研究图 5.14 会发现，只显示了涉及 $\Delta\ell = \pm 1$ 的跃迁 (例如，从 ^{1}P 到 ^{1}S，或从 ^{1}F 到 ^{1}D)，这些跃迁称为**允许跃迁**，能够在 10^{-8} s 内自发发生。另外，不满足 $\Delta\ell = \pm 1$ 的跃迁称为**禁戒**跃迁。

---

　　① 费米子是根据意大利物理学家**恩里克·费米** (1901—1954) 命名的。

　　② 中子直到 1932 年才由**詹姆斯·查德威克** (1891—1974) 发现，同一年，**卡尔·安德森** (1905—1991) 发现了正电子 (反电子)。

　　③ 玻色子是为了纪念印度物理学家 S. N. **玻色** (1894—1974) 而命名的。

　　④ 图 5.14 为**格罗坦** (Grotrian) 图。

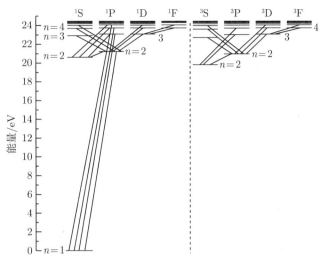

图 5.14　氢原子的一些电子能级，指出了少量允许的跃迁 (数据由美国国家标准与技术研究所 (NIST) 提供)

在首先于第 110 页讨论的塞曼效应的情况下，曾指出在 1s 和 2p 能级之间只能发生三个跃迁 (图 5.13)，这是因为另一组选择定则要求 $\Delta m_\ell = 0$ 或 ± 1，并且如果两个轨道均具有 $m_\ell = 0$，则轨道之间的跃迁是禁止的。

尽管禁戒跃迁可能发生，但它们需要更长的时间才会达到显著的概率。由于原子间的碰撞触发跃迁并能与自发跃迁竞争，所以需要非常低的气体密度才能观察到可测量强度的禁戒跃迁，这样的环境在天文学中确实存在，如弥漫的星际介质或在恒星的外层大气。(讨论构成选择定则基础的详细物理超出了本书的讨论范围。)

由马克斯·普朗克 (Max Planck) 发起的物理学革命在量子原子方面达到了顶峰，给天文学家提供了最强大的工具：一个使他们能够分析恒星、星系和星云谱线的理论[1]。不同的原子，以及分子中的原子组合，具有明显的不同能量的轨道，因此，可以通过它们的谱线 "指纹" 来识别它们。原子或分子产生的特定光谱线取决于电子占据哪个轨道，而这又取决于它所处的环境：环境的温度、密度和压力。这些因素和其他因素，如周围磁场的强度，都可以通过对谱线的仔细研究来确定。第 8 章和第 9 章的大部分内容将致力于量子原子在恒星大气中的实际应用。

推 荐 读 物

一般读物

Feynman, Richard, *The Character of Physical Law*, The M.I.T. Press, Cambridge, MA, 1965.

French, A. P., and Kennedy, P. J. (eds.), *Niels Bohr: A Centenary Volume*, Harvard University Press, Cambridge, MA, 1985.

---

[1] 本章提到的几乎所有物理学家都获得了诺贝尔物理学奖或化学奖，以表彰他们的工作。

Hey, Tony, and Walters, Patrick, *The New Quantum Universe*, Cambridge University Press, Cambridge, 2003.

Pagels, Heinz R., *The Cosmic Code*, Simon and Schuster, New York, 1982.

Segre, Emilio, *From X-Rays to Quarks*, W. H. Freeman and Company, San Francisco, 1980.

专业读物

Cox, Arthur N. (ed.), *Allen's Astrophysical Quantities*, Fourth Edition, Springer, New York, 2000.

Harwit, Martin, *Astrophysical Concepts*, Third Edition, Springer, New York, 1998.

Lang, Kenneth R., *Astrophysical Formulae*, Third Edition, Springer, New York, 1999.

Marcy, Geoffrey W., et al, "Two Substellar Companions Orbiting HD 168443," *Astrophysical Journal*, 555, 418, 2001.

Resnick, Robert, and Halliday, David, *Basic Concepts in Relativity and Early Quantum Theory*, Second Edition, John Wiley and Sons, New York, 1985.

Shu, Frank H., *The Physics of Astrophysics*, University Science Books, Mill Valley, CA, 1991.

<h1 style="text-align:center">习　题</h1>

5.1　**巴纳德星**是以美国天文学家**爱德华·E. 巴纳德** (1857—1923) 的名字命名的，它是蛇夫座的一颗橙色恒星。它拥有已知最大的自行 ($\mu = 10.3577('')\cdot\mathrm{yr}^{-1}$ 和第四大视差 ($p = 0.54901''$)，只有半人马座 α 三元系统中的恒星的视差比它大。在巴纳德星的光谱中，从地面测量到的 Hα 吸收线波长为 656.034 nm。

(a) 确定巴纳德星的径向速度。

(b) 确定巴纳德星的横向速度。

(c) 计算巴纳德星的空间速度。

5.2　将盐撒在火焰上，产生 588.997 nm 和 589.594 nm 两个波长很近的黄光，它们被称为**钠 D 线**，由夫琅禾费在太阳光谱中观测到了。

(a) 如果光落在每毫米 300 条线的衍射光栅上，则这两个波长的二阶光谱之间的夹角是多少？

(b) 这个光必须照亮多少条光栅的线才能分辨出钠 D 线？

5.3　证明：$hc \simeq 1240$ eV·nm。

5.4　对星际云中发现的尘埃颗粒而言，光电效应是一个重要的加热机制 (见 12.1 节)。电子的喷射会使尘埃颗粒带正电荷，这就会影响其他电子和离子与颗粒碰撞并黏附在颗粒上产生加热的速率。这一过程对于紫外光子 ($\lambda \approx 100$ nm) 撞击较小的尘埃颗粒特别有效。假设喷射电子的平均能量约为 5eV，估算一个典型尘埃颗粒的功函数。

5.5　用式 (5.5) 表示光子的动量，辅以相对论动量和能量守恒式 (4.44) 和式 (4.48)，推导康普顿效应中散射光子的波长变化式 (5.6)。

5.6　考虑一个光子和最初处于静止状态的一个自由质子的"碰撞"情况，散射光子的波长 (以 nm 为单位) 的特征变化值是多少？它与康普顿波长 λ_C 相比如何？

5.7　验证普朗克常量的单位是角动量的单位。

5.8　单电子原子是指原子核中有 Z 个质子、除一个电子外其余所有电子都因电离而失去的原子。

(a) 从库仑定律开始，确定带有 Z 个质子的单电子原子的玻尔模型的轨道半径和能量的表达式。

(b) 求出一次电离氦 (He II) 的基态轨道半径、基态能量和电离能。

(c) 对二次电离锂离子 (Li III) 重复 (b) 部分。

5.9 为了证明玻尔原子中电子和质子之间的电引力和引力的相对强度，假设氢原子完全是由引力吸引在一起的。确定基态轨道的半径 (分别以 nm 和 AU 为单位) 和基态能量 (单位为 eV)。

5.10 计算电子从氢原子的 $n = 3$ 轨道级联到 $n = 1$ 轨道时所发射的所有可能光子的能量和真空波长。

5.11 找出莱曼、巴尔末和帕邢系列中电子向下跃迁所发射光子的最短真空波长，这些波长被称为系列的极限。这些波长在电磁波谱的什么波段？

5.12 电视机内的电子在击中屏幕前的速度达到约 5×10^7 m·s^{-1}，其波长是多少？

5.13 考虑玻尔原子中电子的德布罗意波，电子轨道的周长必须是波长的整数倍 $n\lambda$ (图 5.15)，否则，电子波就会异相而产生相消干涉。证明这个要求能够得到角动量量子化的玻尔条件式 (5.12)。

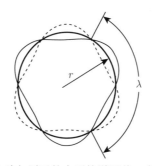

图 5.15　一个玻尔原子的电子轨道涵盖 3 倍德布罗意波长

5.14 白矮星是密度非常高的恒星，它的离子和电子极其紧密地聚集在一起，每个电子可以被认为是位于 $\Delta x \approx 1.5 \times 10^{-12}$ m 的区域内。利用海森伯不确定性原理式 (5.19) 估计电子的最小速度，你认为相对论的影响对这些恒星重要吗？

5.15 氢原子的电子在自发向下跃迁到基态之前，在第一激发态大约能停留 10^{-8} s。

(a) 利用海森伯不确定性原理式 (5.20) 计算第一激发态能量的不确定度 ΔE。

(b) 计算氢原子基态和第一激发态之间跃迁 (向上或向下) 光子波长的不确定度 $\Delta \lambda$。为什么可以假设基态的 $\Delta E = 0$？

谱线宽度的这种增加称为**自然展宽**。

5.16 氢原子的每个量子态由一组四个量子数标记：$\{n, \ell, m_\ell, m_s\}$。

(a) 列出 $n = 1$、$n = 2$、$n = 3$ 的氢原子的量子数集合。

(b) 证明能级 n 的简并度为 $2n^2$。

5.17 Ap 恒星以其强大的全局磁场 (通常为零点几特斯拉) 而闻名[①]。恒星 HD215441 具有 3.4 T 的异常强磁场，求出这个磁场的正常塞曼效应产生的 Hα 谱线的三个分量的频率和波长。

计算机习题

5.18 波动物理学最重要的思想之一是，任何复杂的波形都可以表示为简单的余弦波和正弦波的谐波之和，也就是说，任何波函数 $f(x)$ 都可以写成

$$f(x) = a_0 + a_1 \cos x + a_2 \cos 2x + a_3 \cos 3x + a_4 \cos 4x + \cdots$$

$$+ b_1 \sin x + b_2 \sin 2x + b_3 \sin 3x + b_4 \sin 4x + \cdots$$

---

① 字母 A 代表恒星的光谱类型 (将在 8.1 节讨论)，字母 p 代表 "特殊"。

系数 a_n 和 b_n 表明每个谐波对 $f(x)$ 的贡献是多少，这一系列的余弦和正弦项叫作 $f(x)$ 的**傅里叶级数**。一般来说，余弦和正弦项都是需要的，但在这个习题中，你将只使用正弦条件，即所有的 $a_n \equiv 0$。

第 108 页描述了怎样借由一连串正弦波构造一个波脉冲的过程，你只用傅里叶级数的奇次正弦谐波来构造波：

$$\Psi = \frac{2}{N+1}(\sin x - \sin(3x) + \sin(5x) - \sin(7x) + \cdots \pm \sin(Nx)) = \frac{2}{N+1}\sum_{\substack{n=1 \\ n\,\mathrm{odd}}}^{N}(-1)^{(n-1)/2}\sin(nx),$$

其中，N 是一个奇数。前导因子 $2/(N+1)$ 不会改变 Ψ 的形状，而是为了方便缩放波使得对于任意 N 的选择其最大值都等于 1。

(a) 当 $N = 5$ 时，用 $0 \sim \pi$ 的 x 值 (以弧度表示) 绘制 Ψ 的图，波脉冲的宽度 Δx 是多少？

(b) $N = 11$，重复 (a) 部分。

(c) $N = 21$，重复 (a) 部分。

(d) $N = 41$，重复 (a) 部分。

(e) 如果 Ψ 代表粒子的概率波，那么 N 的哪个值对应粒子位置的不确定性最小？N 的哪个值对应粒子的动量的不确定性最小？

第 6 章 望 远 镜

6.1 基 础 光 学

从一开始，天文学就是一门观测科学。与之前的肉眼相比，伽利略使用的称为望远镜的新光学装置，极大地提高了我们观测宇宙的能力 (见 2.2 节)。今天，我们继续提高我们 "看到" 微弱天体的能力，并对它们进行更详细的分析。由此，现代观测天文学继续为科学家提供更多关于宇宙物理性质的线索。

虽然观测天文学现在涵盖了整个电磁波谱的范围，以及粒子物理学的许多领域，但人们最熟悉的部分仍然是可见光的范围 (波长 $400 \sim 700\ \mathrm{nm}$)。因此，设计用于研究光学波长辐射的望远镜和探测器将在本书详细讨论。此外，我们在研究光学领域中的望远镜和探测器时所学到的许多知识也适用于其他波长范围。

6.1.1 折射和反射

伽利略的望远镜是一种**折射望远镜 (refracting telescope)**，光线穿过透镜，最终形成图像。后来，牛顿设计并建造了一个以镜面为主要光学部件的**反射望远镜 (reflecting telescope)**。折射和反射望远镜至今仍在使用。

为了理解光学系统对来自天体的光线的影响，我们将首先关注折射望远镜。光线穿过透镜的路径可以用**斯涅耳定律 (Snell's law)** 来理解。回想一下，当一束光从一种透明介质到另一种透明介质时，它的路径在交界面上发生弯曲。光线弯曲的程度取决于每种材料的与波长相关的折射率 $n_\lambda \equiv c/v_\lambda$ 的值，其中 v_λ 代表光在特定介质中的速度[①]。相对于两种介质之间界面的法线测量，如果 θ_1 是入射角，则 θ_2 是折射角，也是相对于界面的法线测量 (图 6.1)，那么斯涅耳定律由以下公式给出：

$$n_{1\lambda} \sin \theta_1 = n_{2\lambda} \sin \theta_2. \tag{6.1}$$

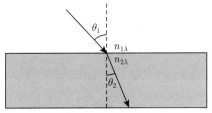

图 6.1　斯涅耳折射定律

如果透镜的表面形状正确，一束给定波长的光束，最初平行于透镜的对称轴 (称为系统的**光轴, optical axis**)，可以透过凸透镜在该轴上的某一点处聚焦 (图 6.2(a))。另外，也

[①] 只有在真空中，$v_\lambda \equiv c$，并且与波长无关。在其他环境中，光速与波长有关。

可以透过一个凹透镜使光线发散，而光线似乎来自于沿轴线的一个点 (图 6.2(b))。在这两种情况下，这独特的一点称为透镜的**焦点**，从透镜中心到该点的距离称为**焦距**，f。对于凸透镜，焦距被认为是正值，而对于凹透镜，焦距是负值。

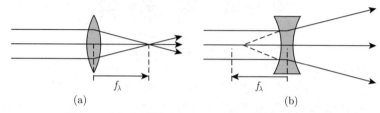

图 6.2　(a) 凸透镜，$f_\lambda > 0$；(b) 凹透镜，$f_\lambda < 0$

一个给定的薄透镜的焦距可以直接从它的折射率和几何形状计算出来。如果我们假设透镜的两个表面都是球面，那么可以看出，焦距 f_λ 可由**造镜者公式** (lens-maker's formula) 给出：

$$\frac{1}{f_\lambda} = (n_\lambda - 1)\left(\frac{1}{R_1} + \frac{1}{R_2}\right), \tag{6.2}$$

其中，n_λ 是透镜的折射率；R_1 和 R_2 是每个表面的曲率半径，如果透镜表面是凸的，则取正值，如果是凹的，则取负值 (图 6.3)[①]。

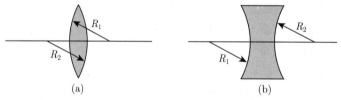

图 6.3　造镜者公式中透镜曲率半径的符号约定：(a) $R_1 > 0$，$R_2 > 0$；(b) $R_1 < 0$，$R_2 < 0$

对于反射镜来说，f 与波长无关，因为反射角只取决于入射角并总是等于入射角 ($\theta_1 = \theta_2$；图 6.4)。此外，在球面镜的情况下 (图 6.5)，焦距变成 $f = R/2$，其中 R 是镜面的曲率半径，可以是正的 (会聚镜) 或负的 (发散镜)，这一事实可以利用简单的几何来证明。凹面镜一般用于反射望远镜的主镜，然而在光学系统的其他部分也可以使用凸面镜或平面镜。

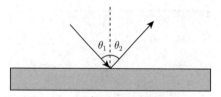

图 6.4　光的反射定律 $\theta_1 = \theta_2$

---

① 值得注意的是，许多作者选择用入射光的方向来定义曲率半径的符号约定。这种选择意味着，式 (6.2) 必须表示为曲率半径的倒数 (reciprocals) 的差。

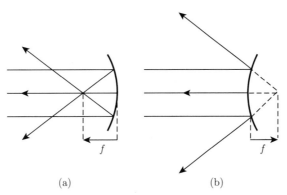

图 6.5 (a) 凹面 (会聚) 镜, $f > 0$; (b) 凸面 (发散) 镜, $f < 0$

6.1.2 焦面

对于一个延伸的物体, 所成的图像也必然会被延伸。如果要用照相板或其他探测器来记录这个图像, 探测器必须放在望远镜的焦面上。**焦面 (focal plane)** 是指通过焦点的平面, 垂直于系统的光轴。从实际出发, 任何天体都可以合理地假定其位于离望远镜无限远的地方[①], 因此所有来自该天体的光线本质上是相互平行的, 尽管不一定平行于光轴。如果光线不平行于光轴, 就会导致图像失真; 这只是后面将讨论的像差 (aberration) 的表现之一。

两个点光源在焦平面上的影像分离度, 与所使用的透镜的焦距有关。图 6.6 显示了两个点光源的光线, 其中一个光源的方向沿着凸透镜的光轴, 另一个光源相对于光轴的角度为 θ。在焦面位置处, 来自于光轴上光源的光线将在焦点处会聚, 而来自另一个光源的光线将在距离焦点 y 的地方近似会聚。现在, 从简单的几何可知, y 由以下公式给出:

$$y = f \tan \theta.$$

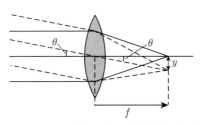

图 6.6 由光学系统的焦距决定的底片比例尺

(隐含假设不依赖于波长)。如果假设望远镜的视场很小, 那么 θ 一定也很小。利用小角度近似, $\tan \theta \simeq \theta$, 其中 θ 用弧度表示, 我们发现

$$y = f\theta. \tag{6.3}$$

这立即得到了称为**底片比例尺 (plate scale)** 的微分关系, $\mathrm{d}\theta/\mathrm{d}y$,

$$\boxed{\frac{\mathrm{d}\theta}{\mathrm{d}y} = \frac{1}{f}}, \tag{6.4}$$

[①] 技术上, 这意味着天体的距离远大于望远镜的焦距。

其将物体的角间距与它们在焦平面上的图像的线性间隔联系起来。当透镜的焦距增大时,两个相隔角度 θ 的点光源的像的线性间隔也随之增大。

6.1.3 分辨率和瑞利判据

遗憾的是,要想能够 "分辨" 空间中具有比较小的角间距 θ 的两颗天体,不仅简单地需要选择有足够长焦距的望远镜,以能够有必需的底片比例尺,而且,我们分辨这些天体的能力也存在着基本的限制。这种限制来自于这些天体的光在前进中的波前所产生的衍射。

这种现象与著名的单缝衍射模式密切相关,它与 3.3 节中讨论的杨氏双缝干涉模式相似。

为了理解单缝衍射,可以考虑一个宽度为 D 的狭缝 (图 6.7)。假设前进中的波前是相干的,任何穿过开口边缘 (或缝隙边,**aperture**) 并到达焦平面上特定点的光线,都可以被认为是与另一条正好从距离缝隙边缘一半狭缝宽度的地方穿过狭缝的光线相关联的,并且两者到达同一个点。如果这两条光线的相位差正好是波长的一半 ($\lambda/2$),那么就会发生相消干涉。于是得到以下关系:

$$\frac{D}{2}\sin\theta = \frac{1}{2}\lambda,$$

或

$$\sin\theta = \frac{\lambda}{D}.$$

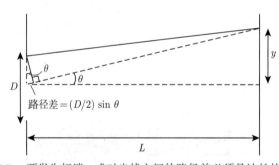

图 6.7　要发生相消,成对光线之间的路径差必须是波长的一半

接下来,我们可以考虑将缝隙四等分,并将一条来自开口边缘的光线与一条穿过四分之一缝宽位置的光线配对。在这种情况下,要想发生相消干涉,就必须要有

$$\frac{D}{4}\sin\theta = \frac{1}{2}\lambda,$$

也就是说

$$\sin\theta = 2\frac{\lambda}{D}.$$

这种分析可以继续进行,把缝宽分成六段,接着是八段,然后是十段,以此类推。因此,我们发现,光穿过单个狭缝发生相消干涉呈现出最小值 (即暗带) 的条件一般可以由以下公式

给出：

$$\boxed{\sin\theta = m\frac{\lambda}{D},}$$ (6.5)

其中，$m = 1$，2，3，$\cdots$ 对应于暗条纹 (dark fringe) (如式 (3.11))。图 6.8 展示了穿过单缝的光线所产生的衍射图案。

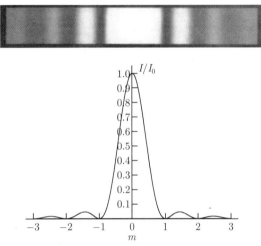

图 6.8 单缝衍射图案 (照片取自 Cagnet，Francon 和 Thrierr，《光学现象图集》(*Atlas of Optical Phenomena*)，Springer-Verlag，Berlin，1962)

对通过圆形孔径 (如望远镜) 的光的分析也是类似的，虽然更复杂一些。由于问题的对称性，衍射图样呈现为同心圆环 (图 6.9)。为了估计此二维问题，有必要对孔径进行二重积分，考虑所有可能通过孔径的光线对的路径差。该解法最早由英国皇家天文学家乔治·艾

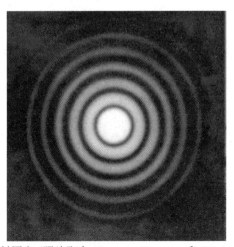

图 6.9 点光源的圆形孔径衍射图案 (照片取自 Cagnet，Francon 和 Thrierr，《光学现象图集》(*Atlas of Optical Phenomena*)，Springer-Verlag，Berlin，1962)

里爵士 (Sir George Airy，1801—1892) 于 1835 年获得；衍射图案的中心亮点称为**艾里斑 (Airy disk)**。式 (6.5) 仍然适用于描述最大值和最小值的位置，但 m 不再是一个整数。

表 6.1 列出了前三阶的 m 值，以及极大值的相对强度。

表 6.1   圆形孔径产生的衍射环的位置和强度最大值

衍射环	m	I/I_0
中心极大	0	1
一阶极小	1.22	
二阶极大	1.635	0.0175
二阶极小	2.233	
三阶极大	2.679	0.00416
三阶极小	3.238	

从图 6.10 中可以看出，当两个光源的衍射图案足够接近时 (例如，有非常小的角间距，$\theta_{\min}$)，衍射环将不再能被清晰地区分，并且也不能分辨出两个光源。当一个图案的中央极大落在另一个图案的极小内时，这两个图案就被认为是无法分辨的。这个任意的分辨率条件称为**瑞利判据 (Rayleigh criterion)**[①]。假设 $\theta_{\min}$ 相当小，利用小角度近似，$\sin\theta_{\min} \simeq \theta_{\min}$，其中 $\theta_{\min}$ 用弧度表示，则对圆形孔径来说，瑞利判据由以下公式给出：

$$\boxed{\theta_{\min} = 1.22\frac{\lambda}{D}} \tag{6.6}$$

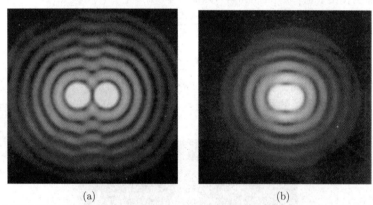

(a)   (b)

图 6.10   两个点源的叠加衍射图案：(a) 两个光源很容易被分辨；(b) 两个光源几乎无法被分辨 (照片取自 Cagnet，Francon 和 Thrierr，《光学现象图集》(*Atlas of Optical Phenomena*)，Springer-Verlag，Berlin，1962)

因此，望远镜的分辨率随着孔径尺寸的增大和观测波长的变短而提高，正如衍射现象的预期一样。

6.1.4   视宁度

遗憾的是，尽管有式 (6.6) 的加持，地面光学望远镜的分辨率并不会随着主透镜或主镜面尺寸的增大而无限制地提高，除非对光学系统进行某些复杂的实时调整 (见第 132 页)。

[①] 通过仔细分析光源的衍射模式，有可能分辨出比瑞利判据所允许的间距更近的天体。

这是由地球大气的湍动性质造成的。大气层温度和密度的局部变化在几厘米到几米的距离内产生了光在近乎随机的方向上发生折射的区域,从而导致点光源的图像模糊不清。由于几乎所有的恒星都是以点光源的形式出现的,即使是利用最大的望远镜观测,大气湍流也会让恒星图像出现知名的"闪烁"现象。恒星点源在特定时间、特定观测地点的图像质量称为视宁度 (seeing)。世界上最好的视宁度条件出现在夏威夷的 **莫纳克亚 (Mauna Kea) 天文台**,它位于海拔 4200 m (13800 英尺) 的地方,在那里有大约 50% 时间,分辨率在 $0.5'' \sim 0.6''$,在最好的夜晚分辨率可达 $0.25''$ (图 6.11)。其他以极好视宁度而闻名的台址还有亚利桑那州图森附近的 **基特峰 (Kitt Peak) 国家天文台**、加那利群岛的 **特内里费岛 (Tenerife)** 和 **拉帕尔马 (La Palma)**,以及智利安第斯山脉的几个台址 (**塞罗–托洛洛 (Cerro Tololo)**)

(a)

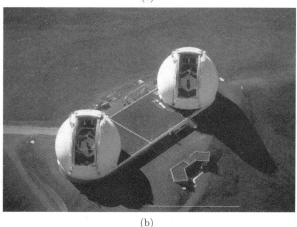

(b)

图 6.11 (a) 夏威夷的莫纳克亚天文台。在图中可以看到的望远镜有双子座北望远镜 (中间偏左打开的银色圆顶, 8.1 m, 光学/近红外, 由七个国家联合运营), 加拿大–法国–夏威夷望远镜 (前排正中, 3.6 m 光学), 两台同样的 W.M. 凯克望远镜 (后排右边, 两台 10 m, 光学, 加州理工学院和加利福利亚大学, 美国), 以及日本的斯巴鲁望远镜 (Keck I 和 Keck II 的左边, 8.2 m, 光学/近红外) (版权 1998 年, Richard Wainscoat); (b) Keck I 和 Keck II 这两台望远镜可以作为光学干涉仪使用 (版权 1998 年, Richard Wainscoat)

美洲天文台、欧洲南方天文台的**塞罗–拉西拉 (Cerro La Silla)** 和**塞罗–巴拉那 (Cerro Paranal) 台址**，以及**塞罗–帕穹 (Cerro Pachón)** 址点，双子座南望远镜的站址 (双子座北望远镜位于莫纳克亚))。因此，这些站址已成为建成了大量光学望远镜和/或大口径光学望远镜的地方。

有趣的是，由于大多数行星的角直径实际上大于大气湍流的尺度，畸变往往在图像大小上得到平均，"闪烁" 效应从而得以消除。

例 6.1.1　推迟多年后，**哈勃空间望远镜 (Hubble Space Telescope, HST)** 最终于 1990 年 4 月由 "发现号" 航天飞机放置于 610 km (380 英里) 高的轨道上 (图 6.12(a))。在这一高度，HST 处于地球湍动的大气层之上，但仍然可以进行所必需的维修、仪器升级或更换，或提升其不断衰减的轨道[①]。HST 是最雄心勃勃的望远镜，耗资约 20 亿美元，是有史以来最昂贵的科学项目。

HST 的主镜为 2.4 m (94 英寸)。当我们在紫外波段的 121.6 nm 处观测氢的莱曼 α (Ly α) 线时，瑞利判据意味着分辨极限是

$$\theta = 1.22 \left(\frac{121.6 \text{ nm}}{2.4 \text{ m}} \right) = 6.18 \times 10^{-8} \text{rad} = 0.0127''.$$

这大致相当于从 400 km 外看一枚二十五美分的硬币的角大小! 据推断，由于反射镜表面的极小瑕疵，HST 在紫外波段不会受到 "衍射限制"。但由于分辨率与波长成正比，而镜面瑕疵随着波长的增加而变得不那么明显，所以 HST 在可见光光谱的红端，应该是接近于衍射受限的。遗憾的是，主镜磨制过程中的错误导致没有获得最佳的主镜外形。因此，直到 1993 年 12 月，在维修任务中安装了矫正光学组件后，这些预期才得以实现 (图 6.12(b))。

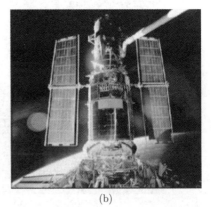

(a)　　　　　　　　　　　　　　　　　(b)

图 6.12　(a)1990 年，哈勃空间望远镜搭乘 "发现号" 航天飞机发射；(b) 1993 年 12 月，"奋进号" 航天飞机在维修任务中为 HST 安装光学系统，以补偿形状有缺陷的主镜 (由美国国家航空航天局提供)

---

① 轨道衰减是由地球延伸的残余大气层产生的阻力造成的。大气层的范围在某种程度上取决于与太阳周期有关的加热效应；见 11.3 节。

6.1.5 像差

透镜和镜面系统都存在固有的图像畸变，称为**像差 (aberrations)**。通常这些像差在两种系统中都会出现，但**色差 (chromatic aberration)** 是折射式望远镜所特有的。这一问题源于透镜的焦距与波长相关。式 (6.1) 表明，由于折射率随波长变化，两个不同介质间界面上的折射角也必然与波长相关。这就得到了随波长变化的焦距式 (6.2)，因此，蓝光的焦点与红光的焦点位置不同。色差可以通过增加矫正透镜而有所减弱。有关矫正过程的证明将留作练习。

个别像差是由反射或折射面的形状造成的。虽然将透镜和反射镜磨成球面比较容易，相应也比较便宜，但这些表面的所有区域并不都能将一组平行光聚焦到一个点上。这种称为**球差 (spherical aberration)** 的效应，可以通过精心设计光学表面 (抛物面) 并细致打造来克服。

HST 最初成像问题的原因就是一个典型的球差案例。在磨制主镜时犯了一个错误，镜面中心过浅大约 2 μm。这一微小错误导致从镜面边缘附近反射的光线，其焦点几乎比从中心部分反射的光线的焦点短了 4 cm。当使用可能的最佳折中焦面时，点光源 (如遥远的恒星) 的像有一个可界定的中心核和一个延伸的、弥漫的光晕。虽然中心核相当小 (半径为 0.1″)，但不幸的是它只包含 15% 的能量。光晕包含了总能量的一半以上，直径约为 1.5″ (传统设计的地基望远镜的典型值)。剩余的能量 (约 30%) 分布在更大的区域。HST 原有的一些球差可以使用计算机程序进行补偿，这些程序设计用于分析有瑕疵的光学系统所产生的图像，并利用数学方法创建修正后的图像。此外，在 1993 年的维修任务中，还为望远镜安装了特殊的矫正光学组件。今天，HST 的球差问题只是一个糟糕的回忆罢了。

即使使用抛物面镜，镜面也不一定没有畸变。**彗差 (coma)** 会让点光源产生偏离光轴的拉长图像，因为抛物面镜的焦距是 θ 的函数，这里 θ 是入射光线方向与光轴之间的夹角。**像散 (astigmatism)** 是指透镜或反射镜的不同部分在焦平面上的不同位置会聚成像的缺陷。当引入新的透镜或反射镜以矫正像散时，像场弯曲又会成为新的问题。**像场弯曲 (curvature of field)** 是由于像聚焦在曲面而不是平面上。另外，当底片比例尺式 (6.4) 取决于到光轴的距离时，就会出现另一个潜在的问题：称为**像场畸变 (distortion of field)**。

6.1.6 像的亮度

除了分辨率和像差问题外，望远镜的设计还必须考虑像的理想**亮度 (brightness)**。人们可能会认为，延展 (可分辨的) 像的亮度会随着望远镜主镜面积的增加而增加，因为随着孔径的增大，会收集到更多的光子；然而，这种假设并不一定正确。为了理解像的亮度，我们首先要考虑辐射的**强度 (intensity)**。从光源表面的无限小面积 $d\sigma$ (图 6.13(a)) 辐射出的一部分能量将进入**立体角 (solid angle)** 为 $d\Omega \equiv dA_\perp/r^2$ 的锥体，其中面积 $dA_\perp$ 是距离 $d\sigma$ 为 r 并垂直于位置矢量 r 的微分面积 (图 6.13(b)) [①]。辐射强度等于每单位时间间隔 dt 和每单位波长间隔 $d\lambda$ 内，从 $d\sigma$ 辐射到微分立体角 $d\Omega$ 的能量；辐射强度的单位是 $\mathrm{W\cdot m^{-2}\cdot nm^{-1}\cdot sr^{-1}}$。

---

① 立体角的单位是立体弧度 (steradian)，sr。我们可以通过练习来证明总立体角 $\Omega_{\mathrm{tot}} = \oint d\Omega = 4\pi$ sr；相对于某点 P 的总立体角可以通过对包含该点的闭合曲面进行积分而得到，总立体角等于 4π sr。

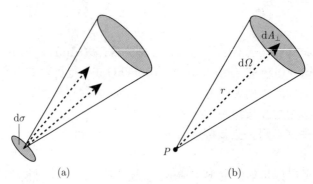

图 6.13　(a) 辐射强度的几何构型；(b) 立体角的定义

假设天体到焦距为 f 的望远镜距离为 r，且 r 足够远 (即 $r \gg f$)。像的强度 I_i 可以利用几何学来确定。如果天体表面无穷小面积 $\mathrm{d}A_0$ 的表面强度为 I_0，那么每秒、每单位波长间隔内辐射到望远镜孔径所确定的立体角 $\mathrm{d}\Omega_{T,0}$ 内的能量，将由下式给出：

$$I_0 \mathrm{d}\Omega_{T,0} \mathrm{d}A_0 = I_0 \left(\frac{A_T}{r^2} \right) \mathrm{d}A_0,$$

其中，A_T 是望远镜的孔径面积 (图 6.14(a))。既然天体发出的光子将形成像，那么所有来自 $\mathrm{d}A_0$ 的光子在立体角 $\mathrm{d}\Omega_{T,0}$ 内必须撞到焦面上的某个区域 $\mathrm{d}A_i$ 上[①]。因此，

$$I_0 \mathrm{d}\Omega_{T,0} \mathrm{d}A_0 = I_i \mathrm{d}\Omega_{T,i} \mathrm{d}A_i,$$

其中，$\mathrm{d}\Omega_{T,i}$ 是从像看去，望远镜孔径确定的立体角。或者上式也可表述为

$$I_0 \left(\frac{A_T}{r^2} \right) \mathrm{d}A_0 = I_i \left(\frac{A_T}{f^2} \right) \mathrm{d}A_i,$$

求解像的强度，可得

$$I_i = I_0 \left(\frac{\mathrm{d}A_0/r^2}{\mathrm{d}A_i/f^2} \right).$$

然而，从图 6.14(b) 中可以发现，从望远镜孔径中心看到的包含整个天体的立体角 $\mathrm{d}\Omega_{0,T}$ 必须等于同样从望远镜中心看到的整个像的立体角 $\mathrm{d}\Omega_{i,T}$，亦即 $\mathrm{d}\Omega_{0,T} = \mathrm{d}\Omega_{i,T}$。这意味着

$$\frac{\mathrm{d}A_0}{r^2} = \frac{\mathrm{d}A_i}{f^2}.$$

将其代入像的强度的表达式中，可以得到以下结果：

$$I_i = I_0;$$

像的强度与天体强度相同，与孔径的面积无关。这一结果完全类似于一个简单的观测现象，即当观测者向墙壁走去时，墙壁并不会变得更亮。

---

① 当然，假设光束在传输过程中没有光子被吸收或散射出去。

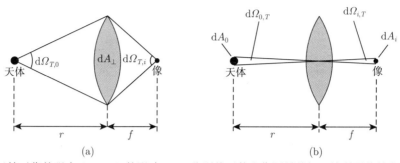

图 6.14　望远镜对像的强度 $(r \gg f)$ 的影响：(a) 分别从天体和像测量的望远镜所覆盖的立体角；(b) 从望远镜中心测量的物体和像所对应的立体角

　　描述望远镜聚光能力大小的概念是**照度 (illumination)** J，即每秒聚焦到单位面积可分辨图像上的光的能量。由于从光源收集到的光量与孔径面积成正比，所以照度 $J \propto \pi(D/2)^2 = \pi D^2/4$，其中 D 是孔径的直径。我们还曾解释过，像的线性大小与透镜的焦距成正比 (式 (6.3))，因此，像的面积一定与 f^2 成正比，相应地，照度也一定与 f^2 成反比。综合这些结果，照度一定正比于孔径直径与焦距之比的平方。孔径直径与焦距之比的倒数通常称为**焦比 (focal ratio)**。

$$\boxed{F \equiv \frac{f}{D}.} \tag{6.7}$$

因此，照度与焦比的关系为

$$J \propto \frac{1}{F^2}. \tag{6.8}$$

由于每秒击中单位面积的照相板或其他探测器的光子数目是由照度来描述的，则照度也表明了收集光子所需的时间，这些光子将形成足够明亮的像以用于分析。

　　例 6.1.2　莫纳克亚的凯克天文台 (Keck Observatory) 的两台多镜面望远镜的主镜直径为 10 m，焦距为 17.5 m。这两面主镜的焦比为

$$F = \frac{f}{D} = 1.75.$$

焦比的标准表示方法是 f/F，其中 $f/$ 代表焦比的参考值。使用这种表示方法，凯克望远镜的主镜为 10 m 口径，焦比为 $f/1.75$。

　　我们现在看到，望远镜的口径大小是至关重要的，原因有二：一方面，更大的口径既能提高分辨率，又能增加照度。另一方面，更长的焦距增加了像的线性大小，但却降低了照度。对于固定的焦比，增加望远镜的口径会获得更高的空间分辨率，但照度保持不变。望远镜的正确设计必须考虑该设备的主要用途。

6.2　光学望远镜

在 6.1 节中，我们研究了天文学观测中的一些基本光学问题。我们现在以这些概念为基础来细看光学望远镜的设计特点。

6.2.1　折射望远镜

折射望远镜的主要光学部件是焦距为 f_{obj} 的主镜或物镜。物镜的目的是以尽可能高的分辨率收集尽可能多的光线，并让光线在焦面上聚焦。可在焦面上放置照相底片或其他探测器来记录图像，或用目镜观察图像，目镜可作为放大镜。目镜应放置在距离焦平面等于其焦距 f_{eye} 的位置处，以使光线在无限远处重新聚焦。图 6.15 显示了光线从一个偏离光轴为 θ 角的点光源射出的路径，这些光线最终与光轴成夹角 ϕ 从目镜中射出。透镜的这种排列方式所产生的**角放大率 (angular magnification)** 可以表示为 (习题 6.5)

$$m = \frac{f_{\mathrm{obj}}}{f_{\mathrm{eye}}}. \tag{6.9}$$

显然，不同焦距的目镜可以产生不同的角放大率。要看到一幅大的图像需要一个长焦距的物镜，并结合一个短焦距的目镜。

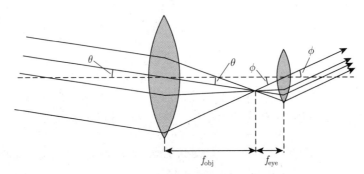

图 6.15　折射望远镜由物镜和目镜组成

然而，回顾一下，照度随着物镜焦距的平方而减少 (式 (6.8))。为了补偿照度的降低，需要更大口径的物镜。不幸的是，折射望远镜的物镜尺寸存在明显的实际限制。因为光线必须穿过物镜，所以只能从物镜的边缘支撑物镜。因此，当透镜的尺寸和质量增加时，由于重力的作用，透镜形状会发生形变。形变的具体表现取决于物镜的不同部位，并随着望远镜指向的改变而改变。

另一个与尺寸有关的问题是难以制造一个没有缺陷的透镜。由于光必须通过透镜，透镜整体上必须在光学上近乎完美。此外，透镜的两个表面必须经过高精度的磨制。特别是，透镜材料的任何缺陷和表面的任何偏差都必须保持小于零点几个波长，通常取为 $\lambda/20$。当在 500 nm 处观测时，这意味着任何缺陷都必须小于 25 nm。(回想一下，原子直径的量级是 0.1 nm。)

此外，大物镜容易出现新的缺陷，因为它的热传递很缓慢。当圆顶打开时，望远镜的温度必须适应新的环境。望远镜周围会因热运动产生气流，从而明显影响视宁度。望远镜的形状也会因为热膨胀而改变，因此尽可能减小望远镜的"热质量"是有益的。

长焦距的折射透镜还会出现机械问题。由于涉及的杠杆臂很长，在望远镜的末端放置一个巨大的探测器将产生需要补偿的巨大扭矩。

我们已经讨论过透镜所具有的独特的色差问题，这是反射镜所没有的症结。考虑到折射望远镜的设计和建造所固有的挑战，绝大多数的大型现代望远镜都是反射镜。目前使用的最大的折射望远镜位于威斯康星州威廉姆斯湾的 **Yerkes 天文台** (图 6.16)。它建于 1897 年，有一个 40 英寸 (1.02 m) 的物镜，焦距为 19.36 m。

图 6.16　　Yerkes 天文台的 40 英寸 (1.02 m) 望远镜建成于 1897 年，是世界上最大的折射望远镜 (由 Yerkes 天文台提供)

6.2.2　反射望远镜

除了色差之外，绝大多数已经讨论过的基本光学原理同样适用于反射镜和折射镜。反射望远镜的设计是将物镜换成镜面，从而有效减弱或完全消除许多之前已经讨论过的问题。由于光线不穿过镜面，所以只有一个反射面需要精确磨制。此外，在反射镜后面采用蜂窝结构，可以最大限度地减轻镜面的质量，从而移除大量不必要的质量。事实上，由于镜面是从后面而不是沿其边缘支撑的，所以可以设计一个主动的压力垫系统，有助于消除热效应和望远镜移动时镜面引力变化所产生的镜面形变 (这一过程称为**主动光学，active optics**)。

然而，反射望远镜并非完全没有缺点。由于物镜沿着光的来源方向将光反射回去，所以镜面的焦点，也就是所谓的**主焦点 (prime focus)**，位于入射光的路径上 (图 6.17(a))。在这个位置可以放置观测器或探测器，但如此一来，部分入射光就会被阻断 (图 6.18)。如果探测器太大，就会损失大量的光。

牛顿首先找到了一个解决这个问题的方法，他在反射光的路径上放置了一个小的平面镜，改变了焦点的位置；图 6.17(b) 描述了这种设计。当然，副镜的存在确实会阻挡一些入射到主镜的光线，但如果主镜对副镜的面积比足够大，则可以将光线损失产生的影响降到最低。牛顿式望远镜设计的缺点是，目镜 (或探测器) 必须放置在离望远镜质心有一定距离的地方。如果使用巨大的探测器，它必然会对望远镜产生巨大的扭矩。

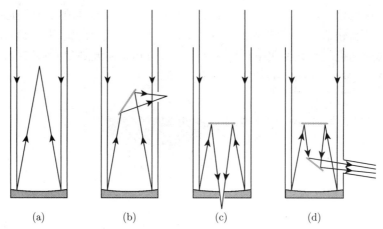

图 6.17   各种望远镜光学系统的示意图：(a) 主焦点；(b) 牛顿式；(c) 卡塞格林式；(d) 折轴式

图 6.18   埃德温·哈勃 (1889—1953) 在帕洛玛山上的海尔反射望远镜的主焦点处工作 (帕洛玛/加州理工学院提供)

由于主镜镜面后面的区域实际上是无用的，所以可以在主镜上钻一个孔，然后用副镜将光从孔中反射过去。这种**卡塞格林 (Cassegrain) 式**设计 (图 6.17(c)) 使得重型仪器组可以放置在望远镜的质心附近，并允许观测者保持在望远镜底部附近，而不是像**牛顿式**那样停留在望远镜顶部附近。在这种类型的设计中，副镜通常是凸面的，有效地增加了系统的焦距。

经典的卡塞格林式设计使用抛物面主镜。然而，对卡塞格林式设计有着重要修改的**里奇–克莱琴 (Ritchey-Chrétien) 式**设计，使用的是双曲面主镜而不是抛物面主镜。

如果仪器组太过庞大，则直接把光线导入探测器所在的特殊实验室往往更有效。**折轴式 (coudé) 望远镜** (图 6.17(d)) 使用一系列的反射镜将光线从望远镜的支架上反射到位于望远镜下方的折轴室。由于光路延长了，从而可以用折轴望远镜获得很长的焦距。这在需要高分辨率或高色散谱线的研究中特别有用 (见 5.1 节)。

一种独特的望远镜是**施密特 (Schmidt) 式望远镜**，专门设计用于提供低畸变的大视场。施密特望远镜在相机制造中广泛应用，照相底片位于其主焦点。为了最大限度地减少彗差，它使用球面主镜，并结合 “改正” 透镜来帮助消除球差。大型卡塞格林式望远镜的视场可能只有几角分，而施密特望远镜的视场则能有好几度。这类望远镜为大范围的天空提供了重要的巡天研究。例如，帕洛玛和英国施密特望远镜的巡天底片已经通过扫描，得到了包含 998402801 颗暗至 19.5 星等的天体的导星星表 II (GSC II)[①]。该星表中的恒星数据正用于为哈勃空间望远镜提供导星所需的参考星 (或引导星)。

6.2.3 望远镜底座

要获得暗弱天体的高分辨率深空图像，需要将望远镜长时间地指向天空中的某个固定区域。这是必要的，只有这样才能收集足够的光子，以确保看到所观测的天体。这样的时间积分需要仔细地引导 (或控制) 望远镜，同时补偿地球自转带来的影响。

为了补偿地球自转，也许最常见的望远镜底座类型 (特别是对小型望远镜) 是**赤道装置 (equatorial mount)**。它包含对准北天极的极轴，望远镜只需围绕极轴旋转，以补偿感兴趣的天体的高度角和方位角的变化。如果使用赤道装置，在赤经和赤纬方向上调整望远镜将是很简单的事情。很遗憾，对于大型望远镜来说，赤道装置可能非常昂贵，而且难以建造。另一种更容易建造的大型望远镜底座，是**高度–方位角装置 (altitude-azimuth mount，地平装置)**，它允许平行和垂直于地平的运动。然而，在这种情况下，跟踪天体就需要根据天体的赤经和赤纬，并结合当地的恒星时和望远镜的纬度信息，不断计算天体的高度角和方位角。地平装置的第二个问题是像场连续旋转的影响。如果没有正确校正，当在长曝光期间或者通过长狭缝拍摄光谱时引导望远镜，可能会造成复杂的情况。幸运的是，计算机的高速运算可以补偿所有这些影响。

6.2.4 大口径望远镜

除了延长积分时间外，大口径在获得足够数量的光子来研究暗弱光源方面起着重要的作用 (记得照度与望远镜主镜的直径成正比，式 (6.8))。随着望远镜设计的巨大改进，以及高速计算机的发展，建造非常大口径的望远镜已经成为可能。表 6.2 列出了目前正在运行的口径大于 8 m 的光学和/或近红外望远镜。目前还在考虑建造一些口径大得多的地基望远镜，有效镜面直径从 20 m 到 100 m 不等。

---

① 这里引用的 GSC II 星表天体数量数据的有效时间是 2006 年 5 月。

表 6.2 口径 8 m 或以上的光学和/或近红外望远镜

名称	尺寸/m	台址	首次出光
Gemini North，双子座北	8.1	Mauna Kea, Hawaii 夏威夷莫纳克亚	1999 年
Gemini South，双子座南	8.1	Cerro Pachón, Chile 智利塞罗–帕穹	2002 年
Subaru，斯巴鲁	8.2	Mauna Kea, Hawaii 夏威夷莫纳克亚	1999 年
Very Large Telescope (VLT)-Antu[a]， 甚大望远镜 (VLT) –太阳 Antu[a]	8.2	Cerro Paranal, Chile 智利塞罗–巴拉那	1998 年
Very Large Telescope (VLT)-Kueyen[a]， 甚大望远镜 (VLT)–月亮 Kueyen[a]	8.2	Cerro Paranal, Chile 智利塞罗–巴拉那	1999 年
Very Large Telescope (VLT)-Melipal[a]， 甚大望远镜 (VLT)–南十字 Melipal[a]	8.2	Cerro Paranal, Chile 智利塞罗–巴拉那	2000 年
Very Large Telescope (VLT)-Yepun[a]， 甚大望远镜 (VLT)–天狼 Yepun[a]	8.2	Cerro Paranal, Chile 智利塞罗–巴拉那	2000 年
Large Binocular Telescope (LBT)[b] 大双筒望远镜 (LBT)[b]	8.4×2	Mt. Graham, Arizona 亚利桑那格拉汉姆峰	2005 年
Hobby-Eberly Telescope (HET)[c] 霍比–埃伯利望远镜 (HET)[c]	9.2	McDonald Observatory, Texas 得克萨斯麦克唐纳天文台	1999 年
Keck I[d] 凯克 I[d]	10	Mauna Kea, Hawaii 夏威夷莫纳克亚	1993 年
Keck II[d] 凯克 II[d]	10	Mauna Kea, Hawaii 夏威夷莫纳克亚	1996 年
Gran Telescopio Canarias (GTC) 加那利大型望远镜 (GTC)	10.4	La Palma, Canary Islands 加那利群岛拉帕尔马	2005 年
Southern African Large Telescope (SALT)[e] 南非大型望远镜 (SALT)[e]	11	Sutherland, South Africa 南非萨瑟兰德	2005 年

a 四台 8.2 m 的 VLT 望远镜和三台 1.8 m 的辅助望远镜可作为一个光学/红外干涉仪。
b 两台 8.4 m 的镜面安装在同一个底座上，有效集光面积相当于 11.8 m 的口径。
c 底座的高度角固定为 55°。镜面尺寸为 11.1 m×9.8 m，有效孔径为 9.2 m。
d 两台 10 m 口径的凯克望远镜与四台 1.8 m 口径的支架望远镜一起，可作为光学/红外干涉仪。
e 底座的高度角固定为 37°。

6.2.5 自适应光学

虽然在相同的时间间隔内，大口径地基望远镜能够比小型望远镜收集到更多的光子，但如果不竭尽全力，它们通常也无法更有效地分辨天体。事实上，如果没有主动光学系统的帮助来纠正望远镜镜面的畸变 (第 129 页)，没有**自适应光学 (adaptive optics) 系统**对大气湍流进行补偿，即使是放置于卓越视宁度台址的 10 m 望远镜 (例如位于莫纳克亚的凯克望远镜)，分辨光源的能力也不会比一台业余爱好者的 20 cm 庭院望远镜更好。在自适应光学系统中，采用了小型化的、可变形的 ("橡胶") 镜面，镜面的背面连接着几十个甚至上百个压电晶体，这些压电晶体的作用就像微小的致动器。为了抵消由地球大气而导致的来自波源的波前形状的变化，这些晶体每秒会对镜面的形状进行几百次微米大小的调整。为了确定需要应用的改正，望远镜会自动监测距离目标天体非常近的导引星 [①]。导引星的波

[①] 在大多数情况下，距离目标足够近的地方会没有足够亮的导引星。在少数天文台，在这种情况下可以使用人工激光导星。通过将强度非常大的、经过仔细调制的激光射入天空，在大约 90 km 的高度激发钠原子来实现。

动决定了必须对可变形镜面进行调整。整个过程在近红外波段是比较容易的，这只是因为涉及的波长较长。因此，自适应光学系统已经成功地提供了近红外波段的近衍射极限图像。

6.2.6 天基天文台

为了克服地球大气层带来的固有成像问题，天文学观测还可以在太空进行。**哈勃空间望远镜** (图 6.12，以埃德温·哈勃命名) 有一面 2.4 m 口径、焦比 $f/24$ 的主镜，它的镜面是有史以来最光滑的，其表面缺陷不超过 632.8 nm 测试波长的 1/50。长达 150 h 或更长时间的曝光，让该望远镜能够 "看到" 至少 30 等的暗弱天体。哈勃空间望远镜使用的光学系统工作范围为 120 nm~1 μm (分别为紫外至红外)，属于里奇–克莱琴式望远镜。

随着哈勃空间望远镜的运行寿命接近尾声，正在计划用**詹姆斯·韦布空间望远镜** (James Webb Space Telescope, JWST) 取代它。设计规范要求望远镜的工作波长范围在 600 nm~28 μm，它将有一面直径为 6 m 的主镜。与哈勃空间望远镜的低轨道不同，JWST 将围绕一个位于地球和太阳连线上的引力稳定点运行，但远离太阳方向。该点称为第二拉格朗日点 (L2)，代表着在非惯性参考系中，这一点是受太阳和地球的引力与其围绕太阳运动所产生的离心力之间的平衡点[①]。为望远镜选择这一位置是为了尽量减少热辐射，否则会影响其红外探测器。

6.2.7 电子探测器

虽然人眼和照相底片历来是天文学家记录图像和光谱的工具，但如今的现代天文学，通常使用其他更先进的设备。尤其是称为电荷耦合器件 (CCD) 的半导体探测器，已经彻底改变了光子的计数方式。人眼的量子效率 (quantum efficiency) 非常低，大约只有 1%(一百个光子中才有一个被探测到)，照相底片也只是稍好一些，而 CCD 却能探测到几乎 100% 的入射光子。此外，CCD 能够探测非常宽的波长范围。从软 (低能)X 射线到红外线，它们都有线性响应：10 倍的光子产生 10 倍的信号。CCD 也有很宽的动态范围，因此可以区分同时观测到的非常亮和非常暗的天体。

CCD 的工作原理是收集电子，当探测器被光子击中时，电子会被激发到较高的能量状态 (导带)(这个过程类似于光电效应)。每个像素中收集到的电子数量就与该位置的图像亮度成正比。哈勃太空望远镜的第二代宽视场和行星相机 (WF/PC 2) 是由 4 个 800×800 像素的单个元件组成的 2100 万像素 CCD 相机，每个像素最多能容纳 7 万个电子。哈勃太空望远镜的先进巡天相机 (ACS) 包含一个 4144×4136 (或 17139584) 像素的阵列，用于高分辨率的巡天工作。

鉴于地基望远镜和轨道望远镜的飞速改进，以及探测器技术的巨大进步，很显然，光学天文前程似锦。

6.3 射电望远镜

1931 年，卡尔·央斯基 (Karl Jansky，1905—1950) 为贝尔实验室进行与雷暴产生的无线电波长静电噪声有关的实验。在调查过程中，央斯基发现，接收器中的一些静电噪声

[①] 关于拉格朗日点的更多信息，请参见图 18.3 和 18.1 节的讨论。

是 "地外起源" 的。直到 1935 年，他才得出正确结论，他所测得的大部分信号都来源于银道面，其中最强的发射来自于人马座，而人马座位于银河系中心的方向。央斯基的开创性工作代表了射电天文学的诞生，这是一个全新的观测研究领域。

今天，射电天文学在我们对电磁波谱的研究中扮演着重要的角色。射电波是由与一系列物理过程相关的多种机制产生的，如带电粒子与磁场的相互作用。这一宇宙窗口为天文学家和物理学家提供了宝贵的线索，揭示了自然界一些最壮观现象的内部运作机制。

6.3.1 谱流量密度

由于无线电波与物质的相互作用不同于可见光，所以用于探测和测量无线电波的装置必然与光学望远镜大不相同。典型射电望远镜的抛物面天线可将射电源的射电能量反射到天线上。信号经过放大和处理后，能在特定波长处生成天空的射电图，如图 6.19 所示。

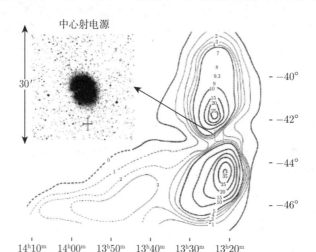

图 6.19 半人马座 A 的射电图和同一区域的光学图像。等高线显示的是恒定的射电功率 (图自 Matthews，Morgan 和 Schmidt，*Ap. J.*，, 140，35，1964.)

射电源的强度可用**谱流量密度 (spectral flux density)** $S(\nu)$ 来衡量，$S(\nu)$ 是每秒、每单位频率间隔内击中望远镜单位面积的能量。为了确定接收机每秒收集的总能量 (功率)，必须将频谱流量对望远镜的收集面积和探测器敏感的频率间隔 (即带宽) 进行积分。如果函数 f_ν 描述探测器在频率 ν 处的效率，那么每秒探测到的能量就变成[①]

$$P = \int_A \int_\nu S(\nu) f_\nu \mathrm{d}\nu \mathrm{d}A. \tag{6.10}$$

如果探测器在频率区间 $\Delta\nu$ 上是 100% 有效的 (即 $f_\nu = 1$)，并且 $S(\nu)$ 被认为在该区间内是恒定的，那么积分就简化为

$$P = SA\Delta\nu,$$

其中，A 是孔径的有效面积。

---

① 类似的表达方式也适用于光学望远镜，因为滤光片和探测器 (包括人眼) 是与频率相关的；见 3.6 节。

典型射电源的谱流量密度 $S(\nu)$ 的量级为 1 央斯基 (Jy),其中 $1\,\mathrm{Jy} = 10^{-26}\mathrm{W\cdot m^{-2}\cdot Hz^{-1}}$。几个毫央斯基 (mJy) 的谱流量密度测量值并不罕见。对这样的弱射电源,需要大的孔径来收集足够的光子,以便进行测量。

例 6.3.1 天空中,继太阳和仙后座 A (邻近的超新星遗迹) 之后的第三强射电源是星系天鹅座 A (图 6.20)。在 400 MHz (波长 75 cm) 处,它的谱流量密度为 4500 Jy。假设一台直径为 25 m 的射电望远镜的效率是 100%,并且用于收集这个射电源的射电能量的频率带宽为 5 MHz,那么接收器探测到的总功率将是

$$P = S(\nu)\pi\left(\frac{D}{2}\right)^2 \Delta\nu = 1.1 \times 10^{-13}\ \mathrm{W}.$$

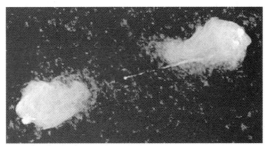

图 6.20 甚大天线阵 (VLA,见第 138 页) 获得的来自天鹅座 A 星系核心的相对论性喷流的射电图像 (由美国国家射电天文台提供,©NRAO/AUI)

6.3.2 提高分辨率: 大口径和干涉测量

射电望远镜与光学望远镜共有的一个问题是需要更高的分辨率。瑞利判据式 (6.6) 也适用于射电望远镜,就像适用于可见光系统一样,只是射电波长比光学研究中涉及的波长要长得多。因此,要想获得与可见光波段相当的分辨率,就需要更大的望远镜直径。

例 6.3.2 要想用单孔径在 21 cm 波长处获得 $1''$ 的分辨率,天线的直径必须是

$$D = 1.22\frac{\lambda}{\theta} = 1.22\left(\frac{21\ \mathrm{cm}}{4.85 \times 10^{-6}\ \mathrm{rad}}\right) = 52.8\ \mathrm{km}.$$

相比之下,曾经世界上最大的单天线射电望远镜是位于波多黎各的**阿雷西博天文台 (Arecibo Observatory)** 的直径为 300 m (1000 英尺) 的固定天线 (图 6.21)。(译者注:该天文台在 2021 年初由于该天线倒塌而关闭,目前世界最大的单天线射电望远镜是位于我国贵州省的 500 m 口径球面射电望远镜 (FAST))

在如此长的波长下工作的一个好处是,与理想抛物面形状的微小偏差并不那么重要。由于相关判据认为偏差在几十分之波长范围内 (例如 $\lambda/20$) 仍然可以看作完美形状,所以在 21 cm 处进行观测时,1 cm 的变化也是可以容忍的。

图 6.21　波多黎各阿雷西博天文台的 300 m 射电望远镜 (由美国国家天文和电离层中心 (NAIC)-阿雷西博天文台提供，该天文台由康奈尔大学替美国国家科学基金会运营)

　　为了获得与地基可见光波段的分辨率相同的射电波段分辨率而建造足够大的单个天线，这是不切实际的，但天文学家已经能够将射电图像的分辨率提高至 0.001″ 以上。这种卓越的分辨率是通过与杨氏双缝实验中使用过的干涉技术类似的过程来实现的。

　　图 6.22 显示了两台射电望远镜之间的基线距离 d。由于望远镜 B 到射电源的距离比望远镜 A 到射电源的距离远 L，所以某个特定的波前会在到达 A 后才抵达 B。如果 L 等于波长的整数倍 ($L = n\lambda$，其中 $n = 0, 1, 2, \cdots$ 构成干涉)，则两个信号的相位将是一致的，两者叠加将达到最大值。同理，如果 L 是半波长的奇数倍，那么信号将完全不同相，信号的叠加将导致强度最小 ($L = (n - 1/2)\lambda$，其中 $n = 1, 2, \cdots$ 不构成干涉)。由于指向角 θ 与 d 和 L 的关系为

$$\boxed{\sin\theta = \frac{L}{d},}\qquad(6.11)$$

则利用两根天线信号组合所产生的干涉图案，可以准确地确定射电源的位置。式 (6.11) 完全类似于描述杨氏双缝实验的式 (3.11)。

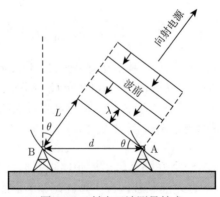

图 6.22　射电干涉测量技术

很明显，图像的分辨能力随着基线 d 的延长而提高，在大洲的尺寸之上甚至在洲际之间都可以进行**甚长基线干涉测量 (very long baseline interferometry，VLBI)**。在这种情况下，数据在现场记录后会被传输至数据中心，以便进行后期处理。只需要观测是同时进行的，并且记录数据采集的准确时间。

虽然单根天线在其指向的方向上具有最大的灵敏度，但天线也可以对偏离所指方向的射电源敏感。图 6.23 是典型的单台射电望远镜的**天线方向图 (antenna pattern)**。在这个极坐标图中，描述了天线图案的方向以及每个方向的相对灵敏度；波瓣越长，则望远镜在该方向上越敏感。有两个特点是显而易见的：首先，主瓣并不是很窄 (射电束的方向性并不完美)；其次，旁瓣的存在会导致意外探测到不需要的射电源，而这些射电源与所要观测的射电源是无法区分的。

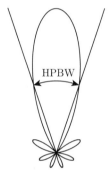

图 6.23   单台射电望远镜的典型天线方向图。主瓣的宽度可以用半功率束宽 (HPBW) 来描述

主瓣的狭窄度可用其宽度的一半所对应的角幅来描述，称为**半功率束宽 (half-power beam width，HPBW)**。通过增加其他射电望远镜来生成所需的衍射图案，主瓣宽度可以变窄，从而旁瓣的影响也可以明显减小。这一特性类似于光栅衍射图案的清晰度随着光栅刻线数量的增加而提高，见式 (5.2)。

位于美国新墨西哥州索科罗附近的**甚大阵 (very large array，VLA)** 由 27 台射电望远镜组成，它采用可移动的 **Y** 型天线阵，最大天线阵的通径为 27 km。每台单独的天线直径为 25 m，使用对各种频率敏感的接收器 (图 6.24)。来自每台独立望远镜的信号与所有其他望远镜的信号结合在一起，经由计算机分析产生高分辨率的天空图；图 6.20 是 VLA 生成的图像的一个例子。当然，伴随着分辨率的提高，27 台射电望远镜组合起来产生的有效收集面积是单台望远镜的 27 倍。

美国国家射电天文台 (NRAO) 计划对 VLA 进行现代化改造，并大大扩展其能力。在第一阶段，**增容甚大阵 (expanded very large array，EVLA)** 将获得新的、更灵敏的接收机，望远镜和控制设施之间有广泛的光纤连接，并且大大增强了软件和计算能力。第二阶段的增容计划会在新墨西哥州增加大约 8 台新的射电望远镜，以扩充现有的 27 台望远镜。这些新望远镜的基线长达 350 km，将大大提高 EVLA 的分辨能力。目前的 VLA 的点源灵敏度为 10 μJy，最高频率分辨率为 381 Hz，空间分辨率 (5 GHz 时) 为 $0.4''$。第二期工程完成后，EVLA 的点源灵敏度为 0.6 μJy，最高频率分辨率为 0.12 Hz，空间分辨率 (5GHz 时) 为 $0.04''$，比现有设施将提高 1 ～ 2 个数量级。

图 6.24   美国新墨西哥州索科罗附近的 VLA (由美国国家射电天文台提供，©NRAO/AUI)

美国国家射电天文台还运行着甚长基线阵 (**very long baseline array，VLBA**)，该阵列由一系列的 10 台射电望远镜组成，分布在美国大陆、夏威夷和美属维尔京群岛的圣克罗伊岛。甚长基线阵的最大基线为 8600 km (5000 英里)，可以达到优于 $0.001''$ 的分辨率。

除了这些观测站和世界各地的其他射电天文台外，国际上还付出重大努力，建造**阿塔卡马大型毫米波阵列 (Atacama Large Millimeter Array，ALMA)**。ALMA 将由 50 台直径 12 m 的天线组成，基线长度达 12 km。ALMA 位于智利北部查伊南托尔平原的阿塔卡马沙漠地区，海拔 5000 m (16400 英尺)，是 10 mm∼350 μm (900∼70 GHz) 波长区域的理想观测台址。在这些波长范围内，ALMA 将能够深入探测正在形成恒星和行星的尘埃区域，并研究星系形成的最初阶段——所有这些都是现代天体物理学的关键问题。ALMA 预计将于 2007 年开始部分阵列的早期科学运营。预计整个阵列将在 2012 年之前投入运行。

6.4   红外、紫外、X 射线和伽马射线天文学

鉴于光学和射电观测提供了大量的数据，自然而然也要考虑在其他波长范围进行研究。遗憾的是，由于地球大气层对可见光和射电波段以外的大多数波长范围不透明，所以从地面进行这些波段的观测要么是困难的，要么是不可能的。

6.4.1   电磁波谱的大气窗口

图 6.25 显示了大气层透明度与波长的关系。波长稍长的紫外辐射 (近紫外) 和红外的某些波段范围能够成功穿过大气层，但也会有一定的限制，其他波长范围则被完全阻挡。因此，必须采取特殊措施来收集更多光子能量的信息。

红外线吸收的主要原因是水汽。因此，如果能将观测站置于大部分的大气水汽之上，就可以从地面进行一些观测。为此，NASA 和英国都在湿度相当低的夏威夷莫纳克亚运行红外望远镜 (口径分别为 3 m 和 3.8 m)。然而，即使在 4200 m 的高度，问题也没有得到彻底解决。为了到达大气层之上更高的地方，还曾利用气球和飞机进行观测。

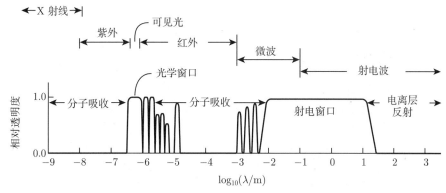

图 6.25 随波长变化的地球大气层的透明度

除了大气吸收外，红外线的情况还更加复杂，因为必须采取特殊措施冷却探测器，甚至是整台望远镜。根据维恩位移定律 (式 (3.15))，温度为 300K 的黑体的辐射峰值波长接近 10 μm。因此，望远镜及其探测器会在观测者可能感兴趣的波长范围产生辐射。当然，大气本身也会产生红外辐射，也会产生许多分子红外发射线。

6.4.2 在大气层外观测

1983 年，**红外天文卫星 (Infrared Astronomy Satellite, IRAS)** 被发射到 900 km (560 英里) 高的轨道上，远远高于遮蔽地球的大气层。这台 0.6 m 的成像望远镜被冷却至液氦的温度，其探测器设计用于在 12 ~ 100 μm 的多个波段进行观测。在制冷剂耗尽之前，IRAS 被证明是非常成功的。在它的许多成果中，有一项探测到了年轻恒星周围轨道上的尘埃，表明可能有行星系统的形成。IRAS 还进行了许多关于星系性质的重要观测。

在 IRAS 成功的基础上，欧洲空间局 (与日本和美国合作) 于 1995 年发射了 0.6 m 口径的**红外空间天文台 (Infrared Space Observatory, ISO)**。该天文台和 IRAS 一样被冷却，但为了获得近 1000 倍于 IRAS 的分辨率，ISO 能够在更长的时间内指向某个目标，从而能够收集更多的光子。1998 年，ISO 在其液氦制冷剂耗尽后停止运行。

近来发射的最大的红外天文台是**斯皮策空间望远镜 (Spitzer Space Telescope)** (图 6.26，以小莱曼·斯皮策 (1914—1997) 的名字命名)。拖延多年后，该望远镜于 2003 年 8 月 25 日成功进入轨道。斯皮策空间望远镜在日心轨道上尾随地球，可在 3 ~ 180 μm 的波长范围内观测天体。斯皮策空间望远镜采用 0.85 m 口径、焦比 $f/12$ 的轻质铍镜，冷却至 5.5K 以下，能够在 6.5 μm 和更长的波长范围内达到衍射极限。斯皮策空间望远镜的运行寿命预计至少为 2.5 年[①]。

宇宙背景探测器 (Cosmic Background Explorer, COBE) 的设计目的是研究微波波段中波长较长的部分的电磁波谱，它于 1989 年发射，1993 年最终关闭。COBE 进行了一系列重要的观测，包括对被认为是大爆炸余辉的 2.7K 黑体谱进行了非常精确的测量。

---

① 斯皮策空间望远镜是 NASA 四大轨道天文台中最后一个进入轨道的。其他的是哈勃空间望远镜 (图 6.12)、钱德拉 X 射线天文台 (图 6.27(a)) 和康普顿伽马射线天文台 (图 6.27(b))。

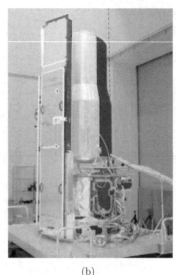

(a)   (b)

图 6.26   (a) 正在建造中的斯皮策空间望远镜，可见 0.85 m 口径的铍主镜 (由 NASA/喷气推进实验室 (JPL) 提供)；(b) 实验室中几乎完全组装好的斯皮策空间望远镜 (NASA/JPL 提供)

与其他波长范围一样，对电磁波谱的紫外部分进行观测也存在一些挑战。在这种情况下，由于涉及的波长较短 (与光学观测相比)，必须十分谨慎地制作非常精确的反射面。正如前面所提及的，即使是哈勃空间望远镜的主镜也有不完美的地方，因此在波长较短的紫外波段无法进行可达理论分辨极限的观测。

紫外观测的另一个问题源于普通玻璃对这些短波长光子不透明的事实 (就像玻璃对大部分红外光子不透明那样)。因此，在设计用于观测紫外辐射的望远镜的光学系统时，不能采用普通玻璃透镜。于是，水晶玻璃透镜成了合适的替代品。

紫外天文学的真正主力是**国际紫外探测器 (International Ultraviolet Explorer, IUE)**。它于 1978 年发射并运行至 1996 年，IUE 被证明是一台高效且耐用的仪器。如今，哈勃空间望远镜对波长短至 120 nm 的光也灵敏，提供了理解紫外宇宙的另一个重要窗口。在更短的波长范围，1992 年发射的、运行 8 年多后关闭的**极紫外探测器 (Extreme Ultraviolet Explorer)** 在 7 ～ 76 nm 进行了观测。这些望远镜的数据为天文学家提供了涉及大量天体物理过程的重要信息，包括炽热恒星的质量损失、激变变星以及白矮星和脉冲星等致密天体。

在更短的波长，X 射线和伽马射线天文学获得了有关高能天象的信息，如核反应过程和黑洞周围的环境。由于涉及极其高的光子能量，X 射线和伽马射线观测所需的技术与观测较长波长的技术截然不同。例如，由于这类光子的穿透力很强，则传统的玻璃镜面在这些波段是无法成像的。然而，利用掠射反射 (入射角接近 90°)，仍有可能对光源成像。X 射线光谱也可以利用布拉格衍射等技术获得，布拉格衍射是由原子在规则晶格中的光子反射而产生的干涉现象。原子之间的距离相当于光学衍射光栅中狭缝之间的距离。

1970 年，**乌呼鲁 X 射线卫星 (UHURU，又称小型天文卫星-1，SAS 1)** 对天空的 X 射线进行了首次全面的巡天观测。20 世纪 70 年代末，包括**爱因斯坦天文台 (Einstein**

Observatory) 在内的三个**高能天体物理天文台 (High Energy Astrophysical Observatories，HEAO)** 发现了数以千计的 X 射线和伽马射线源。1990 ~ 1999 年，由两个探测器和一台成像望远镜组成的**伦琴 X 射线天文台 (ROSAT，Roentgen Satellite)** 工作在 0.51 ~ 12.4 nm 范围内，对恒星的炽热冕层、超新星遗迹和类星体进行了观测，它是德国–美国–英国合作的卫星。日本的**宇宙学和天体物理学高新卫星 (Advanced Satellite for Cosmology and Astrophysics)** 于 1993 年开始执行任务，它在 2000 年 7 月 14 日因地磁风暴而失去姿态控制之前，也对天空进行了重要的 X 射线观测。

钱德拉 X 射线天文台 (Chandra X-Ray Observatory，图 6.27(a)) 于 1999 年发射，以诺贝尔奖获得者苏布拉马尼扬·钱德拉塞卡 (Subrahmanyan Chandrasekhar，1910—1995) 的名字命名，它工作的能量范围为 0.2 ~ 10 keV (即从 6.2 ~ 0.1 nm)，角分辨率约为 0.5″。由于 X 射线不能像对较长波长那样进行聚焦，所以采用了掠射镜来实现钱德拉天文台的出色分辨能力。

欧洲空间局运营着另一台同样于 1999 年发射的 X 射线望远镜，即**多镜面 X 射线牛顿天文台 (X-Ray Multi-Mirror Newton Observatory，XMM-Newton)**。作为对钱德拉天文台灵敏范围的补充，XMM-牛顿望远镜在 0.01 ~ 1.2 nm 进行观测。

康普顿伽马射线天文台 (Compton Gamma Ray Observatory，CGRO，图 6.27(b)) 观测比 X 射线望远镜波长更短的天体。该天文台于 1991 年由"亚特兰蒂斯号"航天飞机送入轨道，于 2000 年 6 月脱离轨道坠入太平洋。

(a)   (b)

图 6.27　(a) 艺术家笔下的钱德拉 X 射线天文台概念图 (插图：NASA/MSFC)；(b) 1991 年，"亚特兰蒂斯号"航天飞机部署康普顿伽马射线天文台

6.5　全天巡天和虚拟天文台

我们在横跨整个电磁波谱的波长范围内探测天空的能力获得了大量的信息，这是以前仅在可见波长范围内进行的地面观测所无法企及的。例如，图 6.28 展示了在不同的波长范围 (射电、红外、可见光、紫外线和伽马射线) 时天空表象的变化。请注意，我们银河系的盘面在所有波段都很清楚，但天空的其他特征不一定在所有图像中都会出现。

本章所述的地基和天基天文台绝对不是一份完整的清单。例如，除了 6.4 节讨论的轨道望远镜外，还有许多其他设计用于一般观测或进行专门研究的望远镜，诸如观测太阳 (如太阳和日球层探测器 (Solar and Heliospheric Observatory, SOHO) 和**过渡区和日冕探测器 (Transition Region and Coronal Explorer, TRACE**)) 或确定天体的精确位置和距离[①] (**依巴谷空间天体测量任务 (Hipparcos Space Astrometry Mission,** 已结束, 欧洲空间局)、SIM 行星探寻任务 (SIM, 预计 2011 年发射, NASA) 和 Gaia (预计 2011 年发射, 欧洲空间局))。

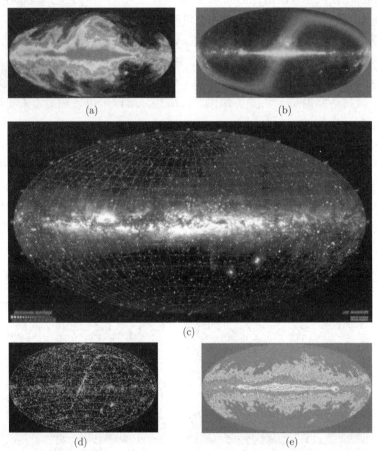

图 6.28　在不同波段看到的整个天空的观测结果。银河系的盘面在每幅图像的水平方向上都清晰可见。在某些图像中, 太阳系的盘面也很明显, 从左下角到右上角呈对角线。(a) 射电 (由马克斯·普朗克射电天文研究所提供); (b) 红外线 (由 COBE 科学工作组和 NASA 戈达德空间飞行中心提供); (c) 可见光 (由隆德天文台提供); (d) 紫外线 (由 NASA 戈达德空间飞行中心提供); (e) 伽马射线 (由 NASA 提供)

此外, 在地面上, 也已经或正在进行大规模的多波段范围自动巡天观测。例如, 可见光波段的**斯隆数字巡天 (SDSS)** 和近红外波段的 **2 微米全天巡天 (2MASS)** 获得了大量需要分析的数据。仅 SDSS 就获得了 15 兆字节的数据 (与美国国会图书馆中的所有信息相当)。在不远的将来, PB 级的数据集也在预期之中。

鉴于地基和天基天文观测站已经和将要获得的海量数据, 以及在线期刊和数据库中已

---

① 天体测量是天文学中确定天体位置信息的一门分支学科。

经存在的巨量信息，人们对开发基于网络的虚拟天文台给予了极大的关注。这些项目的目标是建立用户接口，使天文学家能够获得已经存在的观测数据。例如，天文学家可以在虚拟天文台的数据库中查询天空中某一特定区域内任何波长范围的所有观测数据。然后，这些数据将被下载到天文学家的台式计算机或大型机上进行研究。为了实现这一目标，必须创建通用的数据格式，并开发数据分析和可视化工具，以协助完成这项具有挑战性的信息技术项目。在撰写本书时，数个虚拟天文台的原型已经被开发出来，如 NASA 戈达德空间飞行中心主持的 Skyview[①]，或空间望远镜科学研究所维护的导星星表 (Guide Star Catalogs) 和数字化天空巡天 (Digitized Sky Survey) [②]。美国国家空间科学数据中心 (NSSDC)[③]也提供在线访问大量现有的数据库。此外，目前正在采取一些举措，以整合这些项目并使之标准化。在美国，国家科学基金会资助了**国家虚拟天文台项目 (National Virtual Observatory project)**[④]；在欧洲，天体物理虚拟天文台 (**Astrophysical Virtual Observatory**) 项目正在进行；英国正在进行**天文网格 (Astrogrid)** 项目；澳大利亚正在建立**澳大利亚虚拟天文台 (Australian Virtual Observatory)**。希望所有这些努力最终能够结合起来，建成一个**国际虚拟天文台 (International Virtual Observatory)**。

随着过去地基和轨道天文台的成功，天文学家已经取得了理解宇宙的巨大进步。鉴于目前在探测器、观测技术、新的观测设施和虚拟天文台方面的进步，未来，对天空中已知天体的研究将有触手可及的灿烂前景。然而，这些观测技术的进步所带来的最激动人心的意义，或许存在于那些尚未发现和突如其来的天文现象。

推 荐 读 物

一般读物

Colless, Matthew, "The Great Cosmic Map: The 2dF Galaxy Redshift Survey," *Mercury*, March/April 2003.

Frieman, Joshua A., and SubbaRao, Mark, "Charting the Heavens: The Sloan Digital Sky Survey," *Mercury*, March/April 2003.

Fugate, Robert Q., and Wild, Walter J., "Untwinkling the Stars—Part I," *Sky and Telescope*, May 1994.

Martinez, Patrick (ed.), *The Observer's Guide to Astronomy: Volume 1*, Cambridge University Press, Cambridge, 1994.

O'Dell, C. Robert, "Building the Hubble Space Telescope," *Sky and Telescope*, July 1989. Schilling, Govert, "Adaptive Optics," *Sky and Telescope*, October 2001.

Schilling, Govert, "The Ultimate Telescope," *Mercury*, May/June 2002.

Sherrod, P. Clay, *A Complete Manual of Amateur Astronomy: Tools and Techniques for Astronomical Observations*, Prentice-Hall, Englewood Cliffs, NJ, 1981.

---

① Skyview 可访问 http://skyview.gsfc.nasa.gov。

② 导星星表 (Guide Star Catalogs) 和数字化天空巡天 (Digitized Sky Survey) 都可查询 http://www-gsss.stsci.edu。

③ 美国国家空间科学数据中心 (NSSDC) 的网站是 http://nssdc.gsfc.nasa.gov/。

④ 美国国家虚拟天文台网址是 http://www.us-vo.org。

Stephens, Sally, " 'We Nailed It!' A First Look at the New and Improved Hubble Space Telescope," *Mercury*, January/February 1994.

Van Dyk, Schuyler, "The Ultimate Infrared Sky Survey: The 2MASS Survey," *Mercury*, March/April 2003.

White, James C. II, "Seeing the Sky in a Whole New Way," Mercury, March/April 2003. Wild, Walter J., and Fugate, Robert Q., "Untwinkling the Stars—Part II," *Sky and Telescope*, June 1994.

专业读物

Beckers, Jacques M., "Adaptive Optics for Astronomy: Principles, Performance, and Applications," *Annual Review of Astronomy and Astrophysics*, 31, 1993.

Culhane, J. Leonard, and Sanford, Peter W., *X-ray Astronomy*, Faber and Faber, London, 1981.

Jenkins, Francis A., and White, Harvey E., *Fundamentals of Optics*, Fourth Edition, McGraw-Hill, New York, 1976.

Kellermann, K. I., and Moran, J. M., "The Development of High-Resoution Imaging in Radio Astronomy," *Annual Review of Astronomy and Astrophysics*, 39, 2001.

Kraus, John D., *Radio Astronomy*, Second Edition, Cygnus-Quasar Books, Powell, Ohio, 1986.

Quirrenbach, Andreas, "Optical Interferometry," *Annual Review of Astronomy and Astrophysics*, 39, 2001.

Thompson, A. R., Moran, J. M., and Swenson, G. W., *Interferometry and Synthesis in Radio Astronomy*, Second Edition, Wiley, New York, 2001.

习　题

6.1　对于空间中某点 P，证明：对于 P 周围的任意闭合面，关于 P 的立体角积分有

$$\Omega_{\text{tot}} = \oint \mathrm{d}\Omega = 4\pi.$$

6.2　从物体发出的光线一般不平行于透镜或镜面的光轴。假设物体是一箭头，离焦距为 f 的简易凸透镜的中心距离为 p，令 $p > f$。假设箭头垂直于系统的光轴，箭头尾端位于光轴上。为了确定箭头像的位置，画出两条来自箭头顶端的光线：

(i) 其中一条光线沿着平行于光轴的路径，直到透镜。然后，光线向位于透镜相对于箭头的另一侧的焦点弯曲。

(ii) 第二条光线直接穿过透镜的中心而不被偏转。（假定透镜足够薄。）

两条光线的交点是箭头的像的顶端。所有其他来自于箭头顶端的光线穿过透镜后，也会通过像的顶端。像的尾端位于光轴上，距透镜中心的距离为 q。像的方向也应垂直于光轴。

(a) 利用三角形相似，证明以下关系：

$$\frac{1}{p} + \frac{1}{q} = \frac{1}{f}.$$

(b) 说明如果箭头的距离远大于透镜的焦距 $(p \gg f)$，那么像实际上应该位于焦面上。天文观测基本都是这种情况。

对凹透镜或镜面 (无论是会聚还是发散) 的分析也与此类似，也可由此得出物距、像距和焦距之间的关系。

6.3　请说明：如果认为焦距为 f_1 和 f_2 的两个透镜的物理距离为零，那么这两个透镜组合在一起的有效焦距为

$$\frac{1}{f_{\text{eff}}} = \frac{1}{f_1} + \frac{1}{f_2}.$$

注：假设透镜的实际物理距离是 x，以上近似只有当 $f_1 \gg x$ 且 $f_2 \gg x$ 时才确实有效。

6.4　(a) 利用习题 6.3 的结果，说明可以用两个不同折射率 ($n_{1\lambda}$ 和 $n_{2\lambda}$) 的透镜来构造一个复合透镜系统，该复合透镜具有以下特性：复合透镜关于两个特定波长 λ_1 和 λ_2 的合成焦距可以是相等的，即

$$f_{\text{eff},\lambda_1} = f_{\text{eff},\lambda_2}.$$

(b) 定性说明，以上条件并不能保证焦距对所有波长都是恒定的。

6.5　对物镜焦距为 f_{obj}、目镜焦距为 f_{eye} 的望远镜，证明：当物镜和目镜之间的距离为它们的焦距之和 $f_{\text{obj}} + f_{\text{eye}}$ 时，其角放大率由式 (6.9) 给出。

6.6　单缝衍射图案 (图 6.7 和图 6.8) 有以下公式：

$$I(\theta) = I_0 \left[\frac{\sin(\beta/2)}{\beta/2} \right]^2,$$

其中，$\beta \equiv 2\pi D \sin\theta / \lambda$。

(a) 利用洛必达法则 (L'Hôpital's rule)，证明：$\theta = 0$ 时，强度是 $I(0) = I_0$。

(b) 如果狭缝的孔径为 $1.0~\mu\text{m}$，光的波长为 $500~\text{nm}$，那么 θ 对应的最小角度是多少？用度为单位表示你的答案。

6.7　(a) 利用瑞利判据，估计人眼在 $550~\text{nm}$ 处的角分辨极限。假设瞳孔的直径是 $5~\text{mm}$。

(b) 将 (a) 部分的答案与月球和木星的角直径作比较。你可能会发现附录 C 中的数据会很有帮助。

(c) 关于用肉眼分辨月面和木星圆面的能力，你可以得出什么结论？

6.8　(a) 利用瑞利判据，估计普通 $20~\text{cm}$ (8 英寸) 口径的业余天文望远镜在 $550~\text{nm}$ 处，在理论衍射极限下的角分辨率。请用角秒来表示你的答案。

(b) 利用附录 C 中的信息，估计 $20~\text{cm}$ (8 英寸) 望远镜能够分辨的月球上撞击坑的最小尺寸。

(c) 计算得到的极限分辨率实际是否可能达到？为什么？

6.9　新技术望远镜 (NTT) 由欧洲南方天文台在智利塞罗–拉西亚运行。该望远镜是评估 VLT 所使用的自适应光学技术的试验平台。NTT 有一面 $3.58~\text{m}$ 的主镜，焦距比为 $f/2.2$。

(a) 计算新技术望远镜主镜的焦距。

(b) 请问 NTT 的底片比例尺是多少？

(c) 牧夫座 $\in$ 是个双星系统，两星相距 $2.9''$。计算它们在 NTT 主镜焦平面上图像的线性分离度。

6.10　当以 "行星" 模式观测时，哈勃空间望远镜的 WF/PC 2 的焦比为 $f/28.3$，底片比例尺为每像素 $0.0455''$。请估计在行星模式下，单片 CCD 的视场大小。

6.11　假设射电望远镜接收机的带宽为 $50~\text{MHz}$，中心频率为 $1.430~\text{GHz}$ ($1~\text{GHz} = 1000~\text{MHz}$)。假设接收机在整个带宽范围并不都是完美的探测器，它对频率的依赖关系呈三角形，这意味着探测器的灵敏度在频带边缘是 0%，在频带中心是 100%。这一滤波函数可以表示为

$$f_\nu = \begin{cases} \dfrac{\nu}{\nu_m - \nu_\ell} - \dfrac{\nu_\ell}{\nu_m - \nu_\ell}, & \text{如果 } \nu_\ell \leqslant \nu \leqslant \nu_m \\[2mm] -\dfrac{\nu}{\nu_u - \nu_m} + \dfrac{\nu_u}{\nu_u - \nu_m}, & \text{如果 } \nu_m \leqslant \nu \leqslant \nu_u \\[2mm] 0, & \text{其他} \end{cases}$$

(a) 求 ν_l、ν_m 和 ν_u 的值。

(b) 假设射电望远镜天线的直径为 100 m，它在接收机带宽范围内的反射是 100% 有效的。同时假设射电源 NGC 2558(视亮度为 13.8 等的旋涡星系) 在探测器带宽范围内的谱流量密度为 $S = 2.5$ mJy。请计算接收机测得的总功率。

(c) 如果射电源的距离 $d = 100$ Mpc，请估计射电源在该频率范围内发射的功率。假设射电源的辐射是各向同性的。

6.12   单台射电望远镜的天线直径需要有多大，才能拥有相当于 VLA 的 27 台望远镜的收集面积？

6.13   二元射电干涉仪的指向角必须改变多少，才能从一个干涉极大移动到另一个极大？假设两台射电望远镜之间的距离为地球的直径，并且观测的波长是 21 cm。请用角秒表示你的答案。

6.14   假设 ALMA 建成了目前预期的 50 台天线，那么阵列中能有多少条独特的基线？

6.15   计划中的行星探寻 (PlanetQuest) 太空干涉测量任务 (SIM) 的技术指标要求其对可见光波段暗至 20 等的天体的分辨能力要优于 $0.00000\,4''$。这将利用光学干涉来实现。

(a) 假设草以每周 2 cm 的速度生长，并假设 SIM 从 10 km 的距离观测这片草，那么 SIM 需要多长时间才能观测到草的长度的可测量变化？

(b) 以地球轨道直径为基线，假设源足够明亮，SIM 能够利用三角视差确定多远的距离？(作为参考，太阳到银河系中心的距离约为 8 kpc)。

(c) 根据你对 (b) 部分的回答，从这一距离处观测，太阳的视星等是多少？

(d) 猎户座的参宿四的绝对星等为 5.14 等。参宿四距离 SIM 多远，仍然可以被探测到？(忽略恒星和航天器之间任何尘埃和气体的影响。)

6.16   (a) 利用书中或相关天文台网站上的数据，列出下列望远镜所覆盖的波长范围 (以 m 为单位) 和光子能量范围 (以 eV 为单位)：VLA、ALMA、JWST、VLT/VLTI、Keck/Keck 干涉仪、HST、IUE、EUVE、Chandra、CGRO。

(b) 沿图 6.25 所示的水平轴画水平条，以图示方式说明 (a) 部分所列的每台望远镜的波长覆盖范围。

(c) 使用光子能量而不是波长，创建一幅类似于 (b) 部分的图形。

计算机习题

6.17   假设两个完全相同的狭缝相邻，狭缝的轴线平行，狭缝的方向相互垂直。同时假设两个狭缝到平面屏幕的距离相同。在每个狭缝后面放置强度相同的不同光源，使两个光源不相干，这意味着双缝干扰效应可以被忽略。

(a) 如果两个狭缝相隔一段距离，使得第一个狭缝的衍射图案的中央极大位于第二个狭缝的衍射图案的第二极小处，绘制所形成的强度叠加图 (即在每个位置的总强度)。图中请包括最左边的狭缝的中央极大的左半部分和至少二级极小，以及最右边狭缝的中央极大的右半部分和至少二级极小。提示：参考习题 6.6 中给出的公式，将你的结果绘制成 β 的函数。

(b) 重复你的计算，当两个狭缝相隔多大距离时，其中一个狭缝的中央极大落在第二个狭缝的第一极小处 (单缝的瑞利判据)。

(c) 当两个独立的光源 (狭缝) 逐渐靠近时，你能得出什么结论？

第二部分
恒星的性质

第 7 章 双星系统和恒星参数

7.1 双星的分类

要详细了解恒星的结构和演化 (第二部分的目标)，需要掌握关于它们物理特性的知识。我们已经看到黑体辐射曲线、光谱和视差的知识使我们能够确定恒星的有效温度、光度、半径、成分和其他参数。然而，直接确定恒星质量的唯一方法是通过研究该恒星与其他天体的引力相互作用。

在第 2 章，开普勒定律被用于计算我们太阳系内成员的质量。然而，引力的普适性允许把开普勒定律推广到包括恒星相互绕转的轨道运动，甚至星系的轨道相互作用，只要适当注意将所有轨道指向系统的质心。

幸运的是，大自然为天文学家观测双星系统提供了充足机会。天空中至少有一半的 "恒星" 实际上是多星系统，两颗或更多的恒星围绕一个共同的质心在轨道上运动。对这些系统的轨道参数进行分析提供了包括质量在内的关于恒星的各种特性的至关重要的信息。

用于分析轨道数据的方法有很多，在一定程度上取决于系统的几何形状、到观测者的距离，以及其成员的相对质量和光度。因此，根据双星系统的具体观测特征，可对其进行分类。

- **光学双星**。这些系统实际上根本不是双星，而仅仅是位于同一视线方向上的两颗恒星 (也就是说，它们具有相似的赤经和赤纬)。由于它们没有被引力束缚在一起，它们在物理关系上明显分离，所以这样的系统对确定恒星的质量是没有用处的。

- **目视双星**。双星中的两颗恒星可以独立地分辨出来，而且如果轨道周期不是过分地长，那么就有可能监测到系统中每个成员的运动。这样的双星系统提供了关于恒星与它们的共同质心的角间距的重要信息。如果我们到双星的距离也是已知的，那么就可以计算出恒星间的线性间距。获得质量的唯一直接方法是其与其他天体的引力相互作用。

- **天体测量双星**。如果双星中的一颗比另一颗亮得多，就不可能两颗都可以被直接观测到。在这种情况下，通过观测可见成员的振荡运动可以推断出存在看不见的成员。由于牛顿第一定律决定了一个物体会保持恒定的速度，除非有力作用在它上面，则这样的振荡行为说明存在另一个物体 (图 7.1)。

- **食双星**。对于轨道面近似沿着观测者视线方向的双星，一颗星可能会周期性地从另一颗星前面经过，挡住被食星的光线 (图 7.2)。这样的系统可以通过望远镜接收到的光线总量的有规律变化来识别。观测到的这些光变曲线不仅揭示了存在两颗恒星，而且根据光变曲线极小值的深度以及食长，还可以提供每颗恒星的相对有效温度和半径的信息。相关分析的详情将在 7.3 节中讨论。

- **光谱双星**。光谱双星是一个具有两个叠加的、独立的、可辨别光谱的系统。如果恒星的径向速度不为零，那么多普勒效应 (式 (4.35)) 会引起恒星的谱线偏离其在静止坐标系下的波长。由于双星系统中的恒星不断地围绕它们的共同质心运动，每颗恒星的每条谱线的波长都必然会周期性地移动 (当然，除非轨道平面正好垂直于视线)。显而易见的是，当一颗星的谱线发生蓝移时，另一颗星的谱线必须红移。然而，如果轨道周期太长，那么光谱波长的时间依赖性就不是很明显。在任何情况下，如果一颗星不是压倒性地比它的伴星更明亮，而且如果不可能分别辨认出每颗星，那么通过观测叠加和相反的多普勒移动光谱，仍有可能识别出该天体是一个双星系统。

即使多普勒频移不显著 (例如，轨道平面垂直于视线方向)，如果谱线是源自具有明显不同光谱特征的两颗恒星，那么仍有可能探测到两组叠加的光谱 (见 8.1 节中关于光谱分类的讨论)。

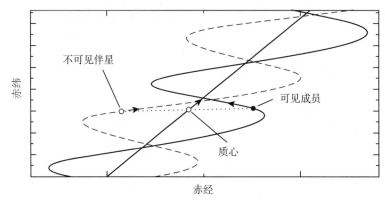

图 7.1　天体测量双星，它包含一个可见成员。系统中可见恒星的振荡运动暗示了存在看不见的成员。整个系统的自行可在质心的直线运动中反映出来

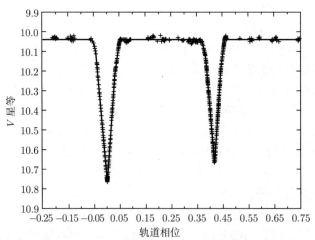

图 7.2　射手座 (Sagittarii) YY 食双星的 V 星等的光变曲线。在相位函数的光变曲线图上画出了多个轨道周期的数据，其中，在主食最小值处的相位被定义为 0.0。这个系统的轨道周期为 $P = 2.6284734$ 天，偏心率为 $e = 0.1573$，轨道倾角为 $i = 88.89\,89$ (见 7.2 节) (图采自 Lacy, C.H.S., *Astron.J*, 105, 637, 1993)

* **分光双星。** 如果双星系统的周期不是过分地长并且如果轨道运动具有沿着视线的分

量，那么可以观测到谱线的周期性移动。假设这两颗恒星的光度相当，那么两颗星的光谱都是可观测的。然而，如果一颗恒星比另一颗明亮得多，那么不怎么明亮的那颗伴星的光谱将被淹没，只能看到一组周期性变化的谱线。对任何一种情况，双星系统的存在都会被揭示出来。图 7.3 展示了分光双星系统的光谱和轨道相位之间的关系。

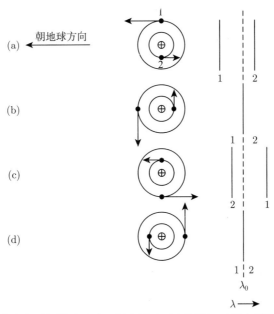

图 7.3　双线分光双星的谱线在周期性地移动。图中显示了在轨道运动四个不同相位时，恒星 1 和恒星 2 的光谱的相对波长位置：(a) 恒星 1 正向观测者运动而恒星 2 正在离开；(b) 两颗恒星的运动速度都垂直于视线方向；(c) 恒星 1 正远离观测者而恒星 2 正接近观测者；(d) 同样地，两颗恒星的运动速度都垂直于视线方向；λ_0 代表系统质心速度引起的多普勒移动的观测谱线的波长

这些特定的分类并不是相互排斥的。例如，一个无法分辨的系统可能既是食双星又是分光双星。在提供有关恒星特性的信息方面，某些系统比其他系统更有用，这也是事实。这三种类型的系统可以帮助我们测定恒星质量：有视差信息的目视双星；在一个完整的轨道周期上可获得径向速度的目视双星；有食双线的分光双星。

7.2　利用目视双星确定质量

当双星系统中成员星之间的角距离大于分辨极限时，分析单个恒星的轨道特性就成为可能，请注意，观测地点的大气视宁度条件和瑞利判据限定的基本衍射极限，会影响分辨极限。根据轨道数据，可以确定轨道的指向和系统的质心，并提供有关恒星质量比例的知识。如果系统的距离也是已知的 (例如根据三角视差来测定)，那么就可以确定恒星间的直线距离，并得出系统中恒星个体的质量。

要搞明白目视双星如何给出质量信息，请考虑绕其共同质心运动的轨道上的两颗恒星。假设轨道平面垂直于观测者的视线，我们从 2.3 节的讨论中看到，质量比可以通过恒星与

质心间的角距离比求出。使用式 (2.19) 并且仅考虑矢量 r_1 和 r_2 的长度，我们得出

$$\frac{m_1}{m_2} = \frac{r_2}{r_1} = \frac{a_2}{a_1},\tag{7.1}$$

其中，a_1 和 a_2 分别是两颗恒星轨道运动椭圆的半长轴。如果观测者到双星系统的距离为 d，则半长轴所张的角分别为

$$\alpha_1 = \frac{a_1}{d}　\text{和}　\alpha_2 = \frac{a_2}{d},$$

其中 α_1 和 α_2 是以弧度测量的。代入后，我们发现质量比简单地变为

$$\boxed{\frac{m_1}{m_2} = \frac{\alpha_2}{\alpha_1}.}\tag{7.2}$$

即使不知道恒星系统的距离，仍然可以确定质量比。注意，由于仅只需要两个张角的比值，所以 α_1 和 α_2 可以用角秒来表示，角秒是天文学中通常用于度量角度的单位。

开普勒第三定律 (式 (2.37)) 的一般形式

$$P^2 = \frac{4\pi^2}{G\,(m_1+m_2)}a^3,$$

给出了恒星质量的总和，假设折合质量的轨道半长轴 a 是已知的。由于 $a = a_1 + a_2$ (证明留作练习)，则只要到恒星系统的距离已经确定，半长轴就可以直接确定。假设 d 是已知的，$m_1 + m_2$ 可以与 m_1/m_2 组合，分别给出每颗星的质量。

由于质心的自行[①] (图 7.1) 以及由于大多数轨道不能合宜地使它们的平面垂直于观测者的视线的这个事实，使这个过程有些复杂。从观测中去除质心的自行是一个相对简单的过程，因为质心一定是以恒定的速度运动。幸运的是，轨道面指向的估计也是可能的，并且可以进行相应处理。

设轨道平面与天空平面之间的**倾角**为 i，如图 7.4 所示。注意，两颗星的轨道需要在同一个平面。作为一个特例，假设轨道平面和天空平面 (定义为垂直于视线方向的平面) 沿平行于短轴的直线相交，形成一条**节线**。观测者将不能测量半长轴 α_1 和 α_2 所对应的实际张角，而是测量它们在天空平面上的投影：$\tilde{a}_1 = \alpha_1 \cos i$ 和 $\tilde{a}_2 = \alpha_2 \cos i$。因为在式 (7.2) 中 $\cos i$ 项被简单地抵消了，所以这个几何效应对计算质量比不起作用：

$$\frac{m_1}{m_2} = \frac{\alpha_2}{\alpha_1} = \frac{\alpha_2 \cos i}{\alpha_1 \cos i} = \frac{\tilde{\alpha}_2}{\tilde{\alpha}_1}.$$

然而，当我们使用开普勒第三定律时，这种投影效应会产生显著的差异。由于 $\alpha = a/d$ (α 以弧度表示)，开普勒第三定律可以给出质量之和：

$$\boxed{m_1 + m_2 = \frac{4\pi^2}{G}\frac{(\alpha d)^3}{P^2} = \frac{4\pi^2}{G}\left(\frac{d}{\cos i}\right)^3\frac{\tilde{\alpha}^3}{P^2},}\tag{7.3}$$

[①] 当存在显著视差时，还必须考虑由三角视差引起的恒星位置的周年摆动。

其中，$\alpha = \alpha_1 + \alpha_2$。

要正确地估算质量之和，我们必须推导出倾角。我们可以通过仔细记录系统质心的视位置来实现。如图 7.4 所示，相对于天空平面，以角度 i 倾斜的椭圆的投影将导致具有不同偏心率的观测椭圆。然而，质心将不会位于椭圆投影的焦点上——这一结果与开普勒第一定律是不一致的。因此，通过将观测到的恒星位置与在天空平面上各种椭圆的数学投影进行比较，就可以确定真实椭圆的几何形状。

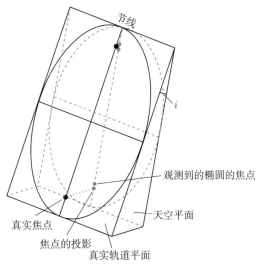

图 7.4 真实椭圆轨道投影到天空平面上会产生可观测的椭圆轨道。然而，真实椭圆的焦点不会投影到观测到的椭圆的焦点上

当然，投影问题在这里已经被简化了。不仅倾角 i 可以不为零，而且椭圆可以绕其主轴倾斜并绕视线旋转，以产生任何可能的取向。然而，已经提到的基本原理仍然适用，这使得有可能推断出恒星椭圆轨道的真实形状以及它们的质量。

即使不知道距离，依然有可能确定目视双星成员星个体的质量。在这种情况下，需要详细的径向速度数据。根据开普勒第三定律的要求，将速度矢量投影到视线上，再结合恒星位置及其轨道方向的信息，就可以提供确定椭圆半长轴的一种方法。

7.3 食分光双星

即使不可能从一个双星系统中分别分辨出它的每一颗恒星，但依然可以获得双星的丰富信息。对双线、食分光双星系统来说尤其如此。在这样的系统中，天文学家不仅可以确定系统中恒星个体的质量，而且还可以推断出其他参数，比如恒星的半径和它们的辐射流量之比，还有它们的有效温度之比。(当然，食双星系统并不局限于分光双星，也有可能出现在其他类型的双星中，例如目视双星。)

7.3.1 偏心率对径向速度测量的影响

考虑一个分光双星系统，两颗恒星的光谱都可以看到 (双线分光双星)。由于无法分辨系统中的个体成员，用于确定目视双星轨道的指向和偏心率的技术并不适用。倾角 i 显然也在求解恒星质量过程中起一定作用，因为它直接影响径向速度的测量。如果在某一时刻，v_1 是质量为 m_1 的恒星的速度，v_2 是质量为 m_2 的恒星的速度，那么参考图 7.4，观测到的径向速度分别不能超过 $v_{1r}^{\max} = v_1 \sin i$ 和 $v_{2r}^{\max} = v_2 \sin i$。因此，实际测得的径向速度取决于该时刻恒星的位置。作为一种特殊情况，如果恒星运动的方向恰好垂直于视线，那么观测到的径向速度将为零。

对于具有圆形轨道的恒星系统，每颗恒星的速率将是恒定的。如果它们的轨道平面位于沿着观测者的视线方向 ($i = 90°$)，则测得的径向速度将产生正弦速度曲线，如图 7.5 所示。改变轨道倾角不会改变速度曲线的形状，只是它们的振幅改变了 $\sin i$ 倍。因此要估计 i 和实际轨道速度，还需要该系统的其他信息。

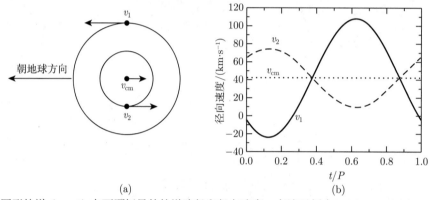

图 7.5　圆形轨道 ($e = 0$) 中两颗恒星的轨道路径和径向速度。在该示例中，$M_1 = 1\ M_\odot$，$M_2 = 2\ M_\odot$，轨道周期 $P = 30$ 天，并且质心的径向速度为 $v_{\mathrm{cm}} = 42\ \mathrm{km \cdot s^{-1}}$。$v_1$、$v_2$ 和 v_{cm} 分别是恒星 1、恒星 2 和质心的速度。(a) 圆形轨道平面位于沿着观测者的视线方向；(b) 观测到的径向速度曲线

当轨道的偏心率 e 不为零时，所观测到的速度曲线变得歪斜，如图 7.6 所示。即使给定了倾角，曲线的精确形状也强烈地依赖于相对于观测者的轨道指向。

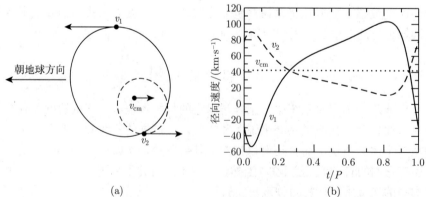

图 7.6　椭圆轨道 ($e = 0.4$) 中两颗恒星的轨道和径向速度。如图 7.5 所示，$M_1 = 1\ M_\odot$，$M_2 = 2\ M_\odot$，轨道周期 $P = 30$ 天，质心的径向速度为 $v_{\mathrm{cm}} = 42\ \mathrm{km \cdot s^{-1}}$。此外，近星点的方位为 45°。$v_1$、$v_2$ 和 v_{cm} 分别是恒星 1、恒星 2 和质心的速度。(a) 轨道平面位于沿着观测者的视线方向；(b) 观测到的径向速度曲线

实际上,许多分光双星具有近似圆形的轨道,这在某种程度上简化了对系统的分析。发生这种情况的原因是,由于潮汐相互作用的时标与所涉及的恒星的寿命相比是短暂的,所以密近双星往往会使它们的轨道变成圆形。

7.3.2 质量函数与质量–光度关系

如果我们假设轨道偏心率非常小 ($e \ll 1$),那么恒星的速率基本上是恒定的,并且对于质量为 m_1 和 m_2 的恒星,它们分别由 $v_1 = 2\pi a_1/P$ 和 $v_2 = 2\pi a_2/P$ 给出,其中 a_1 和 a_2 是半径 (半长轴),而 P 是轨道周期。求解 a_1 和 a_2 并代入式 (7.1),我们发现两颗恒星的质量比变为

$$\frac{m_1}{m_2} = \frac{v_2}{v_1}. \tag{7.4}$$

由于 $v_{1r} = v_1 \sin i$ 和 $v_{2r} = v_2 \sin i$,所以可以根据观测到的径向速度而不是实际轨道速度来表示式 (7.4):

$$\boxed{\frac{m_1}{m_2} = \frac{v_{2r}/\sin i}{v_{1r}/\sin i} = \frac{v_{2r}}{v_{1r}}.} \tag{7.5}$$

与目视双星的情况一样,在不知道倾角的情况下我们就可以确定恒星的质量比。

然而,与目视双星的情况一样,确定质量总和确实需要知道倾角。将 a 替换为

$$a = a_1 + a_2 = \frac{P}{2\pi}(v_1 + v_2),$$

根据开普勒第三定律 (式 (2.37)) 并求解质量总和,我们得到

$$m_1 + m_2 = \frac{P}{2\pi G}(v_1 + v_2)^3.$$

根据观测值得出实际的径向速度,我们可以将质量总和表示为

$$\boxed{m_1 + m_2 = \frac{P}{2\pi G}\frac{(v_{1r} + v_{2r})^3}{\sin^3 i}.} \tag{7.6}$$

从式 (7.6) 可以清楚地看到,只有当 v_{1r} 和 v_{2r} 都可测量时,才能得到质量总和。不幸的是,情况并非总是如此。如果一颗恒星比它的伴星亮得多,那么较暗成员的光谱就会被淹没。这样的系统称为单线分光双星。如果恒星 1 的光谱是可观测的,而恒星 2 的光谱是不可观测的,那么式 (7.5) 允许 v_{2r} 由恒星质量比来代替,并给出了取决于系统质量和倾角的一个参量。如果把它代入,式 (7.6) 变成

$$m_1 + m_2 = \frac{P}{2\pi G}\frac{v_{1r}^3}{\sin^3 i}\left(1 + \frac{m_1}{m_2}\right)^3.$$

重新排列各项后,给出

$$\boxed{\frac{m_2^3}{(m_1 + m_2)^2}\sin^3 i = \frac{P}{2\pi G}v_{1r}^3.} \tag{7.7}$$

该表达式的右侧称为**质量函数**，它仅取决于易于观测的参量，即周期和径向速度。由于只能得到一颗恒星的光谱，式 (7.5) 不能提供关于质量比的任何信息。结果是，质量函数仅仅在统计研究中有用，或者通过某些间接手段已经估计了系统中至少一个成员的质量时才有用。如果 m_1 或 $\sin i$ 是未知的，则质量函数为 m_2 设置了一个下限，因为该表达式的左侧总是小于 m_2。

即使两颗星的径向速度都是可测量的，在不知道 i 的情况下，也不可能得到 m_1 和 m_2 的精确值。然而，由于恒星可以根据它们的有效温度和光度进行分组 (见 8.2 节)，假设这些量与质量之间存在关系，则可以通过选择 $\sin^3 i$ 的适当的平均值来找到每一类的统计质量估值。在 $0° \sim 90°$ 估算 $\sin^3 i$ 的积分平均值 ($\langle \sin^3 i \rangle$) 可得到 $3\pi/16 \approx 0.589$[①]。但是，如果倾角很小，就没有明显的多普勒频移，如果 i 与 $0°$ 相差很大，就更有可能发现分光双星系统。与探测双星系统相关的这种选择效应表明，较大的 $\langle \sin^3 i \rangle \approx 2/3$ 值更具代表性。

对双星质量的估算表明，天空中绝大多数恒星存在着明确的**质量–光度关系** (图 7.7)。接下来几章的目标之一就是根据基本物理原理来研究这种关系的缘由。

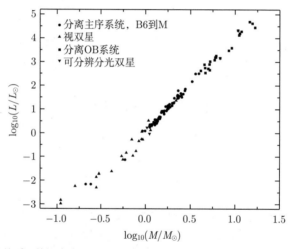

图 7.7　质量–光度关系 (数据来自 Popper，*Annu. Rev. Astron. Astrophys*，18，115，1980)

7.3.3　利用食来确定半径和温度比

在特殊情况下，对 i 可以做一个好的估计，即分光双星系统被观测到也是食双星系统。除非双星成员之间的间隔距离不比所涉及的恒星的半径之和大得多，否则食双星系统意味着 i 必须接近 $90°$，如图 7.8 所示。即使假设 $i = 90°$ 而实际值更接近 $75°$，在计算 $\sin^3 i$ 和确定 $m_1 + m_2$ 时，也仅仅会导致 10% 的误差。

根据食双星产生的光变曲线，有可能进一步改进对 i 的估计。图 7.9 表明，如果较小的恒星被较大的恒星完全遮挡，在掩食期间，该系统测量到的亮度将出现几乎恒定的最小值。类似地，即使较大的恒星在较小的伴星从它前面经过时不会完全被遮住，恒定大小的面积仍将被遮蔽一段时间，并且将再次观测到几乎恒定的但减弱了的光。当一颗恒星没有被它的伴星完全遮蔽时 (图 7.10)，极小值不再是恒定的，这意味着 i 必须小于 $90°$。

---

① 此处的证明留作练习。

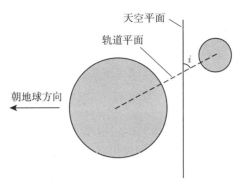

图 7.8　食分光双星的几何形状要求倾角 i 接近 $90°$

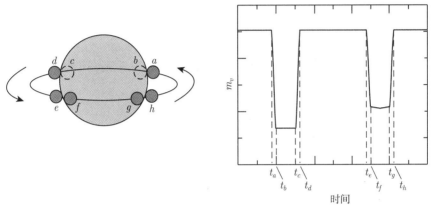

图 7.9　$i = 90°$ 的食双星的光变曲线。光变曲线上显示的时间对应于较小恒星相对于其较大伴星的位置。在这个例子中，假设较小的恒星比较大的恒星更热

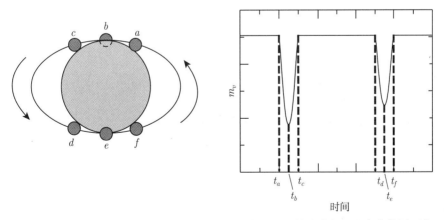

图 7.10　部分食双星的光变曲线。在这个例子中，假设较小的恒星比它的伴星更热

　　利用对食持续时间的测量，还可以获得食分光双星的每个成员的半径。再次参考图 7.9，如果我们假设 $i \approx 90°$，则由首次接触 (t_a) 和光极小 (t_b) 之间的时长，再结合恒星的速度，就可以直接计算出较小成员的半径。例如，如果较小恒星轨道的半长轴与任意一个恒星的

半径相比足够大，而且如果轨道接近圆形，我们就可以假设，在食持续期间，较小的恒星的运动方向近似垂直于观测者的视线方向。在这种情况下，较小恒星的半径可简单地由下式给出：

$$r_{\mathrm{s}} = \frac{v}{2}\left(t_b - t_a\right),\tag{7.8}$$

其中，$v = v_{\mathrm{s}} + v_{\mathrm{l}}$ 是两颗恒星的相对速度 (v_{s} 和 v_{l} 分别是小恒星和大恒星的速度)。类似地，如果我们考虑 t_b 和 t_c 之间的时长，则也可以确定大恒星的大小。很快就可以看出，大恒星的半径正好是

$$r_{\mathrm{l}} = \frac{v}{2}\left(t_c - t_a\right) = r_{\mathrm{s}} + \frac{v}{2}\left(t_c - t_b\right).\tag{7.9}$$

例 7.3.1　对周期 $P = 8.6$ 年的食双谱线分光双星的光谱分析表明，较小成员的氢巴尔末线 Hα (656.281 nm) 的最大多普勒频移为 $\Delta\lambda_{\mathrm{s}} = 0.072$ nm，而其伴星的仅为 $\Delta\lambda_{\mathrm{l}} = 0.0068$ nm。从速度曲线的正弦形状还可以明显看出，轨道几乎是圆形的。利用式 (4.39) 和式 (7.5)，我们发现两颗星的质量比一定是

$$\frac{m_{\mathrm{l}}}{m_{\mathrm{s}}} = \frac{v_{rs}}{v_{rl}} = \frac{\Delta\lambda_{\mathrm{s}}}{\Delta\lambda_{\mathrm{l}}} = 10.6.$$

假设轨道倾角为 $i = 90°$，小恒星的多普勒频移意味着径向速度的最大测量值为

$$v_{rs} = \frac{\Delta\lambda_{\mathrm{s}}}{\lambda}c = 33 \text{ km} \cdot \text{s}^{-1},$$

而且它的轨道半径一定是

$$a_{\mathrm{s}} = \frac{v_{rs}P}{2\pi} = 1.42 \times 10^{12} \text{ m} = 9.5 \text{ AU}.$$

以同样的方式可知，另一颗恒星的轨道速度和半径分别是 $v_{rl} = 3.1$ km·s^{-1}，$a_{\mathrm{l}} = 0.90$ AU。因此，折合质量的半长轴变为 $a = a_{\mathrm{s}} + a_{\mathrm{l}} = 10.4$ AU。

现在可以由开普勒第三定律来确定质量总和。如果式 (2.37) 用的单位是太阳质量、天文单位和年，那么我们有

$$m_{\mathrm{s}} + m_{\mathrm{l}} = a^3/P^2 = 15.2\ M_\odot.$$

对质量独立求解，得到 $m_{\mathrm{s}} = 1.3\ M_\odot$ 和 $m_{\mathrm{l}} = 13.9\ M_\odot$。

此外，根据该系统的光变曲线，发现 $t_b - t_a = 11.7$ h，$t_c - t_b = 164$ 天。式 (7.8) 揭示了较小恒星的半径为

$$r_{\mathrm{s}} = \frac{(v_{rs} + v_{rl})}{2}\left(t_b - t_a\right) = 7.6 \times 10^8 \text{ m} = 1.1\ R_\odot,$$

其中，一个太阳半径为 $1\ R_\odot = 6.96 \times 10^8$ m。现在式 (7.9) 给出了较大恒星的半径为 $r_1 = 369\ R_\odot$。

在这个特殊系统中，我们发现这两颗恒星的质量和半径明显不同。

从食双星的光变曲线也可以得到两颗恒星的有效温度之比。通过将恒星视为黑体辐射，并将食期间接收到的辐射与当两个成员都完全可见时接收到的辐射进行比较，就可以实现这个目标。

再次参考图 7.9 中描绘的样本双星系统，可以看出，当半径较小但较热的恒星从其伴星后面经过时，光变曲线的下降更深。为了理解这种效应，请回想一下，辐射表面流量由式 (3.18) 给出：

$$F_r = F_{\mathrm{surf}} = \sigma T_{\mathrm{e}}^4.$$

无论较小的恒星是在较大恒星的后面或前面经过，被遮蔽的总横截面积都会是相同的。为简单起见，假设观测到的来自恒星盘面的流量是恒定的[①]，当两颗星都完全可见时，探测到的双星的辐射由下式给出：

$$B_0 = k \left(\pi r_1^2 F_{r1} + \pi r_s^2 F_{rs} \right).$$

其中，k 是常数，其取决于到双星系统的距离，双星系统和探测器之间的介入物质的量，以及探测器的性质。当较热的恒星从较冷的恒星后面经过时，就会出现较深的或者说是主要的极小值。像在上一个例子中，较小的恒星更热，因此具有较大的表面流量，如果较小的恒星完全被遮蔽，则在主极小期探测到的辐射可以表示为

$$B_{\mathrm{p}} = k \pi r_1^2 F_{r1},$$

而次极小期的亮度为

$$B_{\mathrm{s}} = k \left(\pi r_1^2 - \pi r_s^2 \right) F_{r1} + k \pi r_s^2 F_{rs}.$$

由于通常不可能精确地确定 k，所以采用比值法。考虑主极小的深度与次极小的深度的比值。使用 B_0，B_{p} 和 B_{s} 的表达式，我们立即得出

$$\frac{B_0 - B_{\mathrm{p}}}{B_0 - B_{\mathrm{s}}} = \frac{F_{rs}}{F_{r1}}, \tag{7.10}$$

或者，从式 (3.18) 可得

$$\boxed{\frac{B_0 - B_{\mathrm{p}}}{B_0 - B_{\mathrm{s}}} = \left(\frac{T_{\mathrm{s}}}{T_{\mathrm{l}}} \right)^4.} \tag{7.11}$$

[①] 恒星在靠近其盘面的边缘处常常显得更暗，这种现象称为临边昏暗。这种影响将在 9.3 节中讨论。

例 7.3.2 例 7.3.1 中讨论过的双星系统光变曲线的进一步检验，提供了两颗恒星的相对温度的信息。测光观测表明，在最大亮度时，热星等 $m_{\rm bol,0} = 6.3$，在主极小时 $m_{\rm bol,p} = 9.6$，在次极小时 $m_{\rm bol,s} = 6.6$。从式 (3.3)，主极小和最大亮度之间的比值为

$$\frac{B_{\rm p}}{B_0} = 100^{(m_{\rm bol,0} - m_{\rm bol,p})/5} = 0.048.$$

类似地，次极小和最大亮度之间的比值为

$$\frac{B_{\rm s}}{B_0} = 100^{(m_{\rm bol,0} - m_{\rm bol,s})/5} = 0.76.$$

现在，通过改写式 (7.10)，我们发现辐射流量的比值为

$$\frac{F_{rs}}{F_{rl}} = \frac{1 - B_{\rm p}/B_0}{1 - B_{\rm s}/B_0} = 3.97.$$

最后，从式 (3.18) 可得

$$\frac{T_{\rm s}}{T_{\rm l}} = \left(\frac{F_{rs}}{F_{rl}}\right)^{1/4} = 1.41.$$

7.3.4 计算机建模法

分析双星系统数据的现代方法包括计算详细的模型，这些模型可以给出很多物理参量的重要信息。其不仅可以确定质量、半径和有效温度，而且针对许多系统还可以描述其他细节。例如，引力加上自转和轨道运动的影响，改变了恒星的形状。恒星不再是简单的球体，而是可以被拉长 (这些影响将在 18.1 节中详细讨论)。这些模型还可以包括关于观测到的来自恒星盘面上的辐射流量的非均匀分布的信息、表面温度变化的信息，等等。一旦确定了引力等势面的形状和其他参数，可以对各个波段 (U、B、V 等) 计算出理论上的合成光变曲线，然后将其与观测数据进行比较。对模型参数进行调整，直到理论光变曲线与观测结果一致。图 7.11 给出了半人马座 RR 双星系统这样一个模型。在这个系统中，两颗恒星实际上是相互接触的，在光变曲线上产生了有趣而微妙的效果。

为了向大家介绍模拟双星系统的过程，附录 K 中描述了名字叫 **TwoStars** 的简单代码，可在相应网站上找到它。TwoStars 做出了恒星是完全球对称的简化假设。因此，TwoStars 能够产生光变曲线、视向速度曲线和天体测量数据，用于两颗星很好分离的系统。然而，简化的假设意味着 TwoStars 无法对像半人马座 RR 双星这样更复杂的系统的细节进行模拟[①]。

对双星系统的研究提供了关于恒星可观测特性的宝贵信息。这些结果又被用来发展恒星结构和演化理论。

[①] 更复杂的双星模型程序代码可在互联网上下载或购买。例如，最初由威尔逊 (Wilson) 和德尼 (Devinney) 编写、后来由卡尔拉斯 (Kallrath) 等修改的 WD95，以及由布拉德斯特里特 (Bradstreet) 和斯蒂尔曼 (Steelman) 编写的 Binary Maker。

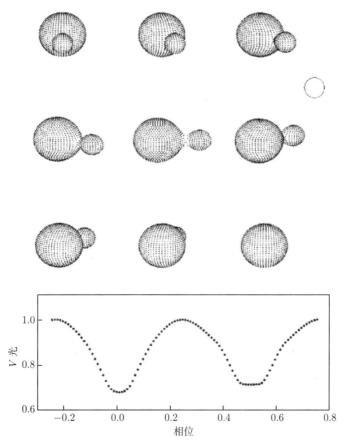

图 7.11　半人马座 RR 双星的合成光变曲线。这是一个食双星系统，它的两个成员紧密接触。空心圆圈
　　　代表太阳的大小。半人马座 RR 双星系统的轨道的和物理的特性为 $P=0.6057$ 天，$e=0.0$，
$M_1=1.8\ M_\odot$，$M_2=0.37\ M_\odot$。主星的光谱分类为 F0V (请参见 8.1 节关于恒星光谱分类的讨论) (该图
　　　改编自 R. E. Wilson，*Publ. Astron. Soc. Pac.*，106，921，1994；© 太平洋天文学会)

7.4　寻找太阳系外行星

　　数百年来，人们仰望夜空，想知道其他恒星周围是否可能存在行星[1]。然而，直到 1995
年 10 月，日内瓦天文台的米歇尔·梅耶 (Michel Mayor) 和迪迪尔·奎洛兹 (Didier Queloz)
才宣布在类太阳恒星飞马座 51 周围发现了一颗行星。这一发现代表了首次探测到围绕一
颗典型恒星的太阳系外行星[2]。在宣布飞马座 51 的这个发现后一个月内，加利福尼亚大学
伯克利分校的杰弗里·马西 (Geoffery W. Marcy) 和华盛顿卡内基学院的保罗·巴特勒 (R.
Paul Butler) 宣布他们在另外两颗类太阳恒星——室女座 70 和大熊座 47 周围探测到了行

---

　　[1] 事实上，据说曾经是多米尼克僧侣的乔尔达诺·布鲁诺 (Giordano Bruno，1548—1600) 因其信仰哥白尼的宇宙学说
而被处决。哥白尼的宇宙学说认为宇宙中在其他恒星周围充满着无数有人居住的世界，参见 1.2 节。

　　[2] 1992 年，波多黎各阿雷西博射电天文台的亚历山大·沃尔斯赞 (Alexander Wolszczan) 和美国国家射电天文台的 Dale
Frail 探测到三颗地球大小和月球大小的行星围绕着一颗脉冲星 (PSR 1257+12)。脉冲星是超新星爆炸后产生的极其致密的
坍缩恒星，参见 16.7 节。这一发现是通过观测这颗坍缩恒星发出的极其规则的射电辐射的变化而得到的。

星。到了 2006 年 5 月 (在宣布第一个发现后仅仅十年多) 已经发现了 189 颗太阳系外行星，它们围绕着 163 颗与我们太阳相似的恒星运转。

以如此惊人的速度对太阳系外行星的现代发现是由于探测器技术的巨大进步、大口径望远镜的有效性和孜孜不倦的长期观测活动。考虑到母恒星和任何在轨行星之间的巨大光度差异，对行星的直接观测已经证明是非常困难的；行星反射的光显然被恒星的光所淹没[①]。因此，通常需要更多的间接方法来探测太阳系外行星。已经成功使用的三种技术都是基于本章讨论的方法：径向速度测量、天体测量的摆动和掩食[②]。第一种方法，到目前编写本教材为止，探测到由在轨行星的引力牵引所引起母恒星的径向速度变化是最多产的方法。

例 7.4.1　母恒星的所谓反应运动极其微小。例如，考虑木星绕太阳的运动。木星的轨道周期是 11.86 年，其轨道的半长轴是 5.2 AU，其质量仅为 0.000955 $M_\odot$。假设木星的轨道基本上是圆形的 (它的实际离心率正好是 $e = 0.0489$)，该行星的轨道速度大约是

$$v_{\mathrm{J}} = 2\pi a/P = 13.1 \text{ km} \cdot \text{s}^{-1}.$$

根据式 (7.5)，太阳绕其共同质心的轨道速度仅为

$$v_\odot = \frac{m_{\mathrm{J}}}{M_\odot} v_{\mathrm{J}} = 12.5 \text{ m} \cdot \text{s}^{-1}.$$

这与地球上世界级短跑运动员的最高速度相似。

令人难以置信的是，如今可以测量到小至 3 m·s^{-1} 的径向速度变化，这是在公园中慢跑的速度。马西、巴特勒和他们研究小组的同事们通过让星光穿过碘蒸气来完成这一级别的探测。来自碘的印迹吸收线被用作该恒星的高分辨率光谱的零速度参考线。通过比较恒星的吸收线和发射线的波长与碘参考线的波长，可以非常精确地确定径向速度。该团队使用的高分辨率摄谱仪是由另一名团队成员、加利福尼亚大学圣克鲁兹分校的史蒂夫·沃格特 (Steve Vogt) 设计和建造的。

然而，径向速度的分析需要做更多的工作才能推导出恒星真实反应运动的径向速度变化。为了确定变化的来源，首先必须消除叠加在观测光谱上的所有其他源的径向速度。这些源包括地球的自转和摆动，地球绕太阳的轨道速度，以及我们太阳系中其他行星对地球和太阳的引力效应。在进行所有这些修正之后，目标恒星的径向速度可以以我们太阳系的真实质心作为参考系。

除了我们太阳系的运动之外，还必须考虑目标恒星本身的运动。例如，如果目标恒星在自转，则由于恒星的视盘面边缘物质的朝向和远离观测者的运动引起的径向速度，所以用于测量径向速度的吸收谱线模糊不清。恒星表面的脉动 (见第 14 章)、表面对流 (10.4 节)，以及诸如恒星黑子之类表面特征的移动 (如 11.3 节) 也会混淆测量结果并降低速度分辨率极限。

---

① 2004 年 4 月，肖文 (G. Chauvin) 和他的同事们使用欧洲南方天文台的 VLT/NACO 获得了环绕褐矮星 2MASSWJ1207334-393254、光谱型在 L5 和 L9.5 之间的一颗巨大的太阳系外行星的红外图像。HST/NICMOS 也能够观测到褐矮星的行星同伴。

② 在寻找太阳系外行星的过程中还使用了另一种技术。它是基于光线的引力透镜现象，参见第 17 章。

所有通过径向速度技术发现的行星都非常接近它们的母恒星，并且质量非常大。例如，围绕飞马座 51 公转的行星的质量下限为 0.45 M_J (M_J 代表木星的质量)，它的轨道周期仅为 4.23077 天，轨道半长轴仅为 0.051 AU。绕恒星 HD168443C 公转的行星的质量下限为 16.96 M_J，轨道周期为 1770 天，轨道半长轴为 2.87 AU。随着恒星被观测到的时间长度增加，更长轨道周期的行星将继续被发现，小质量行星也是如此。

1999 年，研究人员仔细分析了恒星 HD209458 的径向速度曲线，从而预测然后探测到了一颗太阳系外行星从这颗恒星的圆盘前面穿过。由凌星造成的光线变暗完全类似于 7.3 节讨论的食分光双星系统。相对于 HD209458 而言，这颗行星的体积非常小，因此光线仅仅变暗了 4mmag (毫星等)，见图 7.12。根据凌星期间光变曲线提供的额外信息，沙博诺 (Charbonneau)、布朗 (Brown)、莱瑟姆 (Latham) 和梅耶 (Mayor) 能够确定凌星行星的半径约为 1.27 R_J (R_J 代表木星半径)，轨道倾角 $i = 87.1° ± 0.2°$。在限定了倾角的值之后，就可以在很大程度上消除 $\sin i$ 项的不确定性，从而得出行星的质量为 0.63 M_J。根据径向速度数据，HD209458 的质量和半径分别为 1.1 $M_⊙$ 和 1.1 $R_⊙$。行星的轨道周期为 $P = (3.5250 ± 0.003)$ 天，其轨道半长轴为 $a = 0.0467$ AU。

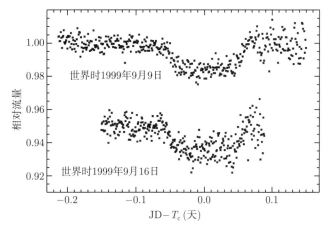

图 7.12　1999 年 9 月，一颗太阳系外行星穿过 HD209458 圆盘的两次凌星测光探测。为了避免数据的重叠，9 月 16 日的凌星相对于 9 月 9 日的凌日，被人为地消减了 -0.05。T_c 表示凌星的中点，JD 表示特定测量日期的儒略日期 (时间) (图改编自 Charbonneau，Brown，Latham 和 Mayor，*Ap. J.*，529，L45，2000)

到目前为止，已经通过行星对母恒星的圆盘凌星而导致的星光变暗发现了一些行星。然而，OGLE-TR-56b 是在利用径向速度技术发现其行星之前就探测到有行星存在的第一个系统。这颗行星的轨道周期只有 29 h，它的轨道距离母恒星仅有 4.5 个恒星半径 (0.023 AU)。这次观测探测到这颗恒星的亮度下降了略大于 0.01 个星等。这种技术的优点是能够探测到相对较远的系统；OGLE-TR-56b 离我们地球大约有 1500 pc。此外，根据凌星时间，还可以确定行星的半径，从而能够估算出行星的密度。围绕 OGLE-TR-56b 公转的行星的质量估计为 0.9 M_J，它正好被后续用径向速度测量得到的结果所证实，该行星半径仅略大于木星的半径。

2002 年，首次探测到了由行星的牵引而引起的恒星的反应运动。哈勃空间望远镜的精密制导传感器被用来测量格利泽 876 (Gliese 876，距离地球 4.7 pc 远的一颗 10 等星) 的 0.5 毫角秒的摆动。通过增加在天空平面上的投影这个第三维度，先前通过径向速度技术获得的行星质量经过重新换算，得到一个介于 1.9~2.4 M_J 的值。当未来的天体测量探测器发射并工作后 (见 6.5 节)，很可能这项技术会探测到更多的行星。

虽然在类太阳恒星周围还没有发现地球大小的行星，但随着诸如正在规划中的 NASA 的类地行星探测器 (Terrestrial Planet Finder) 任务，以及诸如 SIM 行星探索 (PlanetQuest) 和盖亚 (Gaia) 之类异常敏感的天体测量任务的发射，这样的发现似乎很快就会出现。

推 荐 读 物

一般读物

Burnham, Robert Jr., *Burnham's Celestial Handbook: An Observer's Guide to the Universe Beyond the Solar System*, Revised and Enlarged Edition, Dover Publications, New York, 1978.

Jones, Kenneth Glyn (ed.), *Webb Society Deep-Sky Observer's Handbook*, Second Edition, Enslow Publishers, Hillside, NJ, 1986.

Marcy, Geoffrey, and Butler, R. Paul, "New Worlds: The Diversity of Planetary Systems," *Sky and Telescope*, March 1998.

Marcy, Geoffrey, et al., *California and Carnegie Planet Search Web Site*, http://exoplanets.org.

NASA, *Planet Quest: The Search for Another Earth Web Site*, http://planetquest.jpl.nasa.gov.

Pasachoff, Jay M., *Field Guide to the Stars and Planets*, Fourth Edition, Houghton Mif?in, Boston, 2000.

专业读物

Batten, Alan H., Fletcher, J. Murray, and MacCarthy, D. G., "Eighth Catalogue of the Orbital Elements of Spectroscopic Binary Systems," *Publications of the Dominion Astrophysical Observatory*, 17, 1989.

Böhm-Vitense, Erika, *Introduction to Stellar Astrophysics: Basic Stellar Observations and Data*, Volume 1, Cambridge University Press, Cambridge, 1989.

Bradstreet, D. H., and Steelman, D. P., "Binary Maker 3.0—An Interactive Graphics-Based Light Curve Synthesis Program Written in Java," *Bulletin of the American Astronomical Society*, January 2003.

Charbonneau, David, Brown, Timothy M., Latham, David W., and Mayor, Michel, "Detection of Planetary Transits Across a Sun-Like Star," *The Astrophysical Journal*, 529, L45, 2000.

Eggen, O. J., "Masses of Visual Binary Stars," *Annual Review of Astronomy and Astrophysics*, 5, 105, 1967.

Kallrath, Josef, and Milone, Eugene F., *Eclipsing Binary Stars: Modeling and Analysis*, Springer–Verlag, New York, 1999.

Kallrath, J, Milone, E. F., Terrell, D., and Young, A. T., "Recent Improvements to a Version of the Wilson–Devinney Program," *The Astrophysical Journal Supplement Series*, 508, 308, 1998.

Kitchin, C. R., *Astrophysical Techniques*, Third Edition, Institute of Physics Publications, Philadelphia, 1998.

Marcy, Geoffrey W., and Butler, R. Paul, "Detection of Extrasolar Giant Planets," *Annual Review of Astronomy and Astrophysics*, 36, 57, 1998.

Mayor, M., and Queloz, D., "A Jupiter-Mass Companion to a Solar-Type Star," *Nature*, 378, 355, 1995.

Popper, Daniel M., "Determination of Masses of Eclipsing Binary Stars," *Annual Review of Astronomy and Astrophysics*, 5, 85, 1967.

Popper, Daniel M., "Stellar Masses," *Annual Review of Astronomy and Astrophysics*, 18, 115, 1980.

Wilson, R. E., "Binary-Star Light-Curve Models," *Publications of the Astronomical Society of the Pacific*, 106, 921, 1994.

习　题

7.1　考虑两颗恒星围绕一个共同的质心在轨道上运动。如果 a_1 是质量为 m_1 的恒星的轨道半长轴，a_2 是质量为 m_2 的恒星的轨道半长轴，证明折合质量的轨道半长轴是 $a = a_1 + a_2$。提示：回顾 2.3 节的讨论，并想一想 $\boldsymbol{r} = \boldsymbol{r}_2 - \boldsymbol{r}_1$。

7.2　在习题 2.9 中，我们讨论了积分平均值，它隐性地假定概率分布 (或加权函数) 在整个积分区间内是恒定的。当考虑归一化加权函数 $w(\tau)$ 时，即

$$\int_0^\tau w(\tau)\mathrm{d}\tau = 1,$$

那么，$f(\tau)$ 的积分平均变为

$$\langle f(\tau) \rangle = \int_0^\tau f(\tau)w(\tau)\mathrm{d}\tau.$$

通过与习题 2.9 进行比较，会发现在那种情况下，在 $0 \sim \tau$ 区间内隐性使用的加权函数是 $w(\tau) = 1/\tau$。

如前述所讨论的，在 $0 \sim \pi/2$ 弧度 (即 $0° \sim 90°$) 估算 $\langle \sin^3 i \rangle$ 时，如果轨道平面是沿着视线方向，则更有可能探测到径向速度的变化。因此，加权函数应考虑轨道速度平面在视线方向上的投影。

(a) 选择一个适当的加权函数并展示你的加权函数在区间 $i = 0 \sim \pi/2$ 是归一化的。

(b) 证明：$\langle \sin^3 i \rangle = 3\pi/16$。

7.3　假设两颗恒星绕着共同的质心做圆周运动，它们相距 a。再假设倾角为 i，并且它们的半径分别为 r_1 和 r_2。

(a) 找到最小倾角的表达式，使它几乎不会产生掩食。提示：请参考图 7.8。

(b) 如果 $a = 2$ AU，$r_1 = 10\ R_\odot$，$r_2 = 1\ R_\odot$，则 i 的最小值是多少时将导致掩食？

7.4　天狼星是周期为 49.94 年的一颗视双星。观测得到它的三角视差为 $0.37921''\pm0.00\,158''$。假设其轨道平面在天空平面上，折合质量的半长轴的真实角范围为 $7.61''$。天狼星 A 和天狼星 B 距质心的距离之比为 $a_A/a_B = 0.466$。

(a) 求系统中每个成员的质量。

(b) 天狼星 A 的绝对热星等为 1.36，天狼星 B 的绝对热星等为 8.79，请确定它们的光度并用太阳的光度来表示你的答案。

(c) 天狼星 B 的有效温度大约是 (24790 ± 100) K，请估计它的半径，并将你的答案与太阳和地球的半径进行比较。

7.5　凤凰座 ζ 是周期为 1.67 天的一个分光双星，其轨道近似圆形。测量得到系统中较亮和较暗成员的最大多普勒频移分别为 121.4 km·s^{-1} 和 247 km·s^{-1}。

(a) 确定每颗星的 $m\sin^3 i$ 的值。

(b) 考虑多普勒频移的选择效应，利用统计法对 $\sin^3 i$ 选择某个值，估计一下凤凰座 ζ 成员星的个体质量。

7.6　从一个食分光双星系统的光变曲线和速度曲线，确定了它的轨道周期为 6.31 年，其中恒星 A 和 B 的最大径向速度分别为 5.4 km·s^{-1} 和 22.4 km·s^{-1}。此外，刚刚接触和最小亮度 $(t_b - t_a)$ 之间的时间周期为 0.58 天，主极小 $(t_c - t_b)$ 的时长为 0.64 天。视热星等的最大值、主极小和次极小值分别为 5.40 星等、9.20 星等和 5.44 星等。根据这些信息，并假设轨道是圆形的，求 (a) 恒星的质量比；(b) 总质量 (假设 $i \approx 90°$)；(c) 个体恒星的质量；(d) 个体恒星的半径 (假设轨道是圆形的)；(e) 两颗恒星的有效温度之比。

7.7　人马座 YY 星的 V 波段的光变曲线如图 7.2 所示。忽略热改正，估计系统中两颗恒星的温度比。

7.8　参考图 7.11 所示的半人马座 RR 星的合成光变曲线和模型。

(a) 指出光变曲线上对应于所绘图上方位的近似点 (作为相位的函数)。

(b) 定性地解释光变曲线的形状。

7.9　在图 7.7 中，来自双星系统的数据被用来说明质量–光度关系。恒星的质量和有效温度之间也存在着很强的相关性。使用 1980 年波普尔 (Popper) 在《天文学和天体物理年评》(*Annu. Rev. Astron Astrophys*) 第 18 卷 115 页中提供的数据，创建 $\log_{10}T_e$ 作为 $\log_{10}(M/M_\odot)$ 的函数的曲线图。请使用波普尔的表 2、表 4、表 7 (不包括御夫座 α 系统) 和表 8 (仅包括光谱型为 Sp 列中以罗马数字 V 结尾的那些恒星) 中的数据。表 7 和表 8 中被排除的恒星是晚型恒星，其结构与主序星明显不同[①]。波普尔的文章可以在你们的图书馆里找到，也可以从 NASA 的天体物理数据系统 (NASA ADS) 下载，网址为：http://adswww.harvard.edu。

7.10　给出两个原因，说明为什么探测其他恒星周围的行星所用的径向速度技术，偏爱于轨道周期相对较短的大质量行星 (木星)。

7.11　解释为什么对太阳系外行星的径向速度探测技术只能给出在轨行星的质量下限。实际测量值是多少？还涉及哪些未知的轨道参数？

7.12　根据书中给出的数据，确定下列恒星的质量 (以太阳质量计)：

(a) 飞马座 51；

(b) HD 168443c。

7.13　假设你是一名天文学家，正站在一颗围绕另一颗恒星公转的行星上。当你在观测我们的太阳时，木星从它前面经过。假设你观测的是一个温度为 $T_e = 5777$ K、辐射流量恒定的恒星圆盘面，估计一下恒星亮度下降的百分比。提示：忽略木星对系统总亮度的贡献。

7.14　根据书中给出的数据，结合图 7.12 中的信息，大致估算出在轨行星的半径，并将你的结果与引用值进行比较。一定要解释你的估算过程的每一个步骤。

---

① 光谱型和恒星的不同分类将在第 8 章详细讨论。

计算机习题

7.15　(a) 使用附录 K 中所述并在配套网站上提供的计算机程序 **TwoStars**，生成类似于图 7.6 且适用于偏心率任意选择的轨道径向速度数据。假设 $M_1 = 0.5\ M_\odot$，$M_2 = 2.0\ M_\odot$，$P = 1.8$ 年，$i = 30°$。分别绘制 $e = 0$、0.2、0.4 和 0.5 时的结果图。(可以假设质心速度为零，且长轴的方向垂直于视线方向。) 假设两颗恒星的半径和有效温度分别为 $R_1 = 1.8\ R_\odot$，$T_{e1} = 8190$ K；$R_2 = 0.63\ R_\odot$，$T_{e2} = 3840$ K。

(b) 使用 7.3 节中得出的公式验证 $e = 0$ 时的结果。

(c) 解释如何确定轨道系统的偏心率。

7.16　程序 TwoStars (附录 K) 可用于分析双星在天空平面上的视运动。事实上，TwoStars 被用来产生图 7.1 的数据。假设习题 7.15 中的双星系统位于距地球 3.2 pc 处，其质心在空间中运动，其矢量分量 $(v'_x,\ v'_y,\ v'_z) = (30\ \mathrm{km \cdot s^{-1}},\ 42\ \mathrm{km \cdot s^{-1}},\ -15.3\ \mathrm{km \cdot s^{-1}})$。根据 TwoStars 产生的位置数据，绘制出 $e = 0.4$ 情形时恒星的视位置 (以毫角秒为单位)。

7.17　图 7.2 显示了人马座 YY 食双星的光变曲线。附录 K 中所描述并且可在配套网站上可获得的程序 TwoStars 可用于对该系统进行粗略建模。使用标题中提供的数据，并假设两颗恒星的质量、半径和有效温度分别为 $M_1 = 5.9\ M_\odot$，$R_1 = 3.2\ R_\odot$，$T_{e1} = 15200$ K 和 $M_2 = 5.6\ M_\odot$，$R_2 = 2.9\ R_\odot$，$T_{e2} = 13700$ K，还假设近星点角度为 $214.6°$ 并且质心相对于观测者是静止的。

(a) 使用 TwoStars，为系统创建合成光变曲线。

(b) 使用 TwoStars，绘制两颗恒星的径向速度。

7.18　使用书中给出的数据，并假设轨道倾角为 $90°$，使用 TwoStars (附录 K) 生成模拟 OGLE-TR-56b 光变曲线的数据。大家可以假设该行星的半径近似等于木星的半径 (7×10^7 m)，其温度约为 1000 K。将恒星的温度设为 3000 K。大家还可以假设该行星的轨道是完美的圆形。

第 8 章 恒星光谱分类

8.1 谱线的形成

随着光度学和光谱学的出现，天体物理学这门新科学迅速发展。早在 1817 年，约瑟夫·夫琅禾费 (Joseph Fraunhofer) 就已经确定不同的恒星有不同的光谱。科学家根据一些方案对恒星光谱进行了分类，其中最早的方案只能识别出三种类型的光谱。随着仪器的改进，可以区分越来越细微的谱线差异。

8.1.1 恒星的光谱型

19 世纪 90 年代，爱德华·皮克林 (Edward C. Pickering, 1846—1919) 和他的助手威廉米娜·弗莱明 (Williamina P. Fleming, 1857—1911) 在哈佛大学发展了光谱分类学。他们根据氢吸收谱线的强度，用大写字母来标记光谱，从字母 A 开始表示最宽的谱线。几乎与此同时，安东尼娅·莫里 (Antonia Maury, 1866—1952) 正在开发一种有些不同的识别方案，她也是皮克林的助手和弗莱明的同事。她研究谱线的宽度并用它来分类。在莫里的工作中，她将她的分类重新排序，其方式相当于将皮克林和弗莱明的 B 型放在了 A 型恒星之前。然后，在 1901 年，皮克林的雇员安妮·坎农 (Annie Jump Cannon, 1863—1941，图 8.1)[①]使用皮克林和弗莱明的方案，同时遵循莫里的建议，重新排列了光谱序列。她将 O 型和 B 型放在 A 型之前，添加了数字分支 (如 A0~A9)，并合并了许多分类。随着这些变化，"O B A F G K M" 的哈佛分类方案变成了一个温度序列，是从最热的蓝色 O 型星到最冷的红色 M 型星。一代又一代的天文学专业学生通过 "哦,做个好女孩/好男孩,吻

图 8.1 安妮·坎农 (1863—1941) (哈佛大学天文台提供)

---

① 安妮·坎农奖每年由美国大学妇女协会和美国天文学会颁发，以表彰女性对天文学的杰出贡献。

我" (Oh Be A Fine Girl/Guy, Kiss Me.) 这个短语来记住这串**光谱类型**。这一序列中靠近开始处的恒星称为**早型**恒星,而靠近结束处的恒星称为**晚型**恒星。这些标签还可以区分光谱分支内的恒星,因此,天文学家可能会把 K0 型星称为 "早期 K 型星",或者把 B9 型星称为 "晚期 B 型星"。坎农在 1911~1914 年间,对大约 200000 条光谱进行了分类,并把她的研究结果集结到**亨利·德雷珀星表** (Henry Draper Catalogue) 中[①]。今天,许多恒星就是通过它们的 HD 编号来指代的,比如,参宿四的编号是 HD 39801。

然而,哈佛光谱分类方案的物理基础仍然模糊不清。织女星 (光谱型为 A0) 显示出非常强的氢吸收谱线,比观测到的太阳 (光谱型为 G2) 的微弱谱线要强得多。另一方面,太阳的钙吸收线比织女星的要强得多。这是两颗恒星的成分变化的结果吗?还是因为织女星 ($T_e \approx 9500$ K) 和太阳 ($T_e \approx 5777$ K) 的不同的表面温度决定了吸收线的相对强度?

20 世纪初对量子原子的理论认识给了天文学家解开恒星光谱秘密的钥匙。如 5.3 节所述,当原子吸收了光子,而这个光子的能量正好使电子从能量较低的轨道向上跃迁到能量较高的轨道时,就产生了吸收谱线。相反的过程就形成了发射线,即当电子从能量较高的轨道向较低的轨道向下跃迁时,单个光子带走了电子失去的能量。因此,光子的波长取决于参与这些跃迁的原子轨道的能量。例如,氢的巴尔末吸收线是由电子从 $n = 2$ 的轨道向上跃迁到更高能量轨道引起的,而巴尔末发射线是由电子从较高能量轨道向下跃迁到 $n = 2$ 的轨道时产生的。

具有不同温度的恒星的光谱之间的差异是由于电子在这些恒星的大气中占据了不同的原子轨道。因为电子可以处于一个原子的任何一个轨道上,所以谱线形成的细节可能相当复杂。此外,原子可以处于任何一个电离态,并且在每个态都具有唯一的一组轨道。原子的电离态在原子符号后面用罗马数字表示。例如,H I 和 He I 分别表示中性 (未电离的) 氢和氦;He II 是单次电离的氦;Si III 和 Si IV 分别表示硅原子失去了 2 个和 3 个电子。

在坎农设计的哈佛系统中,巴尔末线在 A0 型恒星的光谱中达到其最大强度,其有效温度为 $T_e = 9520$ K (回顾式 (3.17))。对 B2 型星 ($T_e = 22000$ K),中性氦 (He I) 的可见光谱线最强;对 K0 型星 ($T_e = 5250$ K),其单次电离钙 (Ca II) 的可见光谱线最强[②]。

表 8.1 列出了各种光谱型的一些定义标准。在该表中,"**金属**" 一词用于表示比氢更重的任何元素,这是天文学家普遍采用的惯例,因为迄今为止,宇宙中最丰富的元素是氢和氦。

除了传统光谱类型的哈佛分类方案 (OBAFGKM) 之外,表 8.1 还包括了最近定义的非常冷的恒星和**褐矮星**的光谱类型。褐矮星的质量太小,以至于在其内部不能以任何实质的方式发生核反应,所以它们不是通常意义上的恒星 (见 10.6 节)。引入这些新的光谱类型的必要性来自于全天空巡天观测探测到大量具有非常低的有效温度的天体 (对 L 光谱型,对应 1300~2500 K;对 T 光谱型,则小于 1300 K)[③]。为了记住新的、较冷的光谱类型,可以考虑扩展之前那个流行的助记符:"哦,做个好女孩/好男孩,吻我——少说话!" (Oh Be A Fine Girl/Guy, Kiss Me—Less Talk!)

---

① 1872 年,亨利·德雷珀拍摄了第一张恒星光谱照片。以他的名字命名的星表获得他遗产的资助。

② Ca II 的两条最显著谱线通常称为钙的 H 线 ($\lambda = 396.8$ nm) 和 K 线 ($\lambda = 393.3$ nm)。H 线的命名是由夫琅禾费想出来的;马斯卡特 (E. Mascart, 1837—1908) 在 19 世纪 60 年代命名了 K 线。

③ 大量发现这些天体的巡天计划是斯隆数字巡天计划 (SDSS) 和 2 微米全天空观测 (2MASS)。

表 8.1   哈佛光谱分类

光谱类型	特征
O	鲜有谱线的最热的蓝白色恒星。强的 He II 吸收线 (有时有发射线)。He I 吸收线变得更强。
B	热的蓝白色恒星。在 B2 处的 He I 吸收线最强。H I (巴尔末) 吸收线变得更强。
A	白色恒星。在 A0 处的巴尔末吸收线最强，随后变弱。Ca II 吸收线变强。
F	黄白色恒星。随着巴尔末线的持续变弱，Ca II 线持续变强。有中性金属吸收线 (Fe I，Cr I)。
G	黄色恒星。类太阳光谱。Ca II 线继续变得更强。Fe I 和其他中性金属线变得更强。
K	冷的橙色恒星。在 K0 处 Ca II 的 H 和 K 线最强，之后逐渐变弱。光谱以金属吸收线为主。
M	冷的红色恒星。光谱以分子吸收带为主，特别是氧化钛 (TiO) 和氧化钒 (VO)。中性金属吸收线仍然很强。
L	很冷的暗红色恒星。红外线比可见光更强。金属氢化物 (CrH、FeH)、水 (H_2O)、一氧化碳 (CO) 和碱金属 (Na、K、Rb、Cs) 的强分子吸收带。TiO 和 VO 变弱。
T	最冷的发红外线的恒星。强的甲烷 (CH_4) 分子吸收带，但弱的 CO 分子吸收带。

晚期巨星 S 型和 C 型将在后文讨论。

图 8.2 和图 8.3 显示了各种光谱类型的一些光谱样品照片。大家会注意到氢谱线 (例如，Hγ (434.4 nm) 和 Hδ (410.1 nm)) 的宽度 (强度) 从 O9 到 A0 不断增加，然后从 A0 到 F5 不断减小，并且到晚型 K 时几乎消失。在早型星 (O 和早期 B) 的光谱中可以辨别出氦 (He) 谱线，但是它们在较冷的恒星中开始消失。

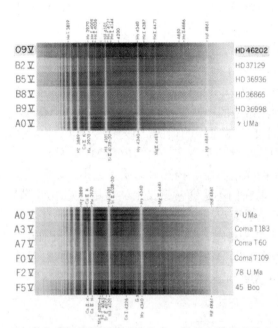

图 8.2   光谱类型为 O9~F5 的主序恒星的光谱。请注意，这些光谱为底片负片，所以吸收线看起来明亮。波长的单位是 Å (图来自阿伯特 (Abt) 等，"低色散光栅恒星光谱图集 (*An Atlas of Low-Dispersion Grating Stellar Spect*)"，基特峰国家天文台，图森，亚利桑那，1968 年)

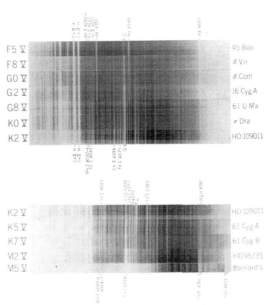

图 8.3　光谱类型为 F5~M5 的主序星的光谱。请注意，这些光谱为底片负片，所以吸收线看起来明亮。波长的单位是 Å (图来自阿伯特 (Abt) 等，"低色散光栅恒星光谱图集"，基特峰国家天文台，图森，亚利桑那，1968 年)

图 8.4 和图 8.5 还以现代数字探测器的典型图表格式描述了恒星光谱。显而易见的是，

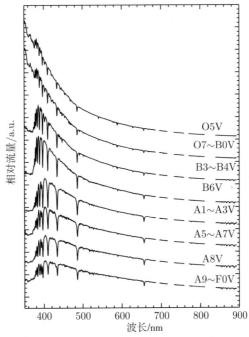

图 8.4　光谱类型为 O5~F0 的主序星的数字化光谱，该图显示了作为波长函数的相对流量的变化。由数字探测器 (与照相底片相反) 获得的现代光谱通常以图表显示 (数据来自席尔瓦 (Silva) 和科内尔 (Cornell)，*Ap.J.Suppl.*，81，865，1992)

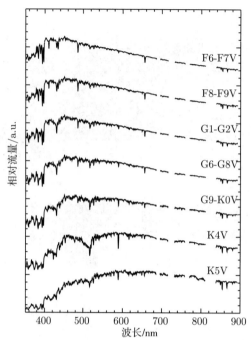

图 8.5　光谱型为 F6~K5 的主序星的数字化光谱。该图显示了作为波长函数的相对流量的变化 (数据来自席尔瓦 (Silva) 和科内尔 (Cornell)，*Ap.J.Suppl.*，81，865，1992)

当恒星的温度降低时 (晚型光谱型)，叠加在黑体谱上的峰值波长向更长的波长处移动。同样明显的是，Hα、Hβ、Hγ 和 Hδ 这些巴尔末线分别位于 656.2 nm、486.1 nm、434.0 nm 和 410.2 nm 处。注意：这些氢吸收线的强度是如何从 O 型到 A 型增加的，然而，对于晚于 A 光谱型的，强度又是如何降低的。对于较晚的光谱型，杂乱的光谱预示着有金属线，同时分子谱线也会出现在最冷恒星的光谱中。

8.1.2　麦克斯韦–玻尔兹曼速度分布

为了揭示这个分类系统的物理基础，必须回答两个基本问题：在什么轨道上最可能发现电子？处在不同电离态的原子的相对数量是多少？

这两个问题的答案可以在称为**统计力学**的物理学领域中找到。这个物理学分支研究由许多成员组成的系统的统计性质。例如，气体可以包含具有大范围速度和能量的大量粒子。尽管实际上不可能计算任意单个粒子的详细行为，但是气体作为一个整体确实具有某些明确的性质，如它的温度、压力和密度。对于处于热平衡 (例如，气体温度不会快速升高或降低) 的气体，**麦克斯韦–玻尔兹曼速度分布函数**[①]描述了给定速度范围的粒子的比例。每单位体积内速度在 v 至 $v + \mathrm{d}v$ 之间的气体粒子的数目由下式给出：

$$n_v\mathrm{d}v = n \left(\frac{m}{2\pi kT}\right)^{3/2} \mathrm{e}^{-mv^2/(2kT)} 4\pi v^2 \mathrm{d}v, \tag{8.1}$$

---

① 这个名字是为了纪念詹姆斯·克拉克·麦克斯韦 (James Clerk Maxwell) 和路德维希·玻尔兹曼 (Ludwig Boltzmann，1844—1906)，后者被认为是统计力学的创始人。

其中，n 是总的数密度 (每单位体积的粒子数)；$n_v \equiv \partial n/\partial v$；$m$ 是粒子的质量；k 是玻尔兹曼常量；T 是气体的温度，其单位为开尔文。图 8.6 显示了速度在 v 和 $v + \mathrm{d}v$ 之间的分子占比的麦克斯韦–玻尔兹曼速度分布。分布函数的指数是气体粒子的动能 $\left(\frac{1}{2}mv^2\right)$ 与特征热能 (kT) 的比值。使大量粒子的能量比热能大得多或小得多都是很困难的，当这些能量相等时，分布达到峰值，**最概然速度**为

$$v_{\mathrm{mp}} = \sqrt{\frac{2kT}{m}}. \tag{8.2}$$

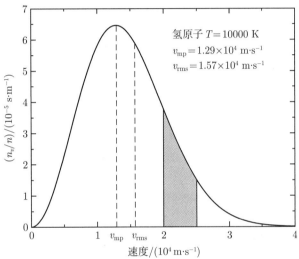

图 8.6　温度为 10000 K 时，氢原子的麦克斯韦–玻尔兹曼分布函数 n_v/n。气体中速度在 $2 \times 10^4 \sim 2.5 \times 10^4 \mathrm{m \cdot s^{-1}}$ 的氢原子的占比是这两个速度之间的曲线下的阴影区域面积，见例 8.1.1

分布函数的高速度指数 "尾部" 将导致稍高的**均方根 (RMS) 速度**[①]：

$$v_{\mathrm{rms}} = \sqrt{\frac{3kT}{m}}. \tag{8.3}$$

例 8.1.1　曲线下两个速度之间的面积等于在该速度范围内气体粒子的占比。为了确定气体中速度在 $v_1 = 2 \times 10^4 \mathrm{~m \cdot s^{-1}}$ 和 $v_2 = 2.5 \times 10^4 \mathrm{~m \cdot s^{-1}}$ 之间、$T = 10000$ K 时的氢原子的占比，必须在这两个速度极限之间对麦克斯韦–玻尔兹曼分布进行积分，即

$$
\begin{aligned}
N/N_{\mathrm{total}} &= \frac{1}{n} \int_{v_1}^{v_2} n_v \mathrm{d}v \\
&= \left(\frac{m}{2\pi kT}\right)^{3/2} \int_{v_1}^{v_2} \mathrm{e}^{-mv^2/(2kT)} 4\pi v^2 \mathrm{d}v. \tag{8.4}
\end{aligned}
$$

[①] 均方根速度是指 v^2 的平均值的平方根：$v_{\mathrm{rms}} = \sqrt{\overline{v^2}}$。

虽然当 $v_1 = 0$ 且 $v_2 \to \infty$ 时，式 (8.4) 有一个封闭形式的解，但在其他情况下必须用数值方法求解。这可以通过使用该速度间隔上的速度平均值来估算被积函数，再乘以该间隔的宽度来粗略实现，即

$$N/N_{\text{total}} = \frac{1}{n} \int_{v_1}^{v_2} n_v(v) \mathrm{d}v \simeq \frac{1}{n} n_v(\bar{v}) (v_2 - v_1),$$

其中，$\bar{v} \equiv (v_1 + v_2)/2$，代入上式，我们得到

$$N/N_{\text{total}} \simeq \left(\frac{m}{2\pi kT} \right)^{3/2} \mathrm{e}^{-m\pi^2/(2kT)} 4\pi \bar{v}^2 (v_2 - v_1)$$

$$\simeq 0.125.$$

在温度为 10000 K 的气体中，大约 12.5% 的氢原子的速度在 $2 \times 10^4 \sim 2.5 \times 10^4$ m·s^{-1}。对该范围进行更细致的数值积分，得到的结果是 12.76‰。

8.1.3 玻尔兹曼公式

气体原子在碰撞时会获得和失去能量。结果是，由式 (8.1) 给出的碰撞原子的速度分布产生了在原子轨道上电子的确定的分布。电子的这种分布由统计力学的一个基本结果决定：电子不太可能占据能量较高的轨道。

让 s_a 代表一组特定的量子数，它标识的粒子系统的能态为 E_a。类似地，让 s_b 代表能态为 E_b 的一组量子数。例如，$E_a = -13.6$ eV 是氢原子的最低轨道能量，$s_a = \{n = 1, l = 0, m_l = 0, m_s = +1/2\}$，标识具有该能量的特定状态 (请参阅 5.4 节关于量子数的讨论)。然后，系统处于状态 s_b 的概率 $P(s_b)$ 与系统处于状态 s_a 的概率 $P(s_a)$ 的比值由下式给出：

$$\frac{P(s_b)}{P(s_a)} = \frac{\mathrm{e}^{-E_b/(kT)}}{\mathrm{e}^{-E_a/(kT)}} = \mathrm{e}^{-(E_b - E_a)/(kT)}, \tag{8.5}$$

其中，T 是两个系统的共同温度。项 $\mathrm{e}^{-E/(kT)}$ 称为玻尔兹曼因子[①]。

玻尔兹曼因子在统计力学的研究中起着非常重要的作用，所以式 (8.5) 值得深思。例如，假设 $E_b > E_a$，s_b 能态高于 s_a 能态。注意，随着热能 kT 的减少并趋向于零 (即，$T \to 0$)，量 $-(E_b - E_a)/(kT) \to -\infty$，因此 $P(s_b)/P(s_a) \to 0$。如果不能得到任何热能将原子的能量提升到更高的水平，则这就是我们所期望的结果。另一方面，如果可以得到大量的热能 (即，$T \to \infty$)，则 $-(E_b - E_a)/(kT) \to 0$ 和 $P(s_b)/P(s_a) \to 1$，这也是可以预期的，因为具有无限的热能储存，原子的所有可用能级应该以相等的概率进入。大家可以快速验证，如果我们反过来假设 $E_b < E_a$，则在 $T \to 0$ 和 $T \to \infty$ 极限情况时，则将再次获得预期结果。

通常的情况是，系统的能级可能是**简并**的，即不止一个量子态具有相同的能量。也就是说，如果状态 s_a 和 s_b 是简并的，则 $E_a = E_b$ 但 $s_a \neq s_b$。当取平均值时，我们必须分

---

① 在此上下文中遇到的能量通常以电子伏特 (eV) 为单位给出，因此记住在 300 K 的室温下 kT 的值约为 1/40 eV 是有用的。

别计算每个简并态。为了适当地说明具有给定能量的状态的数量，定义 g_a 为具有能量 E_a 的状态数目；类似地，定义 g_b 是具有能量 E_b 的状态的数目。这些称为能级的**统计权重**。

例 8.1.2 氢原子的基态是双重简并的。事实上，尽管"基态"是标准术语，但"基态"的复数将更加精确，因为它们是具有相同能量 -13.6 eV 的两个量子态 (对于 $m_s = \pm 1/2$)[①]。以相同的方式，"第一激发态"实际上由具有相同能量 -3.40 eV 的八个简并量子态组成。

表 8.2 显示了识别每个量子态的量子数组 $\{n, l, m_l, m_s\}$；它还显示了每个态的能量。请注意，存在能量为 $E_1 = -13.6$ eV、$g_1 = 2$ 的基态，以及能量为 $E_2 = -3.40$ eV、$g_2 = 8$ 的第一激发态。这个结果与习题 5.16 的结果一致，它证明了氢原子的能级 n 的简并度为 $2n^2$。

表 8.2　氢原子的量子数和能量

基态 s_1				能量 E_1/eV
n	l	m_l	m_s	
1	0	0	$+1/2$	-13.6
1	0	0	$-1/2$	-13.6
第一激发态 s_2				能量 E_2/eV
n	l	m_l	m_s	
2	0	0	$+1/2$	-3.40
2	0	0	$-1/2$	-3.40
2	1	1	$+1/2$	-3.40
2	1	1	$-1/2$	-3.40
2	1	0	$+1/2$	-3.40
2	1	0	$-1/2$	-3.40
2	1	-1	$+1/2$	-3.40
2	1	-1	$-1/2$	-3.40

能量为 E_b 的任意 g_b 个简并态中发现一个体系的概率 $P(E_b)$ 与能量为 E_a 的任意 g_a 个简并态中发现一个体系的概率 $P(E_a)$ 的比值由下式给出：

$$\frac{P(E_b)}{P(E_a)} = \frac{g_b e^{-E_b/(kT)}}{g_a e^{-E_a/(kT)}} = \frac{g_b}{g_a} e^{-(E_b - E_a)/(kT)}.$$

恒星大气中含有大量的原子，因此概率的比值与原子数的比值难以区分。因此，对于处于特定电离状态的给定元素的原子，处于不同激发态且具有能量 E_b 的原子数 N_b 与具有能量 E_a 的原子数 N_a 之比值，可通过**玻尔兹曼公式**给出：

$$\boxed{\frac{N_b}{N_a} = \frac{g_b e^{-E_b/(kT)}}{g_a e^{-E_a/(kT)}} = \frac{g_b}{g_a} e^{-(E_b - E_a)/(kT)}.} \tag{8.6}$$

---

① 实际上，氢原子的两个"基态"并不是精确简并的。正如 12.1 节所解释的，这两个态实际上具有略微不同的能量，从而使氢原子能够发射 21 cm 的射电波，这是星际空间中中性氢原子气体的重要特征。

例 8.1.3　对于中性氢原子气体，在什么温度下，电子处于基态 $(n = 1)$ 的原子数目和电子处于第一激发态 $(n = 2)$ 的原子数目相等[①]？回顾例 8.1.2，氢原子的第 n 个能级的简并度为 $g_n = 2n^2$。将态 a 与基态相关联，将态 b 与第一激发态相关联，在式 (8.6) 的左侧设 $N_2 = N_1$，并对能级使用式 (5.14)，得到

$$1 = \frac{2(2)^2}{2(1)^2} e^{-\left[\left(-13.6 \text{ eV}/2^2\right) - \left(-13.6 \text{ eV}/1^2\right)\right]/(kT)},$$

或者

$$\frac{10.2 \text{ eV}}{kT} = \ln(4).$$

对温度求解，得到[②]

$$T = \frac{10.2 \text{ eV}}{k \ln(4)} = 8.54 \times 10^4 \text{ K}.$$

高温才能使大量的氢原子具有处于第一激发态的电子。图 8.7 显示出了作为温度的函数，基态和第一激发态的相对占有率 $N_2/(N_1 + N_2)$[③]。然而，这一结果有些令人费解。回想一下，巴尔末吸收线是由氢原子中的电子从 $n = 2$ 的轨道向上跃迁产生的。如例 8.1.3 所示，如果处于第一激发态的电子需要大约 85000 K 的温度供给，那么为什么巴尔末谱线在温度低得多的 9520 K 却达到其最大强度呢？显然，根据式 (8.6)，在高于 9520 K 的温度下，甚至有更大比例的电子将处于第一激发态而不是在基态。如果是这样的话，那么是什么机制造成了巴尔末谱线在更高温度下强度的降低呢？

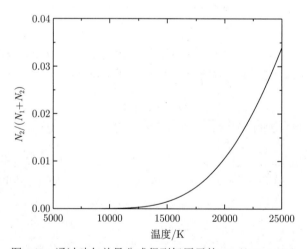

图 8.7　通过玻尔兹曼公式得到氢原子的 $N_2/(N_1 + N_2)$

[①] 我们已经回到标准做法，把能量最低的两个简并态称为"基态"，把能量第二低的八个简并态称为"第一激发态"。

[②] 当我们使用电子伏特时，玻尔兹曼常量可以用方便的形式表示：$k = 8.6173423 \times 10^{-5} \text{ eV·K}^{-1}$。

[③] 在本节的其余部分，对于基态能量我们将使用 $a = 1$，而对于第一激发态能量将使用 $b = 2$ 表示。

8.1.4 萨哈公式

答案还在于考虑处于不同电离态的原子的相对数量。设 χ_i 为从基态的原子 (或离子) 中移除一个电子所需的电离能，从而将其从电离态 i 变成电离态 $(i+1)$。例如，氢的电离能是 $\chi_i = 13.6$ eV，就是将其从 H I 转变为 H II 所需的能量。然而，也有可能初始离子和最终的离子并不处于基态。因此，必须对轨道能量取平均，以考虑到这些电子在其轨道上可能的分配。这一过程包括计算初始和最终原子的配分函数 Z。**配分函数**简单来说就是原子以相同能量排列其电子方式数的加权之和，能量更大 (因此可能性更小) 的组态对应更小的权重，这个从对玻尔兹曼因子求和时就可知晓。如果 E_j 是第 j 个能级的能量，g_j 是该能级的简并度，那么配分函数 Z 就被定义为

$$Z = \sum_{j=1}^{\infty} g_j \mathrm{e}^{-(E_j - E_1)/(kT)}. \tag{8.7}$$

如果我们对处于电离的初始态和最终态的原子使用配分函数 Z_i 和 Z_{i+1}，则电离态 $(i+1)$ 的离子数目与电离态 i 的离子数目之比为

$$\frac{N_{i+1}}{N_i} = \frac{2Z_{i+1}}{n_e Z_i} \left(\frac{2\pi m_e kT}{h^2} \right)^{3/2} \mathrm{e}^{-\chi_i/(kT)}. \tag{8.8}$$

这个公式称为**萨哈公式**，由印度天体物理学家梅格纳德·萨哈 (Meghnad Saha, 1894—1956) 在 1920 年首次推导出来。由于在电离过程中产生了自由电子，在萨哈公式的右侧出现自由电子数密度 n_e (每单位体积内的自由电子数) 并不令人惊讶。请注意，随着自由电子数密度的增加，处于较高电离态的离子的数量就减少，因为有更多的电子可以与离子复合。在配分函数 Z_{i+1} 前面的因子 2 反映了自由电子的两种可能的自旋 $m_s = \pm 1/2$。括号中的项也与自由电子有关，其中 m_e 是电子质量[①]。有时使用自由电子的压强 P_e 来代替电子数密度，这两者通过理想气体定律联系在一起：

$$P_e = n_e kT.$$

那么萨哈公式可采用另一种形式：

$$\frac{N_{i+1}}{N_i} = \frac{2kT Z_{i+1}}{P_e Z_i} \left(\frac{2\pi m_e kT}{h^2} \right)^{3/2} \mathrm{e}^{-\chi_i/(kT)}. \tag{8.9}$$

电子压强的范围是从较冷恒星大气中的 0.1 N·m^{-2} 到较热恒星大气中的 100 N·m^{-2}。在 9.5 节中，我们将描述恒星大气中的电子压强是如何确定的。

---

① 括号中的这项是电子数密度，对应的量子能量 (如例 5.4.2 中所讨论的) 大致等于特征热能 kT。对于恒星大气中遇到的经典条件，这一项比 n_e 大得多。

8.1.5   结合玻尔兹曼公式和萨哈公式

我们现在已经准备好考虑玻尔兹曼公式和萨哈公式的综合效应以及它们对我们观测到的恒星光谱的影响。

例 8.1.4   考虑恒星大气中的电离度，假设该恒星大气是由纯氢组成的。为简单起见，假定电子压强是恒定的，$P_e = 20\ \text{N·m}^{-2}$。

萨哈公式 (8.9) 将用于计算电离的原子占比 $N_{\text{II}}/N_{\text{total}} = N_{\text{II}}/(N_{\text{I}} + N_{\text{II}})$，考虑温度 T 的变化范围在 5000~25000 K。然而，首先必须确定配分函数 Z_{I} 和 Z_{II}。氢离子只是一个质子，所以没有简并，因此 $Z_{\text{II}} = 1$。氢原子第一激发态的能量是 $E_2 - E_1 = 10.2$ eV。对于所考虑的温度情形，因为 10.2 eV $\gg kT$，所以玻耳兹曼因子 $e^{(E_2-E_1)/(kT)} \ll 1$。因此，几乎所有的 H I 原子都处于基态 (回想一下前面的例子)，所以对于配分函数，式 (8.7) 简化为 $Z_{\text{I}} \approx g_1 = 2(1)^2 = 2$。

将这些值代入萨哈公式中并取 $\chi_{\text{I}} = 13.6$ eV，得到了电离氢与中性氢的比值 $N_{\text{II}}/N_{\text{I}}$。然后通过这个比值，发现电离氢的占比 $N_{\text{II}}/N_{\text{total}}$ 为

$$\frac{N_{\text{II}}}{N_{\text{total}}} = \frac{N_{\text{II}}}{N_{\text{I}} + N_{\text{II}}} = \frac{N_{\text{II}}/N_{\text{I}}}{1 + N_{\text{II}}/N_{\text{I}}},$$

结果显示在图 8.8 中。该图显示，当 $T = 5000$ K 时，基本上没有氢原子被电离；在约 8300 K 时，5% 的原子已被电离；在 9600 K 的温度时，一半的氢被电离，并且当 T 上升到 11300 K 时，除了 5% 以外，所有的氢都以 H II 的形式存在。因此，在约 3000 K 的温度区间内，会发生氢的电离。与恒星内部经常遇到的数千万开尔文的温度相比，这个温度范围是相当有限的。恒星内部氢被部分电离的狭窄区域称为氢的**部分电离区**，对于宽范围的恒星参数，它具有的特征温度大约为 10000 K。

现在我们明白了为什么在 9520 K 的温度下观测到巴尔末线达到其最大强度，而不是在高得多的、需要将电子激发到氢 $n = 2$ 能级的特征温度 (约 85000 K)。巴尔末线的强度取决于 N_2/N_{total}，即所有氢原子中处于第一激发态的占比。这是通过结合玻尔兹曼公式和萨哈公式的结果而发现的。因为几乎所有的中性氢原子都处于基态或第一激发态，我们可以使用近似式 $N_1 + N_2 \approx N_{\text{I}}$ 并写出

$$\frac{N_2}{N_{\text{total}}} = \left(\frac{N_2}{N_1 + N_2}\right)\left(\frac{N_{\text{I}}}{N_{\text{total}}}\right) = \left(\frac{N_2/N_1}{1 + N_2/N_1}\right)\left(\frac{1}{1 + N_{\text{II}}/N_{\text{I}}}\right).$$

图 8.9 表明，在本例中，在 9900 K 温度时氢将产生最强的巴尔末线，这与观测结果很好地吻合。在更高温度时，巴尔末线强度的减小是由于在高于 10000 K 时，氢快速电离。图 8.10 总结了这种情况。

当然，恒星大气并不是由纯氢组成的，例 8.1.4 得到的结果取决于适当的电子压强值。在恒星大气中，通常每 10 个氢原子对应 1 个氦原子。电离氢的存在提供了更多的电子，氢

离子可以与这些电子复合。因此，当加入氢时，需要更高的温度才能达到相同程度的氢的
电离度。

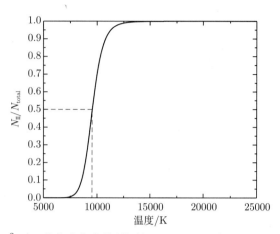

图 8.8 当 $P_e = 20 \text{ N·m}^{-2}$ 时，从萨哈公式得到氢的 $N_{\text{II}}/N_{\text{total}}$。在 $T \approx 9600$ K 时，发生 50% 的电离

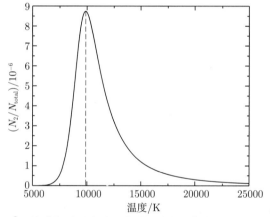

图 8.9 假设 $P_e = 20 \text{ N·m}^{-2}$，从玻尔兹曼公式和萨哈公式得到氢的 N_2/N_{total}。在温度约为 9900 K 时，
出现峰值

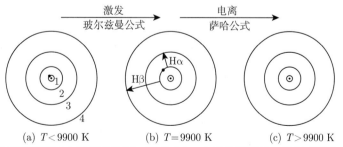

图 8.10 在不同温度下氢原子中电子的位置。在图 (a)，电子处于基态；巴尔末吸收线只在电子最初处
于第一激发态时才产生，如图 (b) 所示；在图 (c)，原子已被电离

还应该强调的是, 萨哈公式只能应用于处于热动平衡的气体, 从而服从麦克斯韦–玻尔兹曼速度分布[1]。此外, 气体的密度不能太大 (对于恒星物质来说, 应小于约 $1\ \mathrm{kg \cdot m^{-3}}$), 否则相邻离子的存在将扭曲原子的轨道并降低其电离能。

例 8.1.5　太阳的 "表面" 是太阳大气的一个薄层, 称为光球层, 见 11.2 节。光球层的特征温度是 $T = T_{\mathrm{e}} = 5777\ \mathrm{K}$; 在大约 $1.5\ \mathrm{N \cdot m^{-2}}$ 的电子压强下, 对应每个钙原子大约有 500000 个氢原子。根据适当的统计权重和配分函数的信息和知识, 萨哈公式和玻尔兹曼公式可以用来估计氢的吸收线 (巴尔末线) 以及由钙引起的那些线 (Ca Ⅱ 的 H 和 K 线) 的相对强度。

我们必须比较电子处于第一激发态的中性氢原子 (产生巴尔末线) 的数目与电子处于基态的单次电离的钙原子 (产生 Ca Ⅱ 的 H 和 K 线) 的数目。如在例 8.1.4 中, 我们将使用萨哈公式来确定电离度, 并使用玻尔兹曼公式来揭示处于基态和第一激发态的电子分布。

让我们首先考虑氢。如果我们将例 8.1.4 中的配分函数代入萨哈公式 (8.9), 则电离氢与中性氢的比值为

$$\left[\frac{N_{\mathrm{II}}}{N_{\mathrm{I}}}\right]_{\mathrm{H}} = \frac{2kTZ_{i+1}}{P_{\mathrm{e}}Z_i}\left(\frac{2\pi m_{\mathrm{e}}kT}{h^2}\right)^{3/2}\mathrm{e}^{-\chi_i/(kT)} = 7.70 \times 10^{-5} \simeq \frac{1}{13000}.$$

因此, 在太阳表面, 每 13000 个中性氢原子 (H I) 对应只有 1 个氢离子 (H II), 几乎没有氢被电离。

玻尔兹曼公式 (8.6) 揭示了这些中性氢原子中有多少处于第一激发态。对于氢, 使用 $g_n = 2n^2$ (暗示 $g_1 = 2$ 和 $g_2 = 8$), 我们得到

$$\left[\frac{N_2}{N_1}\right]_{\mathrm{H\,I}} = \frac{g_2}{g_1}\mathrm{e}^{-(E_2-E_1)/(kT)} = 5.06 \times 10^{-9} \simeq \frac{1}{198000000}.$$

该结果是, 每 2 亿个氢原子中只有 1 个处于第一激发态, 并能够产生巴尔末吸收线:

$$\frac{N_2}{N_{\mathrm{total}}} = \left(\frac{N_2}{N_1+N_2}\right)\left(\frac{N_{\mathrm{I}}}{N_{\mathrm{total}}}\right) = 5.06 \times 10^{-9}.$$

我们现在转向钙原子。Ca I 的电离能 χ_{I} 为 6.11 eV, 约为氢的电离能 13.6 eV 的一半。然而, 我们很快就会看到, 这个微小的差异对原子的电离态有很大的影响。注意, 萨哈公式对电离能非常敏感, 因为 $\chi/(kT)$ 作为指数出现, 并且 $kT \approx 0.5\ \mathrm{eV} \ll \chi$。因此, 电离能中几个电子伏特的差异会在萨哈公式中产生 e 的许多次方的变化。

估算钙的配分函数 Z_{I} 和 Z_{II} 比估算氢的要复杂一些, 计算结果已在其他地方列出: $Z_{\mathrm{I}} = 1.32$ 和 $Z_{\mathrm{II}} = 2.30$。因此, 电离的钙与非电离的钙的比值为

$$\left[\frac{N_{\mathrm{II}}}{N_{\mathrm{I}}}\right]_{\mathrm{Ca}} = \frac{2kTZ_{\mathrm{II}}}{P_{\mathrm{e}}Z_{\mathrm{I}}}\left(\frac{2\pi m_{\mathrm{e}}kT}{h^2}\right)^{3/2}\mathrm{e}^{-\chi_{\mathrm{I}}/(kT)} = 918.$$

---

[1] 热动平衡将在 9.2 节详细讨论。

实际上，所有的钙粒子都以 Ca Ⅱ 的形式存在；900 个中仅仅只有 1 个保持中性。现在我们可以用玻尔兹曼公式来估算这些钙离子中有多少个处于基态，从而能够形成 Ca Ⅱ 的 H 和 K 吸收线。接下来的计算将考虑 K 线 ($\lambda = 393.3$ nm)，H 线 ($\lambda = 396.8$ nm) 的结果也是类似的。Ca Ⅱ 的第一激发态是在基态之上的 $E_2 - E_1 = 3.12$ eV。这些态的简并度为 $g_1 = 2$ 和 $g_2 = 4$。因此，处于第一激发态的 Ca Ⅱ 离子的数目与处于基态的 Ca Ⅱ 离子的数目之比为

$$\left[\frac{N_2}{N_1}\right]_{\mathrm{Ca\,Ⅱ}} = \frac{g_2}{g_1}\mathrm{e}^{-(E_2-E_1)/(kT)} = 3.79 \times 10^{-3} = \frac{1}{264}.$$

在每 265 个 Ca Ⅱ 离子中，除了 1 个之外，其余所有的都处于基态，并且能够产生 Ca Ⅱ 的 K 线。这意味着在太阳的光球层中几乎所有的钙原子都被一次电离并处于基态，使得几乎所有的钙原子都可用于形成钙的 H 和 K 线：

$$\begin{aligned}
\left[\frac{N_1}{N_{\mathrm{total}}}\right]_{\mathrm{Ca\,Ⅱ}} &\simeq \left[\frac{N_1}{N_1+N_2}\right]_{\mathrm{Ca\,Ⅱ}}\left[\frac{N_{\mathrm{Ⅱ}}}{N_{\mathrm{total}}}\right]_{\mathrm{Ca}} \\
&= \left(\frac{1}{1+[N_2/N_1]_{\mathrm{Ca\,Ⅱ}}}\right)\left(\frac{[N_{\mathrm{Ⅱ}}/N_{\mathrm{Ⅰ}}]_{\mathrm{Ca}}}{1+[N_{\mathrm{Ⅱ}}/N_{\mathrm{Ⅰ}}]_{\mathrm{Ca}}}\right) \\
&= \left(\frac{1}{1+3.79\times10^{-3}}\right)\left(\frac{918}{1+918}\right) \\
&= 0.995.
\end{aligned}$$

现在我们清楚了为什么在太阳光谱中，Ca Ⅱ 的 H 和 K 线比巴尔末线强得多。在太阳光球层中，每个钙原子对应 500000 个氢原子，但这些氢原子中只有极小的一部分 (5.06×10^{-9}) 是未电离并处于第一激发态，从而能够产生巴尔末线的。将这两个因子相乘，得到

$$(500000) \times \left(5.06\times10^{-9}\right) \approx 0.00253 = \frac{1}{395},$$

其揭示了具有处于基态电子的 Ca Ⅱ 离子 (产生 Ca Ⅱ 的 H 和 K 线) 比具有处于第一激发态电子的中性氢原子 (产生巴尔末线) 多大约 400 倍。H 线和 K 线的强度并不是由于太阳中钙的丰度更高，而是由于这些 Ca Ⅱ 线的强度反映了原子激发态和电离态对温度的敏感依赖关系。

图 8.11 显示了各种谱线的强度如何随光谱类型和温度而变化。随着温度变化，从一个光谱类型到下一个光谱类型发生平滑变化，这表明从恒星的光谱推断，恒星的成分只有微小的差异。塞西莉亚·佩恩 (Cecilia Payne, 1900—1979) 是第一个确定恒星成分并发现氢在宇宙中起主导作用的人。她在 1925 年的博士学位论文中，计算了恒星大气中 18 种元素的相对丰度，这是天文学有史以来最辉煌的成就之一。在 9.5 节中，我们将看到在恒星大气中原子和分子的相对丰度是如何测量的。

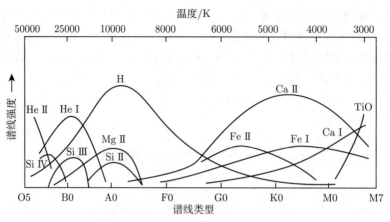

图 8.11   谱线强度与温度的依赖关系

8.2   赫兹伯隆–罗素图

在 20 世纪初, 随着天文学家积累了越来越多的恒星样本数据, 他们开始意识到恒星光度和绝对星等的宽广范围。位于哈佛序列一端的 O 型星往往比另一端的 M 型星更亮和更热。此外, 根据对双星的研究推断出的质量–光度经验关系 (图 7.7), 表明 O 型星的质量比 M 型星的质量更大。这些规律性导致了描述恒星如何随着年龄的增长而冷却的恒星演化理论[①]。这个理论 (现在已不再被接受) 认为恒星是从年轻的、炽热的、明亮的蓝色 O 型星开始它们的一生的。有人建议, 随着年龄的增长, 随着越来越多的 "燃料" 耗尽, 恒星的质量变得越来越小, 然后逐渐变得更冷、更暗, 直到它们逐渐暗淡为老的、暗红色的 M 型星。尽管这是不正确的, 但在早型和晚型的光谱型术语中保留了这种想法的痕迹。

8.2.1   恒星半径的巨大范围

如果恒星冷却这种想法是正确的, 那么恒星的绝对星等与其光谱型之间应该存在某种关系。丹麦工程师和业余天文学家埃纳尔·赫兹伯隆 (Ejnar Hertzsprung, 1873—1967) 分析了绝对星等和光谱型已被精确确定的那些恒星。1905 年, 他发表了一篇论文, 证实了这些量之间预期的相关性。然而, 他对自己的发现感到困惑, 即 G 型或更晚的恒星具有一个星等范围, 尽管它们具有相同的光谱分类。赫兹伯隆把更亮的恒星称为 "**巨星**"。这种命名是很自然的, 因为斯特藩–玻尔兹曼定律式 (3.17) 表明:

$$R = \frac{1}{T_e^2} \sqrt{\frac{L}{4\pi\sigma}}. \tag{8.10}$$

如果两颗恒星具有相同的温度 (根据对具有相同光谱类型的恒星的推断), 那么更亮的恒星一定更大。

---

① 恒星演化描述的是随着年龄的增长, 单颗恒星的结构和组成的变化。演化 (evolution) 一词的这种用法不同于生物学中的用法, 在生物学中, 进化 (evolution) 描述的是几代生物之间发生的变化, 而不是单个个体在其一生中发生的变化。

赫兹伯隆仅以表格形式呈现了他的结果。同时，普林斯顿大学的亨利·诺里斯·罗素 (Henry Norris Russell，1877—1957) 独立得出了与赫兹伯隆相同的结论。罗素用同样的术语 "巨星" 来描述晚型亮星，而用 **"矮星"** 来描述它们的暗淡的对应体。1913 年，罗素发表了如图 8.12 所示的图。它记录了恒星的观测特性：垂直轴上是绝对星等 (亮度向上增加)，光谱型在水平方向移动 (因此温度向左增加)。首张 "罗素图" 展示了其现代继任者 (**赫兹伯隆–罗素 (H-R) 图**) 的大部分特征[①]。图上绘制出了超过 200 颗恒星，大多数都在从左上角延伸出来到右下角的一条带内，其中左上角那里是炽热、明亮的 O 型星的家园，右下角那里留驻的是冷的、暗淡的 M 型星。这条带称为**主序带**，包含了 H-R 图中所有恒星的 80%～90%。在右上角是巨星。一颗**白矮星**，波江座 B40，坐落在左下方[②]。在罗素图中,恒星的各个垂直带是光谱型分离的分类结果。图 8.13 显示了观测 H-R 图的最新版本，

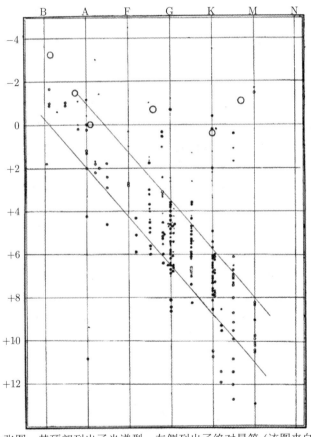

图 8.12　罗素的第一张图，其顶部列出了光谱型，左侧列出了绝对星等 (该图来自罗素，*Nature*，93，252，1914)

[①] 另一位丹麦天文学家本特·斯特龙根 (Bengt Strömgren，1908—1987) 永远地与赫兹伯隆和罗素的名字连在一起。他建议以这两位发明人的名字来命名这幅图。斯特龙根关于研究星团的建议导致了对恒星演化概念的澄清。

[②] 罗素仅仅认为这颗恒星是波江 A 40 的一颗亮度极低的双星伴星；白矮星的非凡性质尚未被发现。请注意，矮星一词指的是主序上的恒星，不应与位于主序下方称为白矮星的这类恒星相混淆。

描绘的是每颗恒星的绝对视星等与其色指数及光谱型的关系[①]。

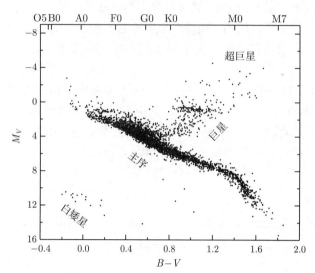

图 8.13   观测者眼中的 H-R 图。数据来自依巴谷星表。图中包括了 3700 多颗恒星，其视差测量结果优
于 20% (数据由欧洲空间局提供)

图 8.14 显示了 H-R 图的另一个版本。基于附录 G 中列出的主序星的典型性质，这张图具有理论学家的定位：每颗恒星的光度和有效温度都被绘制出来，而不是绝对星等和色指数或光谱型这些由观测确定的量。主序的不均匀性质是一个人工产物，它是由本附录中用于汇编表格的参考文献之间的微小差异造成的。织女星 (A0) 与太阳 (G2) 一样位于主序上。这两个轴都采用对数刻度，以适应恒星光度的巨大跨度，从大约 5×10^{-4} $L_\odot$ 到接近 10^6 $L_\odot$[②]。实际上，主序并不是一条线，而是具有一定的线宽，如图 8.12 和图 8.13 所示，这是由于在主序上，恒星的温度和光度发生了变化，恒星的成分也略有不同。巨星占据了较低的主序上方的区域，而**超巨星** (如参宿四) 位于最右上方的角落。白矮星 (尽管名字叫白矮星，但通常根本不是白色的) 位于主序下方很远的地方。

恒星的半径可以很容易地从它在 H-R 图上的位置来确定。式 (8.10) 形式的斯特藩–玻尔兹曼定律表明，如果两颗恒星具有相同的表面温度，但其中一颗的亮度是另一颗的 100 倍，则更亮的恒星的半径是另一颗的 $\sqrt{100} = 10$ 倍大。在用对数绘制的 H-R 图上，具有相同半径的恒星的位置落在大致平行于主序的对角线上 (图 8.14 中也显示了等半径线)。主序星显示它们的大小有一些变化，范围从主序最上端的大约 20 $R_\odot$ 到右下端的 0.1 $R_\odot$ 不等。巨星落在大约 $10 \sim 100 R_\odot$。例如，毕宿五 (金牛座 α) 是金牛座闪烁的 "眼睛"，它是一颗橙色的巨星，它比太阳大 45 倍。

超巨星的体积就更大了。参宿四是一颗脉动变星，不断收缩和膨胀，其半径是太阳半径的 700～1000 倍，脉动周期大约为 2070 天。如果参宿四位于太阳的位置，则它的表面有

[①] 注意，图 8.13 表明色指数和光谱型之间存在相关性，两者都反映了恒星的有效温度。回想一下，色指数与恒星的黑体谱密切相关 (3.6 节)。

[②] 图 8.14 中不包括极晚和极早光谱型。最暗的主序星是很难被发现的，而最亮的主序星寿命很短，导致它们不太可能被探测到。因此，只有为数不多的属于这些分类的恒星为大家所知——它们数量太少，以至于无法确定它们的典型特性。

时会膨胀到木星的轨道之外。仙王座 (Cepheus，以埃塞俄比亚的一位国王命名) 中的仙王座 μ 星甚至更大，它将吞噬土星[1]。

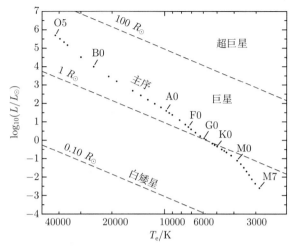

图 8.14 理论家眼中的 H-R 图。虚线表示恒定半径的线

主序星的光度和温度之间存在的这样一个简单关系是一个有价值的线索，它说明主序上恒星的位置是由单一因素支配的。这个因素就是恒星的质量[2]。沿着主序，恒星的质量列于附录 G 中。表中列出的质量最大的 O 型星观测到的质量为 60 $M_\odot$[3]；而主序下端的位置被 M 型星占据，其质量至少有 0.08 $M_\odot$[4]。结合已知的主序星的半径和质量，我们可以计算出恒星的平均密度。结果可能令人惊讶，主序星的密度与水的密度大致相同。沿着主星序往上看，我们发现半径更大、质量更大的早型星的平均密度更低。

例 8.2.1 太阳是 G2 主序星，其质量为 1 $M_\odot = 1.9891 \times 10^{30}$ kg，半径为 1 $R_\odot = 6.95508 \times 10^8$ m，平均密度为

$$\bar{\rho}_\odot = \frac{M_\odot}{\frac{4}{3}\pi R_\odot^3} = 1410 \text{ kg} \cdot \text{m}^{-3}.$$

天狼星是夜空中看起来最亮的恒星，它是一颗 A1 型主序星，其质量为 2.2 $M_\odot$，半径为 1.6 $R_\odot$。天狼星的平均密度是

$$\bar{\rho} = \frac{2.2 M_\odot}{\frac{4}{3}\pi \left(1.6 R_\odot\right)^3} = 760 \text{ kg} \cdot \text{m}^{-3} = 0.54 \bar{\rho}_\odot,$$

---

[1] 仙王座 μ 星是一颗像参宿四一样的脉动变星，其周期为 730 天。仙王座 μ 星是夜空中可见的最红的恒星之一，称为石榴石星。

[2] 在第 10 章中，我们将看到质量是如何决定恒星在主序上的位置的。

[3] 理论计算表明，可能存在质量为 90 $M_\odot$ 这么大的主序星，而且最近的观测发现有几颗恒星的质量估计接近 100 $M_\odot$，见 15.3 节。

[4] 质量小于 0.08 $M_\odot$ 的恒星，其核心的温度不足以支持显著的核燃烧 (见第 10 章)。

大约是水的密度的 76%。然而，与巨星或超巨星的密度相比，该密度是非常大的。参宿四的质量估计在 $10 \sim 15 \, M_\odot$，在此我们采用 $10 \, M_\odot$。举例说明，如果我们认为这颗脉动变星的最大半径约为 $1000 \, R_\odot$，那么参宿四的平均密度 (取最大半径) 大致为

$$\bar{\rho} = \frac{10 M_\odot}{\dfrac{4}{3}\pi \left(1000 R_\odot\right)^3} = 10^{-8}\bar{\rho}_\odot!$$

因此，参宿四是一颗稀薄的、幽灵般的天体——其密度是我们呼吸的空气的密度十万分之一。甚至很难定义这样一颗像幽灵一样的恒星的 "表面" 意味着什么。

8.2.2 摩根–基南 (Morgan-Keenan) 光度分类

赫兹伯隆想知道，在同一种光谱型 (或相同有效温度) 中，巨星和主序星的光谱是否会有一些不同。他在安东尼娅·莫里编制的恒星光谱中就发现了这样一个变化。在她的分类方案中，她注意到了她称之为 c 特征的线宽变化。图 8.15 描述了有效温度相似而光度不同的恒星的谱线的相对强度的细微差别。这项工作由赫兹伯隆和莫里开始，并由其他天文学家进一步发展，到 1943 年叶凯士天文台的威廉·摩根 (William W. Morgan, 1906—1994)

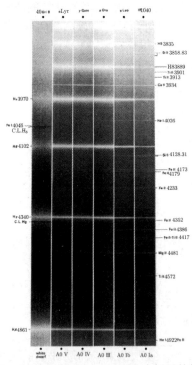

图 8.15　光谱型为 A0 Ia、A0 Ib、A0 Ⅲ、A0 Ⅳ、A0 Ⅴ 和白矮星的氢巴尔末谱线的强度比较，显示了在超巨星中发现的较窄谱线。这些光谱显示为负片，因此吸收谱线看起来很亮 (图来自 Yamashita, Nariai 和 Norimoto,《代表性恒星光谱图集》(*An Atlas of Representative Stellar Spectra*)，东京大学出版社，东京，1978)

和菲利普·基南 (Phillip C. Keenan，1908—2000) 出版的《恒星光谱图集》(*Atlas of Stellar Spectra*) 时达到了顶峰。他们的图谱由 55 张光谱照片组成，清晰地显示了温度和光度对恒星光谱的影响，并涵盖了每个光谱分类的标准。MKK 图谱建立了二维的摩根–基南 (M-K) 光谱分类系统[①]。由罗马数字指代的**光度分类**被附加到恒星的哈佛光谱类型中。数字 "I" (细分为 Ia 类和 Ib 类) 指代超巨星，而 "V" 表示主序星。两条间距很近的谱线的强度比值通常被用来将一颗恒星归入合适的光度类型。一般来说，对于光谱型相同的恒星，较窄的谱线通常是由更亮的恒星产生的[②]。太阳是一颗 G2 V 恒星，而参宿四被归类为 M2 Ia[③]。罗马数字序列延伸到主序之下；亚矮星 (归类为 VI 或 "sd") 位于主序稍微偏左，因为它们缺乏金属元素。M-K 系统没有延伸至白矮星，白矮星由字母 D 表示，图 8.16 显示了 H-R 图上的相应划分和一些特定恒星的位置；表 8.3 列出了光度类型。

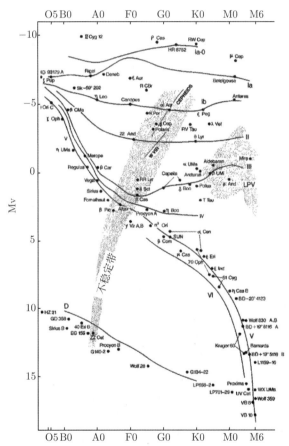

图 8.16　H-R 图上的光度分类 (图来自 Kaler，Stars and Stellar Spectra，©Cambridge University Press 1989。剑桥大学出版社许可再版)

---

　　① 叶凯士天文台的伊迪丝·凯尔曼 (Edith Kellman) 印制了 55 条光谱，因此是图集的合著者，所以在 MKK 图集中有一个额外的 "K"。

　　② 在 9.5 节中，我们将看到，由于较亮的恒星的大气密度较小，所以原子之间的碰撞也较少。碰撞会扭曲原子轨道的能量，导致谱线的变宽。

　　③ 参宿四，一颗脉动变星，有时会被赋予中间分类 M2 Iab。

二维的 M-K 分类方案使天文学家能够完全根据恒星的光谱形状确定它们在 H-R 图上的位置。一旦从 H-R 图的纵轴获得恒星的绝对星等 M，就可以通过式 (3.5) 从它的视星等 m 计算出恒星的距离：

$$d = 10^{(m-M+5)/5},$$

其中，d 的单位是 pc。这种测定距离的方法称为**光谱 (分光) 视差法**，它是许多恒星距离测量的依据[①]，但其精度有限，因为恒星的绝对星等与光度类型之间不存在完美的相关性。对于特定的光度类型，大约有 ±1 星等的固有弥散，使 d 的不确定性系数大约为 $10^{1/5} = 1.6$。

表 8.3   摩根–基南光度分类

分类	恒星类型
Ia-O	极端明亮的超巨星
Ia	明亮的超巨星
Ib	不太明亮的超巨星
II	明亮的巨星
III	正常巨星
IV	亚巨星
V	主序星 (矮星)
VI，sd	亚矮星
D	白矮星

推 荐 读 物

一般读物

Aller, Lawrence H., *Atoms, Stars, and Nebulae*, Third Edition, Cambridge University Press, New York, 1991.

Dobson, Andrea K., and Bracher, Katherine, "A Historical Introduction to Women in Astronomy," *Mercury*, January/February 1992.

Hearnshaw, J. B., *The Analysis of Starlight*, Cambridge University Press, Cambridge, 1986.

Herrmann, Dieter B., *The History of Astronomy from Hershel to Hertzsprung*, Cambridge University Press, Cambridge, 1984.

Hofflfleit, Dorrit, "Reminiscenses on Antonia Maury and the c-Characteristic," *The MK Process at 50 Years*, Corbally, C. J., Gray, R. O., and Garrison, R. F. (editors), *ASP Conference Series*, 60, 215, 1994.

Kaler, James B., *Stars and Their Spectra*, Cambridge University Press, Cambridge, 1997.

专业读物

Aller, Lawrence H., *The Atmospheres of the Sun and Stars*, Ronald Press, New York, 1963.

---

① 尽管分光视差确实至少意味着距离的测定，但由于实际上并不涉及视差测量技术，则分光视差这个术语是一个误称。

Böhm-Vitense, Erika, *Stellar Astrophysics*, *Volume 2*: *Stellar Atmospheres*, Cambridge University Press, Cambridge, 1989.

Cox, Arthur N. (editor), *Allen's Astrophysical Quantities*, Fourth Edition, AIP Press, New York, 2000.

Geballe, T. R., et al., "Toward Spectral Classification of L and T Dwarfs: Infrared and Optical Spectroscopy and Analysis," The Astrophysical Journal, 564, 466, 2002.

Kirkpatrick, J. Davy, et al., "Dwarfs Cooler Than "M": The Definition of Spectral Type "L" Using Discoveries From the 2-Micron All-Sky Survey (2MASS)," *The Astrophysical Journal*, 519, 802, 1999.

Mihalas, Dimitri, *Stellar Atmospheres*, Second Edition, W.H. Freeman, San Francisco, 1978.

Novotny, Eva, *Introduction to Stellar Atmospheres and Interiors*, Oxford University Press, New York, 1973.

Padmanabhan, T., *Theoretical Astrophysics*, Cambridge University Press, Cambridge, 2000.

习　题

8.1　证明：在室温下热能 $kT \approx 1/40$ eV。在什么温度下 kT 等于 1 eV？等于 13.6 eV？

8.2　验证玻尔兹曼常量 k 可以用电子伏特而不是焦耳表示，$k = 8.6173423 \times 10^{-5}$ eV·K^{-1}（参见附录 A）。

8.3　使用图 8.6，即 10000 K 下氢气体的麦克斯韦-玻尔兹曼分布图，估计速度在最概然速度 (v_{mp}) 1 km·s^{-1} 内的氢原子的比例。

8.4　证明：分子速度的麦克斯韦–玻尔兹曼分布（式 (8.1)）的最概然速度可由式 (8.2) 给出。

8.5　对于中性氢原子气体，在什么温度下，处于第一激发态的原子数只有处于基态的原子数的 1%？在什么温度下，处于第一激发态的原子数是处于基态的原子数的 10%？

8.6　如例 8.1.3 所示，考虑中性氢原子气体。

(a) 在什么温度下，处于基态和第二激发态 $(n = 3)$ 的原子数目会相等？

(b) 在 85400 K 的温度下，当基态和第一激发态的原子数 (N) 相等时，处于第二激发态 $(n = 3)$ 的原子数是多少？用 N 来表示你的答案。

(c) 当温度 $T \to \infty$ 时，根据玻尔兹曼公式，氢原子中的电子将如何分布？也就是说，在 $n = 1, 2, 3, \cdots$ 的轨道中，电子的相对数目是多少？这是能够实际发生的分布吗？为什么是这样或为什么不是这样？

8.7　在例 8.1.4 中，给出了这样的陈述："几乎所有的 H I 原子都处于基态，因此配分函数式 (8.7) 可简化成 $Z_{\mathrm{I}} \approx g_1 = 2(1)^2 = 2$。" 通过估算配分函数式 (8.7) 中的前三项，验证对于 10000 K 的温度，该陈述是正确的。

8.8　配分函数式 (8.7) 在 $n \to \infty$ 时实际上是发散的。为什么我们可以忽略这些大 n 项呢？

8.9　考虑一盒保持恒定体积 V 的电中性氢气体。在这种简单情形下，自由电子的数量一定等于 H II 离子的数量：$n_{\mathrm{e}}V = N_{\mathrm{II}}$。此外，氢原子（包括中性的和电离的）总数 N_{t} 与气体密度的关系为 $N_{\mathrm{t}} = \rho V/(m_{\mathrm{p}} + m_{\mathrm{e}}) \approx \rho V/m_{\mathrm{p}}$，其中 m_{p} 是质子的质量。（在 N_{t} 的这个表达式中，可以安全地忽略电子的微小质量。）假设气体的密度为 10^{-6} kg·m^{-3}，即 A0 型恒星光球层的典型密度。

(a) 将以上代入式 (8.8)，证明导出的电离原子占比的二次公式为

$$\left(\frac{N_{\mathrm{II}}}{N_{\mathrm{t}}}\right)^2 + \left(\frac{N_{\mathrm{II}}}{N_{\mathrm{t}}}\right)\left(\frac{m_{\mathrm{p}}}{\rho}\right)\left(\frac{2\pi m_{\mathrm{e}} kT}{h^2}\right)^{3/2} \mathrm{e}^{-\chi_{\mathrm{I}}/(kT)} - \left(\frac{m_{\mathrm{p}}}{\rho}\right)\left(\frac{2\pi m_{\mathrm{e}} kT}{h^2}\right)^{3/2} \mathrm{e}^{-\chi_{\mathrm{I}}/(kT)} = 0.$$

(b) 在温度 5000~25000 K，求解 (a) 部分中的二次公式，得到电离氢的占比 $N_{\mathrm{II}}/N_{\mathrm{t}}$。将结果制成图表，并与图 8.8 进行比较。

8.10　在这个问题中，你将遵循与例 8.1.4 类似的过程，针对由纯氦组成的恒星大气的情况，给出在 He I 部分电离区中部的温度，在那里一半的 He I 原子已经被电离。(在光谱型为 DB 的白矮星上会发现这样的大气，见 16.1 节。) 中性氦和单次电离氦的电离能分别为 $\chi_{\mathrm{I}} = 24.6$ eV 和 $\chi_{\mathrm{II}} = 54.4$ eV。配分函数为 $Z_{\mathrm{I}} = 1$, $Z_{\mathrm{II}} = 2$ 和 $Z_{\mathrm{III}} = 1$ (正如对任何完全电离的原子所预期的那样)。对于电子压强，使用 $P_{\mathrm{e}} = 20$ N·m^{-2}。

(a) 使用式 (8.9)，计算温度为 5000 K、15000 K 和 25000 K 时，$N_{\mathrm{II}}/N_{\mathrm{I}}$ 和 $N_{\mathrm{III}}/N_{\mathrm{II}}$ 的值。如何做比较呢？

(b) 证明：可以用 $N_{\mathrm{II}}/N_{\mathrm{I}}$ 和 $N_{\mathrm{III}}/N_{\mathrm{II}}$ 的比值来表示 $N_{\mathrm{II}}/N_{\mathrm{total}} = N_{\mathrm{II}}/(N_{\mathrm{I}} + N_{\mathrm{II}} + N_{\mathrm{III}})$。

(c) 制作一幅类似于图 8.8 的 $N_{\mathrm{II}}/N_{\mathrm{total}}$ 曲线图，温度范围为 5000~25000 K。则 He I 部分电离区中部的温度是多少？由于氢和氦的部分电离区中部的温度非常相似，有时它们被认为是特征温度为 $(1\sim1.5)\times10^4$ K 的单一部分电离区。

8.11　按照习题 8.10 的过程，求出 He II 部分电离区中部的温度，在那里一半的 He II 原子已被电离。这样的电离区在恒星内部更深的地方可以找到，因此电子压强就更大——使用 $P_{\mathrm{e}} = 1000$ N·m^{-2}。取温度范围 10000~60000 K。这个特殊的电离区在脉动变星中起着至关重要的作用，这个问题将在 14.2 节中讨论。

8.12　使用萨哈公式来确定太阳中心被电离的氢原子的占比 $N_{\mathrm{II}}/N_{\mathrm{total}}$。该处的温度为 1570 万 K，电子的数密度约为 $n_{\mathrm{e}} = 6.1 \times 10^{31}$ m^{-3}。(使用 $Z_{\mathrm{I}} = 2$。) 你的结果是否与在太阳中心几乎所有的氢都被电离这一事实一致？出现差异的原因是什么？

8.13　使用例 8.1.5 给出的信息来计算太阳光球中二次电离的钙原子与一次电离的比值 (Ca III/Ca II)。Ca II 的电离能为 $\chi_{\mathrm{II}} = 11.9$ eV。对于 Ca III 的配分函数，使用 $Z_{\mathrm{III}} = 1$。你的结果是否与例 8.1.5 中的陈述一致，即在太阳光球层中，"几乎所有的钙原子都可用于形成钙的 H 和 K 线"？

8.14　考虑相同光谱型的一颗巨星和一颗主序星。附录 G 显示，巨星具有更低的大气密度，其温度比主序星略低。用萨哈公式来解释其原因。注意，这意味着在温度和光谱型之间不存在完美的对应关系。

8.15　图 8.14 表明白矮星的半径通常只有太阳半径的 1%。确定 1 $M_\odot$ 的白矮星的平均密度。

8.16　蓝白色的恒星北落师门 (Fomalhaut, 阿拉伯语中意为"鱼的嘴") 位于双鱼座的南部。北落师门 (南鱼座 α) 的目视星等为 $V = 1.19$。利用图 8.16 的 H-R 图来确定这颗星的距离。

第 9 章 恒 星 大 气

9.1 辐射场的描述

天文学家从一颗恒星接收到的光是来自于该恒星的大气层，即覆盖在不透明的内部之上的气体层。大量的光子从大气层倾泻出来，释放出由恒星中心热核反应、引力收缩和冷却所产生的能量，它们所逃离的大气层的温度、密度和成分决定了恒星光谱的特征。为了正确地解释观测到的谱线，我们必须描述光是如何从组成恒星的气体穿过的。

9.1.1 比强度和平均强度

图 9.1 显示了波长在 λ 和 $\lambda + \mathrm{d}\lambda$ 之间的一束光线，以夹角 θ 通过面积为 $\mathrm{d}A$ 的表面，进入立体角为 $\mathrm{d}\Omega$ 的锥体内[①]。角 θ 是与表面法线方向的夹角，所以 $\mathrm{d}A\cos\theta$ 是 $\mathrm{d}A$ 投影到垂直于辐射方向的平面上的面积。定义

$$E_\lambda \equiv \frac{\partial E}{\partial \lambda},$$

$E_\lambda \mathrm{d}\lambda$ 是光线在时间间隔 $\mathrm{d}t$ 内带入圆锥体的能量。然后将光线的比强度定义为

$$\boxed{I_\lambda \equiv \frac{\partial I}{\partial \lambda} \equiv \frac{E_\lambda \mathrm{d}\lambda}{\mathrm{d}\lambda \mathrm{d}t \mathrm{d}A \cos\theta \mathrm{d}\Omega}.} \tag{9.1}$$

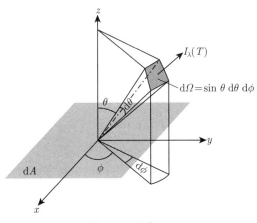

图 9.1 强度 I_λ

[①] 表面是空间中的一个数学位置，不一定是一个真实的物理表面。立体角的概念及其单位球面度 (steradians，sr) 已在 6.1 节讨论。

尽管式 (9.1) 分子中的能量 $E_\lambda \mathrm{d}\lambda$ 难以察觉得小，但分母中的微分也微乎其微，所以该比率接近 I_λ 的极限值，比强度通常简称为**强度**。因此，在球坐标系下，

$$E_\lambda \mathrm{d}\lambda = I_\lambda \mathrm{d}\lambda \mathrm{d}t \mathrm{d}A \cos\theta \mathrm{d}\Omega = I_\lambda \mathrm{d}\lambda \mathrm{d}t \mathrm{d}A \cos\theta \sin\theta \mathrm{d}\theta \mathrm{d}\phi \tag{9.2}$$

是在时间 $\mathrm{d}t$、穿过区域 $\mathrm{d}A$、进入立体角 $\mathrm{d}\Omega = \sin\theta \mathrm{d}\theta \mathrm{d}\phi$ 内、波长在 λ 和 $\lambda + \mathrm{d}\lambda$ 之间的电磁辐射能量，因此，比强度的单位是 $\mathrm{W} \cdot \mathrm{m}^{-3} \cdot \mathrm{sr}^{-1}$[①]，普朗克函数 B_λ (式 (3.22)) 是黑体辐射这种特殊情况下的比强度的例子。但是，总地来说，光的能量不一定与黑体辐射随波长变化的方式相同，稍后我们将看到在什么情况下可以设置 $I_\lambda = B_\lambda$。

想象一束强度 I_λ 的光线在真空中传播。因为 I_λ 是在 $\mathrm{d}\Omega \to 0$ 极限时定义的，所以光束的能量不会散开 (或发散)，因此，该强度在穿过空白空间的任何光线中都是恒定的。

但是，比强度 I_λ 通常随方向变化。辐射的平均强度是将所有方向上的比强度积分结果除以 4π sr (球体所包围的立体角) 求出的，从而得到 I_λ 在球坐标系中的平均值，该值为[②]

$$\langle I_\lambda \rangle \equiv \frac{1}{4\pi} \int I_\lambda \mathrm{d}\Omega = \frac{1}{4\pi} \int_{\phi=0}^{2\pi} \int_{\theta=0}^{\pi} I_\lambda \sin\theta \mathrm{d}\theta \mathrm{d}\phi. \tag{9.3}$$

对于各向同性的辐射场 (在所有方向上具有相同的强度)，$\langle I_\lambda \rangle = I_\lambda$，黑体辐射是各向同性的，$\langle I_\lambda \rangle = B_\lambda$。

9.1.2 比能量密度

为了确定辐射场中包含多少能量，我们可以使用一个 "笼子"，它由一个长度为 $\mathrm{d}L$、两端开放、内部有完美的反射墙的小圆柱体组成 (图 9.2)。从笼子一端进入的光移动并 (可能) 来回反弹，直到它离开陷阱的另一端；如果笼子被移走，在笼子位置出现的能量与笼子内的能量相同。以夹角 θ 进入笼子的辐射在 $\mathrm{d}t = \mathrm{d}L/(c\cos\theta)$ 的时间内穿过笼子，因此，笼子内波长在 λ 和 $\lambda + \mathrm{d}\lambda$ 之间的能量源于以角度 θ 进入的辐射：

$$E_\lambda \mathrm{d}\lambda = I_\lambda \mathrm{d}\lambda \mathrm{d}t \mathrm{d}A \cos\theta \mathrm{d}\Omega = I_\lambda \mathrm{d}\lambda \mathrm{d}A \mathrm{d}\Omega \frac{\mathrm{d}L}{c}.$$

$\mathrm{d}A\mathrm{d}L$ 就是笼子的体积，因此，比能量密度 (波长在 λ 和 $\lambda + \mathrm{d}\lambda$ 之间的单位体积的能量) 就可以将 $E_\lambda \mathrm{d}\lambda$ 除以 $\mathrm{d}L\mathrm{d}A$ 并在所有立体角上积分来得到。根据式 (9.3) 有

$$\begin{aligned} u_\lambda \mathrm{d}\lambda &= \frac{1}{c} \int I_\lambda \mathrm{d}\lambda \mathrm{d}\Omega \\ &= \frac{1}{c} \int_{\phi=0}^{2\pi} \int_{\theta=0}^{\pi} I_\lambda \mathrm{d}\lambda \sin\theta \mathrm{d}\theta \mathrm{d}\phi \\ &= \frac{4\pi}{c} \langle I_\lambda \rangle \mathrm{d}\lambda. \end{aligned} \tag{9.4}$$

---

① 回顾 3.5 节，$\mathrm{W} \cdot \mathrm{m}^{-3}$ 表示单位面积和单位波长间隔单位时间的能量，即 $\mathrm{W} \cdot \mathrm{m}^{-2} \cdot \mathrm{m}^{-1}$，并不表示单位体积单位时间的能量。

② 许多书用 J_λ 而不是 $\langle I_\lambda \rangle$ 表示平均强度，然而，在本书中，我们选用符号 $\langle I_\lambda \rangle$ 表示这个物理量的平均性质。

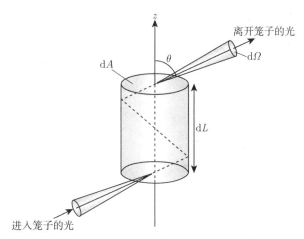

图 9.2 用于测量能量密度 u_λ 的圆柱形 "笼子"

对于各向同性辐射场，$u_\lambda \mathrm{d}\lambda = (4\pi/c)I_\lambda \mathrm{d}\lambda$，对于黑体辐射，

$$u_\lambda \mathrm{d}\lambda = \frac{4\pi}{c}B_\lambda \mathrm{d}\lambda = \frac{8\pi hc/\lambda^5}{\mathrm{e}^{hc/(\lambda kT)} - 1}\mathrm{d}\lambda. \tag{9.5}$$

有时，用式 (3.24) 表示黑体能量密度可能更有用：

$$u_\nu \mathrm{d}\nu = \frac{4\pi}{c}B_\nu \mathrm{d}\nu = \frac{8\pi h\nu^3/c^3}{\mathrm{e}^{h\nu/(kT)} - 1}\mathrm{d}\nu. \tag{9.6}$$

因此，$u_\nu \mathrm{d}\nu$ 是单位体积内、频率在 ν 和 $\nu + \mathrm{d}\nu$ 之间的光子的能量。

通过对所有波长或所有频率积分得到总能量密度 u：

$$u = \int_0^\infty u_\lambda \mathrm{d}\lambda = \int_0^\infty u_\nu \mathrm{d}\nu.$$

对于黑体辐射 $(I_\lambda = B_\lambda)$，式 (3.28) 表明

$$u = \frac{4\pi}{c}\int_0^\infty B_\lambda(T)\mathrm{d}\lambda = \frac{4\sigma T^4}{c} = aT^4, \tag{9.7}$$

其中，$4\sigma/c$ 称为辐射常数，其值为

$$a = 7.565767 \times 10^{-16}\ \mathrm{J \cdot m^{-3} \cdot K^{-4}}.$$

9.1.3 比辐射流量

另一个值得注意的量是 F_λ，即比辐射流量。$F_\lambda \mathrm{d}\lambda$ 是波长在 λ 和 $\lambda + \mathrm{d}\lambda$ 之间、每秒沿 z 轴方向通过单位面积的净能量：

$$F_\lambda \mathrm{d}\lambda = \int I_\lambda \mathrm{d}\lambda \cos\theta \mathrm{d}\Omega = \int_{\phi=0}^{2\pi}\int_{\theta=0}^{\pi} I_\lambda \mathrm{d}\lambda \cos\theta \sin\theta \mathrm{d}\theta \mathrm{d}\phi. \tag{9.8}$$

因子 $\cos\theta$ 决定了光线的 z 分量,并且允许相反方向的光线互相抵消。对于各向同性辐射场,没有净能量传输,其 $F_\lambda = 0$。

辐射流量和比强度都描述了从天体接收到的光,你可能想知道哪个是由望远镜的光度计实际测量的量,答案取决于望远镜是否能分辨出这个源。图 9.3(a) 显示了面亮度均匀的光源[1],望远镜可分辨,源所张的角 θ 远大于根据瑞利公式得到的望远镜可分辨的最小角度 $\theta_{\min}$。

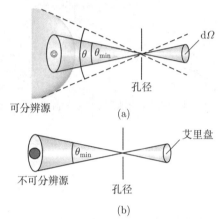

图 9.3   (a) 可分辨源的比强度和 (b) 不可分辨源的辐射流量的测量。注意:任何可分辨源上角分辨率小于 $\theta_{\min}$ 的物体 (如一个行星的表面特征) 仍然是不可分辨的

在这种情况下,测量的是比强度,即单位时间通过望远镜孔径面积进入由 $\theta_{\min}$ 决定的立体角 $\Omega_{\min}$ 的能量。例如,在波长为 501 nm 时,太阳圆盘中心的比强度的测量值为

$$I_{501} = 4.03 \times 10^{13} \text{ W} \cdot \text{m}^{-3} \cdot \text{sr}^{-1}.$$

现在想象光源移动到 2 倍远的地方。根据光的平方反比定律式 (3.2),从每平方米光源接收到的能量只有原来的 $(1/2)^2 = 1/4$。然而,如果仍然能够分辨出源,那么贡献给立体角 $\Omega_{\min}$ 的能量的源面积就增加了 4 倍,从而导致到达探测器的每平方米的能量相同。因此,从测量的光源发出的光线的比强度为一个常数[2]。

然而,对于一个不可分辨的源,测量的则是它的**辐射流量**。随着光源越来越远,它最终会到达一个小于 $\theta_{\min}$ 的角 θ,这个角无法再被望远镜分辨出来。当 $\theta < \theta_{\min}$ 时,从整个源接收到的能量将分散到由望远镜的孔径所决定的衍射图样内 (艾里斑和光环,见 6.1 节)。由于到达探测器的光以各个角度离开光源表面 (图 9.3(b)),探测器实际上对各个方向的比强度进行了积分,这就是辐射流量的定义式 (9.8)。随着距离 r 的进一步增加,落在艾里斑内的能量 (因此辐射流量的值) 正如期望的那样随 $1/r^2$ 减小。

9.1.4 辐射压强

爱因斯坦的相对论能量公式 (4.48) 告诉我们,因为光子拥有能量 E,即使它没有质量,光子也具有动量 $p = E/c$,从而可以施加辐射压力。辐射压的推导与从墙壁反弹的分子气

---

[1] 光源均匀的假设排除了诸如边缘变暗之类的调光效应,这将在后面讨论。

[2] 我们在 6.1 节的描述中遇到了这个论点,即可分辨物体的图像和目标的强度是相同的。

压的推导相同。图 9.4 显示了从面积为 dA 的完全反射表面以角度 θ 反射进入立体角 $d\Omega$ 的光子。因为入射角等于反射角，所以入射和反射光子的立体角大小相同，并且在 z 轴的相对侧倾角 θ 相同。在时间间隔 dt、从区域 dA 反射的波长在 λ 和 $\lambda + d\lambda$ 之间的光子动量的 z 分量变化为

$$
\begin{aligned}
dp_\lambda d\lambda &= \left[(p_\lambda)_{\text{final},z} - (p_\lambda)_{\text{initial},z} \right] d\lambda \\
&= \left[\frac{E_\lambda \cos\theta}{c} - \left(-\frac{E_\lambda \cos\theta}{c} \right) \right] d\lambda \\
&= \frac{2E_\lambda \cos\theta}{c} d\lambda \\
&= \frac{2}{c} I_\lambda d\lambda \, dt \, dA \cos^2\theta \, d\Omega,
\end{aligned}
$$

其中，最后一个表达式由式 (9.2) 得到。用 dp_λ 除以 dt 和 dA 得到 $(dp_\lambda/dt)/dA$。但根据牛顿第二和第三定律，$-dp_\lambda/dt$ 是光子对面积 dA 所施加的力，不过，我们可以忽略负号，因为负号只表示力是在 $-z$ 方向上。因此，由立体角 $d\Omega$ 的光子产生的辐射压强为 $(dp_\lambda/dt)/dA$，即单位面积的力。对所有入射方向的半球积分得到，波长在 λ 和 $\lambda + d\lambda$ 之间的光子所施加的辐射压强为

$$
\begin{aligned}
P_{\text{rad},\lambda} d\lambda &= \frac{2}{c} \int_{\text{半球面}} I_\lambda d\lambda \cos^2\theta \, d\Omega \quad \text{（反射）} \\
&= \frac{2}{c} \int_{\phi=0}^{2\pi} \int_{\theta=0}^{\pi/2} I_\lambda d\lambda \cos^2\theta \sin\theta \, d\theta \, d\phi.
\end{aligned}
$$

正如气体的压力存在于整个气体体积而不仅仅是在容器壁上一样，"光子气体"的辐射压在辐射场中无处不在。想象去掉图 9.4 中的反射面 dA，用一个数学面代替，入射光子将继续通过 dA，不过，这个面不反射光子，光子将从另一边流出 dA。因此，对于各向同性辐射场，如果去掉前置因子 2（源自光子反射动量的变化），并将角积分扩展到整个立体角，则辐射压的表达式是一样的：

$$
\begin{aligned}
P_{\text{rad},\lambda} d\lambda &= \frac{1}{c} \int_{\text{球面}} I_\lambda d\lambda \cos^2\theta \, d\Omega \quad \text{（透射）} \tag{9.9} \\
&= \frac{1}{c} \int_{\phi=0}^{2\pi} \int_{\theta=0}^{\pi} I_\lambda d\lambda \cos^2\theta \sin\theta \, d\theta \, d\phi \\
&= \frac{4\pi}{3c} I_\lambda d\lambda \quad \text{（各向同性辐射场）}. \tag{9.10}
\end{aligned}
$$

然而，辐射场也可能不是各向同性的。在这种情况下，式 (9.9) 对于辐射压仍然有效，但压强取决于数学曲面 dA 的取向。

将式 (9.10) 对波长积分，得到各波长光子产生的总辐射压强：

$$
P_{\text{rad}} = \int_0^\infty P_{\text{rad},\lambda} d\lambda.
$$

对于黑体辐射，留给读者证明，其辐射压为

$$P_{\text{rad}} = \frac{4\pi}{3c} \int_0^\infty B_\lambda(T)\mathrm{d}\lambda = \frac{4\sigma T^4}{3c} = \frac{1}{3}aT^4 = \frac{1}{3}u. \tag{9.11}$$

因此**黑体辐射压**是能量密度的三分之一。(作为比较，理想单原子气体的压强是能量密度的三分之二。)

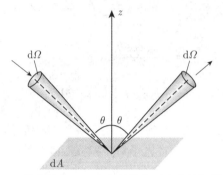

图 9.4   从立体角 dΩ 内入射的光子产生的辐射压强

9.2   恒星**不透明度**

恒星光谱的分类是一个不断前进的过程。即使是最基本的任务，比如寻找一个特定恒星的温度 "表面"[①]，也由于恒星实际上不是黑体而变得复杂。斯特藩–玻尔兹曼关系式 (3.17) 定义了恒星的有效温度，但要获得更精确的 "表面" 温度，还需要一些努力。图 9.5 显示，太阳的光谱与黑体普朗克函数 B_λ 的形状有很大的偏离，因为太阳吸收线在特定波长处将太阳连续光谱中的光移走。太阳光谱中密集排列的金属吸收线所产生的强度下降尤其有效，这种效果称为**谱线覆盖**。在其他波长处 (例如 X 射线和紫外线)，发射线可能增加连续光谱的强度。

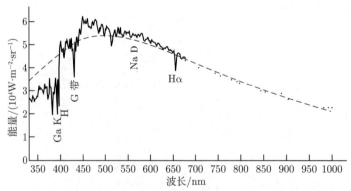

图 9.5   波长间隔为 2nm 的太阳光谱，虚线是具有太阳有效温度的理想黑体的曲线 (图改编自 Aller，《原子、恒星和星云》(*Atoms, Stars, and Nebulae*)，第三版，剑桥大学出版社，纽约，1991 年)

[①] 恒星的 "表面" 被定义为可见光连续辐射形成的区域，即光球 (见 11.2 节)。

9.2.1 温度和局部热动平衡

虽然我们经常指某一特定位置的温度，但实际上在一颗恒星内部有许多不同的、根据所描述的物理过程来定义的温度。

- **有效温度**是由斯特藩–玻尔兹曼定律式 (3.17) 确定的，是唯一一个由恒星内部某个特定层级定义的温度，是恒星的一个重要的全局描述符。
- **激发温度**是由玻尔兹曼公式 (8.6) 定义的。
- **电离温度**是由萨哈公式 (8.8) 定义的。
- **动力学温度**包含在麦克斯韦–玻尔兹曼分布式 (8.1) 中。
- **色温**是通过以普朗克函数式 (3.22) 拟合一颗恒星的连续光谱得到的。

除有效温度外，其余温度适用于恒星内的任何位置，并根据气体的条件而变化。尽管定义不同，激发温度、电离温度、动力学温度和色温对于被限制在"理想盒子"内的简单情况是相同的。受限的气体粒子和黑体辐射将各自或彼此达到平衡，并可以用一个定义明确的温度来描述。在这种稳定状态下，没有通过盒子或物质与辐射之间的能量净流动。每一个过程 (例如光子的吸收) 与它的反过程 (例如光子的发射) 发生的速率相同，这个条件称为**热力学平衡**。

但是，恒星不可能处于完全的热力学平衡。能量的净向外流贯穿整个恒星，而温度，无论它的定义是什么，都会随位置而变化。恒星某一位置的气体粒子和光子可能来自更热或者更冷的其他区域，换句话说，不存在"理想盒子"。因此，粒子速度和光子能量的分布反映出一个温度范围。由于气体粒子通过吸收和发射光子而与辐射场发生碰撞和相互作用，激发和电离过程的描述就变得相当复杂。然而，如果温度显著变化的距离比粒子和光子在碰撞之间所经过的距离 (它们的**平均自由路径**) 大，那么单一温度的理想情况仍然可用，这种情况称为**局部热动平衡** (LTE)，此时，粒子和光子无法逃离局域环境，因此被有效地限制在一个温度几乎恒定的有限体积 (近似"盒子") 内。

例 9.2.1 光球是太阳大气的表层，光子可以在此逃逸到太空中 (见 208 页和 11.2 节)。根据太阳大气模型 (参见 Cox (2000)，第 348 页)，光球某一区域的温度在 25.0 km 内从 5580 K 变到 5790 K。温度变化的特征距离称为**温度标高**，H_T，由下式给出：

$$H_T \equiv \frac{T}{|\mathrm{d}T/\mathrm{d}r|} = \frac{5685 \text{ K}}{(5790 \text{ K} - 5580 \text{ K})/(25.0 \text{ km})} = 677 \text{ km},$$

这里，T 的值取平均温度。

那么，677 km 的温度标高同一个原子撞击另一个原子之前的平均距离可比吗? 光球在相应层次的密度约为 $\rho = 2.1 \times 10^{-4}$ kg·m^{-3}，主要由基态中性氢原子组成。为了方便起见，假设是纯氢气，每立方米的原子数大概是

$$n = \frac{\rho}{m_{\mathrm{H}}} = 1.25 \times 10^{23} \text{ m}^{-3},$$

其中，m_{H} 是氢原子的质量。在近似的意义上，如果两个原子的中心在彼此的两个玻尔半径 $2a_0$ 之内通过，它们将"碰撞"[①]。如图 9.6 所示，我们可以等效地考虑一个半径为 $2a_0$

[①] 这里将原子视为固体球体，是量子原子的经典近似。

的单个原子以速度 v 穿过代表其他原子中心的静止点的集合。在时间 t 内，该原子移动了距离 vt，并扫出了一个圆柱体体积 $V = \pi (2a_0)^2 vt = \sigma vt$，其中 $\sigma \equiv \pi (2a_0)^2$ 是该原子碰撞截面的经典近似[1]。在这个体积 V 内，有 $nV = n\sigma vt$ 个点原子，运动的原子与之碰撞。因此，两次碰撞之间的平均距离为

$$\ell = \frac{vt}{n\sigma vt} = \frac{1}{n\sigma}. \tag{9.12}$$

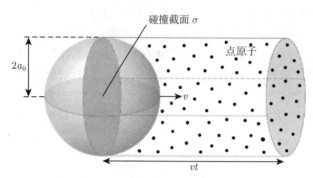

图 9.6   氢原子的平均自由程 ℓ

这个距离 ℓ 就是碰撞之间的**平均自由程**[2]。对于氢原子来说，

$$\sigma = \pi (2a_0)^2 = 3.52 \times 10^{-20} \text{ m}^2.$$

因此，这种情况下的平均自由程是

$$\ell = \frac{1}{n\sigma} = 2.27 \times 10^{-4} \text{ m}.$$

平均自由程是温度标高的数十亿分之一，因此，气体中的原子在两次碰撞之间的动力学温度基本恒定，它们被有效地限制在光球的有限空间内。当然，对于光子来说，这就不正确了，因为太阳的光球是我们从地球观察到的太阳表面的可见层，因此，根据光球的定义，光子必须能够自由逃逸到太空中。为了更多地讨论光子平均自由程和局部热动平衡的概念，并更好地理解图 9.5 中所示的太阳光谱，则我们必须详细研究粒子和光子的相互作用。

9.2.2   不透明度的定义

现在我们来考虑平行光束穿越气体的情形。任何从一束光中移除光子的过程统称为**吸收**，在这个意义上，吸收包括光子的散射 (如在 5.2 节中讨论的康普顿散射)，以及由原子中电子向上跃迁时对光子的真正吸收。在足够冷的气体中，也可能发射分子能级的跃迁，这也是必须包括的。

---

① 横截面的概念，将在 10.3 节更详细地讨论，实际上代表了粒子相互作用的概率，但有面积的单位。
② 如果用麦克斯韦速度分布对所有原子进行更仔细的计算，则得到的平均自由程要小 $\sqrt{2}$ 倍。

波长为 λ 的光线穿过气体时，其强度 (dI_λ) 的变化与它的强度 (I_λ)、所经过的距离 (ds) 和气体的密度 (ρ) 成正比，也就是说，

$$dI_\lambda = -\kappa_\lambda \rho I_\lambda ds. \tag{9.13}$$

距离 s 是沿光束所走过的路径进行测量，并随着光束的方向增加；式 (9.13) 中的负号表明，由于光子的吸收，强度随距离而减小。κ_λ 称为**吸收系数**或**不透明度**，下标 λ 表示不透明度与波长有关 (κ_λ 有时称为**单色不透明度**)。不透明度是单位质量的恒星物质吸收波长 λ 光子的截面，单位为 $m^2 \cdot kg^{-1}$。一般来说，气体的不透明度是其成分、密度和温度的函数[①]。

例 9.2.2 假设在 $s = 0$ 时初始强度为 $I_{\lambda,0}$ 的一束光穿过气体，对式 (9.13) 积分，则得到经过一段距离 s 后的最终强度 $I_{\lambda,f}$：

$$\int_{I_{\lambda,0}}^{I_{\lambda,f}} \frac{dI_\lambda}{I_\lambda} = -\int_0^s \kappa_\lambda \rho ds.$$

这将导致

$$I_\lambda = I_{\lambda,0} e^{-\int_0^s \kappa_\lambda \rho ds}, \tag{9.14}$$

这里的下标 f 被去掉了。对于不透明度和密度为常数的均匀气体的特定情况，

$$I_\lambda = I_{\lambda,0} e^{-\kappa_\lambda \rho s}.$$

对于纯吸收 (忽略发射过程)，则没有补充光束中损失的光子的过程，强度指数下降，下降 e^{-1} 的特征距离为 $\ell = 1/(\kappa_\lambda \rho)$。在密度近似为 $\rho = 2.1 \times 10^{-4}\ kg \cdot m^{-3}$ 的太阳光球中，其不透明度 (在波长 500 nm 处) 为 $\kappa_{500} = 0.03\ m^2 \cdot kg^{-1}$。因此，在光球中，光子从光束中被移除的特征距离是

$$\ell = \frac{1}{\kappa_{500}\rho} = 160\ km.$$

回顾例 9.2.1，该距离与温度标高 $H_T = 677$ km 是可比的，这意味着光球中的光子看到的不是恒定温度，因此局部热动平衡在光球层中并非严格有效，光子传播的区域的温度将与气体的局部动力学温度有所不同。尽管局部热动平衡是恒星大气中通常被援引的假设，但必须谨慎使用。

9.2.3 光学深度

散射光子的特征距离 ℓ 实际上是**光子的平均自由程**。从式 (9.12) 有

$$\ell = \frac{1}{\kappa_\lambda \rho} = \frac{1}{n\sigma_\lambda}.$$

[①] 注意术语上有一些不一致之处，一些作者把不透明度称为光子平均自由程的倒数。

$\kappa_\lambda\rho$ 和 $n\sigma_\lambda$ 都可以视为每行进单位距离所散射的光子比例，值得注意的是，不同波长的光子的平均自由程是不同的。

定义逆光线方向的光学深度 τ_λ 很方便：

$$\mathrm{d}\tau_\lambda = -\kappa_\lambda\rho\mathrm{d}s, \tag{9.15}$$

其中，s 是沿光子运动路径测量的距离 (观察恒星发出的光时，我们逆着光子行进的路径向后看，图 9.7)。光线的初始位置 $(s=0)$ 与行进距离 s 后的最终位置之间的光学深度差为

$$\Delta\tau_\lambda = \tau_{\lambda,\mathrm{f}} - \tau_{\lambda,0} = -\int_0^s \kappa_\lambda\rho\mathrm{d}s. \tag{9.16}$$

注意：$\Delta\tau_\lambda < 0$; 当光朝向观测者运动时，它穿过的物质的光学深度在减小。对于所有波长，可以设恒星最外层处 $\tau_\lambda = 0$，此后，光线不受阻碍地传播到地球上的观察者。定义了 $\tau_\lambda = 0$ 后，式 (9.16) 给出了经过一段距离到达大气层的顶端的一束光的初始光学深度 $\tau_{\lambda,0}$:

$$0 - \tau_{\lambda,0} = -\int_0^s \kappa_\lambda\rho\mathrm{d}s$$

$$\tau_\lambda = \int_0^s \kappa_\lambda\rho\mathrm{d}s. \tag{9.17}$$

我们去掉了下标 "0"，表示 τ_λ 是光线在与大气顶部的距离为 $s(s>0)$ 的初始位置的光学深度。

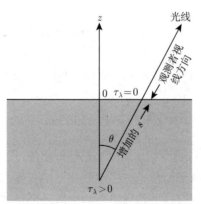

图 9.7　逆光线路径量度的光学深度 τ_λ

将例 9.2.2 中的式 (9.14) 与式 (9.17) 结合，我们发现：在纯吸收的情况下，光线穿过光学深度为 τ_λ 的气体后到达观测者的强度衰减为

$$I_\lambda = I_{\lambda,0}\mathrm{e}^{-\tau_\lambda}. \tag{9.18}$$

因此，如果光线起点的光学深度为 $\tau_\lambda = 1$，则强度在从恒星逃逸之前将下降 e^{-1} 倍。**光学深度**可以被认为是沿着光线路径测量的从初始位置到表面的平均自由路径的倍数。因此，在给定的波长下，我们通常看不到比 $\tau_\lambda \approx 1$ 更深的大气层。当然，对于纯吸收，光线的强

度呈指数下降，而与通过气体的方向无关。但是我们只能观测到那些朝向我们运动的光线，这反映在我们对大气层顶部的 $\tau_\lambda = 0$ 的选择。在某些情况下，$\tau_\lambda = 0$ 还有其他更好的选择。

如果光线穿越的气体的 $\tau_\lambda \gg 1$，则称气体为**光学厚**的；如果 $\tau_\lambda \ll 1$，则称气体为**光学薄**的。因为光学深度随波长变化，所以气体可能在一个波长处光学厚而在另一波长处光学薄。例如，地球大气层在可见光波长处光学薄 (我们可以看到恒星)，但在 X 射线波长处光学厚，不妨回想一下图 6.25。

例 9.2.3 在 5.2 节中，我们说过，对恒星辐射流量和视星等的测量通常要对地球大气层的吸收进行改正。图 9.8(a) 显示了强度为 $I_{\lambda,0}$ 的光线，以角度 θ 进入地球大气，并到达地面上的望远镜。望远镜检测到的光强度为 I_λ，问题是要确定 $I_{\lambda,0}$ 的值。如果我们设望远镜处 $\tau_\lambda = 0$，h 为大气的高度，则可以根据式 (9.17) 得到穿过大气的光线路径的光学深度。基于 $\mathrm{d}s = -\mathrm{d}z/\cos\theta = -\sec\theta\mathrm{d}z$ 可得

$$\tau_\lambda = \int_0^s \kappa_\lambda \rho \mathrm{d}s = -\int_h^0 \kappa_\lambda \rho \frac{\mathrm{d}z}{\cos\theta} = \sec\theta \int_0^h \kappa_\lambda \rho \mathrm{d}z = \tau_{\lambda,0}\sec\theta,$$

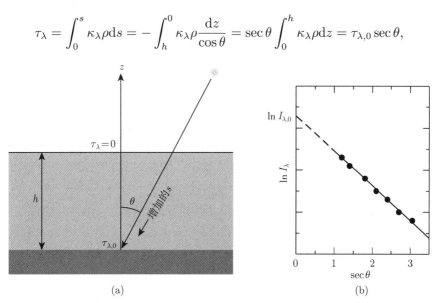

(a)　　　　　　　　(b)

图 9.8　(a) 与地球大气层的夹角为 θ 的光线；(b) $\ln I_\lambda$ 随 $\sec\theta$ 的变化

其中 $\tau_{\lambda,0}$ 是垂直方向 ($\theta = 0$) 行进的光子的光学深度。代入式 (9.18)，望远镜接收到的光的强度为

$$I_\lambda = I_{\lambda,0}\mathrm{e}^{-\tau_{\lambda,0}\sec\theta}. \tag{9.19}$$

该公式有两个未知数，$I_{\lambda,0}$ 和 $\tau_{\lambda,0}$，单个观测不能给出答案。但是，随着时间的流逝以及地球的自转，角度 θ 会发生变化，进而可以根据多次测量绘制接收强度 I_λ 随 $\sec\theta$ 变化的半对数图，如图 9.8 (b) 所示，最佳拟合直线的斜率为 $-\tau_{\lambda,0}$。将最佳拟合直线外推至 $\sec\theta = 0$，就可以在线与 I_λ 轴相交的点上得到 $I_{\lambda,0}$ 的值[1]。这样，就能校正地球大气的吸收，从而得到光的比强度或辐射流量。

---

[1] 注意：既然 $\sec\theta \geqslant 1$，最佳拟合直线必须外推到数学上不存在的 θ 值。

9.2.4　不透明度的来源

恒星物质的不透明度是由光子如何与粒子 (原子、离子和自由电子) 相互作用的细节决定的。如果 σ_λ 是粒子的横截面积 (或有效面积) 而光子在 σ_λ 范围内通过时，请注意，由于 $\sec\theta \geqslant 1$，最佳拟合直线必须外推到数学上不可用的值 0。光子可能被吸收或散射。在吸收过程中，光子不再存在，它的能量交给了气体的热能。在散射过程中，光子向不同的方向继续运动。吸收和散射都能带走一束光中的光子，进而对恒星物质的不透明度——κ_λ 有所贡献。如果不透明度随波长变化缓慢，它就决定了恒星的连续光谱 (或连续谱)。叠加在连续谱上的暗吸收线是不透明度随波长迅速变化的结果 (回想一下，例如图 8.2 和图 8.3)。

一般来说，有四种主要的不透明度来源可用于从光束中移除恒星光子，每一个都涉及电子量子态的变化，**束缚**和**自由**这两个术语被用来描述电子在初始态和最终态是否被束缚在原子或离子上。

束缚–束缚 (bound-bound) 跃迁 (激发和退激发) 发生在当原子或离子中的电子从一个轨道跃迁到另一个轨道时。当适当能量的光子被吸收时，电子可以从低能量轨道向上跃迁到高能量轨道。因此**束缚不透明度 $\kappa_{\lambda,\mathrm{bb}}$** 只有在那些能够产生向上跃迁的离散波长处才是重要的，在恒星光谱中，吸收线是由 $\kappa_{\lambda\mathrm{bb}}$ 导致的。当电子从能量较高的轨道向下跃迁到能量较低的轨道时，就会发生相反的过程，即**发射**。

如果一个电子吸收了一个光子，然后直接返回到它的初始轨道 (在吸收光子之前的位置)，那么就会发射一个方向随机的光子，这个吸收–发射序列的最终结果本质上是一个**散射**光子。否则，如果电子跃迁到一个并非初始轨道的轨道，就不会被恢复原初的光子，这个过程是**真正的吸收**。当原子或离子处于激发态时，如果与邻近的粒子发生碰撞，可能会导致碰撞去激发，这时，原子或离子失去的能量就变成了气体热能的一部分。

这一吸收过程的一个重要副产品是在辐射场中降低光子的平均能量。例如，如果一个光子被吸收，但当电子级联下降到初始轨道时发射两个光子，则光子的平均能量减少了一半。没有一个简单的公式能描述束缚–束缚跃迁对单个谱线不透明度的所有贡献。

束缚–自由 (bound-free) 跃迁，也称**光致电离**，发生在入射光子有足够的能量电离原子时，由此产生的自由电子可以有任意能量，任何波长 $\lambda \leqslant hc/\chi_n$ 的光子 (其中 χ_n 是第 n 级轨道的电离能) 都可以从原子中移走一个电子。因此，**束缚–自由不透明度 $\kappa_{\lambda,\mathrm{bf}}$** 是连续谱不透明度的一个来源。处在量子态 n 的氢原子对波长为 λ 的光子的**光致电离截面**为

$$\sigma_{\mathrm{bf}} = 1.31 \times 10^{-19} \frac{1}{n^5} \left(\frac{\lambda}{500 \text{ nm}} \right)^3 \text{ m}^2,$$

这与例 9.2.1 中发现的氢的碰撞截面相当。当一个自由电子与一个离子复合时，会在一个随机方向上发射一个或多个光子，即是束缚–自由跃迁的逆过程，与束缚–束缚发射一样，这也有助于降低辐射场中光子的平均能量。

自由–自由 (free-free) 吸收是一个散射过程，如图 9.9 所示，当一个自由电子在离子附近吸收一个光子时，导致电子的速度增加。在这个过程中，为了同时保持能量和动量守恒，附近的离子是必须存在的。(这是一个证明孤立的自由电子不能吸收光子的习题。) 由于这种机制可以发生在连续波长范围内，自由–自由不透明度 $\kappa_{\lambda,\mathrm{ff}}$ 是连续不透明度的另一

个贡献者。当电子靠近离子时，也可能会因为发射光子而失去能量，从而导致电子减速，这种自由–自由发射的过程也称为**轫致辐射**，在德语中的意思是 "**制动辐射**"。

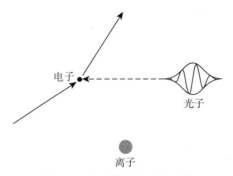

电子

光子

离子

图 9.9　光子的自由–自由吸收

电子散射 (electron scattering) 正如宣称的那样：一个光子通过汤姆孙散射过程被一个自由电子散射 (不是吸收)。在这个过程中，可以认为电子在光子的电磁场中振荡。然而，由于电子非常微小，它很难成为入射光子的靶标，导致散射截面很小。**汤姆孙散射截面**对所有波长的光子都有相同的值：

$$\sigma_T = \frac{1}{6\pi\epsilon_0^2}\left(\frac{e^2}{m_e c^2}\right)^2 = 6.65 \times 10^{-29} \ \mathrm{m^2}. \tag{9.20}$$

这通常是氢原子的光致电离截面 σ_{bf} 的二十亿分之一。汤姆孙截面的小尺寸意味着：电子散射只有在高温导致电子密度非常高时才是最有效的不透明度来源。在最热恒星的大气中 (以及所有恒星的内部)，绝大部分气体完全电离，其他涉及束缚电子的不透明度来源都被淘汰了，因此，在这种高温状态下，电子散射导致的不透明度 κ_{es} 主导了连续谱不透明度。

光子还可能被与原子核松散结合的电子散射。如果光子的波长比原子小得多，则此过程称为**康普顿散射**；如果光子的波长比原子大得多，则该过程称为**瑞利散射**。在康普顿散射中，散射光子的波长和能量的变化非常小 (请参阅第 98 页对康普顿波长的讨论)，因此康普顿散射通常与汤姆孙散射混为一谈。来自松散结合的电子的瑞利散射的截面小于汤姆孙横截面，它与 $1/\lambda^4$ 成比例，因此随着光子波长的增加而减小。瑞利散射在大多数大气层中都可以忽略不计，但是对于超巨星延展大气的紫外波段和冷主序恒星很重要[①]。小颗粒对光子的散射也造成了星光穿过星际尘埃后的红化 (见 12.1 节)。

例 9.2.4　氢原子 $n=2$ 轨道上的电子能量由式 (5.14) 给出：

$$E_2 = -\frac{13.6}{2^2} \ \mathrm{eV} = -3.40 \ \mathrm{eV}.$$

一个光子至少得有 $\chi_2 = 3.40 \ \mathrm{eV}$ 的能量才能电离第一激发态的氢原子 ($n=2$)。因此，任何波长

$$\lambda \leqslant \frac{hc}{\chi_2} = 364.7 \ \mathrm{nm}$$

---

① 瑞利散射在行星的大气中也很重要，例如，地球上的蓝天就是由瑞利散射形成的。

的光子能电离在第一激发态的氢原子 $(n = 2)$。当波长 $\lambda \leqslant 364.7$ nm 时，恒星物质的不透明度突然增大，测量到的恒星辐射流量随之减小。在这个波长处的恒星的连续谱的突然下降称为**巴尔末跳变**，在太阳光谱中很明显 (图 9.5)。热恒星中巴尔末跳变的大小取决于处于第一激发态的氢原子的比例，这个比例经玻尔兹曼公式 (8.6) 由温度决定，因此测量巴尔末跳变可以用来确定大气的温度。对于有其他不透明度来源的较冷或非常热的恒星，分析要复杂得多，但巴尔末跳变的大小仍然可以作为大气温度的指示器。

波长 364.7 nm 正好在第 64 页所描述的 UBV 系统中紫外滤光片 (U) 带宽的中间，因此，巴尔末跳变会减少 U 滤光片带宽内接收到的光量，从而增加紫外线星等 U 和恒星色指数 $(U - B)$。当 N_2/N_{total} (第一激发态占所有氢原子的比例) 最大时，这种效应将最强。在例 8.1.4 中，这种情况发生在温度 9600 K 时，大约是主序上 A0 恒星的温度。仔细考察双色图 3.11 就会发现，在这种光谱类型中，$U - B$ 的值与黑体差别最大。谱线覆盖效应影响了实测的色指数，使恒星比相同有效温度的模型黑体更红，从而使 $U - B$ 和 $B - V$ 的值增加。

9.2.5　连续不透明度和 H⁻

晚于 F0 型的恒星大气中连续谱不透明度的主要来源是 H⁻ 的光致电离。**负氢离子**是拥有一个额外电子的氢原子，由于原子核提供的部分屏蔽作用，第二个电子可以被松散地束缚在与第一个电子相反的离子一侧。在这个位置，第二个电子更接近带正电的原子核，而不是带负电的电子。因此，根据库仑定律式 (5.9)，作用在额外电子上的合力是吸引力。

与基态氢原子电离所需的 13.6 eV 相比，负氢离子的结合能仅为 0.754 eV，所以，任何能量超过这个电离能的光子都会被负氢离子吸收，释放出额外的电子，多余的能量变成动能。相反，一个氢原子捕获一个电子形成 H⁻ 时将释放一个光子，这个光子的能量与电子失去的动能和离子的结合能相对应，

$$\mathrm{H} + \mathrm{e}^- \rightleftharpoons \mathrm{H}^- + \gamma.$$

由于 0.754 eV 对应于波长为 1640 nm 的光子，则任何波长小于该值的光子都可以从离子中移除电子 (束缚–自由不透明度)。波长较长时，H⁻ 也可以通过自由–自由吸收对不透明度有贡献。因此，H⁻ 是比 F0 型温度低的恒星的连续不透明度的重要来源。然而，随着温度的升高，H⁻ 的电离越来越多，因此对连续谱不透明度的贡献越来越小。对于光谱型 B 和 A 的恒星，氢原子的光致电离和自由–自由吸收是连续谱不透明度的主要来源。O 型星的温度更高，氢原子的电离意味着电子散射变得越来越重要，而氦的光致电离也对不透明度有贡献。

分子可以在较冷的恒星大气中存在，对束缚–束缚和束缚–自由不透明度有贡献，大量的离散分子吸收线有效阻碍了光子的流动。分子也可以通过光致离解过程吸收光子而解体为它们的组分原子，**光致解离**在行星大气中起着重要作用。

总不透明度是前面所有不透明度的总和：

$$\kappa_\lambda = \kappa_{\lambda,\text{bb}} + \kappa_{\lambda,\text{bf}} + \kappa_{\lambda,\text{ff}} + \kappa_{\text{es}} + \kappa_{\mathrm{H}^-}.$$

(因为它对许多恒星大气的不透明度有独特和关键的贡献,包括我们的太阳,H^- 的不透明度明确包括在内)。总的不透明度不仅取决于被吸收的光的波长,也取决于恒星物质的组成、密度和温度。

9.2.6 罗斯兰平均不透明度

人们通常使用对波长 (或频率) 平均后的,仅依赖于组成、密度和温度的不透明度函数。尽管已开发出多种不同的方案来计算与波长无关的不透明度,但到目前为止,最常用的是罗斯兰平均不透明度,通常简称为**罗斯兰平均**,最小的不透明度对这个调和平均数贡献最大[①]。此外,罗斯兰平均引入了一个加权函数,该函数取决于黑体谱随温度变化的速率 (式 (3.24))[②]。罗斯兰平均不透明度的形式定义为

$$\frac{1}{\bar{\kappa}} \equiv \frac{\displaystyle\int_0^\infty \frac{1}{\kappa_\nu} \frac{\partial B_\nu(T)}{\partial T} \mathrm{d}\nu}{\displaystyle\int_0^\infty \frac{\partial B_\nu(T)}{\partial T} \mathrm{d}\nu}. \tag{9.21}$$

遗憾的是,没有一个简单的公式能描述束缚–束缚跃迁过程中单个谱线对不透明度的所有复杂贡献,因此无法为这些过程给出罗斯兰平均的解析表达式。但是,对于束缚–自由和自由–自由跃迁的不透明度已经得到了近似公式:

$$\bar{\kappa}_{\mathrm{bf}} = 4.34 \times 10^{21} \frac{g_{\mathrm{bf}}}{t} Z(1+X) \frac{\rho}{T^{3.5}} \ \mathrm{m}^2 \cdot \mathrm{kg}^{-1}, \tag{9.22}$$

$$\bar{\kappa}_{\mathrm{ff}} = 3.68 \times 10^{18} g_{\mathrm{ff}}(1-Z)(1+X) \frac{\rho}{T^{3.5}} \ \mathrm{m}^2 \cdot \mathrm{kg}^{-1}, \tag{9.23}$$

其中,ρ 为密度 (单位为 $\mathrm{kg \cdot m^{-3}}$);T 为温度 (单位为开尔文);X 和 Z 分别是氢和金属元素的丰度或者**质量占比**[③]。

加上氦的质量百分比 Y,它们的定义形式是

$$X \equiv \frac{\mathrm{H}\ 的总质量}{气体总质量}, \tag{9.24}$$

$$Y \equiv \frac{\mathrm{He}\ 的总质量}{气体总质量}, \tag{9.25}$$

$$Z \equiv \frac{金属的总质量}{气体总质量}. \tag{9.26}$$

显然,$X + Y + Z = 1$。

冈特因子 g_{bf} 和 g_{ff},是由**冈特** (J. A. Gaunt) 首先计算出的量子力学修正项,对于恒星大气中感兴趣的可见光和紫外波长,冈特因子都是 ≈ 1 的。在束缚–自由不透明度公式中

[①] 这种波长平均不透明度是 1924 年由挪威天文学家斯文·罗斯兰 (1894—1985) 提出的。

[②] 你也可以参考习题 7.2 关于积分平均中权重函数的角色的讨论。

[③] 正如我们在第 169 页所注意到的,因为大多数恒星气体的主要成分是氢和氦,所以其他所有的成分常常被集中在一起,称为金属。然而,在某些应用程序中,有必要更详细地指定化学组分,在这种情况下,每种元素都用它自己的质量占比来表示。

的附加修正因子 t 称为**截断因子**，它描述了原子在电离后对不透明度的贡献的截止，t 的典型值在 1~100。

这两个公式都具有函数形式 $\bar{\kappa} = \kappa_0 \rho / T^{3.5}$，其中 κ_0 对于给定的化学组成近似为常数。这些表达式的初步形式是由**克拉默斯** (H. A. Kramers，1894—1952) 在 1923 年用经典物理学和罗斯兰平均推导出来的，所以，任何具有这种密度和温度依赖性的不透明度都称为**克拉默斯不透明度**。

因为电子的散射截面与波长无关，所以在这种情况下的罗斯兰平均值有一个特别简单的形式：

$$\bar{\kappa}_{es} = 0.02(1 + X) \, \mathrm{m^2 \cdot kg^{-1}}. \tag{9.27}$$

当温度在 $3000 \, \mathrm{K} \leqslant T \leqslant 6000 \, \mathrm{K}$ 和密度在 $10^{-7} \, \mathrm{kg \cdot m^{-3}} \leqslant \rho \leqslant 10^{-2} \, \mathrm{kg \cdot m^{-3}}$ 的范围时，以及 $X \sim 0.7$ 且 $0.001 < Z < 0.03$ 时 (X 和 Z 的值是主序星的典型值)，还可以估算 H⁻ 对平均不透明度的贡献。具体来说，

$$\bar{\kappa}_{H-} \approx 7.9 \times 10^{-34} (Z/0.02) \rho^{1/2} T^9 \, \mathrm{m^2 \cdot kg^{-1}}. \tag{9.28}$$

总的罗斯兰平均不透明度 κ 是各个不透明度贡献之和的平均值：

$$\bar{\kappa} = \overline{\kappa_{bb} + \kappa_{bf} + \kappa_{ff} + \kappa_{es} + \kappa_{H-}}.$$

图 9.10 显示了基于细致量子力学原理对罗斯兰平均不透明度进行扩展计算的结果。**卡洛斯·伊格莱西亚斯** (Carlos Iglesias) 和**弗雷斯特·罗杰斯** (Forrest Rogers) 对化学组成为 $X = 0.70$ 和 $Z = 0.02$ 进行的计算[①]，显示了几种密度下 $\bar{\kappa}$ 随温度的变化。

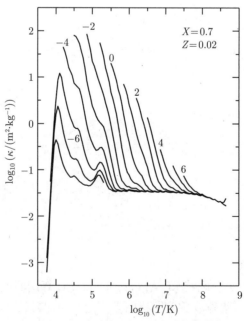

图 9.10　由 70% 的氢、28% 的氦和 2% 的金属组成的物质的罗斯兰平均不透明度，曲线上面标注的是密度的对数值 $(\log_{10} \rho (\mathrm{kg \cdot m^{-3}}))$ (数据来自 Iglesias 和 Rogers, *Ap. J.*, 464, 943, 1996)

① 使用了一种称为 Anders-Grevesse 的元素丰度组合来计算所示的不透明度。

观察图 9.10 的细节，首先注意到在给定温度下，不透明度随着密度的增加而增加；其次，从图的左边开始，随着温度的升高，密度急剧上升，反映了氢和氦的电离所产生的自由电子数目的增加。(回想一下例 8.1.4 中氢的部分电离区的特征温度为 10000 K，中性氦在大约相同的温度下被电离。) 在不透明度峰值后，曲线的下降大致遵循克拉默斯定律 $\bar{\kappa} \propto T^{-3.5}$，这主要源于光子的束缚–自由和自由–自由吸收。He Ⅱ 离子在 40000 K 的特征温度下失去其剩余的电子，因此在这个温度附近，自由电子数量的轻微增加会产生一个小的 "驼峰"。另一个在高于 10^5 K 的明显驼峰是某些金属电离的结果，最明显的是铁。最后，图的右边是一个平台，在最高温度下，当几乎所有的恒星物质都被电离，几乎没有束缚电子可用于束缚–束缚和束缚–自由跃迁过程时，电子散射占主导地位，电子散射公式 (9.27) 的形式使得图 9.10 中的所有曲线在高温极限下收敛到相同的常数值，而不依赖于密度和温度。

9.3　辐　射　转　移

在一个平衡的、稳定的恒星中，在恒星大气或内部的任何一层中所包含的总能量都不可能发生变化[①]。换句话说，吸收和释放能量的过程必须在整个恒星中精确地保持平衡。在这一节中，将首先定性地描述吸收和发射过程之间的竞争，然后更详细地定量描述。

9.3.1　光子发射过程

任何把光子加到一束光上的过程都叫作**发射**，因此发射包括光子散射到光束中，以及由原子中电子向下跃迁真正发射的光子。9.2 节列出的四种主要的不透明度来源都有一个反向发射过程：束缚–束缚和自由–束缚发射，自由–自由发射 (**轫致辐射**) 和电子散射。同时而互补的吸收和发射过程通过改变光子的路径和重新分配它们的能量而阻碍了光子在恒星内部的流动，因此，在一颗恒星中，并没有以光速向外携带能量直接流向表面的光子流，相反，单个光子在遇到气体粒子后，会方向随机地反复散射，因此只能短暂地随光束运动。

9.3.2　随机游走

当光子向上扩散穿过恒星物质时，它们会遵循一种称为 "随机游走" 的随机路径。图 9.11 显示了一个光子经过大量随机定向的 N 步 (每步长度 ℓ (平均自由程)) 后，净位移矢量为 $\boldsymbol{d}$：

$$\boldsymbol{d} = \boldsymbol{\ell}_1 + \boldsymbol{\ell}_2 + \boldsymbol{\ell}_3 + \cdots + \boldsymbol{\ell}_N.$$

求 $\boldsymbol{d}$ 与它自身的向量点积得到

$$\begin{aligned} \boldsymbol{d} \cdot \boldsymbol{d} = {}& \boldsymbol{\ell}_1 \cdot \boldsymbol{\ell}_1 + \boldsymbol{\ell}_1 \cdot \boldsymbol{\ell}_2 + \cdots + \boldsymbol{\ell}_1 \cdot \boldsymbol{\ell}_N \\ & + \boldsymbol{\ell}_2 \cdot \boldsymbol{\ell}_1 + \boldsymbol{\ell}_2 \cdot \boldsymbol{\ell}_2 + \cdots + \boldsymbol{\ell}_2 \cdot \boldsymbol{\ell}_N \\ & + \cdots + \boldsymbol{\ell}_N \cdot \boldsymbol{\ell}_1 + \boldsymbol{\ell}_N \cdot \boldsymbol{\ell}_2 + \cdots + \boldsymbol{\ell}_N \cdot \boldsymbol{\ell}_N \end{aligned}$$

[①] 这不是不处于平衡状态的恒星的情况。例如，脉动恒星 (将在第 14 章讨论) 周期性地吸收或 "积蓄" 向外流动的能量，从而驱动振荡。

$$= \sum_{i=1}^{N} \sum_{j=1}^{N} \boldsymbol{\ell}_i \cdot \boldsymbol{\ell}_j,$$

或

$$d^2 = N\ell^2 + \ell^2[\cos\theta_{12} + \cos\theta_{13} + \cdots + \cos\theta_{1N}$$

$$+ \cos\theta_{21} + \cos\theta_{23} + \cdots + \cos\theta_{2N}$$

$$+ \cdots + \cos\theta_{N1} + \cos\theta_{N2} + \cdots + \cos\theta_{N(N-1)}]$$

$$= N\ell^2 + \ell^2 \sum_{i=1}^{N} \sum_{\substack{j=1 \\ j \neq i}}^{N} \cos\theta_{ij},$$

其中，θ_{ij} 是矢量 $\boldsymbol{\ell}_i$ 和 $\boldsymbol{\ell}_j$ 之间的夹角。对于大量随机定向的步骤，所有余弦项的总和接近于零，所以，随机行走的位移 d 与每一步的大小 ℓ 的关系为[①]

$$d = \ell\sqrt{N}. \tag{9.29}$$

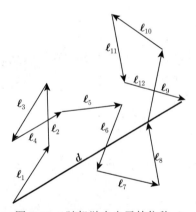

图 9.11　随机游走光子的位移 d

　　因此，通过辐射在恒星中传递能量可能是极其低效的。当光子沿着它曲折的路径到达恒星表面时，它需要 100 步才能走过 10ℓ 的距离，10000 步走过 100ℓ，100 万步走过 1000ℓ[②]。因为在一个点的光学深度大约是从那个点到表面的平均光子自由程的倍数 (沿着一个光的直线路径测量)，式 (9.29) 意味着到表面的距离是 $d = \tau_\lambda \ell = \ell\sqrt{N}$。对于 $\tau_\lambda \gg 1$，光子在离开表面之前走过距离 d 的平均步数是

$$N = \tau_\lambda^2, \tag{9.30}$$

可以预期，当 $\tau_\lambda \approx 1$ 时，光子可能会从该恒星的表面逃逸。更细致的分析 (在 9.4 节中进行) 表明，波长为 λ 的光子从大气中逃逸的平均高度处于约 $\tau_\lambda = 2/3$ 的特征光学深度处。

[①] 严格地说，单个光子并不会完成整个旅程，相反，随着被散射，光子可能会在 "碰撞" 中被吸收和重新发射。

[②] 我们将在 10.4 节中讨论，通过辐射输送能量的过程有时效率很低，以至于另一个传输过程，即对流接管辐射。

从任何角度看向恒星，我们总会看到光学深度大约 $\tau_\lambda = 2/3$ 处 (该深度沿视线方向向后测量)。实际上，恒星的光球定义为可见光的起源层，也就是说，恒星连续谱波长 $\tau_\lambda \approx 2/3$ 处。

观测者垂直向下观看一颗恒星表面时，可以看到 $\tau_\lambda \approx 2/3$ 处的光子，这一认识提供了对谱线形成的重要洞察。

回顾光学深度的定义式 (9.17)：

$$\tau_\lambda = \int_0^s \kappa_\lambda \rho \mathrm{d}s,$$

我们看到，如果不透明度 κ_λ 在某个波长处增加，则沿该射线到达该波长的 $\kappa_\lambda = 2/3$ 处的真实距离会减小。人们无法看到浑浊的物质，因此观察者将不能在不透明度大于平均值 (即大于连续谱不透明度) 的波长下深入观察恒星，这意味着如果恒星大气层的温度向外降低，大气层的这些较高区域将会变冷，结果，对于不透明度最大的那些波长，在 $\tau_\lambda \approx 2/3$ 处的辐射强度将下降最多，从而导致在连续光谱中出现吸收线。因此，温度必须向外降低以形成吸收线，这类似于基尔霍夫定律的恒星大气，即连续光谱源前的冷弥漫气体会在连续光谱中产生暗光谱线。

9.3.3 临边昏暗

图 9.12 显示了从大约三分之二的光学深度处接收辐射的另一含义。地球上的观测者观察太阳的视线在太阳圆盘的中心方向是垂直向下的，但是在太阳边缘附近与垂直方向的夹角 θ 越来越大。观测者在靠近边缘观察时看不到太阳大气层的深处，因此会在三分之二的光学深度处看到较低的温度 (与观察圆盘中心相比)，结果是，太阳的边缘看上去比中心暗。太阳的**临边昏暗**可以从图 11.11 中清楚地看到，也可以在一些食双星的光变曲线中观察到，更多关于临边昏暗的详细信息在本节后面呈现。

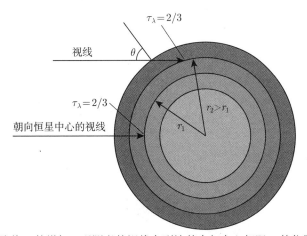

图 9.12 临边昏暗。随着 θ 的增加，观测者的视线在到达某个与中心相距 r 的位置前穿过恒星大气层的距离增加，这意味着为了达到一个特定的光学深度 (例如，$\tau_\lambda = 2/3$)，视线在距离恒星中心更大的距离 (和更低的温度) 处截止。请注意，为了说明起见，光球的物理尺度被过分夸大了，一个典型的光球的厚度大约是恒星半径的 0.1%

9.3.4 辐射压强梯度

考虑到光子到达表面的旅程是曲折的，则从恒星内部深处最终有能量逃逸到太空似乎是令人惊讶的。在恒星内部的深处，光子的平均自由程只有几分之一厘米，经过几次散射后，光子几乎以一个随机的方向在距离表面几亿米的地方移动，这种情况类似于封闭房间里空气分子的运动。单个分子以接近 $500\ \mathrm{m\cdot s^{-1}}$ 的速度移动，并以数十亿次每秒的速度与其他空气分子发生碰撞，导致分子运动方向是随机的。由于在封闭的房间里分子没有整体的迁移，则站在房间里的人感觉不到风。然而，如果打开窗户，房间的一侧和另一侧之间存在压力差，那么可能会产生微风。房间里的空气对这个压力梯度作出反应，产生向低压区域移动的分子净流量。

在一颗恒星中，同样的机制导致一股光子“微风”朝恒星表面移动。由于恒星温度向外减小，离中心越远，辐射压强就越小 (参见式 (9.11))。辐射压强梯度产生了光子携带辐射流量朝向表面的轻微净运动。如我们将在本节后面所看到的那样，这个过程可以描述为

$$\frac{\mathrm{d}P_{\mathrm{rad}}}{\mathrm{d}r} = -\frac{\bar{\kappa}\rho}{c}F_{\mathrm{rad}}. \tag{9.31}$$

因此，辐射能量的传递是一个涉及随机游走的光子缓慢向上扩散的微妙过程，辐射压强的微小差异带来了光子向表面的漂移。对“光束”或“光线”的描述只是一个方便的虚构，用来定义不断被吸收进或散射出光束的光子暂时共同的运动方向。尽管如此，我们将继续使用光子在**光束**或光线中运动的语言，同时意识到一个特定的光子在某光束中只存在了一瞬间。

9.4 转 移 方 程

在本节中，我们将聚焦于更深入地研究恒星大气层中的辐射流[①]。我们将使用几个标准假设来推导和求解辐射转移的基本公式，此外，我们将推导简单大气模型中温度随光深的变化，然后应用它来定量描述临边昏暗。

9.4.1 发射系数

在下面讨论光束和光线时，主要考虑的是在给定方向上的能量净流动，而不是单个光子所走的特定路径。首先，我们将研究波长为 λ 的光线穿过气体时强度增加的发射过程，强度的增加 $\mathrm{d}I_\lambda$ 与在射线方向上运动的距离 $\mathrm{d}s$ 和气体密度 ρ 成正比。对于**纯发射** (没有吸收)，

$$\mathrm{d}I_\lambda = j_\lambda \rho \mathrm{d}s, \tag{9.32}$$

式中，j_λ 为气体的发射系数，以 $\mathrm{m\cdot s^{-3}\cdot sr^{-1}}$ 为单位，随波长而改变。

当一束光穿过恒星气体时，因为随光束移动的光子被吸收进或散射出光束，被周围恒星物质发射的光子取代或散射进光束，从而它的比强度 I_λ 会发生变化。结合由于辐射的吸收而降低的强度 (式 (9.13)) 与由于发射而增加的强度 (式 (9.32)) 给出普适的结果：

$$\mathrm{d}I_\lambda = -\kappa_\lambda \rho I_\lambda \mathrm{d}s + j_\lambda \rho \mathrm{d}s. \tag{9.33}$$

[①] 虽然这次讨论的重点是恒星大气，但大部分讨论也适用于其他环境，如光在星际气体云中的传输。

发射和吸收过程的竞争比率决定了光束强度变化的快慢，这类似于描述州际高速公路上的交通流。想象一下，随着一群汽车离开洛杉矶，沿着 I-15 公路向北行驶。最初，路上几乎所有的汽车都有加利福尼亚州牌照。向北行驶时，随着离开高速公路的人比进入高速公路的人多，道路上的汽车数量就会下降。最终接近拉斯维加斯时，道路上的汽车数量再次增加，但现在周围的汽车都挂着内华达州的牌照。继续往前走，随着车牌最终换成犹他州、爱达荷州和蒙大拿州的车牌，车流量出现波动。大多数汽车都有所在州的车牌，有一些汽车来自邻近的州，较少的汽车来自更远的地方。在沿途的任何一点上，路上的汽车数量反映了当地的人口密度。当然，这是意料之中的，周边地区是进入高速公路的汽车的来源，交通变化的速度由进入和离开的汽车数量的比例决定。这个比率决定了道路上其他地方的汽车被当地居民的汽车取代的速度。因此，交通是不断变化的，总是趋向于与居住在附近的人所驾驶的汽车的数量和类型相似。

9.4.2 源函数和转移方程

在恒星的大气层或内部，描述光子从一束光中被吸收的速率和通过发射过程被引入光束的速率之间的竞争，考虑的是相同的因素。发射率和吸收率的比率决定了光束强度变化的快慢，并描述了光束中光子的性质与周围物质局部光子趋同的倾向。为了引入发射与吸收的比值，我们将式 (9.33) 除以 $-\kappa_\lambda \rho \mathrm{d}s$ 得到

$$-\frac{1}{\kappa_\lambda \rho}\frac{\mathrm{d}I_\lambda}{\mathrm{d}s} = I_\lambda - \frac{j\lambda}{\kappa_\lambda}.$$

发射系数与吸收系数之比称为**源函数** $S_\lambda \equiv j_\lambda/\kappa_\lambda$，它描述了最初随光束传播的光子如何被移除或者被周围气体中的光子所替代[①]。源函数 S_λ 具有与强度相同的单位，$\mathrm{W \cdot m^{-3} \cdot sr^{-1}}$，因此，以源函数表示得到

$$-\frac{1}{\kappa_\lambda \rho}\frac{\mathrm{d}I_\lambda}{\mathrm{d}s} = I_\lambda - S_\lambda. \tag{9.34}$$

这是**辐射转移方程**的一种形式 (通常称为**转移方程**)[②]。根据转移方程，如果光的强度不变 (因此方程左侧为零)，则强度等于源函数，$I_\lambda = S_\lambda$。如果光的强度大于源函数 (转移方程的右边大于 0)，那么 $\mathrm{d}I_\lambda/\mathrm{d}s$ 小于 0，强度随着距离的增加而减小。另一方面，如果强度小于源函数，则强度随距离增加。这仅仅是对光束中光子与周围气体中局域源的光子趋近的倾向的数学描述。因此，光的强度趋向于等于源函数的局部值，不过，源函数本身可能随距离变化过快而使得它们无法达到相等的程度。

9.4.3 黑体辐射的特例

对于黑体辐射的特殊情况，可以通过考虑一个保持恒定温 T 的光学厚的气体箱子来得到源函数。密封的粒子和黑体辐射处于热力学平衡状态，不存在通过箱子或气体粒子与辐射之间的能量净流动。在粒子和光子分别独立并且相互平衡的情况下，每个吸收过程都与发射的逆过程平衡，辐射强度由普朗克函数 $I_\lambda = B_\lambda$ 描述。此外，由于强度在整个箱子中都是恒定的，$\mathrm{d}I_\lambda/\mathrm{d}s = 0$，所以 $I_\lambda = S_\lambda$。在热力学平衡时，源函数等于普朗克函数，$S_\lambda = B_\lambda$。

---

① 作为一个涉及吸收和发射逆过程的比率，源函数对恒星物质的特性细节的敏感性要小于 j_λ 和 κ_λ 的敏感性。

② 假定大气处于稳定状态而不随时间变化，否则，必须在转移方程中包含时间导数项。

如 9.2 节所述，恒星不可能处于完美的热力学平衡状态，而是存在从中心到表面的净能量流。在大气的深处，即沿着垂直射线测得的 $\tau_\lambda \gg 1$ 处，随机游走的光子将至少需要 τ_λ^2 步才能到达表面 (回想式 (9.30))，因此在逃离恒星之前会遭遇多次散射事件。因此，在光子平均自由程比温度标高小的深度处，光子被有效地限制在温度几乎保持恒定的有限体积内。满足局部热动平衡 (LTE) 的条件，因此，正如已经看到的，源函数等于普朗克函数，$S_\lambda = B_\lambda$。在一个问题中假设局部热动平衡意味着设置 $S_\lambda = B_\lambda$。但是，即使在局部热动平衡时，辐射强度 I_λ 也不一定等于 B_λ，除非 $\tau_\lambda \gg 1$。总而言之，$I_\lambda = B_\lambda$ 表示辐射场由普朗克函数描述，而 $S_\lambda = B_\lambda$ 则表示辐射的物理源 j_λ/κ_λ 为产生黑体辐射的源。

例 9.4.1　为了了解光线的强度如何趋向于等于源函数的局部值，则想象一束初始强度为 $I_{\lambda,0}$ 的光在 $s = 0$ 时进入一密度 ρ 为常数的气体，其不透明度为常数 κ_λ，源函数为常数 S_λ。请证明，从转移方程 (9.34) 可以很容易地解出光强作为传播距离 s 的函数：

$$I_\lambda(s) = I_{\lambda,0}\mathrm{e}^{-\kappa_\lambda \rho s} + S_\lambda \left(1 - \mathrm{e}^{-\kappa_\lambda \rho s}\right). \tag{9.35}$$

如图 9.13 所示，如果 $S_\lambda = 2I_{\lambda,0}$，此解描述了光线强度从其初始值 $I_{\lambda,0}$ 到 S_λ (源函数的值) 的转换，发生此变化的特征距离为 $s = 1/\kappa_\lambda\rho$，它是一个光子平均自由程 (请参见例 9.2.2) 或进入气体的光深为 1 的长度。

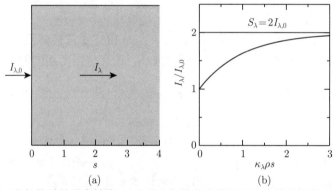

图 9.13　光线穿过一定气体时的强度转换：(a) 进入气体的光线和 (b) 光线的强度，横轴的单位是 $\kappa_\lambda\rho s$，即光线进入气体的光深倍数

9.4.4　平面平行大气假设

尽管转移方程是描述光通过恒星大气的基本工具，但第一次看到它时读者可能会感到沮丧，在这个麻烦的公式中，光的强度必须取决于运动的方向以解释能量的向外净流动。虽然光在各个方向上的吸收和发射系数是相同的 (这意味着源函数与方向无关)，但吸收和发射系数以一种相当复杂的方式依赖于温度和密度。

然而，如果天文学家想要了解任何关于恒星大气的物理条件，比如温度或密度，他们必须知道光谱线是在哪里 (深度) 形成的，因此，人们投入了大量的精力来解决和理解转移公式的含义，并开发了一些强大的技术，大大简化了分析。

首先，我们将式 (9.34) 改写成由式 (9.15) 定义的光深 τ_λ 的公式，得到

$$\frac{\mathrm{d}I_\lambda}{\mathrm{d}\tau_\lambda} = I_\lambda - S_\lambda. \tag{9.36}$$

不幸的是，因为光深是沿着光线的路径测量的，式 (9.34) 中的光深和距离 s 都不对应于大气中某个独特的几何深度，因此，光学深度必须用有意义的位置来代替。

为了找到一个合适的替身，我们引入了几个标准近似中的第一个。与恒星的大小相比，近主序恒星的大气在物理上是很薄的，类似于洋葱皮，因此，大气的曲率半径远大于它的厚度，我们可以把大气看作一个平面平行的平板。如图 9.14 所示，假设 z 轴沿着垂直方向，在这个**平面平行大气**的顶部 $z = 0$。

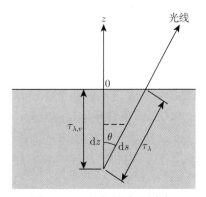

图 9.14　平面平行恒星大气

接下来，定义一个**垂直光深** $\tau_{\lambda,v}(z)$：

$$\tau_{\lambda,v}(z) \equiv \int_z^0 \kappa_\lambda \rho \mathrm{d}z. \tag{9.37}$$

与式 (9.17) 比较可知，这只是光线从初始位置 $(z < 0)$ 垂直向上到达表面 $(z = 0, \tau_{\lambda,v} = 0)$ 时的初始光深[①]。

但是，从相同的初始位置 z 以角度 θ 向上传播的光线却要经过更远的距离以通过相同层的大气到达表面，因此，沿该射线到表面路径测量的光深 τ_λ 大于垂直光深 $\tau_{\lambda,v}(z)$。由于 $\mathrm{d}z = \mathrm{d}s \cos\theta$，则这两个光深的关系为

$$\tau_\lambda = \frac{\tau_{\lambda,v}}{\cos\theta} = \tau_{\lambda,v} \sec\theta. \tag{9.38}$$

垂直光深是一个真实的类似于 z 的垂直坐标，它沿 $-z$ 方向增加，它的值不取决于光线的运动方向，因此它可以作为转移方程中一个有意义的位置坐标。将式 (9.36) 中的 $\tau_{\lambda,v}$ 用 τ_λ 代替，得到

$$\cos\theta \frac{\mathrm{d}I_\lambda}{\mathrm{d}\tau_{\lambda,v}} = I_\lambda - S_\lambda. \tag{9.39}$$

---

① 回想一下，当光接近表面 (和地球上的观测者) 时，它穿过的光深值越来越小。

这种形式的转移方程在处理平面平行大气的近似时经常被采用。

当然，由于式 (9.37) 中的不透明度与波长有关，所以在 z 处的垂直光深值与波长有关。为了简化下面的分析，并允许用唯一的 τ_v 值识别大气的深度，我们假定不透明度与波长无关 (我们通常取它等于罗斯兰平均不透明度 $\bar{\kappa}$)。假设恒星大气的不透明度与波长无关，这是一个简化的假设，反映其对波长光谱不敏感，这样的模型称为**灰大气模型**。此时，用 κ 代替式 (9.37) 中的 κ_λ，垂直光深不再依赖于波长，因此，在转移公式 (9.39) 中，可以用 τ_v 代替 $\tau_{\lambda,v}$，剩余的波长依赖可以通过使用

$$
I = \int_0^\infty I_\lambda \mathrm{d}\lambda \quad \text{和} \quad S = \int_0^\infty S_\lambda \mathrm{d}\lambda
$$

对转移方程进行波长积分来移除。经过上述变化，适合于平行平面灰大气的转移公式为

$$
\cos\theta \frac{\mathrm{d}I}{\mathrm{d}\tau_v} = I - S. \tag{9.40}
$$

这个公式引出了描述辐射场的各种量之间的两个特别有用的关系。首先，对所有的立体角积分，由于 S 只取决于气体的局部条件而与方向无关，则我们得到

$$
\frac{\mathrm{d}}{\mathrm{d}\tau_v} \int I \cos\theta \mathrm{d}\Omega = \int I \mathrm{d}\Omega - S \int \mathrm{d}\Omega. \tag{9.41}
$$

使用 $\int \mathrm{d}\Omega = 4\pi$，以及辐射流量 F_{rad} (式 (9.8)) 和平均强度 $\langle I \rangle$ 的定义 (式 (9.3))，得到

$$
\frac{\mathrm{d}F_{\mathrm{rad}}}{\mathrm{d}\tau_v} = 4\pi(\langle I \rangle - S).
$$

第二个关系式是先将转移公式 (9.40) 乘以 $\cos\theta$，再对所有立体角积分得到的

$$
\frac{\mathrm{d}}{\mathrm{d}\tau_v} \int I \cos^2\theta \mathrm{d}\Omega = \int I \cos\theta \mathrm{d}\Omega - S \int \cos\theta \mathrm{d}\Omega.
$$

左边的项是辐射压乘以光速 (回想式 (9.9))，右边的第一项是辐射流量。在球坐标系中，右边的第二个积分是

$$
\int \cos\theta \mathrm{d}\Omega = \int_{\phi=0}^{2\pi} \int_{\theta=0}^{\pi} \cos\theta \sin\theta \mathrm{d}\theta \mathrm{d}\phi = 0.
$$

因此，

$$
\frac{\mathrm{d}P_{\mathrm{rad}}}{\mathrm{d}\tau_v} = \frac{1}{c} F_{\mathrm{rad}}. \tag{9.42}
$$

在习题 9.16 中，你会发现，在原点位于恒星中心的球坐标系中，这个公式是

$$
\frac{\mathrm{d}P_{\mathrm{rad}}}{\mathrm{d}r} = -\frac{\bar{\kappa}\rho}{c} F_{\mathrm{rad}},
$$

也就是式 (9.31)。如前所述，这一结果可以解释为净辐射流量是由辐射压的差异驱动的，由高向低 P_{rad} 吹来的 "光子风"。第 10 章将使用式 (9.31) 来确定恒星内部的温度结构。

在平衡的恒星大气中，吸收的每个过程都由发射的逆过程平衡，从而不会从辐射场中减去或增加净能量。在平行平面大气中，这意味着辐射流量在大气的每个层面 (包括其表面) 必须具有相同的值。从式 (3.18)，

$$F_{\mathrm{rad}} = 常数 = F_{\mathrm{surf}} = \sigma T_{\mathrm{e}}^4. \tag{9.43}$$

因为流量是一个常数，$\mathrm{d}F_{\mathrm{rad}}/\mathrm{d}\tau_v = 0$，这意味着平均强度必须等于源函数，

$$\langle I \rangle = S. \tag{9.44}$$

现在可以对式 (9.42) 进行积分，得到辐射压力作为垂直光深的函数：

$$P_{\mathrm{rad}} = \frac{1}{c} F_{\mathrm{rad}} \tau_v + C, \tag{9.45}$$

其中，C 是积分常数。

9.4.5 爱丁顿近似

如果我们知道辐射压力在一般情况下 (而不仅仅是黑体辐射) 如何随温度变化，就可以使用式 (9.45) 确定平行平面层灰大气的温度结构，只是不得不假设一个强度的角分布。根据英国物理学家**亚瑟·斯坦利·爱丁顿**爵士 (1882—1944) 的近似估算，辐射场的强度在 $+z$ 方向 (向外) 给一个值 I_{out}，在 $-z$ 方向 (向内) 给一个值 I_{in} (图 9.15)。I_{out} 和 I_{in} 都随大气层深度而变化，特别是，在 $\tau_v = 0$ 的大气层顶部，$I_{\mathrm{in}} = 0$。布置一个习题，证明：通过这种**爱丁顿近似法**[①]，平均强度、辐射流量和辐射压由下式给出

$$\langle I \rangle = \frac{1}{2} \left(I_{\mathrm{out}} + I_{\mathrm{in}} \right), \tag{9.46}$$

$$F_{\mathrm{rad}} = \pi \left(I_{\mathrm{out}} - I_{\mathrm{in}} \right), \tag{9.47}$$

$$P_{\mathrm{rad}} = \frac{2\pi}{3c} \left(I_{\mathrm{out}} + I_{\mathrm{in}} \right) = \frac{4\pi}{3c} \langle I \rangle. \tag{9.48}$$

(注意，由于流量是一个常数，式 (9.47) 表明，在大气的任何一层，I_{out} 和 I_{in} 之间存在恒定的差值。)

将最后的辐射压的关系代入式 (9.45)，我们发现

$$\frac{4\pi}{3c} \langle I \rangle = \frac{1}{c} F_{\mathrm{rad}} \tau_v + C. \tag{9.49}$$

常数 C 可以通过估算位于 $\tau_v = 0$ 和 $I_{\mathrm{in}} = 0$ 的大气层顶部的式 (9.46) 和式 (9.47) 得到，结果是 $\langle I (\tau_v = 0) \rangle = F_{\mathrm{rad}} / (2\pi)$。代入式 (9.49) 且 $\tau_v = 0$，得到

$$C = \frac{2}{3c} F_{\mathrm{rad}} .$$

[①] 实际上，还有更多的数学方法来实现爱丁顿近似，但它们都是等价的。

由 C 的这个值，式 (9.49) 变为

$$\frac{4\pi}{3}\langle I \rangle = F_{\mathrm{rad}}\left(\tau_v + \frac{2}{3}\right). \tag{9.50}$$

当然，我们已经知道辐射流量是一个常数，由式 (9.43) 给出。将此结果应用于平均强度与垂直光深的函数表达式中：

$$\langle I \rangle = \frac{3\sigma}{4\pi}T_{\mathrm{e}}^4\left(\tau_v + \frac{2}{3}\right). \tag{9.51}$$

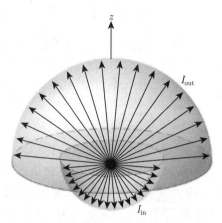

图 9.15　爱丁顿近似

现在我们可以推导出确定我们的模型大气温度结构的最终近似。如果假定大气处于局部热动平衡，则结合式 (9.51) 可以找到另一个平均强度的表达式。根据局部热动平衡的定义，源函数等于普朗克函数，$S_\lambda = B_\lambda$。对 B_λ 进行全波长积分 (式 (3.28))，对于局部热动平衡，

$$S = B = \frac{\sigma T^4}{\pi},$$

所以，由式 (9.44) 可知

$$\langle I \rangle = \frac{\sigma T^4}{\pi}. \tag{9.52}$$

令式 (9.51) 和式 (9.52) 相等，最终得到爱丁顿近似下局部热动平衡平面平行灰大气中温度随垂直光深的变化[①]：

$$\boxed{T^4 = \frac{3}{4}T_{\mathrm{e}}^4\left(\tau_v + \frac{2}{3}\right).} \tag{9.53}$$

这种关系值得推导，因为它揭示了真实恒星大气的一些重要方面。首先，请注意，$T = T_{\mathrm{e}}$ 出现在 $\tau_v = 2/3$ 处，而不是在 $\tau_v = 0$ 处。因此，根据定义，具有温度 T_{e} 的恒星"表面"

---

① 建议参考 Mihalas (1978) 第 3 章中对灰大气进行的更详细讨论，包括一个更复杂的关系式 $T^4 = \frac{3}{4}T_{\mathrm{e}}^4[\tau_v + q(\tau_v)]$，其中爱丁顿近似 $\left[q\left(\tau_v\right) \equiv \dfrac{2}{3}\right]$ 是一个特例。

(回想一下斯特藩–玻尔兹曼公式 (3.17)) 不在 $\tau_v = 0$ 的大气顶层，而是在 $\tau_v = 2/3$ 的更深处，该结果可以认为是观测到的光子的平均起点。尽管这个结果是在一系列假设之后得出的，但可以概括为这样一种说法：当观测恒星时，我们看到的垂直光深为 $\tau_v \approx 2/3$，是整个恒星光球盘的平均值，第 209 页曾讨论了这对于谱线的形成和解释的重要性。

9.4.6 临边昏暗现象的重新审视

现在我们进一步研究临边昏暗 (回想图 9.12)。将边缘变暗的理论和观测结果进行比较，可以提供有关源函数如何随恒星大气深度变化的有价值的信息。为了了解这是如何做到的，我们首先解出转移方程 (9.36) 的一般形式，

$$\frac{\mathrm{d}I_\lambda}{\mathrm{d}\tau_\lambda} = I_\lambda - S_\lambda,$$

至少是形式上的，而不做任何假设 (这些不可避免的假设很快就会出现)。两边同时乘以 $\mathrm{e}^{-\tau_\lambda}$ 得到

$$\frac{\mathrm{d}I_\lambda}{\mathrm{d}\tau_\lambda}\mathrm{e}^{-\tau_\lambda} - I_\lambda\mathrm{e}^{-\tau_\lambda} = -S_\lambda\mathrm{e}^{-\tau_\lambda},$$

$$\frac{\mathrm{d}}{\mathrm{d}\tau_\lambda}\left(\mathrm{e}^{-\tau_\lambda}I_\lambda\right) = -S_\lambda\mathrm{e}^{-\tau_\lambda},$$

$$\mathrm{d}\left(\mathrm{e}^{-\tau_\lambda}I_\lambda\right) = -S_\lambda\mathrm{e}^{-\tau_\lambda}\mathrm{d}\tau_\lambda.$$

如果我们从光深 $\tau_{\lambda,0}$、强度为 $I_\lambda = I_{\lambda,0}$ 的初始位置开始积分，到光深 $\tau_\lambda = 0$、强度为 $I_\lambda(0)$ 的大气层顶部，那么大气顶部的强度 $I_\lambda(0)$ 为

$$I_\lambda(0) = I_{\lambda,0}\mathrm{e}^{-\tau_{\lambda,0}} - \int_{\tau_{\lambda,0}}^{0} S_\lambda\mathrm{e}^{-\tau_\lambda}\mathrm{d}\tau_\lambda. \tag{9.54}$$

这个公式有一个非常直接的解释。左边的出射强度是两个贡献的总和，右边的第一项是光线的初始强度，由于沿到表面路径的吸收作用而减小；第二项也是正的[①]，表示沿路径上每一点的发射，由于发射点与表面之间的吸收而衰减。

现在我们回到平面平行大气的几何结构和垂直光深 τ_v。然而，我们不假设灰大气，局部热动平衡，或做爱丁顿近似。如图 9.16 所示，临边昏暗问题相当于确定出射强度 $I_\lambda(0)$ 作为 θ 角的函数。以 $\tau_{\lambda,v}\sec\theta$ (垂直光深) 代替 τ_λ，利用式 (9.38) 将转移方程的形式解 (9.54) 转化得到

$$I(0) = I_0\mathrm{e}^{-\tau_{v,0}\sec\theta} - \int_{\tau_{v,0}\sec\theta}^{0} S\sec\theta\mathrm{e}^{-\tau_v\sec\theta}\mathrm{d}\tau_v.$$

尽管 I 和 τ_v 都依赖于波长，但为了简化表示法，去掉了下标 λ，目前还没有使用灰大气近似。为了包括所有大气层对出射强度的贡献，我们取光线初始位置的 $\tau_{v,0} = \infty$，那么右边的第一项消失了，留下：

$$I(0) = \int_{0}^{\infty} S\sec\theta\mathrm{e}^{-\tau_v\sec\theta}\mathrm{d}\tau_v. \tag{9.55}$$

---

① 记住，沿光线路径测量的光学深度在运动方向上减小，所以 $\mathrm{d}\tau_\lambda$ 是负的。

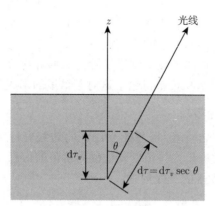

图 9.16　在平面平行几何中解释临边昏暗现象, 即找出作为 θ 的函数 $I(0)$

如果我们知道源函数是如何依赖于垂直光深的, 那么这个公式就可以积分得到出射强度作为光线的运动方向 θ 的函数。虽然源函数的形式是未知的, 但一个合理的猜测就足以估计出 $I(0)$。假设源函数的形式为

$$S = a + b\tau_v, \tag{9.56}$$

其中, a 和 b 是需要确定的与波长相关的参数。将其代入式 (9.55) 并积分 (细节留作练习), 可以看出该源函数的出射强度为

$$I_\lambda(0) = a_\lambda + b_\lambda \cos\theta, \tag{9.57}$$

其中, 下标 λ 已恢复到适当的参量中以强调其波长依赖性。通过仔细测量整个太阳圆盘上比强度的变化, 可以确定一定波长范围内太阳源函数的 a_λ 和 b_λ 值。例如, 对于波长 501 nm, Böhm-Vitense (1989) 给出 $a_{501} = 1.04 \times 10^{13}$ W·m^{-3}·sr^{-1} 和 $b_{501} = 3.52 \times 10^{13}$ W·m^{-3}·sr^{-1}。

例 9.4.2　太阳临边昏暗提供了一个机会来测试 "爱丁顿近似下的局部热动平衡中平面平行灰大气" 的准确性。在前面关于平衡灰大气的讨论中, 发现平均强度等于源函数 (9.44),

$$\langle I \rangle = S.$$

然后, 加上爱丁顿近似和局部热动平衡的附加假设, 式 (9.52) 和式 (9.53) 可以用来确定平均强度, 从而得到源函数:

$$S = \langle I \rangle = \frac{\sigma T^4}{\pi} = \frac{3\sigma}{4\pi} T_{\mathrm{e}}^4 \left(\tau_v + \frac{2}{3} \right).$$

如之前用于临边昏暗时所为, 将源函数取式 (9.56) 的形式, $S = a + b\tau_v$ (对所有波长积分后), 系数的值为

$$a = \frac{\sigma}{2\pi} T_{\mathrm{e}}^4 \quad \text{和} \quad b = \frac{3\sigma}{4\pi} T_{\mathrm{e}}^4.$$

此时，出射强度的形式为式 (9.57)，$I(0) = a + b\cos\theta$ (也是对所有波长积分后)。因此，在角 θ 处的出射强度 $I(\theta)$ 与在恒星中心的出射强度 $I(\theta = 0)$ 之比如下：

$$\frac{I(\theta)}{I(\theta = 0)} = \frac{a + b\cos\theta}{a + b} = \frac{2}{5} + \frac{3}{5}\cos\theta. \tag{9.58}$$

我们可以将这一计算结果与在集成光 (通过对所有波长求和得出) 中观测到的太阳临边昏暗进行比较。图 9.17 显示了 $I(\theta)/I(\theta = 0)$ 的观测值和式 (9.58) 的值。尽管我们有很多近似，但一致性还是非常好。然而，有言在先，由于不透明度对波长的依赖带来的影响 (如谱线覆盖)，在某个给定波长处 (参见 Böhm-Vitense，1989)，这种一致性要差得多。

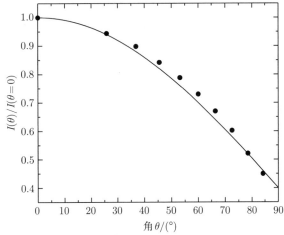

图 9.17　全波长积分的光的太阳临边昏暗的理论爱丁顿近似，点是观测数据。虽然爱丁顿近似是一个很好的拟合，但它并不完美，这意味着必须建立一个更细致的模型，参看习题 29

9.5　谱线轮廓

我们现在有了一个强大的理论武器来对谱线进行分析，单条光谱线的形状包含了它形成时所处环境的丰富信息。

9.5.1　等值宽度

图 9.18 给出了典型吸收线的辐射流量 F_λ 作为波长函数的曲线图。在图中，F_λ 表示为 F_c 的分数，F_c 是来自谱线外连续谱的流量值。靠近中心波长 λ_0 是线心，向上延伸到连续谱的两边限翼。一条谱线可宽可窄，可浅可深。参量 $(F_c - F_\lambda)/F_c$ 是线的深度。谱线的强度则用它的等值宽度进行量度，谱线的等值宽度 W 定义为与谱线面积相等的直达连续谱高度的长方形的宽度 (如图 9.18 阴影部分所示)，即

$$W = \int \frac{F_c - F_\lambda}{F_c} \mathrm{d}\lambda, \tag{9.59}$$

其中的积分范围从谱线的一端到另一端。在可见光波段，如图 9.18 所示的阴影区的等值宽度通常为 0.01 nm 量级。另一种量度谱线宽度的方法是从线的一端到另一端的波长变化

值，对应深度 $(F_c - F_\lambda)/(F_c - F_{\lambda_0}) = 1/2$ 的波长变化称为**半高全宽 (FWHM)**，表示为 $(\Delta\lambda)_{1/2}$。

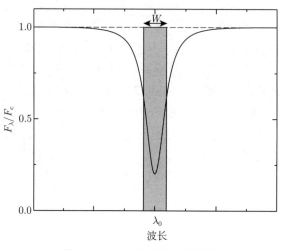

图 9.18　一条谱线的典型轮廓

图 9.18 所示的谱线称为**光学薄谱线**，因为在谱线波长范围内没有流量被完全阻挡的波长。恒星物质的不透明度 κ_λ 在线心 λ_0 处最大，向线翼方向减小。从第 209 页的讨论来看，这意味着这条线的中心是在恒星大气的较高 (和较冷) 区域形成的。从 λ_0 向线翼移动，线的形成发生在逐渐更深 (和更热) 的大气层，直到它与连续谱光学深度为 2/3 的区域接合。在 11.2 节中，这一思想将应用于在太阳光球中产生的吸收线。

9.5.2　谱线致宽的过程

谱线致宽主要有三个过程，每一种机制产生自己独特的谱线形状或轮廓。

1. 自然致宽

谱线不可能无限清晰，即使对静止的、孤立的原子也是如此。根据海森伯的不确定性原理 (参见式 (5.20))，随着可进行测量的时间的减少，能量的固有不确定度增加。因为一个处于激发态的电子占据其轨道的时间 Δt 很短，所以轨道能量不能有一个精确的值，轨道能量的不确定度 ΔE 为

$$\Delta E \approx \frac{\hbar}{\Delta t}.$$

(电子在基态的寿命可以取为无穷大，因此在这种情况下 $\Delta E = 0$。) 电子可以在这些"模糊的"能级之间跃迁到任何位置，在跃迁中产生吸收或发射的光子的波长具有不确定性。用式 (5.3) 表示光子的能量，$E_{photon} = hc/\lambda$，那么光子波长的不确定性大小大致为

$$\Delta\lambda \approx \frac{\lambda^2}{2\pi c}\left(\frac{1}{\Delta t_i} + \frac{1}{\Delta t_f}\right), \tag{9.60}$$

其中，Δt_i 是电子在初态下的寿命，Δt_f 是电子在终态下的寿命。(这个证明是个习题。)

例 9.5.1 电子在氢的第一和第二激发态的寿命约为 $\Delta t = 10^{-8}$ s。氢的 Hα 线 $\lambda = 656.3$ nm 的自然展宽则为

$$\Delta\lambda \approx 4.57 \times 10^{-14} \text{ m} = 4.57 \times 10^{-5} \text{ nm}.$$

一个比较复杂的计算表明，自然致宽的谱线的半高全宽为

$$(\Delta\lambda)_{1/2} = \frac{\lambda^2}{\pi c}\frac{1}{\Delta t_0}, \tag{9.61}$$

其中，Δt_0 是发生特定跃迁的平均等待时间。这将导致一个典型的值

$$(\Delta\lambda)_{1/2} \simeq 2.4 \times 10^{-5} \text{ nm},$$

与先前的估计很一致。

2. 多普勒致宽

在热平衡中，质量为 m 的气体中的原子以麦克斯韦–玻耳兹曼分布函数式 (8.1) 描述的速度分布随机运动，其中最概然的速度由式 (8.2) 给出，$v_{\text{mp}} = \sqrt{2kT/m}$。气体中原子吸收或发射的光的波长根据 (非相对论) 式 (4.30) 进行多普勒频移，$\Delta\lambda/\lambda = \pm |v_r|/c$。因此，由多普勒致宽引起的谱线宽度应约为

$$\Delta\lambda \approx \frac{2\lambda}{c}\sqrt{\frac{2kT}{m}}.$$

例 9.5.2 对于太阳光球中的氢原子 $(T \sim 5777\text{K})$，Hα 线的多普勒致宽应该大致为

$$\Delta\lambda \approx 0.0427 \text{ nm},$$

大约是自然致宽的 1000 倍。

考虑到原子相对于另一个原子和观察者视线方向的运动方向的不同，更深入的分析表明多普勒展宽谱线轮廓的半高全宽为

$$(\Delta\lambda)_{1/2} = \frac{2\lambda}{c}\sqrt{\frac{2kT\ln 2}{m}}. \tag{9.62}$$

虽然多普勒谱线在半峰处比自然致宽谱线宽得多，但谱线深度随波长远离中心 λ_0 呈指数衰减，这种快速下降是由麦克斯韦–玻尔兹曼速度分布的高速指数 "尾巴" 引起的，强度的下降比自然展宽要快得多。

如果湍流速度的分布遵循麦克斯韦--玻尔兹曼分布,则由大质量气体的大规模湍流运动 (与单个原子的随机运动相反) 引起的多普勒位移也可以由式 (9.62) 兼容。在这种情况下

$$(\Delta\lambda)_{1/2} = \frac{2\lambda}{c}\sqrt{\left(\frac{2kT}{m} + v_{\text{turb}}^2\right)\ln 2}, \tag{9.63}$$

其中,v_{turb} 是最概然湍流速度。湍流对谱线轮廓的影响在巨星和超巨星的大气中尤为重要,实际上,这些恒星大气中湍流的存在最初正是从它们对光谱的多普勒致宽的不寻常效应推断出来的。

多普勒致宽的其他来源包括有序的、相干的大尺度运动,如恒星转动、脉动和质量损失,这些现象可以对谱线的形状和宽度产生重大影响,但与服从麦克斯韦--玻尔兹曼分布的随机热运动所产生的多普勒致宽不一样,例如,与质量损失成协的特殊 P Cygni 轮廓将在 12.3 节讨论 (图 12.17)。

3. 压力 (和碰撞) 致宽

在与中性原子碰撞或在涉及离子电场的近距离接触时,原子的轨道可能被扰动。单次碰撞的结果称为**碰撞致宽**,大量近距离经过的离子电场的统计效应称为**压力致宽**;但是,在下面的讨论中,这两种影响将统称为压力致宽。无论哪种情况,其结果都取决于与其他原子和离子碰撞或者相遇之间的平均时间。

计算压力致宽谱线的精确宽度和形状是相当复杂的。相同或不同元素的原子和离子,以及自由电子,都参与了这些碰撞和近距离接触。不过,一般谱线的形状类似于式 (9.61) 描述的自然致宽,自然致宽和压力致宽共享的轮廓有时统称为**阻尼轮廓** (也以**洛伦兹轮廓**著称),如此命名是因为其形状是阻尼简谐振动的电荷辐射的特征。自然致宽和压力致宽谱线的半高全宽值通常是彼此相当的,尽管压力轮廓有时可能会宽一个量级以上。

式 (9.61) 中 Δt_0 为碰撞之间的平均时间,可以估计由与单个元素原子碰撞而引起的压力致宽。这个时间大约等于碰撞之间的平均自由程除以原子的平均速度,用式 (9.12) 表示平均自由程、式 (8.2) 表示速度,我们得到

$$\Delta t_0 \approx \frac{\ell}{v} = \frac{1}{n\sigma\sqrt{2kT/m}},$$

其中,m 为原子质量;σ 为原子碰撞截面;n 为原子数密度。因此,谱线的宽度由于压力的展宽的数量级为

$$\Delta\lambda = \frac{\lambda^2}{c}\frac{1}{\pi\Delta t_0} \approx \frac{\lambda^2}{c}\frac{n\sigma}{\pi}\sqrt{\frac{2kT}{m}}.$$

注意,这条线的宽度与原子的数密度 n 成正比。

摩根--基南光度分类的物理原因现在已经清楚了。较亮的巨星和超巨星观测到的较窄的谱线是由于在它们延展的大气中较低的密度。压力致宽 (线廓的宽度与 n 成正比) 使主序恒星稠密大气中形成的谱线变宽,因为那里碰撞发生得更频繁。

例 9.5.3 再一次考虑太阳光球层中的氢原子，那里的温度为 5777 K，氢原子的数密度约为 1.5×10^{23} m^{-3}。那么 Hα 线的压力致宽大概是

$$\Delta \lambda \approx 2.36 \times 10^{-5} \text{ nm},$$

这与之前发现的自然致宽的结果相当。然而，如果一颗恒星大气中原子的数密度更大，则线宽也会更大，在某些情况下要大一个量级还多。

9.5.3 沃伊特 (Voigt) 轮廓

总的谱线轮廓称为沃伊特轮廓，是由多普勒和阻尼轮廓共同贡献的。在中心波长 λ_0 附近，多普勒致宽主导，而远离 λ_0 时，随着多普勒致宽线深的指数下降，在距线心约 1.8 倍 $(\Delta \lambda)_{1/2}$ 处，线翼向阻尼轮廓过渡。因此，谱线轮廓往往有**多普勒线心**和**阻尼线翼**，图 9.19 示意了多普勒和阻尼谱线轮廓图。

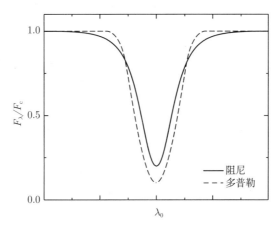

图 9.19　阻尼谱线和多普勒谱线轮廓的示意图，其尺度被缩放到使它们具有相同的等值宽度

例 9.5.4 回顾一下在这里和第 8 章中讨论的谱线形成思想，考虑位于主序列左侧的光度 VI 类或 "sd" 的亚矮星 (图 8.16)，这些亚矮星的光谱显示它们缺乏金属原子 (比氢重的元素)。由于电离金属是恒星大气中重要的电子来源，所以电子数密度降低。正如 8.1 节所提到的，能与离子重新结合的电子更少，意味着在相同的温度下，所有原子都能达到更高的电离程度。具体来说，通过电离减少大气 H$^-$ 的数量，从而稀释这一连续不透明度的主要来源。由于不透明度较低，在达到 $\tau_\lambda = 2/3$ 的光学深度之前，我们可以看到这些恒星内部更长的距离，金属线森林 (已经被亚矮星的低金属丰度削弱了) 在明亮的连续谱中显得更弱。因此，由于金属含量不足，亚矮星的光谱似乎是更热、更亮的较早光谱类型的恒星，其金属线不太突出 (表 8.1)。所以，更准确地说，这些恒星是被移到了主序列的左边，即更高的温度，而不是比主序暗一个星等。

计算谱线轮廓的最简单模型假设恒星的光球是黑体辐射光源，光球之上的原子从连续谱中移走光子而形成吸收线。尽管这个 **Schuster-Schwarzschild 模型**与波长 λ 的光子

起源于光学深度 $\tau_\lambda = 2/3$ 的概念不一致，但它仍然是一个有用的近似。为了进行计算，必须对光球之上形成谱线的区域的温度、密度和成分进行取值，温度和密度决定了多普勒和压力展宽的重要性，也用于玻尔兹曼和萨哈公式。

谱线的计算不仅取决于形成谱线的元素的丰度，也取决于原子如何吸收光子的量子力学细节。设 N 为位于光球上方单位面积的某一元素的原子数，N 是**柱密度**，单位为 m^{-2}。(换句话说，假设一个截面为 $1\ \mathrm{m}^2$ 的空心管从观测者拉伸到光球，那么空心管将包含指定类型的 N 个原子。) 为了得到单位面积吸收原子的数量 N_a，即具有能吸收谱线波长处的光子的合适的轨道电子的原子数，我们基于温度和密度使用玻尔兹曼和萨哈公式计算原子的激发和电离态，目标是通过比较计算和观测到的线轮廓来确定 N_a 的值。

这项任务很复杂，因为并非所有原子轨道之间的跃迁都是等概率的。例如，最初处在氢的 $n = 2$ 轨道上的电子吸收一个 Hα 光子跃迁到 $n = 3$ 轨道，其可能性是吸收一个 Hβ 光子跃迁到 $n = 4$ 轨道的 5 倍。电子从同一初始轨道跃迁的相对概率由该跃迁的 f 值或振子强度给出。对于氢，Hα 跃迁的 $f = 0.637$，Hβ 跃迁的 $f = 0.119$。振子强度可以通过数值计算或在实验室中测量，它们的定义满足从相同的初始轨道跃迁的 f 值之和等于原子或离子中的电子数。因此，振子强度是每个原子参与某个跃迁的有效电子数，所以单位面积吸收原子的数量乘以 f 值，fN_a，给出了光球上每平方米积极参与形成给定谱线跃迁的原子数量。图 9.20 显示了不同吸收钙离子数量的 Ca II ($\lambda = 393.3\ \mathrm{nm}$) K 线的沃伊特轮廓。

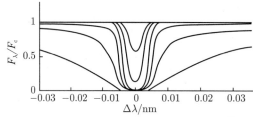

图 9.20　Ca II 的 K 线沃伊特轮廓。最浅的谱线对应于 $N_a = 3.4 \times 10^{15}\ \mathrm{ions \cdot m^{-2}}$，随后每一条渐宽的谱线都对应 10 倍的离子丰度 (改编自 Novotny，《恒星大气与内部导论》(*Introduction to Stellar Atmospheres and Interiors*)，牛津大学出版社，纽约，1973 年)

9.5.4　生长曲线

生长曲线是天文学家用来确定 N_a 值以及恒星大气中元素丰度的重要工具。如图 9.20 所示，谱线的等值宽度 W 随 N_a 而变化。图 9.21 所示的生长曲线是等值宽度 W 的对数作为吸收原子数 N_a 的函数关系。首先，想象一下在恒星的大气中不存在某种特定的元素。当该元素的某些原子被引入时，起初会出现光学薄的弱吸收线。如果吸收原子数增加一倍，就会有 2 倍的光子被移走，谱线的等值宽度也会增加 1 倍，因此，$W \propto N_a$，生长曲线最初与 $\ln N_a$ 呈线性关系。随着吸收原子数量的不断增加，线心变成光学厚的，线心被吸收的流量达到极大[①]。随着更多原子的加入，这条谱线就会触底而饱和。谱线的线翼则仍然是光学薄的，但不断加深，这对谱线的等值宽度带来的变化相对较小，使得生长曲线变得平

[①] 图 9.20 所示谱线中心处的零流量是 Schuster-Schwarzschild 模型的特殊性。实际上，即使对于很强的光学厚谱线，总会在中心波长 λ_0 处接收到一定的流量。通常，任何波长处的流量都不能低于 $F_\lambda = \pi S_\lambda\ (\tau_\lambda = 2/3)$ 的值，即光学深度为 2/3 时的源函数，请参阅习题 9.20。

坦, 此处 $W \propto \sqrt{\ln N_a}$。继续增加吸收原子的数量还会进一步增加压力致宽轮廓的宽度 (式 (9.64)), 虽然不像起初那样急剧, 但对于总线轮廓大约为 $W \propto \sqrt{N_a}$, 使之对线翼继续贡献。利用生长曲线和测量的等值宽度, 我们可以得到吸收原子的数目, 然后根据玻尔兹曼和萨哈公式把这个值转换成光球上方元素的原子总数。

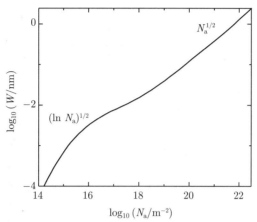

图 9.21 Ca II 的 K 线生长曲线。随着 N_a 的增加, 等值宽度 W 的函数依赖性发生变化。在生长曲线的不同位置, W 与所示的函数形式成正比 (图片取自阿勒 (Aller), 《太阳和恒星的大气》(*The Atmospheres of the Sun and Stars*), 罗纳德 (Ronald) 出版社, 纽约, 1963 年)

为了减少使用单条谱线所带来的误差, 在一条生长曲线上确定由同一初始轨道跃迁形成的几条谱线的等值宽度的位置是有优势的[①], 这可以通过在纵轴上绘制 $\log_{10}(W/\lambda)$ 和在横轴上绘制 $\log_{10}[fN_a(\lambda/500 \text{ nm})]$ 来实现, 这种缩放会产生一条可以用于多条谱线的通用生长曲线。图 9.22 显示了太阳的通用生长曲线, 我们用一个例子来最好地说明这种生长曲线的使用。

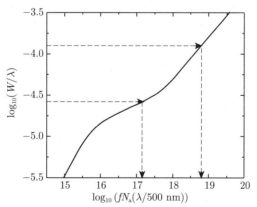

图 9.22 太阳的通用生长曲线, 箭头所指是例 9.5.5 中使用的数据 (图取自阿勒, 《原子、恒星和星云》(*Atoms, Stars, and Nebulae*), 修订版, 哈佛大学出版社, 剑桥, 马萨诸塞州, 1971 年)

---

① 这只是生长曲线缩放的几种可能方法之一, 用于获得这种比例的假设并不适用于所有的宽线 (比如氢线), 可能会导致不准确的结果。

例 9.5.5　我们将使用图 9.22 通过对 330.238 nm 和 588.997 nm 钠吸收线的测量得出太阳光球上每平方米的钠原子数 (表 9.1)。温度和电子压强分别使用 $T = 5800$ K 和 $P_e = 1$ N·m^{-2} 的值来构建此生长曲线,并将在随后的计算中采用。

表 9.1　太阳钠线数据 (摘自阿勒,《原子、恒星和星云》,修订版,哈佛大学出版社,剑桥,马萨诸塞州,1971 年)

λ/nm	W/nm	f	$\log_{10}(W/\lambda)$	$\log_{10}[f(\lambda/500\ \text{nm})]$
330.238	0.0088	0.0214	-4.58	-1.85
588.997	0.0730	0.645	-3.90	-0.12

这两条谱线都是中性钠原子 Na I 的电子从基态向上跃迁时产生的,因此具有相同的、处于光球连续谱形成层上方的每单位面积吸收钠原子的数量,这个数量可以基于 $\log_{10}(W/\lambda)$ 的值及其在通用生长曲线 (图 9.22) 上的相应数字以获得每条谱线的 $\log_{10}[fN_a(\lambda/500\ \text{nm})]$ 的值,结果是

$$\log_{10}\left(\frac{fN_a\lambda}{500\ \text{nm}}\right) = 17.20, \quad 对于\ 330.238\ \text{nm}\ 谱线$$

$$= 18.83, \quad 对于\ 588.997\ \text{nm}\ 谱线.$$

为了获得每单位面积吸收原子数 N_a 的值,我们将 $\log_{10}[f(\lambda/500\ \text{nm})]$ 的测量值结合

$$\log_{10} N_a = \log_{10}\left(\frac{fN_a\lambda}{500\ \text{nm}}\right) - \log_{10}\left(\frac{f\lambda}{500\ \text{nm}}\right),$$

从而得到

$$\log_{10} N_a = 17.15 - (-1.85) = 19.00, \quad 对于\ 330.238\ \text{nm}\ 谱线$$

和

$$\log_{10} N_a = 18.80 - (-0.12) = 18.92, \quad 对于\ 588.997\ \text{nm}\ 谱线.$$

$\log_{10} N_a$ 的平均值为 18.96,因此,光球每平方米大约有 10^{19} 个 Na I 原子处于基态。

要得到钠原子的总数,必须使用玻尔兹曼公式 (8.6) 和萨哈公式 (8.9)。终态和初态之间的能量差 (式 (8.6) 中的 $E_b - E_a$) 就是发射光子的能量。利用式 (5.3),玻尔兹曼公式的指数项为

$$e^{-(E_b - E_a)/(kT)} = e^{-hc/(\lambda kT)}$$

$$= 5.45 \times 10^{-4}, \quad 对于\ 330.238\ \text{nm}\ 谱线$$

$$= 1.48 \times 10^{-2}, \quad 对于\ 588.997\ \text{nm}\ 谱线,$$

所以几乎所有的中性 Na I 原子都处于基态。

剩下的就是确定在所有电离态中单位面积的钠原子总数。如果每平方米有 $N_{\mathrm{I}} = 10^{19}$ 个中性钠原子，则一次电离的 Na II 离子数量 N_{II} 由萨哈公式得出：

$$\frac{N_{\mathrm{II}}}{N_{\mathrm{I}}} = \frac{2kTZ_{\mathrm{II}}}{P_{\mathrm{e}}Z_{\mathrm{I}}}\left(\frac{2\pi m_{\mathrm{e}}kT}{h^2}\right)^{3/2}\mathrm{e}^{-\chi_{\mathrm{I}}/(kT)}.$$

使用配分函数 $Z_{\mathrm{I}} = 2.4$ 和 $Z_{\mathrm{II}} = 1.0$ 以及中性钠离子的电离能 $\chi_{\mathrm{I}} = 5.14\,\mathrm{eV}$，得到 $N_{\mathrm{II}}/N_{\mathrm{I}} = 2.43 \times 10^3$，即太阳光球中，对应一个中性钠原子约有 2430 个被电离的钠原子[①]，光球之上每单位面积的钠原子总数约为

$$N = 2430N_{\mathrm{I}} = 2.43 \times 10^{22}\ \mathrm{m}^{-2}.$$

一个钠原子的质量为 3.82×10^{-26} kg，因此光球上每平方米的钠原子质量约为 9.3×10^{-4} kg·m^{-2}。(更详细的分析得出的值为 5.4×10^{-4} kg·m^{-2}，略低。) 作为比较，每单位面积的氢原子质量约为 11 kg·m^{-2}。

因此，通过将处在相同初始态的原子 (因此在恒星大气中具有相同的柱密度) 产生的不同吸收线测量的等值宽度与理论生长曲线进行比较，就可以确定吸收原子的数量。生长曲线分析也可以应用于由不同初始状态的原子或离子产生的谱线，然后将玻尔兹曼公式应用于这些不同激发态下的原子和离子的相对数目，就可以计算出激发态的温度。同样，也可以使用萨哈公式从不同电离态的原子的相对数目来找出大气中的电子压力或电离温度 (如果另一个已知的话)。

9.5.5 恒星大气的计算机模型

恒星大气分析的最终完善是在计算机上构造模型大气。每个大气层都参与谱线轮廓的形成，对恒星的实测光谱有所贡献。前面讨论的所有要素，加上流体静力学平衡、热力学、统计和量子力学公式，以及辐射和对流传能，都与大量的不透明度库相结合，以计算温度、压强和密度在表面之下的变化[②]。这些模型不仅提供有关谱线轮廓的细节，它们还提供有关恒星有效温度和表面重力等基本特性的信息。只有对模型的变量进行 "微调" 以使其与观测值保持良好的一致性，天文学家才能最终宣称已经解码了一颗恒星发出的光所携带的大量信息。

这一基本程序使天文学家了解了太阳 (表 9.2) 和其他恒星元素的丰度。氢和氦是最常见的元素，其次是氧、碳和氮，每 10^{12} 个氢原子对应 10^{11} 个氦原子和大约 10^9 个氧原子。这些数据与从陨石中获得的丰度非常一致，使天文学家对他们的结果感到自信。对宇宙基本成分的理解为天文学的一些最基本理论提供了宝贵的观测测试和约束条件：作为恒星演化结果的轻元素核合成，超新星爆炸产生的重元素，以及大爆炸产生了原初一切起源的氢和氦。

---

① Na II 的电离能是 47.3 eV，这足以保证更高电离态的 N III 可以忽略。

② 建造模型恒星的细节将推迟到第 10 章。

表 9.2　太阳光球圈中最丰富的元素。元素的相对丰度用对数 $\log_{10}(N_{el}/N_H) + 12$ 表示 (数据来自 Grevesse 和 Sauval, 《空间科学综述》 (*Space Science Reviews*), 85, 161, 1998)

元素	原子序数	相对丰度对数
H	1	12.00
He	2	10.93 ± 0.004
O	8	8.83 ± 0.06
C	6	8.52 ± 0.06
Ne	10	8.08 ± 0.06
N	7	7.92 ± 0.06
Mg	12	7.58 ± 0.05
Si	14	7.55 ± 0.05
Fe	26	7.50 ± 0.05
S	16	7.33 ± 0.11
Al	13	6.47 ± 0.07
Ar	18	6.40 ± 0.06
Ca	20	6.36 ± 0.02
Na	11	6.33 ± 0.03
Ni	28	6.25 ± 0.04

推 荐 读 物

一般读物

Hearnshaw, J. B., *The Analysis of Starlight*, Cambridge University Press, Cambridge, 1986.

Kaler, James B., *Stars and Their Spectra*, Cambridge University Press, Cambridge, 1997.

专业读物

Aller, Lawrence H., *The Atmospheres of the Sun and Stars*, Ronald Press, New York, 1963.

Aller, Lawrence H., *Atoms, Stars, and Nebulae*, Third Edition, Cambridge University Press, New York, 1991.

Böhm-Vitense, Erika, "The Effective Temperature Scale," *Annual Review of Astronomy and Astrophysics*, 19, 295, 1981.

Böhm-Vitense, Erika, *Stellar Astrophysics, Volume 2: Stellar Atmospheres*, Cambridge University Press, Cambridge, 1989.

Cox, Arthur N. (editor), *Allen's Astrophysical Quantities*, Fourth Edition, AIP Press, New York, 2000.

Gray, David F., *The Observation and Analysis of Stellar Photospheres*, Third Edition, Cambridge University Press, Cambridge, 2005.

Grevesse, N., and Sauval, A. J., "Standard Solar Composition," *Space Science Reviews*, 85, 161, 1998.

Iglesias, Carlos J., and Rogers, Forrest J., "Updated OPAL Opacities," *The Astrophysical Journal*, 464, 943, 1996.

Mihalas, Dimitri, *Stellar Atmospheres*, Second Edition, W.H. Freeman, San Francisco, 1978.

Mihalas, Dimitri, and Weibel-Mihalas, Barbara, *Foundations of Radiation Hydrodynamics*, Dover Publications, Inc., Mineola, NY, 1999.

Novotny, Eva, *Introduction to Stellar Atmospheres and Interiors*, Oxford University Press, New York, 1973.

Rogers, Forrest, and Iglesias, Carlos, "The OPAL Opacity Code," http://www-phys.llnl.gov/Research/OPAL/opal.html.

Rybicki, George B., and Lightman, Alan P., *Radiative Processes in Astrophysics*, John Wiley and Sons, New York, 1979.

习　　题

9.1　评估你眼中黑体光子的能量，将它与你看着 1 m 外 100 W 的灯泡时的可见光能量相比。你可以假设这种灯泡的效率是 100%，但实际上它只将 100 W 的一小部分转化为可见光光子。假设你的眼睛是半径 1.5 cm 的空心球体，温度 37 ℃，瞳孔的面积约为 0.1 cm^2。为什么你闭上眼睛的时候是黑暗的?

9.2　(a) 求出 $n_\lambda d\lambda$ 的表达式，即波长在 λ 和 $\lambda + d\lambda$ 之间的黑体光子数密度 (每 m^3 的黑体光子数)。

(b) 求出温度在 400°F (477 K)、体积为 0.5 m^3 的厨房烤箱内的光子总数。

9.3　(a) 利用习题 9.2 的结果，求出所有波长的黑体光子的总数目密度 n，同时证明：光子的平均能量 u/n 是

$$\frac{u}{n} = \frac{\pi^4 kT}{15(2.404)} = 2.70kT. \tag{9.64}$$

(b) 求在太阳中心 ($T = 1.57 \times 10^7$ K) 和在太阳光球层 ($T = 5777$ K) 每黑体光子的平均能量。以电子伏特 (eV) 为单位表示你的答案。

9.4　推导黑体辐射压强公式 (9.11)。

9.5　考虑一个半径为 R、温度为 T 的球形黑体。通过对所有向外方向上 $I_\lambda = B_\lambda$ 的辐射通量积分式 (9.8)，推导斯特藩–玻尔兹曼公式 (3.17)。(还必须对所有波长和球的表面积进行积分。)

9.6　使用均方根速度 v_{rms} 估算室温 (300 K) 下氮气分子在教室中的平均自由程。碰撞之间的平均时间是多少? 取氮气分子的半径为 0.1 nm，空气的密度为 1.2 kg·m^{-3}，一个氮分子包含 28 个核子 (质子和中子)。

9.7　如果地球的大气层具有太阳光球层的不透明度，计算你能透过它看到多远。使用例 9.2.2 中太阳的不透明度和地球大气密度 1.2 kg·m^{-3}。

9.8　在例 9.2.3 中，假设只有在 θ 角处 θ_1 和 θ_2 两个比强度的测量值 I_1 和 I_2，以这两个测量值确定地球大气层之上的强度 $I_{\lambda,0}$ 的表达式，以及大气层的垂直光深 $\tau_{\lambda,0}$。

9.9　利用相对论能量和动量守恒定律，证明一个孤立的电子不能吸收光子。

9.10　通过测量图 9.10 中曲线的斜率，验证不透明度峰值之后的曲线下降符合克拉默斯定律，$\bar{\kappa} \propto T^{-n}$，其中 $n \approx 3.5$。

9.11　根据太阳的一个模型，其中心密度为 1.53×10^5 kg·m^{-3}，中心罗斯兰平均不透明度为 0.217 m^2·kg^{-1}。

(a) 计算光子在太阳中心的光子平均自由程。

(b) 如果到太阳表面的平均自由程保持不变，计算光子从太阳逃逸所需的平均时间。(忽略可认证光子在吸收、散射和发射过程中的不断被破坏和创造。)

9.12　如果一颗恒星的大气温度向外增加，则在不透明度最大的波长处，你期望在该恒星的光谱中看到什么样的光谱线？

9.13　假设一颗恒星周围有一个巨大的由热气组成的空心球壳。在什么情况下，你会看到恒星周围发光的外壳？你对外壳的光学厚度有什么看法？

9.14　验证发射系数 j_λ 的单位是 $\text{m·s}^{-3}\text{·sr}^{-1}$。

9.15　在例 9.4.1 中推导式 (9.35)，展示光线的强度如何从初始强度 I_λ 转换为源函数的值 S_λ。

9.16　辐射转移方程 (9.34) 以沿着光线路径测量的距离 s 表示，在不同的坐标系中，转移方程看起来会略有不同，必须注意包括所有必要的项。

(a) 证明在以恒星中心为原点的球坐标系中，转移方程有如下形式：

$$-\frac{\cos\theta'}{\kappa_\lambda\rho}\frac{\mathrm{d}I_\lambda}{\mathrm{d}r} = I_\lambda - S_\lambda,$$

其中，θ' 是射线和向外径向之间的夹角。注意，不能简单地用 r 替换 s！

(b) 利用这种形式的转移方程推导出式 (9.31)。

9.17　对于平面平行的大气，证明爱丁顿近似可以得到式 (9.46)~ 式 (9.48) 所给出的平均强度、辐射通量和辐射压强的表达式。

9.18　利用平行平面大气的爱丁顿近似，确定 I_in 和 I_out 作为垂直光深的函数。辐射在什么深度处在 1% 范围内是各向同性的？

9.19　利用局部热动平衡中平行平面灰大气的结果，确定恒星的有效温度与其大气顶部温度的比值。如果 $T_\text{e} = 5777\text{ K}$，则大气层顶部的温度是多少？

9.20　证明：在局部热动平衡中，对于一个局部热动平衡状态的平行平面灰大气，(常数) 辐射流量值等于 π 乘以在光深 2/3 处估算的源函数，即

$$F_\text{rad} = \pi S\left(\tau_v = 2/3\right).$$

这个函数称为 **Eddington-Barbier 关系**，说明从恒星表面接收到的辐射流量由 $\tau_v = 2/3$ 处的源函数值决定。

9.21　考虑厚度为 L 的平面平行水平气体板，该平板保持在恒定温度 T，假设气体的光深为 $\tau_{\lambda,0}$，并且在平板的表面处 $\tau_\lambda = 0$。进一步假设没有辐射从外部进入气体。使用转移方程的通用解 (9.54) 证明：当从上方观看平板时，如果 $\tau_{\lambda,0} \gg 1$，则会看到黑体辐射；如果 $\tau_{\lambda,0} \ll 1$，则会看到发射线 (其中 j_λ 大)。你可以假设源函数 S_λ 不随气体在内部的位置而变化，当 $\tau_{\lambda,0} \gg 1$ 时，还可以假设热力学平衡。

9.22　考虑一个平面平行的厚度为 L 的气体板，它保持恒温 T。假设气体的光学深度为 $\tau_{\lambda,0}$，在平板的顶部 $\tau_\lambda = 0$。进一步假设强度为 $I_{\lambda,0}$ 的入射辐射从外面进入板的底部。使用转移方程 (9.54) 的通解证明：当从上面观察平板时，如果 $\tau_{\lambda,0} \gg 1$，你会看到黑体辐射。如果 $\tau_{\lambda,0} \ll 1$，则：如果 $I_{\lambda,0} > S_\lambda$，你会看到吸收线叠加在入射辐射的光谱上，而如果 $I_{\lambda,0} < S_\lambda$，就会看到发射线叠加在入射辐射光谱上。(后两种情况分别对应于由太阳光球层和色球层形成的光谱线，参见 11.2 节)。你可以假设源函数 S_λ 在气体中不随位置变化，对于 $\tau_{\lambda,0} \gg 1$ 还可以假设热力学平衡时。

9.23　验证：如果源函数为 $S_\lambda = a_\lambda + b_\lambda\tau_{\lambda,v}$，则出射强度由式 (9.57)，$I_\lambda(0) = a_\lambda + b_\lambda\cos\theta$ 给出。

9.24　假设谱线的形状能被半个椭圆拟合，其半长轴等于谱线的最大深度 (即 $F_\lambda = 0$)，短轴 $2b$ 等于谱线的最大宽度 (与连续谱结合处)。则这条谱线的等值宽度是多少？提示：参见式 (2.4)。

9.25　根据海森伯不确定性原理推导式 (9.60)，得到谱线波长的不确定度。

9.26　表 9.3 中给出的两条太阳吸收线是当一个电子从中性 Na I 原子的基态轨道向上跃迁时产生的。

表 9.3   习题 **9.26** 的太阳钠线数据 (数据来自：阿勒，《原子、恒星和星云》，修订版，哈佛大学出版社，剑桥，马萨诸塞州，1971 年)

λ/nm	W/nm	f
330.298	0.0067	0.0049
589.594	0.0560	0.325

(a) 利用太阳的通用生长曲线 (图 9.22)，重复例 9.5.5 的过程，求出 N_a，即光球单位面积吸收钠原子的数量。

(b) 将你的结果与例 9.5.5 的结果结合起来，得到 N_a 的平均值，用这个值来绘制图 9.22 中四条钠吸收线的位置，并确认它们都在生长曲线上。

9.27   (由附近离子电场的存在而产生的) 压力展宽对氢的谱线非常有效。如果结合这些宽的氢吸收线和太阳的通用生长曲线，将导致对氢量的过高估计。尽管如此，下面的计算证明了太阳中氢的含量是多么丰富。

表 9.4 中给出的两条太阳吸收线属于帕邢系列，即当一个电子从氢原子的 $n = 3$ 轨道向上跃迁时产生。

(a) 利用太阳的一般生长曲线 (图 9.22)，重复例 9.5.5 的过程，找到 N_a，即光球单位面积吸收氢原子的数量 (电子最初在 $n = 3$ 轨道上)。

(b) 使用玻尔兹曼公式和萨哈公式来计算太阳光球层每平方米上方氢原子的总数。

表 9.4   习题 **9.27** 的太阳氢线数据 (数据来自：阿勒，《原子、恒星和星云》，修订版，哈佛大学出版社，剑桥，马萨诸塞州，1971 年)

λ/nm	W/nm	f
1093.8(Paγ)	0.22	0.0554
1004.9(Paδ)	0.16	0.0269

计算机习题

9.28   在这个问题中，你将使用恒星表面附近不同点的密度和不透明度值来计算这些点的光深。表 9.5 中的数据来自于 10.5 节和附录 L 中描述的恒星模型构建程序 StatStar，列出的第一个点在恒星模型表面。

(a) 对式 (9.15) 进行数值积分，求出每一点的光学深度。使用简单的梯形法则

$$\mathrm{d}\tau = -\kappa\rho\mathrm{d}s$$

变成

$$\tau_{i+1} - \tau_i = -\left(\frac{\kappa_i\rho_i + \kappa_{i+1}\rho_{i+1}}{2}\right)(r_{i+1} - r_i),$$

其中，i 和 $i+1$ 表示模型中相邻的区域。注意，因为 s 是沿着光子所走过的路径测量的，所以 $\mathrm{d}s = \mathrm{d}r$。

(b) 绘制一幅温度 (纵轴) 随光深 (横轴) 变化的图。

(c) 对于每一个光深值，使用式 (9.53) 计算局部热动平衡平行平面灰大气的温度，把这些 T 的值绘制在同一幅图上。

(d) StatStar 程序采用了表面温度为零的简化假设 (见附录 L)，请对你发现的 T 的表面值的有效性进行评价。

9.29   7.3 节和附录 K 讨论的双星代码 TwoStars 利用了 W. Van Hamme (*Astronomical Journal*, 106，1096，1993) 提出的经验临边昏暗公式：

$$\frac{I(\theta)}{I(\theta = 0)} = 1 - x(1 - \cos\theta) - y\cos\theta\log_{10}(\cos\theta),$$

式中，类太阳恒星的 $x = 0.648$，$y = 0.207$ (其他类型恒星用其他系数)。

表 9.5　习题 9.28 的 1 M$_\odot$ StatStar 模型, $T_e = 5504$ K

i	r/m	T/K	$\rho/(\text{kg·m}^{-3})$	$\kappa/(\text{m}^2\text{·kg}^{-1})$
0	7.100764E+08	0.000000E+00	0.000000E+00	0.000000E+00
1	7.093244E+08	3.379636E+03	2.163524E−08	2.480119E+01
2	7.092541E+08	3.573309E+03	3.028525E−08	2.672381E+01
3	7.091783E+08	3.826212E+03	4.206871E−08	2.737703E+01
4	7.090959E+08	4.133144E+03	5.814973E−08	2.708765E+01
5	7.090062E+08	4.488020E+03	8.015188E−08	2.625565E+01
6	7.089085E+08	4.887027E+03	1.103146E−07	2.517004E+01
7	7.088019E+08	5.329075E+03	1.517126E−07	2.399474E+01
8	7.086856E+08	5.815187E+03	2.085648E−07	2.281158E+01
9	7.085588E+08	6.347784E+03	2.866621E−07	2.165611E+01
10	7.084205E+08	6.930293E+03	3.939580E−07	2.054686E+01
11	7.082697E+08	7.566856E+03	5.413734E−07	1.948823E+01
12	7.081052E+08	8.262201E+03	7.439096E−07	1.848131E+01
13	7.079259E+08	9.021603E+03	1.022171E−06	1.752513E+01
14	7.077303E+08	9.850881E+03	1.404459E−06	1.661785E+01
15	7.075169E+08	1.075642E+04	1.929644E−06	1.575731E+01
16	7.072843E+08	1.174520E+04	2.651111E−06	1.494128E+01
17	7.070306E+08	1.282486E+04	3.642174E−06	1.416754E+01
18	7.067540E+08	1.400375E+04	5.003513E−06	1.343396E+01
19	7.064524E+08	1.529096E+04	6.873380E−06	1.273849E+01
20	7.061235E+08	1.669643E+04	9.441600E−06	1.207917E+01
21	7.057649E+08	1.823102E+04	1.296880E−05	1.145414E+01
22	7.053741E+08	1.990656E+04	1.781279E−05	1.086165E+01
23	7.049480E+08	2.173599E+04	2.446473E−05	1.030001E+01
24	7.044836E+08	2.373341E+04	3.359882E−05	9.767631E+00
25	7.039774E+08	2.591421E+04	4.614038E−05	9.263005E+00
26	7.034259E+08	2.829519E+04	6.335925E−05	8.784696E+00
27	7.028250E+08	3.089468E+04	8.699788E−05	8.331344E+00
28	7.021704E+08	3.373266E+04	1.194469E−04	7.901659E+00
29	7.014574E+08	3.683096E+04	1.639859E−04	7.494416E+00
30	7.006810E+08	4.021337E+04	2.251132E−04	7.108452E+00
31	6.998356E+08	4.390583E+04	3.089976E−04	6.742665E+00
32	6.989155E+08	4.793666E+04	4.240980E−04	6.396010E+00
33	6.979141E+08	5.233670E+04	5.820105E−04	6.067495E+00
34	6.968247E+08	5.713961E+04	7.986295E−04	5.756179E+00
35	6.956399E+08	6.238205E+04	1.095736E−03	5.461170E+00
36	6.943518E+08	6.810401E+04	1.503169E−03	5.181621E+00
37	6.929517E+08	7.434904E+04	2.061803E−03	4.916730E+00
38	6.914307E+08	8.116461E+04	2.827602E−03	4.665735E+00
39	6.897790E+08	8.860239E+04	3.877181E−03	4.427914E+00
40	6.879861E+08	9.671869E+04	5.315384E−03	4.202584E+00
41	6.860411E+08	1.055748E+05	7.285639E−03	3.989094E+00

(a) 在 $0 \leqslant \theta \leqslant 90°$ 范围内绘制 Van Hamme 公式的临边昏暗图。(一定要正确处理 $\theta = 90°$ 时函数中的奇点。)

(b) 将基于爱丁顿近似的式 (9.58) 绘制在同一幅图上。

(c) 这两个公式的最大差异在哪里？

(d) 将两条曲线与图 9.17 所示的观测数据进行比较。哪条曲线能最好地代表太阳数据？

第 10 章 恒 星 内 部

10.1 流体静力学平衡

前面两章讨论了恒星光谱的许多观测细节以及观测到的谱线背后的基本物理原理。对地面和空间望远镜收集到的光进行分析，使天文学家能够确定与恒星外层有关的各种物理量，比如有效温度、光度和化学组成等。然而，没有直接的方法可以观测到恒星的中心区域，但正在进行的对来自太阳的中微子的探测 (这将在本章的后面和第 11 章中讨论) 以及来自超新星 1987A 的一次性探测 (15.3 节) 却是例外。

10.1.1　确定恒星的内部结构

要想推断出恒星内部的详细结构，就需要有与所有已知物理定律相适应的新一代计算模型，而这最终应与可观测的表面特征相一致。尽管在 20 世纪上半叶人们已经明白了恒星结构的许多理论基础，但直到 20 世纪 60 年代才出现了能够进行所有必要计算的高速计算机。可以说，理论天体物理最大的成功之一就是对恒星结构和演化的详细计算机建模。然而，尽管所有这些计算都取得了成功，但仍然还有许多问题没有解答。要找到这些问题中的许多问题的答案，就需要对恒星内部的物理过程有更详细的理解，再加上更强大的计算能力。

对恒星结构的理论研究，加上观测数据，清楚地表明恒星是个动力学天体，它们通常以人类标准难以察觉的速度缓慢变化，尽管它们有时会以非常迅速和剧烈的方式变化，例如在超新星爆炸期间。只要简单地考虑观测到的恒星的能量输出，就可以看出这种变化必然会发生。太阳每 1 秒钟释放 3.839×10^{26} J 的能量。假定能量的吸收是 100% 有效的，那么这个能量输出率将足以在仅仅 0.3 s 内融化一块大小为 1 AU×1 英里 ×1 英里的 0 ℃ 的冰。因为恒星不会有无穷无尽的能量供给，所以它们最终会耗尽其能量储备并死去。恒星的演化就是不断地对抗没完没了的引力的结果。

10.1.2　流体静力学平衡公式的推导

引力总是吸引的，这意味着如果恒星要避免坍缩，就必须存在一种相反的力。这个力是由压强提供的。为了计算压强如何随深度变化，考虑质量为 dm 的一个圆柱体，它的底面位于距离球形恒星中心 r 处 (图 10.1)。圆柱体的顶部和底部的面积分别为 A，圆柱体的高度是 dr。此外，假设作用在圆柱体上的力只有引力和压力，它总是垂直于表面，并会随着离恒星中心的距离而变化。利用牛顿第二定律 $\boldsymbol{F} = m\boldsymbol{a}$，我们得到作用在圆柱体上的净力为

$$\mathrm{d}m \frac{\mathrm{d}^2 r}{\mathrm{d}t^2} = F_g + F_{P,\mathrm{t}} + F_{P,\mathrm{b}},$$

其中，$F_g < 0$ 是指向里面的引力；$F_{P,\mathrm{t}}$ 和 $F_{P,\mathrm{b}}$ 分别是作用在圆柱体顶部和底部的压力。注意，由于作用在圆柱体侧面的压力将被抵消，所以在表达式中它们已被明确地排除了。由于压力总是垂直于表面，所以施加在圆柱体顶部的压力必须指向恒星的中心 ($F_{P,\mathrm{t}} < 0$)，而作用在底部上的压力是向外的 ($F_{P,\mathrm{b}} > 0$)。根据 $F_{P,\mathrm{b}}$ 和考虑在 r 方向上压力的变化而引起的校正项 $\mathrm{d}F_P$，将 $F_{P,\mathrm{t}}$ 写成

$$F_{P,\mathrm{t}} = -\left(F_{P,\mathrm{b}} + \mathrm{d}F_P\right).$$

把它代入前面的表达式中，得到

$$\mathrm{d}m\frac{\mathrm{d}^2 r}{\mathrm{d}t^2} = F_g - \mathrm{d}F_P. \tag{10.1}$$

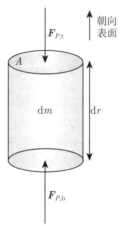

图 10.1　在静态恒星中，作用在质量体元上的引力正好被恒星中由压强梯度导致的向外的压力所抵消。位于距离恒星中心 r 处、质量为 $\mathrm{d}m$ 一个圆柱体，其高度为 $\mathrm{d}r$，顶部和底部的面积均为 A。假设在该位置处气体的密度为 ρ

正如我们在例 2.2.1 中所提及的，作用在距离球对称质量中心 r 处的小质量 $\mathrm{d}m$ 上的引力为

$$F_g = -G\frac{M_r \mathrm{d}m}{r^2}, \tag{10.2}$$

其中，M_r 是半径为 r 的球体内部的质量，通常称为内部质量。位于 r 之外的球对称质量壳层对引力的贡献为零 (这一点的证明留作习题 10.2)。

压强被定义为施加在表面每单位面积上的力的大小，即

$$P \equiv \frac{F}{A}.$$

考虑到由施加在每个表面上的力不同而导致的圆柱体顶部和底部之间的压强差 $\mathrm{d}P$，压强差可以表示为

$$\mathrm{d}F_P = A\mathrm{d}P. \tag{10.3}$$

把式 (10.2) 和式 (10.3) 代入式 (10.1)，给出

$$\mathrm{d}m\frac{\mathrm{d}^2 r}{\mathrm{d}t^2} = -G\frac{M_r \mathrm{d}m}{r^2} - A\mathrm{d}P. \tag{10.4}$$

如果圆柱体内气体的密度为 ρ，则其质量就是

$$\mathrm{d}m = \rho A \mathrm{d}r,$$

其中，$A\mathrm{d}r$ 是圆柱体的体积。在式 (10.4) 中使用此表达式，得出

$$\rho A \mathrm{d}r \frac{\mathrm{d}^2 r}{\mathrm{d}t^2} = -G\frac{M_r \rho A \mathrm{d}r}{r^2} - A\mathrm{d}P.$$

最后，除以圆柱体的体积，我们得到

$$\rho \frac{\mathrm{d}^2 r}{\mathrm{d}t^2} = -G\frac{M_r \rho}{r^2} - \frac{\mathrm{d}P}{\mathrm{d}r}. \tag{10.5}$$

假设球对称，这就是圆柱体的径向运动公式。

如果我们进一步假设恒星是静态的，那么加速度一定是零。在这种情况下，式 (10.5) 简化为

$$\boxed{\frac{\mathrm{d}P}{\mathrm{d}r} = -G\frac{M_r \rho}{r^2} = -\rho g,} \tag{10.6}$$

其中，$g \equiv GM_r/r^2$ 是在半径 r 处的本地引力加速度。式 (10.6) 是**流体静力学平衡**的条件，在加速度可以忽略的假设下，它是球对称天体的恒星结构的基本公式之一。式 (10.6) 清楚地表明，为了使恒星处于静态，必须存在压强梯度 $\mathrm{d}P/\mathrm{d}r$ 以抵消引力。支撑恒星的不是压强，而是压强随半径的变化。此外，压强必须随着半径的增加而递减；内部的压强必须大于接近表面的压强。

例 10.1.1　为了获得太阳中心压强的非常粗略的估值，假设 $M_r = 1\,M_\odot$，$r = 1\,R_\odot$，并且 $\rho = \rho_\odot = 1410\,\mathrm{kg\cdot m^{-3}}$ 是平均太阳密度 (见例 8.2.1)。还假设表面压强正好为零。然后将微分公式转换为差分公式，式 (10.6) 的左手边变成

$$\frac{\mathrm{d}P}{\mathrm{d}r} \sim \frac{P_\mathrm{s} - P_\mathrm{c}}{R_\mathrm{s} - 0} \sim -\frac{P_\mathrm{c}}{R_\odot},$$

其中，P_c 是中心压强；P_s 和 R_s 分别是表面压强和半径。代入流体静力平衡公式，求解中心压强，我们得到

$$P_\mathrm{c} \sim G\frac{M_\odot \bar{\rho}_\odot}{R_\odot} \sim 2.7 \times 10^{14}\,\mathrm{N \cdot m^{-2}}.$$

为了获得更精确的值，我们需要从恒星的表面到中心对流体静力学平衡公式做积分，考虑到在每个点处内部质量 M_r 的变化，以及密度随半径 $\rho_r \equiv \rho(r)$ 的变化，得到

$$\int_{P_\mathrm{s}}^{P_\mathrm{c}} \mathrm{d}P = P_\mathrm{c} = -\int_{R_\mathrm{s}}^{R_\mathrm{c}} \frac{GM_r \rho}{r^2} \mathrm{d}r.$$

实际上，做积分需要知道 M_r 和 ρ 的函数形式。不幸的是，这种明确的表达式是得不到的，这意味着必须挖掘这些量之间更深的关系。

根据更严格的计算，太阳模型给出其中心压强接近 2.34×10^{16} N·m^{-2}。这个值比我们粗略估计的值大得多，这是由靠近太阳中心处的密度大幅增加造成的。作为参考，1 标准大气压 (atm) $= 1.013\times10^5$ N·m^{-2}。因此，更实际的模型预测太阳中心压强是 2.3×10^{11} atm！

10.1.3 质量守恒公式

涉及质量、半径和密度，还存在第二个关系。同样，对于一个球对称的恒星，考虑一个质量为 dM_r、厚度为 dr 的壳层，位于到恒星中心的距离 r 处，如图 10.2 所示。假设壳层足够薄 (即 $dr \ll r$)，壳层的体积近似为 $dV = 4\pi r^2 dr$。如果气体的本地密度为 ρ，则壳层的质量由下式给出：

$$dM_r = \rho\left(4\pi r^2 dr\right).$$

改写后，我们得到了**质量守恒公式**：

$$\boxed{\frac{dM_r}{dr} = 4\pi r^2 \rho,} \tag{10.7}$$

它决定了恒星的内部质量如何随着到中心的距离而变化。式 (10.7) 是恒星结构基本公式中的第二个。

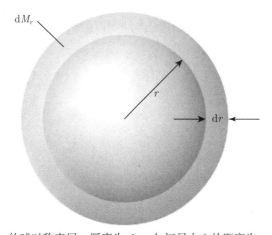

图 10.2 质量为 dM_r 的球对称壳层，厚度为 dr，与恒星中心的距离为 r。壳层的本地密度为 ρ

10.2 状态方程

到目前为止，还没有提供关于式 (10.6) 所要求的压强项的起源的任何信息。为了描述粒子相互作用的这种宏观表现，有必要推导物质状态的压强公式。这样一个**状态公式**将压强与物质的其他基本参数的依存关系联系起来。状态的压强公式的一个众所周知的例子是**理想气体定律**，通常表示为

$$PV = NkT,$$

其中，V 是气体的体积；N 是粒子数；T 是温度；k 是玻尔兹曼常量。

虽然这个表达式最初是由实验确定的，但从基本物理原理推导出它是颇具知识性的。这里使用的方法也将提供一种常规方法，在考虑理想气体定律假设不适用的环境时会常常用到，这是在天体物理问题中经常遇到的情况。

10.2.1　压强积分的推导

如图 10.3 所示，考虑一个长度为 Δx、横截面积为 A 的气体圆柱。假设圆柱体中容纳的气体由点粒子组成，每个点粒子的质量为 m，它们只通过完全弹性碰撞相互作用——换句话说，当作一种理想气体。要确定施加在容器一端的压强，请检验单个颗粒对右壁的撞击结果。因为对于完全弹性碰撞，从壁面反射的角度必须等于入射角，粒子动量的变化必然完全在 x 方向上，它垂直于表面。根据牛顿第二定律[①]（$\boldsymbol{f} = m\boldsymbol{a} = \mathrm{d}\boldsymbol{p}/\mathrm{d}t$）和第三定律，传递到壁的冲量 $\boldsymbol{f}\Delta t$ 正好是粒子动量变化的负值，即

$$\boldsymbol{f}\Delta t = -\Delta \boldsymbol{p} = 2p_x\hat{\boldsymbol{i}},$$

其中，p_x 是粒子在 x 方向上的初始动量的分量。现在，粒子在一段时间内施加的平均力可以通过估算与右壁碰撞的时间间隔来确定。由于在返回进行第二次反弹之前，粒子必须两次穿过容器的长度，则同一粒子与同一壁进行碰撞的时间间隔由下式给出：

$$\Delta t = 2\frac{\Delta x}{v_x},$$

因此，在这段时间内，单个粒子施加在壁上的平均力由下式给出：

$$f = \frac{2p_x}{\Delta t} = \frac{p_x v_x}{\Delta x},$$

其中，假设力矢量的方向垂直于表面。

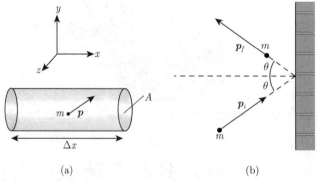

图 10.3　(a) 一个长度为 Δx、横截面积为 A 的气体圆柱，假设圆柱中的气体是理想气体；(b) 单个点粒子与圆柱体的一端碰撞，对于完全弹性碰撞，反射角必须等于入射角

现在，因为 $p_x \propto v_x$，上述式子的分子与 v_x^2 成比例。为了对此进行估算，回想速度矢量的大小是由 $v^2 = v_x^2 + v_y^2 + v_z^2$ 给出的。对于随机运动足够大的粒子集合，在三个方向的

---

① 请注意，此处使用小写字母 f 表示由单个粒子产生的力。

每一个方向上运动的可能性是相同的, 即 $\overline{v_x^2} = \overline{v_y^2} = \overline{v_z^2} = v^2/3$. 用 $\dfrac{1}{3}pv$ 代替 $p_x v_x$, 具有动量 p 的每个粒子的平均力为

$$f(p) = \frac{1}{3}\frac{pv}{\Delta x}.$$

通常情况下, 粒子具有一定范围的动量。如果动量在 p 和 $p+\mathrm{d}p$ 之间的粒子数由表达式 $N_p\mathrm{d}p$ 给出, 那么圆柱体中的粒子总数为

$$N = \int_0^\infty N_p\mathrm{d}p.$$

在那个动量范围内, 所有粒子对合力 $\mathrm{d}F(p)$ 的贡献由下式给出:

$$\mathrm{d}F(p) = f(p)N_p\mathrm{d}p = \frac{1}{3}\frac{N_p}{\Delta x}pv\mathrm{d}p.$$

对所有可能的动量值进行积分, 粒子碰撞所施加的合力为

$$F = \frac{1}{3}\int_0^\infty \frac{N_p}{\Delta x}pv\mathrm{d}p.$$

在该表达式的两侧除以壁的表面积 A, 得到表面的压强为 $P = F/A$。注意 $\Delta V = A\Delta x$ 正好是圆柱体的体积, 并且将 $n_p\mathrm{d}p$ 定义为每单位体积里具有动量在 p 和 $p+\mathrm{d}p$ 之间的粒子数, 即

$$n_p\mathrm{d}p \equiv \frac{N_\mathrm{p}}{\Delta V}\mathrm{d}p,$$

我们得到施加在壁上的压强是

$$P = \frac{1}{3}\int_0^\infty n_p pv\mathrm{d}p. \tag{10.8}$$

该表达式有时称为**压强积分**, 它使得在给定某种分布函数 $n_\mathrm{p}\mathrm{d}p$ 的情况下计算压强成为可能。

10.2.2 用平均分子量表示的理想气体定律

式 (10.8) 对以任何速度运动的大质量粒子和无质量粒子 (例如光子) 都有效。对于大质量但非相对论粒子的特殊情形, 我们可以用 $p = mv$ 把压强积分写成

$$P = \frac{1}{3}\int_0^\infty mn_v v^2\mathrm{d}v, \tag{10.9}$$

其中, $n_v\mathrm{d}v = n_p\mathrm{d}p$ 是每单位体积中速度在 v 和 $v+\mathrm{d}v$ 之间的粒子数。

函数 $n_v\mathrm{d}v$ 依赖于所描述的系统的物理性质。在理想气体的情况下, $n_v\mathrm{d}v$ 是第 8 章式 (8.1) 中描述的麦克斯韦–玻尔兹曼速度分布。

$$n_v\mathrm{d}v = n\left(\frac{m}{2\pi kT}\right)^{3/2}\mathrm{e}^{-mv^2/(2kT)}4\pi v^2\mathrm{d}v,$$

其中，$n = \int_0^\infty n_v \mathrm{d}v$ 是粒子的数密度。代入压强积分，最终给出

$$P_g = nkT \tag{10.10}$$

(该证明留作练习，见习题 10.5)。由于 $n \equiv N/V$，式 (10.10) 正是我们熟悉的理想气体定律。

在天体物理的应用中，用另一种形式来表示理想气体定律常常是方便的。由于 n 是粒子数密度，显然它必然与气体的质量密度有关。考虑到不同质量的各种粒子，因此可以将 n 表示为

$$n = \frac{\rho}{\bar{m}},$$

其中，$\bar{m}$ 是气体粒子的平均质量。代入后，理想气体定律变为

$$P_g = \frac{\rho kT}{\bar{m}}.$$

现在我们定义一个新的量，**平均分子量**：

$$\mu \equiv \frac{\bar{m}}{m_\mathrm{H}},$$

其中，$m_\mathrm{H} = 1.673532499 \times 10^{-27}$ kg 是氢原子的质量。平均分子量就是以氢的质量为单位，气体中自由粒子的平均质量。理想气体定律现在可以用平均分子量写成

$$\boxed{P_g = \frac{\rho kT}{\mu m_\mathrm{H}}.} \tag{10.11}$$

平均分子量取决于气体的成分以及每种物质的电离状态。由于每个粒子的平均质量 $\bar{m}$ 必须包括自由电子，所以应该考虑电离程度。这意味着需要对萨哈公式 (8.8) 进行详细分析，以计算电离态的相对数量。然而，当气体是完全中性或完全电离时，计算就非常简单了。

对于完全中性的气体，

$$\bar{m}_\mathrm{n} = \frac{\sum\limits_j N_j m_j}{\sum\limits_j N_j}. \tag{10.12}$$

其中，m_j 和 N_j 分别是气体中的 j 类型原子的质量和总数，并且假定对所有类型的原子进行求和。除以 m_H 得出

$$\mu_\mathrm{n} = \frac{\sum\limits_j N_j A_j}{\sum\limits_j N_j},$$

其中, $A_j \equiv m_j/m_H$。类似地, 对于完全电离的气体,

$$\mu_i \simeq \frac{\sum\limits_j N_j A_j}{\sum\limits_j N_j (1 + z_j)},$$

其中, $1 + z_j$ 表示完全电离的 j 类型原子所产生的原子核加上自由电子的数目。(不要将 z_j 与金属丰度 Z 混淆。)

为了求 $\bar{m}$, 取上述表达式的倒数, 可以根据质量分数写出替代的公式而得到 μ。回想 $\bar{m} = \mu m_H$, 对于中性气体式 (10.12) 可给出

$$\begin{aligned}
\frac{1}{\mu_n m_H} &= \frac{\sum\limits_j N_j}{\sum\limits_j N_j m_j} \\
&= \frac{\text{粒子总数}}{\text{气体总质量}} \\
&= \sum_j \frac{\text{粒子 } j \text{ 的数量}}{\text{粒子 } j \text{ 的质量}} \cdot \frac{\text{粒子 } j \text{ 的质量}}{\text{气体总质量}} \\
&= \sum_j \frac{N_j}{N_j A_j m_H} X_j \\
&= \sum_j \frac{1}{A_j m_H} X_j,
\end{aligned}$$

其中, X_j 是 j 类型原子的质量分数。求解 $1/\mu_n$, 得到

$$\frac{1}{\mu_n} = \sum_j \frac{1}{A_j} X_j. \tag{10.13}$$

因此, 对于中性气体,

$$\frac{1}{\mu_n} \simeq X + \frac{1}{4} Y + \left\langle \frac{1}{A} \right\rangle_n Z. \tag{10.14}$$

$\langle 1/A \rangle_n$ 是气体中比氢重的所有元素的加权平均值。对于太阳丰度, $\langle 1/A \rangle_n \sim 1/15.5$。

完全电离的气体的平均分子量可以以类似的方式确定。仅需要包括物质成分中包含的粒子 (包括原子核和电子) 的总数。例如, 每个氢原子将向粒子总数贡献一个自由电子以及原子核本身。类似地, 一个氢原子将贡献两个自由电子加上它的原子核。因此, 对于完全电离的气体, 式 (10.13) 成为

$$\frac{1}{\mu_i} = \sum_j \frac{1 + z_j}{A_j} X_j. \tag{10.15}$$

明确地包括氢和氦，我们将有

$$\frac{1}{\mu_i} \simeq 2X + \frac{3}{4}Y + \left\langle \frac{1+z}{A} \right\rangle_i Z. \tag{10.16}$$

对于比氢重得多的元素，$1 + z_j \approx z_j$，其中 $z_j \gg 1$ 代表 j 类型原子中的质子 (或电子) 数。$A_j \approx 2z_j$ 也是成立的，该关系是基于这样的事实，即足够重的原子在它们的原子核中大致具有相同数量的质子和中子，并且质子和中子具有非常相似的质量 (参见第 299 页)。因此

$$\left\langle \frac{1+z}{A} \right\rangle_i \simeq \frac{1}{2}.$$

如果我们假设 $X = 0.70$，$Y = 0.28$ 和 $Z = 0.02$ (这是比较年轻的恒星的典型成分)，那么用这些表达式可把平均分子量写为 $\mu_n = 1.30$ 和 $\mu_i = 0.62$。

10.2.3　每个粒子的平均动能

对理想气体定律的进一步研究表明，也可以将式 (10.10) 和压强积分式 (10.9) 合并来计算每个粒子的平均动能。等同起来，我们看到

$$nkT = \frac{1}{3} \int_0^\infty m n_v v^2 \mathrm{d}v.$$

这个表达式可以改写为

$$\frac{1}{n} \int_0^\infty n_v v^2 \mathrm{d}v = \frac{3kT}{m}.$$

然而，该表达式的左侧仅是由麦克斯韦–玻尔兹曼分布函数加权的 v^2 的积分平均值。因此

$$\overline{v^2} = \frac{3kT}{m},$$

或

$$\frac{1}{2}m\overline{v^2} = \frac{3}{2}kT. \tag{10.17}$$

值得注意的是，因子 3 是由在三个坐标方向 (或自由度) 上的粒子速度的平均值产生的，这在前面介绍过。因此，在每个自由度上，粒子的平均动能为 $\frac{1}{2}kT$。

10.2.4　费米–狄拉克 (Fermi-Dirac) 统计和玻色–爱因斯坦 (Bose-Einstein) 统计

正如前面已经提到的，在某些恒星环境中理想气体定律的假设甚至不能近似地成立。例如，在压强积分中，假设速度积分的上限是无穷的。当然，情况并非如此，因为根据爱因斯坦的狭义相对论，速度的最大可能值是光速 c。此外，在理想气体定律的推导过程中，也忽略了量子力学的影响。当考虑海森伯不确定性原理和泡利不相容原理时，就会出现与麦克斯韦–玻尔兹曼分布不同的分布函数。**费米–狄拉克**分布函数考虑了这些重要的原理，在应用于像在白矮星和中子星中发现的那种极端致密的物质时会出现非常不同的状态压强公

式。这些奇异天体将在第 16 章详细讨论。正如 5.4 节所述，像电子、质子和中子等服从**费米–狄拉克统计**的粒子称为**费米子**。

如果假设在特定状态下某些粒子的存在增强了在相同状态下其他粒子存在的可能性，那么与泡利不相容原理的效果有些相反的效应就会出现，将得到另一种统计分布函数。玻色–爱因斯坦统计具有多种应用，包括理解光子的行为。服从**玻色–爱因斯坦统计**的粒子称为**玻色子**。

正如狭义相对论和量子力学在适当的极限下必须给出经典结果，费米–狄拉克统计和玻色–爱因斯坦统计在密度和速度都非常低的情形也会给出经典结果。在这些极限下，这两个分布函数与经典的麦克斯韦–玻尔兹曼分布函数变得难以区分。

10.2.5 辐射压的贡献

由于光子具有动量 $p_\gamma = h\nu/c$ (式 (5.5))，所以它们能够在吸收或反射过程中向其他粒子传递冲量。因此，电磁辐射导致另一种形式的压强。利用压强积分重新推导第 9 章中的辐射压的表达式是有益的。用光速代替速度 v，使用光子动量的表达式，并使用分布函数的恒等式，$n_p \mathrm{d}p = n_\nu \mathrm{d}\nu$，普适的压强积分式 (10.8) 现在描述了辐射效应，给出

$$P_{\mathrm{rad}} = \frac{1}{3} \int_0^\infty h\nu n_\nu \mathrm{d}\nu.$$

在这一点上，该问题再次简化为确定 $n_\nu \mathrm{d}\nu$ 的适当表达式。由于光子是玻色子，玻色–爱因斯坦分布函数将适用。然而，也可以通过意识到 $n_\nu \mathrm{d}\nu$ 表示频率位于 ν 和 $\nu + \mathrm{d}\nu$ 之间的光子的数密度来解决该问题。乘以该频率范围内每个光子的能量将给出该频率间隔上的能量密度，即

$$P_{\mathrm{rad}} = \frac{1}{3} \int_0^\infty u_\nu \mathrm{d}\nu, \tag{10.18}$$

其中，$u_\nu \mathrm{d}\nu = h\nu n_\nu \mathrm{d}\nu$。但是能量密度分布函数从黑体辐射的普朗克函数公式 (9.6) 得到。代入式 (10.18) 并进行积分将给出

$$\boxed{P_{\mathrm{rad}} = \frac{1}{3} aT^4,} \tag{10.19}$$

其中，a 是先前在式 (9.7) 中出现过的辐射常数。

在天体物理许多情形中，由光子产生的压强实际上可以明显超过由气体产生的压强。事实上，由辐射压而产生的力的大小可能变得非常大，以至于超过了引力，从而导致系统的整体膨胀。

合并理想气体压强和辐射压强，总压强变为

$$P_{\mathrm{t}} = \frac{\rho kT}{\mu m_{\mathrm{H}}} + \frac{1}{3} aT^4. \tag{10.20}$$

例 10.2.1 利用例 10.1.1 的结果，我们可以估算出太阳的中心温度。忽略辐射压项，从理想气体状态公式可求出中心温度为

$$T_c = \frac{P_c \mu m_H}{\rho k}.$$

使用 $\bar{\rho}_\odot$、合适的完全电离值 $\mu_i = 0.62$[①]，以及中心压强的估值，我们得到

$$T_c \sim 1.44 \times 10^7 \text{ K}$$

这与更详细的计算结果相当吻合。太阳模型给出的其中心温度为 1.57×10^7 K。在此温度下，由辐射产生的压强仅为 1.53×10^{13} N·m^{-2}，仅仅是气体压强的 0.065%。

10.3 恒 星 能 源

正如我们已经看到的，恒星的能量输出率 (它们的光度) 非常大。然而，能源的来源问题尚未得到处理。显然，衡量一颗恒星的寿命的一个指标必然关联到它能维持能量输出的时间有多长。

10.3.1 引力和开尔文–亥姆霍兹 (Kelvin-Helmholtz) 时标

恒星能量的一个可能来源是引力势能。回想一下，两个粒子的系统的引力势能是由公式 (2.14) 给出的，

$$U = -G\frac{Mm}{r}.$$

随着 M 和 m 之间距离的减小，引力势能变得更负，这意味着能量必须转换成其他形式，例如动能。如果一颗恒星能够设法将其引力势能转化为热量，然后将这些热量辐射到太空中，这颗星或许能在一段时间内闪耀。然而，我们还必须记住，根据位力定理式 (2.47)，处于平衡状态的粒子系统的总能量是系统势能的一半。因此，恒星的引力势能变化实际上只有一半可以被辐射出去。剩余的势能提供了热能来加热恒星。

计算恒星的引力势能需要考虑每对可能的粒子对之间的相互作用。这并不像最初看起来的那么难以理解。位于球对称质量 M_r 外部的质点 $\mathrm{d}m_i$ 受到的引力为

$$\mathrm{d}F_{g,i} = G\frac{M_r \mathrm{d}m_i}{r^2},$$

而且引力指向球体的中心。如果球体的所有质量都位于它的中心，质点离中心的距离为 r，那么这个力就应该是相同的。这马上意味着质点的引力势能是

$$\mathrm{d}U_{g,i} = -G\frac{M_r \mathrm{d}m_i}{r}.$$

---

① 因为，正如我们将在第 11 章中看到的，太阳已经通过核反应将大量的核心的氢转化为氦，所以 μ_i 的实际值更接近 0.84。

如果不考虑单个质点，而是假设质点均匀分布在厚度为 dr 的壳层内，其质量为 dm (dm 是所有质点 dm_i 的总和)，则

$$dm = 4\pi r^2 \rho dr,$$

其中，ρ 是壳层的质量密度；$4\pi r^2 dr$ 是它的体积。因此

$$dU_g = -G\frac{M_r 4\pi r^2 \rho}{r}dr.$$

从恒星中心到表面对所有质量壳层进行积分，总引力势能变为

$$U_g = -4\pi G \int_0^R M_r \rho r dr, \tag{10.21}$$

其中，R 是恒星的半径。

对 U_g 的精确计算，需要知道 ρ 以及相应的 M_r 是如何依赖于 r 的。不管怎么说，可以通过假设 ρ 是常数并且等于其平均值来得到 ρ 的一个近似值，即

$$\rho \sim \bar{\rho} = \frac{M}{\frac{4}{3}\pi R^3},$$

其中，M 是恒星的总质量。现在我们也可以把 M_r 近似为

$$M_r \sim \frac{4}{3}\pi r^3 \bar{\rho}.$$

如果把它代入式 (10.21)，总的引力势能变为

$$U_g \sim -\frac{16\pi^2}{15}G\bar{\rho}^2 R^5 \sim -\frac{3}{5}\frac{GM^2}{R}. \tag{10.22}$$

最后，应用位力定理，恒星的总机械能是

$$E \sim -\frac{3}{10}\frac{GM^2}{R}. \tag{10.23}$$

例 10.3.1 如果太阳原本比现在大得多，那么它以引力坍缩方式已经释放出了多少能量？假设它的原始半径为 R_i，而 $R_i \gg 1\, R_\odot$，则坍缩期间辐射出的能量为

$$\Delta E_g = -(E_f - E_i) \simeq -E_f \simeq \frac{3}{10}\frac{GM_\odot^2}{R_\odot} \simeq 1.1 \times 10^{41}\ \text{J}.$$

还假设太阳的光度在其一生中大致保持不变，那么它可以以这样的速率释放能量的时间大约是

$$t_{\text{KH}} = \frac{\Delta E_g}{L_\odot}$$

$$\sim 10^7 \text{ yr.} \tag{10.24}$$

t_{KH} 被称为**开尔文–亥姆霍兹时标**。然而，根据放射性测年技术，月球表面岩石的年龄估计超过 4×10^9 年。太阳的年龄似乎不可能小于月球的年龄。因此，仅靠引力势能无法解释太阳一生的光度。然而，正如我们将在后面的章节中看到的，在恒星演化的某些阶段中，引力势能可以起到重要的作用。

另一种可能的能源涉及化学过程。然而，由于化学反应是基于原子中在轨电子的相互作用，以氢和氦的典型原子能级 (见 5.3 节) 为例，每个原子可释放的能量不太可能超过 $1 \sim 10$ eV。给定恒星中存在的原子数量，可用的化学能的总量也太低了，不足以解释太阳在一个合理时间段内的光度 (习题 10.3)。

10.3.2 核时标

原子核也可以被考虑是能量的来源。尽管在轨电子涉及电子伏特 (eV) 范围的能量，但原子核过程涉及的能量通常高于其数百万倍 (MeV)。正如化学反应可以导致原子变成分子或一种分子变成另一种分子那样，核反应使一种原子核变成另一种原子核。

特定**元素**的原子核是由它所包含的质子数 Z 来区分的 (不要与金属丰度相混淆)，每个质子携带 1 个 $+e$ 的电荷。显然，在中性原子中，质子的数目必须正好等于轨道电子的数目。给定元素的**同位素**是由原子核中的中子数 N 区分的，中子顾名思义是电中性的。(给定元素的所有同位素具有相同的质子数。) 质子和中子统称为**核子**，特定同位素中核子的数目为 $A = Z + N$。由于质子和中子具有非常相似的质量并且大大超过电子的质量，则 A 是同位素质量的一个好指标，通常称为质量数[①]。质子、中子和电子的质量分别为

$$m_{\text{p}} = 1.67262158 \times 10^{-27} \text{ kg} = 1.00727646688 \text{ u,}$$

$$m_{\text{n}} = 1.67492716 \times 10^{-27} \text{ kg} = 1.00866491578 \text{ u,}$$

$$m_{\text{e}} = 9.10938188 \times 10^{-31} \text{ kg} = 0.0005485799110 \text{ u.}$$

用原子质量单位来表示原子核的质量通常是方便的，1 u $= 1.66053873 \times 10^{-27}$ kg，恰好是碳-12 同位素质量的 1/12。核粒子的质量也常常用它们的静止质量能量来表示，单位是 MeV。用爱因斯坦的质能关系 $E = mc^2$，我们得到 1 u $= 931.494013$ MeV$/c^2$。当质量简单地表示成静止质量能量时，通常就是这样，隐含地假定了因子 c^2。

氢最简单的同位素由一个质子和一个电子组成，质量为 $m_{\text{H}} = 1.00782503214$ u。这个质量实际上比单个质子和电子的总质量稍微小一点。事实上，如果原子处于基态，精确的质量差是 13.6 eV，这正好是它的电离势。由于质量等价于相应的能量，而系统的总质量–能量必须守恒，则当电子和质子结合形成原子时，任何能量的损失都必须以总质量的损失为代价。

类似地，当核子结合形成原子核时，能量也会释放，同时伴随着质量的损失。由两个质子和两个中子组成的氦核，可以由一系列核反应形成，最初涉及四个氢核 (即 4H——→He+ 小

---

① 第 292 页定义的量 A_j 大约等于质量数。

质量的残余物)。这样的反应称为**聚变**反应,因为较轻的粒子 "聚合" 在一起形成较重的粒子。(相反,当一个大质量的原子核分裂成更小的碎片时,就会发生**裂变**反应。)四个氢原子核的总质量是 4.03130013 u,而一个氦原子核的质量为 $m_{He} = 4.002603$ u。如果忽略诸如中微子之类的小质量残余物的贡献,这些氢原子核的总质量超过氦原子核质量 $\Delta m = 0.028697$ u,即 0.7%。因此,在形成氦核时释放的总能量为 $E_b = \Delta mc^2 = 26.731$ MeV。这就是众所周知的氦原子核的**结合能**。如果氦原子核被分裂为组成它的质子和中子,则完成这项任务所需的能量将是 26.731 MeV。

例 10.3.2 这种核能源是否足以在太阳一生中为其提供能量?为简单起见,还假设太阳最初成分是 100% 的氢,并且只有内部 10% 的太阳质量变得足够热,可以将氢转变为氦。

由于在形成氦原子核的过程中,氢质量的 0.7% 被转化为能量,从而在太阳中可以得到的核能总量为

$$E_{nuclear} = 0.1 \times 0.007 \times M_\odot c^2 = 1.3 \times 10^{44} \text{ J}.$$

给出的**核时标**约为

$$t_{nuclear} = \frac{E_{nuclear}}{L_\odot}$$

$$\sim 10^{10} \text{ yr}, \tag{10.25}$$

比月球岩石的年龄要长很多。

10.3.3 量子力学隧穿效应

显然,在原子核中可以得到足够的能量提供给恒星作为发光的能源,但在恒星内部真的能发生核反应吗?为了发生反应,原子核必须碰撞,在过程中形成新的原子核。然而,所有的原子核都是带正电的,这意味着它们在碰撞发生前必须克服库仑势垒。图 10.4 显示了一个原子核在接近另一个原子核时将经历的势能曲线的特征形状。该曲线由两部分组成:核外部分是两个带正电的核之间存在的势能,而原子核内部形成了一个势阱,它由原子中将原子核束缚在一起的**强核力**控制。强核力是一种非常短程的力,作用于原子内所有核子之间。它是一种吸引力,它支配着质子之间的库仑斥力。显然,如果这种力不存在,原子核就会立即分崩离析。

如果我们假设克服库仑势垒所需的能量由气体的热能提供,并且所有的原子核都是非相对论性运动的,那么可以估计出克服势垒所需的经典温度 T。由于气体中的所有粒子都是随机运动的,参考两个原子核之间的相对速度 v 和由式 (2.22) 给出的它们的折合质量 (μ_m) 是适当的 (注意,这里我们不是指平均分子量 μ)。让折合质量的初始动能与势垒的势能相等,将给出了经典的拐点。现在,使用式 (10.17) 得到

$$\frac{1}{2}\mu_m \overline{v^2} = \frac{3}{2}kT_{classical} = \frac{1}{4\pi\epsilon_0}\frac{Z_1 Z_2 e^2}{r},$$

其中,$T_{classical}$ 表示典型的粒子克服势垒所需的温度;Z_1 和 Z_2 是每个原子核中的质子数;r 是它们的分离距离。假设典型的原子核的半径在 1 飞米 (fm) $= 10^{-15}$ m 这个量级上,克

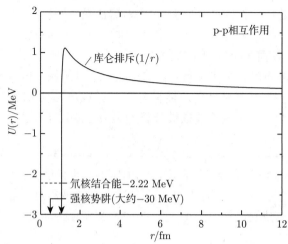

图 10.4   核反应的特征势能曲线。带正电的原子核之间的库仑排斥导致势垒, 其与原子核之间的间距成
反比, 与电荷的乘积成正比。原子核内部的核势阱是由强核力的吸引而产生的

服库仑势垒所需的温度近似为

$$T_{\text{classical}} = \frac{Z_1 Z_2 e^2}{6\pi\epsilon_0 k r}$$

$$\sim 10^{10} \text{ K}, \tag{10.26}$$

对应于两个质子之间的碰撞 ($Z_1 = Z_2 = 1$)。然而, 太阳的中心温度仅为 1.57×10^7 K, 远
低于这里所要求的温度。即使考虑到麦克斯韦–玻尔兹曼分布表明气体中有大量粒子的速
度超过平均速度这个事实, 经典物理学依然无法解释大量的粒子是如何能够克服库仑势垒,
从而产生太阳观测到的光度。

正如在 5.4 节提到的, 量子力学告诉我们, 永远不可能无限精确地知道一个粒子的位
置和动量。海森伯不确定性原理指出, 位置和动量的不确定性是这么关联的:

$$\Delta x \Delta p_x \geqslant \frac{\hbar}{2}.$$

一个质子与另一个质子碰撞时, 其位置的不确定性可能很大, 以至于碰撞的动能不足以克
服经典库仑势垒, 但尽管如此, 其中一个质子仍可能存在于另一个质子的强核力所限定的
中心势阱中。这种量子力学隧穿效应没有经典的对应体 (回想一下 5.4 节中的讨论)。当然,
势垒高度与粒子动能的比率越大或势垒越宽, 隧穿的可能性就越小。

考虑隧穿效应, 对维持核反应所必需的温度做一个粗略估计。假设质子必须在其大约一
个德布罗意波长的靶心范围内, 才能隧穿通过库仑势垒。回想大质量粒子的波长由 $\lambda = h/p$
(式 (5.17)) 给出, 根据动量, 将动能改写为

$$\frac{1}{2}\mu_m v^2 = \frac{p^2}{2\mu_m},$$

并设定最靠近的距离等于一个波长 (其中势垒高度等于初始动能), 得到

$$\frac{1}{4\pi\epsilon_0}\frac{Z_1 Z_2 e^2}{\lambda} = \frac{p^2}{2\mu_m} = \frac{(h/\lambda)^2}{2\mu_m}.$$

求解 λ 并将 $r = \lambda$ 代入式 (10.26) 中, 我们就得到发生核反应所需温度的量子力学估算:

$$T_{\text{quantum}} = \frac{Z_1^2 Z_2^2 e^4 \mu_m}{12\pi^2 \epsilon_0^2 h^2 k}. \tag{10.27}$$

再次假设两个质子碰撞, $\mu_m = m_p/2$ 和 $Z_1 = Z_2 = 1$. 代入, 我们得到 $T_{\text{quantum}} \approx 10^7$ K. 在这种情况下, 如果我们假设量子力学效应, 那么核反应所需的温度与估计出的太阳中心温度一致.

10.3.4 核反应率和伽莫夫峰

既然已经确立了核能源的可能性, 为了将其应用于恒星模型的发展, 我们需要对核反应率进行更详细的描述. 例如, 在温度为 T 的气体中, 并不是所有的粒子都具有足够的动能和必要的波长以成功地隧穿库仑势垒. 因此, 每个能量间隔里的反应率必须根据具有特定能量范围内的粒子的数密度, 再加上那些粒子实际上可以隧穿目标原子核的库仑势垒的可能性来描述. 然后, 总的核反应率是在所有可能的能量上进行积分.

首先考虑特定能量区间内的原子核的数密度. 正如我们所看到的, 麦克斯韦–玻尔兹曼分布式 (8.1) 将速度在 v 和 $v + \mathrm{d}v$ 之间的粒子的数密度与气体的温度相关联. 假设粒子间最初相互离得足够远, 从而可以忽略势能, 非相对论性[①]动能关系描述了粒子的总能量, 即 $K = E = \mu_m v^2/2$. 求解速度并代入, 我们可以用动能在 E 和 $E + \mathrm{d}E$ 之间的粒子数来表示麦克斯韦–玻尔兹曼分布:

$$n_E \mathrm{d}E = \frac{2n}{\pi^{1/2}}\frac{1}{(kT)^{3/2}} E^{1/2} \mathrm{e}^{-E/(kT)} \mathrm{d}E \tag{10.28}$$

(这个关系式的证明留作习题 10.6).

式 (10.28) 给出了能量在 $\mathrm{d}E$ 范围内的每单位体积内的粒子数, 但它没有描述粒子可能发生实际相互作用的概率. 为了说明这一因素, 重新引入**截面**这一概念[②]. 将截面积 $\sigma(E)$ 定义为每单位时间内每个靶核的反应数除以入射粒子的流量, 即

$$\sigma(E) \equiv \frac{\text{反应数/靶核数/时间}}{\text{入射粒子数/面积/时间}}.$$

如第 9 章所提到的, 虽然 $\sigma(E)$ 是严格的概率度量, 但可以认为它大约等于靶粒子的横截面积; 任何入射粒子击中那个靶心面积将导致核反应.

为了确定每单位体积每单位时间内的反应率, 考虑将会击中横截面积为 $\sigma(E)$ 的靶的粒子数量, 假设所有入射粒子都朝一个方向运动. 让 x 表示靶粒子, i 表示入射粒子. 如

[①] 在天体物理过程中, 除了中子星的极端环境, 原子核通常都是非相对论性的. 然而, 由于电子的质量小得多, 则不能假定它们也是非相对论性的.

[②] 在 9.2 节确定碰撞之间的平均自由程时, 首先讨论了横截面这个概念.

果在能量 E 和 $E+\mathrm{d}E$ 之间，每单位体积的入射粒子数是 $n_{iE}\mathrm{d}E$，那么反应数 $\mathrm{d}N_E$ 就是在时间间隔 $\mathrm{d}t$ 内，速度为 $v(E)=\sqrt{2E/\mu_m}$ 且能够击中 x 的粒子数。

入射的粒子数就是装在体积为 $\sigma(E)v(E)\mathrm{d}t$ (图 10.5) 的圆柱体中的粒子数，即

$$\mathrm{d}N_E = \sigma(E)v(E)n_{iE}\mathrm{d}E\mathrm{d}t.$$

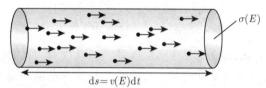

图 10.5　i 类型粒子与截面为 $\sigma(E)$ 的 x 靶之间每单位时间内的反应数可以用截面积为 $\sigma(E)$ 和长度为 $\mathrm{d}s=v(E)\mathrm{d}t$ 的圆柱中的粒子数来表示，该长度是在时间间隔 $\mathrm{d}t$ 内到达靶的距离

现在，具有适当速度 (或动能) 的每单位体积的入射粒子数是示例中粒子总数的一部分：

$$n_{iE}\mathrm{d}E = \frac{n_i}{n}n_E\mathrm{d}E,$$

其中，$n_i=\int_0^\infty n_{iE}\mathrm{d}E$，$n=\int_0^\infty n_E\mathrm{d}E$，和 $n_E\mathrm{d}E$ 由式 (10.28) 给出。因此，能量在 E 和 $E+\mathrm{d}E$ 之间、每时间间隔 $\mathrm{d}t$、每个靶核的反应次数为

$$\frac{每个靶核的反应次数}{时间间隔} = \frac{\mathrm{d}N_E}{\mathrm{d}t} = \sigma(E)v(E)\frac{n_i}{n}n_E\mathrm{d}E.$$

最后，如果每单位体积存在 n_x 个靶，则需对每单位体积每单位时间的反应总数在所有可能的能量上进行积分，得到

$$r_{ix} = \int_0^\infty n_x n_i \sigma(E)v(E)\frac{n_E}{n}\mathrm{d}E. \tag{10.29}$$

要估算公式 (10.29)，我们必须知道 $\sigma(E)$ 的函数形式。不幸的是，$\sigma(E)$ 随能量快速变化，其函数形式很复杂。将 $\sigma(E)$ 与实验数据进行比较也很重要。然而，与实验室实验中发现的能量相比，恒星的热能是相当低，而且通常需要显著的外推才能获得恒星核反应率的比较数据。

如果将最强烈地依赖于能量的这些项首先考虑在内，则确定 $\sigma(E)$ 的过程可以得到一定程度的改善。我们已经提出，横截面积可以被粗略地认为是一个物理面积。此外，原子核的大小，根据其 "接触" 靶核的能力来衡量，半径大约是一个德布罗意波长 $(r \approx \lambda)$。综合这些想法，原子核的横截面积 $\sigma(E)$ 应该正比于：

$$\sigma(E) \propto \pi\lambda^2 \propto \pi\left(\frac{h}{p}\right)^2 \propto \frac{1}{E}.$$

为了获得最终的表达式，我们再次使用了非相对论性关系式，$K=E=\mu_m v^2/2 = p^2/(2\mu_m)$。

我们在前面也提到过，隧穿库仑势垒的能力与势垒高度和入射原子核的初始动能之比有关，这是在横截面积中必须考虑的因素。如果势垒高度 U_c 为零，则成功穿透它的概率必然等于 1 (即 100%)。相对于入射原子核的初始动能，随着势垒高度的增加，穿透概率必然降低；随着势垒高度的走向无穷大，穿透概率渐近地趋于零。实际上，隧穿概率本质上是指数型变化的。由于 $\sigma(E)$ 必然与隧穿概率相关，则我们得到

$$\sigma(E) \propto e^{-2\pi^2 U_c/E}. \tag{10.30}$$

因子 $2\pi^2$ 产生于对该问题的严格的量子力学处理。再次假设 $r \sim \lambda = h/p$，取势垒高度 U_c 与粒子动能 E 之比，可得

$$\frac{U_c}{E} = \frac{Z_1 Z_2 e^2/(4\pi\epsilon_0 r)}{\mu_m v^2/2} = \frac{Z_1 Z_2 e^2}{2\pi\epsilon_0 h v}.$$

经过一番操作，我们发现

$$\sigma(E) \propto e^{-bE^{-1/2}}, \tag{10.31}$$

其中，

$$b \equiv \frac{\pi \mu_m^{1/2} Z_1 Z_2 e^2}{2^{1/2} \epsilon_0 h}.$$

显然，b 取决于参与相互作用的两个原子核的质量和电荷。

结合以前的结果并将 $S(E)$ 定义为能量的某个 (我们希望是) 缓变函数，我们现在可以将截面表示为[①]

$$\sigma(E) = \frac{S(E)}{E} e^{-bE^{-1/2}}. \tag{10.32}$$

将式 (10.28) 和式 (10.32) 代入式 (10.29) 并简化，反应率积分变为

$$r_{ix} = \left(\frac{2}{kT}\right)^{3/2} \frac{n_i n_x}{(\mu_m \pi)^{1/2}} \int_0^\infty S(E) e^{-bE^{-1/2}} e^{-E/(kT)} dE. \tag{10.33}$$

在式 (10.33) 中，$e^{-E/(kT)}$ 项代表麦克斯韦–玻尔兹曼分布的高能翼，而 $e^{-bE^{-1/2}}$ 项来自穿透概率。如图 10.6 所示，这两个因子的乘积产生了一条很强的尖峰曲线，即**伽莫夫峰**，是后来以乔治·伽莫夫 (George Gamow，1904—1968) 之名命名的，该物理学家首先研究了库仑势垒穿透。在如下能量处出现曲线的顶部：

$$E_0 = \left(\frac{bkT}{2}\right)^{2/3}. \tag{10.34}$$

作为伽莫夫峰的结果，对反应率积分的最大贡献出现在相当窄的能带中，该能带取决于气体的温度，以及核反应成分的电荷和质量。

[①] 相互作用粒子的角动量在核反应率中也起作用，但对于天体物理意义上的核反应，角动量通常是次要的要素。

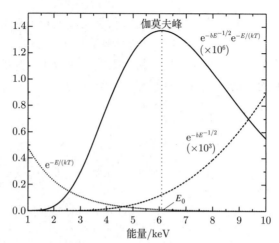

图 10.6　核反应发生的概率是碰撞动能的函数。伽莫夫峰由麦克斯韦–玻尔兹曼分布 $e^{-E/(kT)}$ 的高能尾部和库仑势垒穿透项 $e^{-bE^{-1/2}}$ 的贡献引起。这个特殊的例子代表了在太阳中心温度条件下两个质子的碰撞 (注意，$e^{-bE^{-1/2}}$ 和 $e^{-bE^{-1/2}}e^{-E/(kT)}$ 已分别乘以 10^3 和 10^6，以便更容易地说明对能量的函数依赖性)

假设在穿过伽莫夫峰时 $S(E)$ 确实缓慢变化，则可以通过其在 E_0 处的值 ($S(E) \approx S(E_0) = $ 常数) 来近似，并从反应率积分内去除。此外，如果实验室结果用 $S(E)$ 表示，则通常更容易推断它们。

10.3.5　共振

然而，在某些情况下，$S(E)$ 可以相当迅速地变化，在特定能量处达到峰值，如图 10.7 所示。这些能量对应于原子核内的能级，类似于电子的轨道能级。正是入射粒子的能量与原子核内能级差之间的共振导致了这些强峰。对这些**共振峰**的详细讨论超出了本书的范围[①]。

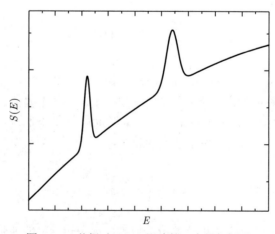

图 10.7　共振对 $S(E)$ 影响的一个假想例子

---

① 见 Clayton (1983) 或 Arnett (1996) 对共振峰精彩的和详细的讨论。

10.3.6　电子屏蔽

还有，影响反应率的另一个因素是**电子屏蔽**。平均而言，在恒星内部的高温下，当原子电离时释放出电子，它们会产生负电荷的"海洋"，会部分隐藏靶核，减少其有效的正电荷。这种减少的正电荷的结果是使入射原子核面临一个较低的库仑势垒和一个增强的反应率。通过列入电子屏蔽，有效库仑势变为

$$U_{\text{eff}} = \frac{1}{4\pi\epsilon_0} \frac{Z_1 Z_2 e^2}{r} + U_s(r),$$

其中，$U_s(r) < 0$ 是电子屏蔽的贡献。电子屏蔽可以是显著的，有时可以将产生氦的反应增强 $10\% \sim 50\%$。

10.3.7　用幂律表示核反应率

将复杂的反应率公式写成以某一特定温度为中心的幂律形式，往往具有启发性。在两个粒子相互作用的情形下，忽略屏蔽因子，反应率将变为

$$r_{ix} \simeq r_0 X_i X_x \rho^{\alpha'} T^\beta,$$

其中，r_0 是常数；X_i 和 X_x 分别是两个粒子的质量分数；α' 和 β 由反应率公式的幂律展开确定。对于两个粒子的碰撞，通常 $\alpha' = 2$，而 β 的范围可以从接近 1 到 40 或更大。

通过将反应率公式与每次反应释放的能量结合起来，我们可以计算出每千克恒星物质每秒释放的能量。如果 E_0 是每次反应释放的能量，则每千克物质每秒释放的能量为

$$\epsilon_{ix} = \left(\frac{\mathcal{E}_0}{\rho}\right) r_{ix},$$

或者，以幂律的形式表示：

$$\epsilon_{ix} = \epsilon_0' X_i X_x \rho^\alpha T^\beta, \tag{10.35}$$

其中，$\alpha = \alpha' - 1$。ϵ_{ix} 的单位为 W·kg^{-1}，对所有反应 ϵ_{ix} 之和为总核能产生率。这种形式的核能产生率将在后面用来表示典型的在恒星内部运行的几个反应序列的能量产生对温度和密度的依赖性。

10.3.8　光度梯度公式

为了确定恒星的光度，我们现在必须考虑恒星物质产生的所有能量。无限小质量 $\mathrm{d}m$ 对总光度的贡献简单地表示为

$$\mathrm{d}L = \epsilon \mathrm{d}m,$$

其中，ϵ 是每千克每秒所有核反应和引力释放的总能量，即 $\epsilon = \epsilon_{\text{nuclear}} + \epsilon_{\text{gravity}}$。值得注意的是，如果恒星在膨胀，则 $\epsilon_{\text{gravity}}$ 可以为负，这一点将在后面讨论。对于球对称的恒星，厚度为 $\mathrm{d}r$ 的薄壳层的质量正好是 $\mathrm{d}m = \mathrm{d}M_r = \rho \mathrm{d}V = 4\pi r^2 \rho \mathrm{d}r$（回想图 10.2）。代入并除以壳层的厚度，我们得到

$$\boxed{\frac{\mathrm{d}L_r}{\mathrm{d}r} = 4\pi r^2 \rho \epsilon,} \tag{10.36}$$

其中，L_r 是从恒星内部向外直到半径 r 处产生的所有能量的内部光度。式 (10.36) 是另一个基本的恒星结构公式。

10.3.9　恒星核合成与守恒定律

在理解核反应中剩下的问题是一种元素转化为另一种元素时各个步骤的确切顺序，这一过程称为**核合成**。我们对太阳核时标的估计是基于四个氢原子核转化为氦核的假设。然而，通过四体碰撞 (即所有原子核同时撞击) 发生核反应是极不可能的。要使这一过程发生，必须由一连串的反应产生最终产物，每一个反应都涉及可能性更大的二体相互作用。实际上，我们是在假定在任何时刻只有两个原子核碰撞的情况下导出反应率公式的。

然而，链式核反应过程产生最终产物不可能以完全任意的方式发生；必须遵守一系列的粒子守恒定律。特别是，在每次反应过程中都必须是电荷、核子数和轻子数守恒。**轻子**一词的意思是 "轻的东西"，它包括电子、正电子、中微子和反中微子。

尽管与物质相比，反物质极为罕见，但它在亚原子物理学，包括核反应中发挥着重要作用。反物质粒子与其对应的物质相同，但具有相反的属性，比如电荷。反物质还具有这样的特性 (常用于科幻)，即与其物质对应物的碰撞导致两种粒子的完全湮灭，并伴随着高能光子的产生。例如，

$$e^- + e^+ \rightarrow 2\gamma,$$

其中，e^-、e^+ 和 γ 分别表示电子、正电子和光子。注意，需要两个光子来同时保持动量和能量守恒。

中微子和反中微子 (分别用 ν 和 $\bar{\nu}$ 表示) 本身就是一类有趣的粒子，在本教材的剩余部分将经常谈及[①]。中微子是电中性的，并且具有非常小但不为零的质量 ($m_\nu < 2.2$ eV$/c^2$)。中微子的有趣特性之一就是它与其他物质相互作用的截面极其小，这使得它很难被探测到。典型地，$\sigma_\nu \sim 10^{-48}$ m^2，这意味着在恒星内部常见的密度下，中微子的平均自由程大约为 10^{18} m～10 pc 这个数量级，或接近 $10^9\ R_\odot$！中微子在恒星内部深处产生后，几乎总是成功地逃离恒星。在超新星爆发期间，中微子对恒星物质的这种透明性的一个例外情况产生了重要的后果，这将在第 15 章中讨论。

由于电子和正电子具有与质子大小相等的电荷，这些轻子将有助于满足电荷守恒要求，同时它们的总**轻子数**也必须守恒。请注意，在计数参与核反应的轻子数量时，我们区别对待物质和反物质。具体来说，物质轻子的总数减去反物质轻子的总数必须保持不变。

为了帮助计数核子的数目和总电荷，在本教材中原子核将用如下符号表示：

$$^A_Z \mathrm{X},$$

其中，X 是元素的化学符号 (H 表示氢，He 表示氦，等等)，Z 是质子数 (总的正电荷，单位为 e)，A 是质量数 (核子的总数，即质子数加上中子数)[②]。

---

① 这些粒子最初是由沃尔夫冈·泡利在 1930 年提出的，目的是在某些反应过程中能量和动量能够守恒。1934 年，意大利物理学家恩里科·费米 (Enrico Fermi，1901—1954) 将它们命名为中微子 ("小的中性粒子")。

② 由于元素是由原子核中的质子数 (Z) 唯一确定的，则同时指定 X 和 Z 有些画蛇添足。因此，一些教材使用不太烦琐的标记法 ^{A}X。然而，这种标记法使得跟踪核反应中的电荷变得更加困难。

10.3.10 质子–质子链

应用守恒定律，可以将氢转化为氦的反应链之一是第一**质子–质子链** (PP I)。它涉及一个反应序列，通过中间产物氘 ($_1^2$H) 和氦-3($_2^3$He)，最终导致

$$4_1^1\text{H} \longrightarrow {}_2^4\text{He} + 2\text{e}^+ + 2\nu_\text{e} + 2\gamma$$

整个 **PP I** 反应链为[①]

$$_1^1\text{H} + {}_1^1\text{H} \longrightarrow {}_1^2\text{H} + \text{e}^+ + \nu_\text{e} \tag{10.37}$$

$$_1^2\text{H} + {}_1^1\text{H} \longrightarrow {}_2^3\text{He} + \gamma \tag{10.38}$$

$$_2^3\text{He} + {}_2^3\text{He} \longrightarrow {}_2^4\text{He} + 2_1^1\text{H}. \tag{10.39}$$

由于涉及不同的库仑势垒和截面，PP I 反应链的每一步都具有其自身的反应速率。这一系列过程中最慢的一步是第一步，因为它涉及质子通过 $\text{p}^+ \longrightarrow \text{n} + \text{e}^+ + \nu_\text{e}$ 衰变为中子。这种衰变涉及**弱力**，这是已知的四种力中的一种[②]。

PP I 链中的产物氦-3 原子核也提供了它们与氦-4 原子核直接相互作用的可能性，从而产生质子–质子链的第二个分支。在太阳中心的特征环境中，69% 的时间是 PP I 链中一个氦-3 与另一个氦-3 相互作用，而 31% 的时间是发生 **PP II** 链:

$$_2^3\text{He} + {}_2^4\text{He} \longrightarrow {}_4^7\text{Be} + \gamma \tag{10.40}$$

$$_4^7\text{Be} + \text{e}^- \longrightarrow {}_3^7\text{Li} + \nu_\text{e} \tag{10.41}$$

$$_3^7\text{Li} + {}_1^1\text{H} \longrightarrow 2_2^4\text{He}. \tag{10.42}$$

另一个分支 **PP III** 链也是可能的，因为 PP II 链中的铍-7 存在电子捕获与质子捕获相竞争 (在太阳中心，仅有 0.3% 的时间是质子被捕获):

$$_4^7\text{Be} + {}_1^1\text{H} \longrightarrow {}_5^8\text{B} + \gamma \tag{10.43}$$

$$_5^8\text{B} \longrightarrow {}_4^8\text{Be} + \text{e}^+ + \nu_\text{e} \tag{10.44}$$

$$_4^8\text{Be} \longrightarrow 2_2^4\text{He}. \tag{10.45}$$

质子–质子 (pp) 链的三个分支以及它们的分支比率，总结在图 10.8 中。

从式 (10.33) 开始，计算出组合的 pp 链的核能产生率为

$$\epsilon_\text{pp} = 0.241\rho X^2 f_\text{pp} \psi_\text{pp} C_\text{pp} T_6^{-2/3} \text{e}^{-33.80 T_6^{-1/3}} \text{ W} \cdot \text{kg}^{-1}, \tag{10.46}$$

[①] 约 0.4% 的时间，核反应的第一个步骤是通过所谓的 pep 反应完成的: $_1^1\text{H} + \text{e}^- + {}_1^1\text{H} \longrightarrow {}_1^2\text{H} + \nu_\text{e}$

[②] 我们已经提及所有的四种力: 引力，它涉及所有具有质量–能量的粒子; 电磁力，它与光子和电荷相关; 强力将核子束缚在一起; 弱力涉及放射性 β (电子/正电子) 衰变。

其中，T_6 是以 10^6 K 为单位的无量纲温度表达式 (或 $T_6 \equiv T/10^6$ K)；$f_{pp} = f_{pp}(X, Y, \rho, T) \simeq$
1 是 pp 链屏蔽因子；$\psi_{pp} = \psi_{pp}(X, Y, T) \simeq 1$ 是考虑 PP I、PP II 和 PP III 同时发生的校
正因子；而 $C_{pp} \simeq 1$ 是涉及更高阶的校正项[①]。

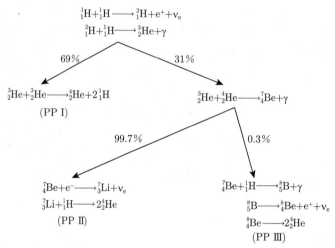

图 10.8　pp 链的三个分支，以及适合太阳核球条件的分支比率

当接近 $T = 1.5 \times 10^7$ K 时，可用幂律形式 (例如式 (10.35)) 表示，能量产生率具有以
下形式：

$$\epsilon_{pp} \simeq \epsilon'_{0,pp} \rho X^2 f_{pp} \psi_{pp} C_{pp} T_6^4, \tag{10.47}$$

其中，$\epsilon'_{0,pp} = 1.08 \times 10^{-12}$ W·m^3·kg^{-2}。能量产生率的幂律形式展示了在接近 $T_6 = 15$ 时
相对适度的温度依赖性 T^4。

10.3.11　CNO 循环

从氢生成氦-4 还存在第二个独立循环。这个循环是由汉斯·贝特 (Hans Bethe, 1906—
2005) 在 1938 年提出的，仅仅在发现中子六年之后。在 **CNO 循环**中，碳 (C)、氮 (N) 和
氧 (O) 被用作催化剂，在该过程中它们被消耗然后再生。正如 pp 链一样，CNO 循环也有
竞争分支。第一个分支以形成碳-12 和氦-4 收场：

$$^{12}_{6}C + ^1_1H \longrightarrow ^{13}_7N + \gamma \tag{10.48}$$

$$^{13}_7N \longrightarrow ^{13}_6C + e^+ + \nu_e \tag{10.49}$$

$$^{13}_6C + ^1_1H \longrightarrow ^{14}_7N + \gamma \tag{10.50}$$

$$^{14}_7N + ^1_1H \longrightarrow ^{15}_8O + \gamma \tag{10.51}$$

$$^{15}_8O \longrightarrow ^{15}_7N + e^+ + \nu_e \tag{10.52}$$

$$^{15}_7N + ^1_1H \longrightarrow ^{12}_6C + ^4_2He. \tag{10.53}$$

[①] 各种修正项的表达式在恒星结构计算代码 StatStar 中给出，在附录 L 中有描述。

第二分支仅出现约 0.04% 的时间，并且出现在最后的反应处 (式 (10.53))，产生氧-16 和光子，而不是碳-12 和氦-4：

$$^{15}_{7}\text{N} + ^{1}_{1}\text{H} \longrightarrow ^{16}_{8}\text{O} + \gamma \tag{10.54}$$

$$^{16}_{8}\text{O} + ^{1}_{1}\text{H} \longrightarrow ^{17}_{9}\text{F} + \gamma \tag{10.55}$$

$$^{17}_{9}\text{F} \longrightarrow ^{17}_{8}\text{O} + e^{+} + \nu_{e} \tag{10.56}$$

$$^{17}_{8}\text{O} + ^{1}_{1}\text{H} \longrightarrow ^{14}_{7}\text{N} + ^{4}_{2}\text{He}. \tag{10.57}$$

对 CNO 循环，能量产生率由下式给出：

$$\epsilon_{\text{CNO}} = 8.67 \times 10^{20} \rho X X_{\text{CNO}} C_{\text{CNO}} T_6^{-2/3} e^{-152.28 T_6^{-1/3}} \text{ W} \cdot \text{kg}^{-1}, \tag{10.58}$$

其中，X_{CNO} 是碳、氮和氧总的质量占比；C_{CNO} 是高阶修正项。当写成以 $T = 1.5 \times 10^7$ K 为中心的幂律形式 (见式 (10.35)) 时，该能量公式变为

$$\epsilon_{\text{CNO}} \simeq \epsilon'_{0,\text{CNO}} \rho X X_{\text{CNO}} T_6^{19.9}, \tag{10.59}$$

其中，$\epsilon'_{0,\text{CNO}} = 8.24 \times 10^{-31}$ W·m³·kg⁻²。如幂律依赖关系所示，CNO 循环比 pp 链具有更强的温度依赖性。这一性质意味着小质量的恒星，因具有较小的中心温度，在其 "氢燃烧" 演化过程中主要由 pp 链控制，而更大质量的恒星，因具有更高的中心温度，将通过 CNO 循环将氢转化为氦。pp 链主导的恒星和 CNO 循环主导的恒星之间的质量跃迁发生在质量稍大于太阳质量的恒星。核反应过程中的这种差异在恒星内部结构中起着重要的作用，这将在 10.4 节中看到。

当氢通过 pp 链或 CNO 循环转化为氦时，气体的平均分子量 μ 增加。如果气体的温度和密度都不变，则理想气体定律预测中心压强必然降低。结果，这颗恒星将不再处于流体静力平衡状态，并开始坍缩。这种坍缩的效果实际上提高了温度和密度，以补偿 μ 的增加 (回想一下位力定理，式 (2.46))。当温度和密度变得足够高时，氦核又可以克服它们的库仑排斥而开始 "燃烧"。

10.3.12 氦燃烧的 3α 过程

氦转化为碳的反应序列称为 3α 过程。这个过程得名于历史上的一个结果，即卢瑟福证明在某些类型的放射性衰变中探测到的神秘 α 粒子是氦-4 ($^{4}_{2}\text{He}$) 原子核。**3α 过程**是

$$^{4}_{2}\text{He} + ^{4}_{2}\text{He} \rightleftharpoons ^{8}_{4}\text{Be} \tag{10.60}$$

$$^{8}_{4}\text{Be} + ^{4}_{2}\text{He} \longrightarrow ^{12}_{6}\text{C} + \gamma. \tag{10.61}$$

在 3α 过程中，第一步产生了一个不稳定的铍核，如果不立即被另一个 α 粒子撞击，它将迅速衰变回两个独立的氦核。结果，该反应可被认为是三体相互作用，因此，反应速率取决于 $(\rho Y)^3$。核能产生率由下式给出：

$$\epsilon_{3\alpha} = 50.9 \rho^2 Y^3 T_8^{-3} f_{3\alpha} e^{-44.027 T_8^{-1}} \text{ W} \cdot \text{kg}^{-1}, \tag{10.62}$$

其中，$T_8 \equiv T/10^8$ K 和 $f_{3\alpha}$ 是 3α 过程的屏蔽因子。写成以 $T = 10^8$ K 为中心的幂律形式（见式 (10.35)），它显示了非常强的温度依赖性：

$$\epsilon_{3\alpha} \simeq \epsilon'_{0,3\alpha} \rho^2 Y^3 f_{3\alpha} T_8^{41.0}. \tag{10.63}$$

在如此强的依赖性下，即使温度的微小增加也会导致每秒产能数量的大幅增加。例如，温度仅增加 10%，能量产出率就提高 50 倍以上！

10.3.13　碳和氧燃烧

在氢燃烧的高温环境中，其他竞争过程也在起作用。在通过 3α 过程产生足够的碳之后，碳原子核就有可能捕获 α 粒子，从而产生氧。一些氧依次可以捕获 α 粒子，从而产生氖。

$$^{12}_6\text{C} + {}^4_2\text{He} \longrightarrow {}^{16}_8\text{O} + \gamma \tag{10.64}$$

$$^{16}_8\text{O} + {}^4_2\text{He} \longrightarrow {}^{20}_{10}\text{Ne} + \gamma \tag{10.65}$$

在氢燃烧的温度下，继续俘获 α 粒子会导致原子核的质量越来越大，由于库仑势垒越来越高，这很快就会变得令人望而却步。

如果一颗恒星具有足够大的质量，就可以获得更高的中心温度，许多其他的核产物也就成为可能。能找到的反应实例包括温度接近 6×10^8 K 时的碳燃烧反应，

$$^{12}_6\text{C} + {}^{12}_6\text{C} \longrightarrow \begin{cases} {}^{16}_8\text{O} + 2{}^4_2\text{He} \ *** \\ {}^{20}_{10}\text{Ne} + {}^4_2\text{He} \\ {}^{23}_{11}\text{Na} + \text{p}^+ \\ {}^{23}_{12}\text{Mg} + \text{n} \ *** \\ {}^{24}_{12}\text{Mg} + \gamma \end{cases} \tag{10.66}$$

和温度接近 10^9 K 时的氧燃烧反应，

$$^{16}_8\text{O} + {}^{16}_8\text{O} \longrightarrow \begin{cases} {}^{24}_{12}\text{Mg} + 2{}^4_2\text{He} \ *** \\ {}^{28}_{14}\text{Si} + {}^4_2\text{He} \\ {}^{31}_{15}\text{P} + \text{p}^+ \\ {}^{31}_{16}\text{S} + \text{n} \\ {}^{32}_{16}\text{S} + \gamma \end{cases} \tag{10.67}$$

以 *** 为标记的反应是吸收能量而不是释放能量的反应，称为**吸热反应**；释放能量的反应是放热反应。在吸热反应中，产物原子核实际上比形成它的原子核拥有更多的每核子能量。这种反应的发生是以放热反应或引力坍缩（位力定理）所释放的能量为代价的。一般说来，在恒星内部通常的条件下，吸热反应比放热反应发生的可能性要小得多。

10.3.14 每个核子的结合能

理解核反应中能量释放的一个有用的量是每个核子的结合能 E_b/A，其中，

$$E_b = \Delta mc^2 = [Zm_p + (A-Z)m_n - m_{\text{nucleus}}]c^2.$$

图 10.9 显示了 E_b/A 与质量数的关系。很明显，对于相对较小的 A 值 (小于 56)，相对于其他相似质量的原子核，有几个原子核的 E_b/A 值异常高 (稳定)。在这些异常稳定的原子核中有 $^{4}_{2}\text{He}$ 和 $^{16}_{8}\text{O}$，它们和 $^{1}_{1}\text{H}$ 一起，是宇宙中最丰富的原子核。这种不寻常的稳定性源于原子核固有的壳层结构，类似于解释元素化学性质的原子能级的壳层结构。这些异常稳定的原子核称为幻数原子核。

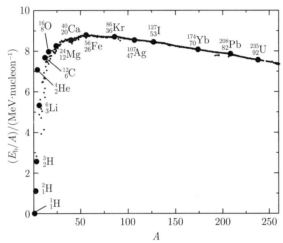

图 10.9　每个核子的结合能 (E_b/A) 与质量数 (A) 的函数关系。注意有几个原子核，最显著的是 $^{4}_{2}\text{He}$ (还有 $^{12}_{6}\text{C}$ 和 $^{16}_{8}\text{O}$)，远高于其他原子核的一般趋势，显示出异常的稳定性。曲线的峰值是 $^{56}_{26}\text{Fe}$，它是所有原子核中最稳定的

据信，大爆炸后不久，早期宇宙主要由氢和氦组成，没有重元素。今天，地球及其居民含有丰富的重金属。对恒星核合成的研究有力地表明了这些较重的原子核是在恒星内部产生的。可以说，我们都是 "星尘"，是前几代恒星内部重元素生成的产物。

图 10.9 的另一个重要特征是在 $A = 56$ 附近的宽峰。峰值的顶端是铁的同位素 $^{56}_{26}\text{Fe}$，它是所有原子核中最稳定的。随着恒星内部相继产生更多的大质量原子核，其从左侧接近铁峰。这些聚变反应导致能量的释放[1]。因此，假设有足够的能量来克服库仑势垒，恒星内部连续的链式核反应的最终结果是铁的产生。如果一颗恒星的质量大到足以形成产生铁所需的中心温度和密度，其结果将是壮观的，正如我们将在第 15 章看到的。

考虑到我们在本节中学到的恒星核合成知识，应该毫不奇怪宇宙中最丰富的核素依次是 $^{1}_{1}\text{H}$、$^{4}_{2}\text{He}$、$^{16}_{8}\text{O}$、$^{12}_{6}\text{C}$、$^{20}_{10}\text{Ne}$、$^{14}_{7}\text{N}$、$^{24}_{12}\text{Mg}$、$^{28}_{14}\text{Si}$ 和 $^{56}_{26}\text{Fe}$ (回想表 9.2)[2]。元素丰度是恒星

---

[1] 当从右侧通过裂变反应接近峰值时也会释放能量，裂变反应产生较小质量的原子核，也产生更稳定的原子核。这种类型的反应过程在核电站的裂变反应堆中是重要的。

[2] 元素的相对丰度将在 15.3 节中进一步讨论，见图 15.16。

中发生的主要核反应过程的结果，以及产生最稳定原子核的核聚变的结果。在 15.3 节讨论能够产生其他不同的同位素的核反应。

10.4   能量传输和热力学

有一个恒星结构公式仍有待建立。我们已经把基本量 P、M 和 L 通过微分公式与独立变量 r 建立了关系，这些公式分别描述了流体静力学平衡、质量守恒和能量产生，见式 (10.6)、式 (10.7) 和式 (10.36)。然而，我们还没有找到将温度 T 这个基本参量与 r 联系起来的微分公式。此外，我们还没有明确地建立起描述通过核反应或引力收缩所产生的热从恒星内部深处传输到恒星表面的各种过程的公式。

10.4.1   三种能量传输机制

在恒星内部有三种不同的能量传输机制。**辐射**允许由核反应和引力产生的能量经由光子被携带到表面，光子在遇到物质时被吸收并以近乎随机的方向重新发射 (回想 9.3 节的讨论)。正如人们所预料的那样，这表明物质的不透明度必定起着重要作用。在恒星的许多区域，**对流**可以是一种非常有效的传输机制，热的、上浮的质量体元携带额外的能量向外移动，而冷的体元则向内下沉。最后，**传导**则通过粒子之间的碰撞传输热量。虽然在某些恒星环境中传导可以起到重要作用，但是在大多数恒星一生中的绝大多数阶段，它通常是不重要的，在此不作进一步讨论。

10.4.2   辐射温度梯度

首先考虑辐射传输。在第 9 章，我们发现辐射压强梯度是由式 (9.31) 给出的:

$$\frac{dP_{\text{rad}}}{dr} = -\frac{\bar{\kappa}\rho}{c}F_{\text{rad}},$$

其中，F_{rad} 是向外的辐射流量。然而，通过式 (10.19)，辐射压强梯度还可以表示为

$$\frac{dP_{\text{rad}}}{dr} = \frac{4}{3}aT^3\frac{dT}{dr}.$$

让这两个表达式相等，我们有

$$\frac{dT}{dr} = -\frac{3}{4ac}\frac{\bar{\kappa}\rho}{T^3}F_{\text{rad}}.$$

最后，如果我们使用辐射流量表达式 (3.2)，则根据在半径 r 处恒星的局部辐射光度，可以得到

$$F_{\text{rad}} = \frac{L_r}{4\pi r^2},$$

辐射传输的温度梯度变为

$$\frac{dT}{dr} = -\frac{3}{4ac}\frac{\bar{\kappa}\rho}{T^3}\frac{L_r}{4\pi r^2}. \tag{10.68}$$

如果通过辐射将所有所需的光度向外传输，则随着流量或不透明度的增加，温度梯度必须变得更陡 (更负)。当密度增加或温度降低时，同样的情况也成立。

10.4.3 压强标高

如果温度梯度变得太陡，则对流可以开始在能量传输中起到重要作用。从物理上讲，对流涉及物质运动：热的物质块向上移动，而较冷的、密度较大的物质块下沉。不幸的是，在宏观上看，对流是一种比辐射复杂得多的现象。事实上，在恒星环境中，还没有真正令人满意的方法来充分描述它。流体力学是描述气体和液体运动的物理学领域，它依赖于一组复杂的三维公式，即纳维–斯托克斯 (Navier-Stokes) 公式。然而，在很大程度上由于当前计算能力的限制[①]，大多数恒星结构的计算代码是一维的 (即仅依赖于 r)。因此，有必要用一维现象学理论来近似一个明确的三维过程。当恒星中存在对流时，情况变得更加复杂，它通常是相当湍急的，需要详细理解所涉及的黏性 (流体摩擦) 和热耗散。此外，对流的特征长度尺度，通常以**压强标高**来表示，它常常与恒星的大小相当。最后，对流的时标取为对流体元行进一个特征距离所需的时间量，它在某些情况下近似等于恒星结构变化的时标，这意味着对流与恒星的动力学行为有很强的耦合。这些错综复杂的情况对恒星行为的影响还没有从根本上知晓。

然而，情况并非完全没有希望。尽管在试图精确地处理恒星对流时遇到了困难，但通常可以得到近似的 (甚至合理的) 结果。为了估计恒星中对流区域的大小，考虑压强标高 H_P，它被定义为

$$\frac{1}{H_P} \equiv -\frac{1}{P}\frac{\mathrm{d}P}{\mathrm{d}r}. \tag{10.69}$$

如果我们暂且假设 H_P 是常数，则我们可以求解压强随半径的变化，给出

$$P = P_0 \mathrm{e}^{-r/H_P}.$$

显然，如果 $r = H_P$，则 $P = P_0\mathrm{e}^{-1}$，因此 H_P 是气体压强变为原来的 e^{-1} 时的距离。为了获得 H_P 的适当的一般表达式，回想一下流体静力学平衡公式 (10.6) $\mathrm{d}P/\mathrm{d}r = -\rho g$，其中 $g = GM_{\mathrm{r}}/r^2$ 是局部引力加速度。代入公式 (10.69)，压强标高简单地变为

$$H_P = \frac{P}{\rho g}. \tag{10.70}$$

例 10.4.1 为了估计太阳中压强标高的典型值，假设 $\bar{P} = P_{\mathrm{c}}/2$，其中，$P_{\mathrm{c}}$ 是中心压强，$\bar{\rho}_\odot$ 是平均太阳密度，并且

$$\bar{g} = \frac{G\left(M_\odot/2\right)}{\left(R_\odot/2\right)^2} = 550 \ \mathrm{m\cdot s^{-2}}.$$

那么，我们有

$$H_P \simeq 1.8 \times 10^8 \ \mathrm{m} \sim R_\odot/4.$$

详细的计算表明，$H_P \sim R_\odot/10$ 更为典型。

[①] 随着具有更大内存的更快计算机的发展，以及通过执行更复杂的数值技术，这种限制在某种程度上正在被克服。

10.4.4　内能和热力学第一定律

理解恒星中的对流热传输，即使是以近似的方式，也要从了解一些热力学知识开始。在热传输研究中，能量守恒由**热力学第一定律**表示，

$$\boxed{\mathrm{d}U = \mathrm{d}Q - \mathrm{d}W,}$$ (10.71)

其中，质量体元的内能变化 $\mathrm{d}U$，由添加到该体元的热量 $\mathrm{d}Q$ 减去该体元对其周围环境所做的功 $\mathrm{d}W$ 给出。在整个讨论中，我们将假设这些能量变化是针对每单位质量测量的。

系统的内能 U 是一个**状态函数**，这意味着它的值只取决于气体的当前条件，而不是导致其目前状态任何变化的历史。因此，$\mathrm{d}U$ 与所涉及的变化的实际过程无关。另外，热和功都不是状态函数。添加到系统中的热量或系统所做的功的量取决于过程进行的方式。$\mathrm{d}Q$ 和 $\mathrm{d}W$ 称为非恰当微分，反映了它们的路径依赖性。

考虑理想的单原子气体，一种由没有电离的单个粒子组成的气体。单位质量的总内能由下式给出：

$$U = (\text{平均能量／粒子}) \times (\text{粒子数／质量})$$

$$= \bar{K} \times \frac{1}{\bar{m}}$$

其中，$\bar{m} = \mu m_{\mathrm{H}}$ 是气体中单个粒子的平均质量。对于理想气体，$\bar{K} = 3kT/2$，内能由下式给出：

$$U = \frac{3}{2}\left(\frac{k}{\mu m_{\mathrm{H}}}\right)T = \frac{3}{2}nRT,$$ (10.72)

其中，n 是每单位质量的物质的量 (摩尔数)[①]；$R = 8.314472$ J·mol^{-1}·K^{-1}，是普适气体常数[②]；另外

$$nR = \frac{k}{\mu m_{\mathrm{H}}}.$$

显然，$U = U(\mu, T)$ 是气体成分及其温度的函数。在理想单原子气体的情形下，内能就是每单位质量的动能。

10.4.5　比热

质量体元的热量变化 $\mathrm{d}Q$ 通常根据气体的比热 C 来表示。**比热**定义为把单位质量物质提高单位温度间隔所需的热量，即

$$C_P \equiv \left.\frac{\partial Q}{\partial T}\right|_P \quad \text{和} \quad C_V \equiv \left.\frac{\partial Q}{\partial T}\right|_V,$$

其中，C_P 和 C_V 分别是在恒定压强和体积下的比热。

---

① 1 mol $= N_{\mathrm{A}}$ 个粒子，其中 $N_{\mathrm{A}} = 6.02214199 \times 10^{23}$ 是阿伏伽德罗常量，定义为需要精确产生 12 g 纯样品的 $^{12}_{6}$C 原子的数目。

② $R = N_{\mathrm{A}}k$。

接下来考虑每单位质量气体对其周围环境所做的功 $\mathrm{d}W$。假设横截面积为 A 的圆柱体充满了质量为 m、压强为 P 的气体。然后，气体在圆柱体的一端施加压力 $F = PA$。如果圆柱体的端部是一个活塞，它移动了一个距离 $\mathrm{d}r$，则每单位质量气体所做的功可以表示为

$$\mathrm{d}W = \left(\frac{F}{m}\right)\mathrm{d}r = \left(\frac{PA}{m}\right)\mathrm{d}r = P\mathrm{d}V,$$

其中，V 被定义为**比体积**，即单位质量的体积 $V \equiv 1/\rho$。热力学第一定律现在可以用有用的形式来表示：

$$\mathrm{d}U = \mathrm{d}Q - P\mathrm{d}V. \tag{10.73}$$

在恒定体积下，$\mathrm{d}V = 0$，给出 $\mathrm{d}U = \mathrm{d}U|_V = \mathrm{d}Q|_V$，即

$$\mathrm{d}U = \left.\frac{\partial Q}{\partial T}\right|_V \mathrm{d}T = C_V \mathrm{d}T. \tag{10.74}$$

(重要的是要注意，因为 $\mathrm{d}U$ 与任何特定过程无关，所以第二个等式 (10.74) 总是有效的，而与所涉及的热力学过程的类型无关。) 但从式 (10.72)，对于单原子气体，$\mathrm{d}U = (3nR/2)\mathrm{d}T$。因此

$$C_V = \frac{3}{2}nR. \tag{10.75}$$

对于单原子气体的 C_P，请注意

$$\mathrm{d}U = \left.\frac{\partial Q}{\partial T}\right|_P \mathrm{d}T - P\left.\frac{\partial V}{\partial T}\right|_P \mathrm{d}T. \tag{10.76}$$

此外，从式 (10.11)，理想气体定律可以写成

$$PV = nRT. \tag{10.77}$$

考虑式 (10.77) 中各个量的所有可能的微分变化，我们得到

$$P\mathrm{d}V + V\mathrm{d}P = RT\mathrm{d}n + nR\mathrm{d}T \tag{10.78}$$

(回想一下，R 是常数)。对于恒定的 P 和 n，式 (10.78) 意味着 $P\mathrm{d}V/\mathrm{d}T = nR$。将此结果代入式 (10.76)，并与 $\mathrm{d}U = C_V\mathrm{d}T$ 和 C_P 的定义一起，我们得出

$$C_P = C_V + nR. \tag{10.79}$$

式 (10.79) 对理想气体定律适用的所有情况都有效。

将参数 γ 定义为比热率，即

$$\gamma \equiv \frac{C_P}{C_V}. \tag{10.80}$$

对于单原子气体，我们看到 $\gamma = 5/3$。如果发生电离，那么通常本应该用于增加粒子平均动能的一些热量必须用于电离原子。因此，作为量度内能的气体温度将不会快速升高，这意味着部分电离区会有较大的比热值。当 C_P 和 C_V 都增加时，γ 接近于 1[①]。

[①] γ 的变化对恒星的动力稳定性也起着重要的作用。这个因素将在 14.3 节中进一步讨论。

10.4.6　绝热气体定律

由于内能的变化与所涉及的过程无关，考虑**绝热过程** $(dQ = 0)$ 这个特殊情况，即质量体元中没有热量流入或流出。那么热力学第一定律式 (10.73) 变为

$$dU = -PdV.$$

然而，对于常数 n，从式 (10.78) 可得

$$PdV + VdP = nRdT.$$

此外，由于 $dU = C_V dT$，我们有

$$dT = \frac{dU}{C_V} = -\frac{PdV}{C_V}.$$

综合这些结果，得出

$$PdV + VdP = -\left(\frac{nR}{C_V}\right)PdV,$$

利用式 (10.79) 和式 (10.80) 进行重写，给出

$$\gamma\frac{dV}{V} = -\frac{dP}{P}. \tag{10.81}$$

求解该微分公式，得到绝热气体定律：

$$PV^\gamma = K, \tag{10.82}$$

其中，K 是常数。使用理想气体定律，可以获得第二个绝热关系：

$$P = K'T^{\gamma/(\gamma-1)}, \tag{10.83}$$

其中，K' 是另一个常数。因为在式 (10.82) 和式 (10.83) 中的特殊作用，γ 常被称为 "绝热 γ"，表示一个特别简单的状态公式。

10.4.7　绝热声速

使用到目前为止获得的结果，我们现在可以计算穿过物质的声速。声速与气体的可压缩性及其惯性 (由密度体现) 有关，并由下式给出：

$$v_s = \sqrt{B/\rho},$$

其中，$B \equiv -V(\partial P/\partial V)_{ad}$ 是气体的体积模量[①]。体积模量描述了气体的体积将随着压强的改变而改变多少。从式 (10.81)，绝热声速变为

$$v_s = \sqrt{\gamma P/\rho}. \tag{10.84}$$

---

① 正规地讲，体积模量和声速必须根据压强随体积变化的过程来定义。由于声波通常在介质中传播得太快，以至于大量的热量无法进入或离开气体中的质量体元，所以我们通常假设该过程是绝热的。

例 10.4.2 假设单原子气体,太阳的典型绝热声速是

$$\bar{v}_s \simeq \left(\frac{5}{3}\frac{\bar{P}}{\bar{\rho}_\odot}\right)^{1/2} \simeq 4 \times 10^5 \text{ m} \cdot \text{s}^{-1},$$

其中,假定 $\bar{P} \sim P_c/2$。声波穿过太阳半径所需的时间是

$$t \simeq R_\odot/\bar{v}_s \simeq 29 \text{ min}.$$

10.4.8 绝热温度梯度

现在回到描述对流的具体问题,我们首先考虑热对流气泡上升并绝热膨胀这个情况,这意味着气泡不与其周围环境进行热交换。在它移动了一段距离之后,它最终会发生热化,即当它失去其个性并溶入周围的气体中时,它将释放出任何多余的热量。对理想气体定律式 (10.11) 进行微分,得出涉及气泡的温度梯度 (气泡的温度如何随位置变化) 的表达式:

$$\frac{\mathrm{d}P}{\mathrm{d}r} = -\frac{P}{\mu}\frac{\mathrm{d}\mu}{\mathrm{d}r} + \frac{P}{\rho}\frac{\mathrm{d}\rho}{\mathrm{d}r} + \frac{P}{T}\frac{\mathrm{d}T}{\mathrm{d}r}. \tag{10.85}$$

利用压强和密度之间的绝热关系式 (10.82),并考虑到 $V \equiv 1/\rho$ 是比体积,我们得到

$$P = K\rho^\gamma. \tag{10.86}$$

通过微分和改写,我们得到

$$\frac{\mathrm{d}P}{\mathrm{d}r} = \gamma\frac{P}{\rho}\frac{\mathrm{d}\rho}{\mathrm{d}r}. \tag{10.87}$$

为简化起见,如果我们假设 μ 是一个常数,则式 (10.85) 和式 (10.87) 可以结合起来给出绝热温度梯度 (用下标 ad 表示):

$$\left.\frac{\mathrm{d}T}{\mathrm{d}r}\right|_{\text{ad}} = \left(1 - \frac{1}{\gamma}\right)\frac{T}{P}\frac{\mathrm{d}P}{\mathrm{d}r}. \tag{10.88}$$

使用式 (10.6) 和理想气体定律,我们最终得到

$$\boxed{\left.\frac{\mathrm{d}T}{\mathrm{d}r}\right|_{\text{ad}} = -\left(1 - \frac{1}{\gamma}\right)\frac{\mu m_{\mathrm{H}}}{k}\frac{GM_r}{r^2}.} \tag{10.89}$$

把式 (10.89) 表达成另一种等价形式有时是有帮助的。回想一下 $g = GM_r/r^2, k/\mu m_{\mathrm{H}} = nR, \gamma = C_P/C_V$,以及 $C_P - C_V = nR$,并且 n、C_P 和 C_V 是针对每单位质量,则我们得到

$$\left.\frac{\mathrm{d}T}{\mathrm{d}r}\right|_{\text{ad}} = -\frac{g}{C_P}. \tag{10.90}$$

这个结果描述了当气泡上升和绝热膨胀时，气泡内气体的温度是如何变化的。

如果恒星的实际温度梯度 (用下标 act 表示) 比式 (10.89) 给出的绝热温度梯度更陡，即

$$\left|\frac{\mathrm{d}T}{\mathrm{d}r}\right|_{\mathrm{act}} > \left|\frac{\mathrm{d}T}{\mathrm{d}r}\right|_{\mathrm{ad}},$$

则温度梯度被认为是**超绝热**的 (回想 $\mathrm{d}T/\mathrm{d}r < 0$)。结果表明，在恒星内部深处，如果 $|\mathrm{d}T/\mathrm{d}r|_{\mathrm{act}}$ 略大于 $|\mathrm{d}T/\mathrm{d}r|_{\mathrm{ad}}$，则对流可能足以携带几乎所有的光度。因此，在通常情况下，在恒星内部的能量传输中，辐射或对流交替占主导地位，而另一种能量传输机制 (传导) 对总能量外流的贡献很小。起作用的特定机制由温度梯度决定。然而，向外接近恒星表面处，情况要复杂得多：辐射和对流都可以同时携带大量的能量。

10.4.9　恒星对流的判据

如果在恒星内部深处对流超过辐射占据主导地位，那究竟必须满足什么条件呢？热气泡何时会继续上升，而不是在向上移动后下沉？图 10.10 显示了对流气泡穿过周围介质的距离为 $\mathrm{d}r$。根据阿基米德原理，如果气泡的初始密度小于其周围的密度 ($\rho_{\mathrm{i}}^{(\mathrm{b})} < \rho_{\mathrm{i}}^{(\mathrm{s})}$)，则它将开始上升。现在，施加在完全浸没在密度为 $\rho_{\mathrm{i}}^{(\mathrm{s})}$ 的流体中的气泡上的每单位体积的浮力由下式给出：

$$f_{\mathrm{B}} = \rho_{\mathrm{i}}^{(\mathrm{s})} g.$$

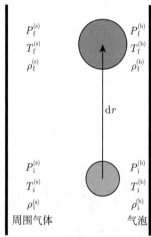

图 10.10　对流气泡向外移动一段距离 $\mathrm{d}r$。气泡的初始条件分别由 $P_{\mathrm{i}}^{(\mathrm{b})}, T_{\mathrm{i}}^{(\mathrm{b})}$ 和 $\rho_{\mathrm{i}}^{(\mathrm{b})}$ 给出，它们分别对应于压强、温度和密度；而处于相同水平的周围气体的相应的初始条件由 $P_{\mathrm{i}}^{(\mathrm{s})}, T_{\mathrm{i}}^{(\mathrm{s})}$ 和 $\rho_{\mathrm{i}}^{(\mathrm{s})}$ 给出。气泡或周围气体的最终条件用下标 f 标识

如果我们减去气泡上每单位体积的向下的引力：

$$f_g = \rho_{\mathrm{i}}^{(\mathrm{b})} g,$$

则气泡上每单位体积的净力变为

$$f_{\mathrm{net}} = -g\delta\rho, \tag{10.91}$$

其中，开始时 $\delta\rho \equiv \rho_i^{(b)} - \rho_i^{(s)} < 0$。气泡在移动无限小的距离 dr 之后，如果现在它具有比周围物质更大的密度 $\left(\rho_f^{(b)} > \rho_f^{(s)}\right)$，则它将再次下沉并且对流将被禁止。另一方面，如果 $\rho_f^{(b)} < \rho_f^{(s)}$，则气泡继续上升并产生对流。

为了用温度梯度来表示这一条件，假设气体最初非常接近于热平衡 $T_i^{(b)} \simeq T_i^{(s)}$ 和 $\rho_i^{(b)} \simeq \rho_i^{(s)}$。还假设气泡绝热膨胀，并且气泡和周围气体的压强始终相等 $P_f^{(b)} = P_f^{(s)}$。现在，由于假设气泡已经移动了无限小的距离，因此可以根据初始量和它们通过使用泰勒展开的梯度来表示最终量。取一阶近似，可得

$$\rho_f^{(b)} \simeq \rho_i^{(b)} + \left.\frac{\mathrm{d}\rho}{\mathrm{d}r}\right|^{(b)} \mathrm{d}r \quad \text{和} \quad \rho_f^{(s)} \simeq \rho_i^{(s)} + \left.\frac{\mathrm{d}\rho}{\mathrm{d}r}\right|^{(s)} \mathrm{d}r.$$

如果气泡内部和外部的密度保持几乎相等 (除了一些恒星的接近表面处是例外，通常就是这种情况)，将这些结果代入对流条件 $\rho_f^{(b)} < \rho_f^{(s)}$，给出

$$\left.\frac{\mathrm{d}\rho}{\mathrm{d}r}\right|^{(b)} < \left.\frac{\mathrm{d}\rho}{\mathrm{d}r}\right|^{(s)}. \tag{10.92}$$

我们现在只想用周围环境的物理量来表示。对绝热上升的气泡使用式 (10.87)，改写式 (10.92) 的左边，并使用式 (10.85) 来重写右边 (再次假设 $\mathrm{d}\mu/\mathrm{d}r = 0$)，我们得到

$$\frac{1}{\gamma}\frac{\rho_i^{(b)}}{P_i^{(b)}}\left.\frac{\mathrm{d}P}{\mathrm{d}r}\right|^{(b)} < \frac{\rho_i^{(s)}}{P_i^{(s)}}\left[\left.\frac{\mathrm{d}P}{\mathrm{d}r}\right|^{(s)} - \frac{P_i^{(s)}}{T_i^{(s)}}\left.\frac{\mathrm{d}T}{\mathrm{d}r}\right|^{(s)}\right].$$

回想一下，在任何时候 $P^{(b)} = P^{(s)}$，所以下式很有必要：

$$\left.\frac{\mathrm{d}P}{\mathrm{d}r}\right|^{(b)} = \left.\frac{\mathrm{d}P}{\mathrm{d}r}\right|^{(s)} = \frac{\mathrm{d}P}{\mathrm{d}r},$$

其中，压强梯度的上标被证明是多余的。代入并消掉等价的初始条件，

$$\frac{1}{\gamma}\frac{\mathrm{d}P}{\mathrm{d}r} < \frac{\mathrm{d}P}{\mathrm{d}r} - \frac{P_i^{(s)}}{T_i^{(s)}}\left.\frac{\mathrm{d}T}{\mathrm{d}r}\right|^{(s)}.$$

丢掉表示初始条件的下标和表示周围物质的上标，我们就实现所求：

$$\left(\frac{1}{\gamma} - 1\right)\frac{\mathrm{d}P}{\mathrm{d}r} < -\frac{P}{T}\left.\frac{\mathrm{d}T}{\mathrm{d}r}\right|_{\mathrm{act}}, \tag{10.93}$$

其中，温度梯度是周围气体的实际温度梯度。乘以负的量 $-T/P$，要求将不等式的方向反转，得到

$$\left(1 - \frac{1}{\gamma}\right)\frac{T}{P}\frac{\mathrm{d}P}{\mathrm{d}r} > \left.\frac{\mathrm{d}T}{\mathrm{d}r}\right|_{\mathrm{act}}.$$

但从式 (10.88)，我们看到不等式的左边正好是绝热温度梯度。因此

$$\left.\frac{\mathrm{d}T}{\mathrm{d}r}\right|_{\mathrm{ad}} > \left.\frac{\mathrm{d}T}{\mathrm{d}r}\right|_{\mathrm{act}}$$

是气泡不断上升的条件。最后，由于 $\mathrm{d}T/\mathrm{d}r < 0$ (随着恒星半径位置 r 的增加，温度降低)，取公式的绝对值再次要求将不等式的方向反转，即

$$\left|\frac{\mathrm{d}T}{\mathrm{d}r}\right|_{\mathrm{act}} > \left|\frac{\mathrm{d}T}{\mathrm{d}r}\right|_{\mathrm{ad}}. \tag{10.94}$$

如果实际温度梯度是超绝热的，则会产生对流，假设 μ 不会改变。

　　式 (10.93) 可用于寻找另一个有用的、等价的对流条件。由于 $\mathrm{d}T/\mathrm{d}r < 0$ 和 $1/\gamma - 1 < 0$ (回忆一下，$\gamma > 1$)，则

$$\frac{T}{P}\left(\frac{\mathrm{d}T}{\mathrm{d}r}\right)^{-1}\frac{\mathrm{d}P}{\mathrm{d}r} < -\frac{1}{\gamma^{-1} - 1},$$

这可以简化，给出

$$\frac{T}{P}\frac{\mathrm{d}P}{\mathrm{d}T} < \frac{\gamma}{\gamma - 1},$$

或者，如果发生对流，则

$$\frac{\mathrm{d}\ln P}{\mathrm{d}\ln T} < \frac{\gamma}{\gamma - 1}. \tag{10.95}$$

　　对于理想的单原子气体，当 $\mathrm{d}\ln P/\mathrm{d}\ln T < 2.5$，并且 $\gamma = 5/3$ 时，在恒星的某个区域将发生对流。在这种情况下，温度梯度 $(\mathrm{d}T/\mathrm{d}r)$ 近似地由式 (10.89) 给出。当 $\mathrm{d}\ln P/\mathrm{d}\ln T > 2.5$ 时，该区域对对流而言是稳定的，并且 $\mathrm{d}T/\mathrm{d}r$ 由式 (10.68) 给出。

　　通过比较辐射温度梯度式 (10.68) 和式 (10.89) 或式 (10.90)，以及用温度梯度表示的对流条件式 (10.94)，对可能导致对流超过辐射的一些条件有可能提升一些理解。一般来说，出现下列情况，对流将会发生：① 恒星不透明度较大时，意味着无法实现陡峭温度梯度 ($|\mathrm{d}T/\mathrm{d}r|_{\mathrm{act}}$)，而这对于辐射传输应当是必要；② 存在发生电离的区域，导致大的比热和低的绝热温度梯度 ($|\mathrm{d}T/\mathrm{d}r|_{\mathrm{ad}}$)；以及 ③ 核能产生率的温度依赖性大，导致陡峭的辐射流量梯度和很大的温度梯度。在许多恒星的大气层中，前两种情况可以同时发生，而第三种情况只会发生在恒星内部深处。特别地，当发生高度依赖温度的 CNO 循环或 3α 过程时，可出现第三种情况。

10.4.10　超绝热对流的混合长度理论

　　已经有人提出，为了使对流携带绝大部分能量，在恒星内部深处的温度梯度必须仅仅是轻微的超绝热。我们现在将证明这一说法是正确的。

　　我们首先回到对流的基本判据 $\rho_{\mathrm{f}}^{(\mathrm{b})} < \rho_{\mathrm{f}}^{(\mathrm{s})}$。由于气泡的压强和其周围的压强总是相等的，理想气体定律意味着 $T_{\mathrm{f}}^{(\mathrm{b})} > T_{\mathrm{f}}^{(\mathrm{s})}$，假设最初处于热平衡。因此，周围气体的温度必须随着半径更快地下降，因此

$$\left|\frac{\mathrm{d}T}{\mathrm{d}r}\right|^{(\mathrm{s})} - \left|\frac{\mathrm{d}T}{\mathrm{d}r}\right|^{(\mathrm{b})} > 0$$

是对流所必需的。由于温度梯度是负的，我们有

$$\left.\frac{\mathrm{d}T}{\mathrm{d}r}\right|^{(\mathrm{b})} - \left.\frac{\mathrm{d}T}{\mathrm{d}r}\right|^{(\mathrm{s})} > 0.$$

假设气泡本质上是做绝热运动，并将周围的温度梯度指定为恒星的实际平均温度梯度，让

$$\left.\frac{\mathrm{d}T}{\mathrm{d}r}\right|^{(\mathrm{b})} = \left.\frac{\mathrm{d}T}{\mathrm{d}r}\right|_{\mathrm{ad}} \quad \text{和} \quad \left.\frac{\mathrm{d}T}{\mathrm{d}r}\right|^{(\mathrm{s})} = \left.\frac{\mathrm{d}T}{\mathrm{d}r}\right|_{\mathrm{act}}.$$

在气泡行进一段距离 $\mathrm{d}r$ 之后，其温度将超过周围气体的温度[①]：

$$\delta T = \left(\left.\frac{\mathrm{d}T}{\mathrm{d}r}\right|_{\mathrm{ad}} - \left.\frac{\mathrm{d}T}{\mathrm{d}r}\right|_{\mathrm{act}} \right) \mathrm{d}r = \delta \left(\frac{\mathrm{d}T}{\mathrm{d}r} \right) \mathrm{d}r. \tag{10.96}$$

我们在此使用 δ 来表示与气泡相关的量和与周围环境相关的同样的量两者之间的差值，两者都是在特定半径 r 处确定的，正如对式 (10.91) 所做的那样。

现在假设一个热的、上升的气泡移动了一段距离：

$$\ell = \alpha H_P,$$

在消散之前，在该点处，它与周围环境一起热化，在恒定压强下释放其多余的热量 (因为在任何时候 $P^{(\mathrm{b})} = P^{(\mathrm{s})}$)。距离 ℓ 称为**混合长度**，H_P 为压强标高 (见式 (10.70))，以及

$$\alpha \equiv \ell / H_P,$$

混合长度与压强标高之比 α 是可调参数或自由参数，一般假定其数量级为 1。(比较数值恒星模型与观测，可知典型值是 $0.5 < \alpha < 3$。)

在气泡行进一个混合长度之后，每单位体积多余的热流从气泡流入它的周围环境仅为

$$\delta_q = (C_P \delta T) \rho,$$

其中，通过将 ℓ 代入 $\mathrm{d}r$，δT 由式 (10.96) 计算得出。乘以对流气泡的平均速度 $\bar{v}_\mathrm{c}$，我们得到对流流量 (每单位时间每单位面积的气泡携带的能量)：

$$F_\mathrm{c} = \delta q \bar{v}_\mathrm{c} = (C_P \delta T) \rho \bar{v}_\mathrm{c}. \tag{10.97}$$

请注意，$\rho \bar{v}$ 是质量流量，或每秒穿过垂直于质量流方向的单位面积的质量。质量流量是在流体力学中经常遇到的量。

平均速度 $\bar{v}$ 可以从作用在气泡上每单位体积的净力 f_net 求出。利用理想气体定律并假设 μ 为常数，我们可以写出

$$\delta P = \frac{P}{\rho} \delta \rho + \frac{P}{T} \delta T.$$

---

① 在一些文献中，$\delta \left(\dfrac{\mathrm{d}T}{\mathrm{d}r} \right) \equiv \Delta \nabla T$。

由于气泡与其周围环境之间的压强总是相等，有 $\delta P \equiv P^{(\mathrm{b})} - P^{(\mathrm{s})} = 0$。因此

$$\delta \rho = -\frac{\rho}{T} \delta T.$$

从公式 (10.91) 可得

$$f_{\mathrm{net}} = \frac{\rho g}{T} \delta T.$$

然而，我们假设气泡与其周围环境之间的初始温度差基本上为零，或 $\delta T_{\mathrm{i}} \approx 0$。因此，浮力最初也必须非常接近于零。由于 f_{net} 随 δT 线性增加，我们可以在初始位置和最终位置之间的距离 ℓ 上取平均值，即

$$\langle f_{\mathrm{net}} \rangle = \frac{1}{2} \frac{\rho g}{T} \delta T_{\mathrm{f}}.$$

忽略黏滞力，浮力在距离 ℓ 上每单位体积所做的功会转化为气泡的动能，即

$$\frac{1}{2} \rho v_{\mathrm{f}}^2 = \langle f_{\mathrm{net}} \rangle \ell.$$

在一个混合长度上选择平均动能将导致 v^2 的某个平均值，即 βv^2，其中 β 的取值范围为 $0 < \beta < 1$。现在对流气泡的平均速度变为

$$\bar{v}_{\mathrm{c}} = \left(\frac{2\beta \langle f_{\mathrm{net}} \rangle \ell}{\rho} \right)^{1/2}.$$

利用式 (10.96)，并考虑 $\mathrm{d}r = \ell$，替换每单位体积的净力，并且重新排列，我们有

$$
\begin{aligned}
\bar{v}_{\mathrm{c}} &= \left(\frac{\beta g}{T} \right)^{1/2} \left[\delta \left(\frac{\mathrm{d}T}{\mathrm{d}r} \right) \right]^{1/2} \ell \\
&= \beta^{1/2} \left(\frac{T}{g} \right)^{1/2} \left(\frac{k}{\mu m_{\mathrm{H}}} \right) \left[\delta \left(\frac{\mathrm{d}T}{\mathrm{d}r} \right) \right]^{1/2} \alpha,
\end{aligned}
\tag{10.98}
$$

其中，我们通过用 αH_P 代替混合长度，并使用式 (10.70) 与理想气体定律一起，得到最后一个公式。

经过一番操作，式 (10.97) 和式 (10.98) 最终给出了对流流量的表达式：

$$F_{\mathrm{c}} = \rho C_P \left(\frac{k}{\mu m_{\mathrm{H}}} \right)^2 \left(\frac{T}{g} \right)^{3/2} \beta^{1/2} \left[\delta \left(\frac{\mathrm{d}T}{\mathrm{d}r} \right) \right]^{3/2} \alpha^2. \tag{10.99}$$

幸运的是，F_{c} 对 β 不是很敏感，但它强烈依赖于 α 和 $\delta(\mathrm{d}T/\mathrm{d}r)$。

通过推导，由式 (10.99) 给出对流流量的这个方法称为**混合长度理论**。尽管混合长度理论基本上是一种包含任意常数的唯象理论，但它在预测观测结果方面通常是相当成功的。

为了评估 F_{c}，我们仍然需要知道气泡与其周围环境的温度梯度之间的差异。为简单起见，假设所有的流量都由对流所携带，因此

$$F_{\mathrm{c}} = \frac{L_r}{4\pi r^2},$$

其中，L_r 是内部光度。这将允许我们能够估计这种特殊情况下所需的温度梯度的差异。对于温度梯度差，求解公式 (10.99)，给出

$$\delta\left(\frac{\mathrm{d}T}{\mathrm{d}r}\right) = \left[\frac{L_r}{4\pi r^2}\frac{1}{\rho C_P \alpha^2}\left(\frac{\mu m_\mathrm{H}}{k}\right)^2\left(\frac{g}{T}\right)^{3/2}\beta^{-1/2}\right]^{2/3}. \tag{10.100}$$

对于绝热温度梯度，用式 (10.90) 除以式 (10.100)，给出实际温度梯度必须达到的超级绝热程度的估计值，以便仅通过对流来携带所有的流量：

$$\frac{\delta(\mathrm{d}T/\mathrm{d}r)}{|\mathrm{d}T/\mathrm{d}r|_\mathrm{ad}} = \left(\frac{L_r}{4\pi r^2}\right)^{2/3}C_P^{1/3}\rho^{-2/3}\alpha^{-4/3}\left(\frac{\mu m_\mathrm{H}}{k}\right)^{4/3}\frac{1}{T}\beta^{-1/3}.$$

例 10.4.3   使用太阳对流区底部的典型值，假设一直都是单原子气体，并假设 $\alpha = 1$ 和 $\beta = 1/2$，我们可以估计一个特征绝热温度梯度即实际温度梯度接近超级绝热的程度，以及对流气泡速度的大小。

假设 $M_r = 0.976\ M_\odot$，$L_r = 1\ L_\odot$，$r = 0.714\ R_\odot$，$g = GM_r/r^2 = 525\ \mathrm{m\cdot s^{-2}}$，$C_P = 5nR/2$，$P = 5.59 \times 10^{12}\ \mathrm{N\cdot m^{-2}}$，$\rho = 187\ \mathrm{kg\cdot m^{-3}}$，$\mu = 0.606$，$T = 2.18 \times 10^6\ \mathrm{K}$。那么，从式 (10.90) 可得

$$\left|\frac{\mathrm{d}T}{\mathrm{d}r}\right|_\mathrm{ad} \sim 0.015\ \mathrm{K\cdot m^{-1}},$$

并且从式 (10.100) 可得

$$\delta\left(\frac{\mathrm{d}T}{\mathrm{d}r}\right) \sim 6.7 \times 10^{-9}\ \mathrm{K\cdot m^{-1}}.$$

因此，实际温度梯度是超级绝热的相对量，为

$$\frac{\delta(\mathrm{d}T/\mathrm{d}r)}{|\mathrm{d}T/\mathrm{d}r|_\mathrm{ad}} \sim 4.4 \times 10^{-7}.$$

对于满足恒星内部深处的参数，对流肯定可以用绝热温度梯度来充分地近似。

携带所有对流流量所需的对流速度可从式 (10.98) 得到

$$\bar{v}_\mathrm{c} \sim 50\ \mathrm{m\cdot s^{-1}} \sim 10^{-4}v_\mathrm{s},$$

其中，v_s 是局部太阳声速 (式 (10.84))。

接近恒星表面处，电离的存在导致 C_P 的值较大，而 ρ 和 T 变得更小，超级绝热的多余量与绝热梯度的比值会变得非常大，对流速度可能接近声速。在这种情况下，必须考虑对流和辐射流量相对量的详细研究。这里将不再进一步讨论。

尽管混合长度理论对许多问题来说是恰当的，但它是不完整的。例如，α 和 β 是必须为特定问题选择的自由参数；贯穿整个恒星，它们甚至会变化。在一些恒星条件下，不依赖于时间的混合长度理论本质上是不令人满意的。作为一个例子，考虑恒星的脉动；在恒

星的脉动周期中，恒星外层的振荡周期与对流的时标相当，由 $t_\mathrm{c} = \ell/\bar{v}_\mathrm{c}$ 给出。在这种情况下，恒星中物理条件的快速变化直接与对流气泡的驱动相耦合，这相应地又改变了恒星的结构。尽管在发展一个完整的、依赖于时间的恒星内部对流理论的过程中，人们付出了很多努力 (并取得了一些进展)，但目前还没有一种理论能够完全描述这种复杂的行为。在理解恒星对流的重要细节方面还有许多工作要做。

10.5　恒星模型构建

我们现在已经推导出了恒星结构的所有的基本微分公式。这些公式连同一组描述恒星物质物理性质的关系式，可被求解以获得理论恒星模型。

10.5.1　恒星结构公式综述

为方便起见，这里总结了基本的、不依赖于时间的 (静态) 恒星结构公式：

$$\frac{\mathrm{d}P}{\mathrm{d}r} = -G\frac{M_r\rho}{r^2} \tag{10.6}$$

$$\frac{\mathrm{d}M_r}{\mathrm{d}r} = 4\pi r^2\rho \tag{10.7}$$

$$\frac{\mathrm{d}L_r}{\mathrm{d}r} = 4\pi r^2\rho\epsilon \tag{10.36}$$

$$\frac{\mathrm{d}T}{\mathrm{d}r} = -\frac{3}{4ac}\frac{\kappa\rho}{T^3}\frac{L_r}{4\pi r^2} \qquad (辐射) \tag{10.68}$$

$$= -\left(1-\frac{1}{\gamma}\right)\frac{\mu m_\mathrm{H}}{k}\frac{GM_r}{r^2} \quad (绝热对流) \tag{10.89}$$

最后一个公式假设对流温度梯度是完全绝热的，并且适用于

$$\frac{\mathrm{d}\ln P}{\mathrm{d}\ln T} < \frac{\gamma}{\gamma-1}. \tag{10.95}$$

就像上面假设的那样，如果恒星是静态的，那么 $\epsilon = \epsilon_{原子核}$。然而，如果恒星模型的结构随时间而变化，我们就必须包括引力对能量的贡献。$\epsilon^2 = \epsilon_{原子核}^2 + \epsilon_{引力}^2$。引力能量项的引入给公式增加了明显的时间依赖性，它在纯静态情况下是不出现的。这一点可以通过认识位力定理要求损失的引力势能的一半必须转换为热量来理解。引力的产能率 (每单位质量) 是 $\mathrm{d}Q/\mathrm{d}t$。因此，$\epsilon_{引力} = -\mathrm{d}Q/\mathrm{d}t$，负号表示从物质中释放出热量。

10.5.2　熵

有趣的是，用单位质量的**熵** (比熵) 的变化来表示引力的产能率通常是有用的，其定义为[①]

$$\boxed{\mathrm{d}S \equiv \frac{\mathrm{d}Q}{T}.} \tag{10.101}$$

---

① 虽然 $\mathrm{d}Q$ 是一个非恰当微分，但可以证明熵是一个状态函数。

那么可以看到产能率是由于物质熵的变化导致的, 即

$$\epsilon_{\text{gravity}} = -T\frac{\mathrm{d}S}{\mathrm{d}t}. \tag{10.102}$$

如果恒星正在坍缩, 则 $\epsilon_{引力}$ 将为正; 如果恒星正在膨胀, 则 $\epsilon_{引力}$ 将为负。因此, 当恒星收缩时, 它的熵就会减少。这并不违反热力学第二定律, 该定律表明封闭系统的熵必须始终保持不变 (可逆过程) 或增加 (不可逆过程)。由于恒星不是一个封闭的系统, 则它的熵可以局部减少, 而宇宙其余部分的熵增加得更多。光子和中微子将熵带出恒星。

当恒星结构的变化非常迅速, 导致加速度不能再被忽略时, 式 (10.6) 必须用精确的表达式 (10.5) 来代替。这种情况在超新星爆发或恒星脉动期间可能发生。在恒星脉动中, 加速项的作用将在第 14 章讨论。

10.5.3 本构关系

基本的恒星结构公式 (式 (10.6)、式 (10.7)、式 (10.36)、式 (10.68) 和式 (10.89)) 需要关于构成恒星的物质的物理性质的信息。所需的条件是关于物质状态的公式, 统称为**本构关系**。具体来说, 根据物质的基本特性: 密度、温度和成分, 我们需要压强、不透明度和产能率之间的关系。一般说来,

$$P = P(\rho, T, 成分) \tag{10.103}$$

$$\bar{\kappa} = \bar{\kappa}(\rho, T, 成分) \tag{10.104}$$

$$\epsilon = \epsilon(\rho, T, 成分) \tag{10.105}$$

在某些类型恒星的内部深处, 压强状态公式可能相当复杂, 其中密度和温度可以变得极高。然而, 在大多数情况下, 特别是当恰当地计算平均分子量随成分和电离的变化时, 则理想气体定律, 结合辐射压强的表达式, 是一个很好的近似。较早建立起的压强状态公式 (10.20) 包括理想气体定律和辐射压强。

恒星物质的不透明度不能用单一的公式来精确表达。相反, 它是在特定密度和温度下对各种成分的明确计算, 并以表格形式呈现。恒星结构计算代码是在密度-温度网格中进行插值, 以获得特定条件下的不透明度, 或者, 根据列表的值, 使用 “拟合函数”。对于压强状态公式的精确计算, 也会出现类似的情况。尽管无法构造精确的拟合函数来计算束缚-束缚跃迁的不透明度, 但束缚-自由跃迁、自由-自由跃迁、电子散射和 H^- 的不透明度已在 9.2 节介绍过, 分别参见式 (9.22)、式 (9.23)、式 (9.27) 和式 (9.28)。

为了计算核能产生率, 我们可以使用像 10.3 节中呈现的针对 pp 链 (式 (10.46)) 和 CNO 循环 (式 (10.58)) 给出的那样的公式。在更复杂的计算中, 使用反应网络, 可以给出过程中每一步骤的单个反应率和混合物中每一种同位素的平衡丰度。

10.5.4 边界条件

恒星结构公式 (包括本构关系) 的实际解, 需要适当的**边界条件**, 以明确对数学公式的物理限制。边界条件在确定积分极限中起着至关重要的作用。中心边界条件相当明显, 内部质量和光度在恒星中心处必须接近零, 即

$$\left.\begin{array}{c} M_r \to 0 \\ L_r \to 0 \end{array}\right\} \quad \text{当 } r \to 0 \text{ 时}. \tag{10.106}$$

这只是意味着恒星在物理上是真实的,并不是包含一个洞、一个负光度的核球或是无限的 ρ 或 ϵ 的中心点!

需要的第二组边界条件在恒星表面。最简单的一组假设是,温度、压强和密度在恒星半径 R_* 的某个表面值处都接近零。

$$\left.\begin{array}{c} T \to 0 \\ P \to 0 \\ \rho \to 0 \end{array}\right\} \quad \text{当 } r \to R_\star \text{ 时}. \tag{10.107}$$

严格地说,式 (10.107) 的条件在真正的恒星中将永远不会获得 (温度的情况显然如此)。因此,经常需要使用更复杂的表面边界条件,例如当被建模的恒星具有延展的大气或正在失去质量时,正如大多数恒星那样。

10.5.5　沃格特–罗素 (Vogt-Russell) 定理

给定基本的恒星结构公式、本构关系和边界条件,我们现在可以对特定的恒星类型进行建模。通过对式 (10.6) 的考察可以看出,给定半径处的压强梯度取决于内部质量和密度。类似地,辐射温度梯度式 (10.68) 取决于局部温度、密度、不透明度和内部光度,而光度梯度是密度和产能率的函数。压强、不透明度和产能速率相应地又明确地取决于该位置处的密度、温度和成分。如果在恒星表面处的内部质量 (即整个恒星质量) 是给定的,连同成分、表面半径和光度,以及表面边界条件的应用,允许确定在恒星表面之下无限小距离 dr 处的压强、内部质量、温度以及内部光度[①]。继续对恒星结构公式进行数值积分直到恒星的中心,必定导致与中心边界一致的结果 (式 (10.106))。由于各种梯度值与恒星成分直接相关,在选择了质量和成分之后,不可能指定表面半径和光度的任何任意组合。这组限制称为**沃格特–罗素定理**:

一颗恒星的质量和成分结构唯一地决定了它的半径、光度和内部结构,以及随后的演化。

恒星的演化依赖于质量和成分,这是由核燃烧导致的成分变化的结果[②]。这里给出的沃格特–罗素 "定理" 的陈述有点令人误解,因为还有其他参数可以影响恒星内部,例如磁场和转动。然而,假设这些参数在大多数恒星中几乎没有影响,这里将不再进一步讨论[③]。

10.5.6　恒星结构公式的数值模拟

除了称为多方球的恒星结构公式的一类特殊的近似解 (将在后面讨论) 之外,这组微分公式及其本构关系不能用解析方法求解。相反,正如已经提到的,有必要对公式组进行数

---

① 还必须指定在该距离上的平均密度。由于假设 ρ 在表面上为零,并且由于它明确地取决于压强和温度,两者在表面上也被假设为零,但在表面之下最初是未知的,从而立即出现了难题;式 (10.6) 和式 (10.68) 的右手边是零,所以 P 和 T 永远不会从它们的表面值增大! 附录 L 中概述了该初始步骤问题的一个解决方案。更复杂的解决方案则需要迭代过程,不断地修正先前的估值,直到在某一特定精度水平内获得自洽的答案。

② 在这个意义上,式 (10.36) 确实含有由恒星核合成而引起的隐含的时间依赖性。

③ 即使没有磁场和转动这种复杂情况,沃格特–罗素 "定理" 在某些特殊情况下也可能被违反。然而,一个实际的恒星 (相对于理论模型) 可能会采用一种独特的结构作为其演化历史的结果。从这个意义上说,沃格特–罗素 "定理" 应被视为一般规则,而不是严格的定律。

值积分。这是通过用差分公式来近似微分公式实现的——例如，用 $\Delta P / \Delta r$ 代替 $\mathrm{d}P/\mathrm{d}r$。
然后，如图 10.11 所示，将恒星想象成由球对称的**壳层**构成，并且 "积分" 是从某个初始半
径开始并通过指定的某个增量 δr 以有限步长进行的[①]。然后可以通过连续应用差分公式来
增加每个基本物理参数。例如，如果区域 i 中的压强由 P_i 给出，则下一个更深区域 P_{i+1}
中的压强可由下式求出：

$$P_{i+1} = P_i + \frac{\Delta P}{\Delta r}\delta r,$$

其中，δr 为负。

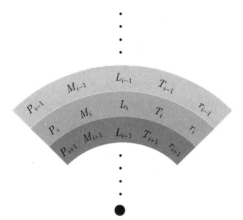

图 10.11　数值恒星模型中的分区。假设恒星由球对称的质量壳层构成，用恒星结构公式、本构关系、边
界条件，以及恒星的质量和成分描述每个区中的物理变量。在科研质量级别的代码中，一些量是在质量
壳层中间被指定的 (例如，P 和 T)，而其他的量则与壳层之间的界面相关联 (例如，r、M_r 和 L_r)

　　恒星结构公式的数值积分可以从表面向中心进行、从中心向表面进行，或者像通常所
做的那样，同时在两个方向上进行。如果在两个方向上进行积分，这些解将在某一拟合点
处相遇，在该处变量必须从一个解平滑地变化到另一个解。从两个方向进行积分这种方法
之所以经常被采用，是因为恒星外层最重要的物理过程通常不同于内部深处。穿过光学薄
区的辐射传输以及氢和氦的电离发生在靠近表面的地方，而核反应则发生在靠近中心的地
方。通过在两个方向上进行积分，可以在一定程度上解耦这些过程，从而简化问题。
　　对于一个理想的恒星模型，同时匹配表面和中心的边界条件通常需要多次迭代才能得
到满意的结果。如果从表面向中心和从中心向表面的积分在拟合点处不一致，则必须改变
起始条件。这是在一系列的尝试中完成的，称为迭代，其中根据前一积分的结果估计下一
积分的初始条件。如果恒星是从表面向中心或从中心向表面进行积分，则连续迭代的过程
也是必要的。在这两种积分情况下，简单的拟合点分别是中心和表面。
　　附录 L 给出了一个非常简单的恒星结构计算代码 (称为 StatStar)。**StatStar** 将本章
中建立的恒星结构公式，采用适当的本构关系，以它们与时间无关的形式从恒星外部向中
心进行积分；还假设整个恒星具有恒定的 (均匀的) 成分。在科研计算代码中使用的许多复
杂的数值技术都被忽略了，以便恒星模型构建的基本要素可以更容易地理解，比如压强状

---

　　① 将半径视为独立变量的计算代码称为**欧拉代码**。**拉格朗日代码**将质量视为独立变量。在拉格朗日公式中，使用式 (10.7)
改写微分公式；流体静力学平衡公式可以写成 $\mathrm{d}P/\mathrm{d}M$ 这种形式。

态公式和不透明度的详细计算。混合长度理论的复杂公式也被省略，以利于绝热对流的简化假设。尽管有这些近似，对于位于 H-R 图主序上的恒星，还是可以得到非常合理的模型。

10.5.7　多方模型与莱恩–埃姆登 (Lane-Emden) 公式

正如我们前面提到的，通常不可能解析地求解恒星结构公式组及其相关的本构关系；我们必须使用数值解来 "构建" 恒星模型。然而，在非常特殊的和限定的情况下，有可能得到公式子集的解析解。该领域的第一个工作是由霍默·莱恩 (J. Homer Lane, 1819—1880) 完成的，他于 1869 年在《美国科学杂志》(*American Journal of Science*) 上发表了一篇关于恒星构造平衡的论文。那项工作后来由罗伯特·埃姆登 (Robert Emden, 1862—1940) 进行了大量扩展。今天，帮助我们描述解析恒星模型的著名公式就称为莱恩–埃姆登公式。

为了理解建立莱恩–埃姆登公式的动机，注意，对恒星结构公式的仔细审视表明，如果压强和密度之间仅仅存在一种简单的关系，则恒星结构的力学公式 (式 (10.6) 和式 (10.7)) 可以在不参考能量公式 (式 (10.36) 和式 (10.68) 或式 (10.89)) 的情况下同时求解。当然，正如我们所看到的，这种简单的关系并不是普遍存在的；正常情况下，温度和成分通常以复杂的方式也必须进入压强状态公式。然而，在某些情况下，例如对于绝热气体 (见式 (10.86))，压强可以明确地、独立地用密度来表示。假想的恒星模型中，压强以 $P = K\rho^{\gamma}$ 的形式依赖于密度，这种模型称为**多方球**。多方模型的发展是值得付出努力的，因为它们相对的简单性使我们对恒星结构有了一些洞见，完全没有成熟的数值模型中所固有的所有复杂性。

为了推导莱恩–埃姆登公式，我们从流体静力平衡公式 (10.6) 开始。改写该公式，取两边的径向导数，得到

$$\frac{\mathrm{d}}{\mathrm{d}r}\left(\frac{r^2}{\rho}\frac{\mathrm{d}P}{\mathrm{d}r}\right) = -G\frac{\mathrm{d}M_r}{\mathrm{d}r}.$$

我们立即看到式 (10.7) 可用于消除质量梯度。代入，我们得到

$$\frac{\mathrm{d}}{\mathrm{d}r}\left(\frac{r^2}{\rho}\frac{\mathrm{d}P}{\mathrm{d}r}\right) = -G\left(4\pi r^2\rho\right)$$

或

$$\frac{1}{r^2}\frac{\mathrm{d}}{\mathrm{d}r}\left(\frac{r^2}{\rho}\frac{\mathrm{d}P}{\mathrm{d}r}\right) = -4\pi G\rho. \tag{10.108}$$

顺便插一句，这里值得指出的是，式 (10.108) 实际上是一个研究得很好的微分公式 (称为泊松公式) 的稍微隐蔽的形式。这里留作一个练习来证明式 (10.108) 可以被改写为以下形式：

$$\frac{1}{r^2}\frac{\mathrm{d}}{\mathrm{d}r}\left(r^2\frac{\mathrm{d}\Phi_g}{\mathrm{d}r}\right) = 4\pi G\rho, \tag{10.109}$$

这是每单位质量的引力势能的泊松公式的球对称形式，$\Phi_g \equiv U_g/m$[①]。

---

① 泊松公式在物理学中经常出现。例如，利用静电势梯度的负值代替电场矢量，可以将电磁理论的麦克斯韦公式之一的高斯定律重新表述为泊松公式。

为了求解式 (10.108)，我们现在使用关系 $P(\rho) = K\rho^{\gamma}$，其中 K 和 $\gamma > 0$ 都是常数。压强公式的这种函数形式通常称为多方状态公式。代入，取适当的导数并进行简化，我们得到

$$\frac{\gamma K}{r^2} \frac{\mathrm{d}}{\mathrm{d}r} \left[r^2 \rho^{\gamma-2} \frac{\mathrm{d}\rho}{\mathrm{d}r} \right] = -4\pi G\rho.$$

习惯上通过令 $\gamma \equiv (n+1)/n$ 来稍微重写该表达式，其中 n 在历史上称为多方指数。然后

$$\left(\frac{n+1}{n} \right) \frac{K}{r^2} \frac{\mathrm{d}}{\mathrm{d}r} \left[r^2 \rho^{(1-n)/n} \frac{\mathrm{d}\rho}{\mathrm{d}r} \right] = -4\pi G\rho.$$

为了稍微简化一下上述表达式，现在以无量纲的形式重写该公式是有益的。用缩放因子和无量纲函数 $D(r)$ 表示密度，令

$$\rho(r) \equiv \rho_{\mathrm{c}} \left[D_n(r) \right]^n, \quad \text{其中}, 0 \leqslant D_n \leqslant 1.$$

(正如大家可能猜想的那样，ρ_{c} 将是多方恒星模型的中心密度。) 再次代入并简化，我们得到

$$\left[(n+1) \left(\frac{K\rho_{\mathrm{c}}^{(1-n)/n}}{4\pi G} \right) \right] \frac{1}{r^2} \frac{\mathrm{d}}{\mathrm{d}r} \left[r^2 \frac{\mathrm{d}D_n}{\mathrm{d}r} \right] = -D_n^n.$$

仔细研究上述公式，我们发现方括号中的集体常数的单位是距离的平方。定义

$$\lambda_n \equiv \left[(n+1) \left(\frac{K\rho_{\mathrm{c}}^{(1-n)/n}}{4\pi G} \right) \right]^{1/2},$$

通过引入无量纲自变量 ξ，

$$r \equiv \lambda_n \xi,$$

我们终于得到

$$\boxed{\frac{1}{\xi^2} \frac{\mathrm{d}}{\mathrm{d}\xi} \left[\xi^2 \frac{\mathrm{d}D_n}{\mathrm{d}\xi} \right] = -D_n^n,} \tag{10.110}$$

这就是著名的**莱恩–埃姆登公式**。

针对特定的多方指数 n，对无量纲自变量 ξ 求解式 (10.110)，给出无量纲函数 $D_n(\xi)$，直接给出密度随半径的关系 $\rho_n(r)$。多方状态公式 $P_n(r) = K\rho_n^{(n+1)/n}$ 提供了压强轮廓。此外，如果假设理想气体定律和辐射压强相应的物质成分是恒定的 (式 (10.20))，则温度轮廓 $T(r)$ 也可得到。

为了实际求解该二阶微分公式，必须采用两个边界条件 (其有效地指定了两个积分常数)。假设恒星的 "表面" 是压强变为零的位置 (相应地，气体的密度也变为零)，那么，

$$D_n(\xi_1) = 0, \text{针对表面处 } \xi = \xi_1,$$

其中，ξ_1 是第一个零点解位置。

接下来，考虑恒星的中心。如果 $r = \delta$ 表示无限小地接近恒星中心的距离，那么在半径为 δ 的体积内包含的质量由下式给出：

$$M_r = \frac{4\pi}{3} \bar{\rho} \delta^3$$

其中，$\bar{\rho}$ 是在半径 δ 内气体的平均密度。代入流体静力学平衡公式 (10.6)，我们有

$$\frac{\mathrm{d}P}{\mathrm{d}r} = -G \frac{M_r \rho}{r^2} = -\frac{4\pi}{3} G \bar{\rho}^2 \delta \to 0, \quad \text{当 } \delta \to 0 \text{ 时}.$$

由于 $P = K \rho^{(n+1)/n}$，这意味着

$$\frac{\mathrm{d}\rho}{\mathrm{d}r} \to 0, \quad \text{当 } r \to 0 \text{ 时},$$

这立即得到中心边界条件：

$$\frac{\mathrm{d}D_n}{\mathrm{d}\xi} = 0, \quad \text{在 } \xi = 0 \text{ 时}.$$

此外，为了使 ρ_c 表示恒星的中心密度，还需要 $D_n(0) = 1$ (这个条件不是严格的边界条件，它简单地将密度无量纲函数 D_n 归一化)。

利用指定的边界条件，现在可以计算具有特定多方指数的恒星的总质量。从式 (10.7)，

$$M = 4\pi \int_0^R r^2 \rho \mathrm{d}r,$$

其中，$R = \lambda_n \xi_1$ 表示恒星的半径。用无量纲量重写，得到

$$M = 4\pi \int_0^{\xi_1} \lambda_n^2 \xi^2 \rho_c D_n^n \mathrm{d}\left(\lambda_n \xi\right),$$

或

$$M = 4\pi \lambda_n^3 \rho_c \int_0^{\xi_1} \xi^2 D_n^n \mathrm{d}\xi.$$

虽然可以利用对 $D_n(\xi)$ 的了解直接积分该表达式，但是请注意，也可以通过莱恩–埃姆登公式和中心边界条件来直接改写该表达式：

$$\xi^2 D_n^n = -\frac{\mathrm{d}}{\mathrm{d}\xi}\left[\xi^2 \frac{\mathrm{d}D_n}{\mathrm{d}\xi}\right]$$

给出

$$M = -4\pi \lambda_n^3 \rho_c \xi_1^2 \left.\frac{\mathrm{d}D_n}{\mathrm{d}\xi}\right|_{\xi_1},$$

其中，$(\mathrm{d}D_n/\mathrm{d}\xi)|_{\xi_1}$ 表示在恒星表面处计算 D_n 的导数。

尽管莱恩–埃姆登公式简洁而优美，但重要的是要记住它的许多局限性。回想一下式 (10.110) 不包含关于恒星内部能量传输或能量产生的任何信息；该公式仅描述流体静力学平衡和质量守恒，然后只在高度理想化的多方状态公式类型中适用。但不管怎么说，莱恩–埃姆登公式能够让我们对恒星的结构有一些重要的了解。

莱恩–埃姆登公式只有三个解析解，即 $n = 0$、1 和 5。$n = 0$ 的解由下式给出：

$$D_0(\xi) = 1 - \frac{\xi^2}{6}, \quad \text{当 } \xi_1 = \sqrt{6} \text{ 时.}$$

留给大家一个练习题，推导 $n = 0$ 的解。$n = 1$ 的解是著名的 "sinc" 函数：

$$D_1(\xi) = \frac{\sin \xi}{\xi}, \quad \text{当 } \xi_1 = \pi \text{ 时,}$$

而 $n = 5$ 的解由下式给出：

$$D_5(\xi) = \left[1 + \xi^2/3 \right]^{-1/2}, \quad \text{当 } \xi_1 \to \infty \text{ 时.}$$

在后一种情形，要求大家验证虽然恒星的半径是无限的，但恒星的总质量实际上是有限的。对于 $n > 5$ 时的值情况则不是这样。因此，n 的物理极限被限制在 $0 \leqslant n \leqslant 5$ 的范围内。在图 10.12 中展示了 D_0、D_1 和 D_5 的图形。

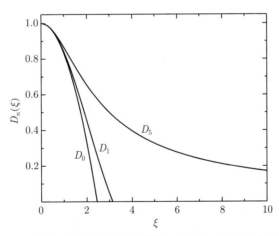

图 10.12　莱恩–埃姆登公式的解析解：$D_0(\xi)$、$D_1(\xi)$ 和 $D_5(\xi)$

对多方球的讨论最初是由绝热气体的状态公式引起的。对于理想的单原子气体，$\gamma = 5/3$ 的情况，这意味着 $n = 1.5$。另外，正如我们将在后面的第 16 章 (见式 (16.12)) 中所看到的，处于演化最终阶段的称为白矮星的某些极度致密的恒星，也可以用指数为 1.5 的多方球来描述 (技术上这些是非相对论的完全简并的星)。虽然对于重要的 $n = 1.5$ 的情况，不能用解析方法求解，但可以用数值方法求解。

另一个重要的多方指数是与处于辐射平衡的恒星相关联的 $n = 3$ 的 "爱丁顿标准模型"。为了了解该模型是如何对应于辐射平衡的，则考虑由理想气体和辐射压强支撑的多方

球 (见式 (10.20))。如果恒星中某个位置的总压强用 P 表示，则理想气体对总压强的贡献由下式给出：

$$P_g = \frac{\rho k T}{\mu m_{\mathrm{H}}} = \beta P, \tag{10.111}$$

其中，$0 \leqslant \beta \leqslant 1$，则辐射压强的贡献为

$$P_{\mathrm{r}} = \frac{1}{3} a T^4 = (1 - \beta) P. \tag{10.112}$$

由于我们要寻找的是一个可以独立于温度来表示的多方状态公式，则我们可以将上述两个表达式结合起来以消除 T。在式 (10.111) 中求解 T，代入式 (10.112)，我们得到

$$\frac{1}{3} a \left(\frac{\beta P \mu m_{\mathrm{H}}}{\rho k} \right)^4 = (1 - \beta) P.$$

这直接导致了以密度表示总压强的表达式，即

$$P = K \rho^{4/3}, \tag{10.113}$$

其中，

$$K \equiv \left[\frac{3(1 - \beta)}{a} \right]^{1/3} \left(\frac{k}{\beta \mu m_{\mathrm{H}}} \right)^{4/3}.$$

由于 $\gamma = 4/3$，这意味着 $n = 3$[①]。

　　无疑，两个最具物理意义的多方模型对应于 $n = 1.5$ 和 $n = 3$。虽然这两个模型都不能用解析方法求解，但使用计算机和数值积分算法使我们能够相对容易地探索它们的结构和行为。仔细研究这些多方球可以对更现实的、但显然更复杂的恒星模型的结构得出重要的见解。

10.6　主　序

　　对恒星光谱的分析告诉我们，绝大多数恒星的大气主要由氢组成，通常质量占比约为 70% ($X \sim 0.7$)，而金属的质量占比从接近零到约 3% ($0 < Z < 0.03$) 变化。假设恒星的初始成分是**均匀**的 (意味着整个恒星的成分都是相同的)，第一组核聚变反应应该是那些将氢转化为氦的反应 (pp 链和/或 CNO 循环)。回想一下，这些反应发生时的最低温度，为了更大质量原子核的燃烧，则相关的库仑势垒要低于那个温度。因此，均匀的富氢恒星的结构应该受到其内部深处的氢核燃烧的强烈影响。

　　因为氢的主导地位最初就存在于核球中，并且由于氢燃烧是相对缓慢的过程，所以恒星的内部成分和结构会慢慢发生变化。正如我们在例 10.3.2 中所看到的，太阳的氢燃烧的寿命粗略估计为 100 亿年。当然，表面条件不会完全静止。根据沃格特–罗素定理，成分或

---

① 我们将在第 16 章中学到，仅由完全相对论的完全简并的气体支撑的恒星也可以用多方指数 3 来描述；见式 (16.15)。

质量的任何变化都需要重新调整有效温度和光度；作为中心核反应的结果，恒星的观测特性必须改变。只要核球中的变化是缓慢的，那么所观测到的表面特征的演变也是缓慢的[①]。

由于大多数恒星具有相似的成分，恒星的结构应该随着质量的变化而平稳地变化。从例 10.1.1 和例 10.2.1 中回想一下，随着质量的增加，中心压强和中心温度应该增加。因此，对于小质量的恒星，pp 链将占主导地位，因为与 CNO 循环的反应相比，引发这些反应需要更少的能量。对于大质量恒星，CNO 循环可能会占主导地位，因为它有非常强的温度依赖性。

在某种程度上，当我们考虑质量越来越小的恒星时，中心温度将降低到核反应不再能够稳定恒星对抗引力收缩的程度。与太阳成分一样的恒星，在质量约为 $0.072\ M_\odot$ 时已经证明发生了这种情况 (对于几乎没有金属含量，$Z \approx 0$ 的恒星，这个下限略高，为 $0.09\ M_\odot$)。在另一个极端，质量大于约 $90\ M_\odot$ 的恒星在其中心会受到热振荡的影响，在短至 8 h 的时标内的核能产生率可能会发生显著变化[②]。

10.6.1　爱丁顿光度极限

伴随着热振荡，质量很大的恒星的稳定性直接受到它们极高的光度的影响。正如从式 (10.20) 可看到的，如果温度足够高而气体密度足够低，那么在恒星的某些区域中，辐射压强有可能比气体压强更占主导，这种情况有可能发生在质量很大的恒星的外层。在这种情况下，压强梯度近似地由式 (9.31) 给出。结合辐射流量和光度之间的关系 (式 (3.2))，接近表面的压强梯度可以写成

$$\frac{\mathrm{d}P}{\mathrm{d}r} \simeq -\frac{\bar{\kappa}\rho}{c}\frac{L}{4\pi r^2}.$$

但是流体静力学平衡 (式 (10.6)) 要求接近恒星表面的压强梯度也必须由下式给出：

$$\frac{\mathrm{d}P}{\mathrm{d}r} = -G\frac{M\rho}{r^2},$$

其中，M 是恒星的质量。合并公式并求解光度，我们有

$$\boxed{L_{\mathrm{Ed}} = \frac{4\pi Gc}{\bar{\kappa}}M.} \tag{10.114}$$

L_{Ed} 是一颗恒星所能拥有且仍能保持流体静力平衡的最大辐射光度。如果光度超过 L_{Ed}，则在辐射压强的驱动下，必然发生质量损失。这个光度最大值称为**爱丁顿极限**，出现在天体物理学的许多领域，包括恒星演化的晚期阶段、新星和吸积盘的结构。

为此，有可能对主序上端的恒星的爱丁顿光度进行估计。这些大质量恒星的有效温度在 50000K 左右，这已经足够高，以至于光球中的大部分氢被电离了。所以，对不透明度的主要贡献来自电子散射，我们可以用式 (9.27) 来代替 $\bar{\kappa}$。当 $X = 0.7$ 时，式 (10.114) 成为

$$L_{\mathrm{Ed}} \simeq 1.5 \times 10^{31} \frac{M}{M_\odot}\ \mathrm{W} \quad \text{或} \quad \frac{L_{\mathrm{Ed}}}{L_\odot} \simeq 3.8 \times 10^4 \frac{M}{M_\odot}.$$

---

①　一些短周期的表面变化可能会发生，这些变化基本上与核球中的长期变化无关。恒星脉动需要特定的条件才能存在，但它们的时标通常比核时标短得多。这些振荡将在第 14 章中讨论。

②　这种所谓的 ϵ 脉动机制将在 14.2 节中讨论。

对于 90 $M_\odot$ 的恒星，$L_{Ed} \approx 3.5 \times 10^6 L_\odot$，大约是预期的主序值的 3 倍。

理论光度和爱丁顿光度之间相当接近的对应关系意味着大质量主序星的包层最多是松散地被束缚。事实上，对质量估计接近 100 $M_\odot$ 的少数恒星的观测表明，它们遭受了大量的质量损失，并表现出光度的易变性。

10.6.2   主序恒星参数随质量的变化

根据在氢燃烧的质量范围内计算出的理论模型，有可能获得 M 和 L 之间的数值关系，它与图 7.7 所示的观测的质量–光度关系很好地吻合。也可以在理论 H-R 图上定位每一个模型 (图 10.13)。通过与图 8.13 进行比较，可以看出核球正在进行氢燃烧的恒星与观测的主序重叠在一起！

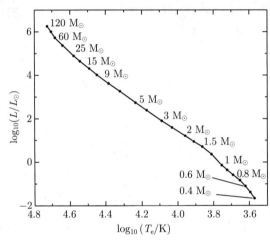

图 10.13   在理论 H-R 图上恒星模型的位置。模型的计算采用恒星结构公式和本构关系 (数据来自 Schaller 等，*Astron. Astrophys. Suppl.*，96，269，1992；以及 Charbonnel 等，*Astron. Astrophys. Suppl.*，135，405，1999。)

主序星光度的范围从接近 5×10^{-4} $L_\odot$ 到大约 1×10^6 $L_\odot$，其变化超过 9 个数量级，而质量变化仅为 3 个数量级。由于主序上端恒星的巨大能量输出率，它们消耗核球氢的时间比主序星下端的恒星要短得多。结果，主序星的寿命随着光度的增加而减少。对主序星的寿命范围的估计留作练习。

有效温度对恒星质量的依赖性要小得多。从 0.072 $M_\odot$ 恒星的大约 1700 K 到 90 $M_\odot$ 恒星的接近 53000 K，有效温度的增加仅为 20 倍左右。然而，因为分子的离解能和大多数元素的电离势都在这个范围内，所以这种变化仍然大到足以显著地改变恒星光谱，正如我们在第 8 章中所证实的那样。因此，通过与理论模型的比较，有可能将主序星质量与观测到的光谱相关联。

沿着主序的恒星的内部结构也随质量而变化，主要体现在对流区的位置。在主序的上端，能量产生强烈地依赖于温度的 CNO 循环，对流在核球中占主导地位，这是因为能量产生率随着半径而快速变化，而辐射并不足以传输核反应所释放的所有能量。在氢燃烧核球的外面，辐射再次能够处理能量流量，并且对流停止。随着恒星质量的减少，中心温度和 CNO 循环的能量输出也减少，直到接近 1.2 $M_\odot$ 时，pp 链开始占主导地位并且核球变成辐射传能。同时，接近恒星的表面，随着质量的减少，有效温度也降低，不透明度增加，这部分是因为氢电离区的位置 (回想一下图 9.10)。不透明度的增加使得质量小于约 $1.3\ M_\odot$ 的恒星在接近表面处的对流比辐射更有效。这产生了这些恒星接近表面处形成对流区的效果。当我们继续沿着主序向下移动时，表面对流区的底部降低，直到在接近 $0.3\ M_\odot$ 处整个恒星变成对流。

通过使用本教材中的基本物理原理，我们已经能够建立主序星的现实模型，并了解它们的内部结构。然而，在观测的 H-R 图上仍有其他恒星不在主序上 (图 8.13)。通过考虑由核燃烧导致的成分变化而发生的恒星结构的变化 (沃格特–罗素定理)，用于解释它们的存在也将成为可能。恒星的演化将在第 12 章和第 13 章中讨论。

推 荐 读 物

一般读物

Kippenhahn, Rudolf, 100 *Billion Suns*, Basic Books, New York, 1983.

专业读物

Arnett, David, *Supernovae and Nucleosynthesis*, Princeton University Press, Princeton, 1996.

Bahcall, John N., *Neutrino Astrophysics*, Cambridge University Press, Cambridge, 1989.

Bahcall, John N., Pinsonneault, M. H., and Basu, Sarbani, "SolarModels: CurrentEpoch and Time Dependences, Neutrinos, and Helioseismological Properties," *The Astrophysical Journal*, 555, 990, 2001.

Barnes, C. A., Clayton, D. D., and Schramm, D. N. (eds.), *Essays in Nuclear Astrophysics*, Cambridge University Press, Cambridge, 1982.

Bowers, Richard L., and Deeming, Terry, *Astrophysics I: Stars*, Jones and Bartlett, Publishers, Boston, 1984.

Chabrier, Gilles, and Baraffe, Isabelle, "Theory of Low-Mass Stars and Substellar Objects," *Annual Review of Astronomy and Astrophysics*, 38, 337, 2000.

Chandrasekhar, S., *An Introduction to the Study of Stellar Structure*, Dover Publications, Inc., New York, 1967.

Clayton, Donald D., *Principles of Stellar Evolution and Nucleosynthesis*, University of Chicago Press, Chicago, 1983.

Cox, J. P., and Giuli, R. T., *Principles of Stellar Structure*, Gordon and Breach, New York, 1968.

Fowler, William A., Caughlan, Georgeanne R., and Zimmerman, Barbara A., "Thermonuclear Reaction Rates, I," *Annual Review of Astronomy and Astrophysics*, 5, 525, 1967.

Fowler, William A., Caughlan, Georgeanne R., and Zimmerman, Barbara A., "Thermonuclear Reaction Rates, II," *Annual Review of Astronomy and Astrophysics*, 13, 69, 1975.

Hansen, Carl J., Kawaler, Steven D., and Trimble, Virginia, *Stellar Interiors*: *Physical Principles, Structure, and Evolution*, Second Edition, Springer-Verlag, New York, 2004.

Harris, Michael J., Fowler, William A., Caughlan, Georgeanne R., and Zimmerman, Barbara A., "Thermonuclear Reaction Rates, III," *Annual Review of Astronomy and Astrophysics*, 21, 165, 1983.

Iben, Icko, Jr., "Stellar Evolution Within and Off the Main Sequence," *Annual Review of Astronomy and Astrophysics*, 5, 571, 1967.

Iglesias, Carlos A, and Rogers, Forrest J., "Updated Opal Opacities," *The Astrophysical Journal*, 464, 943, 1996.

Kippenhahn, Rudolf, and Weigert, Alfred, *Stellar Structure and Evolution*, Springer-Verlag, Berlin, 1990.

Liebert, James, and Probst, Ronald G., "Very Low Mass Stars," *Annual Review of Astronomy and Astrophysics*, 25, 473, 1987.

Padmanabhan, T., *Theoretical Astrophysics*, Cambridge University Press, Cambridge, 2002.

Prialnik, Dina, *An Introduction to the Theory of Stellar Structure and Evolution*, Cambridge University Press, Cambridge, 2000.

Novotny, Eva, *Introduction to Stellar Atmospheres and Interiors*, Oxford University Press, New York, 1973.

Shore, Steven N., *The Tapestry of Modern Astrophysics*, John Wiley and Sons, Hoboken, 2003.

习　题

10.1　证明流体静力学平衡公式 (10.6)，也可以用光学深度 τ 来表示：

$$\frac{\mathrm{d}P}{\mathrm{d}\tau} = \frac{g}{\kappa}.$$

在建立恒星大气模型时，这种形式的公式常常是有用的。

10.2　证明：作用在位于空心球对称的壳层内任意位置的质点上的引力为零。假定壳层的质量为 M，密度 ρ 为常数。还假设壳层内表面的半径为 r_1，外表面的半径为 r_2，质点为 m。

10.3　假设通过化学反应，太阳中的每个原子都可以释放 10 eV，估计太阳仅通过化学过程释放能量以目前的光度可以照耀多长时间。为简单起见，假设太阳完全由氢组成。有没有可能太阳的能量完全是化学能？为什么是或为什么不是？

10.4　(a) 考虑到麦克斯韦–玻尔兹曼速度分布，如果忽略量子隧穿效应，两个质子碰撞需要多高的温度？通过麦克斯韦–玻尔兹曼分布可得速度的均方根值 (rms)，假设原子核具有 10 倍的均方根值的速度就可以克服库仑势垒。将你的答案与太阳中心的估计温度进行比较。

(b) 使用式 (8.1)，计算速度为 10 倍的均方根值的质子数量与以均方根速度运动的质子数量之比。

(c) 假设 (不正确地) 太阳是纯氢，估计太阳中氢核的数量。是否有足够的质子以 10 倍于均方根值的速度移动以解释太阳的光度？

10.5　推导出理想气体定律式 (10.10)。从压强积分式 (10.9) 和麦克斯韦–玻尔兹曼速度分布函数式 (8.1) 开始。

10.6　从式 (8.1) 推导出式 (10.28)。

10.7　通过引用位力定理 (式 (2.46))，对太阳的 "平均" 温度做一个粗略的估计。你的结果与第 10 章中得到的其他估计一致吗？为什么是或为什么不是？

10.8　证明：式 (10.31) 给出的库仑势垒穿透概率的形式直接来自式 (10.30)。

10.9　证明：伽莫夫峰对应的能量由式 (10.34) 给出。

10.10　给定当今 (演化了的) 太阳中心的特征条件，即 $T = 1.5696 \times 10^7$ K, $\rho = 1.527 \times 10^5$ kg·m^{-3}, $X = 0.3397$, $X_{\mathrm{CNO}} = 0.0141$[①]，计算 pp 链与 CNO 循环的能量产生率之比。假设 pp 链的屏蔽因子为 $1(f_{\mathrm{pp}} = 1)$，且 pp 链的分支因子为 $1(\psi_{\mathrm{pp}} = 1)$。

10.11　从式 (10.62) 开始，以如下形式写出能量产生率：

$$\epsilon(T) = \epsilon'' T_8^\alpha,$$

证明：由式 (10.63) 给出的 3α 过程对温度依赖性是正确的。ϵ'' 是与温度无关的函数。

提示：首先，在式 (10.62) 的两边取自然对数，然后对 $\ln T_8$ 取微分。用公式的幂律形式进行相同的计算过程并比较结果。你可能需要利用以下关系：

$$\frac{\mathrm{d}\ln\epsilon}{\mathrm{d}\ln T_8} = \frac{\mathrm{d}\ln\epsilon}{\frac{1}{T_8}\mathrm{d}T_8} = T_8 \frac{\mathrm{d}\ln\epsilon}{\mathrm{d}T_8}.$$

10.12　反应的 Q 值是反应过程中释放 (或吸收) 的能量值。计算 PP I 反应链每一步的 Q 值 (式 (10.37)~ 式 (10.39))。用 MeV 表示你的答案。$^2_1$H 和 $^3_2$He 的质量分别为 2.0141 u 和 3.0160 u。

10.13　计算下列反应中释放或吸收的能量 (以 MeV 表示答案):

(a) $^{12}_6$C + $^{12}_6$C $\longrightarrow$ $^{24}_{12}$Mg + γ,

(b) $^{12}_6$C + $^{12}_6$C $\longrightarrow$ $^{16}_8$O + 2^4_2He,

(c) $^{19}_9$F + $^1_1$H $\longrightarrow$ $^{16}_8$O + $^4_2$He.

根据定义，$^{12}_6$C 的质量是 12.0000 u，$^{16}_8$O、$^{19}_9$F 和 $^{24}_{12}$Mg 的质量分别为 15.99491 u、18.99840 u 和 23.98504 u。这些反应是放热的还是吸热的？

10.14　完成下列反应序列。一定要包括任何必要的轻子。

(a) $^{27}_{14}$Si $\longrightarrow$ $^{?}_{13}$Al + e$^+$ + $\underline{?}$

(b) $^{?}_{13}$Al + $^1_1$H $\longrightarrow$ $^{24}_{12}$Mg + $^4_{\underline{?}}\underline{?}$

(c) $^{35}_{17}$Cl + $^1_1$H $\longrightarrow$ $^{36}_{18}$Ar + $\underline{?}$

10.15　证明：由式 (10.82) 可得出式 (10.83)。

10.16　证明：可以从式 (10.108) 得出式 (10.109)。

10.17　从莱恩–埃姆登公式开始并利用必要的边界条件，证明 $n = 0$ 的多方球具有由下式给出的解：

$$D_0(\xi) = 1 - \frac{\xi^2}{6}, \quad 当 \ \xi_1 = \sqrt{6} \ 时.$$

10.18　描述与 $n = 0$ 的多方球相关的密度结构。

10.19　推导 $n = 5$ 的多方球的总质量的表达式，并证明：虽然 $\xi_1 \to \infty$，但质量是有限的。

---

① 这里假定的内部值取自 Bahcall、Pinsonneault 和 Basu 的太阳模型，*Ap.J.*，555，990，2001。

10.20 (a) 在同一幅图上，绘制多方指数 $n = 0$、$n = 1$ 和 $n = 5$ 时恒星的密度结构。提示：你需要绘制 ρ_n/ρ_c 和 r/λ_n 的关系图。

(b) 对逐步增加的多方指数，关于密度的集中性与半径的关系，你能得出什么结论？

(c) 从你观察到的莱恩–埃姆登公式的解析解的趋势来看，关于绝热对流恒星模型的密度集中性与辐射平衡模型相比，你会期待什么？

(d) 根据对流和辐射的物理过程来解释你在上面 (c) 部分的结论。

10.21 估算接近主序上下两端的恒星的氢燃烧寿命。主序下端[①]出现在接近 $0.072\,M_\odot$ 处，其 $\log_{10} T_e = 3.23$, $\log_{10}(L/L\odot) = -4.3$。另一方面，在靠近主序上端处 $85\,M_\odot$ 恒星[②]分别具有有效温度和光度 $\log_{10} T_e = 4.705$ 和 $\log_{10}(L/L_\odot) = 6.006$。假设 $0.072\,M_\odot$ 的恒星是完全对流的，因此通过对流混合，它所有的氢可用于燃烧，而不是仅仅内部的 10%。

10.22 利用习题 10.21 给出的信息，计算 $0.072\,M_\odot$ 恒星和 $85\,M_\odot$ 恒星的半径。它们的半径比是多少？

10.23 (a) 估计一颗 $0.072\,M_\odot$ 恒星的爱丁顿光度，并将你的答案与习题 10.21 中给出的主序星光度进行比较。假设 $\kappa = 0.001\ \text{m}^2\cdot\text{kg}^{-1}$。在小质量主序星的稳定性中，辐射压强可能是重要的吗？

(b) 如果一颗 $120\,M_\odot$ 恒星形成时具有 $\log_{10} T_e = 4.727$ 和 $\log_{10}(L/L_\odot) = 6.252$，估计它的爱丁顿光度。将你的答案与恒星的实际光度进行比较。

计算机习题

10.24 (a) 使用数值积分算法，如欧拉方法，计算 $n = 1.5$ 和 $n = 3$ 的多方球的密度轮廓。确保在积分中正确地加入边界条件。

(b) 绘制结果，并将其与习题 10.20 确定的 $n = 0$、$n = 1$ 和 $n = 5$ 的分析模型进行比较。

10.25 验证 $1\,M_\odot$ 的 **StatStar** 模型满足恒星结构的基本公式 (式 (10.6)、式 (10.7)、式 (10.36) 和式 (10.68))。可从相关网站下载 **StatStar** 代码，见附录 L。可以通过选择两个相邻的区域并数值计算公式左侧的导数来实现，例如

$$\frac{\mathrm{d}P}{\mathrm{d}r} \simeq \frac{P_{i+1} - P_i}{r_{i+1} - r_i},$$

并将你的结果与通过使用两个区域参量的平均值 (例如，$M_r = (M_i + M_{i+1})/2$) 从右侧获得的结果进行比较。

在温度接近 5×10^6 K 处对两个相邻的壳层进行计算，然后通过确定相对误差来比较每个公式的左侧和右侧的结果。注意，该模型假设处处是完全电离的，并且具有均匀的成分 $X = 0.7$, $Y = 0.292$, $Z = 0.008$。因为 StatStar 使用了龙格–库塔 (Runge-Kutta) 数值法，它执行了输出文件中未显示的中间步骤，所以恒星结构公式的左侧和右侧的结果将不完全一致。

10.26 相关网站放着由恒星结构代码 StatStar 产生的一个理论上 $1.0\,M_\odot$ 主序星的示例，如附录 L 中所述。使用 StatStar，构建质量为 $0.75\,M_\odot$，成分均匀 ($X = 0.7$, $Y = 0.292$, $Z = 0.008$) 的第二颗主序星。对于这些值，模型的光度和有效温度分别为 $0.189\,L_\odot$ 和 3788.5 K。比较 $1.0\,M_\odot$ 和 $0.75\,M_\odot$ 模型的中心的温度、压强、密度和产能率。解释两个模型的中心条件的差异。

10.27 使用附录 L 中描述的恒星结构代码 StatStar，以及相关网站上提供的 StatStar 给出的理论 H-R 图和质量-有效温度数据，计算成分为 $X = 0.7$, $Y = 0.292$, $Z = 0.008$ 的均匀的主序模型。(注意：对这道题给班上每个学生分配不同的质量可能更能说明问题，这样可以比较结果。)

(a) 在获得满意的模型后，绘制 P 对 r、M_r 对 r、L_r 对 r 和 T 对 r 的曲线图。

(b) 在什么温度下 L_r 达到其表面值的大约 99%？其表面价值的 50%？与总光度的 50% 相关的温度是否与式 (10.27) 中的粗略估计一致？为什么是或为什么不是？

---

① 数据来自 Chabrier 等，*Ap.J.*，542，464，2000。

② 数据来自 Schaller 等，*Astron. Astrophys. Suppl. SE*，R.96，269，1992。

(c) 在上面 (b) 部分中找到的两个温度的 M_r/M_* 值是多少？M_* 是恒星模型的总质量。

(d) 如果班上的每个学生计算了不同的质量，请比较以下参量随质量的变化：(i) 中心温度；(ii) 中心密度；(iii) 中心产能率；(iv) 中心对流区的范围与质量占比和半径的关系；(v) 有效温度；(vi) 恒星的半径。

(e) 如果班上的每个学生计算了不同的质量：(i) 将每个模型绘制在光度对质量的图上 (即绘制 $L_*/L_\odot$ 和 $M_*/M_\odot$ 的关系曲线图)；(ii) 绘制每个恒星模型的 $\log_{10}(L_*/L_\odot)$ 和 $\log_{10}(M_*/M_\odot)$ 的关系曲线图；(iii) 使用近似幂律关系形式：

$$L_*/L_\odot = (M_*/M_\odot)^\alpha,$$

找到 α 的一个适当的值。对于不同的成分 α 可能不同，或者 α 可能随质量而略有变化。这就是所谓的质量–光度关系 (图 7.7)。

10.28　使用相同的质量但不同的成分重复习题 10.27，假设 $X = 0.7$，$Y = 0.290$，$Z = 0.010$。

(a) 对于给定的质量，哪个模型 ($Z = 0.008$ 或 $Z = 0.010$) 具有更高的中心温度？更大的中心密度？

(b) 参考适当的恒星结构公式和本构关系，解释上面 (a) 部分的结果。

(c) 哪个模型的中心有最大的产能率？为什么？

(d) 你如何解释你的两个模型在有效温度和光度上的差异？

第 11 章 太　　阳

11.1　太 阳 内 部

在上面几章中，我们研究了恒星结构的理论基础，将恒星视为由大气和内部构成。这两个区域之间的区别相当模糊。宽松地说，大气被认为是光深小于 1 的区域，并且光子通过漫射方式穿过光学厚物质这样的简单近似用于此区域是不合理的 (式 (9.31))。相反，必须详细考虑恒星大气中原子谱线的吸收和发射。另外，恒星内部深处的核反应过程对恒星的能量输出及其必然的演化起着至关重要的作用。

由于离我们很近，我们拥有最多观测数据的恒星是我们的太阳。通过地基和空基天文台，我们能够高精度地测量：太阳表面的成分；它的光度、有效温度、半径、磁场和自转速率；贯穿其内部的振荡频率 (振动)[①]；以及在其中心通过核反应产生中微子的速率。这些极其丰富的信息为我们对恒星大气和内部运行的物理过程的理解提供了严格的检验。

11.1.1　太阳的演化史

根据观测到的光度和有效温度，我们的太阳被归类为光谱型为 G2 的一颗典型的主序星，其表面组成为 $X = 0.74$, $Y = 0.24$, $Z = 0.02$(分别为氢、氦和金属的质量占比)。要理解它是如何演化到这一点的，那么回想一下，根据沃格特–罗素 (Vogt-Russell) 定理，恒星的质量和成分决定了它的内部结构。我们的太阳在其一生的大部分时间里一直在通过 pp 链将氢转化为氦，从而改变其组成和结构。通过将月岩和陨石的放射性年代测定结果与恒星演化计算和现代可观测的太阳进行比较，确定太阳当前的年龄约为 4.57×10^9 年[②]。还有，如图 11.1 所示，自成为主序星以来，太阳的光度增加了近 48%(从 $0.677\,L_\odot$)，而它的半径从初始值 $0.869\,R_\odot$ 增加了 15%[③]。太阳的有效温度也从 5620 K 增加到现在的 5777 K(回顾例 3.4.2)。

大家可能想知道这种演化对地球产生了什么影响。有趣的是，从理论的角度来看，我们根本不清楚太阳能量输出的这种变化在历史上是如何改变我们的地球的，主要是因为陆地环境行为的不确定性。理解太阳和地球之间复杂的相互作用涉及对地球大气对流的详细计算，以及随时间变化的地球大气成分和地球表面不断变化的反射率或**反照率**的性质的影响[④]。

---

① 日震学，即研究太阳的振荡，将在第 14 章讨论。

② 对太阳系中已知最古老的天体——陨石中富含钙铝的包裹体 (CAI) 进行放射性测年，确定太阳系的年龄为 (45.672±0.006) 亿年。

③ 这里和后面讨论中引用的数据来自 Bahcall, Pinsonneault 和 Basu 的太阳模型 (*Ap. J.*, 555, 990, 2001)。

④ 地球的反照率，即反射与入射阳光的比率，受表面水和冰的量的影响。

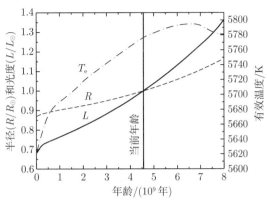

图 11.1 太阳在主序上的演化。由于内部成分变化，太阳变得更大、更亮了。实线表示其光度，虚线表示其半径，点划线表示其有效温度。光度和半径曲线是相对于当前值的 (数据来自 Bahcall,Pinsonneault 和 Basu, *Ap. J.*, 555，990，2001)

11.1.2 太阳现今的内部结构

与太阳的当前年龄相一致，可以使用前面章节中讨论的物理原理来构建当前太阳的模型。表 11.1 给出了这样一个**太阳模型**的中心温度、压强、密度和成分的数值，模型示意图如图 11.2 所示。根据导致该模型的演化序列，在其一生中，氢在太阳中心的质量占比 (X)从初始值 0.71 降至 0.34，而氦在太阳中心的质量占比 (Y) 从 0.27 增加到 0.64。此外，由于比氢重的元素的扩散沉降，表面附近的氢的质量占比增加了约 0.03，而氦的质量占比减少了 0.03。

表 11.1 太阳中心的条件 (数据来自 Bahcall, Pinsonneault 和 Basu, *Ap. J.*, 555, 990, 2001)

温度	1.570×10^7 K
压强	2.342×10^{16} N $\cdot$ m^{-2}
密度	1.527×10^5 kg $\cdot$ m^{-3}
X	0.3397
Y	0.6405

由于太阳过去的演化，它的组成不再是均匀的，而是显示了正在进行的核合成、表面对流和元素扩散 (较重元素的沉降) 的影响。太阳的 $_1^1$H、$_2^3$He 和 $_2^4$He 的组成结构如图 11.3 所示。由于太阳的主要能量产生机制是 pp 链，$_2^3$He 是反应序列中的中间产物。在氢转化为氦的过程中，产生 $_2^3$He，然后再次被破坏 (图 10.8)。在温度较低的氢燃烧区的顶部，$_2^3$He 相对更丰富，因为它的产生比破坏更容易[①]。在更深的深度，更高的温度允许 $_2^3$He-$_2^3$He 相互作用更快地进行，因此 $_2^3$He 丰度再次下降 (太阳的温度轮廓如图 11.4 所示)。在接近 0.7 $R_\odot$ 处的 $_1^1$H 和 $_2^4$He 曲线出现轻微的倾斜，反映了表面对流区底部位置的演化变化，并结合了元素扩散的影响。在对流区内，湍流导致了基本上完全的混合和均匀的组成。现今对流区的底部在 0.714 $R_\odot$ 处。

---

① 回想一下，氦–氦相互作用比质子–质子相互作用需要更高的温度。

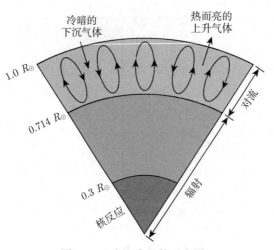

图 11.2   太阳内部的示意图

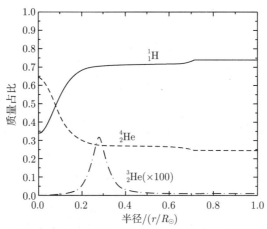

图 11.3 $_1^1$H、$_2^3$He 和 $_2^4$He 的丰度与太阳半径的函数关系，注意 $_2^3$He 的丰度乘以 100 倍的因子 (数据来
自 Bahcall、Pinsonneault 和 Basu，*Ap. J.*，555，990，2001)

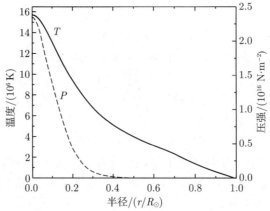

图 11.4   太阳内部的温度和压强轮廓 (数据来自 Bahcall，Pinsonneault 和 Basu，*Ap. J.*，555，990，
2001)

对太阳能量产生的最大贡献发生在大约十分之一的太阳半径处，这可以从太阳的内部光度轮廓及其对半径的导数曲线看出 (图 11.5)。如果此结果看起来出乎意料，那么考虑质量守恒公式 (10.7)：

$$\frac{\mathrm{d}M_r}{\mathrm{d}r} = 4\pi r^2 \rho,$$

给出

$$\mathrm{d}M_r = 4\pi r^2 \rho \mathrm{d}r = \rho \mathrm{d}V, \tag{11.1}$$

这表明在某一半径区间内的质量随半径的增大而增加，这仅仅是因为当选择一定半径 $\mathrm{d}r$ 时，壳层的体积 $\mathrm{d}V = 4\pi r^2 \mathrm{d}r$ 随着 r 的增大而增大。当然，壳层所包含的质量也取决于气体的密度。因此，即使每千克物质释放的能量 ($\in$) 从中心向外稳步下降，对总光度的最大贡献也将不是在中心，而是在包含大量质量的壳层中。在中年太阳的情况下，其中心可用氢燃料数量的减少也会影响产能区的峰值位置 (式 (10.46))。

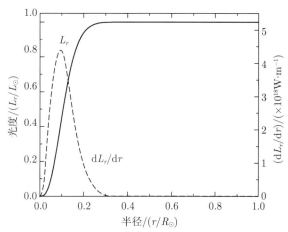

图 11.5 太阳的内部光度轮廓和内部光度的导数与半径的函数关系 (数据来自 Bahcall, Pinsonneault 和 Basu, *Ap. J.*, 555, 990, 2001)

图 11.4 和图 11.6 显示了压强和密度随太阳半径的变化是多么迅速。这些变化是由流体静力学平衡条件 (式 (10.6))、理想气体定律 (式 (10.11)) 和恒星的组成结构作用到太阳结构的。当然，应用于恒星结构公式的边界条件要求 ρ 和 P 在表面都变得可以忽略不计 (式 (10.107))。

图 11.6 还显示了内部质量 (M_r) 与半径的函数关系。请注意，恒星质量的 90% 位于其半径的大约一半范围内。这并不完全令人惊讶，因为随着接近太阳中心，密度会明显增加。从中心向外对恒星体积的密度函数进行积分 (即对式 (11.1) 的积分)，可得到内部质量函数。

仍然存在的问题是，内部产生的能量是如何向外输送的。回想在第 10 章中，我们确定了恒星内部对流开始的一个判据，即温度梯度变成超绝热的 (式 (10.94))，

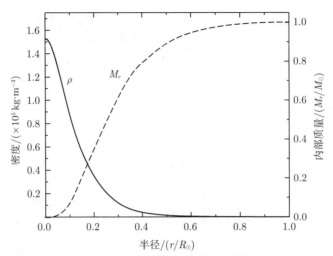

图 11.6　太阳的密度轮廓和内部质量与半径的函数关系 (数据来自 Bahcall，Pinsonneault 和 Basu，*Ap. J.*，555，990，2001)

$$\left|\frac{\mathrm{d}T}{\mathrm{d}r}\right|_{\mathrm{act}} > \left|\frac{\mathrm{d}T}{\mathrm{d}r}\right|_{\mathrm{ad}},$$

其中，下标 act 和 ad 分别表示实际和绝热温度梯度。在理想单原子气体的简化假设下，该条件变为 (式 (10.95))

$$\frac{\mathrm{d}\ln P}{\mathrm{d}\ln T} < 2.5.$$

$\mathrm{d}\ln P/\mathrm{d}\ln T$ 与 $r/R_{\odot}$ 的关系在图 11.7 中绘出。可以看出，太阳在 $r/R_{\odot} = 0.714$ 以下是纯辐射的，在这一点以上是对流的。在物理上，这是因为太阳靠外部分的不透明度变得足够大，从而抑制了辐射传能。回想一下，辐射温度梯度与不透明度成比例 (式 (10.68))。当温度梯度变得太大时，对流成为更有效的能量传输方式。在对流传输能量的大部分区域，$\mathrm{d}\ln P/\mathrm{d}\ln T \approx 2.5$，这是大多数对流区的接近绝热温度梯度的特征。$\mathrm{d}\ln P/\mathrm{d}\ln T$ 在 $0.95\ R_{\odot}$ 以上的快速上升是由于实际温度梯度与绝热梯度的显著偏离。在这种情况下，必须用更详细的处理方法来描述对流，例如在 10.4 节末尾讨论的混合长度理论。

请注意，在太阳中心，$\mathrm{d}\ln P/\mathrm{d}\ln T$ 也几乎降低到 2.5。尽管在太阳中心仍保持纯粹的辐射，但必须向外传输的大量能量将温度梯度推向变成超绝热的方向。我们将在第 13 章中看到，仅比太阳稍大的恒星，其中心是对流的，因为与 pp 链相比，CNO 循环对温度的依赖性更强。

显然，关于太阳内部的大量信息是可以获得的，这些信息来自于对恒星结构公式和在最后三章中描述的基本物理原理的直接和仔细的应用。可以建立一个非常完整和合理的太阳模型，它与演化时标一致，并符合恒星的整体特征，特别是它的质量、光度、半径、有效温度和表面组成；振动频率的精确测量 (见第 14 章)；我们将在 11.2 节看到，它被观测到的表面对流区。

观测到的太阳与当前太阳模型还不完全一致的一个方面是锂的丰度。太阳表面观测到的锂元素丰度实际上比预期的要少一些，可能意味着需要通过对流、自转和/或质量损失的精细处理来调整模型。锂的问题将在第 13 章中进一步讨论。

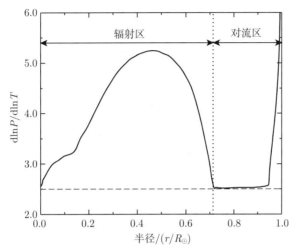

图 11.7　绘制的对流条件 $\mathrm{d}\ln P/\mathrm{d}\ln T$ 与 $r/R_\odot$ 的关系曲线。水平虚线表示理想单原子气体的绝热对流和辐射之间的边界。对流的开始并不完全符合理想的绝热情况，这是因为引入了复杂的状态公式和更详细的对流物理处理。接近表面处 $\mathrm{d}\ln P/\mathrm{d}\ln T$ 的快速上升与该区域对流的高度超绝热性质有关 (即在接近太阳表面处，当 $\mathrm{d}\ln P/\mathrm{d}\ln T < 2.5$ 时对流发生的绝热近似是无效的)，(计算 $\mathrm{d}\ln P/\mathrm{d}\ln T$ 使用来自 Bahcall，Pinsonneault 和 Basu(*Ap. J.*，555，990，2001) 的数据；0.95 $R_\odot$ 以上区域的数据来自 Cox，Arthur N.(编辑)，Allen 的天体物理量 (*Allen's Astrophysical Quantities*)，第四版，AIP Press，New York，2000)

11.1.3　太阳中微子问题：已经解决了的侦探故事

几十年来，观测结果和太阳模型之间存在着另一个重大差异，该问题的解决导致了对基础物理学的重要新认识。**太阳中微子问题**第一次被注意到，是在雷蒙德·戴维斯 (Raymond Davis) 于 1970 年开始测量来自太阳的中微子流量时，他使用了位于南达科他州利德区的霍姆斯塔克金矿地下近一英里处的探测器 (图 11.8)。由于中微子与其他物质相互作用的截面非常小，中微子可以很容易地完全穿越地球，而来自太空的其他粒子却不能。结果是，地下探测器可以保证测量到它所要设计测量的东西——8min 前在太阳核球产生的中微子。

戴维斯中微子探测器含有 615000 kg 清洁液 C_2Cl_4(四氯乙烯)，体积为 377000 L(100000 加仑)。氯的一种同位素 $(^{37}_{17}Cl)$ 能够与高能中微子相互作用，产生半衰期为 35 天的氩的放射性同位素。

$$^{37}_{17}Cl + \nu_e \rightleftharpoons {}^{37}_{18}Ar + e^-.$$

该反应的阈值能量为 0.814 MeV，小于 pp 链除关键性的第一步反应 $^1_1H + {}^1_1H \rightarrow {}^2_1H + e^+ + \nu_e$ 外的每一步产生的中微子的能量 (回想图 10.8 所示的反应序列)。然而，该反应说明了在戴维斯实验中探测到的中微子的 77% 是 PP III 链中 ^8_5B 的衰变，

$$^8_5B \longrightarrow {}^8_4Be + e^+ + \nu_e.$$

不幸的是，该反应非常罕见，在 5000 次中仅产生这样一个 pp 链。

图 11.8   雷蒙德 · 戴维斯的太阳中微子探测器。该储罐位于南达科他州利德区霍姆斯塔克金矿的地下 1478m(4850 英尺) 深处，容积为 377000L(100000 加仑)，装有 615000 kg 的 C_2Cl_4(布鲁克海文国家实验室提供)

戴维斯的同事约翰 · 巴考尔 (John Bahcall, 1935—2005) 能够计算出预期的太阳中微子的氯实验探测率 (捕获率)。复杂的计算是基于根据太阳模型计算出的 PP Ⅲ 链中 ^8_5B 衰变产生中微子的速率，并结合了在霍姆斯塔克实验中太阳中微子与氯原子相互作用的概率。

每隔几个月，戴维斯和他的同事们就会仔细地清除储罐中积累的氩，并确定产生的氩原子的数量。以**太阳中微子单位**或 SNU(1 SNU≡10^{-36} 个反应每目标原子每秒) 来测量捕获率。对于储罐中大约 $2.2×10^{30}$ 个原子中的 $^{37}_{17}Cl$ 原子，如果每天只产生一个氩原子，则该速率将对应于 5.35 SNU。

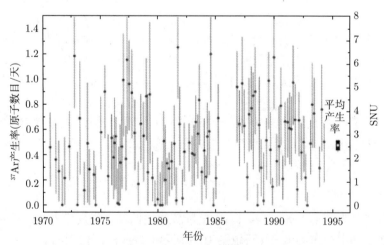

图 11.9   1970~1994 年戴维斯太阳中微子实验结果。实验数据中的不确定度由与每次实验相关的垂直误差棒表示。根据没有中微子振荡的太阳模型，$^{37}_{17}Cl$ 探测器预测的太阳中微子捕获率为 7.9 SNU(图改编自 Cleveland 等, *Ap. J.*, 496, 505, 1998)

图 11.9 示出了 1970~1994 年间从戴维斯实验中提取的 108 次的结果。巴考尔预测，该实验的捕获率应为 7.9 SNU，而实际数据的平均值为 (2.56±0.16) SNU；在那个 10 万加仑的罐子里，每两天只能产生一个氩原子!

与 $^{37}_{17}$Cl 实验根本不同的另一个中微子实验，证实了太阳模型的预测与观测到的中微子计数之间的差异。日本的地下超级神冈 (Super-Kamiokande) 天文台 (图 11.10) 探测到中微子散射电子时产生的**切伦科夫光**，导致电子以高于水中光速的速度移动[1]。超级神冈探测器 (以及之前的神冈探测器 II) 探测到的中微子数量还不到太阳模型预期数量的一半。苏美镓实验 (SAGE)，位于巴克桑中微子实验室 (高加索山脉内) 和 GALLEX(在意大利的格兰萨索地下实验室) 测量主导太阳中微子流量的低能 pp 链中微子。SAGE 和 GALLEX 通过将镓转化为锗的反应进行探测，

$$\nu_e + {}^{71}_{31}\text{Ga} \longrightarrow {}^{71}_{32}\text{Ge} + e^-.$$

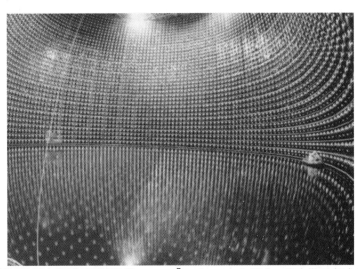

图 11.10　日本超级神冈中微子观测站装有 4.5×10^7 kg(50000 t) 纯水。当中微子穿过水时，它们以比穿过水的光速更快的速度散射电子。产生的浅蓝色切伦科夫光被 11200 个向内定向的光电倍增管探测到，发出中微子通过的信号 (照片由东京大学宇宙线研究所神冈观测站提供)

在考虑了来自太阳以外的来源的背景计数的预期数量后，两个实验也证实了**戴维斯探测器**首次确立的中微子亏空。

对太阳中微子问题的理论解决方案的研究考虑了两种综合性方法：要么是太阳模型中运行的某些基本物理过程不正确，要么是中微子在从太阳核球到地球的过程中发生了某些事情。这些可能性的首次出现，激发了我们对太阳模型的一系列特征的重新审视，包括核反应率、恒星物质的不透明度、太阳演化到现在的状态、太阳内部组成的变化以及一些奇异的建议 (包括太阳核球的暗物质)。然而，这些建议的解决方案都不能同时满足所有的观测约束，特别是中微子计数和太阳振荡频率。

---

[1] 请注意，这并不违反爱因斯坦的狭义相对论，因为狭义相对论适用于真空中的光速。在任何其他介质中的光速总是小于真空中的光速。

有人对太阳中微子问题提出了一个优雅的解决方案：太阳模型本质上是正确的，但在太阳核球中产生的中微子在它们到达地球之前就已经改变了。**米赫耶夫–斯米尔诺夫–沃尔芬斯坦 (Mikheyev-Smirnov-Wolfenstein 或 MSW) 效应**涉及中微子从一种类型转变到另一种类型。这一想法是粒子物理学的弱电理论的延伸，它结合了电磁理论和控制某些类型的放射性衰变的弱相互作用理论。pp 链各分支产生的中微子都是电子中微子 (ν_e)。然而，另外两味中微子也存在——μ 中微子 (ν_μ) 和 τ 中微子 (ν_τ)。MSW 效应认为，中微子在穿过太阳的过程中会在不同味中振荡，包括电子中微子、μ 中微子和/或 τ 中微子。中微子振荡是由中微子向太阳表面运动时与电子的相互作用引起的。因为氯 (戴维斯)、水 (神冈和超级神冈) 和镓探测器 (SAGE 和 GALLEX) 具有不同的能量阈值并且它们仅对电子中微子敏感，所以其结果被确定为与 MSW 理论一致。

MSW 效应的一个可检验的结果是，如果中微子在两味之间振荡，它们必然具有质量。这是因为只有在具有不同质量的中微子之间才能发生中微子味的变化。解决太阳中微子问题的 MSW 效应所需的质量差异远小于目前实验确定的电子中微子质量上限约 2.2 eV。尽管标准的弱电理论没有预测中微子的质量，但这一理论的许多合理的扩展确实允许质量在合适的范围内。这些扩展的理论，称为**大统一理论 (GUT)**，目前是高能 (粒子) 物理学家的重点研究对象。

中微子振荡的证实发生在 1998 年，当时超级神冈探测器被用来探测高能宇宙射线 (来自太空的带电粒子) 与地球上层大气碰撞时产生的大气中微子。宇宙射线能够产生电子中微子和 μ 中微子，但不能产生 τ 中微子。超级神冈小组能够确定，在穿过地球直径之后向上运动的 μ 中微子的数量相对于向下运动的数量是显著减少的。数量上的差异非常符合中微子混合理论 (中微子在三味中振荡)，首次证明了中微子并非是无质量粒子。

因此，经过几十年的研究，我们对粒子物理和基本力本质的理解取得了重大进展，从而解决了太阳中微子问题。戴维斯和小柴昌俊 (Masatoshi Koshiba，负责探测中微子的神冈研究小组的主任) 是 2002 年诺贝尔物理学奖的两位获奖者[①]，他们为这一重要的科学侦探故事作出了贡献。

2004 年，约翰·巴考尔写下了解决太阳中微子问题的感言：

"回顾过去 40 年来太阳中微子研究领域取得的成就，我感到十分惊讶。由数千名物理学家、化学家、天文学家和工程师们组成的国际团队一起工作，已经证明，在地球上的深井中充满清洁剂的游泳池里计数放射性原子的数量，可以告诉我们有关太阳中心以及被称为中微子的奇异基本粒子的特性的重要信息。如果我没有经历过太阳中微子的传奇，我不会相信这是可能的[②]。"

11.2　太阳大气

当我们用肉眼观测太阳时，这个炽热的气体球似乎有一个非常陡峭而清晰的边缘 (图 11.11)。当然，实际的 "表面" 并不存在；相反，我们所看到的是一个区域，那里的

---

① 2002 年诺贝尔奖的第三位获得者里卡多·贾科尼 (Riccardo Giacconi) 利用火箭实验探测了太空中的 X 射线。贾科尼后来设计了乌胡鲁 (Uhuru) 和爱因斯坦 X 射线天文台，并担任太空望远镜科学研究所的第一任所长。

② "解决中微子失踪之谜"，John N. Bahcall(2004)，诺贝尔电子博物馆，http://nobelprize.org/physics/articles/bahcall/。

太阳大气是光学薄的，来自这层的光子可以不受阻碍地穿越太空。然而，即使是这一区域也没有明确的界定，因为当光学深度略大于 1 时，一些光子也总是可以逃逸；而当光学深度较小时，其他光子也可能被吸收，但光子离开太阳大气的概率会随着光学厚度的增加而迅速减小。因此，太阳的大气层在大约 600km 的距离内从光学薄变为光学厚。这一相对较小的距离 (约为太阳半径的 0.09%) 赋予了太阳 "边缘" 锐利的外观。

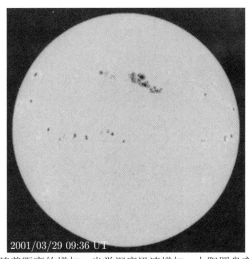

图 11.11　进入光球层时，随着距离的增加，光学深度迅速增加，太阳圆盘变得尖锐。在这张图片中，太阳黑子在圆盘表面可见，该图片由 SOHO/MDI 于 2001 年 3 月 29 日拍摄 (SOHO (ESA & NASA))

11.2.1　光球层

　　产生观测到的光学波段光子的区域称为太阳**光球层**。定义光球层的底部在某种程度上是随意的，因为一些光子可以源自明显大于 1 的光学深度。例如，如果源自某一层的光子的 1% 到达我们，则该层的光学深度将约为 4.5($e^{-4.5} \sim 0.01$)。如果有 0.1% 到达我们，光学深度将大约是 6.9。当然，由于不透明度和光学深度是依赖于波长的，如果根据光学深度来定义光球层的底部，那么它也是依赖于波长的。考虑到定义的随意性，太阳的光球层底部有时被简单地定义为波长为 500 nm 的光学深度等于 1 的位置之下 100 km 处。在此深度，$\tau_{500} \approx 23.6$，温度约为 9400 K。

　　从太阳光球向上移动，气体的温度从其基值下降到 $\tau_{500} = 1$ 之上约 525 km 处的 4400 K 的最低值。正是这个温度极小值决定了光球层的顶部。超过这一点，温度又开始上升。本节要讨论的太阳大气各组成部分的近似厚度如图 11.12 所示。

　　正如在 9.4 节中所讨论的，平均而言，太阳的流量是从 $\tau = 2/3$(爱丁顿近似) 的光学深度处发射出来的。这就可以给出标识该处气体温度的有效温度，即 $T_e = T_{\tau=2/3} = 5777$ K。

　　回想一下，在光谱的可见光和红外部分，太阳主要以黑体形式辐射 (注意图 9.5 所示的太阳光谱相对平滑的特征)。这一观测结果表明，存在着一种基本上在整个波长上连续的不透明度的源头。连续不透明度，部分是由于光球中存在 H^-(回顾之前的讨论)。

使用萨哈公式 (8.8)，我们可以确定 H^- 的数量与中性氢原子的数量之比。留作一个练习，证明在太阳的光球层中，实际上，10^7 个氢原子中只有 1 个氢原了形成 H^-。H^- 在太阳中的重要性是由于这样的事实：即使离子的丰度很低，中性氢也不会对连续谱有明显的贡献。

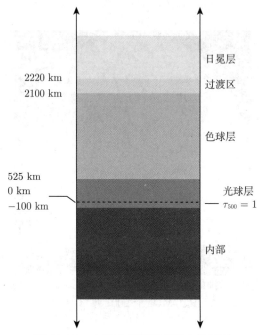

图 11.12   太阳大气各组成部分的厚度

当然，光学深度不仅是光子必须行进到太阳表面的距离的函数，而且还依赖于太阳物质波长的不透明度 (式 (9.17))。因此，光子可源自大气中的不同物理深度或在大气中的不同物理深度处被吸收，这取决于光子的波长。因为光谱线并不是无限细的，而是实际上覆盖了一定的波长范围 (回顾 9.5 节)，甚至同一条线的不同部分也是在不同层次的大气中形成的。因此，具有高波长分辨率的太阳观测可用于探测各种深度的大气，提供有关其结构的丰富信息。

吸收线，包括夫琅禾费线，是在光球层中产生的 (见 5.1 节)。根据基尔霍夫定律，吸收线必须形成于温度低于连续谱形成区域的气体。谱线的形成也必须发生在观测者和产生大量连续谱的区域之间。实际上，夫琅禾费线形成于 H^- 产生连续谱的同一层。然而，这条线最暗的部分 (它的中心) 起源于光球层中较高的区域，那里的气体温度更低。这是因为不透明度在线心处最大，从而更难以看到光球层的更深处。从中心波长向线翼移动意味着吸收发生在逐渐更深的层级上。在离中心峰值足够远的波长处，谱线的边缘与光球层底部产生的连续谱重叠。图 11.13 说明了这种效应 (回顾一下 9.5 节开头的讨论)。

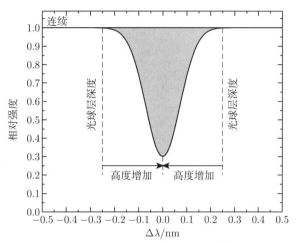

图 11.13　典型谱线的吸收线强度与光球层深度的关系。在光球层中线翼形成的位置比线心的更深

11.2.2　太阳米粒组织

当观测光球层的底部时 (图 11.14)，它表现为不断变化的亮区和暗区的拼接，个别区域出现后又消失。空间范围约为 700 km，其中一个区域的特征寿命为 5~10min。这种拼接的结构称为**米粒组织**，它是对流区的顶部，突出到光球层的底部。

图 11.15 显示了跨越多个对流单元的太阳米粒组织的高分辨率光谱。在吸收线中出现摆动是因为吸收线的某些部分是多普勒蓝移的，而其他部分是红移的。利用式 (4.39)，我们发现 0.4 km·s^{-1} 的径向速度是常见的; 较亮的区域产生谱线蓝移部分，而较暗的区域产生红移部分。因此，明亮的结构是从太阳内部携带能量的垂直上升的热对流气泡。当这些气泡到达光学薄的光球层时，能量通过光子释放，由此产生的较冷、较暗的气体下沉回内部。典型米粒组织的寿命是对流涡旋上升和下降一个混合长度的距离所需的时间。太阳米粒组织为我们提供了对应用于太阳的恒星结构公式结果的直观验证。

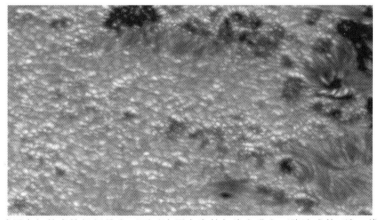

图 11.14　光球层底部的米粒组织是由下面对流层产生的气泡上升和下降造成的 (该三维图像来自瑞典 1 m 太阳望远镜，该望远镜由瑞典皇家科学院太阳物理研究所在拉帕尔马岛上的西班牙加那利群岛天文研究所的 Roque de Los Muchachos 天文台运营)

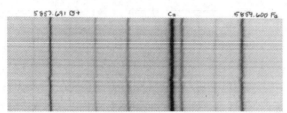

图 11.15   部分光球米粒组织的光谱，显示了表明存在径向运动的吸收线。左边的波纹是向较短的波长移动，并且是蓝移的，而右边的波纹是红移的。图像顶部显示的波长是以 Å 为单位的 (W.Livingston 和美国国家光学天文台提供)

11.2.3   较差自转

光球吸收线也可以用来测量太阳的自转速率，通过测量太阳边缘的多普勒频移，我们发现太阳的自转是有差异的 (即自转速率取决于所观测的纬度)。在赤道的自转周期大约是 25 天，在两极增加到 36 天。

对太阳振荡的观测表明，太阳的自转也随半径而变化 (图 11.16)。在对流区的底部附近，不同的自转速率随纬度汇聚在一个称为**差旋层**(tachocline) 的区域。在该区域中建立的强剪切力被认为在高度导电的等离子体中产生电流，这相应地又产生了太阳的磁场。因此，差旋层可能是太阳磁场的来源。(11.3 节将详细讨论太阳动态磁场的复杂表现。)

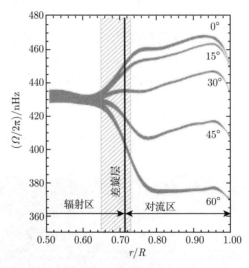

图 11.16   太阳的自转周期随纬度和深度而变化。角频率 Ω 的单位为 $\mathrm{rad \cdot s^{-1}}$ (节选自 NSF 的国家太阳天文台提供的图表)

11.2.4   色球层

色球层的辐射强度仅为光球层的 10^{-4}，它是太阳大气的一部分，位于光球层之上，向上延伸约 1600km($\tau_{500} = 1$ 以上 2100 km)。对色球层中产生的光进行分析，结果表明气体密度变为原来的 $1/10^4$，温度开始随着高度的增加而增加，从 4400 K 增加到大约 10000 K。

参考玻尔兹曼和萨哈公式 (分别为式 (8.6) 和式 (8.8)) 表明，在光球层的较低温度和较高密度下不会产生的谱线可以在色球层的环境中形成。例如，与氢巴尔末线一起，在光谱中可以出现 He II、Fe II、Si II、Cr II 和 Ca II 的线 (特别是 Ca II 的 H 和 K 线，波长分别为 396.8 nm 和 393.3 nm)。

尽管某些夫琅禾费谱线在可见光谱和近紫外光谱部分以吸收线的形式出现，但其他的谱线开始在较短 (和较长) 的波长以发射线的形式出现。同样，基尔霍夫定律提供了一种解释，表明这一定是由热的、低密度的气体造成的。由于太阳内部在光球层底部以下是高温的光学厚，则发射线产生的区域必须在其他地方。随着黑体光谱的峰值接近 500 nm，连续谱的强度在更短和更长的波长处迅速降低 (图 3.8)。结果，在光谱的可见部分之外产生的发射谱线不会被黑体辐射所淹没。

在明亮的日面上，通常看不到可见波长的发射线，但在日全食开始和结束时的几秒钟内，可以在太阳边缘附近看到这些发射线；这种现象称为**闪光光谱**。在这段时间里，由于巴尔末 Hα 发射线的主导作用，太阳仍然可见的部分呈现出红色，通常 Hα 线作为吸收线只在太阳大气中被观测到。

使用滤光片将观测限制在色球层 (特别是 Hα) 产生的发射线的波长范围内，就有可能在这部分大气中看到大量的结构。**超米粒组织**在 30000 km 的尺度上变得明显，显示出下面的对流区的持续影响。多普勒频移研究再次揭示了大约 $0.4 \ \mathrm{km \cdot s^{-1}}$ 的对流速度，气体在超米粒组织中心上升，在其边缘下沉。还存在气体的垂直暗条，称为**针状体**，从色球层向上延伸 10000 km(图 11.17)。单个针状体的寿命可能只有 15 min，但在任何特定时刻，针状体都会覆盖太阳表面的几个百分点。多普勒频移研究显示，针状体中存在物质运动，物质以大约 $15 \ \mathrm{km \cdot s^{-1}}$ 的速度向外移动。

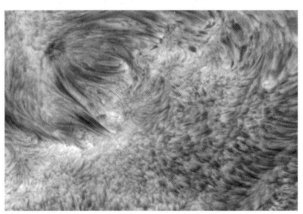

图 11.17 太阳色球层中的针状体。此外，小的太阳黑子在图像的左上象限是可见的，更明亮的称为谱斑区的区域也可见。这些观测利用了 Hα 谱线。在这张图像中小到 130 km 的特征都很明显 (瑞典皇家科学院提供)

11.2.5 过渡区

在色球层上方，在大约 100 km 内温度迅速上升 (图 11.18)，在温度梯度趋于平缓之前达到 10^5 K 以上。然后，温度继续缓慢上升，最终超过 10^6 K。在电磁波谱的紫外和极紫外部分的不同波长处，可以选择性地观测到这个**过渡区**。例如，氢 ($n = 2 \rightarrow n = 1$) 的 121.6nm 的莱曼-α(Ly α) 发射谱线产生于 20000 K 的色球层顶部，C III 97.7 nm 谱线产生于温度为 90000 K 的水平，O VI 103.2 nm 谱线出现在 300000 K，Mg X 在 1.4×10^6 K 时产生了 62.5 nm 线。图 11.19 显示了太阳在光球层底部以上不同波长和高度的图像。

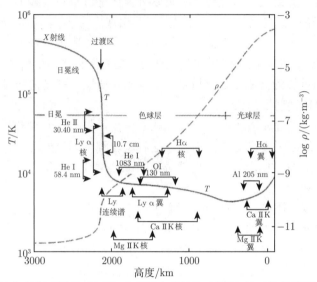

图 11.18　太阳上层大气的温度结构 (实线) 和质量密度结构 (虚线) 的对数曲线图。该图还描绘了在各种波长下观测到的高度 (图改编自 Avrett，《天文学和天体物理学百科全书》(*Encyclopedia of Astronomy and Astrophysics*)，Paul Murdin(编辑)，英国物理学会出版社，Bristol，2001 年，2480 页)

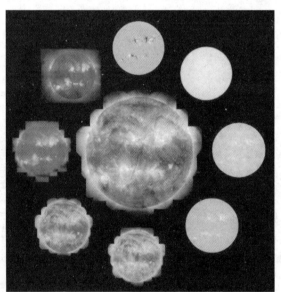

图 11.19　太阳在不同波长下的可见特征。中心图像是 TRACE 在 17.1 nm、19.5 nm 和 28.4 nm 处获得的三色日冕的复合图像。从顶部开始顺时针方向是 SOHO/MDI 磁图，白光，TRACE 170 nm 连续，TRACE Lyα，TRACE 17.1 nm、TRACE 19.5 nm、TRACE 28.4 nm 和 Yohkoh/SXT X 射线图像 (过渡区域和日冕探测器 (TRACE)，是斯坦福–洛克希德空间研究所的一项任务 (洛克希德–马丁先进技术中心的太阳和天体物理实验室与斯坦福大学的太阳观测站小组的一项联合计划)，以及 NASA 小型探测器计划的一部分)

11.2.6 日冕层

在日全食期间, 当月球完全掩盖住太阳的光球层时, 来自暗**日冕**的辐射变得可见 (图 11.20)。位于过渡区上方的日冕层, 向外延伸到太空, 没有明确的外部边界, 其能量输出强度是光球层的能量输出强度的约 $1/10^6$。在日冕底部的粒子数密度通常为每立方米 10^{15} 个粒子, 而在地球附近, 源自太阳的粒子数密度 (太阳风粒子) 具有每立方米 10^7 个粒子的特征值 (这可以与地球大气中海平面处每立方米 10^{25} 个粒子作对比)。由于日冕层的密度很低, 所以对大多数的电磁辐射 (除了长无线电波) 而言, 它基本上是透明的且不处于局部热动平衡 (LTE)。对于不在局部热动平衡中的气体, 不能严格定义唯一的温度 (见9.2 节)。然而, 通过考虑热运动、电离水平和射电发射而获得的温度确实给出了相当一致的结果。例如, Fe XIV 线的存在表示超过 2×10^6 K 的温度, 热多普勒展宽产生的线宽也是如此。

 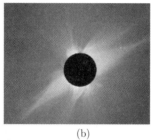

(a)   (b)

图 11.20   (a) 1954 年日全食时所见的宁静日冕。日冕的形状是沿着太阳赤道拉长的 (J.D.R.Bahng 和 K.L.Hallam 提供); (b) 活跃的日冕往往具有非常复杂的结构, 这张 1991 年 7 月 11 日日食照片是由五张经过电子处理的照片合成的 (由 S.Albers 提供)

基于来自日冕的辐射, 可以证认出三个不同的结构成分。

• **K 日冕层**(源自 Kontinuierlich, 德语中的 "连续" 一词) 产生连续的白光发射, 这是由自由电子散射光球辐射产生的。K 日冕层对日冕光的贡献主要发生在距太阳中心 $1 \sim 2.3\ R_\odot$, K 日冕层中明显的谱线本质上是由电子的高热速度引起的大的多普勒频移混合而成的。

• **F 日冕层**(针对夫琅禾费线来说) 来自位于 $2.3\ R_\odot$ 范围之外的尘埃颗粒对光球光的散射。由于尘埃颗粒比电子大得多, 速度也慢得多, 所以多普勒展宽很小, 而夫琅禾费谱线仍然可以探测到。F 日冕层实际上会与**黄道光**合并, 黄道光是沿黄道发现的一种微弱的辉光, 来自于行星际尘埃对太阳光的反射。

• **E 日冕层**是由遍布日冕层的高度电离的原子产生的发射线的场所; E 日冕层与 K 日冕层和 F 日冕层重叠。由于日冕层中的温度极高, 热能与电离势相当, 萨哈公式中的指数项主导了电离。极低的数密度也会促进电离, 因为复合的机会大大减少。

低的数密度允许发生禁戒跃迁, 产生的光谱线通常只有在气体非常稀薄的天体物理环境中才能看到 (回顾一下 5.4 节中关于选择定则的讨论)。禁戒跃迁发生在**亚稳态**的原子能级上; 在没有辅助的情况下, 电子不容易从亚稳态跃迁到较低能态。尽管允许的跃迁发生在 10^{-8} s 数量级的时标上, 但自发的禁戒跃迁可能需要 1 s 或更长时间。在较高密度的气体中，电子能够通过与其他原子或离子的碰撞而从亚稳态逃逸，但在日冕层中，这种碰撞很少发生。因此，给予足够的时间，一些电子将能够自发地从亚稳态跃迁到较低的能态，并伴随着光子的发射。

由于来自太阳的黑体连续辐射在足够长的波长下会按 λ^{-4} 减少，(式 (3.2))，则光球射电辐射量可以忽略不计。然而，日冕是一种与黑体连续谱无关的射电波长辐射源。一些射电发射是由电子在原子和离子附近的自由–自由跃迁产生的。在这些近距离相遇过程中，由于电子的能量略有降低，所以可能会发射出光子。根据能量守恒，电子的能量变化越大，所产生的光子能量越大，其波长越短。显然，电子越接近离子，电子的能量就越有可能发生明显的变化。如果数密度较大则由于预期更频繁和更紧密的相遇，较短波长的射电辐射应该在更靠近太阳的地方观测到。从色球层到低层日冕观测到 1~20 cm 的射电波长，而较长波长的辐射则来自外层日冕。值得注意的是，相对论电子的同步加速辐射对观测到的日冕射电辐射也有贡献 (回顾例 4.3.3 中前灯效应的讨论)。

在 X 射线波长范围内，光球层的辐射也可以忽略不计。在这种情况下，黑体连续谱像 $\lambda^{-5}\mathrm{e}^{-hc/(\lambda kT)}$ 一样非常迅速地下降。因此，来自日冕层的任何 X 射线波长的发射将完全压倒来自光球层的输出。事实上，由于日冕层的高温，其 X 射线光谱中的发射线非常丰富。这是由于其中的所有元素都存在高度的电离，以及日冕激发大量原子跃迁的能力。考虑到在诸如铁之类的重元素中存在的许多电子和大量的可用能级，每一种这样的元素都能够产生大量的发射光谱。图 11.21 显示了太阳日冕的 X 射线发射光谱。它显示了在 X 射线波段的一部分观测到的谱线的样本，以及产生这些线的离子。

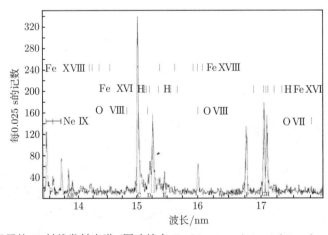

图 11.21　太阳日冕的 X 射线发射光谱 (图改编自 Parkinson，*Astron.Astrophys.*，24，215，1973)

11.2.7　冕洞和太阳风

太阳 X 射线的图像如图 11.22 所示。这张迷人的照片表明，X 射线的发射是不均匀的。存在活跃的 (明亮和炙热的) 区域，并伴随着称为**冕洞**的较暗、较冷的区域。此外，即使在冕洞中，增强的 X 射线发射的局部亮点也在几个小时的时标上出现和消失。在通常明亮的 X 射线发射区域内，较小的特征也是明显的。

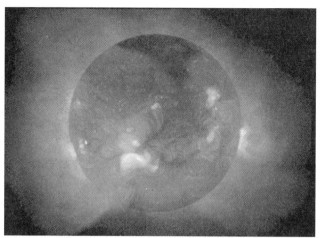

图 11.22 1992 年 5 月 8 日 "阳光"(Yohkoh) 太阳天文台软 X 射线望远镜获得的太阳 X 射线图像。明亮的区域是较热的 X 射线区域，而较暗的区域是较冷的 X 射线区域。在图像的顶部有一个明显的暗日冕空洞 (来自日本 ISAS 的 "阳光" 任务。该 X 射线望远镜由洛克希德帕洛阿尔托研究实验室、日本国家天文台和东京大学在 NASA 和 ISAS 的支持下研制。)

与日冕的其余部分相比，来自冕洞的较弱的 X 射线发射特征是由于这些区域存在较低的密度和温度。对冕洞存在的解释与太阳的磁场和快速**太阳风**的产生有关。快速太阳风是一种从太阳逃逸出来的连续的离子和电子流，以大约 $750\ \mathrm{km \cdot s^{-1}}$ 的速度在星际空间中移动。强劲、缓慢的太阳风，其速度约为快速风速度的一半，似乎是由与闭合磁极相关的日冕中的流束产生的。

就像由电流环产生的磁场一样，太阳的磁场通常是偶极磁场，至少在全日球范围内是这样 (图 11.23)。尽管它的值在局部区域可能有很大的不同 (我们将在 11.3 节看到)，但在接近表面处的磁场强度通常是 10^{-4} T 的几倍[①]。冕洞对应于磁场中磁力线开放的部分，而 X 射线亮区对应于闭合的磁力线; 开放的磁力线延伸到离太阳很远的地方，而闭合的磁力线则形成返回太阳的回路。

洛伦兹力公式，

$$\boldsymbol{F} = q(\boldsymbol{E} + \boldsymbol{v} \times \boldsymbol{B}), \tag{11.2}$$

在描述电场 $\boldsymbol{E}$ 和磁场 $\boldsymbol{B}$ 中速度为 $\boldsymbol{v}$ 的带电粒子所受的力时，该公式表明磁场所施加的力总是与速度矢量的方向和磁场 (叉乘) 相互垂直。在电场可以忽略的情况下，带电粒子被迫绕着磁力线转动，除非发生碰撞，否则实际上无法穿过磁力线 (图 11.24)。这意味着闭合的磁场线倾向于捕获带电粒子，而不允许它们逃逸。然而，在开放磁力线的区域，粒子实际上可以沿着这些线远离太阳。因此，太阳风起源于开放的磁力线区域，即冕洞。在 X 射线亮区中观测到的细节以及冕洞中的局部亮斑，是由于在大的和小的磁环中捕获的电子和离子的密度更高。

[①] 接近地球表面的磁场约为 6×10^{-5} T。

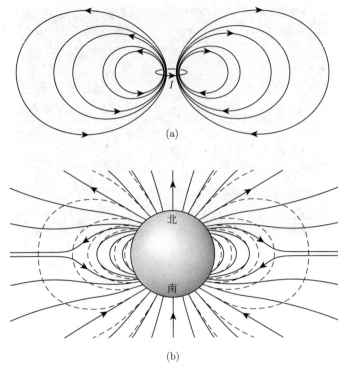

图 11.23　(a) 电流环的特征偶极磁场；(b) 太阳全球磁场的概括描述。虚线表示理想偶极磁场

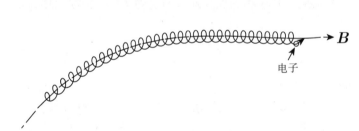

图 11.24　由于洛伦兹力与粒子的速度和磁场方向相互垂直，带电粒子被迫绕着磁力线做螺旋形运动

　　正如彗尾所证明的那样，在太阳的质量损失被直接探测到很久以前，人们就推断出它的存在。彗尾通常由两部分组成，一个是弯曲的尘埃尾，另一个是笔直的离子尾，两者都总是指向远离太阳的方向 (图 11.25)。光子对尘埃颗粒施加的力 (辐射压) 足以将尘埃尾巴向后推；彗尾的曲率是由于单个尘埃颗粒的轨道速度不同，根据开普勒第三定律，这是它们与太阳不同距离的函数。然而，离子尾不能用辐射压来解释；光子和离子之间的相互作用不够有效。相反，是太阳风的离子和彗星中的离子之间的电力决定了离子尾的方向。这种相互作用使得动量传递给彗星离子，驱使它们直接远离太阳。

　　北极光和**南极光**(分别是北极和南极的极光) 也是太阳风的产物 (图 11.26)。当来自太阳的离子与地球的磁场相互作用时，它们被困在磁场中。这些离子在北磁极和南磁极之间来回跳动，形成了**范艾仑辐射带**。具有足够能量的离子将与地球磁极附近的高层大气中的原子碰撞，导致大气原子被激发或电离。由此产生的退激发或复合发射出光子，产生从南北高纬度观测到的壮观的光景。

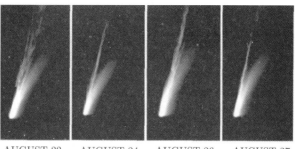

AUGUST 22　　AUGUST 24　　AUGUST 26　　AUGUST 27

图 11.25　　1957 年的 Mrkos 彗星。彗星的尘埃尾是弯曲的,离子尾是直的 (帕洛马/加州理工学院提供)

图 11.26　　南极上空的南极光 (NASA)

利用火箭和卫星,可以在两种太阳风经过地球附近时测量它们的特征。此外,放置在绕太阳极轨道上的 “尤利西斯号” 航天器能够探测到远离地球轨道平面的太阳风。在距太阳 1 AU 距离处,太阳风速度的范围为 200∼ 750 km·s^{-1},其典型密度为每立方米 7×10^6 个离子,质子和电子的特征动力学温度分别为 4×10^4 K 和 10^5 K。虽然太阳风主要由质子和电子组成,但也存在较重的离子。

例 11.2.1　从上面给出的数据可以估计太阳的质量损失率。我们知道所有离开太阳的质量都必须经过以太阳为中心、半径为 1 AU 的球体; 否则它就会在空间的某个地方聚集。如果我们进一步假设 (为简单起见) 质量损失率是球对称的,那么在时间 t 内穿过半径为 r 的球面的质量就是气体的质量密度乘以在这个时间间隔内可以穿过球体的气体壳层的体积:

$$\mathrm{d}M = \rho\mathrm{d}V = (nm_{\mathrm{H}})(4\pi r^2 v\mathrm{d}t),$$

其中,n 是离子 (主要是氢) 的数密度;m_{H} 近似为氢离子的质量;v 是离子速度;$\mathrm{d}V = A\mathrm{d}r \approx 4\pi r^2 v\mathrm{d}t$ 是在一定时间 $\mathrm{d}t$ 内穿过球表面的壳层的体积。两边除以 $\mathrm{d}t$,得到质量损

失率：

$$\frac{\mathrm{d}M}{\mathrm{d}t} = 4\pi r^2 n m_{\mathrm{H}} v = 4\pi r^2 \rho v. \tag{11.3}$$

按照惯例，恒星质量损失率一般以 $M_\odot \cdot \mathrm{yr}^{-1}$ 给出，用符号 $\dot{M} \equiv \mathrm{d}M/\mathrm{d}t$ 表示。使用 $v = 500\ \mathrm{km \cdot s^{-1}}$，$r = 1\ \mathrm{AU}$ 和 $n = 7 \times 10^6$ 个质子 $\cdot \mathrm{m}^{-3}$，我们发现

$$\dot{M}_\odot \simeq 3 \times 10^{-14} M_\odot \cdot \mathrm{yr}^{-1}.$$

按照这个损失率，太阳的全部质量需要 10^{13} 年以上才能消散。然而，太阳内部结构的变化比这要快得多，因此目前太阳风对太阳演化的影响微乎其微。

作为一个有趣的题外话，在 1992 年，"旅行者 I 号" 和 "旅行者 II 号" 都探测到了源自太阳系外太空的频率为 1.8~3.5 kHz 的射电噪声。人们认为，噪声是在太阳风粒子与星际介质碰撞时产生的，并产生终止激波。(星际介质是位于恒星之间的尘埃和气体，见 12.1 节)。1992 年的观测是首次探测到**太阳风层顶**，即太阳电磁影响的外部界限。2005 年，"旅行者 I 号" 距离地球约 95 AU，以 3.6 AU 每年的速度飞行，它穿过终止激波进入**日鞘**区域。"旅行者 I 号" 确实穿越了终止激波，最有力的证据来自于测量到太阳风携带的磁场强度的突然显著增加。这种磁场强度的增加是由于太阳风粒子的减速以及由此导致的粒子密度的增加。

11.2.8　帕克 (Parker) 风模型

我们现在考虑太阳日冕的膨胀如何产生太阳风。这是由日冕的高温以及称为**等离子体**的电离气体的高热导率导致的结果。等离子体的导热能力意味着日冕几乎是等温的 (图 11.18)。

1958 年，尤金·帕克 (Eugene Parker) 建立了太阳风的近似等温模型，成功地描述了太阳风的许多基本特征。要了解为什么太阳风是不可避免的，首先要考虑流体静力学平衡的条件公式 (10.6)。如果日冕的质量与太阳的总质量相比是不显著的，那么在该区域 $M_r \simeq M_\odot$，流体静力学平衡公式就变成

$$\frac{\mathrm{d}P}{\mathrm{d}r} = -\frac{GM_\odot \rho}{r^2}. \tag{11.4}$$

接下来，为简单起见，假设气体完全电离并且完全由氢组成，则质子的数密度由下式给出：

$$n \simeq \frac{\rho}{m_{\mathrm{p}}}$$

由于 $m_{\mathrm{p}} \approx m_{\mathrm{H}}$。根据理想气体定律公式 (10.11)，气体的压强可以写成

$$P = 2nkT,$$

其中，对于电离氢 $\mu = 1/2$ 和 $m_{\mathrm{H}} \approx m_{\mathrm{p}}$。将压强和密度的表达式代入式 (11.4) 中，流体静力学平衡公式变为

$$\frac{\mathrm{d}}{\mathrm{d}r}(2nkT) = -\frac{GM_\odot n m_{\mathrm{p}}}{r^2}. \tag{11.5}$$

假设气体是等温的, 可以直接对式 (11.5) 积分, 得到数密度 (以及压强) 作为半径的函数的表达式。留作一项练习来证明

$$n(r) = n_0 e^{-\lambda(1 - r_0/r)}, \tag{11.6}$$

其中,

$$\lambda \equiv \frac{GM_\odot m_p}{2kTr_0}$$

且在某个半径 $r = r_0$ 处 $n = n_0$。请注意, λ 大约是质子的引力势能和它在离太阳中心 r_0 距离处的热动能之比。我们现在看到, 压强结构正是

$$P(r) = P_0 e^{-\lambda(1 - r_0/r)},$$

其中, $P_0 = 2n_0 kT$。

式 (11.2) 的一个直接结果是, 在等温近似下, 当 r 趋于无穷时, 压强并不趋于零。为了估计 $n(r)$ 和 $P(r)$ 的极限值, 令在约 $r_0 = 1.4\ R_\odot$ 处内部日冕的典型值 $T = 1.5 \times 10^6$ K 且 $n_0 = 3 \times 10^{13}$ m^{-3}, 则 $\lambda \approx 5.5$, $n(\infty) \approx 1.2 \times 10^{11}$ m^{-3}, $P(\infty) \approx 5 \times 10^{-6}$ N·m^{-2}。然而, 正如我们将在 12.1 节中看到的那样: 除局部物质云块外, 星际尘埃和气体的实际密度和压强比刚刚推导出来的要低得多。

鉴于日冕结构的等温流体静力学解与星际空间条件之间存在的不一致性, 则在推导过程中, 至少有一个假设是不正确的。尽管日冕近似等温的假设并不完全成立, 但与观测结果大致相符。回想一下近地 ($r \approx 215\ R_\odot$) 太阳风的特征是温度在 10^5 K 左右, 这表明气体的温度不会随着距离的增加而迅速降低。可以表明, 允许实际变化的温度结构的解决方案仍然不能消除预测的气体压强大大超过星际值的问题。显然, 日冕处于流体静力学平衡的假设是错误的。由于 $P(\infty)$ 大大超过了星际空间的压强, 物质必须从太阳向外膨胀, 这意味着太阳风的存在。

11.2.9 太阳高层大气的流体动力学本质

如果我们要进一步了解太阳大气的结构, 就必须用一套描述太阳大气流动的**流体动力学公式**来代替简单的流体静力学平衡的近似。特别是当我们写

$$\frac{d^2 r}{dt^2} = \frac{dv}{dt} = \frac{dv}{dr}\frac{dr}{dt} = v\frac{dv}{dr},$$

式 (10.5) 成为

$$\rho v \frac{dv}{dr} = -\frac{dP}{dr} - G\frac{M_r \rho}{r^2}, \tag{11.7}$$

其中, v 是流速。随着新变量 (速度) 的引入, 另一个描述跨越边界的质量流守恒的表达式也必须包括在内, 确切地说,

$$4\pi r^2 \rho v = 常数,$$

这正是在例 11.2.1 中用来估算太阳质量损失率的关系式。这一表达式直接暗示:

$$\frac{d\left(\rho v r^2\right)}{dr} = 0.$$

在对流区的顶部, 热气体上升的运动和冷气体的回流形成了纵波 (压强波), 向外传播, 穿过光球层进入色球层。波能的向外流量 (FE) 由这个表达式决定:

$$F_E = \frac{1}{2}\rho v_w^2 v_s, \tag{11.8}$$

其中, v_s 是局部声速; v_w 为单个粒子在其平衡位置在对流区 "活塞" 的驱动下的振荡波运动的速度振幅。

从式 (10.84), 声速由下式给出:

$$v_s = \sqrt{\gamma P / \rho}.$$

因为, 根据理想气体定律, $P = \rho k T/(\mu m_H)$, 则对固定的 γ 和 μ, 声速也可以写为

$$v_s = \sqrt{\frac{\gamma k T}{\mu m_H}} \propto \sqrt{T}$$

当波首先在对流区的顶部产生时, $v_w < v_s$。然而, 这些波穿过的气体的密度随着高度而明显地降低, 在大约 1000 km 内下降了 4 个数量级。如果我们假设在穿过光球层的过程中损失了非常少的机械能 (即 $4\pi r^2 F_E$ 近似为常数), 并且 v_s 基本保持不变, 由于温度在穿过光球层和色球层上的变化仅为约 2 倍, 密度的迅速降低意味着 v_w 必须显著增加 (大约 2 个数量级)。结果, 当波中的粒子试图以比当地声速更快的速度通过介质时, 波的运动很快就变成超声速 ($v_w > v_s$)。其结果是波发展成**激波**, 很像在超声速飞机后面产生音爆的激波。

激波的特点是在短距离内密度急剧变化, 称为**波前**。当激波穿过气体时, 它通过碰撞产生大量热量, 使激波后面的气体高度电离。这种加热是以激波的机械能为代价的, 并且激波迅速扩散。因此, 色球层及以上的气体被对流区中产生的物质运动有效地加热。

11.2.10 磁流体力学与阿尔文 (Alfvén) 波

值得注意的是, 我们对流体动力学公式的讨论没有考虑太阳磁场的影响。据信, 包括过渡区中非常陡峭的正温度梯度在内的整个太阳外层大气的温度结构, 至少部分是由于磁场的存在, 加上由对流区产生的物质运动。**磁流体力学**(通常简称为 **MHD**) 是研究磁场和等离子体之间相互作用的学科。由于该问题的复杂性, 目前还不存在适用于太阳外层大气的 MHD 公式组的完整解。然而, 还是可以描述该解的某些方面。

磁场的存在允许产生第二种波动。这些波可以被认为是沿着磁力线传播的横波, 这是与磁力线相关联的张力恢复力的结果。为了理解这种恢复力的起源, 回想一下建立磁场 (其总是由移动的电荷或电流产生) 需要消耗能量。用来建立磁场的能量可以被认为是储存在磁场本身中; 因此, 包含磁场的空间也包含磁能密度。磁能密度的值由下式给出:

$$\boxed{u_m = \frac{B^2}{2\mu_0}.} \tag{11.9}$$

如果在垂直于磁力线的方向压缩体积为 V 并包含磁力线的等离子体，磁力线的密度必然增加[1]。但是磁力线的密度只是对磁场本身强度的描述，因此，在压缩过程中，磁场的能量密度也增加。因此，在压缩气体中的磁力线时，必须做大量的机械功。由于功是由 $W = \int P \mathrm{d}V$ 给出的，则等离子体的压缩必然意味着磁压的存在。可以看出，磁压在数值上等于磁能密度，或者

$$P_m = \frac{B^2}{2\mu_0}. \tag{11.10}$$

当磁力线在垂直于该线的方向移动某一量时，磁压梯度开始建立。位移方向上的压强增加，表现为磁力线数密度的增加，而同时相反方向上的压强减小。然后，这种压强变化倾向于将该线再次推回，从而恢复磁力线的原始密度。这个过程可以被认为是类似于当一根弦的一部分被移动时，弦中发生的振荡。当它被拨动时，是弦的张力把它拉了回来。恢复磁力线位置的"张力"就是磁压梯度。

正如波在弦上的行进运动一样，磁力线中的扰动也可以沿该线传播。这种横向 MHD 波称为阿尔文波[2]。

阿尔文波的传播速度可以通过与气体中的声速进行比较来估计。由于绝热声速由下式给出：

$$v_\mathrm{s} = \sqrt{\frac{\gamma P_g}{\rho}},$$

其中，γ 的数量级为 1，以此类推，则阿尔文速度应近似为

$$v_m \sim \sqrt{\frac{P_m}{\rho}} = \frac{B}{\sqrt{2\mu_0\rho}}.$$

更仔细的处理会给出如下结果：

$$v_m = \frac{B}{\sqrt{\mu_0\rho}}. \tag{11.11}$$

例 11.2.2 使用式 (10.84) 和式 (11.11)，在光球中将声速和阿尔文速度进行比较。光球顶部的气体压强约为 140 N·m^{-2}，密度为 4.9×10^{-6} kg·m^{-3}。假设理想的单原子气体 $\gamma = 5/3$，

$$v_\mathrm{s} \simeq 6900 \text{ m·s}^{-1}.$$

请注意，此速度明显低于我们在例 10.4.2 中使用全日球值时发现的速度；显然，太阳内部的声速要大得多。

---

[1] 回想一下，如果电场可以忽略不计，带电粒子一定会绕着磁力线做螺旋式运动。这意味着，如果带电粒子被推动，它们就会拖动它们的磁力线；磁力线被称为"冻结在"等离子体中。

[2] 阿尔文波以汉内斯·阿尔文 (Hannes Olof Gösta Alfvén, 1908—1995) 命名，他因在磁流体力学方面的基础研究而于 1970 年获得诺贝尔奖。

取典型的表面磁场强度为 2×10^{-4} T，磁压为 (根据式 (11.10) 可知)

$$P_m \simeq 0.02\ \mathrm{N\cdot m^{-2}},$$

而阿尔文的速度是

$$v_m \simeq 81\ \mathrm{m\cdot s^{-1}}.$$

在光球流体静力学的考虑中，磁压一般可以忽略不计，因为它比气压小大约 4 个数量级。然而，我们将在 11.3 节看到，在太阳表面的局部区域可以存在大得多的磁场强度。

由于阿尔文波可以沿着磁力线传播，它们也可以向外传输能量。根据麦克斯韦公式，随时间变化的磁场产生电场，电场相应地又在高导电的等离子体中产生电流。这意味着在电离气体中将发生一些电阻焦耳热，导致温度升高。因此，MHD 波对太阳高层大气的温度结构也有贡献。

由于太阳的自转，其开放的磁力线被拖拽着穿过行星际空间 (图 11.27)。由于太阳风被迫随着磁力线移动，则产生的扭矩实际上减缓了太阳的自转。换句话说，太阳风正在将角动量从太阳转移出去。因此，太阳的自转速率在其一生中将明显下降。有趣的是，在光球中存在的较差自转在日冕中没有表现出来。显然，如此强烈地影响日冕结构的磁场在这个高度上没有表现出较差自转。

图 11.27 太阳在行星际空间中的自转在太阳磁场中产生了一种螺旋模式，称为帕克螺旋。由螺旋磁场产生的拖拽阻力导致角动量从太阳向外转移。这张图显示了日球层电流片，它将空间中的磁场指向太阳或远离太阳的区域分隔开来。图中描绘了直到木星的行星的运行轨道 (John M. Wilcox 教授和 NASA 艺术家 Werner Heil 提供)

11.2.11 其他恒星的外层大气

虽然这一章是专门讨论我们的太阳的，它是所有恒星中研究得最透彻的，但是其他恒星的外层大气也可以进行研究。例如，观测表明，类太阳型恒星的自转速率似乎随着年龄的增长而降低。此外，有对流包层的晚期主序星，通常比主序上端的恒星的自转速率慢得多。也许星风也在把角动量从这些小质量恒星上转移出去。

诸如 EUVE、FUSE、ROSAT、ASCA、XMM-Newton 和 Chandra X 射线天文台也为我们提供了对其他恒星的有价值的紫外和 X 射线观测。似乎,沿着主序带的那些比 F 型恒星的温度低的恒星,其在紫外线中的发射线与太阳色球层和过渡区中观测到的发射线相似。此外,X 射线观测表明存在类似于日冕的发射。这些恒星以及恒星结构计算表明,应该存在有表面对流区的那类恒星。显然,加热我们太阳外层大气的相同机制在其他恒星中也在运行。

11.3 太阳周期

太阳大气中的一些最迷人和最复杂的特征在本质上是转瞬即逝的。然而,正如我们将在本节中了解到的,太阳大气的许多观测特征也是周期性的。

11.3.1 太阳黑子

伽利略第一次用望远镜观测了**太阳黑子**(图 11.11)。太阳黑子甚至偶尔可以用肉眼看到,但由于做这样的观测可能对眼睛造成潜在损害,所以强烈不鼓励进行这种观测。

过去两个世纪的可靠观测表明,太阳黑子的数量大致是周期性的,从极小期到极大期,再回到极小期,几乎每 11 年一次 (图 11.28)。太阳黑子形成的平均纬度也是周期性的,同样以 11 年为周期。图 11.29 显示了太阳黑子位置随时间变化的曲线,以及太阳黑子覆盖太阳表面的百分比曲线。由于其翼状外观,图 11.29 的上图被称为**蝴蝶图**。单个的太阳黑子具有短暂寿命的特征,通常存活不超过一个月左右。在其一生中,太阳黑子将保持在一个恒定的纬度上,尽管随后的太阳黑子倾向于在逐渐降低的纬度上形成。随着一个周期的最后的太阳黑子在太阳赤道附近消失,一个新的周期在赤道接近 ±40°(南北) 内开始。最大数量的黑子 (太阳黑子最大值) 通常出现在中纬度地区。

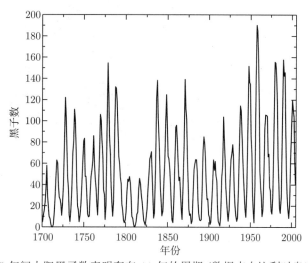

图 11.28　1700~2005 年间太阳黑子数表明存在 11 年的周期 (数据来自比利时皇家天文台太阳黑子指数世界数据中心)

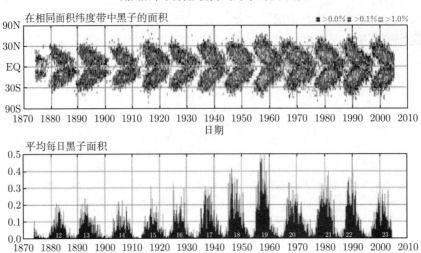

图 11.29　上图为蝴蝶图,显示太阳黑子的纬度随时间的变化;下图显示了太阳黑子覆盖太阳表面的百分比随时间的变化 (NASA/马歇尔太空飞行中心 David H.Hathaway 博士提供)

　　理解太阳黑子的关键在于其强大的磁场,图 11.30 显示了一个典型的太阳黑子。太阳黑子最暗的部分称为**本影**,直径可达 3 万 km。(作为参考,地球的直径是 12756 km。)本影通常被称为半影的一种纤维状结构所包围,它单纯的外表暗示着磁力线的存在。通过观测黑子内产生的单个谱线,可以证实存在强磁场。正如 5.4 节所讨论的,磁场的强度和

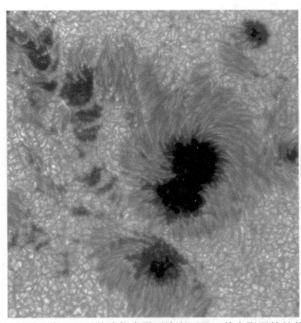

图 11.30　典型的太阳黑子群。中心黑子的暗的本影区清晰可见,其半影区的丝状结构也是如此 (瑞典皇家科学院提供)

极性可以通过观测塞曼效应来测量，塞曼效应是消除原子能级固有简并导致谱线分裂的结果。分裂的量与磁场的强度成比例，而光的偏振对应于磁场的方向。图 11.31 显示了在太阳黑子上测量的光谱线分裂的例子。在本影区域的中心已经测量到十分之几个特斯拉和更大的磁场强度，在半影区域中磁场强度逐渐减小。此外，偏振测量表明典型的本影磁场的方向是垂直的，穿过半影时变成水平方向。

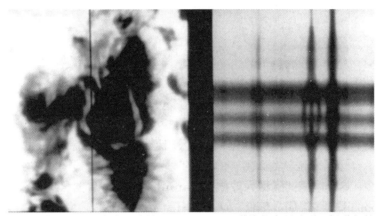

图 11.31　由太阳黑子中强磁场的存在导致的 Fe 525.02 nm 谱线的塞曼分裂。摄谱仪的狭缝垂直排列在太阳黑子上，产生图像中从左到右的波长依赖性。狭缝延伸到太阳黑子的图像之外 (美国国家光学天文台/美国国家太阳天文台提供)

太阳黑子一般成群出现。通常，在太阳的自转方向上，由一个占优势的太阳黑子引领，一个或多个太阳黑子紧随其后。在 11 年的周期中，带头的太阳黑子将总是在一个半球中具有相同的极性——比如说，在地理上北半球的北极——而在另一个半球的带头太阳黑子将具有相反的极性 (在地理上南半球的南极)；尾随的太阳黑子具有相反的极性。即使由于磁场模式的纠缠而产生大量的滞后黑子，也会出现一个基本的双极磁场。在下一个 11 年的周期中，两极将发生逆转；具有南磁极的太阳黑子将在北半球引领，反之亦然。伴随着这种局部极性反转的是全球性的极性反转: 太阳的整体偶极场将发生变化，使太阳的磁北极从地理北极转换到地理南极。极性反转总是发生在太阳黑子极小期，当第一批太阳黑子开始在高纬度地区形成时。当考虑极性反转时，太阳有一个 **22 年的周期**。这一重要的磁行为如图 11.32 所示。

太阳黑子的黑色外观是由于它们的温度明显较低。在本影的中心部分，温度可能低至 3900 K，而太阳的有效温度为 5777 K。从式 (3.18) 可以看出，本影表面的热流量是周围的光球的 $1/(5777/3900)^4 = 1/4.8$[①]。从太阳极大期任务卫星 (SMM) 获得的观测结果已经表明这种表面流量的减少影响了太阳的总能量输出。当大量的大型黑子存在时，太阳的光度大约会降低 0.1%。由于对流刚好是光球层之下的主要能量传输机制，而强磁场通过 "冻结" 等离子体中的磁力线抑制运动，则很可能对流气泡的物质运动在太阳黑子中被抑制，从而减少了穿过太阳黑子的能流。

---

① 温度为 3900 K 的黑体当然是非常明亮的。然而，当透过足够暗的滤光片观测 5777 K 光球层的其余部分时，太阳黑子看起来是暗的。

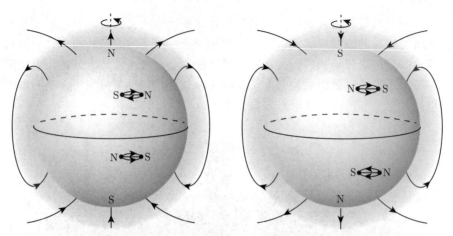

图 11.32　在连续 11 年的周期中，太阳的全球磁场方向以及太阳黑子的磁极性

　　随着光度在月的时间尺度上的变化 (单个太阳黑子的典型寿命)，太阳的光度似乎在更长的时间尺度上经历了变化，太阳黑子的数量也是如此。例如，1645~1715 年间，观测到的太阳黑子很少；这个时间间隔称为**蒙德 (Maunder) 极小期**(图 11.33)[①]。令人惊讶的是，在此期间，欧洲的平均气温明显偏低。这与太阳的光度比现在少了百分之零点几是一致的。约翰·埃迪 (John Eddy) 提出，太阳活动周期叠加在一个非常长期的周期上。这种长周期的变化经历了可能持续几个世纪的太阳黑子的极大期和极小期。支持这一观点的证据是在地球上大气中含有放射性碳原子 ($_6^{14}C$) 的二氧化碳分子的相对数量中发现的，这些分子保存在 7000 年长的树木年轮记录中。在长期的太阳黑子研究中，$_6^{14}C$ 的重要性在于太阳黑子与地球大气中存在的 $_6^{14}C$ 数量之间的负相关。$_6^{14}C$ 是一种碳的放射性同位素，它产生于来自太空的极其高能的带电粒子 (**宇宙射线**) 与大气中的氮发生碰撞。宇宙射线受到太阳磁场的影响，而太阳磁场又相应地受到太阳活动的影响。在"蒙德极小期"，大气中 $_6^{14}C$ 的含量明显增加，并进入活树的年轮中。$_6^{14}C$ 的含量似乎也与过去 5000 年来冰川的前进和后退密切相关。

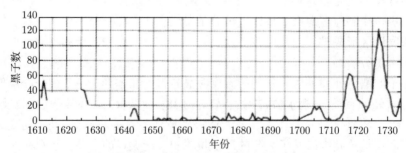

图 11.33　在 1645~1715 年间 (蒙德极小期)，观测到的太阳黑子数量异常地少 (改编自 J.A.Eddy, High Altitude Observatory 提供的图表)

　　由于太阳黑子的温度较低，气体压强必然低于周围物质 (式 (10.11))。然而，引力在本

---

① 自"蒙德极小期"(Maunder minimum) 的早期阶段开始 (回想一下，伽利略逝世于 1642 年，牛顿出生于次年)，随着望远镜的发展和不断改进，"蒙德极小期"不再当作是观测不佳的结果。

质上是相同的。单从这些考虑来看，太阳黑子内部的气体似乎应该沉入恒星的内部，而这种效应尚未被观测到。如果没有足够大的气体压强梯度来支持太阳黑子，就必须存在另一个压强成分。正如我们在 11.2 节中已经看到的，磁场会伴随着一个压强项。正是这种额外的磁场压强提供了必要的支撑，使太阳黑子不会下沉或被周围的气体压强压缩。

11.3.2 谱斑

许多其他现象也与太阳黑子活动有关。**谱斑**(plages，源自法语，意为海滩) 是位于活动太阳黑子附近的明亮 Hα 发射的色球区 (图 11.17)。它们通常在太阳黑子出现之前形成，并且通常在太阳黑子从特定区域消失之后消失。谱斑的密度比周围的气体高，是磁场的产物。显然，太阳黑子亮度降低的原因在谱斑中是不起重要作用的。

11.3.3 太阳耀斑

太阳耀斑是一种爆发事件，在从毫秒到一个多小时的时间间隔内，可以释放出从 10^{17} J 的能量到高达 10^{25} J 的能量[1]。耀斑的物理尺寸是巨大的，大型耀斑长度可达 100000 km (图 11.34(a))。在喷发期间，氢巴尔末线 Hα 局部地出现在发射中而不是像通常情况那样出现在吸收中。这意味着光子的产生发生在大部分吸收物质之上。当通过 Hα 观测时，耀斑经常以两条光带的形式出现在圆盘上 (图 11.34(b))。除了 Hα，还会产生其他类型的电磁辐射，范围从同步辐射引起的千米波长的非热射电波 (见 4.3 节) 到极短波长的硬 X 射线和伽马射线的发射线。

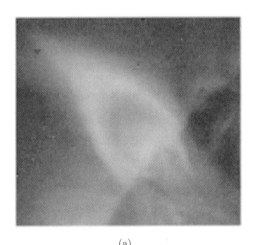
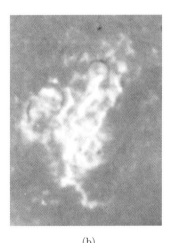

(a)　　　　　　　　　　　　　　　　(b)

图 11.34　(a) "阳光" 软 X 射线望远镜于 1999 年 3 月 18 日 16:40 UT 观测到的太阳边缘的耀斑 (来自日本 ISAS 的 "阳光" 任务，X 射线望远镜由洛克希德帕洛阿尔托研究实验室、日本国家天文台和东京大学在 NASA 和 ISAS 的支持下准备)；(b) 1989 年 10 月 19 日，在 Hα 观测到的双色带耀斑 (美国国家光学天文台提供)

带电粒子也高速向外喷射，许多作为**太阳宇宙射线**逃逸到行星际空间。在最大的耀斑中，喷射的带电粒子 (主要是质子和氦核) 可以在 30min 内到达地球，中断某些通信，并

---

[1] 作为比较，一枚百万吨级炸弹释放大约 10^{16} J 能量。

对任何未受保护的宇航员构成非常严重的威胁。激波也会产生, 偶尔可以传播几个天文单位后才消散。

太阳耀斑的能量取决于它爆发的位置。耀斑发生在磁场强度较大的区域, 即太阳黑子群中。根据 11.2 节的讨论, 磁场的产生导致能量存储在这些磁场中 (式 (11.9))。如果磁场扰动能够迅速释放储存的能量, 就可能发生耀斑。留作一次练习, 证明磁场中储存的能量和通过阿尔文波扰动磁场的时标都与太阳耀斑的产生相一致。然而, 能量转换的细节, 如粒子加速, 仍然是活跃的研究课题。

太阳耀斑的模型如图 11.35 所示。太阳耀斑的一般机制涉及磁力线的**重联**。磁场环中的扰动 (可能是由于太阳的对流区) 导致在高度导电的等离子体中产生电流片 (回忆楞次定律)。等离子体中有限的电阻导致气体的焦耳热, 使温度达到 10^7 K。加速离开重联点和远离太阳的粒子可能会完全逃逸, 产生太阳宇宙射线。射电辐射是由带电粒子围绕磁力线做螺旋式运动的同步加速过程中产生的。软 X 射线发射是由加速 (重联) 点以下的磁环中的高温引起的。在磁场力的底部 (两个 Hα 带) 的 Hα 发射是由电子和质子的复合产生的, 它们被加速远离重联点, 飞向色球层。

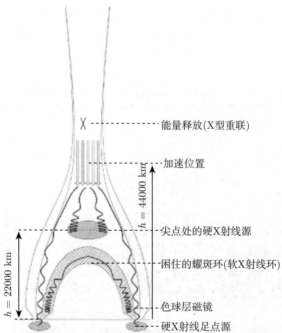

图 11.35　1992 年 1 月 13 日的 Masuda 太阳耀斑模型。注意与 Hα 耀斑条带相关的两个硬 X 射线 (HXR) 足点源 (图 11.34(b))。电子沿着磁力线向下加速, 直到它们与色球层碰撞。软 X 射线 (SXR) 环可以与图 11.34(a) 相比较 (图改编自 Aschwanden 等, *Ap. J.*, 464, 985, 1996)

此外, 由于表面核反应, 被加速的高能粒子飞向色球层, 产生硬 X 射线和伽马射线。与太阳耀斑相关的重要核反应的例子是将较重的核打碎成较轻的核的**散裂反应**, 例如,

$$ {}_1^1\mathrm{H} + {}_8^{16}\mathrm{O} \longrightarrow {}_6^{12}\mathrm{C}^* + {}_2^4\mathrm{He} + {}_1^1\mathrm{H}, $$

其中，C* 代表处于激发态的碳核，随后是退激发反应，

$$\ _6^{12}C^* \longrightarrow \ _6^{12}C + \gamma,$$

$E_\gamma = 4.438$ MeV，或

$$\ _1^1H + \ _{10}^{20}Ne \longrightarrow \ _8^{16}O^* + \ _2^4He + \ _1^1H,$$

接着是退激发反应，

$$\ _8^{16}O^* \longrightarrow \ _8^{16}O + \gamma,$$

$E_\gamma = 6.129$ MeV。由太阳表面耀斑产生其他反应的例子包括电子-正电子的湮灭，

$$e^- + e^+ \longrightarrow \gamma + \gamma$$

其中，$E_\gamma = 0.511$ MeV，并且通过下列反应产生氘：

$$\ _1^1H + n \longrightarrow \ _1^2H^* \longrightarrow \ _1^2H + \gamma,$$

其中，$E_\gamma = 2.223$ MeV。

11.3.4 日珥

日珥也与太阳的磁场有关。**静止日珥**是电离气体形成的帘幕，它们能深入日冕，并能保持稳定数周或数月。日珥中的物质沿着活动区域的磁力线聚集，结果是气体比周围的日冕气体更冷 (典型的温度为 8000 K)，密度也更高。这导致气体"下雨"般地回到色球层。当观测太阳边缘的 Hα 时，静止的日珥相对于薄的日冕呈现出明亮的结构。然而，当在相对于日面的连续谱中观测时，静止的日珥看起来像是黑暗的**纤维**，正吸收从下面发出的光。在图 11.36(a) 中示出了静止日珥的一个例子。

爆发的 (或活动的) 日珥 (图 11.36(b)) 仅能存在几个小时，也可能从静止的日珥突然发展而来。看起来，一个相对稳定的磁场结构会突然变得不稳定，导致日珥脱离太阳。虽然这种机制与太阳耀斑的机制有关，但结果有些不同; 当气体从太阳喷射出来时，爆发的日珥的能量转化为物质运动，而不是大部分能量变成电磁辐射。

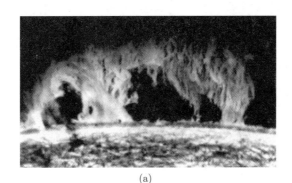

(a)

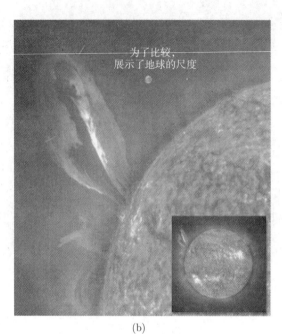

(b)

图 11.36   (a) 静止的、栅篱般的日珥 (加州理工学院大熊太阳天文台提供)；(b) 1999 年 7 月 24 日，
SOHO 远紫外成像望远镜 (EIT) 观测到的爆发日珥 (SOHO(ESA 和 NASA))

11.3.5   日冕物质抛射

更壮观的是**日冕物质抛射**(CME)。自 20 世纪 70 年代初以来，NASA 的第七轨道太
阳天文台 (OSO 7) 和天空实验室 (Skylab) 等航天器一直在观测日冕物质抛射。最近，日
冕物质抛射已由 SOHO 的大角度光谱日冕仪 (LASCO) 进行常规观测，见图 11.37。LASCO

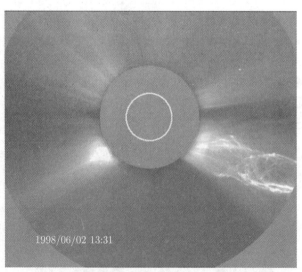

图 11.37   1998 年 6 月 2 日由 SOHO 的 LASCO 仪器观测到的日冕物质抛射。请注意 CME 中错综复
杂的磁力线。掩星盘上的白色圆圈代表太阳光球层的大小 (SOHO(ESA))

利用一个掩星盘来制造人工日食, 使其能够观测到从几个太阳半径到 $30\ R_\odot$ 的白光日冕。随着探测到数千个日冕物质抛射, 貌似在 11 年的太阳黑子周期中平均每天大约有一个日冕物质抛射。当太阳更活跃 (即, 接近太阳黑子最大值) 时, 频率可能是每天 3.5 次, 在太阳黑子最小期间, 事件的数量可能减少到大约每五天一次。在一次日冕物质抛射中, 太阳喷射出 $5 \times 10^{12} \sim 5 \times 10^{13}$ kg 的物质, 速度范围从 400 km·s^{-1} 到超过 1000 km·s^{-1}。日冕物质抛射似乎在大约 70% 的时间里伴随着爆发日珥, 只在大约 40% 的时间里伴随着耀斑爆发。我们可以把日冕物质抛射想象成在磁场重联事件后从太阳表面升起的磁泡, 它携带着太阳日冕质量的很大一部分。

11.3.6 随时间变化的日冕形状

太阳周期的另一个特征与日冕本身的形状有关。在太阳活动很少的时期, 太阳黑子很少, 耀斑或日珥也很少 (如果有的话), **宁静的日冕**通常在赤道比在两极延伸得更广, 这与近似偶极磁场相一致。在太阳黑子极大附近, **活动日冕**的形状比较复杂, 磁极结构也比较复杂。图 11.20(a) 和 11.20(b) 分别显示了太阳黑子极小和极大时日冕的形状。显然, 日冕形状的变化, 像其他太阳活动一样, 是源自太阳磁场的动态结构。

11.3.7 磁发电机理论

贺拉斯·巴布科克 (Horace Babcock) 于 1961 年首次提出了描述太阳周期许多组成部分的**磁发电机模型**。尽管它在描述太阳周期的主要特征方面总体上是成功的, 但该模型尚不能充分解释太阳活动的许多重要细节。任何太阳周期的完整图景都需要对太阳环境中的 MHD 公式进行全面处理, 包括随太阳纬度和深度而变化的自转速率、对流、太阳振荡、上层大气的加热和质量损失。当然, 并不是所有这些过程都可能在太阳周期的研究中发挥同样重要的作用。但重要的是要了解它们中的每一个对所研究的特定现象的贡献程度。

如图 11.38 所示, 由于磁力线 "冻结" 在气体中, 太阳的较差自转拖拽磁力线向前移动, 将极向场 (本质上是一个简单的磁偶极子) 转换为具有显著环向分量 (环绕太阳的磁力线) 的磁场。然后, 湍动对流区产生了扭曲磁力线的效果, 产生了强磁力线区域, 称为磁绳。磁压产生的浮力 (式 (11.10)) 使磁绳上升到表面, 形成太阳黑子群。太阳黑子的极性是由磁力线沿磁绳的方向决定的; 因此, 一个半球中的每一个前导黑子将具有相同的极性, 而另一个半球中的前导黑子将具有相反的极性。

最初, 在太阳黑子极小期, 在高纬度地区确实会出现小的扭曲。由于较差自转继续拖着磁力线, 对流湍动将它们绑成结, 更多的太阳黑子在中纬度发展, 产生太阳黑子极大。看来, 最终在赤道附近会出现最大数量的太阳黑子和最大数量的扭曲。然而, 来自两个半球的太阳黑子往往在赤道附近相互抵消, 因为它们的前导黑子的极性是相反的。因此, 出现在赤道附近的太阳黑子数量较少。最后, 赤道附近磁场的抵消导致极向磁场重新建立, 但其原本的极性被反转。这一过程大约需要 11 年。整个过程不断重复, 每隔一个周期, 磁场的极性返回到其原本的方向。因此, 在考虑磁场极性时, 整个太阳周期实际上是 22 年。

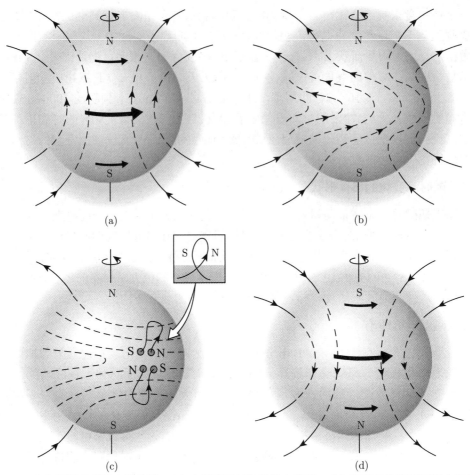

图 11.38　太阳周期的磁发电机模型：(a) 太阳磁场最初是极向磁场；(b) 较差自转拖拽围绕太阳的 "冻结" 磁力线，将极向场转化为环向场；(c) 湍动的对流将磁力线扭曲成磁绳，使其以太阳黑子的形式上升到太阳表面，前导黑子的极性与极向场的原本极性相对应；(d) 随着周期的进行，连续的太阳黑子群向赤道迁移，在那里磁场重联重建了极向磁场，但原来的极性颠倒了

　　正如我们已经看到的，与特殊现象相关的细节，例如太阳黑子流量减少的原因，或者耀斑产生的确切过程，都还没有被很好地理解。同样的情况也适用于更基本的磁发电机本身。尽管前面的讨论以近似的方式描述了太阳周期的行为，但即使是如所涉及的时标内这样的基本结果，也尚未被精确地建模。一个成功的磁发电机模型不仅要给出太阳黑子和耀斑的大致位置和数量，而且还必须考虑到所观测到的 22 年周期。此外，发电机模型必须复制更慢的变化，其似乎是形成蒙德极小期的原因。

11.3.8　其他恒星磁活动的证据

　　幸运的是，确实存在一些证据表明太阳周期背后的基本思想是正确的。对其他冷的主序星的观测表明，它们的活动周期很像太阳周期。在最后这一节需要指出，晚型主序星表现出与热日冕存在相一致的观测特征。还有人提到，角动量显然是通过星风损失的。这两种现象都符合小质量恒星表面对流的理论初衷，这是发电机理论的主要组成部分。

在一些恒星中还观测到了其他形式的磁活动。观测表明存在**耀斑星**即 M 型主序星，它们的亮度偶尔出现快速波动。如果在更暗的 M 星上出现太阳耀斑大小的耀斑，这些耀斑将对这些恒星的总光度有显著的贡献，产生人们所观测到的短期变化。其他恒星也有可能产生更大的耀斑:2004 年 4 月 24 日，恒星 GJ 3685A 释放了一个耀斑，其能量大约是大型太阳耀斑的 100 万倍。NASA 的星系演化探测器偶然发现了这一事件。

除了太阳外，其他恒星上也能观测到**恒星黑子**。恒星黑子是通过它们对恒星光度的影响而显现出来的，可以在 1% 的水平上进行测量。两类恒星，猎犬座 RS 型 (RS Canum Venaticorum) 和天龙座 BY 型 (BY Draconis) 恒星[①]，显示了显著的长期变化，这些变化归因于覆盖其表面相当一部分的恒星黑子。例如，图 11.39 示出了天龙座 BY 型恒星 (BD+26°730) 在 B 波段中超过 0.6 星等的变化。恒星黑子甚至可以用来测量恒星的自转。

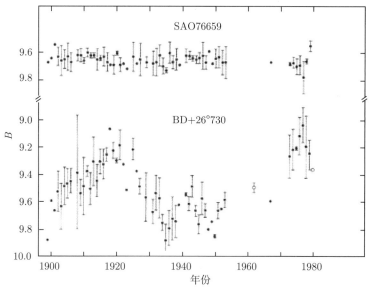

图 11.39　天龙座 BY 型恒星 BD+26°730 的光变曲线，SAO 76659 是一颗附近的参考星 (图来自 Hartmann 等，*Ap. J.*，249，662，1981)

通过测量塞曼展宽的光谱线，在几颗冷的主序星上也直接探测到了磁场。对数据的分析表明，在恒星表面显著的一小部分区域，磁场强度为十分之几特斯拉。强磁场的存在与其观测到的光度变化有关。

通过本章的讨论，应该清楚的是，天体物理学在解释我们太阳的许多特征方面取得了伟大的成功。恒星结构公式描述了太阳内部的主要方面，而且太阳复杂大气的很多方面也被了解。但许多其他重要问题仍有待解决，如表面的锂丰度、太阳周期的复杂细节，以及太阳与地球气候之间的相互作用。在我们能够自信地认为我们完全理解离我们最近的这颗恒星之前，还有许多令人兴奋和具有挑战性的工作要去做。

---

① 表现出光变的恒星类型，即变星，通常以发现的第一颗具有特定特征的恒星来命名。猎犬座 RS 型 (RS CVn) 和天龙座 BY 型 (BY Dra) 分别是光谱型为 F–G 和 K–M 的主序星。字母 RS 和 BY 表示这些是变星。猎犬座和天龙座是恒星所在的星座。

推 荐 读 物

一般读物

Bahcall, John N., "Solving the Mystery of the Missing Neutrinos, " Nobel e-Museum, http://www.nobel.se/physics/articles/bahcall/, 2004.

Golub, Leon, and Pasachoff, Jay M., *Nearest Star: The Surprising Science of Our Sun*, Harvard University Press, Cambridge, MA, 2001.

Lang, Kenneth R., *The Cambridge Encyclopedia of the Sun*, Cambridge University Press, Cambridge, 2001.

Semeniuk, Ivan, "Astronomy and the New Neutrino, " *Sky and Telescope*, September, 2004.

The Solar and Heliospheric Observatory (SOHO), http://sohowww.nascom.nasa.gov/.

Transition Region and Coronal Explorer (TRACE), http://vestige.lmsal.com/TRACE/.

Yohkoh Solar Observatory, http://www.lmsal.com/SXT/.

Zirker, Jack B., *Journey from the Center of the Sun*, Princeton University Press, Princeton, 2002.

专业读物

Aschwanden, Markus J., Poland, Arthur I., and Rabin, Douglas, M., "The New Solar Corona, " *Annual Review of Astronomy and Astrophysics*, 39, 175, 2001.

Aschwanden, Markus J., *Physics of the Solar Corona: An Introduction*, Springer, Berlin, 2004.

Bahcall, John N., *Neutrino Astrophysics*, Cambridge University Press, Cambridge, 1989.

Bahcall, John N., and Ulrich, Roger K., "Solar Models, Neutrino Experiments, and Helio- seismology, " *Reviews of Modern Physics*, 60, 297, 1988.

Bahcall, John N., Pinsonneault, M. H., and Basu, Sarbani, "Solar Models: CurrentEpoch and Time Dependences, Neutrinos, and Helioseismological Properties, " *The Astrophysical Journal*, 555, 990, 2001.

Bhattacharjee, A., "Impulsive Magnetic Reconnection in the Earth's Magnetotail and the Solar Corona, " *Annual Review of Astronomy and Astrophysics*, 27, 421, 1989.

Bai, T., and Sturrock, P. A., "Classification of Solar Flares, " *Annual Review of Astronomy and Astrophysics*, 42, 365, 2004.

Böhm-Vitense, Erika, *Introduction to Stellar Astrophysics, Volume I: Basic Stellar Observations and Data*, Cambridge University Press, Cambridge, 1989.

Böhm-Vitense, Erika, *Introduction to Stellar Astrophysics, Volume II: Stellar Atmospheres*, Cambridge University Press, Cambridge, 1989.

Cleveland, Bruce T., et al., "Measurement of the Solar Electron Neutrino Flux with the Homestake Chlorine Detector, " *The Astrophysical Journal*, 496, 505, 1998.

Cox, A. N., Livingston, W. C., and Matthews, M. S. (eds.), *Solar Interior and Atmosphere*, University of Arizona Press, Tucson, 1991.

Foukal, Peter V., *Solar Astrophysics*, John Wiley and Sons, New York, 1990.

Griffiths, David J., *Introduction to Electrodynamics*, Third Edition, Prentice-Hall, Upper Saddle River, NJ, 1999.

Kivelson, Margaret G., and Russell, Christopher T. (eds.), *Introduction to Space Physics*, Cambridge University Press, Cambridge, 1995.

Lang, Kenneth R., *The Sun from Space*, Springer, Berlin, 2000.

Parker, E. N., "Dynamics of Interplanetary Gas and Magnetic Fields, " *The Astrophysical Journal*, 128, 664, 1958.

Thompson, Michael J., Christensen-Dalsgaard, Jørgen, Miesch, Mark S., and Toomre, Juri, "The Internal Rotation of the Sun, " *Annual Review of Astronomy and Astrophysics*, 41, 599, 2003.

习　题

11.1　利用图 11.1，证明在过去 45.7 亿年间太阳有效温度的变化与它的半径和光度的变化一致。

11.2　(a) 由于核反应，太阳质量减少率是多少？用 $M_\odot \cdot yr^{-1}$ 来表达你的答案。

(b) 将你的 (a) 部分的答案与由太阳风导致的质量损失率进行比较。

(c) 假设太阳风质量损失率保持不变，那么质量损失过程是否会对太阳在其整个主序寿命期间的总质量产生显著影响？

11.3　使用萨哈公式，计算太阳光球中 H^- 离子数与中性氢原子数的比率。将气体的温度当作有效温度，并假设电子压强为 $1.5\ N \cdot m^{-2}$。注意，泡利不相容原理要求离子只能存在一个态，因为它的两个电子必须具有相反的自旋。

11.4　因为线系极限出现在 820.8 nm，氢的帕邢线系 ($n = 3$) 能够对太阳的可见光连续谱作出贡献。然而，正是来自 H^- 的贡献主导了连续谱的形成。使用习题 11.3 的结果，以及玻尔兹曼公式，估算在 $n = 3$ 态中氢离子数与氢原子数的比率。

11.5　(a) 使用式 (9.63) 并忽略湍流，估算由太阳光球层中随机热运动引起的氢 Hα 吸收线的半高全宽。假设温度是太阳的有效温度。

(b) 利用太阳米粒组织的 Hα 红移数据，估算当热运动包括对流湍流运动时的半高全宽。

(c) v_{turb}^2 与 $2kT/m$ 的比率是多少？

(d) 当包括湍流时，确定由多普勒展宽引起的半高全宽的相对变化。湍流对太阳光球层中的 $(\Delta\lambda)_{1/2}$ 的贡献显著吗？

11.6　估算前文给出的氢 Ly α、C Ⅲ、O Ⅵ 和 Mg Ⅹ 线的热多普勒展宽的线宽度；使用已提供的温度。取 H、C、O 和 Mg 的质量分别为 1 u、12 u、16 u 和 24 u。

11.7　(a) 使用式 (3.22)，证明在太阳的光球层中，

$$\ln\left(B_a/B_b\right) \approx 11.5 + \frac{hc}{kT}\left(\frac{1}{\lambda_b} - \frac{1}{\lambda_a}\right)$$

其中，B_a/B_b 是在 $\lambda_a = 10$ nm 处黑体辐射量与在 $\lambda_b = 100$ nm 处黑体辐射量的比率，在中心波长处波段为 0.1 nm 宽。

(b) 对于温度取为太阳的有效温度这个情形, 该表达式的值是多少?

(c) 将比率写成 $B_a/B_b = 10^x$ 的形式, 确定 x 的值。

11.8 在光球层的底部, 气体压强约为 2×10^4 N·m^{-2}, 质量密度为 3.2×10^{-4} kg·m^{-3}。估算光球层底部的声速, 并将你的答案与光球层顶部的声速值和整个太阳的平均声速进行比较。

11.9 假设你试图对密度和温度都是常数的光学厚气体进行观测。假设气体的密度和温度分别为 2.2×10^{-4} kg·m^{-3} 和 5777 K, 它们是在太阳光球层中发现的典型值。如果气体在某个波长 (λ_1) 处的不透明度为 $\kappa_{\lambda 1} = 0.026$ m^2·kg^{-1}, 而在另一个波长 (λ_2) 处的不透明度为 $\kappa_{\lambda 2} = 0.030$ m^2·kg^{-1}, 计算每个波长的光深等于 2/3 时进入气体的距离。在哪个波长你能在气体中看得更远? 有多远? 这种效应使天文学家能够探测不同深度的太阳大气 (回顾图 11.13)。

11.10 (a) 使用例 11.2.2 给出的数据, 估算光球层底部的压强标高。

(b) 假设混合长度与压强标高之比为 2.2, 使用测量的太阳米粒组织的多普勒速度来估算对流气泡行进一个混合长度所需的时间量。将此值与一个米粒组织的特征寿命进行比较。

11.11 证明: 式 (11.6) 直接从式 (11.5) 推导出来。

11.12 计算一个大型太阳黑子的本影中心的磁压。假设磁场强度为 0.2 T。将你的答案与光球层底部气体压强的典型值 2×10^4 N·m^{-2} 进行比较。

11.13 假设在磁场强度为 0.03 T 的区域有一个大型太阳耀斑爆发, 它在 1 h 内释放 10^{25} J 的能量。

(a) 在爆发开始之前, 该区域的磁能密度是多少?

(b) 供给耀斑所需的磁能所需的最小体积是多少?

(c) 为简单起见, 假设为耀斑爆发提供能量的体积是一个立方体, 将立方体的边长与大型耀斑的典型尺寸进行比较。

(d) 阿尔文波经过耀斑长度需要多长时间?

(e) 给定所涉及的物理维度和时标, 关于假设磁能是太阳耀斑来源, 你能得出什么结论?

11.14 假设平均每天发生一次日冕物质抛射 (CME), 一个典型的 CME 抛射 10^{13} kg 物质, 估算 CME 带来的每年质量损失, 并将你的答案与太阳风带来的每年质量损失进行比较。用 CME 质量损失与太阳风质量损失的百分比来表达你的答案。

11.15 假设朝向地球的 CME 的速度是 400 km·s^{-1}, 并且 CME 的质量是 10^{13} kg。

(a) 估算 CME 所包含的动能, 并将你的答案与一个大型耀斑所释放的能量进行比较。用耀斑能量的百分比来表达你的答案。

(b) 估算 CME 到达地球的时间。

(c) 简要解释天文学家如何能够在地球磁暴发生之前 "预测" 极光的发生。

11.16 (a) 计算磁场强度为 0.3 T 的太阳黑子中心的正常塞曼效应所产生的频移。

(b) 在 0.3 T 的磁场作用下, 630.25 nm Fe I 谱线的一个成分的波长会发生多大的变化?

11.17 根据图 11.16 中给出的数据, 估算太阳内部差旋层底部的自转周期。

11.18 从式 (11.9) 和做功积分, 讨论磁压由式 (11.10) 给出。

第 12 章 星际介质和恒星形成

12.1 星际尘埃和气体

当我们仰望星空时,星星似乎是不变的点状光源在稳定地发光。在不经意的观察下,甚至我们自己的太阳也似乎是不变的。但是,正如我们在第 11 章所看到的,情况并非如此:太阳黑子来来往往,耀斑爆发,大量物质通过日冕质量抛射进入太空,日冕本身改变形状,甚至太阳的亮度似乎也在人类的时间尺度上波动,蒙德极小期就是证据。当然,在太阳 45.7 亿年的生命期内,光度、有效温度和半径都发生了很大的变化 (图 11.1)。

事实上,所有的星星都在变化。通常,这种变化是渐进的,在如此长的时间间隔内,以人类的角度来衡量,如果不使用望远镜进行非常仔细的观察就不会注意到这种变化。然而,有时这种变化是极其迅速和剧烈的,就像超新星爆炸一样。通过唤起我们迄今为止对恒星内部和大气物理学的理解,我们现在可以开始研究决定恒星如何演化的过程。

12.1.1 星际介质

从某种意义上说,恒星的演化是一个循环的过程。一颗恒星诞生于称为星际介质 (ISM) 的恒星之间的气体和尘埃中。取决于恒星的总质量,在它的一生中,大部分物质可能会通过星风和爆炸事件返回 ISM,随后的数代恒星就可以从这些加工过的物质中形成。因此,要了解恒星的演化,研究 ISM 的性质就显得尤为重要。

然而,了解 ISM 不仅仅在于它在恒星演化中的关键作用,ISM 在描述银河系以及整个宇宙中星系的结构、动力学和演化方面具有深远的重要性。此外,它影响着我们对一切事物的观察,从相对较近的恒星到最遥远的星系和类星体。

更根本的是,ISM 是一个巨大而复杂的环境,它提供了一个重要的实验室来测试我们对天体物理学在许多层面上的理解。ISM 的动力学包括了穿越星际空间的湍流气体运动、激波和银河磁场,因此,建模 ISM 最终需要磁流体动力学公式的详细解答。尘埃、分子、原子、离子和自由电子渗透到 ISM 中,挑战了我们对辐射转移、热力学和量子力学的理解。此外,尘埃颗粒和复杂分子的产生和破坏,则需要对地球实验室无法复制的环境中的化学知识有详细的了解。

作为天体物理过程的介绍,这里不能探索星际介质的所有迷人的方面,因此,本节仅对 ISM 的一般方面作简要介绍。

12.1.2 星际消光

在漆黑的夜晚,我们可以在银盘的恒星带中看到一些填充我们银河系的尘埃云 (图 12.1)。这并不是说这些黑暗的区域没有恒星,而是说位于其间的尘埃云遮蔽了后面的恒星,这种遮蔽,称为星际消光,是星光散射和吸收的综合效应 (图 12.2)。

图 12.1　尘埃云遮蔽银盘中它们后面的恒星 (帕洛马/加州理工学院提供)

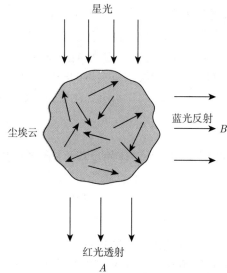

图 12.2　除了气体之外，星际云含有大量的尘埃 (尘埃云)，既能散射也能吸收穿过它的光，散射和吸收的程度取决于尘埃颗粒的密度、光的波长和云的厚度。由于较短的波长比较长的波长更容易受到影响，所以在观测者 A 看来，位于云后的恒星变红，而观测者 B 将看到由散射的较短波长导致的蓝色反射星云

　　考虑到消光对恒星视星等的影响，距离模数公式 (3.6) 必须适当修改。对于中心波长为 λ 的波段，我们有

$$m_\lambda = M_\lambda + 5\log_{10} d - 5 + A_\lambda, \tag{12.1}$$

其中，d 是距离，单位为 pc；$A_\lambda > 0$，表示沿视线的星际消光的星等。如果 A_λ 足够大，那么用肉眼或望远镜就无法观测到恒星，这就是银河中出现暗带的原因。

　　显然，A_λ 肯定与视线方向上的物质的光学深度有关。由式 (9.18) 可知，光的强度的相对变化为

$$I_\lambda / I_{\lambda,0} = \mathrm{e}^{-\tau_\lambda},$$

式中，$I_{\lambda,0}$ 为没有星际消光时的强度。结合式 (3.4)，我们现在可以将光学深度与由消光引

起的视星等变化联系起来，给出

$$m_\lambda - m_{\lambda,0} = -2.5 \log_{10}\left(\mathrm{e}^{-\tau_\lambda}\right) = 2.5\tau_\lambda \log_{10}\mathrm{e} - 1.086\tau_\lambda.$$

而视星等的变化就是 A_λ，所以

$$A_\lambda = 1.086\tau_\lambda. \tag{12.2}$$

由消光引起的星等变化近似等于沿视线方向的光学深度。

由式 (9.17) 给出的光深表达式和例 9.2.2 结束时的讨论可知，云的光深为

$$\tau_\lambda = \int_0^s n_\mathrm{d}\left(s'\right)\sigma_\lambda \mathrm{d}s', \tag{12.3}$$

其中，$n_\mathrm{d}\left(s'\right)$ 是散射尘埃颗粒的数密度；σ_λ 是散射截面。如果 σ_λ 沿着视线是恒定的，那么

$$\tau_\lambda = \sigma_\lambda \int_0^s n_\mathrm{d}\left(s'\right)\mathrm{d}s' = \sigma_\lambda N_\mathrm{d}, \tag{12.4}$$

其中，N_d 为尘埃颗粒的柱密度，是从观测者到恒星的截面为 $1\mathrm{m}^2$ 的细长圆柱体中散射尘埃颗粒的数目。因此，正如我们所预料的那样，消光量取决于光穿过星际尘埃的数量。

12.1.3 米氏理论

如果我们像**古斯塔夫·米**(Gustav Mie, 1868—1957) 在 1908 年第一次做的那样，假设尘埃颗粒是球形的，半径为 a，那么尘埃颗粒对经过的光子所呈现的几何截面为 $\sigma_\mathrm{g} = \pi a^2$。现在我们定义无量纲**消光系数**$Q_\lambda$ 为

$$Q_\lambda \equiv \frac{\sigma_\lambda}{\sigma_\mathrm{g}},$$

其中，Q_λ 取决于尘埃颗粒的成分。

米氏的证明表明：当光的波长与尘埃颗粒大小相当时，$Q_\lambda \sim a/\lambda$，意味着

$$\sigma_\lambda \propto \frac{a^3}{\lambda} \quad (\lambda \gtrsim a). \tag{12.5}$$

在 λ 远大于 a 的极限情况下，Q_λ 趋于零。另外，如果 λ 远小于 a，则可以证明 Q_λ 接近于一个常数，与 λ 无关，此时

$$\sigma_\lambda \propto a^2 \quad (\lambda \ll a). \tag{12.6}$$

这些极端情况下的行为可用类似于湖泊表面的波浪来理解。如果波的波长远大于障碍物 (例如沙粒)，则波几乎完全不受影响地通过 ($\sigma_\lambda \sim 0$)。另外，如果波浪远小于障碍物 (例如一个岛屿)，则它们会被简单地阻挡，唯一持续的是那些完全错过岛屿的波浪。类似地，在足够短的波长下，我们检测到的穿过尘埃云的唯一的光是在粒子之间传播的光。

结合刚刚的讨论，很明显，由 A_λ 量度的消光量一定与波长有关。由于较长波长的红光没有像蓝光那样强烈地被散射，因此，通过路线上的尘埃云的星光会随着蓝光的移除而

变红。**星际红化**导致恒星看上去比其有效温度要更红，幸运的是，通过仔细分析恒星光谱中的吸收线和发射线能够检测到这种变化。

许多入射的蓝光从原有路径中散射出来，几乎可以在任何方向离开云。结果，从不同于位于云后面的亮星的视线方向看云时，观察者将看到蓝色的反射星云 (回想图 12.2)，如昴星团 (图 13.16(b))。此过程类似于瑞利散射，后者在地球上产生蓝天。米氏散射和瑞利散射之间的区别在于，与瑞利散射相关的散射分子的大小远小于可见光的波长，从而导致 $\sigma_\lambda \propto \lambda^{-4}$。

例 12.1.1   一颗距地球 0.8 kpc 的恒星在 550 nm 处比期望值暗淡了 $A_V = 1.1$ 星等，其中 A_V 是通过可见波长滤光片测得的消光量 (参阅 3.6 节)。如果 $Q_{550} = 1.5$，并且假定尘埃颗粒为球形，半径为 0.2 μm，请估计恒星与地球之间物质的平均密度 (n)。

从式 (12.2)，沿视线方向的光学深度几乎等于消光量，即 $\tau_{550} \simeq 1$。此外，

$$\sigma_{550} = \pi a^2 Q_{550} \simeq 2 \times 10^{-13}\ \text{m}^2.$$

而视线方向尘埃的柱状密度由式 (12.4) 给出，

$$N_{\rm d} = \frac{\tau_{550}}{\sigma_{550}} \simeq 5 \times 10^{12}\ \text{m}^{-2}.$$

最后，由于 $N_{\rm d} = \displaystyle\int_0^s n\left(s'\right) {\rm d}s' = \bar{n} \times 0.8 {\rm kpc}$，我们有

$$\bar{n} = \frac{N_{\rm d}}{0.8{\rm kpc}} = 2 \times 10^{-7}\ \text{m}^{-3}.$$

这个量级的数密度是银道面的典型值。

12.1.4 分子对星际消光曲线的贡献

米氏理论的预测适用于较长的波长，通常是从红外到可见光的波长范围。但是，在紫外波段会出现明显的偏差，这可以通过考虑 A_λ (以 λ 为中心的波长带的消光) 与某些参考波段 (例如 A_V) 的消光之比来看。如图 12.3 所示，通常绘制此比率与波长倒数 λ^{-1} 的关系图。另外，有时会绘制色余的图形，例如 $(A_\lambda - A_V)/(A_B - A_V)$ 或 $E(B-V) \equiv (B-V)_{实测} - (B-V)_{本征}$。

在较长波长处 (图的左侧)，数据与米氏理论非常吻合。但是，对于短于蓝波段 (B) 的波长，曲线开始显著偏离预期的关系 $A_\lambda/A_V \propto \lambda^{-1}$，尤为明显的是在 217.5 nm 或 4.6 μm^{-1} 下的紫外 "驼峰"。在更短的波长处，消光曲线倾向于随波长的减小而急剧上升。

图 12.3 中 "驼峰" 的存在给我们提供了一些关于尘埃成分的线索。**石墨**是一种规则排列的碳，在 217.5 nm 附近与光发生强烈的相互作用。

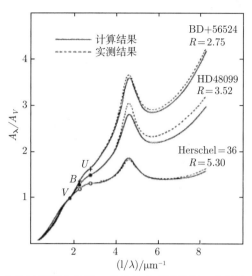

图 12.3   三颗恒星视线方向上的星际消光曲线，虚线代表观测数据，实线代表理论拟合，U、B 和 V 波段被标识供参考 (图取自 Mathis, *Annu. Rev. Astron. Astrophys.*, 28，37，1990。经许可转载自 *Annual Review of Astronomy and Astrophysics*, Volume 28，©1990 by Annual Reviews Inc.)

虽然不确定碳是如何在 ISM 中组织成大的石墨颗粒的，但 "驼峰" 的强度、碳的丰度以及 217.5nm 共振的存在，使大多数研究人员认为石墨可能是 ISM 的主要成分。

217.5nm 特征的另一个可能来源是**多环芳烃**(PAH，图 12.4)，这是些复杂的有机平面分子，具有多个类似苯环的结构，可能是已在弥漫尘埃云中观测到的一系列分子带的来源[①]。所谓的**未认证红外发射带**存在于 3.3~12μm 的波长范围内，它们似乎是由多环芳烃中常见的 C—C 键和 C—H 键的振动造成的。正如原子能级之间的跃迁是量子化的一

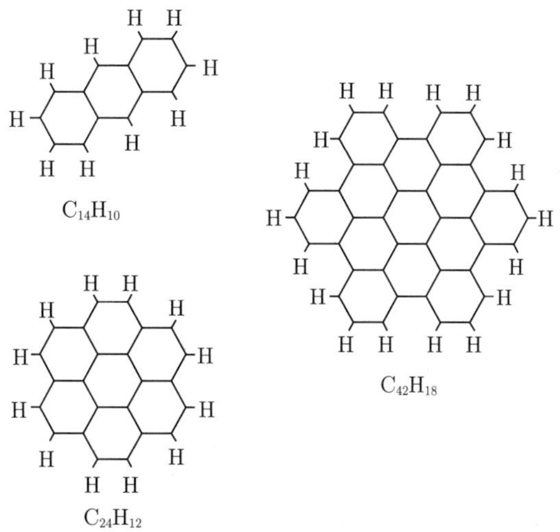

$C_{14}H_{10}$

$C_{42}H_{18}$

$C_{24}H_{12}$

图 12.4   几种多环芳烃的结构：$C_{14}H_{10}$(蒽)，$C_{24}H_{12}$(并苯)，$C_{42}H_{18}$(六苯并蔻烯)。六角形结构是表示在六角形每个角处存在碳原子的简写形式

① 事实上，像多环芳烃这样复杂的分子可以存在于太空中，也已被证实存在于地球上发现的碳质陨石中。

样，与分子键相关的能量也是量子化的。然而，在分子键的情况下，能级倾向于在紧密间隔的波段成组存在，在光谱中产生典型的宽特征。分子键的振动、旋转和弯曲都是量子化的，产生复杂的光谱，在大分子中可能很难识别。

星际尘埃中也含有其他颗粒，其证据为在红外存在的波长为 9.7μm 和 18μm 的暗吸收带，它们被认为分别来自**硅酸盐**中 Si—O 分子键的拉伸和 Si—O—Si 键的弯曲振动，这些涉及硅的吸收带的存在表明硅酸盐颗粒也存在于 ISM 的尘埃云和弥漫云中。

从星际尘埃散射出来的光的一个重要特征是它趋向于轻微偏振，偏振量通常是几个百分点，并取决于波长。这必然意味着尘埃颗粒不可能是完美的球形。此外，由于辐射的电场矢量优先指向一个特定的方向，则它们必须至少在某种程度上沿某个唯一的方向排列。建立这种排列最可能的方法是让尘埃颗粒与弱磁场相互作用，由于所需能量较少，从而粒子倾向于沿垂直于磁场方向的长轴旋转。

所有这些观测给我们提供了一些关于 ISM 中尘埃性质的线索。显然，ISM 中的尘埃是由石墨和硅酸盐颗粒组成的，其大小从几微米到几纳米，即较小的多环芳烃的特征尺寸，看起来星际消光曲线的许多特征能通过综合所有这些组成部分的作用而重现。

12.1.5　作为 ISM 主导成分的氢

虽然尘埃产生的遮蔽大部分都很容易发现，但 ISM 的主要成分是各种形式的氢气: 中性氢 (H I)、电离氢 (H II) 和分子氢 (H$_2$)。氢约占 ISM 物质质量的 70%，氦占剩余物质质量的大部分，金属，如碳和硅，只占总量的百分之几。

弥漫星际氢云中的大部分氢以基态 H I 的形式存在，其结果是，H I 通常不能通过电子从一个轨道向下跃迁到另一个轨道而产生发射线，也很难观测到 H I 的吸收，因为将电子从基态激发上来需要紫外光子。然而，在某些特殊的情况下，在轨天文台已经探测到 H I 冷云在其背后有强紫外线源时产生的吸收线。

12.1.6　氢的 21 cm 辐射

幸运的是，在弥漫 ISM 中一般仍有可能识别中性氢，这是通过探测其独特的射电波段 21 cm 谱线来完成的。这条 21 cm 波长的线是由原子核中电子相对于质子的自旋反转而产生的。回想一下 (5.4 节)，电子和质子都具有固有的自旋角动量，自旋角动量矢量的 z 分量具有两种可能的方向之一，与自旋量子数的两个允许值 $m_s = \pm 1/2'$ 相对应。因为这些粒子也是带电的，它们固有的自旋赋予它们偶极磁场，就像条形磁铁一样。如果电子和质子的自旋是对齐的 (例如，两个自旋轴的方向是相同的)，原子的能量比它们反对齐时稍微多一点 (图 12.5)。因此，如果电子的自旋从与质子排列相同的方向 "翻转" 到与质子排列相反的方向，则原子必然会失去能量。如果自旋翻转不是由于与另一个原子的碰撞，那么就会发射光子。当然，也可以吸收光子来激发氢原子使其电子和质子自旋对齐。与自旋翻转相关的光子的波长为 21 cm，对应的频率为 1420 MHz。

从单个氢原子发射出 21 cm 光子是极其罕见的。一旦处于激发态，平均几百万年之后原子才会发射出光子。与这种自发发射相竞争的是氢原子之间的碰撞，这可能导致激发或去激发。在弥漫 ISM 的低密度环境中，碰撞发生的时间尺度为数百年，虽然这比自发发射的时间尺度短得多，但统计上有些原子仍然能够进行必要的自发跃迁。相比之下，地球实验室里最好的真空的密度比 ISM 中的要大得多, 这意味着在实验室环境下的碰撞率要高得多, 使得几乎所有的原子在能够发出 21 cm 辐射之前都已经退激发了。20 世纪 40 年代早期就预测到了 21 cm 的辐射, 并于 1951 年首次探测到。从那时起, 它已成为绘制 H I 的位置和密度、利用多普勒效应测量视向速度和利用塞曼效应估计磁场的重要工具。21 cm 的辐射在确定星系 (包括我们自己的星系) 的结构和运动学特性方面特别有价值。

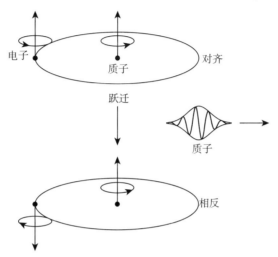

图 12.5   当氢原子中电子和质子的自旋由一致变为反向时, 发射出波长为 21 cm 的光子

尽管 H I 相当丰富, 但很少有 21 cm 的单个原子发射 (或吸收), 这意味着这条谱线的中心在大的星际距离内仍能保持光学薄。假设谱线轮廓为高斯形, 如图 9.19 所示的多普勒形状, 则线心的光深为

$$\tau_{\mathrm{H}} = 5.2 \times 10^{-23} \frac{N_{\mathrm{H}}}{T \Delta v}, \tag{12.7}$$

其中, N_{H} 是 H I 的柱密度 (以 m^{-2} 为单位); T 是气体的温度 (以开尔文为单位); Δv 是线的半高全宽 (以 $\mathrm{km \cdot s^{-1}}$ 为单位)。(请注意, 由于线宽主要是由多普勒效应引起的 (式 (4.30)), 所以 Δv 以速度为单位而不是以波长为单位; 通常为 $\Delta v \sim 10 \ \mathrm{km \cdot s^{-1}}$。)

只要 21 cm 的氢线是光学薄的 (即在生长曲线的线性部分; 图 9.21), 光深就与中性氢的柱密度成正比。对弥漫 H I 云的研究表明: 其温度为 30∼80 K, 数密度在 $1 \times 10^8 \sim 8 \times 10^8 \mathrm{m}^{-3}$ 范围内, 质量在 $1 \sim 100 M_{\odot}$ 的量级。

对同一视线方向上的 τ_{H} 与 A_V 的比较表明, 当 $A_V < 1$ 时, N_{H} 通常与 N_{d}(尘埃柱密度) 成正比。这一观测结果表明, 尘埃和气体在整个 ISM 中共存。然而, 当 $A_V > 1$ 时, 这种相关性就消失了, H I 的柱密度不再像尘埃的柱密度那样迅速增加。显然, 当尘埃变得光学厚时, 还涉及其他物理过程。

光学厚的尘埃云将氢阻挡在紫外线辐射源之外, 这种屏蔽的结果之一是, 氢分子不受紫外光子吸收的威胁而存在。尘埃也能提高 H_2 的形成速率, 使之超过氢原子随机碰撞形成分子的预期。此增强发生原因有两个: ① 尘埃颗粒的表面能提供一个氢原子彼此相遇的地方, 而不是 ISM 中的偶遇, ② 尘埃提供了一个吸收池, 以容纳形成稳定分子时一定会释放的能量，释放出来的能量加热颗粒，并将 H_2 分子从生成点喷射出来。如果原子氢的柱密度足够大 (N_H 在 10^{25} m^{-2} 数量级)，也可以阻止 H_2 的紫外光致解离。因此，分子云的外围是 HI 壳。

12.1.7　H_2 的分子示踪剂

由于 H_2 的结构与氢原子的有很大不同，H_2 分子不会发出 21 cm 的辐射，这就解释了对于 $A_V > 1$ 的分子云 N_H 和 A_V 不相关，当氢被锁定在分子态时，原子氢的数密度显著降低。

遗憾的是，H_2 很难直接观测到，因为在 ISM 典型的低温下，分子在电磁波谱的可见或射电部分没有任何发射或吸收线。在特殊情况下，当 $T > 2000K$ 时，能够检测到与分子键相关的旋转和振动带 (统称为振转带)。然而，在大多数情况下，有必要用其他分子作为 H_2 的示踪剂，需要假设它们与 H_2 的丰度成正比。由于其相对较高的丰度 (约为 H_2 的 10^{-4})，最常被研究的示踪剂是一氧化碳 (CO)，不过，也会使用其他分子，包括 CH、OH、CS、C_3H_2、HCO$^+$、N_2H^+。同时，也能使用同位素分子，如 ^{13}CO 或 C^{18}O，来进一步完善分子云的研究。考虑到分子有影响光谱的惯性矩，不同的同位素分子将导致不同的光谱波长，例如习题 12.7。(请注意，如果没有指明具体的同位素，则假定表示的是含量最丰富的同位素，因此 CO 意味着 ^{12}C^{16}O。)

在示踪分子被碰撞激发 (或退激发) 和从激发态自发跃迁时，发射的光子波长区域比那些与 H_2 相关的更容易观测，如 CO 的 2.6mm 跃迁。既然碰撞率取决于气体温度 (或热动能) 和物质的数密度，分子示踪剂能够提供分子云的环境信息。事实上，原子和分子碰撞速率能以完全类似于获得核反应速率公式 (10.29) 的方法进行估算。

12.1.8　星际云的分类

这些研究的结果表明，分子云内条件存在很大的变化，因此，任何区别明显的分类方案的努力都注定要失败，因为类型之间的描述充其量是模糊的。然而，即使有这样的警告，一个广泛的分类方案仍然有助于区分特定环境的一般特征。

在氢主要是原子气体而星际消光约为 $1 < A_V < 5$ 的云中，分子氢会存在于较高的柱密度区域，这种云有时称为弥漫分子云，或者半透明分子云。弥漫分子云的条件具备弥漫 HI 云的典型特征，但质量较大；其温度为 15~50K，n 为 $5 \times 10^8 \sim 5 \times 10^9$m^{-3}，$M$ 为 $3 \sim 100 M_\odot$，尺寸为几个 pc。HI 云和弥漫分子云的形状都趋于不规则。

巨分子云 (GMC) 是尘埃和气体的巨大复合体，其温度通常为 $T \sim 15$K，数密度范围 n 为 $1 \times 10^8 \sim 3 \times 10^8$m^{-3}，质量通常为 $10^5 M_\odot$，但可能达到 $10^6 M_\odot$，典型尺寸大约为 50pc。著名的马头星云，也称为 Barnard 33(B33)，如图 12.6 所示，是猎户座巨分子云复合体的一部分。我们的银河系中已知存在成千上万个 GMC，大部分在旋臂中。

总体而言，GMC 的结构往往是团块状的，其局部区域的密度显著高出。暗云复合体的 A_V 约为 5，质量约为 $10^4 M_\odot$，n 约为 5×10^8m^{-3}，直径约为 10pc，特征温度约为 10K。较小的单个团块可能更密，A_V 约为 10，n 约为 10^9m^{-1}，直径为几 pc，温度约为 10 K，质量为 30 $M_\odot$。在更小的尺度上是致密核，质量约为 10 $M_\odot$，$A_V > 10$，n 约为 10^{10}m^{-3}，直径为 0.1 pc，温度为 10 K。最后，在 GMC 的某些局部区域，观测发现特征尺寸为 0.05~0.1pc

的热核, 其 A_V 为 50~1000, 温度为 100~300 K, n 为 $10^{13} \sim 10^{15} \mathrm{m}^{-3}$ 和质量为 10~3000 $M_\odot$。根据 NASA 的斯皮策太空望远镜和欧洲空间局的红外空间天文台等红外望远镜的观测结果, 热核中似乎嵌有大量年轻的 O 和 B 型恒星, 强烈表明这是最近有恒星形成的区域。

图 12.6 马头星云是猎户座巨分子云复合体的一部分。"马头" 的外观是由尘埃凸出进入 H II(电离氢) 环境造成的 (欧洲南方天文台 (European Southern Observatory))

位于较大分子云复合体外部的是几乎球形的云, 称为**博克球**(图 12.7)[①]。这些小球的特征是大消光 ($A_V \sim 10$), 低温 (约 10 K), 相对较大的数密度 ($n > 10^{10} \mathrm{m}^{-3}$), 小质量 (1~ 1000 $M_\odot$) 和小尺寸 (通常小于 1 pc)。对博克球的红外研究显示, 这些天体中可能有很多 (可能是绝大多数) 在其中心同样年轻的低光度恒星, 暗示博克球也是恒星形成活跃的场所。实际上, 博克球似乎是被附近热的大质量恒星从周围的分子气体中剥离出来的。12.2 节将讨论由 ISM 形成恒星的过程。

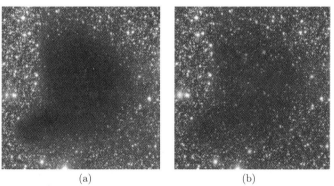

(a)   (b)

图 12.7 在可见光 ((a) BVI 波段合成) 和红外线 ((b) BIK 波段合成) 下观测到的博克球 Barnard 68 (B68)。这幅可见光的图像由位于帕拉纳尔的欧洲南方天文台 8 m 超大望远镜之一拍摄, 红外图像由位于拉西拉 (La Silla) 的欧洲南方天文台 3.58 m 的新技术望远镜获得。请注意, 在红外图中, 能够透过球状体看到明显变红的恒星 (星际红化是尘埃颗粒散射光子的结果)(欧洲南方天文台)

---

① 博克球是以**巴特 · 博克**(Bart Bok, 1906—1983) 命名的, 他在 20 世纪 40 年代首次研究了这些天体。

12.1.9　星际化学

除了已经讨论过的分子和尘埃颗粒外，ISM 还富含其他分子。截至 2005 年 6 月，射电观测已经证认了 125 个分子 (不包括同位素)，从复杂的双原子分子 (如 H_2 和 CO)、三原子分子 (如 H_2O 和 H_3^+) 到相当长的有机链分子 (包括 $HC_{11}N$)。

鉴于 ISM 中存在的分子的复杂性，很显然，ISM 的化学也很复杂。给定分子云中起作用的过程取决于气体的密度和温度，以及其组成和尘埃颗粒的存在与否。我们在第 334 页上指出，必须存在尘埃颗粒才能形成分子氢 H_2(分子云的主要成分)、尘埃颗粒也能有助于许多其他分子的形成，包括 CH、NH、OH、CH_2、CO、CO_2 和 H_2O。实际上，在足够致密的云中，尘埃颗粒表面上分子的形成会导致颗粒表面冰幔的发展。结合硅酸盐颗粒的红外光谱，已经测量了固体 CO、CO_2、H_2O、CH_4、CH_3OH、NH_3 和其他冰的吸收特征。

除了发生在尘埃表面的化学反应外，分子也能在气相中形成。例如，羟基分子 (OH) 能通过包括水分子离子的一系列涉及原子和分子离子的反应形成:

$$H^+ + O \longrightarrow O^+ + H,$$

$$O^+ + H_2 \longrightarrow OH^+ + H,$$

$$OH^+ + H_2 \longrightarrow H_2O^+ + H,$$

$$H_2O^+ + e^- \longrightarrow OH + H. \tag{12.8}$$

式 (12.8) 与另一个涉及氢分子的反应竞争,

$$H_2O^+ + H_2 \longrightarrow H_3O^+ + H,$$

从而产生羟基分子 (75% 的情况下) 或水分子:

$$H_3O^+ + e^- \longrightarrow \begin{cases} OH + H_2 \\ H_2O + H. \end{cases} \tag{12.9}$$

12.1.10　ISM 的加热和冷却

分子和尘埃颗粒不仅是理解 ISM 化学的关键，而且它们在星际物质的加热和冷却中也扮演着重要的角色。你可能已经注意到弥漫分子云比 GMC 的气体温度更高，而 GMC 的稠密核心温度更低；另外，GMC 的热核温度要高得多。这些观测趋势的物理原因是什么？

ISM 的加热大部分来自**宇宙线**，即在空间穿行的、有时能量惊人的带电粒子。单个质子的能量范围为 $10 \sim 10^{14}$ MeV[①]。极高能宇宙线极其罕见，但是 $10^3 \sim 10^8$MeV 的能量是常见的。宇宙线的来源包括恒星耀发和超新星爆炸，将在 15.5 节中讨论。

宇宙线加热主要来自与宇宙射线质子碰撞导致的氢原子和分子的电离:

$$p^+ + H \longrightarrow H^+ + e^- + p^+$$

---

① 10^{14} MeV 大致相当于一个质量为 0.057kg 的网球以 100 km · h^{-1}(约 60 英里每小时) 的速度运动的动能。

$$p^+ + H_2 \longrightarrow H_2^+ + e^- + p^+.$$

当一个原子或分子被电离时，一个携带着一些质子原初动能的电子被喷射出来，正是这个被抛出的电子与 ISM 相互作用，通过与分子的碰撞增加 ISM 组分的平均动能 (例如，参见式 (12.8) 和式 (12.9))，这些分子随后与气体中的其他分子碰撞，将热动能分布到整个云，从而提高云的温度。

分子云的其他加热来源包括: 碳原子因紫外星光而电离，从而喷射出电子; 尘埃颗粒由紫外星光和晶格吸收光能导致的电子光电喷射; 以及由恒星 X 射线导致的氢电离。在特殊情况下，超新星的激波或强烈的恒星风也会对分子云产生一些加热。

为了平衡加热过程，**冷却机制**也必须生效。冷却的主要机制是基于红外光子的发射。回想一下米氏散射式 (12.5)，当光子的波长与尘埃颗粒的大小相当或更大时，它们就不太可能被散射。红外光子比短波长的光子更容易穿过分子云，使红外光子能够将能量输送到云外。

红外光子是在分子云中通过离子、原子、分子和尘埃颗粒之间的碰撞产生的。通常，离子、原子或分子之间的碰撞会导致其中一种物质处于激发态，激发态的能量来自于碰撞的动能，激发态的物质通过发射红外光子衰变回到基态。例如，

$$O + H \longrightarrow O^* + H, \tag{12.10}$$

$$O^* \longrightarrow O + \gamma. \tag{12.11}$$

这里，O^* 表示氧原子的激发态。因此，碰撞动能 (热能) 被转换为逃离云的红外光子的能量。H 和 H_2 分别与 C^+ 和 CO 的碰撞激发也是冷却分子云的重要贡献者。

尘埃颗粒的碰撞也会导致分子云的冷却。这个过程类似于离子、原子和分子的碰撞，在碰撞后，尘埃颗粒的晶格会留下多余的热能，然后释放出红外能量从云中逃逸。

12.1.11 尘埃颗粒的来源

很明显，虽然尘埃颗粒只占分子云质量的百分之一，但它们是决定其物理和化学的重要成分，它们的来源问题自然就出现了。尽管观测表明，得益于相对于分子云更高的密度，尘埃颗粒可以在非常冷的恒星包层中形成，但尘埃颗粒也很容易被紫外和 X 射线光子破坏。尘埃颗粒也在超新星爆炸和星风中形成。然而，这些来源似乎都不能提供分子云中所发现的大量尘埃的丰度。相反，尘埃的生长似乎是通过分子云内本身的凝结完成的。尘埃颗粒的形成正是对 ISM 本质的众多活跃研究领域之一。

12.2 原恒星的形成

自 20 世纪 60 年代以来，我们对恒星演化的理解有了显著的发展，达到了恒星生命历史的大部分已经被很好地确定的程度。这一成功归功于观测技术的进步，我们对重要的恒星物理过程的认识的提高，以及计算能力的提升。在本章的其余部分和第 13 章中，我们将概述恒星的生命，将一些特殊演化阶段的详细讨论留到后面，特别是恒星脉动、超新星和致密天体 (恒星尸体)。

12.2.1 金斯判据

尽管取得了许多成功，但关于恒星在其一生中如何变化的重要问题仍然存在。这幅图中还远不够完整的一个领域是恒星演化的最早期阶段，即从星际分子云到核燃烧前的原恒星的形成。

如果分子云中的博克球和云核是恒星形成的场所，那么，存在什么样的条件才能使坍缩发生呢？**詹姆斯·金斯**爵士 (1877—1946) 首先于 1902 年通过对静力学平衡的偏离来研究了这个问题。虽然他的分析中有些简化的假设，如忽略转动、湍动和星系磁场，但依然为原恒星的发展提供了重要的见解。

位力定理式 (2.46)，

$$2K + U = 0,$$

描述一个稳定的、引力束缚的系统的平衡条件[①]。我们已经看到，位力定理自然地出现在轨道运动的讨论中，我们也用它来估计一颗恒星所包含的引力能的大小 (式 (10.22))。位力定理还可用来估计原恒星坍缩的必要条件。

当分子云内部总动能的 2 倍 (2K) 超过引力势能的绝对值 ($|U|$) 时，气体压力将超出引力，云将膨胀。另一方面，如果内部动能太低，云就会坍塌。这两种情况之间的边界描述了忽略转动、湍动和磁场时稳定的临界条件。

假设密度恒定的球形云，其重力势能近似为 (式 (10.22))

$$U \sim -\frac{3}{5} \frac{G M_c^2}{R_c}.$$

其中，M_c 和 R_c 分别为云的质量和半径。我们也可以估计云的内部动能：

$$K = \frac{3}{2} N k T,$$

其中，N 是粒子的总数，即

$$N = \frac{M_c}{\mu m_H},$$

这里，μ 为平均分子量。现在，根据位力定理，坍缩的条件 ($2K < |U|$) 变成

$$\frac{3 M_c k T}{\mu m_H} < \frac{3}{5} \frac{G M_c^2}{R_c}. \tag{12.12}$$

假设云的初始质量密度在整个云中是常数，以 ρ_0 来表示，则半径为

$$R_c = \left(\frac{3 M_c}{4 \pi \rho_0} \right)^{1/3}. \tag{12.13}$$

代入式 (12.12) 后，我们可以求出云的自发坍缩所需的最小质量，这个条件称为**金斯判据**:

$$M_c > M_J,$$

---

① 如 2.4 节所述，我们隐含地假定动能和势能项是时间的平均值。

其中,

$$M_{\mathrm{J}} \simeq \left(\frac{5kT}{G\mu m_{\mathrm{H}}} \right)^{3/2} \left(\frac{3}{4\pi\rho_0} \right)^{1/2} \tag{12.14}$$

叫作**金斯质量**。使用式 (12.13),金斯判据也可以用密度为 ρ_0 的云坍缩所需的最小半径来表示

$$R_{\mathrm{c}} > R_{\mathrm{J}}, \tag{12.15}$$

其中,

$$R_{\mathrm{J}} \simeq \left(\frac{15kT}{4\pi G\mu m_{\mathrm{H}}\rho_0} \right)^{1/2} \tag{12.16}$$

为**金斯半径**。

上面给出的金斯质量推导忽略了一个重要的事实,即由于周围的 ISM(例如包裹嵌入致密核的 GMC) 存在而必定带来的对云的外部压力。虽然我们不在这里推导,但是,在外部气体压力为 P_0 的情况下引力坍缩所需的临界质量已经由**Bonnor-Ebert 质量**给出:

$$M_{\mathrm{BE}} = \frac{c_{\mathrm{BE}}v_T^4}{P_0^{1/2}G^{3/2}}, \tag{12.17}$$

其中,

$$v_T \equiv \sqrt{kT/\mu m_{\mathrm{H}}} \tag{12.18}$$

是**等温声速** (式 (10.84) 中的 $\gamma = 1$),无量纲常数 c_{BE} 由下式给出:

$$c_{\mathrm{BE}} \simeq 1.18.$$

在习题 12.11 中可以看到,以 $c_{\mathrm{J}} \simeq 5.46$ 代替 c_{BE},金斯质量式 (12.14) 能用式 (12.17) 表示。Bonnor-Ebert 质量的常数较小,这是因为 P_0 引起的外部压力施加在云上。

例 12.2.1 对于典型的弥漫氢云,$T = 50\mathrm{K}$,$n = 5 \times 10^8 \ \mathrm{m}^{-3}$。如果我们假设云完全由 H I 组成,则 $\rho_0 = m_{\mathrm{H}}n_{\mathrm{H}} = 8.4 \times 10^{-19} \ \mathrm{kg \cdot m}^{-3}$。取 $\mu = 1$ 并使用式 (12.14),那么云自发坍塌所需的最小质量为 $M_{\mathrm{J}} \sim 1500M_\odot$。然而,该值大大超过了 H I 云的质量范围 $(1 \sim 100M_\odot)$,因此,弥漫氢云能抵抗引力坍缩,是稳定的。

另一方面,对于 GMC 的致密核,典型的温度和数密度分别为 $T = 10\mathrm{K}$ 和 $n_{\mathrm{H}_2} = 10^{10}\mathrm{m}^{-3}$。由于致密云主要是分子氢,所以,$\rho_0 = 2m_{\mathrm{H}}n_{\mathrm{H}_2} = 3 \times 10^{-17} \ \mathrm{kg \cdot m}^{-3}$,$\mu \simeq 2$。在这种情况下,金斯质量是 $M_{\mathrm{J}} \sim 8 \ M_\odot$,致密核的特征质量约为 $10 \ M_\odot$。显然,GMC 的致密核心对引力坍塌是不稳定的,这与致密核是恒星形成场所相一致。

如果以 Bonnor-Ebert 质量式 (12.17) 作为临界坍塌条件,则所需质量降低到约 $2M_\odot$。

12.2.2　相似坍缩

在没有转动、湍动或磁场的情况下，引力坍缩的判据一旦满足，则分子云将坍缩。如果我们做一个简化的 (可能是不现实的) 假设，即任何现有的压力梯度都太小，不足以明显地影响运动，那么云在其演变的第一阶段基本上处于自由落体状态。此外，在整个自由落体阶段，气体的平均温度几乎保持恒定 (即坍塌被认为是等温的)。这是正确的，只要云保持光学薄，并且坍塌过程中释放的重力势能能被有效地辐射掉。在这种情况下，如果我们假设 $|\mathrm{d}P/\mathrm{d}r| \ll GM_r\rho/r^2$，可以用球对称流体静力学公式 (10.5) 来描述收缩。消掉表达式两边的密度后，我们得到

$$\frac{\mathrm{d}^2 r}{\mathrm{d}t^2} = -G\frac{M_r}{r^2}. \tag{12.19}$$

当然，式 (12.19) 的右边就是距离球状云中心 r 处的局部重力加速度。通常，球内至半径 r 处的质量用 M_r 表示。

为了描述坍缩云内半径 r 处的球体表面作为时间的函数的行为，必须对式 (12.19) 进行时间积分。因为我们只对 M_r 的表面感兴趣，在坍缩过程中，r 内部的质量将保持恒定。因此，我们可以用初始密度 ρ_0 和初始体积 $4\pi r_0^3/3$ 的乘积来代替 M_r。然后，如果式 (12.19) 两边同时乘以球面的速度，我们就得到了这个表达式：

$$\frac{\mathrm{d}r}{\mathrm{d}t}\frac{\mathrm{d}^2 r}{\mathrm{d}t^2} = -\left(\frac{4\pi}{3}G\rho_0 r_0^3\right)\frac{1}{r^2}\frac{\mathrm{d}r}{\mathrm{d}t},$$

对时间进行一次积分给出

$$\frac{1}{2}\left(\frac{\mathrm{d}r}{\mathrm{d}t}\right)^2 = \left(\frac{4\pi}{3}G\rho_0 r_0^3\right)\frac{1}{r} + C_1.$$

积分常数 C_1，可以通过要求球体表面的速度在坍塌开始时为零，或当 $r = r_0$ 时 $\mathrm{d}r/\mathrm{d}t = 0$ 来计算，得到

$$C_1 = -\frac{4\pi}{3}G\rho_0 r_0^2.$$

代入并求解表面的速度，我们得到

$$\frac{\mathrm{d}r}{\mathrm{d}t} = -\left[\frac{8\pi}{3}G\rho_0 r_0^2\left(\frac{r_0}{r} - 1\right)\right]^{1/2}. \tag{12.20}$$

请注意，选择负根是因为云在坍塌。

为了对式 (12.20) 积分得到位置作为时间函数的表达式，代入

$$\theta \equiv \frac{r}{r_0}$$

和

$$\chi \equiv \left(\frac{8\pi}{3}G\rho_0\right)^{1/2},$$

这就引出了微分方程

$$\frac{\mathrm{d}\theta}{\mathrm{d}t} = -\chi \left(\frac{1}{\theta} - 1 \right)^{1/2}. \tag{12.21}$$

再做一个替换,

$$\theta \equiv \cos^2 \xi, \tag{12.22}$$

经过一些操作后,式 (12.21) 变为

$$\cos^2 \xi \frac{\mathrm{d}\xi}{\mathrm{d}t} = \frac{\chi}{2}. \tag{12.23}$$

式 (12.23) 现在可以直接对 t 积分得到结果:

$$\frac{\xi}{2} + \frac{1}{4}\sin 2\xi = \frac{\chi}{2}t + C_2. \tag{12.24}$$

最后,必须估算积分常数 C_2,只要要求在 $t = 0$ 时 $r = r_0$,意味着在坍缩开始时 $\theta = 1$ 或 $\xi = 0$。因此,$C_2 = 0$。

于是,我们得出了云引力坍塌的运动公式,其参数化形式为

$$\xi + \frac{1}{2}\sin 2\xi = \chi t. \tag{12.25}$$

我们现在的任务是从该公式中提取出坍缩云的行为。从式 (12.25),可以计算出满足金斯判据的云的自由下落时标。令 $t = t_{\mathrm{ff}}$ 为塌陷球的半径达到零 ($\theta = 0$,$\xi = \pi/2$) 的时间[①],那么

$$t_{\mathrm{ff}} = \frac{\pi}{2\chi}.$$

代入 χ 的值,我们有

$$\boxed{t_{\mathrm{ff}} = \left(\frac{3\pi}{32} \frac{1}{G\rho_0} \right)^{1/2}.} \tag{12.26}$$

你应该注意到,**自由落体时间**与球面的初始半径无关。因此,只要球形分子云的原始密度是均匀的,该云的任何部分都将花费相同的时间坍缩,并且各处的密度将以相同的速率增加。这种行为称为**相似坍缩**。

然而,如果坍缩开始时云的中心在某种程度上更致密的话,那么靠近中心的物质的自由落体时间将比远离中心的物质短。因此,随着坍缩的进展,中心附近的密度将比其他地区增加得更快。这种坍缩称为**由内而外的坍缩**。

例 12.2.2 使用例 12.2.1 中给出的 GMC 的致密核的数据,我们可以估计坍塌所需的时间。假设密度 $\rho_0 = 3 \times 10^{-17}\ \mathrm{kg \cdot m^{-3}}$,在整个核内是常数。式 (12.26) 给出

$$t_{\mathrm{ff}} = 3.8 \times 10^5 \mathrm{yr}.$$

---

① 这显然是非物理的最终条件,因为它意味着无限的密度。但是,对于 $r_0 \gg r_{\mathrm{final}}$,那么 $r_{\mathrm{final}} \simeq 0$ 是我们此处所用的合理近似值。

为了研究我们简化模型的真实行为, 必须先求出给定时刻 t 的 ξ 值式 (12.25), 然后利用式 (12.22) 求出 $\theta = r/r_0$。然而, 式 (12.25) 不能解析求解, 因此必须采用数值技术。分子云相应坍缩的数值解如图 12.8 所示。请注意, 坍缩开始时相当缓慢, 随着 $t_{\rm ff}$ 的临近, 坍缩加速很快。与此同时, 在坍缩的最后阶段, 密度迅速增加。

12.2.3　坍缩云的碎裂

由于相当大的分子云的质量可能超过金斯极限, 从式 (12.14) 的简单分析似乎暗示, 恒星形成时质量非常大, 可能达到云的初始质量。然而, 观测表明这种情况并没有发生。此外, 从双星系统到包含数十万成员的星团来看, 恒星似乎经常 (甚至是优先) 倾向于成群形成 (见 13.3 节)。

坍缩云分割而碎裂的过程是正在进行大量研究的恒星形成领域的一个方面, 碎裂的发生需要一定的机制。回忆金斯质量式 (12.24), 分子云坍塌的一个重要后果是, 云的密度在自由落体过程中增加了许多量级 (图 12.8)。因此, 由于 T 在坍塌的大部分过程几乎保持不变, 则金斯质量一定会下降。坍缩开始后, 任何初始密度上的不均匀将导致云的个别部分独立地满足金斯质量极限, 并开始局部坍缩, 在原始云中产生更小的特征。这种**级联坍缩**能导致大量较小天体的形成。

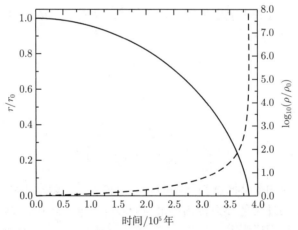

图 12.8　例 12.2.2 中所述的分子云相似坍缩。r/r_0 显示为实线, $\log_{10}(\rho/\rho_0)$ 显示为虚线。云的初始密度为 $\rho_0 = 3 \times 10^{-17}\ {\rm kg \cdot m^{-3}}$, 自由下落时间为 3.8×10^5 年

需要指出的是, 对于这里描述的过于简化的情况的一个挑战是, 这个过程会产生太多的恒星, 而很可能只有 1% 的星云真正形成了恒星。

是什么阻止了碎裂过程? 由于我们观测到一个星系中充满了与太阳质量同量级的恒星, 则云的级联碎片无法不间断地进行。这个问题的答案在于我们隐含的假设, 即坍缩是等温的, 这反过来又意味着式 (12.14) 中唯一变化的参数是密度, 显然这是不可能的, 因为恒星的温度远高于 10~100K。如果重力坍缩过程中释放的能量被有效地辐射出去, 温度可以保持几乎恒定。在另一个极端, 如果能量根本不能从云层中被输送出去 (**绝热坍缩**), 那么温

度就必须上升。当然，实际情况一定介于这两个极限之间，但我们可以通过仔细考虑这些极端情况来开始理解问题的一些重要特征。

如果从基本上等温变为绝热坍塌，则相应的温度上升将开始影响金斯质量的值。在第 10 章中我们看到，对于绝热过程，气体的压力与密度之间的关系是通过 γ，即比热的比值式 (10.86) 来确定的。利用理想气体定律式 (10.11)，可以得到密度与温度的绝热关系，

$$T = K''\rho^{\gamma-1}, \tag{12.27}$$

其中，K'' 是一个常数。将这个表达式代入式 (12.14)，对于绝热坍塌，金斯质量对密度的依赖关系变为

$$M_{\mathrm{J}} \propto \rho^{(3\gamma-4)/2}.$$

对于原子氢，$\gamma = 5/3$，得到 $M_{\mathrm{J}} \propto \rho^{1/2}$；对于云的完全绝热坍塌，金斯质量随着密度的增加而增加。这种行为意味着由坍塌导致的碎片质量具有极小值，极小质量取决于坍塌从主要的等温状态变为绝热状态的那一点。

当然，这种转变不是瞬间的，甚至不是完全的。但是，可以对碎块的质量下限做出粗略的量级估计。正如我们已经提到的，根据位力定理，能量必须在云的坍缩过程中释放。由式 (10.22) 和例 10.3.1 的讨论可知，在坍塌过程中刚好满足金斯判据的球形云释放的能量大致为

$$\Delta E_g \simeq \frac{3}{10}\frac{GM_{\mathrm{J}}^2}{R_{\mathrm{J}}},$$

对自由落体时间进行平均，重力引起的光度为

$$L_{\mathrm{ff}} \simeq \frac{\Delta E_g}{t_{\mathrm{ff}}} \sim G^{3/2}\left(\frac{M_{\mathrm{J}}}{R_{\mathrm{J}}}\right)^{5/2},$$

其中，我们使用了式 (12.26)，并且忽略了一阶项。

如果云是光学厚的且处于热力学平衡，能量将以黑体辐射的形式释放。然而，在坍缩过程中释放能量的效率比理想黑体要低。根据式 (3.17)，我们可以将辐射光度表示为

$$L_{\mathrm{rad}} = 4\pi R^2 e\sigma T^4,$$

其中，引入效率因子 $0 < e < 1$ 表示偏离热力学平衡。如果坍塌是完全等温的，逸出的辐射与下落物质根本没有相互作用，$e \sim 0$。另一方面，如果云的某些部分释放的能量被吸收，然后被其他部分再辐射，那么，将更加接近热力学平衡，e 会接近于 1。

将云的光度的两个表达式等价，即

$$L_{\mathrm{ff}} = L_{\mathrm{rad}},$$

进行整理，得到

$$M_{\mathrm{J}}^{5/2} = \frac{4\pi}{G^{3/2}}R_{\mathrm{J}}^{9/2}e\sigma T^4.$$

利用式 (12.13) 消去半径，然后利用式 (12.14) 将密度写成金斯质量的形式，我们得到当绝热效应变得重要时的最小金斯质量估计值：

$$M_{J_{\min}} = 0.03 \left(\frac{T^{1/4}}{e^{1/2} \mu^{9/4}} \right) M_\odot, \tag{12.28}$$

其中，T 用开尔文表示。如果我们在绝热效应开始变得显著时取 $\mu \sim 1$，$e \sim 0.1$，$T \sim 1000$ K，则 $M_J \sim 0.5\ M_\odot$，当原始云的各部分开始到达太阳质量天体的范围时，碎裂就停止了。该估计对 T, e 和 μ 的其他合理选择相对不敏感。例如，如果 $e \sim 1$，则 $M_J \sim 0.2\ M_\odot$。

12.2.4　原恒星形成的其他物理过程

当然，我们在计算中忽略了一些重要的特性。例如，我们在云坍缩的每个点上都自由地使用金斯判据来讨论碎裂的过程，这是不正确的，因为我们对金斯判据的估计是基于静态云的扰动，没有考虑到云外层的初始速度。我们也忽略了细节，例如，辐射在云内的传输，以及尘埃颗粒的气化，分子的离解和原子的电离。然而，值得注意的是，尽管前面的分析很简单，但它确实说明了基本问题的重要方面，并给我们留下了一个合理的结果。这些初步的理解复杂物理系统的方法是我们研究自然的有力工具①。对停止分裂的复杂过程的更精确的估计认为，质量极限比上述确定的值低一个量级，约为 $0.01 M_\odot$。

也许对坍缩过程同样重要的问题是转动 (角动量)、对球对称的偏离、气体的湍动和磁场存在的影响。例如，原始云内数量可观的角动量可能会导致至少一部分原始材料的盘状结构，因为坍缩将在旋转轴方向比赤道方向进行得更快 (坍缩云的角动量将在习题 12.18 进行探索)。

对分子云的仔细研究也明确显示，磁场一定扮演了至关重要的角色，事实上，磁场很可能控制坍缩的开始。简单地考虑例 12.2.2 中讨论的致密核的自由落体时间，就可以清楚地认识到除了重力之外必须有其他机制。根据这一计算，致密核的坍塌时标为 10^5 年左右，虽然以人类的标准来看这似乎很长，但在恒星演化的时间尺度上却很短。这意味着，一个致密核一旦形成就开始产生恒星，也意味着致密核应该非常罕见，然而，在我们的银河系中，观测到了许多致密核。

各种分子云的塞曼测量表明磁场的存在，其强度通常在 1~100nT 的量级。如果一个云的磁场是 “冻结” 的，当云被压缩时，磁场强度会增加，导致磁压增加以对抗压缩。事实上，如果云由于磁压而不能坍缩，只要磁场不衰减，它就会保持这种状态 (回想一下第 11 章中有关太阳黑子磁场的讨论)。

在推导金斯判据时，位力定理被用于讨论重力势能和云的内部 (热) 动能之间的平衡。在计算中没有考虑由磁场存在而带来的能量。当考虑磁场时，临界质量变为

$$M_B = c_B \frac{\pi R^2 B}{G^{1/2}}, \tag{12.29}$$

对于一个均匀弥漫球形云的磁场，$c_B = 380\ \mathrm{N}^{1/2} \cdot \mathrm{m}^{-1} \cdot \mathrm{T}^{-1}$。如果 B 以 nT 表示，R 以

---

① 这种类型的方法有时称为 “信封背面” 计算，因为执行评估所需的空间相对较小。广泛使用 “信封背面” 计算在整个文本中被用来说明关键物理过程的影响。

pc 为单位，则式 (12.29) 可以写成更有意义的形式：

$$M_B \simeq 70 M_\odot \left(\frac{B}{1\mathrm{nT}}\right) \left(\frac{R}{1\mathrm{pc}}\right)^2. \tag{12.30}$$

如果云的质量小于 M_B，则云是所谓 "**磁亚临界**"，因而是坍缩稳定的 (即不会坍缩)；但是如果云的质量超过 M_B，则云是 "**磁超临界**"，因而重力会压倒磁场抵御压缩的能力。

例 12.2.3 如果例 12.2.1 和例 12.2.2 中考虑的致密核具有 100 nT 的磁场穿过，并且半径为 0.1pc，则磁临界质量为 $M_B \simeq 70 M_\odot$，这意味着质量为 10 $M_\odot$ 的致密核对于坍缩是稳定的。但是，如果磁场为 $B = 1\mathrm{nT}$，那么 $M_B \simeq 70 M_\odot$，核就会坍缩。

12.2.5 双极扩散

最后一个例子暗示了另一种引发致密核坍缩的可能性：如果一个本来是亚临界的核变成了超临界的，就会发生坍缩。这可能以两种方式发生：一种是亚临界云结合形成超临界云，另外一种是磁场重新排列使得云的一部分的场强减弱。这两种过程都可能发生，不过，后一种过程似乎主导了大多数分子云的坍缩前演化。

回想一下，只有带电粒子，如电子或离子才与磁力线相关，电中性物质不会直接受到影响。既然致密分子核是由中性粒子主导的，磁场如何能对坍缩产生实质性的影响呢？答案在于中性粒子和离子之间的碰撞 (电子不能通过碰撞显著影响中性原子或分子)。当中性粒子试图穿过磁力线时，它们会与 "冻结" 的离子相撞，中性粒子的运动就会被抑制。然而，如果在引力作用下，中性粒子的运动有一个确定的净方向，它们仍会倾向于朝这个方向缓慢移动，这种缓慢的迁移过程称为双极扩散。

为了确定双极扩散的相对影响，我们需要估计扩散过程的特征时间尺度。这是通过比较分子云的大小和中性粒子飘过分子云所需的时间来实现的，结果表明，**双极扩散的时间尺度**近似为

$$t_{\mathrm{AD}} \simeq \frac{2R}{v_{\mathrm{drift}}} \simeq 10\mathrm{Gyr} \left(\frac{n_{\mathrm{H}_2}}{10^{10}\ \mathrm{m}^{-3}}\right) \left(\frac{B}{1\mathrm{nT}}\right)^{-2} \left(\frac{R}{1\mathrm{pc}}\right)^2. \tag{12.31}$$

一旦坍缩开始，则通过类似于太阳耀斑的重联事件将能进一步改变磁场。

例 12.2.4 回到我们在前面例子中使用的致密核，如果 $B = 1\mathrm{nT}$ 和 $R = 0.1\mathrm{pc}$，从式 (12.31) 中发现，双极扩散的时间尺度为 100Myr，这比例 12.2.2 中确定的自由落体时标长几百倍。很明显，双极扩散过程可以在自由落体坍缩开始前很长一段时间内控制一个致密核的演化。

12.2.6 原恒星演化的数值模拟

为了详细研究云的引力坍缩的本质，我们必须数值求解磁流体动力学公式。不幸的是，由于计算能力和数值方法的限制，仍然需要进行大量重要的简化假设。这些数值模型确实

显示出了我们粗糙的分析研究所阐明的许多特征，但是其他关于坍塌的、之前没有包含的重要方面变得明显。

考虑一个超临界的、质量约为 $1M_\odot$、化学组成与太阳一致的球状云。最初，自由落体坍缩的早期阶段几乎是等温的，因为坍缩中心附近的光在被尘埃吸收之前可以传播相当长的距离。由于初始密度向云的中心轻微增加，则自由落体的时间尺度在靠近中心的地方更短，密度增加得更快 (由内到外坍缩)。当坍塌区域中心附近的物质密度达到约 $10^{-10}\mathrm{kg\cdot m^{-3}}$ 时，坍塌区域的光学厚度增大，坍塌变得更加绝热，此时云的不透明度主要是由于尘埃的存在。

当坍塌变成绝热状态时，压力的增加大大减缓了核心附近的坍塌速度。这时候，中心区域几乎处于流体静力平衡状态，其半径约为 5AU，这个中心天体称为**原恒星**。

云团变成光学厚的一个可观测到的结果是，在坍缩过程中释放的引力势能转化成热量，然后以黑体辐射的形式在红外波段辐射出去。通过计算能量释放率 (光度) 和光深 $\tau = 2/3$ 处云的半径，可以使用式 (3.17) 确定有效温度。(在演化的这一点，光球层的光学深度是由尘埃决定的，因此光球层就是尘埃光球层。)

伴随着光球的识别，就有可能在 H-R 图上绘制模拟云作为时间的函数的位置。在 H-R 图上描绘恒星生命历史的曲线称为**演化轨迹**。图 12.9 显示了一个研究小组通过原恒星阶段计算得出的 $0.05M_\odot$、$0.1M_\odot$、$0.5M_\odot$、$1M_\odot$、$2M_\odot$ 和 $10\ M_\odot$ 云的理论演化轨迹。随着坍缩在早期阶段的不断加速，原恒星的光度随着有效温度的增加而增加。

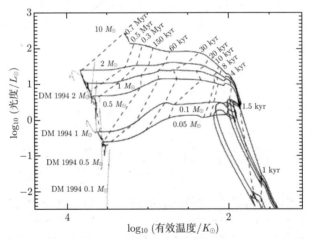

图 12.9　通过原恒星阶段 (实线) 的 $0.05M_\odot$、$0.1M_\odot$、$0.5M_\odot$、$1M_\odot$、$2M_\odot$ 和 $10\ M_\odot$ 云的重力塌陷的理论演化轨迹。虚线显示自坍缩开始以来的时间。淡的点线是来自 D'Antona 和 Mazzitelli (*Ap. J. Suppl.*, 90，457，1994) 的 $0.1M_\odot$、$0.5M_\odot$、$1M_\odot$ 和 $2M_\odot$ 星的主序前演化轨道。请注意，水平轴的有效温度向左增加，这是所有 H-R 图的特征 (图摘自 Wuchterl 和 Tscharnuter，*Astron. Astrophys.*, 398，1081，2003)

在形成中的原恒星核之上，物质仍在自由下落。当落下的物质遇到几乎是静力学的核时，在物质速度超过局部声速 (即物质是超声速的) 的地方产生激波。正是在这种激波前沿，下落的物质以热的形式失去了相当大一部分动能，为云提供 "能量"，并产生了光度的大部分。

当温度达到大约 1000 K 时, 正在形成的原恒星内部的尘埃开始气化, 不透明度下降。这意味着 $\tau = 2/3$ 处的半径大幅减小, 接近流体静力学核的表面。由于在这一阶段的光度仍然很高, 所以有效温度必须相应增加。

随着上面的物质继续落到静力学平衡的核上, 核的温度慢慢升高, 最终温度变得足够高 (大约 2000 K), 使氢分子分解成单个的原子。这个过程会吸收本来能产生足够的压力梯度来维持流体静力平衡的能量, 结果, 核变成动力学不稳定的, 发生第二次坍塌。当核心半径减小到比太阳现在的半径大约 30% 的值时, 流体静力平衡被重新建立。这时候, 核的质量仍然比它的最终值小得多, 这意味着吸积仍然在进行。

核坍缩之后, 随着包层继续吸积下落的物质, 第二个激波波前建立起来。当演化轨迹达到图 12.9 中接近平坦、亮度大致恒定的部分时, 吸积进入了准稳定的主吸积阶段。大约在同一时间, 原恒星内部深处的温度已经上升到足以使氘 (^{2}H) 开始燃烧 (式 (10.38)), 产生高达 $1M_\odot$ 原恒星 60% 的光度。注意, 因为这个反应在低温下有一个相当大的截面 $\sigma(E)$, 它在 PP I 链的第一步比较受青睐。

由于原始星云的质量有限, 而且可供燃烧的氘的质量也有限, 所以光度最终必然会下降。当氘燃尽时, 演化轨迹急剧向下弯曲, 有效温度略有下降。现在演化已达到准静态的主层序前阶段, 这将在 12.3 节讨论。

刚才描述的理论场景使得观测验证成为可能。由于人们预期坍缩会发生在分子云的深处, 原恒星本身很可能会被一层尘埃茧挡住而不能直接观测, 所以, 任何坍缩的观测证据都将以嵌入致密核或博克球的小红外源的形式存在。由于自由落体时间的值相对较小, 这意味着原恒星是相当短命的天体, 原恒星坍缩的检测变得更加困难。

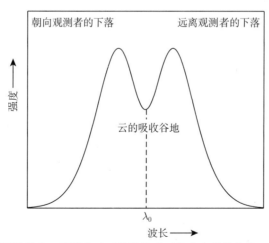

图 12.10　球形下落云的**谱线轮廓**。线翼由于下落的物质而发生多普勒位移, 中心吸收是由远离中心坍缩的中间物质产生的。红移的线翼来自中心区域前、背向观测者运动的物质, 而蓝移的线翼则来自云后的朝向观测者运动的物质

搜寻原恒星的工作正在红外和毫米波段进行, 并且已经确认了许多强有力的候选体, 包括 B335、天鹰座的博克球、金牛座的 L1527 以及猎户星云中的许多天体。B335 可能是

研究得最好的一个案例，它几乎是原恒星坍缩理论的完美检验，因为它似乎很少有湍流或旋转。

一些天文学家相信，通过研究这些源的红外光谱的细节，他们已经能够识别出可能的在嵌入红外天体周围的尘埃和气体下落的光谱特征。这些特征涉及谱线轮廓中的多普勒子结构。对于光学厚的谱线，通常可见中心吸收特征 (图 12.10)，来源于观测者和谱线源 (较热的中心区域) 之间的较冷物质；而谱线的宽翼则来自于下落气体的多普勒频移，蓝移的线翼来自于远侧下落的气体 (因此朝向观测者移动)，而红移的线翼来自于近侧下落的气体。在无恒星的致密核中也发现了下落现象。

12.3　主序前演化

正如我们在 12.2 节中发现的，一旦分子云开始坍缩，则它的特征是由式 (12.26) 所给出的**自由落体时标**。随着准静态原恒星的形成，演化的速率由恒星适应坍缩的热调节速率所控制，这就是例 10.3.1 中讨论的**开尔文-亥姆霍兹时标** (式 (10.24))；坍塌所释放的重力势能会在一定时间内释放，这就是天体光度的来源。由于 $t_{KH} \gg t_{ff}$，则原恒星的演化速度比自由落体坍缩慢得多。例如，一颗 $1M_\odot$ 的恒星需要近 40Myr 来准静态地收缩到它的主序结构。

12.3.1　林忠四郎线

随着原恒星有效温度的稳步上升，外层的不透明度逐渐被负氢离子 H^- 所主导，H^- 的额外电子来自于气体中一些电离势较低的、较重元素的部分电离。就像主序太阳的大气包层一样，这种巨大的不透明度导致收缩原恒星的包层对流。事实上，在某些情况下，对流区一直延伸到恒星的中心。1961 年，林忠四郎证明，由于对流对恒星结构的约束，深对流包层将其准静态演化轨迹限制在 H-R 图中几乎垂直的一条线上。因此，随着原恒星坍缩的减慢，它的光度降低，而它的有效温度略有增加。如图 12.9 所示，正是这种沿着林忠四郎线的演化出现了轨迹末端的向下转弯。

林忠四郎线实际上代表了"允许的"流体静力学恒星模型和"禁止的"模型之间的边界。在林忠四郎线的右边，没有任何机制能够在那样的低有效温度下充分传输恒星的光度，因此，不可能存在稳定的恒星。在林忠四郎线的左侧，对流和/或辐射负责必要的能量传输。注意，允许的模型和禁止的模型之间的区别并不与林忠四郎线右侧坍塌气体云的自由落体演化相冲突，因为这些天体远未达到流体静力学平衡。

12.3.2　主序前演化的经典计算

1965 年，在进行详细的原恒星坍缩计算之前，小伊科·伊本 (Icko Iben，Jr.) 计算了不同质量恒星坍缩向主序演化的最后阶段。在每一个情形中，他都是按照林忠四郎的方式开始他的模型的。所有这些模型都忽略了转动、磁场和质量损失的影响。从那时起，我们对恒星结构和演化的物理过程的理解有了重大的进步，包括精细的核反应速率、新的不透明度以及质量损失或吸积。一些现代演化计算也包括了转动的影响[①]。图 12.11 显示了用

---

① 一些计算也已开始考虑磁场的影响，但本书中提出的结果不包括那些最新的初步结果。

最先进的物理学计算的一系列质量的主序前演化轨迹，表 12.1 给出了每条演化轨迹的总时间。

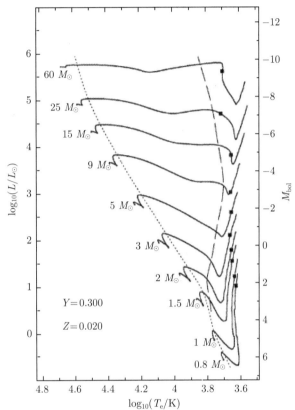

图 12.11　对 $X = 0.68$，$Y = 0.30$ 和 $Z = 0.02$ 的不同质量恒星的主序前演化轨迹的经典计算，各轨道的演化方向一般为从低到高的有效温度 (从右到左)，每个模型的质量都标在其演化轨迹旁边。在这些计算中，每个轨迹上的正方形表示氢燃烧的开始，长虚线表示包层内的对流停止而变成纯辐射的点，短虚线标志着恒星核心对流的开始。每个轨迹的收缩时间见表 12.1(图取自 Bernasconi 和 Maeder，*Astron. Astrophys.*，307，829，1996)

表 12.1　图 12.11 所示的经典模型的主序前收缩时间 (数据来自 Bernasconi 和 Maeder，*Astron. Astrophys.*，**307，829，1996**)

初始质量/$M_\odot$	收缩时间/Myr
60	0.0282
25	0.0708
15	0.117
9	0.288
5	1.15
3	7.24
2	23.4
1.5	35.4
1	38.9
0.8	68.4

考虑从林忠四郎线开始的 $1M_\odot$ 恒星主序前演化。由于接近表面的 H^- 的高不透明度，恒星在大约前 100 万年的坍缩过程中是完全对流的。在这些模型中，氘燃烧也发生在坍缩的早期，开始于图 12.11 中演化轨迹上所示的正方形[①]。然而，由于 ^2_1H 不是太丰富，核反应对整体坍缩影响不大，只是稍微减缓了坍缩的速度。

随着中心温度持续升高，电离程度的增加降低了该区域的不透明度 (图 9.10)，开始形成一个辐射核，逐渐包围了越来越多的恒星质量。在沿林忠四郎线下降到的最小光度点时，辐射核的存在使能量更容易逃逸到对流包层，导致恒星光度再次增加。同时，根据式 (3.17) 的要求，由于恒星仍在收缩，有效温度继续上升。

大约在光度开始再次增加的时候，中心附近的温度已经高到足以让核反应真正开始，尽管还没有达到平衡速率。最初，PP I 链的前两个步骤 (从 ^1_1H 到 ^3_2He 的转化，式 (10.37) 和式 (10.38)) 和把 $^{12}_6C$ 变成 $^{14}_7N$ 的 CNO 反应 (式 (10.48)∼ 式 (10.50)) 主导核能的产生。随着时间的推移，这些反应产生的光度越来越大，而由引力坍缩所产生的能量对 L 的贡献则越来越小。

由于对温度高度敏感的 CNO 反应的开始，核内建立了一个陡峭的温度梯度，从而一些对流在该区域再次出现。在 H-R 图短虚线旁边的局部最大光度处，核能产生的速率已经变得如此之大，以至于中心核被迫有所扩大，引起式 (10.36) 中的引力势能项成为负数 (回想一下 $\epsilon = \epsilon_{\text{nuclear}} + \epsilon_{\text{gravity}}$，参看式 (10.102))。这种效应在表面上表现为总光度向主序值衰减，同时有效温度降低。

当 $^{12}_6C$ 最终耗尽时，核心完成核燃烧的调整，达到足够高的温度，使 PP I 链的剩余部分变得重要。与此同时，随着稳定的能量来源的建立，引力能项变得微不足道，恒星最终稳定在主序上。值得注意的是，根据刚才描述的详细数值模型，$1M_\odot$ 恒星到达主序列所需的时间与例 10.3.1 中对开尔文–亥姆霍兹时标的粗略估计并没有太大差别。

质量低于太阳的恒星的演化过程则有些不同。对于质量为 $M \lesssim 0.5M_\odot$ 的恒星 (图 12.11 中未显示)，主序前向上的分支不存在。这是因为中心无法达到有效燃烧 $^{12}_6C$ 的温度 (回想一下我们在例 10.1.1 和例 10.2.1 中对太阳中心压力和温度的估计，大致与恒星的质量成比例)。事实上，正如 10.6 节提到的，如果坍缩的原恒星的质量小于大约 $0.072M_\odot$，则核心永远不会热到可以通过核反应产生足够的能量来稳定恒星，以对抗重力坍缩。因此，无法得到稳定的氢燃烧主序，这就解释了主序小质量下限的存在。

另一个重要的区别存在于太阳质量的恒星和能够到达主序的小质量恒星之间: 在小质量恒星中，温度保持足够低，不透明度保持足够高，从而永远不会形成辐射核。因此，这些恒星在到达主序之前一直是完全对流的。

12.3.3　褐矮星的形成

质量低于约 $0.072M_\odot$ 时，有些核燃烧仍然会发生，但其速度并不足以形成主序星。质量大于约 $0.06M_\odot$ 恒星的核心温度大到足以燃烧锂，大于约 $0.013M_\odot$ 时发生氘燃烧 ($0.013M_\odot$ 大约是木星质量的 13 倍)，最后这个值也与 344 页讨论的分子云碎裂的质量一致。在 $0.013M_\odot$ 和 $0.072M_\odot$ 之间的天体称为褐矮星，光谱类型为 L 和 T 型 (表 8.1)。

[①] 注意，由于这些计算不包括像图 12.9 中的那样由云直接坍缩而形成原恒星的轨迹，所以在两组计算中发生氘燃烧的时间上存在根本的矛盾。

第一个被证实的褐矮星 Gliese 229B 在 1995 年宣布发现，从那以后，通过近红外全天巡天，如 2 μm 全天巡天 (2MASS) 和斯隆数字巡天 (SDSS)，已经探测到了数百颗褐矮星。鉴于褐矮星非常低的亮度和探测的难度，则迄今为止发现的天体数量表明，褐矮星在银河系中普遍存在。

12.3.4 大质量恒星形成

对于大质量恒星来说，中心温度迅速变高到足以燃烧 $_6^{12}C$，并将 $_1^1H$ 转化为 $_2^3He$，这意味着这些恒星在更高的亮度下离开林忠四郎线，并在 H-R 图上几乎水平地演化。由于中心温度大得多，整个 CNO 循环成为这些主序恒星中氢燃烧的主导机制。由于 CNO 循环强烈地依赖于温度，所以即使到达主序列后，核心仍然保持对流。

12.3.5 对经典模型的可能修正

就像之前讨论的，上面描述的一般主序前演化轨迹计算包含许多近似。实际上，转动以及湍流和磁场都很可能扮演了重要的角色，也可能最初的环境含有云密度的不均匀性、强烈的星风和来自附近大质量恒星的电离辐射。

这些经典模型也假定初始结构非常大，其半径实际上无限大于其最终值。考虑到致密核的尺寸约为 0.1pc，经历原恒星坍缩的云的初始半径一定比传统假设的要小得多。此外，无压力支撑的原恒星坍缩的假设也可能是错误的，更实际的计算可能需要一种准静态的初始收缩 (毕竟，暗核大致处于流体静力平衡状态)。

更复杂的是，更大质量的恒星也会与下落的物质相互作用，造成了反馈循环，限制了它们可以通过经典过程吸积的质量；回想一下关于爱丁顿极限的讨论 (如式 (10.6))。

鉴于这些不同的复杂情况，一些天文学家提出，可能需要对经典的主序前演化轨迹进行重要修改。从更小的初始半径开始的理论演化序列导致最初可见的原恒星诞生线，这一诞生线为原恒星的观测光度设定了上限。

此外，一些观测表明，质量大于 $10M_\odot$ 左右的恒星可能根本不是由上述经典的主序前过程形成的。这种显著的效应可能来自有制约的反馈机制，如与高有效温度相关的高光度电离辐射。与单个原恒星云的坍缩不同，大质量恒星可能由致密原恒星环境中较小恒星的并合而形成。另一方面，一些研究人员则认为，并合也不是必须的，因为转动意味着大部分下落的质量坍缩成一个环绕恒星周围的吸积盘，然后，吸积盘为不断增长的大质量恒星提供原料，将大量电离辐射对下落气体和尘埃的影响降至最低。

12.3.6 零龄主序 (ZAMS)

H-R 图上不同质量的恒星首先到达主序并开始平衡氢燃烧的对角线称为零龄主序 (ZAMS)。检查表 12.1 给出的经典结果表明，恒星坍缩到 ZAMS 所需的时间与质量反相关，一颗 $0.8M_\odot$ 恒星需要超过 68Myr 才能到达 ZAMS，而一颗 $60M_\odot$ 恒星只需要 2.8 万年就能到达 ZAMS!

这种恒星形成时间和质量之间的反相关也可能表明经典的主序前演化模型存在问题。原因是，如果最大质量的恒星确实在星团中首先形成，它们产生的强烈辐射很可能会在它们的小质量兄弟恒星有机会形成之前就驱散星云。

显然，我们还要做很多工作后才能说，主序前恒星的演化已经被理解。

12.3.7　初始质量函数 (IMF)

从观测研究中可以明显看出，当星际云碎裂时，小质量恒星比大质量恒星形成得更多。这意味着，在单位体积 (或银盘上的单位面积) 的每个质量间隔内形成的恒星数量与质量密切相关，这种函数依赖性称为初始质量函数 (IMF)，IMF 的一个理论估计如图 12.12 所示。然而，一个特定的 IMF 取决于各种各样的因素，包括在 ISM 中一个给定的云形成星团的局部环境。

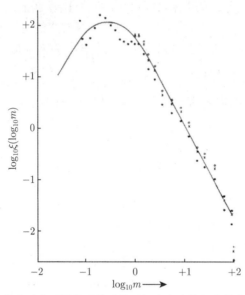

图 12.12　初始质量函数 ξ 值表示在不同的对数质量区间内产生的银盘单位面积内的恒星数。单个点代表观测数据，实线是理论估计。质量以太阳质量为单位 (图取自 Rana，*Astron. Astrophys.*，184，104，1987)

作为碎裂过程的结果，大多数恒星形成时质量相对较低。考虑到在不同质量范围内形成的恒星数量的差异，以及非常不同的演化速率，则大质量恒星极为罕见，而小质量恒星却大量存在，这并不令人惊讶。观测还表明，虽然 IMF 在大约 $0.1M_\odot$ 以下相当不确定，但不是像图 12.12 所示的那样急剧下降，而可能相当平坦，从而导致大量的小质量恒星和褐矮星。

12.3.8　H II 区

当热的、大质量的恒星以 O 或 B 光谱型到达 ZAMS 时，它们被笼罩在气体和尘埃之中。它们的大部分辐射是从紫外波段发射出来的，这些光子的能量超过 13.6eV，能电离仍然围绕着新形成恒星的 ISM 中的基态氢 (H I)。当然，如果这些 H II 区处于平衡状态，则电离速率必须等于复合速率，光子吸收和离子产生的速率必须等于自由电子和质子复合形成中性氢原子的速度。当复合发生时，电子不一定会直接落到基态，但可以级联向下，产生大量能量较低的光子，其中许多光子将位于光谱的可见光部分。这种方法产生的主要可见波长光子来自于 $n = 3$ 和 $n = 2$ 之间的跃迁，即巴尔末系列的红线 (Hα)。由于这种级联跃迁，H II 区看上去发红色的荧光。

有些人认为这些发射星云是夜空中最美丽的天体之一，其中一个较著名的 H II 区是猎户座星云 (M42)[①]，位于猎户的剑上。M42 是猎户 A 复合体的一部分 (图 12.13)，它还包含一个巨大的分子云 (OMC 1) 和一个非常年轻的星团 (梯形星团)，第一批原恒星候选体也在这个区域被发现。

图 12.13　猎户 A 的 H II 区与年轻 OB 星协、梯形星团和巨大的分子云成协。猎户座复合体离我们 450pc 远 (由美国国家光学天文台提供)

一个 H II 区的大小可以通过考虑电离平衡来进行估计。设 N 为 O 或 B 型星每秒产生、具有能从基态电离氢 ($\lambda < 91.2$nm) 的能量的光子数。假设所有的高能光子最终都被 H II 区的氢所吸收，光子产生的速率必须等于复合的速率。如果没有达到这种平衡状态，则光子在遇到非电离气体之前将走得更远，这个区域将继续增大。

接下来，令 $\alpha n_e n_H$ 为每秒每单位体积的复合数，其中 α 是量子力学复合系数，描述电子和质子在给定的数密度下 (显然，电子和质子越多，形成氢原子的机会越大) 复合的可能性[②]。在 H II 区的特征温度约为 8000 K 时，$\alpha = 3.1 \times 10^{-19}$ $m^3 \cdot s^{-1}$。如果我们假设气体完全由氢组成并且是电中性的，那么对于每产生一个离子，必须同时释放一个电子，即 $n_e = n_H$。基于这个等式，可以将复合率的表达式乘以 H II 区的体积 (此处假定为球形)，然后将其设置为等于每秒产生的电离光子数。最后，求解 H II 区的半径可得出

$$r_S \simeq \left(\frac{3N}{4\pi\alpha}\right)^{1/3} n_H^{-2/3}. \tag{12.32}$$

r_S 称为**斯特龙根 (Strömgren) 半径**，以**本特·斯特龙根**(Bengt Strömgren，1908—1987) 命名，他是一位天体物理学家，在 20 世纪 30 年代后期首次进行了这一分析。

例 12.3.1　附录 G 中，一颗 O6 恒星的有效温度和光度分别为 $T_e \approx 45000$K 和 $L \approx 1.3 \times 10^5 L_\odot$。根据维恩定律式 (3.15)，黑体光谱的峰值波长为

$$\lambda_{max} = \frac{0.0029 \text{ m} \cdot \text{K}}{T_e} = 64 \text{ nm}.$$

[①] M42 是著名的梅西耶星表的条目编号，梅西耶星表是业余天文学家的一个流行的观测对象集合，列在附录 H。

[②] 注意，这个表达式有点类似于广义核反应速率公式 (10.29)。

这比从氢基态产生电离所需的 91.2nm 极限要短得多，因此可以假定 O6 星产生的大多数光子都能引起电离。

一个 64nm 光子的能量可由式 (5.3) 计算：

$$E_\gamma = \frac{hc}{\lambda} = 19\text{eV}.$$

现在，为了简单起见，假设所有发射的光子都有相同的 (峰值) 波长，恒星每秒产生的光子总数是

$$N \simeq L/E_\gamma \simeq 1.6 \times 10^{49} \text{ photons} \cdot \text{s}^{-1}.$$

最后，将 $n_\text{H} \sim 10^8 \text{ m}^{-3}$ 作为 H II 区的典型值，我们得到

$$r_\text{S} \simeq 3.5\text{pc}.$$

r_S 值的范围从小于 0.1 pc 到大于 100 pc。

12.3.9　大质量恒星对气体云的影响

当大质量恒星形成时，原恒星最初将以嵌入分子云中的红外源出现。随着温度的升高，首先尘埃将蒸发，然后分子将分解，最后，当恒星到达主序时，它周围的气体将电离，导致在现有的 H I 区域内产生 H II 区域。

现在，由于恒星的高光度，辐射压力将开始驱动大量的质量损失，然后倾向于驱散星云的剩余部分。如果数颗 O 和 B 型恒星同时形成，那么可能大部分尚未被引力束缚在更缓慢形成的小质量原恒星上的质量将被吹走，从而停止进一步的恒星形成。此外，如果云最初是临界束缚的 (接近临界极限)，则质量的损失将使位力定理中的势能项减小，其结果是新形成的星团和原恒星将变成非束缚的 (即恒星将倾向于逐渐分离)。图 12.14 显示了船底座星云 (距离地球约 3000pc) 正在进行这样的过程。另一个关于附近大质量恒星的电离辐射效应的著名例子是 M16 中的柱子，即鹰状星云 (图 12.15)。

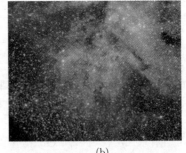

(a)　　　　　　　　　　　　　　　　(b)

图 12.14　(a) 部分船底座星云的红外图像。船底座 η 是一颗非常年轻且临界稳定的恒星，质量超过 $100M_\odot$，位于图像上方。来自船底座 η 和该区域其他大质量恒星的强烈星风和紫外线正在撕碎星云。由于比它们质量大得多的兄弟们对星云的破坏，使其质量较低的新生恒星 (如图片中心向右的柱子上方的恒星) 的生长被抑制，无法变得更大 (NASA/JPL-加州理工学院/N. Smith (科罗拉多大学博尔德分校 (Boulder)))；(b) 在可见光下观察到的同一区域。由于云层中尘埃的遮蔽，观测到的细节少得多 (NOAO)

图 12.15 鹰状星云 (M16) 的巨大气柱。最左边的柱子从底部到顶部的长度超过 1pc。图像上边缘的巨大新生恒星发出的电离辐射导致云中气体发生光致蒸发 (由 NASA，ESA，STScI，J. Hester 和 P. Scowen (亚利桑那州立大学) 提供)

12.3.10 OB 星协

由 O 和 B 型主序恒星主导的恒星群称为 OB 星协。对它们各自的运动速度和质量的研究通常会得出这样的结论: 它们不可能以星团的形式永远被引力束缚在一起。猎户座 A 复合体中的梯形星团就是这样一个例子，据信它的年龄不到 1000 万年，目前它的恒星密度很大 ($> 2 \times 10^3$ pc^{-3})，其中大多数的质量范围在 $0.5 \sim 2.0 M_\odot$。多普勒频移测量得到的 ^{13}CO 的视向速度表明，附近的气体是强湍动的。显然，附近的 O 和 B 恒星正在驱散气体，星团正在变得松散。

12.3.11 金牛座 T 型星 (T Tauri 恒星)

金牛座 T 型星是一类重要的小质量主序前天体，它们代表了仍然被尘埃 (红外源) 覆盖的恒星和主序恒星之间的过渡阶段。金牛座 T 型星，以其同类中第一颗被证认的恒星命名 (位于金牛座)，其特点是不寻常的光谱特征、巨大且相当迅速的时标为几天的不规则光度变化。金牛座 T 型星在 H-R 图上的位置如图 12.16 所示; 理论的主序前演化轨迹也包括在内。金牛座 T 型星的质量范围为 $0.5 \sim 2 M_\odot$。

许多金牛座 T 型恒星表现出来自氢 (巴尔末系列)、Ca II (H 和 K 线) 和铁的强发射线以及锂的吸收线。有趣的是，[O I] 和 [S II] 的禁线也存在于许多金牛座 T 型星的光谱中[1]。光谱中禁线的存在表明气体密度极低。(请注意，为了区别于 "允许" 线，禁线通常用方括号表示，例如 [O I]。)

不仅能通过确定存在的谱线及其强度来收集信息，而且，作为波长函数的谱线轮廓也

---

[1] 复习关于日冕中禁戒和允许跃迁的讨论 (11.2 节)。

包含信息[①]。一个重要的例子是在金牛座 T 型星中一些谱线的轮廓。Hα 线通常表现出如图 12.17(a) 所示的特征形状，叠加在一个相当宽的发射峰上的是线的短波边的吸收谷。这种独特的线形称为**天鹅座 P 型**(P Cygni) 轮廓，这是第一颗观测到的具有蓝移吸收成分的发射线的恒星。

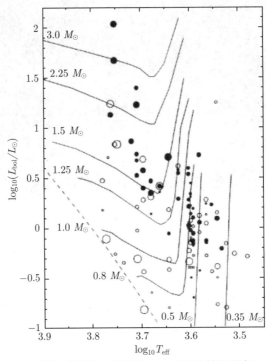

图 12.16　金牛座 T 型星在 H-R 图上的位置。圆圈的大小表示旋转的速度，有强发射线的恒星用实心圆表示，有弱发射线的恒星用空心圆表示。理论的主序前演化轨迹也包括在内 (图源自 Bertout，*Annu. Rev. Astron. Astrophys.*，27，351，1989。经许可转载自 *Annual Review of Astronomy and Astrophysics*，Volume 27，©1989 by Annual Reviews Inc)

对于恒星光谱中存在天鹅座 P 型谱线轮廓的解释是，该恒星正在经历显著的质量损失。回顾基尔霍夫定律 (5.1 节)，当光源和观察者之间很少有介质时，热的弥漫气体会产生发射线。在这种情况下，发射源是金牛座 T 型星的膨胀外壳中几乎垂直于视线移动的那一部分，如图 12.17(b) 的几何图形所示。吸收线是光通过较冷的弥漫气体的结果，膨胀的壳层的阴影部分吸收了它后面较热的恒星发出的光子。由于外壳的阴影部分 (A) 正在向观测者移动，吸收相对于发射部分是蓝移的 (对于金牛座 T 型星，通常是 80 km·s^{-1} 的速度)。金牛座 T 型星的平均质量损失率约为 $\dot{M} = 10^{-8} M_\odot \cdot \text{yr}^{-1}$[②]。

在一些极端情况下，金牛座 T 型星的谱线轮廓在数天的时间尺度上从天鹅座 P 型曲线变成了**反天鹅座 P 型**谱线 (红移吸收)，表明质量吸积而不是质量损失。质量吸积率似乎与质量损失率的量级相当。显然，金牛座 T 型星周围的环境非常不稳定。

---

① 9.5 节首先讨论了谱线轮廓，也可回顾图 12.10。

② 这一数值远高于太阳目前的质量损失率 ($10^{-14} M_\odot \cdot \text{yr}^{-1}$，见例 11.2.1)。

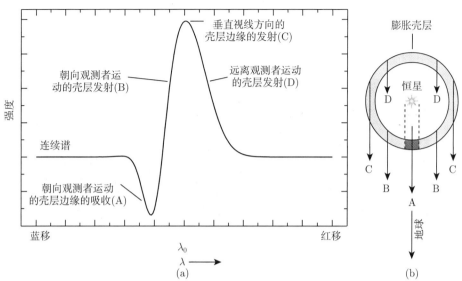

图 12.17　(a) 显示出天鹅座 P 型谱线的特征是一个宽发射峰和叠加的蓝移吸收谷；(b) P Cygni 轮廓是由膨胀的物质壳层产生的，发射峰是由垂直于视线的物质向外运动而造成的，而蓝移吸收特征是由朝向观测者运动的阴影区物质拦截了中央恒星的光子而产生的

12.3.12　猎户座 FU 恒星(FU Orion)

在某些情况下，金牛座 T 型星似乎经历了非常显著的质量吸积率增长，达到了 $\dot{M} = 10^{-4} M_\odot \cdot \mathrm{yr}^{-1}$ 的量级。与此同时，恒星的亮度增加了四个星等或更多，这种增加会持续几十年。观测到的第一颗经历了这种吸积突然增加的恒星是猎户座 FU，FU Ori 是猎户座 FU 恒星的名字。显然，猎户座 FU 恒星周吸积盘的不稳定性会导致在一个世纪左右的爆发时间内大约 $0.01 M_\odot$ 的物质倾倒到中心恒星上。在这段时间内，内盘的光芒会比中央恒星亮 100~1000 倍，同时会出现超过 $300 \mathrm{km} \cdot \mathrm{s}^{-1}$ 的高速星风。有人认为，金牛座 T 型星在其一生中可能会经历几次猎户座 FU 事件。

12.3.13　赫比格 (Herbig) Ae/Be 恒星

与金牛座 T 型星密切相关的是赫比格 Ae/Be 恒星，以乔治·赫比格命名。这些主序前恒星的光谱类型为 A 或 B，有很强的发射谱线 (因此以 Ae/Be 命名)。它们的质量在 $2 \sim 10\ M_\odot$，它们往往被一些残余的尘埃和气体包围着。对赫比格 Ae/Be 恒星的研究不如金牛座 T 型星深入，这在很大程度上是因为它们的寿命要短得多 (参见表 12.1)，另一部分原因是形成于云团的中质量恒星比小质量恒星少 (图 12.12)。

12.3.14　赫比格–阿罗 (Herbig-Haro) 天体

随着壳层的膨胀，在主序前演化过程中，以相反方向的窄束喷射的气体喷流也会造成质量损失[①]。赫比格–阿罗天体是乔治·赫比格和吉列尔莫·阿罗 (1913—1988) 在 20 世纪 50 年代早期在猎户座星云附近首次发现的，它们显然与年轻的原恒星 (如金牛座 T 型星) 产生的喷流有关。当喷流以超声速膨胀进入星际介质时，碰撞激发了气体，产生具有发射

---

① 我们将在后面的章节中看到，喷流在相当大的能量和尺度范围内的天体物理现象中都有发生。

光谱的明亮天体。图 12.18(a) 显示了哈勃空间望远镜拍摄的赫比格–阿罗天体 HH 1 和 HH
2 的图像, 它们是由一颗包裹在尘埃茧中的恒星以几百千米每秒的速度喷射出的物质产生
的。与另一个赫比格–阿罗天体 HH 47 成协的喷流如图 12.18(b) 所示。

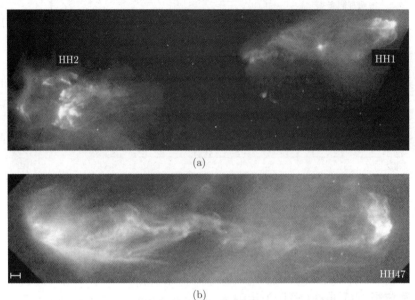

图 12.18　　(a) 赫比格–阿罗天体 HH 1 和 HH 2 位于猎户星云的南部, 正在远离隐藏于图像中心附近尘
埃云中的一颗年轻的原恒星 (由 J. Hester(亚利桑那州立大学)、WF/PC 2 调查定义小组 (Investigation
Definition Team) 和 NASA 提供); (b) 与 HH 47 成协的喷流, 左下角的刻度是 1000AU(由 J.
Morse/STScI 和 NASA 提供)

在一些原恒星天体中也观测到连续谱发射, 来自母恒星的光的反射。在图 12.19 中的
HH 30 左右可以看到一个环绕恒星的吸积盘。盘的表面被中央恒星照亮, 这颗恒星还是隐
藏在盘的尘埃后面。同样明显的还有来自吸积盘深处的喷流, 可能来自中央恒星本身。这
些吸积盘似乎与原恒星天体的许多特征有关, 包括发射线、质量损失、喷流, 甚至一些光
度变化。不幸的是, 有关这一物理过程的细节还没有完全了解。赫比格–阿罗天体如 HH 1
和 HH 2 产生的早期模型如图 12.20 所示。

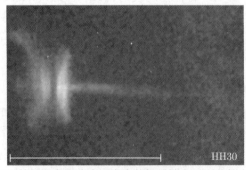

图 12.19　　原恒星天体 HH 30 的星周盘和喷流, 中央的恒星被盘平面上的尘埃所掩盖。左下角的刻度是
1000AU(由 C. Burrows (STScI 和 ESA)、WF/PC 2 调查定义小组和 NASA 提供)

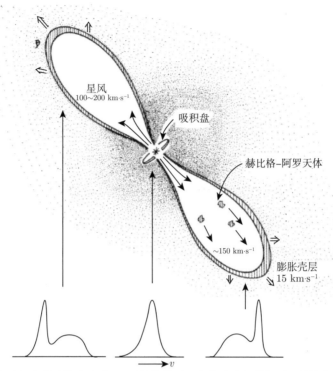

图 12.20 一个带有吸积盘的早期金牛座 T 型星的模型。盘为喷流提供能量，并使其具有准直性。喷流扩展到星际介质中，产生赫比格–阿罗天体 (图自 Snell，Loren 和 Plambeck，*Ap. J. Lett.*, 239, L17, 1980)

12.3.15 年轻恒星的星周盘

观测表明，其他年轻的恒星也有环绕其运行的星周盘。两个著名的例子是织女星 (Vega) 和绘架座 β(β Pictoris)。β Pictoris 及其盘的红外图像如图 12.21 所示。β Pic 也在 Fe Ⅱ 的紫外线中被哈勃空间望远镜观测到。似乎有大块的物质正从空中以每周两到三次的频率进入恒星。圆盘中也可能形成更大的天体，也许是原行星。有人认为，这些盘实际上可能是残骸盘而不是吸积盘，这意味着观测到的物质来源于盘中已经形成的天体之间的碰撞。图 12.22 展示了 β Pictoris 系统的概念艺术图。

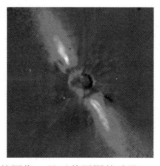

图 12.21 β Pictoris 的红外图像，显示其周围的残骸 (debris) 盘 (欧洲南方天文台)

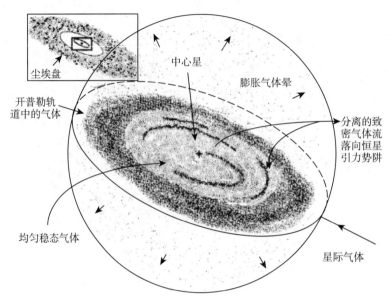

图 12.22   β Pictoris 系统的概念艺术图。成团物质似乎以每周两到三次的频率进入恒星，一些物质也可能以一个膨胀晕的形式离开系统 (图改编自 Boggess 等，*Ap. J. Lett.*, 377，L49，1991)

12.3.16   原行星盘(Proplyds)

1993 年 12 月哈勃空间望远镜完成翻新任务后不久，就对猎户星云进行了观测，图 12.23 中的图像是利用 Hα、[N Ⅱ] 和 [O Ⅲ] 的发射线获得的。对数据的分析显示，在比 $V = 21$ mag 亮的 110 颗恒星中，有 56 颗被星周尘埃和气体盘所包围。环绕恒星的盘，称为原行星盘 (proplyds)，似乎是与不到 100 万年的年轻恒星成协的原行星盘。根据对原行星盘中电离物质的观测，其质量似乎远大于 2×10^{25}kg(作为参考，地球的质量为 5.974×10^{24} kg)。

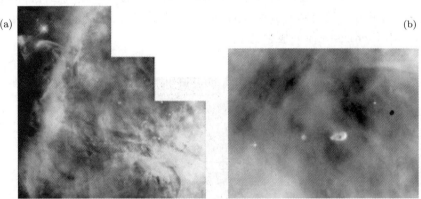

图 12.23   哈勃空间望远镜拍摄的猎户星云 (M42)。注意，(b) 是 (a) 中心区域的放大图。在照相机的视场中可以看到许多原行星盘 (由 C. Robert O'Dell/Vanderbilt University，NASA，以及 ESA 提供)

12.3.17 星周盘的形成

显然，盘的形成在原恒星云的坍缩过程中是相当普遍的。毫无疑问，这是由云的自转而起，是角动量守恒的结果。随着原恒星半径的减小，则它的转动惯量减小，这意味着，在没有外部扭矩的情况下，原恒星的角速度一定会增加。作为练习 (习题 12.18)，通过在式 (12.19) 中加入向心加速度项并要求角动量守恒，证明垂直于旋转轴的坍塌将在沿旋转轴的坍塌之前停止，从而形成盘。

当在坍塌中包含角动量的影响时，一个问题立即出现了。角动量守恒让我们期望所有主序恒星应该转得非常快，速度接近于使系统分裂。然而，观测表明，情况并非如此。显然角动量从坍缩的恒星转移开了。一个建议 (在 11.2 节中讨论过) 是，奠基于恒星内部的对流区并与电离恒星风耦合的磁场通过施加力矩来减缓自转。支持这一观点的证据存在于许多金牛座 T 型星外层大气中类太阳的日冕活动中。

除了与旋转和磁场有关的问题外，质量损失也可能在恒星主序前的演化中扮演重要角色。尽管这些问题正在研究中，但在我们能够理解原恒星坍缩和主序前演化的所有细节之前，还有很多工作要做。

推 荐 读 物

一般读物

Knapp, Gillian, "The Stuff Between the Stars, " *Sky and Telescope*, May 1995.

Nadis, Steve, "Searching for the Molecules of Life in Space, " *Sky and Telescope*, January 2002.

Renyolds, Ronald J., "The Gas Between the Stars, " *Scientic American*, January 2002.

专业读物

Aller, Lawrence H., *Atoms, Stars, and Nebulae*, Third Edition, Cambridge University Press, Cambridge, 1991.

Dickey, John M., and Lockman, Felix J., "H I in the Galaxy, " *Annual Review of Astronomy and Astrophysics*, 28 , 215, 1990.

Draine, B. T., "Interstellar Dust Grains, " *Annual Review of Astronomy and Astrophysics*, 41 , 241, 2003.

Dopita, Michael A., and Sutherland, Ralph S., *Astrophysics of the Diffuse Universe*, Springer, Berlin, 2003.

Dyson, J. E., and Williams, D. A., *Physics of the Interstellar Medium*, Second Edition, Institute of Physics Publishing, Bristol, 1997.

Evans, Neal J. II, "Physical Conditions in Regions of Star Formation, " *Annual Review of Astronomy and Astrophysics*, 37 , 311, 1999.

Iben, Icko Jr., "Stellar Evolution. I. The Approach to the Main Sequence, " *The Astrophysical Journal*, 141 , 993, 1965.

Krügel, Endrik, *The Physics of Interstellar Dust*, Institute of Physics Publishing, Bristol, 2003.

Larson, Richard B., "Numerical Calculations of the Dynamics of a Collapsing Proto-star, " *Monthly Notices of the Royal Astronomical Society*, 145 , 271, 1969.

Larson, Richard B., "The Physics of Star Formation, " *Reports of Progress in Physics*, 66, 1651, 2003.

Lequeux, James, *The Interstellar Medium*, Springer, Berlin, 2003.

Mannings, Vincent, Boss, Alan P., and Russell, Sara S. (eds.), *Protostars and Planets IV*, The University of Arizona Press, Tucson, 2000.

O'Dell, C. R., and Wen, Zheng, "Postrefurbishment Mission Hubble Space Telescope Images of the Core of the Orion Nebula: Proplyds, Herbig-Haro Objects, and Measure-ments of a Circumstellar Disk, " *The Astrophysical Journal*, 436 , 194, 1994.

Osterbrock, Donald E., *Astrophysics of Gaseous Nebulae and Active Galactic Nuclei*, Second Edition, University Science Books, Sausalito, CA, 2006.

Reipurth, Bo, and Bally, John, "Herbig-Haro Flows: Probes of Early Stellar Evolu-tion," *Annual Review of Astronomy and Astrophysics*, 39, 403, 2001.

Shu, Frank H., Adams, Fred C., and Lizano, Susana, "Star Formation in Molecular Clouds: Observation and Theory, " *Annual Review of Astronomy and Astrophysics*, 25, 23, 1987.

Stahler, Steven W., "Pre-Main-Sequence Stars, " *The Encyclopedia of Astronomy and Astrophysics*, Institute of Physics Publishing, 2000.

Stahler, Steven W., and Palla, Francesco, *The Formation of Stars*, Wiley-VCH, Wein-heim, 2004.

习　题

12.1　在北美星云的某一部分，可见光波段的星际消光量为 1.1mag。该星云的厚度估计为 20pc，距地球 700 pc。假设在星云的方向观测到一颗 B 型主序星，绝对视觉星等为 $M_V = -1.1$。忽略观测者和星云之间的任何其他消光源。

(a) 假设恒星在星云的前面，计算其可见光波段的星等。

(b) 假设恒星在星云的后面，计算其可见光波段的星等。

(c) 在不考虑星云存在的情况下，根据其视星等，(b) 部分中的恒星看起来有多远? 如果忽略星际消光，则确定距离时相对误差是多少?

12.2　估计距离新形成的 F0 主序星 100AU 的尘埃颗粒的温度。提示: 假设尘埃颗粒处于热平衡状态，即在给定的时间间隔内，尘埃颗粒吸收的能量必须等于在同一时间间隔内辐射出去的能量。也假设尘埃颗粒是球对称的，并且像一个完美黑体一样发射和吸收辐射。你可以参考附录 G，了解 F0 主序恒星的有效温度和半径。

12.3　玻尔兹曼因子 $e^{-(E_2 - E_1)/(kT)}$ 有助于确定能级的相对布居数 (见 8.1 节)。使用玻尔兹曼因子，估计一个氢原子的电子和质子从反自旋排列到正自旋排列所需要的温度。H I 云中的温度是否足以产生这种低能量激发态?

12.4　H I 云在其中心处产生一条光深为 $\tau_H = 0.5$(谱线是光学薄的) 的 21 cm 谱线。气体温度为 100 K，谱线半高全宽为 10 km·s^{-1}，云的平均原子数密度估计为 10^7 m^{-3}。由这个信息和式 (12.7) 求出云的厚度，用 pc 表示你的答案。

12.5　在一个巨分子云中，分子的温度约为 15 K，n_{H_2} 的数密度为 10^8 m^{-3}。使用类似于核反应速率公式 (10.29) 的方法，粗略估计 CO 和 H$_2$ 分子之间每立方米每秒的随机碰撞次数。(错误地) 假设分子是球形的，半径约为 0.1nm，这是原子的特征尺寸。

12.6　解释为什么天文学家会使用同位素 ^{13}CO 或 C^{18}O 而不是更常见的 CO 分子，去探测巨分子云的内部。

12.7　分子的转动动能为

$$E_{\text{rot}} = \frac{1}{2}I\omega^2 = \frac{L^2}{2I},$$

其中，L 是分子的角动量；I 是分子的转动惯量。量子力学将角动量限制为离散值：

$$L = \sqrt{\ell(\ell+1)}\hbar$$

其中，$\ell = 0, 1, 2, \cdots$。

(a) 对于双原子分子，

$$I = m_1 r_1^2 + m_2 r_2^2,$$

其中，m_1 和 m_2 分别为单个原子的质量；r_1 和 r_2 是它们与分子质心的距离。使用 2.3 节中发展的思想，证明 I 可以写为

$$I = \mu r^2,$$

其中，μ 是约化质量；r 是分子中原子之间的距离。

(b) CO 中碳氧原子的间距约为 0.12nm，^{12}C、^{13}C 和 ^{16}O 的原子质量分别为 12.000u、13.003u 和 15.995u。计算 ^{12}CO 和 ^{13}CO 的转动惯量。

(c) ^{12}CO 在转动角动量状态 $\ell = 3$ 和 $\ell = 2$ 之间跃迁时发射的光子波长是多少？对应于电磁光谱的哪个部分？

(d) 对于 ^{13}CO 重复 (c) 部分。天文学家如何区分星际介质中不同的同位素？

12.8　(a) 式 (12.10) 和式 (12.11) 说明了分子云的冷却机制是通过氧原子激发来完成的，解释为什么氢激发不是一个有效的冷却机制而氧激发是。

(b) 为什么热核的温度显著高于致密核的温度？

12.9　根据所讨论的分子云冷却机制，解释为什么致密核通常比周围的巨分子云更冷，以及为什么巨分子云比弥漫分子云更冷。

12.10　计算例 12.2.1 中巨分子云致密核的金斯长度。

12.11　证明金斯质量式 (12.14) 也可以写成

$$M_J = \frac{c_J v_T^4}{P_0^{1/2} G^{3/2}}$$

其中，等温声速 v_T 由式 (12.18) 给出；P_0 是与密度 ρ_0 和温度 T 相关的压力；而 $c_J \simeq 5.46$ 是无量纲常数。

12.12　通过援引流体静力平衡的要求，解释为什么气体压强 P_0 恒定的假设式 (12.33) 对于没有磁场的静态云是不正确的。这对于一个等温分子云的质量密度恒定和组成恒定假设意味着什么？

12.13　(a) 使用理想气体定律，计算在巨分子云坍缩开始时 $|dP/dr| \approx |\Delta P/\Delta r| \sim P_c/R_J$，其中 P_c 是云中心压力的近似值。假设在分子云的边缘处 $P = 0$，并将其质量和半径设为例 12.2.1 和习题 12.10 中的金斯值，还假设例 12.2.1 中给出的云温度和密度。

(b) 证明: 考虑到我们粗略估计的精度, (a) 发现的 $|dP/dr|$ 远小于 $GM_r\rho/r^2$。这对核的动力学有什么意义?

(c) 证明: 只要坍缩保持等温, 式 (10.5) 中 dP/dr 的贡献相对于 $GM_r\rho/r^2$ 持续减小, 支持式 (12.19) 中的假设, 即一旦开始自由落体坍缩, dP/dr 可以被忽略。

12.14　假设在整个坍缩过程中, 坍缩云表面的自由落体加速度保持不变, 推导出自由落体时间的表达式。证明你的答案与式 (12.26) 只有量级为 1 的差别。

12.15　使用式 (10.84), 估计例 12.2.1 和例 12.2.2 中讨论的巨分子云稠密核的绝热声速。用这个速度计算声波穿过云所需的时间, $t_s = 2R_J/v_s$, 然后将你的答案与例 12.2.2 中估算的自由落体时间进行比较。解释你的结果。

12.16　利用书中包含的信息推导式 (12.28)。

12.17　估计例 12.2.1 巨分子云的核心单位体积的引力能量, 假设云中存在均匀强度 $B = 1\text{nT}$ 的磁场, 比较引力能和磁场能量 (提示: 参照式 (11.9))。磁场会在云的坍塌中扮演重要的角色吗?

12.18　(a) 从式 (11.9) 出发, 加上向心加速度项, 利用角动量守恒证明: 当半径达到下式时, 云的坍缩将在垂直于其旋转轴的平面内停止, 即

$$r_f = \frac{\omega_0^2 r_0^4}{2GM_r}$$

其中 M_r 是 r 以内的质量; ω_0 和 r_0 分别为云表面的初始角速度和半径。假设云的初始径向速度为零, $r_f \ll r_0$。你也可以 (错误地) 假设云在整个坍缩过程中作为刚体旋转。提示: 回想一下式 (11.7) 的讨论, $d^2r/dt^2 = v_r dv_r/dr$。(由于沿旋转轴的坍塌不存在向心加速度项, 则盘的形成是云的原始角动量的结果。)

(b) 假设原云质量为 $1M_\odot$, 初始半径为 0.5pc。如果坍缩在大约 100AU 处停止, 求云的初始角速度。

(c) 云的边缘的初始旋转速度 (以 m·s^{-1} 为单位) 是多少?

(d) 假设坍缩开始时, 转动惯量近似为一个均匀实心球体的, $I_{\text{sphere}} = \frac{2}{5}Mr^2$, 而坍缩停止时, 转动惯量近似为一个均匀盘的, $I_{\text{disk}} = \frac{1}{2}Mr^2$, 确定 100 AU 处的转动速度。

(e) 计算坍缩停止后, 一个质量块绕中央原恒星完成一圈所需的时间, 将你的答案与开普勒第三定律预期的 100AU 的轨道周期进行比较。为什么这两个周期不是一样的呢?

12.19　假设质量损失率为 $10^{-7}M_\odot\cdot\text{yr}^{-1}$, 恒星风速为 80 km·s^{-1}, 估计离恒星 100 AU 处的风的质量密度。(提示: 参考例 11.2.1。) 将你的答案与例 12.2.1 中巨分子云的密度进行比较。

第 13 章 主序和主序后恒星的演化

13.1 主序星的演化

在 10.6 节中我们了解到, 主序的存在是由于恒星核球将氢转化为氦的核反应。在第 12 章讨论了原恒星坍缩到零龄主序的演化过程。在这一章, 我们将从主序开始, 随着恒星年龄的增长, 追踪它们的一生。这一演化过程是引力的持续作用和核反应导致化学成分变化的必然结果。

13.1.1 恒星演化时标

为了维持它们的光度, 恒星必须利用其内部的能源, 要么是核能, 要么是引力能[①]。主序前恒星的演化用两个基本时标表征: 自由落体时标 (式 (12.26)) 和开尔文–亥姆霍兹热时标 (式 (10.24))。主序和主序后恒星的演化还受第三个时标即核反应时标 (式 (10.25)) 的主导。如我们在例 10.3.2 中所见, 太阳的核时标大约是 10^{10} 年这个量级, 较例 10.3.1 中估计的开尔文–亥姆霍兹时标的 10^{7} 年要长得多。正是单个恒星演化的不同阶段在时标上的这种差异, 解释了为什么太阳附近所有被观测到的恒星中有 80%~90% 是主序星 (见 8.2 节); 我们更有可能发现主序上的恒星, 仅仅是因为这个演化阶段需要最长的时间。演化的晚期阶段进行得更快。然而, 当恒星从一种核能源转换到下一种核能源时, 引力能可以发挥主要作用, 并且开尔文–亥姆霍兹时标将再次变得重要。

13.1.2 主序的宽度

仔细研究如图 8.13 所示的观测赫–罗 (H-R) 图中的主序或观测的质量–光度关系 (图 7.7), 发现这些曲线不是简单的细线, 而是有明显的宽度。主序的宽度和质量–光度关系的宽度是由许多因素造成的, 包括观测误差、研究中单个恒星的不同化学成分, 以及主序上不同的演化阶段。

13.1.3 小质量主序星的演化

在这一节中, 我们将考虑主序上恒星的演化。尽管主序上的所有恒星都在将氢转化为氦, 并因此拥有相似的演化特征, 但差异确实存在。例如, 如 10.6 节所述, 由于高度依赖于温度的 CNO 循环, 从而质量大于 $1.2\,M_{\odot}$ 的零龄主序 (ZAMS) 恒星具有对流核球; 而质量小于 $1.2\,M_{\odot}$ 的 ZAMS 恒星则以温度依赖性较小的 pp 链为主, 这意味着在 $0.3\sim1.2M_{\odot}$ 范围内的 ZAMS 恒星具有辐射核球。然而, 最小质量的 ZAMS 恒星仍然具有对流核球, 因为它们的高表面不透明度驱动表面对流区深入内部, 使得整个恒星对流。

首先考虑一颗典型的小质量主序星, 比如太阳。正如我们在图 11.1 的讨论中所注意到的, 自从在 45.7 亿年前太阳到达 ZAMS, 太阳的光度、半径和温度都是稳定增加的。发生

[①] 在习题 10.3 中我们已经看到, 化学能在恒星的能量来源中不起重要作用。

这种演化的原因是，当 pp 链将氢转化为氦时，核球的平均分子量 μ 增加 (式 (10.16))。根据理想气体定律 (式 (10.11))，除非核球的密度和/或温度也增加，否则将没有足够的气体压强来支撑恒星的覆盖层。因此，核球必须被压缩。当核球的密度增加时，引力势能被释放，并且，根据位力定理 (2.4 节) 的要求，一半的能量被辐射出去，另一半的能量用于增加热能，从而增加气体的温度。温度升高的一个后果是，核球足够地热，以至于在演化的主序阶段经历核反应的区域有轻微的增加。此外，由于 pp 链核反应率为 $\rho x^2 T^4$ (见式 (10.47))，温度和密度的增加大于补偿氢质量占比的减少，所以恒星的光度随着半径和有效温度的增加而缓慢增加。

在小伊科·伊本 (Iko Iben Jr.) 的开创性研究中，首次计算了不同质量恒星的主序和主序后演化轨迹，并于 20 世纪 60 年代中期出版。图 13.1[①]显示了对理论演化轨迹的现代计算，包括对流超射的影响，以及恒星在其生命周期中的质量损失。由计算可知，从 ZAMS 演化到图 13.1 所示点所需的时间如表 13.1 所示。标记为 1 的点的地方代表理论 ZAMS，现在的太阳位于 1 $M_\odot$ 轨迹上的点 1 和 2 之间。

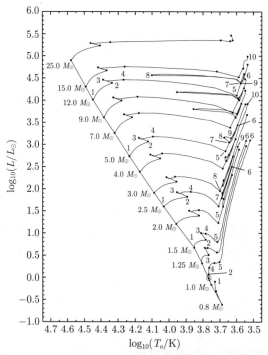

图 13.1　初始成分为 $X = 0.68$、$Y = 0.30$、$Z = 0.02$ 的恒星的主序和主序后演化轨迹。现在太阳 (图 13.2) 用太阳符号 $\odot$ 表示，在 1 $M_\odot$ 轨迹上的点 1 和点 2 之间。表 13.1 给出了图中所示点的流逝时间，为了增强可读性，仅标记 0.8 $M_\odot$、1.0 $M_\odot$、1.5 $M_\odot$、2.5 $M_\odot$、5.0 $M_\odot$ 和 12.0 $M_\odot$ 的演化轨迹上的点。模型计算包括质量损失和对流超射。连接点 1 的轨迹的对角线是 ZAMS。关于 1 $M_\odot$ 和 5 $M_\odot$ 恒星的完整演化轨迹分别见图 13.4 和图 13.5(数据来自 Schaller 等，*Astron.Astrophys.Suppl.*, 96, 269, 1992)

[①] 对流超射考虑了对流气泡的惯性，这使得它行走一段距离进入恒星的辐射区。

表 13.1 从到达 ZAMS 到图 13.1 所示的点所流逝的时间，以百万年 (Myr) 为单位 (数据来自 Schaller 等, *Astron.Astrophys.Suppl.*, 96, 269, 1992)

初始质量/$M_\odot$	1	2	3	4	5
	6	7	8	9	10
25	0	6.33044	6.40774	6.41337	6.43767
	6.51783	7.04971	7.0591		
15	0	11.4099	11.5842	11.5986	11.6118
	11.6135	11.6991	12.7554		
12	0	15.7149	16.0176	16.0337	16.0555
	16.1150	16.4230	16.7120	17.5847	17.6749
9	0	25.9376	26.3886	26.4198	26.4580
	26.5019	27.6446	28.1330	28.9618	29.2294
	0	42.4607	43.1880	43.2291	43.3388
7	43.4304	45.3175	46.1810	47.9727	48.3916
	0	92.9357	94.4591	94.5735	94.9218
5	95.2108	99.3835	100.888	107.208	108.454
	0	162.043	164.734	164.916	165.701
4	166.362	172.38	185.435	192.198	194.284
	0	346.240	352.503	352.792	355.018
3	357.310	366.880	420.502	440.536	
2.5	0	574.337	584.916	586.165	589.786
	595.476	607.356	710.235	757.056	
2	0	1094.08	1115.94	1117.74	1129.12
	1148.10	1160.96	1379.94	1411.25	
1.5	0	2632.52	2690.39	2699.52	2756.73
	2910.76				
1.25	0	4703.20	4910.11	4933.83	5114.83
	5588.92				
1	0	7048.40	9844.57	11386.0	11635.8
	12269.8				
0.8	0	18828.9	25027.9		

我们在 11.1 节中较详细地讨论了太阳模型，图 11.3~ 图 11.7 显示了作为半径函数的某个这种模型的内部结构。特别地，图 11.3 说明了核球中氢的部分耗尽以及随之而来的氦的增加。现在太阳的内部结构也显示在图 13.2 中，这次是作为内部质量的函数。除了半径、密度、温度、压强和光度之外，该图还显示了 $^1_1\mathrm{H}$, $^3_2\mathrm{He}$, $^{12}_6\mathrm{C}$, $^{14}_7\mathrm{N}$ 和 $^{16}_8\mathrm{O}$ 等种类的质量占比。随着恒星在主序上的继续演化，其中心的氢最终将被完全耗尽。如图 13.3 所示，一颗 $1\,M_\odot$ 恒星到达 ZAMS 后，经过约 98 亿年就出现这样的情况；该模型大致对应于图 13.1 中的点 3。

随着核球中氢的耗尽，通过 pp 链产生的能量一定停止。然而，到目前为止，核球温度已经上升到这样的程度：在一个以氦为主的小核球周围，有一个氢燃烧的厚壳层，核聚变继续产生能量。在图 13.3 的光度曲线中可以看到这种效应。请注意，在恒星内部 3% 的质量范围内，光度保持接近于零。同时，同一区域的温度几乎是恒定的。当光度梯度为零时，氢核球必须是等温的，这可以从式 (10.68) 给出的辐射温度梯度看出。由于在有限区域上 $L_r \approx 0$，$dT/dr \approx 0$，以及 T 近似为常数。等温核球要在流体静力学平衡中支撑它上面的物质，所需的压强梯度必须是随着接近恒星的中心，密度持续增加的结果。

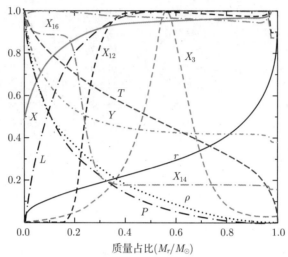

图 13.2　现在太阳的内部结构 ($1\,M_\odot$ 恒星)，太阳到达 ZAMS 后已经度过了 45.7 亿年。模型位于图 13.1 中的点 1 和点 2 之间。最大纵坐标值的参数为 $r = 1.0\,R_\odot$，$L = 1.0\,L_\odot$，$T = 15.69 \times 10^6$ K，$\rho = 1.527 \times 10^5$ kg·m^{-3}，$P = 2.342 \times 10^{16}$ N·m^{-2}，$X = 0.73925$，$Y = 0.64046$，$X_3 = 3.19 \times 10^{-3}$，$X_{12} = 3.21 \times 10^{-3}$，$X_{14} = 5.45 \times 10^{-3}$，$X_{16} = 9.08 \times 10^{-3}$ (数据来自 Bahcall，Pinsonneault 和 Basu，*Ap. J.*，555，990，2001)

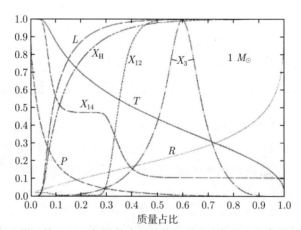

图 13.3　图 13.1 中点 3 附近的 $1\,M_\odot$ 恒星的内部结构，是由小伊科·伊本的开创性计算所描述的。虽然现代模型中的具体数值与这里给出的有所不同，但最先进的模型与这些计算在性质上没有显著差异。Iben 模型参数的最大纵坐标值为 $R = 1.2681\,R_\odot$，$P = 1.3146 \times 10^{17}$ N·m^{-2}，$T = 19.097 \times 10^6$ K，$L = 2.1283\,L_\odot$，$X_H = 0.708$，$X_3 = 5.15 \times 10^{-3}$，$X_{12} = 3.61 \times 10^{-3}$，$X_{14} = 1.15 \times 10^{-2}$。恒星的半径是 $1.3526\,R_\odot$ (图改编自 Iben，*Ap. J.*，47，624，1967)

在这点上，在厚壳层中产生的光度实际上超过了核球在氢燃烧阶段产生的光度。结果是，在图 13.1 中第 3 点之后演化轨迹继续上升，尽管产生的能量并非全部到达表面；其中一些进入了缓慢膨胀的壳层。因此，有效温度开始略微下降，演化轨迹向右弯曲。当氢燃烧的壳层继续消耗它的核燃料时，核燃烧产生的灰烬导致等温氦核的质量增加，而恒星则向 H-R 图中的红端移动。

13.1.4 勋伯格–钱德拉塞卡 (Schönberg-Chandrasekhar) 极限

当等温核球的质量变得太大，核球不再能够支撑其上的物质时，该演化阶段结束。勋伯格和钱德拉塞卡在 1942 年首次估计了存在等温核球并且仍然可以支撑其上覆盖层的恒星质量的最大占比：

$$\boxed{\left(\frac{M_{ic}}{M}\right)_{SC} \simeq 0.37 \left(\frac{\mu_{env}}{\mu_{ic}}\right)^2,} \tag{13.1}$$

其中，μ_{env} 和 μ_{ic} 分别是覆盖层和等温核球的平均分子量。**勋伯格–钱德拉塞卡极限**是位力定理的另一个结果。基于我们目前开发的物理工具，可以得到这个结果的近似形式。

能容纳在等温核球中并仍能保持流体静力学平衡的恒星质量的最大占比是核球和包层的平均分子量的函数。当等温氦核的质量超过这个极限时，核球会在开尔文–亥姆霍兹时标下坍缩，相对于主序演化的核时标，此时恒星的演化非常迅速。这发生在图 13.1 中标为 4 的点上。对于质量低于约 $1.2 M_\odot$ 的恒星，这意味着主序阶段的结束。接下来发生的是 13.2 节的主题。

例 13.1.1 如果一颗恒星的初始成分为 $X = 0.68$、$Y = 0.30$、$Z = 0.02$，并且假设在核球–包层边界完全电离，则由式 (10.16) 可知，$\mu_{env} \approx 0.63$。假设在等温核中所有的氢已转化为氦，$\mu_{ic} \approx 1.34$。因此，从式 (13.1) 可知勋伯格–钱德拉塞卡极限为

$$\left(\frac{M_{ic}}{M}\right)_{SC} \simeq 0.08.$$

如果等温核的质量超过恒星总质量的 8%，它就会坍塌。

13.1.5 简并电子气体

如果能找到额外的压强源来补充理想气体的压强，等温核的质量可能会超过勋伯格–钱德拉塞卡极限。如果气体中的电子开始变成**简并**，就会发生这种情况。当气体的密度变得足够高时，气体中的电子被迫占据最低的可用能级。由于电子是费米子，遵守泡利不相容原理 (见 5.4 节)，它们不可能都占据相同的量子态。因此，电子从基态开始逐渐堆积到更高的能态。在完全简并的情况下，气体的压强完全是由电子产生的非热运动引起的，因此它变得与气体的温度无关。

如果电子是非相对论的，则完全简并的电子气体的压强由下面的公式给出：

$$P_e = K \rho^{5/3}, \tag{13.2}$$

其中，K 是常数[①]。如果仅仅是部分简并，则一些温度依赖性仍然存在[②]。图 13.1 中在点 3 和点 4 之间 1 $M_\odot$ 恒星的等温核是部分简并的；因此，在恒星开始坍缩之前，核球质量大约可以达到整个恒星质量的 13%。质量较小的恒星在主序上的简并程度甚至更高，并且在下一阶段的核燃烧开始之前，可能根本不会超过勋伯格–钱德拉塞卡极限。

13.1.6　大质量恒星的主序演化

质量更大的恒星在主序上的演化与它们的小质量同辈的演化相似，但有一个重要的区别：存在对流核球。对流区不断混合物质，使核球成分几乎均匀。这是因为对流的时标比核时标要短得多，对流时标的定义是一个对流元走过一个混合长度所需的时间量 (见 10.4 节)。对于 5 $M_\odot$ 的恒星，在核球氢燃烧期间，中心对流区的质量有所减少，留下轻微的成分梯度。沿着主序往上移动，随着恒星的演化，核球对流区会随着恒星质量的增加而更迅速地回撤，对于那些质量大于约 10 $M_\odot$ 的恒星，在氢被耗尽之前核球对流区完全消失。

在一颗 5 $M_\odot$ 恒星的核球中，当氢的质量占比达到 $X = 0.05$ 左右时 (图 13.1 中的点 2)，整个恒星开始收缩。随着引力势能的释放，光度略有增加。由于半径减小，有效温度也必须增加。对于质量大于 1.2 $M_\odot$ 的恒星，这个整体收缩阶段被定义为主序演化阶段的结束。

13.1.7　勋伯格–钱德拉塞卡极限的推导

为了估算勋伯格-钱德拉塞卡极限，首先将流体静力学平衡公式 (10.6) 除以质量守恒公式 (10.7)，给出

$$\boxed{\frac{\mathrm{d}P}{\mathrm{d}M_r} = -\frac{GM_r}{4\pi r^4},} \tag{13.3}$$

这就是流体静力学平衡的条件以内部质量为自变量写出的形式[③]。重写，式 (13.3) 可表示为

$$4\pi r^3 \frac{\mathrm{d}P}{\mathrm{d}M_r} = -\frac{GM_r}{r}. \tag{13.4}$$

左边就是

$$4\pi r^3 \frac{\mathrm{d}P}{\mathrm{d}M_r} = \frac{\mathrm{d}\left(4\pi r^3 P\right)}{\mathrm{d}M_r} - 12\pi r^2 P \frac{\mathrm{d}r}{\mathrm{d}M_r} = \frac{\mathrm{d}\left(4\pi r^3 P\right)}{\mathrm{d}M_r} - \frac{3P}{\rho},$$

其中，式 (10.7) 用于得到最后的表达式。代入式 (13.4) 并对等温核的质量 (M_{ic}) 进行积分，我们得到

[①] 注意式 (13.2) 是多方指数 $n = 1.5$ 的多方公式。

[②] 16.3 节将更详细地讨论简并气体的物理学。

[③] 这称为流体静力学平衡条件的拉格朗日形式。

$$\int_0^{M_{ic}} \frac{d\left(4\pi r^3 P\right)}{dM_r} dM_r - \int_0^{M_{ic}} \frac{3P}{\rho} dM_r = -\int_0^{M_{ic}} \frac{GM_r}{r} dM_r. \tag{13.5}$$

要计算式 (13.5)，我们将分别考虑每一项。左边的第一项就是

$$\int_0^{M_{ic}} \frac{d\left(4\pi r^3 P\right)}{dM_r} dM_r = 4\pi R_{ic}^3 P_{ic},$$

其中，R_{ic} 和 P_{ic} 分别是等温核球表面的半径和气体压强 (注意，在 $M_r = 0$ 时 $r = 0$)。

式 (13.5) 左边的第二项也可以通过理想气体定律进行快速估算，

$$\frac{P}{\rho} = \frac{kT_{ic}}{\mu_{ic} m_H},$$

其中，T_{ic} 和 μ_{ic} 分别是整个等温核的温度和平均分子量[①]。因此

$$\int_0^{M_{ic}} \frac{3P}{\rho} dM_r = \frac{3M_{ic}kT_{ic}}{\mu_{ic} m_H} = 3N_{ic}kT_{ic} = 2K_{ic},$$

其中，

$$N_{ic} \equiv \frac{M_{ic}}{\mu_{ic} m_H}$$

是核球中气体粒子的数量，以及

$$K_{ic} = \frac{3}{2} N_{ic} kT_{ic}$$

是核球的总热能，假设是理想的单原子气体。

式 (13.5) 的右边只是核球的引力势能，即

$$-\int_0^{M_{ic}} \frac{GM_r}{r} dM_r = U_{ic}.$$

将每项代入式 (13.5)，我们发现

$$4\pi R_{ic}^3 P_{ic} - 2K_{ic} = U_{ic}. \tag{13.6}$$

这个表达式应该与 2.4 节中提出的位力定理的形式进行比较；见式 (2.46)。如果我们从恒星中心积分到表面，在表面处 $P \approx 0$，我们就会得到定理的原始形式。其区别在于非零压强的边界条件。因此，式 (13.6) 是在流体静力学平衡下，恒星内部位力定理的更普遍的形式。

接下来，由式 (10.22)，可近似地求出核球的引力势能为

$$U_{ic} \sim -\frac{3}{5} \frac{GM_{ic}^2}{R_{ic}}.$$

[①] 实际上，核球是部分地由电子简并压强支撑的，这意味着理想气体定律不是严格有效的。然而，就我们这里的目的而言，理想气体的假设给出了合理的结果。

此外，核球的内部热能刚好是

$$K_{\mathrm{ic}} = \frac{3 M_{\mathrm{ic}} k T_{\mathrm{ic}}}{2 \mu_{\mathrm{ic}} m_{\mathrm{H}}}.$$

将这些表达式引入式 (13.6) 中，并求解等温核球表面的压强，得到

$$P_{\mathrm{ic}} = \frac{3}{4\pi R_{\mathrm{ic}}^3} \left(\frac{M_{\mathrm{ic}} k T_{\mathrm{ic}}}{\mu_{\mathrm{ic}} m_{\mathrm{H}}} - \frac{1}{5} \frac{G M_{\mathrm{ic}}^2}{R_{\mathrm{ic}}} \right). \tag{13.7}$$

请注意，在式 (13.7) 中有两个相互竞争的项：第一项是由于核球的热能，第二项是由于引力效应。对于特定的 T_{ic} 和 R_{ic} 值，随着核球质量的增加，热能有增加核球表面压强的趋势，而引力项有降低核球表面压强的趋势。对于 M_{ic} 的某个值，P_{ic} 是最大的，这意味着为支撑覆盖层，等温核球能施加多少压强存在一个上限。

为了确定 P_{ic} 何时为最大值，我们必须令式 (13.7) 对 M_{ic} 求导并使其导数为零。留作练习，证明 P_{ic} 为最大值的等温核球的半径为

$$R_{\mathrm{ic}} = \frac{2}{5} \frac{G M_{\mathrm{ic}} \mu_{\mathrm{ic}} m_{\mathrm{H}}}{k T_{\mathrm{ic}}}. \tag{13.8}$$

等温核球所能产生的表面压强的最大值为

$$P_{\mathrm{ic,max}} = \frac{375}{64\pi} \frac{1}{G^3 M_{\mathrm{ic}}^2} \left(\frac{k T_{\mathrm{ic}}}{\mu_{\mathrm{ic}} m_{\mathrm{H}}} \right)^4. \tag{13.9}$$

式 (13.9) 的重要特征是，随着核球质量的增加，核球表面的最大压强减小。在某种程度上，核球有可能不再能够支撑覆盖在其上的恒星包层。显然，这个临界条件必然与包层中所含的质量有关，因此也与恒星的总质量有关。

为了估算等温核所能支撑的质量，我们需要确定覆盖层对核球施加的压强。在流体静力学平衡中，该压强不能超过等温核球所能支撑的最大压强。为了估算包层压强，我们将再次从式 (13.3) 开始，这一次从恒星表面积分到等温核球的表面。为简单起见，假设恒星表面的压强为零，

$$\begin{aligned} P_{\mathrm{ic,env}} &= \int_0^{P_{\mathrm{ic,env}}} \mathrm{d}P \\ &= -\int_M^{M_{\mathrm{ic}}} \frac{G M_r}{4\pi r^4} \mathrm{d}M_r \\ &\simeq -\frac{G}{8\pi \langle r^4 \rangle} \left(M_{\mathrm{ic}}^2 - M^2 \right), \end{aligned}$$

其中，M 是恒星的总质量；$\langle r^4 \rangle$ 是半径为 R 的恒星表面与核球表面之间 r^4 的某个平均值。假设 $M_{\mathrm{ic}}^2 \ll M^2$，并进行粗略的近似，即 $\langle r^4 \rangle \sim R^4/2$，我们得到

$$P_{\mathrm{ic,env}} \sim \frac{G}{4\pi} \frac{M^2}{R^4} \tag{13.10}$$

是由包层重量引起的核球表面压强。

通过使用理想气体定律，根据恒星的质量和等温核球的温度，可以把量 R^4 写成

$$T_{ic} = \frac{P_{ic,\,env}\,\mu_{env} m_H}{\rho_{ic,\,env}\,k}, \tag{13.11}$$

其中，μ_{env} 是包层的平均分子量；$\rho_{ic,env}$ 是核球–包层界面的气体密度。粗略估计

$$\rho_{ic,env} \sim \frac{M}{4\pi R^3/3}, \tag{13.12}$$

使用式 (13.10)，并求解 R，式 (13.11) 给出

$$R \sim \frac{1}{3}\frac{GM}{T_{ic}}\frac{\mu_{env} m_H}{k}.$$

将包层半径的解代回式 (13.10)，我们得到了由覆盖包层而导致的核球–包层界面压强的表达式：

$$P_{ic,env} \sim \frac{81}{4\pi}\frac{1}{G^3 M^2}\left(\frac{kT_{ic}}{\mu_{env} m_H}\right)^4.$$

注意，$P_{ic,env}$ 与等温核球的质量无关。

最后，为了估算勋伯格–钱德拉塞卡极限，我们将等温核球的最大压强 (式 (13.9)) 设定为等于其上覆盖包层所需的压强。这简化立即给出

$$\frac{M_{ic}}{M} \sim 0.54\left(\frac{\mu_{env}}{\mu_{ic}}\right)^2.$$

我们的结果仅略大于勋伯格和钱德拉塞卡最初得到的结果 (式 (13.1))。

13.2 恒星演化的晚期阶段

在恒星演化的主序阶段完成之后，发生了一系列复杂的演化阶段，可能涉及恒星核球的核燃烧以及同心质量壳层的核燃烧。在不同的时间，核球燃烧和/或质量壳层中的核燃烧可能会停止，并伴随着恒星结构的重新调整。这种重新调整可能涉及核球或包层的扩张或收缩以及延展的对流区的发展。随着演化的最后阶段的临近，恒星表面的大量质量损失也在决定恒星的最终命运方面发挥着关键作用。

作为主序后恒星演化的例子，我们将继续探索 1 $M_\odot$ 的小质量恒星和 5 $M_\odot$ 的中等质量恒星的结构随时间的变化。它们在 H-R 图中演化轨迹的详细描述分别如图 13.4 和图 13.5 所示。

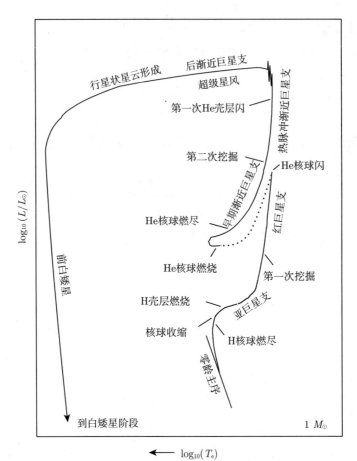

图 13.4　从零龄主序到白矮星形成 (见 16.1 节)，1 $M_\odot$ 小质量恒星演化示意图。点状演化阶段代表氢闪之后的快速演化。演化的各个阶段标记如下：零龄主序 (ZAMS)、亚巨星支 (SGB)、红巨星支 (RGB)、早期渐近巨星支 (E-AGB)、热脉冲渐近巨星支 (TP-AGB)、后渐近巨星支 (Post-AGB)、行星状星云形成 (PN 形成)、前白矮星和白矮星阶段

13.2.1　脱离主序的演化

　　正如 13.1 节所述，当恒星核球停止氢燃烧时，主序演化阶段就结束了 (在图 13.1 中，1 $M_\odot$ 恒星对应于点 3 和 5 $M_\odot$ 恒星对应于点 2)。在 1 $M_\odot$ 恒星的情况下，当一个厚厚的氢燃烧壳层继续消耗可用的燃料时，核球开始收缩。核球收缩导致壳层的温度升高，壳层实际上比核球在主序上时产生更多的能量，导致光度增加，包层轻微膨胀，有效温度降低。

　　然而，5 $M_\odot$ 恒星情况有些不同。随着核球中氢燃烧的停止，并没有一个厚厚的氢燃烧壳层能够立即产生能量，而是整个恒星参与了一个开尔文–亥姆霍兹时标的整体收缩。这一收缩阶段释放出引力势能，使光度略有增加，恒星半径减小和有效温度增加 (对应图 13.1 中点 2 和点 3 之间的演化)。最终，氦核外部的温度充分地升高，导致厚厚的氢壳层燃烧 (图 13.1 中的点 3)。在这一点上，5 $M_\odot$ 恒星的内部化学成分类似于图 13.6。由于壳层的点火速度非常快，覆盖的包层被迫轻微膨胀，吸收了壳层释放的一些能量。结果，光度

瞬间降低，有效温度下降，如图 13.1 和图 13.5 所示。该恒星在这一点上的结构示意图见图 13.7。

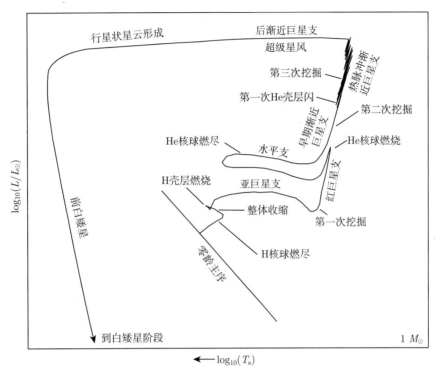

图 13.5 从零龄主序到白矮星形成，5 $M_\odot$ 中等质量恒星的演化示意图 (见 16.1 节)。根据图 13.4，该示意图做了标记，还添加了水平支 (HB)

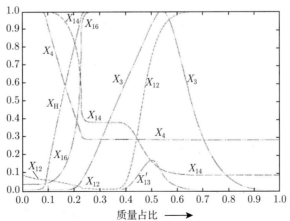

图 13.6 在核球氢燃烧的主序阶段之后，5 $M_\odot$ 恒星在整体收缩阶段，其化学成分是内部质量占比的函数。图中所标识的物质种类的最大质量占比是 $X_H = 0.708$，$X_3 = 1.296 \times 10^{-4} \left({}^{3}_{2}\text{He} \right)$，$X_4 = 0.9762 \left({}^{4}_{2}\text{He} \right)$，$X_{12} = 3.61 \times 10^{-3} \left({}^{12}_{6}\text{C} \right)$，$X'_{13} = 3.61 \times 10^{-3} \left({}^{13}_{6}\text{C} \right)$，$X_{14} = 0.0145 \left({}^{14}_{7}\text{N} \right)$ 和 $X_{16} = 0.01080 \left({}^{16}_{8}\text{O} \right)$ (图改编自 Iben，*Ap. J.*，143，483，1966)

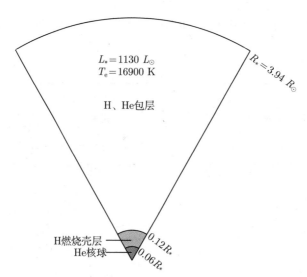

图 13.7   一颗 5 $M_\odot$ 恒星，它有一个氦核球和刚点燃后不久的氢燃烧壳层 (图 13.1 中的点 3)(数据来自 lben, *Ap. J.*, 143, 483, 1966.)

13.2.2   亚巨星支

无论是小质量恒星还是中等质量恒星，随着壳层不断消耗恒星包层底部可用的氢，氦核球的质量在稳步增加，并且变得几乎等温。在图 13.1 中的点 4 处，达到了勋伯格–钱德拉塞卡极限，核球开始快速收缩，导致演化以快得多的开尔文–亥姆霍兹时标推进。快速收缩的核球释放的引力能再次导致恒星的包层膨胀，有效温度冷却，从而在 H-R 图上朝红端演化。这一阶段的演化称为**亚巨星支**(SGB)。

随着核球的收缩，由于引力势能的释放，非零的温度梯度很快重新建立起来。同时，氢燃烧壳层的温度和密度增加，并且虽然壳层开始明显变窄，但壳层的产能率迅速增加。恒星包层再次膨胀，在能量抵达恒星表面之前，包层吸收了壳层产生的一些能量。对于 5 $M_\odot$ 恒星，类似于紧接着的恒星整体收缩、厚厚的氢壳层燃烧的情形，膨胀的包层实际上在一段时间内吸收了足够的能量，导致光度在恢复之前略微下降 (图 13.1 中的点 5)。

13.2.3   红巨星支

随着恒星包层的膨胀和有效温度的降低，由于 H^- 的额外贡献，光球不透明度增加。结果是，接近小质量和中等质量恒星的表面都会形成对流区。随着演化继续向图 13.1 中的点 5 推进，对流区的底部扩展深入恒星的内部。由于与遍及恒星内部一些地方的对流有关的几乎绝热的温度梯度，以及能量传输到表面的效率，恒星开始沿着 H-R 图上**红巨星支**(RGB) 迅速上升。这条路径与主序前恒星在核球氢燃烧开始之前沿着林忠四郎 (Hayashi) 线下降的路径基本相同。

当恒星爬升到 RGB 时，它的对流区加深，直到对流区底部延伸到化学成分被核反应改变的区域。特别地，由于其相当大的核反应截面，锂在相对较冷的温度下 (大于约 27×10^6 K) 通过与质子碰撞而燃烧。这意味着，由于恒星演化到这一点，在恒星内

部大部分地方 (5 $M_\odot$ 恒星内部质量的 98%),锂已经几乎耗尽[①]。同时,核反应使 $_2^3$He 的质量占比增加到超过恒星质量的中间三分之一 (例如,见图 13.3 和图 13.6),以及改变了 CNO 循环中各种物质的丰度比。当表面对流区遇到该化学成分改变区时,反应过的物质与其上方的物质混合。这种效应表现为光球层成分的可观测到的变化;表面的锂含量将减少,而 $_2^3$He 的含量将增加。同时,对流向内输送 $_6^{12}$C,向外输送 $_7^{14}$N,降低了 X_{12}/X_{14} 的可观测比值。其他丰度比如 X'_{13}/X_{12} 也将被修改。这种物质从内部深处到表面的传输称为**第一次挖掘**阶段。大自然为我们提供了直接观测恒星内部深处核反应产物的机会。这些可观测到的表面成分变化为恒星演化理论的预测提供了重要的检验。

13.2.4 红巨星顶端

在 RGB 的顶端 (图 13.1 中的点 6),中心温度和密度 (对于 5 $M_\odot$ 恒星分别为 1.3×10^8 K 和 7.7×10^6 kg·m^{-3}) 已经变得足够高,量子力学隧道效应变得有效,能够穿过 $_2^4$He 核之间的库仑势垒,允许 3α 过程开始。所得 $_6^{12}$C 中的部分也被进一步转变成 $_8^{16}$O。

随着新的、强烈依赖于温度的能源 (式 (10.60) 和式 (10.61)) 的启动,核球开始膨胀。虽然氢燃烧的壳层仍然是恒星光度的主要来源,但核球的膨胀将氢燃烧壳层推向外面,使其冷却并使壳层的能量输出速率有所降低。结果是恒星的光度突然降低。同时,包层收缩,有效温度又开始增加。

13.2.5 氦闪

在这一点上,质量大于 1.8 $M_\odot$ 的恒星和质量小于 1.8 $M_\odot$ 的恒星在演化过程中出现了一个有趣的差异。对于小质量恒星,在演化到 RGB 的顶端期间,氦核球持续坍缩,氦核球变成强烈的电子简并。此外,在到达 RGB 的顶端之前,来自恒星核球的中微子有显著的损失,导致中心附近出现负的温度梯度 (即出现温度倒置);由于能量被容易逃逸的中微子带走,核球实际上在某种程度上被冷却了!当温度和密度变得足够高,足以引发 3α 过程 (分别为大约 10^8 K 和 10^7 kg·m^{-3}) 时,随之而来的能量释放几乎是爆炸性的。氦燃烧的点燃最初发生在围绕恒星中心的一个壳层中,但整个核球很快就被卷入其中,温度倒置被解除。氦燃烧核球产生的光度达到 $10^{11}L_\odot$,相当于整个星系的光度。然而,这种巨大的能量释放只持续了几秒钟,而且大部分能量甚至从未到达表面。相反,它被包层的覆盖层吸收,可能导致一些质量从恒星表面损失。小质量恒星的这个短暂的演化阶段称为**氦闪**(即氦核球闪)。爆炸能量释放的起因是电子简并压强对温度的依赖性很弱,而 3α 过程对温度的依赖性很强。产生的能量必须首先去"解除"简并。只有在这种情况发生后,能量才能转化为核球膨胀所需的热能 (动能),从而减小密度,降低温度,减缓反应速率。

正是由于非常快节奏的氦闪,小质量恒星的演化计算才经常在这一点上终止。考虑到恒星内部深处发生的巨大变化,要充分跟踪演化是非常困难的;需要非常小的时间步长来对演化建模,这意味着需要大量的计算机时间来跟踪一颗恒星的氦闪。(事实上,恒星的演化比计算机模拟的速度要快得多。) 这就是为什么质量为 1 $M_\odot$、1.25 $M_\odot$ 和 1.5 $M_\odot$ 的恒

[①] 回顾 11.1 节,表面的锂丰度也低于当今太阳的预期。

星的演化轨迹没有穿过图 13.1 中的点 6。这也是为什么图 13.4 中紧随红巨星顶端的注明的演化轨迹用虚线表示; 这个演化极其快, 当恒星内部宁静的氦核球燃烧和氢壳层燃烧建立时, 计算就会重新开始。

13.2.6　水平支

对于小质量和中等质量的恒星, 当模型的包层随着红巨星顶端阶段而收缩时, 氢燃烧壳层的不断压缩最终导致壳层的能量输出以及恒星的总能量输出再次开始上升。随着有效温度的相应增加, 包层中的深层对流区向表面上升, 与此同时, 形成对流核球。对流核球的出现是由于 3α 过程对高温度的敏感性 (正如主序上端恒星的对流核球的出现是由于 CNO 循环对温度的高度依赖性)。这种普遍的水平方向的演化是**水平支**(HB)环的蓝端部分。HB 的蓝端部分实质上是类似于主序上氢燃烧的氦燃烧, 但时标要短得多。

当恒星的演化达到它最蓝端的位置时 (图 13.1 中 5 $M_\odot$ 恒星的点 8), 核球的平均分子量增加到核球开始收缩的点, 伴随着恒星包层的膨胀和冷却。在 HB 环的红端部分开始后不久, 核球氦被耗尽, 已经转化为碳和氧。同样, 随着惰性的碳氧 (CO) 核球的收缩, 红端部分的演化也在迅速进行, 很像核球氢燃烧消失后穿过 SGB 的快速演化。

在它们沿着水平支移动的过程中, 许多恒星在它们的外包层中产生了不稳定性, 导致周期性的脉动, 这些脉动很容易被观测到, 表现为光度、温度、半径和表面径向速度的变化。由于这些振荡敏感地依赖于恒星的内部结构, 恒星脉动又为恒星结构理论提供了另一个检验[①]。

随着因收缩引起核球温度的增加, 在 CO 核球外部形成了一个厚厚的氢燃烧壳层。随着核球继续收缩, 氢燃烧壳层变窄并变强, 迫使壳层上方的物质膨胀并冷却。这导致氢燃烧壳层的暂时关闭。

随着氦耗尽的核球的收缩, 中微子的产生增加到可以使核球稍微冷却的程度。中心密度增加和温度降低的后果是在 CO 核球中电子简并压成为总压强的重要组成部分。

13.2.7　早期渐近巨星支

图 13.4 和图 13.5 所示的下一阶段的演化与氢燃烧核球耗竭后的演化非常相似。当红端演化到达林忠四郎线时, 演化轨迹沿着称为**渐近巨星支**(AGB) 的路径向上弯曲。(AGB 之所以如此命名, 是因为演化轨迹从左侧渐近地接近 RGB 的线。AGB 可以被认为有氢燃烧壳层, 类似于 RGB 有氢燃烧壳层。) 演化到达这一点上, 5 $M_\odot$ 恒星的核球温度约为 2×10^8 K, 其密度为 10^9 kg·m^{-3}。图 13.8 显示了具有两个壳层源的**早期 AGB**(E-AGB) 的示意图。虽然描述了两种壳层源, 但在 E-AGB 过程中, 是氢燃烧壳层主导了能量输出; 氢燃烧壳层在这一点上几乎是不活跃的。请注意, 该图未按比例绘制; 为了从氢燃烧壳层向内看到结构, 那个区域相对于恒星表面扩大了 100 倍。

---

① 脉动变星将在第 14 章详细讨论。

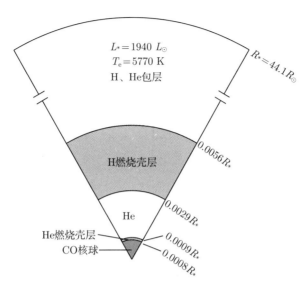

图 13.8　一颗 5 $M_\odot$ 恒星在早期渐近巨星支上，它具有碳–氧核和氢–氦燃烧壳层。注意，为了清楚起见，相对于表面半径，壳和核的比例增加了 100 倍 (数据来自 Iben，*Ap. J.*，143，483，1966)

膨胀的包层最初吸收了氢燃烧壳层产生的不少能量。随着有效温度的继续降低，对流包层再次加深，这一次向下延伸到富氢外层和氢燃烧壳层上方的富氦区之间的化学不连续位置。在该**第二次挖掘**阶段产生的混合增加了包层的氦和氮的含量。(氮的增加是由于先前在壳层间区碳和氧转化为氮。)

13.2.8　热脉冲渐近巨星支

在 AGB 的上部附近 (**热脉冲 AGB**简称为 TP-AGB)，休眠的氢燃烧壳层最终被重新点燃，并再次主导恒星的能量输出。然而，在这个演化阶段，狭窄的氦燃烧壳层开始准周期性地打开和关闭。这些间歇性的**氦壳层闪光**的产生是因为氢燃烧壳层将氦倾倒至下面的氦壳层上。随着氦壳层质量的增加，其底部变为轻微简并。然后，当氦壳层底部的温度显著升高时，氦壳层就会发生闪光，类似于小质量恒星早期的氦闪 (尽管能量低得多)。这驱使氢燃烧壳层向外移动，使其冷却并关闭一段时间。最终，氦壳层的燃烧减弱，氢燃烧壳层恢复，过程重复进行。脉冲之间的周期是恒星质量的函数，周期范围从接近 5 $M_\odot$ 恒星的数千年到小质量恒星 (0.6 $M_\odot$) 的数十万年，脉冲幅度随着每个连续事件而增长，见图 13.9。在恒星内部深处的这种周期性活动在表面光度的突然变化中表现得很明显 (见图 13.4 和图 13.5)。

图 13.10 显示了 7 $M_\odot$ 恒星的热脉冲的细节。在氦壳层闪光之后，氢燃烧壳层所产生的光度明显下降，而氦燃烧壳层所产生的能量输出增加。这是因为氢燃烧壳层被向外推，导致其冷却。由于氢燃烧壳层承担恒星大部分的能量输出，当氦壳层闪光出现时，恒星的光度会突然降低。与此同时，恒星表面的半径也减小，恒星的有效温度增加。在一段时间后，氦壳层的能量输出随着简并的解除而减小，氢燃烧壳层更深入恒星，而且氢燃烧壳层再次主导了恒星的总能量输出。结果，表面半径、光度和有效温度回到接近氦闪之前的值。然而，必须指出的是，在整个 TP-AGB 阶段，恒星的整体演化轨迹是朝着更高的光度和更低

的有效温度的方向发展。

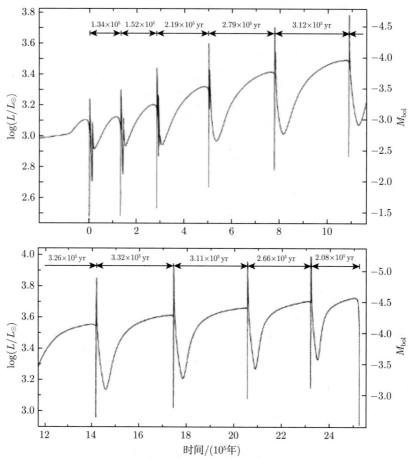

图 13.9　一颗 0.6 $M_\odot$ 恒星模型，其表面光度是时间的函数，该星正在经历 TP-AGB 阶段的氦壳层闪光 (图改编自 Iben，*Ap. J.*，260，821，1982)

一类称为**长周期变星**(LPV) 的脉动变星是 AGB 星。(LPV 的脉动周期为 100~700 天，包括**蒭藁增二 (Mira) 变星**子类)。已经有人提出，由壳层闪光引起的结构变化可能导致其中一些恒星的周期发生可观测到的变化，这为恒星演化理论提供了另一种可能的检验。事实上，一些蒭藁增二变星 (如 W Dra、R Aql 和 R Hya) 已经被观测到正在经历相对快速的周期变化。

13.2.9　第三次挖掘和碳星

由于在氦壳层闪期间，来自氦燃烧壳层的能量流量突然增加，因此在氦燃烧壳层和氢燃烧壳层之间建立了对流区。与此同时，包层对流区的深度随着 "氦壳层闪" 的脉冲强度而增加。对于质量足够大 ($M > 2\,M_\odot$) 的恒星，这些对流区将合并，并最终向下延伸到碳被合成的区域。在氢燃烧壳层和氦燃烧壳层之间的区域，碳的丰度比氧的丰度高出 5~10 倍。这与大多数恒星的大气中氧丰度普遍高于碳丰度的情况形成了鲜明对比。在**第三次挖掘**阶段，富碳物质被带到表面，降低了氧与碳的比例。如果重复的氦壳层闪光引发了多重的第三次挖掘事件，那么随着时间的推移，恒星的富氧光谱将转变为富碳光谱。这似乎可以解释光谱观测到的富氧巨星 (大气中氧原子的数密度超过碳原子的数密度，$N_O > N_C$) 与称为**碳星**的富碳巨星 ($N_C > N_O$) 之间的差异。

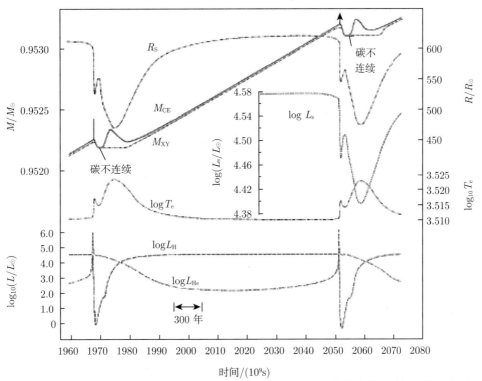

图 13.10　在 TP-AGB 阶段，一颗 7 $M_\odot$ AGB 恒星的氦壳层闪光产生的特性随时间变化。所显示的量包括表面半径 (R_S)、对流包层底部的内部质量占比 (M_{CE}) 和氢氦不连续区 (M_{XY})、恒星的光度和有效温度 (分别为 L_s 和 T_e) 以及氢燃烧壳层和氦燃烧壳层的光度 (分别为 L_H 和 L_{He})(图改编自 Iben, *Ap. J.*, 196, 525, 1975)

　　碳星是指具有特殊的 **C 光谱类型**(与传统的 K 和 M 类型重叠)。这些恒星以其大气中有大量的富碳分子著称，如 SiC，而不是典型的 M 型恒星的 SiO。这是因为一氧化碳 (CO) 是一种结合非常紧密的分子。如果恒星大气中的氧含量大于碳含量，那么碳几乎完全与 CO 结合在一起，让氧形成额外的分子。相反，如果大气中的碳含量高于氧含量，氧就会与 CO 结合，从而使碳形成分子。

　　介于 M 和 C 光谱型之间的是 **S 光谱型**恒星。这些恒星在其大气层中显示出 ZrO 线，取代了 M 型恒星的 TiO 线。在 S 型恒星的大气中，碳和氧的丰度几乎相同。S 和 C 光谱型是对表 8.1 所列光谱分类方案的补充。

　　晚期 TP-AGB 星的大气中特别令人感兴趣的是锝 (Tc) 的出现，它是一种没有稳定同位素的元素。特别是，$^{99}_{43}$Tc 是在 TP-AGB 星的大气中发现的最丰富的锝同位素，但它的半衰期只有 20 万年。在 S 星和 C 星中锝的存在表明，这种同位素在恒星历史上一定是最近刚形成的，是从内部深处被挖掘到表面的。

13.2.10　s-过程核合成

锝-99 是由现有原子核缓慢俘获中子而形成的大量同位素之一。许多核反应，如碳燃烧 (式 (10.66)) 和氧燃烧 (式 (10.67)) 释放中子。由于中子不带电荷，它们很容易与原子核碰撞 (没有库仑势垒去隧穿)。如果中子的流量不是太大，通过吸收散乱中子产生的放射性原子核在吸收另一个中子之前有时间衰变为其他原子核。$^{99}_{43}$Tc 是这种缓慢的 **s-过程**核合成的一种产物。

13.2.11　质量损失与 AGB 演化

众所周知，AGB 星有很高的质量损失率，有时高达 $\dot{M} \sim 10^{-4} M_\odot \cdot \mathrm{yr}^{-1}$。这些恒星的有效温度也相当低 (约 3000 K)。结果，在抛射出的物质中形成了尘埃颗粒。由于硅酸盐颗粒倾向于在富氧的环境中形成，而石墨颗粒将在富碳的环境中形成，ISM 的成分可能与富碳星和富氧恒星的相对数量有关。银河系和大小麦哲伦云[①]的紫外消光曲线的观测支持了这样一种观点，即这些恒星的质量损失实际上确实有助于丰富 ISM。

恒星演化到了 AGB，还会继续进行，接下来会发生什么，很大程度上取决于恒星的原始质量以及恒星在其一生中经历的质量损失量。恒星的最终演化行为似乎可以分为两组:ZAMS 质量大于 $8M_\odot$ 的恒星和 ZAMS 质量小于 $8M_\odot$ 的恒星。这两组质量群体的区别是基于恒星的核球是否会经历非常显著的核燃烧。在本节的其余部分，我们将考虑初始质量小于 $8M_\odot$ 恒星的最终演化，将更大质量恒星的最终演化留到第 15 章。

初始质量低于 $8M_\odot$ 的恒星到了 AGB 继续演化，氢燃烧壳层将越来越多的氢转化为碳，然后转化为氧，增加了碳–氧核球的质量。与此同时，核球继续缓慢收缩，导致其中心密度增加。根据恒星的质量，在这个阶段，中微子的能量损失可能会使中心温度有所降低。在任何情况下，核球的密度变得足够大，以至于电子简并压开始占据主导地位。这种情形非常类似于小质量恒星在其上升到 RGB 时氢核电子简并的形成。

对于 ZAMS 质量小于 $4\,M_\odot$ 的恒星，碳–氧核球永远不会变得足够大，也不会热到足以引发核燃烧。另一方面，对于 $4\,M_\odot$ 和 $8\,M_\odot$ 之间的恒星，如果忽略质量损失的重要贡献，理论表明碳–氧核球将达到足够大的质量，以至于即使有简并电子气体压强的帮助，它也不能再保持流体静力学平衡。这种情况的结果是灾难性的核球坍缩。对于一个完全简并的核球来说，$1.4\,M_\odot$ 的最大值是众所周知的**钱德拉塞卡极限**[②]。

然而，正如已经提到的，对 AGB 星的观测确实显示了巨大的质量损失率。当这些质量损失率被包括在 AGB 的演化计算中时，本节上一段所描述的情况实际上并不会发生。相反，对于 $4\,M_\odot$ 和 $8\,M_\odot$ 之间的恒星，质量损失防止了灾难性的核球坍塌。这些恒星并没有发生坍缩，而是在其核球经历了额外的核合成，导致核球成分为氧、氖和镁 (ONeMg 核球)，其质量仍低于 $1.4\,M_\odot$ 的钱德拉塞卡极限。能够产生这种成分的核反应在式 (10.66)

---

① 大麦哲伦云 (LMC) 和小麦哲伦云 (SMC) 都是银河系的小卫星星系，在南半球可见。

② 钱德拉塞卡极限在恒星演化的最终产物，即白矮星、中子星和黑洞的形成中起着至关重要的作用。钱德拉塞卡极限的物理性质将在 16.4 节详细讨论。

和式 (10.67) 中给出。此外，如下反应：

$$^{22}_{10}\mathrm{Ne} + {}^{4}_{2}\mathrm{He} \longrightarrow {}^{25}_{12}\mathrm{Mg} + \mathrm{n}$$

$$^{22}_{10}\mathrm{Ne} + {}^{4}_{2}\mathrm{He} \longrightarrow {}^{26}_{12}\mathrm{Mg} + \gamma$$

也影响了这些核球的成分。

不幸的是，我们对引起这种质量损失的机制的理解是贫乏的。一些天文学家认为，质量损失可能与氦壳层闪光有关，或者可能与长周期变星的周期性包层脉动有关。其他一些建议的机制源于这些恒星的高光度和低表面引力，再加上作用在尘埃颗粒上的辐射压，将气体与它们一起拖曳。无论何种原因，质量损失对 AGB 星的演化有重要的影响。

正如人们所预料的那样，随着时间的推移，质量损失率加大了，因为到了 AGB 阶段，恒星持续演化，其光度和半径在增加，而质量在减少。恒星质量的减少和半径的增加意味着表面引力也在减小，表面物质的束缚越来越不紧密。因此，随着 AGB 演化的不断进行，质量损失变得越来越重要。

在 AGB 演化的最新阶段，产生了 "**超级风**"，质量损失率达 $\dot{M} \sim 10^{-4}\ M_{\odot}\cdot\mathrm{yr}^{-1}$。无论是壳层闪光、包层脉动，还是某些其他机制，观测到的高质量损失率似乎是一类称为 **OH/IR 源**的天体存在的原因。这些天体看起来像是被光学厚的尘埃云所笼罩的恒星，它们主要在电磁谱的红外部分辐射能量。

OH/IR 命名的 OH 部分是由于对 OH 分子的探测，可以通过它们的**脉泽发射**看到[①]。脉泽是激光的分子类似体；电子从较低的能级被 "抽运" 到较高的、长寿命的亚稳态。然后，当电子被能量等于两态能量差的光子激发时，电子向下跃迁回到较低的能态。原始光子和发射出来的光子会沿同一方向运动并且会彼此相位一致；因此辐射被放大了。在图 13.11 中描绘了假想的三能级脉泽的能级示意图。

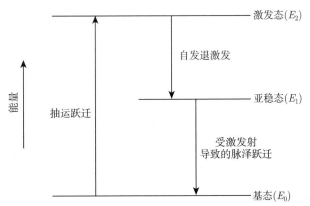

图 13.11　假想的三能级脉泽的示意图。中间能级是一个寿命相对较长的亚稳态。从亚稳态到最低能级的跃迁可以通过光子的受激发射来触发，要求光子的能量等于两个能态之间的能量差 ($E_\gamma = h\nu = E_1 - E_0$)

---

① 脉泽 (maser) 一词是辐射的受激发射导致微波放大 (microwave amplification by stimulated emission of radiation) 的英文首字母缩略词。

13.2.12   后渐近巨星支

随着 OH/IR 源周围的云团继续膨胀, 它最终变得光学薄, 暴露出中心恒星, 其特征是表现出 F 或 G 型超巨星的光谱。$1\ M_\odot$ 和 $5\ M_\odot$ 恒星演化到这一点上 (分别为图 13.4 和图 13.5), 演化轨迹已经转朝蓝端, 留下 TP-AGB, 并几乎水平地穿过 H-R 图, 成为**后 AGB 恒星**。在接踵而至的质量损失最后阶段, 恒星包层的剩余部分被抛出, 揭示了其历史悠久的核反应所产生的灰烬。由于上面只剩下一层非常薄的物质, 氢燃烧壳层和氦燃烧壳层都熄灭了, 恒星的光度迅速下降。现在显露出来的炽热的中心天体, 将冷却成为一颗**白矮星**, 它本质上是古老的红巨星的简并碳氧核球 (或者是更大质量恒星的 ONeMg 核球), 它周围是一层薄薄的残余氢和氦。这类重要的恒星是初始主序质量小于 $8M_\odot$ 的恒星演化的最终产物, 将在第 16 章中讨论。

$0.6\ M_\odot$ 恒星的最后演化阶段如图 13.12 所示。在每一次闪光阶段开始时, 恒星在 H-R 图上的位置由演化轨迹旁边的一个数字表示 (总共 11 个脉冲点), 所产生的光度和有效温度的偏移由脉冲点 7、9 和 10 表示。在第 10 个脉冲点之后, 恒星离开 AGB, 以几乎不变的光度在穿过 H-R 图期间抛掉它的包层。富氢包层中剩余的质量在沿着演化轨迹的括号中标明 (以 $M_\odot$ 为单位)。另外标明的是在恒星的有效温度变为 30000 K 这个点之前 (负) 或之后 (正) 的时间量 (以年为单位)。紧接着第 11 次氦壳层闪光, 恒星最终失去了其包层的最后残余, 并变成了半径为 $0.0285R_\odot$ 的白矮星[①]。

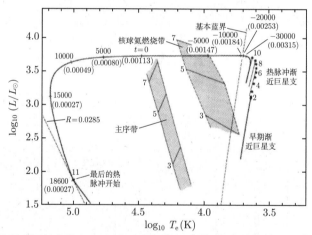

图 13.12   一颗经历质量损失的 $0.6M_\odot$ 恒星的 AGB 和后 AGB 演化。恒星模型的初始组分为 $X = 0.749$、$Y = 0.25$ 和 $Z = 0.001$。图中显示了 $3\ M_\odot$、$5\ M_\odot$ 和 $7\ M_\odot$ 恒星的主序和水平支, 以供参考。本图的细节在正文中讨论 (图改编自 Iben, *Ap. J.*, 260, 821, 1982)

13.2.13   行星状星云

围绕白矮星前身星的膨胀气体壳层称为**行星状星云**。行星状星云的例子见图 13.13～图 13.15。这些美丽的、发光的气体云在 19 世纪被赋予了这个名字, 因为当通过小型望远

---

① 标有 "基本蓝界" 的线对应于一类称为**天琴座 RR 的变星**的基模脉动的高温极限, 这类重要的天体将在第 14 章中详细讨论。

镜观测时，它们看起来有点像巨大的气态行星。

行星状星云的外观归功于炽热、凝聚的中央恒星发出的紫外线。紫外光子被星云中的气体吸收，导致原子被激发或电离。当电子倾泻回到较低的能级时，光子被发射出来，其波长在电磁谱的可见部分。因此，星云看起来在可见光波段发光[①]。

(a)

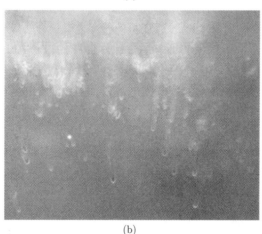

(b)

图 13.13　(a) 螺旋星云 (NGC 7293) 是距离地球最近的行星状星云之一，位于距离地球 213 pc 远的宝瓶座。它在天空中的角直径大约是 16 角分，大约是满月的一半。在星云的中心可以看到前白矮星 (来源：NASA、ESA、C.R.O Dell(范德比尔特大学)、M.Meixner 和 P.McCullough)；(b) 螺旋星云中 "彗星结" 的特写镜头。中心星位于图片底部之外 (来源：NASA、NOAO、ESA、哈勃螺旋星云团队、M.Meixner(STSCI) 和 T.A.Rector(NRAO))

许多行星状星云的蓝绿色是由于 [O Ⅲ] 的 500.68 nm 和 495.89 nm 的禁线 ([O Ⅱ] 和

---

① 这一过程使人想起 12.3 节讨论的在新形成的 O 和 B 主序星周围 H Ⅱ 区的产生过程。

[Ne Ⅲ] 的禁线也是常见的),而红色则来自于电离的氢和氮。这些天体的特征温度在氢的电离温度 10^4 K 的范围内。

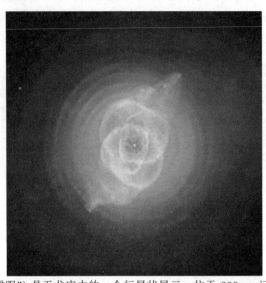

图 13.14   NGC 6543("猫眼") 是天龙座中的一个行星状星云,位于 900 pc 远处。其复杂的结构可能是由于高速喷流和存在伴星,使 NGC 6543 成为双星系统的一部分。喷流在图像的右上和左下部分清晰可见。请注意图像中的中央恒星 (来源: NASA、ESA、HEIC 和哈勃空间望远镜遗产团队 (STScI/AURA)。鸣谢: R.Corradi(艾萨克 · 牛顿望远镜集团,西班牙) 和 Z.Tsvetanov(NASA))

随着诸如哈勃空间望远镜之类望远镜获得的行星状星云的高分辨率图像的出现,天文学家已经逐渐认识到,行星状星云的形态通常比球对称的 TP-AGB 母星的形态要复杂得多。有些行星状星云,如图 13.13(a) 中的螺旋星云,看起来像是具有环状结构。这是由于角动量的存在,气体优先地沿着恒星的赤道喷射出,而且我们的视角沿着恒星的自转轴。对这些令人惊讶的结构阵列的解释包括:不同的视角,恒星表面的多次物质喷射,存在一个或多个伴星,以及磁场。

显著的细节在较小的尺度上也很明显。图 13.13(b) 显示了所谓的彗星结,它在螺旋星云中径向地指向远离中心恒星的方向。这些物质的团块有黑暗的核球,在面向恒星的侧面有发光的尖端。

通过多普勒位移的谱线测量得到的行星状星云的膨胀速度表明,气体通常以 10~30 km·s^{-1} 的速度远离中心恒星,尽管在 Mz 3(图 13.15(b)) 这个案例中已经测量到更大的速度。结合约 0.3 pc 的特征长度尺度,它们的年龄估计约为 10000 年这个数量级。仅仅在大约 5 万年后,行星状星云将消散在 ISM 中。与一颗恒星的整个寿命相比,行星状星云抛射阶段确实是稍纵即逝的。

尽管它们的寿命很短,但在银河系中已知存在着大约 1500 个行星状星云。考虑到我们无法从地球上观测到整个银河系这个事实,据估计,行星状星云的数量可能接近 15000 个。如果平均而言,每个行星状星云含有大约 0.5 $M_\odot$ 的物质,那么通过这个过程,ISM 大约以每年一个太阳质量的速率被富集。

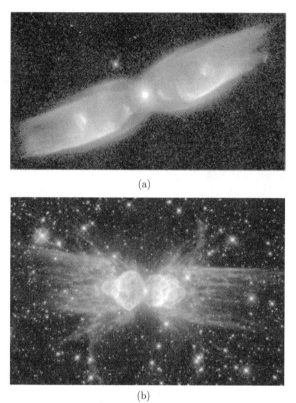

(a)

(b)

图 13.15　两个 "蝴蝶状" 行星状星云的例子。(a) M2-9 是蛇夫座中的一个双极行星状星云，位于 800 pc 远处 (来源:Bruce Balick(华盛顿大学)、Vincent Icke(荷兰莱顿大学)、Garrelt Mellema(斯德哥尔摩大学) 和 NASA)；(b) Menzel 3(Mz 3)，也称为蚂蚁星云。外向流的速度为 $1000~\mathrm{km\cdot s^{-1}}$，比任何其他类似的天体的要快得多 (来源: NASA、ESA 和哈勃空间望远镜遗产小组 (STScI/AURA)。鸣谢: R.Sahai(JPL) 和 B.Balick(华盛顿大学))

13.3　星　　　团

　　在过去的两个章节中，我们看到了描述恒星一生的故事。它们从 ISM 中形成，又通过恒星风、行星状星云的抛射或者通过超新星爆炸 (将在 15.3 节中讨论) 将大部分物质返还给 ISM。然而，返回的物质中富含了更重的元素，它们是通过统治恒星一生的各种核反应序列产生的。因此，当下一代恒星形成时，它比其祖先拥有更高的这些重元素的丰度。这种恒星形成、死亡和再生的循环过程在恒星之间的成分变化中是显而易见的。

13.3.1　星族 I、II 和 III

　　宇宙始于 137 亿年前的大爆炸。在那个时候，氢和氦基本上是在最初的火球期间发生的核合成所产生的仅有的元素。因此，形成的第一代恒星几乎不含金属成分，即 $Z=0$。形成的下一代恒星**金属**含量极低，Z 值很低但不为零。后续的每一代恒星都会造成更重元素的比例越来越高，导致富金属的恒星，其 Z 值可能高达 0.03。在大爆炸之后立即形成的原初恒星 (到目前为止是假设的) 称为**星族 III**恒星，$Z \geqslant 0$ 的贫金属星称为**星族 II**，而富金属星被称为**星族 I**。

　　星族 II 和星族 I 的分类最初是由于在我们银河系中，它们具有不寻常的运动学的恒星群组特征。星族 I 恒星相对于太阳的速度比星族 II 恒星低。此外，星族 I 恒星主要分布在银河系的银盘中，而在银盘的上方或下方能够发现星族 II 恒星。直到后来，天文学家才意识到这两组恒星在化学性质上也存在差异。星族不仅能告诉我们一些关于演化的信息，而且星族 I 和星族 II 恒星的运动学特征、位置和成分也为我们提供了关于银河系形成和演化的大量信息。

13.3.2　球状星团和银河 (疏散) 星团

　　回顾一下 12.2 节，在分子云的坍缩期间，可以形成**星团**，其大小范围从几十颗恒星到几十万颗恒星。给定星团的每个成员都是由相同的云形成的，它们都具有基本相同的成分，而且它们都是在相对较短的时间内形成的。因此，排除诸如转动、磁场和双星系统的成员关系之类的影响，沃格特–罗素定理表明，星团中不同恒星之间演化状态的差异仅仅是由于它们的初始质量。

　　极端的星族 II 星团形成于银河系非常年轻的时候，这使它们成为银河系中一些最古老的天体。它们也包含了最多的成员星。图 13.16(a) 显示了位于武仙座中这样一个**球状星团**M13。星族 I 星团，如昴星团 (图 13.16(b))，往往较小和年轻。这些较小的星团被称为**银河星团**或疏散星团。

　　　　　　　　　　(a)　　　　　　　　　　　　　　　(b)

图 13.16　　(a) 武仙座中的球状星团 M13，距离地球约 7000 pc(来自 STScI 的数字化巡天，由帕洛玛/加州理工学院、美国国家地理学会和太空望远镜科学研究所提供)；(b) 昴星团是在金牛座中发现的一个疏散星团，距离地球 130 pc(美国国家光学天文台提供)

13.3.3　分光视差

　　星团的 H-R 图可以以自洽的方式构建，而不需要知道到它们的确切距离。由于典型星团的尺寸相对于其距地球的距离较小，假设星团的每个成员都有相同的距离模数，会引入很小的误差。结果是，画出视星等而不是绝对星等，只等同于把图中每颗星的位置垂直地移动相同的量。通过将星团中观测到的主序与经过绝对星等校准的主序进行匹配，可以确定星团的距离模数，给出星团到观测者的距离。这种确定距离的方法称为**分光视差**(该方法也常称为**主序拟合**)。

13.3.4 颜色–星等图

天文学家不是通过对每颗星进行详细的谱线分析 (这将是研究球状星团的一个主要项目, 即使假设恒星足够亮可以获得良好的光谱) 来试图确定星团中每个成员的有效温度, 实际上可以很快地确定它们的色指数 (B–V)。有了视星等和每颗星的色指数的信息, 就可以构造一幅**颜色–星等图**。M3(球状星团) 和英仙座 h 与 χ(一个双重疏散星团) 的颜色–星等图分别如图 13.17 和图 13.18 所示。

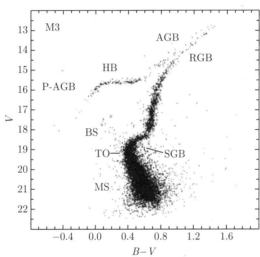

图 13.17　年老的球状星团 M3 的颜色–星等图。图中指出了恒星演化的主要阶段: 主序 (MS); 蓝离散星 (BS); 主序拐点 (TO); 氢壳层燃烧的亚巨星支 (SGB); 氢核球燃烧之前沿着林忠四郎线的红巨星支 (RGB); 氦核球燃烧时的水平支 (HB); 氢和氦壳层燃烧期间的渐近巨星支 (AGB); 后 AGB 演化到白矮星阶段 (P-AGB)(图改编自 Renzini 和 Fusi Pecci, *Annu. Rev. Astron. Astrophys.*, 26, 199, 1988。经许可转载自《天文学和天体物理学年度评论》(*Annual Review of Astronomics and Astrophysics*), Volume 26, ©1988 by Annual Reviews Inc.)

13.3.5 等年龄线和星团年龄

星团及其相关的颜色–星等图, 为恒星演化理论的许多方面提供了近乎理想的检验。通过计算星团中不同质量但具有相同成分的恒星的演化轨迹, 当模型达到星团年龄时就可以在 H-R 图上标出每个恒星演化模型的位置。(连接这些位置的曲线称为**等年龄线**。) 等年龄线上每个位置恒星的相对数量取决于星团内每个质量范围内恒星的数量 (初始质量函数, 见图 12.12), 并结合每个阶段的不同演化速率。因此, 颜色–星等图中的恒星计数可以阐明所涉及的恒星演化的时标。

随着星团的老化, 从分子云的初始坍塌开始, 质量最大、数量最少的恒星将首先抵达主序, 迅速演化。甚至在质量最小的恒星到达主序之前, 质量最大的恒星已经演化到了红巨星区域, 甚至可能发生超新星爆炸。通过分别对比图 12.11 和图 13.1 中主序前和主序后的演化, 及其相关表格, 可以看出这些完全不同的演化速率。

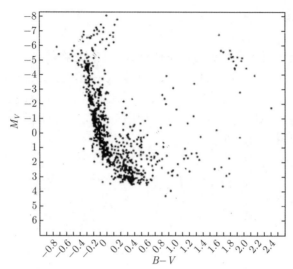

图 13.18   年轻的双重疏散星团英仙座 h 和 χ 的颜色–星等图。注意，最大质量的恒星正在远离主序，而在图中间的小质量恒星仍处在收缩阶段，即将进入主序带。红巨星出现在图的右上角 (图改编自 Wildey, *Ap.J.Suppl.*, 8, 439, 1964)

由于核球氢燃烧寿命与质量成反比，星团持续的演化意味着主序的**拐点**(定义为星团中的恒星目前正离开主序的点) 会随着时间而变得更红、更不明亮。因此，可以通过星团主序的最高点来估计该星团的年龄。这一基本方法是确定恒星、星团、我们的银河系和其他具有可观测星团的星系的年龄的重要工具，甚至可以为宇宙本身的年龄设定一个下限。图 13.19 显示了许多星团的合成的颜色–星等图。右边垂直标示的是与主序拐点位置相对应的星团的年龄。

13.3.6   赫兹伯隆间隙 (Hertzsprung gap)

在英仙座 h 和 χ 的颜色–星等图 (图 13.18) 中可以看到不同时标的另一个结果。明显的是红巨星，以及小质量的前主序星。在图中也很明显的是，在刚刚离开主序的大质量恒星和红巨星区域中的少数恒星之间，完全没有恒星。这不太可能是由于巡天观测不完整，因为这些恒星是星团中最亮的成员。相反，它指出了刚刚离开主序之后发生的非常迅速的演化。这一特征被称为**赫兹伯隆间隙**，它是年轻的疏散星团的颜色–星等图的共同特征。赫兹伯隆间隙的存在是由于沿着 SGB 以开尔文–亥姆霍兹时标演化，紧随当氢耗尽的核球超过勋伯格–钱德拉塞卡极限时的这个临界点。

请注意，在图 13.19 中，M67 星团没有显示赫兹伯隆间隙的存在; M3 也是如此 (图 13.17)。回想一下，质量在约 1.25 $M_\odot$ 以下，与勋伯格–钱德拉塞卡极限相关的收缩阶段是不太明显的。结果是，拐点接近或小于 1 $M_\odot$ 的年老的球状星团的颜色–星等图中，有一直到红巨星区域的连续的恒星分布。

13.3.7   相对较少的 AGB 和后 AGB 星

仔细检查图 13.17 还可以发现，在渐近巨星支上存在的恒星数量相对较少，并且在标记为 P-AGB(后渐近巨星支) 的区域中也仅发现少数恒星。这只是在这一阶段非常快速演化的结果，在此阶段质量的大量损失直接导致了白矮星的形成。

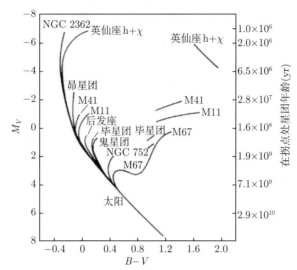

图 13.19 一组星族 I 疏散星团的合成的颜色–星等图。左侧垂直轴表示绝对视星等，右侧表示基于其拐点位置的星团年龄 (图改编自 A.Sandage 的原图)

13.3.8 蓝离散星

应该指出的是，在 M3 的拐点之上可以发现一群称为**蓝离散星**的恒星。尽管我们对这些恒星的了解并不完整，但它们迟迟没有离开主序似乎是由于它们演化过程中的某些不寻常的方面。最有可能的情况似乎是与双星伴星发生质量交换[①]，或者是两颗恒星发生碰撞，从而延长了恒星的主序寿命。

13.3.9 进展中的工作

星团提供的理论与观测之间的成功对比，有力地支持了我们的恒星演化图景是相当完整的这一观点，尽管可能还需要一些微调。恒星不透明度的持续精细化、核反应截面的修正，以及迫切需要改进对流处理，这可能会使模型结果与观测更加一致。然而，仍有许多基础工作需要去做，例如提升对质量损失、转动、磁场和存在密近伴星等因素的影响的更好的了解。

推 荐 读 物

一般读物

Balick, B., et al., "The Shaping of Planetary Nebulae, " *Sky and Telescope*, February 1987.

Harpaz, Amos, "The Formation of a Planetary Nebula, " *The Physics Teacher*, May 1991.

Kwok, Sun, *Cosmic Butterflies: The Colorful Mysteries of Planetary Nebulae*, Cambridge University Press, Cambridge, 2001.

[①] 密近双星之间的质量交换是第 18 章的主题。

The Space Telescope Science Institute, http://www.stsci.edu

专业读物

Aller, Lawrence H., *Atoms, Stars, and Nebulae*, Third Edition, Cambridge University Press, Cambridge, 1991.

Ashman, Keith M., and Zepf, Stephen E., *Globular Cluster Systems*, Cambridge University Press, Cambridge, 1998.

Busso, M., Gallino, R., and Wasserburg, G.J., "Nucleosynthesis in Asymptotic Giant Branch Stars: Relevance for Galactic Enrichment and Solar System Formation, " *Annual Review of Astronomy and Astrophysics*, 37, 239, 1999.

Carney, Bruce W., and Harris, William E., *Star Clusters*, Springer-Verlag, Berlin, 2001.

Hansen, Carl J., Kawaler, Steven D., and Trimble, Virginia, *Stellar Interiors: Physical Prin- ciples, Structure, and Evolution*, Second Edition, Springer-Verlag, New York, 2004.

Herwig, Falk, "Evolution of Asymptotic Giant Branch Stars, " *Annual Review of Astronomy and Astrophysics*, 43, 435, 2005.

Iben, Icko Jr., "Stellar Evolution Within and Off the Main Sequence," *Annual Review of Astronomy and Astrophysics*, 5, 571, 1967.

Iben, Icko Jr., and Renzini, Alvio, "Asymptotic Giant Branch Evolution and Beyond," *Annual Review of Astronomy and Astrophysics*, 21, 271, 1983.

Kippenhahn, Rudolf, and Weigert, *Alfred, Stellar Structure and Evolution*, Springer-Verlag, Berlin, 1990.

Kwok, Sun, *The Origin and Evolution of Planetary Nebulae*, Cambridge University Press, Cambridge, 2000.

Padmanabhan, T., *Theoretical Astrophysics*, Cambridge University Press, Cambridge, 2001.

Prialnik, Dina, *An Introduction to the Theory of Stellar Structure and Evolution*, Cambridge University Press, Cambridge, 2000.

Schaller, G., et al., "New grids of stellar models from 0.8 to 120 solar masses at $Z = 0.020$ and $Z = 0.001$, " *Astronomy and Astrophysics Supplement Series*, 96 , 269, 1992.

Willson, Lee Anne, "Mass Loss from Cool Stars: Impact on the Evolution of Stars and Stellar Populations, " *Annual Review of Astronomy and Astrophysics*, 38, 573, 2000.

习　题

13.1　(a) 对于 $5\,M_\odot$ 恒星，使用与图 13.1 相关联的表 13.1 中的数据来构建一个表，该表将点 2 和点 3 之间、点 3 和点 4 之间、$\cdots$ 的演化时间表示为点 1 和点 2 之间的主序星寿命的百分比。

(b) 相对于它的主序寿命，一颗 $5\,M_\odot$ 恒星需要多长时间才能穿过赫兹伯隆间隙？

(c) 相对于它的主序寿命，一颗 $5\,M_\odot$ 恒星在水平支的蓝端部分花费了多长时间？

(d) 相对于它的主序寿命，一颗 $5\,M_\odot$ 恒星在水平支的红端部分花费了多长时间？

13.2　估计一颗 5 $M_\odot$ 恒星在 SGB 上的开尔文-亥姆霍兹时标,并将你的结果与图 13.1 中该星在点 4 和点 5 之间所消耗的时间进行比较。

13.3　(a) 由式 (13.7) 开始,证明:气体压强最大的等温核球的半径由式 (13.8) 给出。回想一下,这个解是假设核球中的气体是理想的单原子气体。

(b) 从 (a) 部分你所得到的结果,证明:等温核球表面的最大压强由式 (13.9) 给出。

13.4　一颗 5 $M_\odot$ 恒星在第一次挖掘阶段,你期望成分比例 X'_{13}/X_{12} 会增加还是减少?解释你的原因。提示:你会发现图 13.6 很有帮助。

13.5　使用式 (10.27),证明:在 RGB 顶端的 3α 过程的点火应该在温度超过 10^8 K 时发生。

13.6　为了确定 AGB 质量损失的重要成分,许多研究人员提出了质量损失率的参数化,它们是基于对特定的一组恒星拟合观测值,使用某个普通公式,其包括与示例恒星相关的可测量的量。最受欢迎之一是赖默斯 (D. Reimers) 提出的,由下式给出:

$$\dot{M} = -4 \times 10^{-13} \eta \frac{L}{gR} M_\odot \cdot \mathrm{yr}^{-1}, \tag{13.13}$$

其中,L、g 和 R 分别是恒星的光度、表面引力和半径 (均以太阳为单位,$g_{\mathrm{sun}} = 274$ m·s^{-2});η 是一个自由参数,其值应接近于 1。注意,这里已经明确包含了负号,表示恒星的质量正在减少。

(a) 定性解释 L、g 和 R 以其特有方式进入式 (13.13) 的原因。

(b) 估算光度为 7000 $L_\odot$、温度为 3000 K 的 1 $M_\odot$ AGB 恒星的质量损失率。

13.7　(a) 证明:习题 13.6 中由式 (13.13) 给出的赖默斯质量损失率,也可以写成如下形式:

$$\dot{M} = -4 \times 10^{-13} \eta \frac{LR}{M} M_\odot \cdot \mathrm{yr}^{-1},$$

其中,L、R 和 M 都是以太阳为单位。

(b) 假设 (错误地)L、R 和 η 不随时间变化,推导出恒星质量随时间变化的表达式。当质量损失阶段开始时,令 $M = M_0$。

(c) 使用 $L = 7000$ $L_\odot$,$R = 310$ $R_\odot$,$M_0 = 1$ $M_\odot$ 和 $\eta = 1$,绘制一张恒星质量随时间变化的图。

(d) 一颗初始质量为 1 $M_\odot$ 的恒星需要多长时间才能降至简并碳-氧核球的质量 (0.6 $M_\odot$)?

13.8　螺旋星云是一个角直径为 16$'$ 的行星状星云,距地球约 213 pc。

(a) 计算星云的直径。

(b) 假设该星云以 20 km·s^{-1} 的恒定速度膨胀离开中心恒星,估计它的年龄。

13.9　20 世纪初流行的一个古老的恒星演化理论认为,恒星在诞生之初是大的、冷的气体球,就像 H-R 图上的巨星。然后,它们在自身引力的作用下收缩并加热升温,变成炽热的、明亮的蓝色 O 型星。在它们一生中剩余的时间,它们会失去能量,随着年龄的增长变得越来越暗淡,越来越红。当它们沿着主序缓慢下移时,它们最终会结束生命,变成冷的、暗淡的红色 M 星。解释在 H-R 图上绘制的恒星星团的观测结果是如何与这一观点相矛盾的。

13.10　(a) 利用表 12.1 和表 13.1 中的数据,比较一颗 0.8 $M_\odot$ 恒星的主序前演化时间与一颗 15 $M_\odot$ 恒星在主序上的寿命。这些信息如何帮助解释如图 13.18 所示的颜色-星等图的外观?

(b) 估计一颗恒星的质量,使其具有的主序寿命与 0.8 $M_\odot$ 恒星的主序前演化时间相当。

13.11　(a) 宇宙的年龄是 137 亿年。将此值与一颗 0.8 $M_\odot$ 恒星的主序寿命相比较。为什么计算质量远低于太阳质量的恒星的主序后演化的细节没有用处呢?

(b) 你期望找到主序拐点低于 0.8 $M_\odot$ 的球状星团吗?解释你的答案。

13.12　(a) 证明:$\log_{10}(L_V/L_B) +$ 常数,在一个乘法常数内,等效于色指数 $B - V$。

(b) 通过图 13.20 中给出的数据估计最佳拟合曲线,跟踪两个颜色-星等图,将它们放在一张图上。注意,横坐标已经被归一化,以便两个星团的最低光度恒星位于它们各自图上的相同位置。

(c) 给定杜鹃座 47(47 Tuc) 是相对富金属 ($Z/Z_\odot = 0.17$，其中 $Z_\odot$ 为太阳值) 的球状星团，而 M15 是贫金属的 ($Z/Z_\odot = 0.0060$)，解释两个星团之间的颜色差异。提示: 你可能希望参考例 9.5.4 中的讨论 (9.5 节)。

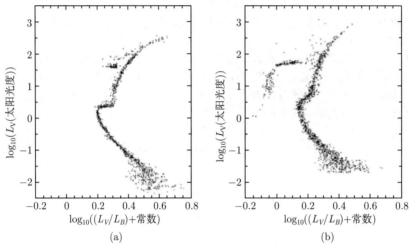

图 13.20　(a) 杜鹃座 47(47 Tuc) 的颜色–星等图，它是一个相对富金属的球状星团，$Z/Z_\odot = 0.17$(数据来自 Hesser 等，*Publ.Astron.Soc.Pac.*，99，739，1987；图由 William.E.Harris 提供)；

(b) M15 的颜色–星等图，它是一个贫金属球状星团，$Z/Z_\odot = 0.0060$(数据来自 Durrell 和 Harris，*Astron.J.*，105，1420，1993；图由 William.E.Harris 提供)

13.13　使用主序拟合技术，估算到 M3 的距离; 参考图 13.17 和图 13.19。

第 14 章 恒 星 脉 动

14.1 脉动恒星的观测

1595 年 8 月，一位名叫**大卫 · 法布里丘斯**(David Fabicius, 1564—1617) 的路德教牧师兼业余天文学家观测了鲸鱼座 o 星 (o Ceti)。经过几个月的观察，这颗位于鲸鱼座 (海怪) 的二等星的亮度逐渐黯淡，到了 10 月，这颗星星已经从天空中消失了。又过了几个月，这颗星星终于恢复了往日的光彩。为了纪念这一奇迹般的事件，o Ceti 被命名为**蒭藁增二**(Mira)，意思是 "奇妙的"。

Mira 继续有节奏地变暗变亮，到了 1660 年，它的 11 个月周期被确立了。亮度的规律性变化被错误地归因于旋转恒星表面的黑暗 "斑点"，这些黑暗的区域转向地球时，Mira 会变暗。

图 14.1 显示了 Mira 51 年间的光变曲线。今天，天文学家认识到，Mira 亮度的变化不是由于其表面的黑子，而是由于 Mira 是一颗脉动恒星，一颗随着其表面的膨胀和收缩而变暗或变亮的恒星。Mira 是长周期变星的原型，这些恒星有一些不规则的光变曲线，脉动周期在 100~700 天。

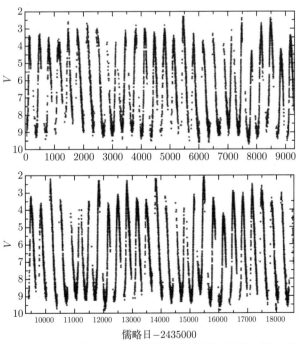

儒略日 −2435000

图 14.1　Mira 从 1954 年 9 月 14 日至 2005 年 9 月的光变曲线，回想一下，比 6 等暗的星是肉眼无法看到的 (我们感谢世界各地的观测者提供的来自 AAVSO 国际数据库的变星观测)

近两个世纪过去了，另一颗脉动恒星才被发现。1784 年，英国约克的**约翰·古德里克**(John Goodricke，1764—1786) 发现，**仙王座 δ 星**(δ Cephei) 的亮度以 5d8h48min 为周期有规律地变化。这一发现使古德里克付出了生命的代价：他在观察 δ Cephei 时感染了肺炎，死于 21 岁。图 14.2 所示的 δ Cephei 的光变曲线不如 o Ceti 的壮观，它的亮度变化小于一个星等，而且永远不会从视野中消失。类似于 δ Cephei 的脉动恒星称为**经典造父变星**，对天文学至关重要。

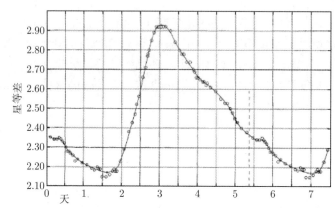

图 14.2　仙王座 δ 星的光变曲线，它的脉动周期为 5.37 天 (图来自 Stebbins，Joel，*Ap. J.*，27，188，1908)

14.1.1　周期–光度关系

至 2005 年，天文学家已经收录了近 40000 颗脉动恒星。一个女天文学家，**亨丽埃塔·斯旺·莱维特**(1868—1921，图 14.3)，发现了超过其中 5％的恒星。

图 14.3　亨丽埃塔·斯旺·莱维特 (1868—1921)(哈佛学院天文台提供)

当时她在哈佛大学为**爱德华·查尔斯·皮克林**(1846—1919) 当 "电脑"。她烦琐的任务是比较在不同时间拍摄的同一星场恒星的两张照片，检测任何亮度不同的恒星。最终，她发现了 2400 颗周期在 1~50 天的造父变星，它们大多数位于小麦哲伦云 (SMC)。莱维特利用这个机会研究了 SMC 中经典造父变星的性质。她注意到，越明亮的造父变星其脉动周期越长，她将这些 SMC 恒星的视星等与它们的脉动周期绘制在一起。由图 14.4 可知，经典造父变星的视星等与其周期密切相关，在一个给定周期的精度高达 $\Delta m \approx \pm 0.5$。

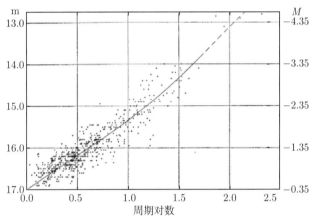

图 14.4　小麦哲伦云中的经典造父变星，周期以天为单位 (图来自 Shapley，《星系》(*Galaxies*)，哈佛大学出版社，剑桥，马萨诸塞州，1961 年)

　　因为小麦哲伦云中所有的恒星的距离大致相同 (约 61 kpc)，所以它们的视星等的差必定与它们的绝对星等的差相同 (参看式 (3.6) 的距离模数)。因此，观测到的这些恒星的视亮度的差异一定反映了它们内禀亮度的差异。天文学家对通过脉动周期来确定遥远造父变星的绝对星等或亮度的前景感到兴奋，因为若知道一颗恒星的视星等和绝对星等，就可以很容易地从距离模数 (式 (3.6)) 确定该恒星的距离，这使得测量宇宙中的遥远距离成为可能，远远超出视差技术的有限范围。唯一的绊脚石是莱维特关系的校准。

　　必须测量单颗造父变星的绝对星等和光度以获得其独立的距离，一旦完成了这一艰巨的任务，由此得出的周期–光度关系就可以用来测量到任何造父变星的距离。

　　最近的经典造父变星是北极星，大约 200pc 远。在 20 世纪早期，这个距离太大了，无法通过恒星视差来可靠地测量。然而，1913 年，赫兹伯隆成功地利用太阳在空间中的运动所提供的较长的基线，结合统计方法，找到了具有特定周期的造父变星的距离。(造父变星绝对星等的测量，也因星际消光效应而变得复杂，参见式 (12.1))。

　　校准后的 *V* **波段周期–光度关系**如图 14.5 所示，表示为

$$M_{\langle V \rangle} = -2.81 \log_{10} P_{\mathrm{d}} - 1.43, \tag{14.1}$$

其中，$M_{\langle V \rangle}$ 是平均绝对 V 星等；P_{d} 是以天为单位的脉动周期。以平均光度表示，该关系式为

$$\log_{10} \frac{\langle L \rangle}{L_{\odot}} = 1.15 \log_{10} P_{\mathrm{d}} + 2.47. \tag{14.2}$$

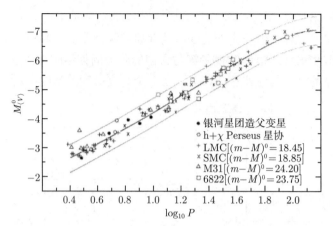

图 14.5　经典造父变星的周光关系 (图改编自 Sandage 和 Tammann，*Ap.J.*，151，531，1968)

天文学家通过在星际消光小很多的红外波段进行观测，大幅减少周期–光度关系中的弥散。如图 14.6(a) 所示，对大麦哲伦云中 92 颗造父变星使用红外 H 波段 (中心波长为 1.654μm) 测量的星等进行拟合，得到**红外周期–光度关系**：

$$H = -3.234 \log_{10} P_{\mathrm{d}} + 16.079. \tag{14.3}$$

弥散还可以通过加入色指数项来进一步减少。使用红外色指数 $J - K_s$，如图 14.6(b) 所示，拟合确实更加紧凑 (J 和 K_s 的中心波长分别位于 1.215μm 和 2.157μm)。拟合给出了这种**周期–光度–颜色关系**：

$$H = -3.428 \log_{10} P_{\mathrm{d}} + 1.54 \langle J - K_s \rangle + 15.637. \tag{14.4}$$

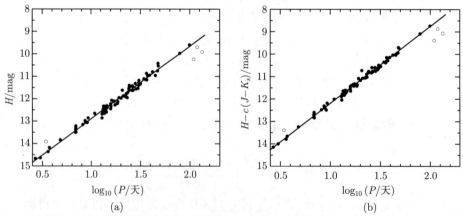

图 14.6　大麦哲伦云中 92 颗造父变星的红外周期–光度关系，观测采用红外 H 波段，空心圆代表四个不符合最小二乘线性拟合的造父变星；(b) 这些造父变星的周期–光度–颜色关系 (数据来自 Persson, S. E.，等，*Astron. J.*，128，2239，2004)

经典造父变星为天文学提供了第三维空间, 并为测量河外距离提供了基础。因为造父变星是超巨星 (光度等级为 Ib), 大约是太阳的 50 倍大小, 亮度是太阳的数千倍, 所以在星系际距离上都可以看到它们。它们就像 "标准烛光" 一样, 是散布在夜空中的灯塔, 是宇宙天文观测的里程碑。

14.1.2 亮度变化的脉动假说

造父变星作为宇宙距离指示器的重要用途, 并不需要了解它们光变的物理原因。事实上, 观测到的亮度变化曾经被认为是由双星大气中的潮汐效应引起的。然而, 1914 年美国天文学家**沙普利**(Harlow Shapley, 1885—1972) 认为双星理论存在致命的缺陷, 因为恒星的大小将超过一些变星的轨道大小。

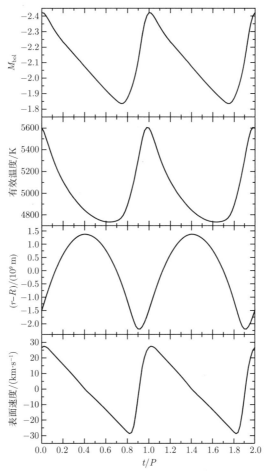

图 14.7　实测 δ Cephei——一颗典型经典造父变星的脉动性质 (数据来自 Schwarzschild, *Harvard College Observatory Circular*, 431, 1938)

沙普利提出了另一种观点: 观测到的经典造父变星的亮度和温度变化是由单星的径向脉动引起的。他提出, 这些恒星有节奏地 "呼吸", 在这个过程中交替地变亮变暗。四年后, 阿瑟·斯坦利·爱丁顿爵士为脉动假说提供了一个坚实的理论框架, 该假说从整个脉动周期中观测到的亮度、温度和表面速度变化之间的关系得到了强有力的支持。图 14.7 显示了实测的 δ Cephei 的星等、温度、半径和表面速度的变化。亮度的变化主要来自 δ Cephei 表面温度约 1000 K 的变化, 伴随的尺寸变化对光度的贡献较小。虽然 δ Cephei 的表面离平衡半径的总偏移绝对值很大 (略大于太阳的直径), 但仍然只是这颗超巨星尺寸的 5%~10%。δ Cephei 的光谱类型在整个周期中在 F5(最热) 和 G2(最冷) 之间不断变化。仔细检查图 14.7, 可以发现星等和表面速度曲线在形状上几乎完全相同。因此, 当恒星的表面在穿过最小半径后向外迅速膨胀时, 它是最亮的。在本章的后面, 我们将会看到, 对于最大光度在最小半径之后的相位滞后的解释, 其根源在于维持振荡的机制。

14.1.3 不稳定带

据估计, 银河系包含数百万颗脉动恒星。考虑到我们的星系由几千亿颗恒星组成, 这意味着恒星脉动只是一种短暂的现象, H-R 图上脉动变星的位置 (图 14.8 和图 8.16) 证实

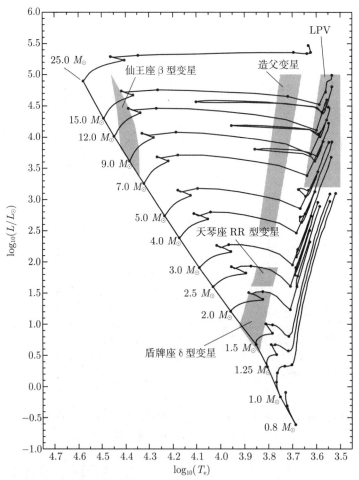

图 14.8 H-R 图上的脉动恒星 (演化轨迹的数据来自 Schaller 等, Astron. *Astrophys. Suppl.*, 96, 269, 1992)

了这一结论。大多数脉动恒星不是位于它们度过生命中大部分时间所在的主序，而是位于一个 H-R 图右边狭窄的 (600~1100 K 宽)、几乎垂直的不稳定带内。

不同质量恒星的理论演化轨迹如图 14.8 所示。当恒星沿着这些轨道演化进入不稳定带时开始振动，在离开时停止振动。当然，演化的时间尺度太长了，我们无法观测单颗恒星脉动的开始和停止，但已经捕捉到几颗恒星脉动历史的最后阶段。

14.1.4 脉动恒星的类型

天文学家将脉动恒星分为几类，表 14.1 列出了其中一些。**室女座 W**(W Virginis) 贫金属 (星族 II) 的造父变星，比同周期的经典造父变星暗 4 倍。因此，它们的周期–光度关系低于并平行于图 14.5 中所示的经典造父变星。**天琴座 RR 型**(RR 型变星) 恒星，也是星族 II，是在球状星团中发现的水平分支恒星。因为所有 RR Lyr 星的光度几乎相同，所以它们也是测量距离的有用准绳。在 H-R 图的主序附近发现的**盾牌座 δ**(δ Scuti) 恒星是演化的 F 型星，它们表现出径向和非径向振动，非径向振动是一个更复杂的运动，将在 14.4 节中讨论。在主序的下面 (图 14.8 中没有显示，然而，见图 16.4) 是被称为 **ZZ Ceti 星**的脉动白矮星。

表 14.1 脉动恒星 (摘自 Cox, *The Theory of Stellar Pulsation*, 普林斯顿大学出版社，普林斯顿，新西泽，1980)

类型	周期范围	星族	径向或者非径向
长周期变星	100~700 d	I, II	R
经典造父变星	1~50 d	I	R
室女座 W 变星	2~45 d	II	R
天琴座 RR 变星	1.5~24 h	II	R
盾牌座 δ 变星	1~3 h	I	R,NR
仙王 β 变星	3~7 h	I	R,NR
鲸鱼座 ZZ 变星	100~1000 s	I	NR

到目前为止列出的所有类型的恒星都位于不稳定带内，它们有一个共同的机制来驱动振荡。长周期变星，如 Mira 和 β Cephei 变星位于经典造父变星和 RR Lyr 所占据的不稳定带之外，它们在 H-R 图上的特殊位置将在 14.2 节讨论。

14.2 恒星脉动物理学

地质学家和地球物理学家通过对每年地震或其他震源产生的地震波的研究，获得了有关地球内部的大量信息。以同样的方式，天体物理学家模拟了恒星的脉动特性，以更好地了解它们的内部结构。通过数值计算恒星模型的演化序列，然后比较模型和实测的脉动特征 (周期、振幅、光变曲线和径向速度曲线的细节)，天文学家能够进一步测试他们的恒星结构和演化理论，获得一个恒星内部的详细图景[①]。

---

① 第 13 章还讨论了其他几种检验恒星结构和演化的方法。

14.2.1 周期–密度关系

脉动恒星的径向振动是恒星内部声波共振的结果。对脉动周期 Π 的粗略估计[①]，只要考虑声波穿过半径为 R、密度为常数 ρ 的模型星的直径时所需的时间，就很容易得到。绝热声速如式 (10.84) 所示，

$$v_{\mathrm{s}} = \sqrt{\frac{\gamma P}{\rho}}.$$

用式 (10.6) 求得流体静力学平衡时的压力，假设 (不现实的) 密度为常数。因此

$$\frac{\mathrm{d}P}{\mathrm{d}r} = -\frac{GM_r\rho}{r^2} = -\frac{G\left(\frac{4}{3}\pi r^3\rho\right)\rho}{r^2} = -\frac{4}{3}\pi G\rho^2 r.$$

利用表面 $P = 0$ 的边界条件，很容易积分得到压强作为 r 的函数，

$$P(r) = \frac{2}{3}\pi G\rho^2\left(R^2 - r^2\right). \tag{14.5}$$

因此，脉动周期大致为

$$\Pi \approx 2\int_0^R \frac{\mathrm{d}r}{v_{\mathrm{s}}} \approx 2\int_0^R \frac{\mathrm{d}r}{\sqrt{\frac{2}{3}\gamma\pi G\rho\left(R^2 - r^2\right)}},$$

或

$$\boxed{\Pi \approx \sqrt{\frac{3\pi}{2\gamma G\rho}}.} \tag{14.6}$$

定性地说，这表明恒星的脉动周期与其平均密度的平方根成反比。参考图 14.8 和表 14.1，这个周期–平均密度关系解释了为什么当我们沿着不稳定带从非常稀薄的超巨星向非常致密的白矮星移动时，脉动周期会减小[②]。莱维特发现的紧凑的周期–光度关系之所以存在，是因为不稳定带大致平行于 H-R 图的光度轴 (不稳定带的有限宽度反映在周期–光度关系中 ±0.5 星等的不确定性中)。式 (14.6) 与造父变星实测周期的定量吻合程度也是不错的，尤其是考虑到其粗糙的推导。对于一个典型的造父变星，取 $M = 5M_\odot, R = 50R_\odot$，则 $\Pi \approx 10$ 天，这正好符合经典造父变星所测量的周期范围。

[①] 在接下来的讨论中，将使用 Π 来表示脉动周期，以免与压力 P 混淆。在恒星脉动理论研究中，Π 是用来表示脉动周期的常用符号。(另一个常用的表示周期的符号 T，会与温度混淆。)

[②] 脉动白矮星表现出非径向振动，其周期比周期–平均密度关系所预测的要长。

14.2.2 径向脉动的模式

恒星径向脉动模式中的声波本质上是驻波，类似于图 14.9 中一端开放的风琴管中的驻波。恒星和风琴管都能维持几种振动模式，每一种模式的驻波在一端有一个**节点**(恒星的中心，风琴管的封闭端)，那里的气体不运动，而另一端 (恒星的表面，风琴管的开放端) 有个反节点 (波腹)。对于基模，气体在恒星或管道的每一点上都以相同的方向运动。对于**第一泛音模式**，在恒星中心和表面之间有一个节点[1]，两边的气体朝相反的方向运动；**第二泛音模式**有两个节点。

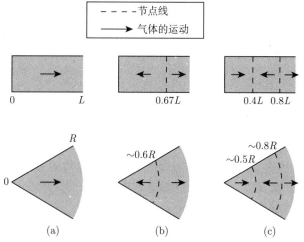

图 14.9 恒星和风琴管中的驻波：(a) 基模；(b) 第一泛音和 (c) 第二泛音

图 14.10 显示了 $12M_\odot$ 主序恒星模型的几个径向模式中，恒星物质与平衡位置的偏离值 $\delta r/R$。注意，在恒星表面，$\delta r/R$ 被任意地缩放，使得在表面为 1。

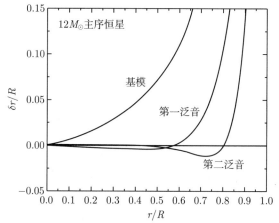

图 14.10 脉动恒星的径向模式。每个模式的波形已被任意缩放以使恒星表面的 $\delta r/R = 1$。实际上，经典造父变星的表面 $\delta r/R$ 的最大比值为 $0.05 \sim 0.10$

---

[1] 有些文本使用不合适的术语 "第一谐音" 来表示 "第一泛音"。

对于径向模式, 恒星物质的运动主要发生在表面区域, 但在恒星内部深处也有一些振动, 这种效应对基模影响最显著, 具有不可忽视的振幅。

对于图 14.10 所示的恒星模型, 在 $r = 0.5R$ 时, $\delta r/r$ 约为其表面值的 7%, 同一位置第一泛音的 $\delta r/R$ 小于其表面值的 1%, 且方向相反, 第二泛音的振幅接近零 ($r = 0.5R$ 接近第二泛音的节点)。

绝大多数的经典造父变星和室女座 W 型恒星都以基模脉动。天琴座 RR 型变星在基模或第一泛音模式下脉动, 也有少数同时具有两个模的振动。长周期变星, 如 Mira, 会在基模或第一泛音中振荡, 不过, 这还不是完全清楚。

14.2.3　爱丁顿的热力学热机

为了解释这些驻波产生的机制, 爱丁顿提出, 脉动恒星是热力学热机, 构成恒星的气体层在整个脉动周期的膨胀和收缩时做功 PdV。如果对循环积分 $\oint PdV > 0$, 则气体层对周围环境做净的正功, 有助于驱动振动; 如果 $\oint PdV < 0$, 则气体层所做的净功是负的, 倾向于抑制振荡。图 14.11 和图 14.12 分别给出了一个驱动层和一个阻尼层的 P-V 图, 这是对天琴座 RR 型恒星振荡的数值计算。如果总功 (通过将恒星各层的贡献相加得出) 为正, 则振幅就会增大。如果总功为负, 则振荡就会衰减。当所有层所做的总功为零时, 脉动振幅的变化持续, 直到达到一个平衡值。

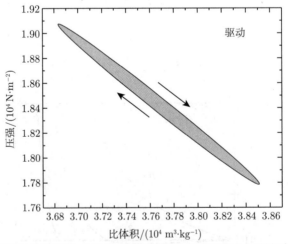

图 14.11　天琴座 RR 型变星的驱动层 P-V 图。你可能还记得在物理入门课程中讨论热机时 P-V 图的类似用法, P-V 图中的顺时针路径对应一个净驱动

对于任何热机来说, 恒星每一层在一个循环中所做的净功是流入气体的热量和离开气体的热量之差。对于驱动来说, 热量必须在循环的高温部分进入层, 在低温部分离开。就像汽车发动机的火花塞在压缩行程结束时点火一样, 脉动恒星的驱动层必须在其最大压缩期吸收热量。在这种情况下, 最大压力将发生在最大压缩之后, 振荡将被放大。

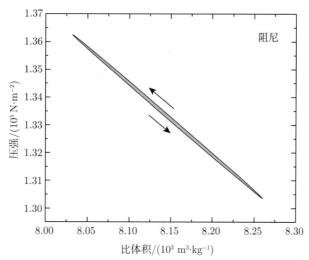

图 14.12　天琴座 RR 型变星阻尼层模型的 P-V 图，P-V 图中的逆时针路径对应净阻尼

14.2.4　核 ϵ-机制

在恒星的哪个区域会发生驱动呢? 爱丁顿首先考虑的一种明显的可能性是: 当恒星的中心被压缩时，它的温度和密度会上升，从而增加热核能产生的速度。然而，回想一下图 14.10，位移 $\delta r/R$ 在恒星的中心有一个节点，中心附近的脉动幅度非常小。虽然这种能量机制 (称为 ϵ-机制) 实际上在恒星的核心起作用，但它通常不足以驱动恒星的脉动。但是，如 10.6 节所述，核能产生率 (ϵ) 的变化可能会产生振荡，从而阻止质量大于约 $90M_\odot$ 的恒星形成。

14.2.5　爱丁顿阀门

爱丁顿随后提出了一个替代方案——阀门机制。如果恒星的某一层在压缩后变得更加不透明，它就可以 "阻挡" 向表面流动的能量，并将表面层向上推。然后，随着膨胀层变得更加透明，困住的热量就会逸出，这一层就会回落，开始新一轮的循环。用爱丁顿自己的话来说，"要使这个方法有效，我们必须让恒星压缩时比膨胀时更加隔热，换句话说，不透明度必须随着压缩而增加。"

但是，在恒星的大部分区域，不透明度实际上随着压缩而降低。回想一下 9.2 节的克拉默斯定律，不透明度 κ 取决于恒星物质的密度和温度，即 $\kappa \propto \rho/T^{3.5}$。当恒星的各层被压缩时，它们的密度和温度都会增加。但是由于不透明度对温度比密度更敏感，则气体的不透明度通常在压缩后降低。要克服大多数恒星层的阻尼效应需要特殊的环境，这就解释了为什么每 10^5 颗恒星中只有一颗能观测到恒星脉动。

14.2.6　不透明度效应以及 κ 和 γ 机制

俄罗斯天文学家**热瓦金**首先认证了激发和维持恒星振荡的条件，之后由德国人鲁道夫·基本哈恩，以及两名美国人**诺曼·贝克尔**和**约翰·考克斯**(1926—1984) 在详细的计算中进行了验证。他们发现，爱丁顿的阀门机制能够在恒星的部分电离区成功运行 (请参阅 8.1 节)。在气体被部分电离的这些气体层中，对气体进行压缩时所做功的一部分产生了进一步的电离，而不是升高气体的温度①。随着温度的小幅升高，压缩时密度的增加导致克拉默斯不透明度的相应增加 (图 14.13)。同样，在膨胀过程中，温度不会像预期的那样下降，因为离子会与电子复合并释放能量。克拉默斯定律中的密度项又占主导地位了，在膨胀过程中，不透明度随密度的降低而减小。这样，恒星的这一层在压缩过程中吸收热量，推动其向外膨胀并释放热量，然后再下落以开始另一个周期。天文学家将此**不透明机制**称为 κ **机制**。

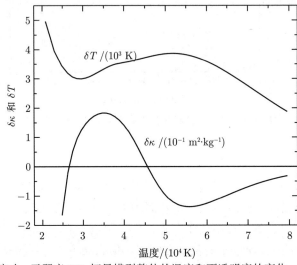

图 14.13　最大压缩时，天琴座 RR 恒星模型整体的温度和不透明度的变化。在 He Ⅱ 部分电离区 $(T \approx 40000 \text{ K})$，$\delta\kappa > 0$，$\delta T$ 降低，这些就是驱动恒星振荡的 κ 和 γ 机制

　　由于部分电离区的温度比邻近恒星层的温度增加得少，热在压缩过程中流向部分电离区的趋势加强了 κ 机制。当 C_P 和 C_V 值增大时，所引起的比热比变小，这种效应称为**γ机制**。部分电离区是驱动恒星振动的活塞，它们调节通过恒星各层的能量流动，是恒星脉动的直接原因。

14.2.7　氢和氦部分电离区

　　在大多数恒星中有两个主要的电离区：第一个是中性氢的电离 (H Ⅰ→H Ⅱ) 和氦的第一电离 (He Ⅰ→He Ⅱ) 区，均发生在特征温度为 $(1 \sim 1.5) \times 10^4$ K 的层中，这些层统称为**氢部分电离区**；第二个较深的区是氦的第二电离区 (He Ⅱ→He Ⅲ)，这是在 4×10^4 K 的特征温度下发生的，称为 **He Ⅱ 部分电离区**。

　　这些电离区在恒星内的位置决定了其脉动特性。如图 14.14 所示，如果恒星太热 (7500 K)，则电离区将位于非常靠近表面的地方，这个位置密度非常低，没有足够的质量来有效地驱动振荡。这解释了 H-R 图上不稳定带的**蓝色热边缘**的存在。在较冷的恒星 (6500 K) 中，电离区的特征温度出现在更深的层次。

---

① 正如 10.4 节所讨论的，这将导致在部分电离区比热 C_P 和 C_V 有较大的值。

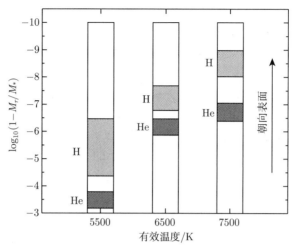

图 14.14　不同温度恒星中的氢和氦电离区。对于恒星上的每个点，纵轴显示的是该点以上恒星质量的对数

电离区 "活塞" 拥有更多的质量来推动周围物质，也许能激发第一泛音模式。(一个模式是否真的被激发，取决于在电离区产生的正功是否足以克服由恒星其他层负功造成的阻尼。) 在更冷的恒星 (5500 K) 中，电离区发生在更深的地方，足以驱动基模振动。然而，如果一颗恒星的表面温度过低，则其外层有效对流的启动可能会减弱振荡。因为当恒星被压缩时，通过对流传能更有效，对流的恒星物质可能在最小半径处失去热量，这样就克服了电离区对热量的阻挡，从而熄灭恒星的脉动。不稳定带的冷的**红边缘**的存在是对流阻尼作用的结果[①]。

恒星脉动模型的详细数值计算产生了一个与 H-R 图上的观测位置非常一致的不稳定带。这些计算表明，在不稳定带内，驱动恒星振动的主要原因是 He II 部分电离区。如果人为地消除氦电离带的影响，模型恒星将不会发生脉动。

氢电离区起着更微妙的作用。当恒星发生脉动时，氢电离区会随着恒星气体温度的变化而膨胀或收缩，向表面移动或远离表面。当氢电离区和表面之间的质量最小时，恒星最亮。恒星振荡，电离区的位置相对其径向位置 r 及其以内的质量 M_r 都是变化的。在电离氢区底部的入射光度确是在最小半径处为最大值，但这仅仅 (通过质量) 推动这个区域在那一瞬间以最快的速度向外。因此，当辐射带最接近表面时，出射光度在最小半径之后是最大的。氢部分电离区的这种延迟作用产生了在经典造父变星和天琴座 RR 型变星观测到的相位滞后。

对于导致不稳定带外恒星脉动的机制的理解还不够好。**长周期变星**是红的超巨星 (AGB 星)，它由一个巨大的弥漫对流包层包围着致密的核心。它们的光谱由分子吸收线主导，还有发射线，揭示了大气激波的存在和显著的质量损失。虽然我们知道氢的部分电离区驱动了长周期变星的脉动，但仍有许多细节有待解释，比如它的振荡是如何与其外部大气相互作用的[②]。

　　[①] 尽管对 RR Lyrae 和 ZZ Ceti 恒星的研究已经取得了一些成果，但在对流对恒星脉动的影响方面仍有许多工作要做。由于目前缺乏时间依赖的对流基本理论，研究进展受到了阻碍。

　　[②] 在 16.2 节中，我们将看到 ZZ Ceti 星也是由氢部分电离区驱动的。

14.2.8   β Cephei恒星和铁不透明度 "鼓包"

仙王座 β(β Cephei) 恒星带来了另一个有趣的挑战。由于位于 H-R 图的左上方, 它们非常热而且明亮。β Cephei 恒星是早 B 型星, 有效温度在 20000~30000 K 的范围内, 典型的光度型为 Ⅲ, Ⅳ 和 Ⅴ。基于它们的高有效温度, 氢是完全电离的, 而氢电离区太接近表面, 无法有效地驱动恒星的脉动。经过多年的研究发现, β Cephei 型星的 κ 和 γ 机制仍然是活跃的, 但起驱动作用的元素是铁。尽管在所有恒星中铁的丰度都很低 (回想一下, 例如, 表 9.2), 但铁光谱中大量的吸收线意味着, 在接近 100000K 的温度下, 铁对恒星的不透明度有显著的贡献, 这种效应在图 9.10 中所示的不透明度与温度的关系中 100000 K 以上的 "铁包" 中呈现。这个铁电离区的深度足以在这些恒星中产生净的正脉动驱动。

14.3   恒星脉动建模

10.5 节描述了流体静力平衡状态下恒星模型的构建。恒星被分成许多同心的质量壳层, 然后将稳态恒星结构的微分公式转化为差分公式, 应用于每个质量壳层, 在中心和表面的特定边界条件下, 在计算机上求解公式组。

14.3.1   非线性动力学模型

因为脉动恒星并不处于流体静力平衡, 10.5 节开头收集的恒星结构公式组不能以其现有的形式使用。取而代之的是, 使用了一组更通用的公式, 将质量壳层的振荡考虑在内。例如, 牛顿第二定律 (式 (10.5))

$$\rho \frac{\mathrm{d}^2 r}{\mathrm{d}t^2} = -G \frac{M_r \rho}{r^2} - \frac{\mathrm{d}P}{\mathrm{d}r}, \tag{14.7}$$

必须用来代替流体静力学平衡公式 (10.6)。一旦汇集了描述恒星非平衡力学和热行为的微分公式, 以及适当的本构关系, 它们就可以用 10.5 节中所述的差分公式代替, 并进行数值求解。本质上, 模型恒星在数学上离开它的平衡状态, 然后 "释放" 到开始它的振荡。质量壳层会膨胀和收缩, 运动时互相推挤。如果条件合适, 模型恒星中的电离区将驱动振荡, 脉动幅度将缓慢增加; 否则, 振幅就会衰减。执行这些计算的计算机程序已经相当成功地模拟了在造父变星的光变和径向速度曲线中观测到的细节。

前一种方法的主要优点是它是一种非线性计算, 在原理上能够模拟大振幅的复杂性, 并再现实际光变曲线的非正弦形状。其缺点在于所需的计算机资源: 这个过程需要大量的 CPU 时间和内存。在模型稳定为一个表现良好的周期运动之前, 必须计算许多 (有时是数千) 的振荡, 当脉动幅值达到其最终值时, 模型可能需要更多的周期才能达到其极限循环。事实上, 在某些情况下, 计算机模拟的某些类型的脉动恒星可能永远不会获得一个真正的周期解, 但却表现出随机行为, 就像在一些真实的恒星中观测到的那样。

非线性计算的第二个缺点在于每个时间步的精确收敛模型所涉及的挑战。在非线性公式中的数值不稳定性可以导致计算失常, 得到非物理的解, 当红巨星和红超巨星需要时间依赖的对流理论时, 尤其如此。

14.3.2 流体动力学公式的线性化

非线性方法的另一种选择是通过只考虑小振幅振荡来线性化微分公式, 这是通过将微分公式中的每个变量写成平衡值 (在恒星的静态模型中找到) 加上由脉动而产生的微小变化来实现的。例如, 压强 P 会写成 $P = P_0 + \delta P$, P_0 的值是壳层平衡模型的值, δP 是振动模型中壳层运动时发生的压强的小变化。因此 δP 是时间的函数, 而 P_0 是常数。当将以这种方式写的变量插入微分公式时, 只包含平衡量的项会被抵消, 而包含高于一阶的变化量的项, 如 $(\delta P)^2$, 因为小得可以忽略不计则可能被丢弃。由此得到的线性化的微分公式及其相关的边界条件, 也是线性化的, 类似于波在弦或管风琴管中的公式。只有特定周期的驻波是允许的, 因此恒星的脉动模式被清晰地识别出来。这些公式仍然足够复杂, 需要用计算机来解, 但所涉及的时间比非线性计算要少得多。采用线性化方法的缺点是, 恒星的运动被迫是正弦的 (因为它必须是小振幅的振荡), 脉动振幅的限定值无法确定。这样就牺牲了对恒星模型完全非线性行为的复杂性进行建模。

例 14.3.1 在这个例子中, 我们考虑了一个不现实但很有启发意义的恒星脉动模型, 称为**单区模型**。如图 14.15 所示, 它由一个中心点的质量等于整个恒星的质量 M 和一个外围的薄的、质量为 m、半径为 R 的表层所组成。壳的内部充满了压力为 P 的无质量气体, 其唯一作用是支持壳以对抗中心质量 M 的引力。牛顿第二定律 (式 (14.7)) 应用到这个壳层上是

$$m\frac{\mathrm{d}^2 R}{\mathrm{d}t^2} = -\frac{GMm}{R^2} + 4\pi R^2 P. \tag{14.8}$$

对于平衡模型, 公式的左边为零, 所以

$$\frac{GMm}{R_0^2} = 4\pi R_0^2 P_0. \tag{14.9}$$

将恒星的半径和压强写成以下形式来达到线性化:

$$R = R_0 + \delta R \quad \text{和} \quad P = P_0 + \delta P$$

并将这些表达式代入式 (14.8), 得到

$$m\frac{\mathrm{d}^2 (R_0 + \delta R)}{\mathrm{d}t^2} = -\frac{GMm}{(R_0 + \delta R)^2} + 4\pi (R_0 + \delta R)^2 (P_0 + \delta P),$$

用一阶近似

$$\frac{1}{(R_0 + \delta R)^2} \approx \frac{1}{R_0^2}\left(1 - 2\frac{\delta R}{R_0}\right),$$

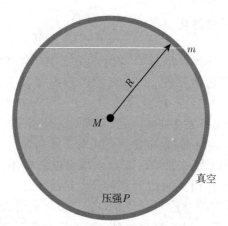

图 14.15   脉动恒星的单区模型

只保留那些涉及一阶函数的项，得到

$$m\frac{\mathrm{d}^2(\delta R)}{\mathrm{d}t^2} = -\frac{GMm}{R_0^2} + \frac{2GMm}{R_0^3}\delta R + 4\pi R_0^2 P_0 + 8\pi R_0 P_0 \delta R + 4\pi R_0^2 \delta P,$$

其中，$\mathrm{d}^2 R_0/\mathrm{d}t^2 = 0$ 是平衡模型中用到的，右边的第一项和第三项抵消了 (式 (14.9))，剩下

$$m\frac{\mathrm{d}^2(\delta R)}{\mathrm{d}t^2} = \frac{2GMm}{R_0^3}\delta R + 8\pi R_0 P_0 \delta R + 4\pi R_0^2 \delta P. \tag{14.10}$$

这是单区模型中牛顿第二定律的线性化版本。

为了把两个变量 δR 和 δP 减为一个，我们现在假定振荡是绝热的。在这种情况下，模型的压强和体积通过绝热公式 $PV^\gamma = $ 常数联系起来，其中 γ 是气体比热的比值。由于单区模型的体积为 $\frac{4}{3}\pi R^3$，所以绝热关系变为 $PR^{3\gamma} = $ 常数。这个表达式的线性化留作练习：

$$\frac{\delta P}{P_0} = -3\gamma\frac{\delta R}{R_0}. \tag{14.11}$$

利用这个公式，可以从式 (14.10) 中消除 δP。此外，根据式 (14.9)，$8\pi R_0 P_0$ 可以用 $2GMm/R_0^3$ 代替。结果，壳层的质量 m 抵消了，留下了 δR 的线性化公式：

$$\frac{\mathrm{d}^2(\delta R)}{\mathrm{d}t^2} = -(3\gamma - 4)\frac{GM}{R_0^3}\delta R. \tag{14.12}$$

如果 $\gamma > 4/3$(所以公式的右边是负的)，这就是熟悉的描述简谐运动的公式。公式的解为 $\delta R = A\sin(\omega t)$，其中 A 为脉动振幅，ω 为脉动角频率。将 δR 的这个表达式代入式 (14.12)，得到

$$\omega^2 = (3\gamma - 4)\frac{GM}{R_0^3}. \tag{14.13}$$

最后，单区模型的脉动周期正好为 $\Pi = 2\pi/\omega$，或

$$\Pi = \frac{2\pi}{\sqrt{\frac{4}{3}\pi G \rho_0 (3\gamma - 4)}}, \tag{14.14}$$

式中，$\rho_0 = M / \left(\frac{4}{3}\pi R_0^3 \right)$，为平衡模型的平均密度。对于理想的单原子气体 (适用于炽热的恒星气体)，$\gamma = 5/3$。除了量级为 1 的因子外，这与之前考虑声波穿过恒星直径所需的时间的周期估计 (式 (14.6)) 是一样的。

在例 14.3.1 中，为了简化计算，采用了单区模型脉动的线性和绝热近似。注意，在这个例子中，脉动振幅 A 被抵消了，无法计算振荡的振幅是线性化脉动公式的一个固有缺点。

14.3.3 非线性和非绝热计算

因为在绝热分析中，不允许热量进入或离开恒星模型的各壳层，所以振荡的振幅 (无论它可能是什么) 保持恒定。然而，天文学家需要知道哪些模式会增长，哪些会衰减，计算必须包括爱丁顿的阀门机制所涉及的物理，所以，描述通过恒星某层的热量和辐射传递的公式 (类似于在 10.4 节中讨论的那些) 必须包含在这样的非绝热计算中。这些非绝热表达式也可以线性化并求解，以获得各模的周期和生长速率。然而，为了再现一些变星的复杂的光变曲线和径向速度曲线，需要更复杂和昂贵的非线性、非绝热计算。本章末尾的计算机习题要求你对这个单区模型的脉动进行非线性 (但仍然是绝热的) 计算。

14.3.4 动力学稳定性

式 (14.12) 为恒星的**动力学稳定性**提供了非常重要的见解。如果 $\gamma < 4/3$，则等式 (14.12) 的右边为正，解为 $\delta R = A e^{-\kappa t}$，其中 κ^2 与式 (14.13) 中的 ω^2 相同。如果 $\gamma < 4/3$，则恒星会坍塌而不是脉动。气压的增加不足以克服重力向内的拉力，并将壳层外推，从而导致动力学不稳定的模型。由 γ 值减小而引起的这种不稳定性将在 16.4 节中再次看到，其中会描述白矮星的相对论效应。

对于非绝热振荡，通常将脉动的时间依赖性取为 $e^{i\sigma t}$ 的实部，其中 σ 为复频率，$\sigma = \omega + i\kappa$。在这个表达式中，$\omega$ 是通常的脉动频率，而 κ 是**稳定系数**，因此脉动振幅与 $e^{-\kappa t}$ 成正比，而 $1/\kappa$ 是振荡增长或衰减的特征时间。

14.4 恒星非径向脉动

当某些类型的恒星发生脉动时，它们的表面并不是以简单的 "呼吸" 运动均匀地进出。相反，这样的恒星会实行一种更为复杂的非径向运动，在这种运动中，其表面的某些区域会膨胀，而其他区域则会收缩。

14.4.1 非径向振动和球谐函数

图 14.16 显示了几个非径向模式的角模式。如果恒星表面较亮的区域向外移动，那么阴影区域就是向内移动。压力变化 (δP) 等标量也遵循同样的规律，在某些区域为正，在其

他区域为负。形式上，这些模式是由球谐函数 $Y_\ell^m(\theta,\phi)$ 的实部来描述的，其中 ℓ 是一个非负整数，m 等于 $-\ell$ 和 $+\ell$ 之间的任意 $2\ell+1$ 个整数[①]。对于 ℓ 个节点圈 $(\delta r=0)$，其中 $|m|$ 个圈穿过恒星的两极，其余的 $\ell-|m|$ 个圈平行于恒星的赤道。如果 $l=m=0$，则脉动是纯径向的。

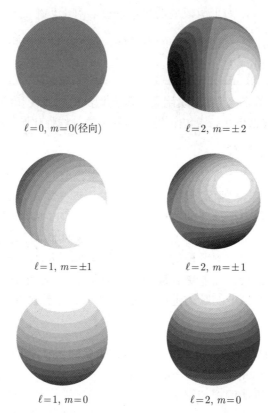

$$\ell=0,\ m=0(\text{径向})\qquad\qquad \ell=2,\ m=\pm2$$

$$\ell=1,\ m=\pm1\qquad\qquad \ell=2,\ m=\pm1$$

$$\ell=1,\ m=0\qquad\qquad \ell=2,\ m=0$$

图 14.16　　非径向脉动模式。脉动模式用球谐函数 $Y_\ell^m(\theta,\phi)$ 的实部表示

下面是一些 $Y_\ell^m(\theta,\phi)$ 函数的例子：

$$Y_0^0(\theta,\phi) = K_0^0$$

$$Y_1^0(\theta,\phi) = K_1^0\cos\theta$$

$$Y_1^{\pm1}(\theta,\phi) = K_1^{\pm1}\sin\theta\mathrm{e}^{\pm\mathrm{i}\phi}$$

$$Y_2^0(\theta,\phi) = K_2^0\left(3\cos^2\theta-1\right)$$

$$Y_2^{\pm1}(\theta,\phi) = K_2^{\pm1}\sin\theta\cos\theta\mathrm{e}^{\pm\mathrm{i}\phi}$$

$$Y_2^{\pm2}(\theta,\phi) = K_2^{\pm2}\cos^2\theta\mathrm{e}^{\pm2\mathrm{i}\phi}$$

[①] 在应用球对称时，在物理中经常会遇到**球谐函数**。在本科物理课程中常见的例子是用球谐函数来描述氢原子的量子力学波函数。复习一下 5.4 节的讨论和图 5.12 中描述的轨道。

其中，K_l^m 为"归一化"常数；i 为虚部，$i \equiv \sqrt{-1}$。回想一下**欧拉公式**，$e^{\pm mi\phi} = \cos(m\phi) \pm i\sin(m\phi)$。因此，$e^{\pm mi\phi}$ 的实部就是 $\cos(m\phi)$。

非零 m 的模式代表了平行于赤道穿过恒星的行波。(想象一下沙滩球上的这些图案，球绕着垂直轴慢慢旋转。) 波绕恒星运行一周所需的时间是 $|m|$ 乘以恒星的脉动周期。然而，值得注意的是，恒星本身可能根本就没有旋转，正如水波可以在水本身没有穿行的情况下穿过湖泊表面一样，这些行波是通过恒星气体的扰动[①]。

14.4.2 p 模和 f 模

在 14.2 节中，恒星的径向脉动被归因于恒星内部的驻波。在非径向振荡的情况下，声波可以水平传播，也可以径向传播，从而产生绕恒星传播的波。由于压力为声波提供了恢复力，这些非径向振荡称为 p 模。完整地描述 p 模需要它的径向和角向节点的细节。例如，p_2 模可以看作径向第二泛音模式的非径向模拟。p_2 中 $\ell = 4$ 和 $m = -3$ 的模式在中心和表面之间有两个径向节点，其角模有四条节点线，三条穿过极点，一条平行于赤道。图 14.17 显示了一个 $12M_\odot$ 的主序星模型的两个 p 模式，可以注意到这张图和图 14.10 的相似之处，大部分的运动发生在恒星表面附近。图 14.10 也显示了 f 模，它可以被认为是一个表面重力波 (注意，振幅随半径迅速上升)。f 模的频率介于 p 模和 g 模 (稍后讨论) 之间。f 模式没有对应的径向模。

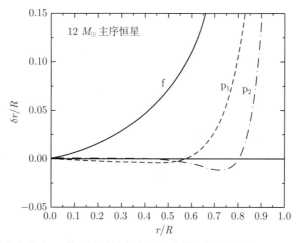

图 14.17　$l = 2$ 时的非径向 p 模。波形被任意缩放使得恒星表面的 $\delta r/R = 1$，同时显示了 f 模

14.4.3 声波频率

p 模的角频率可以从声波传播一个水平波长 (从一个角节点线到下一个角节点线) 的时间得到，这个水平波长由表达式给出

$$\lambda_{\mathrm{h}} = \frac{2\pi r}{\sqrt{\ell(\ell + 1)}}, \qquad (14.15)$$

[①] 习题 14.10 考虑了对非径向脉动恒星的观测。

其中，r 是到恒星中心的径向距离。恒星在这个深度处的**声波频率**定义为

$$S_\ell = \frac{2\pi}{\text{声音穿行 } \lambda_\text{h} \text{ 的时间}},$$

可以写成

$$S_\ell = 2\pi \left[\frac{v_\text{s}}{2\pi r / \sqrt{\ell(\ell+1)}} \right]$$

$$= \sqrt{\frac{\gamma P}{\rho}} \frac{\sqrt{\ell(\ell+1)}}{r}, \tag{14.16}$$

式中，v_s 为式 (10.84) 所示的绝热声速。由于声速与温度的平方根成正比 (回想一下理想气体定律，式 (10.11)，即 $P/\rho \propto T$)，声波频率在恒星内部深处很大，随着 r 的增加而减小。p 模的频率由 S_ℓ 的平均值决定，对平均值贡献最大的区域来自恒星振荡能量最大的区域。

在没有旋转的情况下，脉动周期仅取决于径向节点数和整数 ℓ；周期与 m 无关，因为没有自转就没有明确的两极和赤道，m 没有物理意义。另一方面，如果恒星旋转，旋转本身定义了两极和赤道，不同 m 值模式的脉动频率会分开或分裂成与旋转一致或反向的行波 (m 的符号决定了波的移动方向)。脉动频率被分割的数量取决于恒星的角旋转频率 Ω，对于简单的匀速旋转情况，旋转产生的频率位移与 $m\Omega$ 成正比。我们将在后面讨论，这种频率分裂为测量太阳内部转动提供了一个强大的探针。

14.4.4　g 模

正如压力为 p 模声波的压缩和膨胀提供恢复力一样，重力是另一类称为 g 模的非径向振动恢复力的来源。g 模是由内部重力波产生的，这些波涉及恒星气体来回 "晃动"，最终与恒星物质的浮力有关。因为 "晃动" 不可能发生在纯粹的径向运动中，g 模没有径向对应。

14.4.5　布伦特–韦伊塞莱 (Brunt-Väisälä)(浮力) 频率

为了更好地理解这种 g 模的振荡运动，我们考虑一个小气泡，它由恒星物质组成，从其在恒星中的平衡位置向上移动一个量 dr，如图 10.10[①] 所示，我们将假设这个运动发生时：

(1) 足够慢，使得气泡内部的压强 $P^{(\text{b})}$ 总是等于它周围的压强 $P^{(\text{s})}$；

(2) 足够快，使得气泡与其周围环境之间没有热量交换。

第二个假设意味着气泡的膨胀和压缩是绝热的。如果移动气泡的密度大于其新环境的密度，那么气泡就会回落到原来的位置。在气泡最终位置上，单位体积的净恢复力为向上的浮力 (由阿基米德定律给出) 与向下的重力之差：

$$f_\text{net} = \left(\rho_\text{f}^{(\text{s})} - \rho_\text{f}^{(\text{b})} \right) g,$$

---

① 下面的讨论只是从另一个角度重新审视了在 10.4 节看到的对流问题。

其中，$g = GM_r/r^2$ 是局部重力加速度的值。围绕初始位置的密度进行泰勒展开，得到

$$f_{\text{net}} = \left[\left(\rho_i^{(s)} + \frac{d\rho^{(s)}}{dr} dr \right) - \left(\rho_i^{(b)} + \frac{d\rho^{(b)}}{dr} dr \right) \right] g.$$

气泡的初始密度与周围相同，所以相关的项抵消了，剩下

$$f_{\text{net}} = \left(\frac{d\rho^{(s)}}{dr} - \frac{d\rho^{(b)}}{dr} \right) g dr.$$

由于气泡的运动是绝热的，可以用式 (10.87) 来代替 $d\rho^{(b)}/dr$：

$$f_{\text{net}} = \left(\frac{d\rho^{(s)}}{dr} - \frac{\rho_i^{(b)}}{\gamma P_i^{(b)}} \frac{dP^{(b)}}{dr} \right) g dr.$$

看看这个公式，所有的 "b" 上标都可以改成 "s"，因为初始密度是相等的，并且根据第一个假设，气泡内外的压力总是相同的。因此，这个公式中的所有量都与气泡周围的物质有关。根据这种理解，下标完全被去掉，从而得到

$$f_{\text{net}} = \left(\frac{1}{\rho} \frac{d\rho}{dr} - \frac{1}{\gamma P} \frac{dP}{dr} \right) \rho g dr.$$

为了方便，括号中的项定义为

$$A \equiv \frac{1}{\rho} \frac{d\rho}{dr} - \frac{1}{\gamma P} \frac{dP}{dr}. \tag{14.17}$$

因此，作用在气泡上的单位体积的合力为

$$f_{\text{net}} = \rho A g dr. \tag{14.18}$$

如果是 $A > 0$，那么作用在位移气泡上的合力与 dr 的符号相同，所以气泡将继续远离其平衡位置，这是对流发生的必要条件，等价于之前发现的对流不稳定的其他要求，如式 (10.94)。然而，如果 $A < 0$，那么作用在气泡上的合力将与位移方向相反，因此气泡将被推回其平衡位置。在这种情况下，式 (14.18) 具有胡克定律的形式，其恢复力与位移成正比。因此，如果 $A < 0$，气泡将以简谐运动围绕其平衡位置振荡。

将单位体积的力 f_{net} 除以单位体积的质量 ρ，就得到单位质量的力，或加速度 $a = f_{\text{net}}/\rho = A g dr$。因为加速度与简谐运动的位移有关[①]，我们有

$$a = -N^2 dr = A g dr,$$

其中，N 是气泡在其平衡位置附近的角频率，称为 **Brunt-Väisälä 频率**或浮力频率，

[①] 例如，回想一下弹簧的 $F = ma = -kx$，加速度为 $a = -\omega^2 x$，其中 $\omega = \sqrt{k/m}$ 是弹簧运动的角频率。

$$N = \sqrt{-Ag} = \sqrt{\left(\frac{1}{\gamma P}\frac{dP}{dr} - \frac{1}{\rho}\frac{d\rho}{dr}\right)g}. \tag{14.19}$$

在恒星中心 ($g = 0$) 和对流区边缘 ($A = 0$) 的浮力频率为零，回想一下，在没有对流的地方，$A < 0$，所以在对流比较稳定 (即对流不容易产生) 的地方，N 更大。在对流区，$A > 0$，浮力频率没有定义。

14.4.6　作为恒星结构探针的 g 模和 p 模

恒星邻近区域的"晃动"效应产生了内部重力波，该重力波引起非径向脉动恒星的 g 模，g 模的频率由整个恒星上 N 的平均值决定。图 14.18 显示了使用图 14.17 同一恒星模型的几个 g 模，比较这两幅图可以发现这两种模式之间的显著差异，这使得它们对研究太阳和其他恒星内部的天文学家非常有用。最重要的是，请注意这两个图形的纵轴比例尺的差异。g 模涉及恒星内部深层恒星物质的大运动，而 p 模的运动则被限制在恒星表面附近。因此，g 模提供了一个观测恒星核心的视角，而 p 模则可以对其表层的情况进行诊断。

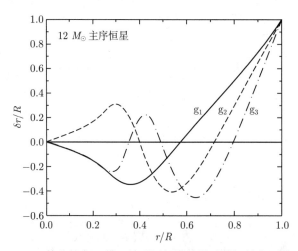

图 14.18　$\ell = 2$ 的非径向 g 模。波形已任意缩放以使恒星表面的 $\delta r/R = 1$

14.5　日震学和星震学

所有非径向脉动的思想都在**日震学**中发挥了作用。日震学是研究太阳振动的科学，日震学于 1962 年由美国天文学家**罗伯特·莱顿**(1919—1997)、罗伯特·诺伊斯和乔治·西蒙首次观测到。典型的太阳振荡模式具有非常低的振幅，表面速度仅为 $0.10\ \mathrm{m\cdot s^{-1}}$ 或更小[①]，光度变化 $\delta L/L_\odot$ 仅为 10^{-6}。随着在它的表面和内部大约 1000 万个模式的非相干叠加，我们的恒星像钟一样"鸣响"。

---

① 这些令人难以置信的精确速度测量来自于跟随转动太阳表面的狭缝仔细观测的吸收线 (如 Fe I 557.6099nm 线) 的多普勒位移。

14.5.1 太阳五分钟振荡

在太阳上观测到的振荡模式的周期在 3~8min，水平波长非常短 (ℓ 从 0 到 1000 或以上)，这些所谓的五分钟振荡被认为是 p 模。5min 的 p 模集中在光球层以下的对流区，图 14.19 显示了一个典型的 p 模。g 模位于太阳内部深处，在对流区之下。通过研究这些 p 模振荡，天文学家已经能够对太阳在这些区域的结构有新的认识[①]。

图 14.19　5min 的 p15 模式 $\ell = 20, m = 16$。太阳对流区是点画区，在这里发现了 p 模 (由美国国家光学天文观测站提供)

图 14.20 显示了太阳 p 模所包含的相对功率。这一信息也可以用另一种方式绘制，如图 14.21 所示，横轴为 ℓ，纵轴为脉动频率。圆表示观测到的频率，每个连续的脊对应一个 p 模 (p1，p2，p3，···)。叠加的线是太阳模型计算的理论频率。所有观测到的五分钟模都是用这种方法证认的。这种契合的确令人印象深刻，但并不十分精确。必须对太阳模型精细调节，以获得理论和观测的 p 模频率之间的最佳一致。这一过程可以揭示太阳对流区的深度以及太阳外层的旋转和化学组成。

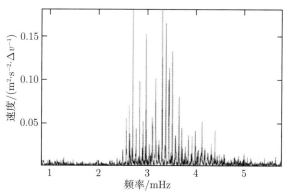

图 14.20　太阳 p 模的相对功率，周期 5min 对应的频率为 3.33 mHz(图改编自 Grec、Fossat 和 Pomerantz，《自然》(*Nature*)，288，541，1980)

[①] 据信也观测到了一系列 160min 的 "g 模"。但是，在 SOHO 航天器上使用 GOLF 仪器进行的 690 天连续观测未能发现任何对整个有争议的模式的证据。人们相信，地基观测得到的 160min 模式是由与地球大气层相关的谐波效应所致。请注意，160min 正好是 24 小时太阳日的 1/9。

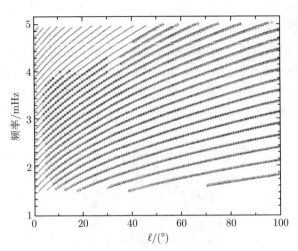

图 14.21   太阳 p 模: 观测 (圆) 和理论 (线)(图摘自 librecht, *Space Sci., Rev.*, 47, 275, 1988)

14.5.2   较差转动和太阳对流区

如第 11 章所述, 根据日震学研究, 结合详细的恒星演化计算, 已知太阳对流区的底部位于 $0.714R_\odot$, 温度约为 2.18×10^6K。观测到的 p 模频率转动分裂表明, 在太阳表面观测到的交叉转动在对流区轻微减弱 (图 11.16)。水平波长较短 (l 较大) 的 p 模在对流区的穿透深度较浅, 因此转动频率分裂大小的差异揭示了旋转对深度的依赖。旋转随与太阳赤道距离的变化的测量来自于转动频率分裂对 m 的依赖。在对流区以下, 赤道和极区转动速率收敛到 $r/R_\odot \approx 0.65$ 的单一值。因为需要一个转动速度随深度的变化将太阳磁场从极向转换成环形几何 (如 11.3 节中讨论), 这些结果表明, 太阳的磁发电机可能处于辐射区和对流区相接处的**差旋层**(tachocline, 辐射区和对流的交界面)。

14.5.3   化学成分检测

从图 14.21 中观测到的 p 模脊与理论 p 模脊的比较中, 也可以推断出太阳外层氦的丰度。结果与太阳表面氦的质量占比 $Y = 0.2437$ 一致。

14.5.4   探索内部深处

天文学家在尝试利用太阳的 g 模探测太阳内部时遇到了更多的困难。因为 g 模存在于对流区之下, 它们的振幅在太阳表面明显减弱。到目前为止, 还没有对 g 模作出明确的识别。然而, 利用这些振荡来更多地了解太阳核心的潜在回报迫使天文学家将他们的观测智慧应用到这些 g 模上。

14.5.5   太阳振荡的驱动

驱动太阳振荡的机制问题还没有得到最终的答案。主序星太阳不是一颗正常的脉动恒星, 它远在 H-R 图 (图 14.8) 上不稳定带的红边缘之外, 那里的湍动对流克服了电离区在最大压缩时吸热的趋势, 因此, 爱丁顿阀门机制不能解释太阳振荡。然而, 靠近对流区顶部的对流时间尺度是几分钟, 人们强烈怀疑 p 模是通过对流区本身的湍流能量驱动的, 这也是 p 模所在区域。

14.5.6 δ Scuti 星和快速振荡的 Ap 星

日震学的技术也可应用于其他恒星。**星震学**研究恒星的脉动模式，以研究它们的内部结构、化学成分、旋转和磁场。

盾牌座 δ 型星(δ Scuti) 是 A~F 型星族 I 主序星和巨星，它们倾向于以低泛音径向模式以及低阶 p 模 (可能还有 g 模) 进行脉动。δ Scuti 的振幅相当小，从几个毫星等到大约 0.8 星等不等。星族 II 亚巨星也表现出径向和非径向振荡，以凤凰座 SX 著称。

另一类有趣的脉动恒星是**快速振荡的 Ap 星**(rapidly oscillating Ap stars，roAp)，与 δ Scuti 星在 H-R 图的同一区域。这些具有特殊的表面化学成分 (因此命名为 "p") 的恒星旋转，并有强大的磁场。这种不寻常的化学成分很可能是由于较重元素的沉降，类似于太阳表面附近发生的元素扩散。如果某些元素在恒星黑体能谱的峰值附近有大量的吸收线，它们也可能在大气中被提升。这些原子优先吸收光子，产生净向上的动量。如果大气对湍流运动足够稳定，其中一些原子就会倾向于向上漂移。

roAp 星的脉动振幅非常小，小于 0.016 星等，看起来它们主要以高阶 p 模进行脉动，且脉动轴与磁轴方向一致，而磁轴与旋转轴有一定的倾斜角 (**斜转子模型**)。roAp 恒星是除太阳外研究最深入的主序恒星之一，但其脉动驱动机制仍存在疑问。

推 荐 读 物

一般读物

The American Association of Variable Star Observers, http://www.aavso.org/. Giovanelli, Ronald, *Secrets of the Sun*, Cambridge University Press, Cambridge, 1984.

Kaler, James B., *Stars and Their Spectra*, Cambridge University Press, Cambridge, 1997.

Leibacher, John W., et al., "Helioseismology, " *Scientific American*, September 1985.

Zirker, Jack B., *Sunquakes: Probing the Interior of the Sun*, Johns Hopkins University Press, Baltimore, 2003.

专业读物

Aller, Lawrence H., *Atoms, Stars, and Nebulae*, Third Edition, Cambridge University Press, Cambridge, 1991.

Brown, Timothy M., et al., "Inferring the Sun's Internal Angular Velocity from Observed p-Mode Frequency Splittings, " *The Astrophysical Journal*, 343 , 526, 1989.

Clayton, Donald D., *Principles of Stellar Evolution and Nucleosynthesis*, University of Chicago Press, Chicago, 1983.

Cox, John P., *The Theory of Stellar Pulsation*, Princeton University Press, Princeton, NJ, 1980.

Freedman, Wendy L., et al., "Distance to the Virgo Cluster Galaxy M100 from Hubble Space Telescope Observations of Cepheids, " *Nature*, 371, 757, 1994.

General Catalogue of Variable Stars, Sternberg Astronomical Institute, Moscow, Russia, http://www.sai.msu.su/groups/cluster/gcvs/gcvs/.

Hansen, Carl J., Kawaler, Steven D., and Trimble, Virginia, *Stellar Interiors: Physical Principles*, Structure, and Evolution, Second Edition, Springer-Verlag, New York, 2004.

Perrson, S. E., et al., "New Cepheid Period–Luminosity Relations for the Large Magellanic Cloud: 92 Near-Infrared Light Curves, " *The Astronomical Journal*, 128, 2239, 2004.

Svestka, Zdenek, and Harvey, John W. (eds.), *Helioseismic Diagnostics of Solar Convection and Activity*, Kluwer Academic Publishers, Dordrecht, 2000.

习　题

14.1　使用 Mira 的光变曲线 (图 14.1) 来估计其在可见光波段最亮和最暗时的光度比。在它的脉动周期中, 肉眼可以看到 Mira 的比例是多少?

14.2　如果在图 14.5 中所示的周期–光度关系的内在不确定性为 $\Delta M \approx 0.5$ 星等, 那么计算得到的经典造父变星的距离的相对误差是多少?

14.3　哈勃空间望远镜于 1994 年在名为 M100 的星系中发现了数个遥远的经典造父变星 (M100 是富星系团室女座星系团中的一员)。图 14.22 显示了这些造父变星的周期–光度关系。使用最接近最佳拟合线的两个造父变星来估计 M100 的距离。对于 M100 造父变星, 平均可见光波段的消光为 $A_V = (0.15\pm0.17)$mag。将你的结果与弗里德曼 (Wendy Freedman) 和她的同事获得的 (17.1 ± 1.8) Mpc 的距离进行比较。你可以参考 Freedman 等 (1994) 以获取有关这些遥远脉动恒星的发现和重要性的更多信息。

14.4　制作与图 14.5 类似的图, 显示经典造父变星和 W Virginis 的周期–光度关系。

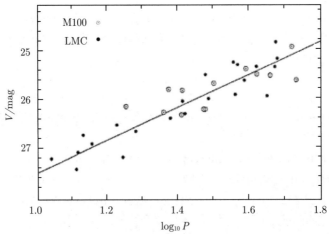

图 14.22　习题 14.3 的复合周期–光度关系。白色圆圈表示 M100 中的造父变星, 黑色圆圈表示在大麦哲伦云 (LMC 是与我们的银河系相邻的一个小星系) 中发现的近邻造父变星。LMC 造父变星的平均视星等增加了同样的值以匹配 M100 变星的亮度。最佳匹配所需的 V 波段的增量用于得到 LMC 和 M100 的相对距离 (改编自 Freedman 等,《自然》, 371, 757, 1994)

14.5　(错误地) 假设 δ Cephei 的振动是正弦的，计算它的表面与平衡位置的最大偏移。

14.6　假设径向振动，使用式 (14.6) 估计太阳的脉动周期。

14.7　通过线性化绝热关系 $PV^\gamma =$ 常数，推导式 (14.11)。

14.8　(a) 将斯特藩–玻尔兹曼公式 (3.17) 线性化得到

$$\frac{\delta L}{L_0} = 2\frac{\delta R}{R_0} + 4\frac{\delta T}{T_0}.$$

(b) 将绝热关系 $TV^{\gamma-1} =$ 常数 线性化，得出一个由理想单原子气体组成的黑体模型恒星的 $\delta L/L_0$ 和 $\delta R/R_0$ 之间的关系。

14.9　考虑作用在质量为 m 的质点上的力 $\boldsymbol{F} = -(\mathrm{d}U/\mathrm{d}r)\hat{\boldsymbol{r}}$ 的一般势能函数 $U(r)$。假定原点 $(r = 0)$ 是一个稳定平衡点。通过将 $U(r)$ 展开到关于原点的泰勒级数中，证明：如果一个质点稍微偏离原点，然后被释放，它将在原点附近做简谐运动。这就解释了为什么 14.3 节的线性化过程保证会产生正弦振荡。

14.10　图 14.23 显示了从北极上空看一个旋转恒星的假设的非径向脉动 $(\ell = 2, m = -2)$。从地球的有利位置，天文学家沿着它的赤道面观测恒星。假设恒星在图 14.23 的底部面向地球时出现一条如图 9.18 所示的吸收线，画出由恒星转动的多普勒效应导致的谱线轮廓的变化。(不要考虑时间的校准，只要画出位于赤道正上方的 8 个不同点的谱线就可以了。) 假设谱线的等值宽度不变。也许你希望将你的谱线轮廓与那些实测的非径向脉动星如 β Cephei 星 12 Lacertae 进行比较 (Smith，*Ap. J.*，240，149，1980)。为了方便起见，假定旋转速度和脉动速度的大小相等。

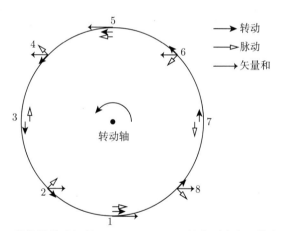

图 14.23　针对习题 14.10 的旋转脉动恒星 $(\ell = 2, m = -2)$ 的表面速度。箭头表示仅由旋转、脉动及它们的矢量和引起的表面速度

14.11　证明：式 (10.94) 对流发生的条件与式 (14.17) 给出的 $A > 0$ 的要求相同。假设平均分子量 μ 不变。

14.12　在对流区，对流的时间尺度 (见 10.4 节) 与 A(式 (14.17)) 的值有关：

$$t_c \simeq 2\sqrt{2/Ag}.$$

表 14.2 显示了太阳模型所描述的太阳对流区顶部附近两点的压力和密度值。使用这些值和 $\gamma = 5/3$ 估算太阳对流区顶部附近的对流时间尺度。你的答案与太阳 p 模观测到的周期范围相比如何？

表 14.2　习题 14.12 的太阳模型数据 (数据来自 Joyce Guzik，私人通信)

r/m	$P/\left(\text{N}\cdot\text{m}^{-2}\right)$	$\rho/\left(\text{kg}\cdot\text{m}^{-3}\right)$
6.959318×10^{8}	9286.0	2.2291×10^{-4}
6.959366×10^{8}	8995.7	2.1925×10^{-4}

计算机习题

14.13　在这个问题中，你将对例 14.3.1 中描述的单区模型的径向脉动进行非线性计算。描述模型恒星振动的公式是牛顿第二定律，适用于壳层受力，

$$m\frac{\mathrm{d}v}{\mathrm{d}t}=-\frac{GMm}{R^2}+4\pi R^2P, \tag{14.20}$$

质量壳层速度 v 的定义为

$$v=\frac{\mathrm{d}R}{\mathrm{d}t}. \tag{14.21}$$

如例 14.3.1 所示，我们假设气体的膨胀和收缩是绝热的：

$$P_\text{i}V_\text{i}^{\gamma}=P_\text{f}V_\text{f}^{\gamma}, \tag{14.22}$$

其中 "初始"(i) 和 "最终"(f) 下标是指脉动周期中的任意两个瞬间。

(a) 用文字解释式 (14.20) 中每项的含义。

(b) 用式 (14.22) 证明：

$$P_\text{i}R_\text{i}^{3\gamma}=P_\text{f}R_\text{f}^{3\gamma}. \tag{14.23}$$

(c) 你将不会使用导数，取而代之的是，将采用壳层的半径 R 和视向速度 v 的初始值和最终值的差除以时间间隔 Δt。也就是说，你将在公式中使用 $(v_\text{f}-v_\text{i})/\Delta t$ 代替 (14.20) 中的 $\mathrm{d}v/\mathrm{d}t$，并且使用 $(R_\text{f}-R_\text{i})/\Delta t$ 代替式 (14.21) 中 $\mathrm{d}R/\mathrm{d}t$。仔细的分析表明，应该在式 (14.20) 的右侧使用 $R=R_\text{i}$ 和 $P=P_\text{i}$，并在式 (14.21) 的左侧使用 $v=v_\text{f}$。在式 (14.20) 和式 (14.21) 中进行这些替换，并证明：

$$v_\text{f}=v_\text{i}+\left(\frac{4\pi R_\text{i}^2P_\text{i}}{m}-\frac{GM}{R_\text{i}^2}\right)\Delta t \tag{14.24}$$

和

$$R_\text{f}=R_\text{i}+v_\text{f}\Delta t. \tag{14.25}$$

(d) 现在你可以计算模型恒星的振荡了。一个典型造父变星的质量是 $M=1\times10^{31}\text{kg}$ $(5M_\odot)$，表面层的质量任意指定为 $M=1\times10^{26}\text{kg}$。对于 $t=0$ 时刻的起始值，取

$$R_\text{i}=1.7\times10^{10}\text{ m}$$

$$v_\text{i}=0\text{ m}\cdot\text{s}^{-1}$$

$$P_\text{i}=5.6\times10^{4}\text{ N}\cdot\text{m}^{-2}$$

时间间隔为 $\Delta t=10^4\text{s}$。对于理想单原子气体，取比热之比为 $\gamma=5/3$。用式 (14.24) 计算一个时间间隔 $(t=1\times10^4\text{s})$ 结束时的最终速度 v_f；然后用式 (14.25) 计算最终半径 R_f 和式 (14.23) 计算最终压力 P_f。现在把这些最后的值作为新的初始值，计算两个时间间隔 $(t=2\times10^4\text{s})$ 后，R、v、P 新的值，在 150 个时间间隔内继续求 R、v、P，直到 $t=1.5\times10^6\text{s}$。将你的结果做成三张图表：R 与 t，v 与 t 和 P 与 t，横轴上标出时间。

(e) 从你的图表中，测量振荡周期 Π(以秒和天为单位) 和模型星的平衡半径 R_0。将该周期的值与从式 (14.14) 中获得的值进行比较，并将你的结果与 δ Cephei 的周期和径向速度进行比较。

第 15 章　大质量恒星的命运

15.1　大质量恒星的主序后演化

至少从 1600 年开始，天文学家就一直在观测迷人的南半球船底座 η 星 ($\alpha = 10^{\mathrm{h}}\ 45^{\mathrm{m}}$ 03.59^{s}, $\delta = -59°\ 41'04.26''$)。在 1600 年到大约 1830 年之间，观测者报告说这颗恒星大约是 2 等星，虽然有时报告说它是一颗 4 等星。后来，在 1820 或 1830 年，它可能开始变得更加活跃。然而，在 1837 年，船底座 η 星突然明显地变亮，在 0 等和 1 等之间波动了大约 20 年。在某一时刻，它的星等达到了大约 -1 等，使它成为天空中第二亮的太阳系外天体 (只有天狼星更亮)。在此期间，约翰·赫歇尔 (John Herschel，1792—1871) 将船底座 η 星描述为 "极易变化"。

考虑到船底座 η 星距离地球大约 2300 pc(相比之下，天狼星距离地球只有 2.64 pc)，1837 年，船底座 η 星非凡的亮度更加令人印象深刻。1856 年之后，这颗神秘的恒星又开始变暗，到 1870 年降到了大约 8 等星那么暗。除了在 1887~1895 年间发生的一次较小的增亮事件之外，自 1837~1856 年间的 "大喷发" 以来，船底座 η 星一直相对平静。在过去的一个半世纪里，船底座 η 星稍微增亮了一点儿，目前它的视星等大约为 6 等。

银河系中的另一颗恒星也有类似的表现。天鹅座 P 星在 1600 年之前据说太暗弱，以至于肉眼无法看到，但后来突然出现，达到了 3 等星。在这次早期喷发之后，天鹅座 P 星从人们的视野中消失，直到 1655 年才重新出现，变得几乎和 1600 年时一样明亮。自 1700 年以来，天鹅座 P 星一直是一颗大致恒定的 5 等星，尽管在过去的几个世纪里，它的亮度可能略有增加。(大家可能还记得，以这颗偶发恒星命名的称为天鹅座 P 型轮廓的谱线轮廓 (图 12.17)，它们是质量损失的象征。)

15.1.1　高光度蓝变星

已知有一小部分其他恒星的行为与船底座 η 星和天鹅座 P 星相似，有些是在我们的银河系中，有些是在更远的地方。剑鱼座 S 星位于银河系的卫星星系大麦哲伦云 (LMC) 中，可能是最著名的河外星系中的例子。埃德温·哈勃 (Edwin Hubble) 和阿兰·桑德奇 (Allan Sandage) 在邻近星系中发现了类似的恒星。这类恒星有几种不同的名称，包括**剑鱼座 S 变星**、哈勃–桑德奇变星和**高光度蓝变星**(LBV)。在本教材中，我们将对这类恒星采用 LBV 这个名称。

虽然可能是 LBV 的一个极端例子，但船底座 η 星无疑是这类型中研究得最好的代表。船底座 η 星的哈勃空间望远镜图像如图 15.1 所示。它被称为 "小矮人" 的两极结构是非常明显的，它的赤道盘也同样明显。根据多普勒测量，两极的瓣状结构大约以 650 km·s^{-1} 的速度处向外膨胀，尽管沿着任意特定的视线可以记录多个不同的速度。膨胀的瓣大部分是中空的，但壳层中的物质含有 H_2、CH 和 OH 分子。然而，看起来 "小矮人" 已经明显地缺乏 C 和 O，但富含 He 和 N。这可能表明喷射出的物质已经历了 CNO 循环的核加工 (式 (10.48)～ 式 (10.57))。目前船底座 η 星的质量损失率在 10^{-3} $M_\odot \cdot \mathrm{yr}^{-1}$ 这个量级，但在大喷发的 20 年间，它可能喷出了 1～3 个太阳质量的物质。

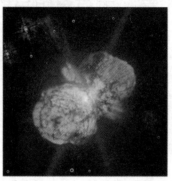

图 15.1　船底座 η 星是 LBV，估计质量为 120 $M_\odot$，正在迅速失去质量。每个瓣的直径约为 0.1 pc(由 Jon Morse(科罗拉多大学) 和 NASA 提供)

在大喷发期间，船底座 η 星的光度可能约为 $2 \times 10^7 L_\odot$，而其目前的静态光度接近 $5 \times 10^6 L_\odot$。据估计，中央恒星的有效温度大约为 30000 K。尽管在撰写本教材时，船底座 η 星的 $m_V \sim 6$，但由于很高的有效温度，其大部分光度最初是在紫外波长区域发射的。大部分的紫外线辐射被尘埃颗粒散射、吸收和再发射，这些尘埃颗粒的温度范围在 200～1000 K，并在电磁谱的红外部分辐射。当今如仅仅考虑视星等就会导致对该天体总光度的低估。

作为一类，LBV 倾向于具有 15000～30000 K 的高有效温度，具有超过 $10^6 L_\odot$ 的光度。这将让 LBV 被置于 H-R 图的左上方部分。考虑其大气和喷射物的成分，LBV 显然是演化的、主序后恒星。看起来 LBV 在 H-R 图上的不稳定带聚集，这表明它们的行为是瞬变现象，在它们离开主序后不久就开启，并在一段时间后停止。

已经提出了多种机制来解释 LBV 的行为，包括它们的光变和显著的质量损失。正如 10.6 节所讨论的，主序上方顶端非常接近爱丁顿光度极限，在那里恒星表层的辐射压力可能等于或超过引力。推导得到的爱丁顿光度极限的表达式 (10.114) 是表层的罗斯兰 (Rosseland) 平均不透明度的函数：

$$L_{\mathrm{Ed}} = \frac{4\pi G c}{\bar{\kappa}} M.$$

"经典的" 爱丁顿极限假设不透明度完全是由自由电子的散射造成的 (式 (9.27))，对于完全电离的气体它是常数。罗伯塔 · 汉弗莱斯 (Roberta M. Humphreys) 和克里斯 · 戴维森 (Kris Davidson) 提出了一个 "修正的" 爱丁顿极限。他们认为当恒星在 H-R 图上向右方演化时，不透明度中一些依赖温度的成分，可能是由于铁线，修改了不透明度项。随着温度的降低和不透明度的增加，爱丁顿光度降到恒星的实际光度之下。这意味着辐射压力比引力占优势，它驱动了外壳的质量损失。

第二个建议是恒星大气脉动的不稳定性可能会形成，很像在造父变星、天琴座 RR 和长周期变星中的情况。一些初步的非线性脉动研究表明，大振幅振荡可以在 LBV 中形成，当向外运动的质量壳层在脉动周期中被抛离表面时，它们可以令人信服地驱动质量损失。此外，在这种弱束缚的大气中，这种脉动很可能是非常不规则的。不幸的是，这些模型对依赖于时间的对流的处理非常敏感，而在恒星脉动环境中对流还没有被搞清楚。

同样迷人的是至少一些 LBV 有明显的高转动速度。由于离心力效应，快速转动将导致这些恒星赤道上的 "有效" 引力的降低，所以赤道区域大气中的气体更容易被驱离表面。有人认为，船底座 η 星周围的赤道盘可能就是在 1887~1895 年的较小喷发期间由这种效应形成的。

在研究这些恒星的行为时，LBV 是双星系统成员的可能性也已被提出。有趣的是，船底座 η 星在其某些谱线的等值宽度上表现出 5.54 年的周期性，这暗示着存在一颗双星伴星，尽管还不清楚伴星的存在是如何引起所观测到的效应的。

结果可能表明，以上讨论的不止一种机制会影响 LBV 的行为，或者有可能主要的机制尚未被确认。

15.1.2 沃尔夫–拉叶 (Wolf-Rayet) 星

与 LBV 密切相关的是**沃尔夫–拉叶星**(WR)。第一批 WR 是 1867 年由沃尔夫和拉叶在巴黎天文台工作期间发现的。在利用目视波长光谱仪开展天鹅座恒星的巡天时，他们观测到三颗恒星彼此之间的距离都在 1° 以内，它们呈现出异常强烈、非常宽的发射线，而不是通常在其他恒星中看到的吸收线。尽管根据抽样统计，银河系中 WR 的总数估计在 1000~2000，但今天在银河系中已经证认出了 220 多颗 WR(图 15.2)。

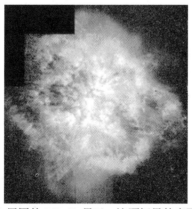

图 15.2 沃尔夫–拉叶星 WR 124 周围的 M1-67 星云。这颗恒星的表面温度约为 50000 K。星云中的团块特征十分明显，每个团块的质量约为 30 $M_\oplus$。WR 124 在人马座，距离我们 4600 pc。(由 Yves Grosdidier(蒙特利尔大学和斯特拉斯堡天文台)、Anthony Moffat(蒙特利尔大学)、Gilles Joncas(拉瓦尔大学)、Agnes Acker(斯特拉斯堡天文台) 和 NASA 提供)

伴随着强烈的发射线，WR 星非常炽热，有效温度达 25000~100000 K。WR 星也以超过 $10^{-5} M_\odot \cdot \text{yr}^{-1}$ 的速率损失质量，星风速度范围从 800 km·s^{-1} 到超过 3000 km·s^{-1}。此外，有强有力的证据表明，许多，也许是所有的 WR 星都在快速转动，其赤道转动速度通常为 300 km·s^{-1}。

LBV 都是 85 $M_\odot$ 或更大质量的恒星，而 WR 星的前身星质量可以低至 20 $M_\odot$。WR 星也没有表现出 LBV 所特有的显著光变性。

真正让沃尔夫–拉叶星区别于其他恒星的是它们不同寻常的光谱。它们光谱不仅以宽的发射线为主，而且还揭示了一种明显非典型的组成。今天，我们确认了三个类型的 WR 星：WN、WC 和 WO。WN 的光谱由氦和氮的发射线占主导，尽管在一些 WN 星中可以探测到碳、氧和氢的发射线。WC 星显示出氦和碳的发射线，明显缺少氮和氢的谱线。最后，WO 星比 WN 或 WC 都要稀少得多，它们的光谱中含有明显的氧线，还有来自高度电离样品的一些贡献。

根据大气中物质的电离度，有些文献进一步细分了 WN 和 WC 星。例如，WN2 星显示 He II、N IV 和 O VI 的谱线，而 WN9 星包含低电离品种的光谱，比如 He I 和 N III 等。还提到了 "早"(E) 和 "晚"(L) 型；WNE 星是从 WN2 到 WN5 的电离类型的沃尔夫–拉叶星，而 WNL 星是从 WN6 到 WN11 的电离类型的沃尔夫–拉叶星。类似地，WC4 星具有较高的电离能级 (He II、O IV、C VI)，而 WC9 星呈现出较低的电离能级 (例如 He I 和 C II)。WCE 的范围为 WC4～WC6，而 WCL 包括 WC7～WC9。

从 WN 到 WC 再到 WO 的这种成分上的奇怪趋势最终被认为是这些恒星质量损失的直接后果。WN 实际上已经失去了所有以氢为主的包层，揭示了核球中由核反应合成的物质。恒星核球中的对流将 CNO 循环产生的物质带到了恒星表面。进一步的质量损失将导致 CNO 循环加工过的物质的抛射，暴露出由 3α 过程产生的氦燃烧物质 (式 (10.60) 和式 (10.61))。然后，如果恒星存活的时间足够长，质量损失最终会将全部包层物质剥离，只剩下 3α 的灰烬氧成分。

除了 LBV 和 WR，H-R 图上部还包括**蓝超巨星**(BSG)、**红超巨星**(RSG) 和 **Of 星**(有显著发射线的 O 型超巨星)。

15.1.3　大质量恒星的常规演化方案

在由彼得·孔蒂 (Peter Conti) 最初在 1976 年提出的、后来被修改的方案中，大质量恒星的常规演化路径已被勾勒出来。在所有的情形中，恒星均以**超新星**(SN) 爆炸结束其一生，这将在 15.3 节中详细讨论。(以下列出的质量仅为近似值。)[①]

$$M > 85\ M_\odot : \mathrm{O} \to \mathrm{Of} \to \mathrm{LBV} \to \mathrm{WN} \to \mathrm{WC} \to \mathrm{SN}$$

$$40\ M_\odot < M < 85\ M_\odot : \mathrm{O} \to \mathrm{Of} \to \mathrm{WN} \to \mathrm{WC} \to \mathrm{SN}$$

$$25\ M_\odot < M < 40\ M_\odot : \mathrm{O} \to \mathrm{RSG} \to \mathrm{WN} \to \mathrm{WC} \to \mathrm{SN}$$

$$20\ M_\odot < M < 25\ M_\odot : \mathrm{O} \to \mathrm{RSG} \to \mathrm{WN} \to \mathrm{SN}$$

$$10\ M_\odot < M < 20\ M_\odot : \mathrm{O} \to \mathrm{RSG} \to \mathrm{BSG} \to \mathrm{SN}$$

这一定性的演化方案得到了大质量恒星形成的详细数值演化模型的支持。与太阳成分一样、质量范围为 9～120 $M_\odot$ 的恒星的演化轨迹，如图 15.3 所示。乔治·梅内特 (Georges Meynet) 和安德烈斯·梅德尔 (Andrés Maeder) 的这些模型包括了大质量恒星的典型质量

---

① 这个版本采自于 Massey, *Annu. Rev. Astron. Astrophys.*, 41, 15, 2003。

损失。也可以分别在有转动和没有转动的情况下计算这些模型。当包括转动时，赤道的转动速度采用 $300\ \mathrm{km \cdot s^{-1}}$。梅内特和梅德尔指出转动对恒星演化有相当可观的作用，包括驱动内部的混合和增强质量损失。

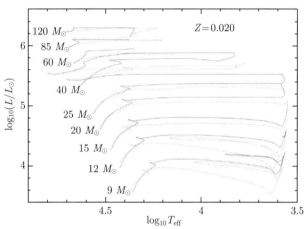

图 15.3　$Z = 0.02$ 的大质量恒星的演化。实线是初始转动速度为 $300\ \mathrm{km \cdot s^{-1}}$ 计算出的演化轨迹，而虚线是没有转动的演化轨迹。模型中已经包含了质量损失，它对这些恒星的演化产生了显著的影响 (数据来自 Meynet 和 Maeder，*Astron*, *Astrophys*.，404，975，2003)

15.1.4　汉弗莱斯–戴维森光度极限

这些大质量恒星的演化轨迹表明，质量最大的恒星永远不会演化到 H-R 图中的红超巨星部分。这与上面提出的定性演化方案是一致的，而且也与观测结果一致。汉弗莱斯和戴维森首先指出，在 H-R 图中有一个上部光度截断，它包括从最高的光度和有效温度到这两个参数的较低值的一个对角线成分。在那一点上，当低于 $40\ M_\odot$ 的恒星发展出完整的红端演化轨迹时，**汉弗莱斯–戴维森的光度极限**继续保持恒定光度。

尽管质量非常大的恒星极为罕见 (每一百万颗 $1\ M_\odot$ 恒星中只对应一颗 $100\ M_\odot$ 恒星)，但它们在星际介质 (ISM) 的动力学和化学演化中发挥着重要作用。通过大质量恒星的星风，沉积在 ISM 中的巨大动能对 ISM 的运动学有着显著的影响。事实上，当大质量恒星形成时，它们在其区域有抑制恒星形成的能力。来自大质量恒星的紫外线也会电离它们所在区域的气体云。此外，大质量恒星风中高度丰富的气体增加了 ISM 的金属含量，导致金属含量越来越丰富的恒星的形成。除了壮观和奇异的天体，大质量恒星对它们所在星系的演化至关重要。

15.2　超新星的分类

公元 1006 年，一颗极亮的恒星突然出现在豺狼座中。估计视星等达到了 $m_V = -9$，据报道，它的亮度足以提供夜间阅读。欧洲、中国、日本、埃及和伊拉克的占星家都记录了这一事件。根据他们的著作，**超新星 1006**(SN 1006) 可能出现在大约 1006 年 4 月 30 日，并在大约一年后从人们的视野中消失。

其他类似的事件在整个人类历史上都被看到，尽管很少。这类天象中最著名的也许是发生在 1054 年 7 月 4 日，也就是公元 1006 年的事件后 48 年。当时，在夜空中金牛座出现了一颗 "客星"。中国宋朝的宫廷星占家杨维德记录了这一重大事件，他指出 "过了一年多，它才渐渐看不见了"。除了在宋朝的官方记录中有详细记载外，这颗星也被日本人和韩国人注意到，还被记录在一本阿拉伯语医学教科书中。有证据表明，尽管这是一些争论的说法，但欧洲人可能也曾经目睹了这一事件。就像公元 1006 年的事件，这颗令人惊叹的恒星在白天也可以看到。随着威力强大的望远镜的发展，现代天文学家已经在据报道的这颗古老 "客星" 的位置上证认出了一团快速膨胀的云，被称为**蟹状星云超新星遗迹**(图 15.4)。

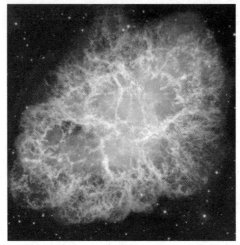

图 15.4   蟹状星云超新星遗迹，位于金牛座，距离我们 2000 pc 远。这个遗迹是一个 II 型超新星爆发的结果，在 1054 年 7 月 4 日第一次被观测到 (由 NASA、ESA、J.Hester 和 A.Loll(亚利桑那州立大学) 提供)

过了五百多年，另一颗恒星又以如此戏剧性的方式突然出现在天空中。第谷·布拉赫 (他是那个时代最著名的天文学家，回顾图 2.1(a)) 和其他人目睹了在公元 1572 年爆发的超新星。这一奇怪的事件显然与当时西方世界普遍认为的 "天堂不变" 的信念形成了鲜明的对比。他的学生约翰尼斯·开普勒 (图 2.1(b)) 不甘示弱，也在公元 1604 年目睹了一次超新星爆发。这两个事件现在分别称为**第谷超新星**和**开普勒超新星**。

不幸的是，开普勒超新星是最后一颗看到的在银河系中爆发的超新星。然而，1987 年 2 月 24 日世界时 23 时，伊恩·谢尔顿 (Ian Shelton) 使用智利拉斯坎帕纳斯 (Las Campanas) 天文台的 10 英寸天体照相仪，在大麦哲伦云被称为剑鱼座 30 的巨大分子云区的正西南方探测到 **SN 1987A**，该超新星如图 15.5 所示。这是现代仪器发展以来第一次看到超新星距离地球如此之近 (到大麦哲伦云的距离是 5 万 pc)。全世界天文学界的兴奋是直接和强烈的。人们很快意识到，这颗壮观的超新星的前身星是一颗蓝超巨星。尼古拉斯·桑杜莱克 (Nicholas Sanduleak，1933—1990) 在研究麦哲伦云中的热星时，已经编录了该恒星 Sk−69 202[①]。使用现代天体物理学可用的各种工具，从如此近的有利位置观测超新星，这

_____

① Sk−69 202 得名于它是麦哲伦云中的桑杜拉克星表的 −69° 赤纬带中的第 202 个条目。

为检验我们关于大质量恒星命运的理论提供了一个理想的机会。

图 15.5 大麦哲伦云的一部分，在照片的右下方显示了 SN 1987A。剑鱼座 30(也称为蜘蛛星云) 是一个巨大的 H II 区域，在照片的左侧清晰可见 (欧洲南方天文台提供，©ESO)

超新星的分类

今天，天文学家们能够对其他星系中的超新星进行常规观测 (因此，在 SN 1987A 中，"A" 代表那年报告的第一颗超新星)。然而，超新星是极其罕见的事件，通常在任何一个星系每一百年左右大概发生一次。随着对超新星的光谱和光变曲线的仔细研究，人们已经认识到，有几类不同的超新星，它们潜在的前身星和机制各不相同。

首先被证认出的 **I 型超新星**是指那些光谱中没有任何氢谱线的超新星。鉴于氢是宇宙中最丰富的元素，这一事实本身就表明了这些天体的不同寻常之处。相反，**II 型超新星**的光谱包含强氢谱线。

I 型超新星可以根据它们的光谱进一步细分。那些在光谱的 615 nm 处显示强 Si II 线的 I 型超新星称为 **Ia 型**。基于强氦线的存在 (Ib) 或不存在 (Ic)，其他的 I 型超新星被定为 Ib 型或 **Ic 型**。

图 15.6 显示了这里讨论的四类超新星中每一类的光谱例子。

I 型超新星缺乏氢线表明所涉及恒星的氢包层已被剥离。Ia 型与 Ib 和 Ic 型之间的光谱特征的差异表明不同的物理机制在起作用。这反映出观测到的这些爆发的不同环境。Ia 型超新星在所有类型的星系中都有发现，包括几乎没有证据表明最近有恒星形成的椭圆星系。另一方面，Ib 和 Ic 型只出现在螺旋星系中，靠近最近恒星形成的地点 (H II 区域)。这意味着短寿命的大质量恒星很可能与 Ib 和 Ic 型有关，而与 Ia 型无关。

图 15.7 显示了 I 型在蓝色 (B) 波长下的合成光变曲线。Ia 型的典型峰值亮度为 $M_B = -18.4$，而 Ib 型和 Ic 型超新星的光变曲线在蓝光中要暗 1.5~2 个星等，但在其他方面类似。所有的 I 型超新星在亮度极大之后都显示出相似的下降率，在 20 天时，每天下降大约 $0.065(\pm 0.007)$ 个星等。在大约 50 天之后，变暗的速率减慢并且变得恒定，其中 Ia 型比其他类型下降快 50%(0.015 星等每天与 0.010 星等每天)。人们认为 SN 1006 与由第谷 (SN 1572) 和开普勒 (SN 1604) 探测到的超新星是 I 型的。

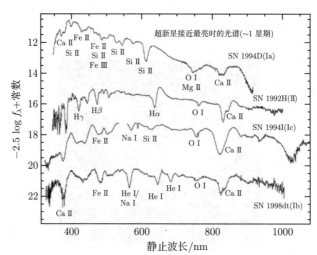

图 15.6　四类超新星的代表性光谱；Ia、Ib、Ic 型和 II 型。注意，虽然 SN 1994I (Ic 型) 确实显示了弱的 Si II 吸收线，但它与 Ia 型中的 Si 线相比非常不显著。亮度以任意流量单位记录 (Thomas Matheson(美国国家光学天文台) 提供)

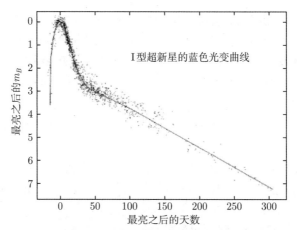

图 15.7　I 型超新星在蓝色波长的复合光变曲线。所有星等都是相对于最亮时的 m_B(图改编自 Doggett 和 Branch，*Astron.J.*，90，2303，1985)

　　在观测上，II 型超新星的特点是光度迅速上升，达到最大亮度，这个最大亮度通常比 Ia 型的暗 1.5 星等。峰值亮度随后稳步下降，在一年内下降 6~8 个星等。它们的光谱也显示出与氢和更重的元素有关的谱线。此外，天鹅座 P 型轮廓在许多谱线中是常见的 (表示快速膨胀，参见 12.3 节)。蟹状星云超新星 (SN 1054) 和 SN 1987A 为 II 型超新星。

　　II 型超新星的光变曲线可分为 **II-P 型**(平台) 或 **II-L 型**(线性)。图 15.8 给出了每种类型的合成的 B 星等光变曲线。在 II-P 型超新星最大亮度之后 30~80 天，存在一个短暂但清晰的平台。

　　图 15.9 给出了超新星分类的综合决策树。

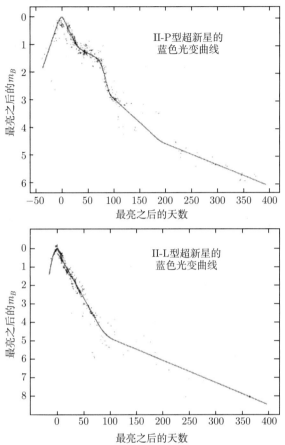

图 15.8 II-P 型和 II-L 型光变曲线的特征形状。这些是合成的光变曲线，它们基于对许多超新星的观测（图改编自 Doggett 和 Branch，*Astron.J.*，90，2303，1985）

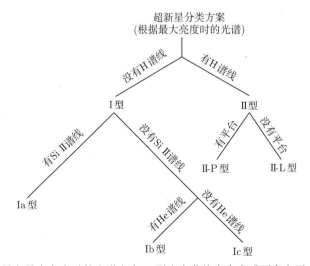

图 15.9 根据超新星在最大亮度时的光谱和在 II 型光变曲线中存在或不存在平台对超新星进行分类

当然，大自然喜欢搞乱我们干净的分类方案。在大熊座旋涡星系 M81 中的 SN 1993J 最初呈现出强氢发射线 (即 II 型)，但在一个月内氢线被氦取代，而且它的外观变为 Ib 型的外观。这提供了一些线索，至少 Ib 型和 II 型会以某种方式相关。我们将了解到，Ic 型也与之密切相关。

我们今天知道，Ia 型超新星与其他超新星有着本质上的不同。在 15.3 节中，我们将讨论 Ib、Ic 和 II 型超新星所涉及的物理，而对于 Ia 型超新星我们将推迟到 18.5 节再详细讨论。

15.3　核坍缩超新星

理解产生超新星的物理过程是一个长期的挑战。超新星爆发所释放的能量是惊人的。典型的 II 型释放 10^{46}J 的能量，其中约 1% 表现为喷射物质的动能，而被释放的能量中，不到 0.01% 是产生壮观视觉效应的光子。正如我们将在后面看到的，剩余的能量以中微子的形式辐射出来。对于 Ib 型和 Ic 型超新星，也得到了类似的值。

例 15.3.1　为了说明 II 型超新星事件中涉及多少能量，则考虑静止质量的等量能量，通过释放那么多的核结合能，最终会产生多少铁。

从 $E = mc^2$，II 型超新星释放的能量对应于如下静止质量：

$$m = E/c^2 = 10^{46} \text{ J}/c^2 = 1 \times 10^{29} \text{ kg} = 0.06 \ M_\odot.$$

所有原子核中最稳定的铁-56 原子核 ($_{26}^{56}$Fe) 的结合能为 492.26 MeV，原子核的质量为 55.934939 u(回顾图 10.9)。为了通过从质子和中子形成铁核来释放 10^{46} J 的能量，必须形成

$$N = \left(\frac{1 \times 10^{46} \text{ J}}{492.26 \text{ MeV} \cdot \text{原子核}^{-1}} \right) \left(\frac{1\text{MeV}}{1.6 \times 10^{-13} \text{ J}} \right) = 1.3 \times 10^{56} \text{原子核},$$

对应于如下质量的铁：

$$m = N(55.93 \text{ u}) \left(1.66 \times 10^{-27} \text{ kg} \cdot \text{u}^{-1} \right) = 1.2 \times 10^{31} \text{ kg} = 5.9 \ M_\odot.$$

当然，如果这是 II 型超新星的能量来源，这将需要在爆炸事件中一次产生 5.9 $M_\odot$ 的铁。另一方面，如果这么多的铁被分解成最初的质子和中子，那么就需要吸收等量的能量。

正如我们将在后面看到的，铁并不是作为超新星爆炸能量释放的结果而形成的。事实上，该能源并不是核能源。然而，铁或许以意料之外的方式至关重要地卷入该过程。

15.3.1　核球坍缩超新星机制

质量大于约 8 $M_\odot$ 的恒星的主序后演化明显不同于第 13 章中所描述的情形。虽然氢在主序阶段转化为氦，然后氦燃烧形成碳–氧核球，但大质量恒星核球的极高温度意味着碳和氧也能燃烧。最终的结果是，恒星不是通过形成行星状星云而结束其一生，取而代之的是灾难性的超新星爆发。

接下来是对这一演化过程的讨论。尽管在撰写本教材时所有的细节都还没有完全弄清楚，但 Ib 型、Ic 型和 II 型超新星是如何产生的，这个故事已经变得越来越清晰了。这三种类型都是密切相关的，都涉及一个巨大的、演化了的恒星核球的坍塌。因此，Ib 型、Ic 型和 II 型统称为**核球坍缩超新星**。

随着氢燃烧的壳层继续向碳–氧核球添加灰烬，而且随着核球继续收缩，它最终将点燃碳燃烧，产生各种副产物，如 $^{16}_{8}O$，$^{20}_{10}Ne$，$^{23}_{11}Na$，$^{23}_{12}Mg$ 和 $^{24}_{12}Mg$ (式 (10.64)～ 式 (10.66))。这导致了一连串的核反应，其确切细节敏感地依赖于恒星的质量。

假设每一个反应序列都达到平衡，恒星内部就会发展出 "洋葱状" 的壳层结构。在碳燃烧之后，所形成的氖–氧核球中的氧将被点燃 (式 (10.67))，并产生以 $^{28}_{14}Si$ 为主要成分的新核球。最后，在温度接近 3×10^{9} K 时，硅的燃烧可以通过一系列反应开始，例如，

$$^{28}_{14}Si + {}^{4}_{2}He \Longrightarrow {}^{32}_{16}S + \gamma \tag{15.1}$$

$$^{32}_{16}S + {}^{4}_{2}He \Longrightarrow {}^{36}_{18}Ar + \gamma \tag{15.2}$$

$$\vdots$$

$$^{52}_{24}Cr + {}^{4}_{2}He \Longrightarrow {}^{56}_{28}Ni + \gamma. \tag{15.3}$$

硅燃烧产生如图 10.9 所示的每核子结合能曲线中接近 $^{56}_{26}Fe$ 峰为中心的大量原子核，其中最丰富的可能是 $^{54}_{26}Fe$，$^{56}_{26}Fe$ 和 $^{56}_{28}Ni$。产生比 $^{56}_{26}Fe$ 质量还大的原子核的任何进一步的核反应都是吸热的，因而不能对恒星的光度作出贡献。将所有的产物组合在一起，硅的燃烧会产生一个铁核球。图 15.10 给出了硅燃烧后大质量恒星洋葱状内部结构的草图。

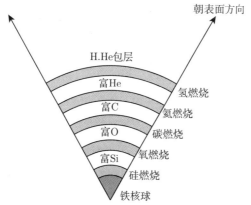

图 15.10　通过核球的硅燃烧演化出的大质量恒星洋葱状内部结构。燃烧过的物质的惰性区域被夹在核燃烧壳层之间。惰性区域的存在是因为温度和密度不足以使该部分发生核反应 (此图未按比例绘制)

因为碳、氧和硅燃烧产生的原子核的质量逐渐接近结合能曲线的铁峰，每单位质量的燃料产生的能量越来越少。结果，每个后续反应序列的时标变得越来越短 (回顾例 10.3.1)。例如，对于 20 $M_{\odot}$ 的恒星，主序寿命 (核球氢燃烧) 大约是 10^{7} 年，核球氦燃烧需要 10^{6} 年，碳燃烧持续 300 年，氧燃烧大约需要 200 天，而硅燃烧只用两天就完成了！

现在核球中存在非常高的温度，光子具有足够高的能量来毁灭重核 (注意硅燃烧序列中的反向箭头)，这一过程称为**光致离解**。特别重要的是 $^{56}_{26}\text{Fe}$ 和 ^4_2He 的光致离解：

$$^{56}_{26}\text{Fe} + \gamma \longrightarrow 13^4_2\text{He} + 4\text{n} \tag{15.4}$$

$$^4_2\text{He} + \gamma \longrightarrow 2\text{p}^+ + 2\text{n}. \tag{15.5}$$

当收缩的铁核球的质量变得足够大并且温度足够高时，在很短的时间内，光致离解能够让恒星一生都在努力做的事情白费 (即产生比氢和氦质量更大的元素)。当然，如例 15.3.1 中所建议的，这种将铁剥离成单个质子和中子的过程是高度吸热的；热能是从气体那里去除的，否则会引起支撑恒星核球的必要压强。发生该过程的核球质量从 $1.3\ M_\odot$(对一个 $10\ M_\odot$ 零龄主序星) 到 $2.5\ M_\odot$(对一个 $50\ M_\odot$ 零龄主序星) 不等。

在现在存在的极端条件下 (例如，对于 $15\ M_\odot$ 的恒星，$T_c \sim 8 \times 10^9$ K 和 $\rho_c \sim 10^{13}$ kg·m^{-3})，通过简并压帮助支撑恒星的自由电子被重核和通过光致离解产生的质子所捕获：

$$\text{p}^+ + \text{e}^- \rightarrow \text{n} + \nu_\text{e}. \tag{15.6}$$

以中微子形式逃离恒星的能量变得巨大。在硅燃烧过程中，一个 $20\ M_\odot$ 恒星模型的光子光度是 4.4×10^{31} W，而中微子光度是 3.1×10^{38} W.

通过铁的光致离解，结合质子和重核的电子俘获，以电子简并压形式支撑核球的大部分力量突然消失，核球开始极其迅速地坍塌。在核球的内部，坍缩是保形的，坍缩的速度与离恒星中心的距离成正比 (回忆式 (12.26) 和在原恒星形成过程中保形的自由落体坍缩的讨论)。在速度超过本地声速的半径处，坍缩不再保持保形并且内核与现在的超声速外核分离，它被抛在后面，几乎是自由落体的。在坍缩过程中，外核的速度可以达到近 70000 km·s^{-1}，在大约一秒钟内，地球大小的体积被压缩到半径为 50 km 的体积！

例 15.3.2 如果地球半径 ($R_\oplus$) 大小的质量体坍缩到半径只有 50 km，会释放出巨大的引力势能。这样的能量释放是否是核球坍缩超新星能量的来源？

为简单起见，假设我们可以用牛顿物理学来估算坍缩过程中释放的能量。根据位力定理 (式 (10.23))，密度恒定的球对称恒星在形成过程中释放的能量为

$$E \sim -\frac{3}{10}\frac{GM^2}{R}.$$

让 II 型超新星释放的能量 ($E_\text{II} = 10^{46}$ J) 与坍缩期间释放的引力能相等，并给定 $R_\text{f} = 50$ km $\ll R_\oplus$，则产生超新星所需的质量为

$$M \simeq \sqrt{\frac{10}{3}\frac{E_\text{II}R_\text{f}}{G}} \simeq 5 \times 10^{30}\ \text{kg} \simeq 2.5\ M_\odot.$$

这个值正是前面提到的核球质量的特征值。

由于力学信息只能以声速在恒星中传播，而且由于核球坍缩进行得如此之快，以至于外层没有足够的时间来知晓内部发生了什么。外层，包括氧、碳和氦的壳层，以及外面的包层，都处于危险的位置，几乎悬浮在正在灾难性坍塌的核球之上。

内核的保形坍缩持续，直到密度超过约 8×10^{17} kg·m^{-3}，大约是原子核密度的 3 倍。在这一点上，现在构成内核的核物质变硬，这是由于强力 (通常是吸引力) 变成排斥力。这是泡利不相容原理应用于中子的结果[1]。其结果是，内核有些反弹，将压强波向外送入来自外核的下落物质中。当压强波的速度达到声速时，它们形成激波开始向外移动。

当激波遇到下落的外层铁核时，由此产生的高温会导致进一步的光致离解，夺走激波的大部分能量。对于每 $0.1\ M_\odot$ 铁核被分解为质子和中子，则激波损失 1.7×10^{44} J 的能量。

计算机模拟表明，在这一位置，激波会失速，变得几乎静止，下落的物质吸积到它上面。换句话说，激波变成了**吸积激波**，有点类似于在 12.2 节讨论的原恒星坍缩时的情形。然而，在激波下方，有光致离解和电子俘获过程形成的**中微子层**。覆盖的物质密度如此之大，以至于即使中微子也不能轻易穿透，一些中微子的能量 (约 5%) 将沉淀在激波后的物质中。这个额外的能量会加热物质，并允许激波恢复其向表面的行进。如果这一过程发生得不够快，则最初的外流物质将落回核球，这意味着不会发生爆炸。

核球坍缩超新星模型的成功似乎非常敏感地依赖于三维模拟的细节，它允许热的、升腾的气体羽流与更冷的、下落的气体混合。其挑战在于对对流细节的了解、需要正确对待中微子物理 (包括电子、μ 中微子和 τ 中微子，以及它们的反粒子)，以及计算所需的非常高的分辨率 (在计算网格中多达 10^9 个网格点 (位置))。为了描述超新星爆炸的所有观测到的细节，最终还可能需要包括对声波、较差转动和磁场的正确处理。这样的计算复杂程度甚至挑战了世界上最强大的超级计算机。

假设刚才描述的情景基本上是正确的，并且激波能够恢复其向恒星表面的行进，那么激波将驱动包层和在其前面的核加工物质的剩余部分。膨胀物质的总动能大约在 10^{44} J 这个量级，约为中微子释放能量的 1%。最后，当物质在半径大约为 10^{13} m 或大约 100AU 处变得光学薄时，产生巨大的光学显示，以光子的形式释放大约 10^{42} J 的能量，峰值光度接近 10^{36} W，或大约 $10^9\ L_\odot$，它能够与整个星系的亮度相比拟。

刚才描述的事件——铁核的灾难性坍缩、激波的产生以及随后恒星包层的抛射——被认为是造成核球坍缩超新星的普遍的机制。导致 II 型而不是 Ib 型或 Ic 型超新星的细节，必须与核球坍塌时包层的成分和质量以及喷射物中合成的放射性物质的量有关。

II 型超新星比 Ib 型或 Ic 型超新星更常见，这通常是位于 H-R 图最右上角的红超巨星在它们经历着灾难性的核球坍塌时呈现的现象。Ib 型和 Ic 型在爆炸前不同程度地损失了包层的一些质量。现在人们相信，这些都是沃尔夫–拉叶星爆炸后的产物。Ib 型和 Ic 型可能分别对应于 WN 和 WC 沃尔夫–拉叶星的爆炸。回想一下之前描述的大质量恒星演化的孔蒂图景。

15.3.2 核球坍缩超新星的恒星残骸

如果主序星上恒星的初始质量不是太大(也许 $M_{\mathrm{ZAMS}} < 25\ M_\odot$)，内核中的残骸将稳定

---

[1] 中子与电子和质子都是费米子。

下来并成为**中子星**(本质上是一个巨大的原子核)，由简并中子压强支撑[①]。然而，如果初始恒星质量大得多，即使是简并中子压强也不能支撑残骸以对抗引力的吸引，最后的坍缩将会完成，产生一个**黑洞**(天体的物质坍缩成密度为无穷大的奇点)[②]。不管是哪种情况，这些奇异天体的产生都伴随着大量中微子的产生，其中大部分以中子星结合能这个数量级的总能量 (大约 3×10^{46} J) 逃逸到太空。这比太阳在其整个主序阶段将产生的能量还多大约 100 多倍。

15.3.3 光变曲线和喷射物的放射性衰变

II-P 型超新星是最常见的核球坍缩超新星。II-P 型光变曲线中平台的来源主要是由于激波沉积到富氢包层中的能量。被激波电离的气体进入一个延长的复合阶段，在约 5000 K 的几乎恒定的温度下释放能量。

平台可以由 $^{56}_{28}\mathrm{Ni}$ **放射性衰变**沉积在包层中的能量进一步支撑，$^{56}_{28}\mathrm{Ni}$ 是在激波波前前进穿过恒星时产生的 ($^{56}_{28}\mathrm{Ni}$ 的半衰期为 $\tau_{1/2} = 6.1$ 天)。预计超新星激波的爆发性核合成还会产生大量的其他放射性同位素，例如 $^{57}_{27}\mathrm{Co}$ ($\tau_{1/2} = 271$ 天)，$^{22}_{11}\mathrm{Na}$ ($\tau_{1/2} = 2.6$ 年) 和 $^{44}_{22}\mathrm{Ti}$ ($\tau_{1/2} = 47$ 年)。如果存在足够量的同位素，则每一种依次可以对总的光变曲线作出贡献，从而导致曲线的斜率改变。

$^{56}_{28}\mathrm{Ni}$ 通过 β 衰变反应转化为 $^{56}_{27}\mathrm{Co}$[③]

$$^{56}_{28}\mathrm{Ni} \longrightarrow {}^{56}_{27}\mathrm{Co} + \mathrm{e}^+ + \nu_e + \gamma. \tag{15.7}$$

衰变释放的能量沉积到光学厚的膨胀壳层中，然后从超新星残骸的光球层辐射出去。这"托起"了光变曲线一段时间，延长了观测到的平台。最终，膨胀的气体云将变得光学薄，暴露出爆炸的中心产物——中子星或黑洞。

$^{56}_{27}\mathrm{Co}$ 是 $^{56}_{28}\mathrm{Ni}$ 放射性衰变的产物，它本身也是放射性的，其半衰期为 77.7 天：

$$^{56}_{27}\mathrm{Co} \longrightarrow {}^{56}_{26}\mathrm{Fe} + \mathrm{e}^+ + \nu_e + \gamma. \tag{15.8}$$

这意味着，随着超新星的光度随时间的推移而逐渐减弱，应该有可能探测到 $^{56}_{27}\mathrm{Co}$ 发出的光的贡献。II-L 型超新星似乎具有带有明显减少的氢包层的前身星，这意味着放射性衰变的标志在事件发生后几乎立即变得明显。

由于放射性衰变是一个统计过程，则衰变率一定与保留在样品中的原子数成比例，即

$$\frac{\mathrm{d}N}{\mathrm{d}t} = -\lambda N, \tag{15.9}$$

其中，λ 是常数。这个留作一个练习来证明公式 (15.9) 可以积分变成

$$\boxed{N(t) = N_0 \mathrm{e}^{-\lambda t,}} \tag{15.10}$$

---

① 导致中子星形成的前身星的质量上限取决于初始恒星的金属丰度。即使初始质量远大于 25 $M_\odot$，足够富金属的恒星也可能形成中子星。

② 我们把对中子星和黑洞的详细讨论分别留到第 16 章和第 17 章。

③ 电子和正电子也称为 β 粒子。

其中, N_0 是样品中放射性原子的原始数量 (图 15.11), 还有

$$\lambda = \frac{\ln 2}{\tau_{1/2}}.$$

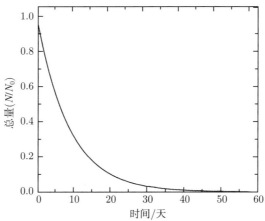

图 15.11 $^{56}_{28}\text{Ni}$ 的放射性衰变, 半衰期 $\tau_{1/2} = 6.1$ 天。在 6.1 天的时间间隔内, 任何给定的 $^{56}_{28}\text{Ni}$ 原子都有 50% 的概率衰变。如果原始样品完全由 $^{56}_{28}\text{Ni}$ 组成, 则在 n 个连续的半衰期之后, 保留的 Ni 原子的占比为 2^{-n}

衰变能量沉积到超新星遗迹中的速率一定与 $\mathrm{d}N/\mathrm{d}t$ 成比例, 因此热光变曲线的斜率由下式给出:

$$\frac{\mathrm{d}\log_{10} L}{\mathrm{d}t} = -0.434\lambda \tag{15.11}$$

或者

$$\frac{\mathrm{d}M_{\mathrm{bol}}}{\mathrm{d}t} = 1.086\lambda. \tag{15.12}$$

因此, 通过测量光变曲线的斜率, 我们可以确定 λ 并验证大量特定放射性同位素 (如 $^{56}_{27}\text{Co}$) 的存在。

考虑到与地球邻近, 迄今为止研究得最仔细的超新星是 SN 1987A。然而, 几乎在它被发现的同时, 天文学家们就意识到 SN 1987A 与其他已经观测到的更远的 II 型相比是非同寻常的。相当缓慢地上升到最大光度 (花费 80 天) 这个过程最为明显, 其峰值仅为绝对热星等 -15.5, 而典型的 II 型达到 $M_{\mathrm{bol}} = -18$。图 15.12 显示了爆发后 1444 天的光变曲线。

由激波产生的 $0.075\ M_\odot$ 的 $^{56}_{28}\text{Ni}$ 的衰变时间还是相当长的, 当时标需要能量被辐射出去时激波就登场了。结果是, 添加的衰变能量在光变曲线上接近最大光度处产生了一个隆起, 而不是形成一个平台。当形成的 $^{56}_{27}\text{Co}$ 开始衰变时, 这个扩散时标已经变得足够短, 以至于遗迹的光度下降开始紧密地跟随钴-56 的衰变率。随后, 下一个重要的放射性同位素 $^{57}_{27}\text{Co}$ 开始在光变曲线的发展中发挥重要作用。各种放射性同位素对 SN 1987A 的光变曲线的预期贡献如图 15.12 所示, 光曲线的斜率与同位素的半衰期有关, 见式 (15.11)。

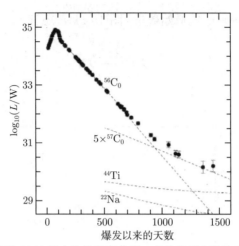

图 15.12　SN 1987A 在爆炸后 1444 天内的热光变曲线。虚线表示由激波产生的放射性同位素的预期贡献。初始质量估计为：$^{56}_{28}$Ni(后来的 $^{56}_{27}$Co)，0.075 $M_\odot$；$^{57}_{27}$Co，0.009 $M_\odot$(太阳丰度的 5 倍)；$^{44}_{22}$Ti，$1\times10^{-4}\ M_\odot$；$^{22}_{11}$Na，$2\times10^{-6}\ M_\odot$(改编自 Suntzeff 等，*AP.J.Lett.*，384，L33，1992)

　　SN 1987A 还首次允许天文学家直接测量由放射性衰变产生的 X 射线和伽马射线的发射谱线。特别地，通过多个实验探测到 $^{56}_{27}$Co 的 847keV 和 1238keV 谱线，证实了该同位素的存在。多普勒移动测量表明，遗迹中较重的同位素正在以几千千米每秒的速度膨胀。

15.3.4　SN 1987A 的亚明亮本质

　　SN 1987A 的亚明亮本质之谜在其前身星的身份确定后就得到了解决。爆炸了的恒星是 12 等的蓝超巨星 Sk−69 202(光谱型 B3 I)。因为爆炸的是一颗小得多的蓝超巨星，而不是通常认为的红超巨星 (通常假设应是这种情形)，所以这颗恒星的密度更大。因此，在激波产生的热能扩散出去并以光的形式逃逸之前，它被转化为机械能，用于将恒星的包层从蓝超巨星更深的势阱中抬升起来。对 Hα 线的测量表明，一些外氢包层以接近 30000 km · s^{-1} (或 $0.1c$) 的速度喷射出去！

　　对 Sk−69 202 可用的观测数据，连同理论演化模型，建议 SN 1987A 的前身星在主序时质量约为 20 $M_\odot$，而且在其铁核球坍塌 (估计介于 $1.4\sim 1.6 M_\odot$) 之前可能损失了几个太阳质量。尽管在几十万年到一百万年的时间里，它显然是一颗红超巨星，但在爆炸之前它只用了 40000 年的时间就演化成了蓝超巨星 (参见图 15.3 中的演化轨迹，20 $M_\odot$ 恒星的蓝向环没有显示，但是 25 $M_\odot$ 恒星的蓝向环展示在图上)。支持这一假设的是观测到在 Sk−69 202 的包层中氢比氦更丰富，这表明这颗恒星并没有遭受大量的质量损失。一颗大质量恒星在爆炸前是否以及何时从红超巨星演化为蓝超巨星，敏感地取决于恒星的质量 (不能超过约 20 $M_\odot$)、恒星的成分 (它一定是贫金属的，就像大麦哲伦云的恒星一样)、质量损失率 (一定很低)，以及对流的处理 (这一直是理论恒星模型中的一个主要的不确定性)。

15.3.5　超新星遗迹

　　现在有许多**超新星遗迹**(SNR) 的例子，包括位于金牛座的蟹状星云 (图 15.4)。从 SN 1054 爆炸距今已近 1000 年，蟹状星云依然在以近 1450 km·s^{-1} 的速率膨胀，其光度为 $8\times10^4\ L_\odot$。发射出的大部分辐射是以高度偏振的同步加速辐射的形式出现的 (见 4.3 节)，这表明存在着相对论电子绕着磁力线做螺旋运动。直到在蟹状星云超新星遗迹的中心发现了一颗**脉冲星**(快速转动的中子星) 之前,电子的持续来源和爆炸后如此长时间的持续高光度一直是天文学中的主要难题。脉冲星将在第 16 章中详细讨论。

超新星遗迹的第二个例子如图 15.13 所示。这张照片是天鹅座环状星云的一小部分,该星云年龄约为 15000 年,它位于天鹅座,距地球 800 pc。在图像中遗迹从左向右膨胀,随着超新星爆炸产生的碎片遇到 ISM 中的物质,产生了几个天文单位宽的激波波前。激波激发和电离 ISM,导致了观测到的发射。

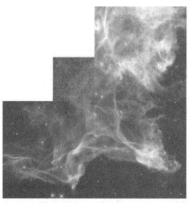

图 15.13 天鹅座环状星云的部分哈勃太空望远镜 WF/PC 2 图像,其距离地球 800 pc 远 (由 J.Hester/亚利桑那州立大学和 NASA 提供)

虽然爆炸前的质量损失不可能过大,但 SN 1987A 的前身星确实损失了一些质量,导致膨胀的超新星遗迹周围出现了非常不寻常的结构。哈勃空间望远镜记录了 SN 1987A 周围的三个环 (图 15.14)。观测得知最里面的环的直径为 0.42 pc,位于包含超新星爆发中心的平面上。它发射可见光,这是由超新星的辐射激发的 O Ⅲ 的发射造成的;并且它看起来被拉长了,这是因为相对于我们的视线它倾斜了。在 SN 1987A 爆炸之前 20000 年,构成中心环的物质被恒星风喷射出来。

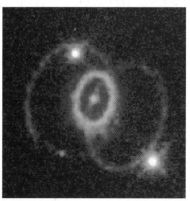

图 15.14 1994 年哈勃空间望远镜探测到的 SN 1987A 周围的环。内环直径为 0.42 pc(由 Christopher Burrows 博士、ESA/STScI 和 NASA 提供)

　　两个较大的环不在包含中心爆炸的平面上，而是位于恒星的前面和后面。对这些令人着迷和意想不到的特征的一种解释是 Sk−69 202 位于一颗伴星附近，可能是中子星或黑洞 (分别见第 16 章和第 17 章)。随着这个伴星的摇摆，来自这个伴星的狭窄的辐射喷流 "画" 出了一个从 Sk−69 202 喷射出的沙漏状、双极物质分布的环。中央环正是位于双极物质分布的更密集的赤道平面上。为了支持这一假设，研究人员认为，他们可能已经证实了这些辐射束来源于与超新星爆炸中心的距离约为 0.1 pc 处，这与较大的环似乎偏离爆炸中心的事实相一致。这一模型的反对者认为解释过于复杂: 它需要两个高能辐射源，一个解释中央环和另一个解释较大的环。另一种解释是，从蓝超巨星的前身星吹出高速热星风，而当这颗恒星还是红超巨星时吹出较慢较冷的星风，较大的环可能是前者赶上后者的产物。

　　在 1990 年夏天，从这颗超新星上最终探测到了起伏的射电辐射。虽然 SN 1987A 在爆炸后的最初几天里探测到了射电波能量，但从那时起它一直保持着射电宁静。显然，仍然以接近 0.1c 的速度向外传播的激波，与在超新星事件之前从 Sk−69 202 损失的物质团块发生碰撞。

　　来自 SN 1987A 的膨胀的超新星遗迹的激波波前在 1996 年开始与构成内环的移动较慢的星风发生碰撞。结果是在接下来的几年里，在内环形成了明亮团块的壮观展示。在图 15.15 的连续图像中显示了膨胀的激波波前和内环。

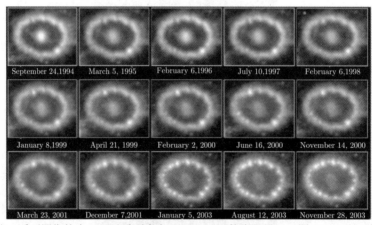

图 15.15　在这一系列图像的中心可以看到来自 SN 1987A 的膨胀星云。图 15.14 所示的内环正被激波波前超越，导致气体团块发光。在每幅图像中，在光环的右下方可见的亮点是恰好位于环视线方向的另一颗恒星 (NASA 和 R.Kirshner(哈佛–史密松 (Harvard-Smithsonian) 天体物理台))

15.3.6　SN 1987A 中微子的探测

　　可以说，SN 1987A 最令人兴奋的早期观测是基于它的中微子，这代表着从太阳以外的天文来源的中微子首次被探测到。对中微子爆发的测量证实了核球坍缩超新星的基本理论以及相当于我们 "看到" 从坍缩的铁核中形成了中子星。

　　中微子爆发的到达是在 1987 年 2 月 23.316 世界时开始的，在光子到达的 2 月 23.443 世界时之前三个小时，记录时长超过了 $12\frac{1}{2}$ s。日本的神冈 II 切伦科夫探测器记录了 12 个事件，与此同时，在美国俄亥俄州费尔波特 (Fairport) 市附近的地下 IMB[1]切伦科夫探测器探测到 8 个事件[2]。假设在激波到达恒星表面之前，爆炸的恒星对中微子而言变得光学薄，进一步假设中微子在恒星内部的传播速度比激波快，那么中微子在光子之前开始了它们的地球之旅。考虑到中微子先于光子到达地球，它们在空间中的速度一定非常接近光速 (在 10^{-8} 之内)。这个观测结果，再加上不同能量的中微子在到达时间上没有任何显著的色散 (即较高能量的中微子并不比较低能量的中微子更早到达地球)，都表明电子中微子的静止质量一定很小。根据来自 SN 1987A 的数据，电子中微子的上限是 $m_e \leqslant 16$ eV，与将上限定为 2.2 eV 的实验室结果一致。

15.3.7 寻找 SN 1987A 的致密遗迹

有趣的是，截至 2006 年，中微子一直是 SN 1987A 中心致密天体形成的唯一直接证据。在光学、紫外线或 X 射线波段中探测致密遗迹的所有尝试都失败了。此外，寻找幸存的双星伴星的任何证据的努力也没有成功。在电磁波谱的光学部分中的光度上限目前是小于 8×10^{26} W，相当于一个 F6 型主序星的光学波段能量输出。紫外光谱给出的上限为 $L_{uv} \leqslant 1.7 \times 10^{27}$ W，钱德拉 X 射线望远镜给出在 2∼10 keV 的能带范围内的 X 射线光度上限为 $L_X \leqslant 5.5 \times 10^{26}$ W。

这些极限是非常严格的，以至于致密伴星及其环境 (薄吸积盘、厚吸积盘、球形吸积等) 的形式的模型受到了严重的限制。也许未来的斯皮策空间望远镜红外观测将最终探测到难以捉摸的致密遗迹。

尽管 SN 1987A 在我们的恒星演化研究中呈现了一些有趣的曲折，但它也证实或澄清了该理论的一些重要方面。

15.3.8 宇宙中的化学丰度比

在讨论了核球坍缩超新星之后，并在后面 18.5 节讨论 Ia 型超新星的预期结果，有必要重新讨论宇宙中的化学成分和观测到的丰度比。决定当前恒星演化理论成功与否的一个关键因素是解释观测到的元素丰度比的能力。

图 15.16 显示了太阳光球的化学成分，所有的值都归一化到氢原子数目 10^{12}，可参见表 9.2。到目前为止，宇宙中最丰富的元素是氢，氦的丰度要低 10 倍左右。人们认为氢是原初的，是在宇宙大爆炸开始之后立即合成的。现在的大部分氦也是大爆炸直接产生的，而其余的则是由恒星内部的氢燃烧产生的。

相对于氢和氦，锂、铍和硼是非常不足的。这有两个原因：它们并不是核反应链的突出的最终产物，它们可以通过与质子的碰撞而被摧毁。对于锂，在温度大于约 2.7×10^6 K 时会发生，而对于铍，所需温度为 3.5×10^6 K。正是太阳表面的对流区负责将表面的锂、铍和硼输运到内部。目前，将太阳的成分与陨石的化学丰度 (应该与太阳的原初成分相似) 相比，我们发现，铍的相对丰度相当，但太阳表面的锂成分大约是陨石的锂丰度 1/100。这表明，自太阳形成以来，锂在太阳中已被破坏，但铍并未明显耗尽。显然，太

---

① IMB 代表运行该天文台的共同体: 加利福尼亚大学欧文 (Irvine) 分校、密歇根大学和布鲁克海文国家实验室。

② 著名的戴维斯 (Davis) 太阳中微子探测器 (在 11.1 节中已充分讨论) 没有测量到来自 SN 1987A 的任何中微子；太阳中微子背景信号远大于该探测器能量范围内的超新星中微子计数！

阳对流区的底部向下延伸足够远以至于锂燃烧，但还不足以燃烧铍。然而，结合恒星结构理论，包括对流的混合长度理论以及对太阳振荡的分析 (见 14.5 节)，表明对流区底部向下延伸至 2.3×10^6 K，不足以充分燃烧锂。标准模型与观测结果的不一致称为**太阳锂问题**[①]。

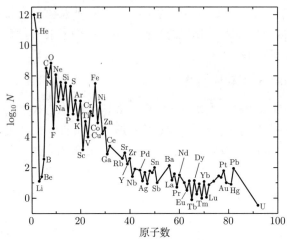

图 15.16　　太阳光球中元素的相对丰度。所有丰度均相对于 10^{12} 个氢原子归一化 (数据来自 Grevesse 和 Sauval, *Space Sci.Rev.*, 85, 161, 1998.)

　　在图 15.16 中出现了碳、氮、氧、氖等元素的峰值，因为它们是恒星向铁峰演化旅途的结果，并且因为它们是相对稳定的富 α 粒子原子核 (回顾图 10.9)。

　　核球坍缩超新星也是产生大量氧元素的原因，而且宇宙中观测到的大部分铁是由 Ia 型超新星产生的。

15.3.9　s-过程和 r-过程的核合成

　　当通过恒星核合成来实现原子核的 Z 值 (质子数) 的逐渐升高时，对于其他带电粒子，如质子、α 粒子等，与其进行核反应就变得越来越困难。其原因是存在一个高的库仑势垒。然而，当中子与这些原子核碰撞时，不存在相同的限制。因此，涉及中子的核反应甚至可以在相对较低的温度下发生，当然是假设在气体中存在自由中子。与中子的反应是

$$^A_Z X + n \longrightarrow ^{A+1}_{\ \ Z} X + \gamma$$

形成更大质量的原子核，它们要么是稳定的，要么是不稳定的会发生 β 衰变反应：

$$^{A+1}_{\ \ Z} X \longrightarrow ^{A+1}_{Z+1} X + e^- + \bar{\nu}_e + \gamma.$$

如果与中子俘获的时标相比，β 衰变半衰期较短，则中子俘获反应称为慢过程或 **s-过程**反应 (回顾第 382 页的讨论)。s-过程反应倾向于产生稳定的核，或者直接产生，或者通过二次 β 衰变产生。另一方面，如果 β 衰变反应的半衰期比中子俘获的时标长，则中子俘获反

---

　　① 也许是因为它们的动量，下沉的对流气泡超射了对流不稳定区的底部，导致锂被输送到比标准模型所建议的更深的地方。另外的效应也可能来自于扩散、对流与转动的相互作用。

应称为快过程或 **r-过程**，并产生富中子原子核。s-过程反应往往发生在恒星演化的正常阶段，而 r-过程可以发生在超新星期间，此时存在大量的中微子。虽然这两种过程在能量产生中都不起重要作用，但它们确实能解释 $A > 60$ 的原子核的丰度比。

15.4 伽马射线暴

现代天体物理学的众多伟大侦探故事之一始于 20 世纪 60 年代随着代号为维拉 (Vela, 船帆座) 的系列军事卫星的发射。维拉航天器的设计目的是通过寻找来自地球的伽马 (γ) 射线的突然爆发来监测苏联对 1963 年《禁止核试验条约》的遵守情况。到 1967 年，很明显，被探测到的**伽马射线暴**(gamma-ray bursts，GRB) 是来自上面而不是下面，但直到 1973 年才向公众公布了这一信息。

大约每天一次，在天空中的某个随机位置，出现能量从大约 1 keV 到若干 GeV 的伽马射线光子流。(尽管该范围的下限包括了 X 射线光子，但大部分能量是伽马射线。) 伽马射线暴持续时间为 $10^{-2} \sim 10^3$ s，它们上升时间达 10^{-4} s 那么快，然后是指数衰减。尽管没有典型的伽马射线暴轮廓，但伽马射线暴通常是多峰的和复杂的。图 15.17 所示的是康普顿伽马射线天文台 (CGRO) 上搭载的 "爆发和瞬变源实验"(BATSE) 仪器记录的两个伽马射线暴例子。

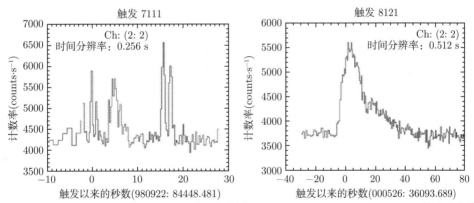

图 15.17 在 50~100 keV 能量范围内的两个伽马射线暴 GRB 980922 和 GRB 000526 的光变曲线。这些数据是由 CGRO 上搭载的 BATSE 获得的。这两次事件的日期记录在其名称中；GRB 980922 发生在 1998 年 9 月 22 日，而 GRB 0000526 发生在 2000 年 5 月 26 日。GRB 0000526 是 CGRO 脱离轨道之前 BATSE 记录的最后一次伽马射线暴 (NASA 的 BATSE 团队提供)

15.4.1 伽马射线暴的来源是银河系内的还是河外的？

直到 20 世纪 90 年代末，伽马射线暴的许多神秘之处都与它们的距离以及由此产生的事件的潜在能量有关。不清楚伽马射线爆发是起源于我们的银河系内还是我们的太阳系 (也许是彗星的奥尔特云)，或宇宙的遥远区域。

在不知道伽马射线源的距离的情况下，根据在爆发期间探测器表面每单位面积接收到的总能量 (能量流量对伽马射线暴持续时间进行积分)，我们必须给出它们的能量输出。这个被称为**注量**(fluence) S 的量可以小到 10^{-12}J·m^{-2}，或者大到 10^{-7}J·m^{-2}。CGRO 记录到的能量最大的伽马射线暴使探测器都饱和了。例如，"超级碗暴"(该命名是因为它发生在 1993 年的超级碗周日 (1 月 31 日)) 只持续了 1 s，但高能光子的余辉 (每个高达 1 GeV) 持续了大约 100s。然后，在 1994 年 12 月 15 日，CGRO 测量到了持续 90min 的暴，光子的峰值能量为 18 GeV！

例 15.4.1　假设一个特定的伽马射线暴的通量被确定为 10^{-7}J·m^{-2}。该伽马射线暴的源头位于太阳系内 50000AU 外彗星所处的奥尔特云中，并进一步假设从源头发出的能量是各向同性的，那么该伽马射线暴的能量必然是

$$E = \left(4\pi r^2\right) S = 4\pi(50000 \text{ AU})^2 \left(10^{-7} \text{ J} \cdot \text{ m}^{-2}\right) = 7 \times 10^{25} \text{ J}.$$

另一方面，如果伽马射线暴的源头在一个遥远的星系中，距离我们 10 亿 pc，那么涉及该伽马射线暴的能量 (再次假设各向同性) 将会是

$$E = \left(4\pi r^2\right) S = 4\pi(1 \text{ Gpc})^2 \left(10^{-7} \text{ J} \cdot \text{ m}^{-2}\right) = 1 \times 10^{45} \text{ J},$$

与 Ⅱ 型超新星释放的能量相当，包括它的中微子发射。

这两个估计相差几乎 20 个数量级！显然，为了开始了解潜在的过程，则知晓这些天体的距离是至关重要的。

甚至在 1991 年 4 月 5 日 "亚特兰蒂斯号" 航天飞机释放 CGRO 之前，大多数天文学家都认为伽马射线暴的机制与中子星的存在有关。伽马射线暴短暂的上升时间乘以光速，产生与中子星大小相当的特征长度 (ct$_{\text{rise}}$ 小到 30 km)。对应于具有 350～500 keV 能量的光子的发射线的观测被认为是由 511 keV 光子所致，当中子星表面附近的一个电子和一个正电子相互湮灭并产生两个伽马射线光子时，产生了这些光子。当光子爬出中子星的强势阱时，其能量减少了 25% 之多。由于脉冲星典型的 10^8 T 的磁场，在 20～60 keV 范围内的光子的其他光谱特征被证认为回旋线。人们一致认为伽马射线暴是由几百秒差距距离处的银河系厚盘中的中子星产生的。伽马射线暴的发生要么是通过汲取它们的内部能量 (如脉冲星的自转突快现象)，要么是通过在一个密近双星系统中的吸积。

这个图景存在一些问题。如果伽马射线暴是由于双星系统中的吸积，为什么它们没有重复呢？此外，伽马射线暴均匀地分布在天球上，而不是像大多数脉冲星和 X 射线双星那样集中在银河系平面上。据认为，这可能是由于前康普顿时代使用的伽马射线探测器相对不灵敏。这些仪器无法看到银河系中我们这部分恒星盘之外的来源，因此伽马射线暴的分布似乎是各向同性的。(同样，如果我们只能看到最近的恒星，它们将会均匀地散布在夜空中，而不是集中在银河系中。) 人们认为，随着灵敏度高得多的 CGRO 卫星的发射，这种情况肯定会改变。平均而言，该卫星每 25 小时观测到一次暴。图 15.18 显示了 BATSE 观测到的 2704 个伽马射线暴的分布情况，统计上没有显著偏离均匀分布。

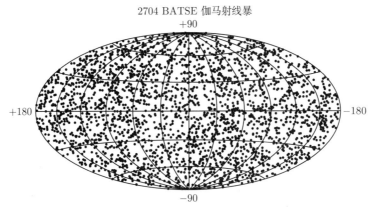

图 15.18　CGRO 搭载的 BATSE 探测器观测到的 2704 个伽马射线暴的各向同性角分布 (NASA 的 BATSE 团队提供)

　　同样令人感兴趣的是一些发现，尽管源均匀地分布在天空上，但它们似乎并不均匀地分布在整个空间中[1]。采用经典的论证来确定分布是否存在边际。设 E 是一个伽马射线暴的能量，位于距离地球 r 远的地方。那么，注量 S 是

$$S = \frac{E}{4\pi r^2}, \tag{15.13}$$

假设是一个各向同性暴。对 r 求解这个表达式，我们得到

$$r(S) = \left(\frac{E}{4\pi S} \right)^{1/2}.$$

　　假设所有暴的源具有相同的固有能量 E，则对于一个特定值 S(例如，S_0)，在半径为 $r(S_0)$ 的球体内所有源将被观测到具有注量 $S \geqslant S_0$[2]。如果每单位体积有 n 个源，则注量等于或大于 S_0 的源的数目为

$$N(S) = \frac{4}{3}\pi n r^3(S) = \frac{4}{3}\pi n \left(\frac{E}{4\pi S} \right)^{3/2}, \tag{15.14}$$

其中，"0" 下标已被去掉。因此，如果伽马射线暴的源均匀地分布在整个空间，则观测到的具有大于某个注量值 S 的伽马射线暴的数量将与 $S^{-3/2}$ 成比例。CGRO 的观测结果表明，当 S 足够小到包括更远、更暗的源时，这种比例关系就被破坏了，见图 15.19[3]。这意味着分布存在一个边际。伽马射线暴源不会无限制地向外延伸 (当然，极限可能是可观测宇宙的边际)。当该结果与分布是各向同性的事实相结合时，这意味着地球接近伽马射线暴源的球对称分布的中心。

---

　　[1] 一个均匀分布应该是各处的源的数密度相同，而与距离或方向无关。

　　[2] 有可能存在具有不同 E 特征值的不同暴源群体，但是，如果每个群体是均匀分布的，则下面的论点仍然是有效的。

　　[3] 请注意，在图 15.19 中，绘制的是最大计数率，而不是注量。正是最大计数率决定是否探测到一个暴，因此更适合用于暴计数的统计。

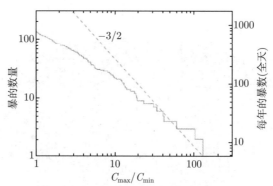

图 15.19　对比例关系 $N \propto S^{-3/2}$ 的违反，表示伽马射线暴源分布的边际。绘制的是最大伽马射线计数率 $C_{\max}$，而不是注量 S；$C_{\min}$ 是 CGRO 能够确信探测到的最弱的暴 (图改编自 Meegan 等，*Nature*，355，143，1992)

　　1997 年 2 月 28 日，BeppoSAX 探测器探测到 GRB 970228，从而最终解决了距离问题。(BeppoSAX 探测器是意大利航天局和荷兰航空航天计划局合作的成果。)BeppoSAX 探测器上的伽马射线暴监测器首先注意到了这一事件，其宽视场 X 射线相机可将天空区域定位到 3′ 以内。在几个小时内，该天文台的窄视场 X 射线望远镜能够进一步确定该源的位置。随着对该伽马射线暴位置的快速了解，其他陆基天文台和在轨天文台也有可能对这一天空区域进行调查研究。即使在伽马射线特征消失之后，也探测到了衰减的 X 射线和光学的对应体。利用凯克天文台和哈勃空间望远镜获得的该区域的深空图像，揭示了伽马射线暴发生在遥远的星系，表明 GRB 970228 起源于宇宙学上的 (河外星系) 距离。

　　从 BeppoSAX 和其他快速响应的伽马射线望远镜得到的伽马射线暴的其他宇宙学发现 (包括 NASA 的高能瞬变源探测器 (HETE-2) 和 SWIFT 任务) 很快就有了光学证认，证实了伽马射线暴事件所涉及的宇宙学距离。从那以后，许多伽马射线暴都与遥远星系中的衰减的 X 射线、光学和射电对应体联系在一起。这意味着伽马射线暴是宇宙中最具能量的现象之一，与核球坍缩超新星惊人的能量释放相当。

15.4.2　两类伽马射线暴

　　现在既然可以确定到伽马射线暴的真实距离而且确定能量输出的规模，就有可能对提出的产生伽马射线暴的机制进行评估。经过对数千个事件的研究，很明显伽马射线暴有两种基本类型。持续时间超过 2 s 的事件被称为**长–软暴**，而持续时间短于 2s 的事件称为**短–硬**事件。"软" 和 "硬" 分别指在较低能段或较高能段具有更多的事件能量。

　　正如超新星有两种根本不同的类型 (Ia 型和核球坍缩型)，因此，伽马射线暴似乎有两种根本不同的类型。短–硬暴似乎与中子星–中子星并合或中子星–黑洞并合有关，而长–软暴可能与超新星有关。与 Ia 型超新星一样，在我们有机会更彻底地研究致密天体的物理学之后，我们将推迟讨论短–硬伽马射线暴，直到以后 (18.6 节)。

15.4.3　核球坍缩超新星和长–软伽马射线暴

　　通过对 GRB 980425 的探测，建立了超新星和长–软伽马射线暴之间的直接联系。GRB 980425 位于 40 Mpc 的距离处，它的能量 (8×10^{40} J) 比典型的伽马射线暴低大约 5 个数量级。然而，特别重要的是，在同一位置处，探测到了一颗超新星 SN 1998bw。SN 1998bw 似乎是一颗能量特别高的 Ib 型或 Ic 型超新星，总能量输出在 $(2\sim6)\times10^{45}$ J (比典型的 Ib/c 型的大约 30 倍)。坍塌的残留核球很可能是 3 $M_\odot$，将导致一个黑洞。

第二个伽马射线暴与超新星的关联也已经被确认，是 GRB 030329 与 SN 2003dh 之间。在这个案例中，伽马射线暴的能量比其他伽马射线暴的更为典型。

15.4.4 长–软伽马射线暴模型

已经提出了几种模型来解释长–软伽马射线暴，但这些模型中的一个共同要素涉及高度相对论物质的束流。通过用**相对论喷流**替换各向同性发射这个假设 (回顾例 15.4.1)，伽马射线暴中明显产生的巨大能量可能会减少，在图 15.20 中示意性地描绘了这一情形。根据式 (4.43)，对 $\gamma \geqslant 1$ 情形，在张角半宽为 $\theta \sim 1/\gamma$ 的锥体中发射辐射 (图 4.10)，其中

$$\gamma \equiv \frac{1}{\sqrt{1 - u^2/c^2}}$$

是洛伦兹因子 (式 (4.20))。如果发射的辐射是成束向前的 (而不是各向同性的)，则当喷流物质以接近光速的速度前进且地球位于光束内时，伽马射线暴产生的能量看起来要比实际的大。这些模型建议，在伽马射线暴中，洛伦兹因子可能高达 100 或更多应该是可能的，这意味着产生并发射到喷流的立体角中的实际能量为原来的 $1/\gamma^2$——也许为各向同性假设所建议的 $1/1000$。

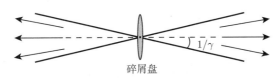

碎屑盘

图 15.20 在观测者看来，物质的相对论喷流具有张角半宽 $\theta \approx 1/\gamma$ 的锥体

高度相对论喷流概念的一个挑战是，膨胀的物质可能会遇到富含重子的物质，导致喷流减速。这将在喷流物质以 γmc^2 量级的总静止质量能量扫过物质之后发生，其中 m 是喷流物质的质量。

为解释长–软暴而提出的第一个可行模型是伍斯利 (Stan Woosley) 的**坍缩星**模型 (有时也称为超级超新星模型)。正如我们将在 16.6 节了解到的，中子星具有基于中子简并以支撑极其致密恒星的能力的质量上限 (类似于电子简并压强)。在非常高的密度 ($\rho \sim 10^{18}$ kg·m^{-3}) 下使用复杂的中子物态公式，研究人员估计非转动中子星的最大质量约为 2.2 $M_\odot$。当核球坍缩超新星发生时，将形成中子星或黑洞，这取决于前身星的质量、金属丰度和转动。伍斯利的模型表明，对于具有足够大质量的前身星 (可能是沃尔夫–拉叶星)，将要形成的中心天体将是一个黑洞，其周围有一个碎屑盘。碎屑盘的准直效应和相关磁场将导致从超新星中心喷出一股喷流。由于喷流物质将是高度相对论的，它将出现进一步的准直。这股喷流将穿过正在下落的恒星包层覆盖物质，产生伽马射线暴。图 15.21 显示了伍斯利的坍缩星模型的一个版本。

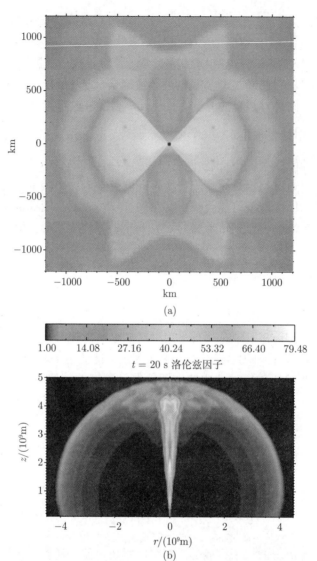

图 15.21　伽马射线暴事件形成的坍缩星模型: (a) 在黑洞和碎屑盘形成之后的恒星中心区域; (b) 正在
　　　　出现相对论喷流 (图由 Weiqun Zhang 和 Stan Woosley 提供)

Supranova模型是替代坍缩星模型的另一种模型。在核球坍缩超新星期间,黑洞并不是立即形成,而是在形成机制中出现了延迟。虽然静态中子星的质量上限被认为是 2.2 $M_\odot$,但快速转动的中子星可以支撑高达 2.9 $M_\odot$ 的质量。中子星还可能有很强的磁场,这可能会导致自转速率变慢。

Supranova 模型建议,超大质量的转动的中子星可能形成于核球坍缩的超新星,其质量 $M > 2.2\ M_\odot$。经过几个星期或几个月的时间之后,它的转动速度就会减慢,直到它不再稳定,无法承受更大的引力坍缩。灾难性坍塌然后就导致黑洞的形成。如果在黑洞周围形成一个碎屑盘,盘与磁场结合,可能产生相对论喷流和伽马射线暴。因为恒星的包层会被之前发生的超新星爆炸所吞噬,这个模型的一个优势是它可以很自然地解释会使喷流变慢的重子的缺席。

15.5 宇宙射线

1912 年 8 月 7 日，维克托·赫斯 (Victor F.Hess，1883—1964) 和两名同事乘气球升至 5 km 高空。在六个小时的飞行期间，赫斯用三个验电器仔细地测量了辐射强度[1]。当气球升起时，赫斯确定辐射程度随着高度的增加而增加。他从实验中得出结论："这些观测结果似乎最好的解释是，具有强大穿透力的辐射从上方进入我们的大气层……" 这一事件标志着**宇宙射线**研究的诞生[2]。

15.5.1 来自太空的带电粒子

尽管称为 "射线"，但这种穿透性的辐射实际上是由带电粒子组成的。在宇宙射线中已经发现了大量不同质量和种类的粒子，从电子、正电子、质子和介子到许多原子核，包括但不限于碳、氧、氖、镁、硅、铁和镍 (恒星核合成的产物)。

特别引人注目的是其所涉及的能量范围很宽，从小于 10^7 eV 到至少 3×10^{20} eV。在能谱的低端附近，宇宙射线以超过每平方米每秒 1 个粒子的流量撞击大气层，而最高能量的宇宙射线的流量非常低: 小于每平方千米每世纪1个粒子。在图15.22中显示了作为能量的函数的流量。

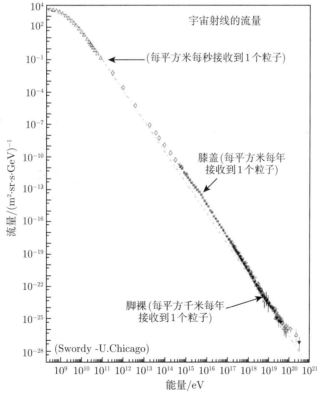

图 15.22　作为能量函数的宇宙射线流量 (参考 J.Cronin，T.K.Gaisser 和 S.P.Swordy，*Sci. Amer.*，276，44，1997)

---

[1] 验电器是用来探测电荷的装置。在物理学入门课程中，简单的验电器经常被用作课堂演示。

[2] 1936 年，赫斯因发现宇宙射线而获得诺贝尔奖。赫斯与发现正电子的卡尔·安德森 (Carl David Anderson) 分享了这一奖项，他在无数的宇宙射线粒子中发现了它们。

15.5.2   宇宙射线的来源

关于这些粒子的来源 (或多个来源) 可能是什么的问题自然会出现。一个明显的答案就是我们的太阳。正如我们在第 11 章中所看到的，太阳风、耀斑和日冕物质抛射通常会向太空发射带电粒子。这些**太阳宇宙射线**(也称为**太阳高能粒子**) 虽然丰富，但作为宇宙射线它们相对是较低能量的粒子。回想一下，快速太阳风的离子速度约为 750 km·s^{-1} 这个数量级。对于质子，这对应于 $E \sim 3 \text{ keV}$ 的能量。即使是在高能日冕物质抛射，当质子以 $v \approx 0.1c$ 的速度行进时，能量也仅为 10 MeV 这个数量级，对应于图 15.22 中曲线接近平坦部分所示的最低能量的粒子。

较高能量的宇宙射线的来源已经与超新星结合在一起 ($E \leqslant 10^{16} \text{ eV}$，注意图 15.22 中能量 $10^{15} \sim 10^{16} \text{ eV}$ 的 "膝盖"。) 在如此高能量的情形下，粒子的速度基本上趋近于 c 而且静止能量可以忽略 (对质子而言，mc^2 为 937 MeV$\sim$1 GeV)。

考虑在空间中宇宙射线粒子围绕磁力线的 "轨道" 半径，它们在该区域中运动。根据洛伦兹力公式 (11.2)，如果我们忽略来自电场的任何贡献，则在磁场中作用在带电粒子上的力，由下式给出:

$$F_B = qvB$$

对于粒子的速度垂直于磁场的特殊情况。由于洛伦兹力总是垂直于运动方向，因此该力是向心的，并导致粒子有围绕磁场的圆形路径。这意味着

$$\frac{\gamma m v^2}{r} = qvB,$$

其中，γ 是洛伦兹因子。求解 r，轨道的拉莫尔 **(Larmor) 半径**(或**回转半径**) 由下式给出:

$$\boxed{r = \frac{\gamma m v}{qB}}. \tag{15.15}$$

取 $v \sim c$，我们得到

$$r = \frac{\gamma m c^2}{qcB} = \frac{E}{qcB}. \tag{15.16}$$

例 15.5.1   如果 "轨道" 的拉莫尔半径明显超过磁场的大小尺度，则不能认为粒子被束缚在相关的系统中。在星际空间，磁场强度 10^{-10} T 是典型的。对于能量为 10^{15} eV 的质子，拉莫尔半径为

$$r = 3 \times 10^{16} \text{ m} = 1 \text{ pc}.$$

这个半径是超新星遗迹大小的特征，这表明对于远大于 10^{15} eV 的能量，宇宙射线粒子不太可能被束缚在超新星遗迹上。

例 15.5.1 表明能量低于约 10^{15} eV 的宇宙射线粒子可能与超新星遗迹有关，但是一旦它们的能量超过了那个极限，它们就会从遗迹中逃脱。长期以来，人们一直认为与超新星有关的激波可能是宇宙射线粒子加速的场所。恩里科 · 费米 (Enrico Fermi) 首次提出超新

星可以把带电粒子加速到超相对论能量的机制。他提出，被困在磁场中的带电粒子可以通过与前进的激波连续碰撞被加速到非常高的能量。在吸收激波的能量之后，该粒子在激波运动的方向上加速前进 (想象粒子与前进的壁的弹性碰撞)。然而，由于粒子被束缚在激波附近的磁场中，它被迫返回，只能再次与激波碰撞，从而接收额外的能量。该过程重复多次，直到粒子具有足够的能量以脱离超新星磁场的束缚。图 15.22 中宇宙射线谱的幂律本质 $(F \propto E^{-\alpha})$ 是这些粒子的非热能量来源的特征。

日本宇宙学和天体物理学高级卫星 (ASCA) 获得的 SN 1006 的 X 射线图像 (图 15.23) 强烈暗示，超新星遗迹激波波前确实是能量低于约 10^{15} eV 的宇宙射线粒子的加速来源。

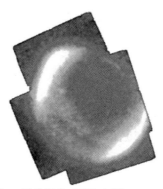

图 15.23　ASCA 获得的 SN 1006 的 X 射线图像 (图片来源:Dr.Eric V.Gotthelf，Columbia University.)

目前仍不清楚最高能量的宇宙射线来自何处。在宇宙射线谱中 10^{15} eV 以上存在 "膝盖"，看来较高能量的宇宙射线来源与 10^{15} eV 以下的超新星来源有本质上的不同。此外，接近 10^{19} eV 的 "脚踝" 也暗示最极端的宇宙射线的另一个来源。有人提出，能量在 "膝盖" 至 "脚踝" 之间的宇宙射线可能是由中子星或黑洞附近的加速造成的。另一方面，最具能量的宇宙射线可能源自我们的星系之外，可能来自星系际激波的碰撞，或者可能来自大多数星系中心的活跃区域，那里可能驻留着超大质量黑洞。

推 荐 读 物

一般读物

Cronin, James W., Gaisser, Thomas K., and Swordy, Simon P., "Cosmic Rays at the Energy Frontier," *Scientific American*, 276 , 44, 1997.

Friedlander, Michael W., *A Thin Cosmic Rain: Particles from Outer Space*, Harvard University Press, Cambridge, MA, 2000.

Hurley, Kevin, "Probing the Gamma-Ray Sky," *Sky and Telescope*, December 1992.

Lattimer, J., and Burrows, A., "Neutrinos from Supernova 1987A," *Sky and Telescope*, October 1988.

Marschall, Laurence A., *The Supernova Story*, Princeton University Press, Princeton, 1994.

Wheeler, J. Craig, *Cosmic Catastrophes: Supernovae, Gamma-Ray Bursts, and Adventures in Hyperspace*, Cambridge University Press, Cambridge, 2000.

Woosley, S., and Weaver, T., "The Great Supernova of 1987, " *Scientific American*, August 1989.

专业读物

Arnett, David, *Supernovae and Nucleosynthesis: An Investigation of the History of Matter, from the Big Bang to the Present*, Princeton University Press, Princeton, 1996.

Arnett, W. David, Bahcall, John N., Kirshner, Robert P., and Woosley, Stanford E., "Super- nova 1987A, " *Annual Review of Astronomy and Astrophysics*, 27 , 629, 1989.

Blaes, Omer M., "Theories of Gamma-Ray Bursts, " *The Astrophysical Journal Supplement*, 92, 643, 1994.

Davidson, Kris, and Humphreys, Roberta M., "Eta Carinae and Its Environment, " *Annual Review of Astronomy and Astrophysics*, 35, 1, 1997.

Fenimore, E. E., and Galassi, M. (eds.), *Gamma-Ray Bursts: 30 Years of Discovery*, AIP Conference Proceedings, 727, 2004.

Galama, T., et al., "The Decay of Optical Emission fromtheGamma-RayBurstGRB 970228, " *Nature*, 387, 479, 1997.

Hansen, Carl J., Kawaler, Steven D., and Trimble, Virginia, *Stellar Interiors: Physical Principles, Structure, and Evolution*, Second Edition, Springer-Verlag, New York, 2004.

Heger, A., et al., "How Massive Stars End Their Life, " *The Astrophysical Journal*, 591, 288, 2003.

Humphreys, Roberta M., and Davidson, Kris, "The Luminous Blue Variables: Astrophysical Geysers, " *Publications of the Astronomical Society of the Pacific*, 106, 1025, 1994.

Massey, Philip, "Massive Stars in the Local Group: Implications for Stellar Evolution and Star Formation, " *Annual Review of Astronomy and Astrophysics*, 41, 15, 2003.

Mészáros, P., "Theories of Gamma-Ray Bursts, " *Annual Review of Astronomy and Astrophysics*, 40, 137, 2002.

Meynet, G., and Maeder, A., "Stellar Evolution with Rotation X. Wolf–Rayet Star Populations at Solar Metallicity, " *Astronomy and Astrophysics*, 404, 975, 2003.

Petschek, Albert G. (ed.), *Supernovae*, Springer-Verlag, New York, 1990.

Piran, Tsvi, "The Physics of Gamma-Ray Bursts, " *Reviews of Modern Physics*, 76, 1143, 2004.

Schlickeiser, Reinhard, *Cosmic Ray Astrophysics*, Springer-Verlag, Berlin, 2002.

Shore, Steven N., *The Tapestry of Modern Astrophysics*, John Wiley & Sons, Inc., Hoboken, 2003.

Stahl, O., et al., "A Spectroscopic Event of η Car Viewed from Different Directions: The Data and First Results, " *Astronomy and Astrophysics*, 435, 303, 2005.

Woosley, S. E., Zhang, Weiqun, and Heger, A., "The Central Engines of Gamma-Ray Bursts, " *Gamma-Ray Burst and Afterglow Astronomy 2001: A Workshop Celebrating the First Year of the HETE Mission*, AIP Conference Proceedings, 662 , 185, 2003.

习　　题

15.1　估计船底座 η 星的爱丁顿极限, 并将你的答案与该恒星的光度进行比较。你的回答和它的行为一致吗? 为什么是或为什么不是?

15.2　在船底座 η 星大喷发时, 它的视星等达到了 $m_V \sim 0$ 这个特征值。假设船底座 η 星的星际消光为 1.7 星等, 而且热改正基本为零。

(a) 估算大喷发期间船底座 η 星的光度。

(b) 确定大喷发的二十年间所释放的光子能量的总量。

(c) 如果 $3\ M_\odot$ 的物质以 $650\ \mathrm{km \cdot s^{-1}}$ 的速度被抛出, 那么有多少能量变成了抛出物质的动能?

15.3　船底座 η 星的一个瓣的角度范围约为 $8.5''$。假设瓣以 $650\ \mathrm{km \cdot s^{-1}}$ 的恒定速度膨胀, 估计自从产生瓣的大喷发以来, 它经历了多长时间。这可能是高估还是低估呢? 证明你的回答是正确的。

15.4　(a) 证明: 初始纯样品中残留的放射性物质的量由式 (15.10) 给出。

(b) 证明:

$$\lambda = \frac{\ln 2}{\tau_{1/2}}.$$

15.5　假设一颗 $10\ M_\odot$ 恒星的 $1\ M_\odot$ 核球坍缩产生一颗 Ⅱ 型超新星。进一步假设坍缩核球释放的能量 100% 转化为中微子, 并且中微子能量的 1% 被覆盖的包层所吸收, 为超新星遗迹的喷射提供能量。如果足够的能量被释放出来, 刚好勉强将剩余的 $9\ M_\odot$ 的物质喷射到无穷远处, 估算恒星遗迹的最终半径。一定要清楚地说明你在确定遗迹最终半径估值时所做的任何其他假设。

15.6　(a) 蟹状星云 SNR 的角尺度为 $4' \times 2'$, 其与地球的距离约为 2000 pc(图 15.4)。估算该星云的线性尺度。

(b) 利用测量到的蟹状星云的膨胀速率并忽略自超新星爆炸以来的任何加速, 估算该星云的年龄。

15.7　取值到蟹状星云的距离为 2000 pc, 并假设最大亮度时的绝对热星等为 Ⅱ 型超新星的特征值, 估计其峰值视星等。把它与有时在白天可见的金星的最大亮度 ($m \cong -4$) 进行比较。

15.8　使用式 (12.26), 对大质量恒星的铁核内部的同构坍缩所需的时间做一个粗略的估计, 这标志着核球坍缩超新星的开始。

15.9　(a) 假设超新星的光变曲线由放射性同位素衰变所释放的能量所支配, 衰变常数为 λ, 证明: 光变曲线的斜率由式 (15.11) 给出。

(b) 证明: 式 (15.12) 是由式 (15.11) 得出的。

15.10　如果超新星光变曲线的线性下降是由喷射物的放射性衰变提供能量, 那么请找到半衰期为 77.7 天的 $^{56}_{27}\mathrm{Co} \longrightarrow \,^{56}_{26}\mathrm{Fe}$ 衰变所产生的下降率 (单位为 $\mathrm{mag \cdot d^{-1}}$)。

15.11　一个 $^{56}_{27}\mathrm{Co}$ 原子在衰变过程中释放的能量为 3.72 MeV。如果 SN 1987A 中 $^{56}_{28}\mathrm{Ni}$ 的衰变产生了 $0.075\ M_\odot$ 的钴, 估算通过钴的放射性衰变每秒释放的能量:

(a) 刚好在钴形成之后;

(b) 爆炸一年后;

(c) 将你的答案与图 15.12 中 SN 1987A 的光变曲线进行比较。

15.12　在地球上 SN 1987A 的中微子流量估计为 $1.3 \times 10^{14}\ \mathrm{m^{-2}}$。如果每个中微子的平均能量约为 4.2 MeV, 估算在超新星爆炸期间通过中微子所释放的能量。

15.13　使用式 (10.22), 估算质量为 $1.4\ M_\odot$、半径为 10 km 的中子星的引力结合能。将你的答案与 Sk$-$69 202(SN 1987A 的前身星) 的铁核坍缩期间中微子释放的能量进行比较。

15.14　据估计，银河系中大约有 10 万颗中子星。证明：如果观测到的伽马射线暴与我们星系中的中子星有关，那么每个源一定会重复。如果你做一个极端的假设，即每个中子星都会产生伽马射线暴，那么爆发之间的平均时间是多少？

15.15　考虑一个电子和正电子在中子星 ($M = 1.4M_\odot$，$R = 10$ km) 表面相互湮灭，产生两个相同能量的伽马射线光子。证明：每个伽马射线光子具有至少 511 keV 的能量。

15.16　假设存在两组能量分别为 E_1 和 E_2 的伽马射线暴源。证明：如果这些源分别以 n_1 和 n_2 的数密度均匀地分布在整个宇宙中，那么观测到的具有通量 $\geqslant S$ 的伽马射线暴总数与 $S^{-3/2}$ 成比例。

15.17　1991 年在撰写本教材时，在犹他州的沙漠中，通过 "蝇眼 HiRes" 实验测量到了有记录以来的最高能量的宇宙射线粒子。粒子的能量为 3×10^{20} eV。

(a) 将粒子的能量转换为焦耳。

(b) 如果粒子是质量为 0.143 kg 的棒球，计算球的速度。

(c) 将你的答案转换成英里每小时，并将你的答案与最快大联盟投手的快球速度 (大约 100 英里每小时，或 45 m·s^{-1}) 进行比较。

15.18　使用式 (15.16)，证明：能量大于 10^{19} eV 的宇宙射线粒子不太可能被束缚在银河系内。(银河系的特征尺度约为 30 kpc。) 能量范围在 $10^{16} \sim 10^{19}$ eV 的粒子呢？

15.19　非热谱通常由幂律形式表示：

$$F = CE^{-\alpha}.$$

图 15.22 显示了宇宙射线的幂律谱。确定从 10^{11} eV 到 "膝盖"，以及从 "膝盖" 到 "脚踝" 的区域的 α 值。

15.20　计算能量为 10^{20} eV 的质子的洛伦兹因子。

第 16 章　恒星的简并遗迹

16.1　天狼星 B 的发现

1838 年，弗里德里希·威廉·贝塞尔 (Friedrich Wilhelm Bessel，1784—1846) 利用恒星视差技术测定了到天鹅座 61 的距离。在首次成功测量恒星距离之后，贝塞尔将他的天赋应用到了另一个可能的候选体：天狼星，夜空中最亮的恒星。它的视差角 $p'' = 0.379''$ 对应的距离仅为 2.64 pc，即 8.61 光年 (见附录 E)。天狼星在夜空中看起来很耀眼，部分原因是它靠近地球。当贝塞尔研究该恒星在天空中的轨迹时，他发现它稍微偏离了一条直线。经过 10 年的精确观测，贝塞尔在 1844 年得出结论，天狼星实际上是一个双星系统。虽然无法探测到较亮恒星的伴星，但他推断其轨道周期约为 50 年 (现代值为 49.9 年)，并预测了它的位置。搜寻工作正在进行，目标是那只看不见的 "小狗"，它是耀眼的 "狗星" 的暗淡伴星。

贝塞尔时代的望远镜是无法找到这只 "小狗" 的，因为它太接近其明亮伙伴的光芒。而且，1846 年贝塞尔去世后，人们对这一探索的热情逐渐消退。最后，在 1862 年，著名的美国透镜制造商阿尔万·克拉克 (Alvan Clark, 1804—1887) 的儿子阿尔万·格雷姆·克拉克 (Alvan Graham Clark, 1832—1897) 测试他父亲的新 18 英寸折射仪 (比以前的任何仪器都大 3 英寸)，用它来观测天狼星；他迅速在预测位置上发现了 "小狗"。据估计，占优势地位的天狼星 A 的亮度比现在称为天狼星 B 的 "小狗" 要亮近 1000 倍，见图 16.1。它们绕质心的轨道细节 (见图 16.2 和习题 7.4) 揭示了天狼星 A 和天狼星 B 的质量分别约为 2.3 $M_\odot$ 和 1.0 $M_\odot$。最近对天狼星 B 质量的测定结果是 $(1.053 \pm 0.028)M_\odot$，这是我们将使用的值。

图 16.1　白矮星天狼星 B，它在天狼星 A 过度曝光的图像右侧 (由利克天文台提供)

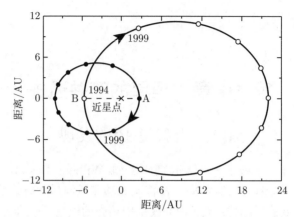

图 16.2　天狼星 A 和天狼星 B 的轨道。系统的质心标有 "×"

克拉克发现天狼星 B 的时机恰好接近其远星点，即两颗恒星相距最远 (仅 10″)。它们光度的巨大差异 ($L_A = 23.5\ L_\odot$ 和 $L_B = 0.03\ L_\odot$) 使得在其他时间观测会更加困难。

50 年后，当下一次到达远星点时，光谱学家已经开发出了测量恒星表面温度的工具。从这只"小狗"暗弱的外观来看，天文学家预计它会是冷的和红色的。1915 年，在威尔逊山天文台工作的沃尔特·亚当斯 (Walter Adams，1876—1956) 发现天狼星 B 反而是一颗热的、蓝白色的恒星，它发出的能量大部分在紫外线波段，这把天文学家吓了一跳。天狼星 B 的温度的现代值是 27000 K，比天狼星 A 的 9910 K 要热得多。

这颗恒星的物理特征的含义令人震惊。使用斯特藩–玻尔兹曼定律 (式 (3.17)) 计算天狼星 B 的大小，得到的半径仅为 5.5×10^6 m $\approx 0.008\ R_\odot$。天狼星 B 的质量与太阳相当，但它的体积比地球还小！天狼星 B 的平均密度为 3×10^9 kg·m^{-3}，其表面引力引起的加速度约为 4.6×10^6 m·s^{-2}。在地球上，一茶匙白矮星物质重为 1.45×10^5 N (超过 16 t)；而在白矮星的表面，它的重量将是在地球上的 470000 多倍。在天狼星 B 的光谱中，这种巨大的引力在天狼星 B 的光谱中就体现出来了：它在其表面附近产生巨大的压强，导致非常宽的氢吸收线，见图 8.15。[①] 除了这些谱线外，它的光谱是无特征的连续谱。

天文学家第一次对天狼星 B 的发现作出的反应是对这些结果不屑一顾，称其为"荒谬"。然而，这些计算是如此简单和直接，以至于这种态度很快就变成了爱丁顿在 1922 年所表达的那样："奇怪的天体，持续显示了与其光度完全不一致的光谱类型，可能最终教会我们的不仅仅是一个按照规则辐射的宿主。像所有科学一样，天文学在遇到理论上的例外时发展最为迅速。"

16.2　白　矮　星

显然天狼星 B 不是一颗普通恒星。它是一颗**白矮星**，是一类质量与太阳相当、大小与地球相当的恒星。尽管太阳附近多达四分之一的恒星可能是白矮星，但由于仅仅是在太阳周围 10 pc 的范围内获得了完整的样本，所以这些暗淡恒星的典型特征一度难以确定。

---

① 回顾 9.5 节中关于压强致宽的讨论。

16.2.1 白矮星的类型

图 8.14 和图 8.16 显示，白矮星占据了 H-R 图的一条狭长区域，该区域大致平行于主序带，并位于主序带的下方。尽管白矮星通常比普通恒星更白，但这个名字本身就有点用词不当，因为它们有各种颜色，表面温度从低于 5000 K 到高于 80000 K。它们的光谱型 D (代表 "矮星") 有几个子类：最大的一组 (约占总数的三分之二，包括天狼星 B) 称为 **DA 白矮星**，在它们的光谱中只显示出压强致宽的氢吸收线；**DB 白矮星** (8%) 没有氢谱线，只显示氦吸收谱线；**DC 白矮星** (14%) 没有任何谱线——只是一个没有特征的连续谱；其余的类型包括 **DQ 白矮星**，它们的光谱显示出碳线的特征，而 **DZ 白矮星** 则显示金属线的迹象。

16.2.2 白矮星的中心条件

利用 16.1 节中给出的天狼星 B 的值来估计一下质量为 $M_{\rm wd}$ 和半径为 $R_{\rm wd}$ 的白矮星的中心的物理条件是有益的。如果 $r = 0$，式 (14.5) 表明，白矮星的中心压强大约[①]为

$$p_{\rm c} \approx \frac{2}{3}\pi G\rho^2 R_{\rm wd}^2 \approx 3.8 \times 10^{22}\ {\rm N\cdot m^{-2}}, \tag{16.1}$$

比太阳中心的压强大 150 万倍。从辐射温度梯度[②]式 (10.68) 可以得到中心温度的粗略估计，

$$\frac{{\rm d}T}{{\rm d}r} = -\frac{3}{4ac}\frac{\bar{\kappa}\rho}{T^3}\frac{L_r}{4\pi r^2}$$

或者

$$\frac{T_{\rm wd} - T_{\rm c}}{R_{\rm wd} - 0} = -\frac{3}{4ac}\frac{\bar{\kappa}\rho}{T_{\rm c}^3}\frac{L_{\rm wd}}{4\pi R_{\rm wd}^2}.$$

假设表面温度 $T_{\rm wd}$ 远小于中心温度，并且对于电子散射使用 $\bar{\kappa} = 0.02\ {\rm m^2\cdot kg^{-1}}$ (式 (9.27)，取 $X = 0$)，给出

$$T_{\rm c} \approx \left[\frac{3\bar{\kappa}\rho}{4ac}\frac{L_{\rm wd}}{4\pi R_{\rm wd}}\right]^{1/4} \approx 7.6 \times 10^7\ {\rm K}.$$

因此，白矮星的中心温度是 10^7 K 的若干倍。

白矮星的这些估算值直接导致了一个令人惊讶的结论。虽然氢占宇宙可见质量的 70% 左右，但在白矮星的表层之下它不可能以可观的数量存在。否则，核能产生率对密度和温度的依赖关系 (pp 链参见式 (10.46)，CNO 循环参见式 (10.58)) 会产生比实际观测到的白矮星的光度大几个数量级的光度。类似推理用到其他核反应序列将会暗示热核反应并不参与产生白矮星辐射的能量，因此它们的中心必定由在这种密度和温度下都不能聚变的粒子组成。

如 13.2 节所述，白矮星是在 H-R 图上的小质量和中等质量恒星 (主序星上初始质量低于 $8\ M_\odot$ 或 $9\ M_\odot$ 的恒星) 在渐近巨星支上接近它们生命的尽头时在它们的核心形成的。

---

① 记住式 (14.5) 是在恒定密度这个非现实的假设下得到的。

② 正如我们将在后面的 16.5 节中讨论的，辐射温度梯度的假设是不正确的，因为能量实际上是由电子传导向外传送的。然而，对于本估算的目的，式 (10.68) 是足够的。

因为任何恒星如果中心的氢核质量超过 $0.5\,M_\odot$，将经历核聚变，大多数白矮星主要由完全电离的碳原子核和氧原子核组成[①]。当衰老的巨星以行星状星云的形式驱散其表层时，其核心暴露出来，成为白矮星的前身星。DA 型白矮星的质量分布在 $0.56\,M_\odot$ 处达到了一个陡峭的峰值，其中约 80% 的质量分布在 $0.42{\sim}0.70\,M_\odot$，见图 16.3。前面说到的质量大得多的主序星意味着在渐近巨星支上发生了大量的质量损失，包括热脉冲和超级星风。

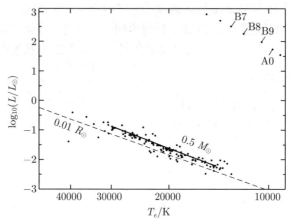

图 16.3　H-R 图上的 DA 白矮星。图中有一条线标出了 $0.50\,M_\odot$ 白矮星的位置，主序的一部分位于右上方 (数据来自 Bergeron，Saffer 和 Liebert，*Ap.J.*，394，228，1992)

16.2.3　光谱和表面成分

白矮星异常强大的引力是 DA 型白矮星特有的氢光谱的原因。较重的原子核被拉到表面以下，而较轻的氢上升到顶部，导致在碳–氧核球[②]的顶部覆盖了一层氦，其外又包裹着一层薄的氢。在恒星的炽热大气中，根据质量的不同进行原子核的垂直分层只需要 100 年左右。非 DA (如 DB 和 DC) 白矮星的起源尚不清楚。与热脉冲或超级星风相关联的渐近巨星支可能发生有效的质量损失，剥离了白矮星几乎所有的氢元素。或者，单个的白矮星可以通过其表层里的对流混合，在 DA 和非 DA 光谱型之间转换[③]。例如，氢对流区穿透到上面的薄氢层中，通过添加额外的氦来稀释氢，可以将 DA 白矮星变成 DB 白矮星。

16.2.4　脉动白矮星

表面温度为 $T_e \approx 12000\,\text{K}$ 的白矮星位于 H-R 图的不稳定带内，脉动周期在 $100{\sim}1000\text{s}$，见图 8.16 和表 14.1。这些**鲸鱼座 ZZ 变星**是以阿洛·兰多尔特 (Arlo Landolt) 在 1968 年发现的原型命名的，它们是光变的 DA 白矮星。因此，它们也称为 **DAV 恒星**。脉动周期对应于在白矮星的氢和氦表层内共振的非径向 g 模[④]。因为这些 g 模涉及几乎完美的水平位移，这些致密的脉动星的半径几乎不变。它们的亮度变化 (通常为零点几个星等) 是由于恒星表面的温度变化。由于大多数恒星都会以白矮星的形式结束它们的一生，这些一定是宇宙中最常见的变星类型，尽管在撰写本教材时只探测到了大约 70 颗。

---

① 小质量氦白矮星也可能存在，而且稀有的氧–氖–镁白矮星在若干新星中已被探测到。
② 对 DA 白矮星，估计氢和氦层的相对质量是 $m(\text{H})/m(\text{He}) \approx 10^{-2} \sim 10^{-11}$。
③ 正如我们将在 16.5 节看到的，陡峭的温度梯度在白矮星的表层产生了对流区。
④ 在 14.4 节讨论了恒星的非径向脉动。如图 14.18 所示，与正常恒星的 g 模不同，白矮星的 g 模被限制在它们的表层。

美国天文学家唐·温格特 (Don Winget) 等对脉动白矮星模型进行了成功的数值计算。他们能够证明正是由于氢的部分电离区驱动了鲸鱼座 ZZ 星的振荡，如 14.2 节所述。这些计算也证实了白矮星包层中元素分层。温格特和他的同事们接着预测，较热的 DB 白矮星也应该表现出由氦部分电离区驱动的 g 模振荡。在一年的时间之内，这个预测就被证实了，温格特和他的合作者们发现了第一颗 **DBV** 星 ($T_e \approx 27000$ K)[①]。DAV 和 DBV 星在 H-R 图上的位置如图 16.4 所示，还有非常热的 DOV 和 PNNV ($T_e \approx 10^5$ K) 变星，它们与白矮星的诞生密切相关。("PNN" 代表行星状星云核，DO 光谱型标志着过渡到白矮星阶段。) 所有这些恒星都有多个周期，同时显示出至少 3 个，有的多达 125 个不同的频率。天文学家们正在破译这些数据，以获得对白矮星结构的详细了解。

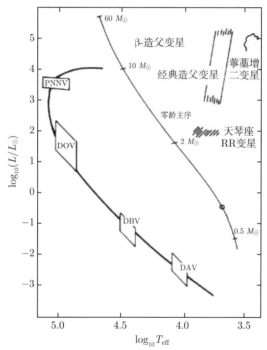

图 16.4　H-R 图上的致密脉动星 (图改编自 Winget，*Advances in Helio- and Asteroseisology*，Christensen-Dalsgaard 和 Frandsen(eds.)，Reidel，Dordrecht，1988)

16.3　简并物质物理学

我们现在就要刨根问底，白矮星究竟靠什么来支撑自己，以对抗那没完没了的引力呢？很容易看出来 (习题 16.4) 正常气体的压强和辐射压强是完全不足以抗衡引力的。英国物理学家拉尔夫·霍华德·福勒爵士 (Sir Ralph Howard Fowler, 1889—1944) 在 1926 年发现了答案。他将泡利不相容原理的新思想 (回顾 5.4 节) 应用于白矮星内的电子。接下来的定性讨论阐明了福勒描述的**电子简并压**的基本物理。

[①] 对这一独特预测和随后发现的新型恒星感兴趣的读者请参阅温格特等 (1982a, b) 的成果。

16.3.1   泡利不相容原理与电子简并

任何系统——无论是氢原子，还是充满黑体光子的炉子，或者是装满气体粒子的盒子——都是由一组量子数组成的量子态描述的。电磁辐射由三个量子数描述 (指定波长为 λ 并在 x、y 和 z 方向上传播的光子的数量)。就像炉子被电磁辐射驻波充满一样，一盒气体粒子同样由三个量子数描述的德布罗意驻波 (指定粒子在三个方向中的每个方向上的动量分量) 充满。如果气体粒子是费米子 (如电子或中子)，那么泡利不相容原理允许每个量子态中最多有一个费米子，因为没有任何两个费米子可以有相同的量子数组。

在标准温度和压强下的日常气体中，每 10^7 个量子态中只有一个被气体粒子占据，而泡利不相容原理所施加的限制就变得不重要了。根据理想气体定律，普通气体的热压与其温度有关。然而，当从气体中移走能量并且其温度下降时，越来越多的粒子被迫进入低能态。如果气体粒子是费米子，那么在每个态中只允许有一个粒子，因此，所有的粒子不能挤进基态。相反，当气体的温度降低时，费米子将填充到最低可用的未占据态，这是从基态开始的，然后依次占据具有最低能量的激发态。即使在 $T \to 0\,\mathrm{K}$ 的极限条件下，处于激发态的费米子的剧烈运动也会在费米子气体中产生压强。在零温度下，所有较低能态被占据，并且没有较高能态被占据。这样的费米子气体被称为是完全**简并**的。

16.3.2   费米能

在 $T = 0\,\mathrm{K}$ 时，在完全简并气体中的任何电子的最大能量 (ε_{F}) 称为**费米能**，见图16.5。要确定这个极限能量，想象每个边长为 L 的三维盒子。假设电子是盒子里的驻波，我们注意到它们在每个维度上的波长由下式给出：

$$\lambda_x = \frac{2L}{N_x}, \quad \lambda_y = \frac{2L}{N_y}, \quad \lambda_z = \frac{2L}{N_z},$$

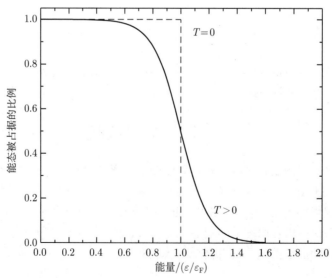

图 16.5   能量为 ε 的能态被费米子占据的比例。当 $T = 0$ 时，所有的费米子都有 $\varepsilon \leqslant \varepsilon_{\mathrm{F}}$；但当 $T > 0$ 时，有些费米子的能量超过了费米能

其中，N_x、N_y、N_z 是与每个维度相关联的整数量子数。回顾德布罗意波长与动量有关 (式 (5.17))：

$$p_x = \frac{hN_x}{2L}, \quad p_y = \frac{hN_y}{2L}, \quad p_z = \frac{hN_z}{2L}.$$

现在，粒子的总动能可以写成

$$\varepsilon = \frac{p^2}{2m},$$

其中，$p^2 = p_x^2 + p_y^2 + p_z^2$。因此，

$$\varepsilon = \frac{h^2}{8mL^2}\left(N_x^2 + N_y^2 + N_z^2\right) = \frac{h^2 N^2}{8mL^2}, \tag{16.2}$$

其中，$N^2 \equiv N_x^2 + N_y^2 + N_z^2$，类似于从 "$N$-空间" 中的原点到点 (N_x, N_y, N_z) 的距离。

气体中的电子总数对应于唯一量子数 N_x、N_y、N_z 的总数乘以 2。因子 2 源于电子是自旋为 1/2 的粒子这一事实，因此 $m_s = \pm 1/2$ 意味着两个电子可以具有相同的 N_x、N_y、N_z 组合，并且仍然拥有唯一的一组四个量子数 (包括转动)。现在，在 N-空间中的每个整数坐标 (例如，$N_x = 1$, $N_y = 3$, $N_z = 1$) 对应于两个电子的量子态。有了足够大的电子样本，就可以认为它们占据了半径为 $N = \sqrt{N_x^2 + N_y^2 + N_z^2}$ 的体积中每个整数坐标，但是仅对于 N-空间的正卦限，即 $N_x > 0$，$N_y > 0$ 和 $N_z > 0$。这意味着电子的总数将是

$$N_e = 2\left(\frac{1}{8}\right)\left(\frac{4}{3}\pi N^3\right).$$

求解 N，得到

$$N = \left(\frac{3N_e}{\pi}\right)^{1/3}.$$

代入式 (16.2) 并简化，我们得到费米能由下式给出：

$$\boxed{\varepsilon_{\mathrm{F}} = \frac{\hbar^2}{2m}\left(3\pi^2 n\right)^{2/3},} \tag{16.3}$$

其中，m 是电子的质量；$n \equiv N_e/L^3$ 是每单位体积里的电子数。在温度为 0K 时每个电子的平均能量为 $3/5\varepsilon_{\mathrm{F}}$。(当然，上述推导适用于任何费米子，而不仅仅是电子。)

16.3.3 简并的条件

对于高于 0K 的任何温度，随着费米子利用其热能去占据其他更高能态，能量低于 ε_{F} 的一些态将变得空闲。尽管当 $T > 0\,\mathrm{K}$ 时，简并不精确的是完全简并，但是在白矮星内部遇到的密度情形，完全简并的假设是一个很好的近似。除了最高能的粒子外，所有粒子的能量都将小于费米能。为了了解简并度是如何同时依赖于白矮星的温度和密度，我们首先用电子气的密度来表示费米能。对于完全电离，每单位体积里的电子数是

$$n_e = \left(\frac{\#\ 电子数}{核子}\right)\left(\frac{\#\ 核子数}{体积}\right) = \left(\frac{Z}{A}\right)\frac{\rho}{m_{\mathrm{H}}}, \tag{16.4}$$

其中，Z 和 A 分别是白矮星核中质子和核子的数量，m_H 是氢原子的质量[①]。因此，费米能与密度的 2/3 次方成正比：

$$\varepsilon_F = \frac{\hbar^2}{2m_e}\left[3\pi^2\left(\frac{Z}{A}\right)\frac{\rho}{m_H}\right]^{2/3}. \tag{16.5}$$

现在，将费米能与电子的平均热能 $\frac{3}{2}kT$（其中 k 是玻尔兹曼常量，见式 (10.17)）进行比较。粗略地说，如果 $\frac{3}{2}kT < \varepsilon_F$，那么一个典型的电子将不能跃迁到一个未被占据的态，电子气体将是简并的。即，对于简并气体：

$$\frac{3}{2}kT < \frac{\hbar^2}{2m_e}\left[3\pi^2\left(\frac{Z}{A}\right)\frac{\rho}{m_H}\right]^{2/3},$$

或者对于 $Z/A = 0.5$ 情形有

$$\frac{T}{\rho^{2/3}} < \frac{\hbar^2}{3m_e k}\left[\frac{3\pi^2}{m_H}\left(\frac{Z}{A}\right)\right]^{2/3} = 1261\ \text{K}\cdot\text{m}^2\cdot\text{kg}^{-2/3}.$$

定义：

$$\mathcal{D} \equiv 1261\ \text{K}\cdot\text{m}^2\cdot\text{kg}^{-2/3},$$

简并的条件可以写为

$$\boxed{\frac{T}{\rho^{2/3}} < \mathcal{D}.} \tag{16.6}$$

$T/\rho^{2/3}$ 的值越小，气体简并越厉害。

例 16.3.1　太阳和天狼星 B 的中心的电子简并有多重要？在标准太阳模型的中心（表 11.1），$T_c = 1.570 \times 10^7$ K 和 $\rho_c = 1.527 \times 10^5$ kg·m^{-3}。然后

$$\frac{T_c}{\rho_c^{2/3}} = 5500\ \text{K}\cdot\text{m}^2\cdot\text{kg}^{-2/3} > \mathcal{D}.$$

在太阳中，电子的简并相当微弱，所起的作用也非常小，只提供了零点几个百分数的中心压强。然而，随着太阳的继续演化，电子简并将变得越来越重要 (图 16.6)。如 13.2 节所述，太阳在 H-R 图的红巨星支上会演化出一个简并的氦核球，最终导致核球氦闪。之后，在渐近巨星支上，碳-氧白矮星的前身星将在核球形成。当太阳表面层作为行星状星云被抛出时，那个碳-氧核球将显露出来。

对于天狼星 B，上面估计的密度和中心温度的值会导致

$$\frac{T_c}{\rho_c^{2/3}} = 37\ \text{K}\cdot\text{m}^2\cdot\text{kg}^{-2/3} \ll \mathcal{D},$$

---

① 采用氢质量作为质子和中子的代表性质量。

所以对天狼星 B 而言，完全简并是一个有效假设。

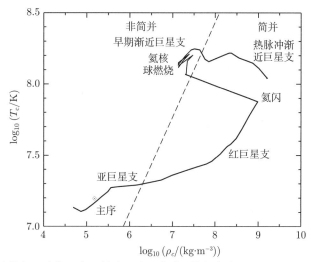

图 16.6 随着太阳演化，太阳的中心出现简并 (数据来自 Mazzitelli 和 D' Antona，*Ap. J.*，311，762，1986)

16.3.4 电子简并压

我们现在通过综合量子力学的两个关键想法来估计电子简并压:

(1) 泡利不相容原理，它允许在每个量子态中最多有一个电子;

(2) 海森伯不确定性原理，如式 (5.19) 形式，

$$\Delta x \Delta p_x \approx \hbar,$$

这就要求被约束在较小的空间体积中的电子在其动量上具有相应的较高不确定性。因为电子动量的最小值 $p_{\min}$ 约为 Δp，所以越紧密约束的电子将具有更大的动量。

当我们给出所有的电子都具有相同的动量 p 这个不太真实的假设时，对于压强积分，式 (10.8) 变为

$$P \approx \frac{1}{3} n_{\mathrm{e}} p v, \tag{16.7}$$

其中，n_{e} 是总电子数密度。

在完全简并的电子气体中，电子尽可能紧密地堆积，并且对于均匀的数密度 n_{e}，相邻电子之间的间距大约是 $n_{\mathrm{e}}^{-1/3}$。然而，为了满足泡利不相容原理，电子必须保持它们作为不同粒子的身份。也就是说，它们位置的不确定性不能大于它们的物理间距。对于完全简并的极限情况，确定 $\Delta x \approx n_{\mathrm{e}}^{1/3}$，我们可以使用海森伯的不确定性关系来估计电子的动量。在一个坐标方向上，

$$p_x \approx \Delta p_x \approx \frac{\hbar}{\Delta x} \approx \hbar n_{\mathrm{e}}^{1/3} \tag{16.8}$$

(见例 5.4.2)。然而，在三维气体中，每个方向的可能性都是相等的，这意味着

$$p_x^2 = p_y^2 = p_z^2,$$

这就是能量在所有坐标方向上均分的表现。因此，

$$p^2 = p_x^2 + p_y^2 + p_z^2 = 3p_x^2,$$

或者

$$p = \sqrt{3}p_x.$$

对于完全电离的电子数密度，使用式 (16.4)，给出

$$p \approx \sqrt{3}\hbar \left[\left(\frac{Z}{A} \right) \frac{\rho}{m_{\mathrm{H}}} \right]^{1/3}.$$

对于非相对论电子，速度为

$$v = \frac{p}{m_{\mathrm{e}}}$$

$$\approx \frac{\sqrt{3}\hbar}{m_{\mathrm{e}}} n_{\mathrm{e}}^{1/3} \tag{16.9}$$

$$\approx \frac{\sqrt{3}\hbar}{m_{\mathrm{e}}} \left[\left(\frac{Z}{A} \right) \frac{\rho}{m_{\mathrm{H}}} \right]^{1/3}. \tag{16.10}$$

对于电子简并压，把式 (16.4)、式 (16.8) 和式 (16.10) 代入式 (16.7)，得到

$$P \approx \frac{\hbar^2}{m_{\mathrm{e}}} \left[\left(\frac{Z}{A} \right) \frac{\rho}{m_{\mathrm{H}}} \right]^{5/3}. \tag{16.11}$$

这比完全简并的非相对论电子气体压强 P 的精确表达式约小 2 倍，

$$P = \frac{(3\pi^2)^{2/3}}{5} \frac{\hbar^2}{m_{\mathrm{e}}} n_{\mathrm{e}}^{5/3},$$

或者

$$\boxed{P = \frac{(3\pi^2)^{2/3}}{5} \frac{\hbar^2}{m_{\mathrm{e}}} \left[\left(\frac{Z}{A} \right) \frac{\rho}{m_{\mathrm{H}}} \right]^{5/3}.} \tag{16.12}$$

　　对于碳氧白矮星，使用 $Z/A = 0.5$，式 (16.12) 表明可用于支持诸如天狼星 B 的白矮星的电子简并压强约为 $1.9 \times 10^{22} \ \mathrm{N \cdot m^{-2}}$，在先前估计的中心压强 (式 (16.1)) 的 2 倍内。电子简并压强是维持白矮星流体静力学平衡的原因。

　　大家可能已经注意到了式 (16.12) 是对应于 $n = 1.5$ 的多方状态公式，$p = K\rho^{5/3}$。这意味着与从第 276 页开始推导出的莱恩–埃姆登 (Lane-Emden) 公式 (10.110) 相关的大量的工具可用于研究这些对象。当然，要详细了解它们需要仔细的数值计算，涉及部分简并气体的复杂状态公式的细节、非零温度和变化的成分。

16.4 钱德拉塞卡极限

简并电子压强必须支撑白矮星这个要求具有深远的意义。1931 年，21 岁的印度物理学家苏布拉马尼扬·钱德拉塞卡 (Subrahmanyan Chandrasekhar) 宣布他发现白矮星存在最大质量。在本节中，我们将思考导致这一惊人结论的物理学。

16.4.1 质量–体积关系

白矮星的半径 R_{wd} 和它的质量 M_{wd} 之间的关系，可以通过假设中心压强 (式 (16.1)) 的估值等于电子简并压强 (式 (16.12)):

$$\frac{2}{3}\pi G \rho^2 R_{\mathrm{wd}}^2 = \frac{(3\pi^2)^{2/3}}{5}\frac{\hbar^2}{m_{\mathrm{e}}}\left[\left(\frac{Z}{A}\right)\frac{\rho}{m_{\mathrm{H}}}\right]^{5/3}.$$

使用 $\rho = M_{\mathrm{wd}}\left/\left(\dfrac{4}{3}\pi R_{\mathrm{wd}}^3\right)\right.$ (假设密度恒定)，这给出白矮星半径的估值:

$$R_{\mathrm{wd}} \approx \frac{(18\pi)^{2/3}}{10}\frac{\hbar^2}{G m_{\mathrm{e}} M_{\mathrm{wd}}^{1/3}}\left[\left(\frac{Z}{A}\right)\frac{1}{m_{\mathrm{H}}}\right]^{5/3}. \tag{16.13}$$

对于 $1\ M_\odot$ 的碳氧白矮星，$R \approx 2.9 \times 10^6$ m，大约变为原来的 1/2，但这是一个可以接受的估值。更重要的是这个令人惊讶的暗示: $M_{\mathrm{wd}}R_{\mathrm{wd}}^3 = $ 常数，或

$$\boxed{M_{\mathrm{wd}}V_{\mathrm{wd}} = 常数.} \tag{16.14}$$

白矮星的体积与其质量成反比，因此质量更大的白矮星实际上体积更小。这个质量–体积关系是恒星从电子简并压强中获得支撑的结果。电子必须更紧密地约束在一起，才能产生更大的简并压强，以支撑质量更大的恒星。事实上，**质量–体积关系**意味着 $\rho \propto M_{\mathrm{wd}}^2$。

根据质量与体积的关系，在白矮星上堆积越来越多的质量会最终导致恒星体积缩小到零，此时它的质量变成无限大。然而，如果密度大约超过 10^9 $\mathrm{kg \cdot m^{-3}}$，则会偏离该关系。要了解为什么会这样，请使用式 (16.10) 估计天狼星 B 中电子的速度:

$$v \approx \frac{\hbar}{m_{\mathrm{e}}}\left[\left(\frac{Z}{A}\right)\frac{\rho}{m_{\mathrm{H}}}\right]^{1/3} = 1.1 \times 10^8\ \mathrm{m \cdot s^{-1}},$$

超过光速的三分之一! 如果质量–体积关系是正确的，则比天狼星 B 质量稍大一点的白矮星体积会很小和很密，以至于它们的电子速度会超过光速极限值。这种不可能性指出了在我们的电子速度 (式 (16.10)) 和压强 (式 (16.11)) 的表达式中忽略相对论效应的危险性[①]。因为电子的移动速度比式 (16.10) 指出的非相对论速度还慢，这就意味着支撑恒星的电子压强变小了。因此，大质量白矮星比质量–体积关系所预测的要小。事实上，对一个质量的有限值会出现零体积; 换句话说，电子简并压强所能支撑的物质的量存在一个极限。

[①] 留作练习，请说明密度大于 10^9 $\mathrm{kg \cdot m^{-3}}$ 时必须考虑相对论效应。

16.4.2　动力学不稳定性

为了理解相对论效应对白矮星稳定性的影响，回想式 (16.12) (其仅在大约 $\rho <$ 10^9 kg·m^{-3} 时有效) 具有多方形式，$P = K\rho^{5/3}$，其中 K 是常数。将此与式 (10.86) 进行比较，表明在非相对论极限下，比热的值为 $\gamma = 5/3$。正如我们在 14.3 节中所讨论的，这意味着白矮星是动力学稳定的。如果它受到小的扰动，则它会回到它的平衡结构，而不是坍缩。然而，在极端相对论极限下，必须使用电子速度 $v = c$ 来代替式 (16.10) 以得到电子简并压。结果是

$$P = \frac{(3\pi^2)^{1/3}}{4}\hbar c \left[\left(\frac{Z}{A}\right)\frac{\rho}{m_{\mathrm{H}}}\right]^{4/3} \tag{16.15}$$

(例如，参见习题 16.6)。在这个极限中，$\gamma = 4/3$，对应于动力学不稳定性。当电子简并压失效时[①]，对平衡态的最小偏离也将导致白矮星的坍缩。正如 15.3 节所解释的，趋近这个极限情形将导致老化的超巨星的简并核球发生坍缩，从而产生核球坍缩超新星。(注意，式 (16.15) 是多方状态公式，$P = K\rho^{4/3}$，多方指数 $n = 3$。)

16.4.3　估算钱德拉塞卡极限

白矮星最大质量的近似值可以通过设定中心压强 $\Bigg($式 (16.1)，其中 $\rho = M_{\mathrm{wd}}$ $\Bigg/\left(\frac{4}{3}\pi R_{\mathrm{wd}}^3\right)\Bigg)$ 的估值等于 $Z/A = 0.5$ 时式 (16.15) 的值来获得。白矮星的半径抵消，给出

$$M_{\mathrm{Ch}} \sim \frac{3\sqrt{2\pi}}{8}\left(\frac{\hbar c}{G}\right)^{3/2}\left[\left(\frac{Z}{A}\right)\frac{1}{m_{\mathrm{H}}}\right]^2 = 0.44\ M_\odot \tag{16.16}$$

为最大可能的质量。注意，式 (16.16) 包含三个基本常数 $\hbar$、c、G，分别代表量子力学、相对论和牛顿引力对白矮星结构的综合效应。在 $Z/A = 0.5$ 时，经过精确推导得出 $M_{\mathrm{Ch}} = 1.44\ M_\odot$，它称为**钱德拉塞卡极限**。图 16.7 显示了白矮星的质量–半径关系[②]。尚未发现质量超过钱德拉塞卡极限的白矮星[③]。

重要的是要强调，这里推导的不管是非相对论电子简并压强式还是相对论电子简并压强式 (分别为式 (16.12) 和式 (16.15))，都不包含温度。不像理想气体定律的气体压强和辐射压强表达式，完全简并的电子气的压强与其温度无关。这具有将恒星的力学结构与其热属性解耦的效果。然而，由于 $T > 0$，解耦从来都不是完美的。因此，正确的压强表达式涉及将气体当作部分简并和相对论来处理，但是 $v < c$。这是一个需要正确对待的具有挑战性的状态式[④]。

---

① 事实上，正如爱因斯坦的广义相对论 (见 17.1 节) 所描述的那样，白矮星的强引力作用在动力学不稳定时使 γ 临界值略高于 4/3。

② 图 16.7 不包括白矮星中核子和电子之间的静电吸引等复杂情况，因此半径会稍微减小。

③ 很自然地会想，如果给白矮星的质量再增加一丁点儿，使其非常接近 $1.44\ M_\odot$，那么偷偷进入钱德拉塞卡极限的结果会是怎样。这将在 18.5 节 Ia 型超新星中讨论。

④ 关于部分电子简并的讨论，请参阅 Clayton (1983) 或 Hansen，Kawaler 和 Trimble (2004)。

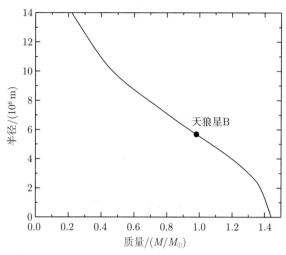

图 16.7 $T = 0$ K 时,$M_{wd} \leqslant M_{Ch}$ 的白矮星半径

我们已经在 13.2 节中看到了这种解耦的含义,作为小质量恒星的简并氦核不依赖于力学和热学行为的结果,我们描述了氦核闪。当核球氦开始燃烧时,它在没有伴随压强增加的情况下进行,压强增加通常会使核球膨胀并因此抑制温度的升高。由此造成的温度快速上升导致核能产出失控——氦闪,这种情况一直持续到温度高到足以消除核球的简并为止,然后使其能够膨胀。另一方面,一颗恒星的质量可能很小,以至于它的核球温度永远不会高到足以引发氢燃烧。这种情况的结果就是形成一颗氦白矮星。

16.5 白矮星的冷却

大多数恒星都是以白矮星的形式结束其一生。这些散布在太空中的炽热余烬是一个星系昔日辉煌的记忆。因为在它们的内部没有发生核聚变,白矮星在缓慢地消耗其热能,简单地以基本恒定的半径冷却下来 (回顾图 16.3)。为了了解白矮星的冷却速率,以便计算出它的寿命和诞生时间,人们已经付出了很多努力。正如古生物学家可以从化石记录中读到地球生命的历史那样,天文学家通过研究白矮星温度的统计数据或许能够恢复我们星系中恒星形成的历史。这一节将专门讨论恒星考古学所涉及的原理。

16.5.1 能量运传输

首先,我们必须问,能量是如何从白矮星内部向外传输的?在一颗普通的恒星中,在碰撞之前光子的传播距离要比原子远得多,碰撞会剥夺它们的能量 (回顾例 9.2.1 和例 9.2.2)。结果是,光子通常是从恒星内部到表面更有效的能量载体。然而,在白矮星中,简并电子在与原子核碰撞损失能量之前可以行进很长的距离,这是因为绝大多数的低能量电子态已经被占据了。因此,在白矮星中,能量是通过**电子传导**而不是辐射传递的。它是如此有效,以至于白矮星的内部几乎是等温的,只有在非简并表面层温度才明显下降。图 16.8 表明白矮星的组成是这样的:内部一个接近恒温的核球,它被一个很薄的非简并包层包围。这个非简并包层传递热量不太高效,从而导致能量慢慢地泄漏出来。表面附近陡峭的温度梯度产生了对流区,当白矮星冷却时 (如 16.2 节所述),它可能会改变白矮星光谱的外观。

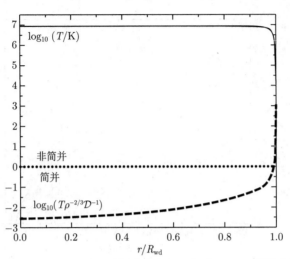

图 16.8　白矮星模型内部的温度和简并度。水平虚线标记了如式 (16.6) 所描述的在简并和非简并之间的边界

在附录 L 的开头描述了恒星非简并表层的结构。对于表面光度为 L_{wd}、质量为 M_{wd} 的白矮星，在包层中作为温度 T 的函数的压强 P[①]，式 (L.1) 成为

$$P = \left(\frac{4}{17} \frac{16\pi a c}{3} \frac{GM_{\mathrm{wd}}}{L_{\mathrm{wd}}} \frac{k}{\kappa_0 \mu m_{\mathrm{H}}} \right)^{1/2} T^{17/4}, \tag{16.17}$$

其中，κ_0(在式 (L.1) 中称为 A) 是式 (9.22) 中束缚–自由跃迁的克拉默斯 (Kramers) 不透明度定律的系数:

$$\kappa_0 = 4.34 \times 10^{21} Z(1+X) \ \mathrm{m^2 \cdot kg^{-1}}.$$

使用理想气体定律 (式 (10.11)) 代替压强，给出密度和温度之间的关系为

$$\rho = \left(\frac{4}{17} \frac{16\pi a c}{3} \frac{GM_{\mathrm{wd}}}{L_{\mathrm{wd}}} \frac{\mu m_{\mathrm{H}}}{\kappa_0 k} \right)^{1/2} T^{13/4}. \tag{16.18}$$

通过设置式 (16.6) 的两边彼此相等，可描述在恒星的非简并表层与温度为 T_{c} 的等温简并内部之间的转变。用它来代替密度，根据内部温度就得到了白矮星表面光度的表达式:

$$
\begin{aligned}
L_{\mathrm{wd}} &= \frac{4\mathcal{D}^3}{17} \frac{16\pi a c}{3} \frac{Gm_{\mathrm{H}}}{\kappa_0 k} \mu M_{\mathrm{wd}} T_{\mathrm{c}}^{7/2} \\
&= C T_{\mathrm{c}}^{7/2},
\end{aligned}
\tag{16.19}
$$

其中，

$$
\begin{aligned}
C &\equiv \frac{4\mathcal{D}^3}{17} \frac{16\pi a c}{3} \frac{Gm_{\mathrm{H}}}{\kappa_0 k} \mu M_{\mathrm{wd}} \\
&= 6.65 \times 10^{-3} \left(\frac{M_{\mathrm{wd}}}{M_\odot} \right) \frac{\mu}{Z(1+X)}.
\end{aligned}
$$

　　[①] 式 (16.17) 假设包层处于辐射平衡状态，能量由光子向外传播。即使在白矮星的表层发生对流，预计也不会对冷却产生很大的影响。

注意，光度与 $T_c^{7/2}$(内部温度) 成比例，并且根据斯特藩–玻尔兹曼定律 (式 (3.17))，它随有效温度的四次方变化。因此，当恒星的热能泄漏到太空中时，白矮星的表面比其等温的内部冷却得更慢。

例 16.5.1 可以用式 (16.19) 估算光度为 $L_{\text{wd}} = 0.03\, L_\odot$、质量为 $1\, M_\odot$ 的白矮星的内部温度。对于非简并包层，任意假设 $X = 0$, $Y = 0.9$, $Z = 0.1$ 这些值 (所以 $\mu \approx 1.4$)，结果是[①]

$$T_{\text{c}} = \left[\frac{L_{\text{wd}}}{6.65 \times 10^{-3}} \left(\frac{M_\odot}{M_{\text{wd}}} \right) \frac{Z(1 + X)}{\mu} \right]^{2/7} = 2.8 \times 10^7 \text{ K}.$$

让简并条件 (式 (16.6)) 的两边相等，则说明非简并包层底部的密度约为

$$\rho = \left(\frac{T_{\text{c}}}{\mathcal{D}} \right)^{3/2} = 3.4 \times 10^6 \text{ kg} \cdot \text{m}^{-3}.$$

这一结果比质量为 $1\, M_\odot$ 的白矮星 (如天狼星 B) 的平均密度小几个数量级，证实了包层确实很薄，对恒星的总质量贡献很小。

16.5.2 冷却时标

白矮星的热能主要存在于其原子核的动能中，简并电子不能贡献显著的能量，这是因为几乎所有的低能态都已经被占据了。为了简单起见，我们假设成分是均匀的，那么白矮星中原子核的总数就等于恒星的质量除以原子核的质量 M_{wd} 再除以一个核子的质量 Am_{H}。此外，由于核子的平均热能是 $\frac{3}{2}\,kT$，可用于辐射的热能是

$$U = \frac{M_{\text{wd}}}{Am_{\text{H}}} \frac{3}{2} kT_{\text{c}}. \tag{16.20}$$

如果我们使用例 16.5.1 中的 T_{c} 值和碳的 $A = 12$，则式 (16.20) 给出了大约 6.0×10^{40} J。对冷却的特征时标 τ_{cool} 的粗略估计可以简单地通过将热能除以光度来获得。因此

$$\tau_{\text{cool}} = \frac{U}{L_{\text{wd}}} = \frac{3}{2} \frac{M_{\text{wd}} k}{Am_{\text{H}} C T_{\text{c}}^{5/2}}, \tag{16.21}$$

约为 5.2×10^{15} s ≈ 1.7 亿年。因为随着 T_{c} 的降低，冷却时标增加，所以这里存在低估。接下来更详细的计算表明，白矮星在其一生中的大部分时间里都在缓慢冷却，温度和光度都很低。

16.5.3 光度随时间的变化

内能的消耗提供了光度，所以式 (16.19) 和式 (16.20) 给出

$$-\frac{\text{d}U}{\text{d}t} = L_{\text{wd}}$$

---

① 因为即使是在 DA 白矮星中氢的量也相当小，所以这个成分对于 DA 型和 DB 型都是合理的选择。

或者

$$-\frac{\mathrm{d}}{\mathrm{d}t}\left(\frac{M_{\mathrm{wd}}}{Am_{\mathrm{H}}}\frac{3}{2}kT_{\mathrm{c}}\right)=CT_{\mathrm{c}}^{7/2}.$$

如果当 $t=0$ 时内部的初始温度为 T_0，则可以对该表达式进行积分以获得作为时间函数的核球温度：

$$T_{\mathrm{c}}(t)=T_0\left(1+\frac{5}{3}\frac{Am_{\mathrm{H}}CT_0^{5/2}}{M_{\mathrm{wd}}k}t\right)^{-2/5}=T_0\left(1+\frac{5}{2}\frac{t}{\tau_0}\right)^{-2/5},\tag{16.22}$$

其中，τ_0 是在初始温度 T_0 时的冷却时标，也就是，在时间 t_0 时，$\tau_0=\tau_{\mathrm{cool}}$。将其代入式 (16.19)，可看出白矮星的光度首先从初始值 $L_0=CT_0^{7/2}$ 急剧下降，然后随着时间流逝慢慢暗淡下去：

$$L_{\mathrm{wd}}=L_0\left(1+\frac{5}{3}\frac{Am_{\mathrm{H}}C^{2/7}L_0^{5/7}}{M_{\mathrm{wd}}k}t\right)^{-7/5}=L_0\left(1+\frac{5}{2}\frac{t}{\tau_0}\right)^{-7/5}.\tag{16.23}$$

图 16.9 中的实线表示由式 (16.23) 计算出的质量为 $0.6\ M_{\odot}$ 的纯碳白矮星的光度下降情况；虚线是针对一系列更真实的白矮星模型[①]获得的曲线。这些模型考虑了覆盖在碳核上的氢和氦的表面薄层，这些层的隔热效果使冷却减慢约 15%。还包括了在白矮星的内部温度下降时发生的一些迷人的现象。

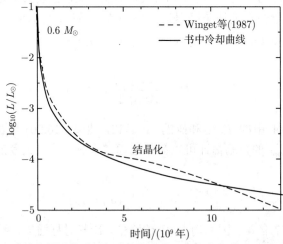

图 16.9 质量为 $0.6\ M_{\odot}$ 的白矮星模型的理论冷却曲线 (实线来自式 (16.23)，虚线来自 Winget 等，*Ap.J.Lett.*，315，L77，1987)

16.5.4 结晶化

当白矮星冷却时，它从中心开始向外以渐进的过程结晶。图 16.9 中大约在 $L_{\mathrm{wd}}/L_{\odot}\approx10^{-4}$ 时虚线出现向上的 "拐点"，此时冷却核开始沉降到晶格中。规则的晶体结构是通过原子核之间的静电斥力来维持的。当它们围绕晶格中的平均位置振动时，会使它们的能量最

---

① 关于此冷却曲线和其他冷却曲线的详细情况，请参阅 Winget 等 (1987) 的文章。

小化。当原子核经历这种相变时，它们释放出潜热 (每个原子核大约 kT 量级)，减缓了恒星的冷却速度并在冷却曲线中产生了拐点。随后，随着白矮星的温度持续下降，当规则间隔的原子核的相干振动促进进一步的能量损失时，晶格实际上加速了冷却。这反映在冷却曲线随后的下降中。因此，大多数恒星一生的最终纪念碑将是"天空中的钻石"，一个寒冷的、黑暗的、由结晶的碳和氧组成的地球大小的球体，飘浮在太空深处[1]。

16.5.5 理论与观测的比较

尽管对由高表面引力和宽光谱特征[2]引起的表面温度的测量存在很大的不确定性，但还是有可能观察到脉动白矮星的冷却。随着恒星温度的下降，根据 $dP/dt \propto T^{-1}$(近似)，其周期 P 缓慢变化。对快速冷却的 DOV 星的极其精确的测量，得到周期导数 $P/|dP/dt| = 1.4 \times 10^6$ 年，与理论值吻合很好。对于冷却更慢的 DBV 和 DAV 恒星，测量周期的变化甚至更加困难。

对白矮星温度下降的精确计算的兴趣反映了我们希望利用这些化石恒星作为揭示我们星系中恒星形成历史的工具。图 16.10 (来自 Winget 等 (1987) 的文章) 说明了如何实现这一点。图中每个圆 (包括空心和实心) 是观测到的在每立方秒差距中的白矮星数量，在图的顶部给出了绝对视星等。白矮星数量在 $L_{wd}/L_\odot < -4.5$ 时急剧下降，这与我们的银河系在无限远的过去一直在形成恒星这一假设不一致。相反，如果最早的白矮星是在 (90±18) 亿年前形成并开始冷却的话，就可以最好地解释这个下降。图 16.10 显示的是基于冷却时间的白矮星光度的理论预期分布，使用类似于图 16.9 所示的理论冷却曲线进行计算，以及观测到的白矮星质量分布。此外，加上恒星演化过程中白矮星之前阶段所花费的时间，意味着中我们的星系盘中恒星形成开始于大约 (93±20) 亿年前[3]。这一时间比银河系更早时期形成的球状星团所确定的年龄要短约 30 亿年。

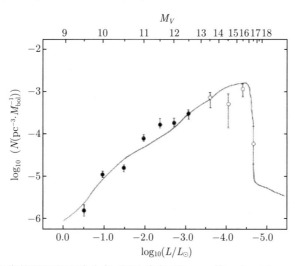

图 16.10　白矮星光度的观测和理论分布 (图改编自 Winget 等，*Ap.J.Lett.*，315，L77，1987)

---

[1] 不同于地球上的钻石，白矮星的原子核排列成类似于金属钠的体心立方晶格。

[2] 对于天狼星 B，经常引用的有效温度范围是 27000~32000 K。

[3] 根据白矮星的冷却时间，其他更近期的研究也得到了关于我们星系的薄盘的年龄的类似结果，年龄估计在 90 亿 ~110 亿这个范围。

16.6　中　子　星

在詹姆斯·查德威克 (James Chadwick，1891—1974) 于 1932 年发现中子两年后，德国天文学家和瑞士天体物理学家沃尔特·巴德 (Walter Baade，1893—1960)、威尔逊山天文台的弗里茨·兹威基 (Fritz Zwicky，1898—1974) 提出了存在**中子星**。这两位天文学家创造了 "超新星" 这一词，他们进一步指出，"超新星代表了从普通恒星到中子星的转变，在其一生最后阶段由极其密集的中子组成。"

16.6.1　中子简并

因为中子星是老化的超巨星的简并核在接近钱德拉塞卡极限而坍缩时形成的，我们取 M_{Ch}(四舍五入到两个数字) 作为典型的中子星质量。一颗 1.4 倍太阳质量的中子星应该由 $1.4 M_\odot / m_n \approx 10^{57}$ 个中子组成——实际上，这是质量数为 $A \approx 10^{57}$ 的一个巨大的原子核，引力把中子聚集在一起，并由**中子简并压**支撑[①]。留一个练习，证明下式：

$$R_{ns} \approx \frac{(18\pi)^{2/3}}{10} \frac{\hbar^2}{GM_{ns}^{1/3}} \left(\frac{1}{m_H} \right)^{8/3} \tag{16.24}$$

是中子星估算半径的表达式，类似于白矮星的公式 (16.13)。对于 $M_{ns} = 1.4 M_\odot$，这里给出的值是 4400m。正如我们在白矮星的公式 (16.13) 中发现的，该估计值太小了，小了大约 3 倍。也就是说，$1.4\ M_\odot$ 中子星的实际半径大约在 10~15 km；我们将采用 10 km 作为半径值。正如我们将看到的，在构建中子星模型时涉及许多不确定性。

16.6.2　中子星的密度

这种难以置信的致密的恒星遗留物的平均密度为 $6.65 \times 10^{17}\ \mathrm{kg \cdot m^{-3}}$，大于原子核的典型密度 $\rho_{nuc} \approx 2.3 \times 10^{17}\ \mathrm{kg \cdot m^{-3}}$。在某种意义上，中子星中的中子必须相互 "接触"。在中子星的密度下，地球上所有人类居民可以挤进一个边长为 1.5 cm 的立方体中[②]。

中子星表面的引力非常强烈。对于半径为 10 km、质量为 $1.4\ M_\odot$ 的中子星，$g = 1.86 \times 10^{12}\ \mathrm{kg \cdot m^{-2}}$，比地球表面的重力加速度强 1900 亿倍。一个物体从中子星表面之上 1 m 高的地方落下，到达中子星表面的速度将是 $1.93 \times 10^6\ \mathrm{m \cdot s^{-1}}$(约 430 万英里每小时)。

例 16.6.1　用牛顿力学来描述中子星的不足之处可以通过计算表面的逃逸速度来证明。使用式 (2.17)，我们发现

$$v_{esc} = \sqrt{2GM_{ns}/R_{ns}} = 1.93 \times 10^8\ \mathrm{m \cdot s^{-1}} = 0.643c.$$

通过考虑在恒星表面上质量为 m 的物体的牛顿引力势能与静止能量之比，也可以看出这一点：

$$\frac{GM_{ns}m/R_{ns}}{mc^2} = 0.207.$$

[①] 与电子一样，中子也是费米子，因此服从泡利不相容原理。

[②] 天文学家徐遐生 (Frank Shu) 评论说，这表明 "人类有多少空间是空白的空间啊"！

显然，要准确地描述中子星，必须考虑相对论效应。这不仅适用于第 4 章中描述的爱因斯坦的狭义相对论，也适用于他的被称为广义相对论的引力理论，这将在 17.1 节中讨论。不管怎么说，我们将同时使用相对论公式和更熟悉的牛顿物理学，以得出关于中子星的定性正确的结论。

16.6.3 物态公式

为了理解构成中子星物质的奇异性质和计算物态公式所涉及的困难，想象一下，在大质量超巨星的中心压缩组成铁白矮星的铁原子核和简并电子的混合物①。特别地，我们对 10^{57} 个核子 (质子和中子) 的平衡构型感兴趣，它们与足够多的自由电子一起提供零净电荷。平衡排列是涉及最少能量的排列。

最初，在低密度下，核子是在铁核中发现的。这是质子间的库仑排斥力和所有的核子间的核力吸引之间的最小能量妥协的结果。然而，正如在钱德拉塞卡极限 (16.4 节) 的讨论中提到的，当 $\rho \approx 10^9 \ \mathrm{kg \cdot m^{-3}}$ 时，电子变为相对论性的。此后不久，质子和中子的最小能量排列发生了变化，因为高能电子可以通过电子俘获过程将铁核中的质子转化为中子 (式 (15.6))，

$$\mathrm{p^+ + e^- \rightarrow n + \nu_e}.$$

由于中子质量略大于质子和电子质量之和，而中微子的静止质量能量可以忽略不计，所以电子必须提供动能以弥补能量差：$m_\mathrm{n} c^2 - m_\mathrm{p} c^2 - m_\mathrm{e} c^2 = 0.78 \ \mathrm{MeV}$。

例 16.6.2 我们将进行密度的估算，考虑氢原子核 (质子) 和相对论简并电子的简单混合开始发生电子俘获过程：

$$\mathrm{p^+ + e^- \rightarrow n + \nu_e}.$$

在中微子不带走能量的极限情形下，我们可以让电子动能 (式 (4.45)) 的相对论表达式等于中子静止能量与质子和电子的组合静止能量之间的差，并写出

$$m_\mathrm{e} c^2 \left(\frac{1}{\sqrt{1 - v^2/c^2}} - 1 \right) = (m_\mathrm{n} - m_\mathrm{p} - m_\mathrm{e}) c^2,$$

或

$$\left(\frac{m_\mathrm{e}}{m_\mathrm{n} - m_\mathrm{p}} \right)^2 = 1 - \frac{v^2}{c^2}.$$

虽然电子速度的公式 (16.10) 仅对非相对论电子是严格有效的，但是在这个估计中使用它是足够精确的。把 v 的表达式代入，会导致

$$\left(\frac{m_\mathrm{e}}{m_\mathrm{n} - m_\mathrm{p}} \right)^2 \approx 1 - \frac{\hbar^2}{m_\mathrm{e}^2 c^2} \left[\left(\frac{Z}{A} \right) \frac{\rho}{m_\mathrm{H}} \right]^{2/3}.$$

对 ρ 求解，表明在电子俘获开始时的密度约为

---

① 由于简并物质的力学和热学性质彼此独立，为方便起见，我们将假设 $T = 0 \ \mathrm{K}$。铁原子核则排列在晶格中。

$$\rho \approx \frac{Am_{\mathrm{H}}}{Z}\left(\frac{m_{\mathrm{e}}c}{\hbar}\right)^3\left[1-\left(\frac{m_{\mathrm{e}}}{m_{\mathrm{n}}-m_{\mathrm{p}}}\right)^2\right]^{3/2} \approx 2.3\times 10^{10}\ \mathrm{kg\cdot m^{-3}},$$

对于氢，使用 $A/Z=1$。这与实际值 $\rho = 1.2\times 10^{10}\ \mathrm{kg\cdot m^{-3}}$ 合理地一致。

我们在例 16.6.2 中考虑了自由质子，以避免它们被束缚在重核中时出现的复杂情况。考虑到周围的原子核和相对论简并电子，以及核物理复杂的细致计算，揭示了 $^{56}_{26}\mathrm{Fe}$ 原子核中的质子要俘获电子，其密度必须超过 $10^{12}\ \mathrm{kg\cdot m^{-3}}$。在更高的密度下，核子最稳定的排列是中子和质子在越来越多的富中子原子核的晶格中被发现的这种排列，以便减少质子间库仑斥力所产生的能量。这一过程称为**中子化**，并产生一系列原子核，如 $^{56}_{26}\mathrm{Fe}$，$^{62}_{28}\mathrm{Ni}$，$^{64}_{28}\mathrm{Ni}$，$^{66}_{28}\mathrm{Ni}$，$^{86}_{36}\mathrm{Kr}$，$\cdots$，$^{118}_{36}\mathrm{Kr}$。通常，这些冗余的中子会通过标准的 β 衰变过程还原成质子，

$$\mathrm{n} \to \mathrm{p}^+ + \mathrm{e}^- + \bar{\nu}_{\mathrm{e}}.$$

然而，在电子完全简并的条件下，由于没有空态可供释放出的电子占据，所以中子不能衰变回质子[①]。

当密度达到约 $4\times 10^{14}\ \mathrm{kg\cdot m^{-3}}$ 时，最小能量排列是指在原子核外发现一些中子的排列。这些自由中子的出现称为**中子滴**，并且标志着富中子原子核、非相对论简并自由中子和相对论简并电子的晶格的三种成分混合的开始。

自由中子的流体具有引人注目的特性，即它没有黏性。出现这样的事情是因为发生了简并中子的自发配对。两个费米子 (中子) 合成的结果是一个玻色子 (回顾 5.4 节)，因此不受泡利不相容原理的限制。由于简并玻色子都能挤入最低能态，所以成对的中子的流体不会损失任何能量。这是一种**超流体**，其流动没有任何阻力。在该流体中的任何旋涡或涡流将永不停息地转动下去。

随着密度的进一步增加，自由中子的数量随着电子数量的减少而增加。当密度达到约 $4\times 10^{15}\ \mathrm{kg\cdot m^{-3}}$ 时，中子简并压超过电子简并压。当密度接近 ρ_{nuc} 时，核内和核外的中子之间的区别变得毫无意义，核子有效地熔化了。这导致了自由中子、质子和电子的混合流体，中子简并压起主导作用，中子、质子都配对形成超流体。带正电的质子对的流体也是**超导体**，电阻为零。随着密度的进一步增加，中子:质子:电子的比率接近 8:1:1 的极限值，这是由电子俘获和被简并电子的存在所抑制的 β 衰变的竞争过程之间的平衡所决定的。

当 $\rho > \rho_{\mathrm{nuc}}$ 时，中子星物质的性质仍不清楚。在质子和电子现身时，海量的自由中子通过强核力相互作用，对其行为的完整的理论描述目前还没有，仅仅只有关于这一密度范围内物质行为的一点小小的实验数据。更复杂的事情是亚核粒子的出现，如 π 介子 (π)，它们是由中子衰变为质子和带负电的 π 介子而产生的，$\mathrm{n} \longrightarrow \mathrm{p}^+ + \pi^-$；当 $\rho > 2\rho_{\mathrm{nuc}}$ 时[②]，这

[①] 一个孤立的中子在约 10.2min 内衰变为一个质子，这是该过程的半衰期。

[②] π^- 介子是一种带负电的粒子，其质量比电子大 273 倍。它调节着将原子核凝聚在一起的强核力。(核子之间的强相互作用力在 10.3 节中描述。) 在高能加速器实验室中已经产生并研究了 π 介子。

会在中子星中自发地发生。不管怎么说，这些是在中子星内部遇到的密度值，并且在计算中子星模型时，上述困难是导致中子星结构不确定性的主要原因。

16.6.4　中子星模型

表 16.1 总结了不同密度的中子星物质的成分。在获得与密度和压强相关的物态公式之后，可以通过数值积分广义相对论形式的恒星结构公式 (在 10.5 节开始时整理的) 来计算恒星模型。1939 年，奥本海默 (J.Robert Oppenheimer, 1904—1967) 和沃尔科夫 (G.M.Volkoff, 1914—2000) 在伯克利计算了中子星的第一个定量模型。图 16.11 显示了对 $1.4\,M_\odot$ 中子星模型的最近的计算结果。虽然具体细节对所使用的物态公式敏感，但该模型显示了一些典型的特征。

表 16.1　中子星物质的成分

跃变密度 $/(\mathrm{kg\cdot m}^{-3})$	成分	简并压强
	铁核，非相对论自由电子	电子
$\approx 1\times 10^{9}$	电子成为相对论	
	铁核，相对论自由电子	电子
$\approx 1\times 10^{12}$	中子化	
	富中子核，相对论自由电子	电子
$\approx 4\times 10^{14}$	中子滴	
	富中子核，自由中子，相对论自由电子	电子
$\approx 4\times 10^{15}$	中子简并压主导	
	富中子核，超流态自由中子，相对论自由电子	中子
$\approx 2\times 10^{17}$	核熔化	
	超流态自由中子，超导自由质子，相对论自由电子	中子
$\approx 4\times 10^{17}$	π 介子产生	
	超流态自由中子，超导自由质子，相对论自由电子，其他基本粒子 (π 介子，$\cdots$?)	中子

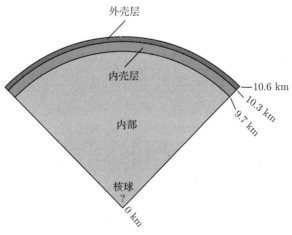

图 16.11　$1.4\,M_\odot$ 的中子星模型

(1) 外壳层由重核和相对论简并电子组成，重核可以是流体的"海洋"形式也可以是固态晶格。离表面最近之处，原子核可能是 $^{56}_{26}$Fe。在更大的深度和密度下，会遇到越来越多的富中子核，直到外壳层底部 (其中 $\rho \approx 4 \times 10^{14}$ kg·m^{-3}) 开始出现中子滴。

(2) 内壳层由原子核 (如 $^{118}_{36}$ Kr) 的晶格、自由中子超流体和相对论简并电子这三部分混合组成。内壳层的底部出现在 $\rho \approx \rho_{nuc}$ 处，此处核熔化了。

(3) 中子星的内部主要由超流体中子组成，还有少量的超流体、超导的质子和相对论简并电子。

(4) 可能存在也可能不存在由 π 介子或其他亚核粒子组成的固体核。一颗 $1.4\ M_\odot$ 的中子星的中心密度约为 10^{18} kg·m^{-3}。

16.6.5　中子星的钱德拉塞卡极限

像白矮星一样，中子星服从如下质量–体积关系:

$$\boxed{M_{ns}V_{ns} = 常数.} \tag{16.25}$$

因此，随着质量的增加，中子星变得越来越小，密度越来越大。然而，对于质量更大的中子星来说，这个质量–体积关系并不成立，因为有一个临界点，如超过它，中子简并压就不再能够支撑恒星了。因此，中子星有一个最大质量，类似于白矮星的钱德拉塞卡质量。正如可以预期的，对于物态公式的不同选择，该最大质量的值是不同的。然而，中子星的详细模型计算，以及涉及广义相对论的一个非常常规的讨论，表明如果中子星是静态的，则它的最大可能质量不能超过 $2.2\ M_\odot$；如果是快速转动的，则为 $2.9\ M_\odot$[①]。如果中子星要保持动态稳定并抵抗坍缩，它必须能够通过快速调整其压强来补偿其结构中的小扰动。然而，进行这种快速调整有一个极限，因为这些变化是由声波传递的，而声波的移动速度比光慢很多。如果一个中子星的质量在静态情况下超过 $2.2\ M_\odot$，或在快速转动的情况下超过 $2.9\ M_\odot$，它不能足够快地产生压强以避免坍缩。最终结果是一个黑洞 (将在 17.3 节讨论)

16.6.6　快速转动与角动量守恒

在观测到中子星之前，人们就已经预料到了它们的一些性质。例如，中子星一定会非常快速地转动。超新星之前的超巨星的铁核转动即便很慢，由于半径的减小将是如此之大，以至于角动量守恒将保证形成快速转动的中子星。

如果我们假设前身星的核球是完全由铁组成的典型的白矮星，那么从式 (16.13) 和式 (16.24) 可得到白矮星和中子星半径的估值，从而可以发现坍缩的尺度。尽管两个表达式中的前导常数都是假的 (所做近似的副产品)，但半径比更精确:

$$\frac{R_{core}}{R_{ns}} \approx \frac{m_n}{m_e}\left(\frac{Z}{A}\right)^{5/3} = 512,$$

其中，对于铁而言可采用 $Z/A = 26/56$。现在将角动量守恒应用于坍缩核 (为简单起见，此处假定没有损失质量，因此 $M_{core} = M_{wd} = M_{ns}$)。把每个星体看作一个转动惯量为

---

① 回顾 15.4 节，离心效应为快速转动的中子星提供了额外的支撑。

$I = CMR^2$ 的球体，我们得到[①]

$$I_i \omega_i = I_f \omega_f,$$

$$CM_i R_i^2 \omega_i = CM_f R_f^2 \omega_f,$$

$$\omega_f = \omega_i \left(\frac{R_i}{R_f} \right)^2.$$

根据转动周期 P，这时

$$P_f = P_i \left(\frac{R_f}{R_i} \right)^2. \tag{16.26}$$

对于铁核坍缩形成中子星的特定情况，式 (16.6) 表明：

$$P_{ns} \approx 3.8 \times 10^{-6} P_{core}. \tag{16.27}$$

至于前身星的核球转动有多快，这个问题很难回答。随着恒星的演化，它的核球收缩，但核球并不是与周围的包层完全隔离的。因此，不能使用上述的角动量守恒这个简单方法[②]。为了估算，我们将取 $P_{core} = 1350$ s，这是观测波江座 B 40 (如 H-R 图 8.12 和图 8.16 所示) 白矮星时得到的转动周期。将此值代入式 (16.27) 得到大约 5×10^{-3} s 的转动周期。因此，中子星在形成时就会非常快速地转动，转动周期大约为几毫秒这个量级。

16.6.7 "冻结" 磁力线

中子星另一个预言的性质是它们应该具有极强的磁场。在导电流体或气体中磁力线的 "冻结"(在 11.3 节与太阳黑子有关的部分中提到) 意味着在坍缩形成中子星时穿过白矮星表面的磁通量将是守恒的。将通过表面 S 的磁通量定义为如下表面积分：

$$\Phi \equiv \int_S \boldsymbol{B} \cdot d\boldsymbol{A},$$

其中，$\boldsymbol{B}$ 是磁场矢量 (图 16.12)。用近似处理，如果我们忽略磁场的几何形状，这意味着磁场强度和恒星表面面积的乘积保持不变。因此，

$$B_i 4\pi R_i^2 = B_f 4\pi R_f^2. \tag{16.28}$$

为了使用式 (16.28) 来估算中子星的磁场，我们首先必须知道超新星爆发前恒星的铁核的磁场强度是多少。虽然这并不是很清楚，但我们可以使用观测到的最大的白矮星磁场 $B \approx 5 \times 10^4$ T 作为极端情况。这与典型的白矮星磁场 (可能是 10 T) 相比是巨大的，与太阳的整体磁场 (大约是 2×10^4 T) 相比更是巨大的。然后，使用式 (16.6)，中子星的磁场将会是

$$B_{ns} \approx B_{wd} \left(\frac{R_{wd}}{R_{ns}} \right)^2 = 1.3 \times 10^{10} \text{ T}.$$

---

① 常数 C 由恒星内部的质量分布决定。例如，对于均匀球体，$C = 2/5$。我们假设前身星的核球和中子星具有大约相同的 C 值。

② 核球和包层可以通过磁场或转动混合来交换角动量，这种转动混合是由通常在转动恒星的两极向上和赤道向下循环的非常缓慢的子午流来实现的。

这表明中子星形成时可以具有极强的磁场，尽管更小的值 (如 10^8 T 或更小) 或许更为典型。

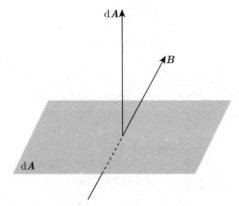

图 16.12   穿过面元 d$\boldsymbol{A}$ 的磁通量 d$\Phi = \boldsymbol{B} \cdot$d$\boldsymbol{A}$

16.6.8   中子星的温度

中子星最后一个性质最为明显。当它们在超新星的 "烈火" 中被锻造时的温度极高，达 $T \approx 10^{11}$ K。在第一天，中子星通过所谓的 **URCA 过程**[①]发射中微子来冷却，

$$\text{n} \longrightarrow \text{p}^+ + \text{e}^- + \bar{\nu}_{\text{e}}$$

$$\text{p}^+ + \text{e}^- \longrightarrow \text{n} + \nu_{\text{e}}.$$

当核子在中子和质子之间嬗变时，产生了大量的中微子和反中微子，它们毫无阻碍地进入太空，带走了能量，从而使中子星冷却。这个过程只能在核子不简并的情况下才得以继续进行，而在质子和中子进入最低的未被占据的能量状态之后，该过程就被抑制。在中子星形成后约一天内会发生这种简并，此时其内部温度已降至约 10^9 K。在大约第一个千年中，其他中微子发射过程继续主导冷却过程，之后，从恒星表面发出的光子就会取而代之。当中子星的内部温度下降到 10^8 K，表面温度为几百万开尔文时，它已经有几百年的历史了。到这时为止，冷却速度已大大减缓，在接下来的几万年里，随着中子星以基本恒定的半径冷却，其表面温度将在 10^6 K 左右徘徊。

计算表面温度为 $T = 10^6$ K 的 $1.4\ M_\odot$ 中子星的黑体光度是有趣的。根据斯特藩–玻尔兹曼定律 (式 (3.17))，

$$L = 4\pi R^2 \sigma T_{\text{e}}^4 = 7.13 \times 10^{25}\ \text{W}.$$

虽然这与太阳的光度相当，但辐射主要是 X 射线的形式，根据维恩位移定律 (式 (3.19))，

$$\lambda_{\max} = \frac{(500\ \text{nm})(5800\ \text{K})}{T} = 2.9\ \text{nm}.$$

[①] URCA 过程能有效地从热中子星移除能量，它以里约热内卢的赌场 URCA 命名，以纪念它从一位不幸的物理学家那里移走金钱的效率。该赌场于 1955 年被巴西关闭。

在诸如 ROSAT、ASCA 和钱德拉之类 X 射线天文台出现之前，天文学家曾对观测这种几乎只有加利福尼亚州圣迭戈大小的奇异天体几乎不抱希望。

16.7 脉 冲 星

乔塞琳·贝尔 (Jocelyn Bell) 花了两年的时间在英国乡村四英亩半 (1 英亩 = 4046.86 m^2) 的面积上建立了一个由 2048 面射电偶极天线组成的阵列。她和她的博士学位论文导师安东尼·休伊什 (Anthony Hewish) 使用这台频率为 81.5 MHz 的射电望远镜研究被观测到的来自遥远的类星体的射电波穿过太阳风时的闪烁 (即 "忽隐忽现") 现象。1967 年 7 月，贝尔在她的长条记录器的卷纸上发现每隔 400 英尺 (1 英尺 = 0.3048 m) 左右就会出现一小块 "邋遢"(图 16.13)，她对此感到困惑。仔细的测量表明这个四分之一英寸 (1 英寸 = 2.54 cm) 的墨迹每 23 h 56 min 就重新出现一次，这表明它的源头每恒星日通过她的固定天线阵列一次。贝尔得出的结论是，辐射源在遥远的恒星之中，而不是在太阳系之内。为了更好地解析信号，她使用了更快的记录器并发现该 "邋遢" 是由一系列间隔规律的射电脉冲组成，脉冲间隔 1.337 s (脉冲**周期** P)。如此精确的天体时钟闻所未闻。贝尔和休伊什考虑了这些可能是来自外星文明的信号的可能性。如果这是真的，她对外星人选择如此不方便的时间进行接触感到恼火。她回忆说，"我三年的奖学金现在是两年半了，而这里是一些愚蠢的 '小绿人' 使用我的望远镜和频率向地球发信号。" 当贝尔发现来自另一部分天空区域的另一块 "邋遢" 时，她的宽慰是显而易见的。她写道，"两个 '小绿人' 极不太可能选择相同的不寻常的频率和不太可能的技术向同一个不引人注目的行星地球发信号！"

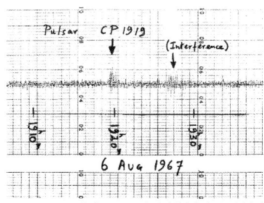

图 16.13　第一颗脉冲星 PSR 1919+21 的发现 (CP 代表剑桥脉冲星)(图来自 Lyne 和 Graham-Smith，*Pulsar Astronomy*，©Cambridge University Press，New York，1990。经剑桥大学出版社许可再版)

休伊什、贝尔和他们的同事宣布发现了这些神秘的**脉冲星**[①]，而其他射电天文台很快又发现了若干颗。在撰写本教材时，已知的脉冲星有 1500 多颗，每颗星的名字都有一个前缀

[①] "脉冲星" 一词是由伦敦《每日电讯报》(Daily Telegraph) 的科学记者杜撰的。有关发现脉冲星的详细信息见休伊什等 (1968) 的文章。1974 年，休伊什与马丁·赖尔 (Martin Ryle, 1918—1984) 共同分享了诺贝尔奖，以表彰他们在射电天文学方面的工作。弗雷德·霍伊尔 (Fred Hoyle, 1915—2001) 和其他一些人认为，乔塞琳·贝尔也应该分享这一奖项。休伊什设计了射电阵和观测技术，但贝尔是第一个注意到脉冲星信号的人。这一颇具争议的遗漏引发了人们认为该奖是 "无贝尔奖"。

"PSR"(代表 "脉动射电源")，跟着是它的赤经 (α) 和赤纬 (δ)。例如，贝尔的 "邋遢" 源是 PSR 1919+21，标识它的位置是 $\alpha = 19^{\mathrm{h}}19^{\mathrm{m}}$ 和 $\delta = +21°$

16.7.1   一般特征

所有已知的脉冲星都具有以下特征，这些是了解其物理本质的重要线索：

• 大多数脉冲星的周期在 0.25~2 s，脉冲之间的平均时间约为 0.795 s (图 16.14)。已知周期最长的脉冲星是 PSR1841-0456 ($P = 11.8$ s)；泰山 (Terzan) 5ad (PSR J1748-2446ad) 是已知最快的脉冲星 ($P = 0.00139$ s)

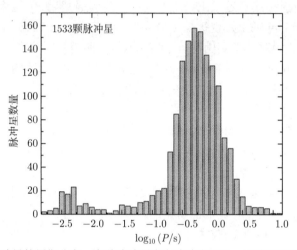

图 16.14   1533 颗脉冲星的周期分布。毫秒脉冲星在左边清晰可见。平均周期约为 0.795 s(数据来自 Manchester，R.N.，Hobbs，G.B.，Teoh，A. 和 Hobbs，M.，*A.J.*，129，1993，2005。数据可在 http://www.atnf.csiro.au/research/pulsar/psrcat 获得)

• 脉冲星具有极端精确的脉冲周期，应该可以制造异常精确的时钟。例如，PSR 1937+214 的周期已被确定为 $P = 0.00155780644887275$ s，这一测量对最好的原子钟的精度提出了挑战。(由于脉冲星的周期非常短，可以进行大量的脉冲星测量，所以可以得到如此精确的测定。)

当脉冲减慢时，所有脉冲星的周期非常缓慢地增加，增加率由周期导数 $\dot{P} \equiv \mathrm{d}P/\mathrm{d}t$[①]给出。典型地，$\dot{P} \approx 10^{-15}$，特征寿命 (即脉冲停止所需的时间，如果 $\dot{P}$ 是恒定的) 为 $P/\dot{P} \approx$ 几千万年。PSR 1937+214 的 $\dot{P}$ 的值是异乎寻常得小，$\dot{P} = 1.051054 \times 10^{-19}$。这对应于特征寿命 $P/\dot{P} = 1.48 \times 10^{16}$ s，或约 4.7 亿年。

16.7.2   可能的脉冲星模型

这些特征使天文学家能够推断出脉冲星的基本成分。在宣布他们的发现的论文中，休伊什、贝尔和他们的合著者认为可能涉及振荡的中子星，但美国天文学家托马斯·戈尔德 (Thomas Gold，1920—2004) 却迅速并令人信服地提出脉冲星是快速转动的中子星。

在天文学中有三种明显的方法可获得快速规则的脉冲。

---

① 注意，$\dot{P}$ 是以每秒周期变化的秒数来度量的，因此是没有单位的。

(1) **双星**。如果双星系统的轨道周期落在观测到的脉冲星周期的范围内，那么必须涉及极其致密的恒星——要么是白矮星要么是中子星。开普勒第三定律的一般形式 (式 (2.37)) 表明，如果两颗 1 $M_\odot$ 恒星每 0.79 s (平均的脉冲星周期) 相互绕转一周，则它们的间距仅为 1.6×10^6 m。这比天狼星 B 的半径 5.5×10^6 m 小很多，而且对于速度更快的脉冲星，间隔甚至会更小。这甚至让半径最小、质量最大的白矮星从考虑之列中被排除了。

中子星是如此之小，以至于两颗中子星可以以与观测到的脉冲星相一致的周期相互绕转。然而，这种可能性被爱因斯坦的广义相对论排除了。当两颗中子星在时空中快速运动时，就会产生引力波，它们将能量从双星系统中带走。根据开普勒第三定律，随着中子星慢慢地螺旋靠近，它们的轨道周期会缩短。这与观测到的脉冲星周期的增加相矛盾，因此排除了双中子星作为射电脉冲源的可能性[①]。

(2) **脉动的恒星**。正如我们在 16.2 节中所提到的，白矮星的振荡周期在 100~1000s，这些非径向 g 模的周期比观测到的脉冲星周期要长得多。当然，可以设想脉冲星也有径向振荡。然而，径向基模的周期是几秒，其太长而不能解释更快的脉冲。

类似的讨论，也消除了中子星振荡。中子星比白矮星要密 10^8 倍。根据恒星脉动的周期–平均密度关系 (回顾 14.2 节)，振荡的周期与 $1/\sqrt{\rho}$ 成比例。这意味着中子星的振动应该比白矮星的大约快 10^4 倍，其径向基模周期大约为 10^{-4} s，而非径向 g 模的周期在 $10^{-2} \sim 10^{-1}$ s。这些周期对于较慢的脉冲星来说太短了。

(3) **转动的恒星**。快速转动的致密恒星的巨大角动量将保证其精确的、像时钟一样的行为。但是，恒星能够转动多快呢？它的角速度 ω 受到提供向心力的引力的能力所限制，这种向心力使恒星不能分崩离析。这种约束在恒星的赤道最为严重，那里的恒星物质运动最快。忽略由转动引起的不可避免的赤道隆起，并假设恒星仍然是半径为 R、质量为 M 的圆形，那么最大角速度可以通过让赤道上的向心加速度和引力加速度相等来找到，

$$\omega_{\max}^2 R = G\frac{M}{R^2},$$

从而最小转动周期为 $P_{\min} = 2\pi/\omega_{\max}$，即

$$P_{\min} = 2\pi\sqrt{\frac{R^3}{GM}}. \tag{16.29}$$

对于天狼星 B，$P_{\min} \approx 7$ s，这个太长了。然而，对于 1.4 $M_\odot$ 的中子星，$P_{\min} \approx 5 \times 10^{-4}$ s。因为这是最小的转动时间，所以它可以适应脉冲星观测到的完整周期范围。

16.7.3 作为快速转动中子星的脉冲星

在这个排除过程中，只有一种选择没有受到损害地浮现，那就是，脉冲星是快速转动的中子星。1968 年发现的与船帆座和蟹状星云超新星遗迹相关的脉冲星强化了这一结论。(如今已知有数十颗脉冲星与超新星遗迹有关。) 此外，蟹状星云脉冲星 PSR 0531-21 的脉冲周期非常短，仅为 0.0333 s。没有一颗白矮星可以在不解体的情况下每秒转动 30 次，关于脉冲星身份的最后的怀疑也就此平息。直到 1982 年发现**毫秒脉冲星**($P \approx 10$ ms 或更小)

---

① 在 18.6 节中将更详细地描述引力波，由两颗中子星组成的双星系统中也已经间接探测到了引力波。

之前，蟹状星云脉冲星一直被称为已知的最快的脉冲星 (图 16.14)[1]。船底座和蟹状星云脉冲星不仅产生射电暴，而且在从射电到伽马射线的电磁波谱的其他区域也产生脉冲，包括可见光闪，如图 16.15 所示。当它们的周期突然减小很小的量 ($|\Delta P|/P \approx 10^{-6} \sim 10^{-8}$) 时，这些年轻的脉冲星 (以及其他一些脉冲星) 也呈现**自转突快现象**，见图 16.16[2]。这些突然的转动加快由若干年的不均匀间隔分开。

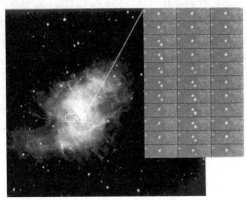

图 16.15　一系列图像显示位于蟹状星云中心 (左) 的蟹状星云脉冲星在可见光波段有闪光。在蟹状星云脉冲星的左上方，可以看到一颗前景恒星，它是一个不变的光点 (由美国国家光学天文台提供)

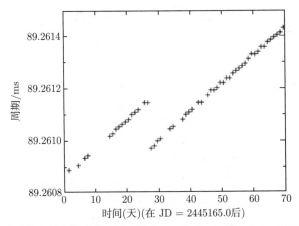

图 16.16　船底座脉冲星的自转突快现象 (图改编自 McCulloch 等，*Aust.J.Phys.*，40，725，1987)

16.7.4 杰敏卡 (Geminga)

目前探测到的最近的脉冲星只有 90 pc 的距离。PSR 0633+1746 (别名杰敏卡) 在 1992 年被确定为脉冲星之前的 17 年间，一直以强伽马射线源而闻名[3]。杰敏卡在伽马射线和 X 射线都有脉冲 (但在射电波段没有)，周期为 0.237 s，并呈现自转突快现象。在可见光波段，它的绝对星等比 +23 还暗。

---

　① 毫秒脉冲星快速转动的周期有可能是受密近双星系统中成员星影响的结果，已知的毫秒脉冲星一半以上属于双星。由于这个原因，毫秒脉冲星将在 18.6 节进行更详尽的讨论。

　② 参见第 491 页对可能的自转突快机制的讨论。

　③ "杰敏卡" 在米兰方言中的意思是 "不存在"，这准确地反映其长久以来的神秘性。

16.7.5 核球坍缩超新星起源的证据

　　尽管已知天空中所有恒星至少有一半是多恒星系统的成员，但只有百分之几的脉冲星已知属于双星系统。脉冲星在太空中运动的速度也比普通恒星快得多，有时速度超过 $1000\,\mathrm{km\cdot s^{-1}}$。这两个观测结果都与脉冲星的超新星起源相一致。这是因为核球坍缩超新星爆发极有可能不是完全球对称的，所以正在形成的脉冲星可能会受到冲击，可能会将它从最初可能所在的任何双星系统中弹出。一种假设是脉冲星的形成与不对称的喷流成协，像喷流引擎，脉冲星喷流可以将脉冲星以高速发射到远离其形成点的地方。

16.7.6 同步加速辐射与曲率辐射

　　蟹状星云是公元 1054 年超新星的遗迹，对它的观测清楚地揭示了它与其中心脉冲星的密切联系。如图 16.15 所示，膨胀的星云产生围绕着气体细丝的鬼魅般的辉光，细丝从星云中吹出。有趣的是，如果将目前的膨胀率随时间向回推算，则星云只需回溯大约 90 年就会会聚到观测到的超新星爆发时的那一个点。很明显，星云过去的膨胀速度肯定比现在慢，这意味着其膨胀速度实际上在加快。

　　1953 年，俄罗斯天文学家什克洛夫斯基 (I.Shklovsky, 1916—1985) 提出，白光是相对论电子沿磁力线做螺旋运动时产生的**同步加速辐射**。根据作用在运动电荷 q 上的磁力公式，

$$\boldsymbol{F}_m = q(\boldsymbol{v} \times \boldsymbol{B}),$$

电子速度 $\boldsymbol{v}$ 的垂直于磁力线的分量将产生围绕磁力线的圆周运动，而沿磁力线的速度分量不受影响，见图 16.17。当它们沿着弯曲的磁力线运动时，相对论电子加速并发射电磁辐射。如果绕磁力线的圆周运动占主导地位，则称为同步加速辐射；如果运动主要是沿磁力线运动，则称为**曲率辐射**。在这两种情况下，产生的连续光谱的形状取决于发射电子的能量分布，因此易于与黑体辐射谱区分[①]。对于同步加速辐射，它在圆周运动的平面内是强线性偏振的；而对于曲率辐射，它在弯曲磁力线的平面内是强线性偏振的。作为对他的理论

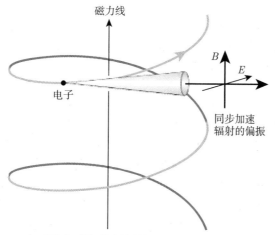

图 16.17　相对论电子绕磁力线做螺旋运动时发出的同步加速辐射

---

① 同步加速辐射和曲率辐射有时被称为非热辐射，以区别于黑体辐射的热起源。

的检验，什克洛夫斯基预言来自蟹状星云的白光应该是强线性偏振的。他的预测随后被证实，测量到的来自星云的一些发射区域的白光有 60% 的线偏振。

16.7.7 蟹状星云的同步加速辐射能源

白光作为同步加速辐射的证认提出了新的问题。这意味着 10^{-7} T 的磁场必须穿透蟹状星云。这是令人费解的，因为根据理论估计，很久以前，星云的膨胀应该已经削弱了磁场，结果应远低于这个数值。此外，电子应该在仅仅 100 年后就辐射掉了它们所有的能量。显然，今天同步加速辐射的产生既需要补充磁场，也需要不断注入新的高能电子。计算得知星云、相对论电子以及磁场加速膨胀所需的总功率大约是 5×10^{31} W，即大于 $10^5 L_\odot$。

能源是蟹状星云中心转动的中子星。它起到一个巨大飞轮的作用并储存着巨大的转动动能。随着恒星的减速，它的能量供应也会减少。

为了计算能量损失率，根据中子星的周期和转动惯量，写出转动动能：

$$K = \frac{1}{2} I \omega^2 = \frac{2\pi^2 I}{P^2}.$$

那么转动的中子星的能量损失率是

$$\frac{\mathrm{d}K}{\mathrm{d}t} = -\frac{4\pi^2 I \dot{P}}{P^3}. \tag{16.30}$$

例 16.7.1　假设中子星是一个均匀球体，其半径 $R = 10$ km，质量 $M = 1.4\ M_\odot$，转动惯量大约为

$$I = \frac{2}{5} M R^2 = 1.1 \times 10^{38}\ \mathrm{kg \cdot m^2}.$$

对于蟹状星云脉冲星，代入 $P = 0.0333$ s 和 $\dot{P} = 4.21 \times 10^{-13}$，得到 $\mathrm{d}K/\mathrm{d}t \approx 5.0 \times 10^{31}$ W。出乎意料，这正是驱动蟹状星云所需的能量。中子星这个巨大飞轮的减速，使星云能够继续闪耀和膨胀近 1000 年。

重要的是要认识到这种能量不是由脉冲本身输送到星云的。蟹状星云脉冲的射电光度约为 10^{24} W，是实际传递到星云的功率的 $1/2 \times 10^8$。（对于较老的脉冲星，射电脉冲的光度通常是能量损失的转动减慢率的 10^{-5}。）因此，无论脉冲过程是什么，它都是总能量损失机制的次要组成部分。

图 16.18 显示了蟹状星云脉冲星周围环境的哈勃空间望远镜视图。在脉冲星西侧看到的环状光晕是一个发光的气体圆环：它可能是从脉冲星出来的极向喷流，穿透围绕的星云。正好在脉冲星的东边，大约 1500 AU 远处，是一个明亮的发射结点，它是喷流中被激波影响的物质，或许是由喷流自身的不稳定性所致。还可以看到在 9060 AU 距离处有另外一个结点。通过哈勃空间望远镜和钱德拉 X 射线太空望远镜长期观测获得的蟹状星云超新星遗迹的中心区域的低时间分辨率"影片"，实际上能够显示该部分星云的膨胀和演化。有些"幽灵"似乎以 $0.35 \sim 0.5c$ 的速度向外移动[①]。

[①] 见 Hester 等，*Ap. J.*, 577, L49, 2002. 影片网址为 http://chandra.harvard.edu/photo/2002/0052/movies.html.

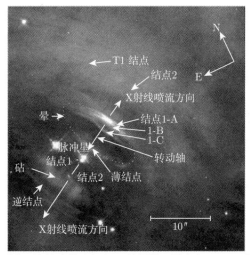

图 16.18 蟹状星云脉冲星周围环境的哈勃空间望远镜图像 (图来自 Hester 等，*Ap. J.*，448，240，1995)

16.7.8 脉冲的结构

在描述脉冲星模型的细节之前，有必要仔细研究一下脉冲本身。如图 16.19 所示，脉冲是短暂的，并且只接收到脉冲周期的一小部分 (典型地从 1%~5%)。通常，它们大约在 20 MHz~10 GHz 的射电波频率范围内被接收到。

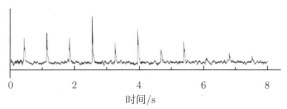

图 16.19 来自脉冲星 PSR 0329+54 的脉冲，其周期为 0.714 s (该图改编自 Manchester 和 Taylor，《脉冲星》(*Pulsars*)，W. H. Freeman and Co., New York, 1977)

当脉冲穿过星际空间时，射电波随时间变化的电场使沿途遇到的电子振动。这一过程使射电波的速度慢于真空中的光速 c，在较低频率段有较大的延迟。因此，中子星上发射出的在所有频率同时达到峰值的尖锐脉冲，在向地球传播的过程中逐渐被拉开或色散 (图 16.20)。因为更远的脉冲星表现出更大的脉冲色散，所以这些时间延迟可以用来测量到脉冲星的距离。结果表明，已知的脉冲星都集中在我们银河系的银道平面内 (图 16.21)，并且典型的距离为几百到几千个 pc。

图 16.22 表明，从给定脉冲星接收到的单个脉冲的形状有很大的变化。尽管典型的脉冲由多个短暂的子脉冲组成，但是积分脉冲轮廓，即通过将 100 个或更多脉冲序列加在一起而建立的平均值是非常稳定的。一些脉冲星有一个以上的平均脉冲轮廓，并在它们之间突然来回切换 (图 16.23)。子脉冲可以在主脉冲的 "窗口" 中随机出现，或者它们可以以被称为漂移子脉冲的现象行进通过，如图 16.24 所示。所有已知的脉冲星中有大约 30%，其单个脉冲可能会简单地消失或无效，仅在 100 个周期之后重新出现。漂移子脉冲甚至可以

与那些进入无效的子脉冲同步地从无效事件中出现。最后，许多脉冲星的射电波是强线性偏振的 (可高达 100%)，这是存在强磁场的一个特征。

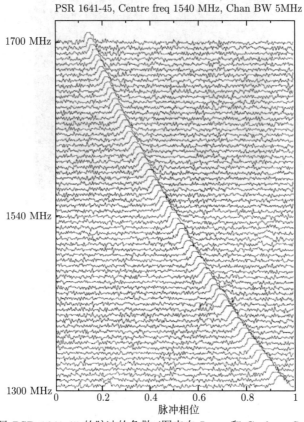

图 16.20　来自脉冲星 PSR 1641-45 的脉冲的色散 (图来自 Lyne 和 Graham-Smith, 《脉冲星天文学》(*Pulsar Astronomy*), © 剑桥大学出版社，纽约，1990。经剑桥大学出版社许可再版)

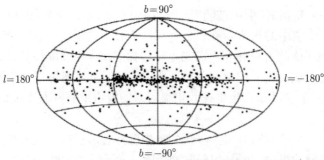

图 16.21　银道坐标系中 558 颗脉冲星的分布，银河系的中心在中间。由于阿雷西博射电望远镜的固定指向，在 $\iota = 60°$ 处出现的脉冲星簇是一种选择效应 (图来自 Taylor, Manchester 和 Lyne, *Ap.J.Suppl.*, 88, 529, 1993)

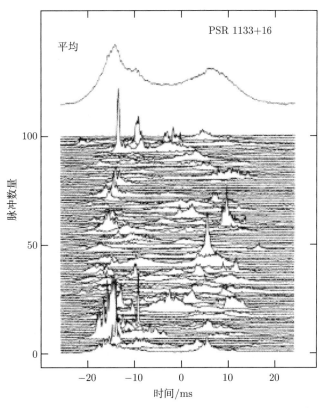

图 16.22 脉冲星 PSR 1133+16 的 500 个脉冲的平均值 (顶部) 和一系列 100 个连续脉冲 (下部) (图改编自 Cordes，*Space Sci. Review*，24，567，1979)

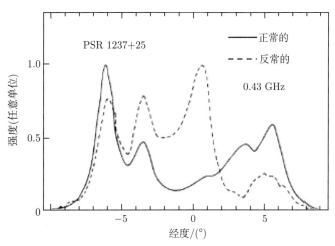

图 16.23 由模式切换引起的脉冲星 PSR 1237+25 的积分脉冲轮廓的变化。该脉冲星显示出 5 个不同 的子脉冲 (图改编自 Bartel 等，*Ap.J.*，258，776，1982)

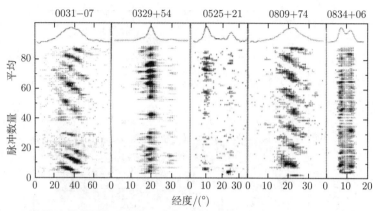

图 16.24   两个脉冲星的漂移子脉冲, 注意 PSR 0031-07 也是无效的 (图来自 Taylor 等, *Ap.J.*, 195, 513, 1975)

16.7.9   基本的脉冲星模型

图 16.25 所示的是基本的脉冲星模型, 它由带有强偶极磁场 (有南北两极) 的快速转动的中子星组成, 磁轴与转动轴成 θ 角倾斜。正如 16.6 节所解释的, 快速转动和强偶极磁场都是随着超巨星核球坍缩之后自然而然地产生的。

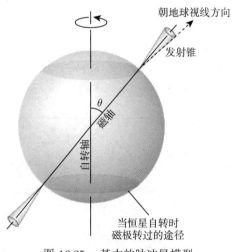

图 16.25   基本的脉冲星模型

首先, 我们需要测量脉冲星的磁场强度。随着脉冲星的转动, 空间中任何一点的磁场都会迅速变化。根据法拉第定律, 这将在那个点感应出一个电场。在离恒星较远的地方 (图 16.26 所示的**光柱**附近), 随时间变化的电场和磁极形成电磁波, 它们将从恒星带走能量。对于这种特殊情况, 这种辐射称为**磁偶极辐射**。虽然对该模型的详细考虑超出了本书的范围, 但我们注意到, 转动的磁偶极子每秒发射的能量是

$$\frac{\mathrm{d}E}{\mathrm{d}t} = -\frac{32\pi^5 B^2 R^6 \sin^2\theta}{3\mu_0 c^3 P^4}, \tag{16.31}$$

其中，B 是半径为 R 的恒星的磁极处的磁场强度。负号表示中子星的能量耗尽，导致其转动周期 P 增加。注意，因子 $1/P^4$ 意味着中子星将在更小的周期内更快地损失能量。由于脉冲星的平均周期是 0.79 s，则大多数脉冲星诞生时的转动速度要比它们目前的要快很多，典型的初始周期只有几毫秒。

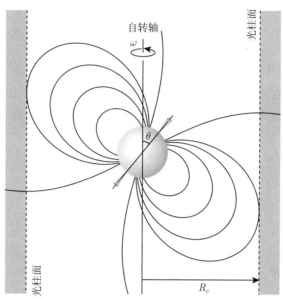

图 16.26　围绕转动中子星的光柱面。该圆柱半径 R_c 的位置是与中子星共同转动的点以光速运动的地方：$R_c = c/\omega = cP/(2\pi)$

假设恒星损失的所有转动动能都被磁偶极辐射带走，$\mathrm{d}E/\mathrm{d}t = \mathrm{d}K/\mathrm{d}t$。使用式 (16.30) 和式 (16.31)，得到

$$-\frac{32\pi^5 B^2 R^6 \sin^2\theta}{3\mu_0 c^3 P^4} = -\frac{4\pi^2 I\dot{P}}{P^3}. \tag{16.32}$$

可以容易地求解中子星极点处的磁场：

$$B = \frac{1}{2\pi R^3 \sin\theta}\sqrt{\frac{3\mu_0 c^3 I P \dot{P}}{2\pi}}. \tag{16.33}$$

例 16.7.2　我们将估算蟹状星云脉冲星 (PSR 0531-21) 两极处的磁场强度，$P = 0.0333$ s 和 $\dot{P} = 4.21 \times 10^{-13}$。假设 $\theta = 90°$，那么式 (16.33) 给出 8.0×10^8 T 的值。正如我们所看到的，蟹状星云脉冲星与星云周围的尘埃和气体相互作用，因此，还有其他扭矩在出力减缓脉冲星的转动。因此，磁场 B 的这个值被高估了：蟹状星云脉冲星的磁场强度的可接受值是 4×10^8 T[1]。磁场强度的值在 10^8 T 左右是大多数脉冲星的典型值。

---

[1] 蟹状星云由转动的中子星的磁偶极辐射提供能量这个解释，是由意大利天文学家佛朗哥·帕西尼 (Franco Pacini) 在 1967 年提出的，比脉冲星的发现早一年！

然而，对 PSR 1937+214 进行重复计算，取 $P = 0.00156$ s，$\dot{P} = 1.05 \times 10^{-19}$，并假设相同的转动惯量值，我们得到的磁场强度仅为 $B = 8.6 \times 10^4$ T。这个小得多的值区分了毫秒脉冲星，并提供了另一个暗示，即这些最快的脉冲星可能具有不同的起源或环境。

16.7.10 周期导数与脉冲星分类之间的相关性

图 16.27 显示了作为脉冲星周期函数的脉冲星周期导数的分布。虽然绝大多数的脉冲星都落入图中间的一个大群，毫秒脉冲星显示出与已知存在于双星系统中的脉冲星有明显的相关性。其他类型的脉冲星也很明显：已知的发射 X 射线波段能量的脉冲星具有最长的周期和最大的周期导数，而从射电频率到红外或更高频率发射能量的高能脉冲星往往具有更大的 $\dot{P}$ 值，这是另外的典型周期。注意，尽管几乎所有呈现在图 16.27 中的脉冲星有正的 $\dot{P}$ 值，但是其中的一些，主要是双脉冲星，实际上具有 $\dot{P} < 0$ 的值，这意味着它们的周期正在缩短 (它们在加速！)。图 16.27 可与图 16.14 所示脉冲星周期的直方图相比较。

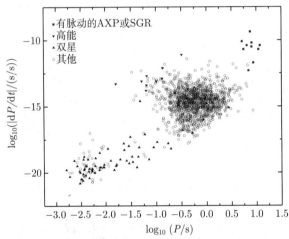

图 16.27 $\dot{P}$ 已经确定的所有脉冲星，周期的时间导数的绝对值 (即 $|\dot{P}|$) 与周期 (P) 的关系图。对特殊类型的脉冲星分别进行了描述：反常 X 射线脉冲星 (AXP) 或具有脉动的软伽马射线再现源 (SGR)，发射频率在射电和红外 (或更高) 之间的高能脉冲星，双脉冲星 (有一个或多个已知的双脉冲星伴星)。所有剩余的脉冲星都被标注为 "其他"。请注意在毫秒脉冲星中已知双脉冲星的数量 (数据来自 Manchester，Hobbs，Teoh 和 Hobbs，*A.J.*，129，1993，2005。数据可在 http://www.atnf.csiro.au/research/pulsar/psrcat 获得)

16.7.11 接近脉冲星发射的模型

建立一个详细的脉冲星发射机制模型，这一直是一项令人沮丧的工作，因为几乎每一个观测都有不止一种解释。辐射的发射是脉冲星中了解最少的一个方面，目前人们只对中子星如何产生射电波的最一般的特征达成了一致。下面的讨论总结了脉冲过程的一个流行模型。

然而，大家应该记住，对于所讨论的天体是否在自然界中实际出现，还是只在天体物理学家的头脑中出现，目前还没有普遍的共识。

至少可以肯定的是，转动脉冲星附近快速变化的磁场在表面上会感应出巨大的电场。这个电场大约有 6.3×10^{10} V·m^{-1}，很容易克服作用在中子星壳层中带电粒子上的引力的拉拽。例如，质子所受的电力比引力强大约 3 亿倍，而电子所受的电力与引力之比更是势不可挡。依赖于电场的方向，无论是带负电的电子还是带正电的离子，都会不断地撕破中子星的极区。这就在脉冲星周围形成了一个由带电粒子组成的**磁层**，它随着脉冲星的转动而被拖动。然而，共同转动的粒子的速度不能超过光速，因此在光柱中，带电粒子以脉冲星风的形式携带着磁场被甩开。这种风可能负责蟹状星云磁场的补充和保持星云的闪耀所需相对论粒子的持续输送。

从脉冲星磁极附近喷射出的带电粒子被感应电场迅速加速到相对论速度。当电子沿着弯曲的磁力线运动时，它们以高能伽马射线光子的形式发出曲率辐射。该辐射在电子运动的瞬时方向上以窄束发射，出现相对论探照灯效应的结果，这在 4.3 节讨论过。每个伽马射线光子具有如此大的能量，以至于它可以通过爱因斯坦的关系式 $E = mc^2$ 自发地将该能量转换成电子–正电子对。(这个过程由 $\gamma \to e^- + e^+$ 描述，正好是 10.3 节太阳内部提到的湮灭过程的逆过程。) 电子和正电子被加速，并依次发射出它们自己的伽马射线，从而产生更多的电子–正电子对，并依此类推。因此，在中子星的磁极附近引发了电子对产生的级联反应。由这些粒子束发射的曲率辐射的相干光束，可能是造成各个子脉冲的原因，这些子脉冲对积分脉冲轮廓有贡献。

当这些粒子继续沿着弯曲磁力线运动时，它们在向前的方向上发射曲率辐射的连续谱，从而产生从磁极区辐射的窄锥形射电波[①]。当中子星转动时，这些射电波以一种让人联想到转动灯塔信号灯发出的光的方式扫过太空。如果光束碰巧落在遥远的太阳系中某颗蓝绿色行星上的射电望远镜上，那里的天文学家将探测到一系列有规律的短暂射电脉冲。

随着脉冲星年龄的增长和速度的减慢，深层的中子星的结构必须适应减小的转动应力。结果是，也许壳层下沉了零点几个毫米，恒星转动速度更快，这是它的转动惯量减小的结果，或者，也许中子星核球的超级流体涡旋从正常连在一起的固体壳层底部瞬间"脱离"，给壳层带来了突然的颠簸。任何一种可能性都可能产生转动速度的微小但突然的增加，地球上的天文学家会记录下脉冲星的自转突快现象 (回顾图 16.16)。

当脉冲星的周期增加，超过几秒时，它的最终命运这个问题有几个可能的答案。可能是这样，中子星的磁场最初是由超新星的前身星的简并核球坍缩产生的，衰减的特征时间是 900 万年左右。然后，在未来的某个时间，当脉冲星的周期减小到几秒时，它的磁场可能不再强到足以维持脉冲机制，脉冲星就会熄灭。另一方面，可能的情况是，磁场不会明显衰减，而是通过一种类似于发电机的机制来维持，这种机制涉及中子星的核球和壳层的较差转动。然而，转动本身是任何脉冲星发射机制的基本要素。随着脉冲星的老化和减速，即使磁场不衰减，它的波束也会变得更弱。在这种情况下，射电脉冲会变得太微弱以至于无法被探测到，脉冲星只是减弱到低于射电望远镜的灵敏度。中子星磁场衰减的时标是一个有相当大争议的问题，两种情况都是与观测结果一致。

16.7.12 磁星和软伽马射线再现源

前面的概述反映了目前关于脉冲星真实性质的不确定状态。在天文学中，很少有天体能提供如此丰富而迷人的观测细节，但却缺乏一致的理论描述。不管勾勒出的基本图像被

---

① 从蟹状星云、船底座、圆规座和杰敏卡脉冲星接收到的可见光、X 射线和伽马射线脉冲，可能起源于脉冲星磁层的更远处。

证明是正确的，还是被另一种观点所取代 (也许涉及围绕中子星的物质盘)，脉冲星理论家将继续利用这个独特的自然实验室，来研究在最极端条件下的物质。

更复杂的是，现在人们相信存在一类称为**磁星**的极端强磁中子星。磁星的磁场强度约为 10^{11} T 这个量级，比典型的脉冲星要大几个数量级。它们也有相对缓慢的转动周期，约为 5~8 s。首次提出以磁星来解释**软伽马射线再现源** (SGR)，即发射能量高达 100 keV 的硬 X 射线和软伽马射线爆发的天体 (回顾图 16.27)。银河系中已知只有几颗 SGR 存在，大麦哲伦星云中也发现了一颗。人们还知道 SGR 的每一个都与相当年轻 (约 10^4 年) 的超新星遗迹相关。这将表明，如果磁星是 SGR 的来源，它们是短暂的现象。也许银河系中散布着许多 "灭绝的" 或低能量的磁星。

人们认为，SGR 的强 X 射线发射机制与磁星磁场中的应力有关，这些应力导致中子星的表面碎裂。由此引起的中子星表面的重新调整产生了超爱丁顿能量释放 (大约是爱丁顿 X 射线光度极限的 $10^3 \sim 10^4$ 倍)。为了获得如此高的光度，据信必须对辐射进行约束；因此需要非常高的磁场强度。

磁星与普通脉冲星的区别在于，磁星的磁场能量在系统的能量中起主要作用，而不是像脉冲星那样由转动起主要作用。显然，对于这些半径在 10 km 量级、密度超过原子核密度的快速转动的简并球体的奇异环境，仍有许多需要了解。

推 荐 读 物

一般读物

Burnell, Jocelyn Bell, "The Discovery of Pulsars," *Serendipitous Discoveries in Radio Astronomy*, National Radio Astronomy Observatory, Green Bank, WV, 1983.

Graham-Smith, F., "Pulsars Today," *Sky and Telescope*, September 1990.

Kawaler, Stephen D., and Winget, Donald E., "White Dwarfs: Fossil Stars," *Sky and Telescope*, August 1987.

Nather, R. Edward, and Winget, Donald E., "Taking the Pulse of White Dwarfs," *Sky and Telescope*, April 1992.

Trimble, Virginia, "White Dwarfs: The Once and Future Suns," *Sky and Telescope*, October 1986.

专业读物

Clayton, Donald D., *Principles of Stellar Evolution and Nucleosynthesis*, University of Chicago Press, Chicago, 1983.

D'Antona, Francesca, and Mazzitelli, Italo, "Cooling of White Dwarfs," *Annual Review of Astronomy and Astrophysics*, 28, 139, 1990.

Gold, T., "Rotating Neutron Stars as the Origin of the Pulsating Radio Sources," *Nature*, 218, 731, 1968.

Hansen, Brad M. S., and Liebert, James, "CoolWhite Dwarfs," *Annual Review of Astronomy and Astrophysics*, 41, 465, 2003.

Hansen, Carl J., Kawaler, Steven D., and Trimble, Virginia, *Stellar Interiors: Physical Principles, Structure, and Evolution*, Second Edition, Springer-Verlag, New York, 2004.

Hewish, A., et al., "Observations of a Rapidly Pulsating Radio Source, " *Nature*, 217, 709, 1968.

Kalogera, Vassiliki, and Baym, Gordon, "The Maximum Mass of a Neutron Star," *The Astrophysical Journal*, 470, L61, 1996.

Liebert, James, "White Dwarf Stars,"*Annual Review of Astronomy and Astrophysics*, 18, 363, 1980.

Lyne, Andrew G., and Graham-Smith, F., *Pulsar Astronomy*, Third Edition, Cambridge University Press, Cambridge, 2006.

Manchester, Joseph H., and Taylor, Richard N., *Pulsars*, W. H. Freeman and Company, San Francisco, CA, 1977.

Michel, F.Curtis, *Theory of Neutron Star Magnetospheres*, The University of Chicago Press, Chicago, 1991.

Pacini, F., "Energy Emission from a Neutron Star, " *Nature*, 216, 567, 1967.

Salaris, Maurizio, et al., "The Cooling of CO White Dwarfs: Influence of the Internal Chemical Distribution, "*The Astrophysical Journal*, 486, 413, 1997.

Shapiro, Stuart L., and Teukolsky, Saul A., *Black Holes, White Dwarfs, and Neutron Stars*, John Wiley and Sons, New York, 1983.

Thompson, Christopher, and Duncan, Robert C., "The Soft Gamma Repeaters as Very Strongly Magnetized Neutron Stars-I. Radiative *Mechanism for Outbursts, "Monthly Notices of the Royal Astronomical Society*, 275, 255, 1995.

Winget, D. E., et al., "An Independent Method for Determining the Age of the Universe, " *The Astrophysical Journal Letters*, 315, L77, 1987.

Winget, D. E., et al., "Hydrogen-Driving and the Blue Edge of Compositionally Stratified ZZ Ceti Star Models, "*The Astrophysical Journal Letters*, 252, L65, 1982a.

Winget, Donald E., et al., "Photometric Observations of GD 358: DB White Dwarfs Do Pulsate, "*The Astrophysical Journal Letters*, 262, L11, 1982b.

习　　题

16.1　天空中最容易观测到的白矮星位于波江座。三颗恒星组成了波江 40 系统：波江 40 A 是一颗 4 等星，是与太阳相似的橘红色的主序星，光谱型是 K1；波江 40 B 是一颗 10 等的白矮星；波江 40 C 是一颗 11 等的红色 M5 星。这道题仅涉及后两颗星，它们与波江 40 A 相距 400 AU。

(a) 波江 40 B 和 C 系统的周期为 247.9 年。该系统测量得到的三角视差为 $0.201''$，折合质量的半长轴的真实角尺度为 $6.89''$。波江 40 B 和 C 距质心的距离之比为 $a_B/a_C = 0.37$。根据太阳的质量，求出波江 40 B 和 C 的质量。

(b) 波江 40 B 的绝对热星等为 9.6。根据太阳的光度来确定它的光度。

(c) 波江 40 B 的有效温度是 16900 K。计算它的半径，并将你的答案与太阳、地球和天狼星 B 的半径进行比较。

(d) 计算波江 40 B 的平均密度，并将你的结果与天狼星 B 的平均密度进行比较。哪个更密？为什么？

(e) 计算波江 40 B 和天狼星 B 的质量和体积的乘积。是否偏离了质量–体积关系？原因可能是什么？

16.2　在 DB 白矮星的光谱中看到的氦吸收线是由在最低 ($n=1$) 轨道的一个电子和在 $n=2$ 轨道的另一个电子的激发氦原子 (He I) 形成的。在温度低于约 11000 K 时，无法观测到光谱型为 DB 的白矮星。利用你所知道的光谱线形成知识，定性解释为什么在较低温度下是看不到氦线的。当 DB 白矮星冷却到 12000 K 以下时，它会变成什么光谱类型？

16.3　推导出白矮星内部氢的质量占比 X 的大致上限。提示：在核能产生率公式中使用天狼星 B 的质量和平均密度，中心温度取 $T=10^7$ K。对于 pp 链，在式 (10.47) 中设 ψ_{pp} 和 $f_{pp}=1$；对于 CNO 循环，在式 (10.59) 中取 $X_{CNO}=1$。

16.4　利用中心温度 3×10^7 K，估算天狼星 B 中心的理想气体压强和辐射压强。将这些值与从式 (16.1) 估计出的中心压强进行比较。

16.5　通过使理想电子气体的压强与简并电子气体的压强相等，确定电子简并的条件，并将其与式 (16.6) 给出的条件进行比较。使用电子简并压强的精确表达式 (16.12)。

16.6　在极端相对论极限下，必须用电子速度 $v=c$ 代替式 (16.10) 以求得电子简并压强。使用这个方法重复推导一下式 (16.11) 并得出

$$P \approx \frac{\hbar c}{\sqrt{3}} \left[\left(\frac{Z}{A} \right) \frac{\rho}{m_H} \right]^{4/3}.$$

16.7　(a) 在 10% 的水平上，在多大速度时相对论效应变得重要？换句话说，v 取什么值时，洛伦兹因子 γ 变成等于 1.1？

(b) 估计白矮星的密度，在该密度时，简并电子的速度等于本题 (a) 部分发现的值。

(c) 利用质量–体积关系，在这个平均密度下求出白矮星的近似质量。这大概就是白矮星偏离质量–体积关系的质量。

16.8　当相邻原子核之间的静电势能 $Z^2 e^2/(4\pi\varepsilon_0 r)$ 支配特征热能 kT 时，冷却的白矮星将发生结晶化。两者的比值被定义为 Γ，

$$\Gamma = \frac{Z^2 e^2}{4\pi\varepsilon_0 kT}.$$

在这个表达式中，相邻原子核之间的距离 r 通常 (并且有些笨拙地) 被定义为一个球的半径，该球的体积等于每个原子核的体积。具体而言，由于每个原子核的平均体积为 Am_H/ρ，则 r 由下式求出：

$$\frac{4}{3}\pi r^3 = \frac{Am_H}{\rho}.$$

(a) 计算半径为 $0.012\ R_\odot$、质量为 $0.6\ M_\odot$ 的纯碳白矮星的平均间隔 r 的值。

(b) 为了获得更真实的冷却曲线，人们在 Γ 的精确的数值计算上花费了大量的精力。结果表明，结晶开始的值约为 $\Gamma=160$。估计这种情况发生时的内部温度 T_c。

(c) 用这个内部温度来估算纯碳白矮星的光度。对于非简并的包层，假设其成分如例 16.5.1 给出的那样。

(d) 仅仅使用结晶时释放的每个原子核的潜热 kT，白矮星就能维持本题 (c) 部分得出的光度大约多少年？将这个时间 (当白矮星冷却较慢时) 与图 16.9 进行比较。

16.9　在原子核的液滴模型中，质量数为 A 的原子核的半径为 $r_0 A^{1/3}$，其中 $r_0 = 1.2 \times 10^{-15}$ m。求该核模型的密度。

16.10　如果我们的月亮像中子星一样致密，那么它的直径会是多少呢？

16.11　(a) 考虑两个质量均为 m 的点质量，它们在半径为 R、质量为 M 的中子星表面正上方垂直相隔 1 cm 的距离。利用牛顿万有引力定律 (式 (2.11))，得出较低位置质点与较高位置质点所受的引力的比率表达式，并在 $R=10$ km、$M=1.4\ M_\odot$ 和 $m=1$ g 的情况下计算该表达式。

(b) 如 (a) 部分所述的中子星表面正上方，放置一个边长为 1 cm 的铁立方体。铁的密度为 7860 kg·m^{-3}。如果铁经受 4.2×10^7 N·m^{-2} 的应力 (每单位截面积上的力)，则它将被永久地拉伸。如果应力达到 1.5×10^8 N·m^{-2} 时，铁会断裂。这个铁立方体将会发生什么呢？(提示: 想象一下将立方体质量的一半集中在其顶部和底部表面上。) 铁质流星落向中子星表面会发生什么呢？

16.12　估算 1.4 $M_\odot$ 中子星中心的中子简并压强 (取中心密度为 1.5×10^{18} kg·m^{-3})，并将之与估算的天狼星 B 中心的压强进行比较。

16.13　(a) 假设在略低于中子滴的密度下，所有中子都处于重的富中子原子核中，例如 $^{118}_{36}$Kr。估算相对论简并电子的压强。

(b) (错误地！) 假设在密度略高于中子滴的情况下，所有的中子都是自由的 (而不是在原子核中)。估计简并中子的速度和它们将产生的压强。

16.14　假设太阳坍缩到中子星的大小 (半径 10 km)。

(a) 假设在坍缩过程中没有质量损失，求该中子星的转动周期。

(b) 求该中子星的磁场强度。

尽管我们的太阳死后不会变成一颗中子星，但这表明角动量守恒和磁通量守恒可以很容易地产生像脉冲星般的转动速度和磁场。

16.15　(a) 使用式 (14.14)，取 $\gamma = 5/3$，计算脉动白矮星 (使用天狼星 B 的值) 和 1.4 $M_\odot$ 中子星的单区模型的基本径向脉动周期。将这些与观测到的脉冲星周期范围进行比较。

(b) 使用式 (16.29) 计算上述天体的最小转动周期，并与脉冲星的周期范围进行比较。

(c) 对你的结果的相似性给出解释。

16.16　(a) 确定 1.4 $M_\odot$ 中子星的最小转动周期 (它可以转动而不分崩离析的最快速度)。为方便起见，假设该恒星保持球形，半径为 10 km。

(b) 牛顿研究了质量为 M 的均匀流体以角速度 Ω 缓慢转动所引起的赤道凸起。他证明了它的赤道半径 (E) 和极半径 (P) 之间的差值与它的平均半径 (R) 有关。

$$\frac{E - P}{R} = \frac{5\Omega^2 R^3}{4GM}.$$

用这个来估算 1.4m 的中子星的赤道半径和极半径，它的转动周期是你在 (a) 部分找到的最小转动周期的 2 倍。

16.17　如果你测量 PRS 1937+214 的周期，并获得书中给出的值，那么在最后一个数字从 "5" 变为 "6" 之前，你大约需要等待多长时间？

16.18　考虑在 $t = 0$ 时，周期为 P_0 和周期导数为 $\dot{P}_0$ 的脉冲星。假设脉冲星的 $P\dot{P}$ 乘积保持不变 (式 (16.32))。

(a) 积分以获得在时间 t 时脉冲星的周期 P 的表达式。

(b) 想象一下，你已经建造了一个时钟，它将通过计数从这个脉冲星接收到的射电脉冲来记录时间。假设你也有一个完美的时钟 ($\dot{P} = 0$)，当它们的读数都为 0 的时候，则该时钟与脉冲星时钟初始时同步。证明: 当完美时钟显示特征寿命 $P_0/\dot{P}_0$ 时，脉冲星时钟显示的时间是 $(\sqrt{3} - 1)P_0/\dot{P}_0$。

16.19　在自转突快期间，蟹状星云脉冲星的周期减少了 $|\Delta P| \approx 10^{-8}P$。如果转动速度的增加是由于中子星的整体收缩，则求该恒星半径的变化。假设脉冲星是一个均匀密度的转动球体，初始半径为 10 km。

16.20　杰敏卡脉冲星的周期为 $P = 0.237$ s、周期导数为 $\dot{P} = 1.1 \times 10^{-14}$。假设 $\theta = 90°$，估算脉冲星两极的磁场强度。

16.21　(a) 求出蟹状星云脉冲星和最慢的脉冲星 PSR 1841-0456 的光柱半径。将这些值与 1.4 $M_\odot$ 中子星的半径进行比较。

(b) 磁偶极子的强度与 $1/r^3$ 成比例。确定蟹状星云脉冲星和 PSR 1841-0456 的光柱上的磁场强度之比。

16.22　(a) 如果其初始周期在时间 $t = 0$ 时为 P_0，对式 (16.32) 积分以获得在时间 t 时脉冲星的周期 P 的表达式。

(b) 假设脉冲星已经有足够时间来减速 $P_0 \ll P$，证明：脉冲星的年龄 t 近似由下式给出，

$$t = \frac{P}{2\dot{P}},$$

其中，$\dot{P}$ 是在时间 t 时的周期导数。

(c) 对于蟹状星云脉冲星情形，使用例 16.7.1 给出的值来估算这个年龄。将你的答案与已知年龄进行比较。

16.23　定性理解带电粒子流进入脉冲星磁层的一个方法就是想象在中子星的赤道上有一个质量为 m、电荷为 e (电荷的基本单位) 的带电粒子。为方便起见，假设该恒星的转动在垂直于脉冲星的磁场方向携带电荷。运动的电荷受到磁洛伦兹力 $F_m = evB$ 和引力 F_g。证明这些力的比值是

$$\frac{F_m}{F_g} = \frac{2\pi eBR}{Pmg}.$$

其中，R 是该恒星的半径；g 是表面引力加速度。使用磁场强度 10^8 T，针对蟹状星云脉冲星表面上的一个质子，估算这个比值。

16.24　求出通过电子对产生过程 $\gamma \rightarrow e^- + e^+$ 产生电子–正电子对所需的最小光子能量。这个光子的波长是多少？在电磁波谱的哪个区域可发现这个波长？

16.25　子脉冲涉及宽度在 $1° \sim 3°$ 的非常窄的射电波束。对于探照灯效应使用式 (4.43)，计算产生 $1°$ 子脉冲的电子的最小速度。

第 17 章　广义相对论和黑洞

17.1　广义相对论

引力是自然界四种力中最弱的一种，它在塑造最大尺度的宇宙方面发挥着重要作用。**牛顿万有引力定律，**

$$F = G\frac{Mm}{r^2}, \tag{17.1}$$

直到 20 世纪初，它仍然是天文学家理解天体运动的一个毋庸置疑的基石。它的应用解释了已知行星的运动，并在 1846 年准确地预测了海王星的存在和位置。牛顿万有引力理论的唯一缺陷是水星轨道方向令人费解的大变化率。

其他行星的引力影响导致水星椭圆轨道的主轴相对于固定恒星以逆时针方向缓慢绕太阳旋转，见图 17.1。近日点发生的角度以每世纪 574″ 的速度移动[①]。然而，牛顿的万有引力定律无法解释其中每世纪 43″ 迁移的来源，这种不一致性导致一些 19 世纪中期的物理学家提出式 (17.1) 应该从精确的平方反比定律进行修正。另一些人认为，有一颗看不见的行星，绰号 "火神"(Vulcan)，可能在水星内部的轨道上运行。

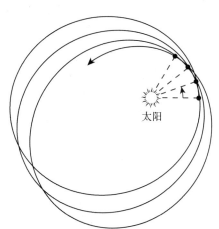

太阳

图 17.1　水星轨道的近日点位移。为了更好地显示这一效应，对轨道的偏心率和各轨道近日点位置的偏移量都进行了夸大

17.1.1　时空的曲率

在 1907~1915 年间，阿尔伯特·爱因斯坦发展了一种新的引力理论，他的广义相对论。除了解开了水星轨道的奥秘之外，它还预测了许多后来被实验证实的新现象。在这一节和

---

① 在一些文献中遇到的每世纪 1.5° 的值包括地球自转轴的进动对天体坐标的巨大影响，曾在 1.3 节中描述。

17.2 节中，我们将对广义相对论的物理进行足够的描述，为将来讨论黑洞和宇宙学提供必要的背景知识。

爱因斯坦的宇宙观对所有天体物理学学生的想象力提出了令人振奋的挑战。但是，在我们开始广义相对论的研究之前，对这个新的引力景观进行深入的观察将会有所帮助。

广义相对论基本上是对如何在存在质量的情况下测量时空中的距离 (间隔) 的几何描述。目前，对空间和时间的影响将被分别考虑，尽管你应该始终记住，相对论处理的是统一的时空。在物体附近，空间和时间都必须用一种新的方式来描述。

大质量物体周围空间点之间的距离以某种方式被改变，可以解释为空间通过垂直于所有通常的三个空间方向的第四维空间弯曲。人类的大脑不愿意想象这种情况，但很容易找到一个类比。想象一下，四个人拿着一块橡皮薄片的四角，把它拉紧并压平，这表示在没有质量的情况下存在的空的空间是平坦的。再想象一下，在这张薄片上画了一个极坐标系，从中心向外均匀分布着同心圆。现在将一个很重的保龄球 (代表太阳) 放在薄片的中心，观察薄片在球的重力作用下的弯曲和拉伸，如图 17.2 所示。离球越近，薄片的曲率就会增加，圆上点之间的距离也会被拉长。正如薄片在第三个方向上弯曲，垂直于它原来平坦的二维平面，一个大质量物体周围的空间可以被认为是在第四维空间弯曲，垂直于通常的"平坦空间"的三个维度[①]。质量对周围空间有影响这一事实是广义相对论的第一个基本要素，空间曲率只是质量对时空影响的一个效应。在统一时空的语言中，质量作用于时空，告诉它如何弯曲。

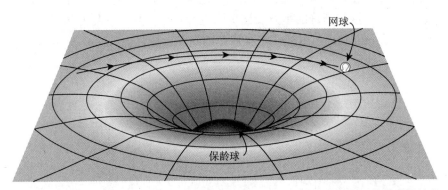

图 17.2　　太阳周围弯曲空间的橡皮薄片类比。假定橡胶薄片远大于其曲率面积，使薄片的边缘对中心质量产生的曲率没有影响

现在想象在薄片上滚动一个网球，代表一颗行星。当网球经过保龄球附近时，它的路径是弯曲的。如果球在理想条件下以正确的方式滚动，它甚至可以"绕"更大的保龄球"运行"。同样，行星绕着太阳运行，是因为它对其周围弯曲的时空作出了反应。因此弯曲的时空作用于质量，告诉它如何运动。

通过太阳附近的一束光线可以用一个乒乓球迅速滚过保龄球来表示。尽管与无质量光子的类比有点牵强，但我们可以合理地预期，当光子穿过太阳周围的弯曲空间时，它的路径将偏离直线。光子轨迹的弯曲很小，因为光子的速度使它快速穿过弯曲空间，见图 17.3。在广义相对论中，引力是物体在弯曲时空中运动的结果，所有经过的物体，甚至像光子这样没有质量的粒子，都会受到影响。

---

① 值得注意的是，第四个空间维度与时间在相对论中作为第四个非空间坐标所扮演的角色没有任何关系。

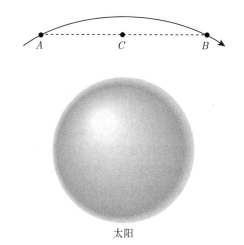

图 17.3　以实线表示的光子绕太阳的路径，光子轨迹的弯曲被极大地夸大了

图 17.3 暗示了广义相对论的另一方面。由于在空间中没有任何东西能比光更快地在两点之间移动，所以光必须总是沿着两点之间最快的路径运动[①]。在平坦、空旷的空间中，这条路径是一条直线，但通过弯曲空间的最快路径是什么？假设我们使用一系列镜子来迫使光束在 A 点和 B 点之间通过图 17.3 和图 17.4 中的虚线所示的明显的 "捷径"。走虚线路径的光是否会超过光线自由地沿着它的自然路线穿过弯曲的空间？答案是否定的——弯曲的光束会赢得比赛。这个结果似乎暗示着沿着虚线的光束会在沿途减速。然而，这个推论并不正确，因为根据相对论假设 (第 74 页)，每一个观察者，包括在 C 点的观察者，测量到的光速都是相同的。只有两种可能的答案：虚线上的距离可能比光线的自然路径更长，并且/或者时间可能在虚线上跑得更慢，任何一种都将阻碍光束的通过。事实上，根据广义相对论，这些效应对光束沿虚线从 A 点到 B 点的延迟作用是相等的。实际上，弯曲的光束走的路径更短。如图 17.4 所示，如果两名太空旅行者在两条路径上端到端放置米尺，虚线路径将需要更多的米尺，因为它会穿透更深的弯曲空间。此外，空间的曲率也伴随着时间的变慢，所以放置在虚线路径上的时钟实际上会跑得更慢。这是广义相对论的最后的基本特征：时间在弯曲时空中运行得更慢。

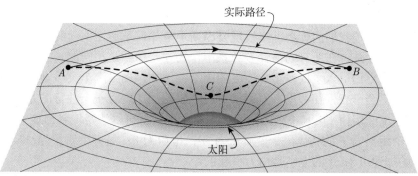

图 17.4　A 点与 B 点之间的两条光子路径通过弯曲空间的比较，路径 ACB 在平面上的投影为图 17.3 所示的直线

[①] 在这一章中，我们假定光在真空中运动。

　　值得注意的是，所有上述观点都已通过实验多次验证，而且在每一种情况下，结果都与广义相对论一致。爱因斯坦一完成他的理论，就把它应用到水星无法解释的近日点残余位移 (每世纪 43″) 的问题上。爱因斯坦写道，当他的计算准确地解释了行星穿过太阳附近弯曲空间的差异时，他的心跳加速。他说："几天来，我都欣喜若狂。"另一个胜利出现在 1919 年，**亚瑟·斯坦利·爱丁顿**在日全食期间首次测量了经过太阳附近的星光的弯曲路径。如图 17.5 所示，靠近太阳的日食边缘的恒星的视位置与它们的实际位置发生了一个小角度的偏移。爱因斯坦的理论预测，这种角度偏差约为 1.75″，与爱丁顿的观测结果非常吻合。从那以后，广义相对论一直在不断地接受检验。例如，1976 年火星的上合导致了对爱因斯坦理论的精彩证实；"海盗号"火星探测器发射到地球上的无线电信号延迟，因为它们进入了环绕太阳的弯曲空间深处，时间延迟与广义相对论的预测一致，误差在 0.1% 以内。

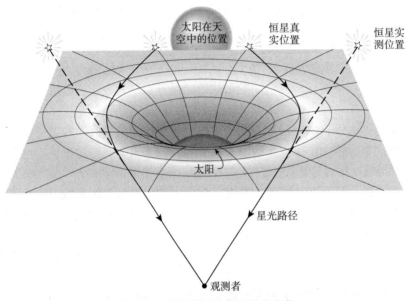

图 17.5　日食期间测量的星光弯曲

17.1.2　等效原理

　　现在是时候回顾我们的脚步，来发现爱因斯坦是如何革命性地理解几何的重力。狭义相对论的一个假设是，在所有的惯性参考系中，物理定律都是相同的。加速参考系不是惯性参考系，因为它们引入了依赖于加速度的虚力。例如，如果汽车突然刹车，停在汽车座位上的苹果就不会一直停在那里。然而，重力产生的加速度有一个独特的方面，从牛顿万有引力定律和库仑定律 (式 (5.9)) 之间的一个基本区别就可以清楚地看出这一点。

　　考虑两个距离为 r 的物体，一个质量为 m，电荷为 q；另一个质量为 M，电荷为 Q。质量为 m 的加速度 (a_g) 的大小是由力引起的，

$$ma_g = G\frac{mM}{r^2}, \tag{17.2}$$

而由电力引起的加速度 (a_e) 的大小为

$$ma_e = \frac{qQ}{4\pi\varepsilon_0 r^2}. \tag{17.3}$$

左边的质量 m 是惯性质量，量度物体对加速的阻力 (惯性)。右边，质量 m 和 M、电荷 q 和 Q 以及质量和电荷之间的耦合产生并决定了这些力的大小，神秘之处在于 m 在引力式两边的出现。

为什么量度物体惯性的量 (在重力完全缺失的情况下存在) 与决定引力的 "引力电荷" 相同? 答案是: 式 (17.2) 中的表示法是有缺陷的，表达式的正确写法是

$$m_i a_g = G\frac{m_g M_g}{r^2}$$

或

$$a_g = G\frac{M_g}{r^2}\frac{m_g}{m_i}$$

以明确区分每个物体的惯性质量和引力质量。同理，对于式 (17.3),

$$a_e = \frac{1}{4\pi\varepsilon_0}\frac{qQ}{r^2}\frac{1}{m_i}. \tag{17.4}$$

在这种情况下，进入这个表达式的唯一质量是惯性质量。

经测试精度为 $1/10^{12}$ 的实验事实证明，式 (17.4) 中的 m_g/m_i 是一个常数。为了方便起见，选择这个常数为 1，这样两种质量在数值上是相等的。例如，如果引力质量是惯性质量的 2 倍，那么物理定律将不会改变，除非引力常数 G 的新值只有原来的四分之一大。惯性质量和重力质量成正比意味着，在一个给定的位置，所有的物体都经历相同的重力加速度。m_g/m_i 为常数有时称为**弱等效原理**。

自伽利略时代以来，人们就已经知道引力的这个独特之处，即每个物体都以相同的加速度下落。这既给爱因斯坦提出了一个问题，也给他提供了一个机会来发展他的狭义相对论。他意识到，如果整个实验室处于自由落体状态，所有物体一起下落，那么就没有办法检测到它的加速度。在这样一个自由下落的实验室里，不可能通过实验来确定这个实验室是漂浮在太空中远离任何有质量的物体，还是在引力场中自由下落。同样，一个观察者即使看着一个苹果以 g 的加速度朝实验室的地板落下，也无法分辨出这个实验室是在地球上还是在遥远的太空中，苹果以 g 的加速度朝天花板方向加速，如图 17.6 所示。这给要求惯性参考系有恒定的速度的狭义相对论提出了一个严重的问题。因为重力相当于一个加速实验室，惯性参考系在重力存在的情况下甚至都不能定义。爱因斯坦必须找到一种方法来消除实验室的重力。

1907 年，爱因斯坦有了 "我一生中最快乐的想法"。

"我坐在伯尔尼专利局的一张椅子上，突然有一个想法出现在我的脑海里: '如果一个人自由落体，他不会感觉到自己的重量。' 我大吃一惊。这个简单的想法给我留下了深刻的印象，它促使我研究万有引力理论。"

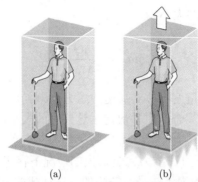

(a)　　　　　　　　　　(b)

图 17.6　重力相当于一个加速实验室：(a) 一个地球上的实验室和 (b) 一个在空间加速的实验室

在实验室里消除重力的方法是屈服于重力，进入自由落体状态，如图 17.7[①]所示。然而，将这一点应用到狭义相对论有一个障碍，因为它的惯性参考系是米尺和同步时钟的无限集合 (回想 4.1 节)。在一个无限的自由下落的参考系中，要消除所有地方的重力是不可能的，因为不同的点会以不同的速度朝不同的方向下落 (例如，向地心下落)。爱因斯坦意识到他必须使用足够小的局部参考系，使重力加速度在参考系内的任何地方在大小和方向上都基本保持不变 (图 17.8)。在一个局部自由下落的参考系内，重力将被消除。

1907 年，爱因斯坦将此作为引力理论的基石，把它叫做等效原理。等效原理：所有局部的、自由下落的、非旋转的实验室对所有物理实验的行为是完全等同的。对非旋转实验室的限制是为了消除与转动相关的假想力（如科里奥利力和离心力）。我们把这些局部的、自由下落的、非旋转的实验室叫做局部惯性参考系。

请注意，狭义相对论被纳入了等效性原理。比如，从相对运动的两个局域惯性参考系中进行的测量通过它们之间相对速度的瞬时值的洛伦兹变换 (式 (4.16)～式 (4.19)) 联系起来。因此，广义相对论实际上是狭义相对论的延伸。

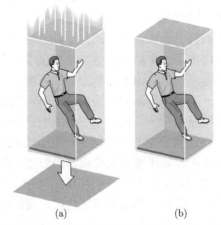

(a)　　　　　　　　　　(b)

图 17.7　自由落体实验室的重力消除：(a) 自由落体实验室；(b) 漂浮在空间的实验室

---

① **自由落体**意味着没有非重力的力量在加速实验室。**约翰·A·惠勒** (John A. Wheeler) 在他对广义相对论的思考中 (*A Journey into Gravity and Spacetime* (参看 "推荐读物") 更喜欢 "自由漂浮" 这个词。既然重力已经被废除了，为什么还要提到坠落呢？我们也鼓励你浏览米斯纳 (Misner)、索恩 (Thorne) 和惠勒 (1973) 所著的《万有引力》(*Gravitation*)，以获得对广义相对论的更多见解。

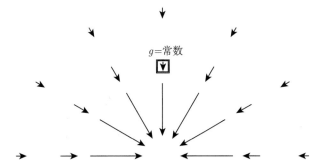

图 17.8　局部惯性参考系，其中 $g \approx$ 常数。箭头表示围绕质量的点的重力加速度矢量

17.1.3　光的弯曲

现在我们继续进行两个简单的思想实验，涉及证明时空曲率的等价原理。第一个实验，想象一个实验室被一根缆绳悬挂在地面上 (图 17.9(a))。让一个光子离开水平手电筒的同时，连接实验室的电缆被切断 (图 17.9(b))。在这个自由下落的实验室里，重力已经被消除了，所以它现在是一个局部惯性参考系。根据等效原理，一个与实验室同行的观察者将测量到光穿过房间的路径为一条水平线，这符合所有的物理定律。但是地面上的另一个观察者看到一个实验室在重力的影响下正在坠落。因为光子在实验室的地面上保持恒定的高度，地面观测者一定会测量到沿着曲线轨迹随实验室落下的光子。这显示了由橡胶薄片类比所代表的时空曲率，光子所走的弯曲路径是穿过环绕地球的弯曲时空的最快路径。

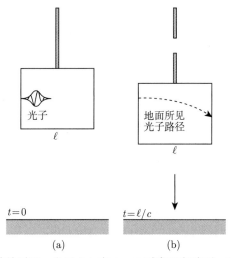

图 17.9　水平运动光子的等效原理：光子 (a) 在 $t = 0$ 时离开左壁面，(b) 在 $t = \ell/c$ 时到达右壁面

光子的偏转角度 ϕ 是微小的，如几何图 17.10 所示。虽然光子不遵循一个圆形的路径，我们仍将使用对地面观察者测量的实际路径的最佳拟合的圆半径 r_c。参看图 17.10，拟合圆的中心是点 O，和半径 OA 和 OB 之间的圆弧张角为 φ (图中夸大了)。如果实验室的宽度是 ℓ，那么光子穿过实验室的时间 $t = \ell/c$。(弧的长度与实验室的宽度之差可以忽略不计。) 在这段时间内，实验室下降了一段距离 $d = \dfrac{1}{2}gt^2$。

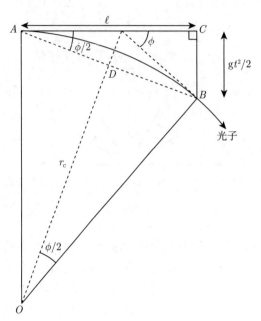

图 17.10 曲率半径 r_c 和偏转角 ϕ 的几何示意

由于三角形 ABC 和 OBD 相似 (每个都包含一个直角和另一个角 $\phi/2$)，则

$$\overline{BC}/\overline{AC} = \overline{BD}/\overline{OD}$$

$$\left(\frac{1}{2}gt^2\right)\Big/ \ell = \left[\frac{\ell}{2\cos(\phi/2)}\right]\Big/ \overline{OD}.$$

实际上，ϕ 非常小，我们可以取 $\cos(\phi/2) \simeq 1$ 和距离 $\overline{OD} \simeq r_c$。然后，使用 $t = \ell/c$ 和 $g = 9.8\ \mathrm{m\cdot s^{-2}}$ 表示地球表面附近的重力加速度，我们发现光子路径的曲率半径为

$$r_c = \frac{c^2}{g} = 9.17 \times 10^{15}\ \mathrm{m}, \tag{17.5}$$

几乎是一光年！

当然，偏转角 φ 取决于实验室的宽度 ℓ。例如，如果 $\ell = 10\mathrm{m}$，则

$$\phi = \frac{\ell}{r_c} = 1.09 \times 10^{-15}\mathrm{rad},$$

或只有 2.25×10^{-10} 角秒。光子路径的大半径表明，地球附近的时空只是轻微弯曲。尽管如此，这种曲率足以产生卫星的圆形轨道，卫星在弯曲的时空中缓慢移动 (与光速相比缓慢)。

17.1.4 引力红移和时间膨胀

我们的第二个思想实验还是始于通过电缆将实验室悬挂在地面上方的实验室。这次，频率为 ν_0 的单色光在固定实验室的电缆被切断的同时，离开了在地板上的垂向手电筒。自由落体的实验室仍然是一个消除了重力的局部惯性参考系，因此，等效原理要求实验室天花板上的频率计记录接收到光的相同频率 ν_0。但是地面上的观察者却看到一个实验室在重力的影响下坠落。如图 17.11 所示,如果光在时间 $t = h/c$ 内朝着仪表向上传播了高度 h,则由于电缆是光缆,当缆绳释放的时候,仪表已朝着光的方向获得了向下的速度 $v = gt = gh/c$。因此,我们期望,从地面观察者的角度来看,仪表应该已经测量到大于 ν_0 的蓝移频率,具体频率为式 (4.33)。对于此处涉及的缓慢的自由落体速度,这种预期的频率增加为

$$\frac{\Delta\nu}{\nu_0} = \frac{v}{c} = \frac{gh}{c^2}.$$

但事实上,仪表没有记录到频率的变化。因此,光在绕着地球弯曲的时空上行的过程中,必然存在另一种效应,正好补偿了这种蓝移。这是一种引力红移,当光向上传播一段距离 h 时,这种红移倾向于降低光的频率:

$$\frac{\Delta\nu}{\nu_0} = -\frac{v}{c} = -\frac{gh}{c^2}. \tag{17.6}$$

一个外部的观察者,而不是在实验室里自由落体的观察者,只会测量这种引力红移。如果光向下运动,就会测量出相应的蓝移。只要 h 取为光所覆盖的垂直距离,就可以证明即使光与垂直方向成一定角度,这个公式也仍然有效。

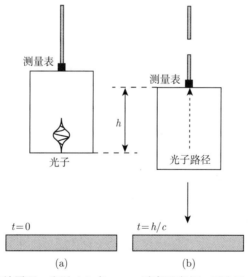

图 17.11　垂直旅行光的等效原理:光子 (a) 在 $t = 0$ 时离开底部,而光子 (b) 在 $t = h/c$ 时到达顶部

例 17.1.1　1960 年,哈佛大学对引力红移公式进行了检验。在一座 22.6m 高的塔的底部,一种不稳定的铁同位素 $^{57}_{26}\text{Fe}$ 发射出伽马射线,然后在塔顶接收到。利用 h 的这个值,由于引力红移,伽马射线频率的预期下降是

$$\frac{\Delta\nu}{\nu_0} = -\frac{gh}{c^2} = -2.46 \times 10^{-15}, \tag{17.7}$$

与实验结果 $\Delta\nu/\nu_0 = -(2.57 \pm 0.26) \times 10^{-15}$ 非常一致。从那时起进行的更精确的实验已在 0.007% 以内达成一致。

实际上，该实验使用了向上和向下运动的伽马射线进行，提供了对重力红移和蓝移的测试。

通过积分式 (17.6) 能计算出逃逸到无穷远的光束的总重力红移的近似表达式。从初始位置 r_0 到无穷大，使用 $g = GM/r^2$（牛顿重力），并将 h 设置为位于原点的球形质量为 M 的微分径向元 dr。进行积分时必须注意一些事项，因为式 (17.7) 是使用局部惯性参考系得出的。通过积分，我们实际上是将一连串不同参考系的红移相加。仅当时空接近平坦时（即，由式 (17.5) 给定的曲率半径与 r_0 相比非常大），才能使用径向坐标 r 测量这些参考系的距离。在这种情况下，之前在橡胶薄片类比中看到的距离 "拉伸" 不太严重，我们可以积分：

$$\int_{\nu_0}^{\nu_\infty} \frac{\mathrm{d}\nu}{\nu} \simeq -\int_{r_0}^{\infty} \frac{GM}{r^2 c^2} \mathrm{d}r,$$

其中，ν_0 和 ν_∞ 分别是 r_0 和无穷远处的频率。结果是

$$\ln\left(\frac{\nu_\infty}{\nu_0}\right) \simeq -\frac{GM}{r_0 c^2},$$

当重力较弱 $(r_0/r_c = GM/r_0 c^2 \ll 1)$ 时有效。这可以改写为

$$\frac{\nu_\infty}{\nu_0} \simeq \mathrm{e}^{-GM/(r_0 c^2)}. \tag{17.8}$$

因为指数远小于 1，所以，使用 $\mathrm{e}^{-x} \simeq 1 - x$ 得到

$$\frac{\nu_\infty}{\nu_0} \simeq 1 - \frac{GM}{r_0 c^2}. \tag{17.9}$$

该近似值显示了对光子频率的一阶修正。

即使对强引力场也是有效的**引力红移**的精确结果是

$$\boxed{\frac{\nu_\infty}{\nu_0} = \left(1 - \frac{2GM}{r_0 c^2}\right)^{1/2}.} \tag{17.10}$$

当重力较弱且式 (17.8) 的指数远小于 1 时，使用 $(1 - x)^{1/2} \simeq 1 - x/2$ 就恢复了式 (17.9)。

引力红移可以纳入式 (4.34) 定义的红移，有

$$z = \frac{\lambda_\infty - \lambda_0}{\lambda_0} = \frac{\nu_0}{\nu_\infty} - 1$$

$$= \left(1 - \frac{2GM}{r_0 c^2}\right)^{-1/2} - 1 \tag{17.11}$$

$$\simeq \frac{GM}{r_0 c^2}, \tag{17.12}$$

式 (17.12) 仅对弱引力场有效。

要了解引力红移的起源，请设想一个时钟，该时钟构造为在单色光波的每次振动时都会滴答一次，滴答之间的时间间隔等于波的振荡周期，$\Delta t = 1/\nu$。那么，根据式 (17.10)，从无限远处看，引力红移意味着在 r_0 处的时钟将比在 $r = \infty$ 处的相同时钟运行得更慢。如果在球形质量 M 之外的位置 r_0 处经过了 Δt_0 的时间，则在 $r = \infty$ 处经历的时间为

$$\boxed{\frac{\Delta t_0}{\Delta t_\infty} = \frac{\nu_\infty}{\nu_0} = \left(1 - \frac{2GM}{r_0 c^2}\right)^{1/2}.} \tag{17.13}$$

对于弱场，

$$\frac{\Delta t_0}{\Delta t_\infty} \simeq 1 - \frac{GM}{r_0 c^2}. \tag{17.14}$$

因此一定有结论：当周围的时空变得越弯曲时，时间流逝得越慢，这种效应称为**引力时间膨胀**。因此，引力红移是在大质量物体附近时间以较慢的速度流逝的结果。

换句话说，假设两个完全相同的时钟最初并排站着，与一个球形物体的距离相等。它们是同步的，然后其中一个慢慢地下降到另一个下面，之后又上升到原来的水平。所有的观察者都会同意：当两个时钟再次并排时，被降低的那一个时钟将会落在另一个的后面，因为它处于质量引力场的深处，周围的时间过得更慢。

例 17.1.2 白矮星天狼星 B 的半径为 $R = 5.5 \times 10^6$ m，质量为 $M = 2.1 \times 10^{30}$ kg。水平光束在天狼星 B 表面附近的路径曲率半径由式 (17.5) 给出，

$$r_{\rm c} = \frac{c^2}{g} = \frac{R^2 c^2}{GM} = 1.9 \times 10^{10} \text{ m}.$$

$GM/(Rc^2) = R/r_{\rm c} \ll 1$ 的事实表明时空的曲率并不严重。即使在白矮星的表面，重力对时空曲率的影响也被认为是相对较弱的。

由式 (17.12) 可知，出射到恒星表面的光子所受的引力红移为

$$z \simeq \frac{GM}{Rc^2} = 2.8 \times 10^{-4}.$$

这与观测到的天狼星 B 的引力红移 $(3.0 \pm 0.5) \times 10^{-4}$ 非常一致。

为了将天狼星 B 表面的时间与远处的时间进行比较，假设一个遥远的时钟精确地测量到了一个小时。天狼星 B 表面的时钟所记录的时间将少于一小时，减少量根据式 (17.14) 得出

$$\Delta t_\infty - \Delta t_0 = \Delta t_\infty \left(1 - \frac{\Delta t_0}{\Delta t_\infty}\right) \simeq (3600 \text{ s}) \left(\frac{GM}{Rc^2}\right) = 1.0 \text{ s}.$$

天狼星 B 表面的时钟比远在太空的相同时钟每小时慢大约一秒。

前面的实验结果 (通过等效原理测试得到的结果) 证实了时空的曲率。在 17.2 节中，我们将学习自由落体的粒子在弯曲时空中以最直的路径运动。

17.2 间隔和测地线

我们现在考虑空间和时间的统一概念，用时空四个坐标 (x, y, z, t) 指定每个事件[1]。爱因斯坦的最高成就是推导出他的场公式，用于计算由给定的质量和能量分布所产生的时空几何。他的公式有这样的形式：

$$\mathcal{G} = -\frac{8\pi G}{c^4}\mathcal{T}. \tag{17.15}$$

公式右侧是**应力-能量张量** $\mathcal{T}$，它评估给定的质量和能量分布对时空曲率的影响，是左侧的**爱因斯坦张量** $\mathcal{G}$ (表示重力) 的数学描述[2]。牛顿万有引力常量 G 和光速的出现意味着相对论扩展到了引力。深入研究这个迷人的公式则远远超出了本书的范围。我们将满足于描述质量为 M 且半径为 R 的球形物体周围的时空曲率，然后演示一个物体是如何穿过它遇到的弯曲时空。

17.2.1 世界线和光锥

图 17.12 显示了在时空中追踪一些路径的三个例子。在这些时空图中，纵轴表示时间，而水平 x-y 平面表示空间。第三个空间维度 z 无法显示，因此该图仅处理发生在平面上的运动。物体在时空中移动时所遵循的路径称为世界线。我们的任务是计算自由落体物体响应时空局部曲率的世界线。这种世界线的空间成分描述了棒球弧形射向外野手、行星绕太阳运行或光子试图逃离黑洞的轨迹。

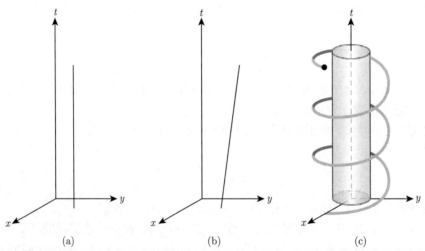

图 17.12   (a) 静止的男性的世界线，(b) 匀速奔跑的女性的世界线，以及 (c) 绕地球运行的卫星的世界线

平坦时空中的光子世界线为理解时空几何指明了道路。假设一个闪光灯在时刻 $t = 0$ 时在原点点亮，将此事件称为 A。如图 17.13 所示，在 x-y 平面中传播的光子的世界线形

---

[1] 在一个事件中不需要发生特别的事情 (事实上，什么也不需要发生)。回顾 4.1 节，事件只是由 (x, y, z, t) 确定的时空中的一个位置。

[2] 请注意，$E_{\text{rest}} = mc^2$ 意味着质量和能量都对时空曲率有贡献。

成一个光锥，它代表通过光的膨胀球面波前的一系列展宽的水平圆形切片。我们对图形的轴进行了缩放，以便光线的直线世界线与时间轴成 45° 角。

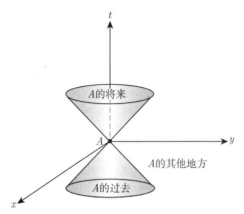

图 17.13 由水平传播的光子在 $t = 0$ 时刻离开原点产生的光锥

一个大质量的物体在事件 A 的初始速度一定比光速慢，所以它的世界线和时间轴之间的夹角必须小于 45°。因此，光锥内的区域代表了事件 A 可能的未来，它包含了最初在事件 A 的旅行者可能到达的所有事件，也就是旅行者可能以因果方式影响的所有事件。

将发散的光子世界线延伸过原点，会产生一个较低的光锥。在这个较低的光锥中可能是事件 A 的过去，一个旅行者可能在灯泡闪烁的时候到达的所有事件的集合。换句话说，可能的过去是由每一个事件在空间和时间上的位置组成的，这些事件可能会导致闪光灯熄灭。

在光锥过去和未来之外的是不可知的其他地方，事件 A 的旅行者对这部分时空没有任何了解，他或她对这部分时空没有任何影响。当我们意识到广阔的时空区域对我们隐藏起来时，也许会感到惊讶，你就是不能从这里到那里。

原则上，时空中的每一个事件都有一对光锥从它延伸出来。光锥把时空分为该事件的未来、过去和其他地方。对于过去可能影响你的任何事件，该事件必须位于你过去的光锥内，正如任何你可能影响的事件必须位于你未来的光锥内。因此，你的整个未来世界线，你的命运，必须每时每刻都在你的未来光锥中。光锥充当时空的视界，将可知与不可知分开。

17.2.2 时空间隔，固有时和固有距离

测量一个物体沿其世界线运动的过程涉及为时空定义一个 "距离"。考虑一下我们熟悉的纯空间距离的例子。如果两个点有笛卡儿坐标

$$(x_1, y_1, z_1) \quad 和 \quad (x_2, y_2, z_2),$$

那么在平面空间中，沿着两点之间的直线测量的距离为

$$(\Delta \ell)^2 = (x_2 - x_1)^2 + (y_2 - y_1)^2 + (z_2 - z_1)^2.$$

时空中 "距离" 的类似度量称为**时空间隔** (或简称为间隔)，首先在习题 4.11 中遇到。设两个事件 A 和 B 有时空坐标

$$(x_A, y_A, z_A, t_A) \quad 和 \quad (x_B, y_B, z_B, t_B).$$

由观察者在惯性参考系 S 中测量，那么沿着平坦时空中两个事件之间的直线测量的间隔 Δs 被定义为

$$(\Delta s)^2 = [c\,(t_B - t_A)]^2 - (x_B - x_A)^2 - (y_B - y_A)^2 - (z_B - z_A)^2. \tag{17.16}$$

换句话说

$$(间隔)^2 = \big(光在时间\ |t_B - t_A|\ 内传播的距离\big)^2$$
$$- (事件\ A\ 和\ B\ 之间的距离)^2$$

这个间隔的定义非常有用，因为，如习题 4.1 所示，$(\Delta s)^2$ 在洛伦兹变换下是不变的 (式 (4.16)~ 式 (4.19))。另一个惯性参考系的观察者 S'，将测量事件 A 和事件 B 之间的间隔相同的值，即 $\Delta s = \Delta s'$。

请注意，$(\Delta s)^2$ 可以为正、负或零，其符号告诉我们光在两个事件之间是否有足够的时间传播。如果 $(\Delta s)^2 > 0$，则该间隔是类时的，光具有足够的时间在事件 A 和 B 之间传播。因此，可以选择一个惯性参考系 S，沿着连接事件 A 和 B 的直世界线运动，从而这两个事件发生在 S 的同一位置 (例如，在原点)，参见图 17.14。由于两个事件发生在 S 中的同一位置，所以两个事件之间测得的时间间隔为 $\Delta s/c$。根据定义，在同一位置发生的两个事件之间的时间为**固有时**τ，其中，

$$\Delta \tau \equiv \frac{\Delta s}{c} \tag{17.17}$$

(回忆 4.3 节)。固有时就是一只手表沿着世界线从 A 移动到 B 所记录的经过的时间。任何惯性参考系中的观察者都可以利用这个间隔来计算由一个类时间隔分开的两个事件之间的固有时间。

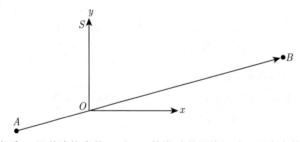

图 17.14　惯性参考系 S 沿着连接事件 A 和 B 的类时世界线运动，两个事件都发生在 S 的原点

如果 $(\Delta s)^2 = 0$，那么间隔是**类光的**或 null (**零间隔**)。在这种情况下，光恰好有足够的时间在事件 A 和事件 B 之间旅行，也只有光可以从一个事件旅行到另一个事件，沿零间隔测量的固有时为零。

最后，如果 $(\Delta s)^2 < 0$，则间隔为**类空的**：光没有足够的时间在 A 和 B 两个事件之间传播，没有观察者可以在这两个事件之间传播，因为需要大于 c 的速度。然而，在这种情况下缺乏绝对的同时性，意味着在某些惯性参考系中，这两个事件会以相反的时间顺序发生，

甚至同时发生。根据定义，两个事件 A 和 B 在同时发生的参考系中测量的距离 $(t_A = t_B)$ 是它们之间的**固有距离**[①]，

$$\Delta\mathcal{L} = \sqrt{-(\Delta s)^2}. \tag{17.18}$$

如果将直杆连接在两个事件的位置之间，则这将是杆的静止长度。任何惯性参考系中的观察者都可以使用它来计算两个事件之间的固有距离，这些事件之间由类空间隔分开[②]。

间隔显然与前面几段所讨论的光锥有关。设事件 A 是在 $t = 0$ 时刻从原点发出的闪光。光锥的表面，即光子在任何时刻 t 的位置，是所有事件 B 的位置，这些事件 B 通过类光间隔与 A 连接。未来和过去的光锥内的事件通过类时间隔与 A 相连，其他地方发生的事件通过类空间隔与 A 相连。

17.2.3 平坦时空的度规

让我们暂时回到三维空间，很明显，连接空间中两点的路径不一定是直的，两点可以由无穷多条曲线连接起来。为了测量沿着曲线路径 P 从一点到另一点的距离，我们使用一个叫作度规的微分距离公式:

$$(\mathrm{d}\ell)^2 = (\mathrm{d}x)^2 + (\mathrm{d}y)^2 + (\mathrm{d}z)^2.$$

然后沿着路径 P 对 $\mathrm{d}l$ 积分 (线积分) 来计算两点之间的总距离,

$$\Delta\ell = \int_1^2 \sqrt{(\mathrm{d}\ell)^2} = \int_1^2 \sqrt{(\mathrm{d}x)^2 + (\mathrm{d}y)^2 + (\mathrm{d}z)^2} \quad (沿着 P).$$

因此，两点之间的距离取决于连接它们的路径。当然，平面空间中两点之间的最短距离是沿着直线测量的。事实上，我们可以将两点之间的 "最直线" 定义为 Δl 最小的路径。

同样，时空中两个事件之间的世界线无须是直的，两件事能够通过无限多条弯曲的世界线联系起来。为了测量沿着一条弯曲的世界线 W、没有质量存在的时空中的两个事件间隔，我们使用**平坦时空度规**,

$$(\mathrm{d}s)^2 = (c\mathrm{d}t)^2 - (\mathrm{d}\ell)^2 = (c\mathrm{d}t)^2 - (\mathrm{d}x)^2 - (\mathrm{d}y)^2 - (\mathrm{d}z)^2. \tag{17.19}$$

然后对 $\mathrm{d}s$ 积分，确定沿世界线 W 的总间隔,

$$\Delta s = \int_A^B \sqrt{(\mathrm{d}s)^2} = \int_A^B \sqrt{(c\mathrm{d}t)^2 - (\mathrm{d}x)^2 - (\mathrm{d}y)^2 - (\mathrm{d}z)^2}. \quad (沿着 W)$$

间隔仍然与式 (17.17) 沿世界线测量的固有时有关。沿着任何类时世界线测量的时间间隔除以光速，总是由一个沿着世界线运动的手表测量的固有时间。固有时沿着零世界线是零，而对于类空世界线是没有定义的。

---

① 在 4.3 节中，当强调的是长度而不是距离时，这称为固有长度。根据上下文，这两个术语可以互换使用。

② 对于固有时间和固有距离，固有这个词的含义是 "由一个随着时钟或杆子运动的观测者测量的值"。

在平坦时空中,沿着一条直的类时世界线测量的两个事件之间的时间间隔是最大的,相同两个事件之间的任何其他世界线都不会是直的,时间间隔都将更小。对于无质量的粒子如光子,所有的世界线都有一个零间隔 $\left(\text{所以} \int \sqrt{(\mathrm{d}s)^2} = 0\right)$。

在平坦时空中,直线世界线间隔的极大性质是很容易证明的。图 17.15 是一个时空图,显示了两个事件 A 和 B,它们发生在时间 t_A 和 t_B。从 A 向 B 运动的惯性参考系 S 观察事件,使得两个事件发生在 S 的原点。沿着连接 A 和 B 的直线测量的间隔为

$$
\begin{aligned}
\Delta s(A \to B) &= \int_A^B \sqrt{(\mathrm{d}s)^2} \\
&= \int_A^B \sqrt{(c\mathrm{d}t)^2 - (\mathrm{d}x)^2 - (\mathrm{d}y)^2 - (\mathrm{d}z)^2} \\
&= \int_{t_A}^{tB} c\mathrm{d}t = c\,(t_B - t_A).
\end{aligned}
$$

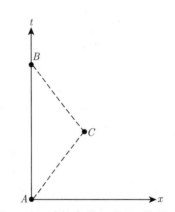

图 17.15   连接事件 A 和 B 的世界线

现在考虑沿另一条连接 A 和 B 的世界线测量的时间间隔,这条线包含发生在 $(x, y, z, t) = (x_C, 0, 0, t_C)$ 的事件 C。在这种情况下,

$$
\begin{aligned}
\Delta s(A \to C \to B) &= \int_A^C \sqrt{(\mathrm{d}s)^2} + \int_C^B \sqrt{(\mathrm{d}s)^2} \\
&= \int_A^C \sqrt{(c\mathrm{d}t)^2 - (\mathrm{d}x)^2 - (\mathrm{d}y)^2 - (\mathrm{d}z)^2} \\
&\quad + \int_C^B \sqrt{(c\mathrm{d}t)^2 - (\mathrm{d}x)^2 - (\mathrm{d}y)^2 - (\mathrm{d}z)^2}.
\end{aligned}
$$

在第一个积分中沿世界线 $A \to C$ 速度为常数 $\mathrm{d}x/\mathrm{d}t = v_{AC}$,在第二个积分中沿 $C \to B$ 的速度为常数 $\mathrm{d}x/\mathrm{d}t = v_{CB}$,从而得到

$$
\Delta s(A \to C \to B) = (t_C - t_A) \sqrt{c^2 - v_{AC}^2} + (t_B - t_C) \sqrt{c^2 - v_{CB}^2}
$$

$$< c\left(t_C - t_A\right) + c\left(t_B - t_C\right)$$

$$< \Delta s(A \to B).$$

因此，直线世界线的间隔更长。任何将事件 A 和事件 B 连接在一起的世界线都可以表示为一系列小段，因此我们可以得出结论，间隔 Δs 实际上是直线世界线的最大值。

17.2.4 弯曲时空和施瓦西度规

在由于质量的存在而弯曲的时空中，情况稍微复杂一些。即使是"最直的世界线"也会弯曲。这些尽可能直的世界线称为**测地线**，在平坦的时空中，测地线是一条直的世界线。

在弯曲的时空中，两个事件之间的类时测地线具有最大或最小间隔。换句话说，当与相邻世界线的间隔相比时，沿着类时测地线的 Δs 的值是一个极值，要么是最大值，要么是最小值[①]。

在本章中我们将遇到的情况是类时测地线为最大值。无质量的粒子 (例如光子) 跟随零测量线，$\int \sqrt{(\mathrm{d}s)^2} = 0$[②]。爱因斯坦的关键认知是，自由落体在时空中所遵循的路径是测地线。

我们现在可以根据广义相对论的三个基本特征来处理质量对时空几何结构的影响。

- 质量作用于时空，告诉它如何弯曲。
- 时空反过来作用于质量，告诉它如何运动。
- 任何自由落体的粒子 (包括光子) 都沿着最直的可能的世界线——测地线穿越时空。

对于大质量粒子，测地线有一个最大或最小间隔，而对于光，测地线有一个零间隔。

该理论的这些组成部分将允许我们描述一个大质量球形物体周围的时空曲率，并确定另一个物体将如何响应，不管它是一个绕地球运行的卫星还是一个绕黑洞运行的光子。对于球对称的情况，用我们熟悉的球坐标 (r, θ, ϕ) 代替笛卡儿坐标会更方便。那么，平直空间中相邻两点的度规是

$$(\mathrm{d}\ell)^2 = (\mathrm{d}r)^2 + (r\mathrm{d}\theta)^2 + (r\sin\theta\mathrm{d}\phi)^2, \tag{17.20}$$

相应的平坦时空度规的表达式是

$$\boxed{(\mathrm{d}s)^2 = (c\mathrm{d}t)^2 - (\mathrm{d}r)^2 - (r\mathrm{d}\theta)^2 - (r\sin\theta\mathrm{d}\phi)^2.} \tag{17.21}$$

当然，时空在大质量物体附近不会是平坦的。这里要研究的具体情况是粒子在大质量球体 (它可能是一颗行星，一颗恒星，或者一个黑洞) 产生的弯曲时空中的运动。第一个任务是计算这个大质量的物体如何影响时空，告诉它如何弯曲。这需要对弯曲时空的度规的描述，它将取代平直时空的式 (17.21)。

[①] 事实上，计算近邻的世界线的间隔就会表明，类时测地线的间隔对应着一个最大值、最小值或拐点。关于测地线作为极值固有时的世界线的有趣讨论，请参阅 Misner、Thorne 和 Wheeler (1973) 的 13.4 节。

[②] 间隔的极值原理不能直接应用于寻找光子最直的世界线，因为它的间隔总是零。但是，无质量粒子的最直线与有质量粒子在其速度 $v \to c$ 时质量趋于消失的极限情况是相同的。

在给出这个度规之前，我们必须强调，变量 r, θ, ϕ 和 t 出现在度规的表达式中，它们是一个观察者在距离原点很远 ($\simeq$ 无限) 的静止状态下所使用的坐标。在原点没有中心质量的情况下，r 就是到原点的距离，r 的差值就是径向线上点之间的距离。由散布在整个坐标系中的时钟所测量的时间 t 将保持同步，在任何地方都以相同的速度前进。

现在我们在坐标系的原点放置一个质量为 M、半径为 R 的球体 (这将被称为 "行星")。在绘制径向坐标时必须格外小心。原点 (在球体内部) 不应该被用作参考点，因此我们将避免将 r 定义为 "到原点的距离"。相反，想象一下以原点为中心的一系列嵌套的同心圆。球面的表面积可以在不接近原点的情况下进行测量，因此坐标 r 将由面积为 $4\pi r^2$ 的球面定义。通过这种仔细的方法，我们将发现这些坐标可以与弯曲时空的度规一起用来测量空间中的距离和这个大质量球体附近的时间流逝。当一个物体在弯曲时空中运动时，它的**坐标速度**就是它的空间坐标变化的速率。

在距离行星很远的地方 ($r \simeq \infty$)，时空本质上是平坦的，从行星接收到的光子的引力时间膨胀由式 (17.13) 给出。由此，可以预期 $\sqrt{1 - 2GM/(rc^2)}$ 将在行星周围的时空度规中发挥作用。此外，回顾 17.1 节，空间的拉伸和时间的减慢对光束通过弯曲时空延迟的贡献是相等的。这暗示着，同样的因素将涉及度规的径向项。对于平坦时空，角度项与式 (17.21) 中相同。

这些效应确实存在于描述绕着球形质量 M 的弯曲时空的度规中。1916 年，就在爱因斯坦发表广义相对论两个月后，德国天文学家**卡尔·施瓦西** (1873—1916) 解出了爱因斯坦场方程，得到了现在称为施瓦西度规的结果:

$$(\mathrm{d}s)^2 = \left(c\mathrm{d}t \sqrt{1 - 2GM/(rc^2)} \right)^2 - \left(\frac{\mathrm{d}r}{\sqrt{1 - 2GM/(rc^2)}} \right)^2 \qquad (17.22)$$
$$- (r\mathrm{d}\theta)^2 - (r\sin\theta \mathrm{d}\phi)^2.$$

没有其他更简单的方法来获得施瓦西度规，所以，我们必须满足于前面对其项的启发式描述。

认识到施瓦西度规是爱因斯坦场方程的球对称真空解是很重要的。也就是说，它只在物体外部的空空间中 (empty space) 有效，在被物质占据的物体内部，度规的数学形式是不同的。

施瓦西度规包含了 17.1 节考虑的所有影响，"空间曲率" 存在于径向项中。同一径向线上相邻两点 ($\mathrm{d}\theta = \mathrm{d}\phi = 0$) 同时测得的径向距离 ($\mathrm{d}t = 0$) 即为**固有距离**式 (17.18)，

$$\mathrm{d}\mathcal{L} = \sqrt{-(\mathrm{d}s)^2} = \frac{\mathrm{d}r}{\sqrt{1 - 2GM/(rc^2)}}. \qquad (17.23)$$

因此，同一径向线上两点之间的空间距离 $\mathrm{d}\mathcal{L}$ 大于坐标差 $\mathrm{d}r$。这正是在 17.1 节的橡皮片类比中被拉伸的网格线。因子 $1/\sqrt{1 - 2GM/(rc^2)}$ 必须包含在任何空间距离的计算中，这类似于计划徒步爬上陡峭的小径时使用的地形图: 在计算实际徒步距离时，必须包括地图等高线所提供的额外信息，因为实际徒步距离总是大于地图坐标的差值 (图 17.16)。

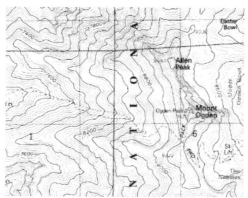

图 17.16   带等高线的地形图，地图上两点之间的最短距离可能不是一条直线 (由美国地质调查局 (USGS) 提供)

施瓦西度规也包含了时间膨胀和引力红移 (相同效应的两个方面)。如果一个时钟在径向坐标 r 处处于静止状态，那么它所记录的固有时 $\mathrm{d}\tau$(式 (17.17)) 与在无限距离处经过的时间 $\mathrm{d}t$ 的关系为

$$\mathrm{d}\tau = \frac{\mathrm{d}s}{c} = \mathrm{d}t\sqrt{1 - \frac{2GM}{rc^2}}, \tag{17.24}$$

也就是式 (17.13)。由于 $\mathrm{d}\tau < \mathrm{d}t$，这表明行星附近的时间过得更慢。

17.2.5 卫星的轨道

在最终了解了任意质量的球形物体是如何作用于时空并告诉它如何弯曲之后，我们现在准备计算弯曲时空是如何作用于粒子并告诉它如何运动。本节剩下的部分将致力于使用广义相对论来寻找绕地球运行的卫星的运动。我们所需要的规则就是它将沿着可能的最直的世界线，也就是有一个极值区间的世界线[①]。

在这一点上，你可能会愉快地回忆起牛顿引力的简单性。根据牛顿的理论，卫星在环绕地球的圆形轨道上运动，只需将向心加速度和重力加速度相等即可，也就是说，

$$\frac{v^2}{r} = \frac{GM}{r^2},$$

其中，v 是轨道速度。这立即导致

$$v = \sqrt{\frac{GM}{r}}.$$

爱因斯坦和牛顿必须在弱引力的极限情况下达成共识，因此，该结果必须隐藏在弯曲时空的施瓦西度规中[②]，可以通过使用施瓦西度规来找到卫星圆形轨道的最直的可能世界线。

强大的工具可以计算两个固定事件之间的最大间隔的世界线。如果我们采用这样的方法，卫星的轨道将与能量、动量和角动量守恒定律一起出现，因为这些定律都内置在爱因斯坦的场公式中。然而，我们将使用一个更简单的策略，从一开始就假定卫星在地球赤道

[①] 人们假设卫星的质量 m 足够小，它对周围时空的影响可以忽略不计。

[②] 为了避免对牛顿的留恋，你应该记住，当爱因斯坦和牛顿不一致时，自然站在爱因斯坦一边。

($\theta = 90°$) 上方的圆形轨道上运行，给定角速度 $\omega = v/r$。将这些选项，连同 $dr = 0, d\theta = 0$ 和 $d\phi = \omega dt$ 代入施瓦西度规中，得到

$$(ds)^2 = \left[\left(c\sqrt{1 - 2GM/(rc^2)}\right)^2 - r^2\omega^2\right]dt^2 = \left(c^2 - \frac{2GM}{r} - r^2\omega^2\right)dt^2.$$

积分得到一个轨道的时空间隔是

$$\Delta s = \int_0^{2\pi/\omega} \sqrt{c^2 - \frac{2GM}{r} - r^2\omega^2}\, dt.$$

当求出区间为极值的 r 值时，我们必须确保卫星世界线的端点是固定的，也就是说，对于所有的世界线，卫星的轨道必须始终在同一个位置 r_0 开始和结束。为了适应不同半径的轨道，考虑图 17.17 所示的"轨道"。我们让卫星从 r_0 开始，然后将它 (以接近光速的速度) 沿其实际轨道半径 r 向外移动。在轨道的末端，卫星以同样快的速度返回到起始 r_0。幸运的是，轨道开始和结束时的快速径向漂移对时空积分的贡献可以忽略不计。(在接近光速的情况下，这种影响几乎为零。) 净效应是一个纯圆周运动，所以可以用式 (17.25) 来估计间隔。

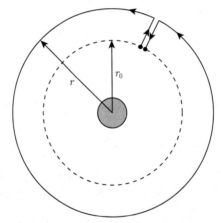

图 17.17　卫星的"轨道"，显示了卫星的世界线端点固定的径向运动，净结果是一个圆形轨道

在式 (17.25) 中，积分限为常数，唯一变量是 r。卫星实际跟随轨道的径向坐标 r 的值必须是 Δs 为极值的值，这个值可以通过 Δs 对 r 求导并使其为零得到

$$\frac{d}{dr}(\Delta s) = \frac{d}{dr}\left(\int_0^{2\pi/\omega} \sqrt{c^2 - \frac{2GM}{r} - r^2\omega^2}\, dt\right) = 0. \tag{17.25}$$

在积分内求导得到

$$\frac{d}{dr}\sqrt{c^2 - \frac{2GM}{r} - r^2\omega^2} = 0,$$

意味着

$$\frac{2GM}{r^2} - 2r\omega^2 = 0.$$

因此，正如所承诺的，

$$v = r\omega = \sqrt{\frac{GM}{r}} \tag{17.26}$$

是卫星在圆形轨道上的坐标速度。(我们简单地以坐标速度表示 $v = r\mathrm{d}\varphi/\mathrm{d}t$，是遥远的观测者使用的卫星在 (r, θ, φ, t) 坐标系统中的速度)。图 17.18 说明了这条可能最直的世界线是如何通过弯曲的时空投射到轨道平面上，从而形成卫星环绕地球的圆形轨道的。事实上，这个结果对黑洞周围非常大的时空曲率也是有效的。

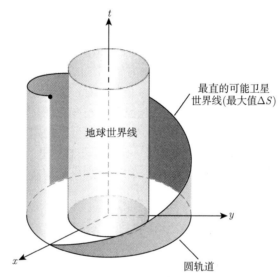

图 17.18　弯曲时空中最直的世界线及其在卫星轨道平面上的投影

17.3　黑　　洞

　　1783 年，英国牧师兼业余天文学家**约翰·米歇尔** (1724—1793) 考虑了牛顿关于光的微粒理论的意义。如果光确实是一束粒子流，那么它应该受到重力的影响。特别是，他推测，一颗比太阳大 500 倍，但具有太阳平均密度的恒星，其引力将强大到连光都无法逃离它。用式 (2.17) 可以证明，米歇尔星的逃逸速度就是光速。天真地将牛顿逃逸速度设为 c，可以证明，逃逸速度等于光速的恒星的半径为 $R = 2GM/c^2$。以太阳质量表示，则为 $R = 2.95\,(M/M_\odot)$ km。即使这种牛顿式推导是正确的，这样一颗恒星的半径也似乎小得不切实际，因此直到 20 世纪中叶天文学家才对它产生兴趣。

　　1939 年，美国物理学家 J. **罗伯特·奥本海默**和**哈特兰·斯奈德** (Hartland Snyder, 1913—1962) 描述了一颗大质量恒星在耗尽核聚变源后的最终重力坍塌。当年早些时候，奥本海默和沃尔科夫计算出了第一批中子星模型 (见 16.6 节)。我们已经看到，一颗中子星的质量不可能超过大约 3 $M_\odot$[①]。奥本海默和斯奈德继续研究可能超过这个极限而完全屈服于引力的简并恒星的命运问题。

---

　　① 如前所述，中子星的质量上限在 $2.2 \sim 2.9 M_\odot$，这取决于旋转的程度 (回顾 15.4 节和 16.6 节)。为了便于讨论，我们将采用近似值 3 $M_\odot$。

17.3.1　施瓦西半径

对于非旋转恒星的最简单情况，答案在于施瓦西度规式 (17.22)：

$$(\mathrm{d}s)^2 = \left(c\mathrm{d}t\sqrt{1 - 2GM/(rc^2)}\right)^2 - \left(\frac{\mathrm{d}r}{\sqrt{1 - 2GM/(rc^2)}}\right)^2 - (r\mathrm{d}\theta)^2 - (r\sin\theta\mathrm{d}\phi)^2.$$

当恒星表面的径向坐标塌陷到

$$R_{\mathrm{S}} = 2GM/c^2, \tag{17.27}$$

即所谓施瓦西半径时，度规的平方根趋于 0。在 $r = R_{\mathrm{S}}$ 时，对应的空间和时间行为是反常的。例如，根据式 (17.17)，在施瓦西半径处由时钟测量的固有时间为 $\mathrm{d}\tau = 0$。从距离很远的静止点测量，时间已经慢到完全停止[①]。从这个角度看，在施瓦西半径内什么也不会发生！

这种行为很奇怪：这是否意味着即使是光也会冻结在时间里呢？悬挂在坍缩恒星上方的观测者所测得的光速必须总是 c。但从远处看，我们可以确定光在弯曲时空中运动时被延迟了。(回想一下 17.1 节中描述的 "海盗号" 火星着陆器发出的无线电信号的时延。) 光的表观速度，即光子的空间坐标变化的速率，称为**光的坐标速度**。从光的 $\mathrm{d}s=0$ 的施瓦西度规开始，

$$0 = \left(c\mathrm{d}t\sqrt{1 - 2GM/(rc^2)}\right)^2 - \left(\frac{\mathrm{d}r}{\sqrt{1 - 2GM/(rc^2)}}\right)^2 - (r\mathrm{d}\theta)^2 - (r\sin\theta\mathrm{d}\phi)^2,$$

我们可以计算垂直运动光子的坐标速度。代入 $\mathrm{d}\theta = \mathrm{d}\phi = 0$ 表明，一般情况下，光在径向的坐标速度为

$$\frac{\mathrm{d}r}{\mathrm{d}t} = c\left(1 - \frac{2GM}{rc^2}\right) = c\left(1 - \frac{R_{\mathrm{S}}}{r}\right). \tag{17.28}$$

当 $r \gg R_{\mathrm{S}}$ 时，$\mathrm{d}r/\mathrm{d}t \approx c$，如平坦时空所期望的，光确实在施瓦西半径处冻结了时间 (图 17.19)。但是，$r = R_{\mathrm{S}}$ 处的球面就像一个屏障，阻止我们接收来自内部的任何信息。因此，坍缩到施瓦西半径内的恒星称为**黑洞**[②]。它被**视界**，即 $r = R_{\mathrm{S}}$ 处的球面所包围。注意，视界是一个数学面，不需要与任何物理面一致。

尽管黑洞的内部，在视界内，是一个我们永远看不到的区域，但它的属性仍然可以被计算出来。非旋转黑洞的结构特别简单。在中心是**奇点**，一个体积为零、密度无穷大的点，所有的黑洞质量都位于这里。时空在奇点处无限弯曲[③]。掩盖中心奇点的是视界，所以奇点都永远无法被观测到。事实上，有一种假说被称为 "宇宙审查法则"，它禁止裸奇点赤裸地出现 (没有相关的事件视界)。

[①] 你应该记得，施瓦西度规中的时空坐标 (r, θ, φ, t) 是为静止在 $r \approx \infty$ 的观测者所建立的。

[②] "黑洞" 这个术语是美国理论物理学家约翰·惠勒在 1968 年发明的。

[③] 黑洞的奇点是一个真实的物理体。它不是一个施瓦西度规在视界处 (那里的 $1/\sqrt{1 - 2GM/(rc^2)} \to \infty$) 呈现的数学奇点。选择另一个坐标系将消除视界处的发散，因此，发散没有物理意义。

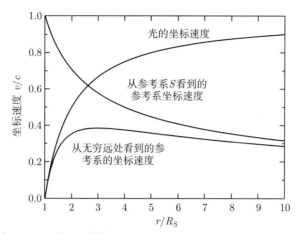

图 17.19　**光的坐标速度**，以及无穷远处静止的观测者和自由落体坐标系 S 中的观测者看到的坐标速度。径向坐标用 R_S 表示，对于一个 $10\ M_\odot$ 的黑洞，其施瓦西半径 ≈ 30 km

17.3.2　进入黑洞的旅程

像黑洞这样奇特的天体值得更细致的研究。想象一下，尝试从安全距离出发，通过反射视界上一个物体的无线电波来研究黑洞。一个无线电光子 (或任何光子) 从一个径向坐标 $r \gg R_S$ 到达视界然后返回需要多少时间？因为往返是对称的，所以只需要找出往或者返的时间，然后把答案翻倍即可。将光在径向上的坐标速度式 (17.28) 积分到任意两个值 r_1 和 r_2 之间是最容易得到普适答案的，

$$\Delta t = \int_{r_1}^{r_2} \frac{\mathrm{d}r}{\mathrm{d}r/\mathrm{d}t} = \int_{r_1}^{r_2} \frac{\mathrm{d}r}{c\left(1 - R_S/r\right)} = \frac{r_2 - r_1}{c} + \frac{R_S}{c} \ln\left(\frac{r_2 - R_S}{r_1 - R_S}\right),$$

假设 $r_1 < r_2$。将 $r_1 = R_S$ 代入光子的起始位置，我们发现 $\Delta t = \infty$。现在，由于旅途是对称的，同样的结果适用于光子从 R_S 开始。对远处的观察者来说，无线电光子永远不会到达视界，取而代之的是，根据引力时间膨胀，光子的坐标速度会变慢，直到它最终在无限的未来停止在视界。事实上，任何落向视界的物体都会遭受同样的命运。从外面看，即使是坍缩形成视界的恒星表面也会冻结，所以从这个意义上说，黑洞就是冻结的恒星。

一个勇敢的 (坚不可摧的) 天文学家决定测试这个非凡的结论。她从静止的远处出发，自愿向 $10\ M_\odot$ 黑洞 ($R_S \simeq 30$ km) 自由落体。我们留在后面观察她在局部惯性系 S 以坐标速度 $\mathrm{d}r/\mathrm{d}t$ 下落到视界。她一边看着手表，一边逐渐加速，用单色手电筒每秒钟照一次我们的方向。随着她的下落，光信号分开得越来越远，有几个原因：伴随她的加速，后续信号一定走过更长的距离，同时，由于她的位置 (引力时间膨胀) 和运动 (狭义相对论时间膨胀)，她的固有时 τ 比我们坐标时间 t 更慢。此外，当她接近黑洞时，光的坐标速度会变慢，所以信号传回给我们的速度也会变慢。我们接收到的光波频率也越来越红移，这是由她远离我们的加速度和引力红移造成的。光线也变暗了，因为她的手电筒发出光子的速率降低了 (从我们的位置看)，每光子的能量 (hc/λ) 也下降了。然后，当她距离视界约 $2R_S$ 时，信号之间的时间开始无限地增加，因为信号的强度在下降。当时间膨胀使她的坐标速度为零时，光会红移并变暗到不可见 (图 17.19 和图 17.20)。她被时间冻结了，就像一只被

琥珀困住的苍蝇。我们的后代可以在几千年里观察恒星的诞生、进化和消亡，而不能从她那里接收到哪怕一个光子。

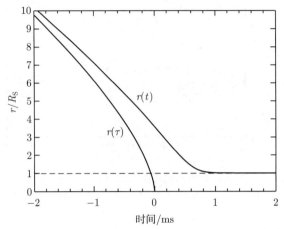

图 17.20　静止在无穷远处的观测者看到的自由落体坐标系 S 的坐标 $r(t)$，以及坐标系 S 中的观测者看到的 $r(\tau)$。径向坐标以 $10\,M_\odot$ 黑洞的 R_S 表示

　　　　这一切对于自由落入黑洞的勇敢的天文学家来说是怎样的呢？因为引力在她的局部惯性系里被消除了，起初她没有注意到她接近黑洞。她监控着自己的手表 (手表上显示的是她的固有时 τ)，她的手电筒每秒打开一次。然而，当她越走越近时，她开始感到自己在径线方向上被拉伸，在垂直的方向上被压缩 (图 17.21)。她脚上 (靠近黑洞) 的引力比她头上的引力更强，而且从一边到另一边的引力方向变化会产生更严重的压迫感。这些较差潮汐力随着她的下落而增加。换句话说，当重力加速度矢量 $\boldsymbol{g}$ 的空间变化增加时，她的局部惯性系 (重力被消除) 的尺度就变得越来越小。如果她不是坚不可摧的，我们的天文学家在离黑洞几百千米的时候就会被潮汐力撕裂[①]。

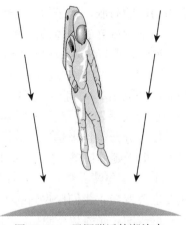

图 17.21　黑洞附近的潮汐力

---

① 你可能还记得习题 16.11 关于中子星附近一个铁立方体的拉伸。

在短短 2 ms(固有时间) 内，她就会坠落到离视界的最后几百千米处并穿过视界。她的固有时间正常地继续着，她没有遇到冻结的恒星表面，因为它很久以前就坠落了[①]。但是，一旦进入视界，她的命运就被封印了。从施瓦西度规式 (17.22) 可以看出，当 $r < R_S$ 时，任何粒子都不可能处于静止状态。对静止的物体使用 $dr = d\theta = d\phi = 0$，当 $r < R_S$ 时，间隔为

$$(ds)^2 = (cdt)^2 \left(1 - \frac{R_S}{r}\right) < 0,$$

这是一个类空间隔，对于粒子是不允许的。因此，在 $r<R_S$ 处，粒子不可能保持静止。在一个非旋转黑洞的视界内，所有的世界线都会聚在奇点处，即使是光子也会被拉向中心，这意味着天文学家永远没有机会看到奇点，因为光子无法从那里到达她。然而，她可以看到来自外部宇宙事件的落在她身后的光，但她不能看到整个宇宙展开的历史。虽然外部世界经过的坐标时间确实变得无穷大，但所有这些事件发出的光都没有时间到达天文学家那里。相反，这些事件发生在她的 "其他地方"。在经过视界后仅仅 6.6×10^{-5} s 的固有时内，她就被不可阻挡地吸引到奇点[②]。

17.3.3　黑洞的质量范围

黑洞的质量似乎存在于一定范围。**恒星质量的黑洞**，质量范围在 $3 \sim 15\ M_\odot$ 左右，可能是直接或间接来自一个足够大的超巨星的核心坍塌，这在第 15 章中讨论过。核心直接坍缩成黑洞可能是产生坍缩星的原因，而快速旋转中子星的延迟坍缩可能导致超新星的产生。还有一种可能是，在一个密近双星系统中，一颗中子星可能因引力作用而从它的伴星上剥离出足够多的质量，以至于中子星的自引力超过了简并压力的支持，也导致黑洞的形成。

中等质量的黑洞 (IMBH) 可能也存在，质量范围从大约 $100\ M_\odot$ 到超过 $1000\ M_\odot$ (甚至可能大于 $10^4 M_\odot$)。它们存在的证据来自 Chandra 和 XMM-Newton 等卫星探测到的**超亮 X 射线源 (ULX)**。IMBH 与球状星团和小质量星系的核心之间的相关性表明，它们可能会在这些稠密的恒星环境中发展，要么是通过恒星的合并形成超大质量恒星然后再核坍缩，要么是通过恒星质量黑洞的并合而形成，但这种天体的形成机制尚不完全清楚。

超大质量黑洞 (SMBH) 已知存在于许多 (可能是大多数) 星系的中心。这些巨大的黑洞的质量范围从 $10^5 \sim 10^9 M_\odot$ (我们的银河系中心有一个质量为 $M = (3.7 \pm 0.2) \times 10^6 M_\odot$ 的黑洞)。这些庞然大物是如何形成的，这仍然是一个悬而未决的问题。一种流行的观点是，它们由星系间的碰撞形成；另一种解释是，它们的形成是 IMBH 形成过程的延伸。无论过程如何，超大质量黑洞似乎与星系的一些整体性质密切相关，这意味着星系的形成与超大质量黑洞的形成之间存在着重要的联系。

黑洞也可能在宇宙最初的瞬间被制造出来。据推测，这些**原始黑洞**的质量范围很广，从 10^{-8} kg 到 $10^5 M_\odot$。黑洞的唯一标准是它的整个质量必须在施瓦西半径内，使得施瓦西度规在事件视界是有效的。

[①] 在视界上存在或不存在一个冻结的恒星表面并没有真正的区别: 施瓦西度规描述的是外面的相同时空曲率。

[②] Rothman 等 (1985) 对这位陨落的天文学家的最后看到的风景进行了详尽的描述。

例 17.3.1　如果地球能以某种方式 (奇迹般地) 被压缩到足以成为一个黑洞，它的半径将只有 $R_S = 2GM_\oplus/c^2 = 0.009$ m。虽然一个原初黑洞可能有这么大，但几乎不可能想象把地球的全部质量塞进这么小的一个球里[①]。

17.3.4　黑洞无毛!

无论黑洞的形成过程是怎样的，它们肯定是非常复杂的。例如，恒星的核坍缩几乎肯定是不对称的。但是，详细的计算表明，任何不规则性都被引力波辐射消散了 (见 18.6 节)。结果，一旦坍缩恒星的表面到达视界，则外部时空视界是球对称的，并可由施瓦西度规描述。

另一个复杂因素是所有恒星都旋转，因此产生的黑洞也会转动。然而，值得注意的是，任何黑洞都可以完全用三个参数来描述：质量、角动量和电荷[②]。黑洞没有其他属性或装饰，这种情况通常用 "黑洞无毛" 来描述[③]。

旋转黑洞的角动量有一个固定的上限

$$L_{\max} = \frac{GM^2}{c}.$$

如果一个旋转黑洞的角动量超过了这个极限，就不会有视界，一个裸奇点就会出现，这违反了宇宙审查法。

例 17.3.2　太阳质量黑洞的最大角动量是

$$L_{\max} = \frac{GM_\odot^2}{c} = 8.81 \times 10^{41} \text{ kg} \cdot \text{m}^2 \cdot \text{s}^{-1}.$$

相比之下，太阳 (假设均匀旋转) 的角动量为 1.63×10^{41} kg $\cdot$ m^2 $\cdot$ s^{-1}，约为 $L_{\max}$ 的 18‰。我们应该预料到，许多恒星的角动量与 $L_{\max}$ 相当，因此，对于恒星质量的黑洞来说，剧烈的 (如果不是最大的) 旋转应该是常见的。

17.3.5　时空参考系的拖拽

最大旋转黑洞的结构如图 17.22[④]所示。旋转使中心奇点从一点扭曲成一个平坦的圆环，事件视界被假定为椭球形状。该图还显示了由旋转引起的其他特性。当一个巨大的物体旋转时，它会引起周围时空的旋转，这种现象称为**参考系拖拽**。为了对这种效应有一些了解，请回忆一下钟摆在地球北极摆动的行为。当地球自转时，相对于遥远的恒星，钟摆摆动的平面保持不变。星星定义了一个不旋转的宇宙参考系，相对于这个参考系，钟摆的摆动保持平面。然而，接近巨大旋转物体的旋转时空会产生与描述整个宇宙的非旋转参考系的局部偏差。在一个旋转黑洞附近，参考系拖拽是如此的严重，以至于在视界之外有一个非球

[①] 提醒大家，施瓦西度规只在物质之外有效，它并不描述地球内部的时空。

[②] 如果存在磁单极子，"磁荷" 也需要一个完整的描述。然而，磁荷和电荷都可以被忽略，因为恒星应该是非常接近中性的。

[③] "无毛" 定理实际上只适用于视界之外的宇宙。在内部，时空几何结构因坍缩恒星的质量分布而变得复杂。

[④] 旋转黑洞的克尔度规是新西兰数学家**罗伊·克尔**在 1963 年从爱因斯坦场式中推导出来的。

形区域, 称为**能层** (ergosphere), 在那里任何粒子都必须以黑洞旋转的相同方向运动。能层内的时空旋转速度如此之快, 以至于粒子必须以比光速更快的速度运动才能保持在相同的角坐标 (例如, 在一个遥远的观测者所使用的坐标系中, 保持相同的 ϕ 值)。能层的外边界称为**稳态极限**, 之所以这样命名, 是因为一旦超过这个边界, 粒子可以保持在同一坐标上, 参考系拖拽的效果减弱。

即使是地球自转也会产生非常微弱的参考系拖拽。探测参考系拖拽的影响是斯坦福重力探测器 B 实验的任务。这个极轨航天器于 2004 年 4 月发射, 在 2005 年 10 月低温液氦耗尽后结束了数据收集。该实验使用了四个由直径为 3.8 cm 的熔融石英精确球体制成的超导陀螺仪。陀螺仪是近自由旋转的, 它们形成了一个几乎完美的时空参考系。尽管陀螺仪的预测进动率仅为 0.042″/yr, 但参考系拖拽的影响是累积的。可以预期, 通过比较在陀螺仪的不同初始方向上所发生的变化, 参考系拖拽将是可测量的[①]。

应该提醒: 先前关于视界内黑洞结构的描述, 如图 17.22 所示, 是基于爱因斯坦场方程的真空解。这些解是通过忽略塌缩恒星质量的影响而得到的, 因此真空解不能描述真正黑洞的内部。此外, 目前的物理定律, 包括广义相对论, 在非常接近中心的极端条件时都失效了。在量子引力理论被发现之前, 奇点的细节无法被完全描述。然而, 奇点的存在似乎是确定无疑的。1965 年, 一位英国数学家, **罗杰·彭罗斯**, 证明了每一个完全的引力坍缩都会形成一个奇点。

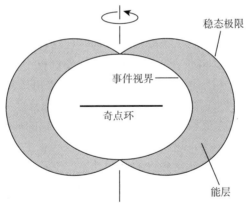

图 17.22　最大旋转黑洞的结构, 侧视奇点环, 视界在赤道的位置为 $r = \frac{1}{2}R_{\mathrm{S}} = GM/c^2$

17.3.6　时空隧道

利用黑洞作为连接时空中一个地点与另一个地点 (也许是另一个宇宙) 的隧道的可能性, 激发了物理学家和科幻小说作家的灵感。大多数关于时空隧道的猜想都是基于爱因斯坦场方程的真空解, 因此不适用于真实黑洞的内部。尽管如此, 它们已经成为流行文化的一部分, 我们将在这里简要地考虑它们。图 17.23 描绘了一个称为**施瓦西咽喉**, 也称为**爱因斯坦-罗森桥**) 的时空隧道, 它使用了一个非旋转黑洞的施瓦西几何来连接时空的两个区域。"咽喉" 的宽度在视界上是最小的, "嘴" 可以解释为在时空中两个不同的位置开口。人

[①] 在写这篇文章的时候, 长达一年的艰苦的数据分析过程正在进行。实验结果预计将在 2006 年底公布 (更新请访问斯坦福重力探测器 B 网站 http://einstein.stanford.edu/)。

们很容易把它想象成一条隧道，投机性小说的作者们梦想着白洞涌出大量物质，或者作为星际飞船的通道。然而，似乎任何试图将少量的物质或能量 (甚至是一个偶然的光子) 通过咽喉的尝试都会导致它崩溃。对于一个真正的非旋转黑洞，所有的世界线都终止于不可避免的奇点，在那里时空无限弯曲。根本没有办法绕过奇点。

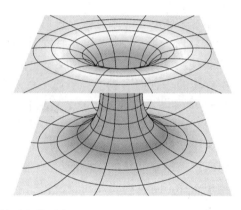

图 17.23　　施瓦西咽喉连接时空的两个不同区域。任何试图通过咽喉的物质或能量都会导致咽喉塌陷

对于旋转的黑洞来说，情况有些不同。虽然时空仍然在奇点环上无限弯曲，但所有的世界线并不一定都在那里收敛。事实上，下落的物体很难击中旋转黑洞中的奇点。理论家们已经计算出了真空解的世界线，这些解避开了奇点而出现在另一个宇宙的时空中。但就像非旋转黑洞一样，任何试图沿着这条路径通过的即使是最小量的物质或能量都会导致通道坍塌，从而将其截断。总之，即使在理想的情况下，黑洞也不太可能为任何物质或能量提供一个稳定的通道。在更现实的情况下，任何试图穿越黑洞的旅行者最终都会被奇点撕裂。

另一种可能是**虫洞**，一种在时空中被任意距离隔开的两点之间的假想隧道[1]。我们将简要地考虑非旋转的、球对称的虫洞，它们由爱因斯坦场方程的非真空解来描述。换句话说，虫洞必须被某种奇异的材料连接，这种材料的张力可以防止虫洞的坍塌。没有已知的机制可以让虫洞自然出现，它必须由非常先进的文明建造。然而，理论上的可能性本身就很吸引人。这些爱因斯坦场方程的解没有视界 (允许通过虫洞的双向旅行)，并涉及可存活下来的潮汐力。从一端到另一端的旅程时间可能少于一年 (旅行者的固有时间)，尽管虫洞的两端可能被星际或星系间的距离隔开。

当然，问题在于稳定虫洞所需的奇异物质是否存在。如果我们考虑两束光线会聚在虫洞上并进入它，当它们从另一端出来时就会发散，这种奇异物质的不寻常性质就会变得很明显。这意味着奇异物质必须能够通过引力使光发散，这是一种 "反引力" 效应，包括光线通过的物质对光的引力排斥。满足这一要求的奇异材料将具有负能量密度 ($\rho c^2 < 0$)，至少光线的感受如此。尽管负能量密度在某些量子力学情况下出现，但在宏观尺度上，它在物理上可能被允许，也可能不被允许。我们将把虫洞仅作为一种令人着迷的可能性，并在这一点上放弃讨论，回顾爱因斯坦的评论："我们所有的思维本质上都是概念的自由游戏"[2]。

---

[1] "虫洞" 这个术语让人想起一些古代地图书中被蠕虫吃掉的洞，它为地图上描绘的遥远地点提供了一条象征性的捷径。

[2] 请参阅莫里斯和索恩 (1988)，以及索恩 (1994)，了解有关虫洞的更多细节和进一步推测。

17.3.7　恒星质量黑洞候选体

你可能会觉得这部分的大部分内容都是从科幻小说中借来的。非凡的思想需要非凡的证据，而仅仅黑洞存在的证据就很难获得。问题在于，探测只有几十千米大小而且没有直接辐射的天体。天文学家最大的希望是在一个距离较近的双星系统中发现一个黑洞。如果这样一个系统中的黑洞能够从正常伴星的包层拉出气体，它们轨道运动的角动量将导致黑洞周围形成一个气体盘 (图 17.24)。当气体螺旋下降到视界时，它被压缩和加热到数百万开尔文，并发出 X 射线。在一个密近双星系统中，只有中子星或黑洞的引力才能产生 X 射线，事实上，在大多数 X 射线双星中，致密的天体据信是一颗中子星[1]。然而，如果一个 X 射线双星能被发现，其中致密天体质量超过 3 $M_\odot$，那么就有一个关于致密天体是黑洞的强有力的例子。

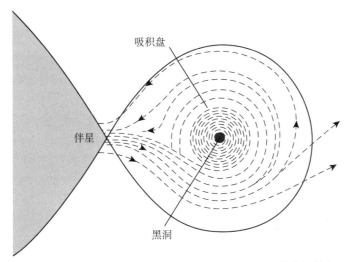

吸积盘

伴星

黑洞

图 17.24　从伴星拉出的气体在黑洞周围形成了 X 射线辐射盘

用这种方法初步确认的第一个黑洞是 **Cygnus X-1**，位于天鹅座 (Cygnus) 脖子处明亮的 η Cygni 恒星附近。另一个有希望的候选体是 **LMC X-3**，它是大麦哲伦星云 (LMC)中的一个 X 射线双星。另一个引人注目的例子是 X 射线双星 A0620-00，也称为 **V616 Mon**[2]。简单应用开普勒定律，致密星体的质量至少为 $(3.82\pm0.24)M_\odot$，远高于中子星的上限 3 $M_\odot$。

但是，最有力的候选体可能是 **V404 Cygni**。V404 Cyg 最初被确定为一颗周期性新星 (见 18.4 节)，它在 1989 年经历了一次被 **Ginga 卫星**探测到的 X 射线爆发。使用地面光学望远镜进行检测，发现了伴星为 K0 IV 型，径向速度振幅为 (211 ± 4) km·s^{-1}，轨道周期为 (6.473 ± 0.001) 天。看不见的 K0 IV 伴星的质量的最佳估值是 $(12 \pm 2)M_\odot$。随着越来越多的证据积累，天文学家似乎终于找到了黑洞存在所需的非凡证据。

---

[1] 密近双星系统的吸积盘将在 18.2 节中更详细地讨论。

[2] A0620-00 (V616 Mon) 位于麒麟星座和猎户座的边缘，大约在参宿四到天狼星这条线上的三分之一处。

17.3.8　霍金辐射

经典广义相对论中的黑洞永远存在。**斯蒂芬·霍金**得出的一个非常普遍的结果表明，黑洞视界的表面积永远不会减少。如果一个黑洞与任何其他物体并合，结果就是一个更大的黑洞。然而，在 1974 年，霍金发现了这一定律的一个漏洞，他将量子力学与黑洞理论相结合，发现黑洞可以慢慢蒸发。这个过程的关键是粒子对的产生，即在黑洞视界外形成粒子–反粒子对。通常，这些粒子会迅速重组并消失，但如果其中一个粒子落入视界，而另一个粒子逃逸，如图 17.25 所示，就会阻止粒子的消失。黑洞的引力能被用来产生这一对粒子，因此逃逸的粒子带走了黑洞的一些质量。在很远的距离上，观测者看到的净效应是黑洞的粒子发射，即霍金辐射，伴随着黑洞质量的减少。

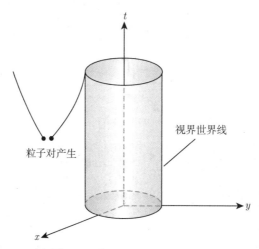

图 17.25　时空图显示了在黑洞视界附近产生的粒子–反粒子对

粒子以这种方式带走能量的速率与黑洞质量的平方成反比，即 $1/M^2$。对于恒星质量的黑洞，发射的粒子是光子，发射的速率非常小。然而，当黑洞的质量下降时，发射的速率就会增加。黑洞蒸发的最后阶段进行得非常迅速，释放出各种类型的基本粒子。巨大的爆炸可能只留下了平坦时空的空白区域。

原初黑洞蒸发之前的寿命 t_{evap} 是相当长的，

$$t_{\mathrm{evap}} = 2560\pi^2 \left(\frac{2GM}{c^2}\right)^2 \left(\frac{M}{h}\right)$$

$$\approx 2 \times 10^{67} \left(\frac{M}{M_\odot}\right)^3 \mathrm{yr}$$

由于宇宙的年龄是 137 亿年，这个过程对于由恒星坍缩形成的黑洞来说是无关紧要的。然而，一个质量为 1.7×10^{11} kg 的原初黑洞会在 130 亿年内蒸发掉。因此，具有这种质量的原初黑洞现在应该处于蒸发的最后爆炸阶段，并且可能被探测到。据计算，霍金辐射的最后爆发会以 10^{13} W 的速度释放出高能 (≈ 100 MeV) 伽马射线，同时释放出电子、正电子和许多其他粒子。这些粒子随后的衰变应该会产生额外的伽马射线，地球轨道卫星可以观测到这些射线。迄今为止，对这个能量的宇宙伽马射线的测量还没有证认出能用一个原初黑洞的消亡来解释的现象。虽然目前还没有证据证明原初黑洞的存在，但这个负面的结果仍然很重要。这意味着，平均而言，在每立方光年的空间中，不可能有超过 200 个具有这种质量的原初黑洞。

推 荐 读 物

一般读物

Begelman，Mitchell，and Rees，Martin，*Gravity's Fatal Attraction*：*Black Holes in the Universe*，Scientic American Library，New York，1996.

Charles，Philip A.，and Wagner，R. Mark，"Black Holes in Binary Stars: Weighing the Evidence，"*Sky and Telescope*，May 1996.

Davies，Paul，"Wormholes and Time Machines，"*Sky and Telescope*，January 1992.

Ferguson，Kitty，*Prisons of Light—Black Holes*，Cambridge University Press，Cambridge，1996.

Ford，Lawrence H.，and Roman，Thomas A.，"Negative Energy，Worm Holes，and Warp Drive，"*Scientic American*，January，2000.

Hawking，Stephen W.，*A Brief History of Time*，Updated and Expanded Tenth Anniversary Edition，Bantam Books，New York，1998.

Hawking，Stephen W.，"The Quantum Mechanics of Black Holes，"*Scientic American*，January 1977.

Lasota，Jean-Pierre，"Unmasking Black Holes，" *Scientic American*，May 1999.

Luminet，Jean-Pierre，*Black Holes*，Cambridge University Press，Cambridge，1992.

Morris，Michael S.，and Thorne，Kip S.，"Wormholes in Spacetime and Their Use for Interstellar Travel：A Tool for Teaching General Relativity，" *American Journal of Physics*，56，395，1988.

Rothman，Tony，et al.，*Frontiers of Modern Physics，Dover Publications*，New York，1985.

Thorne，Kip S.，*Black Holes and Time Warps*：*Einstein's Outrageous Legacy*，W. W Norton and Co.，New York，1994.

Wheeler，John A.，*A Journey into Gravity and Spacetime*，Scientic American Library，New York，1990.

Will，Clifford，*Was Einstein Right*? Basic Books，New York，1986.

专业读物

Bekenstein，Jacob D.，"Black Hole Thermodynamics，" *Physics Today*，January 1980.

Berry，Michael，*Principles of Cosmology and Gravitation*，Institute of Physics Publishing，Bristol，1989.

Casares，J.，Charles，P. A.，and Naylor，T.，"A 6.5-day Periodicity in the Recurrent Nova V404 Cygni Implying the Presence of a Black Hole，" *Nature*，335，614，1992.

Charles，Philip A.，"Black-Hole Candidates in X-Ray Binaries，" *Encyclopedia of Astronomy and Astrophysics*，P. Murdin (ed.)，Institute of Physics Publishing，Bristol，2000.

Fré，P.，Gorini，V.，Magli，G.，and Moschella，U. (eds.)，*Classical and Quantum Black Holes*，Institute of Physics Publishing，1999.

Hartle，James B.，*Gravity*：*An Introduction to Einstein's General Relativity*，Addison-Wesley，San Francisco，2003.

Misner，Charles W.，Thorne，Kip S.，and Wheeler，John A.，*Gravitation*，W. H. Freeman and Co.，San Francisco，1973.

Ruffini，Remo，and Wheeler，John A.，"Introducing the Black Hole，" *Physics Today*，January 1991.

Shapiro，Stuart L.，and Teukolsky，Saul A.，*Black Holes，White Dwarfs，and Neutron Stars*：*The Physics of Compact Objects*，John Wiley and Sons，New York，1983.

Taylor，Edwin F.，and Wheeler，John A.，*Exploring Black Holes*：*Introduction to General Relativity*，Addison Wesley Longman，San Francisco，2000.

Wald，Robert M. (ed.)，*Black Holes and Relativistic Stars*，University of Chicago Press，Chicago，1998.

习　　题

17.1　在 17.1 节的橡皮片类比中，敏锐的眼睛会注意到，网球也会使橡皮片略微下压，因此，当保龄球和网球绕着对方旋转时，它会不断地向网球倾斜。将其与双星轨道上两颗恒星的运动进行定性比较。

17.2　证明：即使光以与垂直方向成角度 θ 向上传播，只要 h 是光脉冲传播的垂直距离，引力红移式 (17.6) 仍然有效。

17.3　一个近地球表面的光子行走的水平距离为 1 km，则光子在这段时间内会"下落"多远？

17.4　科罗拉多州的莱德维尔 (Leadville) 海拔 3.1 km。如果一个人在那里活了 75 岁 (这是由一个离地球很远的观测者测量的)，那么如果他或她一出生就从莱德维尔搬到一个海平面上的城市，引力引起的时间膨胀能让这个人多活多久呢？

17.5　(a) 估计 1.4 $M_\odot$ 中子星表面水平运动光子的曲率半径，并将结果与恒星的 10 km 半径进行比较。在研究中子星时，可以忽略广义相对论吗？

(b) 如果在中子星表面过了一个小时，则在很远的距离过了多少时间？比较从精确表达式 (17.13) 和近似表达式 (17.14) 得到的时间。

17.6　想象一组矩形的局部惯性参考系被缆绳悬挂在靠近太阳表面的直线上，如图 17.26 所示。这些参考系被小心地排列好以使相邻参考系的顶部和侧面平行，参考系的顶部沿 z 轴排列。光子可以畅通无阻地穿过这些参考系，当光子进入每一参考系时，参考系就从静止释放、自由地落向太阳的中心。

(a) 证明：当它通过角度为 α 的参考系时 (如图 17.26 所示)，光子路径的角偏转为

$$\mathrm{d}\phi = \frac{g_0 \cos^3 \alpha}{c^2} \mathrm{d}z.$$

其中，dz 为参考系的宽度；g_0 是在最接近点 O 处的牛顿重力加速度。角偏转很小，所以假设光子在进入参考系时是沿着 z 方向运动的。(提示：参考系在 z 方向的宽度是 dz，所以光子穿过参考系的时间可以取为 dz/c。)

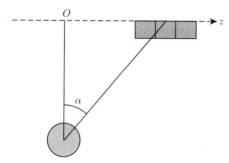

图 17.26　测量太阳附近光偏转的局部惯性系

(b) 将 (a) 部分的结果从 $\alpha = -\pi/2$ 积分到 $+\pi/2$，求出光子在穿过太阳附近弯曲时空时的总偏转角。

(c) 你的答案 (这也是 1911 年爱因斯坦在得出场式之前得到的答案) 只有正确值 $1.75''$ 的一半。你能定性地解释缺失的因子 2 吗？

17.7　假设当你开启你的时钟 (事件 A) $t = 0$ 时，你在实验室参考系的原点。确定以下事件是在事件 A 的未来光锥内，还是过去光锥内，或是在其他地方。

(a) 在 $t = 0$ 时刻，一个闪光灯在 7 m 外熄灭。

(b) 在 $t = 2$ s 时，一个闪光灯在 7 m 外熄灭。

(c) 在 $t = 2$ s 时，一个闪光灯在 70 km 外熄灭。

(d) 在 $t = 2$ s 时，一个闪光灯在 700000 km 外熄灭。

(e) 在 $t = -5.7 \times 10^{12}$ s 时，一颗超新星在 180000 光年处爆炸。

(f) 在 $t = 5.7 \times 10^{12}$ s 时，一颗超新星在 180000 光年处爆炸。

(g) 在 $t = -5.6 \times 10^{12}$ s 时，一颗超新星在 180000 光年处爆炸。

(h) 在 $t = 5.6 \times 10^{12}$ s 时，一颗超新星在 180000 光年处爆炸。

对于 (e) 和 (g) 项，在另一个相对于你的参考系中运动的观测者能测量出超新星在事件 A 后爆炸吗？对于 (f) 和 (h) 项，另一参考系的观测者能测量出超新星在事件 A 之前爆炸吗？

17.8　τ Ceti 是离太阳最近的类太阳恒星。在 $t = 0$ 时刻，爱丽丝乘她的星际飞船离开地球，以 $0.95c$ 的速度飞行到地球上天文学家测量的距离为 11.7 光年的 τ Ceti。她的双胞胎哥哥鲍勃待在家里，位置为 $x = 0$。

(a) 从鲍勃来看，爱丽丝离开地球与到达 τ Ceti 之间的时间间隔是多少？

(b) 从爱丽丝来看，她离开地球与到达 τ Ceti 之间的时间间隔是多少？

(c) 到达 τ Ceti 后，爱丽丝立即转身并以 $0.95c$ 的速度返回地球。(假设实际的转身时间可以忽略不计。) 爱丽丝往返于 τ Ceti 的过程的固有时间是多少？

(d) 当她回到地球和鲍勃见面时，爱丽丝会比她哥哥年轻多少？

17.9　考虑一个温度恒定、质量为 M 的球形黑体，其表面位于径向坐标 $r = R$ 处。位于球体表面的观测者和远处的观测者都测量到球体发出的黑体辐射。

(a) 证明：若球面观测者测得黑体的光度为 L，则利用引力时间膨胀公式 (17.13) 得到无穷远处的观测者测得

$$L_\infty = L \left(1 - \frac{2GM}{Rc^2} \right).$$

(b) 两位观测者都使用维恩定律公式 (3.15) 来确定黑体的温度。证明：

$$T_\infty = T\sqrt{1 - \frac{2GM}{Rc^2}}.$$

(c) 两位观测者都使用斯特藩–玻尔兹曼定律 (式 (3.17)) 来确定球形黑体的半径。证明：

$$R_\infty = \frac{R}{\sqrt{1 - 2GM/(Rc^2)}}.$$

因此，如果不考虑广义相对论的影响而使用斯特藩–玻尔兹曼定律，将会导致对致密黑体体积的高估。

17.10 1792 年，法国数学家**拉普拉斯** (Simon-Pierre de Laplace, 1749—1827) 写道："假设一颗星，具有地球一样的密度，其直径比太阳大 250 倍，那么，由于它的吸引力，将不会允许任何光线到达我们。"用牛顿力学计算拉普拉斯星的逃逸速度。

17.11 定性地描述太阳突然变成一个黑洞后对行星轨道的影响。

17.12 考虑 4 个质量分别为 10^{12} kg, $10\,M_\odot$, $10^5\,M_\odot$, $10^9\,M_\odot$ 的黑洞。

(a) 计算每一个的施瓦西半径。

(b) 计算每一个的平均密度 $\rho = M\left/\left(\dfrac{4}{3}\pi R_S^3\right)\right.$。

17.13 (a) 证明：表示视界到径向坐标 r 的固有距离为

$$\Delta\mathcal{L} = r\sqrt{1 - \frac{R_S}{r}} + \frac{R_S}{2}\ln\left(\frac{1 + \sqrt{1 - R_S/r}}{1 - \sqrt{1 - R_S/r}}\right).$$

这说明了将 r 解释为距离而不是坐标的危险。提示：对式 (17.23) 积分。

(b) 对于 $r = R_S$ 和 $r = 10R_S$ 之间的 r 值，绘制一个 $\Delta\mathcal{L}$ 与 r 的关系图。

(c) 证明：对于较大的 r，

$$\Delta\mathcal{L} \simeq r.$$

因此，远离黑洞的径向坐标 r 可以视为一个距离。

17.14 证明：黑洞视界的面积为 $4\pi R_S^2$。(提示：记住径向坐标 r 不是到中心的距离，使用施瓦西度规作为起点。)

17.15 式 (17.26) 描述了一个绕非旋转黑洞转动的大质量粒子的坐标速度。但是，可以证明，除非 $r \geqslant 3R_S$，否则轨道是不稳定的，任何扰动都会导致在较小轨道上的粒子螺旋下降到事件视界。

(a) 求粒子在 $10\,M_\odot$ 黑洞附近最小稳定轨道上的坐标速度。

(b) 求围绕这 $10\,M_\odot$ 黑洞的最小稳定轨道的轨道周期 (坐标时间 t)。

17.16 (a) 求光在 φ 方向上的坐标速度表达式。

(b) 考虑粒子质量趋于零、速度接近光速极限下的式 (17.26)，用 (a) 的结果来证明光子绕黑洞的圆形轨道半径 $r = 1.5R_S$。

(c) 求绕 $10\,M_\odot$ 黑洞的该轨道的轨道周期 (坐标时间 t)。

(d) 如果手电筒在 $r = 1.5R_S$ 处、朝 φ 方向发射光束，会发生什么情况？($r = 1.5R_S$ 处的表面称为光子球。)

17.17 为了获得对旋转黑洞的最大角动量的粗略估计，不妨想象 (显然是不正确的！) 黑洞的质量均匀地分布在半径为 R_S (施瓦西半径) 的实心球体上。从基本物理学来看，一个均匀旋转的球的转动惯量为 $I = \dfrac{2}{5}MR^2$，球的角动量为 $L = I\omega$，其中 ω 是球的角速度。通过这种经典方法，估计实心球的最大角动量，然后将你的答案与式 (17.29) 比较。(请确保明确你做出的任何其他假设。) 与准确结果相比，你的估计的百分比误差是多少？

17.18　用式 (17.29) 比较 $1.4\ M_\odot$ 黑洞的最大角动量与已知速度最快的脉冲星的角动量，脉冲星的转动周期为 0.00139s。假设脉冲星是一个 $1.4\ M_\odot$ 半径为 10 km 的均匀球体。

17.19　电子是一种半径为零的点状粒子，因此人们自然会怀疑电子是否可能是黑洞。然而，质量为 M 的黑洞不能有任意数量的角动量 L 和电荷 q，这些值必须满足以下不等式：

$$\left(\frac{GM}{c}\right)^2 \geqslant G\left(\frac{Q}{c}\right)^2 + \left(\frac{L}{M}\right)^2.$$

如果违反这个不等式，奇点就会出现在事件视界之外，这违反了宇宙审查法则。用 $\hbar/2$ 表示电子的角动量来确定电子是否是黑洞。

17.20　(a) 时空围绕旋转质量拖拽的角速度 Ω 一定与其角动量 L 成正比。Ω 的表达式还必须包含常数 G 和 c，以及径向坐标 r。从纯粹的量纲分析证明：

$$\Omega = 常数 \times \frac{GL}{r^3 c^2}.$$

其中的常数 (你不需要确定) 量级为 1。

(b) 假设它是一个均匀旋转的球体，计算地球的这个值。设前面的常数为 1，用角秒每年来表示你的答案。由于参考系的拖拽，北极的钟摆相对于遥远的恒星旋转一次需要多少时间？

(c) 对已知最快的脉冲星重复 (b) 部分，以转数每秒表示 Ω。

17.21　(a) 使用量纲分析，将基本常数 $\hbar$，c 和 G 组合为具有质量单位的表达式。评估你的结果，该结果是对在大爆炸之后的一瞬间形成的最小质量的原初黑洞的质量估计。这个质量以 kg 表示是多少？

(b) 这样一个黑洞的施瓦西半径是多少？

(c) 光走这段距离需要多长时间？

(d) 这个黑洞在蒸发之前的寿命是多少？

17.22　斯蒂芬·霍金结合万有引力 (G)、热力学 (k) 和量子力学 ($\hbar$) 计算出了非旋转黑洞的温度 T：

$$kT = \frac{\hbar c^3}{8\pi GM} = \frac{\hbar c}{4\pi R_S}.$$

其中，R_S 是施瓦西半径。

(a) 验证表达式具有正确的单位。

(b) 书中曾提到，如果一个原始黑洞在 13.7 Gyr 以前形成，质量为 1.7×10^{11} kg，那么它现在将达到其生命的终点。计算一个质量为 1.7×10^{11} kg 的原初黑洞的温度。

(c) 这个黑体的温度大约对应于电磁波谱的哪个波段？

(d) 如果一个球的质量是 1.7×10^{11} kg，具有水的密度，则它的半径是多少？

(e) 计算 $10\ M_\odot$ 的黑洞的温度。

17.23　在这个习题中，我们将推导出一个非旋转的、蒸发黑洞的寿命表达式 (式 (17.30))。

(a) 考虑黑洞是由习题 17.22 中式 (17.34) 给出的温度为 T 的完美辐射黑体。假设黑洞的表面积为 $4\pi R_S^2$，其中 R_S 为施瓦西半径，证明：黑洞霍金辐射的光度是

$$L = \frac{\hbar c^6}{15360\pi G^2 M^2} = \frac{\hbar c^2}{3840\pi R_S^2}.$$

(b) 黑洞的光度一定来自于黑洞内部能量的损失。假设黑洞的能量由 $E = Mc^2$ 给出，$L = \mathrm{d}E/\mathrm{d}t$，证明：黑洞将其全部质量损失给霍金辐射所需的时间由式 (17.30) 给出。

17.24　在 X 射线双星系统 A0620-00 中，正常恒星和致密天体的径向轨道速度分别为 $v_{s,r} = 457\ \mathrm{km \cdot s^{-1}}$ 和 $v_{c,r} = 43\ \mathrm{km \cdot s^{-1}}$，公转周期为 0.3226 天。

(a) 计算质量函数 (式 (7.7) 的右边),

$$\frac{m_{\mathrm{c}}^3}{\left(m_{\mathrm{s}} + m_{\mathrm{c}}\right)^2} \sin^3 i,$$

其中, m_{s} 是正常恒星的质量; m_{c} 是其致密伴星的质量; i 是轨道倾角。这个结果对致密天体的质量有什么意义? (请注意, 不需要 $v_{\mathrm{c}, r}$ 的值即可获得此结果。)

(b) 现在, 假设 $i = 90°$, 使用致密天体的轨道径向速度值确定其质量。这个结果对致密天体的质量有什么意义?

(c) 在该系统中 X 射线没有掩食, 因此倾角必须小于约 85°。假设倾角为 45°, 那么, 致密天体的质量是多少?

17.25　根据书中的数据, 通过设置轨道倾角 $i = 90°$ 来估算 V404 Cyg 中致密伴星的质量下限。请参考附录 G, 以便大致确定 K0 Ⅳ 伴星的质量。为什么你的计算得出质量下限? 需要什么进一步的信息来做出更精确的确定?

第 18 章　密近双星系统

18.1　密近双星系统的引力

正如第 7 章所述，天空中至少有一半的"恒星"实际上是多星系统，由围绕共同质心运行的两颗 (或更多) 恒星组成。在大多数这样的系统中，恒星之间的距离足够远，它们之间的影响可以忽略不计，除了在轻微的引力作用下使它们束缚在一起外，恒星的生命是孤立的，演化基本上是各自独立的。

如果两颗恒星非常接近，间距大约等于较大恒星的直径，那么其中一颗或两颗恒星的外层可能因引力而变形为泪滴状。当一颗恒星在由其伴星的引力作用下形成的潮汐隆起中旋转时，它会被迫产生脉动。这些振荡被 14.2 节讨论的机制所抑制，轨道能量和转动能量因此耗散，直到系统达到其角动量 (常数) 的最小能量状态，从而产生同步旋转和圆形轨道。此后，当系统在空间中刚性旋转时，每颗恒星总是以同一边面对另一颗恒星，不会因潮汐驱动的振荡而损失更多的能量[①]。变形的恒星甚至可能把一些光球气体输送给它的伴星，气体从一颗恒星泄漏到另一颗恒星上，会导致一些壮观的天体烟花，即本章的主题。

18.1.1　拉格朗日点和等势面

要理解重力在密近双星系统中的工作原理，考虑角速度为 $\omega = v_1/r_1 = v_2/r_2$ 在 x-y 平面上的圆轨道上的两个恒星。在此，v_1 和 r_1 是恒星 1 的轨道速度及其与系统质心的距离，恒星 2 的参数可以类比。选择随绕两个恒星质心同步旋转的坐标系非常有用。如果原点在质心，则恒星将在此旋转参考系中处于静止状态，它们的相互引力被向外推的离心力平衡[②]。在这个参考系中，与原点距离为 r 的质量 m 上的**离心力**矢量为

$$\boldsymbol{F}_c = m\omega^2 r\hat{\boldsymbol{r}}, \tag{18.1}$$

方向为径向向外。

重力势能由式 (2.14) 给出，通常比较容易计算，

$$U_g = -G\frac{Mm}{r},$$

而不是重力[③]。要在旋转坐标系中做到这一点，我们必须利用式 (2.13) 在势能项中加入一个虚构的"**离心势能**":

$$U_\mathrm{f} - U_\mathrm{i} = \Delta U_c = -\int_{\boldsymbol{r}_\mathrm{i}}^{\boldsymbol{r}_\mathrm{f}} \boldsymbol{F}_c \cdot \mathrm{d}\boldsymbol{r}.$$

[①]　如果其中一颗恒星是致密天体如白矮星或者中子星，它的自转可能不同步。

[②]　离心力是一种惯性力 (与物理力相对应)，在描述旋转坐标系中的运动时必须包括它。还有另一种惯性力，叫作**科里奥利力**，下面将忽略它。

[③]　大多数恒星可以被视为质点，质量集中在中心，可以忽略它们的泪滴形状。

其中，$\boldsymbol{F}_c$ 为离心力矢量；$\boldsymbol{r}_{\mathrm{i}}$ 和 $\boldsymbol{r}_{\mathrm{f}}$ 分别为初始位置矢量和最终位置矢量；$\mathrm{d}\boldsymbol{r}$ 为位置矢量的无穷小变量 (图 2.9)。离心势能的变化为

$$\Delta U_c = -\int_{\boldsymbol{r}_{\mathrm{i}}}^{\boldsymbol{r}_{\mathrm{f}}} m\omega^2 r \mathrm{d}r = -\frac{1}{2}m\omega^2\left(r_{\mathrm{f}}^2 - r_{\mathrm{i}}^2\right).$$

考虑到只有势能的变化是有物理意义的，我们可以任意选择 $r = 0$ 时的 $U_c = 0$ 来给出离心势能的最终结果，

$$U_c = -\frac{1}{2}m\omega^2 r^2. \tag{18.2}$$

图 18.1 所示为同步旋转坐标系，其中质量分别为 M_1 和 M_2 的两颗恒星之间的距离为 a，它们位于 x 轴上，从位于原点的质心出发，距离分别为 r_1 和 r_2。因此

$$r_1 + r_2 = a \quad 和 \quad M_1 r_1 = M_2 r_2. \tag{18.3}$$

包括离心力项，位于轨道平面 (x-y 平面) 的小试验质量 m 的有效势能为

$$U = -G\left(\frac{M_1 m}{s_1} + \frac{M_2 m}{s_2}\right) - \frac{1}{2}m\omega^2 r^2.$$

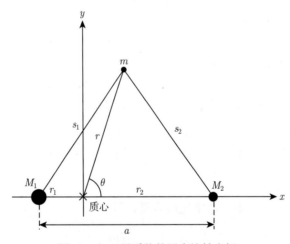

图 18.1　双星系统的同步旋转坐标

为了方便，以有效势能除以质量 m 得到**有效引力势** Φ：

$$\boxed{\Phi = -G\left(\frac{M_1}{s_1} + \frac{M_2}{s_2}\right) - \frac{1}{2}\omega^2 r^2.} \tag{18.4}$$

这就是**单位质量的有效势能**。根据余弦定理，距离 s_1 和 s_2 为

$$s_1^2 = r_1^2 + r^2 + 2r_1 r\cos\theta, \tag{18.5}$$

$$s_2^2 = r_2^2 + r^2 - 2r_2 r \cos\theta. \tag{18.6}$$

轨道的角频率 ω 来自开普勒的第三定律, 即轨道周期 P, 式 (2.37),

$$\omega^2 = \left(\frac{2\pi}{P}\right)^2 = \frac{G(M_1 + M_2)}{a^3}. \tag{18.7}$$

式 (18.3) 和式 (18.4) ∼ 式 (18.7) 可以用来计算双星系统轨道面每一点的有效引力势 Φ, 例如, 图 18.2 显示了 Φ 沿 x 轴的值。当力在一个小的试验质量 m 上的 x 分量 (最初在 x 轴上处于静止状态) 写成

$$F_x = -\frac{\mathrm{d}U}{\mathrm{d}x} = -m\frac{\mathrm{d}\Phi}{\mathrm{d}x} \tag{18.8}$$

时, 其意义凸显出来 (回想式 (2.15))。标为 L_1, L_2 和 L_3 的三个 "山顶" 是**拉格朗日点**, 在该点上没有力施加在测试质量上 ($\mathrm{d}\Phi/\mathrm{d}x = 0$)。在这三个平衡点上, M_1 和 M_2 对 m 的引力被离心力所平衡[①]。这些平衡点不稳定, 因为它们的 Φ 是**局部最大值**。如果测试质量稍有偏移, 则式 (18.8) 中的负号表明它将加速 "下坡", 脱离平衡位置。**内拉格朗日点** L_1 在密近双星系统中起着核心作用。从 L_1 到 M_1 和 M_2 的距离 ℓ_1 和 ℓ_2 的近似表达式分别为

$$\ell_1 = a\left[0.500 - 0.227\log_{10}\left(\frac{M_2}{M_1}\right)\right], \tag{18.9}$$

$$\ell_2 = a\left[0.500 + 0.227\log_{10}\left(\frac{M_2}{M_1}\right)\right]. \tag{18.10}$$

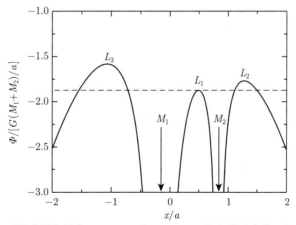

图 18.2　x 轴上两颗质量分别为 $0.85\,M_\odot$ 和 $0.17\,M_\odot$ 的有效引力势。恒星之间的距离为 $5\times10^8\mathrm{m}=0.718R_\odot$, 质心在原点。$x$ 轴的单位是 a, Φ 的单位是 $G(M_1 + M_2)/a = 2.71 \times 10^{11}\mathrm{J}\cdot\mathrm{kg}^{-1}$。(实际上, 这个图对于任何 $M_2/M_1 = 0.2$ 的系统都是相同的。) 如果一个粒子的单位质量总能量超过了 Φ 值, 它会通过两颗恒星之间的内拉格朗日点流动

[①] 从惯性 (非旋转) 参考系来看, 这种运动可以这样描述: M_1 和 M_2 的引力在试验质量绕系统质心旋转时产生向内的向心加速度。

空间中具有相同 Φ 值的点构成**等势面**。图 18.3 显示了几个等势面与轨道平面相交的等势轮廓线。非常接近任何一个质量 M_1 或 M_2 时，等势面几乎为以质心为中心的球形。在更远的地方，M_1 和 M_2 将等势面扭曲成泪滴形状，直到它们最终在内拉格朗日点相接。在更远的距离上，等势面在两个物体周围呈 "哑铃" 形状[①]。

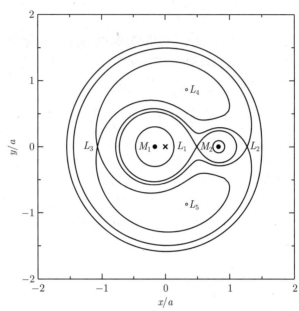

图 18.3 $M_1 = 0.85 M_\odot, M_2 = 0.17 M_\odot, a = 5 \times 10^8$ m $= 0.718\, R_\odot$ 的等势面。x 轴以 a 为单位，系统的质心 ("×") 为原点。从图的顶部开始，向下移向质心，等势线 Φ 以
$G(M_1 + M_2)/a = 2.71 \times 10^{11}$ J · kg^{-1} 为单位的值为 $\Phi = -1.875, -1.768, -1.583, -1.583, -1.768$("哑铃")，$-1.875$(洛希瓣) 和 -3(球)。L_4 和 L_5 是局部最大值，$\Phi = -1.431$

这些等势面是双星的水准面。在双星系统中，随着其中一颗恒星的演化，它会不断膨胀，形成更大的等势面 (有点像气球的膨胀)。为了观察这一点，考虑每个点上的有效重力总是垂直于其上的等势面[②]。流体静力平衡保证沿 Φ 为常数的表面的压力是恒定的；没有平行于等势面的重力分量，因此该方向的压差无法平衡和保持。由于压力是由恒星上覆盖层的重量造成的，所以在每个等势面上的密度也必须相同，以便在那里产生恒定的压力。

18.1.2 双星系统的分类

双星系统的外观取决于哪一个等势面由恒星填充。双星的半径远小于它们之间的距离，它们接近球形 (如图 18.3 中的小圆圈所示)。这种情况描述了两颗恒星几乎独立演化的分离双星。**分离双星**系统已经在第 7 章中被描述为有关恒星基本属性的天文信息的主要来源。

如果一颗恒星膨胀到足以填满图 18.3 中的 "8" 字轮廓，那么它的大气气体可以通过

---

① 我们将不考虑图 18.3 中通过拉格朗日点 L_3，L_4 和 L_5 的其他等势线。然而，特洛伊小行星堆积在木星轨道上的两个位置是在拉格朗日点 L_4 和 L_5。(如果 $M_1 > 24.96 M_2$，如太阳和木星，那么科里奥利力足够强，导致 L_4 和 L_5 为稳定平衡点。) 在图 18.3 中，拉格朗日点 L_4 或者 L_5 与质量为 M_1 和 M_2 形成等边三角形，特洛伊小行星处在木星轨道的前或者后 $60°$ 左右，由于势阱的有限宽度而有一定的弥散。

② 对此的数学表述是 $\boldsymbol{F} = -m\nabla\phi$。这类似于一个垂直于电等势面、从高电压指向低电压的电场矢量。

内拉格朗日点 L_1 逸出拖向它的同伴。由这个特殊的等势面所包围的空间中的泪滴状区域称为**洛希瓣**[①]。质量从一颗恒星到另一颗恒星的转移可以从其中一颗恒星扩展到它的洛希瓣以外开始。这样的系统称为**半相接双星**。填充了洛希瓣并失去质量的恒星通常称为**次星**，质量为 M_2，而它的伴星——**主星**的质量为 M_1。主星的质量可能比次星大，也可能比次星小。

可能两颗恒星都会填满，甚至扩展出它们的洛希瓣。在这种情况下，这两颗恒星共享一个由哑铃形等势面 (如穿过拉格朗日 L_2 点的那个) 所束缚的共同大气，这样的系统称为**相接双星**。图 18.4 展示了三类双星。

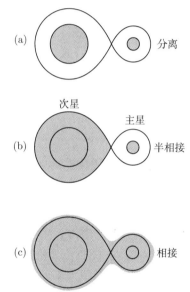

图 18.4 双星系统的分类：(a) 分离双星；(b) 半相接双星，在这个系统中，次星已经膨胀到充满它的洛希瓣；(c) 相接双星

18.1.3 质量转移率

对于两颗质量相等的恒星，可以得到质量在半分离双星中转移的速率的粗略估计。假设已扩展出洛希瓣的恒星半径为 R，在这颗恒星半径处的等势面将由两个半径为 R、距离为 d 的稍微重叠的球体来模拟，如图 18.5 所示。我们将假设恒星大气通过半径为 x 的圆形开口逃离了填充的洛希瓣。如果开口处的恒星物质密度为 ρ、朝向面积 $A = \pi x^2$ 的开口处的速度为 v，在习题 18.3 中证明：质量离开洛希瓣的速率，即**质量转移率**，是

$$\dot{M} = \rho v A. \tag{18.11}$$

基础的几何知识表明

$$x = \sqrt{Rd} \tag{18.12}$$

[①] "洛希瓣" 这个词是为了纪念 19 世纪法国数学家**爱德华·洛希** (1820—1883)。

其中，$d \ll R$。使用式 (8.3) 代表气体颗粒的热速度，从而有估算结果

$$\dot{M} \approx \rho v_{\mathrm{rms}} \pi x^2 \tag{18.13}$$

或

$$\dot{M} \approx \pi R \mathrm{d} \rho \sqrt{\frac{3kT}{m_{\mathrm{H}}}}, \tag{18.14}$$

其中，气体为氢原子气体。随着溢出距离 d 的变大，开口处的密度和温度增加。在习题 18.32 中，要证明质量转移率随着 d 迅速增加，更详细的计算表明 $\dot{M} \propto d^3$。

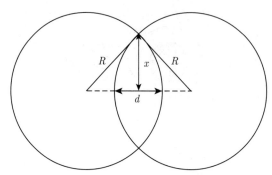

图 18.5　用于估计质量转移率 $\dot{M}$ 的相交球

例 18.1.1　假设像太阳这样的恒星处于半相接双星系统中，且伴星质量相等，并且它稍微溢出了恰好位于光球之下的洛希瓣。对于表 9.5 中的 StatStar 模型，使用区域 $i = 9$，我们得到 $d = r_0 - r_9 = 1.52 \times 10^6$ m，$T = 6348$ K，并且 $\rho = 2.87 \times 10^{-7}$ kg·m^{-3}。如果在模型的最外点使用 $R = 7.10 \times 10^8$ m，则类似太阳的恒星失去大气气体的速率大约为

$$\dot{M} \approx \pi R \mathrm{d} \rho \sqrt{\frac{3kT}{m_{\mathrm{H}}}} = 1.2 \times 10^{13} \text{ kg·s}^{-1} = 1.9 \times 10^{-10} M_\odot \cdot \text{yr}^{-1}.$$

这是半相接双星系统的典型质量转移率。从各种系统的观测结果推断出的 $\dot{M}$ 值范围为 $10^{-11} \sim 10^{-7}\, M_\odot \cdot \text{yr}^{-1}$。为了进行比较，请参见例 11.2.1，其中太阳风以较小的速率 (约 $3 \times 10^{-14} M_\odot \cdot \text{yr}^{-1}$) 将质量从太阳移走。

在讨论半相接双星中质量转移的后果之前，值得考虑的是，当物质落在恒星上，特别是落在白矮星或中子星等致密天体上时，会释放出巨大的能量。

例 18.1.2　考虑一个质量 $m = 1$ kg 的物体，它从与质量 M、半径 R 的恒星相距无限远的静止状态开始，质量 m 的初始总机械能为

$$E = K + U = 0.$$

利用能量守恒，我们发现质量到达恒星表面时的动能为

$$K = -U = G\frac{Mm}{R}.$$

这种动能会在与恒星碰撞时转化为热和光。如果该恒星是 $M = 0.85\,M_\odot, R = 6.6 \times 10^6\,{\rm m} = 0.0095\,R_\odot$ 的白矮星，则 1 kg 下落物质所释放的能量为

$$G\frac{Mm}{R} = 1.71 \times 10^{13}\,{\rm J}.$$

这是 1 kg 物质静止能 (mc^2) 的 0.019‰。作为比较，1kg 氢的热核聚变释放的能量为

$$0.007mc^2 = 6.29 \times 10^{14}\,{\rm J}$$

(回忆例 10.3.2)。

如果该恒星是质量 $M = 1.4\,M_\odot$ 且半径 $R = 10$ km 的中子星，则释放的能量要大得多：

$$G\frac{Mm}{R} = 1.86 \times 10^{16}\,{\rm J}.$$

这是 1 kg 物质静止能的 21%，几乎是氢聚变所能提供能量的 30 倍! 计算表明，下落的物质能够产生巨大的能量。

对 X 射线天体的观测显示，天体的 X 射线光度约为 10^{30} W。如果这种辐射是由来自伴星的气体落到中子星的表面产生的，那么两颗恒星之间每秒传递的质量就应该能解释观测到的光度：

$$\dot{M} = \frac{10^{30}\,{\rm W}}{1.86 \times 10^{16}\,{\rm J \cdot kg^{-1}}} = 5.38 \times 10^{13}\,{\rm kg \cdot s^{-1}},$$

大约只有 $10^{-9}\,M_\odot \cdot {\rm yr^{-1}}$。这与前面例子中发现的质量转移速率是相似的，这个一致是偶然的，因为半分离系统的 $\dot{M}$ 可能会有几个量级的变化。

18.2 吸 积 盘

半分离双星的轨道运动能阻止从膨胀的次星逃逸的物质直接落到主星上。主星的运动通常足以使气体偏离穿过内拉格朗日点的路径。如果主星的半径小于双星间距 a 的 5%，物质流将不会撞击主星的表面。相反，物质流进入主星周围的轨道，在轨道平面上形成一个薄的热气体**吸积盘**，如图 17.24 和图 18.6 所示[①]。**黏性**是一种内部摩擦，它将大块质量运动的定向动能转化为随机热运动，导致绕轨道运行的气体失去能量，慢慢地旋转落向主星。引起吸积盘黏性的物理机制目前还不太清楚。常见的粒子间的分子黏度太弱，是无效的。其他的可能包括气体的随机运动，诸如由热对流引起的盘中物质的湍流，或是由与较差转动盘相互作用的磁场中的磁流体力学不稳定性引起的 (参看 11.2 节)。无论机理如何，因为失去的轨道能量转化为热能，气体在下降过程中被加热，温度越来越高。最后，急剧下降的气体在恒星表面结束了它的旅程。

---

① 天文学家把从外部源积累质量的过程称为**吸积**。

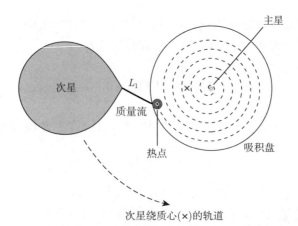

图 18.6　半分离双星，显示了主星周围的吸积盘和通过内拉格朗日点的质量流撞击吸积盘的热点。该系统的参数与 Z Chamaeleontis 的参数对应，如例 18.4.1 所示

18.2.1　温度分布和光度

正如一颗恒星在粗略的一级近似时可以当作黑体一样，一个光学厚的吸积盘作为黑体辐射的假设提供了一个简单而有用的模型。在每个径向距离处，一个光学厚盘发出黑体辐射，其连续光谱与该距离处的局部盘温度相对应。

为了估计与质量为 M_1、半径为 R_1 的主星中心相距 r 处的模型吸积盘的温度，我们假设吸积盘气体向内的径向速度比它们的轨道速度小。然后，作为一个很好的近似，气体遵循开普勒的圆形轨道，忽略作用在圆盘内的黏滞力的细节。此外，由于盘的质量与主星的质量相比非常小，轨道上的物质只能感觉到中心主星的引力。绕轨道运动的气体质量 m 的总能量 (动能加势能) 由式 (2.35) 给出，

$$E = -G\frac{M_1 m}{2r}.$$

当气体向内旋进时，它的总能量 E 变得更负。损失的能量维持着吸积盘的温度，并最终以黑体辐射的形式发射出来。

现在考虑盘内半径为 r、宽度为 $\mathrm{d}r$ 的环，如图 18.7 所示。如果质量从次星转移到主星的速率是一个常数 $\dot{M}$，那么在 t 时刻，图 18.7 所示的通过环外边界的质量是 $\dot{M}t$。假设盘是稳态的，那么在环内就不允许堆积质量。因此，在此期间，同样量的 $\dot{M}t$ 也必须通过环的内边界离开。

能量守恒要求环在 t 时刻辐射的能量等于穿过环内外边界的能量之差：

$$\mathrm{d}E = \frac{\mathrm{d}E}{\mathrm{d}r}\mathrm{d}r = \frac{\mathrm{d}}{\mathrm{d}r}\left(-G\frac{M_1 m}{2r}\right)\mathrm{d}r = G\frac{M_1 \dot{M}t}{2r^2}\mathrm{d}r,$$

其中，$m = \dot{M}t$ 用于表示进入和离开环的绕转质量。如果环的光度为 $\mathrm{d}L_{\mathrm{ring}}$，则在时间 t 内环所辐射的能量与 $\mathrm{d}L_{\mathrm{ring}}$ 相关：

$$\mathrm{d}L_{\mathrm{ring}}\, t = \mathrm{d}E = G\frac{M_1 \dot{M}t}{2r^2}\mathrm{d}r.$$

消去 t, 对于环 (两边) 的表面积 $A = 2(2\pi r \mathrm{d}r)$, 用式 (3.16) 的斯特藩-玻尔兹曼定律, 得到环的光度:

$$\mathrm{d}L_{\mathrm{ring}} = 4\pi r\sigma T^4 \mathrm{d}r \tag{18.15}$$

$$= G\frac{M_1\dot{M}}{2r^2}\mathrm{d}r \tag{18.16}$$

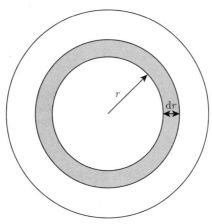

图 18.7 一个组成吸积盘的 (假想的) 环

求半径为 r 的盘温度 T, 得到

$$T = \left(\frac{GM\dot{M}}{8\pi\sigma R^3}\right)^{1/4}\left(\frac{R}{r}\right)^{3/4}, \tag{18.17}$$

其中去掉了下标 "1", 记得 M 和 R 分别是主星的质量和半径; $\dot{M}$ 是半分离双星系统的质量转移速率。

更彻底的分析将考虑到当快速旋转的盘气体遇到主星表面时必定产生的稀薄的湍流边界层, 这样可以更好地估计盘温度:

$$T = \left(\frac{3GM\dot{M}}{8\pi\sigma R^3}\right)^{1/4}\left(\frac{R}{r}\right)^{3/4}(1 - \sqrt{R/r})^{1/4} \tag{18.18}$$

$$= T_{\mathrm{disk}}\left(\frac{R}{r}\right)^{3/4}(1 - \sqrt{R/r})^{1/4}, \tag{18.19}$$

其中,

$$T_{\mathrm{disk}} \equiv \left(\frac{3GM\dot{M}}{8\pi\sigma R^3}\right)^{1/4} \tag{18.20}$$

是**盘的特征温度**。实际上, T_{disk} 大约是盘最高温度的 2 倍 (习题 18.4),

$$T_{\mathrm{max}} = 0.488\left(\frac{3GM\dot{M}}{8\pi\sigma R^3}\right)^{1/4} = 0.488T_{\mathrm{disk}}, \tag{18.21}$$

其中，$r = (49/36)R$，如图 18.13 所示[①]，当 $r \gg R$ 时，式 (18.19) 右边的最后一项可以忽略，剩下

$$T = \left(\frac{3GM\dot{M}}{8\pi\sigma R^3}\right)^{1/4} \left(\frac{R}{r}\right)^{3/4} = T_{\text{disk}} \left(\frac{R}{r}\right)^{3/4} \quad (r \gg R). \tag{18.22}$$

这与我们的简单估算公式 (18.17) 差一个因子，即 $3^{1/4} = 1.32$。

将式 (18.16) 对每个环的光度从 $r = R$ 到 $r = \infty$ 积分，得到盘的光度表达式，

$$L_{\text{disk}} = G\frac{M\dot{M}}{2R}. \tag{18.23}$$

但是，回想一下例 18.1.2，如果没有吸积盘，**吸积光度** (下落物质向主星传递动能的速率) 是 2 倍大：

$$L_{\text{acc}} = G\frac{M\dot{M}}{R}. \tag{18.24}$$

因此，如果气体螺旋下落穿过吸积盘时，一半吸积能被辐射出去，那么剩下的一半一定会沉积在恒星表面 (或者是在快速旋转的盘和较慢旋转的主星之间的湍流边界层中)[②]。

例 18.2.1　现在可以估算出例 18.1.2 中使用的白矮星和中子星的吸积盘最高温度 $T_{\max}$ 以及光度。对于 $M = 0.85\,M_\odot$，$R = 0.0095\,R_\odot$ 和 $\dot{M} = 10^{13}\,\text{kg} \cdot \text{s}^{-1}(1.6 \times 10^{-10}\,M_\odot \cdot \text{yr}^{-1})$ 的白矮星，式 (18.21) 是

$$T_{\max} = 0.488 \left(\frac{3GM\dot{M}}{8\pi\sigma R^3}\right)^{1/4} = 2.62 \times 10^4\,\text{K}.$$

根据维恩位移定律式 (3.19)，在此温度下，黑体光谱的峰值波长为

$$\lambda_{\max} = \frac{(500\,\text{nm})(5800\,\text{K})}{26200\,\text{K}} = 111\,\text{nm},$$

位于电磁波谱的紫外线区域 (表 3.1)。由式 (18.23) 可知，吸积盘的光度为

$$L_{\text{disk}} = G\frac{M\dot{M}}{2R} = 8.55 \times 10^{25}\,\text{W},$$

也就是约 $0.22\,L_\odot$，现在转到 $M = 1.4\,M_\odot$，$R = 10\,\text{km}$ 和 $\dot{M} = 10^{14}\,\text{kg} \cdot \text{s}^{-1}(1.6 \times 10^{-9}\,M_\odot \cdot \text{yr}^{-1})$ 的中子星，最高盘温度为

$$T_{\max} = 0.488 \left(\frac{3GM\dot{M}}{8\pi\sigma R^3}\right)^{1/4} = 6.86 \times 10^6\,\text{K}.$$

[①] 包含边界层的结果是，在盘与恒星表面相遇的地方，$T = 0$，这是模型假设中不切实际的人为结果。

[②] 这个结果是位力定理的另一个后果。

它的黑体光谱峰值波长为

$$\lambda_{\max} = \frac{(500 \text{ nm})(5800 \text{ K})}{6860000 \text{ K}} = 0.423 \text{ nm},$$

在电磁波谱的 X 射线区域。中子星吸积盘的光度为

$$L_{\text{disk}} = G\frac{M\dot{M}}{2R} = 9.29 \times 10^{29} \text{ W},$$

超过 2400 $L_\odot$。因此，白矮星周围吸积盘的内部区域应该在紫外波段发光，而中子星周围的区域则是强 X 射线源[①]。

18.2.2 吸积盘的径向范围

吸积盘的径向范围通过求出 $r = r_{\text{circ}}$ 的值进行估计，其中 r_{circ} 为连续的质量流通过 L_1 会进入围绕主星的圆形轨道的半径。这可以通过考虑主星周围一团质量为 m 的气体包的角动量来实现，见图 18.8。假设质量 m 在内拉格朗日点的运动完全由双星系统的轨道运动引起，位于那里的质量的角动量 L 为

$$L = m\omega\ell_1^2 = m\ell_1^2\sqrt{\frac{G\left(M_1 + M_2\right)}{a^3}},$$

其中使用了轨道角频率式 (18.7)，ℓ_1 由式 (18.9) 给出。

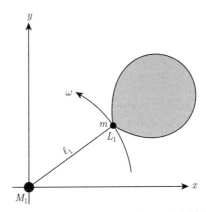

图 18.8　从主星静止在原点的参照系看一团质量为 m 的气体包通过内拉格朗日点 L_1

质量 m 不会立即进入圆形轨道。相反，m 所属的质量流环绕主星流动，并在一个轨道周期后与自己碰撞。在角动量守恒的情况下，由于能量的损失，质量包的轨道变成绕主星的圆形。当质量包进入半径为 r_{circ}、围绕 M_1 的圆形轨道时，其角动量为

$$L = m\sqrt{GM_1 r_{\text{circ}}},$$

---

① 实际上，我们将在 18.6 节中看到，白矮星或中子星周围的吸积盘可能会被恒星的磁场干扰，因此可能不会向下延伸到其表面，这样的系统是强 X 射线源。

其中应用了折合质量 $\mu = mM_1/(m + M_1) \simeq m$ 的圆形轨道式 (2.30)。将这两个角动量的表达式等同起来，得到结果

$$
\begin{aligned}
r_{\text{circ}} &= a \left(\frac{\ell_1}{a} \right)^4 \left(1 + \frac{M_2}{M_1} \right) \\
&= a \left[0.500 - 0.227 \log_{10} \left(\frac{M_2}{M_1} \right) \right]^4 \left(1 + \frac{M_2}{M_1} \right).
\end{aligned}
\tag{18.25}
$$

由于仅在内部和中心力作用时必须保持总角动量守恒，所以你可能好奇，下落物质随着吸积盘旋进所损失的角动量去向如何。如 Pringle (1981) 所示，最初在 $r = r_{\text{circ}}$ 处狭窄环的物质将既向内也向外扩展，吸积盘物质的迁移时间可能从几天到几周不等。当大多数物质向内旋进时，少量的质量将 "缺失的" 角动量传递到盘的外边缘。从那里，星风驱动的质量损失可能会将角动量从系统中带走。如果吸积盘向外延伸到内拉格朗日点的 $80\% \sim 90\%$，则次星在盘中产生的潮汐也会使角动量返回到两颗恒星的轨道运动。由于质量的这种向外迁移，我们将采用

$$
R_{\text{disk}} \approx 2 r_{\text{circ}} \tag{18.26}
$$

作为对吸积盘外半径的粗略估计。

18.2.3　掩食半分离双星系统

令人欣慰的是，从观测**掩食半分离双星**系统中获得的证据表明，上述天体确实存在。对像图 18.9 所示的食半分离双星的光变曲线的观测表明，在质量传输流与吸积盘外缘碰撞的地方存在一个热点。光变曲线可以解释为观测连续的盘 "切片" 的结果，它们从主星后面消失，然后又重新出现。事实上，图 18.9 可用于吸积盘本身的图像重建，如图 18.10 所示[①]。因为食的时候，热点是在后随的盘上的一边 (图 18.12)，当食开始的时候 (热点依然可见)，接收到盘的光比食结束时 (热点仍然被遮掩) 更多，这在图 18.9 的光变曲线的右侧产生了强度的不足。

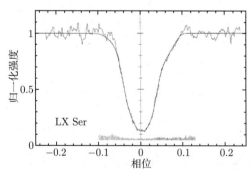

图 18.9　LX Serpentis 双星系统吸积食光变曲线。锯齿线为观测到的光变曲线，光滑线为从如图 18.10 所示的吸积盘重建图像计算出的拟合结果 (图取自 Rutten，van Paradijs 和 Tinbergen，*Astron. Astrophys.*，260，213，1992)

[①] 使用出射盘的切片来重建吸积盘的图像，有点类似于在医院使用 CAT (计算机轴向拓扑结构) 扫描来从数学上重构人体的 X 线片。因为有不止一个模型盘将再现给定的光变曲线，一种称为最大熵的技术被用来为最终的盘图像选择尽可能平滑的模型。

图 18.10　LX Serpentis 双星系统中吸积盘的重建负像。盘右下部分边缘上的热点在方位角方向上变得模糊，并具有部分环的外观 (图来自 Rutten，van Paradijs 和 Tinbergen，*Astron. Astrophys.*，260，213，1992)

18.3　相互作用双星系统的概述

一个密近双星系统的生命历史是相当复杂的，许多可能的变化取决于所涉及的两颗恒星的初始质量和分离距离。当质量从一颗恒星转移到另一颗时，质量比 M_2/M_1 将会改变，由此产生的角动量再分配影响了系统的轨道周期以及两颗恒星的间距。由式 (18.9) 和式 (18.10) 给出的洛希瓣的范围取决于恒星之间的距离和质量比，所以也会相应变化。

18.3.1　质量转移的影响

质量转移的影响可以通过考虑系统的总角动量来说明。恒星自转对总角动量的贡献很小，可以忽略不计。轨道角动量由式 (2.30) 给出，对于圆形轨道，偏心率 $e = 0$，

$$L = \mu\sqrt{GMa}.$$

式中，μ 为约化质量 (式 (2.22))，

$$\mu = \frac{M_1 M_2}{M_1 + M_2},$$

其中，$M = M_1 + M_2$ 是两颗星的总质量。假设没有质量或角动量通过星风或引力辐射从系统中移走 (一级近似)，则系统的总质量和角动量都保持不变，因为质量在两颗恒星之间转移[①]，也就是说，$\mathrm{d}M/\mathrm{d}t = 0$，$\mathrm{d}L/\mathrm{d}t = 0$。

对角动量的表达式求时间导数，可以得到关于质量转移对两颗星间距的影响的一些有用的见解：

$$\frac{\mathrm{d}L}{\mathrm{d}t} = \frac{\mathrm{d}}{\mathrm{d}t}(\mu\sqrt{GMa})$$

$$0 = \sqrt{GM}\left(\frac{\mathrm{d}\mu}{\mathrm{d}t}\sqrt{a} + \frac{\mu}{2\sqrt{a}}\frac{\mathrm{d}a}{\mathrm{d}t}\right)$$

$$\frac{1}{a}\frac{\mathrm{d}a}{\mathrm{d}t} = -\frac{2}{\mu}\frac{\mathrm{d}\mu}{\mathrm{d}t}. \tag{18.27}$$

---

① 事实上，在一些短周期双星系统 ($P < 14\mathrm{h}$) 中，引力辐射 (将在 18.6 节讨论) 是角动量损失的主要原因。

记住总质量 M 保持不变，我们发现约化质量的时间导数是

$$\frac{\mathrm{d}\mu}{\mathrm{d}t} = \frac{1}{M}\left(\frac{\mathrm{d}M_1}{\mathrm{d}t}M_2 + M_1\frac{\mathrm{d}M_2}{\mathrm{d}t}\right).$$

一颗恒星失去的质量会由另一颗恒星得到。$\dot{M} \equiv \mathrm{d}M/\mathrm{d}t$，意味着 $\dot{M}_1 = -\dot{M}_2$，所以

$$\frac{\mathrm{d}\mu}{\mathrm{d}t} = \frac{\dot{M}_1}{M}\left(M_2 - M_1\right).$$

将其代入式 (18.27) 得到结果，

$$\frac{1}{a}\frac{\mathrm{d}a}{\mathrm{d}t} = 2\dot{M}_1\frac{M_1 - M_2}{M_1 M_2}. \tag{18.28}$$

式 (18.28) 描述了质量转移对双星系统间距的影响，轨道的角频率也会受到影响，如式 (18.7) 中开普勒第三定律所示。由于 $M_1 + M_2 =$ 常数，开普勒第三定律表明 $\omega \propto a^{-3/2}$，所以

$$\frac{1}{\omega}\frac{\mathrm{d}\omega}{\mathrm{d}t} = -\frac{3}{2}\frac{1}{a}\frac{\mathrm{d}a}{\mathrm{d}t}. \tag{18.29}$$

随着轨道间距的减小，角频率增大。

18.3.2 双星系统的演化

下面描述双星系统的一个可能演化：成为一个激变变星。起点是一个被分开较宽的主序恒星双星系统，初始轨道周期从几个月到几年不等。一开始，假设恒星 1 的质量大于恒星 2 的，则 $M_1 - M_2 > 0$。因此，恒星 1 的演化速度更快，根据其质量的不同，可能在它开始溢出洛希瓣之前就变成红巨星或超巨星。这启动了从星 1 到星 2 的质量转移 (即 $\dot{M}_1 < 0$)，因此 $\mathrm{d}a/\mathrm{d}t$ 是负的，而 $\mathrm{d}\omega/\mathrm{d}t$ 是正的，恒星沿螺旋路径靠得更近，周期也越来越短。

现在，由式 (18.9) 可知，随着 a 的减小和 M_2/M_1 的增加，恒星 1 到内拉格朗日点的距离，即星 1 周围的洛希瓣会缩小。在收缩的洛希瓣的正反馈作用下，质量转移速率加速，最终在两颗恒星周围产生一个延展的大气，如图 18.4(c) 所示。该系统现在是一个相接双星，恒星 1 的简并核和主序星 2 共享一个共同气体包层。这两颗恒星将角动量转移到这个包层上，它们慢慢地向内螺旋式旋转，间距更小，周期也更短。如果两颗恒星的核心合并，结果将是一颗单星，这可以解释之前在 13.3 节讨论的星团中观测到的**蓝离散星**。另一种可能是，恒星周围的包层可能被喷出。事实上，已经观测到几个行星状星云的中心存在双星，这可能是共同包层被喷出的结果。(为了便于下面的讨论，我们将考虑发生包层抛出的情况。)

从它们的气体茧中浮现出来后，这个系统就是一个分离双星，当恒星 1(主星) 冷却成为白矮星时，恒星 2(次星) 位于它的洛希瓣内。最终，原本质量较小的次星演化并充满它的洛希瓣，质量开始向相反方向流动，导致 $\dot{M}_1 > 0$。在这种情况下，负反馈减缓了质量转移过程，因为，如式 (18.28) 所示，当次星周围的洛希瓣根据式 (18.10) 膨胀时，恒星将会以螺旋式离得更远 (假设 M_1 仍然大于 M_2)。如果质量流持续下去，要么次星膨胀速度必

须快于洛希瓣增长速度，要么由于角动量从系统中被移走，要么由于磁场约束的恒星风或引力辐射产生的转矩，恒星必须靠得更近[1]。无论机理是什么，从次星到白矮星的质量转移速率是稳定的，这一阶段是为激变变星的爆发而设定的，将在 18.4 节中描述。

次星继续演化时，可能会出现另一个公共包层。图 18.11 展示了一个密近双星系统的生命历史的例子，该系统以两颗中等质量的恒星 ($5\sim9$ $M_\odot$) 开始，最终成为两颗在非常紧凑的轨道上运行的碳–氧白矮星 (每 $15\sim30$ s 绕对方转一圈)。半径较大、质量较小的白矮星 (复习式 (16.14)) 溢出了它的洛希瓣，并渐渐变成一个被质量较大的白矮星吸积的厚重吸积盘。质量的累积将白矮星主星推向钱德拉塞卡极限，并爆炸成为 Ia 型超新星[2]。

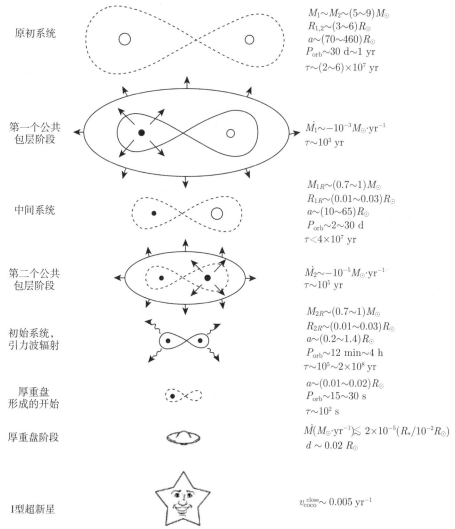

图 18.11　密近双星系统演化的一种可能性：最终演变成 Ia 型超新星。在某些阶段，随着持续时间 (τ)，给出了恒星的质量和半径，以及它们的间距 (A)、轨道周期和质量转移速率 (图取自 Iben 和 Tutukov，*Ap. J. Suppl.*，54，335，1984)

---

[1] 太阳风减弱太阳角动量的过程在 11.2 节中描述过。

[2] 在 18.5 节中，我们将发现，在达到钱德拉塞卡极限之前，核反应就开始于白矮星的核心。

18.3.3　相互作用双星系统的类型

密近双星系统有很多种类型，无法详细讨论。下面的列表[①]描述了相互作用双星的主要类别，以及这些系统的一些重要特征。许多类都是以该类的原型天体命名的。

- **大陵五型**。这种半相接双星系统中有两个正常恒星 (主序恒星或亚巨星)。它们提供有关恒星性质和演化理论的检验，并得到质量损失和质量交换的信息。活跃的大陵五型 (W Serpens 星) 为研究恒星和双星演化的快速 (短期) 阶段提供了实验室，这些系统对于研究吸积过程和吸积盘非常重要。大陵五型的质量损失可能有助于星际介质的化学元素增丰。

- **猎犬座 RS (RS CVn) 和天龙座 BY (BY Dra) 型**。这些恒星是色球活跃的双星，是研究冷星 (光谱类型 F 和以后的恒星) 中由发电机驱动的磁活动的重要系统。增强的磁活动的表现包括恒星黑子、色球、日冕和耀斑。这些系统还有助于我们理解太阳的磁活动，所谓的太阳–恒星结。

- **大熊座 W (W UMa) 相接系统**。这些短周期 (0.2~0.8 天) 的相接双星显示出很高的磁活动水平，是研究极端的恒星发电机机理的重要恒星。磁制动的拉力可能导致这些双星合并为单星。

- **激变变星和类新星双星**。这些系统周期短，包含白矮星以及充满洛希瓣的冷 M 型次星。它们提供了有关恒星演化最后阶段的有价值的信息。这些双星对于研究吸积现象和吸积盘性质也很重要。

- 具有中子星和黑洞子星的 **X 射线双星**。这些系统是功率强大 ($L_X > 10^{28}$ W) 的 X 射线源，具有中子星或 (很少) 黑洞子星。X 射线归因于气体从非简并子星积聚到系统的简并伴星上。对中子星系统的观测补充了来自脉冲星的有关其结构和演化的信息 (例如质量、半径、自转和磁场)。V404 Cygni、A0620-00 和 Cygnus X-1 等系统提供了黑洞存在的证据，参见 18.6 节。

- **ζ Aurigae 和 VV Cephei 系统**。这些长周期相互作用双星包含晚型超巨星子星和热的 (通常是 B 型) 伴星。ζ Aur 系统包含 G 或 K 型超巨星，而 VV Cep 双星包含 M 型超巨星。尽管最初不是相互作用的双星，但当更大质量的恒星演化成为超巨星时，它们就变得如此。当发生掩食时，可以在较热的恒星从后面通过时探测较冷的超巨星的大气和风。

- **共生星**。共生星是长周期相互作用双星，包括一个 M 型巨星 (有时是一个脉动的 Mira 型变星) 和一个可能是白矮星、亚矮星或小质量主序恒星的吸积成分。这些系统的共同特点是热星吸积冷星的星风。共生星的轨道周期通常在 200~1500 天。一些共生星的冷星充满了洛希瓣，使它们成为共生的大陵五型系统。

- **钡星和 S 恒星双星**。这些恒星被认为是长周期双星，在这些双星中，原先质量更大的成分演化至将一些核反应气体转移到现在的 K 或 M 巨星伴星 (复习一下 381 页关于 S 型光谱的讨论)。被认为有白矮星伴星的巨星通常太冷，在紫外波段看不到，这些系统对于演化晚期恒星的核合成和质量损失非常重要。

- **后共同包层双星**。这些双星系统通常包含炽热的白矮星或亚矮星成分和较冷的次星，它们可能已经历过双星演化的共同包层阶段。行星状星云的双星核是后共同包层双星的例

　　[①] 引用自 E. F. Guinan, *Evolutionary Processes in Interacting Binary Star*, Ksondo, Sisteró, and Polidan (eds.), Kluwer 学术出版社, Dordrecht, 1992. 经 Kluwer 学术出版社许可转载。

子。这些系统对于研究恒星演化的短暂阶段非常重要。

18.4　半分离双星中的白矮星

当白矮星是半分离双星系统的主星时, 其结果可能是**矮新星** (dwarf nova)、**经典新星** (classical nova) 或超新星 (supernova)(按亮度递增顺序排列)。不幸的是, 每一个名字中都出现了 nova (拉丁语意为 "新") 一词, 而实际上这三种爆发采用了三种非常不同的机制。

18.4.1　激变变星

矮新星和经典新星都属于激变变星类, 目前已知有一千多个激变变星系统存在。它们在能量释放后存活下来 (不像超新星), 并且爆发过程可以再次发生。激变变星的特征是长时间的宁静期, 其间的爆发亮度增加了 10 (对于矮新星) 到 10^6 倍 (对于经典新星)。主星的平均质量为 $0.86\ M_\odot$, 大于孤立白矮星约 $0.58\ M_\odot$ 的平均质量; 次星通常是光谱类型为 G 或更晚的主序星, 质量比主星小。

两颗恒星围绕对方转动的周期从 23 min 到超过 5 d 不等, 尽管绝大多数恒星的轨道周期在 78 min~12 h。有趣的是, 激变变星的轨道周期存在 1.5~3.25 h 的 "周期间隙", 可能是由于系统中角动量转移的突然变化, 与不连续的磁制动、引力辐射、洛希瓣大小的变化以及恒星的演化等复杂的相互作用有关。

爆发被认为是由质量向下流过吸积盘时的速度突然增加引起的。当被掩食的吸积盘从次星后面出现时, 可以确定吸积盘温度的径向变化。在爆发过程中, 吸积盘确实表现为光学厚, 其 $T \propto r^{-3/4}$, 与式 (18.22) 一致。但在宁静期, 观测结果与上面描述的吸积盘模型并不一致, 可能是因为吸积盘在温度较低且质量较小的情况下并不是完全的光学厚。

另一个支持这一观点的证据来自于在宁静期的激变变星中可见的氢和氦的强而宽的发射线。这些线通常是双峰, 如图 18.12 所示。然而, 在掩食期间, 只观测到一条红移或蓝移

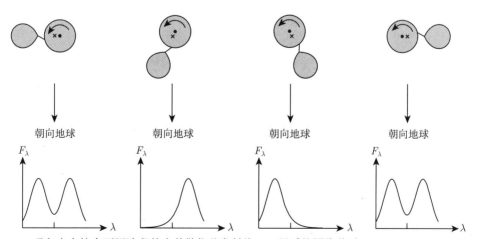

图 18.12　吸积盘在掩食不同阶段的多普勒位移发射线。双星系统围绕其质心 ("×") 运行, 观测是近侧视的, 吸积盘按箭头指示的方向旋转

的发射线。这是由光学稀薄气体组成的旋转吸积盘所产生的；当其中一边隐藏在次星后面时，在吸积盘相反一侧产生的多普勒频移发射线就消失了。

激变变星的宁静期出现的发射线的来源还不清楚。在爆发中，这些谱线是吸收线，就像对一个光学厚的吸积盘所期待的那样，它产生吸收线的方式与光学厚的恒星大气相同。但在宁静时，质量流过吸积盘的速度可能会减小，使得盘的密度下降，温度降低。在更大的半径处，盘可能是非常光学薄的，从而产生发射线。或者，在产生发射线的盘上方可能有一薄层热气体。

18.4.2 矮新星

1855 年首次观测到**矮新星双子座 U**(U Geminorum)。但是，直到 1974 年开普敦大学的**布莱恩·华纳** (Brian Warner) 发现了黯淡的新星**蝘蜓座 Z**(Z Chamaeleontis) 爆发是由白矮星周围的吸积盘变亮所致时，这些天体的基本性质一直难以捉摸。由于矮新星发出的大部分光来自白矮星周围的吸积盘，所以这些系统为天文学家提供了研究吸积盘动力学结构的最佳机会[①]。对矮新星**水蛇座 VW**(VW Hydri) 的观测表明，可见光的爆发比紫外线的早大约一天，这表明爆发始于盘的较冷的外部，然后向下扩散到较热的中心区域。由此，天文学家得出结论，矮新星的爆发是由质量向下流过吸积盘时的速度突然增加引起的。

例 18.4.1 **Z Chamaeleontis** 是颗矮新星，它由一颗半径为 $R = 0.0095\,R_\odot$、质量为 $M_1 = 0.85\,M_\odot$ 的白矮星和一颗质量为 $M_2 = 0.17\,M_\odot$ 的晚 M 型主序次星组成，系统的轨道周期为 $P = 0.0745$ 天。这是个什么样的系统呢？

根据开普勒第三定律 (式 (2.37))，两颗星的间距是

$$a = \left[\frac{P^2 G(M_1 + M_2)}{4\pi^2}\right]^{1/3} = 5.22 \times 10^8 \text{ m},$$

大约为太阳半径的 75%。白矮星主星与内拉格朗日点 L_1 之间的距离由式 (18.9) 给出，

$$\ell_1 = a\left[0.500 - 0.227\log_{10}\left(\frac{M_2}{M_1}\right)\right] = 3.44 \times 10^8 \text{ m}.$$

因为在半分离双星系统中，次星填充了它的洛希瓣，所以次星与内拉格朗日点之间的距离是衡量次星大小的尺度。对于 Z Chamaeleontis，

$$R_2 \approx \ell_2 = a - \ell_1 = 1.78 \times 10^8 \text{ m},$$

与 M6 型主序星的大小非常吻合 (见附录 G)。该系统的 r_{circ} 值由式 (18.25) 可得

$$r_{\text{circ}} = a\left(\frac{\ell_1}{a}\right)^4\left(1 + \frac{M_2}{M_1}\right) = 1.18 \times 10^8 \text{ m},$$

[①] 在某些系统中，白矮星主星的磁场非常强 (几千特斯拉)，足以阻止吸积盘的形成。取而代之的是，吸积通过一个磁场控制的 "柱" 通道发生，该 "柱" 将质量聚集到白矮星的一个 (或两个) 磁极上。这些**武仙座 AM**(AM Herculis) 星 (或**偏振星**) 将在 18.6 节中讨论。

所以, 吸积盘外半径的粗略估计 (式 (18.26)) 是

$$R_{\text{disk}} \approx 2r_{\text{circ}} = 2.4 \times 10^8 \text{ m},$$

大约在到达内拉格朗日点的三分之二处。这与观测结果很一致, 观测结果表明, Z Chamaeleontis 的盘在这个半径以外发出的光非常少。

所推导出的 Z Chamaeleontis 在爆发过程中的质量转移速率大致为

$$\dot{M} = 1.3 \times 10^{-9} \ M_\odot \cdot \text{yr}^{-1},$$

或 7.9×10^{13} kg·s^{-1}, 使用式 (18.21), 表明吸积盘的最高温度为

$$T_{\text{max}} = 0.488 \left(\frac{3GM\dot{M}}{8\pi\sigma R^3} \right)^{1/4} = 4.4 \times 10^4 \text{ K},$$

图 18.13 显示了 Z Chamaeleontis 吸积盘温度随半径的变化 (由式 (18.19) 计算)。从盘的内部到外部, 温度从 44000 K 下降到 8000 K。根据维恩位移定律式 (3.15), 这对应于发射辐射的峰值波长从 66 nm 增加到 363 nm(从远紫外到近紫外)。

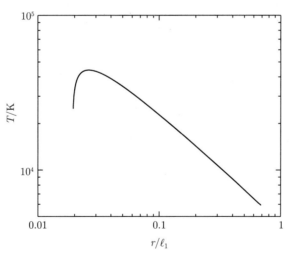

图 18.13 为矮新星 Z Chamaeleontis 计算的吸积盘温度。半径 r 以 ℓ_1 为单位, 即白矮星到内拉格朗日点的距离。白矮星主星表面附近温度的突然下降是这些假设的不切实际的假象

整个盘的单色光度 L_λ 可以通过对普朗克函数 B_λ(式 (3.22)) 在盘面积和所有方向上的积分来计算 (复习一下 3.5 节)。图 18.14 所示为在波长为 1nm 的范围内每秒发射的能量的结果图。根据式 (18.23), 吸积盘的总光度 (全波长积分) 为

$$L_{\text{disk}} = G\frac{M\dot{M}}{2R} = 6.8 \times 10^{26} \text{ W},$$

超过太阳光度约 75‰。

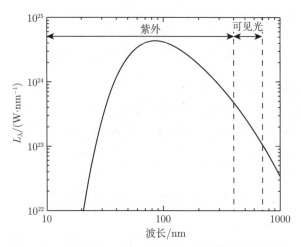

图 18.14　矮新星 Z Chamaeleontis 的吸积盘单色光度

关于 Z Chamaeleontis 的概念图如图 18.15 所示，也请参见图 18.6。

图 18.15　Z Chamaeleontis 的概念图 (由 Dale W. Bryner (1935—1999) 提供，韦伯州立大学)

18.4.3　质量转移速率的变化

到目前为止，已经发现了 250 多颗矮新星。典型的是，在通常持续 5~20 天的爆发期间，它们会变亮 2~6 个星等 (光度在 6~250 倍)。这些爆发间隔 30~300 天，见图 18.16。通过理论模型与观测到的不同波长的能量释放量的比较，估计了矮新星通过盘的质量转移速率。看起来，在漫长的宁静期，

$$\dot{M} \approx 10^{12} - 10^{13} \text{ kg} \cdot \text{s}^{-1} \approx 10^{-11} - 10^{-10} \ M_\odot \cdot \text{yr}^{-1},$$

在爆发期，它增加到

$$\dot{M} \approx 10^{14} - 10^{15} \text{ kg} \cdot \text{s}^{-1} \approx 10^{-9} - 10^{-8} \ M_\odot \cdot \text{yr}^{-1}$$

由于盘的光度与 $\dot{M}$ 成正比 (式 (18.23))，所以质量转移速率增加 10~100 倍，与观测到的系统增亮情况一致[①]。

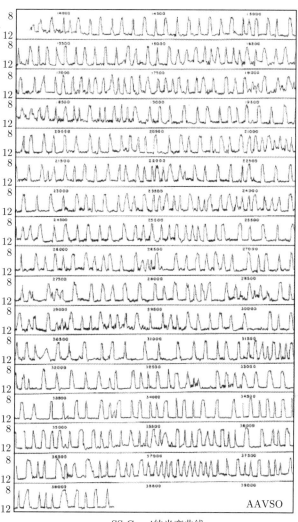

SS Cygni的光变曲线
(1896~1963)

图 18.16　矮新星 SS Cygni 的爆发，距离大约为 95pc。这条光变曲线，以每 500 天的儒略日标记，涵盖了 1896~1963 年，由美国变星观察者协会 (AAVSO) 编制 (我们感谢世界各地的观测者提供的来自 AAVSO 国际数据库的变星观测)

天文学家尚待解决的谜团是，爆发时矮新星通过吸积盘的质量转移速率增加的原因。可能的解释集中在从次星到主星的质量转移速率的不稳定性，或者是周期性地积蓄并释放流经它的气体的吸积盘本身的不稳定性。

质量转移速率的调制一定依赖于通过内拉格朗日点 L_1 的质量流的细节。一种可能性是次星外层的不稳定性，导致其周期性地溢出洛希瓣。这种不稳定性可以由氢部分电离区

(在 $T \approx 10000$ K 时) 积蓄并释放能量来提供动力[①]。当 1kg H II 离子与自由电子复合时，会释放出 1.3×10^9 J 的能量。如果电离区发生在离次星表面足够近的地方，这可能足以将上覆的恒星物质推进到 L_1 点并引发矮新星爆发。但是，请记住，次星通常是光谱类型 G 或更晚的主序星，因此电离区可能太深而无法产生这种不稳定性。

另一种解释涉及吸积盘外部的不稳定性，也利用了氢部分电离区。吸积盘物质的黏度决定了质量在盘上螺旋下降的速率。黏度越低，对盘气体轨道运动的阻力越小，物质向内的漂移减少，更多的物质在盘上堆积。如果黏度周期性地从低值到高值，则由此产生的储存物质向内俯冲的波可能会使观测到的矮新星盘变亮。虽然吸积盘黏度的来源还不清楚，但有人认为，低黏度和高黏度之间的转换可能是由吸积盘外部 ($T \approx 10000$ K) 的氢的周期性电离和复合所引起的不稳定性造成的。在这种情况下，黏度大致与盘的温度成正比，而温度又取决于盘的材料的不透明度。在 10^4 K 以下，一个可信的推理链为：

中性氢 → 低不透明度 → 有效冷却 → 低温 → 低黏度 → 质量保留在外盘中。

另一方面，温度超过 10^4 K 时，

电离氢 → 高透明度 → 冷却效率低 → 温度高 → 黏度高 → 质量释放落到吸积盘上。

这种不稳定性的发生是因为物质的积累往往会缓慢地加热外盘，而物质的释放则会导致快速冷却。该机制仅适用于低吸积率 ($< 10^{12}$ kg $\cdot$ s^{-1} $\approx 10^{-11} M_\odot \cdot$ yr^{-1})，因此，对于 $\dot{M}$ 值较大的系统，矮新星爆发不应发生。事实上，这个极限观测到了，这也是为什么大多数天文学家倾向于用盘不稳定性来解释矮新星爆发的原因之一。

18.4.4　经典新星

更高的吸积率与经典新星相关。新星的最早记录是发生在 1670 年的**狐狸座 CK**(CK Vulpeculae)，从那以后，又观测到了数百个其他的新星。在仙女星系 (M31) 每年大约能探测到 30 颗新星，但在我们银河系中不被尘埃遮挡的区域，每年只能观测到 2~3 颗新星。新星的特征是亮度突然增加 7~20 个星等，平均亮度增加 10~12 个星等。光度的上升非常快，只需要几天时间，当恒星距其最大亮度大约 2 个星等时，会有短暂的停顿或停滞。在它的峰值，一颗新星的光度可能高达 $10^5 L_\odot$，释放约 10^{38} J 的能量 (所有波长的积分)，持续约 100 天。

随后的下降更缓慢地在几个月内发生，它的下降速度定义了新星的**速度类别**。**快新星**需要几周的时间才能减弱 2 个星等，而**慢新星**可能需要近 100 天的时间才能从最大值下降相同的亮度，参见图 18.17 和图 18.18。这种下降有时会被亮度的大波动打断，在极端的情况下，可能会在新星重新出现之前的一个月左右完全没有可见的光。快新星通常比慢新星亮 3 个星等，但在任何一种情况下，一颗新星都会在几十年后下降到接近它爆发前的样子。

在最初的几个月里，亮度的下降只发生在可见光。当包含红外和紫外的观测时，新星的热光度在它爆发后的几个月里大致保持不变，见图 18.19。此外，新星的光谱显示，爆发伴随着 $10^{-5} \sim 10^{-4} M_\odot$ 的高温气体以几百到几千 km·s^{-1} 的速度喷射出来。快新星的速度大约是慢新星的 3 倍，但喷射出的总质量大致相同。我们将看到，这一膨胀气壳的变化是图 18.19 所示特征的原因。

[①] 这有点像与恒星脉动有关的 κ 机制，复习 14.2 节。

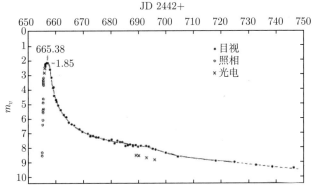

图 18.17　快新星 **V1500 Cyg** 的光变曲线 (图自 Young，Corwin，Bryan 和 De Vaucouleurs，*Ap.J.*，209，882，1976)

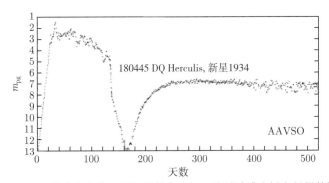

图 18.18　慢新星 **DQ Her** 的光变曲线。照相星等，m_{pg}，是通过感光板上新星的图像来测量的 (我们感谢世界各地的观测者提供的来自 AAVSO 国际数据库的变星观测)

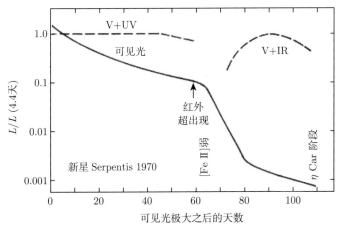

图 18.19　新星 **FH Serpentis** 的热光度 (以 4.4 天的光度为单位)。注意，在最初的 60 天里，可见光能量的下降几乎完全被紫外波段的增加所抵消。此后，随着可见光输出被重新分配到红外波长，红外光度上升 (图自 Gallagher 和 Starrfield，*Annu. Rev. Astron. Astrophys.*，16，171，1978. 经许可转载自 *Annual Review of Astronomy and Astrophysics*，Volume 16，©1978 by Annual Reviews Inc.)

新星在宁静状态下的绝对视星等平均值为 $M_V = 4.5$。假设这样一个系统的光主要来自白矮星周围的吸积盘，就可以估算出典型新星的质量转移速率。(为了进行估计，我们将使用目视星等而不是热星等，这意味着质量转移速率将被略微低估。) 由式 (3.7) 可知，系统的光度为

$$L = 100^{(M_{\mathrm{Sun}} - M_V)/5} \, L_\odot = 1.3 \, L_\odot = 4.9 \times 10^{26} \text{ W}.$$

利用这个结果，可以从吸积盘的光度 (式 (18.23)) 得到质量转移速率，

$$\dot{M} = \frac{2RL}{GM} = 5.7 \times 10^{13} \text{ kg} \cdot \text{s}^{-1}.$$

或约为 $9.0 \times 10^{-10} M_\odot \cdot \text{yr}^{-1}$。

这与公认的新星理论模型非常一致，该模型将白矮星纳入一个半分离的双星系统中，吸积物质的速率为 $10^{-8} \sim 10^{-9} \, M_\odot \cdot \text{yr}^{-1}$。富含氢的气体聚集在白矮星的表面，在那里它们被压缩和加热。在这一层的底部，湍流混合使白矮星的碳、氮和氧气体变得丰富。(如果没有这种混合，随后的爆炸将会非常微弱，无法喷射出所观测到的膨胀的热气壳质量。) 对壳层的光谱分析显示，碳、氮和氧的富集程度是太阳中这些元素丰度的 10~100 倍。

在增丰的氢层底部，物质由电子简并压支撑。当积累了 $10^{-4} \sim 10^{-5} M_\odot$ 的氢、底部温度达到几百万开尔文时，就会形成 CNO 循环的氢燃烧壳层。对于高度简并的物质，压力与温度无关，因此壳源不能通过膨胀和冷却来抑制反应速率。其结果是一个失控的热核反应，在电子失去简并度之前，温度达到 10^8 K[①]。当光度超过约 10^{31} W 的爱丁顿极限时 (回想式 (10.114))，辐射压力将可以抬升吸积物质并将其抛入外空。新星的快速和慢速可能是由于白矮星质量和氢表层 CNO 富集程度的不同。在最大光度之前出现的短暂停顿可能源自喷出物不透明度的变化。

$m = 10^{-4} \, M_\odot$ 的氢层完全聚合释放的能量为 $0.007mc^2 \approx 10^{41}$ J，约为实际观测能量的 10^3 倍。如果所有的氢都被消耗掉，这颗新星将会发光几百年。因此，大部分积聚的物质必须通过爆炸被推进太空。然而，喷出物 (远离新星) 的动能比表层的引力束缚能小得多，这表明给予喷出物的总能量仅足以让它逃离这个系统。

只有大约 10% 的氢层是由新星爆炸喷射出来的。在快新星中主导的初始**流体动力喷射阶段**之后，流体静力学平衡建立起来，并开始**流体静力学燃烧阶段**。在这一漫长的氢燃烧阶段 (这对缓慢的新星来说是最重要的阶段)，能量以近似等于爱丁顿光度的恒定速率产生。CNO 燃烧壳层之上的层完全对流化，膨胀 10~100 倍，延伸到约 10^9 m[②]。对流包层的有效温度约为 10^5 K，远低于下面活跃 CNO 壳层的 4×10^7 K。

最后，在流体静力学平衡燃烧阶段开始后的几个月到一年左右，吸积表层的最后部分被喷出。没有了燃料，流体静力学燃烧阶段结束，白矮星开始冷却。最终，双星系统恢复到流体静力学平衡状态，吸积过程重新开始。对于 $10^{-8} \sim 10^{-9} \, M_\odot \cdot \text{yr}^{-1}$ 的吸积率，需要 $10^4 \sim 10^5$ 年才能形成另一个 $10^{-4} \, M_\odot$ 的表层。

---

① 这个机制类似于 13.2 节中描述的氦核闪变。

② 白矮星残体可能会溢出它的洛希瓣，由此造成的对密近双星系统的破坏尚不清楚。

新星爆炸的结果是喷射出的气体的物理特性经过三个不同的阶段。在最初的**火球膨胀阶段**，在流体动力学喷射阶段从恒星吹出的物质形成了一个光学厚的"火球"，以 6000～10000 K 的热黑体发出辐射，观测到的光来源于膨胀火球的"光球"，在这个阶段，新星的光谱类似于 A 或 F 型超巨星。

火球膨胀阶段将在习题 18.13 中得到检验，你将考虑一个简单的模型：新星质量是以恒定质量喷射速率 $\dot{M}_{\text{eject}}$、恒定的速度 v 被喷射。膨胀模型光球的半径随时间线性增加，然后趋于一个极限值

$$R_\infty = \frac{3\bar{\kappa}\dot{M}_{\text{eject}}}{8\pi v}. \tag{18.30}$$

假设新星的光度 L 也是恒定的，则由式 (3.17) 可知模型光球的有效温度近似为

$$T_\infty = \left(\frac{L}{4\pi\sigma}\right)^{1/4}\left(\frac{8\pi v}{3\bar{\kappa}\dot{M}_{\text{eject}}}\right)^{1/2}. \tag{18.31}$$

对于不透明度 $\bar{\kappa} = 0.04 \text{ m}^2\cdot\text{kg}^{-1}$（电子散射，式 (9.27)，为方便起见假设为纯氢），质量喷射率 $\dot{M}_{\text{eject}} \approx 10^{19} \text{ kg}\cdot\text{s}^{-1}$（约 $10^{-4}M_\odot\cdot\text{yr}^{-1}$）和一个喷射速度 $v \approx 1000 \text{ km}\cdot\text{s}^{-1}$，火球的光球层的半径限制为大约 5×10^{10}m，或 1/3 AU。取 L 约为 10^{31} W 的爱丁顿极限，模型光球的有效温度接近 9000 K。

光学厚的火球阶段在几天内结束，即达到最大可见光亮度的时刻。然后，随着新星抛出的气体外壳继续膨胀，它的密度变得越来越小。在流体静力学燃烧阶段，抛射速率 $\dot{M}_{\text{eject}}$ 也有所下降。根据式 (18.30) 和式 (18.31) 得到的结果，光球的位置向内移动，其温度稍微升高。虽然这些一般趋势是正确的，$T < 10^4$ K 时，不透明度实际上对温度非常敏感 (复习图9.10)，我们的模型过于简单，无法描述新星的演化。更先进的论证表明，随着可见光亮度的下降，从新星接收到更多的紫外波段的光。最后，壳层变得透明，光学薄阶段开始。中央的白矮星，由于它的流体静力学燃烧阶段而膨胀，现在出现了一个蓝色的水平分支天体，位于 H-R 图上 RR Lyrae 星的偏蓝位置。白矮星的包层可能不规则燃烧，导致一些新星观测到的亮度的大幅波动。

几个月后，当膨胀的气体外壳的温度下降到大约 1000K 时，喷出物中的碳可以凝结成由石墨组成的尘埃颗粒[①]，这就开始了**尘埃的形成阶段**。由此产生的尘埃壳在大约 50%的新星中变得光学厚。新星发出的可见光并没有被薄的光壳所减弱，但是由尘埃组成的厚茧的形成掩盖了或者完全隐藏了中心的白矮星。在后一种情况下，可见光的输出骤降，如图 18.19 所示。来自白矮星的光被石墨颗粒吸收并重新发射，因此，光学厚的尘埃壳以约 900 K 的黑体在红外波段辐射。这样一来，只要白矮星在流体静力学燃烧阶段继续以大约爱丁顿速率产生能量，新星的辐射光度就会保持不变。图 18.20 显示，流体静力学燃烧阶段结束后，膨胀的壳层可能在数年内仍然可见，它的气体和尘埃充实了星际介质。

[①] 颗粒成分的识别部分来自波长在 $5\mu\text{m}$ 的红外发射 "突起"，复习 12.1 节。新星是测试尘埃形成理论的天然实验室。

图 18.20　1949 年拍摄的 1901 年爆发的新星 **Persei** 的照片 (图片由帕洛玛/加州理工学院提供)

18.4.5　偏振星：来自白矮星系统的 X 射线

AM **Herculis** 星 (也称为偏振星)，是半分离双星，包含磁场约为 2000T 的白矮星。白矮星的磁场与次星的包层相互作用所产生的扭矩导致了几乎同步的旋转：这两颗恒星永远面对面，由一股热气流连接[①]。当这种气体接近白矮星时，它几乎是直接向下移动到表面，并形成一个几十千米宽的吸积柱。激波波前出现在白矮星的光球层上方，在那里气体被减速并加热到数倍 10^8 K 的温度。高温气体发射硬 X 射线光子，一些逃逸，一些被光球吸收，然后在软 X 射线和紫外波段重新发射。

从这些系统中观测到的可见光是以回旋辐射的形式出现的，由非相对论性电子沿着吸积柱的磁力线盘旋而出。这是相对论性电子发射的同步辐射的非相对论性对应，见图 16.17。与同步辐射的连续光谱相比，回旋辐射的大部分能量以**回旋频率**发射，

$$\nu_{\mathrm{c}} = \frac{eB}{2\pi m_{\mathrm{e}}}. \tag{18.32}$$

当 $B_{\mathrm{s}} = 1000$ T 时，$\nu_{\mathrm{c}} = 2.8 \times 10^{13}$ Hz，处于红外波段。然而，一小部分能量会以更高的 ν_{c} 倍频发射出来，地球上的天文学家可能会在可见光波长上探测到它们。当平行于磁力线的方向观测时，回旋辐射为圆偏振，而垂直于磁力线观测时为线偏振[②]。因此，当这两颗恒星互相绕着对方转动时 (通常每 1~2 h)，测量到的偏振在圆偏振和线偏振之间平稳地变化。事实上，正是这种强大的可变偏振 (高达 30%) 赋予了 "偏振星" 这个名字。

18.5　Ia 型超新星

我们已经看到，单颗新星的特征有许多不同之处。光度峰值、衰减速率、新星在可见光的急剧波动和/或完全消失——所有这些都因系统而异。另一方面，另一种激变变星——**Ia 型超新星**，变化相对较小，而且是系统性的。这就意味着可以用这些爆炸的恒星作为标定的光度源 ("标准烛光")，进而天文学家就可以确定它们所在星系的距离[③]。

---

① 如果白矮星有一个稍弱的磁场 ($B_{\mathrm{s}} < 1000$ T)，或者恒星之间的距离较远，可能会形成吸积盘，这样的吸积盘只会在恒星附近被破坏 (图 18.22)。这些系统，称为 **DQ Her** 星，或**中等偏振星** (intermediate polars)，不呈现同步转动。

② 线偏振光的电矢量在一个平面内振荡，而圆偏振光的电矢量沿其运动方向旋转。

③ 在第 15 章中，我们详细讨论了核坍缩超新星 (类型为 Ib、Ic 和 II)。

18.5.1 观测

Ia 型超新星的能量输出非常一致, 大多数 Ia 型超新星的峰值光度在蓝光和可见光波段达到平均值:

$$\langle M_B \rangle \simeq \langle M_V \rangle \simeq -19.3 \pm 0.3,$$

典型的弥散通常小于 0.3mag。在图 18.21 中我们可以看到, 峰值亮度和光变曲线下降速率之间存在清晰的关系 (下降最慢的最亮), 使得通过测量光度下降的速度可以准确地确定 Ia 型超新星的最大光度。知道了光度 (或绝对星等), 我们就可以计算超新星的距离。鉴于 Ia 型超新星的巨大亮度, 它是非常重要的用于测量宿主星系的距离的工具。进一步, 这意味着大文学家可以远距离探测宇宙的结构。实际上, Ia 型超新星在证明宇宙在 137 亿年前发生正在加速膨胀、近 3/4 的宇宙由**暗能量**组成中起着至关重要的作用。

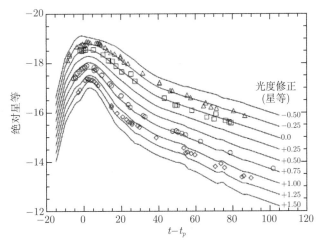

图 18.21   Ia 型超新星的光变曲线下降速率与峰值亮度反相关 (图自 Riess, Press 和 Kirshner, *Ap. J.*, 438, L17, 1995)

正如 15.2 节所提到的, Ia 型超新星在它们的光谱中不显示氢线, 相反, 显示出强烈的 Si II 谱线, 以及 O、Mg、S、Ca 和 Fe 的中性和电离谱线 (图 15.6)。考虑到氢是宇宙中最丰富的元素, 氢的缺乏表明 Ia 型超新星是演化了的天体, 要么失去了它们的氢, 要么转化成了更重的元素, 或者两者都有。谱线还显示了 P Cygni 轮廓, 表示质量的流失。此外, 蓝移的吸收特征表明, 喷出物的膨胀速度为 $\gtrsim 10^4 \ \mathrm{km \cdot s^{-1}} (\gtrsim 0.03c)$。

18.5.2 Ia 型超新星模型

鉴于 Ia 型超新星光变曲线和光谱的显著一致性, 似乎是相当一致的机制导致了这些极端能量事件。

今天, 天文学家假设的 Ia 型超新星的标准模型是双星系统中的一颗白矮星的毁灭。如果有足够的质量落在白矮星上, 它的质量可以被带到钱德拉塞卡极限附近, 从而产生灾难性的爆炸。在写这些文字的时候, 仍然不清楚触发爆炸的确切机制 (或多种机制)。

人们提出了两种设想。一种是**双简并模型**, 即两颗白矮星存在于一个双星轨道中。爱因斯坦广义相对论中最引人注目的预言之一就是**引力波** (或**引力辐射**) 的存在。根据广义相对论，质量作用于时空，告诉它如何弯曲。如果一个系统的质量分布发生变化，其周围时空曲率的变化可能会以引力波的形式向外传播，将系统的能量和角动量带走。(如果恒星的坍缩是球对称的，则它不会产生引力波，所以一定要有偏离球对称的地方。) 将广义相对论应用到一个密近双星系统时，引力辐射将导致恒星螺旋式旋转到一起。如果轨道周期在 14 h 以下，通过引力波所产生的能量损失将主导太阳质量子星系统的后续演化。例如，当一颗白矮星和一颗中子星螺旋式地靠得更近时，白矮星可能会解体，并把它的一些质量和角动量捐赠给它的同伴，结果可能是一个孤立的毫秒脉冲星。由两颗中子星组成的**赫尔斯–泰勒脉冲星** (Hulse-Taylor pulsar) 证实了广义相对论的这一预测，其精度之高令人难以置信 (参见 572 页开始的扩展讨论)。

当两颗白矮星一起螺旋式转动时，质量较小 (半径较大) 的那颗最终会溢出它的洛希瓣，并在几个轨道周期后被完全撕裂。由此产生的厚盘将富含碳氧的物质倾倒到质量更大的主星上。当主星的质量增加到接近钱德拉塞卡极限时，核反应在其内部深处开始，最终摧毁主白矮星 (图 18.11 说明了这一场景)。

双简并模型似乎预测了正确的并合数量，与观测到的星系中 Ia 型超新星的速率一致，它们自然地解释了 Ia 型光谱中氢的缺乏。然而，核燃烧的计算机模拟表明，点火可能偏离中心，导致中子星的最终坍塌，而不是白矮星的完全破坏产生的超新星。此外，重元素的产生可能与超新星光谱中观测到的相对丰度不一致。

另一种称为**单简并模型**，即一颗演化中的恒星绕一颗白矮星转动，很像矮新星和新星的模型。然而，在这种情况下，质量落在白矮星上导致了 Ia 型超新星中的白矮星的完全毁灭。到目前为止，这组模型普遍受到青睐，但喷发的细节仍不清楚。

单简并模型的一个版本认为，当来自次星的物质落在主星上时，气体中的氢会落在碳–氧白矮星的顶部，变得简并。当氢积累得足够多时，就会发生氢闪，这不仅会导致氢燃烧成碳和氧，而且还会送出一个激波向下进入简并碳–氧白矮星，引起简并碳–氧的点火。

单简并模型的另一个版本不需要表面的简并氢燃烧，而是：当恒星接近钱德拉塞卡极限、简并气体再也不能支撑恒星时，白矮星内部的碳和氧点燃。随着恒星接近致命极限，二维和三维模拟表明，在核心深处可能会出现多个独立的点火点，从而导致非球对称事件。

接下来会发生什么，也是一个有意义的争论和正在进行研究的问题。目前还不清楚碳和氧的燃烧前锋是发生在亚声速 (称为**爆燃事件**)，还是加速变陡成为超声速燃烧前锋 (称为**爆轰**，或真正的爆炸)。确切地说，燃烧前锋的推进会影响产生的光变曲线的细节 (最大光度和最大值之后的下降速率)，以及光谱中观测到的元素的相对丰度。当然，爆燃与爆炸的问题也适用于成功的双简并模型。

在所有版本的单简并图景中，一个普遍的挑战是获得来自次星的正确吸积率。如果吸积率没有得到适当的微调，则结果可能是矮新星或经典新星。

在自然界中，双简并和单简并机制都可能起作用。也有可能一些单简并事件 (如果发生的话) 会引起氢闪，而另一些则会在没有触发氢闪的情况下简单地点燃内部的碳和氧，甚至可能发生爆燃和爆炸事件。无论如何，光变曲线的一致性最终来自于一颗近 $1.4\ M_\odot$ 的碳–氧白矮星的爆发，而变化可能来自质量和/或机制的微小变化。

Ia 型超新星对现代天体物理学的许多方面都至关重要, 在理解 Ia 型超新星方面仍有许多工作要做。

18.6 中子星和黑洞双星

如果密近双星系统中的一颗恒星质量足够大, 以核塌缩超新星形式爆炸, 则其结果可能是中子星或黑洞绕伴星运行的双星。在一个半分离系统中, 热气体会从伴星膨胀的大气中溢出, 通过内拉格朗日点溢出到致密天体上, 各种有趣的现象都是由气体通过深重力势阱落到致密天体上释放的能量所驱动的。我们很快就会看到, 许多这样的系统会发射出大量的 X 射线。事实上, 这些 X 射线双星系统在电磁波谱的 X 射线波段发出的光最为强烈。也有其他可能由两个致密天体组成的系统, 比如脉冲双星。

18.6.1 中子星和黑洞双星的形成

一个双星系统能否在其中一颗成员星的超新星爆炸中幸存下来, 取决于该系统喷射出的质量[1]。考虑一个最初包含质量为 M_1 和 M_2 的两颗恒星的系统, 它们之间的距离为 a, 围绕共同质心沿圆形轨道运行。利用式 (2.35), 那么, 系统的总能量是

$$E_i = \frac{1}{2} M_1 v_1^2 + \frac{1}{2} M_2 v_2^2 - G\frac{M_1 M_2}{a} = -G\frac{M_1 M_2}{2a}. \tag{18.33}$$

两颗星的速度通过式 (7.4) 关联, $M_1 v_1 = M_2 v_2$。现在, 假设恒星 1 爆炸为核坍塌超新星, 剩下质量为 M_R 的残骸。对于球对称爆炸, 星 1 的速度没有变化。在喷射的球形壳到达星 2 之前, 其质量在重力作用下好像仍在星 1 上一样 (请参见例 2.2.1)。到目前为止, 超新星对双星没有任何影响。但是, 一旦球壳扫过星 2, 就不再能够检测到喷射物的引力影响。

因此, 超新星对双星系统轨道动力学的主要影响来自于质量的抛射, 即一些将恒星结合在一起的引力束缚被移除[2]。由于恒星 2 的速度最初没有变化, 两颗恒星的间距保持不变, 则爆炸后系统的总能量现在为

$$E_f = \frac{1}{2} M_R v_1^2 + \frac{1}{2} M_2 v_2^2 - G\frac{M_R M_2}{a}. \tag{18.34}$$

如果爆炸导致系统变成非束缚的, 则 $E_f \geqslant 0$。作为练习, 证明: 遗迹质量必须满足

$$\frac{M_R}{M_1 + M_2} \leqslant \frac{1}{(2 + M_2/M_1)(1 + M_2/M_1)} < \frac{1}{2}, \tag{18.35}$$

才能是一个非束缚系统。也就是说, 如果星 1 的超新星爆炸要破坏这个双星系统, 那么这个双星系统的总质量至少要有一半被抛出。如果系统质量的一半或更多被保留下来, 结果将是中子星或黑洞被引力束缚在伴星上。对于一个大质量伴星 ($M_2 \gg M_1$), 这是可能的。

---

[1] 我们还看到, 中子星形成过程中的不对称喷流可能会给中子星带来猛烈的冲击, 从而破坏系统 (复习 16.7 节)。

[2] 超新星爆炸对伴星的直接碰撞被忽略了, 尽管这也会破坏这个系统。

18.6.2   孤立中子星的捕获

由核坍缩超新星形成的孤立中子星有可能在偶遇另一颗恒星时被引力捕获。因为两颗未束缚的恒星的总能量最初大于零，一些多余的动能必须被除去，才能发生俘获。

如果两个天体很近而引起非简并星上的潮汐凸起，则可以通过 14.2 节讨论的脉动星的阻尼机制耗散能量。这种**潮汐捕获**的结果取决于路径的远近和所涉及的恒星类型。如果中子星的路径是另一颗恒星半径的 1~3 倍，则由此产生的双星系统周期将从数小时 (对于主序星) 到数天 (对于巨星) 不等。

这种潮汐捕获过程在恒星密度极高的区域最为有效，例如球状星团的中心 (13.3 节)。据估计，在一个致密的球状星团中，潮汐捕获可以在大约 10^{10} 年的时间内产生多达 10 个包含中子星的密近双星系统，这与在球状星团中观测到的 X 射线源数量一致。(X 射线双星系统的寿命估计在 10^9 年左右，所以只有最致密的球状星团才可能在给定的时间里容纳一个 X 射线源，参见习题 18.20。)

另一种捕获机制涉及三颗 (或更多颗) 恒星。其中一颗恒星会受到引力的作用被甩出系统，从而带走能量，使捕获得以发生。

加州理工学院的**基普·索恩** (Kip Thorne) 和安娜·祖托于 1977 年设想了另一种可能性。尽管直接命中会摧毁主序恒星，但中子星向巨星的渗透将使它接近恒星的简并核，结果可能是中子星在巨星内部运转：这是一个称为 **Thorne-Zytkow** 天体的系统。据说，巨星的外壳将被迅速排出，产生一个中子星-白矮星双星，其轨道周期约为 10 min。(到目前为止，这种天体仍然停留在假想阶段。)

18.6.3   X 射线脉冲双星

含有中子星的密近双星系统最初是通过它们的高能 X 射线发射而被识别出来的。1962 年，在地球大气层上空的探测火箭上，一个盖革计数器在天蝎座发现了一个太阳系以外的 X 射线源。(X 射线不能穿透大气层，因此为 X 射线设计的探测器和望远镜必须在太空进行观测[①]。) 这个称为 **Sco X-1** 的天体，现在已知是一个 **X 射线脉冲双星** (也简称为 X 射线脉冲星)。另一颗 X 射线脉冲星——半人马座的 **Cen X-3** 的周期性食揭示了它的双星性质。(值得注意的是，蟹状星云（以及少数其他孤立的脉冲星）也发射 X 射线，但蟹状星云主要是射电脉冲星，同时在电磁波的所有波段进行辐射。)

X 射线脉冲星的动力来自吸积物质释放的引力势能。复习例 18.1.2，当质量从很远的距离落到中子星表面时，大约 20% 的静止能被释放，这一比例远远超过聚变反应的百分数。观测到的 X 射线光度范围高达 10^{31} W (爱丁顿极限，参看式 (10.6))。对于半径为 10 km 的中子星，由斯特藩-玻尔兹曼公式 (3.17) 可知，与该光度相关的温度约为 2×10^7 K。根据维恩定律式 (3.19)，在此温度下黑体的能谱将在约 0.15 nm 的 X 射线波长处达到峰值。

X 射线脉冲星也在射电波段辐射能量，就像孤立脉冲星一样。然而，在双星系统中，射电辐射很容易被吸积盘所抑制，因此射电发射不像孤立脉冲星那样显著。

你应该记得 16.6 节中提过，中子星通常伴随着强大的磁场。实际上，这些场可能强到足以阻止吸积的物质到达恒星的表面。中子星的偶极磁场的强度与 $1/r^3$ 成正比，因此下

---

① 第一个 X 射线探测器的设计是为了寻找来自月球表面的、当太阳风粒子使月球土壤发出荧光时产生的 X 射线。宇宙中存在更强的 X 射线源让天文学家们感到惊讶。

落的气体会遇到一个迅速增强的场。当磁能密度 $u_m = B^2/2\mu_0$(式 (11.9)) 可与动能密度 $u_K = \frac{1}{2}\rho v^2$ 相提并论时，磁场会将下落的电离气体导向中子星的两极 (图 18.22)。这样的现象发生在离恒星一定距离处，即**阿尔文半径** r_A，此处

$$\frac{1}{2}\rho v^2 = \frac{B^2}{2\mu_0}. \tag{18.36}$$

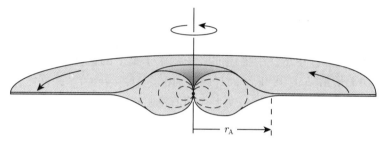

图 18.22 吸积气体在 $r \approx r_A$ 处被导流到中子星的磁极上

对于球对称吸积的特殊情况，当气体始于很远处的静止状态时，能量守恒意味着：对于质量为 M 的恒星，自由落体速度为 $v = \sqrt{2GM/r}$。根据式 (11.3)，将密度和速度与质量吸积率 $\dot{M}$ 联系起来：

$$\dot{M} = 4\pi r^2 \rho v, \tag{18.37}$$

偶极磁场在径向上的剧烈变化可以表示为

$$B(r) = B_s \left(\frac{R}{r}\right)^3, \tag{18.38}$$

其中，B_s 为表面的磁场强度。将这些表达式代入式 (18.36)，求出阿尔文半径：

$$r_A = \left(\frac{8\pi^2 B_s^4 R^{12}}{\mu_0^2 GM\dot{M}^2}\right)^{1/7} \tag{18.39}$$

(这个证明留作练习)。当然，吸积实际上不是球对称的。然而，当下落的物质接近恒星时，磁场增长得如此之快，以至于一个更现实的计算得出了几乎相同的结果：气流将在**中断半径**为 r_d 的地方中断，

$$r_d = \alpha r_A, \tag{18.40}$$

其中，$\alpha \sim 0.5$。

例 18.6.1 在考虑导引吸积 (channeled accretion) 到中子星的细节之前，我们先看看例 18.2.1 吸积到白矮星的情况：$M = 0.85 \ M_\odot, R = 0.0095 \ R_\odot = 6.6 \times 10^6$ m 和 $\dot{M} = 10^{13}$ kg·s^{-1}($1.6 \times 10^{-10} M_\odot$·yr^{-1})。假设它的表面磁场强度为 $B_s = 1000$ T，大约是白矮星的典型强度的 100 倍。式 (18.39) 得到阿尔文半径为

$$r_A = 6.07 \times 10^8 \text{ m}.$$

这与激变变星的恒星间距相当 (见例 18.4.1)，因此吸积盘不能在具有极强磁场的白矮星周围形成。相反，从内拉格朗日点溢出的质量被限制在一条窄流中，因为它被磁场指向白矮星的一个 (或两个) 极点。在没有吸积盘的情况下，所有的吸积能都传递到恒星的极点，吸积光度为 (式 (18.24))

$$L_{\mathrm{acc}} = G\frac{M\dot{M}}{R} = 1.71 \times 10^{26} \text{ W}.$$

18.6.4　中子星系统中的偏振星对应体

例 18.6.2　考虑例 18.2.1 中描述的吸积到中子星上的情况。对于这颗恒星，$M = 1.4\ M_{\odot}, R = 10$ km, $\dot{M} = 10^{14}$ kg · s^{-1}($1.6 \times 10^{-9}\ M_{\odot} \cdot \text{yr}^{-1}$)。此外，将中子星表面的磁场值设为 $B_{\mathrm{s}} = 10^{8}$ T。那么，阿尔文半径的值将由式 (18.39) 给出，

$$r_{\mathrm{A}} = 3.09 \times 10^{6} \text{ m}.$$

尽管这是中子星自身半径的 300 倍，但远小于描述吸积盘范围的 r_{circ}(式 (18.25)) 的值。因此，会在中子星周围形成一个吸积盘，但在中子星表面附近被破坏，如图 18.22 所示 (除非磁场相当弱，大约小于 10^{4} T)。当吸积气体被导引到中子星的一个磁极时，它就形成了一个吸积柱，类似于描述偏振星的吸积柱。然而，在这种情况下，吸积光度 (式 (18.24)) 要大四个量级，

$$L_{\mathrm{acc}} = G\frac{M\dot{M}}{R} = 1.86 \times 10^{30} \text{ W}.$$

接近约 10^{31} W 的爱丁顿极限 (式 (10.6))。当 L_{acc} 接近 L_{Ed} 时，辐射压将激波前沿提升到 $r \sim 2R$ 的高度。结果，X 射线从一个大的立体角范围辐射出来。

18.6.5　X 射线脉冲食双星系统

如果中子星的磁轴和旋转轴没有对齐，如图 16.25 所示，X 射线发射区可能会周期性地发生掩食，结果就是一个 **X 射线脉冲食双星**。图 18.23 显示了从 Hercules X-1 接收到的信号，它每 1.245 s (中子星的旋转周期) 发出一次 X 射线脉冲。注意，宽脉冲 (由于发射区的立体角很大) 可能占到脉冲周期的 50%，而图 16.19 中显示的更锐利的射电脉冲只占脉冲周期的 1%~5%。迄今为止，已经发现了大约 20 个周期在 0.15~853 s 的 X 射线脉冲双星。正如 481 页所指出的，白矮星不可能在这个周期范围的低端那样快速旋转而不分裂。这表明 X 射线脉冲星确实是吸积中子星。

观测到这些天体的周期正在缓慢减小，这进一步证实了大多数 X 射线脉冲星是吸积中子星。随着时间的流逝，它们越转越快[①]。恒星转动的轨道周期的时间导数 $\dot{P} \equiv \mathrm{d}P/\mathrm{d}t$ 与它的角动量 $L = I\omega$ 的变化率相关：

$$\frac{\mathrm{d}L}{\mathrm{d}t} = I\frac{\mathrm{d}\omega}{\mathrm{d}t} = I\frac{\mathrm{d}}{\mathrm{d}t}\left(\frac{2\pi}{P}\right) = -2\pi I\frac{\dot{P}}{P^{2}},$$

---

① 回顾 16.7 节，射电脉冲星的周期随着时间而增加，因为它们由于磁偶极辐射而失去能量。

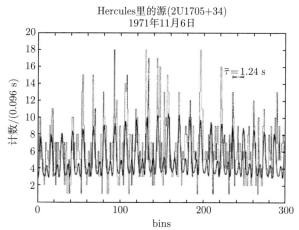

图 18.23 Hercules X-1 的 X 射线脉冲，周期为 1.245 s。峰值是接收到的来自 Hercules X-1 的 X 射线计数，以 0.096 s 为一个统计单元 (bin)，较粗的线是使用正弦函数对数据进行的拟合 (图自 Tananbaum 等，*Ap. J. Lett.*，174，L143，1972)

其中，I 是中子星的转动惯量。在破裂半径附近，绕吸积盘旋转的气团的角动量 ($L = mvr$) 通过磁力矩传递到中子星上。中子星角动量的时间导数，就是角动量到达破坏半径 $r = r_{\rm d}$ 的速率，我们标为

$$\frac{{\rm d}L}{{\rm d}t} = \dot{M}vr_{\rm d},$$

其中，在 $r = r_{\rm d}$ 处的轨道速度为 $v = \sqrt{GM/r_{\rm d}}$(式 (2.33) 或式 (2.34)，其中 $e = 0$，$a = r_{\rm d}$ 为圆形轨道)。将这些表达式代入 ${\rm d}L/{\rm d}t$，并使用阿尔文半径和中断半径的定义式 (18.39) 和式 (18.40)，得到

$$\frac{\dot{P}}{P} = -\frac{P\sqrt{\alpha}}{2\pi I}\left(\frac{2\sqrt{2}\pi B_{\rm s}^2 R^6 G^3 M^3 \dot{M}^6}{\mu_0}\right)^{1/7}. \tag{18.41}$$

例 18.6.3 X 射线脉冲星 **Cen X-3** 的周期为 $4.84\,{\rm s}$，X 射线光度约为 $L_{\rm X} = 5\times10^{30}\,{\rm W}$。假设它是一颗半径为 $10\,{\rm km}$、质量为 $1.4\,M_\odot$ 的中子星，其转动惯量 (为简单起见，假设它是一个均匀球体) 为

$$I = \frac{2}{5}MR^2 = 1.11 \times 10^{38}\ {\rm kg \cdot m^2}.$$

使用式 (18.24) 表示吸积光度，我们得到质量转移速率为

$$\dot{M} = \frac{RL_{\rm X}}{GM} = 2.69 \times 10^{14}\ {\rm kg \cdot s^{-1}},$$

或 $4.27 \times 10^{-9}\ M_\odot \cdot {\rm yr}^{-1}$。那么，对于假设的磁场 $B_{\rm s} = 10^8\ {\rm T}$ 且 $\alpha = 0.5$，式 (18.41) 给出了每秒和每年的时间段中的周期变化百分比：

$$\frac{\dot{P}}{P} = -2.74 \times 10^{-11}\ {\rm s^{-1}} = -8.64 \times 10^{-4}\text{年}^{-1}.$$

即，该周期变化的特征时间是 $P/\dot{P} = 1160$ 年。

Cen X-3 的测量值为 $\dot{P}/P = -2.8 \times 10^{-4}$年$^{-1}$，比我们的估计小 3 倍，但与这个简单的论证非常吻合。你可以验证：如果将半径为 6.6×10^{6} m 且 $B_s = 1000$T、质量为 $0.85\ M_{\odot}$ 的白矮星而不是中子星用于吸积，则 $\dot{P}/P = -1.03 \times 10^{-5}$年$^{-1}$，只有测量值的 $1/27$。白矮星比中子星大数百倍，因此它的转动惯量大得多，旋转起来也更困难。中子星模型与对这些系统获得的观测结果之间的一致性更好，这是有力的证据，表明中子星是 X 射线脉冲双星中的吸积天体。

当 X 射线脉冲星绕着它的双星伴星转动时，脉冲星到地球的距离不断变化，导致了测量的脉冲周期的循环变化，类似于分光双星观测到的谱线的多普勒频移 (见 7.3 节)。图 18.24 显示了小麦哲伦云中 X 射线脉冲星 **SMC X-1** 的脉冲到达时间随轨道相位的变化，该系统的轨道近乎完美的圆形，半径为 53.5 光秒 $= 0.107$AU，不到水星绕太阳轨道大小的三分之一。

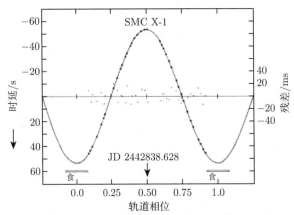

图 18.24   X 射线脉冲双星 SMC X-1 的实测脉冲到达时间 (点) 与轨道相位的函数关系。曲线是最佳拟合圆轨道，直线上的点表示最佳拟合轨道的残差 (图改编自 Primini 等，*Ap. J.*，217，543，1977)

对于少数有可见伴星的 X 射线脉冲食双星，已经获得了双星系统的完整描述。这样的系统类似于双线、食、分光双星。例如，在 SMC X-1 系统中，次星的质量为 17.0 $M_{\odot}$(不确定度约为 4 $M_{\odot}$)，其半径为 16.5 $R_{\odot}$($\pm 4\ R_{\odot}$)。这些系统的中子星质量也已确定。结果表明，中子星质量为 1.4 $M_{\odot}$($\pm 0.2\ M_{\odot}$)，与钱德拉塞卡极限符合较好。

18.6.6   X 射线暴

如果中子星的磁场太弱 ($\ll 10^{8}$ T) 而不能完全破坏吸积盘和导引吸积使物质落到其磁极上，则这些气体将沉淀在恒星表面。如果没有吸积柱来产生一个热点，X 射线脉冲就无法通过中子星的旋转产生。相反，计算表明，当一层几米厚的氢在恒星表面积聚时，在表面以下大约 1 m 处的氢壳开始缓慢燃烧，再往下 1 m 则是氦壳被点燃，如图 18.25 所示[①]，氦的这种聚变反应是爆炸性的，在几秒钟内释放出约 10^{32} J 的能量，表面温度高达

[①] 这种机制让人想起 13.2 节中讨论的氦壳闪耀。

约 3×10^7 K(太阳中心温度的 2 倍)。由此产生的黑体光谱在 X 射线波长处达到峰值，这个 **X 射线暴**释放出大量的 X 射线。一些 X 射线可能会被吸积盘吸收，然后以可见光的形式释放出来，所以有时在 X 射线爆发几秒钟后就能看到光学闪。当爆发光度在几秒内下降时，光谱与半径约为 10 km 的冷却黑体相匹配，与中子星的存在相一致。一段时间后，可能是几小时，也可能是一天或更久，另一层氢会积聚，引发另一次 X 射线爆发[①]。到目前为止已经发现了 50 多个 X 射线暴，大多数都集中在银河系中心方向的银道面附近，约 20% 位于古老的球状星团中。

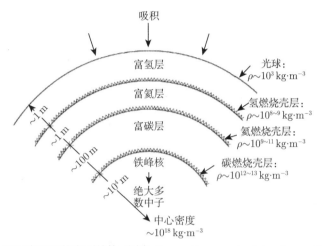

图 18.25　吸积中子星的表面结构 (图自 Joss, *Comments Astrophys.*, *8*, *109*, *1979*)

18.6.7　小质量和大质量 X 射线双星

从这些结果和其他结果中，天文学家已经确定了两类 X 射线双星系统。较常见的类型包含小质量次星 ($M_2 \leqslant 2M_\odot$ 的晚型星)，这些系统属于**小质量 X 射线双星 (LMXB)**。LMXB 产生的是 X 射线暴而不是脉冲，这表明中子星的磁场相对较弱。因为小质量恒星很小，如果质量要从一颗恒星转移到另一颗恒星，则这两颗恒星的轨道必须较近。因此，LMXB 的轨道周期较短，从 33.5 天低到 11.4min。这些系统中有四分之一是在球状星团中发现的，在球状星团中，恒星的高密度使得中子星更有可能被引力捕获。LMXB 中的中子星也可能是由一颗白矮星的吸积引起的坍缩而形成的。

具有更高质量的次星的系统称为**大质量 X 射线双星 (MXRB)**。在已知的大约 130 个 MXRB 中，大约有一半是 X 射线脉冲星。由于巨星或 O 和 B 超巨星可以填满它们的洛希瓣，所以它们的间距会更大，轨道周期也相应更长，从 0.2~580 天。即使次星的包层没有溢出它的洛希瓣，这些恒星强大的星风仍可能提供维持 X 射线产生所需的质量转移速率。MXRB 是在近银道面处发现的，那里有年轻的大质量恒星和正在形成的恒星。这与 MXRB 是双星系统正常演化的产物的观点是一致的，这个双星系统包含了一颗大质量恒星，它在伴星的超新星爆炸中幸存了下来。

到目前为止，在 X 射线双星系统中，只有中子星被认为是吸积天体。然而，对于落入

---

① 人们认为，吸积到 X 射线脉冲星上的气体在不断地发生核聚变。但是，复习一下例 18.1.2，吸积柱中释放的能量将大 30 倍左右，因此聚变产生的能量将在吸积能量的眩光中消失掉。

黑洞的物质，引力势阱甚至更深。在这种情况下，高达 30% 的下落吸积盘物质的静止能可能会以 X 射线的形式发射出来。事实上，正如 17.3 节所讨论的，这些系统为恒星质量黑洞的存在提供了最好的证据。从内拉格朗日点溢出的气体在通过黑洞的吸积盘 (图 17.24) 时被加热到数百万开尔文，从而发出 X 射线。黑洞的识别依赖于确定一个致密的、发射 X 射线的天体的质量超过了一个快速旋转的中子星的质量上限 (大约 3 $M_{\odot}$)。因此，在 X 射线双星系统中探测黑洞的过程与在这些系统中测量中子星质量的过程相似。

目前，能进行质量的动力学测量的 X 射线双星屈指可数。在撰写本书时，最好的案例是 A0620-00、V404 Cygni、Cygnus X-1 和 LMC X-3。由于这些系统都没有出现掩食，所以其轨道倾角的不确定性意味着计算出的质量是下限 (参见 7.3 节)。A0620-00 是一颗 X 射线新星，由其 K5 主序伴星的零星物质吸积提供动力。次星的相对暗弱使得可以测量吸积盘和伴星的径向速度。如 17.3 节和习题 17.24 所述，将 A0620-00 证认为 (3.82 ± 0.24) $M_{\odot}$ 的黑洞似乎是安全的。V404 Cyg 也是一颗 X 射线新星，最近的测量结果令人信服地认为它是 12 $M_{\odot}$ 的黑洞 (17.3 节)。

支持另外两种系统的论据虽然有力，但并不具有结论性。两者都没有完全发育的吸积盘，因此不能确定两个成员的速度。**Cygnus X-1** 可能是最有名的候选黑洞，它是一个明亮的 MXRB。因为几乎所有的光都来自次星，Cyg X-1 基本上是单线分光双星。因此，确认 Cyg X-1 为黑洞依赖于确认次星 (HDE 226868) 为 O9.7 Iab 超巨星，质量为 17.8 $M_{\odot}$。对这个双星系统进行合理的假设，最可能的结果是 Cyg X-1 中致密天体的质量为 10.1 $M_{\odot}$。即使是最坏情况的论证也得出了一个安全的下限 3.4 $M_{\odot}$，这提供了 Cyg X-1 是黑洞的证据。

LMC X-3 系统中的次星是 B3 主序恒星，它绕着一颗看不见的、质量更大的伴星转动。虽然致密伴星的质量下限是 3 $M_{\odot}$，但更可能的质量范围是 4~9 $M_{\odot}$——再次证明黑洞的存在。其他 X 射线双星系统可能包含黑洞，例如位于南天的苍蝇座新星 Mus 1991，大麦哲伦星云的 LMC X-3，以及 CAL 87 (在大麦哲伦星云方向)，但这些情况下的证据还不是那么强有力。

18.6.8 SS 433

还有一个 X 射线双星和可能的黑洞候选体应该被提到：**SS 433**，已知的最奇怪的天体之一[①]。1978 年，人们发现这个天体显示出三组发射线，其中一组谱线有很大的蓝移，另一组谱线有很大的红移，第三组谱线缺乏明显的多普勒频移。这是一个由三个成分组成的天体：两个以四分之一的光速分别接近和后退，而第三个几乎保持静止！频移谱线的波长变化周期为 164 天，而几乎静止谱线的波长变化较小，周期为 13.1 天。此外，SS 433 位于一个可能是超新星遗迹的、被称为 W50 的弥漫、拉长的气体壳的中心。

SS 433 的周期为 13.1 天，描述了主星周围的一个致密天体 (最可能是中子星，但也可能是黑洞) 的轨道。主星被认为是一颗 10~20 $M_{\odot}$ 的早型恒星，其星风产生了宽的稳定发射线[②]。围绕着这个致密天体的是一个吸积盘，它对来自该系统的可见光的贡献与次星的相

[①] "SS" 代表由 Bruce Stephenson 和 Nicholas Sanduleak 编制的特殊发射线恒星目录。

[②] 例如，最近对 SS 433 的一项测量则青睐一颗 0.8 $M_{\odot}$ 的中子星绕着 3.2 $M_{\odot}$ 的伴星转。一些天文学家认为主星可能是一颗沃尔夫–拉叶星 (15.3 节)，以解释其宽的固定发射线。尽管在双星中发现了相当大比例的沃尔夫–拉叶星，但这些恒星自身的高能星风，而不是密近双星系统中的质量转移，似乎是去除它们大部分氢包层的原因。

等。盘与两颗恒星之间的潮汐相互作用可能导致盘的进动摆动，其周期为 164 天，类似于 1.3 节中讨论的地球的 25770 年的岁差摆动。人们普遍认为，图 18.26 所示的多普勒频移发射线来自于两股相对论性喷流，它们沿盘轴以 $0.26c$ 的速度在相反方向喷射物质。喷流的动力可能来自超爱丁顿极限的速率的物质吸积，以惊人的速度产生 X 射线。这可能会产生足够的辐射压，以最小阻力方向 (垂直于圆盘) 的相对论速度排出一部分吸积气体。当盘进动时，两个方向相反的喷流每 164 天扫过空间中的一个圆锥，导致喷流的径向速度和观测到的多普勒频移的周期性变化。喷流的准直性可能是电离气体沿磁力线运动的结果。进动锥的轴线与视线的夹角为 79°，锥的轴也与可能的超新星遗迹 W50 的长轴相当一致。事实上，已经观测到两个区域发射 X 射线喷流，这大概是由喷流与超新星遗迹的气体相撞并将其加热到 10^7 K 左右所致。图 18.27 显示了这个令人难以置信的系统的一般特征。

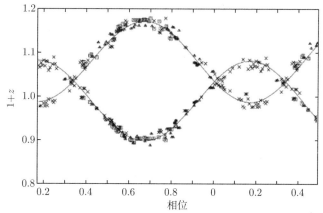

图 18.26 实测的 SS 433 发射线的多普勒频移。由式 (4.38) 可知，$z = 0.1$ 和 $z = 0.2$ 分别对应 28500 km·s^{-1} 和 54100 km·s^{-1} 的速度 (图自 Margon，Grandi 和 Downes，*Ap. J.*，241，306，1980)

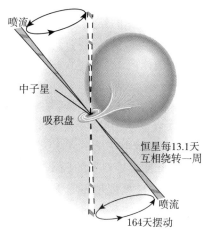

图 18.27 SS 433。进动喷流扫出的锥轴与视线成 79° 角

18.6.9　X 射线双星系统的命运

X 射线双星系统的命运是什么？当次星到达其演化的终点时，最终将变成白矮星、中子星或黑洞，对系统的影响取决于次星的质量。在小质量系统 (LMXB) 中，伴星将变成白矮星而不会干扰系统的圆形轨道。另一方面，MXRB 中质量较大的次星可能会爆炸成为超新星。如果保留了系统质量的一半以上 (式 18.35)，则一对中子星将在可能被爆炸拉长的轨道上相互绕转。否则，超新星可能会破坏系统，并将孤立的中子星射入太空，这与脉冲星 (如 MXRB) 集中在我们银道面附近并且可能具有超过 1000 km·s^{-1} 的高速的观测结果一致。

18.6.10　毫秒射电脉冲星

一个包含两颗中子星的双星系统能够被探测到的主要方式是，其中至少有一颗是脉冲星。因此，天文学家在射电脉冲星的测量周期中寻找周期性变化，类似于之前描述的 X 射线脉冲星的效应。虽然天空中有一半的恒星实际上处于多星系统，但在最初发现的 100 颗脉冲星中没有一颗属于双星。第一个双星脉冲星 PSR **1913+16** 是 1974 年由美国天文学家**罗素·赫尔斯** (Russell Hulse) 和约瑟夫·泰勒 (Joseph Taylor) 用阿雷西博射电望远镜发现的。对双星脉冲星的搜索策略在 1982 年发生了变化。加利福尼亚大学伯克利分校的 Donald Backer 和他的同事发现了当时已知速度最快的脉冲星 PSR 1937+214，该脉冲星的周期为 1.558ms，每秒转 642 次[①]。虽然这个惊人的旋转速度似乎表明这是一颗年轻的脉冲星，但周期导数值 $\dot{P} = 1.051054 \times 10^{-19}$，意味着一个弱磁场 (约 8.6×10^4T，参见例 16.7.2) 和一颗非常年老的脉冲星。在习题 16.22 中，脉冲星的年龄可以估计为 $P/2\dot{P} = 2.35$ 亿年，比之前发现的脉冲星年老一个量级[②]。尽管 PSR 1937+214 是一颗孤立的脉冲星，但这颗最古老的脉冲星也是速度最快的脉冲星，这一悖论让天文学家得出了一个令人惊讶的结论：PSR 1937+214 一定曾经是一个小质量 X 射线双星系统的成员。(回想一下，像 PSR 1937+214 一样，LMXB 具有弱磁场。) 来自次星的吸积可能使中子星旋转到现在的速度，中子星的磁场也可能在这个过程中恢复了活力，尽管发生的细节尚不清楚。

人们构造了一幅可能的演化图像，将 X 射线双星和脉冲双星的观测结合在一起。在这种情况下，有两类脉冲双星。那些有大质量伴星 (中子星) 的恒星周期更短，轨道偏心率更大，这可能是大质量 X 射线双星系统演化的结果。(复习一下，如果一个 MXRB 在伴星超新星爆发之后成功地保留了一半以上的质量，就将产生这样一对轨道细长的中子星。) 另一类双星脉冲星的特征是质量较小的伴星 (白矮星)、较长的轨道周期和圆形轨道，它们可能源自小质量 X 射线双星系统。

由于 LMXB 在球状星团中很常见，射电天文学家将望远镜对准这些目标，发现了更多的双星和毫秒脉冲星 (周期小于约 10 ms 的脉冲星)。包括钱德拉 X 射线天文台在内的众多巡天表明，47 Tuc 可能拥有 300 多颗中子星，其中大约 25 颗是毫秒脉冲星。越来越多的统计数据表明，大多数球状星团脉冲星是双星的成员，大多数 (但不是全部) 是毫秒脉冲星。(反过来看，大多数已知的毫秒脉冲星都是在球状星团中发现的。) 如果这些脉冲星是 LMXB 演化的产物，那么如何解释其中的一小部分源白矮星伴星的缺失呢？

---

① 钢琴上的中央 C 的可听频率为 262Hz，脉冲星的自转频率高一个八度，在 D# 和 E 之间！

② 只有当脉冲星的自转不受吸积影响时，$P/2\dot{P}$ 才是脉冲星年龄的估计值。

18.6.11 黑寡妇脉冲星

从 PSR 1957+20 的观测中可以找到答案。这是一个罕见的现象：一颗毫秒脉冲双星掩食它的伴星——一颗仅为 $0.025\ M_\odot$ 的白矮星。但是，掩食持续了 10% 的轨道时间，这意味着光被一个比太阳大的物体挡住了。值得注意的是，脉冲星信号的色散 (见 485 页) 在掩食前后增加了，表明白矮星被电离气体包围。这颗脉冲星似乎正在用它的高能光子束和带电粒子蒸发它的白矮星伴星。在几百万年之内，白矮星可能会消失，被**黑寡妇脉冲星**吞噬 (图 18.28)。

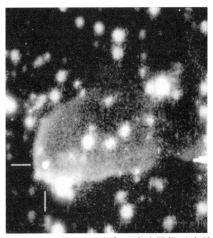

图 18.28　气体被 "黑寡妇脉冲星" PSR 1957+20 移除。脉冲星位于白线的交点 (图片由 S. Kulkarni 和 J. Hester(加州理工学院) 提供)

在球状星团 Terzan 5 中发现了另一个蚀变伴星的毫秒脉冲星 PSR 1744–24A 的例子，掩食持续了轨道周期的一半时间。一些蒸发的物质可能会在脉冲星周围形成一个由气体和尘埃组成的盘，可能最终 (在大约 100 万年后) 凝结并在脉冲星周围形成行星。或者，如果伴星的蒸发不彻底的话，一个行星大小的残留物可能会绕着脉冲星旋转。

诸如此类的机制可能被认为是三颗行星围绕着脉冲星 PSR1257+12 的圆形轨道运行的原因，这颗脉冲星位于室女座，距离约 500 pc。根据对脉冲星到达时间的仔细分析，最内层行星的质量为 $0.015\ M_\oplus$，距离脉冲星 0.19 AU，其次是一个 $3.4\ M_\oplus$ 的行星，距离脉冲星 0.36 AU，最外层行星的质量为 $2.8\ M_\oplus$，距离脉冲星为 0.47 AU。

随着越来越多的毫秒脉冲星被发现，前面的演化图的正确与否就会变得清晰起来。

18.6.12 双中子星双星

已知有少数的两颗恒星都是中子星的分离双星系统存在。作为高度相对论的系统，系统成员之间没有正在进行的质量交换，这些双中子星双星是测试广义相对论预测的精致的自然实验室。

发现的第一个这样的系统是**赫尔斯–泰勒 (Hulse-Taylor) 脉冲星** PSR 1913+16，它的轨道间距只比太阳的直径大一点，对这个系统 30 年的研究已经证实了引力波的存在[①]。

---

① **罗素·赫尔斯**和约瑟夫·泰勒因发现 PSR 1913+16 而共同获得 1993 年诺贝尔奖。

从表 18.1 的观测数据可以看出，几乎所有关于赫尔斯–泰勒系统的信息都以令人难以置信的精度被知晓。由于如此高的精度，从而这个双星系统为测试爱因斯坦的引力理论提供了一个理想的自然实验室。例如，回忆一下 17.1 节，当水星经过在太阳附近弯曲的时空里，近日点在其轨道上的位置每世纪偏移 $43''$ (图 17.1)。对于 PSR 1913+16，广义相对论预测在两颗中子星距离最近的近星点也会发生类似的偏移，理论值与测量值 $(4.226595 \pm 0.000005)(°) \cdot \mathrm{yr}^{-1}$ (35000 倍水星漂移率) 非常一致。这种对轨道的影响是累积的，在每一个轨道中，脉冲星到达近星点的时间越来越晚，图 18.29 显示了累积时延的理论值和观测值之间惊人的一致性。

表 18.1　赫尔斯–泰勒脉冲星 PSR 1913+16 数据

参数	值	误差
脉冲频率 (ω)	16.94053918425292 Hz	$\pm 15 \times 10^{-14}$ Hz
脉冲频率导数 ($\dot{\omega}$)	-2.47583×10^{-15} Hz$\cdot$s^{-1}	$\pm 3 \times 10^{-20}$ Hz$\cdot$s^{-1}
质量 (脉冲星)	1.4414 $M_\odot$	± 0.0002 $M_\odot$
质量 (伴星)	1.3867 $M_\odot$	± 0.0002 $M_\odot$
偏心率 (e)	0.6171338	± 0.0000004
轨道周期 (P_{orb})	0.322997448930 天	$\pm 4 \times 10^{-13}$ 天
轨道周期导数 ($\dot{P}_{\mathrm{orb}}$)	-2.4056×10^{-12}	$\pm 0.0051 \times 10^{-12}$
近星点移动 ($\dot{\omega}_{\mathrm{orb}}$)	$4.226595(°) \cdot \mathrm{yr}^{-1}$	$\pm 0.000005(°) \cdot \mathrm{yr}^{-1}$

注:

1. ω 和 $\dot{\omega}$ 数据来自 1986 年 1 月 14 日;

2. 见 http://www.atnf.csiro.au/research/pulsar/psrcat/;

3. 其他数据来自 J. M. Weisberg 和 J. H. Taylor (2005)。

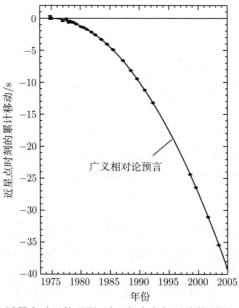

图 18.29　PSR 1913+16 近星点时延的观测 (点) 与广义相对论的预测 (实线) 比较 (改编自 J. M. Weisberg 和 J. H. Taylor (2005) 提供的图)

PSR 1913+16 研究中最引人注目的方面是证实了引力辐射的存在。当这两颗中子星在各自的轨道上运动时，引力波将能量从系统中带走，轨道周期也随之减小。根据广义相对论，由于引力四极辐射的发射，轨道周期变化的速率为[①]

$$\dot{P}_{\rm orb} = \frac{{\rm d}P_{\rm orb}}{{\rm d}t} = -\frac{96}{5}\frac{G^3 M^2 \mu}{c^5}\left(\frac{4\pi^2}{GM}\right)^{4/3}\frac{f(e)}{P_{\rm orb}^{5/3}},$$

其中，

$$M = M_1 + M_2,$$

$$\mu = \frac{M_1 M_2}{M_1 + M_2},$$

$f(e)$ 表示轨道偏心率的影响，

$$f(e) = \left(1 + \frac{73}{24}e^2 + \frac{37}{96}e^4\right)\left(1 - e^2\right)^{-7/2}.$$

(这里也忽略了更高阶项的改正。) 代入上述质量和偏心率的值，计算得出的理论轨道周期变化率为 $\dot{P}_{\rm orb,\,predict} = -(2.40242 \pm 0.00002) \times 10^{-12}$，与实测的 $\dot{P}_{\rm orb,meas} = -(2.4056 \pm 0.0051) \times 10^{-12}$ 一致。在介绍 1984 年轨道周期衰减的早期计算结果时，**乔尔·韦斯伯格** (Joel Weisberg) 和**约瑟夫·泰勒**写道："现在看来，不可避免的结论是引力辐射如一般相对论四极子公式所预测的那样存在。" 天文学家幸运地在它消失之前发现了这个绝妙的天然实验室。由于中子星的间距每个轨道收缩约 3mm，所以该系统将在约 3 亿年后并合。

2003 年发现了另一个用于测试广义相对论的巨大自然实验室，一个双中子星系统组成的**双脉冲星系统**。J0737-3039A 的脉冲周期为 $P_{\rm A} = (0.02269937855615 \pm 6 \times 10^{-14})\,{\rm s}$，而 J0737-3039B 的脉冲周期为 $P_{\rm B} = (2.7734607474 \pm 4 \times 10^{-10})\,{\rm s}$。与赫尔斯–泰勒脉冲星一样，这个 (迄今为止) 独特的系统为轨道进动和引力辐射提供了有价值的测试。但是，J0737-3039A/B 还可以测试来自一个脉冲星通过另一个脉冲星的引力势阱的信号到达时间延迟的预言 (图 17.4)。由于它们的信号与彼此的磁场以及等离子体环境相互作用，所以它们也提供了一个机会来测试有关等离子体物理学的理论。还可以测量脉冲星的转动惯量，从而提供对中子星内部结构模型 (包括它们的奇异状态式) 的重要测试。

18.6.13 短–硬伽马射线暴

两颗中子星并合的结果会是什么？15.4 节讨论了两类伽马射线暴。大量的观测已经证实，长–软伽马射线暴 (大于 2s) 是核坍缩超新星 (**塌陷星** (collapsar) 或超新星) 的极端例子。另一方面，现在人们相信，短–硬伽马射线暴 (小于 2 秒) 是两颗中子星或一颗中子星和一个黑洞致密天体并合的结果。

2005 年，Swift 和 HETE-2 宇宙飞船首次清晰地探测到双星中致密天体的并合。特别是 2005 年 7 月 9 日的事件，还产生了一个可见光的余辉，使天文学能够确凿无疑地确定其宿主星系。短–硬伽马射线暴释放的能量是长–软事件释放的能量的 1/1000。

[①] 四极项描述了发射的引力辐射的几何形状，正如电偶极辐射描述了由围绕彼此移动的两个电荷发射的电磁辐射一样。

赫尔斯–泰勒系统注定会产生短–硬伽马射线暴，尽管从地球上可能观测到，也可能观测不到，这取决于喷流的方向。

推 荐 读 物

一般读物

Backer, Donald C., and Kulkarni, Shrinivas R., "A New Class of Pulsars," *Physics Today*, March 1990.

Cannizzo, John K., and Kaitchuck, Ronald H., "Accretion Disks in Interacting Binary Stars," *Scientific American*, January 1992.

Clark, David H., *The Quest for SS 433*, Viking Penguin Inc., New York, 1985.

Hellier, Coel, *Cataclysmic Variable Stars: How and Why They Vary*, Springer-Verlag, Berlin, 2001.

Kirshner, Robert P., *The Extravagant Universe*: *Exploding Stars, Dark Energy, and the Accelerating Universe*, Princeton University Press, Princeton, 2002.

Kleppner, Daniel, "The Gem of General Relativity," *Physics Today*, April 1993.

Piran, Tsvi, "Binary Neutron Stars," *Scientific American*, May 1995.

van den Heuvel, Edward P. J., and van Paradijs, Jan, "X-ray Binaries," *Scientific American*, November 1993.

Wheeler, J. Craig, *Cosmic Catastrophies*: *Supernovae, Gamma-Ray Bursts, and Adventures in Hyperspace*, Cambridge University Press, Cambridge, 2000.

专业读物

Backer, D. C., et al., "A Millisecond Pulsar," *Nature*, 300 , 615, 1982.

Branch, David, and Tammann, G. A., "Type Ia Supernovae as Standard Candles," *Annual Review of Astronomy and Astrophysics*, 30, 359, 1992.

Cowley, Anne P., "Evidence for Black Holes in Stellar Binary Systems," *Annual Review of Astronomy and Astrophysics*, 30 , 287, 1992.

Damour, Thibault, and Taylor, J. H., "On the Orbital Period Change of the Binary Pulsar PSR 1913+16," *The Astrophysical Journal*, 366 , 501, 1991.

Frank, Juhan, King, Andrew, and Raine, Derek, *Accretion Power in Astrophysics*, Third Edition, Cambridge University Press, Cambridge, 2002.

Hilditch, R. W., *An Introduction to Close Binary Stars*, Cambridge University Press, Cambridge, 2001.

Hillebrandt, Wolfgang, and Niemeyer, Jens C., "Type Ia Supernova Explosion Models," *Annual Review of Astronomy and Astrophysics*, 38, 191, 2000.

Horne, Keith, and Cook, M. C., "UBV Images of the Z Cha Accretion Disc in Outburst," *Monthly Notices of the Royal Astronomical Society*, 214 , 307, 1985.

Iben，Icko，Jr.，"The Life and Times of an Intermediate Mass Star—in Isolation/in a Close Binary，"*Quarterly Journal of the Royal Astronomical Society*，26，1，1985.

Iben，Icko，Jr.，"Single and Binary Star Evolution，"*The Astrophysical Journal Supplement*，76，55，1991.

Lorimer，D. R.，and Kramer，M.，*Handbook of Pulsar Astronomy*，Cambridge University Press，Cambridge，2005.

Lyne，A. G.，et al.，"A Double-Pulsar System：A Rare Laboratory for Relativistic Gravity and Plasma Physics，"*Science* ，303 ，1153，2004.

Lyne，A. G.，and Graham-Smith，F.，*Pulsar Astronomy* ，Third Edition，Cambridge University Press，Cambridge，2006.

Margon，Bruce，"Observations of SS 433，"*Annual Review of Astronomy and Astrophysics*，22 ，507，1984.

Niemeyer，N. C.，and Truran，J. W. (eds.)，*Type Ia Supernovae*：*Theory and Cosmology*，Cambridge University Press，Cambridge，2000.

Petschek，Albert G.，*Supernovae* ，Springer-Verlag，New York，1990.

Pringle，J. E.，and Wade，R. A. (eds.)，*Interacting Binary Stars*，Cambridge University Press，Cambridge，1985.

Riess，Adam G.，Press，William H.，and Kirshner，Robert P.，"A Precise Distance Indicator：Type Ia Supernova Multicolor Light-Curve Shapes，"*The Astrophysical Journal*，473 ，88，1996.

Sion，E. M.，"White Dwarfs in Cataclysmic Variables，" *Publications of the Astronomical Society of the Pacific*，111 ，532，1999.

Verbunt，Frank，"Origin and Evolution of X-ray Binaries and Binary Radio Pulsars，"*Annual Review of Astronomy and Astrophysics*，31，93，1993.

Weisberg，J. M.，and Taylor，J. H.，"Observations of Post-Newtonian Timing Effects in the Binary Pulsar PSR 1913+16，"*Physical Review Letters*，52，1348，1984.

Weisberg，J. M.，and Taylor，J. H.，"Relativistic Binary Pulsar B1913+16：Thirty Years of Observations and Analysis，"in *Binary Radio Pulsars* ，Astronomical Society of the Pacific Conference Series，F. A. Rasio and I. H. Stairs (eds.)，328 ，25，2005.

习　题

18.1　用理想气体定律论证：在一个密近双星系统中，恒星光球的温度沿等势面近似恒定。另一颗恒星的接近会对此论点产生什么影响？

18.2　拉格朗日点 L_4 和 L_5 点分别与质量 M_1 和 M_2 形成一个等边三角形 (图 18.3)，用图中给出的数字证实 L_4 和 L_5 处的有效重力势的值。

18.3　(a) 考虑密度为 ρ 的气体，它以速度 v 穿过垂直于气体流动的面积 A。证明：质量穿过该区域的速率由式 (18.11) 给出。

(b) 当 $d \ll R$ 时，推导：式 (18.12) 为两个相同的重叠球的交点的半径。

18.4　使用式 (18.19) 证明：最大盘温度在 $r = (49/36)R$ 处出现，并且 $T_{\mathrm{max}} = 0.488 T_{\mathrm{disk}}$。

18.5   从 $r = R$ 到 $r = \infty$ 积分环形光度式 (18.15) (以式 (18.19) 表示盘温度)。你的答案是否与表示盘光度的式 (18.23) 一致？

18.6   考虑在持续 10 天的爆发期，矮新星的质量转移速率为 "平均" 值：

$$\dot{M} = 10^{13.5} \text{ kg} \cdot \text{s}^{-1} = 5 \times 10^{-10} \ M_\odot \cdot \text{yr}^{-1}$$

估计爆发期间释放的总能量和矮新星的绝对星等。使用例 18.4.1 中 Z Chamaeleontis 的白矮星的值，忽略主星和次星贡献的少量光。

18.7   假设矮新星在宁静期的绝对热星等为 7.5，并且在爆发过程中会增亮 3 个星等。使用 Z Chamaeleontis 的值，估计通过吸积盘的质量转移速率。

18.8   当激变变星的吸积盘被次星掩食时，蓝移发射线在食开始时首先消失，红移发射线是在食结束时最后重现。这揭示了双星系统和吸积盘的旋转方向的什么信息？

18.9   (a) 证明：在一个角动量守恒的密近双星系统中，质量转移产生的轨道周期的变化由下式给出，即

$$\frac{1}{P}\frac{\mathrm{d}P}{\mathrm{d}t} = 3\dot{M}_1 \frac{M_1 - M_2}{M_1 M_2}.$$

(b) U Cephei(大陵五系统) 的轨道周期为 2.49 d，在过去 100 年中增加了约 20 s。两颗星的质量分别为 $M_1 = 2.9 \ M_\odot$ 和 $M_2 = 1.4 \ M_\odot$。假定此变化是由该大陵五系统中两颗星之间的质量转移引起的，请估算质量转移速率。这些星中的哪一颗正在增加质量？

18.10   Algol (阿拉伯语中的 "恶魔" 星) 是半分离双星。每经过 2.87 天，它的光辉就会随着深蚀而减少一半以上，其视星等从 2.1 暗至 3.4。该系统由一颗 B8 主序星和一个晚型 (G 或 K) 子星组成。当较大、较冷的恒星 (次星) 在其较小、较亮的伴星前面移动时，就会发生深蚀。20 世纪上半叶困扰天文学家的 "Algol 悖论" 是，根据 10.6 节中讨论的恒星演化的思想，更大质量的 B8 星应该是更早脱离主序列的恒星。你如何解决这个悖论？(Algol 系统实际上包含三颗恒星，每隔 1.86 年绕另两颗恒星转一周，但这与解决 Algol 悖论无关。)

Algol 很容易在英仙座 (Perseus，在希腊神话中救出仙女座的英雄) 找到。

18.11   考虑在白矮星表面上有一个质量为 $10^{-4} M_\odot$ 的氢层。如果该层完全核聚变为氦，那么产生的新星将持续多久 (假设其光度等于爱丁顿光度)？这对新星爆发期间实际参与聚变的氢量有何意义？

18.12   考虑在白矮星的表面上有一个质量为 $10^{-4} M_\odot$ 的氢层。比较新星爆发前的引力束缚能与抛射出远离白矮星并以 1000 km·s^{-1} 的速度行进时的动能。

18.13   在这个问题里，你将研究新星壳的火球膨胀阶段。假设一颗新星以恒定的速率 $\dot{M}_{\text{eject}}$ 和恒定的速度 v 抛射质量。

(a) 证明：在距离 r 处膨胀壳的密度为

$$\rho = \dot{M}_{\text{eject}}/(4\pi r^2 v).$$

(b) 设膨胀气体的平均不透明度 $\bar{k}$ 为常数。假设在 $t = 0$ 的某个时刻，壳的外半径为 R，而 $\tau = 2/3$ 的光球半径为 R_0。证明：

$$\frac{1}{R} = \frac{1}{R_0} - \frac{1}{R_\infty},$$

其中，

$$R_\infty \equiv \frac{3\bar{\kappa}\dot{M}_{\text{eject}}}{8\pi v}.$$

(下标 "∞" 的原因将很快变得清楚。)

(c) 在稍后的时间 t，壳的半径将为 $R + vt$，光球的半径将为 $R(t)$。证明：

$$\frac{1}{R + vt} = \frac{1}{R(t)} - \frac{1}{R_\infty}.$$

(d) 联合 (b) 和 (c) 部分的结果，写出

$$R(t) = R_0 + \frac{vt\left(1 - R_0/R_\infty\right)^2}{1 + (vt/R_\infty)\left(1 - R_0/R_\infty\right)}.$$

(e) 说明包含 R_0/R_∞ 的项非常小，可以忽略，因此可以得出

$$R(t) \simeq \frac{vt}{1 + vt/R_\infty}.$$

(f) 证明：火球的光球起初随时间线性膨胀，达到极限值 R_∞，与式 (18.30) 一致。

(g) 使用根据式 (18.31) 给出的书中数据，绘制新星爆炸后 5 天的 $R(t)$ 与 t 的关系图。图中的"膝盖"标志着线性膨胀期的结束，估计发生的时间，它与新星光学厚的火球阶段的持续时间相比如何？

18.14　采用爱丁顿光度作为火球的光度，使用式 (18.31) 估计新星火球的光球温度。

18.15　假设新星的静力学燃烧阶段持续 100 天，对质量为 $10^{-4} M_\odot$ 的表层求出质量喷射的 (恒定) 速率 ($\dot{M}_{\mathrm{eject}}$)。

18.16　每燃烧 1kg 碳氧混合物 (30% 的 $^{12}_{6}\mathrm{C}$) 生成铁，释放出 7.3×10^{13} J 的能量。假设初始的 $1.38\,M_\odot$ 白矮星的半径为 1600 km，那么将需要生成多少铁才能使该恒星变成非束缚的？要制造出平均喷射速度为 5000 km·s^{-1} 的 Ia 型超新星，还需要生成多少铁？对于真实的白矮星模型，将重力势能设为 -5.1×10^{43} J，并以 $M_\odot$ 为单位表示你的答案。

18.17　使用式 (7.4)，式 (18.33) 和式 (18.34) 推导式 (18.35)，求得超新星破坏双星系统的条件。

18.18　(a) 证明：阿尔文半径由式 (18.39) 给出。

(b) 证明：X 射线脉冲星自转的 $\dot{P}/P$ 由式 (18.41) 给出。

18.19　求出阿尔文半径等于例 18.2.1 中白矮星半径的磁场值，对该例中使用的中子星进行相同的计算。

18.20　使用例 18.2.1 中的参数估计 X 射线双星系统的寿命，以转移 $1M_{\mathrm{Sun}}$ 需要的时间作为其寿命。

18.21　X 射线双星 4U0115+63 的周期为 3.61s，X 射线光度约为 $L_x = 3.8 \times 10^{29}$ W。假定它是一个半径为 10 km 且表面磁场为 10^8 T 的 $1.4\,M_\odot$ 的中子星，求质量转移速率 $\dot{M}$ 和 $\dot{P}/P$ 的值。假设此天体是 $0.85\,M_\odot$ 白矮星，半径为 6.6×10^6 m，表面磁场为 1000T，重复上述计算。对于哪种模型，你的结果与测量值 $\dot{P}/P = -3.2 \times 10^{-5}$ 年 $^{-1}$ 具有更好的一致性？

18.22　(a) 使用式 (18.24) 证明：转速变快的速率可以写成

$$\log_{10}\left(-\frac{\dot{P}}{P}\right) = \log_{10}\left(PL_{\mathrm{acc}}^{6/7}\right) + \log_{10}\left[\frac{\sqrt{\alpha}}{2\pi I}\left(\frac{2\sqrt{2}\pi B_{\mathrm{s}}^2 R^{12}}{\mu_0 G^3 M^3}\right)^{1/7}\right].$$

左边的项和右边的第一项能从观测得到，右边的第二项取决于 X 射线脉冲星的特定模型 (中子星或白矮星)。

(b) 绘制一张 $\log_{10}(-\dot{P}/P)$（垂直轴）与 $\log_{10}(PL_{\mathrm{acc}}^{6/7})$（水平轴）的关系图。使用例 18.6.3 中的值绘制两条线，一条用于中子星，另一条用于白矮星，设置 $\log_{10}(PL_{\mathrm{acc}}^{6/7})$ 的范围从 25 到 29。

(c) 使用表 18.2 中的数据在图形上绘制 6 个 X 射线脉冲双星的位置。(你必须将 $-\dot{P}/P$ 转换为 s^{-1} 的单位。)

表 18.2　习题 18.22 中的 X 射线脉冲星数据 (数据来自 Rappaport 和 Joss, *Nature*, 266, 683, 1977; Joss 和 Rappaport, *Annu. Rev. Astron. Astrophys*, 22, 537, 1984)

系统	P/s	$L_{\mathrm{acc}}/(10^{30}\mathrm{W})$	$(-\dot{P}/P)/\mathrm{yr}^{-1}$
SMC X-1	0.714	50	7.1×10^{-4}
Her X-1	1.24	1	2.9×10^{-6}
Cen X-3	4.84	5	2.8×10^{-4}
A0535+26	104	6	3.5×10^{-2}
GX301-2	696	0.3	7.0×10^{-3}
4U0352+30	835	0.0004	1.8×10^{-4}

(d) 哪种 X 射线脉冲双星模型与数据更吻合？讨论 Her X-1 在图中的位置。

18.23　(a) 考虑一个在 5 s 内释放 10^{32} J 能量的 X 射线暴。如果其峰值能谱具有 2×10^7 K 黑体的形状，请估计其内部中子星的半径。

(b) 在习题 17.9 中，你证明了使用斯特藩–玻尔兹曼式计算致密黑体的半径可能导致其半径的高估，现在，使用式 (17.33) 为中子星的半径找到更准确的值。

18.24　绘制 SMC X-1 脉冲双星系统的比例图，包括次星的大小。假设主星是一颗 1.4 $M_\odot$ 中子星，请确定系统的质心及其内拉格朗日点 L_1。(可以忽略吸积盘。)

18.25　来自 SS 433 吸积盘的相对论喷流 ($v/c = 0.26$) 随着盘的进动而扫出空中的圆锥。这些锥的中心轴与视线成 $79°$ 角，每个锥的半角为 $20°$，意味着在进动周期中的某个时刻，喷流垂直于视线运动。然而，从图 18.26 可以看出，从多普勒频移谱线获得的径向速度并不与零径向速度相交，而是在 10000 km·s^{-1} 处相交。使用式 (4.32) 用横向多普勒频移来解释这种差异。(可以忽略 SS 433 双星系统本身的速度，该速度仅约为 70 km·s^{-1}。)

18.26　SS 433 的距离约为 5.5 kpc，SS 433 与 X 射线发射区 (喷流与 W50 的气体相互作用的区域) 之间的角度延伸至 $44°$，估计喷流处于活动状态的时间下限。

18.27　PSR1953+29 是一颗毫秒脉冲星，周期为 6.133ms，实测周期导数为 $\dot{P} = 3 \times 10^{-20}$。假设没有增加吸积改变脉冲星的自转，使用习题 16.22 估算此毫秒脉冲星的寿命。另外，使用式 (16.33) 估算脉冲星磁场的值。

18.28　积分式 (18.41) 表示 X 射线脉冲星的自转加速，估计一个初始周期为 100s 到最终周期为 1ms 所需要的时间 (比已知的最长脉冲星周期的 11.7s 更长，在 X 射线脉冲星周期的范围之内)。假设一个半径为 10 km、1.4 $M_\odot$ 的中子星。假设磁场 $B_s = 10^4$T，质量转移速率 $\dot{M} = 10^{14}$ kg·s^{-1}，在这个时间内传输了多少质量 (分别以千克和太阳质量为单位)？

18.29　绕 PSR 1257+12 的三个行星的轨道周期分别为 25.34 d，66.54 d 和 98.22 d，验证这些天体是否遵守开普勒第三定律。

18.30　(a) 使用开普勒第三定律找到脉冲双星 PSR 1913+16 的轨道半长轴。

(b) 在脉冲星的一个轨道周期之后，半长轴的变化是什么？

计算机习题

18.31　(a) 使用 232 页的 StatStar 模型数据和式 (18.14) 制作 $\log_{10} \dot{M}$(垂直轴) 与 $\log_{10} d$(水平轴) 的关系图，使用图的斜率来查找质量转移速率 $\dot{M}$ 与 d 的关系。

(b) 使用式 (L.1) 和 (L.2) 证明：近表面时，$\dot{M} \propto d^{4.75}$，因此证实了质量转移速率随着两颗星的重叠距离 d 迅速增加。请注意，由于 tog_bf (guillotine(截断) 因子与冈特因子之比) 的密度依赖性，因此你对 (a) 部分的答案将与此稍有不同。

18.32　使用式 (18.19) 和维恩定律，对黑洞 A0620-00 的吸积盘，建立随径向位置变化的两个对数–对数图：①盘温度 $T(r)$，以及②黑体谱的峰值波长 ($\lambda_{\max}(r)$)。对于该系统，黑洞的质量为 3.82 $M_\odot$，次星的质量为 0.36 $M_\odot$，并且轨道周期是 0.3226 天。假设 $\dot{M} = 10^{14}$ kg·s^{-1}(大约 $10^{-9} M_\odot \cdot$yr^{-1})，使用施瓦西半径 (R_S，式 (17.27)) 作为黑洞的半径。(在你的图上，以 r/R_S 而不是 r 作为横轴。) 对于非旋转黑洞，大质量粒子的最后一个稳定轨道为 $3R_S$，因此可将其用作盘的内边缘，而使用式 (18.25)、式 (18.26) 和开普勒第三定律确定盘的外边缘。在 $\lambda_{\max}$ 与 r/R_S 的对数–对数图上，确定盘上发出 X 射线、紫外线、可见光和红外线的区域。

第三部分
太　阳　系

第 19 章　太阳系中的物理过程

19.1　概　　述

在第 11 章中，我们比较详细地研究了太阳——这一太阳系中最大的成员。第 12 章讨论了太阳的形成问题，以及其他恒星的形成问题。正如我们所看到的，根据对原恒星和非常年轻的恒星 (例如，HH30、织女星、绘架座 β，以及猎户座星云中的原行星盘；见第 357 页，以及图 12.19 ~ 图 12.23) 的观测，很明显，许多恒星形成的自然延伸伴随着行星系统的形成，这些行星系统在环绕新生恒星的赤道物质盘中逐渐形成。实际上，第一颗围绕主序星 (飞马座 51) 的太阳系外行星的发现是在 1995 年发布的。在此发布之后，仅在接下来的十年中，就有 155 颗太阳系外行星被发现。在第三部分中，我们将详细研究一个著名的行星系统的例子，即我们自己的行星系统。我们还将涉及越来越多的关于太阳系外行星的信息。然而，要描述太阳系中每颗行星及其卫星的所有迷人细节，就超出本书的范围了，更不用说陨石、小行星、彗星、柯伊伯带天体和行星际尘埃了；这些内容将留给许多专门研究这些领域的优秀书籍。相反，我们将在恒星演化的背景下介绍这些天体和太阳系外行星的基本特征，以及有助于塑造它们的一些基本物理过程。

19.1.1　行星的一般特征

长久以来，人们最初是用肉眼从地球上对行星进行研究，后来是用望远镜。自太空飞行出现以来，我们已向月球发送了载人和无人航天器，除冥王星外，我们已经 (用无人探测器) 访问了太阳系中的每一颗其他行星。(译者注：NASA 的 "新视野号" 飞船已于 2015 年访问过冥王星。)

每一颗行星 (不包括冥王星 (译者注：冥王星于 2006 年被归为矮行星)、2003 UB313[①]和柯伊伯带的其他成员) 都可以被认为是属于两大类中的一类。岩石类地行星 (或类地行星) 包括水星、金星、地球和火星，而巨行星 (有时也称为类木行星) 包括木星、土星、天王星和海王星。巨行星又进一步分为气态巨行星 (木星和土星) 和冰态巨行星 (天王星和海王星)。从表 19.1 可见，这两大类别的行星有一些非常显著的区别。图 19.1 展示了行星和太阳的相对大小，附录 C 中可以找到每颗行星的具体物理和轨道特征。

表 19.1 中提到的许多差异都与行星到太阳的距离和与此有关的行星温度直接相关。事实上，正如我们将看到的那样，这一温度效应决定了早期太阳星云中冰的形成范围，深刻地影响了类地行星和巨行星的演变。

---

① 2003 UB313 是 2005 年 1 月根据 2003 年获得的图像发现的 (见第 674 页)。截至 2006 年 5 月，2003 UB313 尚未被确定为大行星或小行星，也没有给该天体正式命名。最终命名将由国际天文学会确定。(译者注：2003 UB313 最终命名为阋神星 (Eris)，小行星编号 136199，它是太阳系中已知的第二大矮行星。)

表 19.1　行星的一般特征。类地行星和巨行星一些物理量的取值范围 ($M_\oplus$ 和 $R_\oplus$ 分别代表地球的质量和半径)

特征	类地行星	巨行星
基本构成	岩石	气体/冰/岩石
平均公转轨道距离	0.39∼1.52AU	5.2∼30.0AU
平均 "表面" 温度	215∼733K	70∼165K
质量	0.055∼1.0$M_\oplus$	14.5∼318$M_\oplus$
赤道半径 $R_\oplus$	0.38∼1.0	3.88∼11.2
平均密度	3933∼5515(kg·m^{-3})	687∼1638(kg·m^{-3})
恒星周期 (赤道)	23.9 h∼243 天	9.9∼17.2 h
已知卫星数量	0∼2	13∼63
环系统	无	有

图 19.1　太阳和行星的相对大小。从左到右依次为太阳、水星、金星、地球、火星、木星、土星、天王星、海王星和冥王星 (包括冥卫一)。第十颗行星，2003 UB313，被认为比冥王星稍大，没有出现在本图中。天体之间的距离没有按比例显示

19.1.2　行星的卫星

　　每颗行星的卫星数量在类地行星和巨行星之间也有明显的差异。水星和金星都没有卫星，地球有一颗比较大的卫星，火星有两颗小卫星。另一方面，木星、土星、天王星和海王星分别有至少 63 颗、47 颗、27 颗和 13 颗卫星。加上它们的光环系统，每颗巨行星自身都拥有复杂的轨道系统。

　　除了冥王星[①]和它最大的卫星冥卫一，太阳系中相对于其母行星最大的卫星是我们自己的卫星——月球。然而，木星的四颗伽利略卫星的其中三颗 (木卫一、木卫三和木卫四)[②]和土星的巨型卫星 (土卫六) 在物理尺度上更大，质量也更高。此外，木卫三和土卫六的半径都比水星略大，尽管它们的质量要低一些。

　　在某些方面，太阳系的巨卫星的许多特征与类地行星的特征相似，包括木卫一的活火山和土卫六的大气层。然而，有些卫星的特征与行星上的任何特征都不同，包括天卫五 (天王星众多卫星之一) 表面的奇异地形。

19.1.3　小行星带

　　1766 年，在发现天王星、海王星和冥王星之前，约翰·提丢斯 (Johann Titius, 1729—1796 年) 发现了一个简单的数学序列，用于表示行星与太阳的轨道距离。这个序列几年后

---

　　① 如果冥王星绕着其他行星而不是太阳运行，那么它将只是太阳系中的第八大卫星。

　　② 木卫一、木卫二、木卫三和木卫四是由伽利略发现的围绕木星运行的四颗卫星，见 2.2 节。

被约翰・埃勒特・波得 (1747—1826) 所推广，现在称为**提丢斯–波得定则 (Titius-Bode rule)**，或者简称为波得定则 (表 19.2)。

表 19.2　提丢斯–波得定则的预测。提丢斯–波得定则与实际平均轨道距离的比较

行星/矮行星	提丢斯–波得距离/AU	实际平均距离/AU
Mercury 水星	$(4 + 3 \times 0)/10 = 0.4$	0.39
Venus 金星	$(4 + 3 \times 2^0)/10 = 0.7$	0.72
Earth 地球	$(4 + 3 \times 2^1)/10 = 1$	1
Mars 火星	$(4 + 3 \times 2^2)/10 = 1.6$	1.52
Ceres 谷神星	$(4 + 3 \times 2^3)/10 = 2.8$	2.77
Jupiter 木星	$(4 + 3 \times 2^4)/10 = 5.2$	5.2
Saturn 土星	$(4 + 3 \times 2^5)/10 = 10$	9.58
Uranus 天王星	$(4 + 3 \times 2^6)/10 = 19.6$	19.2
Neptune 海王星	$(4 + 3 \times 2^7)/10 = 38.8$	30.05
Pluto 冥王星	$(4 + 3 \times 2^8)/10 = 77.2$	39.48
2003 UB313 阋神星	$(4 + 3 \times 2^9)/10 = 154$	67

当波得定则提出时，人们意识到该定则"预言"了在火星和木星轨道之间 2.8AU 距离上存在一个天体。意大利修士朱塞佩・皮亚齐 (Giuseppe Piazzi, 1746—1826) 经过慎重的搜寻，于 1801 年 1 月 1 日在这个位置附近发现了第一颗小行星，并将其命名为谷神星 (Ceres)，以纪念西西里岛的守护神。今天，已知的**小行星 (asteroid)** 有数十万颗，其中谷神星是最大的，它占整个小行星种群质量的 30%，直径约为 1000 km。尽管有一些重要的例外 (见 22.3 节)，但大多数小行星都在黄道面附近绕太阳运行，距离在 2~3.5AU，这一区域称为**小行星带 (asteroid belt)**。

尽管波得定则与大多数行星的轨道相当吻合，而且它确实导致了对谷神星的"预测–发现"，但对于天王星轨道以外的天体，它却惨遭失败。今天，人们普遍认为，波得定则并不是基于任何基本的物理过程，只是一种数学上的巧合。历史上，波得定则常称为"波得定律" (Bode's law)，尽管今天天文学家普遍认为它与任何基本的"自然定律"都没有关联。不过，有趣的是，波得定则的一个变体也适用于木星、土星和天王星的一些卫星。波得定则的修改将在习题 19.2 和习题 19.3 中探讨。

虽然许多较大的卫星肯定是与母星一起形成的，但其他的卫星不过是一些巨大的岩石，它们可能在游荡时被行星的引力束缚住了。这些卫星中有许多可能是被捕获的小行星。

19.1.4　彗星和柯伊伯带天体

另一类绕太阳运行的重要天体是**彗星 (comet)**。彗星曾经被认为是大气现象，甚至是末日的预兆[①]，现在人们知道它是由冰和尘埃组成的脏雪球。它们壮观的长尾巴只是冰球体蒸发逸出的尘埃和气体，被辐射压和太阳风驱离太阳。有些彗星，如著名的哈雷彗星，其轨道周期相对较短，不到 200 年，而长周期彗星则可能需要 100 多万年才能绕太阳运行一周。

---

① 回顾 2.1 节中讨论过的第谷的观测。

从它们的轨道特征来看，现今短周期彗星的来源很有可能是**柯伊伯带 (Kuiper belt)**，柯伊伯带是主要位于黄道面附近、海王星轨道之外的冰质天体的集合，通常距离太阳 30AU 到或许 1000AU 以上。现在人们认识到，冥王星及其卫星冥卫一、2003 UB313(阋神星)、赛德娜 (Sedna) 和夸欧尔 (Quaoar) 是**柯伊伯带天体 (Kuiper belt object，KBO)** 家族中已知的最大成员，它们也称为**海王星外天体 (trans-Neptunian object，TNO)**。长周期彗星显然起源于**奥尔特云 (Oort cloud)**，奥尔特云是一个由彗核组成的近似球对称的云，其轨道半径在 3000～100000 AU。彗星和柯伊伯带天体在太阳系外围的"深层冷冻"中度过了它们存在的大部分时间，它们似乎是太阳系形成的古老遗留物，尽管它们也许并不是完全没有受到近 46 亿年暴露在太空环境中的影响。

19.1.5　陨石

当小行星相互碰撞时，会产生一些小碎片，称为**流星体 (meteoroid)**。如果一颗流星体碰巧进入了地球的大气层，则摩擦产生的热量会在天空中形成一条条发光的条纹，称为**流星 (meteor)**。如果岩石在穿越大气层的过程中幸存下来，并撞击到地面上，残余物就称为陨石。通过分析陨石的成分，我们可以了解到很多关于它们起源环境的信息。

陨石物质的另一个来源是暴露在太阳系内部热量下的彗星的缓慢解体。当地球遇到彗星轨道上留下的碎片时，其结果是**流星雨 (meteor shower)**，微陨石 (micrometeorite) 雨点般地穿过地球的大气层。

最后，由于小行星和彗星的解体而残留在太阳轨道上的尘埃，会反射太阳光从而产生微弱的光芒。不幸的是，即使是一个小镇的灯光也足以遮挡住这**黄道光 (zodiacal light)**。

19.1.6　太阳系的形成：概览

太阳系的所有特征都可以从太阳系最初的形成和随后的演化来理解。我们目前对太阳系演化的理解是基于这样一种假设：当太阳从原始太阳星云的引力坍缩中形成时，云层半径的减小导致其自旋速度的增加，并伴随着物质盘的形成。在这个**吸积盘 (accretion disk)** 内，温度随着到原太阳的距离而变化，这样一来，岩石就能在吸积盘的内部凝固，而冰 (主要是水冰) 则只能在如今小行星带之外更远的距离上形成。因此，类地行星是由小块的前行星物质 (即**星子，planetesimal**) 碰撞而成的，这些小块物质完全由岩石组成，而更大的巨行星则得益于星子中额外存在的冰。行星盘内部的较高温度和类地行星的较小质量，也抑制了这些行星对周围较轻气体的捕获，而较冷的、质量较大的巨行星则能够积聚大量的原始大气，至于木星和土星，则积聚了巨量的原始大气。

在新形成的巨行星周围，较小的局部吸积盘形成了今天所看到的一些卫星。其他的卫星则是星子和小行星碎片在太阳系中游荡时被捕获的。在另一种不同的机制下，我们的月球似乎是由一颗相对较大的星子与年轻的地球相撞时产生的，这颗星子的大小大约相当于今天的火星。在行星及其卫星形成后，残余物质的"雨"产生了大量的撞击坑。自早期太阳系的时期以来，虽然撞击坑的形成速度已经明显下降，但这一过程仍在进行。今天，在许多星球上，这种暴力开端的证据仍然显而易见。

大多数漂流在巨行星之间的冰质天体，不会直接与巨行星相撞或是被其中一颗巨行星所捕获，但它们的轨道却会因引力相互作用而发生巨大改变。一些经过天王星或海王星附近的彗核被弹射至远得多的轨道上,从而形成如今奥尔特云的特点,而那些冒险靠近木星或土星的彗核则完全被弹射出太阳系。其他经过巨行星附近的星子则被送入太阳系内部,与类地行星或太阳相撞。形成于海王星轨道之外的冰冷天体至今仍在其故乡,构成柯伊伯带。在离太阳较近的地方,在冰线以内,形成太阳系的岩石残骸仍然存在于小行星带中。

作为与吸积盘的潮汐和黏滞相互作用的直接结果,以及星子的散射,木星迁移至比最初开始形成时的位置更靠近太阳的地方,而土星、天王星,特别是海王星则迁移到了离太阳更远的地方。

正如本节讨论所表明的那样,我们在理解本地局部宇宙的组成和演化方面已经取得了重大进展。在第三部分的剩余章节里,我们将更详细地研究构成我们太阳系的天体,以及形成它们的许多物理过程。最后,在第 23 章中,根据我们对太阳系和太阳系外行星的系统了解,我们将重新讨论在最后几段中描述过的演化场景。

19.2　潮　汐　力

正如我们在第 2 章中所看到的,引力以开普勒定律的形式支配着行星及其卫星的轨道。在研究中,我们将这些天体作为质点处理,假设它们是球对称的 (见例 2.2.1)。然而,仅用球对称的约束会有着重要的影响。由于月球的近侧比其远侧更接近其母星,所以地球对一个小质量的测试物体的引力在月球的近地球一侧肯定是最大的。这就产生了拉长月球瞬时形状的作用。根据牛顿第三定律,由于月球的引力影响,同样的情况也一定适用于地球的近侧和远侧。这种由于天体大小不为零而产生的力称为**潮汐力 (tidal force)**。由此产生的地球及其月球的非球形形状实际上会由于产生的力矩而影响它们的自转速度。如果这种潮汐力足够大,则甚至有可能瓦解小天体。

地球表面潮汐的存在是众所周知的,尤其是生活在海洋附近的人。根据当地的海岸特征,大约每 24 h 53 min 就会有两次大潮。不太为人所知的是固体地球的潮汐隆起,其高度只有 10 cm 左右。由于地球的体积比月球大得多 (约为月球的 81 倍),所以月球上的隆起要大得多,导致月球表面有近 20 m 的变形。

19.2.1　潮汐物理学

为了更好地理解地球上的潮汐是如何产生的,请考虑位于地球内部距离月球质心 r 处的试验质量 m_1 所受的力,

$$F_m = G \frac{M m_1}{r^2},$$

其中,M 是月球的质量 (图 19.2)。现在考虑第二个试验质量 $m_2 = m_1 = m$,位于地球和月球的连线上,并与 m_1 相距为 $\mathrm{d}r$。那么两个试验质量之间的引力差 (引力差分) 为

$$\boxed{\mathrm{d}F_m = \left(\frac{\mathrm{d}F_m}{\mathrm{d}r} \right) \mathrm{d}r = -2G \frac{M m}{r^3} \mathrm{d}r,} \tag{19.1}$$

其中,$\mathrm{d}r$ 为试验质量中心之间的距离。请注意,随着距离的增加,引力差分的减小比引力本身的减小更快,也就是说,测试质量离月球越近,则潮汐效应越明显。

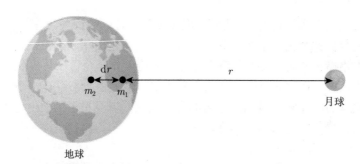

图 19.2　　由于月球对地球内部不同位置处的引力不同，月球对地球的潮汐力也随之产生

　　通过分析作用于地球中心和地球表面某点的引力矢量的差异，可以理解地球上潮汐隆起的形状 (图 19.3)。为了简单起见，我们只考虑 x-y 平面上的力。忽略自转，这些作用力在 x 轴 (地球和月球中心连线) 上是对称的。在地球中心，月球对测试质量 m 的引力的 x 分量和 y 分量由以下公式给出：

$$F_{C,x} = \frac{GMm}{r^2}, \quad F_{C,y} = 0,$$

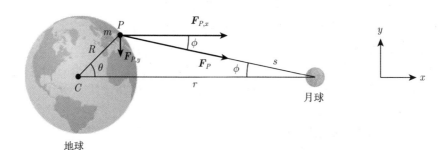

图 19.3　　月球对地球产生的潮汐力的几何构型

而在 P 点，引力分量为

$$F_{P,x} = \frac{GMm}{s^2} \cos\phi, \quad F_{P,y} = -\frac{GMm}{s^2} \sin\phi.$$

　　地球中心与其表面之间的引力差分为

$$\Delta\boldsymbol{F} = \boldsymbol{F}_P - \boldsymbol{F}_C = GMm\left(\frac{\cos\phi}{s^2} - \frac{1}{r^2}\right)\hat{\boldsymbol{i}} - \frac{GMm}{s^2}\sin\phi\hat{\boldsymbol{j}}.$$

　　接下来，为了简化解法，我们用 r、R 和 θ 来表示 s，

$$s^2 = (r - R\cos\theta)^2 + (R\sin\theta)^2 \simeq r^2\left(1 - \frac{2R}{r}\cos\theta\right)$$

其中，忽略 $R^2/r^2 \ll 1$ 的项。将 s 代入前一式中，并记得对于 $x \ll 1$，有 $(1+x)^{-1} \simeq 1 - x$，我们得出引力差分为

$$\Delta \boldsymbol{F} \simeq \frac{GMm}{r^2} \left[\cos\phi \left(1 + \frac{2R}{r}\cos\theta \right) - 1 \right] \hat{\boldsymbol{i}}$$
$$- \frac{GMm}{r^2} \left[1 + \frac{2R}{r}\cos\theta \right] \sin\phi \hat{\boldsymbol{j}}. \tag{19.2}$$

最后，利用一阶近似关系 $\cos\varphi \simeq 1$ 和 $\sin\varphi \simeq (R\sin\theta)/r$，我们可以得到

$$\Delta \boldsymbol{F} \simeq \frac{GMmR}{r^3}(2\cos\theta\hat{\boldsymbol{i}} - \sin\theta\hat{\boldsymbol{j}}). \tag{19.3}$$

请注意与 y 分量相比，x 分量的系数多了个 2。你也应该将这一结果与式 (19.1) 中给出的引力差分的表达式进行比较，注意这里用 R(中心和表面之间的距离) 取代了 $\mathrm{d}r$。

图 19.4 说明了由式 (19.3) 描述的情形。实际上由于月球的引力矢量是朝向月球质心的，但引力差分矢量的作用是在 y 方向上压缩地球，并沿着两者质心之间的连线拉长地球，从而产生潮汐隆起。正是由于隆起的对称性，当地球在月球的环绕下自转时，会在 25 h 内发生两次大潮。

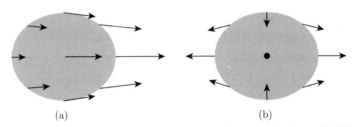

图 19.4　(a) 月球对地球的引力；(b) 相对于地球中心，地球上不同位置的引力差

19.2.2 潮汐效应

实际上，地球的潮汐隆起并不直接对准月球。这是因为地球的自转周期比月球的公转周期短，地球表面的摩擦力将隆起轴拖曳至地月连线之前。由于摩擦力是一种耗散力，自转动能不断流失，从而地球的自转速率不断降低。目前，地球的自转周期正以 0.0016 秒每世纪的速度延长，虽然速度很慢，但可以测量出来。

已知月球正在以 3~4 厘米每年的速度渐渐远离地球。通过将激光束反射自 20 世纪 70 年代初阿波罗登月计划的宇航员留在月球上的反射镜，并测量往返的光程时间，可以确定地月距离的增加。

要想知道地球自转速率的降低和地月距离的增加之间的关系，我们只需要考虑月球与地球潮汐隆起的相互作用对地球施加的力矩。在图 19.5 中，隆起 A 比隆起 B 领先并接近月球，因此，月球对隆起 A 施加的力更大，产生净力矩使地球自转速度变慢。同时，隆起 A 也拉动月球前进，使月球向外移动得更远。这种互补行为只是角动量守恒的结果。忽略太阳和其他行星对地月系统的动力学影响，不存在改变其总角动量的外力矩。如果地球的自转角动量在减小，那么月球的轨道角动量必然会增大。

由于潮汐效应的存在，只要给地球足够的时间，地球的自转速度就会减慢，使地球的同一面始终朝向月球，就像现在月球始终保持同一 "面" 朝向地球一样。在遥远的未来，如

果地球远侧的居民想在月光下浪漫地散步，就需要绕过半个地球去度假。计算表明，当一天的长度约为当前的 47 天时，就会出现这种情况。

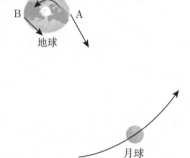

图 19.5　地球的隆起 A 比隆起 B 离月球更近，产生地球的净力矩。请注意，该图未按比例绘制

19.2.3　同步绕转

过去，月球离地球的距离比现在近得多，也许一星期就能绕地球一周。月球的自转周期很可能也曾经比它的轨道周期短。月球现在的 **1:1 同步绕转 (synchronous rotation)** 与如今地球上发生潮汐耗散的原因相同。它的自转周期与轨道周期趋于同步的速度比地球更快，不过是因为月球的体积小得多，而且地球使月球产生的潮汐形变比月球对地球的影响要大得多。同步绕转在太阳系中是很常见的[①]。火星的两颗卫星、木星的四颗伽利略卫星 (以及木卫一轨道内的一颗小卫星木卫五) 和土星的大部分卫星都是同步绕转的，其他许多与外行星有关的卫星也是如此。此外，冥王星和它最大的卫星冥卫一，已经达到了潮汐演化的最终阶段；它们相互同步绕转，冥王星的同一侧持续朝向冥卫一的同一面。

潮汐演化的一个有趣而不寻常的案例是海王星的巨卫星海卫一。海卫一处于同步绕转状态，并以逆行的方式绕海王星运行。在这种情况下，海王星上的潮汐隆起实际上起的作用是在使那颗卫星朝向行星螺旋运动而不是远离行星。显然，在发生任何灾难性的相互作用之前，还需要数十亿年的时间。另一方面，火卫一 (火星卫星之一) 处于顺行轨道，但其轨道周期为 7^h39^m，比火星的自转周期 (24^h37^m) 还要短。这意味着，火卫一在火星的**同步轨道 (synchronous orbit)** 内，而在同步轨道上，行星的自转周期和卫星的轨道周期应该相等[②]。因此，火卫一正在 “超越” 火星的潮汐隆起轴，由此产生的力量导致火卫一向内螺旋。火卫一的轨道正在迅速衰减，如果保持这样的趋势不变，大约 5000 万年后就会撞上火星。另一颗火星 (卫星火卫二) 则在同步轨道的半径之外，正在向外盘旋，就像我们的月球一样。

19.2.4　太阳附加的潮汐效应

当然，地月系统并不是严格孤立的。例如，太阳也会产生作用于地球的潮汐力。当太阳、地球和月球排列成一线时 (满月或新月时)，由于太阳和月球所产生的引力差异叠加在

[①] 一些双星系统中也存在同步绕转，详见 18.1 节。

[②] 地球的同步轨道有时称为地球同步轨道 (geosynchronous orbit)。放置在地球同步赤道轨道上的人造卫星会固定保持在地表同一地理点的上空。通信卫星一般置于这种轨道上。

一起，就会在地球上产生异常巨大的潮汐隆起，称为**大潮** (spring tide)。在上弦月或下弦月时，太阳、地球和月球形成直角构型。在这种构型下，太阳和月球产生的潮汐趋于抵消，从而产生异常低的**小潮** (neap tide)。

19.2.5 洛希极限

火卫一在撞上它的母行星之前也不会长时间保持真正完整。回想一下，潮汐力的差分与 r^{-3} 成正比；卫星离母星越近，潮汐效应就越严重。这意味着同步绕转中的卫星的形状会变得越来越长。忽略任何内黏聚力 (即假设是理想化的流体)，当轨道距离减小至一定程度时，就不再可能为卫星定义一个形状，使引力垂直于表面的每一点。因此，卫星表面将不断沿着净引力矢量的方向流动。振荡就会在延伸结构中出现，卫星就会破碎、瓦解。发生潮汐破坏的最大轨道半径称为**洛希极限** (Roche limit)，以 1850 年首次对此进行分析的爱德华·洛希 (1820—1883) 的名字命名。在他的研究中，洛希考虑了公转和自转运动，并假设了一个扁长球体形状的流体 (即橄榄球形的卫星)。

为了对卫星发生破碎时的轨道半径做一个数量级的估计，(不正确地) 假设当引力差超过保持卫星自身凝聚的引力时，就会发生这种情况。此外，为简单起见，假设卫星和行星是球形，并忽略任何离心效应。在这种情况下，如果卫星要被潮汐力破坏，那么卫星在其表面最靠近行星的一点上产生的向内的引力加速度必须小于行星对这一点产生的向外的引力加速度差，或者说是

$$\frac{GM_{\mathrm{m}}}{R_{\mathrm{m}}^2} < \frac{2GM_{\mathrm{p}}R_{\mathrm{m}}}{r^3},$$

其中，M_{p} 和 M_{m} 分别是行星和卫星的质量；R_{m} 是卫星的半径；r 是两颗天体中心之间的距离。将 $M_{\mathrm{p}} = 4\pi R_{\mathrm{p}}^3 \bar{\rho}_{\mathrm{p}}/3$ 和 $M_{\mathrm{m}} = 4\pi R_{\mathrm{m}}^3 \bar{\rho}_{\mathrm{m}}/3$ 代入，其中 $\bar{\rho}_{\mathrm{p}}$ 和 $\bar{\rho}_{\mathrm{m}}$ 分别为行星和卫星的平均密度，再求解 r，我们发现如果卫星的轨道

$$r < f_{\mathrm{R}} \left(\frac{\bar{\rho}_{\mathrm{p}}}{\bar{\rho}_{\mathrm{m}}} \right)^{1/3} R_{\mathrm{p}}, \tag{19.4}$$

就会发生解体。上式中，对于我们的例子，$f_{\mathrm{R}} = 2^{1/3} = 1.3$。在洛希更仔细的分析中，他得到了更大的常数 $f_{\mathrm{R}} = 2.456$。事实上，我们的结果给出的半径值太小，反映了我们的假设 (最终导致卫星解体的是超越其自身引力的引力差分) 是不正确的。由于卫星本体的振荡会在更远的轨道半径处发生，这时卫星本身的引力仍然显著地大于真正发生洛希极限时的差分项。(虽然在本分析中没有考虑，但电磁力为天体提供了自身的内聚力，如分子键或形成的晶体晶格，也可以降低天体被瓦解的程度。)

例 19.2.1 土星的平均密度为 687 kg·m^{-3}，其行星半径为 6.03×10^7 m。使用 $f_{\mathrm{R}} = 2.456$ 的值，平均密度为 1200 kg·m^{-3} 的土星卫星的洛希极限为 1.23×10^8 m。土星光环系统中的物质可能源于在洛希极限内游荡的被解体或是被潮汐破坏的卫星。

19.3 大 气 物 理

今天的太阳系是数十亿年来不断演化的结果，是由一系列的物理过程造成的。邻近行星之间初始条件的微妙差异导致了我们今天看到的非常不同的世界。我们将在本节中讨论一些比较常见的大气过程，然后在后续章节中描述每颗行星的独特特征。

19.3.1   行星的温度

如前所述，行星的温度在其形成和演化过程中起着关键作用。在形成阶段，太阳星云的温度结构会影响一颗行星是成为类地行星还是巨行星；这一点将在 23.2 节中更详细地讨论。温度还有助于确定每颗行星当前的大气层组成。

斯特藩–玻尔兹曼公式 (3.17) 是决定太阳系中各行星现今温度的最重要因素。在平衡条件下，行星的总内能必须保持不变。因此，行星吸收的所有能量都必须重新发射出来；如果不是这样，行星的温度就会随着时间而变化。

为了估计行星的平衡温度，假设行星是一个半径为 R_{p}、温度为 T_{p} 的球状黑体，在距离太阳 D 的圆形轨道上运行。为简单起见，我们假设行星的温度在其表面上是均匀的[①]，并且行星会反射比例为 a 的一部分太阳光 (a 称为行星的**反照率 (albedo)**)。从热平衡的条件来看，没有被反射的太阳光一定会被行星吸收，然后以黑体辐射的形式重新发射。当然，我们也会把太阳当作一个有效温度为 $T_{\odot} = T_{\mathrm{e}}$，半径为 $R_{\odot}$ 的球状黑体。留一道习题，请说明行星的温度由下面的公式给出：

$$\boxed{T_{\mathrm{p}} = T_{\odot}(1 - a)^{1/4}\sqrt{\frac{R_{\odot}}{2D}}.} \tag{19.5}$$

请注意，行星的温度与太阳的有效温度成正比，而不取决于行星的大小。

例 19.3.1   设式 (19.5) 中地球的平均反照率为 $a = 0.3$，那么地球的黑体温度为

$$T_{\oplus} = 255~\mathrm{K} = -19^{\circ}\mathrm{C} = -1^{\circ}\mathrm{F}.$$

这一数值实质上低于水的冰点，(幸运的是！) 不是地球表面的正确温度。这种分析忽略了**温室效应 (greenhouse effect)**，温室效应主要是由地球大气中的水蒸气导致的显著变暖[②]。根据维恩定律 (式 (3.15))，地球的黑体辐射主要以红外波长发射。这些红外辐射被大气中的温室气体吸收，然后重新发射，温室气体作为热毯使地球表面升温约 34℃。习题 19.13 中探讨了温室效应的简单模型。金星上的温室效应更为剧烈，其原因将在 20.2 节中讨论。

19.3.2   行星大气的化学演化

行星大气的演化是一个复杂的过程，它取决于行星形成时太阳星云的局部温度，以及行星在形成过程之后的温度、引力和局部化学成分。就类地行星而言，在最初的原始大气

---

① 如果地球正在快速自转或有一个循环的大气层，则这一假设是合理的近似。

② 二氧化碳、甲烷和含氯氟烃也会造成温室效应。

形成后，岩石和火山喷出的气体也起到了一定作用。在地球上，生命的发展也极大地促进了地球大气的演化。彗星和陨石的撞击也会影响行星大气。

大气发育的一个关键因素是行星保有特定原子或分子的能力。回顾 8.1 节中的讨论，对处于热平衡的气体，速度在 v 和 $v + \mathrm{d}v$ 之间的粒子数目由麦克斯韦–玻尔兹曼速度分布给出 (式 (8.1) 和图 8.6)。在大气层的某个临界高度，当粒子密度低到足以使气体粒子之间的碰撞变得可忽略不计时，向上运动的粒子只能在引力的作用下，沿简单抛射运动所描述的轨迹运动。那些运动速度不够快的原子或分子，或者运动轨迹不正确的原子或分子，将回落至密度较大的层中，与气体发生碰撞。另一方面，那些向上运动且速度足够大的粒子将能够完全摆脱行星的引力，并向行星际空间移动。正是这一过程可以让一些行星的大气 (或者至少是让这些大气中特定的化学成分)"泄漏"。大气层中，粒子的平均自由程足够长以使它们在没有明显碰撞的情况下穿行的区域被称为**外逸层 (exosphere)**。

因为麦克斯韦–玻尔兹曼分布存在的高速尾部，以及太阳系形成以后经过的长时间，如果大气中某一特定成分要逃逸，那么这些粒子的均方根平均速度 v_{rms} 不一定要大于逃逸速度。只需要有足够多的粒子的速度大于逃逸速度 v_{esc}。粗略地估计，如果一颗行星的大气中的某一特定成分满足以下条件：

$$v_{\mathrm{rms}} > \frac{1}{6} v_{\mathrm{esc}},$$

那么这一大气成分 (无论是分子还是原子) 现在应该已经失去了。利用式 (2.17) 和式 (8.3) 分别求出逃逸速度和均方根速度，质量为 m 的气体粒子逃逸出质量为 M_{p}、半径为 R_{p} 的行星所需的温度约为

$$T_{\mathrm{esc}} > \frac{1}{54} \frac{GM_{\mathrm{p}}m}{kR_{\mathrm{p}}}. \tag{19.6}$$

例 19.3.2　地球的大气层由大约 78% 的 N_2 和 21% 的 O_2 组成，而月球到太阳的平均距离与地球到太阳的平均距离相同，却没有明显的大气。从例 19.3.1 可知，没有大气的地球的黑体平衡温度应该是 255 K。因为月球的反照率只有 0.07，所以它的黑体温度要高一些 (274 K)。实际上，地球大气层的垂直温度结构非常复杂，其取决于大气的流体动力学运动以及各种原子和分子吸收辐射的能力。在大气层顶部附近，温度也强烈地依赖于太阳活动。在外逸层，特征温度约为 1000 K。

考虑到地球有能力但月球没有能力保有氮分子。一个氮分子的质量约为 28 u = 4.7×10^{-26} kg，地球的质量和半径分别为 5.9736×10^{24} kg 和 6.378136×10^6 m，月球的质量和半径分别为 7.349×10^{22} kg 和 1.7371×10^6 m(见附录 C)。现在可以根据式 (19.6) 估算出氮从地球或月球逃逸所需的温度，于是得到 $T_{\mathrm{esc}, \oplus} > 3900$ K 和 $T_{\mathrm{esc}, \text{月球}} > 180$ K。由于地球的外逸层温度较低，而月球的温度比 $T_{\mathrm{esc}, \text{月球}}$ 值高，所以地球能够一直保有其氮分子，月球则不能。

由于 O_2 的质量更大 (32 u)，所以需要更高的温度才能逃逸。

19.3.3　大气成分的损耗

大气中特定成分的损耗可以通过直接利用式 (8.1)，即麦克斯韦–玻尔兹曼分布的 $n_v \mathrm{d}v$ 来更详细地理解。当粒子在气体中随机移动时，其中一些粒子近似垂直向上移动，因此有最佳的逃逸机会。在时间间隔 $\mathrm{d}t$ 内，穿过横截面积 A 和垂直厚度 $\mathrm{d}z$ 的水平薄层的速度在 v 至 $v + \mathrm{d}v$ 之间的粒子数量由以下公式给出：

$$\mathrm{d}N_v \mathrm{d}v = (n_v \mathrm{d}V)\,\mathrm{d}v = A\mathrm{d}z n_v \mathrm{d}v = A v_z \mathrm{d}t n_v \mathrm{d}v = C_g A v \mathrm{d}t n_v \mathrm{d}v,$$

其中，C_g 是一个几何因子，该因子要求在任意运动的粒子的所有速度分量中，只考虑正的垂直分量。除以时间间隔，我们得到速度在 v 至 $v + \mathrm{d}v$ 之间的粒子穿越表面的速率。此外，如果我们假设大气在外逸层处是球面，令 $A = 4\pi R^2$，那么速度在 v 至 $v + \mathrm{d}v$ 之间的粒子每秒垂直向上移动穿过整个外逸层的数量由下式给出：

$$\dot{N}_v \mathrm{d}v \equiv \frac{\mathrm{d}N_v}{\mathrm{d}t}\mathrm{d}v = 4\pi R^2 C_g v n_v \mathrm{d}v.$$

最后，为了确定每秒离开大气层的粒子数量，只需考虑那些具有足够高速度的粒子，即 $v > v_{\mathrm{esc}}$。代入式 (8.1) 并进行积分，我们得到

$$\dot{N} = \frac{n\pi R^2}{4}\left(\frac{m}{2\pi kT}\right)^{3/2}\int_{v_{\mathrm{esc}}}^{\infty} 4\pi v^3 \mathrm{e}^{-mv^2/(2kT)}\mathrm{d}v, \tag{19.7}$$

其中，根据对问题的几何形状的仔细分析，C_g 的值被设为 1/16。在习题 19.16 中，要求你证明在大气层的某个高度 z，当粒子数密度为 $n(z)$ 时，式 (19.7) 化为

$$\dot{N}(z) = 4\pi R^2 \nu n(z), \tag{19.8}$$

其中，

$$\nu \equiv \frac{1}{8}\left(\frac{m}{2\pi kT}\right)^{1/2}\left(v_{\mathrm{esc}}^2 + \frac{2kT}{m}\right)\mathrm{e}^{-mv_{\mathrm{esc}}^2/(2kT)} \tag{19.9}$$

是以速度为单位的**大气逃逸参数 (atmospheric escape parameter)**。

ν 描述的是在外逸层中数密度为 $n(z)$，质量为 m 的气体粒子在单位面积上的逃逸速度。大气逃逸参数也可以被认为是每秒蒸发掉 (或 "泄漏") 某一特定成分的大气的有效厚度。在图 19.6 中，$\log_{10}\nu$ 是地球大气层中各种成分的质量的函数，图中温度设为 1000K，是外逸层中的温度平均值。请注意，在所列的成分中，只有分子氢和氦实质上完全逃离了地球大气层，而月球则失去了所有的大气，包括列出的较重分子。

　　例 19.3.3　式 (19.8) 和式 (19.9) 可以用来估计分子氮从地球大气中逃逸所需的时间。假设氮分子的密度随高度的增加而呈指数下降，就像近乎等温时大气层的压强分布一样 (见 10.4 节)[①]，可以粗略计算出大气中氮分子的总数。那么有

$$n(z) = n_0 \mathrm{e}^{-z/H_P}$$

[①] 地球的大气层实际上与等温近似有很大的不同。因此，这里使用的对 $n(z)$ 的估计在更仔细的分析中需要进行重要修改。然而，这种 "粗略" 的计算说明了所涉及的许多基本物理原理，并得到了正确的一般性结论。

其中，n_0 是表面的数密度；H_P 是由式 (10.70) 给出的压力标高。根据理想气体定律 (式 (10.11))，用氮分子的质量 (M_{N_2}) 来替代 μm_H，压力标高可以写成下式：

$$H_P = \frac{P}{\rho g} = \frac{kT}{gM_{N_2}}. \tag{19.10}$$

请注意，不同质量粒子的压力标高是不同的。采用地球表面的特征值 ($T = 288$ K，$g = 9.80$ m·s^{-2})，分子氮的压力标高 $H_P=8.7$ km。

粗略假设压力标高不随海拔的变化而变化，并忽略相对于地球表面 r 的轻微变化，于是可以将数密度对整个大气体积进行积分，得到

$$N = 4\pi R_\oplus^2 n_0 H_P.$$

取地表附近的氮分子的数密度为 $n_0 = 2\times10^{25}$ m^{-3}，则大气中氮分子的总数为 $N = 9\times10^{43}$。

由式 (19.9) 和图 19.6 可知，地球外逸层中氮分子的大气逃逸参数为 $\nu = 4 \times 10^{-88}$ m·s^{-1}。另外，在外逸层的高度 (约 500 km)，氮分子的平均数密度为 2×10^{11} m^{-3}。利用式 (19.8)，我们得出氮分子逃离地球大气层的速率约为 $\dot{N} = 4 \times 10^{-62}$ s^{-1}。用分子总数除以损失率，地球大气中氮气消散所需的时间估计为

$$t_{N_2} = \frac{N}{\dot{N}} = 2 \times 10^{105} \text{ s} = 6 \times 10^{97} \text{yr}.$$

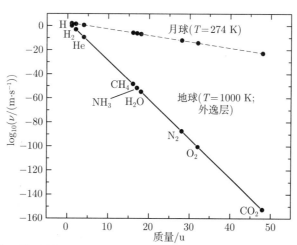

图 19.6 大气逃逸参数 ν 的对数相对于地球大气和月球表面各种化学成分的原子量的函数图。请注意，地球已经失去了绝大部分的原子氢、分子氢以及氦，同时却保有列出的其他分子。而月球则失去了所有的大气

可以说，地球大气中的氮气是不会很快逃逸光的! 然而，对地球大气中的原子氢来说，情况却截然不同。这将在习题 19.14 和习题 19.19 中详细讨论。

　　除了高速粒子在麦克斯韦–玻尔兹曼分布的指数尾部的损耗外, 其他因素也会导致大气的耗散。由高层大气吸收紫外光子而引起的分子**光致解离 (photodissociation)**, 会将一些分子分解成原子或较轻的分子, 从而使分解后的单个粒子具有更大的速度 (回忆均方根速度的表达式, 式 (8.3))。例如, $H_2 + \gamma \longrightarrow H + H$。太阳风也可以通过碰撞高层大气, 直接抛射粒子, 或解离分子后发生逃逸, 从而造成粒子的损耗。即使是陨石和彗星的撞击引起的加热, 也会加速大气成分的损耗。

19.3.4　大气成分的引力分离

　　大气物理学的另一个特点是, 大气层中的成分会按重量发生**引力分离 (gravitational separation, 也称为化学分化 (chemical differentiation))**, 这也会影响某些大气成分的损耗。在没有低空对流所造成的持续混合的情况下, 高层大气中的成分差异会随着高度的增加而形成。这种效应可以参考形如式 (19.10) 的压力标高的表达式来理解。对于给定的温度, 压力标高随着质量的减小而增大, 这意味着较轻的粒子的数密度不会随着 z 的增加而迅速减小。因此, 较轻的粒子在高层大气中的数量相对较多, 增加了它们逃逸的可能性。

19.3.5　环流模式

　　类似于恒星 (见 10.4 节), 行星大气的对流主要由陡峭的温度梯度所驱动。在赤道附近, 太阳光的强度最大, 大气被加热, 暖空气上升。然后, 气体迁移到高纬度的较冷地区, 在那里再次下沉。当气体回到赤道附近的温暖地区时, 这一循环就结束了。如果暖空气能够在下沉之前从赤道一直迁移到两极, 那么就会出现如图 19.7(a) 所示的全球模式。这种假想的环流模式称为**哈德利环流 (Hadley circulation)**。

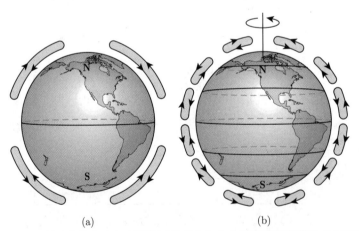

　　　　　　　　　　　　(a)　　　　　　　　　　　　　　　(b)

图 19.7　　(a) 假想的哈德利环流模式, 由赤道附近的暖空气上升和两极附近的冷空气下沉引起; (b) 地球上的一般天气环流, 向两极迁移的暖空气的辐射冷却分裂了哈德利环流圈

　　在现实中, 高度较高的暖空气在向两极迁移的过程中会经历辐射冷却。在北纬和南纬 $30°$ 左右, 空气已经散发了足够的热量, 因此下沉并返回赤道, 在那里再次被加热。同样, 从两极向赤道迁移的高度较低的冷空气在北纬和南纬约 $55°$ 处被加热并上升, 回到两极, 在那里再次下沉。这就将全球性的哈德利环流模式分解为三种区域性环流, 如图 19.7(b) 所示。

这些常规的区域性天气模式因地球的自转而变得更加复杂。由于自转的物体并不构成惯性参考系，所以存在诸如**科里奥利力 (Coriolis force)** 之类的伪力。

为简单起见，假设地球是完美球体。在某一纬度 L 处，地表上某点距自转轴的距离 r_L 由以下公式给出：

$$r_L = R_\oplus \cos L.$$

设地球的自转角速度为 ω，则在纬度 L 处，地表向东的速度是

$$v_L = \omega r = \omega R_\oplus \cos L.$$

在赤道 $(L = 0°)$，这一速度约为 $465\ \mathrm{m \cdot s^{-1}} = 1670\ \mathrm{km \cdot h^{-1}}$。然而，在纬度 $L = 40°$ 处，速度降低至 $1300\ \mathrm{km \cdot h^{-1}}$。因此，对在惯性参考系中的观测者来说，一个在赤道地表静止不动的人比一个在纬度 $40°$ 的地表静止不动的人其移动的速度要快约 $370\ \mathrm{km \cdot h^{-1}}$。这种随纬度变化的速度差异会影响天气环流模式。

为了说明科里奥利力的影响，考虑一颗近乎水平从赤道向北运动的抛射物的表观运动，如图 19.8(a) 所示。同时假设抛射物在飞行过程中高出地球表面的高度基本不变。从位于抛射物运动原点的地球表面的观测者的角度来看，抛射物最初似乎是直线向北飞行的，因为观测者在抛射物发射时，其速度与抛射物速度矢量的东向分量相同。然而，从远在地球上方的惯性参考系中的观测者的角度来看，抛射物的运动方向将是东北方向，这正是因为抛射物的速度矢量有一东向分量。

当抛射物向北移动时，地面上的观测者会发现，由于某种未被发现的"力"，抛射物路径将向东偏斜 (图 19.8(b))。然而，在惯性参考系中的观测者将这一观测结果理解为由地球表面随纬度变化的速度差所致；抛射物速度矢量的东向分量将导致抛射物"领先于"地球上纬度越来越北的观测者。

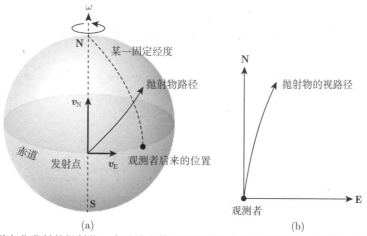

(a)   (b)

图 19.8   从赤道向北发射的抛射物，在地球上的观测者看来会向东偏斜：(a) 观测者在地球之外的惯性参考系中看到的景象；(b) 地球表面上静止的观测者看到的视轨迹

可以看出，在非惯性参考系中测量得到的科里奥利力的值是由下列公式给出的：

$$F_C = -2m\omega \times v,$$ 　　　　　　　　　　(19.11)

其中，ω 为行星的角速度矢量；v 为抛射物相对于非惯性参考系的速度。显然，随着抛射物速度或行星角速度的增大，"力"的作用也会增大。在地球上，科里奥利力的存在使大尺度的北南环流模式发展成全球性的、东西向的纬向气流 (回顾图 19.7(b))。在最接近赤道的地方，环流模式一般是东风，称为信风。在 $30° \sim 55°$ 的区域，盛行的风是西风。在两极附近，气流也一般是东风。科里奥利力也是高低压系统周围云层运动的原因 (见习题 19.21)。

19.3.6　天气系统的复杂性

看过天气预报的人都知道，地球上的天气环流模式比上面描述的要复杂得多。大气中的水分、陆地形态的多样性、洋流的热量输送、海洋和陆地之间的温差，甚至是大气层和地球表面之间的摩擦效应等影响，都造就了地球天气系统的复杂性。

推 荐 读 物

一般读物

Beatty, J. Kelly, Petersen, Carolyn Collins, and Chaikin, Andrew (eds.), *The New Solar System*, Fourth Edition, Cambridge University Press and Sky Publishing Corporation, Cambridge, MA, 1999.

Booth, Nicholas, *Exploring the Solar System*, Cambridge University Press, Cambridge, 1999.

Consolmagno, Guy J., and Schaefer, Martha W., *Worlds Apart: A Textbook in Planetary Sciences*, Prentice-Hall, Englewood Cliffs, NJ, 1994.

Morrison, David, and Owen, Tobias, *The Planetary System*, Third Edition, Addison-Wesley, San Francisco, 2003.

Trefil l, James, *Other Worlds: Images of the Cosmos from Earth and Space*, National Geographic Society, Washington, D.C., 1999.

专业读物

Atreya, S. K., Pollack, J. B., and Matthews, M. S. (eds.), *Origin and Evolution of Planetary and Satellite Atmospheres*, The University of Arizona Press, Tucson, 1989.

de Pater, Imke, and Lissauer, Jack J., *Planetary Sciences*, Cambridge University Press, Cambridge, 2001.

Fowles, Grant R., and Cassiday, George L., *Analytical Mechanics*, Seventh Edition, Thomson Brooks/Cole, Belmont, CA, 2005.

Holton, James R., *An Introduction to Dynamic Meteorology*, Fourth Edition, Elsevier Academic Press, Burlington, MA, 2004.

Houghton, John T., *The Physics of Atmospheres*, Third Edition, Cambridge University Press, Cambridge, 2002.

Lewis, John S., *Physics and Chemistry of the Solar System*, Academic Press, San Diego, 1995.

Lodders, Katharina, and Fegley, Jr., Bruce, *The Planetary Scientist's Companion*, Oxford University Press, New York, 1998.

Manning, Vincent, Boss, Alan P., and Russell, Sara S. (eds.), *Protostars and Planets*, *IV*, The University of Arizona Press, Tucson, 2000.

Seinfeld, John H., and Pandis, Spyros N., *Atmospheric Chemistry and Physics: From Air Pollution to Climate Change*, John Wiley & Sons, Inc., New York, 1998.

Taylor, Stuart Ross, *Solar System Evolution*, Second Edition, Cambridge University Press, Cambridge, 2001.

习　　题

19.1　(a) 根据附录 C 中给出的数据, 以水星的质量为单位表示月球、木卫一、木卫二、木卫三、木卫四、土卫六、海卫一和冥王星的质量。

(b) 以水星的半径为单位来表示这些卫星和冥王星的半径。

19.2　波得定则的另一版本 (Blagg-Richardson(布拉格–理查德森) 公式) 形如下式:

$$r_n = r_0 A^n,$$

其中, n 是按从太阳向外的顺序排列的行星序号 (例如, 水星的 $n = 1$); r_0 和 A 是常数。

(a) 将每颗行星的位置和谷神星的位置绘制在 $\log 10\, r_n$ 和 n 的半对数图上。

(b) 在图上画出拟合数据最佳的直线, 并确定常数 r_0 和 A。

将你拟合的 "预测" 结果与各行星的实际值进行比较, 并计算相对误差。

$$\frac{r_n - r_{\text{actual}}}{r_{\text{actual}}}.$$

19.3　对木星的伽利略卫星 (木卫一到木卫四) 重复习题 19.2 的操作。以木星的半径为单位表示伽利略卫星的轨道距离。木星及其卫星的数据见附录 C。

19.4　从式 (19.2) 出发, 利用图 19.3 中的几何图形, 推导式 (19.3)。

19.5　(a) 为简化起见, 假设地球是一个密度恒定的球体, 计算由月球潮汐影响导致的地球自转角动量的变化率。这一变化是正的还是负的?

(b) 将月球视为一个质点, 估计月球的轨道角动量的变化率, 这一变化是正的还是负的?

(c) 比较你得到的 (a) 和 (b) 部分的粗略结果, 你对地月系统的总角动量随时间的变化有什么结论?

19.6　(a) 粗略估计地球自转周期变为 47 天时所需的时间, 届时地球的自转周期将与月球的公转轨道周期同步。

(b) 根据你对太阳演化的了解, 未来的地球居民是否有机会看到地月系统完全同步 (地球始终保持同一 "面" 朝向月球)? 为什么会或为什么不会?

19.7　(a) 利用开普勒定律, 估计在遥远未来的某个时候, 当地月系统进入完全的 47 天同步时, 月球与地球的距离。

(b) 从地球上看, 届时月球的角直径是多少?

(c) 假设太阳的直径与现在的数值相同, 是否会发生日全食? 为什么?

19.8　(a) 计算月球和太阳对地球的潮汐力之比。

(b) 借助矢量图，解释大潮强而小潮相对较弱的原因。

19.9　解释北冰洋在阿拉斯加州巴罗的纬度 (北纬 71.3°) 处，几乎完全没有任何潮汐的原因。

19.10　利用附录 C 中的数据，估计火星–火卫一系统的洛希极限。火卫一的平均密度为 $2000 \mathrm{kg \cdot m^{-3}}$，轨道距离为 9.4×10^{6} m。请解释火星未来可能会有一个小型光环系统的说法。

19.11　为什么航天器经过巨行星附近时不会发生潮汐瓦解？

19.12　考虑自转，在球形卫星绕行星同步绕转的情况下重新推导式 (19.4)。你得到的 f_R 的新值是多少？提示：开普勒第三定律可能会有帮助。

19.13　(a) 利用式 (3.17) 和简单的几何学原理，推导到太阳距离为 D 的行星温度 T_p 的表达式 (19.5)。

(b) 想象地球大气层中的温室气体是单独一层，对可见光波长的太阳光完全透明，但对地球表面发出的红外辐射完全不透明。假设该温室气体层的顶面积和底面积都等于地球的表面积，气体层顶部的温度 $T_\oplus$ 正好是例 19.3.1 中得出的黑体温度。说明该温室气体层发出的黑体辐射导致地球表面升至 $T_{\mathrm{surf}} = 2^{1/4} T_\oplus$ 的温度。将这一结果与地球的平均表面温度 15℃ = 59℉ 作比较。

19.14　利用式 (19.6)，估计所有原子氢逃离地球大气层所需的温度。这是否与大气中缺乏明显数量的原子氢或分子氢相一致？为什么？

19.15　(a) 估计木星的黑体平衡温度。使用附录 C 中的数据。

(b) 利用式 (19.6)，估计自木星形成以来，所有氢分子逃离木星大气层所需的温度。

(c) 根据你在 (b) 部分的回答，你认为木星大气的主要成分是什么？为什么？

19.16　利用分部积分，说明式 (19.8) 和式 (19.9) 是由式 (19.7) 直接得出的。

19.17　假设地球表面附近空气的密度为 $1.3 \mathrm{~kg \cdot m^{-3}}$，说明氮分子的数密度约为 $2 \times 10^{25} \mathrm{~m^{-3}}$，如例 19.3.3 所示。

19.18　假设地球外逸层中的分子平均自由程足够长 (约 500 km)，足以让它们逃逸到行星际空间中，请使用式 (9.12) 估算外逸层中分子的数密度。注意，你需要对它们的碰撞截面作数量级估计。将你的结果与例 19.3.3 中引用的氮分子的数密度进行比较。请解释这两个数值之间的任何明显差异。

19.19　(a) 假设地球曾经有一个完全由氢原子组成的大气层，而不是今天由分子氮和分子氧组成的大气层。利用式 (19.9)，计算在这种情况下，如果外逸层的温度是 1000 K，则大气逸出参数 ν 是多少？

(b) 采用与习题 19.18 相同的步骤，估计原始外逸层中氢原子的数密度。

(c) 氢原子从外逸层流失的速度是多少？

(d) 假设大气中氢原子的数量与今天氮分子的数量基本相同。氢从地球大气中逸出大约需要多长时间？用年来表示你的答案，并与地球的年龄相比较。(注意：在 23.2 节中，我们将了解到，地球似乎不太可能有实质性的氢大气。)

19.20　计算木星外逸层中原子氢的大气逸出参数 ν(令 $T \sim 1200$ K)。将你的结果与地球的数值进行比较 (见图 19.6 或习题 19.19(a) 的结果)。提示：由于大多数计算器的数字限制，你可能会发现需要先计算 $\log_{10} \nu$，而不是直接计算 ν。

19.21　(a) 考虑从北极向赤道发射抛射物的情况。图解说明该抛射物会向西偏转 (从发射点看时向右转)。

(b) 回顾从赤道向北极发射的抛射物也是向右 (向东) 飞行，请说明在北半球，低压系统周围的环流是逆时针的。

(c) 在南半球，低压系统的环流方向是哪种？

19.22　假设一个质量为 m 的球以

$$\boldsymbol{v} = v_x \hat{\boldsymbol{i}} + v_y \hat{\boldsymbol{j}} + v_z \hat{\boldsymbol{k}},$$

的速度抛出。其中，$\hat{\boldsymbol{i}}, \hat{\boldsymbol{j}}, \hat{\boldsymbol{k}}$ 为单位矢量，分别指向球抛出点处的东、北和正上方。球被抛出时的纬度为 L。

(a) 证明小球所受科里奥利力的分量由下式给出：

$$\boldsymbol{F}_C = -2m\omega \left[\left(v_z \cos L - v_y \sin L \right) \hat{\boldsymbol{i}} + v_x \sin L \hat{\boldsymbol{j}} - v_x \cos L \hat{\boldsymbol{k}} \right].$$

提示：一定要用地球表面的 $\hat{\boldsymbol{i}}, \hat{\boldsymbol{j}}, \hat{\boldsymbol{k}}$ 坐标系来表示矢量 $\boldsymbol{\omega}$ 的分量，坐标系的原点设在投掷球的位置。

(b) 地球的 ω 值是多少？

(c) 如果在纬度为 $40°$ 的地球表面，以初速度矢量 $\boldsymbol{v} = 30\text{m} \cdot \text{s}^{-1} \hat{\boldsymbol{i}}$ 向东抛出小球，那么由于科里奥利力的作用，加速度矢量的分量是多少？

(d) 若将球向北抛出，$\boldsymbol{v} = 30\text{m} \cdot \text{s}^{-1} \hat{\boldsymbol{j}}$，那么加速度矢量的分量又是多少？

(e) 如果将球垂直向上抛出，$\boldsymbol{v} = 30\text{m} \cdot \text{s}^{-1} \hat{\boldsymbol{k}}$，那么加速度矢量的分量是多少？对这一结果作简单的物理解释。

第 20 章　类地行星

20.1　水　　星

四颗类地行星有一些共同的特点，如体积小、岩石构成、自转缓慢 (表 19.1)。我们的月球和几颗巨行星的卫星也有许多与类地行星相同的特点。在本章中，我们将把注意力集中在类地行星及其卫星上，把对巨行星及其系统的讨论留到第 21 章。

20.1.1　水星的 3:2 自转–公转轨道耦合

正如我们在 17.1 节中所了解到的，最内侧的行星–水星 (图 20.1) 的轨道距离太阳非常近 (0.39AU)，以至于开普勒定律对其失效。原因是巨大天体附近的时空会受到影响，使得我们熟悉的牛顿的平方反比律式 (2.11) 不再能完全充分地描述引力。水星相当偏心的轨道 ($e = 0.2056$) 的近日点的缓慢前进是爱因斯坦广义相对论的最早检验之一。

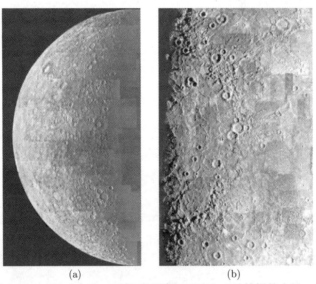

(a)　　　　　　　　　　　　　(b)

图 20.1　(a) 1974 年 3 月 29 日，"水手 10 号"在距离 20000 km 处拍摄的水星；(b) 在明暗界线 (昼夜分界线) 附近可以看到卡路里盆地的一部分。请注意左手边以撞击点为中心的半圆形山环 (由 NASA/JPL 提供)

1965 年，罗尔夫·B·戴斯 (Rolf B. Dyce) 和戈登·H·佩滕吉尔 (Gordon H. Pettengill) 利用阿雷西博射电望远镜成功地从水星上反射雷达信号，第一次显现了水星轨道的另一种奇特特征。反射信号扩展的波长分布揭示了水星的自转速度；由于多普勒效应，当信号碰到水星朝向我们转动的一侧时，无线电波发生蓝移，而信号碰到远离我们一侧的无线电波时则发生红移。这些观测结果表明，水星的自转周期约为 59 天。**"水手 10 号"**(Mariner

10) 探测器在 1974 年和 1975 年多次飞越该行星期间进行的更精确的测量表明，自转周期实际上是 58.6462 天，正好是水星 87.95 天的恒星轨道周期的三分之二。

　　根据 19.2 节讨论的潮汐演化过程，可以理解自转周期和轨道周期之间这种奇特的 3:2 关系是如何形成的。在近日点，水星受到的潮汐力最强，使行星试图将其隆起轴与连接行星质量中心和太阳质量中心的连线对齐。因此，潮汐扭曲所伴随的摩擦力所产生的巨大能量耗散，使水星的自转速度减慢，最终每圈轨道在近日点发生对齐，见图 20.2。

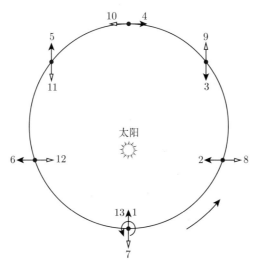

图 20.2　水星的 3:2 自转–公转耦合

20.1.2　水星的表面

　　"水手 10 号" 传回的图片显示了一个与月球极为相似的星球 (比较图 20.1 和图 20.16)。水星是一个遍布陨击坑的世界，表明它在近 46 亿年的历史中经历了广泛的撞击。这种剧烈碰撞的证据在许多地方都很常见，让我们对太阳系的历史有所了解。有次撞击 (现在称为卡路里盆地的地方) 非常猛烈，以至于产生波纹结构，这些波纹穿越了整个星球，并在另一侧会聚，创造出一群参差不齐的小山。

　　仔细比较月球和水星的图像后可以发现，水星的陨击坑之间往往隔着基本没有明显陨击坑的区域。假设两颗天体在历史上受到的撞击率大致相同，而且它们形成的时间也大致相同，那么水星表面一定比月球的大部分表面受到的撞击时间要近 (意味着水星表面一定更年轻)。这与以下结论是一致的，即由于水星较大且离太阳较近，它在形成后的冷却速度较慢，炽热的熔融物质更有可能到达水星地表，覆盖较早的撞击点。

　　考虑到水星的大小及其邻近太阳的事实，则水星只有一个非常脆弱的大气层并不奇怪 (回顾 19.3 节中对行星大气层保持情况的分析)。由于水星太阳直射点的温度很高 (达到 825 K)，且逃逸速度相对较低 (43 km·s^{-1})，大气气体很快就会蒸发到太空。事实上，水星的外逸层一直延伸到行星表面。它所拥有的大气层 (数密度小于 10^{11} m^{-3}) 来自于强烈太阳风中的氢、氦带电原子核，这些粒子被束缚在水星的弱磁场内，同时还有氧、钠、钾和钙等原子，这些原子从行星表面的风化层 (或土壤) 中逸出。离开风化层的原子可能是由于太阳风粒子的撞击或者微流星体的撞击气化风化层物质而释放的。

具有讽刺意味的是，雷达数据显示这颗距离太阳最近的行星拥有高反射度的挥发性物质，它们可能是在极冠附近的永久处于阴影下的撞击坑中的水冰[①]。潮汐相互作用迫使行星的自转轴几乎完全垂直于它的轨道平面，因此水星极区只能得到非常少的阳光。此外，由于几乎没有大气层可言，水星无法有效地将热量从赤道地区输送出去。因此，两极附近的温度可能永远不会超过 167 K，而在两极附近的撞击坑内的阴影中，温度可能低至 60 K。这样的低温足以使任何可能因彗星碰撞等过程而沉积在那里的水冰只在很长的时间尺度下才会升华。

20.1.3 水星内部

与月球的密度 (3350 $kg \cdot m^{-3}$) 相比，水星的平均密度相对较高 (5427 $kg \cdot m^{-3}$)，这表明水星肯定已经失去了大部分较轻的元素，并经历了充分的引力分化，从而形成了一个相当致密的核心。根据威利·本茨 (Willy Benz)、维恩·斯莱特里 (Wayne Slattery) 和阿拉斯泰尔·G·W·卡梅隆 (Alastair G. W. Cameron, 1925—2005) 在 1987 年首次进行的计算机模拟，水星在其历史早期可能经历了与一颗巨大星子的剧烈碰撞。碰撞的能量非常大，导致外层许多较轻的硅酸盐物质被清除，留下了之前沉淀在行星中心的铁和镍。因此，在碰撞后，行星的平均密度大大增加。据估计，撞击星子的质量约为水星目前质量的五分之一，撞击速度约为 20 $km \cdot s^{-1}$。

在碰撞之前，水星的质量可能是现在的 2 倍。虽然这似乎是对水星不寻常密度的一种临时解释，但我们很快就会知道，早期的太阳系是个狂暴的地方，大规模的碰撞只是其演化的一面。

20.1.4 水星的弱磁场

水星的自转，以及其巨大的导体金属核心，可能是其具有磁场的原因。"水手 10 号"在距离水星表面 330 km 的高度测量到了水星磁场的最大强度约为 4×10^{-7}T，约是在地球表面附近测量到的磁场强度的 1/100。产生水星磁场和其他行星磁场的机制是磁发电机效应，本质上与太阳磁场的产生过程相同 (11.3 节)。行星磁场机制和恒星磁场机制的不同之处在于，液态金属导体核心取代了恒星中的电离气体作为磁场的来源。到目前为止，行星发电机的细节仍然不太清楚。就水星而言，自转速度如此之慢的事实似乎与目前有磁发电机正在运转的观点相矛盾。此外，水星相对较小的体积表明，它的核心应该已经冷却到任何熔融核心都太微不足道，无法产生可测量的磁场的地步。因此，反对当前发电机机制的人认为，水星的磁场可能是过去磁场的"冻结"遗迹，那时行星可能自转得更快、温度更高。

20.2 金 星

金星是距太阳第二远的行星，它有时被称为地球的姐妹行星，因为它的质量 (0.815 $M_\oplus$) 和半径 (0.9488 $R_\oplus$) 与地球相当。尽管有这些基本的相似之处，这两颗行星的许多基本特点还是截然不同的。

[①] NASA 在加利福尼亚州戈德斯通 (Goldstone) 的 70m 跟踪站以 3.5cm 的波长发送约 500 kW 的信号，随后由 VLA 接收反射信号束。

20.2.1　逆向自转

这是在 20 世纪 60 年代，人们发现的金星的许多不同寻常的特征之一。天文学家认识到，金星的大气环流是逆向的 (方向与其公转轨道运动相反)，靠近赤道的云层顶部的速度接近 100 m·s^{-1}，见图 20.3(a)。这一推断最初是基于对金星大气层中云层的观测；后来通过测量云层反射太阳光的谱线的多普勒频移证实了这一点。随后，地基雷达对金星表面的多普勒测量 (就像对水星的测量一样) 显示，这颗行星本身也在逆向自转，但速度是其上层大气的 1/60。金星的恒星自转周期是非常缓慢的 243 天；而其公转轨道周期为 224.7 天。

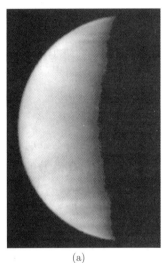

(a) (b)

图 20.3　(a) 哈勃空间望远镜上的 WF/PC 2 相机于 1995 年拍摄的金星紫外图像，注意该行星厚大气层顶部的 "Y" 形云团特征，在可见光和紫外线下，看不到金星表面特征 (由科罗拉多大学博尔德分校的 L·埃斯波西托 (L.Esposito) 和 NASA 提供)；(b) 1990~1994 年绕金星运行的 "麦哲伦号" 航天器获得的金星表面复合雷达图像 (由 NASA/JPL 提供)

行星的逆向自转是一个有趣的谜题。太阳系中的所有行星都在顺行轨道上运行，它们的大多数卫星也是如此。这意味着，从地球北极上方的合适位置观看，这些行星是以逆时针方向运行的。而且，除了金星、天王星和冥王星之外，所有其他行星和它们的大多数卫星也都是顺行自转，就像太阳一样。这与人们对太阳系是从一个旋转的物质盘中演化而来的预期是一致的，这一物质盘是在太阳形成时形成的。

根据对金星、太阳和太阳系其他行星之间相互作用的详细分析和数值研究，亚历山大·科瑞亚 (Alexand Correia) 和雅克·拉斯卡尔 (Jacques Laskar) 表明，金星的逆向自转可以用引力摄动来解释。源自于太阳系其他天体的许多摄动作用在金星上，导致形成与金星自转轴有 0° ~ 90° 夹角的混乱摄动区域。当金星通过该引力摄动区域时，其自转轴的倾斜就会发生巨大变化。在金星形成后的前几百万年内，它的大气层非常厚，也开始影响行星的自转。这是因为浓厚的大气会受到潮汐力的明显影响，而且浓厚的大气也会产生阻尼效应。基于不同自转周期和自转轴倾斜度的初始条件进行的数值模拟，最常见的结果是金星缓慢地逆向自转，就像今天观测到的那样。然而，产生这一最终状态的路径可以是自转轴倾斜至近 180° 的翻转，也可以是自转轴倾斜为 0° 时，自转速率减慢到零，然后在潮汐力作用下开始缓慢地逆向自转。

金星大气层的动力学行为也是一个谜团。进入金星大气层的探测器测量到了两个大型哈德利环流圈的存在 (19.3 节)，每半球一个，这与行星缓慢的自转速度和相应缺乏任何明显的科里奥利力相一致 (式 (19.11) 中的 ω 非常小)。然而，在赤道附近，云层仅 4 天就能环绕行星一圈，于是产生了图 20.3(a) 中明显的 "Y" 形云图。这种高速运动在高空急流 (狭长的空气流) 中很常见，但对如此大范围的大气来说是不寻常的，特别是在下层大气旋转如此缓慢的情况下。

20.2.2 缺失磁场

金星自转缓慢的一个结果确实与预期一致，那就是缺乏任何可测量的磁场。熔融导体核心内的电流是由行星自转产生的，因此，金星上没有磁发电机制的一个关键组成部分。由于没有磁场通过洛伦兹力 (式 (11.2)) 来保护行星，从而太阳风中的超声速离子会直接撞击高层大气，在其突然减慢至亚声速的位置处产生碰撞电离和驻留冲击波。

20.2.3 金星炎热而厚重的大气层

最初是利用地面望远镜的观测，后来是由苏联和美国的探测器对金星稠密大气层的成分进行了分析，发现其主要成分是二氧化碳 (CO_2)，约占原子或分子总数的 96.5%，其余大部分为分子氮 (N_2，3.5%)。其他分子的痕迹也存在，最主要的是氩 (70ppm)[①]、二氧化硫 (SO_2，60ppm)、一氧化碳 (CO，50ppm) 和水 (H_2O，50ppm)。探测器甚至探测到了厚厚的硫酸云。在大气层的底部，温度为 740K，足以熔化铅，压力为 90 atm[②]，相当于地球海洋表面以下 800 多米深处的压力。

金星地表温度非常高，远远超出了简单黑体辐射分析的预期，如例 19.3.1 中的分析。大气中大量的二氧化碳 (一种温室气体) 造成了金星地表的极端状况。大气层如此之厚，以至于红外波长的光学深度约为 $\tau = 70$，这意味着在金星轨道位置处所预测的黑体温度比无大气行星增加了近 $(1+\tau)^{(1/4)}=2.9$ 倍，见习题 20.7。

地球的姐妹星球怎么会发展得与我们地球自己的大气层如此不同？地球大气层的形成仍然神秘莫测，是热门的研究领域。然而，根据我们所掌握的地球火山气体释放的直接证据，以及在金星和火星上发现的火山，似乎至少有一部分类地行星的大气可能来自于火山活动。还有人认为，这些行星的大气的重要部分可能是由彗星和陨石提供的。如果后一种说法是真的，那么要了解类地行星的大气演变，就需要更好地了解彗星和陨石的组成，以及它们与内太阳系世界碰撞的频率。彗星和陨石将分别在 22.2 节和 22.4 节中更详细地讨论。

无论金星原始大气的来源是什么，二氧化碳都是当今最主要的成分，而水却很少。相反，水在地球的海洋中很丰富，但地球大气中的二氧化碳却很少。是什么改变了这两颗星球上这些分子的相对丰度？如果这两个世界一开始的成分相似，那么过去金星上的水可能要更丰富，这似乎很有可能，因为它们是在太阳星云相互靠近的位置形成的，而且大小相当。事实上，由于零龄主序太阳的光度只有 $0.677\ L_\odot$ 左右，远低于今天 (请回忆图 11.1)，则金星在其历史早期甚至可能在表面有热的海洋。随着太阳光度的增加，并且行星受到更

---

① ppm 代表百万分之一。

② 1 atm $= 1013\times10^5$ N·m^{-2}。

多星子的轰击，其表面温度开始上升，海洋开始蒸发。大气中增加了更多能吸收红外线的水蒸气，引发了失控的温室效应，使金星地表温度攀升至 1800K 附近，高温足以使剩余的水汽化，甚至熔化岩石。同时，地表的大气压力达到 300 atm。由于水比二氧化碳轻，水迁移至大气层顶部，在太阳紫外线的辐射下，通过 $H_2O + \gamma \longrightarrow H + OH$ 的反应解离。这一紫外解离过程解放了较轻的氢原子，使大部分氢原子从金星上逸出。由于二氧化碳仍然存在，所以成为金星大气的主要成分。

与任何切实可行的科学理论一样，重要的是上面的理论预测需要是可检验的。在刚才描述的金星大气层的演化情景中，水的光致解离应该会改变氢的同位素比例。氢有两种稳定的同位素，即 $_1^1H$（或简称为氢，H) 和 $_1^2H$（氘，D），这两种同位素的化学性质相同，但质量相差 2 倍。在地球上，氘原子与氢原子的数量之比是 $D/H = 1.57 \times 10^{-4}$。然而，在金星的大气层中，这一比例接近于 $D/H = 0.016$。金星大气中的 D/H 比值相对于地球增加了 100 倍，这是由于质量更大的同位素的逃逸速度更慢 (回顾式 (19.8) 和式 (19.9))。显然，我们对金星上失控的温室效应的理解基本上是正确的。

20.2.4　研究金星表面

由于浓厚的云层和恶劣的气候，收集有关金星表面的信息一直是一项大费周折的工作。20 世纪 60 年代末到 20 世纪 80 年代初，苏联的金星行星际探测计划能够将探测器下降到金星的大气层中，有时还能在金星表面着陆，并在屈从于那里的恶劣环境之前短时间运行。在金星地表时，探测器传回了地表附近的照片。着陆器还对大气和周围岩石的成分进行了采样，确定了大气中硫的存在，并在地表发现了源自火山的岩石。几十年来探测到的金星二氧化硫含量的变化以及大气层中具有闪电特征的射电暴，都支持金星近期仍有火山活动的说法。特别是，各种航天器和地基望远镜的观测表明，自 20 世纪 70 年代末以来，金星大气中二氧化硫的含量减少了一个数量级以上，并且出现了一些间歇性的波动。由于紫外辐射在高层大气中把二氧化硫转化为硫酸，所以观测到的二氧化硫浓度下降使一些科学家认为，20 世纪 70 年代某个时候金星可能发生了一次大的火山爆发，在 1992 年左右发生了一次较小的爆发。

迄今为止，关于金星表面最多的信息来自于雷达成像，因为无线电信号容易穿透大气层，而可见光和紫外线则不能。利用阿雷西博等地基望远镜，包括"金星号"和"先驱号"系列在内的轨道飞行器，以及最近的**"麦哲伦号"**(Magellan) 航天器进行了雷达成像研究。"麦哲伦号"于 1989 年由"亚特兰蒂斯号"航天飞机发射，其任务非常成功，一直持续到 1994 年，当时它被故意送入金星大气层，以收集有关该行星大气层密度结构的信息。在"麦哲伦号"运行期间，它以 75～120m 的分辨率测绘了 98％的金星地表，图 20.3(b) 显示了金星某半球的麦哲伦拼合图。

在大约一半的飞行任务中，"麦哲伦号"向地球发送了连续的无线电信号，以便科学家能够监测由多普勒效应引起的信号波长的变化。当"麦哲伦号"经过平均密度较高的区域时，局部的引力牵引会使航天器略微加速，地球接收到的信号波长就会发生变化。利用这种方式，"麦哲伦号"获得了金星详细的重力场图，覆盖了金星表面约 95％的面积[①]。

---

① 为了提高重力数据的分辨率，飞行控制人员使用以前未曾尝试过的空气制动技术降低"麦哲伦号"的轨道；"麦哲伦号"略微下降到大气中，利用大气阻力减少航天器的轨道能量。

通过将从两个不同位置拍摄的某一区域的图像与重力信息结合起来，科学家已经能够制作出金星表面大部分地区的详细三维图像。图 20.4 显示了金星的玛阿特山 (Maat Mons)，这是一座位于赤道以北 0.9° 的 8 km 高的火山。在这幅图中，为了突显其重要特征，垂直方向上的幅度被夸大了 22.5 倍。基于地表反射率的变化，岩石特征的变化变得非常明显。在玛阿特山的图像中，可以看到从火山延伸数百公里的熔岩流。据估计，玛阿特山周围地表岩石的年龄不到 1000 万年，而且可能更年轻。

图 20.4　玛阿特山被认为是金星上最高的火山，高度为 8 km。垂直比例尺比水平比例尺增加了 22.5 倍 (由 NASA/JPL 提供)

与太阳系的年龄相比，金星的整个表面似乎可能是最近才被刷新的。这一估计来自于在金星表面发现的撞击坑的数量 (图 20.5)。如果我们假设金星被撞击的速率与内太阳系其他世界 (如水星或月球) 的速度差不多，那么从金星表面发现的相对较少的撞击坑，我们可以得出结论，大规模的熔岩流一定发生在 5 亿年前左右[①]。为了支持这一结论，科学家在金星表面已经鉴别出了近千处的火山特征。

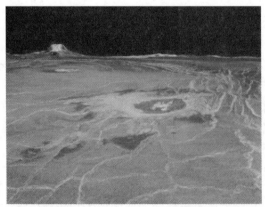

图 20.5　在这幅图中可以看到库尼茨 (Cunitz) 撞击坑，背景是古拉 (Gula) 火山。垂直比例比水平比例增加了 22.5 倍 (由 NASA /JPL 提供)

---

① 对月球的绝对年龄的估计将在 20.4 节中详细讨论。

20.3　地　　球

迄今为止，我们拥有最多信息的星球当然是我们的地球 (图 20.6)。我们研究了它的大气层、海洋和活跃的地质状况，了解了大量的特征。我们能够仔细研究地球上广博的生物，从最小的微生物到最大的植物和动物，并研究导致我们星球巨大生物多样性的进化过程。我们还能够根据以前研究中获得的信息开展后续实验，从而拓展我们的知识。这使得我们对自己星球的研究比迄今为止对太阳系其他天体的研究更加完善和有互动性[①]。

(a)　　　　　　　　　　　　　　　(b)

图 20.6　(a) 1968 年 12 月 22 日，从月球边缘升起的地球，这张照片是由 "阿波罗 8 号" 的宇航员拍摄的；(b) 1972 年 12 月 7 日，"阿波罗 17 号" 的宇航员在前往月球时看到的地球，可见非洲大部分地区、沙特阿拉伯和南极冰盖 (由 NASA 提供)

20.3.1　我们的大气层

从地球历史的早期开始，地球上的大部分水都凝结成了海洋。然而，与金星不同的是，由于地球到太阳的距离稍远，我们的星球从未热到足以将大部分液态水变成蒸汽 (式 (19.5))。因此，20.2 节中描述的失控的温室效应从未在地球上发生。相反，大气中的二氧化碳被溶解到水中，并在水中与碳酸盐岩石 (如石灰石) 发生化学反应。如果今天被困在岩石中的所有二氧化碳都被释放到地球大气中，其数量将与金星大气中目前所含的二氧化碳数量相当。

然而，同样重要的是，从图 11.1 可以看出，早期太阳系的太阳光度明显低于今天。这意味着，过去地球表面的温度较低，地球上的水应该是以冰的形式存在的，即使是在 20 亿年前也是如此。然而，包括化石记录在内的地质学证据表明，地球的海洋早在 38 亿年前就已经是液态的了。这一谜团称为黯淡古太阳悖论。解决这一悖论的关键可能在于温室效应的细节和与目前不同的大气成分。

地球现今的大气是由 (按数字) 78% 的 N_2、21% 的 O_2、1% 的 H_2O 和微量的 Ar、CO_2 和其他成分组成。大气目前的成分部分归功于地球上生命的发展。例如，作为光合作用的副产品，植物将二氧化碳加工成氧气。

[①] 然而，正如我们在 20.5 节讨论火星时将看到的那样，人类已经开始直接根据以前和正在进行的飞行任务返回的资料对火星使用机器人技术进行深入的研究。

20.3.2 温室效应和全球变暖

现在，工业生产将二氧化碳和其他温室气体人为地输入地球大气，人们对此产生的影响表示严重关切。更为复杂的是，我们同时也在破坏大片的植被，如亚马孙雨林，而这些植被可以循环利用二氧化碳。通常采用的砍伐和烧毁雨林的技术也向大气层释放了大量的二氧化碳。

为了说明这一问题，图 20.7 显示了夏威夷莫纳罗亚上空二氧化碳丰度的近期变化，其中振荡是由每年的生长季节造成的。

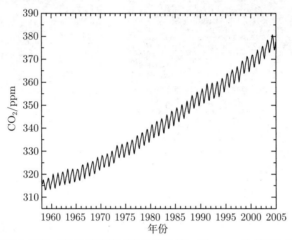

图 20.7　夏威夷莫纳罗亚上空的二氧化碳丰度 (按体积计算，以 ppm 为单位) 随时间的变化 (数据来自基林 (C. D. Keeling)、沃夫 (T. P. Whorf) 和加利福尼亚大学斯克里普斯 (Scripps) 海洋学研究所二氧化碳研究组)

由于温室效应的非线性行为以及所涉及的非常复杂的物理学、化学和气象学，准确的计算机模型只能姗姗来迟。然而，尽管目前这些模型的预测能力还有局限性，但温室气体的基本效应是可以理解的。正如我们从金星上了解到的那样，增加大气中温室气体的含量将提高其平均温度。问题是温度会增加多少，以及增加的速度有多快。

图 20.8 显示了 1881~2003 年期间地球北半球的平均温度与以 1951~1975 年间计算的 25 年平均温度的偏差。显然，自 1970 年左右以来，平均气温一直呈上升趋势。这种上升趋势是长期稳定增长的开始，或是相当短期的波动，这一直是个有争议的问题。然而，很明显，目前正在出现显著的上升趋势；事实上，20 世纪最热的十个年份中有七个发生在 20 世纪 90 年代。

与**全球变暖** (global warming) 效应有关的证据表明，地球上的冰川正在全球范围内消融。此外，自 1970 年以来，北极冰盖明显变薄，地球上的海平面也在上升。自 20 世纪 60 年代末以来，海洋表面的平均温度上升了约 0.5℃，并延伸到几百米深处，这也支持了人类驱动的全球变暖正在发生的结论。由于海洋最终吸收了大气中约 84% 的过剩热量，所以这种温度上升的观测结果是非常明显的。海洋温度的上升也与全球气候变化的计算机模型一致，其中包括温室气体排放增加的影响。

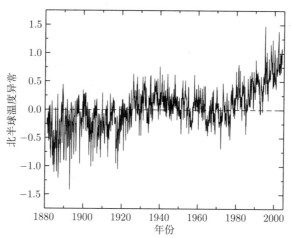

图 20.8　1881~2003 年地球北半球的月平均温度差异。差异是根据 1951~1975 年的 25 年平均值测量的 (数据取自卢吉纳 (K.M. Lugina)，格罗伊斯曼 (P.Ya. Groisman)，文尼科夫 (K.Ya. Vinnikov)，V.V. Koknaeva 和斯佩兰斯卡娅 (N.A. Speranskaya)，2004. 《趋势在线：全球变化数据汇编》(*In Trends Online: A Compendium of Data on Global Change*) 二氧化碳信息分析中心，橡树岭国家实验室，美国能源部，田纳西州橡树岭，美国)

　　人类活动的另一个环境问题是向大气中释放含氯氟烃。这些分子迁移到南北极上空的高层大气中，破坏了臭氧 (O_3)。众所周知，臭氧是紫外线辐射的主要吸收者，因此，它在保护地球表面的生命方面发挥着重要作用。在我们有希望了解人类行为的环境后果的严重性之前，还需要进行更多的研究。遗憾的是，到了有更详细的预测时，可能这一趋势已经势不可挡了。

　　认识到全球变暖对地球居民的重要性，1992 年举行了有史以来的首次 "地球峰会"，世界上大多数国家都参加了这次会议。这次峰会称为 "联合国环境与发展会议"，其目的是讨论全球环境问题。这次峰会产生的条约是《气候变化框架公约》。随后，1997 年 12 月，160 多个国家在日本京都举行会议，就发达国家对温室气体的约束性限制进行谈判。经过大量的辩论和妥协，最终就温室气体排放等方面的决议达成一致。《京都议定书》在得到 157 个国家的批准后，于 2005 年 2 月 16 日生效。然而，在《京都议定书》生效时，作为世界上最大的温室气体排放国的美国，却没有批准该协议，理由是担心其对国家经济的影响。

20.3.3　地震学和地球内部

　　通过分析地震产生的地震波，可以得出地球内部的结构。地震产生的波有两种主要类型。**P 波** (压力波或主波) 是纵波，可以穿过液体和固体；**S 波** (剪切波或次波) 是横波，只限于穿过固体 (图 20.9)。由于 P 波和 S 波的速度和路径都取决于它们传播时穿过的介质，所以在世界各地对地震波进行探测，可以让地质学家推断出我们星球的结构[①]。例如，在只测量到 P 波的地区，没有 S 波意味着在波的路径上一定有液体的介入 (图 20.10)。此外，由于在边界界面上会发生折射 (就像不同折射率的介质之间的光线折射一样)，所以存在两种波都探测不到的**影区 (shadow zones)**。这样，利用 P 波和 S 波的数据，地质学家

---

① 类似的程序可以用来研究许多恒星的内部，回忆一下第 14 章。

可以绘制出地球内部的地图。这些地图提供了有关地表**地壳**深度的信息，并揭示出一个固态**内核** (inner core)、一个熔融**外核** (outer core) 和一个厚的**地幔** (thick mantle) 的存在。

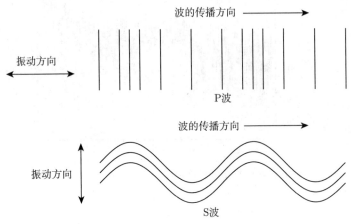

图 20.9　P 波是纵向压力波，能穿过液体和固体；S 波是横向剪切波，只能穿过固体

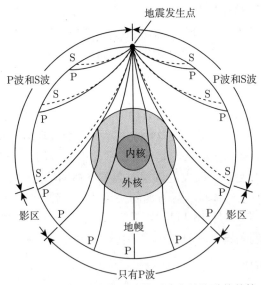

图 20.10　地震产生的 P 波和 S 波穿过地球内部，S 波无法穿越熔融的外核；此外，P 波在外核和地幔之间的界面上的折射会产生影区

外核中 P 波的行为意味着其成分主要是铁和镍。这也与地球的平均密度为 $5515 \, \mathrm{kg \cdot m^{-3}}$ 的事实相吻合，大于地表岩石 (通常为 $3000 \, \mathrm{kg \cdot m^{-3}}$) 和水 ($1000 \, \mathrm{kg \cdot m^{-3}}$) 的密度[①]。正是由于高温 (大于 4000K) 和成分的结合，才产生了液态外核。里面又转变为固体内核是因为在那里发现了极端的压力。

---

① 相对于表面物质，引力压缩也造成了平均密度值较高。

20.3.4　板块构造

虽然火山的存在是地球与金星和火星共同的特征，但地球目前的**构造活动 (tectonic activity)** 在类地行星中似乎是独一无二的。这种活动起源于地球的动态内部，如图 20.11 所示。地球的表层称为**岩石圈 (lithosphere)**，包括海洋和大陆地壳以及外地幔。岩石圈破裂成**地壳板块 (crustal plate)**，并位于对流的、具有一定塑性的**软流圈 (asthenosphere)** 上，软流圈也是地幔的一部分。当地壳板块在地球表面移动时，它们相互碰撞或摩擦，带着大陆一起移动[①]。由于这些运动，大西洋正在以大约 3 厘米每年的速度扩大，从贯穿海底的海底山脉延伸开来。大西洋中脊是地球内部物质上升到表面的地方，随着大陆的分离产生了新的海底 (图 20.12)。

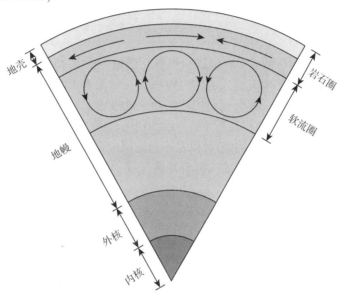

图 20.11　地球的内部结构由中心固态核心、外部液体核心、地幔和表面地壳组成；地壳和外地幔构成了岩石圈 (包含表面板块) 和下层有对流的软流圈；该图未按比例绘制

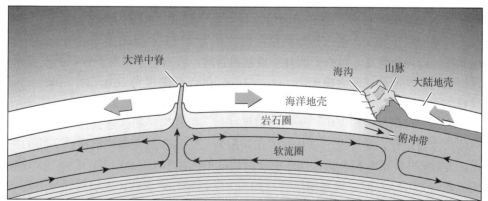

图 20.12　板块运动是由软流圈的对流所驱动的。海洋中脊 (裂谷) 发生的地方，来自下面的物质被推到表面。两个板块碰撞时，较轻的大陆地壳覆盖在较重的海洋地壳上，形成了俯冲带

[①] 例如，太平洋板块和北美板块目前正在相互滑动。著名的圣安德烈亚斯断层就位于这两个板块的边界上。

　　根据板块运动进行时间回溯，地质学家认为，曾经有一个巨大的超级大陆，即盘古大陆，在大约 2 亿年前分裂成两个较小的超级大陆，即劳亚古陆 (Laurasia) 和冈瓦纳古陆 (Gondwanaland)。冈瓦纳古陆又分裂成南美洲和非洲，而劳亚古陆则分裂成欧亚大陆和北美洲。

　　地球的板块边界一般是活跃的火山活动、造山运动和频繁地震的地点。例如，当两个板块相撞时，较轻的大陆地壳会压着较重的海洋地壳，形成**俯冲带 (subduction zone)**，如图 20.12 所示。日本沿海就是这样的一类地点，日本的火山岛是由大洋地壳下降到地球内部时的摩擦产生的热量而形成的。正是在这些俯冲带的位置，也形成了深海海沟。如果两个含有大陆地壳的板块相撞，则任何一个板块都不会压上另一个板块；相反，两个板块会发生弯曲，产生喜马拉雅山这样的山脉。

20.3.5　内部热源

　　所有这些活动都需要一种或多种能源来维持。已知热量以 4×10^{13} W 的速率通过地球表面逃入太空，这意味着平均流量为 0.078 W·m^{-2}。如果内部唯一的能量来源是近 46 亿年前地球形成时留下的热量，那么板块构造活动早就停止了。其他热源增加了地球的"能量预算"，包括其自转动能的潮汐耗散 (见习题 20.10)，可能正在进行的引力分离 (较重的成分向行星中心下沉并释放引力势能)，以及不稳定同位素的持续放射性衰变 (这被认为是热的主要来源)[①]。这使得地球内部的大部分地区保持一定的可塑性，并支撑着推动地壳板块运动的大型、缓慢的对流区域。

20.3.6　多变的地球磁场

　　假设地球内部有一台发电机在运转，熔融铁镍外核的存在以及地球相对较快的自转速度，这与地球拥有全球性磁场的观测结果是一致的。地球磁场的存在可以保护地球免受太阳风中的带电粒子以及其他电离宇宙射线的影响。这些粒子不会撞击地球表面，而是被困在偶极磁场中，并在磁场的南北两极之间来回反弹 (图 20.13)。已经确定了三个束缚粒子的区域，称为**范艾仑辐射带 (van Allen radiation belts)**。最内侧的辐射带由质子组成，高度约为离地球表面 4000 km。与内带重叠的是由原子核组成的第二条辐射带，这些原子核曾经是星际介质的一部分。最外层的辐射带由电子组成，高度约为 16000 km。辐射带中的粒子如果能量足够大，进入地球两极附近的高层大气就会撞击那里的原子和分子，引起碰撞激发、电离和解离。当原子或分子重新组合时，或当电子下降到较低的能量水平时，随后发出的光被观测到就是**北极光 (aurora borealis)** 和**南极光 (aurora australis)**，见图 20.14。

　　有趣的是，地质学证据表明，地球的磁场减弱、极性逆转和重建会在大约 10^5 年的不规则时间尺度内进行。这一点可以从被困在熔融岩石中并在后来凝固的磁性矿物的排列方向看出，比如那些在不断扩大的大西洋中脊两侧取得的样本 (图 20.12)。这样，就形成了当地磁场方向的"化石记录"。地球磁场的行为与太阳周期并无二致，太阳周期是指太阳磁场大约每 11 年就翻转一次 (11.3 节)。如今已知地球的磁场正在减弱。

---

　　① 19 世纪中期，开尔文勋爵认为，地球的年龄不可能超过 8000 万年。他的论点是基于地球可以释放的引力势能和热量随时间流逝的速度。然而，他的计算是在发现放射性之前做出的。

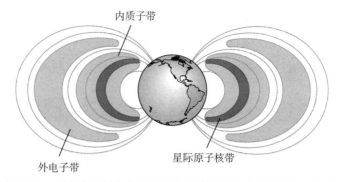

图 20.13   范艾仑辐射带是由带电粒子被困在地球的磁场中而产生的

图 20.14   极光是由高速粒子与地球高层大气中的原子和分子发生碰撞所致 (由费尔班克斯的阿拉斯加大学地球物理研究所提供)

20.4   月   球

尽管月球离地球很近,但两个世界却有很大不同 (图 20.15)。由于月球表面的重力较小,所以月球一直无法保有一个明显的大气层。由于没有保护性的大气层,月球在整个历史中都遭受着陨石的撞击。除了大量较小的撞击外,在月球形成后大约 7 亿年时,还发生了大量非常剧烈的撞击。这些撞击的威力足以穿透月球的薄壳,让内部的熔岩流出并漫过部分月球表面。其结果是形成了月球朝向地球的表面上的许多平滑的、大致呈圆形的 "月海"(Maria)。正是这些月海的存在,才使人类幻想看到 "月球上的人" 的脸。

20.4.1   月球的内部结构

归功于 1959 年至 20 世纪 70 年代初人类对月球紧锣密鼓的探索,我们对月球内部结构和演化历史的理解取得了重大进展。当 "阿波罗号" 的宇航员登陆月球时,他们留下了旨在测量任何可能发生的月震的地震探测器。许多被探测到的非常微弱的地震 (大约里氏 1 级) 是由地球引力产生的潮汐应变引发的。另一类振动被认为是月球被陨石撞击后的 "响动"。就像分析地球上的地震活动一样,月震使科学家们得以了解月球的内部情况。

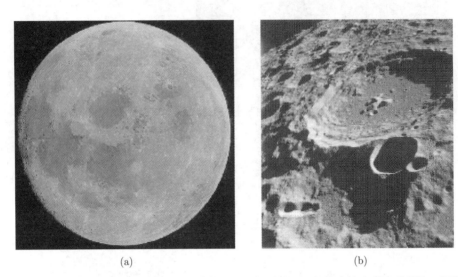

(a)　　　　　　　　　　　　　　　　(b)

图 20.15　(a) 月球表面有着布满了撞击坑的高原地区和几乎呈圆形但撞击坑少得多的月海,图像中,面向地球的月球部分位于左侧;(b) 月球远侧的一部分,图中有着众多的撞击坑,大撞击坑的直径约为 80 km,这张图是 "阿波罗 11 号" 的宇航员在 1969 年获得的 (由 NASA 提供)

许多月震似乎不是起源于板块构造的边界,而是源于固态脆性岩石圈和塑性软流圈之间的界面 (图 20.16)。在软流圈之下,似乎还可能存在一个小型的富铁核心。这种结构与月球内部仍有少量热量向外散发的测量结果是一致的,这些热量是维持软流圈可塑性的原因。然而,根据这些地震活动提供的数据,今天的月球似乎不存在类似地球的构造活动。

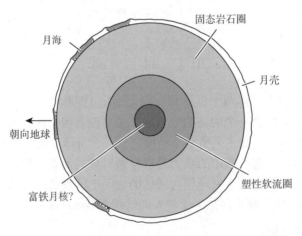

图 20.16　月球的内部结构

有趣的是，在月球离地球最远的一侧，只发现一个月海①。这并不是因为碰撞优先发生在月球面向地球的一侧，而是因为月球近侧的地壳实际上更薄。因此，在薄壳一侧的撞击更有可能穿透月壳，使内部的熔岩流上地表。由于月壳的密度低于月球内部的物质，潮汐力使较重的近侧永久地"垂向"地球。

20.4.2　全月球磁场的缺失

与地球不同，月球没有可测量的全球性磁场，这显然是因为月球足够小，冷却速度比地球快得多。这种演化使得月球今天成为一个地质学上不活跃的世界。此外，月球的自转周期是地球的 27 倍以上。因此，没有任何证据表明有任何明显的磁发电机在运转，这表明如果还有熔融的核心存在，它也很可能是相当小的②。

由于月球缺乏全球性的磁场，所以在水星周围探测到的弱磁场更加令人费解 (回顾第602 页的讨论)。两个世界的质量和半径相当 (月球的质量和半径分别是水星数值的 23% 和71%)，而水星的自转速度是月球的 1/2。显然，在了解磁场产生的细节方面还有很多工作要做。

20.4.3　月岩

在 20 世纪 60 年代和 70 年代，美国阿波罗计划的六次载人飞行任务从月球表面送回了 382 kg 的表面岩石和土壤。此外，苏联的三次无人**月神**飞行任务又送回了 0.3 kg 的月面物质。这些样品是从月海和月海之间的**高地** (或山地) 地区采集的。这些样品代表了我们所掌握的关于我们最近的邻居的最详细信息。

对从月海返回的样品进行的成分分析表明，它们实际上是火山岩。这些岩石是**玄武岩****(basalt)**，类似于地球上发现的火山岩。月球玄武岩中含有丰富的铁和镁，它们还含有玻璃状结构，这是快速冷却的特征。然而，与地球玄武岩不同的是，月球样品不含水，相对于**耐熔质** (**refractorie**，熔化和沸腾温度较高)，其**挥发物** (**volatile**，熔化和沸腾温度较低的元素或化合物) 的百分比较低。

20.4.4　放射性年代测定

人们最热切期待的对月球样品进行分析的结果也许是对其年龄的确定。这一过程的基础是测量某些放射性同位素的丰度，并将它们与衰变序列的稳定最终产物的丰度进行比较。在这种**放射性年代测定** (**radioactive dating**) 的技术中，我们假设当岩石凝固将同位素困在里面时，"时钟" 开始滴答作响。

如果衰变序列中某一步骤的半衰期明显长于其他任何一步，那么则可以认为原始同位素直接衰变为最终产物，其半衰期约等于最长的那一步。例如，在图 20.17 所描绘的衰变序列中，从 $^{235}_{92}\text{U}$ 开始，到 $^{207}_{82}\text{Pb}$ 结束，第一步，发生 α 粒子③衰变 $^{235}_{92}\text{U} \longrightarrow {}^{231}_{90}\text{Th} + {}^{4}_{2}\text{He}$，半衰期为 7.04×10^8 年，而下一步最慢的是 $^{231}_{91}\text{Pa} \longrightarrow {}^{227}_{89}\text{Ac} + {}^{4}_{2}\text{He}$，半衰期只有 3.276×10^4 年。

---

① 1959 年，苏联的 "月神 3 号" 任务对月球的远端进行了首次观测。

② 根据返回的月球样本的自然残余磁化强度和卫星探测到的零星磁化强度，月球似乎曾经有过一个全球性的磁场。然而，今天没有证据表明存在全球性磁场。

③ 回忆一下，氦核 (^{4}He) 通常称为阿尔法 (α) 粒子。

因此，近似地，整个序列的半衰期可以认为是 7.04×10^8 年。这意味着，通过测量铀和铅的同位素的相对丰度，我们可以确定转化所需的时间。

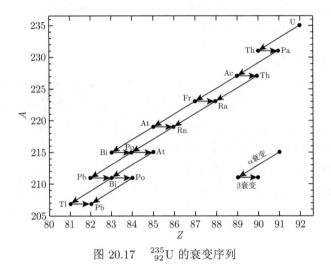

图 20.17 $^{235}_{92}$U 的衰变序列

表 20.1 列出了对月球岩石、地球岩石和陨石的年代测定有用的一些放射性同位素。请注意，稳定产物不一定是一次衰变的直接结果，而可能是经过连续的衰变后产生的，其中最长的半衰期是所引用的半衰期。

表 20.1　用于确定地质年龄的放射性同位素的半衰期

放射性母核	稳定产物	半衰期/(10^9 年)
$^{129}_{53}$I	$^{129}_{54}$Xe	0.016
$^{235}_{92}$U	$^{207}_{82}$Pb	0.704
$^{40}_{19}$K	$^{40}_{18}$Ar	1.280
$^{238}_{92}$U	$^{206}_{82}$Pb	4.468
$^{232}_{90}$Th	$^{208}_{82}$Pb	14.01
$^{176}_{71}$Lu	$^{176}_{72}$Hf	37.8
$^{87}_{37}$Rb	$^{87}_{38}$Sr	47.5
$^{147}_{62}$Sm	$^{143}_{60}$Nd	106.0

为了更全面地理解放射性年代测定的方法，假设同位素 A 通过一系列步骤直接或间接地衰变成同位素 B(稳定的)。由式 (15.10) 可知，如果样品中 A 的原子数目最初为 $N_{A,\mathrm{i}}$，那么经过一段时间 t 后，剩余的原子数目是

$$N_{A,\mathrm{f}} = N_{A,\mathrm{i}}\mathrm{e}^{-\lambda t},$$

其中，

$$\lambda = \frac{\ln 2}{\tau_{1/2}}$$

是衰变常数，这里 $\tau_{1/2}$ 是半衰期。由于 A 和 B 的原子总数必须随着时间的推移而保持不变 (即使 A 最终被转化为 B)，因此有

$$N_{A,\mathrm{f}} + N_{B,\mathrm{f}} = N_{A,\mathrm{i}} + N_{B,\mathrm{i}}.$$

求解得到 $N_{A,\mathrm{i}}$，将其代入衰变式，并重新整理式，我们就有了自形成以来，样品中 B 的原子数目变化的表达式：

$$N_B - N_{B,\mathrm{i}} = \left(\mathrm{e}^{\lambda t} - 1\right) N_A,$$

其中，$N_A \equiv N_{A,\mathrm{f}}$ 和 $N_B \equiv N_{B,\mathrm{f}}$ 分别为目前剩余的 A 种和 B 种的原子数目。当比较两个样品时，利用同位素比值来评价其组成更为准确：把我们感兴趣的同位素与稳定的第三种同位素相比。将第三种同位素的 (恒定) 丰度表示为 N_C，我们得出关系：

$$\frac{N_B}{N_C} = \left(\mathrm{e}^{\lambda t} - 1\right) \frac{N_A}{N_C} + \frac{N_{B,\mathrm{i}}}{N_C}. \tag{20.1}$$

利用式 (20.1) 绘制岩石中稳定产物的相对丰度与衰变序列中各位置放射性同位素的相对丰度的关系来确定样品的年龄。最佳拟合直线的斜率 $m = \mathrm{e}^{\lambda t} - 1$ 直接与样品的年龄相关。

例 20.4.1　在月球高原地区获得的一个样品的数据，基于铷-87 到锶-87 的贝塔 (β) 衰变[①]，$^{87}_{37}\mathrm{Rb} \longrightarrow {}^{87}_{38}\mathrm{Sr} + \mathrm{e}^- + \bar{\nu}$，如图 20.18 所示。由式 (20.1) 和图 20.18 可知，

$$m = \mathrm{e}^{\lambda t} - 1 = 0.0662,$$

其中，$^{87}_{37}\mathrm{Rb}$ 的 $\lambda = 0.0146 \times 10^{-9}\ \mathrm{yr}^{-1}$。需要指出的是，这一过程假设 $^{87}_{38}\mathrm{Sr}/^{86}_{38}\mathrm{Sr}$ 的初始比值在整个样品中是一个常数，而 $^{87}_{37}\mathrm{Rb}/^{86}_{38}\mathrm{Sr}$ 的初始比值可能会有一些变化 (即样品并不是完全均匀的)。这是因为 $^{86}_{38}\mathrm{Sr}$ 和 $^{87}_{38}\mathrm{Sr}$ 的化学性质相同，使它们以相同的比例结合在矿物中，而 $^{87}_{37}\mathrm{Rb}/^{86}_{38}\mathrm{Sr}$ 的比值不必在整个样品中保持不变。

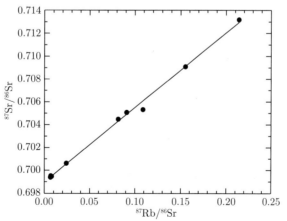

图 20.18　从月球高原获得的样品的相对丰度测定 (数据取自帕帕纳斯塔西乌 (D. A. Papanastassiou) 和瓦瑟堡 (G. J. Wasserburg)，《第七次月球科学会议进展集》，(*Proc. Seventh Lunar Sci. Conf*)，帕加马出版社 (Pergamon Press)，纽约，1976 年)

---

① 电子也称为贝塔 (β) 粒子。

　　放射性年代测定的结果与月海表面相对年轻的观点是一致的。正如你将在习题 20.14 中所证明的那样，对于 1969 年 "阿波罗 11 号" 的宇航员从宁静海送回的一个样品，月海的年龄 (通常为 $(3.1\sim3.8)\times10^9$ 年) 明显小于月球高原样品的年龄。这与前面提到的观测结果是一致的，即与高原地区相比，在月海发现的撞击坑相对较少。

　　与此形成鲜明对比的是，地球上发现的最古老的岩石可追溯到 38 亿年前，而地球上 90% 的地壳还不到 6 亿年。板块构造活动正在不断地回收地表，将旧的地壳带入地幔，并形成新的地壳来取代它。

20.4.5　晚期重轰击

　　对月球样品的年代测定，意味着在月球形成后大约 7 亿年，发生了一次**晚期重轰击** (late heavy bombardment，LHB) 的峰值。在那段时间里，大部分的撞击都发生在月球高原地区。在 LHB 阶段，少量的巨大碰撞产生了月海。在过去的 38 亿年里，陨石撞击一直在继续，但速度明显降低。这样一来，月海相当平滑、相对无撞击坑的表面得以保持。

　　月球岩石所提供的 "时间印记" 不仅在我们了解月球的演化过程中起着重要的作用，而且在描绘其他行星的演化图景以及太阳系的总体形成理论方面也是至关重要的 (见 23.2 节)。例如，对 LHB 事件的认识，以及随后陨石以大致恒定的速率撞击的认识，帮助科学家们得出结论，金星的表面在过去的约 5 亿年内被刷新了。这种情况还表明，水星的表面一般来说是相当古老的。

20.4.6　月球的形成

　　关于月球的形成问题一直存在广泛的争论。在阿波罗计划和月神飞行任务之前，已经提出了几种模型。1880 年，乔治·达尔文[①](George Darwin，1845—1912) 首次提出的 "**分裂模型**"(fission model)(有时也称为 "**子母模型**"(daughter model)) 认为，月球是在地球比今天更快地自转时从地球上 "撕裂" 出来的。然而，月球轨道平面的方向接近于黄道 (倾斜 51°)，而不是像该模型预期的那样，如果月球是从地球脱离的，那么它会沿着地球的赤道面。此外，月球样品中没有任何水，加上相对于地球表面的岩石而言，月球岩石中其他挥发性物质的丰度不足，也与这一假说相矛盾。

　　"**共生模型**"(又称 "**姐妹模型**") 认为，月球和地球是同时形成的，月球由一个围绕原地球发展的小型物质盘凝聚而成。这种想法也无法解释在月球样品中发现的成分差异。

　　第三种模型，即捕获模型 (capture model)，提出月球实际上是在太阳星云的其他地方形成的，当它漂泊而过时，被卷入了地球的引力场。然而，在这种情况下，月球和地球的实际成分差异没有模型所预期的那样大，月球和地球太相似了。例如，尽管在陨石中发现了明显的差异，但在月球和地球的样品中，氧的稳定同位素的比例几乎是相同的。此外，这种动态捕获似乎不太可能。由于月球与地球相比也算是相当大的，所以需要有第三个同样大小的天体存在，以吸收系统的大部分剩余能量，这也是捕获所需要的。在合适的时间让三颗大天体近距离接触似乎是极不可能的。另一方面，对于在太阳系中发现的许多小卫星来说，捕获似乎是一种可能的机制。在这些情况下，能量可能是通过与已经存在的其他卫星的多体相互作用而损失的。另外，如果被捕获的月球穿过行星大气层的一部分，那么

---

　　① 乔治·达尔文是查尔斯·达尔文 (1809—1882) 的儿子，查尔斯·达尔文是达尔文生物进化论的作者。

轨道能量可能会由于空气阻尼而损失，就像"麦哲伦号"航天器在金星周围进行的操作一样。然而，我们的月球太大了，这些机制都无法发挥作用。

　　1975 年，哈特曼 (William K. Hartmann) 和戴维斯 (Don R. Davis) 提出了第四种模型，现在称为**碰撞模型 (collision model)**。从那时起，许多计算机模拟已经证实了该模型的合理性 (图 20.19)。这一模型似乎可以解释前面三种模型所遇到的许多问题。该模型表明，一个巨大的天体，也许是现在火星质量的 2 倍，在近 46 亿年前与地球相撞，撞击天体的物质大部分气化，并导致地球表面的一部分被撕裂。然后，粉碎的物质在地球周围形成一个圆盘，在相对较短的时间内 (估计从几个月到 100 年左右) 凝聚在一起。由于碰撞过程

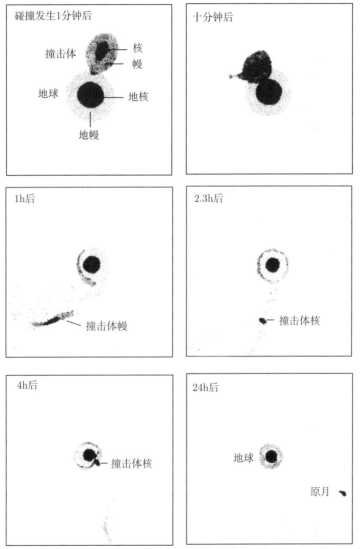

图 20.19　计算机模拟的月球形成的碰撞模型。图中显示的是模拟过程中不同时间的地月系统 (图由史密松天体物理天文台的卡梅隆 (A. G. W. Cameron) 和本茨 (W. Benz) 提供)

中产生的高温，许多存在于地壳中的挥发性物质在凝结的碎片中都不复存在。假设在碰撞前有足够的时间让地球和撞击天体内部发生一些引力分化，两颗天体的地壳中的铁也会有一定程度的缺失，从而减少了可用于形成月球的铁。模拟结果表明，现今的月球大部分是由撞击物的地幔中富含硅酸盐的物质产生的，而撞击物富含铁的核心则成为了地球的一部分。这一模型有效地解释了为什么月球的平均密度与地球未压缩的地幔密度相当 (即如果去除引力压缩效应而测得的密度)。在这一模型中，碰撞也会保留两颗天体上所看到的相似的氧同位素比例。

碰撞模型被大多数研究者认为是月球形成的首选模型。虽然乍看之下，它似乎是一种非常独特的、也许是用来解释月球特征的特别方法，但回想一下，类似的模型似乎也可以解释水星高度致密的结构 (第 602 页)。冥王星的卫星冥卫一的存在也可能需要一次大规模的碰撞 (见 22.1 节)。

从我们对月球的调查来看，月球的形成似乎是一个剧烈的过程。然而，关于月球结构和演化的许多问题仍然没有答案。同样显而易见的是，对我们最近的邻居进行仔细研究，可以阐明有关地球和太阳系其他部分的形成和演化的重要问题。也许未来的月球任务将进一步澄清我们对太阳系的理解。

20.5　火　　星

火星的质量只有地球的十分之一，却能触发我们无限的想象。1877 年，天文学家乔瓦尼·维吉尼奥·希亚帕雷利 (Giovanni Virginio Schiaparelli, 1835—1910) 报告说，他在火星表面看到了一系列的暗线，并将其称为 *canali* (自然形成的水渠)。这个术语后来被误解为，这些标记是一个巨大的人工运河网络，由智能文明建造，用来灌溉一个即将灭亡的世界。火星上季节性变化的极地冰冠的存在支持这一论点，极地冰冠在哈勃空间望远镜拍摄的图 20.20(a) 中可见。不难想象，如果使用小型望远镜透过地球模糊的大气层观测这颗红色行星，就会得出运河存在的结论。为了验证这些特征，珀西瓦尔·洛厄尔 (Percival Lowell, 1855—1916) 在亚利桑那州弗拉格斯塔夫附近建立了一个天文台，对这个地球附近的世界进行了一系列仔细的观测。其他天文学家对火星上是否存在智慧生命，甚至对运河的存在，都持怀疑态度。然而，公众抓住了火星人确实 (或至少是) 生活在那里的可能性，导致出现了大量相关的科学文献和电影。

20.5.1　对红色星球的探索

人类曾多次尝试利用机器人飞行任务研究火星。早期的努力包括 20 世纪 60 年代的**"水手号"**(Mariner) 飞行任务。1975 年的**"海盗号"**(Viking) 任务包括两个轨道飞行器和配套的着陆器，其中着陆器装有照相机和内置实验平台，用于研究火星的表面化学。由于着陆器没有任何能力在火星表面移动，它们的研究仅限于它们在火星上着陆的地点。**"火星环球勘测者"**(Mars Global Surveyor) 带着高分辨率相机于 1997 年进入火星轨道，并且在本书撰写时仍继续成功地运行；2001 年到达的 **"火星奥德赛号"**(Mars Odyssey) 和 2003 年到达红色星球的欧洲空间局的 **"火星快车轨道器"**(Mars Express Orbiter) 也是如此。另一个航天器 **"火星勘测轨道飞行器"**(Mars Reconnaissance Orbiter) 也于 2006

年开始围绕这颗行星开展工作。

(a)　　　　　　　　　　　　　　　　　　　(b)

图 20.20　(a) 利用哈勃空间望远镜上的 WF/PC 2 相机获得的火星图像，北极冰冠清晰可见 (由托莱多
大学的菲利普·詹姆斯 (Philip James)、科罗拉多大学的史蒂文·李 (Steven Lee) 和 NASA 提供)；
(b) 由 1976 年获得的 102 张 "海盗号" 轨道飞行器图像拼接而成，这一视角将观测者置于距离这颗红色
星球表面 2500 km 的高空，在赤道附近可以看到水手谷 (一个 3000 km 长的峡谷系统)，在图像的左侧，
三个巨大的、呈圆形的盾状火山清晰可见，每个火山大约有 25 km 高 (由美国地质调查局和 NASA/JPL
提供)

　　"火星探路者"(Mars Pathfinder) 任务中的**寄居者漫游车 (Sojourner Rover)**(1997
年) 是第一个真正的移动式着陆器，能够在其着陆点——**卡尔·萨根纪念站 (Carl Sagan
Memorial Station)**[①]附近的地表进行短距离移动。2004 年 1 月，两辆高尔夫球车大小的火
星车成功降落在火星表面，并开始对其着陆点周围的区域进行广泛的探索。**"勇气号"**(Spirit)
和 **"机遇号"**(Opportunity) **火星探测车 (Mars Exploration Rovers)** 原本预计运行几
个月，但直到 2006 年 5 月，它们还在火星表面继续移动。火星轨道飞行器已经能够从环
绕火星轨道的有利位置拍摄到两个漫游者的图像。其他任务也在计划中，包括更多的轨道
飞行器和着陆器，以及可能的载人火星任务。

20.5.2　火星上有水的证据

　　尽管从地球、火星轨道和火星表面对火星进行了许多研究，但在火星上仍未发现生命
的迹象。乍一看，"勇气号" 和 "机遇号" 传回的图像 (图 20.21) 以及从 "海盗号" 着陆器传
回的图像，火星给人的印象是一个干燥、多尘的世界。然而，通过对 "勇气号" 和 "机遇号"
传回的数据以及从轨道器传回的信息进行更仔细的检查，研究揭示了一个迷人的世界，这
个世界虽然现在是干燥的，但它的表面曾经明显有水流过。

　　从火星轨道器拍摄的火星地表图像 (图 20.22) 可以明显看到一些渠道，在地球上这些
渠道是水曾经侵蚀的特征。也有证据表明，巨大的洪水也曾在火星表面发生。在遥远的过
去，火星上也可能有湖泊的存在 (图 20.23)。

---

　　① 为了纪念太阳系研究者、普利策奖获得者、天文学普及者卡尔·萨根 (1934—1996)，这一着陆器基地被重新命名为卡
尔·萨根纪念站。

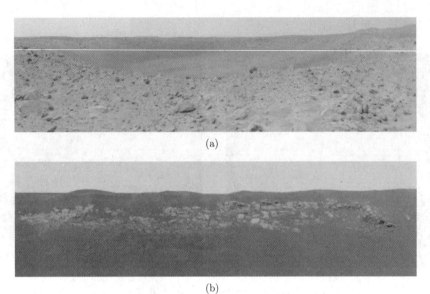

(a)

(b)

图 20.21   (a) "勇气号" 火星探测车拍摄的波恩维尔撞击坑全景图 (由 NASA/JPL 提供); (b) 在 "机遇
号" 火星探测车着陆地点附近的子午平原上有趣岩石特征的全景图 (由 NASA/JPL 提供)

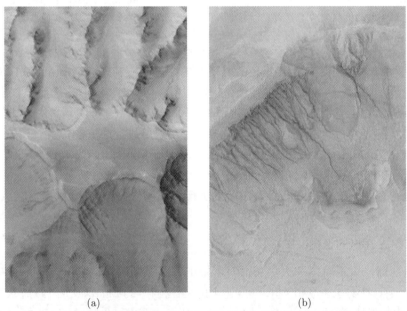

(a)   (b)

图 20.22   水手谷的一部分 (回顾图 20.20(b)), 显示了水造成侵蚀的证据 (由 NASA/JPL/马林空间科
学系统提供); (b) 位于火星南半球萨瑞南高地的牛顿盆地的一个撞击坑中出现的侵蚀渠道 (由
NASA/JPL/马林空间科学系统提供)

由于今天火星的地表温度在 $-140℃(-220°F)\sim20℃(70°F)$, 再加上在地表附近测得
的非常低的气压 (通常为 0.006 atm), 看来火星上存在的液态水现在要么被困在永久冻土
层中, 要么冻结在极地冰冠中 (图 20.20(a))。事实上, 正是由于低大气压, 所以今天的火
星表面不可能存在持久的液态水。

5 km(3.1 mL)

图 20.23 火星南半球的一个撞击坑，底部的深色物质被认为是古代火星湖泊的沉积物，在撞击坑边缘附近也明显有渗流，在黑暗的区域也可以看到沙丘 (由 NASA/JPL/马林空间科学系统提供)

20.5.3 火星陨石 ALH84001

具有讽刺意味的是，尽管机器人航天器和着陆器对火星进行了深入的调查，但至今未能发现任何证据表明今天的火星上存在生命或过去曾经存在生命，1984 年，在地球南极洲艾伦山发现的一块陨石却引起了人们的猜测，认为它曾经起源于火星表面。45 亿年前在火星上形成后，在 1600 万年前的一次高能碰撞中从火星表面弹射出来。在穿越太阳系内部后，它在 1.3 万年前撞击了地球，并被困在南极的冰原中[①]。通过将其化学成分与机器人着陆器进行的成分研究结果进行比较，可以确认这块陨石确实来自火星。

正是由于对陨石中少量碳酸盐颗粒的检查，一些研究人员认为岩石中可能含有古老的火星微生物化石 (图 20.24(b))。这些颗粒本身的大小还不到 200 μm，而那些似乎已经变成化石的微生物的大小还不到人类头发的 1/100。支持”纳米化石” 是古代微生物生命假设的是碳酸盐中存在的有机多环芳香烃，以及氧化物和硫化物生物矿物。碳酸盐颗粒似乎也是在岩石的裂缝中形成的，可能是在液态水存在的情况下。

大多数研究人员现在认为，虽然 ALH84001 是一块明显起源于火星的迷人岩石，但它含有原始生命化石样本的证据并不充分。更确切地说，这些特征可能是由某种无机机制形成的，或者是岩石在被发现之前在地球上停留了 13000 年而被污染的结果。

20.5.4 极冠

虽然今天在火星极地冰冠中确实存在水冰，但冰冠主要是由干冰 (冻结的二氧化碳) 组成的。火星的自转轴倾斜度为 25°，其轨道周期为 1.88 年，这意味着火星的季节变化与地球相似，但大约是地球的 2 倍长。因此，火星经历的冬夏两季与观测到的冰冠大小变化相对应。干冰在火星夏季升华，在冬季又重新结冰。夏季残留的小冰冠是由水冰组成的。

[①] 弹射和着陆的年龄是通过陨石在撞击地球之前受到的宇宙射线照射来确定的。

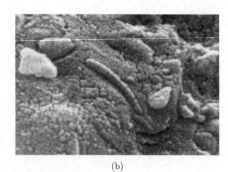

(a)　　　　　　　　　　　　　　(b)

图 20.24　(a) ALH84001 是 1984 年在南极洲艾伦山发现的一块火星陨石 (由 NASA 提供);
(b)ALH84001 的一部分电子显微镜视图,显示出不到人类头发 1/100 粗细的管状结构,一些科学家认
为,这些结构代表了火星上古代微生物生命的纳米化石 (由 NASA 提供)

20.5.5　火星自转轴的混沌起伏

通过旨在研究行星运动长期稳定性的数值模拟,火星自旋轴的方向看起来似乎在短至
几百万年的时间尺度内,在大约 0° 到 60° 间疯狂地 (混乱地) 起伏不定;这些变化是由与
太阳和其他行星的引力相互作用造成的。如果火星的自转轴倾角在过去经历过如此大的波
动,这就意味着在不同的时间,极地冰冠可能会完全融化 (在高倾斜角时);而在其他时候,
行星的大气层可能会冻结 (低倾斜角度)。火星自转轴倾斜的时变性也意味着,它目前与地
球相似的倾斜角度只是巧合。

有趣的是,这些自转轴倾斜起伏的模拟表明,如果忽略广义相对论的影响,混沌行为
就不会发生。看来,第 17 章中讨论的时空曲率的影响在行星轨道及其自转的长期行为中发
挥了重要作用,即使在火星轨道的距离上也是如此。

尽管地球离太阳更近,但它并没有经历过火星似乎经历过的那种剧烈的自转轴倾斜。
显然,地球的自转轴是由于地球与其相对较大的月球之间强烈的潮汐作用而稳定下来的。
因此,地球上的气候变化远没有火星上那么明显。令人惊奇的是,这似乎意味着,月球的
存在 (显然是一次意外碰撞的结果) 是太阳的三颗行星上出现生命进化的稳定环境的部分
原因。

20.5.6　火星的稀薄大气层

火星非常稀薄的大气层由 95% 的二氧化碳和 2.7% 的分子氮组成,与金星大气层的数
量比例非常相似。然而,与金星不同的是,温室效应对火星目前的平衡温度影响很小;因
为没有足够的分子来吸收大量的红外辐射 (金星表面的大气压是 90atm,是火星表面大气
压的 13000 倍)。在过去,火星的大气密度可能更大,导致温室效应比现在更有效。目前被
困在冰冠和永久冻土中的水那时可能会自由流动,甚至可能导致降雨。存在于大气和地表
的水会吸收大气中的大部分二氧化碳,随后将二氧化碳锁定在碳酸盐岩中。结果,温室效
应减弱,火星全球气温下降,水冻结,留下我们今天看到的干燥世界。

1975 年,在两艘"海盗号"着陆器抵达火星后不久,它们开始检测到大气压力的明显
下降。这是因为南半球即将迎来冬天,大气中的二氧化碳被冻结了。当春天回到南半球时,
大气压力再次上升。同样的行为在北半球冬季到来时也会重演。

20.5.7 尘暴

尽管火星表面附近的大气密度很低，但足以产生巨大的尘暴，有时尘暴会覆盖整个火星表面。季节性的尘暴是由强风驱动的，从而导致了从地球上看到的火星表面色调变化[①]。

正是在 1976 年"海盗号"任务期间，发生了两次这样的强烈尘暴。从那时起，许多尘埃已经从火星的大气中沉淀下来，导致其气候发生了明显的变化。(尘埃对光线的吸收是大气加热的主要来源。) 事实上，哈勃空间望远镜记录了火星全球平均温度的下降。随着平均温度的下降，冰晶云在火星的低层大气中变得比在"海盗号"任务时遇到的更加突出。

20.5.8 丰富的铁含量

火星表面的尘埃 (回顾图 20.21) 呈现红色，含有相对丰富的铁，暴露在大气中会氧化 (生锈)。显然，火星并没有经历与地球同等程度的引力分化，可能是因为这颗更小、更遥远的行星在形成后冷却得更快。然而，对整个星球的体积进行平均后就会发现，相对于其他类地行星，火星上的铁实际上是不够丰富的，这一点可以从其较低的平均密度 3933 kg·m^{-3} 看出。其原因依然成谜。

缺乏明显的引力分化也与不存在明显的全球性磁场相一致。如果有铁核存在，则估计它相当小，很可能不是熔融的。

20.5.9 过去地质活动的证据

即使火星今天的地质活动可能并不活跃，但它在过去肯定是活跃的。图 20.20(b) 显示了火星赤道附近的 3000 km 长的峡谷网络——水手谷。水手谷在某些地方宽达 600 km，深度可达 8 km，它似乎是由断层 (或地壳破裂) 形成的，以缓解内部形成的压力。

如图 20.25 所示，奥林匹斯山是一座盾状火山，其面积大约相当于美国犹他州的面积。该火山高出周围地表 24 km，有一个巨大的火山口 (火山坑)。地质学家认为，奥林匹斯火山的巨大规模要归功于称为**热点火山作用 (hot-spot volcanism)** 的过程，在这个过程中，地壳中的薄弱点让熔融物质上升到表面。正是地球上的热点火山活动导致了夏威夷群岛的形成[②]。然而，就夏威夷岛链而言，岛链所处的构造板块的运动将每个新形成的火山带离热点，使另一个火山得以形成。今天，包含夏威夷群岛的山脉几乎一直延伸到日本，尽管随着时间的推移，最古老的山脉已经经历了严重的侵蚀[③]。

奥林匹斯火山的情况有些不同。由于火星显然还没有形成一个移动的构造板块系统，所以火山并没有从它形成的热点地带带走。因此，随着更多的熔融物质到达地表，火山也变得越来越大[④]。

20.5.10 两颗小卫星

在 19.2 节中简要讨论了火星的两颗卫星火卫一 (Phobos) 和火卫二 (Deimos)(图 20.26)。虽然这两颗卫星是由阿萨·霍尔 (Asaph Hall, 1829—1907) 在 1877 年发现的，但开普勒早在几个世纪前就已经假定了它们的存在。开普勒的"预测"完全是基于数字命理学。由于

[①] 这些季节变化曾被一些天文学家认为是火星植被生长周期的证据。

[②] 地球上最高的山是夏威夷的莫纳罗亚岛 (Mauna Loa)，从山脚到峰顶的高度是 9.1 km。

[③] 美国黄石地区的间歇泉、温泉和泥火山，是地球上热点火山的另一个例子。

[④] 在金星上发现的大型火山的形成方式可能与奥林匹斯山的形成方式大致相同。

知道金星轨道上没有卫星，地球有一颗卫星，而伽利略最近又发现了围绕木星运行的四颗卫星，因此开普勒认为火星应该有两颗卫星，这似乎是合乎情理的！

图 20.25   奥林匹斯火山是一座高出周围地面 24 km 的盾形火山。从它的底部测量，这座火山的直径超过 500 km。在这张透视图中，环绕火山的悬崖有 6 km 高 (由 NASA/JPL 提供)

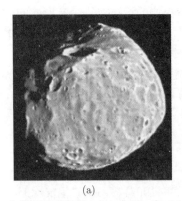 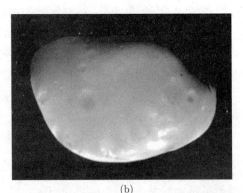
(a)   (b)

图 20.26   火星的两颗卫星，(a) 火卫一和 (b) 火卫二，它们与小行星非常相似，很可能是被火星捕获的 (由 NASA/JPL 提供)

1726 年，也就是霍尔实际发现火星卫星的 150 年前，乔纳森·斯威夫特 (1667—1745) 在他的《格列佛游记》一书中写道，天文学家发现了两颗围绕这颗红色星球运行的卫星。他书中虚构的科学家发现，这些卫星的轨道周期分别为 10h 和 21.5h，"因此它们周期的平方与它们到火星中心的距离的立方的比例非常接近，这显然表明火星卫星也受到影响其他天体的同一万有引力定律的支配。"显然，不是科学家的斯威夫特知道诸如开普勒第三定律之类的科学发现。火卫一和火卫二的实际轨道周期分别是 7^h39^m 和 30^h17^m，与斯威夫特书中的天文学家确定的数值非常接近。

火卫一和火卫二都是小而布满撞击坑的细长岩石。火卫一的最长尺寸只有 28 km，火卫二的尺寸更小 (16 km)。看来这两颗卫星很可能是被火星捕获的小行星。

推 荐 读 物

一般读物

Beatty, J. Kelly, Petersen, Carolyn Collins, and Chaikin, Andrew (eds.), *The New Solar System*, Fourth Edition, Cambridge University Press and Sky Publishing Corporation, Cambridge, MA, 1999.

Cooper, Henry S. F. Jr., *The Evening Star*: *Venus Observed*, Farrar, Staus, and Giroux, New York, 1993.

Goldsmith, Donald, and Owen, Tobias, *The Search for Life in the Universe*, Third Edition, University Science Books, Sausalito, CA, 2002.

Jeanloz, Raymond, and Lay, Thorne, "The Core-Mantle Boundary, " *Scientific American*, May 1993.

Kargel, Jeffrey S., *Mars—A Warmer, Wetter Planet*, Praxis Publishing Ltd., Chichester, UK, 2004.

Morrison, David, and Owen, Tobias, *The Planetary System*, Third Edition, Addison-Wesley, San Francisco, 2003.

Stofan, Ellen R., "The New Face of Venus, "*Sky and Telescope*, August 1993.

专业读物

Atreya, S. K., Pollack, James B., and Matthews, Mildred Shapley (eds.), *Origin and Evolution of Planetary and Satellite Atmospheres*, The University of Arizona Press, Tucson, 1989.

Canup, R. M., and Righter, K. (eds.), *Origin of the Earth and Moon*, The University of Arizona Press, Tucson, 2000.

Correia, Alexandre C. M., and Laskar, Jacques, "The Four Final Rotation States of Venus, "*Nature*, 411, 767, 2001.

de Pater, Imke, and Lissauer, Jack J., *Planetary Sciences*, Cambridge University Press, Cambridge, 2001.

Hartmann, W. K., and Davis, D. R., "Satellite-Sized Planetesimals and Lunar Origin," *Icarus*, 24, 504, 1975.

Houghton，John T.，*The Physics of Atmospheres*，Third Edition，Cambridge University Press，Cambridge，2002.

Taylor，Stuart Ross，*Solar System Evolution*，Second Edition，Cambridge University Press，Cambridge，2001.

习　题

20.1　假设用 10 GHz 的雷达信号来测量水星和金星的自转速率。利用多普勒效应，确定从每颗行星的接近和后退的一边返回的信号的相对频率变化。

20.2　太阳在近日点对水星的单位质量的潮汐力与太阳在地球上的单位质量的潮汐力的比值是多少？潮汐效应的差异如何导致了两颗行星轨道和/或自转特性的差异？

20.3　对于水星这颗没有明显大气的慢速自转行星，必须修改行星表面温度的公式 (19.5)。特别是，关于行星整个表面温度大致恒定的假设不再成立。

(a) 假设 (不正确的) 水星围绕太阳同步旋转，说明在太阳正下方点 (赤道上最接近太阳的一点) 北纬 θ 或南纬 θ 处的温度由下式给出：

$$T = (\cos\theta)^{1/4}(1-a)^{1/4}T_\odot\sqrt{\frac{R_\odot}{D}}.$$

由于这颗行星实际上处于 3:2 的共振状态，这一表达式只是水星表面温度的近似描述。

(b) 绘制 T 与 θ 的关系图。水星的反照率为 0.06。

(c) 这颗行星在太阳正下方点的温度大约是多少？

(d) 在什么纬度上气温会降至 273 K？这是地球表面水的冰点。

(e) 你希望在 273 K 的温度下在水星上发现冰吗？为什么？

20.4　(a) 估计第 602 页脚注 1 中提到的 NASA 戈德斯通跟踪站的 70m 射电天线的角度分辨率。假设它的工作波长为 3.5 cm。

(b) 水星在下合点的角大小是多少？对于这一问题，假设 (不正确的) 行星的轨道是圆形的。

(c) 如果雷达信号中的功率大致均匀地分布在锥形波束上，那么实际到达水星表面的功率是多少？

(d) 假设所有到达水星表面的雷达能量被各向同性地反射回同一地球半球，问 VLA 接收到的信号流量将是多少？

20.5　(a) 根据文中提供的数据，估算在太阳系早期可能导致水星外层剥落的撞击动能。

(b) 如果在碰撞之前，水星的质量是现在的 2 倍，那么将额外的质量从当时的行星上移开需要多少能量？假设额外的质量具有地球现在的卫星月球的密度，并且这些物质均匀地分布在现在的水星表面的一个球壳中。别忘了把抛射出的撞击体质量所需的能量也包括在内。

(c) 仅仅根据能源方面的考虑，根据我们今天观测到的水星，就该水星起源的设想是否可行发表评论。

20.6　假设金星的大气是由纯二氧化碳组成的,请估计该星球表面的分子数密度。这一数值较例 19.3.3 中引用的地球表面氮分子的数密度大多少倍？

20.7　(a) 像习题 19.13 那样，用一个大气层来模拟温室效应，相当于假设光学深度约为 1。如果光学深度为 τ，如果我们可以忽略大气中的环流，则地表温度应该近似为

$$T_{\text{surf}} = (1+\tau)^{1/4}T_{\text{bb}},$$

其中，T_{bb} 是无大气行星的黑体温度。

(b) 金星大气的光学深度约为 $\tau = 70$。利用这一粗略的温室模型来估计金星的表面温度。取平均反照率为 0.77。

20.8　根据所观测到的北美洲和欧亚大陆相互分离的速度，这两个大陆是什么时候结合在一起形成劳亚古陆的？假设大西洋大约有 4800 km (3000 英里) 宽。

20.9　利用流体静力学平衡公式 (10.6)，估算地球中心的压力。详细的计算机模拟表明，地球中心压力为 3.7×10^6 atm。

20.10　(a) 根据 19.2 节给出的数据，估计对于地球，潮汐摩擦力耗散自转能量的速度。提示：这个有关地球的问题类似于脉冲星自转动能的损失，见式 (16.30)。

(b) 在地球内部损失的总能量中，有多少是由自转动能的潮汐耗散引起的？

20.11　参考洛伦兹力公式 (11.2) 和图 20.13，解释为什么大多数带电粒子在地球南北两极之间来回弹跳，而不是撞击地球表面。如有必要，请用图表说明。提示：会聚的磁力线在南北两极附近形成磁镜。(磁 "瓶"，也是基于同样的原理，在实验室中用于束缚高温等离子体。)

20.12　行星的转动惯量可以用来评估其内部结构。在本题中，你将构建一个简单的地球内部的 "两区域" 模型，假设球对称。假设地核和地幔的平均密度分别为 10900 kg·m^{-3} 和 4500 kg·m^{-3}(忽略表面薄地壳)。

(a) 利用整个地球的平均密度，确定地核的半径。用地球半径为单位来表达你的答案。

(b) 计算 "两区域" 地球的转动惯量比(I/MR^2)(实际值为 0.3315)。对于一个内、外半径分别为 R_1 和 R_2，密度恒定为 ρ 的球形对称质壳，其转动惯量为

$$I \equiv \int_{\text{vol}} a^2 \mathrm{d}m = \frac{8\pi\rho}{15}\left(R_2^5 - R_1^5\right).$$

其中，a 是质量单元 $\mathrm{d}m$ 到自转轴的距离。

(c) 将你在 (b) 部分的答案与密度恒定的实心球体的预期值进行比较。为什么这两个值不同？解释一下。

20.13　月球的转动惯量比为 0.390 (见习题 20.12)。

(a) 这说明了月球内部的什么情况？

(b) 这是否与缺乏任何可探测的月球磁场相一致？为什么一致或为什么不一致？

20.14　(a) 1969 年 7 月 20 日，"阿波罗 11 号" 的宇航员在登陆月球后，从月球近侧的静海返回了岩石。他们返回后，对一块岩石 (玄武岩 10072) 进行了分析，得出了样品中不同位置的相对丰度，见表 20.2。将丰度数据绘制成 $^{143}_{60}\text{Nd}/^{144}_{60}\text{Nd}$ 与 $^{147}_{62}\text{Sm}/^{144}_{60}\text{Nd}$ 的对比图。(请注意，列出的不确定性对应最后的两个有效数字。)

表 20.2　1969 年 "阿波罗 11 号" 的宇航员从静海返回的玄武岩 10072 的分析结果 (数据来自帕帕纳斯塔西乌 (D. A. Papanastassiou)、德保罗 (D. J. DePaolo) 和瓦瑟堡 (G. J. Wasserburg)，"Rb-Sr and Sm-Nd Chronology and Genealogy of Mare Basalts from the Sea of Tranquility," *Proceedings of the Eighth Lunar Science Conference*, 帕加马 (Pergamon) 出版社，纽约，1977 年)

$^{147}_{62}\text{Sm}/^{144}_{60}\text{Nd}$	$^{143}_{60}\text{Nd}/^{144}_{60}\text{Nd}$
0.1847	0.511721 ± 18
0.1963	0.511998 ± 16
0.1980	0.512035 ± 21
0.2061	0.512238 ± 17
0.2715	0.513788 ± 15
0.2879	0.514154 ± 17

(b) 确定通过所绘制数据的最佳拟合直线的斜率，并估计月球样品的年龄。将你的答案与例 20.4.1 中根据图 20.18 中的数据确定的月球高地样品的年龄进行比较。

20.15 根据月球分裂模型，估计如果月球从地球上被撕裂出去，地球的初始自转周期。

20.16 估计地球–月球系统的洛希极限。以地球半径为单位来表示你的答案。月球有被潮汐破坏的危险吗？

20.17 火星在其南半球的夏季最接近太阳。

(a) 利用式 (19.5) 估算火星在近日点和远日点的平均温度之比。

(b) 考虑火星自转轴的倾斜度，描述两极冰冠的季节性行为。

20.18 假设这两颗卫星的轨道为圆形，请确定火卫一和火卫二的轨道半径。用火星半径为单位表示你的答案。

20.19 假设你住在火星上，观测它的卫星。如果某天晚上火卫一和火卫二相邻，第二天晚上 (一天后的火星) 你会看到什么？描述这两颗卫星的视运动。(火卫一和火卫二都在顺行轨道上运行，大致在火星赤道的上方。)

第 21 章　巨行星的王国

21.1　巨　行　星

　　除太阳外，太阳系中最大的成员是**木星 (Jupiter)**，其质量是地球的 317.83 倍。木星和其他三颗巨星**土星 (Saturn)**、**天王星 (Uranus)** 和**海王星 (Neptune)** 的质量共占整个太阳系行星总质量的 99.5%(图 21.1)。因此，如果我们希望了解太阳系的发展和演化，就必须了解这些遥远的星球。

(a)　　　　　　　　　　　　　　(b)

(c)　　　　　　　　　　　　　　(d)

图 21.1　四颗巨行星：(a) 木星及其最大的卫星木卫三 (Ganymede)；(b) 土星及其两颗卫星土卫五 (Rhea) 和土卫四 (Dione)，分别见于图像底部和右侧附近；(c) 天王星；(d) 海王星。这些图像是由"旅行者 1 号"和"旅行者 2 号"航天器拍摄的。请注意快速自转造成的扁率。图片大小与行星的实际相对大小并不一致 (由 NASA/JPL 提供)

21.1.1　伽利略卫星的发现

对木星和土星的肉眼观测始于人类最初开始仰望天空的时候。但在 1610 年，伽利略成为第一个用望远镜观测这些行星的人。他通过望远镜发现了木星的 4 颗大卫星，现在统称为"伽利略卫星"[①]。伽利略还看到了土星环，但由于他的望远镜分辨率低，他认为土星环是位于土星两侧的两颗大卫星。

21.1.2　天王星和海王星的发现

直到 1781 年，居住在英国的德国籍音乐家威廉·赫歇尔 (1738—1822) 才偶然发现了天王星。1845 年 10 月，剑桥大学研究生约翰·库奇·亚当斯 (1819—1892) 考虑到影响天王星轨道的引力扰动，提出离太阳更远的地方一定存在另一颗行星。亚当斯利用波得定则猜测这颗未知行星与太阳的距离，预测了它在天上的位置。不幸的是，当他把自己的作品提交给英国皇家天文学家乔治·艾里爵士时，艾里并不相信这些结论。1846 年 6 月，一位非常受人尊敬的法国科学家勒维耶 (Urbain Leverrier，1811—1877)，作出了同样的预测，其与亚当斯预测的位置一致，误差在 1° 以内。得知两者一致后，艾里开始寻找这颗天体。然而是柏林天文台的约翰·戈特弗里德·加勒 (1812—1910) 在 1846 年 9 月 23 日晚上发现了海王星，就在他收到勒维耶的信，信中建议他也应该去寻找这颗新行星之后。真正意义上说，海王星是在亚当斯和勒维耶的数学计算中发现的，加勒只是证实了他们的工作。

21.1.3　前往巨行星的任务

自从首次观测到这些行星以来，地球上的天文学家的努力提供了关于这些巨行星及其众多卫星的重要信息。然而，目前可以获得的许多数据都来自航天器飞行任务，最早的此类飞行任务是飞越木星的"先驱者 10 号"和"先驱者 11 号"(1973 年和 1974 年) 和飞越土星的"先驱者 11 号"(1979 年)。后来，"旅行者 1 号"和"旅行者 2 号"又开始了它们令人瞩目的成功的"豪华旅行"任务。1977 年从地球发射的这两艘"旅行者号"飞船都访问了木星 (1979 年) 和土星 (1980 年、1981 年)，"旅行者 2 号"继续前往天王星 (1986 年) 和海王星 (1989 年)。每一次与行星的相遇都是短暂的近距离飞行。今天，"先驱者号"和"旅行者号"飞船正在离开太阳系的路上[②]。"旅行者号"飞船 (已改名为"旅行者号星际任务") 继续以不断减弱的信号穿越遥远的距离发回信息，提供有关太阳系外围的数据，包括太阳风和其他恒星的风之间的相互作用。2006 年初，"旅行者 1 号"距离地球 87 亿英里 (140 亿 km)，以 3.6 AU 每年的速度飞行；"旅行者 2 号"距离地球 65 亿英里 (104 亿 km)，以 3.3 AU 每年的速度飞行。人们相信，"旅行者 1 号"在 2004 年 12 月穿过了太阳风的终止激波，其证据是航天器附近的磁场强度增加了 2.5 倍 (回顾例 11.2.1)。

哈勃空间望远镜也被用来从地球轨道观测外行星。自 20 世纪 70 年代和 20 世纪 80 年代的飞行任务以来，是哈勃空间望远镜记录了这些巨行星的重大变化。

[①] 1610 年，Simon Marius(1570—1624) 也独立地发现了这四颗伽利略卫星。

[②] 2003 年 1 月 23 日，人们接收到"先驱者 10 号"的最后一个信号，也就是飞船发射近 31 年后。"先驱者 10 号"现在距离地球 80 多亿英里，正朝着金牛座毕宿五的大致方向前进，大约 200 万年后会到达那颗恒星的附近。最后一次接收到"先驱者 11 号"的信号是在 1995 年，那时它正朝着天鹰座的方向前进。

1995 年，当 "伽利略号" 飞船 (1989 年发射) 进入木星轨道后，开始对木星系统进行深入而详细的调查。除了仔细观测行星外，"伽利略号" 在木星系统停留的 8 年时间里，还完成了对伽利略卫星的多次飞越。作为任务的一部分，探测器通过降落伞降落到木星的大气层中，对大气层的成分和物理条件进行采样。

1997 年发射的 **"卡西尼–惠更斯号"** 飞行任务于 2004 年 7 月 1 日进入土星系统。这一双重任务由 "卡西尼号" 轨道器和 "惠更斯号" 探测器组成，"卡西尼号" 轨道器由 NASA 建造，配备意大利航天局提供的高增益天线系统，"惠更斯号" 探测器由欧洲空间局建造。在 2006 年撰写本书时，"卡西尼号" 正在对土星系统进行为期四年的探索，包括土星、它的卫星和土星环。"惠更斯号" 于 2005 年 1 月 14 日进入土卫六厚重的大气层，土卫六是土星最大的卫星。和 "伽利略号" 探测器一样，"惠更斯号" 在部分下降过程中使用了降落伞，同时对成分、风速、大气结构和表面特征进行测量。在 40 km 的高度，降落伞被松开，探测器降落到地面。这次降落花了 2 h 27 min，探测器在地面上继续工作了 1 h 10 min，同时进行了进一步的观测。

21.1.4　成分和结构

参看表 19.1，请注意，作为一个类别，巨行星与类地行星有着明显的不同。不过，这个类别还可以进一步细分。木星 (317.83 $M_\oplus$) 和土星 (95.159 $M_\oplus$) 这两颗气态巨行星的平均成分与太阳相当类似，而更小更远的冰态巨行星，天王星 (14.536 $M_\oplus$) 和海王星 (17.147 $M_\oplus$)，则有较高比例的重元素。因为每一颗巨行星都能够在大气层中保留所有较轻的元素，这种成分上的差异表明它们的形成存在着重要的区别。

对每颗巨行星云顶附近成分的直接观测支持了这一结论，表 21.1 给出了巨行星大气层中各成分的相对数密度，同时也给出了太阳的光球层成分，以供比较。(请注意，这里引用的是原子或分子的数量百分数，而不是第 10 章中讨论的质量占比。) 木星的氢含量比太阳多一些，而氦含量比太阳略少。土星高层大气中氦的含量明显偏低 (96% 的 H_2，3% 的 He)，而其他百分数与木星相似。观测还表明，虽然天王星和海王星的氢和氦含量介于太阳和木星之间，但其大气层中甲烷的含量相对于太阳来说超出了 10 倍甚至更多。这些研究表明这些行星的内部可能存在差异，其他观测数据和理论研究为我们提供了更多关于行星内部情况的信息。

表 21.1　巨行星大气的成分。所有数值均以粒子的占比数密度表示。木星数据来自 "伽利略号" 探测器，并提供了太阳光球数据进行比较 (数据来自德–佩特 (de Pater) 和利绍尔 (Lissauer) 的表 4.5，《行星科学》(*Planetary Sciences*)，剑桥大学出版社，剑桥，2001 年)

气体	太阳	木星	土星	天王星	海王星
H_2	H: 0.835	0.864 ± 0.006	0.963 ± 0.03	0.85 ± 0.05	0.85 ± 0.05
He	He: 0.195	0.157 ± 0.004	0.034 ± 0.03	0.18 ± 0.05	0.18 ± 0.05
H_2O	O: 1.70×10^{-3}	2.6×10^{-3}	$> 1.70 \times 10^{-3}$?	$> 1.70 \times 10^{-3}$?	$> 1.70 \times 10^{-3}$?
CH_4	C: 7.94×10^{-4}	$(2.1 \pm 0.2) \times 10^{-3}$	$(4.5 \pm 2.2) \times 10^{-3}$	0.024 ± 0.01	0.035 ± 0.010
NH_3	N: 2.24×10^{-4}	$(2.60 \pm 0.3) \times 10^{-4}$	$(5 \pm 1) \times 10^{-4}$	$< 2.2 \times 10^{-4}$	$< 2.2 \times 10^{-4}$
H_2S	S: 3.70×10^{-5}	$(2.22 \pm 0.4) \times 10^{-4}$?	$(4 \pm 1) \times 10^{-4}$?	3.7×10^{-4}?	1×10^{-3}

图 21.2 显示了每颗行星的半径与其质量的函数，还绘制了一系列各种混合物的理论曲

线，H 代表纯氢；H-He 代表适合木星和土星的氢–氦混合物；Ice 代表 H_2O(水)、CH_4(甲烷) 和 NH_3(氨) 冰的混合物；Rock 代表镁、硅和铁的混合物，虚线对应的是遵循绝热温度梯度的模型。气体模型 (H，H-He) 包含了多方关系，$P \propto \rho^2$，适用于库仑力对的相互作用 (回顾第 275 页开始讨论的多方性)。当电子离子对相互作用占主导时，$P \propto \rho^2$ 是一个合理的近似，因为 $F \propto q^2$ 和电荷数与气体密度成正比。图 21.2 中的实线代表零温度模型，对应于完全简并 (见 16.3 节关于建立完全简并的白矮星模型的讨论)。氢和氦在木星和土星中占主导地位，而冰很可能在决定天王星和海王星的内部结构中发挥关键作用。

　　请注意，在图 21.2 中，尽管木星的质量是土星的 3 倍多，但它只比土星略大。这是因为质量的增加导致内部压力的增加，进而导致原子和分子状态的变化。(回顾针对恒星内部的流体静力学平衡公式 (10.6)，它同样也适用于球对称的行星)。对于质量比木星大 3 倍以上、成分相似的天体模型来说，质量的增加实际上会导致半径减小，这种效应开始出现在图 21.2 中 H-He 的实线中。这是由于在这些寒冷的大质量天体中，简并电子压的贡献越来越大。(这种简并物质的反常行为在 16.4 节白矮星的大小部分有过详细的讨论)。

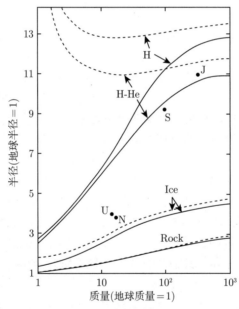

图 21.2　行星的组成和质量是确定行星半径的主要因素，图绘制了木星 (J)、土星 (S)、天王星 (U) 和海王星 (N) 的半径与质量的函数关系，各种混合物的理论曲线也在图上显示。实线代表零温度模型，虚线是遵循绝热温度梯度的模型 (图改编自 Stevenson，*Annu.Rev. Earth Planet.Sci.*, 10, 257, 1982。经许可转载自《地球和行星科学年度评论》，第 10 卷，©1982 年由 Annual Reviews Inc.)

21.1.5　行星内部的质量分布

　　关于行星内部质量分布的其他信息是通过观测其卫星、光环和航天器的运动获得的。对于一颗球对称的行星，所有的质量都在引力的作用下看似位于中心的一点，但一颗快速自转的行星与经过的天体会产生更复杂的引力作用。通过比较航天器的实际运动与行星是球对称的情况下的理论预期运动，就有可能根据对球体形状的数学修正来绘制内部的质量分布图。正如 20.2 节所讨论的那样，这正是利用围绕金星的麦哲伦航天器所做的工作。

其中一个修正是行星的**扁率** (**oblateness**)，它描述了行星的扁度。这种自转变扁在图 21.1 中很明显。例如，木星的赤道半径 (R_e) 是 71493 km，而在大气压为 1 巴 (bar) 时[①]，其极半径 (R_p) 只有 66855 km，因此，木星的扁率为

$$b \equiv \frac{R_e - R_p}{R_e} = 0.064874.$$

扁率是自转速度和内部刚性的函数。附录 C 中给出了每颗巨行星的自转周期和**扁率**。但是要注意的是，由于巨行星的内部大部分都是流体的，所以不可能确定一个单一的、独特的自转周期；它们的高层大气会产生较差自转，就像太阳一样 (第 300 页)，它们的内部可能以不同于其表面的速度旋转。

扁率与引力势 (单位质量的势能) 中的一阶修正项有关，被定义为

$$\Phi \equiv \frac{U}{m}.$$

对于一个球形对称的质量分布，$\Phi = -GM/r$，其中 r 是到行星中心的距离。然而，对于一颗不完全球对称的行星，引力势可以扩展为如下形式的无穷级数：

$$\Phi(\theta) = -\frac{GM}{r}\left[1 - \left(\frac{R_e}{r}\right)^2 J_2 P_2(\cos\theta) - \left(\frac{R_e}{r}\right)^4 J_4 P_4(\cos\theta) - \cdots\right], \tag{21.1}$$

其中，每一个连续的修正项都代表了行星形状和质量分布的一个渐进的高阶分量，很像我们熟悉的泰勒级数中的高阶项。注意随着 r 的增加，每一个连续的高阶项都变得不那么明显；当 $r \to \infty$ 时，Φ 接近球面势的形式。

函数 P_2, P_4, $\cdots$ 称为**勒让德多项式** (**Legendre polynomial**)，在物理学的很多领域都会经常遇到。每个多项式都有 $\cos\theta$ 作为参数，其中 θ 是自转轴与空间中某点位置矢量之间的夹角 (坐标系的原点在行星的中心)，见图 21.3。一些低阶的、偶数幂的**勒让德多项式**的例子有

$$P_0(\cos\theta) = 1,$$

$$P_2(\cos\theta) = \frac{1}{2}\left(3\cos^2\theta - 1\right),$$

$$P_4(\cos\theta) = \frac{1}{8}\left(35\cos^4\theta - 30\cos^2\theta + 3\right),$$

$$P_6(\cos\theta) = \frac{1}{16}\left(231\cos^6\theta - 315\cos^4\theta + 105\cos^2\theta - 5\right).$$

勒让德多项式有权重因子相乘，即**引力矩** (**gravitational moment**，J_2, J_4, J_6, $\cdots$)，它描述了每个多项式对整体形状的重要性。例如，J_2 与行星的扁率和**转动惯量** (**moment of inertia**) 有关[②]。J_4 和 J_6 项对行星外围区域的质量分布更为敏感，尤其是赤道突起的地

---

① 1bar=10⁵ N·m⁻².

② 关于地球和月球的转动惯量问题已经讨论过了 (分别见习题 20.12 和习题 20.13)，对木星的转动惯量问题将再次进行探讨 (例如习题 21.3)。

方，因为这些项对 R_e 的依赖性更强。由于行星表面附近的密度比深层内部简并气体的密度更依赖于温度，所以 J_4 和 J_6 也可以测量行星的热结构。表 21.2 列出了巨行星的引力矩。

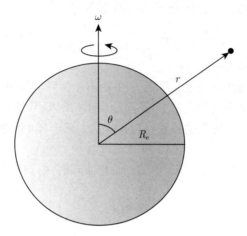

图 21.3　角度 θ 由引力势的**勒让德多项式**展开的自转轴定义

表 21.2　巨行星的引力矩和转动惯量之比，R_e 是巨行星的赤道半径 (数据来自古洛特 (Guillot) 的表 1, *Annu. Rev. Earth Planet. Sci.*, *33*, 493, 2005 年)

力矩	木星	土星
J_2	$(1.4697 \pm 0.0001) \times 10^{-2}$	$(1.6332 \pm 0.0010) \times 10^{-2}$
J_4	$-(5.84 \pm 0.05) \times 10^{-4}$	$-(9.19 \pm 0.40) \times 10^{-4}$
J_6	$(0.31 \pm 0.20) \times 10^{-4}$	$(1.04 \pm 0.50) \times 10^{-4}$
I/MR^2	0.258	0.22

力矩	天王星	海王星
J_2	$(0.35160 \pm 0.00032) \times 10^{-2}$	$(0.3539 \pm 0.0010) \times 10^{-2}$
J_4	$-(0.354 \pm 0.041) \times 10^{-4}$	$-(0.28 \pm 0.22) \times 10^{-4}$
I/MR^2	0.23	0.241

例 21.1.1　表 21.2 中给出了木星的前三个高阶引力矩。因此，式 (21.1) 中相关展开项的数值如图 21.4 所示。在图中，赤道附近 ($\theta=90°$) 的扁率对引力势的贡献是明显的。还应该注意到，这些高阶修正项对球对称势的影响相当小：第一阶修正项 ($J_2 \; P_2$) 仅为百分之几的数量级，第二阶项 ($J_4 P_4$) 比第一阶项小两个数量级，第三阶项 ($J_6 \; P_6$) 比第二阶项小两个数量级。

与引力矩相关的是行星的转动惯量。如习题 20.12 所述，转动惯量用以下公式表示

$$I \equiv \int_{\text{vol}} a^2 \mathrm{d}m, \tag{21.2}$$

其中，a 是质量单位 $\mathrm{d}m$ 与自转轴的距离 (图 21.5)。对于一个轴向对称的质量分布，例如一颗巨大的行星绕着固定的轴线自转，I 在柱坐标中可以表示为

$$I = 4\pi \int_{z=0}^{R_p} \int_{a=0}^{a_{\max}(z)} \rho(a, z) a^3 \mathrm{d}a\mathrm{d}z, \tag{21.3}$$

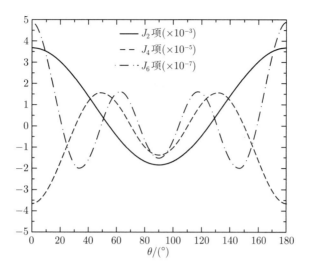

图 21.4 当 $r=2R_e$ 时，木星引力势能展开的前三个高阶项

其中，z 是行星中心沿自转轴到 a 点测量的距离；R_p 是极半径。如果我们假设行星沿自转轴的截面可以近似为椭圆，那么 a_{max} 与 z 的关系为

$$\left(\frac{a_{max}}{R_e}\right)^2 + \left(\frac{z}{R_p}\right)^2 = 1.$$

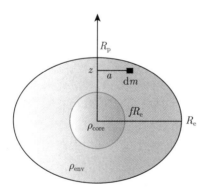

图 21.5 椭圆截面的扁球形行星模型，其核心为球形。ρ_{env} 是包层的密度，ρ_{core} 是核心的密度。两种密度之间的转换发生在行星赤道半径的 fR_e 处

对于一个外壳层密度为ρ_{env}、核的密度为ρ_{core} 的双组分扁球形行星模型来说，如果这两种密度之间的转换发生在赤道半径 fR_e 处，那么可知转动惯量由以下公式给出：

$$I = \frac{8\pi}{15} R_e^4 \left[R_p\rho_{env} + f^5 R_e \left(\rho_{core} - \rho_{env} \right) \right]. \tag{21.4}$$

将 R_p 以行星的扁率 b 表示，有

$$R_p = R_e(1 - b),$$

式 (21.4) 变为

$$I = \frac{8\pi}{15} R_{\mathrm{e}}^5 \left[(1-b)\rho_{\mathrm{env}} + f^5 (\rho_{\mathrm{core}} - \rho_{\mathrm{env}}) \right].\qquad(21.5)$$

显然，转动惯量取决于行星的扁率和整个行星的质量分布。请注意，f 不能超过 $f_{\max} = R_{\mathrm{p}}/R_{\mathrm{e}} = 1 - b \leqslant 1$。

21.1.6 行星的核

所有这些数据都表明，木星和土星拥有由厚的 "岩石"(Mg、Si、Fe) 和冰块组成的致密核。然而，虽然数据表明木星和土星有致密的核，但核的质量却相对不受约束。例如，请注意式 (21.5) 强烈依赖于 $f \leqslant 1$，并回顾较高的引力矩选择性地对行星的外包层**进行采样**。根据现有的数据和数值模型，木星的岩核/冰核的质量可能小于 $10\, M_{\oplus}$，而土星的岩核约为 $15\, M_{\oplus}$，误差约为 50%。(木星的核较小，可能是由于该行星核的某些部分随着年龄的增长而受到侵蚀)。

尽管木星和土星的核质量远大于地球的质量，但它们只占其行星总质量的一小部分。如果我们假设木星和土星的核质量分别为 $10M_{\oplus}$ 和 $15M_{\oplus}$，它们的核质量只占这两颗气体巨行星质量的 3% 和 16%。对于这两颗行星来说，氢和氦构成了其余质量的大部分。

对天王星和海王星的类似研究得出的核质量与木星和土星的核质量相当：大约为 $13M_{\oplus}$。然而，对天王星和海王星而言，核构成了行星的大部分质量。特别是，天王星和海王星可能都有 25% 的质量是以岩石形式存在的，60%~70% 是 "冰"，只有 5%~15% 的质量是以气体氢或氦的形式存在。显然，天王星和海王星并不简单地是其 "兄长" 的缩小版本，冰巨星是一个比气巨星更合适的称呼[①]。

21.1.7 内部加热和冷却时标

另一组观测为行星的形成和结构及其后续演化提供了线索，那就是探测到有热量从行星内部泄漏出来。在类地行星中，内部产生的热量在很大程度上是由放射性同位素的缓慢衰变造成的 (第 613 页)。然而，这并不足以解释巨行星内部产生的大量热量。例如，从表 21.3 中可以看出，木星吸收 (和再发射) 了 5.014×10^{17} W 的太阳辐射，而木星内部产生了 3.35×10^{17} W 的额外功率。这极大地改变了仅由太阳黑体辐射产生的能量平衡和热平衡温度。就海王星而言，超过一半的辐射热量来自内部，这就解释了为什么海王星的有效温度与天王星非常接近，虽然海王星离太阳远得多。

表 21.3 巨行星的能量和有效温度 (数据来自古洛特 (Guillot) 的表 2,
Annu. Rev. Earth Planet. Sci., 33, 493, 2005 年)

功率或温度	木星	土星	天王星	海王星
吸收功率/(10^{16} W)	50.14 ± 2.48	11.14 ± 0.50	0.526 ± 0.037	0.204 ± 0.019
总发射功率/(10^{16} W)	83.65 ± 0.84	19.77 ± 0.32	0.560 ± 0.011	0.534 ± 0.029
固有发射功率/(10^{16} W)	33.5 ± 2.6	8.63 ± 0.60	0.034 ± 0.038	0.330 ± 0.035
有效温度/K	124.4 ± 0.3	95.0 ± 0.4	59.1 ± 0.3	59.3 ± 0.8

[①] 在这种情况下，"冰" 这个术语有点误导人，因为在巨行星内部的高压下，H_2O、CH_4、NH_3 和其他成分实际上处于某种流体状态。

巨行星内部热量的一个来源是在形成过程中气体坍缩到行星上所释放的引力势能。这只是位力定理 (2.4 节) 的结果，与例 10.3.1 和 12.2 节中讨论的开尔文–赫尔姆霍兹机制相同。

忽略任何由成分和密度造成的微小差异，对于给定的热容量，行星的总热能含量与其体积成正比 (即 $\propto R^3$)。然而，热量通过黑体辐射离开行星的速度与表面积成正比 ($\propto R^2$)。因此，在没有额外的能量来源的情况下，冷却的时间尺度取决于半径，即

$$\tau_{\text{cool}} = \frac{\text{总能量}e}{\text{能量损失/时间}} \propto R^3/R^2 \propto R.$$

一颗行星冷却所需的特征时间大致与行星的半径成正比。从时间上推断，当太阳系还处于萌芽状态时，巨行星的亮度一定要大得多；木星甚至可能会发出明显的光芒。

由于木星比土星大 (而且更接近太阳)，它应该会在较长的时间内保持较高的温度，并且应该仍然以更大的速率向空间辐射能量。然而，就土星而言，从最初坍缩中获得的能量并不足以解释现在观测到的来自该行星的所有热量。土星额外热源之谜的解答是观测到土星高层大气中氦的明显减损。参考表 21.1，请注意氦只占土星高层大气中粒子的 3% 左右，而木星的数值接近 16%，太阳的数值接近 20%。相对于氢而言，较重的氦原子在大气中缓慢下沉，导致行星的引力势能发生变化，并通过位力定理产生热量。这种效应在土星上更为明显，因为该行星的温度较低。

21.1.8 巨行星的内部模型

建立巨行星内部模型的方法与建立恒星模型的方法大致相同，主要区别在于构造巨行星的模型时使用的物质种类。例如，在巨行星内部相对较低的温度和较高的压力下，以地球标准来看，氢会呈现出一种非常奇怪的形式。随着我们向行星深处移动，熟悉的氢分子变得非常压缩，以至于分子键被打破，轨道电子在原子之间共享。这与金属的行为非常相似，行星内部的氢具有熔融金属的特性，很像室温下的水银。氢的这种奇特的状态公式已经在地球实验室中，通过在气体中产生几千开尔文的温度和数百万个大气压的激波而得到验证。看来**液态金属氢 (liquid metallic hydrogen)** 实际上主导了木星和土星的内部。对于天王星和海王星来说，压力可能不会大到足以将氢转化为液态金属形式，但它们大气中存在的冰 (如甲烷和氨) 会在压力下被电离。

图 21.6 描述了巨行星的内部结构。对于气态巨行星来说，标有"不均匀"字样的区域是氦不溶于氢的区域，形成富氦液滴的地方。这些液滴随后沉入行星深处，释放出引力势能。对于土星而言，氦可能已经沉淀到核中，或者在核周围形成了一个外壳。天王星和海王星的氢和氦非常少，主要是冰和岩石。

21.1.9 高层大气

在行星上层大气中，木星的云层色彩斑斓，动感十足，土星的云层色调较为柔和，天王星和海王星的云层则呈深蓝绿色，这些云层的美丽都归功于行星的温度、组成、自转和内部结构。观测数据结合理论模型表明，木星的云层有 3 层：最上层的云是由氨组成的，下一层可能是由氢化硫铵组成的，最深处的云是由水组成的。

　　木星和土星云层中的颜色是由其大气层的成分造成的，尽管哪些颜色与哪些分子有关仍不清楚，但科学家们认为这些成分可能包括硫、磷或各种有机 (富碳) 化合物。在木星和土星，偏蓝的区域显然温度较高，表明它们位于大气层的深处。随着高度逐渐升高，有棕色、白色和红色的云。

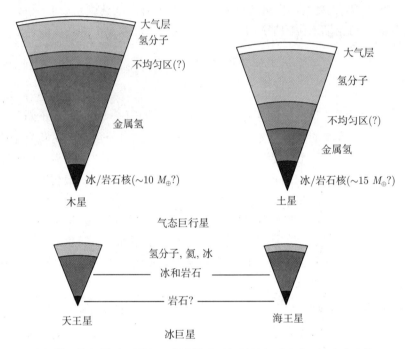

图 21.6　巨行星内部的计算机模型，图中正确地描述了行星的相对大小 (摘自古洛特 (Guillot)，*Annu. Rev. Earth Planet. Sci.*, *33*, 493, 2005)

　　总地来说，与木星相比，土星的云层位于大气层较深的位置，因此没有那么引人注目。在天王星和海王星中，氨和硫的反射云层位于大气层深处。当太阳光穿过大气层时，这些分子会有效地散射蓝色光。此外，大气中的甲烷往往会吸收红光。

21.1.10　休梅克–利维 9 号彗星撞击木星

　　1994 年 7 月 16~22 日期间，木星被**休梅克–利维 9 号彗星 (Shoemaker-Levy 9, SL9)**[1]的碎片击中，成为世人焦点。尽管这颗彗星已经围绕木星运行了几十年，但它在 1993 年 3 月才被发现。从这颗彗星过去的轨道推算，SL9 应该是在 1992 年 7 月 8 日碎裂，因为它经过距木星 $1.6R_J$ 的范围——正好在木星的洛希极限之内。(图 21.7(a) 显示了哈勃空间望远镜对彗星 21 块碎片的观测结果。) 天文学家很快意识到，这些彗星碎片将于 1994 年 7 月坠入木星，可能会为研究彗星的性质和木星大气层的结构提供重要线索。

　　在碰撞发生的一周内，地球上几乎所有能够观测到这一事件的望远镜 (包括业余望远镜) 以及哈勃空间望远镜、"伽利略号"和"旅行者 2 号"等天基观测站都聚焦在木星上。各种预测表明，从地球上可能会观测到一些直接的撞击证据，但随后出现的壮观景象远远

---

　　[1] 彗星的性质将在 22.2 节中详细讨论。

超出了预期。图 21.7(b) 显示了当碎片 G(据信是最大的碎片) 进入木星大气层时，在云层顶部 3500 km 处升起的巨大羽流的几张图像。尽管每一次碰撞都发生在我们的视野之外，在木星远离地球的一侧，但羽流的高度足以使它们在云端之上可见[①]。火球的温度达到 7500 K，比太阳的有效温度还高。碎片 G 撞击的数据表明，5 s 后其温度冷却到 4000 K。数据分析表明，最大的碎片不超过 700 m 宽。

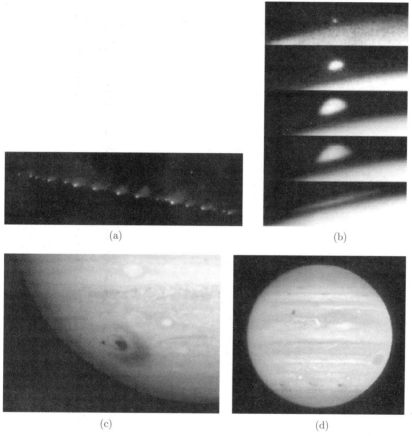

图 21.7 (a) 1994 年 5 月 17 日看到的 21 块 SL9 碎片。彗星核的连线绵延 11×10^6 km(由韦弗 (H.A.Weaver)、史密斯 (T.E.Smith)(空间望远镜科学研究所) 和 NASA 提供);(b) 哈勃空间望远镜每隔数分钟拍摄的图像，显示出 1994 年 7 月 18 日碎片 G 撞击所产生的羽流; (c) 碎片 G 撞击点特写 (由麻省理工学院的海蒂·哈默尔 (Heidi Hammel) 博士和 NASA HST 提供); (d) 从左到右，是碎片 C、A 和 E 在南半球的撞击点，可以看到木星的一颗卫星 (木卫一) 穿过木星盘
(由哈勃空间望远镜木星成像小组供图)

在每次较大的碰撞之后，大气中就会立即出现比地球直径更大的痕迹 (图 21.7(c) 和 (d))。这些痕迹的暗色性质可能是由碰撞前大气中的富含硫和氮的有机分子造成的。一些颜色也可能是由于碳基化合物，如石墨，其中也含有彗星碎片所带来的硅酸盐。到 1994 年 12 月，这些痕迹已被木星大气层中的运动撕裂，形成了一个环绕木星的环，最终完全消散。

_____

① 只有 "伽利略号" 和 "旅行者 2 号" 航天器能直接看到撞击。

21.1.11　大气动力学

木星上最著名的大气特征是**大红斑 (Great Red Spot)**,如图 21.1(a) 和 21.8(a) 所示。这个巨大的反气旋风暴宽约 1 个地球直径,长约 2 个地球直径,已经被观测了三个多世纪。在每颗巨行星的大气中,都可以看到较小但类似的特征。这些巨行星的另一个共同特征是沿着恒定纬度线存在的带状云结构。对天王星而言,带状云的特征虽然很难探测到,但它们确实存在。木星大红斑内的环流可归因于其位于两股方向相反的大气流之间 (图 21.9)。

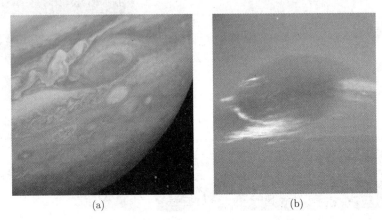

图 21.8　　(a) 木星的大红斑;(b) 海王星的大暗斑 (由 NASA/JPL 提供)

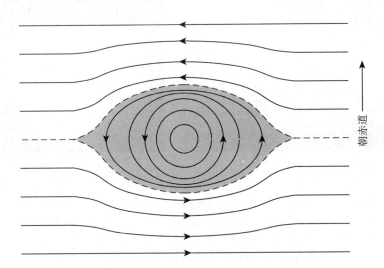

图 21.9　木星大红斑周围的环流为逆时针方向。反气旋风暴 (位于南半球) 位于两个方向相反的大气带之间。大红斑内的风速达到 $100~\mathrm{m \cdot s^{-1}}$,系统边缘的涡流约 7 天就会绕它一圈

尽管这些特征看起来是长期存在的,但大气是极度活跃的,会在小尺度内发生快速变化,包括围绕较稳定气旋结构的旋转。但值得注意的是,大尺度的特征也不一定是永久性的。例如,1989 年"旅行者 2 号"探访海王星时,在南半球发现了**大暗斑 (Great Dark Spot)**,如图 21.1(d) 和 21.8(b) 所示。后来,当哈勃空间望远镜于 1994 年再次观测这颗行星时,大暗斑已经消失了。

然后，在 1995 年，另一个暗斑 (dark spot) 出现在海王星北半球。正如科里奥利力 (Coriolis force，第 594 页) 将地球大气的大尺度环流在不同半球间从南北向调整到以东西向为主的模式一样，在自转速度较快的巨行星 (尤其是木星和土星) 中的哈得来环流也同样被调整了方向。然而，天王星的大气环流有着有趣的方面，是其他巨行星所没有的。与太阳系中除冥王星外的其他行星不同，天王星几乎是侧向自转的，它的自转轴与黄道呈 97.9°，这意味着在其 84 年的轨道周期内，每个极点都有一部分时间会被太阳直射。在这期间，人们会期望热量能从太阳照射的一极输送到处于黑暗中的那一极。然而，当"旅行者 2 号"在 1986 年经过天王星时，那时大约是在其中一极指向太阳的时候，由于行星的快速自转和科里奥利力的影响，可见的流动模式仍基本与行星的赤道平行。天王星如何能够将热量从太阳照射的那极输送出去，而没有出现明显的极点到极点的流动模式，这仍然是一个悬而未决的问题。

天王星与其他巨行星的另一个显著区别是它缺乏明显的涡流。这可能与缺乏任何可探测的从内部深处向外的热流有关。虽然热流肯定存在，但其速度显然不如其他三颗巨行星明显。

21.1.12 磁场

地球的熔融铁镍核是其磁场的来源。在巨行星中，液态金属氢似乎能发挥这一作用，至少在木星和土星是如此。快速自转会在行星导电的内部产生电流，由于磁场几乎可以肯定是固定在其内部深处的，测量磁场的转动周期提供了一种确定其内部转动周期的方法。在 20 世纪 50 年代，对木星发射的射电波辐射的测量揭示了热辐射和非热辐射的成分。热辐射只是行星本身发出的能量的一部分 (黑体辐射)。然而，强烈的非热成分被确定为同步辐射 (见 4.3 节)，其波长在十米 (几十米) 到分米 (十分之一米) 的范围内。这意味着木星一定有明显的磁场，其中包含了相对论性电子。测量到的磁场强度大约是地球磁场的 19000 倍。

SL9 在木星南半球的碰撞 (所有碰撞都发生在几乎相同的纬度，见图 21.7(d)) 的另一个有趣的结果是北半球出现了极光，与地球上看到的极光类似，请回顾图 20.14。显然，碰撞地点附近的带电粒子获得了足够的动能，它们沿着木星的磁力线移动，在撞击后的 45min 内与木星北半球的大气相撞。

木星磁场的物理范围是巨大的，其**磁层 (magnetosphere)** 被定义为其磁场所包围的空间，直径为 3×10^{10} m，是木星大小的 210 倍，比太阳大 22 倍。由于木星的快速自转，困在其磁场中的带电粒子被分散到位于磁场赤道的**电流片 (current sheet)** 中 (磁场轴线与行星自转轴线倾斜 9.5°)。考虑到木星电流片中存在的大量粒子，除了太阳风提供的粒子外，一定还存在另一种带电粒子的来源。当"旅行者号"飞船首次观测到木星的卫星木卫一时，这一谜团得到了解决。

21.2 巨行星的卫星

"旅行者号"、"伽利略号"和"卡西尼-惠更斯号"飞行任务传回的许多最壮观、最迷人的图像都是巨行星的卫星，首先是木星的伽利略卫星 (图 21.10)。伽利略卫星的相对大小见图 21.11，**木卫一 (Io)**(图 21.12 显示了更多细节) 是四颗伽利略卫星中离木星最近的一颗，它是一个外观奇特的黄橙色星球，曾被观测到有多达 9 座活火山同时喷发；**木卫二 (Europa)**(图 21.13) 覆盖着一层薄薄的水冰，裂缝纵横交错，几乎没有任何撞击坑；**木卫三 (Ganymede)**(图 21.14) 的冰面很厚，有明显的撞击坑迹象；最后，**木卫四 (Callisto)**(图 21.15) 似乎被一层尘埃所覆盖，并且有一个古老而厚实的冰壳，它曾受到了大面积的重轰击[①]。这些星球的平均密度随离木星距离的增加而减小，意味着水冰壳的相对含量相对于岩石核心而言是增加的。

图 21.10　木星及其四颗最大卫星的 "全家福"。从距离木星最近到最远的分别是木卫一、木卫二、木卫三和木卫四。这幅图实际上是旅行者号所拍摄的一些图像拼接而成的 (由 NASA/JPL 提供)

图 21.11　伽利略号飞船拍摄的拼接图像，显示了木星的四颗伽利略卫星。从左到右，从离木星最近到最远分别是：木卫一、木卫二、木卫三和木卫四。这样的绘制方式是为了凸显它们的相对大小 (由 NASA/JPL 提供)

---

① 回顾 20.4 节中关于撞击坑数量作为地表年龄函数的讨论。

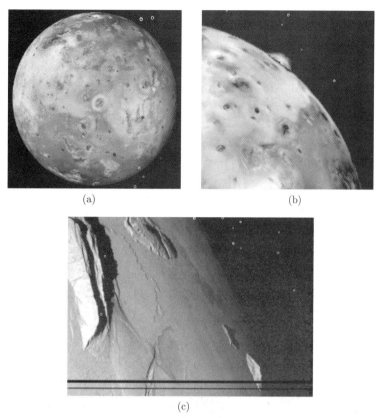

(a)

(b)

(c)

图 21.12 (a) 木卫一的盘面显示出大量的火山特征；(b) 在木卫一边缘喷发的一座火山 (普罗米修斯 (Prometheus) 火山)，"在旅行者号"(1979 年) 和 "伽利略号"(1995~2003 年) 获得的每一张图像中，都能观测到普罗米修斯火山正在喷发，而其他火山的喷发则没有这么长的时间；(c) 日落时看到的木卫一上的山脉，左上角的低矮岩壁高约 250m，人们认为这些山脉是由隆起的逆冲断层产生的，图像底部的黑线是由于数据缺失造成的 (由 NASA/JPL/亚利桑那大学/亚利桑那州立大学提供)

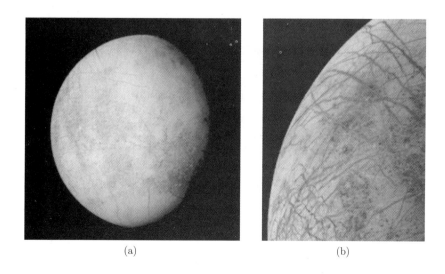

(a)

(b)

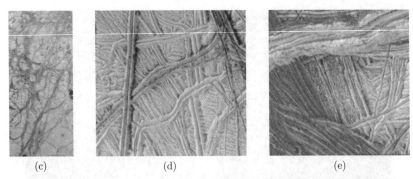

图 21.13   (a) 木卫二的整个星盘;(b) 木卫二的表面有许多裂缝;(c) 裂冰的特写;(d) 脊状平原;(e) 楔形地
形 (由 NASA/JPL 提供)

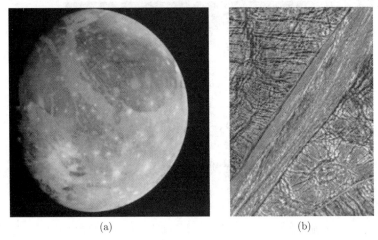

图 21.14   (a) 木卫三表面有明显的撞击坑，表明它的地表近期没有像木卫二那样被重塑;(b) 地表普遍存
在的山脊和沟壑的特写图，表明过去有板块构造活动, 沿对角线的带宽 15 km, 图像右下方的圆形特征可
能是一个撞击坑 (由 NASA/JPL 提供)

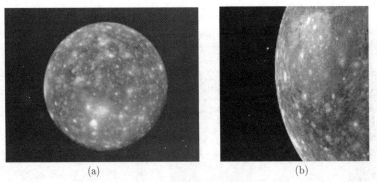

图 21.15   (a) 木卫四的表面有大量的撞击坑；(b) 被称为瓦尔哈拉的大型撞击坑的特写
(由 NASA/JPL 提供)

21.2.1   伽利略卫星的演化

随着距离木星越来越远，这些卫星中的挥发物质 (主要是水冰) 的比例越来越高，这表
明它们的形成与木星本身的形成和随后的演化密切相关。鉴于伽利略卫星的规则性，有人

提出, 它们可能是在木星吸积其超厚的大气时从木星亚星云中诞生的。在这样的背景下, 考虑到木星过去一定比现在更热, 木卫一应该很接近木星, 促使其大部分挥发物质都蒸发掉了。木卫二逐渐向更远的地方移动, 得以保留一些水, 木卫三甚至可以保留更多的水, 而木卫四 (在其形成时是伽利略卫星中最冷的一颗) 可以保留最大比例的挥发物质。

21.2.2　潮汐力对木卫一的影响

这种演化的结果体现在每一颗伽利略卫星上。从最靠近木星的那颗卫星开始讨论: 由于最靠近木星, 木卫一经受着最强烈的潮汐力。尽管卫星的自转周期与它的轨道周期相同, 但与完全圆轨道的微小偏差意味着它的轨道速度并不恒定。因此, 木卫一往往会晃动, 不能完全保持一侧朝向木星 "锁定"。这种效应是由于木卫一、木卫二和木卫三的轨道之间存在着奇怪的共振。它们的轨道周期形成的比率大约是 $1:2:4$, 这意味着木卫二和木卫三在木卫一每次围绕木星运行时, 都会在相同的位置扰动木卫一的轨道。这迫使木卫一的轨道保持略微的椭圆形。

基于 "伽利略号" 近距离飞越木卫一的引力数据, 木卫一应该有一个富含铁的内核, 一个熔融的硅酸盐地幔和一层薄薄的硅酸盐地壳 (木卫一的平均密度为 $3530~km \cdot m^{-3}$)。这一结构表明, 木卫一至少曾经完全熔融过, 也许还多次熔融过, 使该卫星在化学上发生了分化。熔岩流和熔岩湖, 如洛基山口 (Loki Patera)(比夏威夷岛还大), 在木卫一表面清晰可见。然而请注意, 木卫一火山的活动方式与地球上的火山不完全相同。相反, 其喷发方式可能更类似于在美国黄石国家公园等地看到的间歇泉。在陆地间歇泉中, 从水到蒸汽的快速相变迫使蒸汽以很高的速度通过表面的裂缝向上流出。在木卫一上, 硫和二氧化硫 (SO_2) 可能扮演着与之相同的角色。事实上, 二氧化硫已经在火山喷口和木卫一非常稀薄的大气中被检测到。橘黄色的表面是由于硫从不断喷发的火山落回木卫一。不断的火山喷发使得木卫一的表面不断再生, 实际上等于是把自己的内部翻出来了。

21.2.3　木卫一与木星磁场的相互作用

所有的伽利略卫星都位于木星磁层深处, 但木卫一与磁场的相互作用最为强烈。由于木星自转时间不到 10h, 而木卫一绕行星运行的周期是 1.77 天, 所以木星的磁场以约 57 $km \cdot s^{-1}$ 的速度掠过木卫一。这种通过磁场的运动在木卫一上产生了约为 600 kV[①]的电势差。该电势差的作用很像电池, 使得近 10^6 A 的电流沿着木卫一和木星之间的磁力线来回流动。带电粒子在磁场中的流动也会在木卫一内部产生焦耳热, 类似于电路中的电阻。这种方式大概会产生 $P = IV \sim 6 \times 10^{11}$W 的功率。然而, 这对木卫一内部总热量的贡献只是每秒从木卫一表面释放的约为 10^{14} W 的总能量的一小部分。

木卫一肯定与木星的磁场有某种相互作用, 这一点早已为人所知。当木星、木卫一和地球排成一定的直线时, 就会检测到十米波长的辐射爆发。目前还不清楚这一过程的所有细节, 但这些爆发似乎与木星与其多火山卫星之间的电流有关。

困在木星磁场中过多带电粒子的起因, 也一定是木卫一, 尽管它们不可能直接从卫星的火山中逃逸出来, 因为喷发速度远远低于木卫一的逃逸速度。相反, 有人提出了一个称为溅射的过程。来自木星磁层的氧和硫离子冲击卫星的表面或大气, 可能为其他硫、氧、钠

---

① 这就是法拉第感应定律。

和钾原子提供足够的能量,使其逃逸。事实上,在木卫一的轨道位置,已经在木星周围探测到了硫和钠的云团 (称为**木卫一环 (Io torus)**)。每秒钟有 $10^{27} \sim 10^{29}$ 个离子离开木卫一,汇入木星的磁层等离子体。

21.2.4　木卫二

木卫二的表面似乎在不断地更新。从几乎没有撞击坑的情况来看,可能大部分木卫二表面的历史还不到 1 亿年,这支持了卫星地表下可能存在一层液态水的观点。事实上,"伽利略号"的观测结果表明,木卫二有一个富含铁的内核、一个硅酸盐的地幔、一个可能的地下海洋和一层薄薄的冰壳。木卫二的平均密度为 $3010 \ \mathrm{kg \cdot m^{-3}}$,小于木卫一的密度。海洋/冰壳的厚度合计约为 150 km。保持地下水至少部分处于融化状态所需热量的来源,可能是与木星和其他伽利略卫星的弱潮汐相互作用。贯穿卫星表面的裂缝似乎是潮汐力与地质构造活动相结合所引起的应力裂缝。

1994 年,哈勃空间望远镜在木卫二周围探测到了稀薄的氧分子。"伽利略号"的观测结果和"卡西尼号"飞船在前往土星途中的观测结果都证实了上述观测。"卡西尼号"还发现木卫二的大气中存在氢原子。科学家们认为,这种大气是由木卫二与木星的磁层相互作用造成的表面水冰溅射所致。

鉴于地下热量的存在,可能的液态水来源,以及存在有机物质 (卫星固有的或由彗星和陨石传送而来) 的可能性,人们普遍推测木卫二可能是生命进化的场所。尽管没有证据表明木卫二上现在存在生命或过去存在过生命,科学家们于 2003 年 9 月 21 日特意把即将结束使命的"伽利略号"飞船送入木星的致密大气层,以避免飞船未来与木卫二及其有可能存在的地下海洋发生任何意外的碰撞。

21.2.5　木卫三

木卫三的表面显示出一系列复杂的山脊和沟壑,有力地证明这个冰雪星球有一些构造活动的历史。"伽利略号"的引力数据也证明了这一点。这些数据表明,木卫三的核可能是部分熔融的铁,下地幔为硅酸盐,上地幔为冰,外部是冰壳,平均密度只有 $1940 \ \mathrm{kg \cdot m^{-3}}$。有人提出,在冰壳变得太硬之前,内部的对流是将热量带到地表的途径。这种对流运动也引起了地壳表面的运动,很像目前地球上构造板块的运动。因此,虽然木卫三的地表肯定比木卫二的历史要久远得多,而且有更多的撞击坑,但在木卫三的历史中,其地表至少被部分更新过。

21.2.6　木卫四

木卫四显然是在木星周围的亚星云吸积出物质后迅速冷却和凝固的。因此,随着星云变薄,卫星的表面继续聚集尘埃,用黑暗的物质覆盖了这颗卫星。木卫四迅速凝固的证据还体现在其内部结构上。模型显示,木卫四内部相对简单,内部的冰和岩石部分分化,有富含冰的地壳,是伽利略卫星中密度最低的卫星 ($1830 \ \mathrm{kg \cdot m^{-3}}$)。在太阳系形成的早期阶段,木卫四就已经凝固了。它也曾经常受到在新形成的行星和卫星之间的仍然丰富的穿梭物质的影响。星云尘埃积聚和撞击的证据至今仍存在。呈白色的撞击坑是碰撞过程中冰块暴露的结果。

21.2.7 伽利略卫星的统一形成

正如我们所看到的那样，木星的四颗伽利略卫星呈现出密度随其离母星距离的增加而降低的趋势。鉴于卫星的特性，包括它们内部结构的明显趋势 (随到木星距离的增加，富铁核减小，水冰含量增加)。很明显，伽利略卫星很可能是与木星一起系统性地形成的，也许是由木星周围的亚星云形成的。伽利略卫星的每颗卫星都在木星的赤道平面上沿着轨道顺行运行，这一事实也证明了上述观点。

21.2.8 木星的小卫星

其他较小的卫星也在木星赤道平面上以顺行方向运行。这些其他的**规则卫星 (regular satellite)** 可能也是由亚星云形成的。然而，木星周围有大量卫星的轨道远远偏离了木星赤道平面，而且在许多情况下是逆行的。这些**不规则的卫星 (irregular satellite)** 可能是被捕获的天体，它们在某个时间点碰巧游荡过来。还有一些非常小的卫星可能是流星体与较大卫星碰撞产生的**碰撞碎片 (collisional shards)**。

由于篇幅所限，我们无法详细讨论每一颗卫星。同样，我们也无法讨论围绕其他巨行星运行的大多数较小的卫星。相反，我们将把注意力集中在土星、天王星和海王星的一些较大的卫星和较不寻常的小卫星上。

21.2.9 土卫六与它浓厚的大气

当两艘 "旅行者号" 飞船分别在 1980 年和 1981 年到达土星时，它们被安排去研究太阳系的第二大卫星**土卫六** (泰坦 **(Titan)**，木卫三是最大的卫星)。自从杰拉德·P·库伯 (Gerard P. Kuiper，1905—1973) 在 20 世纪 40 年代探测到土卫六周围的甲烷气体后，天文学家们就一直想了解这个遥远大气星球的本质。当收到飞船传回的图像时，科学家们看到的是一颗大气中充斥着悬浮颗粒 (**气溶胶 (aerosols)**) 的卫星，无法拍摄到其被遮挡的表面。

"卡西尼–惠更斯号" 联合飞行任务于 2004 年 7 月抵达土卫六系统。抵达后，"惠更斯号" 探测器脱离 "卡西尼号" 轨道器，于 2005 年 1 月 14 日下降到土卫六表面。在下降过程中，"惠更斯号" 探测器能够测量高达 $210 \ \mathrm{m \cdot s^{-1}}$ 的风速，对大气成分进行取样，并在穿过碳氢化合物的高空烟雾层后，获得地表图像 (图 21.16)。

土卫六大气中最主要的成分是氮气 (N_2)，占气体的 87%～99%。甲烷 (CH_4) 占大气的 1%～6%，氩 (Ar) 占总量的 0%～6%。大量的其他气体以较小的比例存在，包括分子氢 (H_2)、一氧化碳 (CO)、二氧化碳 (CO_2)、氰化氢 (HCN)，以及一系列额外的碳氢化合物，如乙炔 (C_2H_2)、乙烯 (C_2H_4)、乙烷 (C_2H_6)、甲基乙炔 (C_3H_4)、丙烷 (C_3H_8) 和二乙炔 (C_4H_2)。高空烟雾层中的气溶胶可能只是这些化合物的浓缩形式。

大气底部的压力约为 1.5 atm，温度为 93 K。在这样的条件下，甲烷能够凝结成液体，然后再次蒸发，因此它的作用很像地球上的水。在 "惠更斯号" 着陆点，地面很潮湿，液态甲烷出现在地表以下几厘米处。有可能在 "惠更斯号" 到达前不久，该处曾下过甲烷雨。事实上，"惠更斯号" 在着陆点的松软地面下沉了 10～15 cm。地表的水冰卵石也表明有液体流过，很像干涸河床中的地球鹅卵石。此外，下降过程中获得的图像显示，地形看起来像排水渠通向低矮、暗淡、平坦的湖泊 (或干涸的湖床)。

图 21.16   左上角起逆时针方向:(a) "卡西尼号" 轨道器看到的土卫六及其浓厚的大气 (由 NASA/JPL 提供);(b) "惠更斯号" 探测器从 8 km 高度拍摄的地表拼接图像 (由 ESA/NASA/JPL/亚利桑那大学提供);(c) 土卫六的表面,前景可能是水冰的 "鹅卵石",靠近图像中间的平坦卵石的宽度为 15 cm,右边的卵石的宽度为 4 cm,这两块鹅卵石距 "惠更斯号" 探测器的相机 85 cm
(由 ESA/NASA/JPL/亚利桑那大学提供)

21.2.10   土卫一和赫歇尔撞击坑

土星系统的另一个成员土卫一 (Mimas) 是一颗小而迷人的卫星 (图 21.17)。它显示出一个非常大的撞击坑 (称为赫歇尔撞击坑 (Herschel crater)),这是一次几乎足以使土卫一破裂的碰撞的证据[1]。当然,土星系统中还有许多其他的规则和不规则的卫星,其中的一些卫星将在 21.3 节讨论土星广阔的环系统时提及。

21.2.11   天卫五的混沌表面

当 "旅行者 2 号" 在 1986 年到达天王星时,它遇到了天卫五,它是另一颗可能遭受了非常惨烈碰撞的卫星。直径只有 470 km 的**天卫五 (Miranda)** 看起来就像一颗 "由一个委员会拼凑起来的" 卫星 (图 21.18)。对其惊人地形的一种解释是,一次或多次的碰撞实际上成功地将卫星打散了,当引力将所有的碎片拉回到一起时,它们并没有完全契合,部分岩芯试图回到卫星中心,而冰块则试图飘回表面。天卫五的重整合致使其有一个奇怪的表面——高达 20 km 的悬崖 (是珠穆朗玛峰高度的 2 倍) 和诸如 "V 型图案" 的特征,可以在图 21.18 中看到。

---

[1] 不止一位研究者注意到,土卫一与乔治·卢卡斯 (George Lucas)1977 年制作的电影《星球大战》(*Star Wars*) 中的 "死星" 非常相似。

图 21.17 在土卫一上产生赫歇尔撞击坑的撞击,其能量几乎足以使土卫一完全断裂,土卫一是围绕土星运行的众多小卫星之一 (由 NASA/JPL 提供)

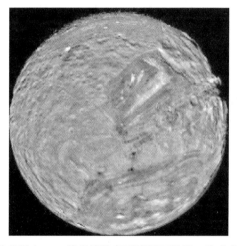

图 21.18 天卫五是天王星的卫星之一,其奇特的表面特征可能是一次或多次非常高能的碰撞使卫星破裂的结果 (由 NASA/JPL 提供)

对天卫五地形的另一种解释是,天王星对这颗小卫星施加的潮汐力导致其部分表面被拉开。这使得内部较热的物质 (被潮汐效应加热) 上升到表面,产生了我们所观测到的山脊和沟壑。

有趣的是,天王星的所有规则卫星,以及我们将在 21.3 节中学习到的天王星的环系统,都是在天王星赤道平面附近运行,而不是在其公转轨道平面附近运行。回想一下,天王星的自转轴相对于黄道非常倾斜 (97.9°),这使得天王星系统的方向成为太阳系动力学家的一个谜题。

21.2.12 海卫一

"旅行者 2 号"访问过的最后一颗也是最不寻常的卫星之一是海王星最大的卫星**海卫一** (图 21.19)。它的表面温度为 37 K,也是迄今为止我们造访过的最冷的世界。卫星的南极覆盖着一层粉红色的霜，几乎全部由氮组成。除了氮霜外，其他表面的冰还包括 CH_4、CO 和 CO_2。此外，还有非常大的水冰构成的"冰冻湖"，上面只有很少的撞击坑，这表明它的年龄相对较轻。这些水冰可能是由冰火山喷发而来的。

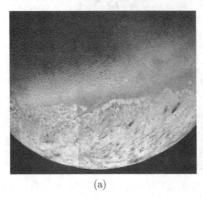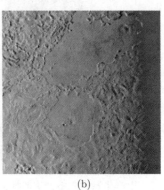

(a)   (b)

图 21.19   (a) 海王星最大卫星海卫一的南极冰冠, 深色条纹似乎是小型火山喷出的氮霜和碳氢化合物的混合物;(b) 可能是由冰火山形成的水冰湖, 由于没有明显的撞击坑, 地表似乎是最近才被更新的 (由 NASA/JPL 提供)

"旅行者 2 号"飞越海卫一时，探测到间歇泉状的喷流迫使气柱上升 8 km 进入海卫一稀薄的大气层，在那个高度有羽流随风而落。这些羽流可能只是从卫星内部的温暖源上升而来的气体，但它们是如何形成的仍不清楚。

海卫一的大气与地球、土卫六和冥王星的大气一样，主要由氮组成。然而，与地球和土卫六不同的是，海卫一的大气非常稀薄，压力只有 1.6×10^{-5} atm。大部分大气可能是由卫星内部喷出的氮气喷流形成的。

第 589 页讨论了海卫一缓慢衰减的逆行轨道。鉴于海卫一极不寻常的轨道——既逆行又与相对于海王星的赤道倾斜 20°，靠近柯伊伯带的位置，以及与其他柯伊伯带天体 (如冥王星) 相似的物理特性，人们普遍认为海卫一是被海王星捕获的。此外，当相对巨大的海卫一被俘获时，它很可能极大地破坏了海王星已经存在的但小得多的卫星系统。潮汐效应导致了海卫一现今的圆形化和同步轨道的现象，这一效应也可能产生了足够的内部热量，引发了断层活动以及类似哈密瓜皮纹理的地貌。

21.3   行星环系统

每颗巨行星都有一个星环系统。虽然著名的土星光环早在几百年前就被发现了，但其他巨行星的光环直到 20 世纪 70 和 80 年代才被我们发现。正如我们将了解到的，这些环系统有一些相似之处，但也有明显的不同之处。

21.3.1   土星环的结构

可以说，土星系统最著名的特征就是其壮观的光环，见图 21.1(b)。根据地球上的观测，人们早就知道存在着几个截然不同的环，分别标记为 (从外到内)A、B 和 C 环。在明显的 A 和 B 环之间的**卡西尼环缝 (Cassini division)** 内几乎没有光环物质。另一个在 A 环内被观测到的空白区域称为**恩克环缝 (Encke gap)**。

在 "旅行者号" 飞船访问土星后, 又发现了其他光环。这两艘宇宙飞船还揭示了该系统此前意想不到的复杂性。从图 21.20(b) 中可以看出, 飞船发现的是成千上万的*细卷环*, 而不是宽阔且几乎连续的环。甚至在卡西尼环缝中也存在许多环, 尽管这些环中的粒子数密度比邻近环区域的密度低得多。人们发现 F 环特别令人困惑, 因为它非常狭窄, 看起来呈辫状 (图 21.21(a))。

图 21.20　(a) 极薄的木星环;(b) 土星环的特写, 即使是黑暗的卡西尼环缝也不是完全空的;(c) 天王星环, 由于移动的飞船聚焦在环系统上, 背景恒星在图像中呈现为条纹;(d) 海王星被遮挡, 以凸显其暗弱的环系统 (由 NASA/JPL 提供)

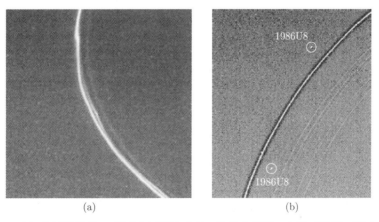

图 21.21　(a) 土星辫状的 F 环;(b) 两颗小小的 "牧羊犬卫星" 在天王星的 ϵ 环内外运行 (由 NASA/JPL 提供)

表 21.4 给出了每个环的位置和卡西尼环缝的位置；还包括例 19.2.1 中对密度为 1200 $kg \cdot m^{-3}$ 的土星的洛希极限估计。土星环向外延伸到距离土星 8 R_S 的距离，而且土星环的圆盘非常薄，可能只有几十米厚。圆盘上垂直波纹的存在使这些光环看起来大约有 1 km 厚。由于圆盘很薄，当垂直于盘面观测时，环系统的光学深度在 0.1～2。事实上，在很多地方都可以透过光环看到东西。

表 21.4   土星环特征的位置

特征	位置/R_S
D 环	1.00～1.21
C 环	1.21～1.53
B 环	1.53～1.95
卡西尼环缝	1.95～2.03
A 环	2.03～2.26
洛希极限	2.04
F 环	2.33
G 环	2.8
E 环	3～8

当伽利略在 1612 年 (大约在他最初观测的两年之后) 观测土星时，他惊讶地发现，他之前看到的那些突出物竟然已经消失无踪了！我们现在知道，在伽利略后来的一系列观测中，他是从侧面看向土星环的，因此在地球上看不到环结构。

土星环如此之薄的原因很容易理解，只要考虑粒子发生部分非弹性碰撞即可，如图 21.22 所示。想象一下，两个粒子以相同的方向环绕土星，但彼此的轨道略有倾斜。如果这两个粒子发生碰撞，则它们速度的 x 分量基本不会受影响，但碰撞会减少它们的速度 y 分量。这一过程会让圆盘的厚度减小，直到其他效应开始变得重要，例如与进入的粒子发生随机碰撞和来自于卫星的扰动。

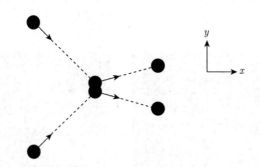

图 21.22   粒子之间的碰撞有助于维持土星环很薄的特性

21.3.2   土星环的成分

构成土星环的大多数颗粒都相当小，大多数的直径从几厘米到几米不等，尽管该系统中可能至少存在一些直径小到几微米或大到 1 km 的颗粒。颗粒的大小是根据若干证据估算出来的，包括其在土星阴影中冷却的速度以及它们对各种波长的雷达信号的反射效率。

一段时间以来，人们已经知道，土星环中的物质具有较高的反照率 (环的反照率在 0.2~0.6 范围内)。反照率测量与红外光谱学的结合可以提供有关土星环内物质组成的信息。研究表明，大多数环颗粒主要是水冰，还有一些尘埃嵌入其中或覆盖在其表面。然而，延展性非常好的薄 E 环可能完全由来自附近卫星土卫二 (Enceladus) 的尘埃组成。

21.3.3 木星纤细稀薄的环系统

木星非常纤细稀薄的环状系统 (图 21.20(a)) 具有大约 10^{-6} 的光学深度。人们已经知道了它的 3 个组成部分：最里面的环形晕 (toroidal halo)、主环 (main ring) 和最外面的薄纱环 (gossamer ring)。它们共同从木星附近延伸到约 $3R_J$ 处。据信，环上的物质主要是尘埃，通过微流星体与环中较大物体 (小卫星) 的碰撞而不断得到补充。

21.3.4 天王星环

天王星和海王星的光环 (图 21.20(c) 和 (d)) 最初是从地球上间接探测到的，后来才被"旅行者 2 号"拍摄到。1977 年 3 月 10 日，天文学家正在观测一颗背景恒星的**掩星现象** (**occultation**，天王星从恒星前面经过)。他们试图测量天王星的直径，以及收集一些关于其大气的信息。了解行星的速度和恒星被遮蔽的时间之后，天文学家就可以确定行星的直径。但颇为意外的是，在真正被行星隐没之前，这颗恒星的星光变暗变亮了好几次。当这颗恒星再次出现时，交替变暗和变亮的模式又重复了一遍，但顺序却相反。天文学家意识到，是光环挡住了恒星的光线。同样的方法也被用在海王星上，但却导致了混乱的结果。在某些情况下，恒星的光只在行星的一侧被遮挡，因此有人认为海王星周围只存在不完整的环 (或弧)。

在天王星周围共探测到 13 个环，其中 9 个是在地面探测到的。1986 年"旅行者 2 号"又探测到两个，2004 年，哈勃空间望远镜也探测到两个。所有的环都非常狭窄，宽度从 10~100 km 不等 (与土星的 F 环类似)。其中一些环呈现出辫状迹象。利用哈勃空间望远镜探测到的两个环的直径远远大于其他 11 个环，因此一些研究人员将其称为天王星第二环系统。

天王星环的成分似乎与木星或土星的成分截然不同。天王星环仅能反射 1% 的入射太阳光，环的物质非常暗淡。这是因为天王星环主要由尘埃组成，而不是冰。

奇怪的是，如 21.2 节所述，天王星的环和卫星位于该行星的赤道平面，而不是黄道平面。回顾天王星的自转轴相对于黄道倾斜 97.9°，这意味着在一次或多次的灾难性撞击后，天王星的轴线发生了巨大的变化 (如果真的是由撞击造成的)，天王星环和卫星的轨道方向也发生了改变。显然，天王星自转产生的赤道隆起在引力作用下影响了它的卫星和环内物质，最终改变了它们的轨道，直到卫星和环内物质再次与行星的赤道平行。同样，土星环也与其赤道平行，尽管行星的赤道面相对于其公转轨道面倾斜了近 27°。

21.3.5 海王星环

当"旅行者 2 号"到达海王星时，也发现了围绕该行星运行的环。就像天王星环一样，六个被确认的海王星环中有几个相当狭窄，而其他的环则似乎是弥漫的尘埃薄片。令人奇怪的是，最外层的环，即亚当斯环[①]有五个分散的物质集中区域，就像串在一起的香肠。正

---

① 亚当斯环，以及勒维耶环和加勒环，都是以海王星的数学发现者和观测发现者命名的。

是这些集中的物质导致了从掩星现象中推断出的弧状结构 (arcs)。

21.3.6 影响行星环系统的物理过程

"旅行者号"、"伽利略号" 和 "卡西尼号" 的壮观观测表明，环系统的动力学是相当复杂的。我们虽然还没有了解全部的特征，但已经确定了许多重要的组成部分。

- 前面已经提到过，**碰撞 (collisions)** 是保持环薄度的过程。
- **开普勒剪切 (Keplerian shear，或扩散)** 使环在系统平面上扩散开来。当内部轨道快速移动的粒子超越外部缓慢移动的粒子时，它们之间的碰撞会使内部粒子的速度有所减慢，并向行星靠近。同时，外部粒子加速，向外移动。当环内粒子的密度变得很低，使得碰撞实际停止时，整个过程也就停止了。
- **牧羊犬卫星 (shepherd moons)** 是处于环内或环边缘附近的小卫星，通过它们的引力相互作用来确定环边界的位置。当人们发现两颗土星卫星，土卫十七 (Pandora) 和土卫十六 (Prometheus) 分别在环外和环内运行时，他们理解了土星 F 环的狭长性 (图 21.21(a))。当运动速度较快的环内粒子经过土卫十七时，卫星的引力使其速度减慢，导致粒子向内漂移；当土卫十六超越环内粒子时，又会把它们往前拉，加快它们的速度，使它们向外移动。因此，F 环被限定在只有 100 km 宽的狭窄区域。另一颗牧羊犬卫星 (土卫十五) 则界定了 A 环的锐利外缘。人们发现牧羊犬卫星也限制了天王星的一个环，见图 21.21(b)。
- 特定轨道上的卫星与环内粒子之间的**轨道共振 (orbital resonances)** 可起到消耗或增强粒子浓度的作用。(卫星的轨道平面也必须与环平面对齐。) 例如，土卫一和卡西尼环缝内侧边缘的粒子之间存在着 2:1 的轨道共振。换句话说，土卫一绕转土星一圈，该位置的粒子会绕土星转两圈。由于粒子与土卫一的下合总是发生在相同的位置，土卫一对粒子轨道产生的引力扰动便会累积，这意味着土卫一会迫使粒子进入椭圆轨道。当粒子开始在其他半径上穿过较圆的粒子轨道时，发生碰撞的可能性就更大了。结果是粒子从它原来的轨道上被移走，并被重新放置在环系统的另一位置 (见习题 21.13)。
- **旋涡密度波 (spiral density waves)**，是最早由彼得·戈德里克 (Peter Goldreich) 和斯科特·特里梅因 (Scott Tremaine) 在 20 世纪 70 年代末提出，通过卫星的轨道共振建立的。引力扰动可以使不同轨道半径的粒子聚集在一起，有效地增加它们对圆盘中近邻粒子的引力影响。那些邻近的粒子又会被吸引向密度增加的地方，扩大集中的效应。如果共振的卫星超出了圆盘的边缘，则密度增强的波就会向外螺旋。由于波中密度较大，碰撞的概率也会增加，开普勒剪切就会使共振轨道附近的粒子数密度降低。这一过程有助于解释卡西尼环缝的宽度[①]。
- **坡印亭–罗伯逊效应 (Poynting-Robertson effect)** (例 4.3.3 中讨论的前灯效应的结果) 可以使环内粒子向行星方向螺旋前进。当环中的粒子吸收太阳光时，如果它们要保持热平衡，就必须再次重新辐射能量。原来从太阳发射的光是各向同性的，但在太阳的静止坐标系中，再辐射的光集中在粒子运动的方向上。由于再辐射的光既带走了动量，也带走了能量，所以粒子的速度会变慢，其轨道也随之衰减。这一过程将在习题 21.15 和习题 21.16 中详细探讨。

---

① 旋涡密度波在旋涡星系的结构中也起着重要作用。在 25.3 节中将对此进行更详细的讨论。

- **等离子体阻力 (plasma drag)** 是环内粒子与被困在行星磁场中的带电粒子碰撞的结果。由于磁场被锁定在行星内部，它必须随着行星的自转而同周期旋转。如果环内粒子在行星的同步轨道内 (大多数环内粒子都在同步轨道内)，粒子会超过磁场等离子体，碰撞将会使粒子减速。然后，粒子会朝着行星方向螺旋前进，就像**坡印亭–罗伯逊效应**一样。如果环内粒子在同步轨道之外，它们将向外螺旋。

- **大气阻力 (atmospheric drag)** 发生在粒子接近行星大气外层的时候，这种效应将迅速导致粒子螺旋下降到行星上。

- 人们在土星环中观测到了**径向轮辐 (radial spokes)**，这是带电尘埃粒子与行星磁场相互作用的结果。这些轮辐以行星的自转周期在环系统中移动，而非随着环的轨道周期运动。似乎有些尘埃粒子由于与其他尘埃粒子频繁碰撞而获得净静电荷。这导致尘埃被困在土星环平面上方数十米的磁力线中。悬浮颗粒散射的阳光产生了观测到的轮辐。

- 环盘的**扭曲 (warping)** 是由太阳和行星卫星的引力影响造成的。如果太阳或卫星与环的平面不完全重叠，环中的粒子就会被拉出环平面。

21.3.7 环的形成

人们仍然没有充分理解行星环的形成。一个主要的问题在于，维持环的过程中所涉及的时间尺度往往会导致环的分散或破坏。行星环是长期存在还是短暂的现象？一种观点是由皮埃尔–西蒙·拉普拉斯 (Pierre-Simon Laplace，1749—1827) 和伊曼努尔·康德 (Immanuel Kant，1724—1804) 在 18 世纪末首先提出的，他们认为光环起源于星云，是在行星吸积的同时形成的。由于土星环的大部分主要是由水冰组成的，而木星、天王星和海王星的环主要含有非挥发性物质 (硅酸盐和碳)，所以土星环在水逃逸之前，会更快地冷却。虽然这个观点可以解释壮观的土星系统，同时也可以解释其他巨行星环的组成和稀疏性，但很难解释这些系统如何能维持 45 亿年以上。

环系统也有可能是由潮汐力产生的。如果卫星被拉到行星的洛希极限内，或者彗星或流星体距离行星太近，潮汐力就会使得环碎裂，产生新的环系统。然而，潮汐力的破坏应该会留下直径可达数十千米的完整岩石碎片。研磨和陨石撞击最终会将残余物分解，但这一过程极其缓慢。另一方面，松散的冰状物体，如彗星，可能会因潮汐破坏而破碎成较小的碎片 (回想一下休梅克–利维 9 号彗星)。

在哈勃空间望远镜发现天王星最外侧巨大天王星环的同时，还发现了与天王星环在同一轨道上的另一颗卫星天卫二十六 (Mab)。当天卫二十六被陨石击中时，从卫星上喷出的物质可能补充了这个巨大的环，这至少已经确定了这个环的来源。

显然，在我们认为理解了行星环的复杂性之前，还有许多工作要做。

推 荐 读 物

一般读物

Beatty, J. Kelly, Petersen, Carolyn Collins, and Chaikin, Andrew (eds.), *The New Solar System*, Fourth Edition, Cambridge University Press and Sky Publishing Corporation, Cambridge, MA, 1999.

Booth, Nicholas, *Exploring the Solar System*, Cambridge University Press, Cambridge, 1996.

Goldsmith, Donald, and Owen, Tobias, *The Search for Life in the Universe*, Third Edition, University Science Books, Sausalito, CA, 2002.

Morrison, David, and Owen, Tobias, *The Planetary System*, Third Edition, Addison-Trefil, San Francisco, 2003.

Trefil, James, *Other Worlds: Images of the Cosmos from Earth and Space*, National Geo-graphic, Washington, D.C.,1999.

专业读物

Asplund, M., Grevesse, N., and Sauval, A. J., "The Solar Chemical Composition," *Cosmic Abundances as Records of Stellar Evolution and Nucleosynthesis in Honor of David L. Lambert*, Barnes, Thomas G. III, and Bash, Frank N. (eds), Astronomical Society of the Pacific Conference Series, 336, 25, 2005.

Atreya, S. K., Pollack, J. B., and Matthews, M. S. (eds.), *Origin and Evolution of Planetary and Satellite Atmospheres*, University of Arizona Press, Tucson, 1989.

de Pater, Imke, and Lissauer, Jack J., *Planetary Sciences*, Cambridge University Press, Cambridge, 2001.

Greenberg, Richard, and Brahic, André (eds.), *Planetary Rings*, University of Arizona Press, Tucson, 1984.

Guillot, Tristan, "The Interiors of Giant Planets: Models and Outstanding Questions," *Annual Review of Earth and Planetary Sciences*, 33, 493, 2005.

Houghton, John T., *The Physics of Atmospheres*, Third Edition, Cambridge University Press, Cambridge, 2002.

Hubbard, W. B., Burrows, A., and Lunine, J. I., "Theory of Giant Planets," *Annual Review of Astronomy and Astrophysics*, 40, 103, 2002.

Kivelson, Margaret G. (ed.), *The Solar System: Observations and Interpretations*, Prentice- Hall, Englewood Cliffs, NJ, 1986.

Lewis, John S., *Physics and Chemistry of the Solar System*, Academic Press, San Diego, 1995.

Mannings, Vincent, Boss, Alan P., and Russell, Sara S. (eds.), *Protostars and Planets, IV*, University of Arizona Press, Tucson, 2000.

Saumon, D., and Guillot, T., "Shock Compression of Deuterium and the Interiors of Jupiter and Saturn," *The Astrophysical Journal*, 609, 1170, 2004.

Taylor, Stuart Ross, *Solar System Evolution*, Second Edition, Cambridge University Press, Cambridge, 2001.

习　　题

21.1　请估计木星和土星中心的压力，并将你的答案与太阳中心气体的压力进行比较。

21.2　如果假设压力和密度之间存在近似关系，就可以得出木星内部压力和密度结构的解析函数。纯氢分子成分的对应函数可合理取为

$$P(r) = K\rho^2(r),$$

其中，K 是常数。这种类型的分析模型称为多方模型 (参见第 275 页关于多方恒星模型的讨论)。

(a) 将压力的表达式代入流体静力学平衡公式 (10.6) 并进行微分，可以得到密度的二阶微分公式，即

$$\frac{\mathrm{d}^2\rho}{\mathrm{d}r^2} + \frac{2}{r}\frac{\mathrm{d}\rho}{\mathrm{d}r} + \left(\frac{2\pi G}{K}\right)\rho = 0.$$

(b) 证明该公式满足以下条件：

$$\rho(r) = \rho_{\mathrm{c}}\left(\frac{\sin kr}{kr}\right),$$

其中ρ_{c} 是行星中心的密度，而

$$k \equiv \left(\frac{2\pi G}{K}\right)^{1/2}.$$

(c) 假设木星的平均半径为 $R_{\mathrm{J}} = 6.99\times10^7\mathrm{m}$，并假设木星表面的密度为零 (即 $kR_{\mathrm{J}} = \pi$)，请确定 k 和 K 的值。

(d) 利用木星密度与半径的函数的解析解对式 (10.7) 进行积分，并求出木星内部质量的表达式 M_r，用 r 和ρ_{c} 来表示。提示：

$$\int r(\sin kr)\mathrm{d}r = \frac{1}{k^2}\sin kr - \frac{r}{k}\cos kr$$

(e) 利用表面 $M_r = M_{\mathrm{J}}$ 这一边界条件，估计该行星的中心密度。(这个习题中得到的数值低于详细的数值计算的结果，即 $1500\ \mathrm{kg\cdot m^{-3}}$。造成这种差异的一个主要原因是木星的成分不完全是氢分子。)

(f) 分别绘制密度和内部质量的半径函数图。

(g) 你的木星模型的中心压力是多少？(详细模型给出的数值是 $8\times10^{12}\ \mathrm{N\cdot m^{-2}}$)。

21.3　(a) 假设木星是球对称的，习题 21.2(b) 部分给出了木星多方模型的密度分布，请证明其转动惯量由以下公式给出：

$$I = \frac{8\rho_{\mathrm{c}}}{3\pi}\left(1 - \frac{6}{\pi^2}\right)R_{\mathrm{J}}^5.$$

提示：由于该解析模型并没有假定密度不变，你需要对同心圆环进行积分，以求出关于木星自转轴的转动惯量。回想一下，$I \equiv \int_{\mathrm{vol}} a^2\mathrm{d}m$，其中 $a = r\sin\theta$ 是自转轴到质量为 $\mathrm{d}m$ 的环的距离，并且有

$$\mathrm{d}m = \rho(r)\mathrm{d}V = \rho(r)2\pi ar\mathrm{d}\theta\mathrm{d}r.$$

(b) 利用习题 21.2(e) 部分中所得的木星中心密度的估计值，计算该行星的转动惯量比。提示：转动惯量比首先是在习题 20.12 中引入的。

(c) 将 (b) 部分的答案与表 21.2 中给出的测量值进行比较，相比解析模型，这一结果表明行星内部真实的密度分布是怎样的？

21.4　(a) 由图 21.5 可知，对于具有两个恒定密度的双分量行星模型，在柱坐标系下，式 (21.5) 可以直接由式 (21.3) 推导而来。假设外侧分量为扁球形，内侧分量为球形。

$$I_{\mathrm{sphere}} = \frac{2}{5}MR^2$$

(b) 证明对于一个密度恒定的球对称行星，式 (21.5) 还原为我们熟悉的式子：

$$I_{\mathrm{sphere}} = \frac{2}{5}MR^2$$

21.5 (a) 推导图 21.5 所示的双分量行星模型的核心质量公式。你应该用赤道半径的分数 fR_e 和恒定的核心密度来表示你的答案。

(b) 假设木星有一个 $10M_\oplus$ 的核，核的平均密度为 $15000\ \mathrm{kg\cdot m^{-3}}$。请确定 f，即行星核的赤道半径与其表面的赤道半径之比。

(c) 这一双分量模型的包层的平均密度是多少？

(d) 确定该双分量模型的转动惯量比 (I/MR^2)。

(e) 将 (d) 部分的答案与表 21.2 中给出的木星转动惯量比的测量值进行比较，与解析模型相比，你对木星的质量分布有何看法？

21.6 估计从地球观测到的木星磁层的角直径，将你的答案与满月的角直径进行比较。

21.7 假设休梅克–利维 9 号彗星的碎片 G 的直径为 700m。如果这块碎片的平均密度为 $200\ \mathrm{kg\cdot m^{-3}}$，请估计它在进入行星大气层之前的动能。你可以假设它撞击大气层的速度等于这颗行星的逃逸速度。用焦耳和百万吨 $\mathrm{TNT}(1\ \mathrm{MTon} = 4.2 \times 10^{15}\ \mathrm{J})$ 来表示你的答案。

21.8 (a) 在同一比例尺上，绘制①土星引力势的一阶修正项与 θ 的函数 (即式 (21.1) 中的 J_2 项)，②二阶修正项，和③两项之和。(图 21.4 中显示了木星的类似的图，注意木星的图使用了不同的比例尺)。假设观测者与行星的距离为 $r=2R_e$。

(b) 哪个角度的引力势最大？最小的呢？该数值与球对称的引力势 (零阶项) 相差多少百分比？

21.9 (a) 估计木星在过去 45.5 亿年间辐射的能量 (式 (10.23))。

(b) 假定木星因引力坍缩而产生的能量输出率始终不变，估算这一数值。

(c) 将 (b) 部分答案与实际进行比较，你对过去的能量输出率有何看法？讨论这对伽利略卫星演化的影响。

21.10 估计海王星的黑体温度，同时考虑到该行星辐射的所有能量有一半来自内部能量源。将你的答案与测量值 $(59.3\pm1.0)\mathrm{K}$ 进行比较。

21.11 假设所有逃逸出木卫一的离子都是硫离子，还假设逸出速率在过去 45.5 亿年中一直保持不变，请估计木卫一自形成以来损失的质量。将你的答案与木卫一目前的质量 $(8.932\times10^{22}\ \mathrm{kg})$ 进行比较。

21.12 (a) 粗略估计土星环的质量，假设各环的质量密度相同，盘厚 30 m，内半径为 $1.5R_S$，外半径为 $3R_S$(忽略 E 环)。并假设所有的环内粒子都是半径为 1 cm 的水冰球，圆盘有统一的光学深度。粒子的密度约为 $1000\ \mathrm{kg\cdot m^{-3}}$。提示：参照式 (9.12) 估算水冰球的数密度。

(b) 如果土星环中的所有物质都装在一个平均密度为 $1000\ \mathrm{kg\cdot m^{-3}}$ 的球体中，该球体的半径是多少？作为比较，土卫一的半径和质量分别为 196 km 和 4.55×10^{19} kg，它的平均密度为 $1440\ \mathrm{kg\cdot m^{-3}}$。

21.13 仔细描绘土卫一和与土卫一形成 2:1 轨道共振的典型土星环粒子的轨道，定性证明共振产生的是一个椭圆轨道。

21.14 计算土星同步轨道的位置，是否有土星环位于该半径之外？如果有，是哪些环？

21.15 围绕太阳运行的尘埃颗粒 (或行星环系统中的尘埃) 吸收并重新释放太阳辐射。由于太阳辐射是各向同性的，而尘埃颗粒优先在运动方向上重新发射，所以粒子被减速 (失去角动量)，并朝向它所环绕的天体螺旋运动。这一过程 (称为坡印亭–罗伯逊效应) 只是例 4.3.3 中讨论的前灯效应的一个结果。

(a) 如果一个绕太阳运行的尘埃颗粒 100% 地吸收了照在它上面的能量，然后所有能量都被重新辐射出去，以保持热平衡。那么这个尘埃颗粒的光度是多少？假设颗粒的横截面积为 σ_g，离太阳的距离为 r。

(b) 证明尘埃颗粒的角动量损失率由以下公式给出：

$$\frac{\mathrm{d}\mathcal{L}}{\mathrm{d}t} = -\frac{\sigma_g}{4\pi r^2}\frac{L_\odot}{mc^2}\mathcal{L}, \tag{21.6}$$

其中，m 和 $\mathcal{L} = mvr$ 分别是尘埃颗粒的质量和角动量；$L_\odot$ 是太阳的光度。提示：把辐射光子看作携带有效质量离开尘埃颗粒的，光子的有效质量是 $m_\gamma = E_\gamma /c^2$。

21.16　(a) 从式 (21.6) 开始，说明半径为 R、密度为ρ 的球状粒子从初始轨道半径 R_0 螺旋进入土星所需的时间由以下公式给出：

$$t_{\text{Saturn}} = \frac{8\pi\rho c^2}{3L_\odot} R r_S^2 \ln\left(\frac{R_0}{R_S}\right),$$

其中，R_S 是行星的半径；r_S 是土星与太阳的距离。假设粒子的轨道在任何时候都是近似圆形的，并且它与太阳的距离是恒定的。

(b) 已知 E 环含有平均半径为 $1\mu m$ 的尘埃颗粒。如果颗粒的密度为 3000 kg·m^{-3}，那么一个典型的粒子从 $5R_S$ 的初始距离螺旋进入行星需要多长时间？

(c) 将 (b) 部分的答案与太阳系的估计年龄进行比较。E 环在没有补充来源的前提下，会不会是土星系统的一个永久特征？请注意，小卫星土卫二在土星的 E 环上绕土星运行。

21.17　天卫五的质量和半径分别为 8×10^{19} kg 和 236 km。

(a) 天卫五表面的逃逸速度是多少？

(b) 当一个小天体穿越天卫五的轨道时，它朝天王星自由下落的速度是多少？假设该天体从静止状态开始向天王星坠落，且离天王星无限远。忽略行星围绕太阳的轨道运动所产生的任何影响。天卫五的轨道半径为 1.299×10^8 m。

(c) 利用式 (10.22)，估计粉碎该卫星所需的能量。

(d) 假设一个密度为 2000 kg·m^{-3} 的球形天体与天卫五相撞，并将其完全摧毁。如果该天体以 (b) 部分中的速度撞击天卫五，那么该天体的半径是多少？注：为了粗略计算，你不需要考虑撞击天体被粉碎所消耗的能量。

第 22 章　太阳系小天体

22.1　冥王星和冥卫一卡戎

对海王星位置的数学预测的成功 (第 632 页) 使天文学家开始思考离太阳更远的地方是否可能存在第九颗行星。根据对天王星和海王星轨道异常的感知,天文学家在 19 世纪末开始了搜索。最后,在 1930 年 2 月 18 日,经过系统而枯燥的搜索,克莱德·汤博 (Clyde W. Tombaugh, 1906—1997) 发现了一颗围绕太阳运行的 15 星等的小天体。这个新的天体被归类为一颗行星,并命名为冥王星,以纪念罗马的冥界之神[①]。事实证明,尽管冥王星是在其预测的位置附近被发现的,但这个预测是无效的,因为它是建立在其他行星的轨道在统计学上微不足道的视位置偏差上的。

冥王星不同于太阳系中的任何一颗类地行星或巨行星;事实上,它与海王星的卫星海卫一的相似性远远大于第 20 章或第 21 章中讨论的任何一颗行星。它 248.5 年周期的轨道偏心率很明显 (e=0.25)。在近日点时,它距离太阳只有 29.7 AU(实际上比海王星更近),而在远日点时,它的距离是 49.3 AU。它的轨道也与黄道有明显的夹角 (17°)。

尽管冥王星是一颗穿越海王星轨道的天体,但它并没有与海王星相撞的任何危险。冥王星与海王星 3:2 的轨道共振避免了这种命运。因此,当冥王星与海王星相合时,它从未接近过它的近日点,这两颗行星永远不会比 17 AU 更接近。冥王星实际上更接近天王星,能接近于 11 AU。

22.1.1　冥卫一卡戎的发现

冥王星的许多最基本的特征,如其质量和半径,在 1978 年发现其最大的卫星**冥卫一卡戎 (Charon)** 之前,都没有得到很好的确定[②]。图 22.1 是哈勃空间望远镜拍摄的冥王星系统图像。冥王星和冥卫一绕系统质心公转的时间为 6.39 天,距离仅为 1.964×10^7 m(略高于地球和月球之间距离的 1/20)。利用开普勒第三定律,系统的总质量只有 0.00247 $M_\oplus$。当然,要单独确定每颗天体的质量,需要知道它们与系统质心的距离的比值。由此得出的质量比为 $M_{\text{冥卫一}} / M_{\text{冥王星}} = 0.124$。根据这些数据,冥王星的质量估计为 1.3×10^{22} kg,**冥卫一**的质量大约为 1.6×10^{21} kg;作为比较,海卫一的质量为 2.14×10^{22} kg。

22.1.2　冥王星和冥卫一的密度和成分

在发现冥卫一后不久,天文学家就意识到,1985~1990 年间将出现罕见的交食季节。由于冥王星–冥卫一系统的轨道平面与它们绕太阳的轨道倾斜 122.5°,地球上的观测者每隔 124 年才会短暂地看到该系统的侧面。幸运的是,1989 年冥王星也处于近日点。下一个食季要到 22 世纪才会出现。

[①] 冥王星这个名字是由当时 11 岁的英国女学生维尼蒂亚·伯尼提出的。

[②] 在冥卫一被发现之前,冥王星半径的不确定性在 4 倍以内,其质量的不确定性也不好于 100 倍。

图 22.1 冥王星及其三颗卫星: 冥卫一于 1978 年被发现, 另外两颗卫星于 2005 年被哈勃空间望远镜的先进巡天相机拍摄到 (由 NASA、ESA、韦弗 (H. Weaver)(JHU/APL)、斯特恩 (A.Stern)(SwRI) 和哈勃空间望远镜冥王星伴星搜索小组提供)

掩星的持续时间提供了必要的信息来确定冥卫一的半径。冥王星的半径已被确定为 1137 km, 它的大小只有我们月球的三分之二, 但掩星数据表明, 冥卫一的半径约为 600 km。这意味着冥王星的平均密度约为 2110 kg·m^{-3}, 而**冥卫一**的密度大约为 1770 kg·m^{-3}。这些数据似乎表明, 冥王星和**冥卫一**很可能是由冻结的冰和岩石组成的, 其中冥王星的岩石比例比巨行星的大多数卫星都要高一些。图 22.2 显示了迄今所获得的冥王星表面的最佳地图。

值得一提的是, 海卫一的密度为 2050 kg·m^{-3}, 与冥王星的密度非常相似。

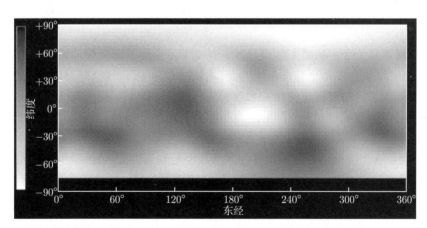

图 22.2 1994 年哈勃空间望远镜看到的冥王星表面: 包含 85% 的表面; 在绘制地图时, 冥王星南极地区远离地球, 观测到的特征可能是盆地和撞击坑, 也可能是各种冰的霜 (由艾伦·斯特恩 (Alan Stern)(西南研究所)、马克·布伊 (Marc Buie)(洛厄尔天文台)、NASA 和 ESA 提供)

22.1.3 冥卫一可能由大型撞击形成

冥卫一的质量几乎是冥王星的 1/8, 相对于它的母星来说, 它是太阳系中质量最大的卫星[①]。看起来, 冥卫一一定是由对冥王星的巨大撞击而形成的, 就像科学家认为的月球形

---

① 我们的月球, 是太阳系中相对于母星第二大的卫星, 其质量只有地球的 1/81。

成的方式一样 (图 20.19)。2005 年发现的两颗卫星也有可能是那次碰撞的额外产物。撞击天体的质量可能在 0.2~1 个冥王星质量。

22.1.4 完全的自转–公转耦合

在 19.2 节中已经简要提到,冥王星和冥卫一还有另一个有趣的动力学特征:这两个天体的自转周期与它们相对于系统质心的轨道周期完全相同。由于它们的自转方向与它们的轨道运动方向相同,冥王星和冥卫一始终保持着相同的面朝向对方,它们被完全锁定在一个同步的轨道上。这两个小天体之间的潮汐力导致它们处于最低能态。由于它们被完全锁定,潮汐力不会产生在其他系统中常见的持续的变化隆起,比如由月球导致的地球潮汐隆起。因此,对于冥王星与冥卫一的相互作用来说,其他情况下存在的摩擦热损失和角动量转移已经停止了。

锁定的同步轨道的一个必然结果是,冥卫一位于冥王星赤道的正上方。如果不是这样的话,轨道运动就会带着冥卫一交替地在冥王星赤道的南北两侧运行,两个世界之间任何对球对称性的偏离都会导致潮汐力的不断变化。由于该系统的轨道面与其绕太阳的轨道倾斜 122.5°,这意味着冥王星和冥卫一都在逆行自转。天王星也是逆行自转,其光环系统和规则卫星位于其赤道的正上方;这样的自转方向也可被归为受潮汐力影响。

22.1.5 冰冻的表面和不断变化的大气

1992 年,托拜厄斯·欧文 (Tobias C. Owen) 和合作者利用夏威夷莫纳克亚山的英国的红外望远镜对冥王星表面进行了光谱研究。他们的工作发现,冥王星表面覆盖着冰冻的氮气,约占其总面积的 97%,一氧化碳冰和甲烷冰各占 1%~2%,与海卫一的表面相似。奇怪的是,冥卫一的表面似乎主要由冰组成,在冥卫一上没有发现氮分子、一氧化碳、甲烷冰或气体。

1988 年冥王星掩食一颗暗弱的恒星时,科学家探测到了冥王星非常稀薄的大气层,表面压力约为 10^{-5} 个地球大气压 (atm)。大气层以氮气为主,甲烷和一氧化碳按数量计算大概占总量的 0.2%,这与表面冰的组成和各种成分的升华速率一致。奇怪的是,当冥王星在 2002 年掩食另一颗恒星时,大气层的压力和标高的测量值增加了一倍,这意味着冥王星的大气层在 14 年期间明显变厚了。

有人认为,这个微小而遥远的世界的大气层不是永久性的。1988 年对其大气层的观测是在接近近日点时进行的,当时该行星的温度接近其最高值,约 40K。在 1988~2002 年间,大气层明显变厚,因为冰块继续升华,向大气层释放了更多的气体。然而,随着冥王星向远日点移动,大气层可能会再次 "冻结"。

22.1.6 与冥王星的邂逅

2006 年 1 月,NASA 启动了 **"新视野号"(New Horizons)** 飞行任务。如果一切按计划进行,新视野号将在 2015 年经过冥王星附近,让我们能第一次近距离观察这颗微小的、遥远的行星及其卫星。在 "新视野号" 飞越冥王星时,其表面是否还有大气层,是关于这个海王星外四合星系统 (trans-Neptunian quadruple system) 的众多有待回答的有趣问题之一。

22.2 彗星和柯伊伯带天体

在历史上，人们经常观测到 Mrkos 彗星 (图 11.25) 和哈雷彗星 (图 22.3(a)) 等彗星。事实上，至少从公元前 240 年开始，人类就有每次哈雷彗星定期穿越内太阳系的过程记录 (其轨道周期为 76 年)[①]。由于彗星在接近近日点时的不寻常外观，明亮的彗星长期以来一直与神秘和人类无法理解的力量联系在一起。许多人认为彗星预示着灾祸即将到来，而其他人则认为彗星是好消息的使者。艺术家乔托·迪邦多内 (Giotto di Bondone，1266—1337) 在他的作品《圣母崇拜》(*Adoration of the Magi*) 中把 "伯利恒之星" 描绘成了一颗彗星，这幅画装饰在意大利帕多瓦 (Padua) 的史格罗维尼 (Scrovegni) 教堂内部 (图 22.4)。这幅画的创作时间是 1303 年，也就是哈雷彗星最近一次出现的两年之后。

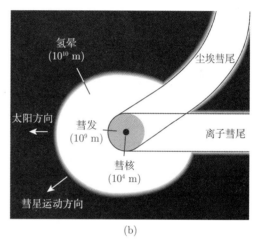

(a) (b)

图 22.3　(a) 哈雷彗星在最近一次穿越内太阳系时，清晰地显示出一条尘埃尾 (弯曲的) 和一条离子尾 (直的)，这张图片是 1986 年 4 月 12 日由托洛洛山美洲际天文台 (Cerro Tololo Interamerican Observatory) 的密歇根–施密特 (Michigan Schmidt) 望远镜拍摄的，可见发生在离子彗尾的断尾事件 (由 NASA/JPL 提供); (b) 彗星结构解剖

22.2.1 彗星模型

1950 年，弗雷德·惠普尔 (Fred L. Whipple, 1906—2004) 提出了一个彗星模型，该模型成功地描述了彗星的大部分物理特征，包括进入内太阳系时**彗尾 (tails)** 的生长情况，见图 22.3(b)。惠普尔提出一个 "脏雪球"(dirty snowball) 的概念：这个脏雪球大约 10 km 宽，位于彗星的中心，构成了彗星的**彗核 (nucleus)**。彗核由冰块和嵌入其中的尘埃颗粒组成。当彗核从外太阳系的寒冷环境中移动到太阳附近的温暖区域时，冰块开始升华。然后，释放的尘埃和气体向外膨胀，产生 10^9 m 长的气体和尘埃云，称为**彗发 (coma)**。随后，彗星中的物质与太阳光和太阳风相互作用，产生了我们熟悉的长长的彗尾 (长度可达 1 AU)，这总是与我们的彗星图像相关联。我们现在知道，彗星还有一个环绕彗发的**氢晕 (halo)**，直

[①] 这颗著名的彗星可能已经在太阳系内部周期性地巡游了 23000 年，但埃德蒙·哈雷首先意识到这些是对同一天体的重复观测。他的假设是在牛顿和他新发展的力学的帮助下完成的，见 2.2 节。

径可以达到 10^{10}m。当彗星离开内太阳系时，温度降低，升华速度明显减弱，光晕、彗发和彗尾都消失了。然而，彗星的活动并没有完全停止；随着太阳的热量通过彗核向内传播，释放出高度挥发性的气体，彗星还会不时发生小规模的爆发。

图 22.4　乔托·迪邦多内 (Giotto di Bondone，1266—1337) 的《圣母崇拜》，这幅画装饰在意大利帕多瓦的史格罗维尼教堂的内部，这幅画的创作始于 1301 年哈雷彗星出现后的两年

22.2.2　彗尾的动力学

如图 22.5 所示，彗尾总是远离太阳的。彗尾的结构是由两个相互独立的机制造成的：释放尘埃颗粒的辐射压力，以及离子与太阳风和太阳磁场的相互作用。

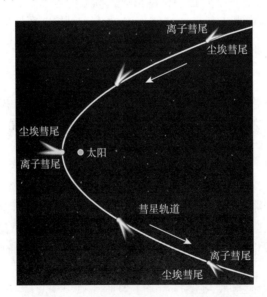

图 22.5　弯曲的尘埃彗尾和笔直的离子彗尾总是远离太阳

首先考虑辐射压对尘埃颗粒的影响。对于一个半径为 R 的 "理想化" 球状尘埃颗粒，它距离太阳为 r，并且吸收了所有照射到它的入射光，可以用公式来计算辐射压力对尘埃颗粒的外力。式 (3.13) 计算辐射压力对尘埃颗粒的向外作用力。$\cos\theta$ 这一系数意味着在计算力时应该使用尘埃颗粒的横截面积 $\sigma = \pi R^2$。换句话说，在完全吸收的情况下，如果把尘埃颗粒换成一个半径相同、方向垂直于光的圆盘，则所受的力是一样的。用 $\langle S \rangle = L_\odot / (4\pi r^2)$ 来表示对时间平均的坡印亭矢量 (Poynting vector) 的大小，则辐射压力对尘埃颗粒的作用力为

$$F_{\rm rad} = \frac{\langle S \rangle \sigma}{c} = \frac{L_\odot}{4\pi r^2} \frac{\pi R^2}{c}. \tag{22.1}$$

当然，太阳的引力也作用于尘埃颗粒。如果尘埃颗粒的密度是 ρ，那么它的质量是

$$m_{\rm grain} = \frac{4}{3}\pi R^3 \rho$$

而作用在它身上的引力大小由以下公式表示:

$$F_g = \frac{GM_\odot m_{\rm grain}}{r^2} = \frac{4\pi GM_\odot \rho R^3}{3r^2},$$

其中，F_g 是朝向恒星的力。现在，力的大小之比为

$$\frac{F_g}{F_{\rm rad}} = \frac{16\pi GM_\odot R\rho c}{3L_\odot}. \tag{22.2}$$

因为引力和光都服从于平方反比律，所以这一比值不取决于到太阳的距离 r。

如果彗星尘埃颗粒的半径 R 为临界值，则引力和辐射压力的大小相等:

$$R_{\rm crit} = \frac{3L_\odot}{16\pi GM_\odot \rho c}. \tag{22.3}$$

半径小于 $R_{\rm crit}$ 的尘埃颗粒将受到净向外的力的作用，并将以螺旋路径远离太阳。尘埃彗尾的弯曲是由于尘埃颗粒的轨道速度随着到太阳距离的增加而降低产生的。对于典型的密度 $\rho = 3000 \ {\rm kg \cdot m^{-3}}$，尘埃颗粒的临界半径为 $R_{\rm crit} = 1.91 \times 10^{-7} \ {\rm m} = 191 \ {\rm nm}$。

半径大于 $R_{\rm crit}$ 的尘埃颗粒将继续绕太阳运行。然而，一个与之相反的过程，即坡印亭–罗伯逊效应，会使较大的粒子缓慢地朝太阳方向螺旋运动。如习题 22.2 所示，一个半径为 R、密度为 ρ 的球状粒子从初始轨道半径 r 螺旋进入太阳所需的时间由以下公式给出:[①]

$$t_{\rm Sun} = \frac{4\pi \rho c^2}{3L_\odot} R r^2. \tag{22.4}$$

由于 $R_{\rm crit}$ 与恒星发出的光的波长 λ 相当，所以实际情况比这一简单的分析要复杂。最小的尘埃颗粒 ($R \ll \lambda$) 是低效率的光吸收体，其吸收截面远小于 πR^2。此外，尘埃颗粒会散射一些入射光而不是吸收它。散射对辐射压力的影响取决于尘埃颗粒的组成、几何形状以及光的波长。

---

① 回想一下，坡印亭–罗伯逊效应对于理解土星环的动力学也很重要。

22.2.3 彗星的组成

正是由于光的散射，尘埃彗尾呈现出白色或淡黄色。另一方面，离子彗尾的颜色是蓝色的，因为一氧化碳离子吸收并重新辐射波长在 420 nm 附近的太阳光子。然而，一氧化碳肯定不是彗星中唯一被发现的物质成分。迄今为止，光谱学已经在彗星中发现了丰富的原子、分子和离子，包括一些相当复杂的分子。1986 年，在哈雷彗星通过的近日点的过程中，科学家发现其内彗发大致含有 (按数量计算)80% 的 H_2O、10% 的 CO、3.5% 的 CO_2、百分之几的 H_2CO(聚合甲醛)、1% 的甲醇 (CH_3OH) 以及微量的其他化合物。表 22.1 列出了在彗星中发现的部分化学种类。

表 22.1 彗星中发现的部分化学物种列表。还发现了各种同位素，如 HDO
(氘取代了 H_2O 中的一个氢原子)

原子	分子	离子
H	CH	H^+
C	C_2	C^+
O	CN	Ca^+
Na	CO	CH^+
Mg	CS	CN^+
Al	NH	CO^+
Si	N_2	N_2^+
S	OH	OH^+
K	S_2	H_2O^+
Ca	H_2O	H_2S^+
Ti	HCH	CO_2^+
V	HCN	H_3O^+
Cr	HCO	H_3S^+
Mn	NH_2	$CH_3OH_2^+$
Fe	C_3	
Co	OCS	
Ni	H_2CO	
Cu	H_2CS	
	NH_3	
	NH_4	
	CH_3OH	
	CH_3CN	
	$(H_2CO)_n$	

22.2.4 断尾事件

彗星笔直的离子 (或等离子体) 彗尾的结构归功于彗星、太阳风和太阳磁场之间复杂的相互作用[1]。由于彗星是太阳风路径上的一个障碍物，而且由于太阳风和彗星的相对速度超过了本地声速 (式 (10.84)) 和阿尔文速度 (式 (11.11))，所以在彗星运动方向上形成了一个激波[2]。当物质在弓形激波中堆积时，彗发中的离子被困于太阳的磁场中，使磁场

---

[1] 彗星磁尾模型是汉内斯·阿尔文在 1957 年最早提出的。

[2] 本书 11.2 节首次讨论了激波。

下降。磁场包裹着彗核。彗星离子绕着磁力线旋转，并沿着与太阳相反的方向尾随彗核。当彗星遇到太阳磁场 (磁场方向之间的边界称为扇形边界) 的反转时，就会发生**断尾事件** (**disconnection event**)。在断尾事件中，离子彗尾会断裂，并在其位置形成新的离子彗尾。断尾事件相当常见，在图 22.3(a) 中的哈雷彗星图像和 1996 年 3 月百武彗星的时间序列图中都很明显 (图 22.6)。

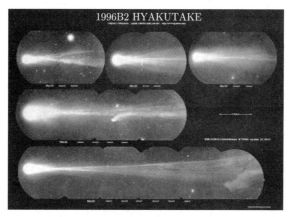

图 22.6　1996 年 3 月 25 日的百武彗星序列图像中，一个壮观的断尾事件的例子
(© Shigemi Numazawa/阿特拉斯 (Atlas) 照片库/摄影研究员公司)

22.2.5　彗星的机器人探测

1986 年 3 月，当一支国际航天器舰队与哈雷彗星会合时，惠普尔的"脏雪球假说"得到了戏剧性的验证。这支舰队由两艘来自日本的航天器 ("彗星号"(**Suisei**) 探测器和"先驱号"(**Sakigake**) 空间探测器)，两艘来自苏联的航天器 (**"织女星 1 号"(Vega 1)** 和 **"织女星 2 号"(Vega 2)**)[①]，一艘来自欧洲空间局的航天器 (乔托 (Giotto) 行星际探测器，以 12 世纪意大利画家乔托命名，请回顾第 665 页)，一艘来自美国的航天器 (**国际彗星探测器 (International Cometary Explorer, ICE)**，它在 6 个月前飞过了贾科比尼–津纳彗星)[②]；此外，一些已经在执行其他任务的航天器也暂时将其观测仪器对准了这颗彗星，尽管它们实际上并没有出去会见这位著名的访客。

3 月 6 日和 9 日，"织女星 1 号"和"织女星 2 号"分别从 8900 km 和 8000 km 的距离拍摄了哈雷彗星彗核的低分辨率图片。负责"乔托号"的科学家将"织女星号"的遥测数据转发给欧洲空间局，然后就能够引导他们的航天器更近距离地接触彗星。在国际社会的大力合作下，"乔托号"于 3 月 14 日到达距离彗核 596 km(任务目标是 540 km) 处[③]。

因为"乔托号"和哈雷彗星的相对速度很高 (68.4 km·s⁻¹)，来自彗核的微小尘粒也可能会对航天器造成严重损害。因此，为了保护飞船上的仪器，"乔托号"配备了一个由铝和

---

① 两艘苏联航天器首先前往金星，向金星大气层释放了探测器。

② ICE 在 1978 年发射时，最初命名为"国际日地探测器 3 号"。在执行另一项任务多年后，该航天器被重新分配去调查这两颗彗星。

③ "遇见哈雷"(The Halley Encounters)，努德格尔·莱因哈德 (Rüdeger Reinhard)，《新太阳系》(*The New Solar System*) 第三版，比蒂 (Beatty) 和查金 (Chaikin)(编)，剑桥大学出版社和天空出版公司，剑桥，马萨诸塞州，1990 年，第 207~216 页，提供了关于飞掠哈雷彗星的精彩叙述。

塑料凯夫拉纤维制成的 50 kg 重的防护罩。尽管采取了这些预防措施，但就在其最接近彗核的 7 s 前，一个尘埃颗粒击中了偏离轴线的航天器，使其严重晃动。航天器半小时后又恢复了稳定。

在最接近彗星的地方，"乔托号"上的相机记录了图 22.7 中看到的彗核图像。"惠普尔脏雪球"的大小约为 15 km×7.2 km×7.2 km，形状大致像一个土豆。表面极暗，反射率在 0.02∼0.04。多次接近太阳时，彗星表面的冰升华后在其表面留下了一层尘埃，也可能还有有机物质。

在图 22.7 中可以看到的是位于彗核向阳一侧的尘埃喷流 (喷射的物质流)。喷流的位置可能与覆盖在表面的黑暗薄区相对应，内部被困的、加热的气体可以通过这些区域逃逸。随着彗核的旋转，其他区域的表面又暴露在太阳下，产生新的喷流[1]。

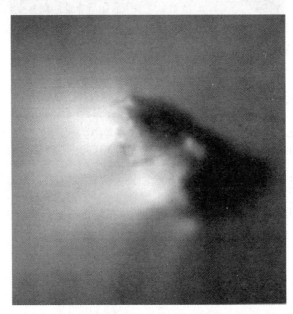

图 22.7　"乔托号"飞船看到的哈雷彗星的彗核。显而易见的是彗核向阳一面的气体喷流 (图片来自 Reitsema 等，第 20 届 ESLAB 研讨会，ESA SP-250，第二卷，351，1986 年)

据估计，在飞掠期间，哈雷彗星 15% 的表面存在喷流，气体和尘埃排放速率分别约为 $2×10^4$ kg·s^{-1} 和 $5×10^3$ kg·s^{-1}。

由于喷流产生的反作用力，彗星的轨道往往有些不稳定。考虑到这些轨道上的非引力扰动，哈雷彗星的彗核的质量估计在 $5×10^{13}∼10^{14}$ kg。如果这些粗略的估计被证明是正确的，那么彗核的平均密度就小于 1000 kg·m^{-3}，可能低至 100 kg·m^{-3}。从彗星冰体中逸出的气体和尘埃很可能在彗核留下了多孔的蜂窝状结构，其平均密度接近新落下的雪的密度 (回想一下，撞击木星的休梅克–利维 9 号彗星的碎片似乎也是非常松散的，密度约为 600 kg·m^{-3}，见 21.1 节)。

20 世纪 80 年代中期有几次彗星飞行任务，头两次充满了广泛的国际合作——国际彗星探测器穿过贾科比尼–津纳彗星 (Giacobini-Zinner) 的彗尾，以及与哈雷彗星会合。2001

---

[1] 哈雷彗星的彗核似乎有两个自转周期 (2.2 天和 7.4 天)，对应于这个形状不规则的天体围绕不同的轴线运动。

年，实验性离子推进航天器 **"深空 1 号"**(Deep Space 1) 从 2200 km 的有利位置拍摄了博雷利彗星 10 km 长的彗核图像。此外，2004 年 1 月 2 日，"星尘号"(Stardust) 从怀尔德 2 号 (Wild 2) 彗星 250 km 的范围内经过，获得了彗星表面的高分辨率图像。"星尘号"还捕获了彗星的尘埃，并于 2006 年 1 月 15 日将尘埃送回地球进行分析。

2005 年 7 月 4 日发生了一次非常戏剧性的相遇，**"深度撞击号"**(Deep Impact) 以 10.2 km·s^{-1} 的速度将一个 370 kg 重的撞击器送入坦普尔 1 号彗星 (其大小为 7.6 km× 4.9 km)。深度撞击号获得的坦普尔 1 号彗星的图像见图 22.8。撞击器在彗星核上形成了一个撞击坑，使科学家们得以研究彗星的内部。数据分析确定了多种化合物，包括水、二氧化碳、氰化氢、甲基氰化物、多环芳烃 (PAH) 和其他有机分子，以及橄榄石、方解石、亚硫酸铁和氧化铝等矿物。从彗星表面附近撞出的 10^7 kg 物质具有细沙甚至滑石粉的稠度。彗星的密度似乎与粉状雪的密度大致相当。彗星因其微弱的引力而松散地聚焦在一起。坦普尔 1 号的质量为 $7.2×10^{13}$ kg，密度只有 600 kg·m^{-3}。过低的密度表明，坦普尔 1 号可能是一个多孔的碎石堆。

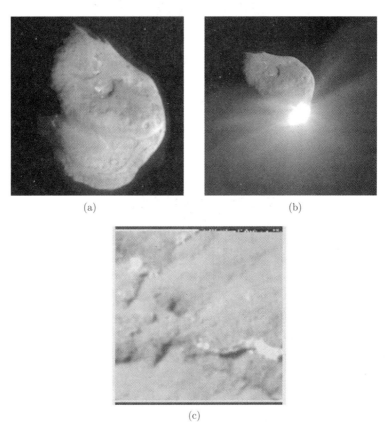

图 22.8　(a) 深度撞击号在撞击器撞击坦普尔 1 号彗星 5 min 前看到的彗星，彗核尺寸为 5 km×11 km; (b) 撞击后 67 s; (c) 坦普尔 1 号彗星的表面，撞击前 20 s。该图像是由撞击器的目标传感器获得的。可以识别小到 4 m 的特征 (NASA/JPL-加州理工学院/UMD)

未来，欧洲空间局 2004 年发射的 **"罗塞塔号"**(Rosetta) 航天器计划于 2014 年与丘留莫夫-格拉西缅科彗星会合，然后用近两年时间在围绕彗核的低轨道上仔细研究这颗彗星。

这次任务还将在彗星表面降落一个探测器。在其长时间的巡游中，"罗塞塔号" 将与彗星一起飞行，见证彗星进入太阳系内部并从其内部释放被困的挥发物。和其他研究目标一起，这项详尽的研究可能有助于我们确定：在地球上 "播种" 彗星的有机物质是否有助于我们星球上的生命发展。

22.2.6　掠日彗星

一些冒险进入内太阳系的彗星在近日点附近升华的相对质量较小，但其他彗星可能会经历更严重的后果。例如，当韦斯特彗星 (Comet West) 在 1976 年穿过太阳系时，它的彗核碎裂成四块独立的碎片。科胡特克彗星 (Comet Kohoutek) 也在 1974 年分裂开来。也许更令人印象深刻的是**掠日彗星 (Sun-Grazing Comets)**。在紧张研究太阳的同时，太阳和日球层探测器 (SOHO) 上的 LASCO 摄像机已经发现了 1000 多颗近距离接近太阳的彗星。在某些情况下，彗星的轨道会使它们坠入太阳，如图 22.9 所示的 SOHO-6 彗星。

图 22.9　彗星 SOHO-6 坠入太阳的图像 (左下角)。太阳盘面被覆盖，以便研究太阳的日冕和日冕物质抛射。该图像是由 SOHO 上的 LASCO 仪器于 1996 年 12 月 23 日获得的 (SOHO(ESA 和 NASA))

22.2.7　奥尔特云

哈雷彗星是一类称为**短周期彗星 (short-period comets)** 的一个例子，其轨道周期小于 200 年。短周期彗星在黄道附近被发现，并反复返回太阳系内部。**长周期彗星 (long-period comets)** 的轨道周期大于 200 年，有些彗星可能需要 10 万年到 100 万年甚至更长时间才能返回。1950 年，简·奥尔特 (Jan Oort，1900—1992) 对各类彗星的轨道进行了非常仔细的统计研究，得出结论：长周期彗星来自于分布遥远的彗核云中，现在称为奥尔特云。虽然从未观测到**奥尔特云 (Oort cloud)**，但它的存在似乎是确定的。正如我们在 19.1 节中所指出的，这类彗核似乎位于距离太阳 3000～100000 AU 处，可能包含了 10^{12}～10^{13} 个成员，总质量在 100 个地球质量左右。相比之下，最近的恒星距离太阳大约有 27.5 万 AU。内奥尔特云 (3000～20000 AU) 可能略微集中在黄道上，而外奥尔特云 (20000～100000 AU) 中的彗核几乎呈球形分布。

奥尔特云中的彗星可能不是在它们目前的位置形成的。相反，它们可能是在天王星和海王星附近的黄道区域凝聚的远古的行星子。在冰巨星反复的引力作用下，这些彗核被弹射到了现在的距离。由于这些彗核距离太阳太远，过往的恒星和气体云最终使它们的轨道随机化，从而形成了今天外奥尔特云中近乎球形的分布。由于内奥尔特云在太阳引力场中的位置更近，这些彗核的分布就不那么随机了。因此，内奥尔特云中的彗星能够保留一些它们在太阳系年轻时的原始位置的历史。一些彗核受到其他恒星和气体云的引力扰动，可能慢慢地会坠落到太阳系内部。

22.2.8 柯伊伯带

由于短周期彗星的轨道主要位于黄道附近，这些天体似乎不太可能起源于奥尔特云。肯尼思·埃奇沃思 (Kenneth E. Edgeworth, 1880—1972) 在 1949 年和柯伊伯在 1951 年分别提出，第二个彗核集合可能位于黄道平面附近。

1992 年 8 月，珍妮·刘 (Jane Luu) 和大卫·朱维特 (David Jewitt) 在距离太阳 44 AU、轨道周期 289 年的地方发现了 1992 QB1(一颗 23 等的天体)。七个月后，第二颗 23 等天体 (1993 FW) 被发现，离太阳的距离几乎相同。假设这些天体具有典型彗核的反照率 (3%~4%)，那么它们的直径必须达到大约 200 km，才能呈现出它们那样的亮度。这将使它们的大小约为冥王星的十分之一。到 2006 年初，利用灵敏的 CCD 相机进行的望远镜勘测已经发现了 900 多个海王星轨道以外的类似天体。

这些天体所处位置现在称为柯伊伯带 (**Kuiper belt**)，这个由彗核组成的圆盘离太阳的距离从 30 AU 延伸到 50 AU(海王星公转轨道的半长轴为 30 AU)。然而，有些成员的轨道偏心率很高，远地点可能达到 1000 AU。由于这些**柯伊伯带天体** (**Kuiper belt object,KBO**) 的位置超出了最外层的冰巨星，所以有时也称为**海王外天体** (**trans-Neptunian object，TNO**)。

22.2.9 一颗比冥王星更大的柯伊伯带天体

随着越来越多的柯伊伯带天体被发现，其中一些柯伊伯带天体的直径比冥王星的直径小一些，但可与之相媲美 (表 22.2)。然而，2005 年，天文学家麦克·布朗 (Mike Brown，加州理工学院)、查德·特鲁希略 (Chad Trujillo，双子座天文台) 和大卫·拉比诺维茨 (David Rabinowitz，耶鲁大学) 宣布发现了柯伊伯带中第一个已知比冥王星大的天体。2003 UB313 于 2005 年 1 月 5 日被发现，其数据来自于 2003 年的一次巡天观测。2003 UB313 的轨道周期为 P=559 年，半长轴为 a=68 AU，轨道偏心率为 e=0.44，相对于黄道的倾角为 i=44°。2003 UB313 的轨道特征非常特殊，导致科学家花了很长时间才在柯伊伯带发现这颗大天体。由于大多数寻找柯伊伯带天体的观测都集中在黄道面附近，所以发现 2003 UB313 的倾角如此之大是令人惊讶的。哈勃空间望远镜观测表明，2003 UB313 的直径为 2400 km，比冥王星大 6%。图 22.10 所示的 2003 UB313 的光谱也与冥王星的光谱惊人地相似，表明其表面成分以冻结的甲烷为主。还发现有一颗卫星围绕 2003 UB313 运行。

2003 UB313 的发现重新引发了关于什么是真正意义上的行星的辩论。因为 2003 UB313 比冥王星大，那么它是否应该被指定为行星？是否应该将冥王星从行星分类中删除？有趣的是，在发现大的柯伊伯带天体之前，行星还没有正式的科学定义；人们或多或少地认为，当我们看到一颗行星时，我们就能够认识它。在撰写本书时，国际天文学联合会正在努力解决这个问题。鉴于社会早已将冥王星视为一颗行星，这个决定很可能超出了科学家们的正式定义。无论这些问题如何解决，很明显，从 2003 UB313 和许多其他柯伊伯带天体的明显大小和组成来看，冥王星和冥卫一肯定是柯伊伯带天体；它们只是碰巧是最大的已知成员之一。毕竟，与"典型的"行星–卫星系统相比，冥王星和冥卫一与巨型彗核有更多的共同之处。海王星的不寻常卫星海卫一，可能也是其捕获的一颗柯伊伯带天体。

表 22.2　截至 2006 年 5 月已知最大的柯伊伯带天体清单。表中所列的许多直径相当不确定

名称	直径/km	周期/年	a/AU	e	i/(°)
2003 UB313	2400	559	67.89	0.4378	43.99
冥王星	2274	248	39.48	0.2488	17.16
赛德娜 (Sedna*)	1600	12300	531.7	0.857	11.93
亡神星 (Orcus)	1500	247	39.39	0.22	20.6
冥卫一	1270	248	39.48	0.2488	17.16
2005 FY9	1250	309	45.71	0.155	29
2003 EL61	1200	285	43.34	0.189	28.2
夸奥尔 (Quaoar)	1200	287	43.55	0.035	8
伊克西翁 (Ixion)	1070	249	39.62	0.241	19.6
伐楼那 (Varuna)	900	282	42.95	0.052	17.2
2002 AW197	890	326	47.37	0.131	24.4

* 赛德娜的轨道比经典的柯伊伯带大得多。

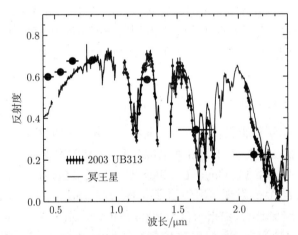

图 22.10　2003 UB313 的反射光谱 (单点) 与冥王星光谱 (灰色线) 的比较。甲烷的吸收线在光谱中占主导地位。大点是来自 BVRIJHK 的测光数据 (由 Mike Brown(加州理工学院)、Chad Trujillo(双子座天文台) 和 David Rabinowitz(耶鲁大学) 提供)

22.2.10　柯伊伯带天体的类别

随着已知的柯伊伯带天体数量不断增加，很明显，它们根据其轨道特征可分为三类。**经典柯伊伯带天体 (classical KBO)** 是指那些运行在距离太阳 30~50 AU 的天体，大多数天体的半长轴在 42~48 AU。经典柯伊伯带天体的轨道倾角往往小于 30°。有人认为，经典柯伊伯带天体在 50 AU 处的截止可能是由于太阳系形成初期经过的一颗恒星。**散射型柯伊伯带天体 (scattered KBO)** 的轨道偏心率比经典柯伊伯带天体高得多，可能是通过与

冰巨星 (最明显的是海王星) 的引力相互作用而被抽送到这些轨道上的。2003 UB313 是散射型柯伊伯带天体的一个例子。散射型柯伊伯带天体的近日距离通常约为 35 AU，它们的轨道倾角往往比经典柯伊伯带天体更大。此外，散射型柯伊伯带天体很可能至少是短周期彗星的一个来源。最后，存在一类与海王星发生轨道共振的**共振柯伊伯带天体 (resonant KBO)**。正如我们在 22.1 节中所指出的，冥王星与海王星的轨道被锁定在 3:2 的共振轨道上，这保护了冥王星永远不会与这颗冰巨星相撞。因此，冥王星 (和海王星) 是共振柯伊伯带天体。事实上，与海王星发生 3:2 轨道共振的柯伊伯带天体称为**冥族小天体 (Plutinos)**。还观测到柯伊伯带天体存在 4:3、5:3 和 2:1 的轨道共振。

22.2.11 半人马型天体

科学家还发现了其他相当大的冰天体在围绕太阳运行。1977 年，一颗称为喀戎 (Chiron, 小行星 2060) 的天体被探测到，它的轨道将它从土星轨道内带到天王星轨道外。据估计，喀戎的直径在 200~370 km。一颗名为福鲁斯 (Pholus, 小行星 5145) 的稍小天体，昵称为 "喀戎之子"，也被发现在 8.7~32 AU 的外行星之间运行。原本被归类为小行星的喀戎，在 1988 年意外地变亮，并出现了可测量的彗发。这样的行为让这颗天体被定义为彗星，而不是岩石小行星。喀戎和福鲁斯是一类称为**半人马型天体 (Centaurs)** 的两个例子，这类天体似乎是散布在行星轨道区域内的柯伊伯带天体。半人马型天体最终可能成为短周期彗星。

图 22.11 显示了 2005 年 9 月 8 日柯伊伯带天体、半人马型天体、彗星和木星的特洛伊族小行星 (Jupiter's Trojan asteroids, 见 22.3 节) 在黄道平面上的位置。由于投影效应和相对于天体实际大小而言，符号的尺寸非常大，所以太阳系外侧看起来比实际情况更加拥挤。

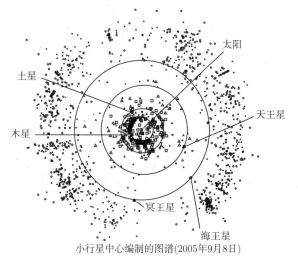

图 22.11 截至 2005 年 9 月 8 日，从木星轨道向外分布的已知的经典和共振柯伊伯带天体 (圆形)、半人马型天体和散射柯伊伯带天体 (三角形)、彗星 (方形) 和特洛伊小行星的位置。每颗天体的位置都被投影到黄道平面上。空心符号是只有一次冲日被观测到的天体；填充符号则是有多次冲日被观测到的天体。对于彗星来说，填充的方块代表有编号的周期性彗星；其他彗星则用空心方块表示。经典的柯伊伯带在海王星轨道之外清晰可见。在这一观测方向上，行星和大多数其他天体的轨道都是逆时针方向，春分点在右边 (改编自小行星中心加雷斯·威廉姆斯 (Gareth Williams) 的供图)

22.2.12　对内太阳系中水的影响

正如我们将在 23.2 节中看到的那样，类地行星似乎不太可能从温暖的内太阳星云中凝结出大量的挥发性物质，如水。有人认为，地球海洋中发现的水、火星永久冻土和冰盖中的水，以及金星上过去可能存在的水，有可能是在行星形成后，通过彗星撞击运送到这些世界的。然而，"细节决定成败"。经过对航天器探测过的几颗彗星成分的仔细研究，人们注意到，彗星中的氘氢比 (D/H) 比地球海洋中的氘氢比至少高出 2 倍。事实上，D/H 比是星际介质的特征，而不是陆地海洋的特征。从迄今已被仔细研究的少量彗星样本来看，似乎必须确定地球上的水有另一个来源。另一方面，也可能是彗星样本有偏差，只包含可能来自奥尔特云的天体，而不是来自柯伊伯带的天体。总之，也有可能水向地球的输送是一个漫长的过程，涉及各种机制，包括彗星、含水量相对较高的小行星 (22.3 节)、富含水的陨石 (22.4 节) 和星子 (23.2 节)。

22.3　小　行　星

如 19.1 节所述，**小行星** (asteroids 或 minor planets) 的轨道通常比大多数彗星离太阳更近。绝大多数小行星都位于火星和木星轨道之间的小行星带。自 1801 年发现谷神星 (Ceres) 以来，已经有几十万颗小行星被编目，小行星的总数可能超过 10^7 颗。然而，尽管它们的数量很大，但所有小行星的质量加起来可能只有 $5 \times 10^{-4}\ M_{\oplus}$。图 22.12 是小行星 243 艾达 (Ida) 和它的卫星艾卫 (Dactyl) 的特写图。(数字表示小行星被发现的顺序，谷神星是 1 号)

图 22.12　1993 年 8 月 28 日 "伽利略号" 航天器在前往木星的途中看到的小行星 243 艾达及其卫星艾卫。小行星 243 艾达长 55 km，而艾卫 (在飞近艾达时其距艾达 100 km) 呈鸡蛋状，长 1.6 km，宽 1.2 km。在艾达表面可以看到小到 30 m 的表面特征。"伽利略号" 拍摄这张图片时，距离艾达约 10500 km(由 NASA/JPL 提供)

22.3.1　小行星带中的柯克伍德空隙

小行星在小行星带中的分布并不完全均匀，甚至不是随到太阳的距离而平滑变化的。相反，在不同的轨道半长轴值区域，小行星要么几乎不存在，要么数量相当多 (图 22.13)。这些位置对应于与木星的轨道共振，类似于土星光环中由土星卫星 (尤其是土卫一) 产生的

共振。小行星数量相对稀少的区域称为**柯克伍德空隙 (Kirkwood gaps)**，最突出的是在
3.3 AU(轨道周期 2 : 1 的共振) 和 2.5 AU(3 : 1 的共振) 处。实际上，类似于土星环的环缝
(如卡西尼环缝)，小行星带上的物理空隙实际上并不存在。相反，小行星不同的偏心率和轨
道倾角往往会在一定程度上抹平这些空隙，使这些空隙中短暂地充斥着一些天体。图 22.14
显示了 2005 年 9 月 8 日小行星 (和一些彗星) 在黄道平面上的位置。

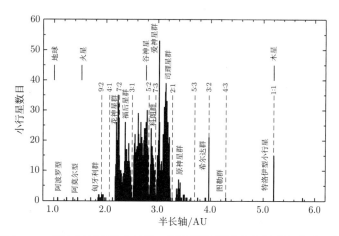

图 22.13　小行星带中 1796 颗小行星的分布情况。图中还显示了小行星群名称以及小行星与木星的轨道
共振情况。在许多共振位置都有明显的柯克伍德空隙，在其他共振位置处小行星的数量明显增加 (数据来
自威廉姆斯 (Williams)，《小行星 Ⅱ》(Asteroids Ⅱ)，宾采尔 (Binzel)、格雷尔斯 (Gehrels) 和马修斯
(Matthews)(编)，亚利桑那大学出版社，1989 年)

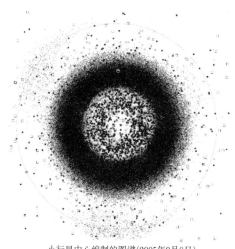

小行星中心编制的图谱(2005年9月8日)

图 22.14　截至 2005 年 9 月 8 日，内太阳系小天体的黄道投影分布图。图中显示了大约 237000 颗天体。
外侧轨道是木星的轨道，小行星带清晰可见。小行星带实际上并没有被小行星填满。相反，代表它们的符
号比小行星本身要大得多。每颗行星的位置都有一个 ⊕ 标志，木星在图中左下方。木星的特洛伊小行星
在木星轨道上的 "云" 中很明显，领先和尾随木星 60°。类地行星的轨道在阿莫尔型、阿波罗型和阿登型
小行星的杂乱轨道中可见。彗星用方形表示，如图 22.11 所示。在这一观测方向上，行星和大多数其他天
体都按逆时针方向运行，春分点在右边 (由小行星中心的加雷斯·威廉姆斯 (Gareth Williams) 提供)

22.3.2　特洛伊小行星

在某些情况下，与木星的共振对应的是小行星数量的局部增加。一个特别有趣的共振群是**特洛伊小行星** (Trojan asteroids，1:1)，它们与木星占据相同的轨道，但却领先或尾随木星 60°，如图 22.15 所示，在图 22.11 和图 22.14 中也很明显。此外，至少有一颗小行星在火星轨道后 60° 的位置绕太阳运行，有两颗小行星在海王星轨道上领先海王星 60° 的位置。这些小行星被发现位于不寻常的引力稳定区域 (引力势阱)，是由太阳和木星的引力共同影响而建立的。小行星的所处位置是 L_4 和 L_5 拉格朗日点，它们是存在于一个三体系统中的平衡位置，其中一个天体 (在这个例子中是小行星) 比其他两个小得多。回想一下，拉格朗日点在 18.1 节中详细讨论过; 它们在一些双星系统的演化中起着重要的作用。

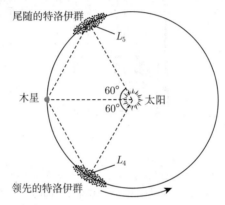

图 22.15　特洛伊群小行星位于木星轨道上，领先或尾随木星 60°。它们占据了太阳–木星系统中五个拉格朗日点中的两个

22.3.3　阿莫尔型、阿波罗型和阿登型小行星

其他特殊的小行星群是那些轨道位于类地行星之间的小行星。**阿莫尔型小行星 (Amors)** 位于火星和地球的轨道之间，**阿波罗型小行星 (Apollos)** 在接近近日点时会穿越地球轨道，而**阿登型小行星 (Atens)** 的半长轴小于 1 AU，但是它们可以在远日点附近穿越地球轨道。这些天体中的许多曾经可能是主带小行星，但木星的扰动改变了它们的轨道。一些穿越地球的天体也可能是已经消亡的彗核，它们在反复前往太阳附近后，已经失去了大部分的挥发物。由于**阿波罗型和阿登型小行星**与地球轨道相交，因此总有可能和地球发生碰撞。

22.3.4　平山族小行星

1918 年，日本天文学家平山清久 (Kiyotsugu Hirayama，1874–1943) 指出了占据几乎相同轨道的小行星之间的联系。相近轨道的小行星可以被归为一个平山族，如今已经确定了 100 多个**平山族 (Hirayama families，** 也称为**小行星族 (asteroid families))**。科学家猜测，每个小行星族都由一颗曾经较大的小行星遭受灾难性的碰撞后形成。碰撞速度可达到 $5~\mathrm{km \cdot s^{-1}}$，产生的能量足以粉碎岩石，并导致初始小行星的碎片逃逸。如果碰撞能量不足，可能只有部分小行星表面逃逸，或者在小行星碎裂后，碎片间的引力会让小行星重新形成碎石堆。红外天文卫星观测到的尘埃带似乎与一些主要的平山族有关。

22.3.5 与小行星会合

人造航天器最早访问的小行星是小行星 951 加斯普拉 (Gaspra) 和小行星 243 艾达 (图 22.12 所示为艾达及其卫星艾卫)，分别发生在 1991 年和 1993 年。这两次近距离飞行发生在 "伽利略号" 宇宙飞船在前往木星途中穿过小行星带的时候。正如天文学家所预料的那样，这些小行星不规则的形状正是它们经历了无数次流星体撞击的证据。事实上，撞击的次数表明，小行星加斯普拉 (弗罗拉 (Flora) 族的成员) 很可能是在 2 亿年前从一颗更大的小行星分离出来的。另一方面，对小行星艾达 (科朗尼斯 (Koronis) 族的成员) 的年龄估计也不尽相同：鉴于艾卫的体积较小，则这颗卫星不可能存在了 1 亿多年却没有被猛烈的碰撞所摧毁。然而，根据艾达表面的高撞击坑密度来看，艾达似乎已有 10 亿年的历史。假设这两个天体都是由一颗更大的天体解体而产生的，这一谜题的答案可能在于：当较大的天体被摧毁时，产生的碎片会增加撞击的速率。尽管在小行星带中小行星的数密度很低，但预期的碰撞频率却是这样的：很少有小行星能幸运地避免太阳系历史上的重大撞击。

由于发现了环绕小行星艾达运行的艾卫，有可能根据开普勒第三定律估计小行星艾达的质量。遗憾的是，由于航天器掠过的相对速度很高 (12.4 km·s^{-1})，而且航天器的轨迹相对于艾卫的轨道的倾角约为 8°，因此只能从数据中得出一个近似的轨道范围。结果表明，小行星艾达的质量为 $(3\sim4)\times10^{16}$ kg，平均密度在 2200～2900 kg·m^{-3}。

近地小行星会合任务探测器 (NEAR-休梅克)[①]于 1996 年发射。在前往其最终目的地小行星 433 爱神 (Eros) 的途中，NEAR-休梅克**探测器**还以 10 km·s^{-1} 的速度掠过了小行星 253 玛蒂尔德 (Mathilde)。根据小行星玛蒂尔德对航天器的引力扰动，可以确定这颗小行星的平均密度只有 1300 kg·m^{-3}。这表明这颗小行星很可能是一块非常松散的碎石堆，经过多次碰撞打散，它只能在自身引力的作用下松散地重新组合起来。

2000 年 2 月 14 日，当 NEAR-休梅克**探测器**到达小行星 433 爱神时，它进入环绕这颗小行星的轨道，并开始对该天体进行为期一年的深入研究 (图 22.16)。

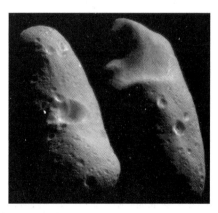

图 22.16　从环绕小行星的轨道上观测到的小行星 433 爱神的两个半球的合成图像。爱神星被大量的碎石覆盖，有明显的撞击坑证据。爱神星是最大的近地小行星之一，长 33 km，宽 8 km，厚 8 km(由 NASA/约翰斯·霍普金斯大学应用物理实验室提供)

---

① 为纪念已故的行星科学家尤金·M·休梅克 (Eugene M. Shoemaker)，亦即休梅克–利维 9 号彗星的共同发现者，NEAR 任务改名为 NEAR-休梅克。休梅克总是说他想用石锤敲击小行星 433 爱神星，看看里面有什么。

在轨道飞行期间，NEAR-休梅克探测器研究了爱神星的引力场，并获得了关于其表面组成的信息。在轨道上飞行一年后，NEAR-休梅克探测器以大约 $16\mathrm{m \cdot s^{-1}}$ 的速度在小行星表面顺利着陆，并将信息传送回地球。在飞行任务的降落阶段，探测器传回了许多特写图像，包括图 22.17 所示的图像。

图 22.17　从 250 m 的高度拍摄的爱神星表面。图像宽 12 m。该图像拍摄于 2001 年 2 月 12 日 NEAR-休梅克探测器降落时 (由 NASA/约翰斯·霍普金斯大学应用物理实验室提供)

任务期间获得的测量数据表明，爱神星的密度为 $2670\,\mathrm{kg \cdot m^{-3}}$，它可能已经破裂了，但不至于像小行星玛蒂尔德那样成为一个碎石堆。爱神星的内部似乎有 25% 左右的孔隙率。根据放射性测量和伽马射线光谱测量 (图 22.18)，爱神星中似乎含有 K、Th、U、Fe、O、Si 和 Mg 等元素，这与关于此类远古天体的预期相符。

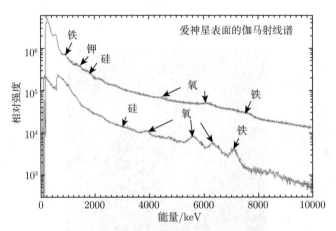

图 22.18　NEAR-休梅克探测器在小行星表面着陆后获得的爱神星的伽马射线谱。两台不同的伽马射线探测器获得了图中所示的两条光谱 (摘自 NASA/约翰斯·霍普金斯大学应用物理实验室提供的一份资料)

22.3.6　小行星的分类

天文学家在 20 世纪 30 年代才首次意识到小行星的颜色差异。通过观测小行星的反射光谱，可以识别出其吸收带，这些吸收带提供了关于这些天体表面成分的重要信息。还可以通过研究它们的反照率来获得信息。目前已知，小行星的成分差异很大，但随着到太阳距离的增加，存在着一个总的趋势 (图 22.19)。一些主要的小行星类别如下所述。

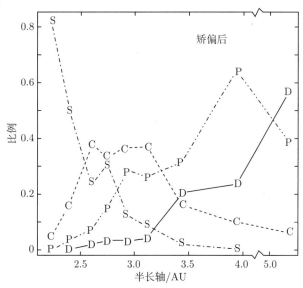

图 22.19 主要的小行星类型随到太阳距离的分布 (该图改编自 Gradie、Chapman 和 Tedesco 的《小行星 Ⅱ》，Binzel、Gehrels 和 Matthews(编)，亚利桑那大学出版社，1989 年)

• **S 型**小行星位于小行星带的内侧 (2~3.5 AU)，约占所有已知小行星的六分之一。它们的表面主要是由富含铁或镁的硅酸盐和纯金属铁镍的混合物组成。它们的挥发物含量较低，看起来有些偏红，反照率适中 (0.1~0.2)。加斯普拉、艾达和爱神星都是 S 型小行星。

• **M 型**小行星的金属含量非常高，吸收光谱以铁和镍为主。它们看起来略红，反照率适中 (0.10~0.18)。M 型小行星混迹在 S 型小行星中，主要位于小行星带的内侧 (2~3.5 AU)。

• **C 型**小行星大约占所有小行星的四分之三。这些天体主要位于 3 AU 附近，但在整个主带 (2~4 AU) 也能找到。它们的颜色非常深，反照率在 0.03~0.07，似乎富含碳基物质。三分之二的 C 型小行星还含有大量的挥发性物质，尤其是水。玛蒂尔德是一颗 C 型小行星。

• **P 型**小行星位于主带外边缘附近和更远的地方 (3~5 AU)，在 4 AU 附近数量达到峰值。它们的外观略红，反照率较低 (0.02~0.06)。它们的表面可能含有大量的古老有机化合物，这些化合物也存在于彗星中。

• **D 型**小行星与 P 型小行星很相似，只是它们的外观更红，而且距离太阳更远。特洛伊群小行星以 D 型小行星为主。木星的一些较小的卫星也表现出与 D 型小行星类似的光谱。

小行星类型随到太阳的距离而不同，主要是太阳星云凝结过程的结果 (在 23.2 节中将会有详细讨论)。在离太阳更近的地方，靠近小行星带的内侧边缘，那里的温度较高，更多的难溶物 (如硅) 会凝结，而水和有机化合物等挥发性物质则不能。在离太阳较远的地方，温度已经降低到足以让更多的挥发性化合物凝结，成为该地区小行星的一部分。位于小行星带中部的许多 C 型小行星似乎是含水的 (意味着这些天体中存在水)，而更远的 P 型和 D 型小行星可能含有水或冰，就像太阳系外侧的大多数卫星一样。有趣的是，距离太阳 2.77 AU 的小行星 1 谷神星是小行星带中最大的小行星，它看起来几乎是球形，可能有水冰地幔。

显然，小行星带内的大多数小行星在其一生中都经受着巨大的引力分离，包括几乎所有的 S 型小行星。富含金属的 M 型小行星自形成以来也发生了深刻的变化。一般认为，M 型小行星代表着大得多的母体小行星的核心，这些母体小行星因大碰撞而破碎，并露出了核心。

至少有一颗小行星，即小行星 4 灶神星，表面似乎覆盖着玄武岩 (由熔岩流形成的岩石)。灶神星的半径为 250 km，是已知的第三大小行星，仅次于小行星 1 谷神星和小行星 2 智神星。岩浆似乎是在其内部形成的，最终通过裂缝到达表面，并在那里凝固。灶神星也有一个大到足以暴露表面下地幔的撞击坑。

22.3.7　内部加热

正如灶神星以及 S 型和 M 型小行星所表明的那样，至少有一些小行星的内部在它们的生命中一定有一段时间是熔融的，这就提出了热量来源的问题。作为小型天体，小行星很容易将其内部的热量辐射到太空中，因此它们在形成后应该很快就冷却了；冷却的速度太快，以至于它们无法进行明显的引力分化 (回忆一下 $\tau_{cool} \propto R$，见 21.1 节)。此外，半衰期很长的放射性同位素在很大程度上负责维持地球内部的高温，却不可能迅速产生足以熔化小行星内部的热量。有人认为，如果半衰期较短的同位素足够丰富，就可以产生相对较短、强烈的热量爆发。一个可能的候选者是 $^{26}_{13}\mathrm{Al}$，其半衰期为 716000 年。

这个假设的一个困难是，为了有效地熔化小行星的内部，铝必须在产生后相对迅速地融入正在形成的小行星中 (只在少量的半衰期内)。但这又严重地与太阳系的形成时间尺度相冲突。

$$^{26}_{13}\mathrm{Al} \longrightarrow {}^{26}_{12}\mathrm{Mg} + \mathrm{e}^+ + v_e \tag{22.5}$$

放射性同位素解决方案的第二个困难在于，小行星的分布存在一定的趋势：从小行星带内侧中化学分化、缺乏挥发性的小行星，到 3.2 AU 附近的水合小行星和木星附近的冰小行星。这种分布似乎意味着，如果 $^{26}\mathrm{Al}$ 是导致化学分化的热源，那么 $^{26}\mathrm{Al}$ 就会优先被包含在小行星带内侧的小行星中。

22.4　陨　　石

1969 年 2 月 8 日清晨，墨西哥奇瓦瓦市附近地区的居民看到一道蓝白色的亮光从天空划过。当他们正观看时，这道光分成了两部分，每一部分依次爆发出壮观的发光碎片。人们还听到伴随着光影秀的音爆声。据报道，一些观测者甚至认为世界末日即将来临。岩石如雨点般落在方圆 50 km×10 km(称为散落地) 的乡间。第二天，第一块陨石在一个叫普埃布利托·德·阿连德 (Pueblito de Allende) 的小村庄被发现。科学家通过这次流星雨收集到了两吨多的标本，现在统称为 **阿连德陨石 (Allende meteorite)**。许多阿连德陨石被送到美国得克萨斯州休斯敦的 NASA 月球接收实验室进行研究[①]。阿连德陨石的一个样品如

---

① 月球接收实验室正准备分析当年晚些时候由 "阿波罗号" 宇航员收集的月球岩石。

图 22.20 所示[①]。

(a)   (b)

图 22.20 　(a) 阿连德陨石样品，表面有一个熔凝壳；(b) 样本内部特写，显示了嵌在基质中的钙–铝耐火
包体 (CAI) 和球粒陨石 (由史密松天体物理台提供)

观测到的光条纹是由地球大气层对流星体表面的摩擦加热产生的，导致流星发光。虽然样品的外部被摩擦加热所产生的熔凝壳覆盖，但样品的内部却没有受到影响。当陨石通过大气层时，其受损的表面几乎在脱落的同时就迅速形成新的表面。

22.4.1　阿连德陨星的年龄和成分

通过比较在陨石中发现的两种稳定的铅同位素 ^{207}Pb 和 ^{206}Pb 的相对丰度，可以得到一个非常精确的计时器，可以用来确定太阳系形成过程中各事件的时间。这些同位素是由独立的衰变序列最终产生的，这些衰变序列分别从 ^{235}U(半衰期为 0.704 Gyr) 和 ^{238}U(半衰期为 44.7 亿年) 开始。通过使用这一**铅–铅测年系统 (Pb-Pb system)**，科学家们推算出阿连德陨石的年龄为 (45.66 ± 0.02) 亿年，这与 11.1 节中给出的太阳模型年龄 (45.7 亿年) 非常接近[②]。看来，阿连德陨石和其他陨石一样，都是早期太阳星云的近乎原始的残余物。

对样品的化学分析表明，该陨石的成分接近于太阳 (类似于太阳的光球)，但有一些例外：最易挥发的元素 (H、He、C、N、O、Ne 和 Ar) 含量不足，而锂 (Li) 含量过多。挥发物的相对不足可以通过假设阿连德陨石是从太阳星云内部凝结而成的来解释，那里的温度太高，这些元素无法被包含在太阳的大气中[③]。阿连德陨石的锂含量相对于太阳来说可能过多，因为太阳实际上已经在其生命周期里消耗了大量的锂元素而没有得到补充。

22.4.2　耐火包体和粒状体

阿连德样品中含有两种嵌在黑色硅酸盐材料**基质 matrix** 中的结核。**富含钙和铝的包体 (CAI，也称为耐火包体)** 是直径从微观到 10 cm 不等的小块物质，与陨石的其余部分相比，钙、铝和钛的含量相对过高。这很重要，因为它们是陨石材料中最难熔 (最不容易挥发) 的主要元素。看起来这些**耐火包体**已经历了反复的蒸发和凝结过程。粒状体主要是

---

① 据报道，1807 年，美国总统托马斯·杰斐逊 (1743—1826) 在康涅狄格州倾听了两位耶鲁大学教授关于陨石坠落的讲座后，评论道：“我宁愿相信两位美国教会说谎，也不相信石头会从天上坠落。”杰斐逊本人就是一位备受尊敬的业余科学家。

② 有关放射性年代测定的讨论，请参阅 20.4 节。

③ 当然，氢气、氦气等轻气体很容易逃出陨石。

由 SiO_2、MgO 和 FeO 组成的球状物 (直径 1~5 mm),它们似乎从熔融状态迅速冷却。显然,一个特定的**粒状体 (chondrule)** 不会发生一次以上的熔化和冷却,一些**粒状体**可能只是部分熔化。

阿连德陨石**耐火包体**中一个特别令人感兴趣的发现是过量的 ^{26}Mg。这种特殊的同位素是由 ^{26}Al 的放射性衰变产生的 (回顾式 (22.5)),而 ^{26}Al 是由超新星产生的,所以该陨石可能是由富含超新星喷发物的物质形成的。此外,由于 ^{26}Al 的半衰期相对于天文时间尺度来说较短,所以该陨石一定是在 ^{26}Al 产生后约几百万年的时间内形成的。这说明可能是超新星冲击波引发了太阳星云的坍缩。由于来自超新星的物质不应该与原始星云彻底混合,因此很可能存在丰度增加的区域,而阿连德陨石等天体就可能在这些区域中形成。还有人提出了产生 ^{26}Al 的另一种机制。在主序前的金牛座 T 型星和猎户 FU 型星阶段的强烈耀发似乎能够合成 ^{26}Al。这种机制似乎消除了临时由超新星爆发来触发的必要性。关于太阳系的形成和演化,将在 23.2 节中作进一步阐述。

22.4.3 碳质和普通球粒陨石

阿连德陨石是一类称为**碳质球粒陨石 (carbonaceous chondrites)** 的原始标本的一个例子。之所以如此命名,是因为它们富含有机化合物并含有粒状体。它们还可能在其硅酸盐基质中包含相当数量的水。这些基质甚至记录了相当强的原始磁场 (约等于地球现今的磁场强度) 的存在。**普通球粒陨石 (ordinary chondrites)** 比碳质球粒陨石含有更少的挥发性物质,这意味着它们是在比较温暖的环境中形成的。这两种一般类型的球粒陨石都是**化学未分化的石质陨石 (chemically undifferentiated stony meteorites)**。

22.4.4 化学分化的陨石

科学家还发现了几种形式的**化学分化陨石 (chemically differentiated meteorites)**。火成岩石,也就是所谓的**无球粒陨石 (achondrites)**,不含任何包体或粒状体,而是完全由熔融的岩石形成的。**铁陨石 (iron meteorites)** 不含任何石质 (硅酸盐) 物质,但可能含有高达 20% 的镍。约有四分之三的铁陨石有长的铁镍晶体结构,长达几厘米,称为**维德曼施泰滕花纹 (Widmanstätten patterns)**。这种结构只有在晶体经过数百万年非常缓慢的冷却后才会形成。**石铁陨石 (stony-iron)** 指在铁镍基质中含有石质包体[①]。**石陨石 (stones,球粒陨石和无球粒陨石)** 约占所有撞击地球的陨石的 96%,铁陨石约占总数的 3%,而石铁陨石则占其余的 1%。

22.4.5 陨石的来源

绝大多数陨石可能来自于小行星。它们有的从母体上脱落,有的则是在一次灾难性碰撞中从星体内部深处被解放出来。对于一个足够大的小行星来说,正如 M 型小行星所暗示的那样,可能已经发生了明显的引力分离。暴露的金属核心是铁陨石的来源,而核心–岩石界面是石铁陨石的来源。其他小行星在其生命周期内几乎没有发生化学变化,这可能是球类陨石的来源。

---

① 这些花纹是以维也纳皇家瓷器厂厂长阿洛伊斯·冯·维德曼施泰滕伯爵的名字命名的,他在 1808 年发现了这些花纹。

可以将小行星的反射光谱与陨石样品进行比较，以检验小行星是否是撞击地球的物体的来源。图 22.21 显示了一些小行星的光谱与陨石之间的强烈相关性。例如，请注意，小行星 176 苹神星 (Iduna) 的光谱与碳质球粒陨石 Mighel 的光谱非常相似，而小行星 4 灶神星的玄武岩表面与无球粒陨石卡波埃塔 (Kapoeta) 的光谱非常一致。

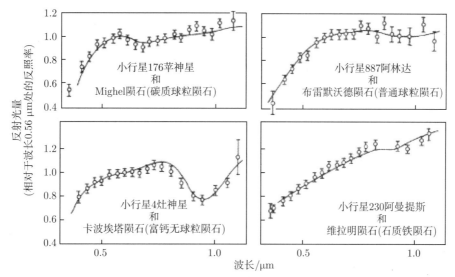

图 22.21　小行星和陨石的红外光谱比较。小行星的红外光谱数据用带有误差棒的空心圆表示。陨石的实验室光谱为实心曲线 (改编自 C.R.Chapman 提供给《新太阳系》(The New Solar System) 第三版中的一幅图，Beatty 和 Chaikin(编)，剑桥大学出版社和天空出版社，1990 年)

　　1982 年，在南极洲的冰冠上发现了一块不同寻常的无球粒陨石[①]。它的化学成分与"阿波罗号"的宇航员从月球高地采集的岩石相同。很明显，这块无球粒陨石是从月球而不是小行星上抛射出来的。由于月球的逃逸速度比小行星的逃逸速度大得多，这一发现当然是出乎意料的。更令人惊讶的是，已经发现的一小部分陨石，其年龄只能追溯到 13 亿年前。由于这些陨石比月球表面年轻得多，所以它们一定是来自于一个地质活动较活跃的天体上。唯一的候选者是火星，其逃逸速度为 5 km·s^{-1}。至少有一块陨石有熔化的玻璃包裹体，其中含有的惰性气体和氮气与火星大气比例相同。火星至少产生了一块非常古老的陨石，即 ALH84001，在 20.5 节中已经有过讨论。

　　每年在相同的日期附近都会出现一些**流星雨 (meteor showers)**，在这段时间里，流星似乎是从天球上的一个固定位置发出的，即所谓的**辐射点 (radiant)**。陨石的来源是彗星或小行星在轨道上留下的碎片，这些碎片恰好与地球的轨道相交。当地球经过该天体的轨道时，星体碎片就会落到地球上，并且好像这些碎片是从天空中的某一位置来的，而此时地球恰好是朝着这个位置移动的，于是就有了辐射点。流星雨的母体大多是彗星，不过也有小行星。流星雨是以其辐射点所在的星座命名的。表 22.3 列出了主要的流星雨，以及它们发生的大致日期和母体。

[①] 南极洲是寻找陨石的绝佳地点。躺在冰川表面的任何岩石几乎都可以肯定是来自外星的。

表 22.3   主要流星雨的日期和母体

流星雨	大致日期	母体
象限仪座流星雨	1 月 3 日	(未知)
天琴座流星雨	4 月 21 日	彗星 1861 I
水瓶座 η 流星雨	5 月 4 日	哈雷彗星
水瓶座 δ 流星雨	7 月 30 日	(未知)
英仙座流星雨	8 月 11 日	斯威夫特–塔特尔 (Swift-Tuttle) 彗星
天龙座流星雨	10 月 9 日	贾科比尼–津纳彗星
猎户座流星雨	10 月 20 日	哈雷彗星
金牛座流星雨	10 月 31 日	恩克彗星
仙女座流星雨	11 月 14 日	比拉 (Biela) 彗星
狮子座流星雨	11 月 16 日	彗星 1866 I
双子座流星雨	12 月 13 日	小行星 3200 法厄同 (Phaeton)

22.4.6   与地球碰撞的历史

我们现在都很清楚，整个太阳系的天体都曾遭受过无数次的、有时是剧烈的碰撞；地球也不例外。甚至就在最近的 5 万年前，一颗估计直径为 50m 的铁陨石撞击了亚利桑那州的地面，产生了一个宽 1.2 km、深 200 m 的陨石坑 (图 22.22)。1908 年，一颗石质小行星在西伯利亚上空的大气中爆炸 (这一事件称为通古斯事件)，这一假设也得到了强有力的证据支持。爆炸以放射状的方式夷平了方圆 15 km 内的树木。甚至有报道称，爆炸波将一名男子从距离震中 60 km 处的门廊上击倒，爆炸声在 1000 km 外都能听到。据估计，通古斯事件期间释放的能量为 5×10^{17} J，相当于 12 MTons 的核爆炸。

其他更高能量的碰撞是否会给地球生命带来灾难性的后果？大约在 1950 年，拉尔夫·鲍德温 (Ralph Baldwin) 提出，陨星撞击可能是古生物学记录中许多物种大规模灭绝的原因。1979 年，地质学家沃尔特·阿尔瓦雷茨 (Walter Alvarez) 和他的父亲路易斯·阿尔瓦雷茨 (Luis Alvarez, 1911—1988)，一位诺贝尔物理学奖得主，宣布在白垩纪–三叠纪边界 (俗称 K-T 边界) 的地层中，发现含有大量铱元素的深色黏土。K-T 边界在时间上对应于 6500 万年前，当时包括恐龙在内的 70% 物种灭绝。自从最初在意大利的亚平宁山脉发现以来，全世界都在 K-T 边界发现了异常高的铱浓度。

图 22.22   亚利桑那州有 5 万年历史的陨石坑 (又称巴林杰陨石坑)，直径 1.2 km，深 200 m，它是由一块直径估计为 50 m 的铁陨石产生的 (由美国地质调查局的罗迪 (D.J.Roddy) 和泽勒 (K.Zeller) 提供)

铱的意义在于，它在地球表面附近的岩石中非常罕见。铱是一种**亲铁性物质 (siderophile)**，很容易溶于熔融的铁中，因此参与了重元素向地核下沉的化学分化。然而，铱在富含铁的陨石中相当常见。在 K-T 黏土地层中铱的含量，比普通岩石中典型的铱含量要高出数千倍，这与一颗直径为 6~10 km 的石质小行星的撞击是一致的 (也许这颗天体是一颗稍大的彗星)。这种大小的撞击体应该会产生一个直径 100~200 km 的陨石坑[①]。

在世界各地的 K-T 边界也发现了冲击矿物颗粒，但在北美洲最为丰富，这表明撞击可能是在那里发生的。科学家的注意力集中在尤卡坦半岛 (Yucatan peninsula) 北部海岸的一个古代撞击地点，靠近墨西哥的希克苏鲁伯 (Chicxulub) 镇。那里有一个近半圆形的结构，至少 180 km 宽。根据放射性年代测定，它的年龄似乎很符合[②]。根据撞击坑的大小，撞击的能量估计为 4×10^{22} J，相当于 10^{13} t TNT。在希克苏鲁伯遗址发生的如此巨大的撞击也可以解释，为什么在遥远的得克萨斯州中心会有巨大的**海啸 (tsunami)**。

这样的海底撞击怎么会导致大规模的物种灭绝呢？如果这颗陨石真如估计那么大，那么当它撞击在海中时会蒸发大量的水。其中一些水会冲走空气中的尘埃，而其余的水分会增加温室效应。随着温度的升高，更多的水会蒸发到大气中。通过反复叠加的温室效应，全球大气和海洋表面的温度可能会上升多达 10 K。(回顾第 604 页关于金星上失控的温室效应的讨论)。

或者，如果剧烈撞击发生在陆地上，大量的尘埃将被注入大气层。因此，反照率将增加，更多的太阳辐射将被重新反射回太空，使地表冷却[③]。

无论哪种情况，当陨石通过大气层时，其巨大动能都会产生毁灭性的碎片。它还会与相当数量的氮发生反应，产生氮氧化物和硝酸。随之而来的酸雨将破坏脆弱的陆地和水生生态系统，杀死植被，并摧毁大部分剩余的食物来源。在 K-T 黏土层中发现了碳烟灰 (carbon soot)。地质学证据表明，一些地区的开花植物至少在几千年的时间里遭到了破坏。无论撞击发生在陆地还是海洋，全球环境都会受到巨大影响。

即使小行星或彗星没有杀死恐龙和其他生物，但也有明确的证据表明，过去曾发生过重大的撞击。根据一些估计，在我们的有生之年，发生能够摧毁文明的灾难性撞击的概率也许高达几千分之一。鉴于这个相当惊人的统计数字，一些科学家建议我们应该建立一个全球性的小行星-彗星防御系统。虽然人类还没有制定任何具体的计划，但已经召开会议并讨论了这种可能性。

22.4.7　生命的基本构件

具有讽刺意味的是，尽管撞击体被认为是地球上某些生命形式的大屠杀者，但已发现一些碳质球粒陨石中含有许多生命的基本构件。仅在一块陨石 (1972 年坠落在澳大利亚的默奇森河 (Murchison) 陨石) 中就发现了 74 种氨基酸。其中，有十七种在陆地生物中很重要。除了氨基酸之外，在默奇森河陨石中还发现了 DNA 分子双螺旋交联的全部四种碱基 (鸟嘌呤、腺嘌呤、胞嘧啶和胸腺嘧啶)，以及第五种重要的 RNA 交联碱基 (尿嘧啶)。在碳质球粒陨石中还发现了对地球生命重要的其他分子 (如脂肪酸)。当然，从产生相对简单的

---

① 相比之下，落基山脉典型山峰的垂直上升距离谷底约为 1.5 km，海底的深度约为 6 km。

② 一些科学家认为陨石坑的直径可能更接近 300 km。

③ 有人认为，在大规模核战争之后也可能出现这种情况。这种情况称为 "核冬天"。

氨基酸和交联碱基到生成极其复杂的 DNA 和 RNA 分子，还有很长的路要走。但是，这些发现表明，启动这一过程所必需的基本化学反应也可以在地外环境中发生。

推 荐 读 物

一般读物

Beatty, J. Kelly, Petersen, Carolyn Collins, and Chaikin, Andrew (eds.), *The New Solar System,* Fourth Edition, Cambridge University Press and Sky Publishing Corporation, Cambridge, MA, 1999.

Canavan, Gregory H., and Solem, Johndale, "Interception of Near-Earth Objects," *Mercury*, May/June 1992.

Goldsmith, Donald, and Owen, Tobias, *The Search for Life in the Universe*, Third Edition, University Science Books, Sausalito, CA, 2002.

Morrison, David, "The Spaceguard Survey: Protecting the Earth from Cosmic Impacts," *Mercury*, May/June 1992.

Morrison, David, and Owen, Tobias, *The Planetary System*, Third Edition, Addison-Wesley, San Francisco, 2003.

Sagan, Carl, and Druyan, Ann, *Comet*, Pocket Books, New York, 1985.

Smith, Fran, "A Collision over Collisions: A Tale of Astronomy and Politics," *Mercury*, May/June 1992.

专业读物

Bottke, William F., Cellino, Alberto, Paolicchi, Paolo, and Binzel, Richard P. (eds.), *Asteroids III*, University of Arizona Press, Tucson, 2002.

Brown, M. E., Trujillo, C. A., and Rabinowitz, D. L., "Discovery of a Planet-Sized Object in the Scattered Kuiper Belt," *The Astrophysical Journal*, 635, L97, 2005.

de Pater, Imke, and Lissauer, Jack J., *Planetary Sciences*, Cambridge University Press, Cambridge, 2001.

Festou, Michel C., Keller, H. Uwe, and Weaver, Harold A. (eds.), *Comets II*, University of Arizona Press, Tucson, 2005.

Gilmour, Jamie, "The Solar System's First Clocks," *Science*, 297, 1658, 2002.

Luu, Jane X., and Jewitt, David C., "Kuiper Belt Objects: Relics from the Accretion Disk of the Sun," *Annual Review of Astronomy and Astrophysics*, 40, 63, 2002.

Mendis, D. A., "A Postencounter View of Comets," *Annual Review of Astronomy and Astrophysics*, 26, 11, 1988.

Minor Planet Center, http://cfa-www.harvard.edu/cfa/ps/mpc.html.

Praderie F., Grewing, M., and Pottasch, S. R. (eds.), "Halley's Comet," *Astronomy and Astrophysics*, 187, 1987.

Ryan, "Asteroid Fragmentation and Evolution of Asteroids," *Annual Review of Earth and Planetary Sciences*, 28, 367, 2000.

Stern, S. A., "The Pluto-Charon System," *Annual Review of Astronomy and Astrophysics*, 30, 185, 1992.

Taylor, Stuart Ross, *Solar System Evolution*, Second Edition, Cambridge University Press, Cambridge, 2001.

习　　题

22.1　(a) 假设距太阳 1 AU 的球形尘埃颗粒的半径为 100 nm，密度为 3000 kg·m^{-3}。假设太阳辐射被完全吸收，在没有重力的情况下，估计该尘埃颗粒因辐射压力而产生的加速度。

(b) 尘埃颗粒上的重力加速度是多少？

22.2　在习题 21.16 中，坡印亭–罗伯逊效应被证明在理解行星环系统的动力学方面是非常重要的。坡印亭–罗伯逊效应与辐射压力一起，对于清除太阳系中彗星和碰撞的小行星留下的尘埃 (造成黄道光的尘埃) 也很重要。

(a) 基于式 (21.6) 和式 (22.4)，说明半径为 R、密度为 ρ 的球形粒子从初始轨道半径为 $r \ll R_\odot$ 的地方螺旋进入太阳所需的时间。假设尘埃颗粒的轨道在任何时候都是近似圆形的。

(b) 求出在太阳系 45.7 亿年的历史中，可能从火星轨道螺旋进入太阳的最大球形粒子的半径。将尘埃颗粒的密度定为 3000 kg·m^{-3}。

22.3　估计哈雷彗星最近一次穿越内太阳系期间损失的质量。考虑到该彗星仅在接近近日点的短时间内 (间隔约一年) 表现出明显的活动。将你的答案与彗核中存在的总质量进行比较。假设每次旅行的质量损失率是相同的，那么彗星还能再旅行多少次才会消失？

22.4　书中提到，可以用非引力扰动来估计哈雷彗星的质量。这是如何做到的？

22.5　彗星 1943 I 最后一次通过近日点是 1991 年 2 月 27 日，轨道周期为 512 年，轨道偏心率为 0.999914。它是掠日彗星的成员。

(a) 该彗星的半长轴是多少？

(b) 确定其与太阳的近日点和远日点距离；

(c) 这颗天体最可能的来源是什么，是奥尔特云还是柯伊伯带？

22.6　利用开普勒定律，验证木星 2:1 和 3:1 的轨道共振与图 22.13 中所示的两个明显的柯克伍德间隙相对应。

22.7　灶神星绕太阳运行，距离为 2.362 AU，反照率为 0.38(不同寻常的小行星反照率)。

(a) 估计灶神星的黑体温度，假设整个小行星表面的温度是均匀的；

(b) 如果灶神星的半径是 250 km，那么它每秒钟从表面辐射出多少能量？

22.8　按图 22.14 的显示，小行星带的天体似乎已经饱和。在本题中，我们将考虑小行星实际占据的体积比例。

(a) 如果距离太阳 2~3 AU 有 30 万颗大的小行星，并假设每颗小行星都是半径为 100 km 的球形天体，请确定这些小行星所占的总体积。

(b) 将这些小行星运行的区域模拟成内半径为 2 AU、外半径为 3 AU、厚度为 $2R_\odot$ 的环。请确定该区域的体积。

(c) 小行星所占体积与它们运行区域的体积之比是多少？

(d) 流行的科幻电影中，飞船穿越密集的小行星群时需要快速机动，你怎么看待这样的描述。

22.9　在本题中，你将估算灶神星内部的 ^{26}Al 在其寿命期间放射性衰变每秒释放的能量。

(a) 灶神星的半径为 250 km，密度为 2900 kg·m^{-3}，假设为球对称，估计该小行星的质量。

(b) 暂且假设该小行星完全由硅原子组成。估计灶神星内部的原子总数。一个硅原子的质量约为 28 u。

(c)^{26}Al 的质量是 25.986892 u，^{26}Mg 的质量是 25.982594 u，一个铝原子衰变时释放的能量是多少？用焦耳表示你的答案。

(d)^{26}Al 与超新星中形成的所有铝原子之比约为 5×10^{-5}，铝原子在球粒陨石中约占 8680ppm(百万分之一)。假设这些数值适用于灶神星，请估计该小行星中最初存在的 ^{26}Al 原子数。

(e) 求出 ^{26}Al 在灶神星内衰变时每秒释放的能量随时间变化的表达式，并将你在前 5×10^{7} 年的结果绘制在半对数图纸上。你可能会发现式 (15.9) 很有用。

(f) 在灶神星形成后需要多少时间，^{26}Al 的放射性衰变所产生的能量才会下降到 1×10^{13}W，与小行星目前的能量输出率相当？见习题 22.7。

22.10　借助图表，解释为什么最好在凌晨 2 点至黎明之间，而不是在傍晚时分观测流星雨。提示：考虑流星坠落的速度和地球的自转和公转运动。

22.11　假设通古斯事件是由一颗小行星与地球相撞造成的。假设该天体的密度为 2000 kg·m^{-3}，并且它在地表上方爆炸，爆炸时的速度等于地球的逃逸速度。如果爆炸的能量全部来自小行星的动能，请估算撞击体的质量和半径 (假设球对称)。

第 23 章　行星系统的形成

23.1　太阳系外行星系统的特征

在 7.4 节中，我们讨论了用于探测太阳系外行星 (extrasolar planets 或 exoplanets) 的几种方法。随着太阳系以外已知行星数量的迅速增加，我们正在收集关于行星系统如何形成和演化的重要新信息。这些研究不仅充满了趣味性，而且对太阳系外行星知识的增加也有助于我们了解自己的太阳系。

23.1.1　利用反射径向速度技术进行探测

如 7.4 节所述，迄今为止发现太阳系外行星最有效的方法是通过测量母星的反射径向速度 (reex radial velocity)。除了脉冲星 PSR 1257+12 之外，飞马座 51 星 (51 Peg) 是第一颗被发现在其周围有行星的恒星 (太阳除外)。日内瓦天文台的米歇尔·马约尔 (Michel Mayor) 和迪迪埃·奎洛兹 (Didier Queloz) 在 1995 年 10 月宣布，有一颗周期为 $P=$ 4.23077 d 的行星以近乎圆形的轨道围绕 51 Peg 运行 (杰弗里·马西 (Geoffrey Marcy) 和他的合作者获得的 51 Peg 的最新径向速度曲线见图 23.1)。由于该行星系统没有掩食现象，而且行星太暗弱，无法用肉眼辨认，所以行星的轨道倾角 i 未知。因此，只能通过径向速度测量来确定行星的 $m \sin i$(例如，式 (7.5))。由于其母星是我们太阳的近似孪生星，光谱分类为 G2V-G3V，意味着该恒星质量约为 $1\ M_\odot$，因此通过恒星的最大径向速度的变动，可以得到轨道行星的质量下限。

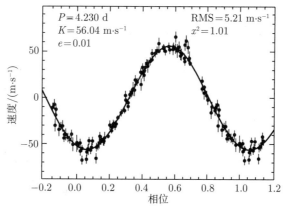

图 23.1　飞马座 51 星的径向速度测量结果表明，有一颗行星在距离恒星仅 0.051 AU 的轨道上运行。正弦形的速度曲线是极低轨道偏心率的证据，回顾 7.3 节的讨论 (图改编自马西 (Marcy) 等，*Ap.J.*，481，926，1997)

例 23.1.1　为了确定围绕 51 Peg 运行的行星的最小质量，我们必须首先确定其轨道速度。根据开普勒第三定律 (式 (2.37))，并假设恒星的质量为 $m_{51}=1\ M_\odot$，而行星的质量

m 微不足道 ($m \ll m_{51}$)，我们得到

$$a = \left[\frac{GP^2 (m_{51} + m)}{4\pi^2} \right]^{1/3} = 7.65 \times 10^9 \text{ m} = 0.051\text{AU}.$$

由于该行星的轨道是近圆形的，所以该行星的轨道速度是

$$v = 2\pi a/P = 131 \text{ km} \cdot \text{s}^{-1}.$$

利用式 (7.5)，并从图 23.1 中得出观测到的恒星径向速度的振幅是 $v_{r,\max} = v_{51} \sin i = 56.04 \text{ m} \cdot \text{s}^{-1}$，我们得到

$$m \sin i = m_{51} \frac{v_{51} \sin i}{v} = 8.48 \times 10^{26} \text{ kg} = 0.45 M_{\text{J}},$$

其中，M_{J} 是木星的质量。由于 $\sin i \leqslant 1$，所以行星 51 Peg b 的质量一定大于 0.45 M_{J}。

51 Peg b 是 "热木星" 的一个例子，是那些具有木星级质量但轨道非常接近母星的太阳系外行星之一。

23.1.2 多行星系统

通过径向速度方法发现，一些太阳系外行星系统有多颗行星在围绕中心星的轨道上运行。其中一个例子是仙女座 υ 星，见图 23.2。从恒星的径向速度曲线中去掉一颗周期为 4.6 天的行星的轨道扰动后，仍有额外扰动的证据存在。仙女座 υ 星系统至少包含三颗行星，其轨道周期分别为 4.6 天、241 天和 1284 天，$m \sin i$ 分别为 0.69 M_{J}、1.89M_{J} 和 3.75 M_{J}。光谱型为 F8V 的母星的质量估计为 1.3 $M_{\odot}$(附录 G)。

截至 2006 年 5 月，已在 165 个行星系统中探测到 193 颗太阳系外行星。大多数行星系统中迄今只探测到一颗行星，但已知有 20 个系统是多行星系统。

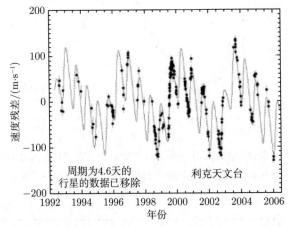

图 23.2 去除周期为 4.6 天的行星的引力扰动后，仙女座 υ 星的径向速度测量的残差。这些数据表明，至少有三颗行星绕着仙女座 υ 星运行 (取自黛布拉·A·费舍尔 (Debra A. Fischer) 的供图，私人通信)

23.1.3 太阳系外行星的质量分布

最初，径向速度技术只能在系外行星的母星的近距离轨道上发现非常巨大的 (木星级) 行星。造成这种选择效应的原因之一是，这些天体对其母星的引力影响最大，并产生最大的反射径向速度；另一个原因是，一颗恒星的观测时间间隔必须大于该行星的轨道周期，才能证实该行星的存在。随着系统研究时间的增加，较长时间线的数据使得研究人员能够发现质量较低的行星和距离恒星较远的行星。迄今为止发现的质量最低的行星处在一个环绕格利泽 876 星 (Gliese 876) 运行的多星系统中，其 $m \sin i = 0.023 M_{\mathrm{J}}$，仅有 7.3 $M_{\oplus}$。迄今为止利用反射径向速度技术探测到的最大轨道位于多星系统巨蟹座 55 星 (55 Cancri)，其半长轴为 5.257 AU，轨道周期为 4517 天 =12.37 年。

随着时间的推移，这种选择效应正在系统性地减弱。从目前所研究的系外行星系统的统计结果可以看出，自然界似乎能够产生不同质量的行星，其中质量较低的行星最为常见，当按质量区间进行分类时 (图 23.3)，每个质量区间的行星数量变化如下：

$$\frac{\mathrm{d}N}{\mathrm{d}M} \propto M^{-1}. \tag{23.1}$$

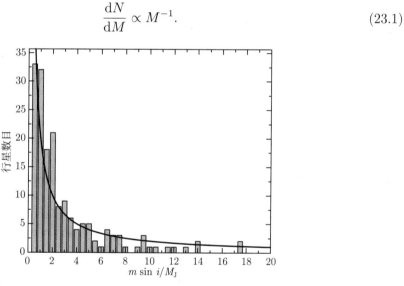

图 23.3　在 $0.5 M_{\mathrm{J}}$ 质量区间中的行星数量。实线由式 (23.1) 给出 (数据来自《太阳系外行星百科》(*The Extrasolar Planets Encyclopedia*)，http://exoplanet.eu，由琴·施耐德 (Jean Schneider) 维护)

23.1.4 轨道偏心率的分布情况

同样有趣的是，太阳系外行星的轨道偏心率 (e) 与半长轴之间的关系 (图 23.4)。那些靠近母星运行的行星往往具有圆形的轨道 (或者至少是偏心率较小的轨道)，离母星较远的行星可能具有较高的轨道偏心率。目前确定的偏心率最大的是一颗围绕 HD 80606 运行的行星，$e=0.927$，半长轴为 0.439 AU。然而，从迄今获得的数据来看，只有 15% 的行星偏心率大于 0.5，只有不到 2% 的行星偏心率超过 0.75。

由于高偏心率行星的数量很少，则有必要问一问，它们所在的系统是否有一些独特之处。HD 80606 原来是一个远距恒星双星系统的成员之一，另一个成员是 HD 80607。这两颗光谱型为 G5V 的恒星几乎一模一样，比太阳略小。两颗恒星的投影距离相差 2000 AU。

有人认为，HD 80607 对行星 HD 80606b 施加的引力扰动可能将其轨道拉到了当前非常高的偏心率。为支持这一观点，另一颗高偏心率 ($e=0.67$) 的行星 16 Cyg Bb 也是双星系统的成员。然而，HD 80607 提供的引力扰动会导致 HD 80606b 的轨道偏心率显著增加，其时间尺度约为 1 Gyr，这漫长的时间来自于第二颗恒星与行星的必要轨道共振。1 Gyr 的时标必须与 1 Myr 的时标进行比较，该时标是由 HD 80606b 轨道的近星点在其母星的影响下而进动的广义相对论效应决定的 (请回顾 17.1 节中，对水星轨道近日点进动的讨论)。有人认为，广义相对论效应远大于来自 HD 80607 的扰动，除非 HD 80606 系统中存在第三个轨道周期约为 100 年的天体，它也可能对 HD 80606b 产生引力影响。但到目前为止，还没有发现第三个天体。

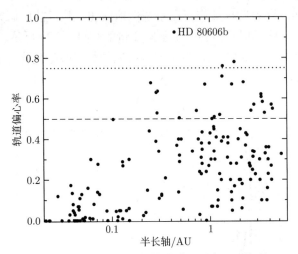

图 23.4　已知太阳系外行星的轨道偏心率与半长轴的关系。只有 3 颗行星 (<2%) 的偏心率大于 0.75，不到 15% 的行星偏心率大于 0.5(数据来自《太阳系外行星百科》(*The Extrasolar Planets Encyclopedia*)，http://exoplanet.eu，由琴·施耐德 (Jean Schneider) 维护)

从这些数据中可以得出两个结论：① 轨道周期小于 5 天的行星往往具有最小的偏心率 ($e<0.17$，其中 80% 的行星 $e< 0.1$)，这可能源自与母星之间的强烈潮汐作用；② 离母星足够远的行星可能具有相当大的轨道偏心率，但通常约小于 0.5。我们的太阳系看起来有些独特，至少跟目前所研究的行星系统相比。我们太阳系的行星往往具有非常小的轨道偏心率 (不包括柯伊伯带天体)。

23.1.5　高金属丰度的趋势

从迄今获得的太阳系外行星系统的数据中还发现了另一个重要趋势：行星系统似乎有一种强烈的倾向，倾向于在富含金属的 (星族 I) 恒星周围形成。一种量化**金属丰度 (metallicity)** 的方法是比较恒星中铁和氢的比值相对于太阳的比值，定义金属丰度为

$$
[\text{Fe/H}] \equiv \log_{10}\left[\frac{(N_{\text{Fe}}/N_{\text{H}})_{\text{star}}}{(N_{\text{Fe}}/N_{\text{H}})_{\odot}}\right], \tag{23.2}
$$

其中 N_{Fe} 和 N_H 分别代表铁原子和氢原子的数量。相对于太阳而言，[Fe/H]<0 的恒星是贫金属的，[Fe/H]>0 的恒星金属丰度相对较高。相比之下，银河系中测得的极贫金属恒星 (星族 II) 的 [Fe/H] 值低至 −5.4，而富金属恒星的最高值约为 0.6。

从图 23.5 中可以看出，与太阳相比，目前探测到的大多数有行星系统的恒星往往金属含量较高。金属丰度低于太阳的恒星中，含有行星系统的比例中等偏低。图 23.5 中的数据表示某一金属丰度区间经过充分研究的恒星中，含有行星系统的百分数。根据研究中使用的 1040 颗 F、G 和 K 恒星的样本，数据似乎与这种关系吻合得很好：

$$\mathcal{P} = 0.03 \times 10^{2.0[Fe/H]}, \tag{23.3}$$

其中，$\mathcal{P}$ 为恒星拥有可探测的行星系统的概率。

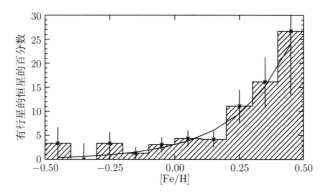

图 23.5   发现有行星系统的恒星的百分数，相对于每个金属丰度区间的恒星数量。图中的实线是由式 (23.3) 给出的 (图示取自费舍尔 (Fischer) 和瓦伦蒂 (Valenti)，*Ap.J.*，622，1102，2005)

23.1.6   使用凌星法测量半径和密度

行星穿过母星星盘的过程提供了更多关于行星的信息 (图 7.12)。根据掩食的时间，并利用包含临边昏暗的恒星大气模型，可以确定行星的半径。当然，确定了半径就可以计算出行星的平均密度。从少数可以实现这一点的行星系统来看，木星级行星的密度似乎与太阳系中的巨气体行星的密度相似 (图 23.6)。然而，一些所谓的 "热木星" 在靠近母星的轨道上运行时，似乎有些不稳定 (例如，HD 209458b 和 OGLE-TR-10b)。解释这种效应的简单答案是，由于行星接近母恒星，表面温度更高，但似乎不能解释所有的近距行星系统，因此显然需要另一个 (或多个) 热源来使行星膨胀。这一问题的另一解释有：由轨道的持续圆周化而引起的潮汐耗散 (可能涉及另一颗未被发现的天体同时在提高轨道的偏心率)、行星轨道平面与恒星赤道之间的错位，以及当行星的气体从热的星下点迁移到行星背面较冷的区域时，行星中气流的消散 (哈得来环流)。

至少有一颗系外行星有一个巨大的岩石内核。光谱型为 G0IV 的恒星 HD 149026 有一颗凌星而过的 "热土星"，这颗 "热土星" $m \sin i = 0.36\ M_J$。从凌星过程可以测定轨道的倾角为 85.3°±1.0°，进而可以确定行星的质量 (而不仅仅是下限) 为 0.36 M_J= 1.2 M_S，这里 M_S 为土星的质量。利用凌星的时间间隔，还可以得出行星的半径为 $(0.725\pm 0.05)R_J$，这意味着行星的平均密度为 1253 kg·m^{-3}，这是木星密度的 94%，是土星密度的 1.8 倍。恒星本身的质量和半径分别为 $(1.3 \pm 0.1) M_{\odot}$ 和 $1.45\ R_{\odot}$。此外，该恒星的金属丰度为 [Fe/H]=0.36，是一颗明显富含金属的恒星。根据行星内部的计算机模型，如果假设内核的密度与土星内核相似，为 $10500\ kg \cdot m^{-3}$，那么该行星似乎拥有一个 $67 M_{\oplus}$ 的内核，由比氢和氦重的元素组成。如果核心密度仅为 $5500\ kg \cdot m^{-3}$，那么计算出的内核质量将更大 $(78\ M_{\oplus})$。

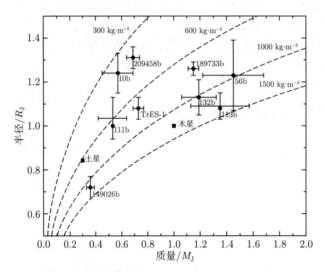

图 23.6   发生凌星的系外行星的半径与质量的关系。虚线对应的是特定的平均质量密度 (由黛布拉·A·
         费舍尔 (Debra A. Fischer) 供图，私人通信)

23.1.7   探测太阳系外行星的大气层

太阳系外行星穿越其母星星盘的过程也为探测太阳系外行星的大气提供了可能性。第一颗完成这一工作的行星是 HD 209458b。大卫·沙博诺 (David Charbonneau) 和他的合作者利用行星经过恒星前面时恒星光谱的差异，探测到钠在 589.3 nm 处的共振双峰光谱特征。星光穿过行星的大气时，会在该波长处产生增强的吸收特征。这种效应非常微弱。在凌星过程中，相对于相邻的波段，吸收特征仅增强了 2.32 ± 10^{-4}。有人提出，水、甲烷和一氧化碳的光谱特征也可以利用这种方法探测到。

23.1.8   区分太阳系外行星与褐矮星

随着一些质量比木星质量大 10 倍以上的太阳系外行星的发现，人们再次提出了关于行星定义的问题。在小质量的一端，像冥王星这样的大柯伊伯带天体被归类为行星。在高质量的一端，行星与褐矮星的区别又是什么？

有人提出了两种不同的判据来回答这个问题。第一种是有关行星和恒星的形成过程，正如我们在第 12 章中所讨论的那样，恒星是由气体云的引力坍缩形成的。我们在第 23 章要进一步学习到，尽管有人推测恒星吸积盘的引力坍缩也可能产生行星，但行星一般被认为是由自下而上的吸积过程形成的。有人提出这样的定义，行星是通过一个从下而上的行星吸积过程开始形成的天体，而褐矮星则是直接由引力坍缩形成的。这种定义所面临的挑战在于确定特定天体是如何形成的。

第二种判据是基于形成的天体的质量是否可以大到在核心发生核聚变。极小质量天体的计算机模型表明，如果该天体的质量大于 13 M_J，那么在该天体形成时氘就会燃烧。这种产生能量的速度不足以在引力坍缩期间稳定天体，但氘燃烧在坍缩期间足以影响天体的光度。另一方面，如 10.6 节所述，质量至少为 $0.072 M_\odot$ (75 M_J)，并与太阳金属丰度相当的恒星位于小质量主序的一端，能以足够的速度进行核聚变以保持稳定。因此，有人提出，褐矮星应该是质量介于这两个极限 (13 M_J < M_{bd} < 75 M_J) 之间的天体。换句话说，褐矮星是燃烧一部分氘，但在坍缩过程中从未达到稳定核燃烧阶段的 "恒星"。鉴于形成机制判据的困难，则基于核反应/质量的判据通常受到青睐。

23.1.9 太阳系外行星的图像

2004 年，盖尔·肖万 (Gael Chauvin) 和合作者利用欧洲南方天文台的甚大望远镜和红外探测器获得了第一张太阳系外行星的图像，如图 23.7 所示。其母星是一颗光谱型为 M8.5、质量为 25 M_J 的褐矮星，称为 2MASSWJ1207334–393254，简称 2M1207。后来哈勃空间望远镜的近红外相机和多目标光谱仪 (NICMOS) 也对该系统进行了解析。这颗行星距离褐矮星 55 AU，质量约为 5.2 M_J。从红外观测结果来看，这颗行星的光谱类型在 L5 到 L9.5 之间。

图 23.7　首次获得太阳系外行星的图像。该行星围绕着褐矮星 2MASSWJ1207334–393254 运行 (图片由欧洲南方天文台提供)

23.1.10 未来的空基行星搜索

自 20 世纪 90 年代中期以来，人们在探测主序星的行星伴星方面取得了巨大的成功，于是开始计划开展一些利用空基天文台观测的行星搜索项目。

• 科罗系外行星探测器 (**COROT**, COnvection ROtation, and planetary Transits, 对流、自转和凌星) 是法国、欧洲空间局、德国、西班牙、比利时和巴西的一项联合飞行任务，旨在研究星震学和搜寻行星凌星。COROT 计划于 2006 年发射。

• NASA 的**开普勒 (Kepler)** 飞行任务定于 2008 年发射，将寻找穿过其母星星盘的地球尺度的系外行星。具体而言，开普勒飞行任务希望在距离太阳约 1kpc 的范围内发现围绕类太阳恒星运行的位于宜居带的地球大小的行星。

● 计划于 2011 年发射的**行星搜寻太空干涉测量 (SIM PlanetQuest)** 任务旨在获取高精度的天体测量数据 (见 6.5 节)。SIM 的主要任务之一是寻找太阳系附近地球大小的系外行星。

● 从开普勒和 SIM 获得的数据将为 NASA 的另一项名为**类地行星搜索者** (TPF) 的任务提供输入数据。按照目前的设想，TPF 将由两个相互补充的任务组成：一个是可见光日冕仪，计划于 2014 年左右发射；另一个是红外消零干涉仪，由五艘单独的航天器组成，以精确的编队飞行 (将于 2020 年前发射)。TPF 的两个部分组合在一起，能够识别类地行星并测量其大气化学成分。TPF 的目标之一是试图探测其他类地行星大气中的生命特征。

● 欧洲空间局计划在 2015 年或更晚发射 **"达尔文号"(Darwin)**，它是一个由六台红外望远镜组成的自由飞行阵列，也将作为红外消零干涉仪。

随着目前正在进行的地基和天基系外行星搜索项目的大力推进，以及未来计划的更多空基任务，现代天体物理学的这一领域将继续大有作为。

23.2　行星系统的形成和演化

几千年来，地球和太阳系是如何形成的，这个问题一直困扰着各种文明中的人类。1778 年，乔治–路易·勒克莱尔 (Georges-Louis Leclerc，Comte de Buffon，1707—1788) 提出，一颗巨大的彗星与太阳相撞，导致盘中物质喷出，最终凝结成行星。而另一种潮汐理论则认为，经过太阳的恒星与太阳密切接触，并从太阳上撕裂了物质。遗憾的是，每一种理论都存在着一些困难，包括能量不足，行星和太阳之间的成分差异，以及类似事件完全不可能发生。另一类理论认为，太阳从星际空间吸收行星物质，这虽然可以解决太阳与行星之间的成分差异问题，但没有解决行星之间的成分差异问题。而另一类理论，是今天的模型的基础，则认为太阳和行星是在同一个星云中同时形成的。这些所谓星云理论的早期支持者包括勒内·笛卡儿 (1596—1650)、伊曼纽尔·康德 (1724—1804) 和拉普拉斯侯爵皮埃尔–西蒙 (1749—1827)。

尽管仍有大量的问题有待解决，但现在人们对行星系统基本组成的认知已经有了某种意义上的趋同。在整个第三部分 (以及本书的其他部分) 中，我们已经提供了与综合模型的关键特征相关的线索，有些是显而易见的，有些则比较微妙。在讨论我们目前对行星系统形成的理解之前，我们将回顾其中的一些线索和所提出的问题。

23.2.1　吸积盘和残骸盘

在第 12 章中，我们介绍了与恒星的形成和主序前演化有关的大量观测数据。从观测和理论研究中，我们可以清楚地看到，恒星是由气体和尘埃云的引力坍缩形成的。如果坍缩的云层中含有任何角动量 (它肯定会有)，那么坍缩会导致处于生长状态的原恒星周围形成吸积盘，正如习题 12.18 所探讨的那样。

作为角动量守恒的一个直接观测结果，我们已经发现并详细研究了许多吸积盘形成的例子，包括在猎户座星云和其他地方观测到的许多原行星盘 (图 12.23) 以及与年轻原恒星有关的喷流和赫比格–阿罗天体 (图 12.18 和图 12.19)。此外，越来越多的证据表明，这些盘中存在着物质团块。

还有大量的证据表明，在较老的恒星周围存在**残骸盘 (debris disks)**，比如绘架座 β 星 (β Pictoris)(图 12.21)。这意味着，恒星形成之后，残骸盘中会残留一些物质。残骸盘可能是太阳系之外类似于小行星带和柯伊伯带的天体。

23.2.2 太阳系的角动量分布

然而，有个问题阻碍了我们对太阳系是如何演化的完备图景的理解，这个问题涉及太阳系目前的角动量分布。在习题 2.6 中，对太阳和木星角动量的简单计算表明，木星的轨道角动量超过太阳的自转角动量大约 20 倍。更详细的分析表明，尽管太阳包含了太阳系 99.9% 的质量，但它的角动量只占整个太阳系的 1% 左右，其余的大部分角动量都与木星有关[①]。更为复杂的是，太阳的自转轴相对于行星的平均角动量矢量倾斜了 7，很难想象这样的角动量分布是如何形成的。

角动量问题的另一个有趣部分涉及其他恒星所拥有的角动量。结果发现，就平均而言，质量较大的主序星比质量较小的主序星自转得更快，其拥有的单位质量的角动量更大。此外，从图 23.8 中可以看出，在光谱型 A5 附近，单位质量的角动量作为质量的函数出现了非常明显的间断。如果不仅仅考虑太阳的角动量而将太阳系的总角动量计算在内，那么沿着主序列上端的趋势将扩展至我们的太阳系 (记住，太阳是一颗 G2 型星)。

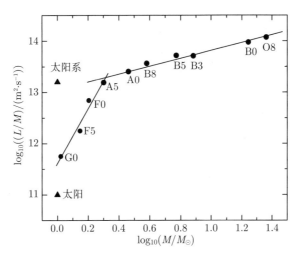

图 23.8 主序星单位质量平均角动量与质量的关系。太阳的数值和整个太阳系的总数用三角形表示。最佳拟合直线分别表示的是 A5 及之前的恒星以及 A5 及之后的恒星 (不包括太阳)

角动量问题的一部分可以通过等离子体在同向磁场中向外的角动量输运来解决。原太阳磁场中被困住的带电粒子会在原太阳磁场掠过空间时被拖拽前进。相应地，原太阳的自转速度因磁线施加在它身上的扭矩而减慢。此外，新形成的太阳的大部分自转角动量可能也被太阳风中的粒子带走了 (你可能还记得第 11 章中的类似讨论，见图 11.27)，图 23.8 描绘了这些机制。单位质量角动量曲线斜率的变化与小质量恒星表面对流的开始对应得很好，而表面对流又与日冕的演化和质量流失有关。角动量传输的其他机制将在后面讨论。

[①] 习题 2.6 的结果与这里引用的结果的区别在于习题 2.6 中的假设，即太阳是一个恒定密度的固体球体，其转动惯量为 $0.4M_\odot R_\odot^2$。事实上，太阳并不是作为刚体自转的，由于它是中心缩合的，所以它的转动惯量更接近于 $0.073\ M_\odot R_\odot^2$。

23.2.3   太阳系组成的整体趋势

我们已经了解,质量较低的、金属丰度与太阳丰度相近的恒星,或比太阳丰度更高的恒星,似乎能够常规地形成行星系统。因此,行星系统的形成过程必须是稳健的。这一过程还必须能够产生行星远离母星的系统和行星非常接近母星的系统。

任何成功的理论都必须能解释太阳系各行星之间组成成分的明显趋势 (表 19.1 是一个例子)。内部的类地行星较小,通常缺乏挥发性,以岩石物质为主,而气态和冰态巨行星则含有丰富的挥发性物质。此外,尽管冰巨星天王星和海王星含有大量的挥发性物质,但气态巨星木星和土星含有太阳系中绝大多数的挥发性物质。

巨行星卫星的组成也有趋势呈现。从木星到海王星,它们的卫星从岩石卫星到越来越多的冰天体,最初含有水冰,然后是甲烷和氮冰。小行星、半人马天体、柯伊伯带天体和其他彗核等天体都符合这种模式。特别需要指出的是,整个小行星带的组成本身也存在着趋势。即使在木星卫星系统的较小范围内,伽利略卫星也从火山喷发的木卫一变为厚冰表面的木卫四。

23.2.4   太阳星云中的温度梯度

显然,当这些天体形成时,早期太阳星云中一定存在着成分梯度或温度梯度 (或两者兼有)。例如,如果星云盘的温度在小行星带内降低得足够多,那么就可以解释刚才描述的观测结果。在这种情况下,水就不会在类地行星区域凝结,而是可能在巨行星附近以冰的形式凝结。与木星形成相关的温度梯度可能有助于解释木星亚星云中伽利略卫星的形成。

回顾 18.2 节,双星系统中形成的吸积盘有确定的温度梯度 ($T \propto r^{-3/4}$, 式 (18.17)),在太阳星云中也应该存在类似的温度结构。太阳星云模型的平衡温度结构如图 23.9 所示。尽管分布的具体特征可能会随更复杂的模型而改变 (包括时间依赖性、湍流和磁场),但似乎很明显的是,水冰的凝结温度必须在木星当前位置附近的某个点达到,也许在小行星主带的外侧部分 (大约 5 AU)。在太阳星云中可能形成水冰的位置称为 "雪线"、"冰线",或者是更夸张的 "暴雪线"。

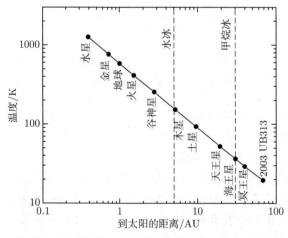

图 23.9   早期太阳星云温度结构的均衡模型。水冰能够在星云大约 5 AU 以外的区域凝结,而甲烷冰能在星云 30 AU 以外凝结。行星和谷神星的位置是它们如今的位置

我们还知道, 新形成恒星的周围环境可能是极度活跃的, 在金牛座 T 型星 (T-Tauri) 系统中, 质量吸积和质量损耗几乎同时发生。在猎户座 FU 型星中, 恒星周围的环境会变得特别活跃, 由于质量吸积率大大增加, 所以会出现明显的能量爆发。此外, 似乎可以肯定的是, 这些环境会有复杂的磁场, 导致频繁而强烈的耀斑, 类似于我们太阳上由磁重联导致的太阳耀斑 (11.3 节)。

23.2.5 强烈轰击的后果

在第三部分中, 我们还学习到, 至少在我们自己的太阳系内, 太阳的形成伴随着各种天体的形成, 包括岩质小行星、气态巨行星、冰态巨行星、卫星、环、小行星、彗星、柯伊伯带天体、流星体和尘埃。

当然, 显而易见的是, 我们的太阳系充满了曾经发生过碰撞的证据, 从行星、卫星到小行星和彗星, 它们的表面都留有撞击坑。因此, 任何形成理论也必须能够解释早期太阳系中天体所承受的明显的重轰击。正如第 20 章所讨论的那样, 水星的高密度和月球挥发性物质的极度缺乏强烈地表明, 这两颗星球都直接受到了巨大的星子的灾难性碰撞的影响 (月球的形成正是与地球受到的这种碰撞有关)。巨大的表面撞击坑表明, 即使在它们的表面形成后, 碰撞仍在继续。在月球形成之后大约 7 亿年, 出现了短暂的晚期重轰击。土卫一上巨大的赫歇尔陨石坑和奇特的天卫五表面证明了这样一个事实: 太阳系中的其他天体也经历了同样强烈的星子轰击。

星子猛烈重轰击的另一个后果是, 如今行星的自转轴有各种不同的方向。我们已经讨论过天王星和冥王星逆向自转的极端例子, 但其他行星的自转轴肯定也发生了偏移。假设这些行星确实是从一个扁平的星云盘中形成的, 那么系统固有的角动量会导致自转轴最初几乎垂直于星云盘的盘面, 但如今的情况并非如此, 所以一定发生了改变行星自转角动量矢量方向的某个事件 (或某些事件)。除了金星和火星与太阳和其他行星之间复杂的潮汐相互作用之外, 行星或原行星与大行星的碰撞是迄今为止唯一可能自然地解释所观测到的自转轴方向范围的机制。

23.2.6 行星系统内的质量分布

太阳系形成模型也应该能够解释当今太阳系的其他特征, 包括火星与其近邻行星相比质量相对较小、小行星带呈现的极小质量, 以及奥尔特云和柯伊伯带的存在。

此外, 如果我们要以我们自己的太阳系作为一个例子, 来寻求一个普遍的、统一的行星系统形成模型, 就必须要了解其他系统中行星的分布情况。像 51 Peg b 这样 "热木星" 的发现就十分令人困惑, 一颗离母星如此之近的气态巨行星如何能形成并存活下来? 我们自己的太阳系中, 没有一颗巨行星到太阳的距离可以小于 5.2 AU。

23.2.7 形成时标

所有的形成理论都不能忽视的一个方面就是时标的约束。

• 12.2 节讨论了分子云的坍缩问题。在图 12.9 中, 我们看到, 一旦坍缩开始, 则原太阳和星云盘的形成需要大约 10^5 年的时间。

• 金牛座 T 型星和猎户座 FU 型星的剧烈活动和大量的质量损失发生在初始坍缩之后 $10^5 \sim 10^7$ 年的时候 (见 12.3 节)。这意味着没有被吸积成星子或原行星的星云气体和尘埃,将在大约 1 千万年内被吹走，从而终止大行星的进一步形成。

- 碳质球粒陨石中存在的 ^{26}Al 表明，不管是通过超新星爆发还是通过猎户座 FU 型星活动期间的耀发，这些陨石一定是在铝产生后的几百万年内形成的。否则，所有产生的放射性同位素都会衰变成 ^{26}Mg。这一观测结果对早期太阳星云中的凝结速率提出了严格的限制。

- 包括阿连德陨石在内的最古老的陨石可以追溯到 45.66 亿年左右，而太阳本身的年龄是 45.7 亿年。显然，这些最古老的陨石一定是在太阳星云中迅速形成的。

- 从月球返回的岩石的年龄表明，该天体的表面一定是在太阳星云坍缩后约 1 亿年的时间内凝固的。根据火星陨石 ALH84001 的年龄判断，火星表面的形成也有类似的限制。

- 在月球形成后约 7 亿年，月球表面经历了晚期重轰击的峰值。

- 正如我们稍后将了解到的那样，当行星在吸积的星云中生长时，由于与星云的潮汐相互作用和黏滞效应，它们往往会向内迁移。据估计，一颗星子可以在 100 万 ~1000 万年的时间内从距离 5 AU 的地方一直漂移到其母星上。

- 任何模型都有一个较为宽松的约束，即要求所有的行星、卫星、小行星、柯伊伯带天体和彗星，必须在从开始到现在的 45.7 亿年间完全形成。虽然这一点看似微不足道，但并不是所有的太阳系形成模型都能如此迅速又成功地创造出行星！

23.2.8 引力不稳定的形成机制

对于原恒星和主序前星吸积盘内行星的形成，人们提出了两种普遍但相互竞争的机制。其中一种机制是基于这样的想法，即行星 (或者褐矮星) 可以以类似于恒星形成的方式在吸积盘中形成。在吸积盘中物质密度较大的区域可能产生自坍缩。随着质量在该区域的积累，其对周围星盘的引力影响增加，新的物质会被吸积到新形成的行星上。这种机制甚至可能导致在原行星周围形成一个局部的亚星云吸积盘，从而引发卫星和/或环系统的产生。

这种"自上而下"的引力不稳定 (gravitational instability) 机制有几个吸引人的特点，包括该机制较为简单以及与原恒星的形成高度相似，但它很难普适。通过对其他吸积盘以及金牛座 T 型星吸积率和质量损失率的观测，并结合详细的数值模拟，可以发现太阳星云的寿命似乎不足以让天王星和海王星这样的天体在星云耗尽之前迅速成长到我们可以观测到的质量。这种机制也无法解释有其他更小的天体存在于太阳系和有可能也存在于其他行星系统中 (回顾绘架座 β 星的残骸盘)。此外，引力不稳定机制似乎并不能轻易解释太阳系外行星的质量分布、行星系统形成与金属丰度之间的相关性，或者是太阳系内和太阳系外行星之间密度和内核大小的巨大差异。

23.2.9 吸积形成机制

另一种模型，也是大多数天文学家普遍青睐的模型，提出行星是通过较小物质的**吸积** (accretion) 过程"自下而上"生长的。根据现有的所有观测和理论资料，现在似乎可以对行星系统的形成作出合理的描述。下面是我们自己的太阳系形成的一个可能场景，同时行星系统形成的一般方面也会被提及。然而，必须指出，由于问题的复杂性，今后仍然需要对模型进行修正 (大小修正都有可能)。

23.2.10　太阳系的形成：举个例子

在星际气体和尘埃云 (也许是一个巨大的分子云) 中，金斯条件在局部得到满足，云的一部分开始坍缩和破碎 (金斯质量见式 (12.14))。质量最大的部分迅速演化成主序上端的恒星，而质量较小的部分有的还在坍缩过程中，有的还没有开始坍缩。质量最大的恒星将在几百万年或更短的时间内度过它们的一生，并在壮观的超新星爆发中死亡[①]。

当一颗或多颗超新星产生的膨胀星云以大约 0.1 倍光速穿过空间时，气体冷却，密度降低。可能正是在这段时间里，最难熔的元素，包括钙、铝和钛，开始从超新星遗迹中凝结出来，这些元素正是 CAI 的成分，最终将在数十亿年后落入地球的碳质球粒陨石中被发现。当超新星遗迹遇到云中尚未坍缩的较冷、较密的成分时，超新星遗迹开始分解成气体和尘埃的 "手指"，不均匀地穿透星云。当膨胀的星云与冷却的气体相撞时，小的云碎片也会被超新星遗迹的高速激波所压缩，这种压缩甚至有可能会引发小型云的坍缩。无论如何，太阳星云中的物质现在已经富含在超新星爆炸中合成的元素中了。

假设太阳星云拥有一定的初始角动量，角动量守恒要求星云在坍缩时 "旋转起来"，产生一颗被气体和尘埃盘包围的原太阳。事实上，圆盘本身的形成速度可能比恒星更快，导致大部分处于生长状态的原太阳质量首先穿过圆盘。虽然这个重要的问题还没有被完全解决，但据估计，太阳星云盘可能包含质量为太阳质量百分之几的物质，而星云中剩余的 $1\,M_\odot$ 物质则最终进入原太阳。至少，一定有少量的物质进入了星云盘，才终形成现今存在的行星和其他天体。这种星盘称为**最小质量太阳星云 (minimum mass solar nebula)**(见习题 23.4)。

23.2.11　希尔半径

在星云盘内，带有冰幔的小颗粒能够随机碰撞并黏在一起。当大小可观的天体能够在星盘中演化时，它们就开始对其所在区域的其他物质产生引力影响。

为了量化这些生长中的星子所产生的影响，当测试粒子围绕星子的轨道周期等于星子围绕太阳的轨道周期时，我们将星子与测试粒子的距离定义为**希尔半径 (R_H)**。

假设轨道为圆形，测试粒子 (m_t) 在距离 R 处围绕质量为 M 的天体 ($M \gg m_t$) 运行的轨道周期由开普勒第三定律 (式 (2.37)) 给出

$$P \simeq 2\pi\sqrt{\frac{R^3}{GM}}.$$

在距太阳 a 的距离上，不断增长的星子绕行太阳的轨道周期等于无质量测试粒子在希尔半径处围绕星子运行的轨道周期，于是有

$$\sqrt{\frac{a^3}{M_\odot}} = \sqrt{\frac{R_H^3}{M}}.$$

因此，希尔半径可由以下公式给出：

$$R_H = \left(\frac{M}{M_\odot}\right)^{1/3} a. \tag{23.4}$$

[①] 回想一下大质量恒星和小质量恒星演化的不同时间尺度，见表 12.1 和表 13.1。

以太阳的密度和星子的密度 (假设为球形) 来表述，希尔半径变成

$$R_{\mathrm{H}} = R/\alpha \tag{23.5}$$

其中，R 是星子半径，而

$$\alpha \equiv \left(\frac{\rho_\odot}{\rho}\right)^{1/3} \frac{R_\odot}{a}.$$

　　希尔半径的物理意义在于，如果一个粒子以足够低的相对速度进入一个星子的希尔半径内，粒子就会受到星子的引力束缚。通过这种方式，星子就获得了粒子的质量并继续增长。当然，随着星子半径的增大，希尔半径也在增大。

　　例 23.2.1　对于一个密度为 $\rho=800$ kg·m^{-3}、半径为 10 km、距离太阳 5 AU 的星子 ($\rho_\odot=1410$ kg·m^{-3})，该星子的希尔半径为

$$R_{\mathrm{H}} = R/\alpha = R\left(\frac{\rho}{\rho_\odot}\right)^{1/3}\left(\frac{a}{R_\odot}\right) = 8.9\times10^6 \ \mathrm{m} = 1.4 R_\oplus.$$

这个星子类似于现在的彗核。

23.2.12　气体巨星和冰巨星的形成过程

　　随着低能量碰撞的继续，越来越大的星子得以形成。在星盘的最内部区域，吸积粒子由 CAI、硅酸盐 (有些以粒状体的形式存在)、铁和镍组成。由于该区域的温度较高，相对易挥发的物质无法在星云中凝结。在距离生长中的原太阳 5 AU 以上的地方，也就是今天的木星轨道内，星云的温度变得非常低，可以形成水冰。所以在此距离之外生长的星子也可以包含水冰。在更远的地方 (可能是 30 AU 附近，也就是今天海王星的轨道附近)，甲烷冰也参与了星子的生长。水冰可能形成的 "雪线" 位置如图 23.10 所示 (也请回顾图 23.9)。

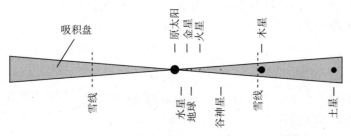

图 23.10　太阳星云盘的示意图，其中标明了距离原太阳 5 AU 的水冰 "雪线" 的位置。甲烷冰是在距原太阳约 30 AU 处开始形成的。原太阳、原行星和谷神星之间的距离就是现在它们之间的相对距离，但它们的相对大小并不正确

　　增长最迅速的天体是木星。由于水冰和岩石物质的存在，以及木星所在区域密度足够大的星云的存在，木星的内核质量达到了 $10\sim15M_\oplus$。在行星引力影响变得足够大的位置上，木星开始收集附近的气体 (主要是氢和氦)。实际上，这就形成了一个局部的亚星云，拥有自己的吸积盘，其结果就是形成了我们今天看到的巨行星，以及伽利略卫星。木星在引

力坍缩过程中产生的热量，加上潮汐效应，导致了木星卫星的最终演化。天文学家认为，木星的整个形成过程大约需要 10^6 年，当气体耗尽时就停止了。

正如我们很快就会看到的，巨大的木星的形成对其他三个星子产生了巨大的影响，这些星子在雪线之外同样长得很大。虽然土星、天王星和海王星都演化出了 $10\sim15M_\oplus$ 的内核，但它们在星云中的位置较远，密度较低。因此，它们无法获得同一时期木星所捕获的气体量。

23.2.13 类地行星和小行星的形成

在太阳星云的内部，由于温度太高，所以无法让挥发物凝结，参与行星的形成。但随着星云的冷却，最难熔的元素能够先凝结出来，形成 CAI[①]。接下来凝结的是硅酸盐和其他同样难熔的物质。

几乎相同轨道上的硅酸盐颗粒的缓慢相对速度导致低能量的碰撞，促进了颗粒的生长，最终形成了星子大小的层次结构。计算机模拟表明，在类地行星区域，再加上大量较小的天体，可能有多达 100 个与月球大小相当的星子，10 个质量与水星相当的星子，还有几个与火星一样大。然而，在吸积过程中，这些大星子中的大多数都并入了金星和地球。当形成的行星变得足够大时，放射性同位素衰变产生的内部热量，加上碰撞过程中释放的能量，使行星开始了引力分化的过程。结果就是我们今天看到的化学分化的行星。

随着巨大的木星在距离太阳 5 AU 之外形成，引力扰动开始影响该区域星子的轨道。特别是如今大部分小行星带中天体的轨道被"抽运"得越来越偏，直到一些天体被木星或其他生长中的行星吸收，或坠入太阳中，而大部分天体则完全被抛射出太阳系。这一过程从火星附近和小行星带的"补给区"偷取了物质，导致第四颗行星的体积很小，小行星带的质量也很小。也许火星轨道附近原来的质量只剩下 3%，小行星带的质量只剩下 0.02%。来自木星的持续扰动意味着剩余星子的相对速度相当高，始终无法合并成一颗单独的天体。事实上，较高的相对速度意味着碰撞会导致破裂，而不是增长。

随着星子在形成的太阳系中继续移动，其他的碰撞也发生了。在太阳系内部，一些最大的星子与水星相撞，消灭了水星中低密度的地幔，还有一些撞上了地球，形成了地月系统。还有一些质量巨大的星子撞击了火星和外行星，改变了它们的自转轴方向。很明显，一些星子也被捕获成为卫星，或者当它们在行星的洛希极限内运动时，被巨行星撕碎。

然而，早在类地行星在其所在的星盘区域完成"吸收"星子之前，演化中的太阳在其核心就达到了热核点火的阶段，开启了金牛座 T 型星的阶段。此时，盘中物质的内落被随之而来的强星风逆转，任何尚未聚集成星子的气体和尘埃都被赶出了太阳系内部。

23.2.14 迁移过程

上面描述的吸积场景并非没有挑战。例如，一个长期存在的问题与冰巨星的形成有关。以它们目前在太阳系中的位置来看，太阳星云的密度似乎不足以让它们在剩余气体被金牛座 T 型星风卷走之前达到今天的质量。此外，晚期的重轰击阶段如何解释大约 38 亿年前碰撞率的激增？这两个问题的明显解决办法似乎在于理解一个关于许多太阳系外行星的复杂问题。

[①] 只有在太阳系的最内部，星云才有足够的温度来形成 CAI。

随着太阳系外行星系统中 "热木星" 的发现，科学家们意识到行星在形成的同时，一定能够向内迁移，木星也不例外。对太阳系演化的计算机模拟表明，木星在太阳星云中形成的位置比现在的位置要远 0.5 AU。

木星 (和太阳系外行星) 内移的一个机制是行星和行星盘之间的引力力矩[1]。在这一机制中，对称轴的初始偏离会在盘中产生密度波 (密度波在 21.3 节与土星环动力学有关的部分中提到过，并将在与星系动力学有关的部分中再次讨论，见 25.3 节)。生长中的行星与密度波之间的引力相互作用将同时导致角动量的向外转移和质量的向内转移。这种所谓的 **I 型**迁移机制与质量成正比，这表明如果行星吸收更多的物质，那么它向母星的移动速度会更快。这可能真的会导致一些行星在 100 万到 1000 万年的时标内与恒星相撞。

然而，与生长中的木星上的气体失控吸积相比，I 型迁移的时标太短。换言之，木星在完全形成之前就会撞上太阳。此外，在星云被金牛座 T 型星风吹散之前，木星似乎无法迅速生长到达到目前的大小。

解决这些问题的方法可能在于迁移过程本身。当生长中的行星在太阳星云中移动时，它不断遇到新鲜的物质来 "进食"。如果行星仍处于固定轨道上，它将很快消耗掉几个希尔半径内的所有可用气体，之后只会缓慢增长。迁移使它能在星盘中移动，而不会在星云中产生明显的空隙。

研究还表明，盘内的黏滞可使天体向内迁移。这种 **II 型**迁移机制使缓慢运行的粒子向外加速，因为它们与占据稍近轨道的高速粒子发生碰撞[2]。内部粒子的动能损失导致它们向内螺旋运动。当盘上出现间隙时，II 型迁移可以成为更重要的迁移过程，尽管其速度较慢。

向外迁移也是可能的。在这种情况下，星子向内散射导致向外迁移。向内或向外迁移取决于星云的密度和星子的丰度。

将迁移机制应用到我们自己的太阳系的演化中，木星似乎不仅影响了目前处于它轨道内部的天体，而且还影响了土星、天王星和海王星的向外迁移。天王星和海王星最初可能是在星云中密度较大的区域形成内核，就像木星和土星一样。然而，由于向外迁移，它们只能吸收少量的额外气体，直到今天仍然是冰巨星，而不是气体巨星。

23.2.15 早期太阳系的共振效应

根据模拟的结果，假设木星最初形成于距离太阳约 5.7 AU 的地方，土星形成时可能比它目前的位置更靠近太阳 1 AU。那么当木星向内迁移和土星向外迁移时，这两颗气态巨行星将经历临界共振。当这两颗行星的轨道周期达到 2:1 的共振时 (即土星的轨道周期正好是木星轨道周期的 2 倍)，它们对太阳系中其他天体的引力影响就会周期性地结合在轨道的同一点上，从而对小行星带和柯伊伯带中的天体轨道造成巨大的扰动[3]。计算机模拟表明，这种共振效应可能发生在内行星和我们的月球形成后约 7 亿年。木星和土星的 2:1 共振可能造成了现在月球表面所记录的晚期重轰击事件，这似乎是有道理的。

由于海王星的向外迁移，海王星卷走了一些剩余的星子，它们与海王星的轨道形成了

---

[1] Peter Goldreich 和 Scott Tremaine 在 1980 年提出，这种机制在吸积盘的动态演化中很重要。他们的论文发表于首次发现太阳系外行星的 15 年前。

[2] 回忆在第 18 章也讨论过圆盘中的角动量传输问题。

[3] 回顾土卫一对土星环系的影响 (卡西尼环缝) 和木星对小行星带的影响 (柯克伍德间隙)。

3:2 的轨道共振。可能冥王星和其他类冥天体被卷入了这次向外迁移中。散布在柯伊伯带的天体的轨道也很可能被海王星的迁移所扰动。柯伊伯带中典型的天体可能离海王星足够远，不会受到海王星迁移的严重影响。事实上，柯伊伯带可能是太阳系中类似于其他恒星周围残骸盘的天体。

同样，奥尔特云彗核很可能是因天王星和海王星而被散射的星子。一旦离太阳足够远，散射的彗核的轨道会被经过的恒星和星际云随机化。

23.2.16 CAI 和粒状体的形成

上述太阳系形成模型的一个特别具有挑战性的问题是，在混有水合物和含碳矿物基质的球状陨石中，存在粒状体和 CAI。粒状体和 CAI 都曾暴露在高温下，但基质显然从未被加热到超过几百开尔文的温度。由于硅酸盐需要较低的温度才能从太阳星云中凝结出来，所以粒状体可能是在 CAI 之后形成的。硅酸盐尘粒很可能是从星云中，通过反复碰撞凝聚成小团块而形成的。然而，它们最初不可能是以熔融液滴的形式形成的，而是在形成后熔化的。

目前，最可信的情况是，在猎户座 FU 型星中，强烈的耀发可能是粒状体和 CAI 熔化或部分熔化的原因。随着吸积盘内缘在 30 年左右的时间尺度上向内向外移动 (可能与磁场活动有关)，硅酸盐颗粒暴露在磁重联事件所产生的耀发能量之下。在星云内部边缘稀薄的环境中，液滴冷却得相当快，可能在每小时 100~2000 K。徐遐生和他的同事们认为，质变的粒状体可能会被 X 射线星风吹回星云中的行星形成区，这种 X 射线星风类似于赫比格–阿罗天体的喷流 (图 23.11)。在星云的行星形成区，粒状体和 CAI 被纳入基质中。陨石球粒的形成模型表明太阳星云确实是一个非常动态的系统。

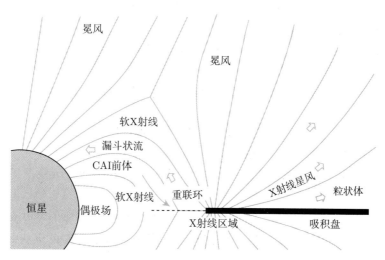

图 23.11　X 射线星风模型的示意图 (图选自 Shu 等，*Ap.J.*, 548, 1029, 2001)

尽管我们在理解太阳系形成和系外行星系统形成的方面还有许多工作要做，但我们在这一非常复杂的研究领域已经取得了巨大的进展。

推 荐 读 物

一般读物

Basri, Gibor, "A Decade of Brown Dwarfs," *Sky and Telescope*, 109, 34, May, 2005.

Naeye, Robert, "Planetary Harmony," *Sky and Telescope*, 109, 45, January, 2005.

Marcy, Geoffrey, et al., "California and Carnegie Planet Search," http://exoplanets.org.

Schneider, Jean, "The Extrasolar Planets Encyclopedia," http://exoplanet.eu.

专业读物

Alibert, Y., Mordasini, C., Benz, W., and Winisdoerffer, C., "Models of Giant Planet Formation with Migration and Disc Evolution," *Astronomy and Astrophysics*, 434, 343, 2005.

Beaulieu, J. P., Lecavelier des Etangs, A., and Terquem, C. (eds.), *Extrasolar Planets: Today and Tomorrow*, Astronomical Society of the Pacic Conference Proceedings, 321, San Francisco, 2004.

Bodenheimer, Peter, and Lin, D. N. C., "Implications of Extrasolar Planets for Understanding Planet Formation," *Annual Review of Earth and Planetary Sciences*, 30, 113, 2002.

Butler, R. Paul, et al., "Evidence for Multiple Companions to v Andromedae," *The Astrophysical Journal*, 526, 916, 1999.

Canup, R. M., and Righter, K. (eds.), *Origin of the Earth and Moon*, University of Arizona Press, Tucson, 2000.

Charbonneau, David, et al., "Detection of an Extrasolar Planet Atmosphere," *The Astrophysical Journal*, 568, 277, 2002.

de Pater, Imke, and Lissauer, Jack J., *Planetary Sciences*, Cambridge University Press, Cambridge, 2001.

Fischer, Debra A., and Valenti, Jeff, "The Planet–Metallicity Correlation," *The Astrophysical Journal*, 622, 1102, 2005.

Goldreich, Peter, and Tremaine, Scott, "Disk-Satellite Interactions," *The Astrophysical Journal*, 241, 425, 1980.

Goldreich, Peter, Lithwick, Yoram, and Sari, Re'em, "Planet Formation by Coagulation: A Focus on Uranus and Neptune," *Annual Review of Astronomy and Astrophysics*, 42, 549, 2004.

Gomes, R., Levison, H. F., Tsiganis, K., and Morbidelli, A., "Origin of the Cataclysmic Late Heavy Bombardment of the Terrestrial Planets," *Nature*, 435, 466, 2005.

Lecar, Myron, Franklin, Fred A., Holman, Matthew J., and Murray, Norman W., "Chaos in the Solar System," *Annual Review of Astronomy and Astrophysics*, 39, 581, 2001.

Mannings, Vincent, Boss, Alan P., and Russell, Sara S. (eds.), *Protostars and Planets, IV*, University of Arizona Press, Tucson, 2000.

Marcy, Geoffrey, et al., "Observed Properties of Exoplanets: Masses, Orbits, and Metallicities," *Progress of Theoretical Physics Supplement*, 158, 1, 2005.

Mayor, M., and Queloz, D., "A Jupiter-Mass Companion to a Solar-Type Star," *Nature*, 378, 355, 1995.

Shu, Frank H., Shang, Hsien, Gounelle, Matthieu, Glassgold, Alfred E., and Lee, Typhoon, "The Origin of Chondrules and Refractory Inclusions in Chondritic Meteorites," *The Astrophysical Journal*, 548, 1029, 2001.

Taylor, Stuart Ross, *Solar System Evolution*, Second Edition, Cambridge University Press, Cambridge, 2001.

习　题

23.1　(a) 如果 HD 80606 和 HD 80607 的实际距离是 2000 AU，请确定双星系统的轨道周期。提示：你可以参考附录 G 中的数据来估计这两颗恒星的质量。

(b) 在这两颗恒星围绕共同质心绕转一圈的时间内，HD 80806b 行星将围绕其母星运行多少圈？该行星轨道的半长轴为 0.44 AU。

(c) 当母星处于 HD 80606b 与 HD 80607 之间时，它对 HD 80606b 施加的引力与 HD 80607 施加的引力之比是多少？

23.2　比较冥王星与小行星和彗核。从本章所讨论的演化模型的角度对差异的意义进行评述。

23.3　(a) 如果太阳系其他部分的角动量都能返回太阳，那么太阳的自转周期是多少 (假设为刚体自转)？请参考图 23.8 中的数据。太阳的转动惯量比为 0.073。

(b) 光球的赤道速度会是多少？

(c) 在物质从太阳赤道脱落之前，自转周期有多短？

23.4　最小质量太阳星云指的是，可以形成的并且有足够的质量来产生太阳系中所有天体的最小的星云。请粗略估计最小质量太阳星云的质量。

23.5　估计木星现在的希尔半径。用木星半径和天文单位来表述你的答案。

23.6　HD 63454 是一颗光谱型为 K4V 的恒星。已知有一颗太阳系外行星围绕其在一个圆形轨道上运行，轨道周期为 2.81782 d，它相对于恒星的质心产生的最大反射径向速度为 64.3 $m \cdot s^{-1}$。HD 63454 的距离是 35.80 pc。参考附录 G，请确定：

(a) 行星轨道的半长轴；

(b) 该行星的最小质量；

(c) 由行星的引力而导致的恒星的最大天体摆动，以角秒表示。

23.7　14 Her 是一颗 K0V 恒星，距离地球 18.1pc。绕该恒星运行的太阳系外行星的轨道周期为 1796.4 d，轨道偏心率为 0.338。参考附录 G，确定：

(a) 行星轨道的半长轴；

(b) 行星与母星质量中心的最大距离；

(c) 行星在其轨道上最接近恒星时的速度。

23.8　解释为什么太阳系外行星系统的高金属丰度支持了星子质量吸积的"自下而上"的行星形成假说。

23.9　假设木星和土星分别在距离太阳 5.7 AU 和 8.6 AU 处形成。请证明：如果这两颗行星同时迁移到现在的位置，则它们经历了 2:1 的轨道周期共振。

第四部分
宇宙中的星系

第 24 章 银 河 系

24.1 数天上的星

正如我们在本书的前两章中所了解到的那样，人类长期以来一直仰望天空，思索其浩瀚，并提出了各种模型来解释其存在形式。在曾经的某些文明中，人们认为地球是固定的，群星则位于一个以地球为中心旋转的雄伟天球上。当伽利略首次在 1610 年利用望远镜对夜空进行观测后，人类开始了漫长的宇宙探索之路，极大地拓展了我们对宇宙的认知。

在本章中，我们将探索**银河系 (Galaxy)**①这一由恒星、尘埃、气体和暗物质组成的复杂系统。尽管我们可以通过外部观测了解其他星系的大致性质，但研究我们自己所在的银河系却极具挑战性。我们将要认识到，我们生活在一个由恒星、尘埃和气体组成的圆盘中，当我们沿着圆盘平面观测时，这会严重影响我们观测邻近恒星以外的视野能力。当我们朝位于人马座的银心看时，这个问题尤为严重。在 24.1 节中，我们将发现，研究考虑星际消光影响后的恒星分布，让我们初步了解到银河系从外部看起来是什么样的。在 24.2 节中，将详细介绍银河系的许多不同组成部分。

我们现在所知的有关银河系的形成及演化的大部分信息，都蕴藏在其组分的运动之中，尤其是其成分的变化。不幸的是，我们是以地球为观测平台对银河系中恒星和气体的运动进行测量的，而地球本身正在经历复杂的运动，包括地球环绕太阳的公转以及太阳环绕银河系的复杂运动。在 24.3 节中，我们将研究这些运动，使我们能够从相对于太阳的运动描述转移到相对于银心的运动描述。我们还将得出一个非同寻常的结论，那就是银河系中发光的重子物质仅占银河系组成的一小部分。

最后，在 24.4 节中，我们将探索银河系的中心并研究在那里发现的奇异环境，包括关于超大质量黑洞存在的无可争议的证据。

在第四部分的其余部分，我们将研究其他更遥远的星系。我们将研究它们的形态和演化，包括我们银河系自身的演化。我们还将研究宇宙的大尺度结构，并追溯人类关于宇宙的初始时刻及其最终命运的理解及其发展历程。

24.1.1 银河系的历史模型

即使随意观测黑暗的夜空，都可以看到一条几乎连续的光带似乎环绕着地球，相对于天赤道倾斜约 60°(图 24.1)。伽利略首先意识到了银河系是由众多恒星组成的。在 18 世纪中期，为了解释银河系在天空中的环形分布，伊曼纽尔·康德和**托马斯·赖特 (Thomas Wright, 1711—1786)** 提出，银河系一定是一个恒星盘，而我们的太阳系仅仅是盘中的一个组成部分。随后，在 18 世纪 80 年代，**威廉·赫歇尔 (William Herschel, 1738—1822)** 粗略地计算了他在天空 683 个区域中可以观测到的恒星数量，从而绘制了一张银河系的地

---

① 在本书的其余部分，我们可能交替地以缩写形式 "本星系"(the Galaxy) 和 "我们的星系"(our Galaxy) 来指代银河系。

图 (图 24.2)。在对数据进行分析时，赫歇尔假设: ①所有恒星的绝对星等大致相同; ②太空中恒星的数量密度大致恒定; ③恒星之间没有任何东西可以遮挡; ④他可以看到恒星分布的边缘。赫歇尔根据自己的数据得出结论: 太阳必须非常靠近分布中心，并且沿银盘平面测量的尺寸大约是银盘垂直厚度的 5 倍。

图 24.1　一幅银河系的拼接图显示了尘埃带的存在。由华盛顿卡内基研究所天文台供图

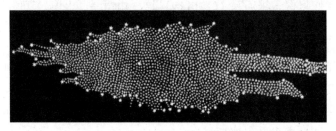

图 24.2　威廉·赫歇尔 (William Herschel) 根据对恒星计数的定性分析得出的银河系图。他认为太阳 (由较大的星表示) 位于银河系的中心附近 (由叶凯士天文台 (Yerkes Observatory) 供图)

卡普坦 (Jacobus C. Kapteyn，1851—1922) 再次使用恒星计数法基本上证实了赫歇尔的银河系模型。但是，通过使用更加定量的方法，卡普坦能够为其银河系模型确定一个距离尺度。此模型现在称为卡普坦宇宙 (Kapteyn universe)，是一个扁平的椭球状系统，随着离中心的距离增加，恒星密度逐渐降低，其一种描述如图 24.3 所示。在银道面内距中心约 800 pc 处，恒星数密度减小到中心值的一半。在穿过中心并垂直于中平面的轴上，恒星数密度在仅 150 pc 的距离上就减小了一半。在平面中距离中心 8500 pc 处和在垂直于平面距离 1700 pc 处，恒星数密度减小到其中心值的 1%。卡普坦得出结论，沿着银河系中平面测量，太阳位于银河系中平面上方 38 pc，距中心 650 pc 处。

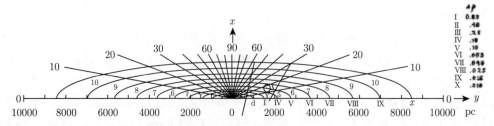

图 24.3　卡普坦宇宙模型。由银心向外的圆环表示恒星数密度相同的表面。请注意，空心圆不代表卡普坦得出的太阳位置，而是卡普坦由此开始对可用数据进行分析的估计区域 (图出自 Kapteyn, *Ap. J.*, 55，302，1922)

要了解卡普坦如何得出这个几乎以太阳为中心的宇宙模型，可以回想一下已知绝对星等的恒星距离计算公式 (3.5)：

$$d = 10^{(m-M+5)/5}$$

假设一个 M 值 (如果其光谱型和光度型已知)，并在望远镜上测量 m，则很容易获得距离模数 $m - M$ 和距离 d。并且给定恒星在天球上的已知坐标，即可确定其相对于地球的三维位置。

但实际上，由于任何给定区域中的恒星数量都非常巨大，则以上述方式估算每个单个恒星的距离是不切实际的。我们使用一种统计方法来取代它。该方法基于对指定区域中的恒星进行计数，直至达到预定的视星等极限值。通过此计数过程，可以估算出距太阳给定距离处的恒星数密度。我们将很快讨论此方法的一些细节。

在卡普坦的原始研究中，他使用了 200 多个选定的天空区域。

在 1915~1919 年的几年中，即卡普坦模型发布前不久，**沙普利 (Harlow Shapley, 1885—1972)** 根据天琴座 RR 型变星和室女座 W 型变星估计了 93 个球状星团的距离 (见 14.1 节)。由于很容易通过光度的周期性变化将这些恒星从星团中识别出来，所以，使用它们的绝对星等 (根据式 (14.1) 周期–光度关系获得) 来估计它们与太阳的距离是相对简单的事情。太阳到变星的距离对应于到它们所在星团的距离。

在分析数据时，沙普利认识到，球状星团并非在整个空间内均匀分布，而是在以人马座为中心的天空区域中居多，他求得该中心距离太阳 15 kpc。此外，他估计最远的星团距离太阳超过 70 kpc，比银心还远 55 kpc。因此，如果假设银河系其余区域中球状星团分布范围都相同，则沙普利认为银河系的直径约为 100 kpc，约为卡普坦提出值的 10 倍。沙普利的银河系图像与卡普坦的图像还有一个重要的不同之处：卡普坦模型将太阳定位在相对靠近恒星分布中心的位置，而沙普利模型的银心则更远。

今天我们知道，卡普坦和沙普利模型都有错误。卡普坦宇宙太小，太阳离中心太近，而沙普利银河系模型则太大。出乎意料的是，这两个模型出错的原因部分相同：未在距离估计中考虑由尘埃和气体导致的星际消光的影响。卡普坦选定的区域主要位于星际消光影响最严重的银盘内，因此他无法看到银河系最遥远的部分，导致他低估了银河系大小。这个问题类似于地球上某人站在能见度有限的浓雾中试图看清周围的土地。而沙普利则相反，他选择研究一般位于银道面以上或以下的天体，这些天体本来就很明亮，因此即使在很远的距离处也可以看到它们。尽管在垂直于银盘的方向上星际消光不能完全忽略，但是却是最不重要的。不幸的是，沙普利使用的周期–光度关系标定中的错误使得高估了星团距离，而这些错误来自于星际消光的影响 (参见 27.1 节)。

有趣的是，卡普坦意识到了星际消光可能带来的误差，但他找不到任何定量证据证明这种影响，尽管研究者怀疑尘埃可能是银河系中暗带形成的原因 (图 24.1)。沙普利自己的数据中还可以找到强消光的进一步证据：在银道面约 ±10° 之间称为**隐带 (zone of avoidance)**的区域内没有可见的球状星团。沙普利认为，隐带似乎不存在球状星团是因为强大的引力潮汐瓦解了该区域的天体。而实际是因为隐带内星际消光太严重，以至于无法观测到明亮的星团。显然，卡普坦和沙普利在推导银河系结构时遇到的问题说明，很难从银盘中一个几乎固定的位置出发确定银河系的总体形态。

不幸的是，由于涉及的距离太大，我们不可能在短期内到达另一个更有利的位置！

24.1.2 星际消光的影响

要了解星际消光是如何直接影响恒星距离的估算，我们就必须像在 12.1 节时做的那样修改式 (3.5)。根据式 (12.1) 求解 d 可以得到

$$d = 10^{(m_\lambda - M_\lambda - A_\lambda + 5)/5} = d' 10^{-A_\lambda/5} \tag{24.1}$$

其中，$d' = 10^{(m_\lambda - M_\lambda + 5)/5}$ 是忽略消光时的错误距离估计；而 A_λ 是发生在恒星与地球之间的消光星等，为波长的函数。由于在所有情况下 $A_\lambda \geqslant 0$(毕竟消光不能使恒星显得更亮)，因此 $d \leqslant d'$，即真实距离始终小于视在距离。

在银盘中，可见光波段的典型消光率为 $1\ \mathrm{mag \cdot kpc^{-1}}$。如果视线中含有明显的星云 (例如巨分子云)，该值可能会发生巨大变化。幸运的是，一般可以通过考虑尘埃对恒星颜色的影响 (星际红化) 来估计消光量，参见 12.1 节。

例 24.1.1   假设一个绝对视星等为 $M_V = -4.0$ 的 B0 主序星，其视目视星等为 $V = +8.2$。忽略星际消光 (即天真地假设 $A_V = 0$)，则恒星的距离估计为

$$d' = 10^{(V - M_V + 5)/5} = 2800\ \mathrm{pc}$$

然而，如果通过某些独立的方式 (例如红化) 知道沿视线的消光率为 $1\ \mathrm{mag \cdot kpc^{-1}}$，则 $A_V = kd\ \mathrm{mag}$，其中 $k = 10^{-3}\ \mathrm{mag \cdot pc^{-1}}$，$d$ 的单位为 pc。这得到

$$d = 10^{(V - M_V - kd + 5)/5} = 2800 \times 10^{-kd/5}\mathrm{pc}$$

可以通过迭代或图像求解，给出 $d = 1400\ \mathrm{pc}$ 的恒星的真实距离。

在这种情况下，如果不能正确考虑星际消光的影响，恒星的距离将被高估近 2 倍。

24.1.3 差分和积分恒星计数

正如我们已经提到的，卡普坦的恒星计数方法并非直接确定单个恒星的距离 d，而是在指定的视星等范围内对选定的天空区域中可见的恒星进行计数。或者也可以对区域中所有比选定的视星等上限更亮的恒星进行计数。这两种方法分别称为**差分恒星计数 (differential star counts)** 和**积分恒星计数 (integrated start counts)**。

我们今天仍使用这些恒星计数方法来确定天空中恒星的数密度。恒星数密度分布取决于各种参数，包括方向、距离、化学成分和光谱分类等。这些信息对天文学家了解银河系的结构和演化非常有用。

设 $n_M(M, S, \Omega, r)\mathrm{d}M$ 是绝对星等在 M 和 $M + \mathrm{d}M$ 之间的恒星数密度。S 为在特定方向上距离观测者 r 处在立体角 Ω 内的恒星属性 (例如 S 可以是 8.2 节中讨论的组成成分或 MK 光谱类)。根据此处使用的符号，n_M 的单位为 $\mathrm{pc^{-3} \cdot mag^{-1}}$。距观测者的距离为 r 处，且位于立体角 Ω 内具有属性 S 的恒星实际数密度为

$$n(S, \Omega, r) = \int_{-\infty}^{\infty} n_M(M, S, \Omega, r)\mathrm{d}M. \tag{24.2}$$

如果还需要其他特定信息, 则这些属性也可以包含在 S 中。但是, 进行恒星计数分析所需的数据量很大, 并且常常大到令人望而却步: 因为随着变量数的增加, 所需的数据量也随之增加。卡普坦在他最初的研究中仅进行了考虑绝对星等的一般恒星计数, 而完全忽略了光谱类型。

如果数密度 $n_M(M, S, \Omega, r)\mathrm{d}M$ 在立体角 Ω 以内, 且从 $r = 0$ 到某个距离 $r = d$ 的圆锥上进行积分, 则结果为 $N_M(M, S, \Omega, d)\mathrm{d}M$, 为在该圆锥空间内发现的绝对星等在 M 到 $M + \mathrm{d}M$ 内的恒星总数 (图 24.4)。在球坐标系中根据 $\mathrm{d}V = \Omega r^2$, 则有

$$N_M(M, S, \Omega, d)\mathrm{d}M = \left[\int_0^d n_M(M, S, \Omega, r)\Omega r^2 \mathrm{d}r\right]\mathrm{d}M. \tag{24.3}$$

式 (24.3) 是以极限距离 d 表示的积分恒星计数一般表达式。

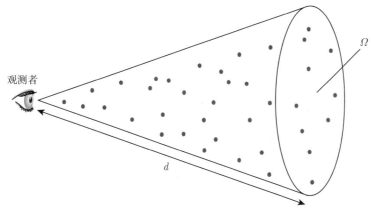

图 24.4　地球上的观测者对位于立体角 Ω、距离为 d 的锥体空间内指定 MK 光谱范围和光度类型的恒星进行计数。当考虑星际消光的影响时, 这相当于将该组恒星计数到相应的视星等 m

注意, 这意味着可以通过差分 $N_M\mathrm{d}M$(极限距离为 r) 获得 $n_M\mathrm{d}M$:

$$n_M(M, S, \Omega, r)\mathrm{d}M = \frac{1}{\Omega r^2}\frac{\mathrm{d}N_M\mathrm{d}M}{\mathrm{d}r}.$$

当然, 那些具有相同绝对星等的恒星, 因为它们离我们的距离不同, 将具有不同的视星等。我们可以根据式 (24.1), 用视星等 m 代替极限距离 d。这样就得到了 $\bar{N}_M(M, S, \Omega, m)\mathrm{d}M$, 即以极限星等 m 表示的积分恒星计数。请注意, "上横线" 标记现在表示积分恒星计数是 m 的函数而不是 d 的函数。因此 $\bar{N}_M(M, S, \Omega, m)\mathrm{d}M$ 是绝对星等在 M 到 $M + \mathrm{d}M$ 范围内看起来比极限星等 m 亮的恒星总数。

如果极限星等略有增加, 则极限距离相应增大, 并且圆锥空间将延伸从而包括更多的恒星。增加的恒星数量为

$$\left[\frac{\mathrm{d}\bar{N}_M(M, S, \Omega, m)}{\mathrm{d}m}\mathrm{d}m\right]\mathrm{d}M.$$

这定义了较差星数，即

$$A_M(M,S,\Omega,m)\mathrm{d}M\mathrm{d}m \equiv \frac{\mathrm{d}\bar{N}_M(M,S,\Omega,m)}{\mathrm{d}m}\mathrm{d}M\mathrm{d}m, \tag{24.4}$$

为立体角 Ω 内，视星等在 m 到 $m+\mathrm{d}m$ 内，绝对星等在 M 到 $M+\mathrm{d}M$ 之间的恒星数量。

　　为了简单说明一下积分和差分恒星计数的使用，考虑恒星密度均匀的无限宇宙情形 (并不存在)，即 $n_M(M,S,\Omega,r) = n_M(M,S) =$ 常数，并且没有星际消光 ($A=0$)。式 (24.3) 在消去 $\mathrm{d}M$ 之后变为

$$N_M(M,S,\Omega,d) = n_M(M,S)\Omega\int_0^d r^2\mathrm{d}r = \frac{\Omega d^3}{3}n_M(M,S).$$

注意，对最后这个式子在所有方向 $\Omega = 4\pi$ 上积分，$\Omega d^3/3$ 则是半径为 d 的球体体积。d 的单位用 pc 表示，并将上式以视星等 m(式 (24.1)) 表示，则有

$$\begin{aligned}
\bar{N}_M(M,S,\Omega,m) &= \frac{\Omega}{3}n_M(M,S)10^{3(m-M+5)/5}\\
&= \frac{\Omega}{3}n_M(M,S)\mathrm{e}^{\ln 10^{3(m-M+5)/5}}\\
&= \frac{\Omega}{3}n_M(M,S)\mathrm{e}^{[3(m-M+5)/5]\ln 10}.
\end{aligned}$$

根据式 (24.4) 得到较差星数公式：

$$\begin{aligned}
A_M(M,S,\Omega,m) &= \frac{\mathrm{d}\bar{N}_M(M,S,\Omega,m)}{\mathrm{d}m}\\
&= \frac{\ln 10}{5}\Omega n_M(M,S)10^{3(m-M+5)/5}\\
&= \frac{3\ln 10}{5}\bar{N}_M(M,S,\Omega,m). \tag{24.5}
\end{aligned}$$

如果根据观测已知 $\bar{N}_M(M,S,\Omega,m)$ 或 $A_M(N,S,\Omega,m)$，则可以使用这些式子确定空间恒星数密度 $n_M(M,S)\mathrm{d}M$。

　　前述恒定密度模型有一个明显的缺陷：当用这个模型计算在地球上接收到的立体角 Ω 中所包含的恒星光量时，其结果会随着 m 的增加呈指数发散 (见习题 24.4)。这意味着从无限远到达的光是无限多的！这种困境是**奥伯斯佯谬 (Olbers's paradox)** 的一种表述。这个问题自开普勒时代以来就一直存在，但**海因里希·奥伯斯 (Heinrich Olbers, 1758—1840)** 让这个问题引起了大众的注意。如果我们只关注银河系，那么答案就在于它大小有限，且恒星数密度并非恒定。但是，将奥伯斯佯谬的解决方法应用于整个宇宙时，却并不这么简单，我们将在第 29 章中学习。

　　现代进行恒星计数的过程会使用自动的 CCD 探测器来确定 $\bar{N}_M$ 或 A_M。在过去，这些数据会与太阳附近的恒星数密度相结合，用以估计银河系其他区域中给定光谱类型的恒星数密度。最近，迭代计算机建模方法的使用已获得一些成功。一个部分建立在对银河系

相似星系的观测基础上的通用模型叠加在数据上，通过不断迭代，对密度函数、星际消光量和成分位置分布进行微调，直到获得对原始数据满意的匹配。然而，鉴于数据和分析的复杂性，我们关于银河系恒星分布的认知图像中仍然存在很大的不确定性。

24.2 银河系的形态

凭借银河系以外的众多其他星系样例，加上从恒星计数获得的数据，以及从各种距离指标、丰度分析等研究中收集到的信息，天文学家已经能够拼凑出一个银河系的结构模型。但是，必须指出的是，该模型的许多细节仍然不确定，甚至可能随着更多信息的获得而发生显著的变化。因此，我们将在本节中尝试描述我们当前对银河系总体形态的认识，将关于其复杂运动和迷人核心的细节留到本章后面介绍。

24.2.1 与银心的距离

就像赫歇尔和卡普坦所认为的那样，银河系是一个拥有恒星盘的星系，太阳是恒星中的一员。但是，正如沙普利所怀疑的那样，太阳并不在银盘中心附近，而实际上位于离银盘中心大约三分之一的位置。从地球上看，银盘的中心位于人马座的方向，对应一个非常致密的发射源 SgrA*(参见 24.4 节)，其 J2000.0 赤道坐标为

$$\alpha_{\text{Sgr A} *} = 17^{\text{h}}45^{\text{m}}40.0409^{\text{s}}, \tag{24.6}$$

$$\delta_{\text{Sgr A}*} = -29°00'28.118''. \tag{24.7}$$

银河系的正面图和侧面图分别如图 24.5 和图 24.6 所示，表 24.1 列出了银河系的详细组成(将在后面讨论)。

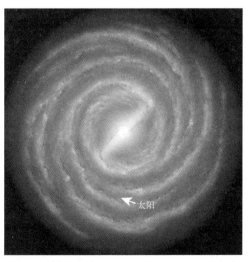

图 24.5　银河系正面的概念描绘。螺旋臂的形状和与中央核球相连的棒的长度是基于当前获得的数据。图中画出了太阳的位置 (由 NASA / JPL-Caltech / R. Hurt (SSC) 供图)

太阳到银心的距离，称为**太阳银心距 (solar Galactocentric distance)**R_0，自沙普利首次估计为 15 kpc 以来，已多次向下修正。1985 年，为了使得各研究人员能够直接比较银

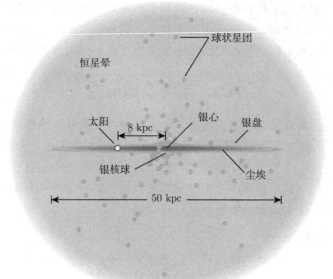

图 24.6　银河系侧面示意图，未严格按比例绘制，参见表 24.1

河系结构 (因为 R_0 通常用于标准化银河系中的其他距离)，国际天文学联合会 (IAU) 推荐了 R_0=8.5 kpc 的标准值。但是，多项研究发现 R_0 的值约为 8 kpc。例如，2003 年，**弗兰克·艾森豪尔 (Frank Eisenhauer)** 及其同事根据 S2(最接近银心的恒星) 的天体测量和光谱测量结果确定了 R_0 为 (7.94 ± 0.42)kpc。

鉴于银心距离不确定性尚存，并且文献中通常使用 8 kpc，在本书中太阳银心距将采用：

$$R_0 = 8 \text{ kpc}. \tag{24.8}$$

人们认为整个银盘直径 (包括尘埃、气体和恒星在内) 约为 50 kpc，范围估计为 40~50 kpc。此外，银盘似乎不是完全柱对称的，而是呈椭圆形的，短轴和长轴之比约为 0.9。太阳可能位于银盘的长轴附近。绕银心半径为 R_0 的正圆轨道被定义为**太阳圆 (solar circle)**。

24.2.2　薄盘和厚盘结构

银盘实际上由两个主要部分组成。**薄盘 (thin disk)** 由相对年轻的恒星、尘埃和气体组成，其垂直标高为 $z_{\text{thin}} \approx 350 \text{ pc}$(一个标高是恒星数密度降低 e^{-1} 的距离)，是当前恒星形成的区域。薄盘的一部分 (有时称为年轻的薄盘) 也对应于银河系尘埃和气体分布的中心平面，其标高约为 90 pc，但一些研究人员发现其标高仅为 35 pc。**厚盘 (thick disk)** 可能是较老的恒星群，其标高为 $z_{\text{thick}} \approx 1000 \text{ pc}$。厚盘中单位体积的恒星数仅是银河系中平面薄盘中恒星数的 8.5% 左右。当把薄盘和厚盘合在一起时，根据恒星计数数据得出的恒星数密度的经验拟合给出：

$$n(z, R) = n_0 \left(\mathrm{e}^{-z/z_{\text{thin}}} + 0.085\mathrm{e}^{-z/z_{\text{thick}}} \right) \mathrm{e}^{-R/h_{\text{R}}}, \tag{24.9}$$

表 24.1 与银河系组成部分相关的各种参数的近似值。其定义和细节将在文中讨论

	盘		
	中性气体	薄盘	厚盘
$M\left(10^{10}M_\odot\right)$	0.5^{a}	6	$0.2\sim0.4$
$L_B\left(10^{10}\,L_\odot\right)^{\text{b}}$	—	1.8	0.02
$M/L_B\,(M_\odot/L_\odot)$	—	3	—
半径/kpc	25	25	25
形式	e^{-z/h_z}	e^{-z/h_z}	e^{-z/h_z}
标高/kpc	<0.1	0.35	1
$\sigma_w/\left(\text{km}\cdot\text{s}^{-1}\right)$	5	16	35
[Fe/H]	$>+0.1$	$-0.5\sim+0.3$	$-2.2\sim-0.5$
年龄/Gyr	$\lesssim10$	8^{c}	10^{d}

	球状体		
	中心核球 ^{e}	星晕	暗物质晕
$M\left(10^{10}M_\odot\right)$	1	0.3	$190^{+360\text{f}}_{-170}$
$L_B\left(10^{10}\,L_\odot\right)^{\text{b}}$	0.3	0.1	0
$M/L_B\,(M_\odot/L_\odot)$	3	~1	—
半径/kpc	4	>100	>230
形式	带棒的盒状结构	$r^{-3.5}$	$(r/a)^{-1}(1+r/a)^{-2}$
标高/kpc	$0.1\sim0.5^{\text{g}}$	3	170
$\sigma_w/\left(\text{km}\cdot\text{s}^{-1}\right)$	$55\sim130^{\text{h}}$	95	—
[Fe/H]	$-2\sim0.5$	$<-5.4\sim-0.5$	—
年龄/Gyr	$<0.2\sim10$	$11\sim13$	~13.5

a $M_{\text{dust}}/M_{\text{gas}}\simeq0.007$.

b 银河系总光度为 $L_{B,\,\text{tot}}=2.3\pm0.6\times10^{10}L_\odot$，$L_{\text{bol},\,\text{tot}}=3.6\times10^{10}L_\odot(\sim30\%\ \text{in IR})$.

c 有些与薄盘成协的疏散星团年龄可能超过 10 Gyr.

d 厚盘的主要恒星形成可能发生在 7~8 Gyr 之前.

e Sgr A* 的黑洞质量是 $M_{\text{bh}}=(3.7\pm0.2)\times10^6M_\odot$.

f 与中心相距 50kpc 以内的质量为 $M=5.4^{+0.2}_{-3.6}\times10^{11}M_\odot$.

g 核球标高依赖于恒星年龄，年轻恒星的为 100pc，年龄恒星的为 500pc.

h 弥散从 5pc 处的 55 km·s⁻¹ 到 200pc 处的 130 km·s⁻¹.

其中，z 是在银河系中平面上方的垂直高度；R 是距银心的径向距离[①]；$h_{\text{R}}>2.25$ kpc 是银盘标长；$n_0\sim0.02$ pc^{-3} 是绝对星等在 $4.5\leqslant M_V\leqslant9.5$ 之间的恒星数密度。应该指出的是，相对密度系数、标高和盘标长都有一定的不确定性，不同的研究者对这些参数给出了稍微不同的值。太阳是薄盘的成员，目前位于中平面上方约 30pc 处。

薄盘的光度密度 (每单位体积的光度) 通常采用以下模型：

$$L(R,z)=L_0\mathrm{e}^{-R/h_R}\operatorname{sech}^2\left(z/z_0\right),\tag{24.10}$$

其中

$$\operatorname{sech}\left(z/z_0\right)=\frac{2}{\mathrm{e}^{z/z_0}+\mathrm{e}^{-z/z_0}}$$

是双曲正割函数。对于薄盘，$z_0=2z_{\text{thin}}$ 且 $L_0\approx0.05L_\odot\cdot\text{pc}^{-3}$。

---

① 一般地，我们保留使用 R 来表示盘内的柱坐标半径，而使用 r 来表示球坐标半径，两者都是从银心测量的。

24.2.3　年龄-金属丰度关系

薄盘和厚盘不仅可以通过不同的标高和恒星数密度来进行区别,而且可以通过其成员的化学组成和运动学特性进一步区分。我们现在将讨论组成成分的不同,对运动特性的讨论将放到 24.3 节。

正如我们在 13.3 节中提到的,恒星一般根据较重元素的相对丰度进行分类。星族 I 恒星富含金属, $Z \sim 0.02$;星族 II 恒星是金属贫乏的, $Z \sim 0.001$;而星族 III 恒星基本上没有金属, $Z \sim 0$。事实上,恒星的金属丰度范围很广,一个极端是星族 I 恒星,另一个极端是假设的星族 III 恒星 (如果它们存在)。介于 I 族和 II 族之间的恒星是**中介 (intermediate) 星族恒星**,或替代性且暗示性地称为盘族恒星。

研究人员普遍采用**铁氢比 ([Fe/H])** 作为更仔细地量化恒星组成的重要参数,因为铁线在恒星光谱中通常很容易识别。在超新星爆炸 (特别是 Ia 型) 期间,铁被喷出,增加了星际介质中的丰度。这样诞生的新恒星的大气中含有的铁比上一代恒星丰度更高。因此,铁含量应该与恒星年龄相关。最年轻、最近形成的恒星,具有最高的铁相对丰度。恒星大气中的铁氢比与太阳的铁氢比通过下式进行比较:

$$[\text{Fe/H}] \equiv \log_{10} \left[\frac{(N_{\text{Fe}}/N_{\text{H}})_{\text{star}}}{(N_{\text{Fe}}/N_{\text{H}})_{\odot}} \right], \tag{24.11}$$

这个值通常称为**金属丰度 (metallicity)**,其在 23.1 节中首次引入。金属丰度与太阳相同的恒星的 [Fe/H]=0.0,金属丰度较低的恒星 [Fe/H] 值为负,金属丰度较高的恒星值为正。在银河系中测得的 [Fe/H] 值从 -5.4(极度贫金属的老恒星) 到 0.6(极度富金属的年轻恒星)。根据对星团 (球状星团和疏散星团) 主序拐点的研究,富金属的恒星往往比具有相似光谱型的贫金属恒星更年轻。年龄与成分之间的明显相关性称为**年龄-金属丰度关系 (age-metallicity relation)**。

但是,在许多情况下,恒星年龄与 [Fe / H] 之间的相关性可能不如最初认为的那样可靠。例如,大量 Ia 型超新星是直到恒星形成大约 10^9 年后才出现的,由于大部分的铁是由 Ia 型超新星产生的,从而在恒星形成时并没有大量富铁的星际介质。此外,Ia 型超新星爆发之后星际介质的混合可能并不均匀。换句话说,一个区域的星际介质 (ISM) 可能在 10^9 年后变得富含铁,而另一个区域则可能没有达到相同的丰度水平。因此,若根据年龄与金属丰度的关系,铁含量高的区域之后将产生看起来更年轻的恒星,而实际上两个区域的年龄相同。

星际介质丰度 (和恒星年龄) 的第二个衡量指标是基于 [O/H],其定义与式 (24.11) 完全类似。由于核心坍缩超新星在恒星形成开始后仅 10^7 年就出现了 (它们是大质量恒星演化的结果),并且它们产生的氧含量相对于铁更高,因此也可以使用 [O/H] 确定银河系成分的年龄。一些天文学家也使用 [O/Fe] 做相同研究。

事情其实更加复杂,准确的年龄估算严重依赖于距离模数的精确值,这是确定星团主序拐点所必需的 (见 13.3 节)。距离模数 0.1 的误差会导致 10% 的年龄误差。毋庸置疑,确定银河系年龄的重要任务仍然是天文学的一项重大挑战。

24.2.4 薄盘和厚盘的年龄估计

在薄盘中，铁氢比金属丰度的典型值为 $-0.5 <$[Fe/H]$ <0.3$，而厚盘中的大多数恒星的典型值在 $-0.6 <$[Fe/H]$ <-0.4$，某些厚盘恒星的金属丰度可能至少低至 [Fe/H]~ -1.6。

根据各种年龄确定方法，薄盘中的恒星可能比厚盘中的恒星年轻得多。似乎在大约 80 亿年前恒星开始在薄盘中形成，并一直持续到今天。对薄盘中白矮星的观测和对其冷却时间的理论估计 (见 16.5 节) 支持了这一结论。还有一些证据表明，薄盘中的恒星形成在时间上可能不是连续的，而是可能以几十亿年为间隔爆发产生。另一方面，厚盘比薄盘中的恒星形成似乎提前了 2 亿 ～30 亿年。一般认为，厚盘恒星的形成时间在 100 亿 ～110 亿年。

24.2.5 质光比

根据恒星计数和轨道运动的数据，薄盘的恒星总质量约为 $6 \times 10^{10} M_\odot$，另外还有 $0.5 \times 10^{10} M_\odot$ 的尘埃和气体。此外，蓝光波段的光度为 $L_B = 1.8 \times 10^{10} L_\odot$。两者相除，得到的质光比为 $M/L_B \approx 3 M_\odot/L_\odot$。这个量为我们提供了有关发光恒星类型的信息。

我们从图 7.7 和习题 10.27 中了解到：在主序带上，恒星的光度在很大程度上取决于其质量，即

$$\frac{L}{L_\odot} = \left(\frac{M}{M_\odot}\right)^\alpha, \tag{24.12}$$

当质量大于 $0.5 M_\odot$ 时 $\alpha \approx 4$，质量更小的恒星 $\alpha \approx 2.3$。假设盘中的大多数恒星是主序恒星，则可以估算出 "平均" 恒星质量。代入观测到的质光比并求解质量，我们得到

$$\langle M \rangle = 3^{1/(1-\alpha)} M_\odot.$$

假设 $\alpha \approx 4$，我们发现 $\langle M \rangle \approx 0.7\ M_\odot$。显然，盘的总光度是由质量略小于太阳的恒星所主导的。这并不奇怪，正如我们在图 12.12 中看到的，初始质量函数表明星际介质中产生的小质量恒星多于高质量恒星，这与太阳附近最常见的恒星是 M 型矮星的观测结果是相一致的。

厚盘的 B 波段光度约为 $2 \times 10^8 L_\odot$，是薄盘光度的 1%(这解释了为什么很难观测到厚盘)。厚盘的质量可能为 $(2\sim 4) \times 10^9 M_\odot$，约为薄盘质量的 3%。

24.2.6 旋涡结构

星系盘内部存在显著的结构。当以中性氢云或相对较年轻的天体 (例如 O 型和 B 型星、H II 区和疏散星团) 作为银河系结构的示踪剂时，就会发现旋涡结构，从而使银盘看起来像风车。当在蓝光波段 (热且明亮年轻的大质量主序恒星的主要可见波段) 中观测其他具有明显盘状结构的星系时，这些星系通常也表现出相似的美丽旋涡结构。一个例子是仙女座大旋涡星系，如图 24.7 所示。但是，当从红光波段 (较老的或小质量恒星的特征) 中观测星系时，旋涡结构则不太明显。看来旋涡与持续的恒星形成有关，较老的恒星有足够的时间从旋涡图像中漂移出来 (见 25.3 节)。如图 24.8 所示，太阳看起来很靠近 (但实际上并不在其中) 一个称为**猎户–天鹅臂 (Orion-Cygnus arm)** 的特征旋臂上，或者简称**为猎户臂 (Orion arm)**。此特征也称为**猎户分支 (Orion spur)**，因为它可能并不是完整的旋臂结构。旋臂的名称取自观测到的它们所位于的星座。

图 24.7　**仙女星系 (Andromeda galaxy，也称为 M31 或 NGC 224)** 是一个与我们的星系很像的旋涡星系，距离银河系 770 kpc(摘自桑德奇和贝德克，《卡内基星系图集》(*The Carnegie Atlas of Galaxies*)，华盛顿卡内基研究所，华盛顿，1994)

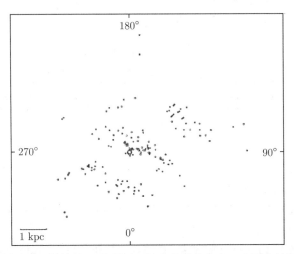

图 24.8　年轻疏散星团和 H II 区的空间分布揭示了银盘旋臂的存在。太阳在该图的原点处 (度数刻度线的交点)，位于猎户–天鹅臂附近 (图摘自贝克尔 (Becker) 和芬卡特 (Fenkart)，《我们银河系的螺旋结构》(*The Spiral Structure of Our Galaxy*)，贝克尔 (Becker) 和康托普洛斯 (Contopoulos) 编辑，D. Reidel Publishing Company，多德雷赫特 (Dordrecht)，1970)

干扰卡普坦确定银河系总体结构的星际气体和尘埃云，在图 24.1 中清楚可见，主要位于中平面附近，并且更多位于旋臂中。如果可以从盘外的一个有利位置沿中平面观测银河系，则它看起来可能类似于图 24.9 中所示的 NGC 891[①]。

24.2.7　星际气体和尘埃

正如我们在 12.1 节中讨论的那样，银河系中存在着各种质量、温度和密度的气体和尘埃云，正是从这些云层中最终形成了新的恒星。通过测量尘埃遮蔽影响和尘埃发射率，以及 21 厘米 H I 辐射的位置，并使用 CO 分子作为分子氢的示踪剂，天文学家已经能够绘制

---

① NGC 是一种命名方式，表明该星系是新总表 (New General Catalog) 中的成员，见第 767 页。

出银河系中尘埃和气体的总体分布。人们发现分子氢和冷尘埃分别分布在距银心 3~8 kpc 和 3~7 kpc 的区域 (即太阳圈内),而原子氢则分布在 3 kpc 到银盘边缘 (25 kpc)。分子氢和尘埃似乎很紧密地限制在银盘平面内,垂直标高在中平面上下 90 pc 或者更小。这仅是薄盘中恒星分布标高的 25%,厚盘中恒星分布标高的 9%。在太阳附近的区域,原子氢分布的标高约为 160 pc。H I 的总质量估计为 $4 \times 10^9 M_\odot$,H_2 的质量约为 $10^9 M_\odot$。在太阳近处,气体的总质量密度为 0.04 $M_\odot \cdot pc^{-3}$,其中原子氢约占 77%,分子氢占 17%,离子氢占 6%。

图 24.9　NGC 891 的侧面图清楚地显示了星系盘平面上的细尘埃带。若从较远的有利位置观测银河系,看起来可能会很像 NGC 891(摘自桑德奇和贝德克,《卡内基星系图集》,华盛顿卡内基研究所,华盛顿,1994)

在距银心超过 12 kpc 的距离时,H I 的标高急剧增加,达到 900 pc 以上。另外,银河系外围的 H I 分布不再严格地限制在平面内,而是表现出界限清晰的**翘曲 (warp)**,其偏离平面的最大角度可达 15°。图 24.10 展示了在银河系半径 13.6 kpc 处的 H I 分布图。

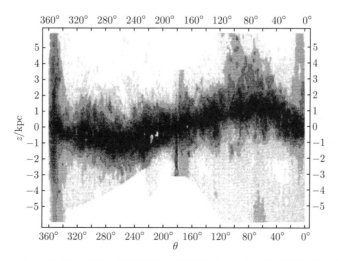

图 24.10　距银心 13.6 kpc 处 H I 翘曲。银河系的中平面位于 $z = 0$,并且朝向银心的方向为 0°(图改编自 Burton 和 te Lintel Hekkert,*Ap. J., Astron. Astrophys. Suppl. Ser.*,第 65 期,第 427 页,1986)

朝向银心的视线在图中标记为 $0°$。在银河系中观测到的 H I 翘曲分布似乎在其他旋涡星系中也很常见,包括仙女星系。在某些旋涡星系中,翘曲角可以达到 $90°$。尽管我们还没有完全理解产生翘曲的动力学过程 (例如,它们似乎并不是一个或多个外部星系的简单引力扰动的结果),但它们似乎与银河系外围区域中的质量分布有关,而这个区域并非大部分发光物质的所在地。

在银河系的高纬度地区也可以发现氢云。根据 21 厘米发射线观测,这些云中的某些具有正的 (向外的) 径向速度,意味着它们正在远离银盘,但大多数云具有较大的负径向速度 (高达 400 km·s^{-1} 或更高)。这些**高速云 (high-velocity clouds)** 的产生似乎有两种可能的源头。一个可能的过程是超新星喷出的气体云被驱使到了较大的 z 值,然后它们最终冷却并降落回银道面。这个猜想称为**银河系喷泉模型 (Galactic fountain model)**。另外一个可能的过程是,银河系似乎正在从星际空间以及一些小型卫星星系中吸积气体,因此负径向速度云占主导地位。

此外,距银心距离高达或超过 70 kpc 时,存在非常热的稀薄气体。**远紫外分光探测器 (Far Ultraviolet Spectroscopic Explorer,FUSE)** 能够探测到遥远的河外源和晕星发出的光在穿过银河系晕中气体时产生的光谱中的 O VI 吸收线。远处的光源包括遥远的河外光源和银河系晕中的恒星产生的光。可以用 O VI 作为氢气的示踪物,O VI 吸收线的强度反映了氢的数密度 n_H 为 $10\sim 11$m^{-3}。

假设分布近似为半径约 70 kpc 的球形,则气体质量估计为 $M \approx 4\times10^8 M_\odot$。如果气体分布有些扁平,则总质量可能会超过 $10^9 M_\odot$。为了支撑气体以抵抗引力坍缩,气体温度必须非常高。据估计,这种炽热且稀薄的气体的温度超过了 10^6K。其高温可能是由落入的气体与银河系中现有气体之间的碰撞所致。这些高温气体有时称为**冕气体 (coronal gas)**,暗示其高温。

24.2.8 卫星星系的瓦解

麦哲伦流 (Magellanic Stream) 是另一个不寻常的高纬度特征,它是一条狭窄的 H I 发射带,在天空中延伸超过 $180°$,并尾随南半球的麦哲伦云 (回想一下,大麦哲伦云 (LMC) 和小麦哲伦云 (SMC) 是银河系的小型卫星星系,分别位于距地球 52 kpc 和 61 kpc 处)[①]。麦哲伦流似乎是大约 2 亿年前麦哲伦星云与银河系潮汐相互作用的产物。也有人认为,麦哲伦流的某些结构可能与银河系高温冕气体的相互作用有关。

其他卫星星系也会与银河系发生潮汐相互作用,某些目前正在进行。例如,1995 年,**罗德里戈·伊巴塔 (Rodrigo Ibata)** 和他的同事宣布在人马座发现了一个以前未知的矮椭球星系。人马座矮椭球星系距地球仅 24 kpc,距银心 16 kpc,是离地球最近的星系。它显然是被拉长了的,因为其长轴指向银河系的中心,径向速度为 140 km·s^{-1},与银河系仅有几次轨道相遇。显然,人马座矮椭球星系及其内的球状星团正在并入银河系。

根据 **2 微米全天巡视 (2-Micron All Sky Survey,2MASS)** 星表,研究人员还发现,大犬座中靠近银道面附近的恒星数密度过大,一群球状星团和疏散星团的位置和径向速度都与此相关。这个特征强烈暗示了过去曾有一个矮卫星星系并入银河系中,现在可能已经成为厚盘的一部分。

[①] LMC 中包含剑鱼座 30(30 Dorodus) 星云和 SN 1987A,两者都在第 15 章有讨论。

不寻常的**半人马座球状星团** ω(ω **Cen**) 似乎也是一个被银河系吞没的矮星系残余。ω Cen 是地球上可见的最大、最明亮的球状星团,其面亮度异常高。看来,这个球状星团可能是前卫星星系被剥离后的核心。(有人提出,球状星团 M54 和 NGC 2419 也是曾经遭受与 ω Cen 相同命运的矮星系。)

24.2.9 银河系核球

尽管薄盘的垂直标高在太阳附近只接近 350 pc,但该值在靠近银河系内部盘-球相接区域时略有增加。**银河系核球 (Galactic bulge)** 并不是银盘的简单延伸,而是银河系中独立的组成部分。核球的质量约为 $10^{10}M_\odot$,其 B 波段光度接近 $3\times10^9L_\odot$,这样质光比为 $3\ M_\odot/L_\odot$,该值与薄盘值相当。

在图 24.11 所示的**宇宙背景探测器 (COsmic Background Explorer satellite, COBE)** 图像中可以明显看到盒式 (或扁长) 的核球。此图是由 1.2 μm、2.2 μm 和 3.4 μm 的观测图像合成的,可以与图 24.9 所示的 NGC 891 的光学图像进行对比。利用 COBE 数据,结合对天琴座 RR 星、K 和 M 型巨星的观测,我们发现,核球中恒星数密度的变化对应于 100 ∼ 500 pc 的垂直标高,具体标高取决于恒星的年龄,较年轻的恒星标高较小。

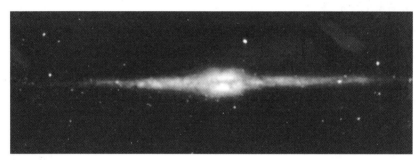

图 24.11 由 COBE 看到的银河系的红外图。该图像是由 1.2 μm、2.2 μm 和 3.4 μm 的观测图像合成的,并且在银心的两侧延伸了 96°(由 COBE 科学工作组和 NASA 戈达德太空飞行中心供图)

核球的面亮度 I(以 $L_\odot\cdot\mathrm{pc}^{-2}$ 为单位) 近似呈现出以下形式的径向依赖性:

$$\log_{10}\left[\frac{I(r)}{I_e}\right] = -3.3307\left[\left(\frac{r}{r_e}\right)^{1/4} - 1\right], \tag{24.13}$$

这通常称为 $r^{1/4}$ 律。该规律由**杰拉德 · 德沃古勒 (Gerard de Vaucouleurs, 1918—1995)** 于 1948 年首次提出,因此也称为**德沃古勒轮廓 (de Vaucouleurs profile)**。r_e 是参考半径 (也称**有效半径**),而 I_e 是 r_e 处的面亮度。r_e 的正式定义是:该半径以内,核球发出一半的光。在 12 μm 红外波长波段,**红外天文卫星 (InfraRed Astronomical Satellite, IRAS)** 的恒星计数数据表明,核球的有效半径约为 0.7 kpc。COBE 也发现了类似的结果。我们之后将发现德沃古勒轮廓是弛豫的球状系统的一般分布。

太阳和银心之间的大量尘埃造成严重的星际消光,因而在可见光波段观测核球特性十分困难。在银心几度范围内的总消光量可以超过 30 星等。然而,存在一些消光量最小的视线方向。其中最著名的当属**巴德窗 (Baade's window)**，这是**沃尔特·巴德 (Walter Baade, 1893—1960)** 于 1944 年在观测球状星团 NGC 6522 时发现的。

巴德注意到，通过天空的那块区域，能够观测到实际比银心还要远的天琴座 RR 型变星。巴德窗位于银心下方 3.9°，视线通过距银心 550pc 以内的位置。通过巴德窗观测，我们相信 NGC 6522 是位于核球内的。

从观测证据来看，核球中恒星的化学丰度变化很大，范围从贫金属到富金属，$-2<$[Fe/H]<0.5。实际上，基于化学丰度，似乎在核球中存在三个迥然不同的年龄分组。第一组恒星似乎非常年轻，年龄小于 2 亿年，第二组恒星的年龄为 2 亿 ~70 亿年，而第三组则年龄大于 70 亿年 (可能高达 100 亿年或更大)。

核球中最老的恒星倾向于具有最高的金属丰度，而最年轻的恒星在 $-2\sim0.5$ 的范围内具有相当均匀的金属丰度分布，这种趋势乍看似乎与直觉相反。这种模式可能是由银河系年轻时大量的恒星爆发式形成所致。显然，在核球的早期，核心坍缩超新星增丰了星际介质，这意味着其后代的恒星包含了更多的较重元素。新生恒星中金属丰度分布更均匀可能是由新物质内落造成的。当采用第 722 页讨论的年龄–金属丰度关系时，必须仔细考虑这种类型的复杂性。

24.2.10　银河系的中心棒

尽管最初认为核球本质上是球形的，但许多观测结果和数据库研究已经确定核球中包含一根明显的**棒**[①]。如图 24.5 所示，银河系的中央条形棒在银河系概念图中清晰地描绘了出来。该棒半径 (二分之一长度) 为距离银心 (4.4±0.5)kpc，并且与地球到银心的视线成 $\varphi=44°±10°$ 角。该棒似乎在银道面方向上比 z 方向上的还粗一些，尺寸比约为 1:0.5:0.4。我们将在第 25 章中了解到，棒是动态稳定的结构，并且是许多旋涡星系的共同特征。

24.2.11　三千秒差距膨胀旋臂

在中性氢 21 厘米波段，银河系内部区域最容易观测到的一个独特特征是**三千秒差距膨胀旋臂 (3-kpc expanding arm)**，它是一团以大约 50 km·s^{-1} 速度向我们移动的气体云。这个快速移动的结构曾经被认为是银心巨大爆炸的产物，现在认为是恒星棒存在的结果。在爆炸解释中，这些气体云是在产生 10^{52} J 能量 (这很不切实际) 的爆炸事件中被驱离中心；而根据棒解释，这些气体云仅仅是由于棒的引力扰动而处于围绕银心的一个非常椭圆的轨道中。

24.2.12　恒星晕和球状星团系统

银河系的最后一个发光成分是**恒星晕 (stellar halo，或简称为晕)**，由球状星团和垂直银道面速度分量较大的**场星 (field star，不属于任何星团的恒星)** 组成。这些场星通常称为**高速星 (high-velocity star)**，因为我们将在 24.3 节中了解到，它们的速度分量与太阳的速度分量显著不同。大多数球状星团和高速恒星都可以到达远高于或低于银道面的位置。

[①] 此类的数据库研究之一就是对斯皮策太空望远镜产生的 GLIMPSE(Galactic Legacy Mid-Plane Survey Extraordinaire) 点源目录的分析，该点源目录为银河内部方向的约 3000 万个红外源。银河核球对红外波段比对可见光波段要透明得多。

尽管在沙普利看来，所有已知的球状星团都同样围绕银心几乎呈球形分布，但是如果用金属丰度来描绘，则明显存在两种不同的空间分布。较老的、贫金属的星团 (成员恒星金属丰度 [Fe / H] <−0.8) 属于恒星的延展球形晕；而较年轻的星团 ([Fe/H]> −0.8) 则形成较平坦的分布，甚至与厚盘相连。两个不同金属丰度星团的空间分布如图 24.12 所示。一个值得注意的例外是已经充分研究的球状星团**杜鹃座 47(47 Tucana，简称 47 Tuc，也称为 NGC104)**，它位于银道面以下 3.2 kpc 处，并且具有 [Fe/H]=−0.67 的异常高的金属丰度。一些天文学家认为 47 Tuc 是球形晕中的一员，而另一些天文学家则认为 47 Tuc 是厚盘中的一员。图 13.20(a) 给出了 47 Tuc 的颜色–星等图。

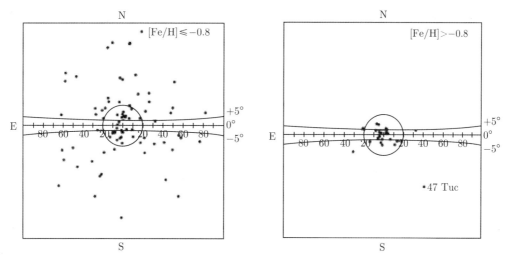

图 24.12　贫金属的球状星团围绕银心形成近乎球形的分布，而富金属的星团则更多在银道面附近分布，并且可能与厚盘相连 (图改编自 Zinn，*Ap. J.*，293，424，1985)

我们的银河系已知包含至少 150 个球状星团，距银心的距离为 500 pc∼120 kpc。最年轻的球状星团似乎大约有 110 亿年，而最老的球状星团可能超过 130 亿年[①]。现在看来，晕的最年轻和最年长的成员之间存在着约 20 亿年的巨大年龄差异。

尽管在距银心 42 kpc 内有 144 个球状星团，但在距银心 69∼123 kpc 只发现了 6 个球状星团。一些天文学家认为，这 6 个很遥远的星团可能是由银河系捕获的，或者可能是矮椭球星系，就像半人马 ω 球状星团和人马座矮星系一样。如果我们不包括这些非常遥远的天体，则贫金属星团似乎仅限于半径约为 42 kpc 的晕中。但是，对极其遥远且明亮的场星的观测表明，50 kpc 的恒星晕半径可能更加合适。

贫金属球状星团和晕中场星的数密度分布具有以下形式：

$$n_{\text{halo}}(r) = n_{0,\text{ halo}}(r/a)^{-3.5}, \tag{24.14}$$

其中，$n_{0,\text{halo}} \approx 4 \times 10^{-5} \text{pc}^{-3}$ 大约是薄盘中平面值的 0.2%(式 (24.9))。数密度分布的标长

---

① 克劳斯和查波亚 (Krauss 和 Chaboyer，《科学》，299，65，2003)，在 95% 的置信度水平下，发现球状星团的最佳拟合年龄为 126 亿年，其下限和上限分别为 104 亿年和 160 亿年。格拉顿等 (Gratton et al, *Aston. Astrophys.*，408，529，2003) 发现 NGC 6397，NGC 6752 和 47 Tuc 的年龄分别为 (139±11) 亿年，(139±11) 亿年和 (112±11) 亿年。相比一下，宇宙的年龄是 (137±2) 亿年。

(a) 为几千 pc。在可见波段，晕 $r^{1/4}$ 率 (式 (24.13)) 的有效半径 $r_e = 2.7$ kpc。

富含金属的球状星团似乎与厚盘场星具有许多共同特征，包括空间分布。就像厚盘场星一样，这些球状星团的垂直标高约为 1 kpc，这与贫金属球状星团的超长标长非常不同。

但是，根据使用天琴座 RR 星作为晕中其他场星的示踪物的研究，关于场星是否真的与相应的贫金属星团有着相同的空间分布模式，这存在一些疑问。相反，这些场星占据的空间可能是明显扁平化的，可能高达 $c/a \sim 0.6$，其中 c 是椭球体在垂直于银道面方向上的短轴，而 a 是长轴 (图 24.13)。这种分布差异 (如果存在) 可能会对银河系形成和演化的终极模型产生重大影响。另一方面，其他天文学家认为，$0.8 \leqslant c/a \leqslant 0.9$ 的某个值可能适用于场星和类似的星团。

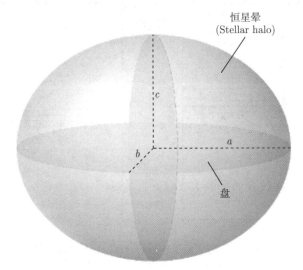

图 24.13   三轴椭球体系统的一般形状，其中椭球体的三个轴假定为 $a \geqslant b \geqslant c$。银河系银盘 (透视图) 大致呈圆形

如果主要基于恒星计数数据计算，则太阳附近的总恒星质量密度约为 0.05 $M_\odot \cdot \mathrm{pc}^{-3}$。其中，高速晕星的贡献约为 0.2%，即 $1 \times 10^{-4} M_\odot \cdot \mathrm{pc}^{-3}$。结合空间密度幂定律，将得出恒星晕的总质量约为 $1 \times 10^9 M_\odot$，其中大约 1% 是球状星团的总质量，其余的质量则在场星中。晕的 B 波段光度估计为 $1 \times 10^9 L_\odot$，给出的质光比约为单位 1(确切值尚不确定)。

当将银河系的所有组成部分综合考虑时，其 B 波段的总光度为 $L_{B,\mathrm{tot}} = (2.3 \pm 0.6) \times 10^{10} L_\odot$。但是，大约有三分之一的银河系辐射是在电磁波谱的红外部分，主要与星际尘埃有关。包括红外辐射在内，银河系的辐射热光度为 $L_{\mathrm{bol}} = 3.6 \times 10^{10} L_\odot$。

24.2.13 暗物质晕

把银河系所有发光成分的质量 (薄盘，厚盘，星际尘埃和气体，银河系核球，恒星光晕和条形棒) 合在一起时，银河系中的发光物质总质量估计为 $9 \times 10^{10} M_\odot$。正如我们将在 24.3 节中看到的那样，该值与太阳绕银心的轨道运动非常吻合，但是它并不能解释在远大于 R_0 的银心距上恒星和气体的轨道。显然，银河系的整体结构组成中还有另一个至关重要的组成部分。除了影响轨道运动外，银河系结构的这种看不见的元素也可能是发光盘外边缘附近的 H I 分布中所见翘曲产生的原因。

这种**暗物质晕 (dark matter halo)** 似乎大致呈球形分布，包围了恒星晕并延伸到至少 230 kpc 处。根据其对发光物质的引力影响，暗物质晕表观质量分布形式为

$$\rho(r) = \frac{\rho_0}{(r/a)(1 + r/a)^2}, \tag{24.15}$$

其中 ρ_0 和 a 通过拟合暗物质晕中的质量分布来选择 (对 ρ_0 和 a 的估计将在习题 24.24 中进行)。当 $r \ll a$ 时，此函数近似为 $1/r$；而当 $r \gg a$ 时，则近似为 $1/r^3$。距银心 50 kpc 之内的暗物质晕的质量可能高达 $5.4 \times 10^{11} M_\odot$，而距银心 230 kpc 之内的暗物质晕的质量可能高达 $1.9 \times 10^{12} M_\odot$。由此看来，暗物质晕约占银河系整体质量的 95%。式 (24.15) 所讨论的关于暗物质密度分布的经验依据，将在第 746 页开篇讨论。

暗物质晕的成分仍然是个谜。它不能以星际尘埃的形式出现，因为尘埃会由于星际消光而暴露出来。此外，暗物质晕也不可能由气体组成，因为在观测晕星时气体吸收线会很明显。一类可能的候选物称**为弱相互作用大质量粒子 (weakly interacting massive particles, WIMP)**。WIMP 不会对银河系的整体光度有所贡献，但会通过引力相互作用对其产生影响。

如果支持以 WIMP 主导的银河系模型，宇宙形成和随后演化有关的理论研究表明，非重子物质 (质子、中子及其相关的大质量粒子以外的物质成分) 可能构成了暗物质晕质量的大部分。这个问题将在第 29 章和第 30 章中进行更详细的讨论。有人提出，中微子 (轻子) 可以解决这个问题，但现在看来中微子的质量不足以解释暗物质晕中所需要的大质量。也许一些目前假想的 (未被探测到) 粒子可以解释这个问题，例如在一些粒子物理大统一理论中预言的称为**中性微子 (neutralino)** 的超对称粒子。

关于暗物质构成的一个有竞争力的假说是**晕族大质量致密天体 (massive compact halo objects, MACHO)**。MACHO 可以提供看不见的质量，如白矮星、中子星、黑洞或不太奇异的红矮星或褐矮星。一些对 MACHO 的观测搜索是基于广义相对论的预测，即星光在靠近大质量天体时会发生偏转 (见 17.1 节)。如果 MACHO 位于遥远的恒星与地球之间，则来自恒星的光可以以 MACHO 作为引力透镜来聚焦，如图 24.14 所示。1993 年，天文学家在观测大麦哲伦云中的恒星时，发现了暂时变亮的明显特征，而当一颗 MACHO 穿过视线时预计就会产生这种情况。图 24.15 显示了一个持续 33 天的事件的光变曲线。从对少量此类事件的统计分析来看，似乎 MACHO 太少，无法解释暗物质晕中如此大的质量占比。

观察者　　　　　　　　　　　　MACHO　　　　　　　　　　　恒星

图 24.14　中间的 MACHO 产生的星光引力透镜 (聚焦)

哈勃太空望远镜对白矮星和小红矮星的搜索也支持了这一结论。在这些研究中，探测到的矮星数量太少，不足以构成银河系暗物质的主要成分。到撰写本书时为止，根据最黯弱 (最深) 的搜索，白矮星能提供的质量不超过暗物质晕质量的 10%，红矮星则不超过 6%。

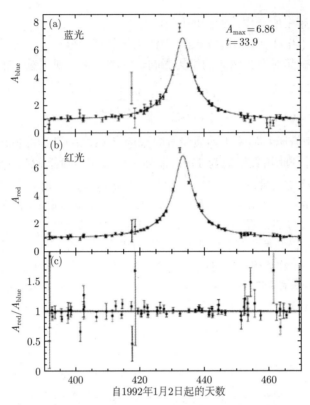

图 24.15　LMC 中一颗在 33 天的时间内变亮了的恒星的光变曲线，这显然是因为 MACHO 穿过了视线。数据显示了 (a) 蓝光，(b) 红光和 (c) 蓝光与红光之比 (图改编自奥洛克 (Alcock) 等，*Nature*，365，621，1993。经许可转载，©1993，Macmillan Magazines Limited)

24.2.14　银河系的磁场

　　银河系也像许多其他天体物理环境一样拥有磁场。场的方向和强度可以通过多种方式测量，包括塞曼效应以及星际颗粒对可见光和射电波段电磁辐射沿着磁场方向的反射所引起的偏振。看起来，在银盘内部，磁场趋向于跟随银河系的旋臂，其典型强度为 0.4 nT。恒星晕中的场强比盘中弱一个数量级，并且银心附近的场强可能达到 1 μT(见 24.4 节)。

　　尽管相对于地球表面附近的磁场 (大约 50 μT) 来说，银河系的整体磁场相当微弱，但它可能在银河系的结构和演化中起着重要作用。通过考虑其能量密度可以看出这一点，其能量密度似乎与盘内气体的热能密度相当 (也许相等)(见习题 24.9)。

24.3　银河系的运动学

　　理解银河系本质的一大挑战是确定其内部的运动学。在本节中，我们将讨论天文学家是如何从我们围绕移动的太阳运行轨道上的有利位置揭示银河系运动的复杂性。

24.3.1　银道坐标系

　　银河系中平面与天赤道平面不平齐，而是呈 62.87° 角倾斜。因此，在讨论银河系的结构和运动学时，引入新的坐标系更为方便，而不使用基于地球的赤道坐标系。**银道坐标系**

(Galactic coordinate system) 使用了银河系盘的存在所引入的自然对称性。

银河系的中平面与天球的相交点形成了一个几乎是大圆的圆圈，称为**银道 (Galactic equator)**[①]，方向如图 24.16 所示。**银纬 (b)** 和**银经 (l)** 是从有利于太阳的位置定义的，如图 24.17 所示。

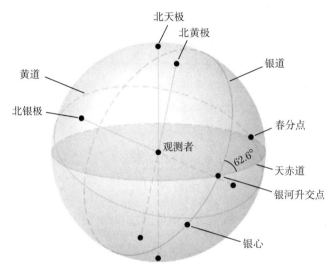

图 24.16　天赤道、黄道和银道在天球上的相对方向。请注意，从图中所示的位置来看，北天极 (NCP)，北黄极 (NEP) 和北银极 (NGP) 都位于天球的前面

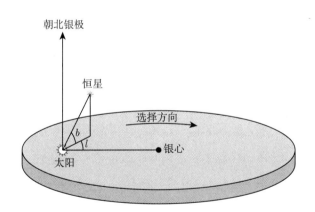

图 24.17　银道坐标 l 和 b 的定义，图中也标记了银河系的旋转方向

银纬是银道以北或以南的度数，是根据穿**过北银极 (north Galactic pole)** 的大圆来度量的。银经 (也以度为单位) 沿着银道向东测量，从银心附近开始，到用于测量银河系纬度的大圆交点为止。

根据国际惯例，北银极点 ($b = 90°$) 的 J2000.0 赤道坐标为

---

① 严格上讲，银河中平面并不能精确地画出一个大圆，因为太阳并不精确地位于中平面上。但是，偏差很小。回想一下 24.2 节中提到的，太阳位于平面上方 30 pc 处。

$$\alpha_{\mathrm{NGP}} = 12^{\mathrm{h}}51^{\mathrm{m}}26.28^{\mathrm{s}},$$

$$\delta_{\mathrm{NGP}} = 27°7'41.7'',$$

并且银道坐标系的原点 $(\ell_0 = 0°, b_0 = 0°)$ 对应于

$$\alpha_0 = 17^{\mathrm{h}}45^{\mathrm{m}}37.20^{\mathrm{s}},$$

$$\delta_0 = -28°56'9.6''.$$

注意，由式 (24.6) 和式 (24.7) 给出的银河系的中心 $(\alpha_{\mathrm{Sgr\ A*}}, \delta_{\mathrm{Sgr\ A*}})$ 非常接近，但并不与 $\ell_0 = 0°, b_0 = 0°$ 完全一致。

在两个坐标系中，天空上的其他两个有用的位置也值得指明。在 J2000.0 银道坐标中给出的北天极位置 $(\delta_{\mathrm{NCP}} = 90°)$ 为

$$\ell_{\mathrm{NCP}} = 122°55'55.2'',$$

$$b_{\mathrm{NCP}} = 27°7'41.7''.$$

天赤道与银赤道的交点 (升交点) 从负到正偏角向东移动，由赤道坐标表示为

$$\alpha_{\mathrm{ascending}} = 18^{\mathrm{h}}51^{\mathrm{m}}24^{\mathrm{s}},$$

$$\delta_{\mathrm{ascending}} = 0°,$$

由银道坐标表示为

$$\ell_{\mathrm{ascending}} = 33.0°,$$

$$b_{\mathrm{ascending}} = 0°.$$

赤道坐标和银道坐标之间的转换涉及球面三角学的应用。要进行从赤道坐标到银道坐标的转换 (假设历元 J2000.0):

$$\sin b = \sin \delta_{\mathrm{NGP}} \sin \delta + \cos \delta_{\mathrm{NGP}} \cos \delta \cos (\alpha - \alpha_{\mathrm{NGP}}), \tag{24.16}$$

$$\cos b \sin (\ell_{\mathrm{NCP}} - \ell) = \cos \delta \sin (\alpha - \alpha_{\mathrm{NGP}}), \tag{24.17}$$

$$\cos b \cos (\ell_{\mathrm{NCP}} - \ell) = \cos \delta_{\mathrm{NGP}} \sin \delta - \sin \delta_{\mathrm{NGP}} \cos \delta \cos (\alpha - \alpha_{\mathrm{NGP}}). \tag{24.18}$$

对于从银道坐标到赤道坐标的转换 (再次假设历元 J2000.0):

$$\sin \delta = \sin \delta_{\mathrm{NGP}} \sin b + \cos \delta_{\mathrm{NGP}} \cos b \cos (\ell_{\mathrm{NCP}} - \ell), \tag{24.19}$$

$$\cos \delta \sin (\alpha - \alpha_{\mathrm{NGP}}) = \cos b \sin (\ell_{\mathrm{NCP}} - \ell), \tag{24.20}$$

$$\cos \delta \cos (\alpha - \alpha_{\mathrm{NGP}}) = \cos \delta_{\mathrm{NGP}} \sin b - \sin \delta_{\mathrm{NGP}} \cos b \cos (\ell_{\mathrm{NCP}} - \ell). \tag{24.21}$$

请注意，在对这些表达式求逆以求解 α 或 l 时必须小心，因为在执行反三角函数的计算时，计算机和电子计算器可能会返回错误的 (默认) 象限。图 24.18 给出了不受此多值性影响的变换的图表形式。

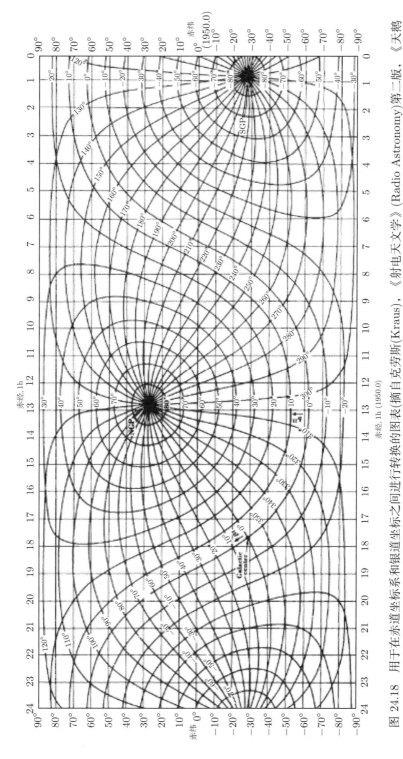

图 24.18 用于在赤道坐标系和银道坐标之间进行转换的图表(摘自克劳斯(Kraus),《射电天文学》(Radio Astronomy)第二版,《天鹅座–类星体丛书》(Cygnus–Quasar Books),1986年,经允许使用)

24.3.2 银河系运动的柱坐标系

太阳附近的恒星运动使我们能够收集有关银河系大尺度结构的重要线索。尽管银道坐标系可用于表示从地球上看到的银河系中天体的位置，但它不是研究运动学和动力学的最方便的选择。原因之一是作为坐标系原点的太阳本身正在银河系围绕中心移动。此外，以太阳为中心的坐标系构成了一个关于银河系运动的非惯性参考系。

因此，为了补充银道坐标系，使用柱坐标系，将银河系的中心置为原点。在该坐标系中，径向坐标 R 向外增大，角坐标 θ 指向银河系的旋转方向，垂直坐标 z 向北增大 (图 24.19)。此外，传统上将相应的速度分量标记为

$$\Pi \equiv \frac{\mathrm{d}R}{\mathrm{d}t}, \quad \Theta \equiv R\frac{\mathrm{d}\theta}{\mathrm{d}t}, \quad Z \equiv \frac{\mathrm{d}z}{\mathrm{d}t}. \tag{24.22}$$

值得注意的是，这组方向选择是左手坐标系，而不是更常规的右手坐标系。发生这种情况的原因是，从北银极看时，银河系是顺时针旋转，而不是逆时针旋转。幸运的是，在此分析中我们不涉及叉乘。记住叉乘是按右手坐标系定义的。

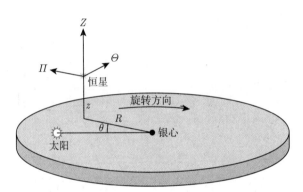

图 24.19　用于分析银河系运动学的柱坐标系。请注意，有些作者将径向坐标定义为朝向银心为正。还要注意的是，此处定义的坐标系不是右手坐标系

24.3.3 本动和本地静止标准

由于我们所有的观测都是从地球 (或至少相对靠近地球，如从地球的卫星观测) 进行的，并且因为我们可以通过消除地球自转和公转及航天器运动的任何影响，将这些观测转换为以太阳为中心的观测，所以我们将太阳视为所有对银河系进行观测的观测点。特别地，由于与银河系尺度上的任何距离相比，地球与太阳之间的距离非常小，所以我们不必关心位置的变化，而只关心速度的变化。

但是，在我们希望从太阳到银河系的中心进行最后的转换之前，我们还必须了解太阳的运动。实际上，太阳并不遵循简单的平面轨道运动，也不遵循闭合的非平面轨道运动。相反，当太阳绕银心运动时，它目前也正在缓慢地向内移动 (沿负 R 方向) 并向北远离中平面移动 (正 z 方向)。

为了研究太阳和太阳附近其他恒星的运动，我们首先定义**动力学本地静止标准 (dynamical local standard of rest，动力学 LSR)** 为该瞬时位于太阳中心的一个点，且该

点沿着太阳圆绕银心以正圆轨道运动。LSR 的另一种定义是 **运动学本地静止标准 (kine-matic local standard of rest, 运动学 LSR)**,它是基于太阳附近恒星的平均运动。尽管选择的参考恒星不同,但动力学和运动学的 LSR 还是非常吻合的。但是,可以证明运动学 LSR 在系统上落后于动力学 LSR。所以在本书的其余部分中,"LSR" 将始终指代动力学 LSR。

LSR 的速度分量必须为

$$\Pi_{\mathrm{LSR}} \equiv 0, \quad \Theta_{\mathrm{LSR}} \equiv \Theta_0, \quad Z_{\mathrm{LSR}} \equiv 0,$$

其中,$\Theta_0 \equiv \Theta(R_0)$,这里 R_0 是太阳银心距。请注意,一旦选择了 LSR,太阳就会立即开始偏离它,这意味着我们将需要不断重新定义有效的参考点。实际上,这不是一个大问题,因为 (幸运的是) 与现代望远镜观测开始以来的时间相比,LSR 的 2.3 亿年的轨道周期非常长 (与典型研究资助的寿命相比则更长)。因此,并没有足够的时间使得偏离效果变得明显。

恒星相对于 LSR 的速度称为恒星的 **本动速度 (peculiar velocity)**,由下式给出:

$$V = (V_R, V_\theta, V_z) \equiv (u, v, w), \tag{24.23}$$

其中,

$$u = \Pi - \Pi_{\mathrm{LSR}} = \Pi, \tag{24.24}$$

$$v = \Theta - \Theta_{\mathrm{LSR}} = \Theta - \Theta_0, \tag{24.25}$$

$$w = Z - Z_{\mathrm{LSR}} = Z. \tag{24.26}$$

太阳相对于 LSR 的本动速度通常简称为 **太阳运动 (solar motion)**。

如果我们假设银河系是一个轴对称星系,那么太阳附近所有恒星 (不包括太阳) 的 u 和 w 的平均值应该几乎为零。原因是在关于旋转轴和中平面对称的情况下,向内和向外移动的恒星应该一样多,并且向北银极移动的恒星应该与向南银极移动的恒星一样多。实际上,这并不是很正确,因为银河系并不是精确的轴对称,但是对于我们这里的目的而言,该误差并不重要。因此,我们将如此假设,并对 N 个太阳附近的恒星的样本求和,

$$\langle u \rangle = \frac{1}{N} \sum_{i=1}^{N} u_i \simeq 0, \tag{24.27}$$

$$\langle w \rangle = \frac{1}{N} \sum_{i=1}^{N} w_i \simeq 0. \tag{24.28}$$

但是,不能对 v 分量作出相同的假设。要了解原因,可以考虑图 24.20 中描述的情形。如果要考虑将平均轨道半径不同的恒星视为太阳邻域的成员,并且有资格将其包括在 $\langle v \rangle$ 的计算中,则它们必须遵循非常接近 LSR 的路径。如果我们考虑样本中所有恒星的 $u = 0$ 和 $w = 0$ 的特殊情况,则当它们与 LSR 重合时,恒星必须位于距银心最远的位置 (远银心点) 或距银心最接近的位置 (近银心点)。A 点和 B 点分别如此。

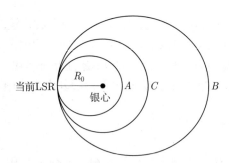

图 24.20　图为三种假想恒星的轨道交会在 LSR 处。A 和 B 代表椭圆轨道半长轴分别 $a_A < R_0$ 和 $a_B > R_0$ 的恒星。C 代表遵行完美的 LSR 圆形轨道的恒星

那么，为了使两颗恒星遵循其指定的轨道运行，必须使 $\Theta_A(R_0) < \Theta_0$ 并且 $\Theta_B(R_0) > \Theta_0$。这意味着 $v_A < 0$ 并且 $v_B > 0$。最后，由于太阳与银心之间的恒星数量多于它以外的恒星 (例如式 (24.9))，则有

$$\langle v \rangle < 0. \tag{24.29}$$

这解释了之前所说的运动学 LSR 为什么系统性地滞后于动力学 LSR。

特定恒星相对于太阳的测量速度就是恒星的本动速度与太阳运动相对于 LSR 之间的差，或者

$$\Delta u \equiv u - u_\odot, \quad \Delta v \equiv v - v_\odot, \quad \Delta w \equiv w - w_\odot.$$

使用式 (24.27)∼ 式 (24.29) 给出的恒星本动速度分量的平均值，用以求解太阳运动，我们有

$$u_\odot = -\langle \Delta u \rangle, \tag{24.30}$$

$$v_\odot = \langle v \rangle - \langle \Delta v \rangle, \tag{24.31}$$

$$w_\odot = -\langle \Delta w \rangle. \tag{24.32}$$

太阳运动的 u 和 w 分量仅反映了其他恒星相对于太阳在 R 和 z 方向上的平均相对速度。定性地说，似乎当太阳在空间中移动时，这些恒星 "流" 过太阳 (见习题 24.13)。

为了找到太阳运动的 v 分量，我们必须首先确定太阳附近恒星的 v 平均值。不幸的是，这需要一个超出当前讨论范围的银河系运动理论。但是从定性上，该过程本质上涉及根据太阳附近恒星数密度的径向变化来推导 v 的解析表达式。这种关系成立的理由在于：恒星数密度随着银心距离的减小而增加，从而导致恒星运动滞后于 LSR。结果是以下形式的方程：

$$\langle v \rangle = C\sigma_u^2,$$

其中，C 为常数，且

$$\sigma_u \equiv \langle u^2 \rangle^{1/2}$$

衡量了相对于 LSR 的太阳附近恒星本动速度的 R 分量弥散。自然也有

$$\sigma_u^2 = \langle \Pi^2 \rangle.$$

注意，σ_u 与速度分布的标准偏差有关，定义为

$$\text{标准偏差} \equiv \frac{1}{\sqrt{N}} \left[\sum_{i=1}^{N} (u - \langle u \rangle)^2 \right]^{1/2}.$$

在 $\langle u \rangle = 0$ 的特殊情况下，$\sigma_u = \langle u_2 \rangle^{1/2}$ 与标准偏差相同。σ_u 称为 u 中的**速度弥散度 (velocity dispersion)**。

回到图 24.20，我们可以看到为什么 σ_u 应该与 $\langle v \rangle$ 相关。在 u 中产生较大弥散度的恒星样本意味着其包含了更广范围的椭圆轨道。这样就会出现恒星样品群的大部分 $R < R_0$，就会导致恒星样本的 v 平均值更负，样本中 $v < 0$ 的恒星就会比 $v > 0$ 的恒星更多。或者，随着 σ_u^2 减小，具有明显非圆形轨道的星将更少，而 $\langle v \rangle$ 将接近零。根据式 (24.31)，

$$\langle \Delta v \rangle = C\sigma_u^2 - v_\odot,$$

其中，$-v_\odot$ 是 $\langle \Delta v \rangle$ 与 σ_u^2 的图上的纵坐标截距，参见习题 24.14。C 是线性关系的斜率。

太阳的本动速度分量是

$$u_\odot = -10.0 \pm 0.4 \ \text{km} \cdot \text{s}^{-1}, \tag{24.33}$$

$$v_\odot = 5.2 \pm 0.6 \ \text{km} \cdot \text{s}^{-1}, \tag{24.34}$$

$$w_\odot = 7.2 \pm 0.4 \ \text{km} \cdot \text{s}^{-1}, \tag{24.35}$$

因此，相对于 LSR，太阳正在：①向银心移动，②在银河系旋转方向移动更快，并且③向北离开银道面。总体而言，太阳以大约 13.4 km·s^{-1} 的速度朝着武仙座中的某个点运动。太阳向其移动的点称为**太阳向点 (solar apex)**，太阳越来越远离的点是**太阳背点 (solar antapex，位于天鸽座)**。但是要注意，太阳运动和太阳向点位置的精确值取决于参考恒星的选择。

现在已知了太阳运动，就可以将恒星相对于太阳的速度转换为相对于 LSR 的本动运动。然后，就有可能针对太阳附近的特定恒星样本，将其本动运动的一个分量与另一个分量作图，以获得有关其运动的重要信息。许多这样的图相比较，显示出称为**速度椭球 (velocity ellipsoids)** 的图形特征。如图 24.21 中 u 与 v 的关系图所示，当使用年轻的、富金属的主序 A 星时，LSR 的速度范围相当有限 (较小的弥散)。而对于年龄较大的 K 巨星，观测到 u 和 v 的变化则较大。而当绘制较老的、贫金属的红矮星时，u 和 v 分布范围甚至更大 (弥散更大)。在 w 和 v 的关系图中也可以看到相同的一般情况，而 w 对 u 绘制时则能得到对称得多的图。

图 24.21 中的特定结构值得更详细的讨论。首先是金属丰度和速度弥散之间非常明显的关系，称为**速度–金属丰度关系 (velocity-metallicity relation)**。当速度–金属丰度和年龄–金属丰度关系结合在一起时，速度椭球表明银河系中最古老的恒星具有最宽范围的本动速度，这一趋势在所有三个坐标中都非常明显。因为具有最小本动速度的恒星不会很快漂移离开 LSR，所以它们必须占据与 LSR 相似的轨道，这意味着这些年轻恒星是薄盘的成员。另一方面，具有最大本动速度的恒星围绕银心的运行路径大不相同。特别是 $|w|$ 大

的恒星沿着轨道穿过太阳轨道邻域，从而将它们带到盘上方和下方很远的距离。这些老的贫金属恒星就是 24.2 节中提到的高速恒星，它们是恒星晕的成员。

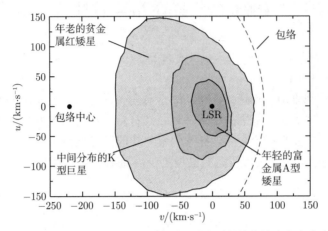

图 24.21　太阳邻域恒星本动速度 u 和 v 分量的示意图。最内圈的轮廓线内代表富金属的主序 A 星，中间的圈内代表稍老一些的 K 巨星，外圈代表非常贫金属的红矮星。LSR 位于 $(v, u) = (0, 0)$。一个半径约为 $300\ \mathrm{km \cdot s^{-1}}$ 的包络圈围绕着 $v = -220\ \mathrm{km \cdot s^{-1}}$ 处的圆心，这揭示了 LSR 的轨道速度

本动速度图的第二个共同特征是：沿着 v 轴的速度椭球明显不对称，这种不对称性是金属丰度或恒星年龄的函数 (这种效应称为**非对称星流 (asymmetric drift)**)。观测到 $v > 65$ $\mathrm{km \cdot s^{-1}}$ 的恒星很少，但存在一些 $v < -250\ \mathrm{km \cdot s^{-1}}$ 的贫金属天琴座 RR 星和亚矮星。实际上，如图 24.21 中的虚线所示，可以在高速恒星周围绘制半径约为 $300\ \mathrm{km \cdot s^{-1}}$ 的近似圆形的"包络"。对于 u-v 和 w-v 图，这个圆形速度"包络"的中心似乎都位于 $v = -220\ \mathrm{km}$ $\cdot \mathrm{s^{-1}}$ 附近。如果恒星晕的平均旋转速度非常慢 (如果有的话)，那么 LSR 的轨道速度应显示为相对 v 轴的对称点。这是因为具有 $\Theta \simeq 0$ (在银河系旋转方向上没有速度分量) 的晕星表现出的本动速度 v，可以简单地反映 LSR 的运动 (即 $v \simeq -\Theta_0$)。具有与整个银河系旋转方向相反的轨道分量的恒星的 $v < -\Theta_0$。由此看来，LSR 的轨道速度为

$$\Theta_0 (R_0) = 220\ \mathrm{km \cdot s^{-1}}, \tag{24.36}$$

这也是当前接受的国际天文学联合会 (IAU) 标准。该值也已通过外部星系群进行了测量，以作为参考[①]。

例 24.3.1　使用开普勒第三定律，并根据 R_0 和 Θ_0，可以估算太阳与银心之间的银河系质量。利用 $R_0 = 8\mathrm{kpc}$，$\Theta_0 = 220\ \mathrm{km \cdot s^{-1}}$，LSR 的轨道周期是

$$P_{\mathrm{LSR}} = \frac{2\pi R_0}{\Theta_0} = 230\ \mathrm{Myr}.$$

假设太阳圆以内的银河系的质量远大于随 LSR 一起运动的测试天体的质量，并且银河系

---

① 库伊肯 (Kuijken) 和特里梅因 (Tremaine) 在 1994 年提出 Θ_0 的 IAU 值可能过大。他们基于一套各种银河系参数的自洽解，建议 $\Theta_0 = 180\ \mathrm{km \cdot s^{-1}}$。

的质量大部分呈球形对称分布，开普勒第三定律 (式 (2.37)) 给出

$$M_{\mathrm{LSR}} = \frac{4\pi^2 R_0^3}{G P_{\mathrm{LSR}}^2} = 8.8 \times 10^{10} M_\odot.$$

该值与第 730 页上引用的发光物质的质量估算值比较吻合，但是它远小于包含暗物质晕的银河系总质量估算值。

1927 年，扬 · 奥尔特 (Jan Oort, 1900—1992 年) 提出，由于没有观测到 $v > 65$ km·s^{-1} 的恒星，所以银河系的逃逸速度必须为相对于银心 $\Theta_0 + 65$ km·s^{-1} ～300 km·s^{-1}。实际上，我们今天知道，在太阳附近确实存在少量极高速度的恒星，相对于银心的速度约为 500 km·s^{-1}。由于这些恒星尚未从银河系中逃逸，因此似乎 $v \sim 65$ km·s^{-1} 附近存在的强烈不对称性只是表明极高速恒星很少，见习题 24.15。

24.3.4　银河系较差自转和奥尔特常数

1927 年，奥尔特还得出了一系列关系式，现在这些关系式已成为天文学家试图确定银盘较差旋转曲线的框架。为了简化讨论，我们将假设所有运动都是围绕银心的圆形运动。

考虑图 24.22 中描述的情况。假设太阳 (在 O 处) 和恒星或其他天体 (在 S 处) 在银河系中平面绕银心 (在 C 处) 运行。在太阳和恒星之间的点 S 处测得的速度矢量是两个天体之间的相对速度。因此，为了将观测到的速度矢量与天体相对于银心运动的真实速度进行比较，有必要考虑恒星运动与太阳运动之间的差异。当然，实际上直接测量的不是相对空间运动，而是径向速度和自行速度。如果已知到恒星的距离 d，则自行速度可以转换为横向速度。

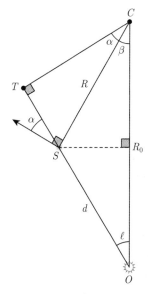

图 24.22　分析银道面中的微元旋转的几何图形。太阳位于 O 点，银心位于 C，恒星位于 S，与太阳的距离为 d。ℓ 是恒星在 S 处的银经，而 α 和 β 是辅助角。从 NGP 方向看，运动方向反映了银河系顺时针旋转

如果视线是在银经 ℓ 的方向上，并且如果 $\Theta(R)$ 是以银心距离为自变量的轨道速度函数曲线，则恒星的相对径向速度和横向速度分别为

$$v_r = \Theta \cos\alpha - \Theta_0 \sin\ell,$$

$$v_t = \Theta \sin\alpha - \Theta_0 \cos\ell,$$

其中，Θ_0 是理想圆周运动中太阳的轨道速度 (实际上是 LSR 的轨道速度)，图中定义了 α。定义角速度曲线为

$$\Omega(R) \equiv \frac{\Theta(R)}{R},$$

相对径向和横向速度变为

$$v_r = \Omega R \cos\alpha - \Omega_0 R_0 \sin\ell,$$

$$v_t = \Omega R \sin\alpha - \Omega_0 R_0 \cos\ell.$$

现在，通过参考图 24.22 的几何形状并考虑直角三角形 ΔOTC，我们得到

$$R \cos\alpha = R_0 \sin\ell,$$

$$R \sin\alpha = R_0 \cos\ell - d.$$

将这些关系代入先前的表达式中，我们得出

$$v_r = (\Omega - \Omega_0)\, R_0 \sin\ell, \tag{24.37}$$

$$v_t = (\Omega - \Omega_0)\, R_0 \cos\ell - \Omega d. \tag{24.38}$$

只要圆周运动的假设是合理的，式 (24.37) 和式 (24.38) 就是有效的。

尽管太阳绕银心的运动不是完美的圆形，但其相对于 LSR 的本动速度却比 Θ_0 小很多 (只有约 6%)。因此，首先可以近似认为：如果其他参数已知，则式 (24.37) 和式 (24.38) 可以提供 $\Omega = \Omega(R)$ 的合理估计。但是，d 通常很难测量，除非天体足够近以产生三角视差，或者是可以应用其他一些合理可靠的距离估计 (例如恒星可能是造父变星)。

星际消光的影响带来了另一种复杂性。我们在可见光波段远距离观测银河系结构的能力受到严重限制。除非我们在诸如巴德窗之类的遮挡相对较少的方向上进行观测，否则我们将只能看到离太阳几千 pc 的恒星。突破这一限制的一个重要工具 (将在下面更详细地讨论) 就是 H I 的 21 厘米波段。实际上，对于 21 厘米辐射来说，整个银河系都是光学薄的，这使得该波段成为研究银河系结构的宝贵工具。

由于光学波段的距离限制，奥尔特为 v_r 和 v_t 导出了一组仅在太阳附近区域有效的近似方程。尽管有此限制，但这些替代公式仍然能够提供有关银河系大尺度结构的惊人信息。

在此我们假设 $\Omega(R)$ 是 R 的一个平滑变化函数，因此 $\Omega(R)$ 在 $\Omega_0(R_0)$ 附近的泰勒展开式由下式给出：

$$\Omega(R) = \Omega_0\,(R_0) + \left.\frac{\mathrm{d}\Omega}{\mathrm{d}R}\right|_{R_0}(R - R_0) + \cdots$$

因此对于一阶近似，Ω 和 Ω_0 之差为

$$\Omega - \Omega_0 \simeq \left.\frac{\mathrm{d}\Omega}{\mathrm{d}R}\right|_{R_0} (R - R_0).$$

从而 Ω 的近似值是

$$\Omega \simeq \Omega_0.$$

如果我们还使用等式 $\Omega = \Theta/R$，则式 (24.37) 和式 (24.38) 在重新排列后变为

$$v_r \simeq \left[\left.\frac{\mathrm{d}\Theta}{\mathrm{d}R}\right|_{R_0} - \frac{\Theta_0}{R_0}\right](R - R_0)\sin\ell,$$

$$v_t \simeq \left[\left.\frac{\mathrm{d}\Theta}{\mathrm{d}R}\right|_{R_0} - \frac{\Theta_0}{R_0}\right](R - R_0)\cos\ell - \Omega_0 d.$$

根据图 24.22，很显然：

$$R_0 = d\cos\ell + R\cos\beta \simeq d\cos\ell + R,$$

因为 $d \ll R_0$ 则有 $\beta \ll 1$ rad，由于角度太小而近似 $\cos\beta \approx 1$。最后，使用适当的三角恒等式并定义**奥尔特常数 (Oort constants)**

$$A \equiv -\frac{1}{2}\left[\left.\frac{\mathrm{d}\Theta}{\mathrm{d}R}\right|_{R_0} - \frac{\Theta_0}{R_0}\right], \tag{24.39}$$

$$B \equiv -\frac{1}{2}\left[\left.\frac{\mathrm{d}\Theta}{\mathrm{d}R}\right|_{R_0} + \frac{\Theta_0}{R_0}\right], \tag{24.40}$$

我们有

$$v_r \simeq Ad\sin 2\ell, \tag{24.41}$$

$$v_t \simeq Ad\cos 2\ell + Bd. \tag{24.42}$$

要了解奥尔特公式对银经的函数依赖性，请考虑图 24.23(a) 所示的附近恒星轨道。对于在 $\ell = 0°$ 和 $\ell = 180°$ 方向上的恒星，视线垂直于它们相对于 LSR 的运动。因此，径向速度必须为零。对于 $\ell = 90°$ 或 $270°$，观测到的恒星与太阳基本处在相同的圆形轨道上，并且以相同的速度运动，因此 $v_r = 0$ km·s^{-1}。但是，在中间角度，情况要复杂一些。例如，如果我们假设在太阳附近，$\Omega(R)$ 向外单调递减，则在 $\ell = 45°$ 处，所观测到的恒星更靠近银心，并且 "超过" 了太阳；因此可以测量到正的径向速度。当 $\ell = 135°$ 时，太阳 "超越" 了恒星，因此产生了负的径向速度。在 $\ell = 225°$ 时，太阳正远离恒星运动，产生正的径向速度；在 $\ell = 315°$ 时，恒星正在接近太阳，导致观测到的径向速度为负值。总体结果是图 24.23(b) 所示的双正弦函数。类似的分析表明，横向速度曲线是一个双余弦函数加上一个

附加常数。参见习题 24.17。对于所有具有相似距离 d 的恒星样本，根据 v_r 和 v_t 曲线的振幅 (分别为式 (24.41) 和式 (24.42)) 得到 A，根据 v_t 的垂直偏移得到 B。

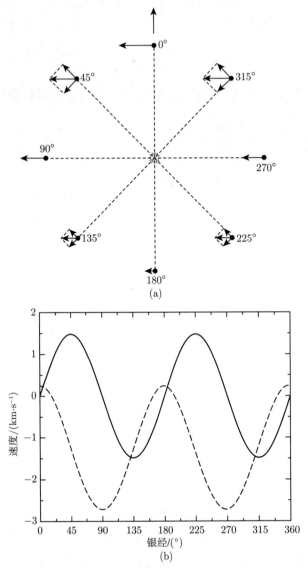

图 24.23　(a) 通过径向速度和横向速度对银经的依赖关系揭示了太阳附近恒星的较差旋转;(b) 径向速度与 $\sin(2\ell)$ (实线) 成比例，而横向速度是 $\cos(2\ell)$ (虚线) 的函数，曲线描绘了距离太阳 100 pc 的恒星，其中 $A = 14.8$ km·s^{-1}· kpc^{-1}，$B = -12.4$ km·s^{-1}·kpc^{-1}

现在可以推导奥尔特常数 A 和 B 与银河系旋转的局部参数 $R_0, \Theta_0, \Omega_0 = \Theta_0/R_0$ 和 $(\mathrm{d}\Theta/\mathrm{d}R)_{R_0}$ 之间的几个重要关系。例如，从式 (24.39) 和式 (24.40)，我们立即发现

$$\Omega_0 = A - B, \tag{24.43}$$

$$\left.\frac{\mathrm{d}\Theta}{\mathrm{d}R}\right|_{R_0} = -(A + B). \tag{24.44}$$

　　通过考虑在恒定银经 ℓ 沿视线所能看到的最大径向速度，可以找到另一个有用的关系。再次回到图 24.22，具有最大可观测到的径向速度的恒星将位于点 T，即 $\alpha = 0°$ 的位置。正是在这个切点到银心的距离将最小，而 $\Omega(R)$ 将最大 (如果我们可以假定 $\Omega(R)$ 从中心向外单调递减)。此外，轨道速度矢量在该位置沿着视线方向。距银心的最小距离为

$$R_{\min} = R_0|\sin\ell| = \pm R_0\sin\ell \quad \begin{cases} +, & \text{若}\, 0° \leqslant \ell \leqslant 90° \\ -, & \text{若}\, 270° \leqslant \ell \leqslant 360° \end{cases}$$

并且最大径向速度是

$$v_{r,\max} = \pm\Theta(R_{\min}) - \Theta_0(R_0)\sin\ell \quad \begin{cases} +, & \text{若}\, 0° \leqslant \ell \leqslant 90° \\ -, & \text{若}\, 270° \leqslant \ell \leqslant 360°. \end{cases}$$

如果现在将观测值限制在银经接近但小于 $90°$，或接近但大于 $270°$(即在太阳圆内)，则 $d \ll R_0, R \sim R_0$，并且 $\Theta(R)$ 可以在 Θ_0 处泰勒展开：

$$\Theta(R_{\min}) = \Theta_0(R_0) + \left.\frac{\mathrm{d}\Theta}{\mathrm{d}R}\right|_{R_0}(R_{\min} - R_0) + \cdots.$$

代入 $v_{r,\max}$ 的表达式，保留一阶项，并利用式 (24.39)，我们发现

$$v_{r,\max} \simeq 2AR_0(\pm 1 - \sin\ell) \quad \begin{cases} +, & \text{若}\, 0° \leqslant \ell \leqslant 90°. \\ -, & \text{若}\, 270° \leqslant \ell \leqslant 360°. \end{cases} \tag{24.45}$$

　　还有最后一个关系，我们将不在这里推导，仅出于完整性考虑，将 A 和 B 与 R 和 θ 方向上的本动速度弥散相关联：

$$\frac{-B}{A - B} = \frac{\sigma_v^2}{\sigma_u^2}. \tag{24.46}$$

　　除上述直接观测之外，式 (24.43)～ 式 (24.46) 对 R_0 和 Θ_0 的值施加了额外的约束。实际上，由于 A 和 B 提供了有关太阳附近银河系较差旋转的关键信息，人们已经在确定这些常数上付出了很多的努力。根据依巴谷天体测量任务的结果，

$$A = (14.8 \pm 0.8)\text{km} \cdot \text{s}^{-1} \cdot \text{kpc}^{-1} \tag{24.47}$$

$$B = (-12.4 \pm 0.6)\text{km} \cdot \text{s}^{-1} \cdot \text{kpc}^{-1} \tag{24.48}$$

似乎与现有数据一致，尽管对于 A 和 B 的最佳选择仍有争议。

24.3.5　21 厘米氢线作为银河系结构的探针

　　要确定银盘的大尺度速度结构，我们必须用更通用的方式表达 v_r 和 v_t，而不是依赖于第一阶泰勒展开。

　　如前所述，H I 发出的 21 厘米辐射几乎可以穿透整个银河系，使其成为探测银河系结构必不可少的工具。若可以找到发射区域到太阳的距离，通过将 v_r 作为 ℓ 的函数进行测量，则可以从式 (24.37) 确定银河系旋转曲线。

图 24.24(a) 显示了沿特定视线的 H I 的 21 厘米发射线的典型强度分布。当沿视线遇到特定的云时，由于银河系较差自转的影响，该云的辐射波长会发生多普勒频移。此外，在给定波长 (或速度) 下的辐射强度与视线中的氢原子数量成正比。图 24.24(a) 所示的线轮廓的峰对应于图 24.24(b) 所示的云。

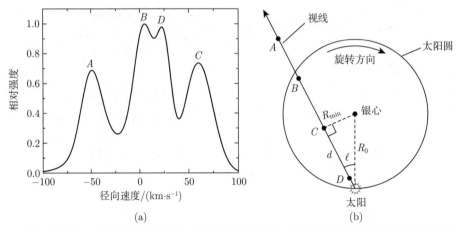

图 24.24　(a) 典型的 21 厘米 H I 线轮廓；(b) 该线轮廓是通过沿特定视线观测几处气体云得到的，由于银河系的较差自转，每朵云相对于太阳具有不同的径向速度

使用 21 厘米辐射确定 $\Omega(R)$ 从而确定 $\Theta(R)$ 的主要困难在于测量 d。这个问题可以通过选择沿每条视线测得的最大径向速度来克服，该速度必须位于距银心 R_{min} 的区域内，这意味着 $d = R_0 \cos \ell$。通过测量 $0 < \ell < 90°$ 和 $270° < \ell < 360°$ 的 $v_{r,max}$，我们可以确定太阳–银心半径内的旋转曲线。不幸的是，该方法不适用于银经 $90° < \ell < 270°$ 的情况，因为没有可以观测到最大径向速度的独特轨道。该方法还趋向于在 $\ell = 90°$ 和 $\ell = 270°$ 附近失效，因为 v_r 对距太阳的距离变化变得相当不敏感。对于距银心约 $20°$ 内的经度，还会产生进一步的问题：在该区域中存在明显具有非圆形轨道运动的云，这可能是由中心棒的引力扰动所致，因此前面的分析所基于的假设是无效的。

24.3.6　平坦的自转曲线和暗物质的证据

要测量 $R > R_0$ 的 $\Theta(R)$，我们必须依靠银道面中可用的天体 (例如造父变星)，我们可以直接从其获得距离。然而这些数据表明，银河系的自转曲线并不随着距离 R_0 的增加而显著减小，而实际上可能会有所增加 (这意味着对于奥尔特常数，在 R_0 附近，$A < -B$)。结合所有可用数据，银河系自转曲线的可能形式如图 24.25 所示。

天文学家惊讶地发现，银河系自转曲线在 R_0 以外基本上是恒定的。根据牛顿力学，如果大部分质量都在太阳圈的内部，则自转曲线应以 $\Theta \propto R^{-1/2}$ 下降，此行为称为开普勒运动 (见习题 24.18)。而自转曲线并没有按该规律下降，意味着在 R_0 以外的银河系中存在着大量的质量。但由于银河系中的大多数光是由太阳到银心半径的圈内物质所产生的，从而这一结果特别出乎意料。

银河系的数据得到了其他旋涡星系观测数据的支持，例如 **维拉·鲁宾 (Vera Rubin)** 和她的合作者在 20 世纪 70 年代后期获得的数据。图 24.26 显示了一个叠加在 NGC 2998

上的狭缝光谱。NGC 2998 距地球 96 Mpc，是大熊座中的一个星系。在该图像下方是靠近 Hα 的波长区域中的一部分光谱。狭缝的左侧记录了蓝移的光，而右侧记录了红移光。将多普勒频移转换为径向速度，就得出了相应的旋转曲线。

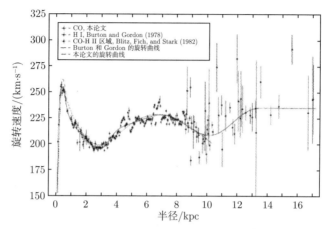

图 24.25 银河系的自转曲线。1985 年的 IAU 假定标准值为 $R_0 = 8.5$ kpc 和 $\Theta_0 = 220$ km·s^{-1} (图改编自 Clemens，*Ap.J.*，295，422，1985)

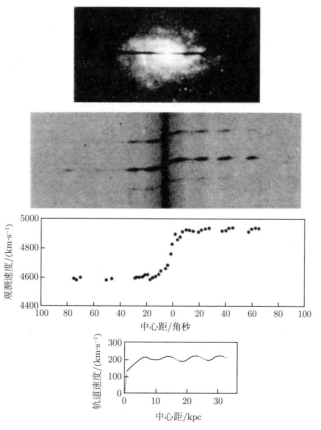

图 24.26 使用狭缝光谱仪测量的 NGC 2998 的自转曲线。显示出了 Hα 波长区域。请注意，总体而言，整个银河系以 4800 km·s^{-1} 的速度远离我们 (改编自由维拉 · 鲁宾 (1983) 提供的照片)

　　对于许多其他旋涡星系, 也已经测量到了相似的自转曲线 (图 24.27)。除了最里面的区域 (对于银河系, 将在 24.4 节中讨论) 之外, 到距中心几千 pc 处, 自转速度会迅速增加。这种类型的旋转称为**刚体旋转 (rigid-body rotation)**, 因为当 $\Theta \propto R$ 时, $\Omega = \Theta/R$ 是常数, 并且所有恒星都围绕银心具有相同的轨道周期, 就像刚体一样。在几千 pc 以外, 几乎平坦的自转曲线一直延伸到测量的边缘。

　　由于银河系自转取决于质量的分布, 因此通过研究这些曲线可以了解很多有关星系中物质的信息。例如, 在银心附近的刚体旋转意味着质量必须大致呈球形分布, 并且密度几乎恒定 (参见习题 24.20)。另一方面, 平坦的自转曲线表明, 银河系外部的大部分质量呈球形分布, 其密度与 r^{-2} 成正比。

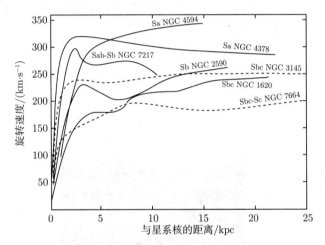

图 24.27　一系列旋涡星系的自转曲线 (图改自 Rubin, Ford 和 Thonnard, *Ap. J. Lett.*, 225, L107, 1978)

　　为此, 假定 $\Theta(r) = V$, 其中 V 为常数[①]。然后, 根据向心力和牛顿万有引力定律方程, 由银河系内部到恒星 m 所在 r 处的总质量 M_r 作用在质量为 m 的恒星上的力是

$$\frac{mV^2}{r} = \frac{GM_r m}{r^2},$$

如果假设为球形对称。解 M_r,

$$M_r = \frac{V^2 r}{G}, \tag{24.49}$$

并根据分布的半径进行差分,

$$\frac{\mathrm{d}M_r}{\mathrm{d}r} = \frac{V^2}{G}.$$

如果我们现在从恒星结构理论中借用球对称系统中的质量守恒方程 (式 (10.7)),

$$\frac{\mathrm{d}M_r}{\mathrm{d}r} = 4\pi r^2 \rho,$$

---

① 我们在这里使用 r 表示球对称质量分布, 而不是用 R 表示银道面中的柱对称分布。但是, 要获得银道面内的自转曲线, 我们只需要考虑 $r = R$ 的特殊情况。

我们看到银河系外围区域的质量密度一定随下式变化：

$$\rho(r) = \frac{V^2}{4\pi G r^2}. \tag{24.50}$$

这种 r^{-2} 的密度依赖性与太阳系–银心半径以外的部分由恒星计数确定的形式非常不同。回忆式 (24.14)，认为恒星晕中恒星的数密度随 $r^{-3.5}$ 变化，比从平坦的自转曲线所看到的下降要快得多。正是这种差异使天文学家感到惊讶。正如我们在 24.2 节末尾提到的那样，星系中的大部分质量似乎都是非发光 (暗) 物质的形式。只有通过其对银河系发光成分和诸如 LMC、SMC 之类卫星星系的引力影响，以及对背景光的引力透镜作用，才能知道暗物质的存在。

许多研究人员提出对式 (24.50) 的一种修改，为的是迫使密度函数接近中心附近为恒定值，而不是发散。这样的模型也与刚体旋转的观测证据一致。因此，假定一种银河系暗物质晕的常用密度轮廓具有以下形式：

$$\rho(r) = \frac{\rho_0}{1 + (r/a)^2}, \tag{24.51}$$

其中，ρ_0 和 a 通过对整体自转曲线的参数进行拟合选择。请注意，对于 $r \gg a$，可以得到 r^{-2} 依赖性，并且当 $r \ll a$ 时 ρ 几乎恒定。类似的轮廓通常也用于模拟其他星系，当然要选择不同的 ρ_0 和 a。

注意，式 (24.51) 对于任意大的 r 值并不正确。因为若是 $M_r \propto r$，则会使得银河系中的总质量无限制地增加。因此，暗物质晕的密度函数必须最终截止或至少足够迅速地减小，以使质量积分 $\int_0^\infty \rho(r) 4\pi r^2 \mathrm{d}r$ 保持有限。

胡里奥·纳瓦罗 (Julio Navarro)，卡洛斯·弗伦克 (Carlos Frenk) 和西蒙·怀特 (Simon White) 在 1996 年提出了另一种形式的暗物质晕密度分布，即 **NFW 分布**。他们使用一种通常假定的暗物质动力学形式，即**冷暗物质 (cold dark matter，CDM)**，并数值模拟了大量的从矮星系到富星系团的各种规模和质量尺度上的暗物质晕形成。他们的模拟表明，以下形式具有"通用性"：

$$\boxed{\rho_{\mathrm{NFW}}(r) = \frac{\rho_0}{(r/a)(1 + r/a)^2}.} \tag{24.52}$$

如果适当的选择 ρ_0 和 a(由式 (24.15) 第一次给出该分布)，该式具有很大的适用范围。NFW 密度分布特征在大部分晕中表现为近似于 $1/r^2$ 特征，但在晕中心附近则更浅 ($\sim 1/r$)，在晕边缘附近则更陡 ($\sim 1/r^3$)。即使 NFW 分布比式 (24.51) 随 r 增加下降得更快，也可以证明在 NFW 分布内包含的总质量仍然是无限的 (见习题 24.23)。

实际上，除银河系外，我们的宇宙中还存在其他星系，它们的质量密度函数可能与我们的星系一样。因此，尽管星系似乎是单独的发光天体，但它们的暗物质晕在星际空间实际上可能会是相连的。

24.3.7 银河系的一个构成模型

基于来自恒星计数和运动学的质量密度函数，天文学家已经能够构建银盘整体自转曲线的近似模型。其中一种这样的模型如图 24.28 所示。请注意，观测数据表明，自转曲线

在太阳附近 (R_0) 略有减小。因此，太阳附近的 $d\Theta / dR = -(A+B)$ 为负值。尽管模型不能再现速度数据中存在的所有精细结构 (这些可能是由薄盘中局部密度的变化所致，例如旋臂)，但模型和观测值之间的整体吻合性还是很好的。特别要注意的几个点是：中心附近的刚体旋转；由中心核球、恒星晕和暗物质晕的综合作用而产生的局部最大值；在 R 值较大时最终平坦的自转曲线。

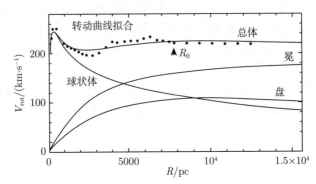

图 24.28   银河系自转曲线的一种模型。每个银河系成分的质量分布都对盘的整体速度结构作出贡献。图中点代表观测数据。请注意，"椭球体" 代表银心核球和恒星晕的组合，而 "冕" 代表暗物质晕 (图改编自吉尔摩 (Gilmore), 金 (King) 和范德克鲁伊特 (van der Kruit)，《作为星系的银河系》(*The Milky Way as a Galaxy*)，大学科学书籍，加利福尼亚州，米尔谷 (Mill Valley)，1990 年)

24.3.8   确定距离的一些方法

在结束银河系运动学话题之前，应该讨论如何基于运动的方法来确定银河系中的距离，其中最重要的是**移动星团法 (moving cluster method)**。由于在星团中，恒星在引力作用下彼此束缚，从而它们共同在空间中移动。通过记录由星团的整体运动导致的成员位置随时间的变化，可以确定它们的运动方向。

在消除了太阳本动的影响之后，在空间中追踪这些方向矢量，可以发现每颗恒星都朝着 (或来自) 一个称为**会聚点 (convergent point)** 的公共点运动。这只是一种错觉，即平行线似乎在无限远会聚，这是任何看到过很长而直的铁轨的人都熟悉的现象。在金牛座中发现的**毕星团 (Hyades galactic cluster)** 的运动图如图 24.29 所示。

根据图 24.30 所示的几何形状，从太阳看到的星团与会聚点之间的角度必须同星团视线与其空间速度矢量 v 之间的角度一致 (该陈述是成立的，因为会聚点被认为在无穷远处)。现在，将空间速度分解为互相垂直的分量，径向速度由 $v_r = v \cos\phi$ 给出，而横向速度为 $v_t = v \sin\phi$。综合得到

$$v_t = v_r \tan\phi.$$

由于横向速度被观测为自行运动，$\mu = v_t/d$，因此可以根据会聚点的方向、星团成员的平均径向速度和它们自行运动的平均值，来确定星团的距离。求解 d，我们得到

$$d = \frac{\langle v_r \rangle \tan\phi}{\langle \mu \rangle}, \tag{24.53}$$

其中，d，v_r 和 μ 使用标准 SI 单位。若 d，v_r 和 μ 分别以更常用的单位 pc，km·s^{-1} 和 arcsec·yr^{-1} 表示，则式 (24.53) 可以写成

$$d(\mathrm{pc}) = \frac{\langle v_r \rangle \tan \phi}{4.74 \langle \mu'' \rangle}. \tag{24.54}$$

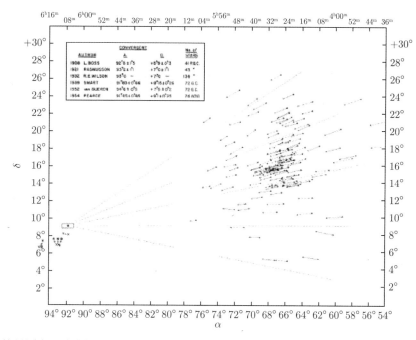

图 24.29　毕星团在天球上的视运动 (图改编自 Otto Struve，Beverly Lynds 和 Helen Pillans 的《基本天文学》(*Elementary Astronomy*)。牛津大学出版社，©1959 年版权所有。Beverly T. Lynds 于 1987 年更新。经出版商许可转载)

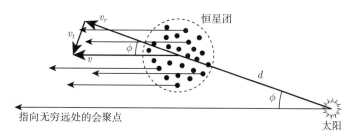

图 24.30　星团的空间运动指向会聚点，速度矢量可以分解成其径向和横向分量

　　该方法已被用于确定到多个团的距离，包括具有约 200 个恒星的毕星团，大熊星系群 (60 个星) 和天蝎–半人马座星系团 (100 个星)。其中最重要的是毕星团。到毕星团的距离为 (46±2) pc，与通过其他方法 (例如三角视差法) 确定的距离非常吻合 (依巴谷空间天文测量任务数据得出毕星团中心距离为 47 pc)。

　　一旦确定到毕星团的距离，就可以得到其成员恒星的绝对星等，从而为其主序列提供重要的标定方法。通过 H-R 图将其他星团的主序星的视星等与毕星团的进行比较，有可能

找到那些星团的距离模量，如图 24.31 所示。假设星际消光量是已知的 (例如根据红化数据得到)，则可以确定这些星团的距离。这种距离测定方法在 13.3 节中首先讨论，称为**主序拟合 (main-sequence fitting)**，它与 8.2 节末尾讨论的光谱视差法相似。但是，主序拟合是一种更精确的方法，因为它依赖于主序中的大量恒星而不是单个星体，从而显著减小了统计误差。然后，在已知距离的星团中识别天琴座 RR 星，便提供了一种更准确地确定这些恒星固有光度的方法。一旦校准了天琴座 RR 星的光度，就可以将其用于确定其他距离，例如到球状星团的距离。从历史上看，毕星团为几乎所有的距离估计提供了基础，包括银河系内和银河系外，远至地球以外大约 100kpc 的范围，尽管随着科技进步，空间天体测量任务在不断变化，例如欧洲空间局的**依巴谷任务 (Hipparcos, 1989~1993 年)** 和盖亚任务 (Gaia，2011 年发射)，以及 NASA 的 SIM PlanetQuest 任务 (2011 年发射)。

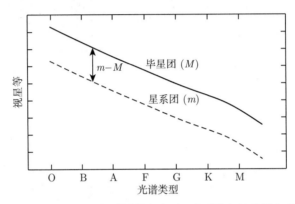

图 24.31　可以通过在 H-R 图中垂直移动星系团的主序列，直到其与毕星团主序列的已知绝对星等重合，来确定星系团的距离模量

最后一个值得一提的距离确定方法是**长期视差法 (secular parallax)**。回想一下 3.1 节中关于三角视差法的讨论，直接测量地球绕太阳运动的距离的能力取决于地球轨道的 2-AU 直径。如果可以增加基线的长度，则可以将方法扩展到更远的天体。这是通过利用太阳相对于一组具有相似属性 (例如相似的光谱类型，距离和空间运动) 的恒星的本动来完成的。13.4 km·s^{-1} 的总太阳运动相当于 2.8 AU 每年；此效应累积数年提供的基线比地球绕太阳的轨道提供的基线长得多。然后，可以使用这个更长的基线来确定到这群恒星的平均距离。但是要记住，测得的太阳运动取决于用作参考的恒星群。我们将不在本书中讨论该方法的细节。

24.4　银　心

对银心的观测是一项特别的挑战，这是因为，银道面中大量的气体和尘埃导致在可见光波长下超过 30 个星等的星际消光。太阳位于中平面上方 30pc，距中心 8kpc 的位置，从太阳到银心的视线要穿过银河系中几乎最多的星际物质。但是有趣的是，由于太阳本动速度具有垂直于银道面的明显分量 ($w_\odot = 7.2$km·s^{-1})，太阳将在 1500 万年内到达银道面上方约 85 pc 的高度 (见习题 24.27)，这样太阳将位于大多数遮挡物上方。如果那时人类仍然居住在地球上, 我们的后代将欣赏到银心附近的密集恒星团的壮观景色。

24.4.1 银心附近的物质分布

为了观测当今的银心区域, 我们被迫在大于 1μm 的波段 (即红外、微波和射电) 或 X 射线和伽马射线波段中进行大部分观测。尽管我们很难在可见光波长下清楚地看到银河系的中心, 但我们仍能够描绘出 **银核 (Galactic nucleus)** 区域发生过的剧烈活动历史和奇异景象。

通常用于研究银核的波段是以 2.2μm 为中心的红外波段, 即所谓的 K 波段。之所以使用该波段, 是因为存在于银心区域的大量老的星族 I K 和 M 巨星 ($T_e \sim 4000$ K) 很容易在 2.2μm 波段被观测到。当我们使用 K 波段研究银心星团的亮度分布并使用适当的质光比 ($\sim 1 M_\odot / L_\odot$) 时, 似乎恒星的质量密度在 0.1~1 pc 的半径中, 随着 $r^{-1.8}$ 朝着中心上升。这是在动力学基础上可以预期的分布类型 (银河系的中央区域位于第 748 页上讨论的 "刚体" 旋转区域的内部)。

由于银核的这些恒星彼此非常靠近, 特别是与太阳附近恒星之间的距离相比, 所以近距离相遇的频率相当高, 平均每 10^6 年左右发生一次。由于这些近距离相遇产生的引力扰动, 恒星之间机械能的不断交换产生了几乎等温的速度分布。换句话说, 样本中的恒星具有和等温气体中的粒子一样的速度分布, 这意味着该速度分布近似为麦克斯韦分布。在真正等温的恒星气体中, 质量密度分布为 r^{-2}, 和观测到的 $r^{-1.8}$ 变化接近。回想一下, 这也是平坦自转曲线所需的球形密度分布 (当所有恒星具有相同的轨道速度且 $M_r \propto r$ 时, 见式 (24.49))。

然而, 从等温恒星气体中观测到的密度分布与距银心 2 pc 之内的恒星速度测量两者结果不一致。**克里斯汀 · 塞格伦 (Kristen Sellgren)**, **玛蒂娜 · 麦克金恩 (Martina T. McGinn)** 及其同事在 20 世纪 80 年代后期使用在冷 K 和 M 巨星光谱中发现的 2.3μm CO 分子吸收带进行了一组观测。他们发现, 尽管速度分布从几百 pc 到距中心两三个 pc 都相当等温, 但随着到银心距离的继续减小, 速度开始显著增加。这表明, 要么恒星密度向中心上升的速度必须比 r^{-2} 快得多 (至少陡至 $r^{-2.7}$), 要么在银心附近很小的体积内必须含有大量的质量。

最近, **雷纳 · 舒德尔 (Rainer Schödel)**, **莱因哈德 · 根泽尔 (Reinhard Genzel)** 及其研究小组可以追踪非常靠近银心的恒星轨道。特别地, 一颗称为 S2 的恒星的轨道周期为 15.2 年, 轨道偏心率为 $e = 0.87$, 近银心距为 1.8×10^{13} m $= 120$ AU(17 光时)。这个尺寸大小只有冥王星轨道半长轴的几倍! 图 24.32 显示了 S2 相对于银河系中央恒星团的轨道。

例 24.4.1 S2 轨道的半长轴为 (根据式 (2.5))

$$a_{S2} = \frac{r_p}{1-e} = 1.4 \times 10^{14} \text{ m}.$$

根据开普勒第三定律 (式 (2.37)), S2 轨道的内部质量必须约为

$$M = \frac{4\pi^2 a_{S2}^3}{GP^2} \simeq 7 \times 10^{36} \text{ kg} \simeq 3.5 \times 10^6 M_\odot.$$

更精确的计算得出

$$M = 3.7 \pm 0.2 \times 10^6 M_\odot.$$

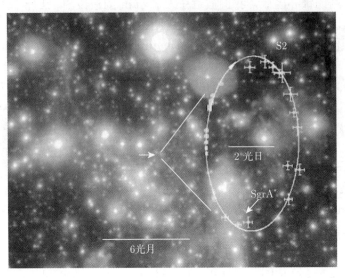

图 24.32   S2 绕银心的轨道。该中心被指定为 Sgr A*(该图由 Rainer Schödel，Reinhard Genzel 提供)

　　图 24.33 显示了基于距银心不同距离的天体测量结果得出的距离中心 r 以内的质量估算值。

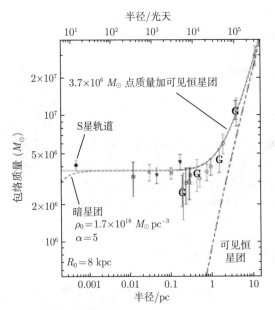

图 24.33   银心 10 pc 的内部质量函数。请注意，该曲线与质量分布 $M_r \propto r$ 在超过约 5 pc 后一致，但在内部 2 pc 左右趋于平稳，接近 $3.7 \times 10^6 M_\odot$ 的恒定非零值。"暗星团"是指一种假设的天体。请注意，暗星团模型在银心的预测与观测数据不一致 (图改编自 Reinhard Genzel 和 Rainer Schödel 的图。有关此图的早期版本的讨论，请参见 Schödel 等，*Nature*，419，694，2002)

银心附近的恒星的光度分布在一个称为 IRS 16(红外源) 的红外天体的几角秒 (约 0.1 pc) 内取得峰值。在一次月掩星期间，从 IRS 16 中分辨出至少 15 个非常亮的点状源，非常可能是单个恒星。这些源似乎是亮度超过 $10^6 L_\odot$ 的炽热恒星。它们可能是主序 O 和 B 恒星，但其光度比正常恒星的预期光度要大得多。此外，它们的紫外线流量被周围的气体和尘埃吸收，并在红外波段重新辐射。有人认为这些天体可能是在银河系的其他地方极为罕见的**沃尔夫–拉叶 (Wolf-Rayets) 星** (回顾 15.1 节)。由于沃尔夫–拉叶星是大质量恒星，则它们一定是非常迅速地演化到现在的状态。如果这些恒星真的是沃尔夫–拉叶星，那么在过去的一千万年内一定存在恒星形成的爆发。

但是，对于银心近期发生过恒星形成的猜测似乎与以下事实相矛盾：银心处气体和尘埃的密度非常低，并且没有证据表明目前该区域正在有恒星形成。另一方面，进一步支持这些恒星是沃尔夫–拉叶星的证据是在 IRS 16 附近存在高速气体 (约 700 km·s^{-1})，一些研究人员认为这些气体可能是其中一个恒星喷出的星风。而另一种解释是，其他天文学家指出，高速气体也有可能只是正朝着银心坠入，而不是从银河系中喷出[①]。气体的速度结构似乎并不像预期的沃尔夫–拉叶风那样随着与恒星距离的增加而增加；相反，气体速度似乎随着距离的增加而降低。

IRS 16 似乎没有足够的质量来解释银心附近轨道速度上升的原因。看来，无论这种极端局部质量分布的起源是什么，它的总光度都一定低于我们可观测的阈值。一种可能性是该质量是由非常密集的褐矮星团和/或更大质量的中子星团组成。

但是，即使是在中子星的情况下，由于与大质量恒星的相互作用，小质量的中子星也会在不到 10^8 年的时间内从银心弹出。这将使得星团中质量最大的成员 "下沉" 到银河系引力阱的中心，而这并没有被观测到。

24.4.2　人马座的射电源

卡尔·央斯基 (Karl Jansky，1905—1950) 在 20 世纪 30 年代首次发现一个位于人马座方向的射电源，但是对银河系射电源的广泛观测被推迟到第二次世界大战之后[②]。从那时开始，银心一直是射电波段下众多研究的热点。

H I 云的射电观测表明，一个中性气体核盘 (nuclear disk) 占据了距离中心几百 pc 至大约 1 kpc 的区域。核盘似乎相对于银道面略微倾斜，并且包含具有明显非圆周运动的气体云。核盘的观测对于对距银心超过 100 pc 的质量进行估计有所帮助，如图 24.33 所示。

在中央几百 pc 内也观测到了电离气体的银河系波瓣。波瓣呈细长形，尺寸为 10pc×200pc，方向几乎垂直于银道面，表明波瓣可能是从中心喷出的物质。当然，此数据也可以解释为正在落入中心的物质。

银心区域的射电发射具有的一个较不寻常的特征是：一组纤维在垂直于银道面的方向上从中心延伸 20 pc，然后几乎成直角转弯，参见图 24.34。对这种位于 $\ell \sim 0.18°$ 附近的 20 厘米射电结构进行检查，表明可能是磁场造成了这种异常模式的。实际上，该辐射是线偏振的，并且似乎是同步辐射。从辐射强度和偏振度来看，该区域的银河系磁场强度可能在 $10^{-8} \sim 10^{-6}$ T，比地球磁场弱 2~4 个数量级。

---

① 要确定气体是朝着银心坠入还是从银河系中喷出，需要有关气体轨迹相对于视线方向的信息，这通常很难确定。

② 第二次世界大战期间无线电和微波电子学的重大进步有助于在随后的几年中推动射电天文学的发展。

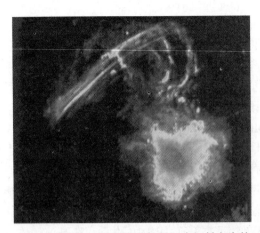

图 24.34   银河系中央 60 pc×60 pc 的视图。该图像是使用同步辐射产生的 20 厘米辐射拍摄的。中央射
电明亮的区域是人马座 A(图来自 Yusef-Zadeh，Morris 和 Chance，*Nature*，
310，557，1984，以及 NRAO)

在银道面以南也发现了类似的特征。整体上，这些结构似乎是冕流和纤维 "晕" 的一部分，可能对应于银心的质量外流。关于围绕磁场线旋转的相对论电子的源头，或关于磁场本身的源头，尚未建立令人满意的模型。

银河系内部的 8pc 包含人马座 A(Sgr A) 在内的射电源。随着特长基线干涉测量技术和诸如甚大阵 (Very Large Array) 这样的望远镜的使用，我们的分辨能力逐渐提高。直到角分辨率高至 0.2 毫角秒，对应线性尺寸小于 2 AU 时，研究人马座 A 复合体的结构成为可能。

该复合体的最大特征是**分子核周环 (molecular circumnuclear ring)**，是一个内半径为 2 pc，外半径为 8 pc 的甜甜圈结构，相对于银道面倾斜约 20°。环的内边缘表现出一些翘曲，并且环的内边缘厚度为 0.5 pc，到离银心 7 pc 处增至 2 pc。该分子环已经在与如下原子和分子相关的各种波长下进行了观测，包括 HI，H_2，CII，OI，OH，CO，HCN 和 CS。环以大约 110 km·s^{-1} 的速度绕银心旋转，该值几乎与半径无关。根据分子的碰撞激发和发射强度，估计位于 2~5 pc 的部分环的质量为 $(1 \sim 3) \times 10^4 M_\odot$.

显然，该环不同于我们银河系中已知的任何其他分子区域。例如，整个环中广泛存在的单个分子云的温度在 4.5 pc 附近不到 300 K，到内边缘附近时则升高到 400 K 以上。同时，在相同距离上，氢分子的数密度从 $1.5 \times 10^{10} m^{-1}$ 增加到 5×10^{10} m^{-1}。这些值应与更典型的分子云 (例如 12.1 节中讨论的巨分子云) 的值进行比较。对于距银心几千 pc 的巨分子云中，$T \sim 15$ K 且 $n_{H_2} \sim 10^8$ m^{-1}。

分子核周环也表明，在相对较近的过去，银心附近发生了一些剧烈的事件。环的内边缘非常锋利，中心腔内的粒子数密度是环本身的 1/100~1/10。如此强的密度不连续性不可能是环的平衡特征，因为环的内部湍流会在不到 10^5 年的时间内破坏这种不连续性。此外，腔内的气体大部分被电离，而环中的气体则呈中性原子和分子形式。据估计，清除空腔所需的能量约为 10^{44} J，这是超新星爆发的特征值。

这个环还显示了过去剧烈事件的其他证据。例如，环中的物质呈现出块状，这种状态并不能无限期保持，因为云-云碰撞会产生相对较快的平滑效果。同样，对部分环中的羟基

分子 (OH) 的研究表明，接近 2000 K 的温度与发生过强烈的激波相吻合，激波将分子迅速加热到远高于环中其他位置所观测到的温度。此外，当水分子 (H_2O) 被诸如激波之类的高能事件撕裂时，会产生 OH 自由基。

除了核周环，在 Sgr A 复合体中还发现了其他几个成分。Sgr A East 是一种具有壳状外观的非热源 ("非热" 源是指不以黑体谱的形式发射其电磁辐射，同步辐射就是一种非热辐射)。人们普遍认为，Sgr A East 是年轻的超新星遗迹，年龄可能在 100~5000 年。Sgr A West 距 Sgr A East 中心 1.5′，是一个不寻常的 H II 区域 (是一个热源)，看起来非常像一个 "迷你螺旋"。最后，Sgr A*(读作 "人马座 A 星") 是一个尚未分辨的强射电点源，位于 Sgr A West 的中心附近。Sgr A West 和 Sgr A* 的射电图像如图 24.35(a) 所示。

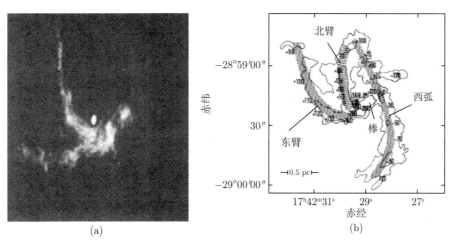

图 24.35　(a) 银河系内部 40″ 处的 6 厘米 VLA 图像，显示了 Sgr A West 微型螺旋结构，Sgr A*(一个射电点源) 是图像中心的明亮椭圆形 (图出自 Lo，*Science*，233，1394，1986);(b)Sgr A West 的强度等值线图，气体的径向速度测量值也显示在图上 (以 $km·s^{-1}$ 为单位) (图改编自 Genzel 和 Townes，《天文学和天体物理学年评》(*Annu. Rev. Astron. Astrophys.*)，25，377，1987。经许可转载自《天文学和天体物理学年评》(*Annual Review of Astronomy and Astrophysics*)，第 25 卷，©1987 年，由 Annual Reviews Inc.)

Sgr A 复合体的位置与中央恒星团的亮度峰值区非常接近，这强烈表明该区域有银河系中心的标志。实际上，IRS 16 的一部分 (称为 IRS 16 中心) 仅在 SgrA* 以西约 1″ 处。如果这两个天体与地球的距离相同，并且不是简单地沿视线对齐，则它们的角间距转换为线间距仅为 0.04 pc。现在看来 Sgr A* 就是银河系的真正中心，其具体原因我们很快将会全面讨论。

尽管 Sgr A West 表面上看起来很像银盘中所见的大尺度螺旋图案，但从根本上来说却截然不同。西侧弧线只是电离的核周环内边缘，绕中心以 110 $km·s^{-1}$ 速度旋转。图 24.35(b) 中记录在图上的速度是测得的径向速度。几乎沿视线移动的弧线部分具有最大径向速度 (正或负)，并且垂直于视线移动的弧线部分没有径向速度分量。

Sgr A West 的其他组成部分似乎是离子态的物质纤维，它们似乎围绕着中心 "棒" 及 SgrA* 附近区域旋转并逐渐掉入其中。这些特征也可能与强度估计为 30 nT 的中心磁场有关。

从恒星速度可以看出，腔体内电离气体的速度朝着中心急剧增加，从核周环内边缘处的 110 km·s^{-1} 增加到 0.1 pc 处的 700 km·s^{-1}。

例 24.4.2　银心区域中气体的运动可用于估计气体所在位置以内的质量。距离中心 0.3 pc 的气体云测得的速度为 260 km·s^{-1}。如果云在围绕中心的轨道上运动，则式 (24.49) 给出

$$M_r = \frac{v^2 r}{G} = 4.7 \times 10^6 M_\odot.$$

24.4.3　Sgr A 中的一个 X 射线源

Sgr A West 区域 (包括 SgrA*) 与一个小的连续 X 射线源的位置在误差范围内吻合。这个 X 射线源在 2~6 keV 能带 ("软"X 射线) 似乎具有 $T \sim 10^8$ K 的特征温度和 10^{28} W 的光度，同时在 10 keV~10 MeV("硬" X 射线) 能带具有 2×10^{31} W 的光度，尽管这些估计值由于沿视线方向存在大量吸收而存在很大不确定度。由于这个 X 射线源也是高度光变的，所以它一定是由一个或几个直径约小于 0.1 pc 的天体组成的。假设信息以光速传播，则线尺寸的上限是根据信息穿过天体所需的最短时间得出的。如果源的一侧开始改变亮度，则另一侧仅在时间 $\Delta t \geqslant d/c$ 之后才能得知这个变化并开始响应，其中 d 为直径，测量 Δt 得知 d 的上限为 0.1 pc。

24.4.4　Sgr A* 中的超大质量黑洞

如例 24.4.1 所示，有可能沿着某个恒星的轨道运动到距 SgrA* 约 120 AU 以内，这为我们提供了准确计算银心最内部区域质量的关键数据。同时可以判断 SgrA* 的大小上限小于 2 AU。从这些数据看来，Sgr A* 只能是**超大质量黑洞 (supermassive black hole)**，其质量为

$$M_{\text{Sgr A}^*} = (3.7 \pm 0.2) \times 10^6 M_\odot.$$

这意味着黑洞的**施瓦西半径**为 (式 (17.27))

$$R_{\text{Sgr A}^*} = \frac{2GM_{\text{bh}}}{c^2} = 0.08 \text{ AU} = 16 R_\odot,$$

仍然低于当前大约 2 AU 的观测分辨率极限。

要产生从环中检测到的红外辐射并保持腔体内的电离程度，则要求紫外光度为 $10^7 L_\odot$，黑体有效温度为 35000 K(温度是根据 SIV，OIII 和 ArIII 的红外发射线的强度得出的)。气体吸收了一些紫外线，发生电离，从而产生了异常的 HII 区，即 Sgr A West。尘埃则吸收了其余的紫外光子，并重新辐射红外线。

该亮度是由超大质量的黑洞造成的吗？对粒子数密度和核周环腔内速度结构的观测表明，物质以 $\dot{M} = 10^{-3} \sim 10^{-2} M_\odot \cdot \text{yr}^{-1}$ 的速率被吸积到银心。随着离中心的距离减小，物质必然会释放出引力势能。

可以粗略估计 Sgr A* 中的超大质量黑洞在吸积时可能产生的光度。如果我们考虑当一个质量为 M 的粒子通过螺旋形吸积盘从初始半径 r_i 降落到最终半径 r_f 时所释放的能量 (从牛顿经典力学角度)，则根据**位力定理**，辐射的能量应为其势能变化的一半，或者

$$E = \frac{1}{2}\left(\frac{GM_{bh}M}{r_f} - \frac{GM_{bh}M}{r_i}\right)$$

其中，M_{bh} 是黑洞的质量。假设 $r_i \gg r_f$ 且 $r_f = R_S$(施瓦西半径)，则

$$E = \frac{1}{2}\frac{GM_{bh}M}{R_S}.$$

取光度为 $L = dE/dt$，质量吸积率为 $\dot{M} = dM/dt$，然后代入施瓦西半径表达式，我们有

$$L = \frac{1}{4}\dot{M}c^2, \tag{24.55}$$

结果与黑洞的质量和半径无关。现在，产生 $10^7 L_\odot$ 所需的最小质量吸积率是

$$\dot{M} = \frac{4L}{c^2} = 1.7 \times 10^{17} \text{ kg} \cdot \text{s}^{-1} = 2.7 \times 10^{-6} M_\odot \cdot \text{yr}^{-1}.$$

观测到的 $10^{-3} \sim 10^{-2} M_\odot \cdot \text{yr}^{-1}$ 的吸积率足以产生 Sgr A West 和 Sgr A* 中的光度。奇怪的是，仅对 Sgr A* 区域的高分辨率观测表明，Sgr A* 的光度上限小于 $3 \times 10^4 L_\odot$。

假设 Sgr A* 的中心有一个超大质量的黑洞，并且实际上它位于银河系引力阱的中心，那么它一定几乎保持静止。尝试测量 Sgr A* 的自行运动 (相对于银河系外极遥远的类星体 (参见第 28 章)) 的研究表明，在测量的误差范围内，Sgr A* 仅反映太阳的本动运动，其在银心就像完全静止的星体一样。而且，相对于银心的其他天体，Sgr A* 在过去十多年的时间里最多只移动了其直径的一小部分，其速度比该区域的任何其他天体都要慢得多。由于它一定会受到该区域的恒星和大气体云所施加的引力拖拽，这种极慢的运动意味着 Sgr A* 质量非常大。

通过非常高分辨率的 2 厘米波段 VLA 图像，发现了似乎离 Sgr A* 只有 0.06 pc 处存在大电离气体云。从云的方向看，它们似乎是从中心以相反的方向喷射出的。还有证据发现了来自 IRS 7 的热电离气体踪迹 (IRS 7 是一颗离银心不到 0.3 pc 的红超巨星)。气流的方向指向远离 Sgr A* 的方向，表明来自中银心的强风或强烈的紫外线辐射正在将物质吹离恒星。

正如已经提到的，尽管银心在今天显得相对安静，但它在近期一定经历过相当剧烈的事件。产生这些周期性事件的一种可能的机制是：一颗经过银心附近的恒星发生潮汐瓦解，随后物质坠入银心。当物质落向中心的超大质量黑洞时，它会聚集在吸积盘上，释放出巨大的引力势能，并伴随着光度的急剧增加 (见 18.2 节)。整个阶段可能仅持续数年，但是如果此类事件每 $10^4 \sim 10^5$ 年发生一次，则就能释放足够的能量以保持中央腔的电离度和核周盘的湍流性。

但是，Sgr A* 并非完全不活跃。使用钱德拉 X 射线天文台和 XMM 牛顿天文台对银心进行的研究表明，平均每天大约有一次耀发发生，持续长达一个小时左右，光度可以达到 3.6×10^{28} W 的峰值，是 Sgr A* 的静态 X 射线水平的 160 倍以上。

许多其他星系 (例如仙女星系) 的中心似乎都有超大质量的黑洞，但相对较安静 (见 25.2 节)。但另一方面，有一些星系的核则非常活跃。这些活动星系核可能是由超大质量黑洞提供动力的中央 "引擎" 获得能量的。第 28 章将更详细地讨论活动星系核。

24.4.5 银心附近的高能发射线

在结束对银心的讨论之前，值得一提的是，从 Sgr A 复合体区域观测到两条显著的高能发射线。其中一条发射线是由电子与正电子碰撞而导致的，它们相互泯灭，并相应产生两个光子，每个光子的能量为 511 keV[①]。由于人们认为黑洞可以帮助在其周围的空间中产生正电子，所以 511keV 线的存在似乎支持 Sgr A* 中存在黑洞。

但是，要想有效地产生正电子，其数量足以解释每秒 10^{44} 个光子的巨大流量 ($L_{511} \sim 5 \times 10^4 L_\odot$)，就需要一个比银心设想的黑洞要小的黑洞 (也许只有几百个太阳质量)。这是因为产生所需粒子需要很高的吸积盘温度，而盘的温度会随着黑洞半径的减小而增加 (式 (18.19))。

由于原始观测的角分辨率较差，目前尚不清楚 Sgr A* 是否可以视为 511keV 光子的正确来源。1990 年 10 月 13~14 日，具有更高分辨率成像能力的苏联航天飞机 "格朗纳特号"(GRANAT)，发现 511 keV 光子的来源不是 Sgr A*，而是先前已知的 X 射线发射源 1E1740.7-2942。1E1740.7-2942 是在 1979 年被爱因斯坦号卫星第一次探测到的[②]，因此其绰号为 "**爱因斯坦源**"。它位于离 Sgr A* 约 45′ 处，距中心大于 300 pc。由于其吸积盘等离子体温度为 10^9 K，并且具有可变的光度，所以爱因斯坦源似乎是恒星级黑洞的极强候选者。

在银心区域观测到的第二条高能发射线是由 $^{26}_{13}\text{Al}$ 衰变到 $^{26}_{12}\text{Mg}$ 产生的 1.8 MeV 线。由于 $^{26}_{13}\text{Al}$ 的半衰期为 716000 年，并且仅在超新星、新星以及可能的沃尔夫–拉叶星中少量产生，则银心区域中放射性同位素 $^{26}_{13}\text{Al}$ 的质量估计约为 5 $M_\odot$，这似乎表明：过去 $10^5 \sim 10^6$ 年的时间内该区域曾发生大量的超新星爆发。银心显然是一个极其活跃的环境。

推 荐 读 物

一般读物

Henbest, Nigel, and Couper, Heather, *The Guide to the Galaxy*, Cambridge University Press, Cambridge, 1994.

Mateo, Mario, "Searching for Dark Matter," *Sky and Telescope*, January, 1994.

Oort, Jan, "Exploring the Nuclei of Galaxies, Including Our Own," *Mercury*, March/April, 1992.

Trimble, Virginia, and Parker, Samantha, "Meet the Milky Way," *Sky and Telescope*, January, 1995.

---

① 511 keV 是电子或正电子的静止质量能。

② 源的名称来自其赤经和赤纬。

Waller, William H., "Redesigning the Milky Way," *Sky and Telescope*, September, 2004.

专业读物

Benjamin, R. A., et al., "First GLIMPSE Results on the Stellar Structure of the Galaxy," *The Astrophysical Journal*, 630, L149, 2005.

Bertin, Giuseppe, *Dynamics of Galaxies*, Cambridge University Press, Cambridge, 2000.

Binney, James, and Merrifield, Michael, *Galactic Astronomy*, Princeton University Press, Princeton, 1998.

Binney, James, and Tremaine, Scott, *Galactic Dynamics*, Princeton University Press, Princeton, 1987.

Eisenhauer, F., et al., "A Geometric Determination of the Distance to the Galactic Center," *The Astrophysical Journal*, 597, L121, 2003.

Freeman, Ken, and Bland-Hawthorn, Joss, "The New Galaxy: Signatures of Its Formation," *Annual Review of Astronomy and Astrophysics*, 40, 487, 2002.

Gilmore, Gerard, King, Ivan R., and van der Kruit, Pieter C., *The Milky Way as a Galaxy*, University Science Books, Mill Valley, CA, 1990.

Ibata, Rodrigo A., Gilmore, Gerard, and Irwin, Michael J., "Sagittarius: The Nearest Dwarf Galaxy," *Monthly Notices of the Royal Astronomical Society*, 277, 781, 1995.

Kuijken, Konrad, and Tremaine, Scott, "On the Ellipticity of the Galactic Disk," *The Astrophysical Journal*, 421, 178, 1994.

Majewski, S. R., "Galactic Structure Surveys and the Evolution of the Milky Way," *Annual Review of Astronomy and Astrophysics*, 31, 1993.

Navarro, Julio F., Frenk, Carlos F., and White, Simon, D. M., "The Structure of Cold Dark Matter Halos," *The Astrophysical Journal*, 462, 563, 1996.

Reid, Mark, "The Distance to the Center of the Galaxy," *Annual Review of Astronomy and Astrophysics*, 31, 345, 1993.

Reid, Mark, "High-Velocity White Dwarfs and Galactic Structure," *Annual Review of Astronomy and Astrophysics*, 43, 247, 2005.

Schödel, R., et al., "A Star in a 15.2-year Orbit around the Supermassive Black Hole at the Centre of the Milky Way," *Nature*, 419, 694, 2002.

Sparke, Linda S., and Gallagher, John S., *Galaxies in the Universe: An Introduction*, Cambridge University Press, Cambridge, 2000.

习　　题

24.1　自恒星形成以来，太阳绕银心大约转了多少圈？

24.2　每个恒星成分对银河系的 B 波段总光度贡献中占什么比例？请参阅表 24.1。银河系的总热星等是多少？

24.3　球状星团 IAU C0923-545 的累积视目视星等大小为 $V = +13.0$，并且累积绝对视星等 $M_V = -4.15$。它距地球 9.0kpc，距银心 11.9kpc，位于银河系中平面以南 0.5kpc。

(a) 估算 IAU C0923−545 与地球之间的星际消光量。

(b) 每 kpc 的星际消光量是多少？

24.4　使用恒星数密度恒定且没有星际消光的无限宇宙的差分恒星计数公式 (24.5)，说明从立体角为 Ω 的圆锥到达地球的光量随圆锥的长度无限制增加 (或等效地，随 m 无限制增大) 而呈指数发散。假设该区域中的所有恒星具有相同的绝对星等 M。提示：你可能会发现式 (3.5) 的推导会有所帮助。

24.5　(a) 从式 (24.5)，推导 $\log_{10} A_M(m)$ 作为 m 的函数的表达式，假设恒星具有相同的绝对星等和 M-K 光谱分类，且恒星数密度恒定。

(b) 如果以单位视星等为分隔区间 (即 $\delta m = 1$) 进行观测，请计算

$$\Delta \log_{10} A_M(m) \equiv \log_{10} A_M(m+1) - \log_{10} A_M(m).$$

(c) 如果观测结果始终小于 (b) 部分中 $\Delta \log_{10} A_M(m)$ 的结果，那么你可以得出有关被观测区域内恒星分布的什么结论呢？(回想一下，式 (24.5) 适用于恒星数密度恒定且无星际消光的无限宇宙的情况。)

24.6　(a) 使用表 24.2 给出的假设数据，将 $\log_{10} A_M$ 绘制为 V 的函数。假定包括在差分恒星计数中的所有恒星均为主序 A 星，其绝对视星等 $M_V = 2$。

表 24.2　假设的差分恒星计数数据

V	$\log_{10} A_M$	V	$\log_{10} A_M$
4	−2.31	12	2.24
5	−1.71	13	2.59
6	−1.11	14	2.94
7	−0.51	15	3.29
8	0.09	16	3.89
9	0.69	17	4.49
10	1.29	18	5.09
11	1.89	19	5.69

(b) 假设恒星的密度恒定，至少为 $V = 11$，那么发生多少星际消光可以达到该极限 (以星等表示你的答案)？提示：考虑曲线的斜率。你可能还会发现习题 24.5 的结果很有帮助。

(c) 对应于 $V = 11$ 的恒星距离是多少？

(d) 如果收集的数据的立体角为 0.75 平方度或 2.3×10^{-4} sr，估算至 $V = 11$ 时 A 星的数密度 $n_M(M, S)$。

(e) 对于 $V = 11$ 和 $V = 15$ 之间的斜率变化，给出两种可能的解释。

24.7　(a) 对于表 24.2 中和习题 26.6 中绘制的数据，假设沿着视线方向遇到一团气体和尘埃云。并假设在习题 24.6 中发现的恒星数密度沿整个视线保持恒定。估计由云导致的星际消光，用星等表示。提示：如果云不存在，图形将如何变化？云的存在可以用红化表示。

(b) 如果云中的气体和尘埃密度导致消光率为 10 mag·kpc^{-1}，那么云沿视线的长度是多少？

$\log_{10} A_M$ 与 m 的关系图表明了斜率的变化，然后在较大的 m 值处恢复了原始斜率。这种图是之后参照沃尔夫图绘制的，曾经马克西米利安·沃尔夫 (Maximilian Wolf, 1863—1932) 用它来探索星际云的性质。

24.8　(a) 在 $R = 8$ kpc 的情况下，将薄盘的光度密度 (式 (24.10)) 绘制为 z 的函数。

(b) 在 $z \gg z_0$ 的情况下，证明：

$$L(R, z) \simeq 4L_0 e^{-R/h_R} e^{-2z/z_0}$$

并且因此 $z_0 = 2z_{\text{thin}}$ 是光度密度函数的有效标高。

24.9　(a) 根据表 24.1 中给出的数据，并使用星际介质中氢的典型温度值 (15 K)，估算银盘中氢的平均热能密度。对于此问题，假定银盘的半径为 8 kpc，高度为 160 pc。

(b) 使用式 (11.9)，估计旋臂中磁场的能量密度。将你的答案与气体的热能密度进行比较。你是否期待磁场在银河系的结构中起重要作用？为什么？

24.10　Sgr A* 的 J2000.0 银道坐标是多少？

24.11　使用式 (24.16)～ 式 (24.18) 确定以下天体的银道坐标。你可以参考图 24.18 来验证你的答案。

(a) 北天极;

(b) 春分点;

(c) 天津四 (Deneb)(请参阅附录 E)。

24.12　(a) 估计 M13($\ell = 59.0°, b = 40.9°$) 和猎户座星云 ($\ell = 209.0°, b = -19.4°$) 两者在银道面上方或下方的高度 ($z$)。M13 和猎户座星云分别距离地球 7kpc 和 450kpc。

(b) 这些天体可能属于银河系的哪个组成部分？解释你的答案。

24.13　(a) 考虑一些位于银道面内并围绕 LSR 分布成圆形的恒星样本，如图 24.36 所示。出于本习题的目的，假设这些恒星相对于 LSR 处于静止状态 (当然，这在这种动态系统中实际上不可能发生)。如图所示，让太阳位于 LSR 的位置，并且太阳向恒星 A 的方向运动，绘制从太阳看时每个恒星的视运动相关的速度矢量。在图表上标记顶点和背点。

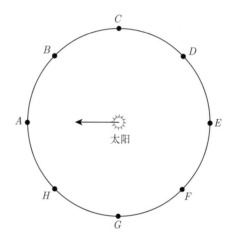

图 24.36　一组围绕 LSR 围成一圈的恒星。假定该圆在银道面内，并且恒星相对于 LSR 处于静止状态。太阳运动朝着恒星 A 的方向

(b) 在 (a) 部分中使用的图表上画出每颗恒星视运动的径向速度和横向速度分量。

(c) 根据在太阳附近的大量恒星样本的径向速度数据，描述如何定位太阳运动的顶点。

(d) 如何从太阳附近恒星的自行运动数据中识别出太阳运动顶点？

24.14　图 24.37 展示了一些较旧的银河系运动学研究数据。根据提供的数据，20 世纪 60 年代初对 $v_\odot$ 的估计是多少？

24.15　(a) 假设 (错误地)1927 年奥尔特所知的高速恒星接近银河系的逃逸速度，请由此估计银河系的质量。为简单起见，将速度矢量的方向定义为径向远离银心，并假设所有质量均呈球形分布并且位于 R_0 内部 (该计算仅是数量级的估计)。将你的答案与例 24.3.1 中给出的质量估计进行比较。

(b) 使用第 740 页上讨论的超高速恒星重复你的计算。与 (a) 部分中的答案相比，怎么解释额外的质量？

(c) 对于根据对太阳附近恒星的观测确定银河系真实质量的困难之处，请发表你的想法。

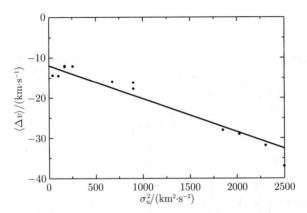

图 24.37　每个点代表一个不同的天体样本, 包括例如超巨星, 碳星, 白矮星, 造父变星和行星状星云 (数据来自 Delhaye, *Galactic Structure*, Blaauw 和 Schmidt 编辑, 芝加哥大学出版社, 芝加哥, 1965 年)

24.16　从式 (24.37) 和式 (24.38), 推导式 (24.41) 和式 (24.42), 请明确写出每个步骤。

24.17　请参考式 (24.42) 和图 24.23, 解释太阳附近恒星的横向速度对银经的依赖性。

24.18　(a) 从开普勒第三定律 (式 (2.37)) 推导出 $\Theta(R)$ 的表达式, 假设太阳在绕银心的开普勒轨道上运动。

(b) 从 (a) 部分的结果中, 得出奥尔特常数 A 和 B 的解析表达式。

(c) 假设 $R_0 = 8$ kpc 并且 $\Theta_0 = 220$ km·s^{-1}, 确定太阳附近 A 和 B 的数值。以 km·s^{-1}·kpc^{-1} 为单位表达你的答案。

(d) (c) 部分中的答案是否与银河系的测量值一致? 为什么?

24.19　(a) 假设奥尔特常数 A 和 B 分别为 $+14.8$ km·s^{-1}·kpc^{-1} 和 -12.4 km·s^{-1}·kpc^{-1}, 分别估计太阳附近的 $d\Theta/dR$。这说明在太阳附近的区域中 Θ 随 R 怎么变化?

(b) 如果 A 和 B 分别为 $+13$ km·s^{-1}·kpc^{-1} 和 -13 km·s^{-1}·kpc^{-1}, 那么 $d\Theta / dR$ 的值是多少? 这对太阳附近的自转曲线的形状有何影响?

24.20　(a) 证明: 银心附近的刚体旋转和恒定密度的球对称质量分布吻合。

(b) 暗物质晕 (式 (24.51)) 中的质量分布是否与银心附近的刚体旋转吻合? 为什么一致或者不一致?

24.21　使用 "粗略" 计算的暗物质密度的结果 (式 (24.50)), 估算太阳附近的暗物质质量密度。分别用 kg·m^{-3}, $M_\odot$·pc^{-3}, $M_\odot$· AU^{-3} 表示你的答案。你的答案与太阳附近的恒星质量密度相比如何?

24.22　(a) 假设式 (24.51) 在距银心任意距离的情况下均有效, 请表明内部半径为 r 的暗物质的量由以下表达式给出:

$$M_r = 4\pi\rho_0 a^2 \left[r - a\mathrm{arc}\tan\left(\frac{r}{a}\right) \right].$$

(b) 如果 $5.4\times10^{11} M_\odot$ 的暗物质位于银心的 50 kpc 之内, 请以 $M_\odot$· pc^{-1} 为单位确定 ρ_0。若 $1.9\times10^{12} M_\odot$ 的暗物质位于银心的 230 kpc 之内, 再次进行计算。假设 $a = 2.8$ kpc。

24.23　对于暗物质晕的密度分布使用式 (24.52)。证明:

(a) 对于 $r \ll a$ 时 $\rho_{\mathrm{NFW}} \propto r^{-1}$, 对于 $r \gg a$ 时 $\rho_{\mathrm{NFW}} \propto r^{-3}$。

(b) 从 $r = 0$ 到 $r \to \infty$ 的质量积分是无限的。

24.24　使用本书中提供的 50 kpc 以内和 230 kpc 以内的暗物质晕内部质量数据, 估算暗物质晕密度分布图的 NFW 版本中的常数 ρ_0 和 a 的值 (式 (24.52))。

24.25　(a) 根据表 24.1 和书中提供的信息, 确定银河系距中心 25 kpc 半径内的近似质光比。

(b) 重复计算半径 100 kpc 以内的质光比。关于暗物质可能对宇宙的平均质光比产生的影响, 你能得出什么结论?

24.26　库仑静电力定律对 r^{-2} 的依赖性允许构造电场的高斯定律，其形式为

$$\oint \boldsymbol{E} \cdot \mathrm{d}\boldsymbol{A} = \frac{Q_{\mathrm{in}}}{\varepsilon_0},$$

其中，积分取在封闭表面上的所有受限电荷 Q_{in}。由于牛顿的万有引力定律也随着 r^{-2} 的变化而变化，所以有可能得出万有引力的 "高斯定律"。这个引力版本的形式是

$$\oint \boldsymbol{g} \cdot \mathrm{d}\boldsymbol{A} = -4\pi G M_{\mathrm{in}} \tag{24.56}$$

其中，积分是在包围质量 M_{in} 的闭合表面上进行的；g 是在 $\mathrm{d}A$ 处的本地引力加速度；微元面积矢量 ($\mathrm{d}A$) 假设与表面处处垂直，方向向外，远离所包括体积的方向。

请证明：如果采用球形引力高斯表面，其中心位于球心且质量分布球对称，则式 (24.56) 可用于求解 g。其结果是通常的球对称质量周围的引力加速度矢量。

24.27　我们在 24.2 节和 24.3 节中了解到，太阳当前位于银河系中平面以北 30 pc 处，并且以 $w_{\odot} = 7.2\ \mathrm{km \cdot s^{-1}}$ 的速度远离。引力加速度矢量的 z 分量指向中平面，因此，太阳在 z 方向上的本动速度必须减小。最终，运动方向将反转，并且太阳将以相反的方向穿过中平面。那时，引力加速度矢量的 z 分量的方向也将反转，最终导致太阳再次向北移动。中平面上方和下方的这种振荡行为具有明确定义的周期和幅度，我们将在此问题中进行估算。

假设银盘的半径远大于其厚度。在这种情况下，只要我们将自己限制在中平面附近，则银盘在 $z = 0$ 平面上似乎是无限的。因此，引力加速度矢量始终沿 $\pm z$ 方向定向。此问题中我们将忽略径向加速度分量。

(a) 假设太阳总是保持在密度为 ρ 的银盘内部，通过构造适当的高斯面并使用式 (24.56)，得出引力加速度矢量在中平面上方高度 z 处的表达式。

(b) 使用牛顿第二定律，证明太阳在 z 方向上的运动可以用以下形式的差分方程来描述：

$$\frac{\mathrm{d}^2 z}{\mathrm{d}t^2} + kz = 0$$

用 ρ 和 G 表达 k。这是你熟悉的简谐运动方程式。

(c) 求出 z 和 w 作为时间的函数的一般表达式。

(d) 如果太阳附近的总质量密度 (包括恒星、气体、尘埃和暗物质) 为 0.15 $M_{\odot} \cdot \mathrm{pc}^{-3}$，请估计振荡周期。

(e) 通过组合当前确定的 $z_{\odot}$ 和 $w_{\odot}$，估算太阳振荡的幅度，并将你的答案与薄盘的垂直标高进行比较。

(f) 在围绕银心的一个轨道周期内，太阳大约进行多少垂直振荡？

24.28　证明：

$$d = \frac{\langle v_r \rangle \tan \phi}{\langle \mu \rangle},$$

在适当更改单位后，可得出式 (24.54)。

24.29　请参阅附录 E 中的数据。

(a) 牛郎星 (Altair) 的空间运动矢量和其径向速度矢量成多少角度？

(b) 计算牛郎星相对于太阳的横向速度和空间运动。

24.30　使用牛顿万有引力定律，估算将 $10^7 M_{\odot}$ 质量从银心的超大质量黑洞的视界上方的位置移动到 3 kpc(膨胀臂的当前位置) 所需的能量。将你的答案与典型的 II 型超新星释放的能量进行比较。

24.31　如果银心的吸积率是 $10^{-3} M_{\odot} \cdot \mathrm{yr}^{-1}$，并且在过去 50 亿年中保持不变，那么在这段时间内有多少质量落入了银心？将你的答案与我们银心可能存在的超大质量黑洞的估计质量进行比较。

24.32　(a) 根据从 S2 轨道获得的数据，计算 Sgr A* 的最低可能密度。假设其为球对称质量分布。

(b) 假设 Sgr A* 质量为 $3.7 \times 10^6 M_\odot$，半径为 1 AU(大约是目前银心分辨率的极限)，估算 Sgr A* 的密度。分别用 $kg \cdot m^{-1}$，$M_\odot \cdot AU^{-3}$ 和 $M_\odot \cdot pc^{-3}$ 表示你的答案。

24.33 使用本书中的数据，计算 S2 最接近 Sgr A* 时的速度。

24.34 利用牛顿万有引力定律，估计质量为 $3.7 \times 10^6 M_\odot$ 的超大质量黑洞的洛希极限 (假设质量为 $1\,M_\odot$ 的主序星在潮汐作用下被瓦解)。你的答案与黑洞的施瓦西半径相比如何？提示：从式 (19.4) 开始，代入适当的平均密度和半径。

24.35 估算与 Sgr A* 同质量黑洞的爱丁顿光度。Sgr A* 的辐射热光度上限与爱丁顿光度的比值是多少？

24.36 在这个习题中，你将为银河系内部 1 kpc 中的质量分布和速度曲线构建一个粗略模型。假设质量为 $M_0 = 3.7 \times 10^6 M_\odot$ 的点 (黑洞) 位于银河系的中心，其余质量为服从 r^{-2} 的等温密度分布。

(a) 证明如果质量分布是球对称的，则半径为 r 的内部质量可以表示为以下形式的函数：

$$M_r = kr + M_0,$$

其中，k 是待确定的常数。

(b) 假设轨道为完美的圆周运动，并遵循牛顿万有引力定律，请表明轨道速度曲线由下式给出：

$$v = \left[G \left(k + \frac{M_0}{r} \right) \right]^{1/2}.$$

(c) 如果在 2 pc 处的轨道速度为 110 $km \cdot s^{-1}$，则确定 k 的值。

(d) 在 0.01 pc $<r<$ 1 kpc 范围内，将 $\log_{10} M_r$ 绘制为 $\log_{10} r$ 的函数。用太阳单位表示 M_r，以 pc 为单位表示 r。你的图在性质上应与图 24.33 描述的观测值数据相似。

(e) 在 0.01 pc $<r<$ 1 kpc 范围，将 v 绘制为 $\log_{10} r$ 的函数。以 $km \cdot s^{-1}$ 表示 v，以 pc 为单位表示 r。在半径为多少时中心点质量的贡献开始变得显著？

第 25 章　星系的性质

25.1　哈勃序列

正如第 24 章开头所述，在 18 世纪中叶，康德和赖特首先提出银河系是一个有限大小的盘状恒星系统。自他们提出这个构想以来，在两个世纪的科学研究中，人们确实逐渐认识到，银河系的主体部分是一个由恒星和大量气体、尘埃构成的圆盘。作为他们关于银河系性质的哲学观点的延伸，赖特接着提出，如果银河系的范围是有限的，也许弥散在夜空中的非常暗淡的 "椭圆星云[①]" 实际上也是极其遥远的盘状恒星系统。这些星系与我们的银河系类似，但是远在银河系范围之外。康德将这些星系称为 **"岛宇宙"**。

25.1.1　为 "岛宇宙" 编目

人们对 "岛宇宙" 的本质进行了大量的研究，并且搜集形成了广泛的星表。其中一个星表归功于**查尔斯 · 梅西耶 (Charles Messier，1730—1817)**，他在寻找彗星时记录了 103 个可能与他要寻找的目标相混淆的模糊天体[②]。**梅西耶星表**中的许多成员都是银河系中真正的气体星云 (例如，蟹状超新星遗迹和猎户星云分别为 M1 和 M42)，其他一些是星团 (例如昴宿疏散星团为 M45，武仙座大球状星团为 M13)，而另外一些星云的性质则未知 (例如仙女座中的 M31，见图 24.7)。

另外一个星表由威廉 · 赫歇尔制作，之后由他的儿子**约翰 · 赫歇尔爵士 (John Herschel，1792—1871)** 扩展，将南半球也包括在内。

后来，**德雷尔 (J. L. E Dreyer，1852—1926)** 基于赫歇尔的工作发布了**新总表 (New General Catalog，NGC)**，包含了将近 8000 个天体。与梅西耶星表一样，NGC 也包含了许多位于银河系中的气体星云或星团，而表中其他天体的真实性质则仍然存疑[③]。

1845 年，罗斯伯爵三世**威廉 · 帕森斯 (William Parsons，1800—1867)** 在爱尔兰建造了当时世界上最大的望远镜。这台 72 英寸 (1.8 m) 口径的望远镜绰号 "**利维坦 (Leviathan)**"，首次能够分辨某些星云中的旋涡结构。这些 "**旋涡星云**" 风车一样的外观强烈暗示着它们可能正在旋转。1912 年，**维斯托 · 斯里弗 (Vesto M. Slipher，1875—1969)** 在许多这类天体中探测到了多普勒频移谱线，最终证实了这种猜测。

25.1.2　沙普利–柯蒂斯大辩论

关于星云性质的争论集中在这些星云与我们的距离远近，以及与银河系的相对大小。许多天文学家认为旋涡星云在银河系的范围之内，而另一些天文学家则认为它们的确是康德

[①] 尽管今天我们通常使用 "星云" 这个词语来指代气体和尘埃云，但它最初是用来描述天空中任何无法分辨为一个清晰的恒星系统的模糊光斑的。

[②] 之后，其他天文学家在原始列表中增加了 7 个成员，使梅西耶星表的总数增加到了 110 个。梅西耶星表见附录 H。

[③] 值得指出的是，梅西耶星表中的大部分成员都包含在 NGC 中，例如 M31 也称为 NGC 224。

所说的"岛宇宙"。1920 年 4 月 26 日，在华盛顿美国国家科学院，威尔逊山天文台的**哈罗·沙普利 (Harlow Shapley)** 和利克天文台的**希伯·道斯特·柯蒂斯 (Heber D. Curtis, 1872—1932)** 就两种观点进行了辩论。在这次众所周知的天文学**大辩论**中，沙普利支持星云是银河系成员这一观点。与之相反，柯蒂斯则支持对星云的观测数据进行河外解释，他认为这些星云虽然在物理上很像银河系，但是却并不在银河系内。

沙普利最有力的一个论据是基于在 M31 中观察到的新星的视星等。他认为，如果仙女座的星系盘和银河系的一样大 (根据他最近的估计，直径约为 100 kpc)，那么它在天空中的角大小 (约 $3° \times 1°$) 意味着它到我们的距离是如此之远，以至于 M31 中的新星的光度将远大于银河系中发现的新星的光度。

他第二个主要的论据是基于著名的观测天文学家**阿德里安·范马伦 (Adrian van Maanen, 1884—1946)** 对 M101 自行运动的观测数据，这些数据似乎表明 M101 的旋转角速率为 $0.02('') \cdot \mathrm{yr}^{-1}$。如果 M101 的直径和沙普利估计的银河系直径相近，那么其外缘附近的旋转速度将远远超过在银河系中所观测到的旋转速度。

为了捍卫河外假说，柯蒂斯认为，在旋涡星云中观测到的新星必须至少距离我们 150 kpc，才能使其内禀亮度与银河系中新星的亮度相当。在这个距离上，M31 的大小与卡普坦对银河系直径的估计相近，远小于沙普利估计的直径 (见 24.1 节的讨论)。他还认为，许多旋涡星云中测得的径向速度较大，似乎表明它们无法维持在卡普坦银河系模型的引力约束中。而且，假设星云的横向速度和径向速度大小相近，若它们位于银河系中，那么应该有可能观测到它们在天空中的自行运动，然而这并没有被观测到。

最后，柯蒂斯提到，在那些侧对着我们的旋涡星云中，可以看到暗吸收区域。如果银河系中也存在类似的暗吸收层，则隐带可以得到很好的解释。

任何一方的论点都没有被证明是绝对权威的，这场大辩论更多的是突出了问题而非解决了困境。然而，正如我们现在所知道的，辩论的双方都存在错误，但是沙普利的论点也许更有缺陷。部分原因在于他高估了银盘的大小，另一个问题是他所依靠的范马伦的数据在后来也被范马伦本人证明是错误的。事实上，自行观测并不能测量到 M101 的任何旋转。

直到 1923 年，**埃德温·哈勃 (Edwin Hubble, 1889—1953)** 使用威尔逊山天文台 100 英寸口径的望远镜在 M31 中观测到了造父变星，这场辩论才终于尘埃落定。哈勃通过测量造父变星的视星等，并根据周期–光度关系 (式 (14.1)) 确定它们的绝对星等，可以通过距离模数 $m - M$(式 (3.5)) 计算仙女座的距离。哈勃最初计算得到的距离为 285 kpc，而现代估计值为 770 kpc，为哈勃估计值的 2.7 倍，但是这也足以证明旋涡星云确实是"岛宇宙"。

不断的科学探索让人们认识到，我们的太阳系并不靠近银河系的中心，而银河系也只是宇宙中无数星系之一。这是人类对宇宙认识的进步，其价值可与哥白尼革命相媲美。尽管许多人为这种新的认知作出了贡献，但很大程度上是哈勃在确定河外距离方面的关键性工作，这为后续众多的对星系这一宇宙中最大恒星系统的研究奠定了基础[①]。

---

① 哈勃作出的另一个关键贡献是确定河外距离尺度，其艰巨且重要的过程是 27.1 节和 27.2 节的主题。

25.1.3 星系的分类

既然已经确定了星系的河外属性,那么就可以着手确定它们的物理性质。作为理解任何新对象的第一步,有必要根据其内在特征对其进行分类,类似于对各种动物的分类。哈勃再次发挥了关键作用。哈勃在其 1926 年的论文《河外星云》("*Extra-Galactic Nebulae*")及后来的著作《星云世界》(*The Realm of the Nebulae*) 中,提出根据星系的整体外观可将其分为三大类。这种形态学分类称为**哈勃序列**,其将星系分为**椭圆星系 (E), 旋涡星系**和**不规则星系 (Irr)**[①]。旋涡星系又分为两个平行的子序列,即**正常旋涡星系 (S)** 和**棒旋星系 (SB)**。椭圆星系和旋涡星系之间的过渡类星系称为**透镜状星系**,可以是**正常型 (S0)** 或**棒旋型 (SB0)**。之后哈勃以**音叉图**的形式排列了这些形态序列,如图 25.1 所示,其中清晰显示了两种类型的旋涡星系。一个星系的**哈勃类型**即它在哈勃序列中的名称。

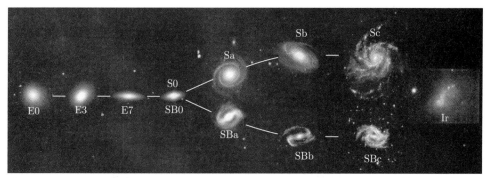

图 25.1　星系类型的哈勃音叉图

哈勃原本以为音叉图可以理解为星系的演化序列 (实际上是错误的),因此,他将图中左侧的星系称为**早型**,右侧的星系称为**晚型**,这些术语在今天仍被广泛使用。

在椭圆星系中,哈勃根据观测到的星系**偏心率**进行划分,其定义为

$$\epsilon \equiv 1 - \beta/\alpha, \tag{25.1}$$

其中,α 和 β 分别为投影到天空平面的椭圆的视长轴和视短轴。然后椭圆星系的哈勃类型根据 10ϵ 的大小确定,从恒星呈球形分布的 E0 型到呈高度扁平分布的 E7 型,而偏心率大于 0.7 的星系从未被观测到,这意味着内禀偏心率大于 0.7 的椭圆星系可能并不存在。

我们必须意识到一个问题,即视在的偏心率可能与实际的偏心率并不一致,因为我们视线相对于球状体[②]的方向在观察中起着至关重要的作用。这种效果可以从图 25.2 和图 25.3 中看到,分别为当我们观察扁圆和扁长的星系时的情况。一般情况下,$a \geqslant b \geqslant c$ 分别表示三轴椭球系统的三个轴的长度,对于球体为 $a = b = c$,对于完美的扁圆椭球体为 $a = b$,对于完美的扁长椭球体为 $b = c$。通常情况下,并不要求椭球系统的任何轴具有相同的长度。

椭圆星系具有很多物理性质。它们的绝对 B 星等可能暗至 -8,也可能亮过 -23;它们的质量 (包括发光物质和暗物质) 从 $10^7 \sim 10^{13} M_\odot$ 不等;它们的直径可以小至几十分之

[①] 一种更现代的分类方法将不规则星系记为 Ir,如图 25.1 所示。

[②] 术语 "球状体"(spheroid) 通常用于表示轴对称椭球体 (ellipsoid)。

一 kpc，也可以大至数百 kpc。巨椭圆星系是宇宙中最大的天体之一，然而最小的矮椭圆星系大小只与典型的球状星团相当。透镜状星系的质量和光度与较大的椭圆星系相当。

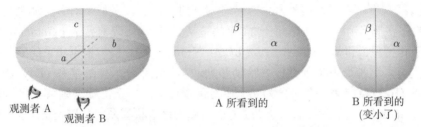

观测者 A   观测者 B   A 所看到的   B 所看到的
                                                                            (变小了)

图 25.2   扁椭圆星系轴长 $a = b$ 且 $c < a$。若 $c/a = 0.6$，观察者 A 看到的视在形状类似于 E4 星系 ($\beta/\alpha = 0.6$)，而同样的星系在观察者 B 看来则像 E0 型 ($\beta/\alpha = 1$)

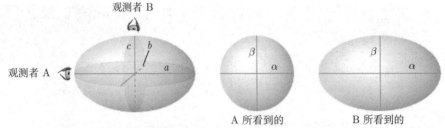

观测者 B

观测者 A   A 所看到的   B 所看到的

图 25.3   长椭圆星系轴长 $b = c$ 且 $a > b$。若 $b/a = 0.6$，观察者 A 看到的视在形状类似于 E0 星系，而同样的星系在观察者 B 看来则像 E4 型

　　虽然巨椭圆星系和透镜状星系是最易观察的，但是矮椭圆星系是迄今为止数量最多的。典型的椭圆星系以及一个 S0 和 SB0 的例子见图 25.4。这些星系的物理特性将在 25.4 节中更加详细地讨论。

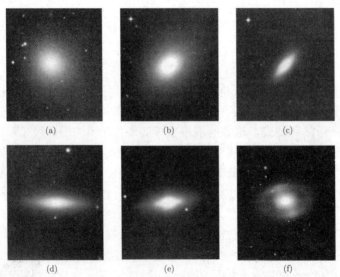

(a)   (b)   (c)

(d)   (e)   (f)

图 25.4   典型早型星系：(a) IC 4296 (E0)；(b) NGC 4365 (E3)；(c) NGC 4564 (E6)；(d) NGC 4623 (E7)；(e) NGC 4251 (S0)；(f) NGC 4340 (RSB0) (图片来自桑德奇和贝德克，《卡内基星系图集》，华盛顿卡内基研究所，华盛顿，1994)

哈勃将旋涡序列细分为 Sa、Sab、Sb、Sbc、Sc 和 SBa、SBab、SBb、SBbc、SBc。具有最显著的核球 (最大球–盘光度比，$L_{\text{bulge}}/L_{\text{disk}} \sim 0.3$)、最紧密缠卷的旋臂 (螺距角[①]约为 $6°$)，旋臂中恒星分布最为平滑的旋涡星系为 Sa 型 (或 SBa 型)；而 Sc 型 (或 SBc 型) 具有较小的核球–盘光度比 ($L_{\text{bulge}}/L_{\text{disk}} \sim 0.05$)、更松散的旋臂 (螺距角约为 $18°$)，旋臂可分辨出恒星团和 H II 区域。正常旋涡星系和棒旋星系的例子分别见图 25.5 和图 25.6。M 31 (图 24.7) 和 NGC 891(图 24.9) 是 Sb 型，而银河系可能是 SBbc 型 (图 24.5 反映了银河系中央棒存在的证据)。

(a)

(b)

(c)

(d)

图 25.5　典型正常旋涡星系：(a) NGC 7096 (Sa(r)I)；(b) M81/NGC 3031 (Sb(r)I~II)；(c) M101/NGC 5457/风车星系 (Sc(s)I)；(d) M104/NGC 4594/草帽星系 (Sa/Sb) 几乎只看到侧面 (图片来自桑德奇和贝德克，《卡内基星系图集》，华盛顿卡内基研究所，华盛顿，1994)

Sa~Sc(SBa~SBc) 星系的物理参数变化往往比椭圆星系的变化小得多。平均而言，旋涡星系往往也是宇宙中最大的星系之一，绝对 B 星等从 -16 到小于 -23，质量 (包括发光物质和暗物质) 在 $10^9 \sim 10^{12} M_{\odot}$，星系盘直径在 5~100 kpc。

哈勃将剩下的不规则星系分为 Irr I 型和 Irr II 型，Irr I 型至少存在一些如旋臂这样的有组织结构的迹象，而 Irr II 型结构则最无规则。大麦哲伦云 (LMC) 和小麦哲伦云 (SMC)

[①] 螺距角定义为旋臂的切线与圆的切线之间的夹角，该角度在旋臂和圆相交的点处测量。

都是 Irr I 型星系，而 M82(NGC 3034) 是 Irr Ⅱ 型星系，见图 25.7。

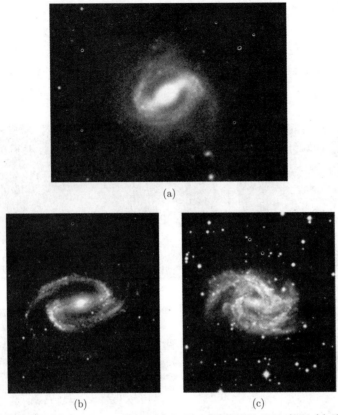

(a)

(b)   (c)

图 25.6   典型棒旋星系：(a) NGC 175 (SBab(s) I~Ⅱ)；(b) NGC 1300 (SBb(s) I)；(c) NGC 2525
(SBc(s)Ⅱ) (图片来自桑德奇和贝德克，《卡内基星系图集》，华盛顿卡内基研究所，华盛顿，1994)

虽然不规则星系往往并不是特别大，但是它们具有许多特征。通常它们的绝对 B 星等
从 $-13 \sim -20$ 不等，质量在 $10^8 \sim 10^{10} M_\odot$，直径在 1~10 kpc。大多数不规则星系往往拥
有明显的偏离中心的棒状结构。

自哈勃的音叉图发表以来，天文学家对他的原始分类方案进行了大量修正。例如，**杰
拉德·德沃古勒 (Gerard de Vaucouleurs)** 建议取消不规则分类 Irr I 和 Irr Ⅱ，在 Sc(或
SBc) 之后添加其他形态分类。那些被归入 Irr I 的星系被分为 Sd (SBd)、Sm (SBm) 或
Im 型，其中 m 表示麦哲伦型。例如大麦哲伦云为 SBm 型，小麦哲伦云为 Im 型。真正
的不规则星系 (例如 M82) 被简单地命名为 Ir 型，这也是图 25.1 中使用 Ir 命名的原因。
桑德奇 (Sandage) 和**布鲁卡托 (Brucato)** 进一步建议，Ir 型应该更准确地称为**无定形型
(amorphous)**，以表明其没有任何组织结构。我们可以看到，哈勃类型为 Sd 及更晚的旋
涡星系明显比早型旋涡星系更小，因此它们有时也称为**矮旋涡星系**。

为了更好地区分正常旋涡星系和棒旋星系，德沃古勒还建议将正常旋涡星系称为 SA
型而非简单地称为 S 型。具有弱棒的中间类型称为 SAB，具有强棒的星系称为 SB。

为了对分类系统进一步改进，对透镜状星系有时也根据其星系盘中尘埃的吸收量进行

细分。$S0_1$ 星系的盘中没有可分辨的尘埃，而 $S0_3$ 星系中有大量的尘埃，从 $SB0_1$ 到 $SB0_3$ 的分类也同理。

图 25.7　不规则星系的例子: (a) 大麦哲伦云 (Irr I/SBmⅢ); (b) 小麦哲伦云 (Irr I/ImⅣ∼Ⅴ); (c) M82/NGC 3034(Irr Ⅱ/Ir/Amorphous) (图片来自桑德奇和贝德克,《卡内基星系图集》, 华盛顿卡内基研究所, 华盛顿, 1994)

　　因此, 从早型椭圆星系到正常晚型星系的现代序列是 (图 25.1): E0, E1, ⋯ , E7, $S0_1$, $S0_2$, $S0_3$, Sa, Sab, Sb, Sbc, Sc, Scd, Sd, Sm, Im, Ir。对于棒旋星系也有类似的序列。

　　西德尼·范登伯格 (Sidney van den Bergh) 引入了旋涡星系的光度级。光度级范围从 Ⅰ 到 Ⅴ, Ⅰ 代表那些具有清晰旋臂的旋涡星系, Ⅴ 代表具有最不清晰旋臂的旋涡星系。M31 被归为 SbⅠ∼Ⅱ(介于 Ⅰ 和 Ⅱ 之间), 银河系是 SBbcⅠ∼Ⅱ, M101 是 ScⅠ, 大麦哲伦云是 SBmⅢ, 小麦哲伦云是 ImⅣ∼Ⅴ。除了最大的椭圆星系 (将在 25.4 节中进一步讨论), 银河系和 M31 是宇宙中最大、最明亮的星系之一。然而, 需要注意, 光度级并不一定与绝对星等很好地相关。

　　除了引人注目的旋臂外, 旋涡星系还呈现出一系列惊人的更复杂、更精细的特征。一些旋涡星系的旋臂几乎可以一直延伸到中心, 而另一些星系的旋臂似乎终止于某个内环位置。采用特殊的名称有助于进一步对这些系统进行分类。M101 (图 25.5(c)) 是前一种类型的星系, 被记为 Sc(s)Ⅰ, 其中 (s) 表示旋涡可以追溯到星系的中心。NGC 7096 (图 25.5(a)) 和 M81 (图 25.5(b)) 是第二种类型的星系, 类型分别为 Sa(r)Ⅰ 和 Sb(r)Ⅰ∼Ⅱ, 其中 (r) 表示旋涡止于一个内环。

　　某些星系也可能有可辨别的外环, 例如 NGC 4340 (图 25.4(f)), 其分类为 RSB0, 其中 R 前缀表示外环。在某些情况下, 星系可能同时有内环和外环。

　　由于星系形态类型范围很广，因此任何分类方案都必然十分复杂，这也不足为奇。幸运的是，哈勃序列及其各种变换和增强形式，极大地促进了人类试图了解星系本质的过程。

25.2　旋涡星系和不规则星系

　　事实证明，哈勃针对晚型星系的分类方案在组织我们对这些天体的研究方面非常成功。不仅核球–星系盘比、旋臂紧密度、旋臂中恒星和 H Ⅱ 区域的分辨度都很好地与哈勃类型相关，许多其他物理参数也是如此。

　　表 25.1 和表 25.2 总结了早型和晚型星系的特征，其细节将在后面讨论。尽管参数的分布范围可能很大，但其随哈勃类型变化的趋势很明显。

表 25.1　　早型旋涡星系的特征

	Sa	Sb	Sc
M_B	$-23 \sim -17$	$-23 \sim -17$	$-22 \sim -16$
$M/M_\odot$	$10^9 \sim 10^{12}$	$10^9 \sim 10^{12}$	$10^9 \sim 10^{12}$
$\langle L_{\text{bulge}}/L_{\text{total}} \rangle_B$	0.3	0.13	0.05
直径 (D_{25}, kpc)	5~100	5~100	5~100
$\langle M/L_B \rangle \, (M_\odot/L_\odot)$	6.2 ± 0.6	4.5 ± 0.4	2.6 ± 0.2
$\langle V_{\text{max}} \rangle / \left(\text{km} \cdot \text{s}^{-1} \right)$	299	222	175
V_{max} 范围/(km·s^{-1})	163~367	144~330	99~304
螺距角/(°)	~ 6	~ 12	~ 18
$\langle B-V \rangle$	0.75	0.64	0.52
$\langle M_{\text{gas}}/M_{\text{total}} \rangle$	0.04	0.08	0.16
$\langle M_{\text{H}_2}/M_{\text{HI}} \rangle$	2.2±0.6(Sab)	1.8±0.3	0.73±0.13
$\langle S_N \rangle$	1.2 ± 0.2	1.2 ± 0.2	0.5 ± 0.2

表 25.2　　晚型旋涡星系和不规则星系的特征

	Sd / Sm	Im/Ir
M_B	$-20 \sim -15$	$-18 \sim -13$
$M/M_\odot$	$10^8 \sim 10^{10}$	$10^8 \sim 10^{10}$
直径 (D_{25}, kpc)	$0.5 \sim 50$	$0.5 \sim 50$
$\langle M/L_B \rangle \, (M_\odot/L_\odot)$	~ 1	~ 1
V_{max} 范围/$\left(\text{km} \cdot \text{s}^{-1} \right)$	80~120	50~70
$\langle B-V \rangle$	0.47	0.37
$\langle M_{\text{gas}}/M_{\text{total}} \rangle$	0.25(Scd)	0.5~0.9
$\langle M_{\text{H}_2}/M_{\text{HI}} \rangle$	0.03~0.3	~ 0
$\langle S_N \rangle$	0.5 ± 0.2	0.5 ± 0.2

　　例如，如果我们对比一个 Sa 型星系和一个同等亮度的 Sc 型星系，Sa 型星系的质量将更大 (更大的 M/L_B)，其自转曲线有更大的峰值 (V_{max})，气体和尘埃的质量占比更小，并且包含更大比例的年老红星。

25.2.1　K 修正

　　在我们更详细地考虑这些相关性之前，有必要讨论一下与确定星系亮度相关的问题。和确定恒星绝对星等的情形一样，计算星系的绝对星等需要对观测到的视星等进行修正，以正确考虑银河系内及目标星系内的消光效应 (式 (12.1))。而在接近真空的星系间区域，消光效应通常可以忽略。此外，对于银河系外星体，还必须考虑另一个重要的修正。

由于大多数星系都被观测到存在显著的红移 (见 27.2 节)，通常位于兴趣波段 (例如 B 波段) 的部分甚至大部分的光，将会红移到波长更长的区域。考虑这种影响即称为 **K 修正**。我们将要认识到，对于非常遥远的星系，K 修正是十分严重的。如果不考虑这个效应，则有关星系演化的结论或许会存在错误 (见 26.2 节和 29.4 节)。

25.2.2　背景天空的亮度

当观测暗星系或者其最外层区域时出现的另一个问题是背景天空亮度的影响。微光夜空的平均面亮度约为 $\mu_{\text{sky}} = 22$ $B\text{-mag} \cdot \text{arcsec}^{-2}$(在 B 波段测量)。这些背景光的来源包括附近城市的光污染、地球高层大气中的光化学反应、黄道光、银河系中未分辨的恒星和未分辨的其他星系。然而，在使用 CCD 的现代光度研究中，星系的面亮度可以测量到 29 $B\text{-mag} \cdot \text{arcsec}^{-2}$ 甚至更暗的水平。因此，要在这样极端微弱的水平上准确地确定星系的光分布，就必须减去背景天空的贡献。

25.2.3　等照度线和德沃古勒轮廓

减去了背景天空亮度后，则可以绘制等面亮度线，这样的等值线称为**等照度线** (光子数相等的线)。在定义一个星系的半径时，必须定义用于确定半径的等照度线上的面亮度。在第 24 章中，我们在试图确定银河系的半径时遇到了这个问题：圆盘的指数分布或者椭球体的 $r^{1/4}$ 分布都不存在确定的截止值。由瑞典天文学家**埃里克·霍姆伯格 (Erik Holmberg)** 提出的一种常用的半径为**霍姆伯格半径** r_{H}，定义为等面亮度为 $\mu_{\text{H}} = 26.5$ $B\text{-mag} \cdot \text{arcsec}^{-2}$ 时的椭球半长轴的投影长度。另一个经常使用的标准半径是**有效半径** r_{e}，即其内部区域发射一半星系光时的投影半径[①]。在 r_{e} 处的面亮度水平 (用 μ_{e} 表示)，取决于面亮度随半径的分布。

对于旋涡星系的核球和大的椭圆星系，面亮度分布通常遵循如下的 $r^{1/4}$ 律：

$$\mu(r) = \mu_{\text{e}} + 8.3268 \left[\left(\frac{r}{r_{\text{e}}} \right)^{1/4} - 1 \right] \tag{25.2}$$

这只是在 24.2 节 (式 (24.13)) 中讨论的 $r^{1/4}$ 德沃古勒轮廓以 $\text{mag} \cdot \text{arcsec}^{-2}$ 为单位的形式 (而非以 $L_{\odot} \cdot \text{pc}^{-2}$ 为单位)。两种形式的等价性证明留作习题 25.5。

同式 (24.10) 中给出的银盘模型类似，星系盘光度分布通常使用指数衰减模型。同 $r^{1/4}$ 律一样，每单位面积的盘光度可以写为以 $\text{mag} \cdot \text{arcsec}^{-2}$ 为单位的形式：

$$\mu(r) = \mu_0 + 1.09 \left(\frac{r}{h_r} \right) \tag{25.3}$$

其中，h_r 是盘沿其中平面的特征尺度 (见习题 25.6)。

$r^{1/4}$ 律的一种广义版本被经常使用，其中 $1/4$ 被 $1/n$ 代替，由此产生的**广义德沃古勒轮廓**，也称为**塞尔西奇轮廓** (以何塞·路易斯·塞尔西奇命名)，具有以下形式：

---

① 第 727 页首次介绍有效半径。

$$\mu(r) = \mu_{\rm e} + 8.3268\left[\left(\frac{r}{r_{\rm e}}\right)^{1/n} - 1\right] \tag{25.4}$$

其中，$\mu_{\rm e}$，$r_{\rm e}$ 和 n 都是自由参数，用于最佳拟合实际面亮度分布。注意到当 $n = 1$ 时，式 (25.3) 是式 (25.4) 的一个特例，其中 μ_0 和 h_r 分别写作 $\mu_{\rm e}$ 和 $r_{\rm e}$。

25.2.4 星系的自转曲线

虽然面亮度轮廓 (例如广义德沃古勒轮廓) 描述了星系中发光物质的分布，但是并不能揭示星系暗物质的分布。一种直接确定所有物质 (无论是发光物质还是暗物质) 分布的方法是测量星系的自转曲线，正如第 24 章中对银河系的讨论。图 25.8 展示了在给定 M_B 范围和哈勃类型的星系群中得到的平均自转曲线。你还可以回顾图 24.27，其展示了各种哈勃类型星系的实际自转曲线。

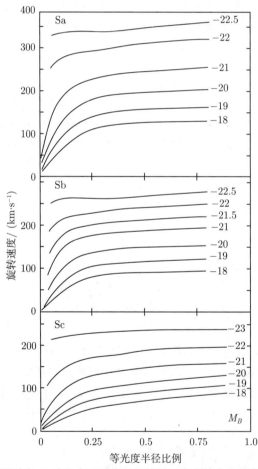

图 25.8   Sa、Sb 和 Sc 型星系在 B 波段中不同绝对星等时平均自转曲线的变化 (图改编自鲁宾 (Rubin) 等，*Ap. J.*, 289, 81, 1985)

当对自转曲线与光度或哈勃类型进行比较时，会发现许多的相关性。例如，随着 B 波段亮度 L_B 的增加，自转曲线随与中心的距离上升得更快，并且取得更大的最大速度 $V_{\rm max}$。

对于 B 波段光度相等的星系，更早型的旋涡星系具有更大的 V_{max}。当哈勃类型一定，更明亮的星系具有更大的 V_{max}。当给定 V_{max}，对于越早型的星系，自转曲线随半径略微上升得更快。事实上，对于不同的哈勃类型，即具有非常不同的核球–星系盘光度比的星系，也呈现出除幅度外非常相似的自转曲线，这表明它们引力势分布不一定遵循发光物质的分布，这被认为是这些星系中存在暗物质的标志。

尽管越早型的星系盘内最大自转速度越大，但每种类型星系的 V_{max} 都有一个很大的范围。对于典型的 Sc 型及更早类型的旋涡星系，Sa 型的平均最大自转速度为 $V_{max} = 299$ km·s^{-1}，Sb 型为 222 km·s^{-1}，Sc 型为 175 km·s^{-1}，而其对应的范围分别为 163~367 km·s^{-1}，144~330 km·s^{-1} 和 99~ 304 km·s^{-1}。注意银河系 (被认为是 SBbc 型，见图 24.25) 的 $V_{max} \simeq 250$ km·s^{-1}，只比 Sb 的 V_{max} 平均值略微大一点。

不规则星系相应的最大自转速度范围通常为 50~70 km·s^{-1}，明显低于早型旋涡星系。这似乎表明，星系形成有组织的旋涡模式可能需要 $50 \sim 100$ km·s^{-1} 的最小自转速度。Im 型星系具有较小的自转速度，意味着它们每单位质量的自转角动量仅为太阳邻域银河系中发现值的 10% 左右。

25.2.5 塔利–费舍尔关系

前面的讨论表明，旋涡星系的光度与其最大自转速度之间存在某种关系。这种关系现在称为**塔利–费舍尔关系**，由**布伦特·塔利 (R. Brent Tully)** 和**理查德·费舍尔 (J. Richard Fisher)** 于 1977 年首次确定，当时他们测量了一些旋涡星系样本中经过多普勒展宽的中性氢 21 cm 发射线。

如图 25.9 所示，当在整个星系中同时对 21 cm 谱线进行采样时，曲线通常显示为双峰。双峰的产生源自于平坦的星系自转曲线，而一般在曲线平坦的部分达到最大自转速度。由于在这个最大速度下有如此多的 H I 参与了旋转，从而流量密度在这个值处达到最大。双峰的出现是因为星系盘的一部分朝着观测者旋转而导致谱线蓝移，另一部分背向观测者旋转而导致谱线红移。星系相对于观测者的平均径向速度是两个峰值之间的中点值。

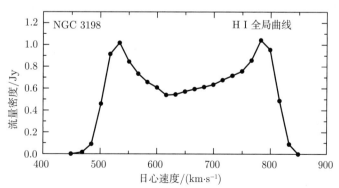

图 25.9　NGC 3198 的全局 H I 曲线 (数据来自贝格曼 (Begeman)，*Astro.Astrophys.*，223，81，1991)

峰值波长相对于其静止波长的位移 $\Delta\lambda$ 由式 (4.39) 给出：

$$\frac{\Delta\lambda}{\lambda_{\text{rest}}} \simeq \frac{v_r}{c} = \frac{V\sin i}{c}$$

这里，v_r 是径向速度；i 是观测者的视线和垂直于星系平面的方向之间的夹角 (当从侧面观测星系时，$i = 90°$)。

图 25.10 展示了 Sa、Sb 和 Sc 星系样本的 M_B 与 $V_{\max}$ 之间的塔利–费舍尔关系。注意到当具有相似的 M_B 时，更晚型星系的 $V_{\max}$ 更小。对于不同哈勃类型的数据进行线性拟合，我们发现：

$$M_B = -9.95\log_{10} V_{\max} + 3.15 \quad \text{(Sa)} \tag{25.5}$$

$$M_B = -10.2\log_{10} V_{\max} + 2.71 \quad \text{(Sb)} \tag{25.6}$$

$$M_B = -11.0\log_{10} V_{\max} + 3.31 \quad \text{(Sc)} \tag{25.7}$$

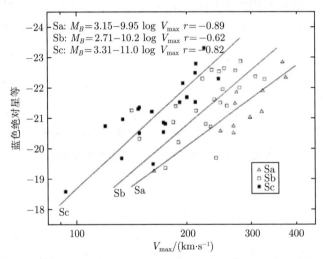

图 25.10   早型旋涡星系的塔利–费舍尔关系 (图改编自鲁宾等，*Ap. J.*，289，81，1985)

如果在红外波段下进行观测，可进一步对塔利–费舍尔关系进行完善和加强。这有两个优点：其一，在能够穿透尘埃的红外波长下观测，可以将尘埃消光的影响减小到 1/10；其二，红外线主要来自晚型巨星，它们是星系整体光分布的良好示踪体，而 B 波段更倾向于强调近期恒星形成区域中的年轻热星。一种由皮尔斯 (Pierce) 和塔利在 1992 年提出的红外 H 波段 (1.66 μm) 下的塔利–费舍尔关系表达式是

$$M_H^i = -9.50(\log_{10} W_R^i - 2.50) - 21.67 \pm 0.08 \tag{25.8}$$

这里，W_R^i 是星系自转的度量，定义为

$$W_R^i \equiv (W_{20} - W_{\text{rand}})/\sin i \tag{25.9}$$

其中，W_{20} 是 H 波段下辐射强度为其蓝移和红移峰值的 20% 时，蓝移和红移辐射之间的速度差；W_{rand} 是由于星系中的非圆形轨道运动而叠加在观测速度上的随机速度[1]；最

---

[1] 对于高斯型的随机速度分布，可以证明 W_{rand} 与速度弥散 σ 关系为 $W_{\text{rand}} = 3.6\sigma$。

后，i 是星系平面的倾角。图 25.11 展示了三个星系群中星系 H 波段的塔利–费舍尔关系 (式 25.8)。

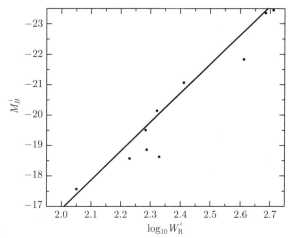

图 25.11　由式 (25.8) 给出的红外 H 波段 (1.66 μm) 下的塔利–费舍尔关系式，数据来自本星系群、御夫座和 M81 星系群中的星系 (数据来自皮尔斯和塔利，*Ap. J.*，387，47，1992)

尽管塔利–费舍尔关系的确切形式取决于星系内的质量分布以及它们质光比的变化，但我们仍然可以对其起源有一些了解。

如图 24.27 和图 25.8 所示，旋涡星系的自转曲线在超过数个 kpc 的范围内都是平坦的。在 24.3 节中，我们可以看到这意味着半径 r 内包含的质量由式 (24.49) 给出。对整个星系进行估算，令 $r \to R$，$M_r \to M$，则有

$$M = \frac{V_{max}^2 R}{G} \tag{25.10}$$

其中，令最大自转速度 V_{max} 等于自转曲线的平坦部分。现在，若所有旋涡星系都具有相同的质光比，$M/L \equiv 1/C_{ML}$，其中 C_{ML} 为常数，则有

$$L = C_{ML} \frac{V_{max}^2 R}{G}$$

最后，如果我们粗略假设所有旋涡星系在其中心具有相同的面亮度，则 $L/R^2 \equiv C_{SB}$，其中 C_{SB} 是另一个常数。从光度的表达式中消去 R，我们得到

$$L = \frac{C_{ML}^2}{C_{SB}} \frac{V_{max}^4}{G^2} = C V_{max}^4,$$

其中，C 包含其他常数。则绝对星等可根据式 (3.8) 推出

$$M = M_{Sun} - 2.5 \log_{10} \left(\frac{L}{L_\odot} \right)$$

$$= M_{Sun} - 2.5 \log_{10} V_{max}^4 - 2.5 \log_{10} C + 2.5 \log_{10} L_\odot$$

$$= -10 \log_{10} V_{\max} + 常数.$$

尽管附加的零点常数仍未确定, 但这个简单的证明几乎再现了式 (25.5)~ 式 (25.8) 中的主要系数: Sa、Sb 和 Sc 型星系的 B 波段塔利–费舍尔关系的斜率, 以及 H 波段下共同的塔利–费舍尔关系的斜率。

25.2.6　半径–光度关系

早型旋涡星系 (例如 Sa~Sc) 的数据中还出现了另一个重要的模式: 半径随着光度的增加而增加, 而与哈勃类型无关。在对应于面亮度水平为 25 B-mag·arcsec^{-2} 处的星系盘半径 (R_{25}) 处, 数据可以很好地由线性关系表示:

$$\log_{10} R_{25} = -0.249 M_B - 4.00 \tag{25.11}$$

其中, R_{25} 的单位是 kpc。

25.2.7　质量和质光比

结合塔利–费舍尔关系式 (25.5)~ 式 (25.7) 和式 (25.11) 及式 (24.49), 现在可以估计早型旋涡星系的质量和它们在 R_{25} 内部的质光比。虽然星系的质量从大于 $10^9 M_\odot$ 到最多约 $10^{12} M_\odot$, 但根据 R_{25} 和 M_B 之间的关系式对于哈勃类型没有任何依赖性可以期待, 星系质量与其哈勃类型之间只有非常微弱的关系 (平均而言, Sc 型的质量只略小于 Sa 型的质量)。然而, 质光比和哈勃类型之间确实存在相关性: 哈勃类型越晚, M/L_B 的平均值越低。Sa 型的 $\langle M/L_B \rangle = 6.2 \pm 0.6$, Sb 型为 4.5 ± 0.4, Sc 型为 2.6 ± 0.2。

25.2.8　颜色和气体尘埃丰度

M/L_B 的趋势表明, 相对于更早型的旋涡星系, Sc 型星系倾向于拥有更大比例的大质量主序星 (回忆图 7.7 所示的质光关系, 上主序星的质光比较低)。如果这样, 我们还能期望 Sc 型星系比 Sa 和 Sb 型星系更蓝, 而这正如所观测到的。$B - V$ 色指数平均值随哈勃类型变晚而降低, Sa 型为 0.75, Sb 型为 0.64, Sc 型为 0.52。对于越晚型的旋涡星系, 其发射总光的更大部分来自更蓝的波段, 这意味着其中更加年轻、质量更大的主序星比例越多[①]。

不规则星系往往是哈勃序列表示的所有星系中最蓝的, 其特征 $B - V$ 色指数约为 0.4。而且, Ir 型星系越靠近中心通常会越蓝, 而不是像早型旋涡星系那样越靠近中心会越红。这表明不规则星系的中心区域仍在活跃地产生恒星。例如, 大麦哲伦云和小麦哲伦云的星系盘中似乎仍在形成蓝色的球状星团。

由于蓝色主序星的寿命很短, 因此它们一定是相对近期形成的。想必 Sc 型星系中应当存在大量的气体和尘埃以产生这些年轻的恒星。基于对 21cm 辐射、Hα 发射线和 CO 发射线 (它是 H_2 的良好示踪体) 的分析, 我们发现从 Sa 型到 Sc 型以及更往后, 气体质量相对于 R_{25} 半径内部总质量占比稳定增加。例如, Sa 型 $\langle M_{\text{gas}}/M_{\text{total}} \rangle = 0.04$, Sb 型为 0.08, Sc 型为 0.16, Scd 型为 0.25。这与观测到的哈勃类型越晚则 H II 发射线亮度越高的结果一致。

---

① 哈勃类型更晚的星系实际上是由位于主序带上更早期 (上部) 的恒星主导, 这是术语历史变迁的恶果。

原子氢和分子氢的相对含量也随哈勃类型变化而变化。对于 Sab 型，$\langle M_{H_2}/M_{HI} \rangle = 2.2 \pm 0.6$，而 Sb 型降低为 1.8 ± 0.3，Sc 为 0.73 ± 0.13，Scd 为 0.29 ± 0.07。这一观测结果暗示着 Sa 型星系的中心更加致密一点，因此包含更深的引力势阱，气体可以在其中聚集并结合形成分子。这意味着 Sa 型星系的星际介质以分子氢为主，而 Scd 型星系的星际介质主要由原子氢组成。总体而言，旋涡星系中分子氢质量范围很大，最大质量星系中分子氢质量可以高达 $5 \times 10^{10} M_\odot$，而矮旋涡星系中可以少至 $10^6 M_\odot$。在星际介质中，尘埃的质量通常为气体质量的 $1/600 \sim 1/150$。

星系的远红外 (FIR) 光度主要由尘埃贡献，尽管同步辐射和恒星的发射也会对总光度有所贡献。根据红外天文卫星 (IRAS) 的观测，天文学家发现 M31(SbI~II 型) 的 $L_{FIR}/L_B = 0.07$，M33(Sc(s)II~II 型) 为 0.2，M101(Sc(s)I 型) 为 0.4，大麦哲伦云 (SBmIII 型) 为 0.18，小麦哲伦云 (ImIV~V 型) 为 0.09。一般来说，Sc 型比 Sa 和 Sb 型具有更大比例的红外发射，这与其他观测的结果一致，即它们的质量相应的更大比例以气体和尘埃的形式存在。有趣的是，SB 型往往比正常 S 型具有更大的红外光度。

25.2.9 旋涡星系的金属丰度梯度和颜色梯度

不仅旋涡星系的颜色依赖于哈勃类型，而且单个旋涡星系也表现出**颜色梯度**：它们的核球通常比星系盘更红。这有两个原因：金属丰度梯度和恒星形成活动。富金属恒星每个原子的平均电子数大于贫金属恒星。由于电离和电子的轨道跃迁有助于提高恒星光球的不透明度，所以富金属恒星的不透明度更大。因为内部产生的光更难从光球不透明度较高的恒星逃逸，恒星会倾向于"膨胀"，其半径将增加，有效温度则相应降低。因此，在其他条件相同的情况下，不透明度较高的恒星将比不透明度较低的恒星更红 (这种效应在 9.5 节的例 9.5.4 中首次讨论)。旋涡星系中核球比星系盘更红，表明核球比远离中心的星系盘更富含金属，这正如我们银河系一样。事实上，在银河系内，已经在 $4 \sim 14$ kpc 银心半径处测量了金属丰度梯度，其数值为 $d[He/H]/dr = (-0.01 \pm 0.008)$ dex·kpc^{-1}，$d[O/H]/dr = (-0.07 \pm 0.015)$ dex·kpc^{-1}，$d[Fe/H]/dr = -0.01 \sim -0.05$ dex·kpc^{-1}[①]。

恒星形成是颜色梯度产生的第二个主要原因，这意味着旋涡星系的星系盘比核球更积极地参与了恒星的形成。这与星系中气体和尘埃的分布是一致的：旋涡星系的核球通常比它们的星系盘含有更少的气体，相应的恒星形成率也更低。由于星系盘能够以更高的速率产生年轻炽热的蓝色恒星，而核球看起来则相对更红，从而产生了颜色梯度。

在旋涡星系 (例如 NGC 7814) 的球状体内部也观测到了颜色梯度。星系的核球成分随着半径的增加而变得更蓝。银河系也是如此，金属含量更高、颜色更红的球状星团则更靠近银心。观测表明，金属丰度与星系的绝对星等相关。如图 25.12 所示，[Fe/H] 和 [O/H] 都随着 M_B 的增加而增大。显然，明亮的大质量星系中化学增丰更为有效。星系组成成分的增丰历史和梯度对星系的形成理论具有重要意义，这将在 26.2 节中讨论。

25.2.10 X 射线光度

星系的 X 射线光度也提供了一些关于星系演化的信息。在旋涡星系中，爱因斯坦卫星所采样的波长范围内 (光子能量为 $0.2 \sim 3.5$ keV) 的光度通常在 $L_X = 10^{31} \sim 10^{34}$W 范

---

① dex 是指梯度中金属度项的对数，见式 (24.11)。

围内。

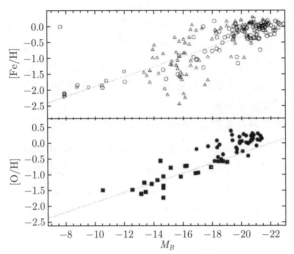

图 25.12　观测到金属丰度随绝对星等线性增加。上图坐标系中的空心方形表示矮椭圆星系 (dE 型)，空心圆圈和空心三角表示椭圆星系。下图坐标系中，实心圆圈表示旋涡星系，实心方形表示不规则星系 (图改编自扎里特斯基 (Zaritsky)，肯尼柯特 (Kennicutt) 和赫钦拉 (Huchra)，*Ap. J.*，420，87，1994)

　　X 射线波段和 B 波段光度之间存在惊人的紧密联系 ($L_X/L_B \simeq 10^{-7}$)，这暗示着 X 射线是由旋涡星系中比例近似恒定的一类天体引起的。X 射线双星是可疑的来源，超新星遗迹也可能作了贡献。

25.2.11　超大质量黑洞

　　在一些旋涡星系中心附近观测到的恒星和气体运动强烈，表明存在超大质量黑洞。例如，在 M31 中心附近，M/L 超过 $35M_\odot/L_\odot$，说明存在大量的不发光物质局限在一个小区域内。通过自转速度测量可估计 M31 中心黑洞的动力学质量，其方式与测量银心的 Sgr A* 质量的方式相同 (见 24.4 节)。基于对 M31(图 25.13) 三重核运动的精确测定，确定了其中央超大质量黑洞的质量为 $1.4^{+0.9}_{-0.3} \times 10^8 M_\odot$。另一种 (虽然不太精确) 确定中心超大质量黑洞质量的方法是通过位力定理根据速度弥散获得质量估计。根据式 (2.44)，星系中心区域恒星的时均动能和势能的关系为

$$\frac{1}{2}\left\langle \frac{\mathrm{d}^2 I}{\mathrm{d}t^2} \right\rangle - 2\langle K \rangle = \langle U \rangle$$

其中，I 是区域的转动惯量。如果星系处于平衡状态，则 $\langle \mathrm{d}^2 I/\mathrm{d}t^2 \rangle = 0$，则有通常的位力定理表述：

$$-2\langle K \rangle = \langle U \rangle$$

此外，由于恒星数量巨大，中心核球在任何时刻看起来将会一样 (在统计意义上)，则时间平均可以去掉。因此对于 N 颗恒星：

$$-2\sum_{i=1}^{N}\frac{1}{2}m_i v_i^2 = U$$

其中，U 由式 (2.43) 给出。

图 25.13 仙女座星系 (M31) 三重核的哈勃空间望远镜图像。在这张图片中可以明显看到两组红星。左侧较亮的红星组为 P1，较暗的红星组为 P2。P1 和 P2 被认为是围绕星系超大质量黑洞运行的细长恒星盘的一部分。P1 离黑洞最远 (远心点)，P2 离黑洞最近 (近心点)。一个蓝色星团 P3 叠加在 P2 上，被认为正绕星系的超大质量黑洞运行 (图片由 NASA，ESA 和托德·劳尔 (T. Lauer, NOAO/AURA/NSF) 提供)

为简单起见，我们只考虑半径为 R 的球状星团，其中有 N 颗恒星，每颗恒星的质量为 m，因此核球的总质量为 $M = Nm$。将上式除以 N 得到

$$-\frac{m}{N}\sum_{i=1}^{N} v_i^2 = \frac{U}{N} \tag{25.12}$$

当然，天文学家实际上测量的是速度矢量的径向分量 (星系太远而无法观测到自行运动)。此外，天文学家看到的恒星在朝着径向运动的可能性与朝任一其余两个垂直方向运动的可能性一样。用尖括号表示平均值[1]，有

$$\langle v^2 \rangle = \langle v_r^2 \rangle + \langle v_\theta^2 \rangle + \langle v_\phi^2 \rangle = 3\langle v_r^2 \rangle$$

于是

$$\frac{1}{N}\sum_{i=1}^{N} v_i^2 = \langle v^2 \rangle = 3\langle v_r^2 \rangle = 3\sigma_r^2$$

其中，σ_r 是径向速度的弥散 (见 24.3 节)。将此结果代入式 (25.12)，并使用式 (10.22) 近似总质量为 M、半径为 R 的球形分布的势能，有

---

① 这个过程和 10.2 节中推导压力积分的过程相同。

$$-3m\sigma_r^2 \approx -\frac{3}{5}\frac{GM^2}{NR}$$

由 $M = Nm$，并解得质量：

$$M_{\text{virial}} \approx \frac{5R\sigma_r^2}{G} \tag{25.13}$$

通过这种方法获得的质量称为**位力质量 (virial mass)**。

值得注意的是，为了确定质量的准确值，必须选择适当的 R。随着观测距离黑洞越来越远，周围恒星和气体对总质量的贡献会增加，R 必须选择在黑洞的"作用范围"之内。

例 25.2.1   式 (25.13) 可用于估计 M31 的伴星系 M32 的中心黑洞的位力质量。从图 25.14 可见，M32 中心径向速度弥散约为 162 km·s^{-1}。这意味着在中心 0.1″(大约 0.4 pc) 范围内，存在的总质量约为

$$M_{\text{virial}} \sim 1 \times 10^7 M_\odot$$

根据自转曲线，更准确的估计值介于 $(1.5 \sim 5)10^6 M_\odot$。

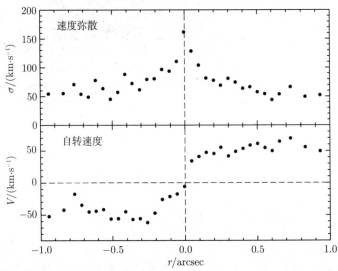

图 25.14   M32 中心附近恒星的速度弥散和自转速度。鉴于我们到 M32 的距离为 770 kpc，1″ 的角距离对应于到中心的线距离为 3.7 pc(数据来自约瑟夫 (Joseph) 等，*Ap. J.*，550，668，2001)

需要注意的是，中央超大质量黑洞不仅限于晚型星系。例如，根据哈勃空间望远镜的观测，巨椭圆星系 M87 (NGC 4476) 似乎也包含一个质量为 $(3.2 \pm 0.9) \times 10^9 M_\odot$ 的黑洞。哈勃空间望远镜能够分辨出 M87 中一个旋转速度达到 550 km·s^{-1} 的物质盘，该盘自身绕着一个不大于太阳系的中心区域运行。鉴于我们与 M87 的距离将近 20 Mpc，这是一个了不起的观测。(也已知 M87 具有相对论喷流，被认为是由中心的超大质量黑洞提供动力，见图 28.10。)

随着已知的中央超大质量黑洞数量的增加，从而寻找黑洞与其宿主星系之间的关系成为可能。在星系中心超大质量黑洞的质量与星系内恒星的速度弥散之间发现了一个非常有

趣且有用的关联式。该关系如图 25.15 所示，并由最佳幂律拟合给出：

$$M_{\rm bh} = \alpha \, (\sigma/\sigma_0)^{\beta} \tag{25.14}$$

其中，σ 是以 km·s^{-1} 为单位的速度弥散；$\alpha = (1.66 \pm 0.24) \times 10^8 \, M_{\odot}$，$\beta = 4.86 \pm 0.43$，$\sigma_0 = 200$ km·s^{-1}。速度弥散是通过测量黑洞附近恒星群的速度得到的。超大质量黑洞的质量与其他星系全局参数 (例如核球的光度) 之间的关系也已被发现。显然，星系中央超大质量黑洞的形成与星系本身的整体形成之间存在基本联系。至于该联系是什么，还有待确定 (星系的形成将在第 26 章中更详细地讨论)。

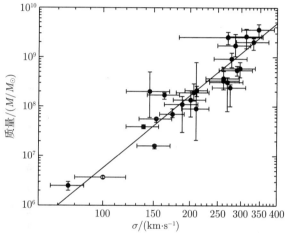

图 25.15   星系超大质量黑洞的质量与星系核球速度弥散度 σ 之间的关系。数据集包括椭圆星系、透镜星系和旋涡星系 (数据来自费拉雷斯 (Ferrarese) 和福特 (Ford)，《空间科学评论》，116，523，2005)；空心符号代表银河系质量 (数据来自格兹 (Ghez)，$Ap. \ J.$，620，744，2005)

越来越多的证据表明，大多数星系的中心可能都存在超大质量黑洞。与 M87 及其他星系中央超大质量黑洞相关的有趣内容见第 28 章。

25.2.12   球状星团的比频

最后，值得讨论的是晚型星系中球状星团的丰度，其与椭圆星系中的球状星团数量的对比，对星系形成和演化的理论具有重要意义。

似乎球状为主的星系 (即更早型的哈勃类型) 在它们的早期历史中更能有效地形成球状星团。尽管几乎所有星系似乎都包含一些球状星团，但星系内的球状星团数量似乎随着星系总光度和哈勃类型更早而增加。

为了更直接地比较不同哈勃类型之间的星团系统，球状星团计数通常被归一化为母星系 $M_V = -15$ mag(在可见光波段) 的标准绝对星等。如果 $N_{\rm t}$ 是一个星系中球状星团的总数，那么球状星团的**比频 (specific frequency)** 定义为

$$S_N = N_{\rm t} \frac{L_{15}}{L_V}$$

$$= N_{\rm t} 10^{0.4(M_V + 15)} \tag{25.15}$$

其中，L_V 是星系的光度；L_{15} 是对应于绝对视星等 $M_V = -15$ mag 的参考光度 (式 (3.7)
被用来得出第二个表达式)。从图 25.16 中可以看出，对于 Sc 型星系及以后的星系，S_N
的平均值在 0.5 ± 0.2 的范围内，而对于 Sa 和 Sb 型星系，$\langle S_N \rangle$ 增加到 1.2 ± 0.2。对于椭
圆星系，$\langle S_N \rangle$ 甚至更大，这意味着它们每单位光度具有比旋涡星系更多的星团。事实上，
到目前为止，每单位光度球状星团数量最多的是巨椭圆星系 (cD)，它们经常出现在大型星
系团的中心附近 (见 25.4 和 27.3 节)。球状星团的数量似乎为星系形成理论提供了重要
线索。

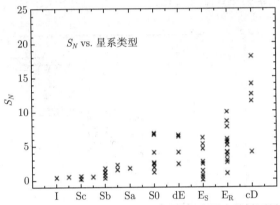

图 25.16　球状星团比频与哈勃类型的关联。cD 型星系是宇宙中最大的椭圆星系；dE 型是矮椭圆星系
(图改编自哈里斯 (Harris)，《天文学与天体物理学年评》(*Annu. Rev. Astro. Astrophys.*)，29，543，
1991。经许可转载自《天文学与天体物理学年评》第 29 卷，©1991 by Annual Reviews Inc.)

25.3　旋涡结构

星系表现出丰富多样的旋涡结构，旋臂的数量和缠卷紧密程度、恒星和气体分布的平
滑程度、面亮度、棒的存在与否等方面都可能有所不同。最宏伟的旋涡星系通常有两个非常
对称且轮廓分明的旋臂，称为**宏大旋涡星系 (grand-design spirals)**。一个著名的宏大旋
涡星系是 M51 (NGC 5194)，如图 25.17 所示。M51 也称为**涡状星系 (Whirlpool galaxy)**，
在其中一个旋臂的末端附近有一个伴星系 (NGC 5195，在图像中可见)。

然而，并非所有旋涡星系都具有两个清晰旋臂的宏大结构。例如，M101(图 25.5(c)) 有
四个旋臂，NGC 2841(图 25.18) 有一系列局部旋臂碎片。像 NGC 2841 这样的星系，没有
大角距离、清晰可见的旋臂，称为**絮状旋涡星系 (flocculent spirals)**。只有大约 10% 的
旋涡星系被认为是宏大旋涡星系，另外 60% 是多臂星系，其余 30% 是絮状星系。

旋涡星系的光学图像以旋臂为主，这是因为非常明亮的 O 型和 B 型主序星和 H II 区
域优先出现在旋臂中。由于大质量 OB 恒星相对于星系的特征旋转周期来说寿命很短，所
以旋涡结构一定对应于恒星形成活跃的区域。(例如，OB 恒星的年龄为 10 Myr 量级，而
银河系中本地静止标准的轨道周期为 230 Myr，分别见表 13.1 和例 24.3.1。)

仔细观测本章中的各种图像，可以发现旋臂中也有明显的尘埃带，M51(图 25.17) 是一
个特别好的例子。注意到，尘埃带往往位于旋臂的内 (凹面) 边缘。对 21 cm H I 发射线的
观测表明，气体云也更多地分布在旋臂的内边缘附近。

图 25.17　涡状星系 M51(NGC 5194) 是一个位于猎犬座 (牧夫座的猎犬，在大熊座的下面) 的 Sbc(s)I~Ⅱ 宏大旋涡星系。同样可见的是它的伴星系 NGC 5195，位于其中一个旋臂的末端附近 (图片来自桑德奇和贝德克，《卡内基星系图集》，华盛顿卡内基研究所，华盛顿，1994)

图 25.18　Sb 星系 NGC 2841 是絮状旋涡星系的一个例子 (图片来自桑德奇和贝德克，《卡内基星系图集》，华盛顿卡内基研究所，华盛顿，1994)

如图 25.19 所示，当在红光下观测旋涡星系时，旋臂变得更宽且不那么明显，尽管它们仍然可以被探测到。由于在红光波段下的观测更加凸显长寿命、质量较低的主序星和红巨星的辐射，这意味着星系盘的大部分由较年老的恒星主导。然而，尽管小质量恒星在旋臂之间占主导地位，但观测表明，旋臂内年老恒星的数量密度仍在增加 (同时质量密度增加)。

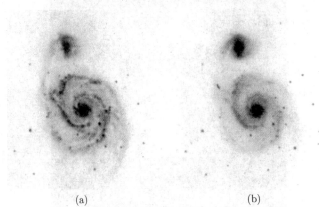

(a)   (b)

图 25.19   在 (a) 蓝光和 (b) 红光中看到的 M51 (图片来自艾尔梅格林 (Elmegreen)，*Ap. J. Suppl.*，47，229，1981)

25.3.1   曳臂和导臂

尽管旋涡星系的一般外观表明它们的臂是拖尾的，这意味着臂的尖端指向与旋转相反的方向 (图 25.20)，但验证这一点并不总是一件简单的事情。**区分曳臂 (trailingarm)** 和**导臂 (leadingarm)** 则需要确定星系平面相对于视线的朝向，以便可以根据星系旋转方向明确解释视向速度测量值。在几乎所有可以作出如此明确决定的情况下，旋臂似乎都在曳臂。然而，在一种情况下，NGC 4622，两个臂向一个方向移动，另一个臂向相反方向缠绕，这些旋臂中至少有一个必须处于导臂地位。也有人提议 M31 (仙女座) 有一个紧紧缠绕的导臂。在每种情况下，引领旋涡的原因很可能是与逆行运动物体的潮汐相遇 (仙女座情况下即 M32)。

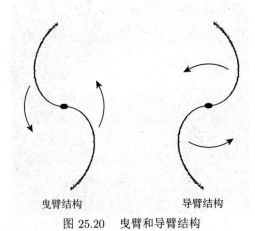

曳臂结构   导臂结构
图 25.20   曳臂和导臂结构

25.3.2   缠卷问题

鉴于旋涡星系在宇宙中司空见惯，则很自然地会问：是什么导致了旋涡结构，以及旋臂是长时间存在的 (寿命与星系的年龄相当) 还是短暂存在的？

当考虑旋涡结构的性质时，会立即出现一个问题：由一组固定的可辨别的恒星和气体云组成的物质臂，必然会在与星系年龄相比较短的时间尺度内"卷起来"，此即所谓的**缠卷问题**。可以考虑一组恒星最初沿着一条直线分布，但与星系中心距离不同，如图 25.21(a) 所示。由于旋涡星系的星系盘在不同半径处有不同的旋转速度 (除非常靠近中心的地方外)，与轨道半径较小的恒星相比，外部恒星需要更多的时间来完成一次周期绕转[①]。这种效应自然会导致产生曳臂。然而，这样仅仅绕了几圈后，旋臂就会因为缠卷得太紧而无法分辨。这种情况如图 25.21(b) 和 (c) 所示。因此需要另一种机制来解释长久维持的螺旋结构。

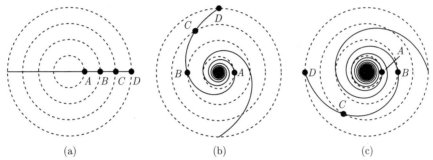

图 25.21　物质臂的缠卷问题。随着时间的推移，旋臂将缠卷得更紧。假定自转曲线平坦，且 $R_B = 2R_A$，$R_C = 3R_A$，$R_D = 4R_A$。(a) 恒星在 $t = 0$ 时成一条直线；(b) 在恒星 A 转一圈后；(c) 在恒星 A 转两圈后

25.3.3　林–徐密度波理论

在 20 世纪 60 年代中期，美籍华裔天文学家**林家翘 (C. C. Lin)** 和**徐遐生 (Frank Shu)** 提出：旋涡结构的产生是由于长寿命**准静态密度波**的存在。密度波由星系盘中质量密度大于平均值 10%～20% 的区域组成。恒星、尘埃和气体云在围绕星系中心旋转时穿过密度波，就像汽车在高速公路上缓慢行驶产生交通拥堵一样。林家翘和徐遐生提出，当在以特定角速度 $\Omega_{\rm gp}$ (称为**全局模式速度**) 旋转的非惯性参考系中观测星系时，旋涡波图像似乎是静止的，如图 25.22 所示。然而，这并不意味着恒星的运动在那个坐标系中也是静止的。靠近星系中心的恒星的轨道周期可能比密度波模式短 (或 $\Omega > \Omega_{\rm gp}$)，因此它们会超过一个旋臂，穿过它继续前进，直到遇到下一个旋臂。距离星系中心足够远的恒星，其移动速度将比密度波模式慢 ($\Omega < \Omega_{\rm gp}$)，因此会被密度波超越。在距中心特定距离处，恒星和密度波将一起运动，这个距离称为**共转半径 ($R_{\rm c}$)**。在密度波形静止的这种非惯性参考系中，$R < R_{\rm c}$ 的恒星看起来会沿一个方向穿过旋臂，而 $R > R_{\rm c}$ 的恒星看起来会朝相反的方向移动。

林–徐假说有助于解释已经讨论过的许多关于旋涡结构的观测结果。例如，H I 云和尘埃带位于旋臂的内 (后) 边缘，整个臂中存在年轻的大质量恒星和 H II 区域，并且在星系盘其余部分中存在大量的老红星。显然，当共转半径内的尘埃和气体云超越密度波时，它们会因为局部质量密度增加而被压缩。这导致一些气体云满足金斯判据 (式 (12.14) 和式 (12.16)) 并开始坍缩，导致新恒星的形成。由于此过程需要一些时间 (形成 15 $M_\odot$ 的恒星大约需要 10^5 年，见表 12.1)，从而新的恒星将在密度波边缘的尘埃和气体云稍微"下

---

① 对于平坦的自转曲线，恒星的轨道速度几乎与到中心的距离无关，但角速度 $\Omega = v/R$ 仍随着距离的增加而减小。

游" 的旋臂内出现。最亮最蓝的大质量 O 型和 B 型星的诞生将导致紫外电离辐射穿过星际介质时产生 H Ⅱ 区。因为大质量恒星的寿命相对较短，所以它们将在完全脱离其诞生的密度波之前死亡。质量更小、颜色更红的恒星能够活得更长 (有些比星系的年龄更长)，因此将继续穿过密度波并分布在整个星系盘中。旋臂内红矮星数量密度出现局部极大值是由于在后续的路径上存在密度波，导致恒星聚集在密度波的引力势阱底部。当然，同样的情况也可能发生在共转半径之外的旋臂的外 (前) 边缘上。然而，在星系的这些外围区域中尘埃和气体可能更少。

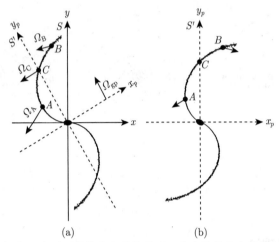

图 25.22　(a) 在惯性参考系 S 中看到的带有曳臂的星系，其中准静态密度波以全局角模式速度 Ω_{gp} 运动，恒星 A 的角速度 $\Omega_A > \Omega_{\mathrm{gp}}$，恒星 B 的角速度 $\Omega_B > \Omega_{\mathrm{gp}}$，而恒星 C 与密度波共转，这意味着 $\Omega_C = \Omega_{\mathrm{gp}}$；(b) 在与密度波共转的非惯性参考系 S' 中看到的恒星运动

　　大体上，密度波理论也提供了解决缠卷问题的方法。缠卷问题之所以出现，是因为我们考虑的是物质臂 (由一组固定的恒星组成的臂)。相反，如果允许恒星穿过准静态密度波，那么问题就变成了一个建立并维持增强的密度波的问题。自林–徐假说提出以来，这一直是大量研究的焦点。

25.3.4　小幅度轨道摄动

　　我们现在将注意力转向研究单个恒星围绕星系中心的轨道运动，看看如何根据林–徐假说，导致产生密度增大的旋涡形区域。我们首先考虑恒星 (或气体云) 在一个轴对称且关于星系中平面也对称的引力场中的一般运动。这意味着我们在这里假设密度波对引力场的贡献微不足道，虽然这一假设可能不适用于所有的旋涡星系，但确实大大简化了分析。

　　如图 25.23 所示，恒星在星系中平面上方某个点的位置可以写成以下形式：

$$\boldsymbol{r} = R\hat{\boldsymbol{e}}_R + z\hat{\boldsymbol{e}}_z, \tag{25.16}$$

其中 $\hat{\boldsymbol{e}}_R$、$\hat{\boldsymbol{e}}_\phi$ 和 $\hat{\boldsymbol{e}}_z$ 是柱坐标系中的单位向量[①]。直角坐标和柱坐标之间的转换为

$$x = R\cos\phi, \quad y = R\sin\phi, \quad z = z,$$

---

　　① 请注意，我们在这里使用的是传统的右手坐标系，而不是我们在 24.3 节中用来分析银河系运动学的左手坐标系。为避免混淆，我们将使用 ϕ 而不是 θ 来表示方位角。

且

$$\widehat{\boldsymbol{e}}_R = \hat{\boldsymbol{i}}\cos\phi + \hat{\boldsymbol{j}}\sin\phi, \quad \hat{\boldsymbol{e}}_\phi = -\hat{\boldsymbol{i}}\sin\phi + \hat{\boldsymbol{j}}\cos\phi, \quad \hat{\boldsymbol{e}}_z = \widehat{\boldsymbol{k}}.$$

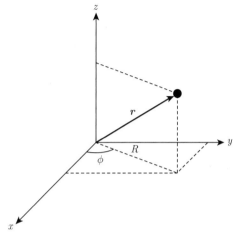

图 25.23　柱坐标中恒星的位置矢量。坐标系的原点在星系的中心，x-y 平面在星系的中平面上

对于质量为 M 的恒星，柱坐标下的牛顿第二运动定律为

$$M\frac{\mathrm{d}^2\boldsymbol{r}}{\mathrm{d}t^2} = \boldsymbol{F}_g(R, z),$$

其中，$\boldsymbol{F}_g$ 是恒星受到的引力，根据轴对称假设而忽略了其与 ϕ 的相关性。用引力势能的负梯度代替引力 (回忆 2.2 节中的讨论)，得到

$$M\frac{\mathrm{d}^2\boldsymbol{r}}{\mathrm{d}t^2} = -\nabla U(R, z) = -\frac{\partial U}{\partial R}\widehat{\boldsymbol{e}}_R - \frac{1}{R}\frac{\partial U}{\partial \phi}\widehat{\boldsymbol{e}}_\phi - \frac{\partial U}{\partial z}\widehat{\boldsymbol{e}}_z.$$

将表达式的两边除以恒星的质量，将结果写成引力势[①] $\varPhi \equiv U/M$ 的函数，并注意到 U 与 ϕ 无关，得到

$$\frac{\mathrm{d}^2\boldsymbol{r}}{\mathrm{d}t^2} = -\frac{\partial\varPhi}{\partial R}\widehat{\boldsymbol{e}}_R - \frac{\partial\varPhi}{\partial z}\widehat{\boldsymbol{e}}_z. \tag{25.17}$$

可以证明恒星的加速度矢量 (式 (25.17) 的左侧) 可以写成以下形式：

$$\frac{\mathrm{d}^2 r}{\mathrm{d}t^2} = \left(\ddot{R} - R\dot{\phi}^2\right)\hat{\boldsymbol{e}}_R + \frac{1}{R}\frac{\partial\left(R^2\dot{\phi}\right)}{\partial t}\hat{\boldsymbol{e}}_\phi + \ddot{z}\hat{\boldsymbol{e}}_z, \tag{25.18}$$

其中，点号代表时间导数。该式的证明留作习题 25.13。比较式 (25.17) 和式 (25.18)，我们看到每个坐标方向的运动由下式给出：

$$\ddot{R} - R\dot{\phi}^2 = -\frac{\partial\varPhi}{\partial R}, \tag{25.19}$$

---

① 回顾之前在 18.1 和 21.1 节中对 $\varPhi$ 的讨论。

$$\frac{1}{R}\frac{\partial \left(R^2\dot{\phi}\right)}{\partial t} = 0, \tag{25.20}$$

$$\ddot{z} = -\frac{\partial \Phi}{\partial z}. \tag{25.21}$$

因为我们假设了轴对称，所以在 $\hat{\boldsymbol{e}}_\phi$ 方向上没有引力矢量的分量，从而也没有沿着 z 轴的力矩分量 (回忆 $\boldsymbol{\tau} = \boldsymbol{r} \times \boldsymbol{F}$)。因为 $\tau_z = \mathrm{d}L_z/\mathrm{d}t = 0$，则恒星轨道角动量的 z 分量 L_z 一定是常数，即角动量在恒星的整个运动过程中都是守恒的。这正是式 (25.20) 所表明的，因为 $R^2\dot{\phi} = Rv_\phi = L_z/M = $ 常数。定义

$$J_z \equiv L_z/M = R^2\dot{\phi}$$

为恒星每单位质量的轨道角动量的 (恒定) z 分量，我们有

$$\dot{\phi} = \frac{J_z}{R^2},$$

且

$$R\dot{\phi}^2 = \frac{J_z^2}{R^3}.$$

代入式 (25.19) 得到

$$\ddot{R} = -\frac{\partial \Phi}{\partial R} + \frac{J_z^2}{R^3}.$$

为了简化表达式，我们可以定义一个有效引力势，将与其方位角运动 ($v_\phi = R\dot{\phi} = J_z/R$) 相关的恒星比动能项并入：

$$\Phi_{\mathrm{eff}}(R, z) \equiv \Phi(R, z) + \frac{J_z^2}{2R^2}. \tag{25.22}$$

现在，径向和纵向运动公式可以写成以下形式：

$$\ddot{R} = -\frac{\partial \Phi_{\mathrm{eff}}}{\partial R}, \tag{25.23}$$

$$\ddot{z} = -\frac{\partial \Phi_{\mathrm{eff}}}{\partial z}, \tag{25.24}$$

第二个表达式来自式 (25.21)，而 Φ_{eff} 中的方位角项与 z 无关。

为了解式 (25.23) 和式 (25.24) 以得到恒星在星系中的运动，我们必须首先确定 Φ_{eff} 的行为。特别地，若知道有效引力势的最小值在哪里，将会很有帮助，因为恒星应该试图进入能量最低的轨道。换句话说，我们想要找到 R 和 z 满足：

$$\frac{\partial \Phi_{\mathrm{eff}}}{\partial R} = 0, \tag{25.25}$$

$$\frac{\partial \Phi_{\mathrm{eff}}}{\partial z} = 0. \tag{25.26}$$

鉴于我们假设引力势关于中平面对称，很明显第二个条件在 $z = 0$ 处得到满足，因为 Φ 和 Φ_{eff} 都一定在那里取得局部极大值或最小值。由于 Φ 总小于零 (式 (21.1))，并且假定在无穷远处为零，所以 Φ_{eff} 在 $z = 0$ 时一定取得极小值。

Φ_{eff} 随 R 变化的最小值的物理意义可以通过以下推导得到：由于 J_z 在恒星运动中是常数，有

$$\frac{\partial \Phi_{\text{eff}}}{\partial R} = \frac{\partial \Phi}{\partial R} - \frac{J_z^2}{R^3} = 0,$$

在星系中平面 ($z = 0$) 中的某个半径 R_m 处，则有

$$\left.\frac{\partial \Phi}{\partial R}\right|_{(R_m, 0)} = \frac{J_Z^2(R_m, 0)}{R_m^3} \tag{25.27}$$

由于 $J_z = R v_\phi$，上式右侧是

$$\frac{J_z^2}{R_m^3} = \left.\frac{v_\phi^2}{R}\right|_{R_m},$$

为理想圆周运动的向心加速度。此外，式 (25.27) 的左侧只是真实引力势梯度的径向分量，它只不过是施加在单位质量恒星上的引力 R 分量的负值。因此，上式是熟悉的理想圆周运动公式：

$$F_R(R_m) = -\left.\frac{M v_\phi^2}{R}\right|_{R_m},$$

因此，当恒星在旋涡星系的中平面上进行完美的圆周运动时，Φ_{eff} 取得最小值。

这正是我们在第 24 章中对在太阳位置处的本地静止标准运动所作的假设。然而，在 24.3 节中，我们还发现太阳本身实际上并不是进行完美的圆周运动，而是确实相对于本地静止标准 (local standard of rest) 存在本动，称为太阳运动。因此，为了更深入认识太阳的运动 (或更一般地说，认识任何旋涡星系平面中恒星的运动)，有必要探索 Φ_{eff} 与其最小值的偏差。

为了理解这些一阶效应，我们将 Φ_{eff} 在其最小值位置 $(R_m, 0)$ 附近进行二阶泰勒展开 (这类似于习题 14.9 中概述的过程)。令

$$\rho \equiv R - R_m,$$

并使用下标 m 表示在最小值位置计算常数项和偏导数，我们得到

$$\begin{aligned}
\Phi_{\text{eff}}(R, z) = {} & \Phi_{\text{eff}, m} + \left.\frac{\partial \Phi_{\text{eff}}}{\partial R}\right|_m \rho + \left.\frac{\partial \Phi_{\text{eff}}}{\partial z}\right|_m z + \frac{1}{2}\left.\frac{\partial^2 \Phi_{\text{eff}}}{\partial R \partial z}\right|_m \rho z \\
& + \frac{1}{2}\left.\frac{\partial^2 \Phi_{\text{eff}}}{\partial R^2}\right|_m \rho^2 + \frac{1}{2}\left.\frac{\partial^2 \Phi_{\text{eff}}}{\partial z^2}\right|_m z^2 + \cdots
\end{aligned} \tag{25.28}$$

右侧的第一项是 Φ_{eff} 的常数最小值；两个一阶导数项都为零，因为我们是在最小值点进行展开的 (式 (25.25) 和式 (25.26))；混合偏导项也为 0，因为 Φ_{eff} 关于 $z = 0$ 平面是对称的。

定义常数:

$$\kappa^2 \equiv \left. \frac{\partial^2 \Phi_{\text{eff}}}{\partial R^2} \right|_m, \tag{25.29}$$

$$v^2 \equiv \left. \frac{\partial^2 \Phi_{\text{eff}}}{\partial z^2} \right|_m, \tag{25.30}$$

并忽略剩余的高阶项, 有效引力势变为

$$\Phi_{\text{eff}}(R, z) \simeq \Phi_{\text{eff},m} + \frac{1}{2}\kappa^2 \rho^2 + \frac{1}{2}v^2 z^2. \tag{25.31}$$

最后, 注意到 $\ddot{\rho} = \ddot{R}$, 并根据式 (25.23) 和式 (25.24), 我们得到了星系中平面上理想圆周运动附近运动公式的三个一阶展开式中的两个:

$$\ddot{\rho} \simeq -\kappa^2 \rho, \tag{25.32}$$

$$\ddot{z} \simeq -v^2 z, \tag{25.33}$$

这是我们熟悉的简谐运动微分公式。从物理上看, 式 (25.32) 和式 (25.33) 表示恒星相对于某个进行理想圆周运动的点的加速度分量。

式 (25.32) 可以解得

$$\rho(t) = R(t) - R_m = A_R \sin(\kappa t), \tag{25.34}$$

其中, κ 称为**本轮频率** [①]; R_m 是能量最小的圆周轨道半径; A_R 是径向振荡的幅度。我们假设恒星在某个 $t = 0$ 时刻正通过平衡点并向外运动。

式 (25.33) 与习题 24.27 中对于太阳在银河中平面上下正弦振荡获得的结果相同, v 是**垂直振荡频率**。恒星沿 z 轴的位置由下式给出:

$$z(t) = A_z \sin(vt + \zeta) \tag{25.35}$$

其中, A_z 是 z 方向上的振荡幅度; ζ 是 $\rho(t)$ 和 $z(t)$ 之间的相位差。

为了将 Φ_{eff}(式 (25.31)) 和运动公式 (式 (25.34) 和式 (25.35)) 之间的关系可视化, 可以想象恒星位于 $(R, z, \Phi_{\text{eff}})$ 三维 "空间" 中的一个曲面所描述的引力阱内, 如图 25.24 所示。其形状类似于四角挂起的床单, 点 $(R = R_m, z = 0)$ 位于最低点。现考虑一种特殊情况, 即恒星被限制在中平面上 ($A_z = 0$) , 但可以在理想圆周运动路径附近振荡。

这意味着恒星只能沿图 25.24 中的 R 轴移动。当恒星偏离 Φ_{eff} 的最小值位置时, 由式 (25.32) 给出的回复力将试图使恒星回到平衡位置。由于这个力总是指向最小的 Φ_{eff} 的位置, 所以恒星将朝向势阱底部加速, 越过平衡位置, 爬上另一侧。然后恒星将转向并再次落回阱底, 继续做简谐运动。如果恒星的运动在中平面 ($A_R = 0$) 上的投影为完美的圆周运动, 但叠加了垂直方向的振动, 也会产生相同类型的行为。但是, 由于通常 $\kappa \neq v$ 且 $\zeta \neq 0$, 势阱内的运动可能非常复杂, 正如图 25.24 所示。

---

① 称为本轮频率的原因将在稍后描述。

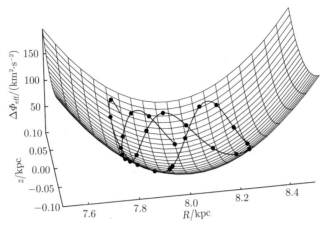

图 25.24　在盘状星系中平面上的理想圆周运动轨道附近做一阶简谐振动的恒星的有效引力势阱。在这种情况下，假设恒星围绕平衡位置 ($R_m = 8$ kpc, $z = 0$) 振荡，$\Delta\Phi_{\text{eff}} \equiv \Phi_{\text{eff}} - \Phi_{\text{eff},m}$

我们现在有两个表达式 (式 (25.34) 和式 (25.35)) 来描述恒星围绕一个做圆周运动的平衡位置 ($R = R_m$, $z = 0$) 附近的运动。为了完成对恒星近似运动的描述，考虑它的方位角轨道角速度由下式给出：

$$\dot{\phi} = \frac{v_\phi}{R(t)} = \frac{J_z}{[R(t)]^2}.$$

而 $R(t) = R_m + \rho(t) = R_m(1 + \rho(t)/R_m)$。根据近似需要，假设 $\rho(t) \ll R_m$，利用二项式展开到一阶[①]：

$$\dot{\phi} \approx \frac{J_z}{R_m^2}\left(1 - 2\frac{\rho(t)}{R_m}\right).$$

代入式 (25.34) 中 $\rho(t)$ 的表达式，并对时间积分可得

$$\phi(t) = \phi_0 + \frac{J_z}{R_m^2}t + \frac{2J_z}{\kappa R_m^3}A_R\cos(\kappa t) = \phi_0 + \Omega t + \frac{2\Omega}{\kappa R_m}A_R\cos(\kappa t),$$

其中，$\Omega = J_z/R_m^2$。该表达式中的前两项对应于平衡点以恒定角速度 Ω 所描绘的理想圆周运动轨道，最后一项表示恒星在 ϕ 方向的围绕平衡点的振荡。

最后，定义

$$\chi(t) \equiv \left[\phi(t) - (\phi_0 + \Omega t)\right]R_m$$

为恒星和平衡点之间的方位角位置差异，我们有

$$\chi(t) = \frac{2\Omega}{\kappa}A_R\cos(\kappa t). \tag{25.36}$$

式 (25.34)~ 式 (25.36) 分别代表了恒星在 R，z 和 ϕ 坐标方向上围绕一个在星系中平面上绕星系中心做理想圆周运动的平衡位置的运动。

κ 的名称来自于一阶扰动的本轮模型，如图 25.25 所示。一般来说，在惯性参考系中，恒星的轨道不是闭合的，而是形成一个玫瑰花形图案。

[①] 对于 $\delta \ll 1$，有 $(1 + \delta)^n \approx 1 + n\delta$。

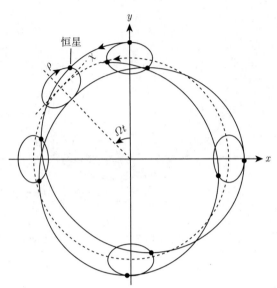

图 25.25　在惯性参考系中，恒星在星系中平面上的轨道运动形成了一个不闭合的玫瑰花状图案 (实线)。在一阶近似中，可以将此运动想象为一个绕本轮的逆行运动和一个本轮中心的顺行圆周运动 (虚线) 的组合。图中本轮的尺寸被夸大了 5 倍，只是为了说明效果

然而，可以想象这颗恒星位于一个本轮上，本轮的中心对应于平衡位置。当恒星绕本轮逆行运动时，它会交替靠近和远离星系中心。本轮的形状也是椭圆形的，其轴比由 χ 和 ρ 的振幅之比或 $2\Omega/\kappa$ 给出。本轮的 (χ, ρ) 坐标系围绕星系中心以角速度 Ω (平衡点的角速度) 旋转，如图 25.25 所示[①]。

例 25.3.1　正如我们在 24.3 节中看到的，太阳与本地静止标准的理想圆周运动之间也有相对运动，体现为太阳的本动。由于太阳本动的 R 分量 $u_\odot \neq 0$，所以必有非零的本轮频率。关于太阳本动的径向分量信息也包含在奥尔特常数中，见式 (24.39) 和式 (24.40)，因为其中涉及太阳轨道速度 Θ_0 对银心半径 R_0 的导数。

根据理想圆周运动的条件，由式 (25.27) 得到

$$\frac{\partial \Phi}{\partial R} = \frac{J_z^2}{R^3} = \frac{\Theta_0^2}{R_0},$$

其中最后一个式子是因为在太阳银心距处的比轨道角动量为 $J_z = R_0\Theta_0$。代入本轮频率平方的表达式 (25.29)，并利用式 (25.22)，可以得到太阳的本轮频率为

$$\kappa_0^2 = 2\frac{\Theta_0}{R_0}\left[\frac{\Theta_0}{R_0} + \frac{\partial \Theta_0}{\partial R}\bigg|_{R_0}\right]. \tag{25.37}$$

用奥尔特常数表示为

$$\kappa_0^2 = -4B(A - B). \tag{25.38}$$

---

①　该模型与依巴谷 (Hipparchus) 和托勒密 (Ptolemy) 设计的本轮–均轮行星运动模型非常相似，如图 1.3 所示。然而，在那些古老的行星模型中，本轮被认为是完美的圆形。

使用式 (24.47) 和式 (24.48) 中的奥尔特常数值，$A = 14.8$ km·s^{-1}· kpc^{-1}，$B = -12.4$ km·s^{-1}·kpc^{-1}，则可得到太阳的本轮频率是 $\kappa_0 = 36.7$ km·s^{-1}·kpc$^{-1} = 1.2 \times 10^{-15}$ rad·s^{-1} (注意当 kpc 转换为 km 时，κ_0 的单位是 rad·s^{-1})。该本轮频率对应的振荡周期是 $P = 2\pi/\kappa_0 = 170$ Myr。

太阳的本轮频率与其轨道角速度 (或轨道频率 $\Omega_0 = \Theta_0/R_0 = A - B$，式 (24.43)) 之比为

$$\frac{\kappa_0}{\Omega_0} = 2\left(\frac{-B}{A-B}\right)^{1/2} = 1.35.$$

因此，太阳每绕银心转一圈，则绕着本轮转 1.35 圈。

太阳本轮的轴比为

$$\frac{\chi_{\max}}{\rho_{\max}} = \frac{2\Omega_0}{\kappa_0} \simeq 1.5$$

25.3.5 非惯性系中的闭合轨道

每绕星系中心一圈的振荡次数等于恒星本轮频率与其轨道角速度之比。如果比率 κ/Ω 为整数，则轨道是闭合的。然而，同太阳一样，绝大多数恒星的轨道都不是封闭的，而是玫瑰花状的图案。但是在以**局部角模式速度 (local angular pattern speed)** $\Omega_{\ell p} = \Omega$ 相对惯性系旋转的非惯性参考系中，恒星的运行路径看起来则非常简单，即一条封闭的逆行轨道，并且其中心与星系中心的距离为 R_m，见图 25.25。这样的参考系对应于本轮自己的坐标系，平衡点在其中是静止的，恒星运行路径只是本轮本身。

为了在非惯性参考系中获得闭合轨道，我们不必让角模式速度一定等于未扰动时的轨道角速度 Ω。相反，我们可以选择让恒星在旋转坐标系中进行 m 次本轮振荡的同时，经历完整的 n 次圆周轨道 (其中 n 和 m 为正整数或负整数)，那样恒星会回到它的起点。即我们可以选择局部角模式速度使得 $m(\Omega - \Omega_{\ell p}) = n\kappa$，或者

$$\Omega_{\ell p}(R) = \Omega(R) - \frac{n}{m}\kappa(R). \tag{25.39}$$

注意这是局部模式速度，因此 $\Omega_{\ell p}$ 是 R 的函数。尽管原则上每个 R 都有无限多的局部模式速度，但只有少数的 n 和 m 值会显著提高质量密度[①]。

图 25.26 显示了局部模式速度对应于 $(n = 1, m = 2)$ 时坐标系的旋转，以及恒星在某一点的位置。图 25.27 显示了局部模式速度分别对应为 $(n, m) = (0, 1)$、$(1, 2)$、$(2, 3)$ 和 $(1,4)$ 的旋转参考系中看到的恒星的运动，图 25.26 中指示的恒星位置对应于图 25.27(a) 中的相同位置。

现在想象在距旋涡星系中心不同距离 R 处的大量恒星，并在以**全局角模式速度 (global angular pattern speed)** Ω_{gq} 旋转的参考系中观测。如果我们考虑 $(n, m) = (1, 2)$ 的情况，并且如果局部模式速度 $\Omega_{\ell p} = \Omega(R) - \kappa(R)/2$ 对于所有的 R 都是一个常数，那我们可以令 $\Omega_{gp} = \Omega_{\ell p}$。从非惯性系进行观测，由此产生的轨道图形是嵌套且长轴对齐的，如图 25.28(a)

---

① 这个问题类似于在太阳系中遇到的情况。例如，土星的卫星 (主要是土卫一) 与行星环系统中的粒子的轨道共振会在环中产生间隙。此外，木星轨道周期与小行星轨道周期之间的小整数比会导致具有特定轨道半径的小行星数量增加或减少。

所示。由此产生的结构与大约三分之二的旋涡星系中存在的棒状结构非常相似。当然，我们也可以对每个连续的椭圆形轨道进行定向，使其主轴相对于紧邻其内的轨道略微旋转。这样的结果是产生了一个具有两个曳臂的宏大旋涡密度波模式，如图 25.28(b) 所示。

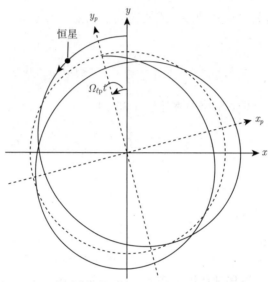

图 25.26   非惯性坐标系 (x_p, y_p) 在固定惯性系 (x, y) 内以局部角模式速度 $\Omega_{\ell p} = \Omega - \kappa/2$ 旋转，即 $(n = 1, m = 2)$。虚线对应平衡点的理想圆周运动，实线表示恒星在星系惯性参考系中的轨道运动。图中恒星的位置和非惯性坐标系的位置，对应于平衡点轨道周期的八分之一

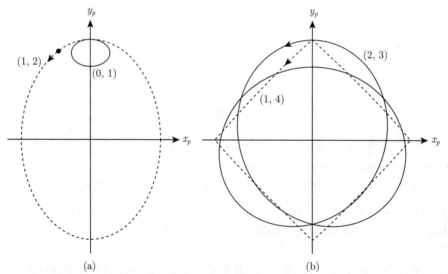

图 25.27   在以适当角模式速度旋转的非惯性系中，恒星看起来形成封闭的轨道。图中分别为当非惯性系旋转局部角模式速度对应的 (n, m) 值分别为：(a) $(0, 1)$ = 实线，$(1, 2)$ = 虚线；(b) $(2, 3)$ = 实线，$(1, 4)$ = 虚线时的恒星运动路径

若以相反的方向旋转每个椭圆，则可以得到双导臂的旋涡结构。双臂旋涡星系 M51 (图 25.17) 是具有曳臂的 $(n = 1, m = 2)$ 系统，而四臂旋涡星系 M101 (图 25.5(c)) 是一个

$(n = 1, m = 4)$ 系统。$m = 2$ 的模式是密度波结构最常见的类型。

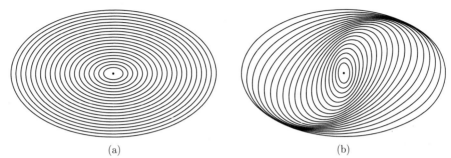

图 25.28 (a) 在以全局角模式速度 $(n = 1, m = 2)$ 或 $\Omega_{\mathrm{gp}} = \Omega - \kappa/2$ 旋转的参考系中所见的长轴对齐的嵌套椭圆轨道，结果形成棒状结构；(b) 每个椭圆相对于它其内相邻的轨道略微旋转，结果形成一个双旋臂的宏大旋涡密度波结构

请记住，单个恒星在惯性参考系中只遵循它自己的轨道运行，并且这些轨道在以局部角模式速度旋转的参考系中观测仅为简单的椭圆形。而且，即使在旋转坐标系中，恒星本身仍然沿着椭圆轨道运动。只有旋涡图案在该参考系中看起来才是静态的 (如果我们仍然假设 $\Omega_{\mathrm{gq}} = \Omega_{\ell\mathrm{p}}$，且与 R 无关)，而在非旋转惯性系中，旋涡图案则似乎以 Ω_{gp} 的角速度转动。正是恒星运行发生 "交通堵塞"，挤在一起，它们的椭圆形轨道彼此接近，导致了密度波的出现。

图 25.28 中所示结构的稳定性关键取决于 $\Omega_{\ell\mathrm{p}} = \Omega(R) - \kappa(R)/2$ 是否的确与 R 无关，也即是否存在合适的全局值 Ω_{gp}。图 25.29 展示了一个银河系模型不同 n/m 比率下的 $\Omega(R) - n\kappa(R)/m$ 曲线。注意到，$\Omega - \kappa/2$ 在很宽的 R 值范围内几乎都是平坦的，瑞典天文学家**贝蒂尔·林德布拉德 (Bertil Lindblad, 1895—1965)** 首先意识到这一事实。大量旋涡星系表现出相同的普遍行为，这可能是双臂旋涡星系普遍存在的原因。当然，$\Omega - \kappa/2$ 相对于 R 并不完全恒定，因此不同本轮轨道间确实会发生一些漂移，这又导致了一个缠卷

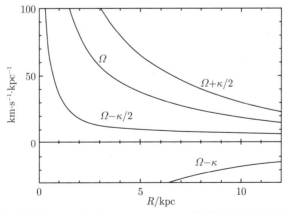

图 25.29 银河系的巴考尔–索内拉 (Bahcall-Soneira) 模型被用于构建各种 n/m 比率下的 $\Omega_{\mathrm{lp}} = \Omega - n\kappa/m$ 函数。注意到，$n/m = 1/2$ 的曲线在银盘的大部分区域几乎恒定 (图改编自宾尼 (Binney) 和特里梅因 (Tremaine)，《星系动力学》(Galactic Dynamics)，普林斯顿大学出版社，普林斯顿，新泽西州，1987)

问题。然而，在这种情况下，是密度波而不是物质波出现缠卷问题，并且由于相对漂移较慢，缠卷形成的时间大约要长 5 倍。如果能找到一种方法来抵抗这种残余的缠卷效应以令星系稳定，那么林–徐最初的准静态密度波的假说就能得以实现。

25.3.6　林德布拉德共振、共转共振和超谐波共振

由于 $\Omega - \kappa/2$ 在整个银盘上并不完全恒定，所以不同半径的恒星在连续穿过密度波时不会在其周转路径上的同一点遇到旋臂。然而，在某些半径上会发生这种情况，并产生共振，与弹簧被迫以其固有频率振动时可能发生的共振类似。例如，如果一颗恒星每次遇到密度波时都处于 χ (式 (25.36)) 的最大值，那么它经历的由密度和引力势的局部增加而产生的扰动将始终相近，而且扰动效果将会累积。而且对于每个局部模式速度，例如 $\Omega_{\ell p} = \Omega(R)$ 和 $\Omega_{\ell p} = \Omega(R) + \kappa/2$，也都有相似的结论[①]。

这种增强可以发生在星系的几个半径位置处，这取决于它的质量分布和由此产生的自转曲线。对于 $\Omega_{gp} = \Omega - \kappa/2$，$n/m = 1/2$ 情形，当恒星的局部角模式速度等于密度波的全局角模式速度时，存在**内林德布拉德共振 (inner Lindblad resonance, ILR)**。根据自转曲线的形状，给定的星系可能存在零个、一个或两个内林德布拉德半径。如果对于某个 R 值 $\Omega_{gp} = \Omega$，则可能发生**共转共振 (corotation resonance, CR)**。如果存在 R 使得 $\Omega_{gp} = \Omega + \kappa/2$，则可能存在**外林德布拉德共振 (outer Lindblad resonance, OLR)**。对于 $\Omega_{gp} = \Omega - \kappa/4$，也可能出现**超谐波共振 (ultraharmonic resonance)**。像 NGC 7096 和 M81 (图 25.5(a) 和 (b)) 这样的星系的内环显然是由内林德布拉德共振或超谐波共振产生的，而像 NGC 4340 这样的星系的外环 (图 25.4(f)) 是由外林德布拉德共振产生的。图 25.30 展示了对于两条不同的自转曲线，林德布拉德共振和共转共振的位置。

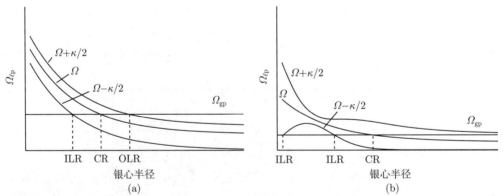

图 25.30　共振半径的存在取决于臂的全局角模式速度和星系自转曲线的形状。(a) 具有单个内林德布拉德共振 (ILR)、共转共振 (CR) 和外林德布拉德共振 (OLR) 的星系；(b) 一个有两个 ILR、一个 CR 且没有 OLR 的星系。请注意，对于足够大的 Ω_{gp} 值，可能没有任何 ILR

共振具有使本轮振幅急剧增加的效果。因此，在共振位置，气体云的碰撞也应显著增加，将产生能量耗散。因此，共振位置 (如果它们存在于特定的星系中) 实际上会导致旋涡波的衰减，除非有其他过程能够不断地对旋涡波进行增强。

---

① 请注意，我们现在已经逾越了第 790 页密度波对引力场的贡献不大的假设。

这种情况类似于恒星的脉动 (见第 14 章): 部分电离区域 (主要是氢和氦) 驱动脉动, 而恒星的其他区域则抑制脉动。

25.3.7 密度波理论中的非线性效应

尽管人们已经做了大量工作, 但仍尚未完全了解密度波。例如, 此处介绍的简单模型中很多未考虑的效应可能也会发挥重要作用, 例如 Φ_{eff} 中的非线性高阶项 (式 (25.28))。此外, 密度波本身改变了导致它们产生的引力势场, 从而破坏了方位角的对称性。

包括 M51 (图 25.17) 在内的许多宏大旋涡星系的一个重要驱动机制是伴星系的存在, 它通过潮汐相互作用触发产生旋涡结构 (见 26.1 节和图 26.10)。对建立和维持密度波的物理驱动机制的更详细讨论已经超出了当前讨论的范围, 但值得指出的是, 研究旋涡密度波的方法与研究恒星脉动的方法有很多共同之处, 线性和非线性模型都已应用于旋涡结构的研究之中。

25.3.8 N 体数值模拟

旋转星系盘非线性 N 体模拟的一个重要例子是霍尔 (F. Hohl) 在他 1971 年的早期工作 (图 25.31)。在该计算中, 初始时 10^5 颗恒星被放置在轴对称的轨道上 ($t = 0$)。但是随着模拟的进行, 发现霍尔的模型对 $m = 2$ 模式的建立非常不稳定, 形成了双臂旋涡密度波 ($t = 2.0$ 时)。随着模拟的继续, 星系盘变得很 "热", 这意味着恒星的速度弥散相比于它们的轨道速度变得很大, 旋涡结构耗散掉了。

有趣的是, 在整个模拟过程中, 棒不稳定性一直存在, 最终的结构与 SB0 星系非常相似。

这种棒不稳定性已被证明是 N 体计算中的常见特征。似乎旋转的星系盘极易受到棒模式不稳定性的影响, 至少在计算机上是如此。当然, 人们也广泛认为在真实星系中棒模式也受到青睐, 因为大约三分之二的盘状星系在其中心确实呈现出棒状结构。

霍尔的工作确实提出了一种稳定星系盘以防止各种模式不稳定性出现的可能方法: 让恒星拥有很高的速度弥散。在他最初的模拟中, 棒结构加热了星系盘, 破坏了 $m = 2$ 的曳臂模式。我们将在 26.1 节中看到, 潮汐相互作用和 (或) 并合也可能在加热旋涡星系的星系盘方面发挥重要作用。

在现代 N 体模拟中, 模型还包括了高度集中的质量影响, 例如超大质量黑洞的引力影响。很多研究者表明, 包含足够致密且大量的中心质量会削弱甚至破坏棒不稳定性。大多数研究发现, 为了影响棒不稳定性, 需要的质量约为星系盘质量的百分之几。

25.3.9 随机、自传播恒星形成

尽管本节中的大部分讨论都集中在准静态密度波的林–徐假说和宏大旋涡星系的存在上, 但在宇宙中观测到的许多星系都是絮状旋涡星系。可能这些天体由几个稳定密度扰动的线性组合 (有点让人想起恒星振荡中的模式), 加之星际介质中存在足够的不均匀性, 从而导致出现不太清晰的旋涡。也可能是完全不同的机制导致了这些星系中的旋涡结构形成。

1976 年, **穆勒 (M. W. Mueller)** 和**阿内特 (W. David Arnett)** 提出了絮状旋涡星系的旋涡结构理论, 称为**随机自传播恒星形成 (stochastic, self-propagating star formation, SSPSF)**。在他们的理论中, 他们猜想旋涡结构产生于在整个星系中传播的

恒星形成的爆发。当星系的一个区域发生恒星形成事件时，其最大质量的恒星将迅速老化，产生核心坍缩的超新星。超新星产生的冲击波将穿过星际介质，引发附近区域其他气体云的坍塌，在那里进一步形成恒星，使这一过程继续进行。这个方式被比作森林火灾时火焰从一棵树跳到另一棵树。当星系的不同旋转将这些新"点燃"的区域卷入曳臂时，旋涡结构就产生了。

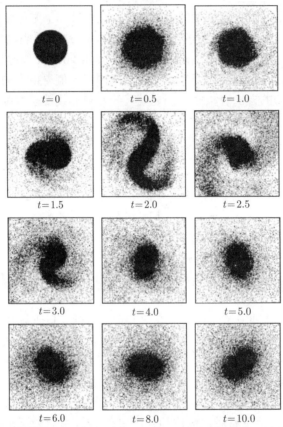

图 25.31　使用 10^5 颗恒星通过 N 体模拟对旋转星系盘进行的早期研究。星系盘最初是完全轴对称的，之后迅速产生了 $m = 2$ 模式不稳定性。最终圆盘"升温"，旋臂被破坏，但留下了一个长寿命的棒状结构（图片来自霍尔，*Ap. J.*，168，343，1971）

　　尽管 SSPSF 在计算机模拟中成功地产生了絮状旋涡结构，但它无法解释从尘埃带到 OB 型星再到遍布宏大旋涡星系旋臂的红星的转变，因此它可能无法解释那些星系。当然，我们很可能同时需要这两种理论 (或许还需要其他理论) 来理解整个宇宙中发现的丰富的旋涡结构。

25.4　椭 圆 星 系

　　尽管晚型星系的哈勃类型与其各种物理参数有很好的相关性，从而可以确保这些参数对这些系统的持续有效性，但对于早型星系的哈勃类型名称 (仅基于视偏心率确定)，在尝试对其他特征进行分类时与它们几乎毫不相干。因此，人们对椭圆星系进行了亚型区分，此分类与其偏心率无关，而是关注其他形态特征，例如大小、绝对星等和面亮度。椭圆星系曾经被认为是主要星系类型中最简单的。而自 20 世纪 80 年代以来，人们逐渐认识到，椭圆星系是非常多样且复杂的。正如我们将在 26.1 节中看到的，这种复杂性至少部分是来自于强烈的环境演化，可能包括潮汐相互作用或与邻近星系的并合。

25.4.1 椭圆星系的形态分类

如今许多单独的形态类别通常用于区分椭圆星系。

• **cD 星系**是巨大但罕见的明亮天体，它们的直径有时接近 1 Mpc，通常只在大而密集的星系团的中心附近发现。它们的绝对 B 星等范围从暗于 -22 mag 到 -25 mag，它们的质量在 $10^{13} \sim 10^{14} M_\odot$。cD 星系的特点是具有高面亮度 ($\mu = 18$ B-mag·arcsec^{-2}) 的中心区域和非常广大弥漫的包层 ($\mu = 26 \sim 27$ B-mag·arcsec^{-2})。它们也可能拥有数以万计的球状星团，典型的比频 S_N 为 15 (式 (25.15))。而且，这些星系还已知具有非常高的质光比，有些甚至超过 $750 M_\odot/L_\odot$，这意味着大量的暗物质的存在。

• **正常椭圆星系**是中心致密的天体，具有相对较高的中心面亮度。包括**巨椭圆星系 (gE)**、**中等光度椭圆星系 (E)** 和**致密椭圆星系 (cE)**。正常椭圆星系的绝对 B 星等范围为 $-15 \sim -23$ mag，质量在 $10^8 \sim 10^{13} M_\odot$，直径从小于 1 kpc 到接近 200 kpc，质光比从 $7 M_\odot/L_\odot$ 到超过 100 $M_\odot/L_\odot$，其内球状星团的比频在 1~10。透镜状星系 (S0 和 SB0) 通常与正常椭圆星系归为一组。

• **矮椭圆星系 (dwarf elliptical galaxy, dE)** 的面亮度往往远低于相同绝对星等的 cE。dE 的绝对 B 星等为 $-13 \sim -19$ mag，典型质量为 $10^7 \sim 10^9 M_\odot$，直径量级为 1~10 kpc。它们的金属丰度也往往低于正常椭圆星系。球状星团比频的平均值为 $\langle S_N \rangle = 4.8 \pm 1.0$，仍高于旋涡星系。

• **矮椭球星系 (dwarf spheroidal galaxy, dSph)** 是亮度极低、表面亮度极低的天体，仅在银河系附近被探测到。它们的绝对 B 星等只有 $-8 \sim -15$ mag，质量为 $10^7 \sim 10^8 M_\odot$，直径在 $0.1 \sim 0.5$ kpc。

• **蓝致密矮星系 (blue compact dwarf galaxy, BCD)** 是异常蓝色的小星系，色指数范围 $\langle B-V \rangle = 0.0 \sim 0.3$。这对应于光谱类为 A 型的主序星，表明这些星系正在经历特别活跃的恒星形成。它们的绝对 B 星等为 $-14 \sim -17$ mag，质量约为 $10^9 M_\odot$，直径小于 3 kpc。对于非常活跃的恒星形成区，可以预料到，BCD 内也含有大量的气体，$M_{\mathrm{H\,I}} = 10^8 M_\odot$，$M_{\mathrm{H\,II}} = 10^6 M_\odot$，气体质量占整个星系质量的 15%~20%。BCD 也相应地具有低的质光比，一个极端的例子是 ESO400-G43 的 $M/L_B = 0.1$，尽管暗物质在很大半径处占主导地位。

表 25.3 和表 25.4 总结了早型星系的一些特征参数。透镜星系也被包括在内，因为它们似乎与许多椭圆星系有很多共同之处。

表 25.3   cD、正常椭圆和透镜状星系的特征参数

	cD	E	S0 / SB0
M_B	$-22 \sim -25$	$-15 \sim -23$	$-17 \sim -22$
$M/M_\odot$	$10^{13} \sim 10^{14}$	$10^8 \sim 10^{13}$	$10^{10} \sim 10^{12}$
直径 (D_{25}, kpc)	$300 \sim 1000$	$1 \sim 200$	$10 \sim 100$
$\langle M/L_B \rangle \, (M_\odot/L_\odot)$	>100	$10 \sim 100$	~ 10
$\langle S_N \rangle$	~ 15	~ 5	~ 5

表 25.4   矮椭圆星系、矮椭球星系和蓝致密矮星系的特征参数

	dE	dSph	BCD
M_B	$-13 \sim -19$	$-8 \sim -15$	$-14 \sim -17$
$M/M_\odot$	$10^7 \sim 10^9$	$10^7 \sim 10^8$	$\sim 10^9$
直径 (D_{25}, kpc)	$1 \sim 10$	$0.1 \sim 0.5$	< 3
$\langle M/L_B \rangle \, (M_\odot / L_\odot)$	~ 10	$5 \sim 100$	$0.1 \sim 10$
$\langle S_N \rangle$	4.8 ± 1.0	$-$	$-$

25.4.2 面亮度轮廓

cD 和正常椭圆星系的面亮度轮廓密切遵循 $r^{1/4}$ 律 (式 (25.2))。例如，一个 gE 星系 NGC 3379 的面亮度轮廓如图 25.32 所示。但是，随着星系质量的下降，面亮度轮廓平滑地过渡到指数轮廓 (式 (25.3))。dE 和 dSph 尤其如此。

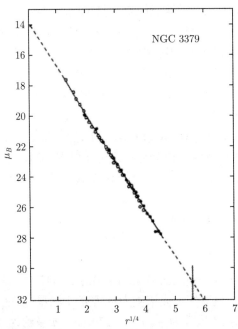

图 25.32   巨椭圆星系 NGC 3379 的面亮度轮廓由 $r^{1/4}$ 律很好地表示 (图片改编自德沃古勒和卡普西奥莱 (Capaccioli)，*Ap. J. Supp.*，40，699，1979)

25.4.3 椭圆星系中的尘埃和气体

dE 和 dSph 的引力结合能很低，意味着这些星系很难保留大量的气体，这确实是所观测到的。实际上，dSph 几乎没有气体。因此，现在 dE 和 dSph 并没有活跃的恒星形成。此外，它们的金属丰度非常低，与在球状星团中发现的值相似。人们提出，这些星系是通过超新星驱动的质量损失而丢失了大部分的气体，或者是当该星系从星系团的气体中穿过时通过**冲压剥离 (ram-pressure stripping)** 而失去了大部分的气体 (见 27.3 节)。

多年来，人们一直认为所有椭圆星系都已基本上去除了尚未形成恒星的任何尘埃或气体。或者说，在这些星系的早期历史中，恒星形成过程非常高效，以至于耗尽了所有可用

的气体。然而，我们现在已经意识到，大多数正常的椭圆星系中都存在气体和尘埃，尽管相对于旋涡星系的水平更低。

E/S0 星系中的氢气通常以多种形式存在。具有 10^7 K X 射线发射的热气体 (可能的加热机制包括超新星和恒星风) 成分占了典型 E/S0 星系中存在的所有气体的绝大部分，质量 $10^8 \sim 10^{10} M_\odot$。在 Hα 中可观测到的暖气体成分 ($10^4$K 时为 $10^4 \sim 10^5 M_\odot$) 也以 H II 区的形式存在。此外，通过 21 cm 辐射可检测到 $10^7 \sim 10^9 M_\odot$ 的冷 H I ($\sim 10^2$ K)。CO 发射线研究表明，在早型星系中也可以发现 $10^7 \sim 10^9 M_\odot$ 的氢分子。

天文学家还发现，大约 50% 的椭圆星系都含有数量可观的尘埃，典型的质量为 $10^5 \sim 10^6 M_\odot$。观测到的一个有趣现象是，椭圆星系中存在相对于其母星系的可见光轴基本上随机取向的尘埃带。通常，甚至还会发现尘埃的旋转方向相对于其他 (恒星) 成分的旋转方向是相反的。显然，大部分气体是在星系最初形成后才获得的。关于椭圆星系中尘埃环的动力学将在 26.1 节中更深入讨论。

25.4.4　金属丰度梯度和颜色梯度

正如我们在讨论旋涡星系时在图 25.12 中所看到的那样，椭圆星系的金属丰度与光度有很好的相关性：更亮的星系具有更高的整体金属含量。

此外，与旋涡星系一样，椭圆星系中也存在金属丰度梯度和颜色梯度。一般来说，椭圆星系的中心区域比距中心较远的区域更红，更富含金属。这种趋势可以用恒星分布中发现的金属元素质量占比的梯度来表示，典型的 $d\log_{10} Z / d\log_{10} r \approx -0.13$。对于透镜状星系也是如此。此外，S0 的星系盘比核球更蓝，这与更晚型的星系情况一样 (对于 S0，$(U-V)_{\mathrm{disk}} - (U-V)_{\mathrm{bulge}}$ 为 $-0.1 \sim -0.5$)。任何成功的星系形成理论都必须符合现有的关于化学丰度的观测结果。

25.4.5　费伯–杰克逊关系

dE、dSph、正常椭圆星系和旋涡星系的核球都有一个共同之处，就是它们的中心径向速度弥散与 M_B 之间的关系，如图 25.33 所示。为了了解为什么会出现这种关系，我们从球对称质量分布中心径向速度弥散的位力定理结果开始讨论 (式 (25.13))。在那种情况下，我们做了一个简单的近似，即质量 M 均匀分布在半径为 R 的体积中。现在，如果我们进一步假设所有星系的质光比基本上是恒定的，并且它们的平均面亮度都相等 (此假设也是在 "推导" 塔利–费舍尔关系时作出的)，则得到

$$L \propto \sigma_0^4 \tag{25.40}$$

其中，σ_r 已被 σ_0 替换，以表示视向速度弥散的中心值。这个关系首先由**珊德拉·费伯 (Sandra Faber)** 和**罗伯特·杰克逊 (Robert Jackson)** 确定，现在称为**费伯–杰克逊关系 (Faber-Jackson relation)**。

以太阳光度为单位，等式两边取对数，通过式 (3.8) 将 $\log_{10}(L/L_\odot)$ 写作 M_B 的差值，我们可以导出图 25.33 中所示的 $\log_{10} \sigma_0$ 和 M_B 之间的线性关系，即

$$\log_{10} \sigma_0 = -0.1 M_B + 常数 \tag{25.41}$$

注意，该式与式 (25.5)～ 式 (25.7) 给出的塔利–费舍尔关系式的相似之处，只是那些表达式是求解 $\log_{10} V_{\max}$ 的。

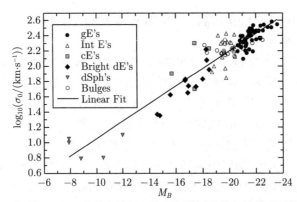

图 25.33   费伯–杰克逊关系表示中心速度弥散和光度之间的相关性。该关系是位力定理的结果 (数据来
            自本德尔 (Bender) 等，*Ap. J.*，399，462，1992)

25.4.6 基本平面

观测图 25.33 很容易可以看出，数据中存在相当大的分散。而且进一步可以发现，数据
的最佳拟合直线的斜率和式 (25.41) 中略微不同。显然式 (25.40) 并非严格正确，考虑到推
导过程中的假设，这也不足为奇。取决于所使用的样本集不同，有 $L \propto \sigma_0^\alpha$，其中 $3 < \alpha < 5$。
为了找到更精确的数据拟合，天文学家在表达式中引入了第二个参数，即有效半径。这种
拟合的一种表示是

$$L \propto \sigma_0^{2.65} r_{\rm e}^{0.65} \tag{25.42}$$

这里，星系被可视化为驻留在一个由坐标 $L, \sigma_0, r_{\rm e}$ 表示的三维 "空间" 中的一个二维 "曲面"
上。式 (25.42) 称为**基本平面 (fundamental plane)**，它将星系引力势阱的贡献 (σ_0) 和
星系的半径及光度的贡献结合在一起。或者，基面也可以用有效半径处的有效面亮度表示：

$$r_{\rm e} \propto \sigma_0^{1.24} I_{\rm e}^{-0.82} \tag{25.43}$$

基面似乎代表了整个椭圆星系家族，似乎暗示着一些关于这些系统形成的信息。

25.4.7 旋转的影响

与哈勃基于偏心率的原始分类方案相比，基面等参数化方式在对椭圆星系进行分类方
面做得更好。但是，星系形状的来源是什么？尽管答案尚不完全清楚，但很明显大多数椭
圆星系并不是具有两个轴的纯扁圆或扁长的旋转体，而是具有三轴，这意味着没有单一的
首选旋转轴。这个情况我们已经遇到过了，因为我们发现至少一半椭圆星系中发现的尘埃
带都具有随机性。进一步的证据来自于在多达 25% 的较大椭圆星系中频繁观测到的反向旋
转的恒星核心。似乎至少在其中某些情况下，气体、尘埃、球状星团或矮星系是在星系形
成以后某个时间被捕获的。这将在 26.1 节中更详细地讨论。

当测量椭圆星系的自转速度时，我们发现更明亮的星系的平均自转速度远小于它们的
速度弥散，这意味着这些星系的形状不是由旋转造成的。

相反，它们的形状是由星系中恒星的各向异性速度弥散造成的[①]。举一个特别极端的例

---

① 各向异性速度分布是一种偏向一个或两个运动方向的分布，而不是在所有三个维度上完全随机，那样反而是各向同性
分布。

子,明亮的 E4 星系 NGC 1600 ($M_B = -22.87$) 的 $V_{\text{rot}} = (1.9 \pm 2.3)\ \text{km·s}^{-1}$,$V_{\text{rot}}/\sigma < 0.013$,它就没有统计上显著的特定旋转轴。

如果一个星系的偏心率 ϵ (式 (25.1)) 来自于它是一个理想的、具有各向同性恒星速度分布的扁圆旋转体,那么可以证明:

$$\left(\frac{V_{\text{rot}}}{\sigma}\right)_{\text{isotropic}} \approx \left(\frac{\epsilon}{1-\epsilon}\right)^{1/2}$$

对于 NGC 1600,这意味着如果其 $\epsilon = 0.4$ 的偏心率是由纯旋转引起的,则 V_{rot}/σ 应约为 0.8。定义旋转参数 $(V/\sigma)^*$ 为

$$(V/\sigma)^* \equiv \frac{(V_{\text{rot}}/\sigma)_{\text{observed}}}{(V_{\text{rot}}/\sigma)_{\text{isotropic}}}$$

对 NGC 1600,$(V/\sigma)^* < 0.016$。如果 $(V/\sigma)^* > 0.7$,则认为星系主要是**旋转支撑 (rotational supported)** 的,尽管这种划分有一点随意。

明亮的 E 和 gE 星系的典型值为 $\langle(V/\sigma)^*\rangle \approx 0.4$,而且是**压力支撑 (pressure supported)** 的,即它们的形状主要是由随机的恒星运动造成的。此外,弥漫的暗弱 dE 星系主要具有各向异性的速度弥散,因此也是压力支撑的。而另一方面,对于 $-18 > M_B > -20.5$ mag 的星系,$\langle(V/\sigma)^*\rangle \approx 0.9$,这意味着它们在很大程度上是旋转支撑的 (这包括了 cE 星系)。有趣的是,旋涡星系的核球也倾向于是旋转支撑的。

25.4.8 盒状或盘状关系

1988 年,**拉尔夫·本德尔 (Ralf Bender)** 和**让–吕克·涅托 (Jean-Luc Nieto,1950—1992)** 及其合作者提出,椭圆星系的许多特征都可以通过等照度面的**盒状 (boxiness)** 或**盘状 (diskiness)** 程度来理解。作为量化与椭圆形状之间偏差的一种手段,等照度轮廓的形状 (对于某个特定的 μ 值) 在极坐标中写为以下形式的傅里叶级数:

$$a(\theta) = a_0 + a_2 \cos(2\theta) + a_4 \cos(4\theta) + \cdots \tag{25.44}$$

其中,a 是轮廓的半径;角度 θ 是从椭圆的主轴逆时针测量的。展开式中的第一项表示正圆的形状,第二项对应偏心率,第三项与盒状程度相关。如图 25.34 所示,如果 $a_4 < 0$,则等照度面趋向于呈 "盒状" 的外观,如果 $a_4 > 0$,则趋向于呈 "盘状"。通常,$|a_4/a_0| \sim 0.01$,与常规测量的完美椭圆的偏差约为 0.5%。

图 25.35 显示了各种量与等照度线傅里叶参数 a_4 的相关性,单位为 $100a_4/a_0$。左上图说明 "盘状" 星系倾向于是旋转支撑 (有更大的 $(V/\sigma)^*$),而 "盒状" 星系很大程度上是压力支撑的。左下图表示核心质光比 (在 V 波段测量) 与相同光度星系平均质光比之间的偏差,盒状星系往往核心质光比高于平均水平,而盘状星系的则低于平均水平。右下图表明,盒状椭圆星系在射电波段内往往比盘状星系更亮。然而,盒状星系的射电光度分布范围很大,而盘状星系光度范围则要小得多。在其他波长区域 (例如 X 射线、UV 和 Hα) 中也发现了相同类型的相关性。对于盘状椭圆星系,X 射线源往往仅是致密源,就像 S0 星系的情况一样,而盒状椭圆星系中,有证据表明弥漫源 (即热气体) 也有 X 射线源。最后,右上图表明偏心率 (即哈勃类型) 随着 a_4 的绝对值的增加而增加。然而,这表明当考虑其他

物理参数时，两个相同哈勃类型的星系可能具有非常不同的特征。例如，对于两个 E4 星系 ($\epsilon = 0.4$)，一个可能是旋转支撑的 ($a_4 > 0$)，而另一个是压力支撑的 ($a_4 < 0$)；并且前者的核心质光比低于平均水平，而后者核心质光比高于平均水平；前一个星系的射电光度较低，而后者的射电光度高得多。

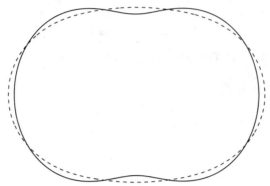

图 25.34　$\epsilon = 0.4$ 的两个星系示例。$|a_4/a_0|$ 已设置为相当大的值 0.03 以说明效果。实线表示 "盒状" 星系 ($a_4/a_0 < 0$)，虚线表示 "盘状" 星系 ($a_4/a_0 > 0$)

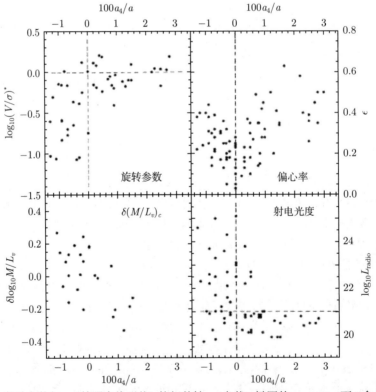

图 25.35　各种参数与 a_4(等照度线形状) 的相关性。"盘状" 椭圆的 $a_4 > 0$，而 "盒状" 椭圆的 $a_4 < 0$ (图改编自科尔梅迪 (Kormendy) 和乔戈夫斯基 (Djorgovski)，《天文学与天体物理学年评》 (*Anuu. Rev. Astron. Astrophys.*)，27，235，1989。转载于《天文学与天体物理学年评》第 27 卷，©1989 by Annual Reviews Inc.)

其他参数似乎也与星系的盒状或盘状有关。旋转支撑的盘状星系的比角动量相对较大，而压力支撑的盒状星系的比角动量则更小。盒状星系中经常观测到含有反向旋转的核心，而盘状星系则很少有。最后，盘状星系通常具有扁圆的旋转对称性，而盒状星系往往更偏三轴。

尽管星系的盒状程度很可能代表了连续的而不是两种截然不同的天体类别，但显然大约 90% 的椭圆星系在本质上通常是盘状的。有人提出，盘状椭圆星系可能只是 S0 序列朝着星系盘–核球比逐渐变小的扩展，并且一些盘状星系实际上也被错误分类为 S0。然而，盒状星系很可能代表了某种程度的环境演化的迹象，例如潮汐相互作用或并合 (见 26.1 节)。

25.4.9 各种哈勃类型星系的相对数量

在结束形态学讨论之前，还要解决一个重要问题，就是各种哈勃类型的星系的相对数量。通常用**光度函数** $\phi(M)\mathrm{d}M$ 表示，该函数定义为特定样本中绝对星等在 M 到 $M+\mathrm{d}M$ 之间的星系数。图 25.36 显示了两个样本的光度函数；上图是位于银河系附近的星系，下

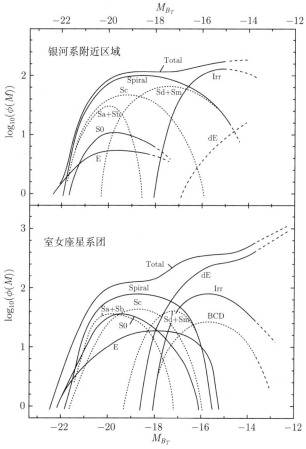

图 25.36 两个星系样本的光度函数。上图是基于银河系附近的星系样本，下图是基于位于室女座星系团中的星系样本。$\log_{10}\phi(M)$ 轴的零点是任意的 (图片改编自宾格利 (Binggeli)，桑德奇 (Sandage) 和塔曼 (Tammann)，《天文学与天体物理学年评》 (*Annu. Rev. Astron. Astrophys.*)，26，509，1988。经许可转载自《天文学与天体物理学年评》第 26 卷，©1988 by Annual Reviews Inc.)

图是室女座星系团中的星系样本 (见 27.3 节)。在两个样本中，总的光度函数都是每个哈勃类型单个光度函数的和。

为了找到星系光度函数的一般解析拟合，**保罗·谢克特 (Paul Schechter)** 提出了函数形式：

$$\phi(L)\mathrm{d}L \sim L^{\alpha}\mathrm{e}^{-L/L^{*}}\mathrm{d}L, \tag{25.45}$$

也可以写作等价形式：

$$\phi(M)\mathrm{d}M \sim 10^{-0.4(\alpha+1)M}\mathrm{e}^{-10^{0.4(M^{*}-M)}}\mathrm{d}M \tag{25.46}$$

在这两种形式中，α 和 L^{*} (或 M^{*}) 都是自由参数，用于获得对已有数据的最佳拟合。

对于图 25.36 中的数据，银河系附近星系样本的 $\alpha = -1.0$ 和 $M_B^{*} = -21$，室女座星系团样本的为 $\alpha = -1.24 \pm 0.02$ 和 $M_B^{*} = -21 \pm 0.7$。虽然值相似，但很明显通用的光度函数并不存在。相反，每个光度函数取决于特定星系样本所处的环境。

从图 25.36 所示的两种环境中都可以看出，即使 S 和 E 型星系在光度和质量方面都是最突出的，但矮椭圆星系和矮不规则星系才是所有星系中占比最多的种类。仔细观测，还可以发现另一个重要的细节：尽管在每种情况下，旋涡星系都代表了明亮星系的绝大部分，但室女座星系团中椭圆星系的比例要高一些。当室女座星系团与更大、恒星更稠密的后发 (Coma) 星系团进行比较时，旋涡星系和椭圆星系的相对数量则发生了巨大变化。在室女座星系团中，我们发现有 12%E，26% S0 和 62%S + Ir，而在后发星系团中，该比例为 44%E，49%S0 和 7%S + Ir。这再一次证明了环境在星系形成和演化中起了重要作用，我们将在第 26 章中更详细地探讨这个问题。

推 荐 读 物

一般读物

Ferris, Timothy, *Galaxies*, Stewart, Tabori, and Chang, New York, 1982.

Silk, Joseph, *The Big Bang*, Third Edition, W. H. Freeman and Company, New York, 2001.

Waller, William H., and Hodge, Paul W., *Galaxies and the Cosmic Frontier*, Harvard University Press, Cambridge, MA, 2003.

专业读物

Athanassoula, E., Lambert, J. C., and Dehnen, W., "Can Bars Be Destroyed by a Central Mass Concentration? – I. Simulations, " *Monthly Notices of the Royal Astronomical Society*, 363, 496, 2005.

Bender, Ralf, Burstein, David, and Faber, S. M., "Dynamically Hot Galaxies. I. Structural Properties, " *The Astrophysical Journal*, 399, 462, 1992.

Bender et al., "HST STIS Spectroscopy of the Triple Nucleus of M31: Two Nested Disks in Keplerian Rotation around a Supermassive Black Hole, " *The Astrophysical Journal*, 631, 280, 2005.

Bertin, Giuseppe, *Dynamics of Galaxies*, Cambridge University Press, Cambridge, 2000.

Binggeli, Bruno, Sandage, Allan, and Tammann, G. A., "The Luminosity Function of Galaxies, " *Annual Review of Astronomy and Astrophysics*, 26, 1988.

Binney, James, and Merrifield, Michael, *Galactic Astronomy*, Princeton University Press, Princeton, NJ, 1998.

Binney, James, and Tremaine, Scott, *Galactic Dynamics*, Princeton University Press, Princeton, NJ, 1987.

Combes, F., Boissé, P., Mazure, A., and Blanchard, A., *Galaxies and Cosmology*, Second Edition, Springer, 2002.

de Vaucouleurs, Gerard, *Third Reference Catalogue of Bright Galaxies*, Springer-Verlag, New York, 1991.

de Zeeuw, Tim, and Franx, Marijn, "Structure and Dynamics of Elliptical Galaxies," *Annual Review of Astronomy and Astrophysics*, 29, 1991.

Elmegreen, Debra Meloy, *Galaxies and Galactic Structure*, Prentice-Hall, Upper Saddle River, NJ, 1998.

Gallagher, John S. III, and Wyse, Rosemary F. G., "Dwarf Spheroidal Galaxies: Keystones of Galaxy Evolution, " *Publications of the Astronomical Society of the Pacific*, 106, 1225, 1994.

Gilmore, Gerard, King, Ivan R., and van der Kruit, Pieter C., *The Milky Way as a Galaxy*, University Science Books, Mill Valley, CA, 1990.

Hubble, Edwin, "Extra-Galactic Nebulae, " *The Astrophysical Journal*, 64, 321, 1926.

Hubble, Edwin, *The Realm of the Nebulae*, Yale University Press, New Haven, CT, 1936.

Kormendy, John, and Djorgovski, S., "Surface Photometry and the Structure of Elliptical Galaxies, " *Annual Review of Astronomy and Astrophysics*, 27, 1989.

Kormendy, John, and Richstone, Douglas, "Inward Bound: The Search for Supermassive Black Holes in Galaxy Nuclei, " *Annual Review of Astronomy and Astrophysics*, 33, 1995.

Mateo, Mario, "Dwarf Galaxies in the Local Group, " *Annual Review of Astronomy and Astrophysics*, 36, 435, 1998.

Pierce, Michael J., and Tully, R. Brent, "Luminosity-Line Width Relations and the Extragalactic Distance Scale. I. Absolute Calibration, " *The Astrophysical Journal*, 387, 47, 1992.

Rubin, Vera C., Burstein, David, Ford, W. Kent Jr., and Thonnard, Norbert, "Rotation Velocities of 16 Sa Galaxies and a Comparison of Sa, Sb, and Sc Rotation Properties, " *The Astrophysical Journal*, 289, 81, 1985.

Sandage, Allan, "The Classification of Galaxies: Early History and Ongoing Developments, ” *Annual Review of Astronomy and Astrophysics*, 43, 581, 2005.

Sandage, Allan, and Bedke, John, *The Carnegie Atlas of Galaxies*, Carnegie Institution of Washington, Washington, D.C., 1994.

Sofue, Yoshiaki, and Rubin, Vera, "Rotation Curves of Spiral Galaxies, ” *Annual Review of Astronomy and Astrophysics*, 39, 137, 2001.

Sparke, Linda S., and Gallagher, John S., *Galaxies in the Universe: An Introduction*, Cambridge University Press, Cambridge，2000.

van den Bergh, Sidney, *Galaxy Morphology and Classification*, Cambridge University Press, 1998.

Wyse, Rosemary F. G., Gilmore, Gerard, and Franx, Marijn, "Galactic Bulges, ” *Annual Review of Astronomy and Astrophysics*, 35, 637, 1997.

习　　题

25.1　利用沙普利假设，认为 M101 的直径为 100 kpc，并采用范马伦对可测量的旋转自行的有缺陷的观测，估计星系边缘点的速度并将其与银河系的特征旋转速度进行比较。

25.2　(a) Sc 星系 M101 的 B 波段绝对星等为 -21.51。使用式 (25.11)，估计它在 25 B-mag·arcsec^{-2} 处的等光度半径 (R_{25})。

(b) 使用塔利–费舍尔关系 (式 (25.7)) 来估计 M101 的旋转速度。

(c) 估计 R_{25} 处恒星的旋转角速度，单位为 arcsec·yr^{-1}。

(d) 范马伦能否观测到 M101 的旋转速度？星系旋转 $1''$ 需要多长时间？

25.3　(a) 根据表 24.1 中给出的数据，估计我们银河系的 M_B。提示：确保在计算中包括代表太阳的 M_B，而不是 M_{bol}，见附录 G。

(b) 使用塔利–费舍尔关系，计算银盘的最大旋转速度，并将你的答案与 24.3 节中给出的观测值进行比较。

25.4　忽略消光和 K 修正的影响，证明：星系的面亮度与同观测者之间的距离无关。

25.5　证明：式 (25.2) 是式 (24.13) 的直接结果。

25.6　证明：式 (25.3) 是式 (24.10) 的直接结果。

25.7　(a) 证明：式 (24.13) 可以写作

$$I(r) = I_e e^{-b[(r/r_e)^{1/4}-1]}$$

其中，$b = 7.67$。

(b) 对整个面亮度轮廓进行积分，证明：星系的光度可以用 r_e 和 I_e 表示为

$$L_{tot} = \int_0^\infty 2\pi r I(r)\mathrm{d}r = 8! \frac{\mathrm{e}^{7.67}}{(7.67)^8}\pi r_e^2 I_e \simeq 7.22\pi r_e^2 I_e. \tag{25.47}$$

提示：$\displaystyle\int_0^\infty \mathrm{e}^{-x} x^7 \mathrm{d}x = \Gamma(8) = 7!$

(c) 回忆 $I_e \equiv I(r_e)$，证明：如果积分 (25.47) 区间为 $0 \leqslant r \leqslant r_e$，而不是 $0 \leqslant r < \infty$ 时，则所得光度为 $\frac{1}{2}L_{tot}$，与 r_e 的定义一致。

25.8　NGC 2639 是一个 Sa 星系，测得的最大自转速度为 324 km·s^{-1}，B 视星等为 12.22 mag (经过消光修正后)。

(a) 从塔利–费舍尔关系估计它在 B 波段的绝对星等。

(b) 使用距离模数确定到 NGC 2639 的距离。

(c) 在 25 B-mag·arcsec^{-2} 的面亮度水平下，星系的半径 (R_{25}) 是多少？

(d) 求出 R_{25} 内部的 NGC 2639 的质量。

(e) 在 B 波段，星系的光度是多少? (参考习题 25.3 中的提示)

(f) 计算 NGC 2639 在 B 波段、R_{25} 内部的质光比。

25.9　参考表 25.1 和附录 G 中给出的色指数 ($\langle B - V \rangle$)，估计 Sa、Sb 和 Sc 型旋涡星系中主序星的平均 (或综合) 光谱分类。

25.10　使用图 25.14 中的自转曲线数据估计 M32 中心 1″ 范围内的质量。将你的答案与使用例 25.2.1 中的速度弥散数据获得的值以及该例中引用的估计范围进行比较。

25.11　(a) 根据图 25.37 所示的 M31 中心附近恒星旋转速度的数据，估计星系中心 1″ 范围内的质量。将你的答案与书中引用的值进行比较。

(b) 根据速度弥散数据估计中心 1″ 内的质量。

(c) 请分析图 25.37 中不对称的来源。回忆图 25.13。

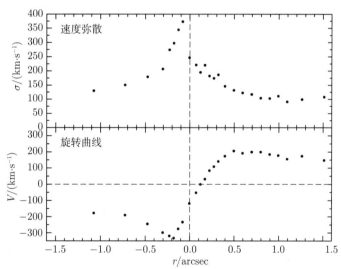

图 25.37　M31 中心附近恒星沿核球的长轴测量的速度弥散和自转速度。已知仙女座的距离为 770 kpc，1″ 对应于到中心的距离 3.7 pc (数据来自本德尔等，*Ap. J.*，631，280，2005)

25.12　从直角坐标中位置矢量的一般表达式开始：

$$\boldsymbol{r} = x\hat{\boldsymbol{i}} + y\hat{\boldsymbol{j}} + z\hat{\boldsymbol{k}},$$

说明该矢量的柱坐标表示为式 (25.16)。

25.13　证明：在柱坐标系中加速度矢量为式 (25.18)。提示：请注意，单位向量 $\boldsymbol{e}_R$ 和 $\boldsymbol{e}_\phi$ 与位置有关，因此与时间有关。你会发现它们与直角坐标单位向量之间的关系会对此很有帮助。

25.14　使用第 24 章中给出的太阳运动数据，估计太阳相对于理想圆周运动轨道在径向上的偏移幅度。假设太阳当前处于其振荡的中点。你的结果是对实际偏差的最小估计还是最大估计？

25.15　(a) 根据书中给出的信息，推导出式 (25.37)，为太阳本轮频率的平方。

(b) 证明：式 (25.38) 是式 (25.37) 的直接结果。

25.16　确定开普勒轨道 (一个质点围绕另一个与之中心球对称的质点运行) 的本轮轴比 χ_{max}/ρ_{max}。提示：从式 (25.37) 出发。

25.17   证明：如果椭圆星系的面亮度遵循式 (24.13) 给出的 $r^{1/4}$ 律，那么半径为 r_e 的圆盘面积上的平均面亮度由下式给出：

$$\langle I \rangle = 3.607 I_e$$

提示：首先将 $r^{1/4}$ 律写为以下形式：

$$I(r) = I_e e^{-\alpha[(r/r_e)^{1/4}-1]}$$

并回忆习题 2.9 中给出的积分平均的定义。你可能还会发现这时积分上下限是从 0 到 ∞，这会很有帮助。这可以通过考虑 r_e 的定义来解决。

25.18   证明：遵守 $r^{1/4}$ 律的星系的霍姆伯格半径与星系的有效半径 r_e 及该处等照度面的照度 μ_e 相关，公式为

$$r_H = r_e(4.18 - 0.12\mu_e)^4.$$

25.19   (a) 使用习题 25.17 的结果证明：对于遵循 $r^{1/4}$ 律的椭圆星系，

$$\langle \mu \rangle = \mu_e - 1.393$$

(b) NGC 3091 在 B 波段的有效半径为 10.07 kpc，有效半径以内的平均面亮度为 21.52 B-mag·arc-sec^{-2}。根据此信息，确定 B 波段中的 μ_e。

(c) NGC 3091 的霍姆伯格半径是多少？你可能会发现习题 25.18 的结果很有用。

25.20   根据位力定理，中心径向速度弥散与星系的质量及大小的关系为 $\sigma_r^2 \propto M/R$ (式 (25.13))。使用与塔利–费舍尔关系相似的方法来证明 $L \propto \sigma_r^4$，即费伯–杰克逊关系，见式 (25.40)。

25.21   (a) 根据图 25.33 中给出的数据，估计最佳线性拟合直线的斜率。

(b) 图 25.33 中的斜率与式 (25.41) 相比如何？你为什么不会期望它们完全相同？

25.22   (a) 据估计，M31 大约有 350 个球状星团。如果其绝对视星等为 −21.7，估计星团的比频。

(b) NGC 3311 是一个 cD 星系，估计有 17000 个球状星团，绝对视星等为 −22.4。估计这个星系中星团的比频。

(c) 若 cD 星系是由已经形成的旋涡星系的并合产生的，讨论关于球状星团统计的问题。

25.23   (a) 找到式 (25.44) 中的一阶傅里叶项系数 a_2 的一般表达式，用 a_0 和 ϵ 表示 (式 (25.1))。对于一部分问题，假定所有高阶项都完全为零。

(b) 对于一个 E4 星系，$a_0 = 30$ kpc，a_2 由问题 (a) 中的关系确定，请绘制 a 作为 θ 的函数的极坐标图。再次假设所有高阶项都为零。

(c) 为同一个 E4 星系绘制极坐标图，但 $a_4 = 0.1a_0$。

(d) 为同一个 E4 星系绘制极坐标图，但 $a_4 = -0.1a_0$。

(e) 讨论最后两个图的总体外观，哪个看起来更像透镜状星系？

25.24   对于银河系和室女座星系团附近的局部场星系，在 $-23 < M_B < -12$ 范围内，绘制谢克特光度函数的对数 $\log_{10} \varphi(M)$ (式 (25.46))。使用文中给出的 α 和 M^* 值。为了将你的结果与图 25.36 中给出的结果进行比较，请移动你的数据使两组星系的 $\log_{10} \varphi(-23) = 0$。

第 26 章 星 系 演 化

26.1 星系的相互作用

凭借现代地基和天基天文台对天空的精细观测，人们逐渐认识到星系并不是"岛宇宙"——它们并非孤立演化。

26.1.1 相互作用的证据

几乎所有的星系都属于星系团，而且星系占星系团的体积份额比恒星占星团的体积份额更大。我们也知道星系之间的间距通常只比星系本身尺寸大 100 倍 (见 27.3 节)。在星系密集的星系团中，如后发星系团 (图 26.1 和图 26.2)，中心区域早型星系 (椭圆星系) 的比例高于外部密度较小的区域。正如在 25.4 节中提到的，这些星系密集、形状规则的星系团中心区域比星系较少、无定形不规则星系团 (例如武仙星系团，见图 26.3) 的中心区域有着更高比例的早型星系。这些观测结果似乎与星系数密度较高区域中星系间相互作用和/或并合的可能性增加有关。相互作用往往会增加相关星系中恒星的速度弥散，可能会破坏晚型星系中的盘状结构，并导致星系面亮度变为早型的 $r^{1/4}$ 轮廓 (式 (25.2))。

图 26.1　后发星系团的中心区域，此视图的宽度约为 18 角分 (由美国国家光学天文台 (National Optical Astronomy Observation，NOAO) 供图)

VLA 对星系盘 H I 层的射电测量发现，所有盘状星系中至少有 5% 呈现出扭曲的盘面。此外，超过一半的椭圆星系拥有分离的恒星壳[①]。一些星系盘的扭曲可能是由与较小卫星星系之间的潮汐相互作用引起的，而椭圆星系中的恒星壳是星系并合的标志。

---

① 有关这些统计数据的更多详细信息见宾尼 (Binney，1992) 及巴恩斯 (Barnes) 和赫恩奎斯特 (Hernquist)(1992)。

　　观测还表明, 在富星系团中, 发出 X 射线的热气体占据了星系之间的大部分空间, 其质量等于甚至超过星系团中所有恒星的质量 (27.3 节)。似乎相互作用的星系的引力影响主要负责从组成星系团的各个星系中去除气体, 同时仍然使气体被困在星系团的整体引力阱中。

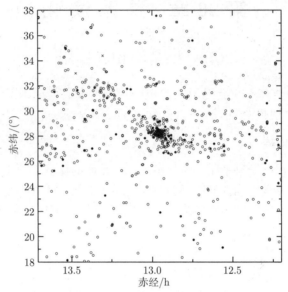

图 26.2　显示椭圆星系 (实心圆) 和旋涡星系 (空心圆) 的后发星系团, 请注意此图的尺度比图 26.1 的宽度要大得多

图 26.3　武仙星系团 (由美国国家光学天文台供图)

　　虽然在直接碰撞中只有一小部分的星系气体被去除, 但星系的并合可能会引发恒星形成的爆发, 产生恒星质量损失和超新星, 引发能够释放大量气体的超级星系风。

　　这一证据以及第 25 章中所引用的证据表明, 星系之间的相互作用在它们的演化中起着重要作用。在 26.2 节将要描述的关于星系形成的分层 "自下而上" 式图景中, 大星系被认为是由星系并合和较小天体的引力捕获形成的。从这个角度来看, 今天看到的星系之间的相互作用只是它们形成期的自然延伸。图 26.4 展示了许多星系相互作用的一个例子。在本节中，我们将研究这些明显的例子及更精细的现象。

图 26.4　NGC 520 两侧的羽流是潮汐相互作用的证据，这两个碰撞的盘状星系可能最终会并合，注意斜向的尘埃带 (由双子座天文台 (Gemini Observatory)/大学天文研究联合组织 (AURA) 供图)

26.1.2　动力学摩擦

当星系碰撞时会发生什么？考虑到恒星在星系中通常很分散，即使是单个恒星碰撞的概率也非常小 (见习题 26.1)。但是，恒星之间的相互作用力本质上是引力。要看到这一点，可以想象一个质量为 M 的天体 (一个球状星团或者小星系) 正在穿过一个由恒星、气体云和暗物质组成的质量密度为 ρ 的无限大区域。我们假设背景物质 “海洋” 中每个天体的质量远小于 M，因此 M 将继续沿直线运动而不是偏转。在没有碰撞的情况下，可能会认为 M 会不受阻碍地运动。然而，当 M 向前移动时，其他天体将被引力拉向它的运行路径，且最近的物体将感受到最大的引力。如图 26.5 所示，这会在运行路径上产生一个密度增大的区域，带有高密度的 “尾流” 尾随 M。这种现象称为**动力学摩擦**，是作用在 M 上与之运动方向相反的净引力。随着 M 的速度降低，动能从 M 转移到周围的物质。

动力学摩擦表达式的推导超出了本书的范围，但很容易看出所涉及的物理量有大质量天体的质量 M 和速度 v_M，以及周围物质的质量密度 ρ。因此，动力学摩擦力的表达式[1]必须包含 GM，v_M 和 ρ。剩下的问题就是证明这些变量只有一种组合具有力的量纲，因此动力学摩擦力 f_d 的表达式一定形如：

$$f_{\mathrm{d}} \simeq C\frac{G^2M^2\rho}{v_M^2}, \tag{26.1}$$

其中，C 是无量纲的。此处，C 不是常数，而是和 v_M 与周围介质的速度弥散 σ 的相对大小有关。对于 $v_M \sim 3\,\sigma$，大麦哲伦云的 C 的典型值为 23，球状星系团 C 为 76，椭圆星系 C 为 160。[2]

[1] 因为 M 的出现只与牛顿万有引力定律有关，所以组合 GM 在任何推导中都将是分不开的。

[2] 可以参考宾尼和特里梅因 (1987) 对动力摩擦的详细讨论。

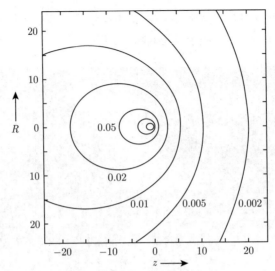

图 26.5   由质量 M 朝正 z 方向的运动引起的恒星密度的增强比例 (图片改编自穆德 (Mulder)，*Astron,*
Astrophys.，117，9，1983)

仔细观测式 (26.1)，就可以看到其中各项的成因。首先，显然动力学摩擦一定与恒星
质量密度成正比。假设各种质量的天体的相对数量不变，ρ 加倍意味着天体总数加倍，这
样反过来使得作用到 M 上的引力加倍。其次，质量 M 本身是平方的，其中一个 M 项的
作用是引起高密度尾流，另一个 M 项反映了增大的密度对 M 产生的引力。最后，考虑分
母中的速度平方项。若 M 以 2 倍的速度运动，那么它经过给定的天体附近的时间将会减
半，给予该天体的冲量 $\int \boldsymbol{F}\mathrm{d}t = \Delta \boldsymbol{p}$ 只有一半。因此，密度的增加速度只有原来的一半，
当密度增加完全形成时，M 将运动了 2 倍的距离。因此分母中的 v_m^2 来自于引力的平方反
比定律。最后一点意味着缓慢的交会更有利于减速入侵的质量。

为了估计作用在星系球状星团上的动力学摩擦效应相关的时间尺度，回顾一下，平坦
的自转曲线意味着暗物质晕的密度可以最简单地由式 (24.50) 近似：

$$\rho(r) = \frac{v_M^2}{4\pi G r^2}.$$

代入式 (26.1)，我们发现作用在星团上的动力学摩擦是

$$f_\mathrm{d} = C\frac{G^2 M^2 \rho(r)}{v_M^2} = C\frac{GM^2}{4\pi r^2}.$$

如果星团的轨道是圆形的，且半径为 r，其轨道角动量正好为 $L = Mv_M r$。由于动力
学摩擦力与轨道相切，并与星团的运动方向相反，一个大小为 $\tau = rf_\mathrm{d}$ 的力矩被施加到星
团上，该力矩减小星团的角动量：

$$\frac{\mathrm{d}L}{\mathrm{d}t} = \tau.$$

回顾一下，平坦的自转曲线意味着轨道速度 v_M 基本上是恒定的。对角动量进行求导，并

代入力矩表达式, 得到

$$Mv_M\frac{\mathrm{d}r}{\mathrm{d}t} = -rC\frac{GM^2}{4\pi r^2}.$$

对此公式进行积分, 得到球状星团从初始半径为 r_i 的轨道螺旋进入宿主星系中心所需的时间:

$$\int_{r_i}^0 r\mathrm{d}r = -\frac{CGM}{4\pi v_M}\int_0^{t_c}\mathrm{d}t.$$

解得星团寿命 t_c 为

$$t_c = \frac{2\pi v_M r_i^2}{CGM}. \tag{26.2}$$

式 (26.2) 可以反过来寻找在估计的星系年龄内可能被捕获的最遥远的星团:

$$r_{\max} = \sqrt{\frac{t_{\max}CGM}{2\pi v_M}}. \tag{26.3}$$

例 26.1.1 考虑一个围绕仙女座星系 (M31) 运行的球状星团。假设星团质量为 $M = 5\times10^6 M_\odot$, 速度为 $v_M = 250\ \mathrm{km\cdot s^{-1}}$, 为典型的星系外围自转曲线。如果 M31 的年龄大约为 13 Gyr, 那么式 (26.3) 意味着 $r_{\max} = 3.7$ kpc。这意味着最初位于仙女座中心约 4 kpc 范围内的质量为 $5\times10^6 M_\odot$ 的球状星团已经螺旋进入了星系的中心。

根据式 (26.3), $r_{\max} \propto M^{1/2}$, 意味着质量大于 $5\times10^6 M_\odot$ 的星团可能是从更远的距离聚集的, 这可能有助于解释为什么今天 M31 周围没有非常大的球状星团。

不仅球状星团受到动力学摩擦的影响, 伴星系也会受到影响。回想一下, 在第 726 页, 我们了解到一股物质流已从麦哲伦星云中被潮汐剥离。事实上, 似乎动力学摩擦将最终导致麦哲伦星云在大约 140 亿年后与银河系并合。这样的命运已经降临到人马座矮椭球星系、大犬座矮星系遗迹和一个可能为半人马座 ω 球状星团前身的矮星系头上。事实上, 任何一个巨星系在其有生之年都可能会吞噬无数的伴星系。

伴星系吸积过程有多种可能的后果。例如, 逆行的伴星系并合所导致的引力矩可能会产生在一些椭圆星系中观测到的反向旋转核心 (回忆 25.4 节); 在盘状星系中, 并合可能会激发全局振荡模式 (类似于脉动恒星中的模式, 见第 14 章); 并合还能够产生具有 Ir(不规则) 星系特征的无特征星系盘。并合在星系演化中的重要性将在 26.2 节中探讨。

26.1.3 快速交会

我们现在转向研究另一种类型的交会, 即两个星系交会得如此之快, 以至于它们的恒星没有时间作出反应。即使在两个星系相互穿过的特殊情况下, 也没有明显的动力学摩擦, 因为没有明显的密度增加。在这种**脉冲近似**中, 恒星几乎没有时间改变它们的位置。因此, 每个星系的内部势能 U 不会因碰撞而改变。然而, 一个星系对另一个星系所做的引力功随机地增加了两个星系的内部动能。这种内部动能增加是以星系相互运动的整体动能减少为代价的。星系所获得的内部能量取决于星系的接近程度，能量随交会距离的增加而迅速下降粗略地说，所获得的能量与星系最近距离的四次方成反比。)

假设其中一个星系在相互作用过程中获得了一些内部动能。为了确定它将如何响应，假设星系最初处于平衡状态，这意味着它在交会之前满足位力定理 (回忆式 (2.46) 和式 (2.47))，并且它的初始动能、势能和总能量通过 $2K_i = -U_i = -2E_i$ 相关联。想象在交会过程中，星系的内部动能从 K_i 增加到 $K_i + \Delta K$。由于其势能基本保持不变，星系的总能量增加到 $E_f = E_i + \Delta K$。因此，星系偏离了位力平衡。当最终重新建立平衡时 (在几个轨道周期的时间尺度之后)，根据位力定理，最终动能必须为

$$K_f = -E_f = -(E_i + \Delta K) = K_i - \Delta K.$$

因此，随着平衡的恢复，星系的内部动能实际上比碰撞后的值减少了 $2\Delta K$。

星系的内部动能如何减少？恢复平衡的一种方法是将多余的动能转化为引力势能，星系随着其内部星体间距的增加而略微膨胀。另一种减少动能的方法是让能量最高的成分以恒星流和气体流的形式将动能带离星系。这种蒸发使星系冷却并趋于新的平衡。实际上这两种过程都有可能发生，哪个占主导要看碰撞的具体情况。例如，高速、近乎正面的碰撞可能会产生**环状星系**，如图 26.6 所示的车轮星系。对这种相互作用的数值模拟和解释留作练习 (习题 26.20)。

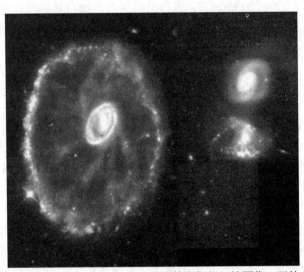

图 26.6　环状星系之一——车轮星系 (A0035-335) 的哈勃空间望远镜图像。环的直径约为 46 kpc，并以 89 km·s^{-1} 的速度膨胀，触发了恒星形成的爆发。目前尚不清楚右侧的两个星系中的哪一个可能是入侵星系 (由柯克·博恩 (Kirk Borne，空间望远镜研究所 (STScI)) 和 NASA 供图)

如果两个星系在引力上相互束缚，只要有足够的时间，它们最终会并合。由于星系具有质量分布，所以并不会遵循与点质量运动相同的轨迹。由于一些轨道能量被转移以增加星系的内能，所以轨道会有点收缩。潮汐力也可能从其中一个或两个星系中将恒星和气体拉出，使得轨道能量发生耗散，这一过程称为**潮汐剥离**。这可能是麦哲伦流产生的原因。

引力等势面是考虑这种星系物质损失的一种启发性方法，这在 18.1 节中讨论密近双星系统时有用到。图 18.3 展示了两体旋转系统的等势线。尽管该图针对的是圆形轨道上的点质量天体，但对非圆形轨道上具有质量分布的星系也有宝贵的指导意义。谈论星系的潮汐半径 ℓ_1 和 ℓ_2 尤其有用，它们是从每个星系的中心到内拉格朗日点 L_1 的距离，在这种非圆轨道情况下近似分别由式 (18.9) 和式 (18.10) 给出。当两个星系相互绕转时，等势面的形状和潮汐半径的值不断变化。如果恒星或气体云延伸到星系的潮汐半径之外，它们就有趋势逃离原星系的引力势阱。这类似于一颗溢出了其洛希瓣的恒星，如 18.1 节所述。因此，星系物质的密度在潮汐半径之外会急剧下降。

极环星系 (polar-ring galaxy) 和**尘埃带椭圆星系 (dust-lane galaxy)** 是周围有气体环、尘埃环和恒星环的正常星系，这些环是在它们经过其他星系或与其他星系并合时剥离出来的。极环通常包含 $10^9 M_\odot$ 或更多的气体，且仅在椭圆星系或 S0 星系周围发现。据估计，所有 S0 星系中约有 5% 有或曾经有过极环。图 26.7 显示了极环星系 NGC 4650A，该星系为一个 S0 星系，其环几乎垂直于其长轴 (仅倾斜 7°)。

图 26.7　极环星系 NGC 4650A (由加拉赫 (J. Gallagher，威斯康星大学麦迪逊 (Madison) 分校) 和哈勃遗产团队 (Hubble Heritage Team，AURA/STScI/NASA) 供图)

由于这些环反映了星系的引力场，所以天文学家将它们用作探测其宿主星系中物质 (包括发光物质和暗物质) 三维分布的探针。几个极环星系的研究结果表明，它们被球形暗物质晕所包围。一个著名的尘埃带椭圆星系的例子是半人马座 A (NGC 5128)，如图 26.8 所示，同时它也是一个强大的射电源，这将在 28.1 节中讨论。

气体环 (没有恒星) 的一个极端例子是环绕狮子座 M96 星系群中央两个星系的气体环，如图 26.9 所示。气体在围绕两个星系的椭圆轨道上运行，轨道偏心率为 $e = 0.402$，图中十字 ("+") 表示了轨道焦点的位置。回顾 2.3 节，椭圆轨道是平方反比律的结果，这意味着 M96 星系群中的气体环必须位于任一星系的暗物质晕之外。轨道的半长轴 $a = 101$ kpc，因此任一星系暗物质晕的最大范围由式 (2.5) 给出：

$$r_{\rm p} = a(1 - e) = 60 \text{ kpc},$$

为近心点距离。但是请注意，必须谨慎看待此计算，因为环只是气体的轨迹，可能实际上与单个粒子所遵循的轨道不重合。

图 26.8　半人马座 A (NGC 5128) 是一个尘埃带椭圆星系 (由 NOAO 托洛洛山美洲天文台供图)

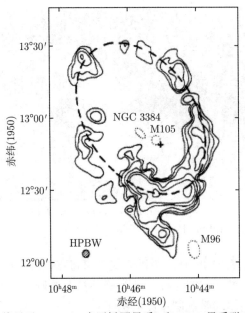

图 26.9　21 厘米射电等值线显示 M105(一个巨椭圆星系) 和 M96 星系群中的 NGC 3384(一个 S0 星系) 周围的中性氢环。注意该环在天空中的宽度超过 1° (图改编自施耐德 (Schneider)，《星系周围的扭曲盘和倾斜环》(*Warped Disks and Inclined Rings around Galaxies*)，剑桥大学出版社，剑桥，1991)

26.1.4　利用 N 体模拟对星系相互作用进行建模

两个星系的并合是一件复杂的事情。如果星系的相对速度远大于其恒星的速度弥散，则碰撞并不会导致并合。相反，如果碰撞的相对速度小于其中一个星系中恒星的速度弥散，则并合是不可避免的。当星系的相对速度与其中一个星系中恒星的速度弥散相当时，情况就特别复杂。目前，这种情况最好的研究方法是 N 体模拟的数值实验，同星系盘中棒状结构的不稳定性研究类似 (见 25.3 节)。在这些计算中，牛顿第二定律用于跟踪恒星在一系列时间间隔内的运动①。

　　阿拉尔·图姆尔 (Alar Toomre) 和**朱里·图姆尔 (Juri Toomre)** 于 1972 年对此做出了首次尝试。每个星系都由一个质量巨大的星系核及周围环绕着的盘状同心恒星环组成。为了简化计算，星系盘中的恒星可以受到星系核的引力，但彼此之间没有引力的作用。图姆尔兄弟通过他们的程序，成功地展示了星系间相互作用如何解释星系的出现。例如 M51(涡状星系)，它有一个由恒星和气体构成的桥，似乎延伸到它的相邻星系 NGC 5195。图 25.17 展示了这个系统，图 26.10 展示了它是如何产生的，这里还可以注意到 M51 中突出的宏大旋臂的发展形成。此外，图姆尔兄弟成功再现了**潮尾星系**的外观，例如图 26.11 中所示的 NGC 4038 和 NGC 4039 星系对 (触须星系)。值得注意的是，自 20 世纪 70 年代初以来，计算能力的快速进步使得如今在个人计算机上也能运行类似于图姆尔兄弟的程序。附录 M 中包含了一个改编自施罗德和柯明斯 (1988) 的程序。

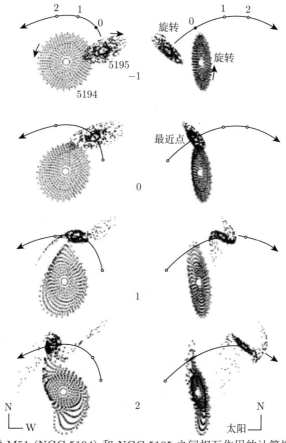

图 26.10　图姆尔兄弟对 M51 (NGC 5194) 和 NGC 5195 之间相互作用的计算机模拟。请注意，从侧面看，"桥" 实际上并没有连接两个星系。你可能还会注意到由此产生的扭曲的星系盘 (图改编自图姆尔，《宇宙的大尺度结构》(*The Large Scale Structure of the Universe*)，朗盖尔 (Longair) 和埃纳斯托 (Einasto) 编辑，Reidel 出版社，多德雷赫特，1978)

_____

　　① 1941 年，霍姆伯格使用模拟计算机研究星系的潮汐相互作用。他用灯泡制造了 "星系"，并使用光的平方反比定律来模拟相同的引力行为。借助测光计，他能够分析一个星系模型对另一个星系模型的引力影响。

图 26.11　触须星系 NGC 4038 和 NGC 4039 及其潮汐尾 (由布拉德·惠特莫尔 (Brad Whitmore, STScI) 和 NASA 供图)

　　一般来说，只有近距离、缓慢地交互才会产生桥和尾结构。当一个星系的轨道角速度与另一个星系的盘中某些恒星的角速度相匹配时，这种效果最为明显。由此产生的轨道共振作用于盘的近侧和远侧，使得潮汐力特别有效。在一个 (或两个) 星系的两侧倾向于形成两个隆起，类似于地球的潮汐隆起。当两个星系相互绕转时，潮汐剥离会拉出恒星和气体流。当条件合适时，从近侧撕裂的恒星和气体会形成明显的桥结构，而由于角动量守恒，从远侧剥离的物质形成弯曲的尾结构。

　　现代计算机程序也考虑了暗物质的影响以及单个恒星和气体云的引力相互作用 (自引力)。图 26.12 和图 26.13 展示了一个计算结果，再现了潮尾星系 NGC 4038 和 NGC 4039 的外观。这些程序也被用来模拟盘状星系 (有一个中央核球和晕) 和一个质量只有其 10% 的伴星系的并合。暗物质晕的存在显著缩短了并合的时间尺度，因为它允许星系在更远的距离上产生相互作用，伴星系仅在盘状星系旋转两圈时就被吞噬和吸收。

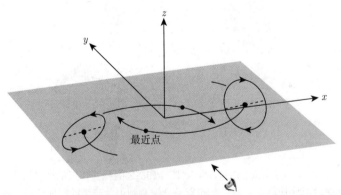

图 26.12　用于计算图 26.11 所示的潮尾星系形成的轨道几何结构。图中星系盘在其初始位置。每个盘最初相对于轨道平面倾斜 60°，虚线表示盘与轨道平面的交线，距离最近点的位置记为最近点。图 26.13 的观测方向为沿 y 轴正向 (图改编自巴恩斯 (Barnes), *Ap. J.*, 331, 699, 1988)

　　值得一提的是，银河系外星晕中大约有一半的恒星在逆行轨道上运行，这可能是潮汐剥离和/或同其他矮星系并合的结果。还记得在 24.2 节中提到，银河系周围有两种不同的球状星团空间分布。内部星团年龄较大，而且年龄差异很小，而外部星团的年龄范围更广。内部星团对围绕银河系的轨道也倾向于具有优先的方向，而外部星团则具有随机取向的轨道。同样，这些外部星团似乎是在其他地方形成的，后来被银河系捕获。事实上，一些研究者已经提出，年轻的球状星团 Palomar 12 和 Ruprecht 106 是从大麦哲伦云中被潮汐剥离出来的。

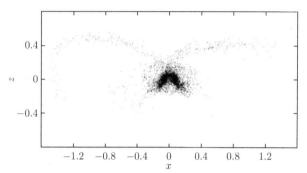

图 26.13　巴恩斯对潮尾星系 NGC 4038 和 NGC 4039 的形成的模拟结果。x 轴和 z 轴上的距离 1 对应于 40 kpc (图改编自巴恩斯，*Ap. J.*, 331, 699, 1988)

最后，如果伴星系的运动相对于主星系的盘面有一定角度，那么并合可能导致盘面扭曲，并持续 3 亿 ~50 亿年。超过 50% 的星系盘 (包括银盘) 的气体分布是扭曲的 (一些恒星也可能参与了扭曲)，并且这些星系中的大多数附近似乎没有伴星。如果假设伴星被主星系所包围，那么伴星的缺失或许能支持并合的发生。然而，大多数星系盘并没有显示出并合发生的明确证据。而且还有研究表明，扭曲星系盘可以仅仅是周围暗物质晕三轴性质的结果。并合或近距离交会在扭曲星系盘的产生中的重要性尚未确定。

26.1.5　星暴星系

1972 年，理查德·拉尔森 (Richard Larson) 和比阿特丽斯·汀斯利 (Beatrice Tinsley) 发现具有剧烈相互作用的星系往往比同类型的孤立的星系更蓝。他们将多余的蓝光归因于炽热的新生恒星，并认为潮汐相互作用在这些星系中引发了剧烈的恒星形成的爆发。因为像所有的恒星形成一样，会有厚的气体和尘埃云笼罩 (回忆 12.2 节)，所以增加的光度很难被检测到。年轻恒星发出的可见光和紫外线被吸收，然后以红外线形式重新辐射。1983 年，红外天文卫星发现这些**星暴星系**在红外波段上非常明亮，在这个波段内喷射出高达 98% 的能量。

相比之下，银河系只发射 30% 的红外光度，而 M31 仅发射百分之几。大部分恒星形成都被限制在距离星系中心约 1 kpc 的范围内，射电望远镜探测到了其中存在大量的气体云，含有 $10^9 \sim 10^{12} M_\odot$ 的氢作为燃料。在星暴星系中，每年有 $10 \sim 300 M_\odot$ 的气体转化为恒星，而在银河系中每年只有两到三颗恒星形成。尽管一次爆发可能只持续 2000 万年左右，但这些气体云通常含有足够的氢来维持这种恒星形成速度 $10^8 \sim 10^9$ 年。

观测证据还表明，星暴不仅仅发生在相互作用星系的核中，虽然这是经常的情况，但也发现了许多遍及盘面的星暴。在这种情况下，问题是恒星的形成如何在如此广阔的区域内几乎同时触发。

由于氢云最初分布在整个星系盘中，天文学家面临的一个难题是，星系的剧烈相互作用如何消除了超过 90% 的氢云角动量，从而使气体集中在星系中心。对碰撞星系的数值模拟可以提供一种答案。这些研究表明，气体和恒星对入侵星系的影响有不同的反应。当恒星围绕星系中心运行时，气体往往会从恒星前面移出。然后恒星的引力拉回气体，由此对气体产生的力矩减小了角动量，使其向星系中心靠近。随着两个星系开始并合，更多的角动量被丢失，随后激波前沿压缩气体，恒星形成就开始爆发了。

图 26.14 展示了距离大约 3.2 Mpc 远的星暴星系 M82/NGC 3034，另见图 25.7(c)。从它不寻常的外观来看，天文学家曾一度以为这个星系正在爆炸。目前的解释是，在 $10^7 \sim 10^8$ 年前，M82 内部 400 pc 内开始了一个巨大的恒星形成过程，且目前仍在继续。M82 的中心含有大量的 OB 恒星和超新星遗迹，它们已经从星系平面上排出了超过 $10^7 M_\odot$ 的气体。

图 26.14　星暴星系 M82 (NGC 3034)。这张合成图像是由昴星团望远镜的 FOCAS 设备在 B、V 和 Hα 波长下获得的 (由日本国立天文台 (National Astronomical Observatory of Japan，NAOJ) 供图)

所有的这些剧烈活动可能都是由与 M81 的潮汐相互作用而引发的。M81 是一个旋涡星系，现在距离 M82 约 36 kpc(在天空平面上投影)，并通过一个中性氢的气态桥与其相连。事实上，我们已经知道 M81 的中心是一个重要的 X 射线源，其 X 射线光度为 $L_X = 1.6 \times 10^{33}$ W。这暗示 M81 有一个中心黑洞，且每年有 $10^{-5} \sim 10^{-4} M_\odot$ 的气体落入其中 "饲喂" 黑洞。这种气体落入也可能是与 M82 潮汐相互作用的结果。

26.1.6　椭圆星系和 cD 星系中的并合

星系演化中相互作用的重要性对于椭圆星系最为明显，对于通常位于规则的富星系团中心的 cD 星系 (巨椭圆星系) 尤其引人注目。超过一半已知的 cD 星系具有多核，其运动方式与整个星系不同。cD 星系中恒星的典型轨道速度约为 300 km·s^{-1}，但多核以约 1000 km·s^{-1} 的相对速度运行。这些都被认为证明了 cD 星系是星系并合的产物，由此提供了多余的核和膨胀的恒星晕。这些核经常出现在星团的引力势阱底部，这使得碰撞及其他近距离交会的可能性更大。图 26.15 是三个较小星系穿过阿贝尔 2199 星团中心 cD 星系时的非凡照片。这里三个小星系的速度很大，以至于在穿过 cD 星系的过程中将不会被捕获。回顾图 25.16 和表 25.3，

cD 还具有异常高的球状星团比频，这表明在典型 cD 星系的整个演化过程中已经捕获了大量的星团。

正常的椭圆星系也显示出相互作用和并合的证据，尤其是盒状的椭圆星系。正如在 25.4 节中提到的，约 25% 椭圆星系中心区域和外部区域的速度场非常不同。

图 26.15 三个小星系穿过阿贝尔 2199 星团中的一个巨椭圆星系 (由惠普尔天文台 (Whipple Observatory) 和哈佛 CfA 供图)

观测还显示，56% 的椭圆星系有暗弱的壳层 (32% 的 S0 星系也是如此)。除此之外，如图 26.16 所示，正常的椭圆星系可能在星系内部和外部有多达 20 个面亮度非常低的大同心圆弧。数值实验发现，这些壳可能是与质量为较大椭圆星系百分之几的小星系正面 (或几乎正面) 碰撞的结果。本质上，被捕获的恒星在椭圆星系的引力阱中来回晃动，就像水在一个大碗里来回晃动。当恒星减速且转向的时候就形成了所看到的圆弧，恒星动能和势能

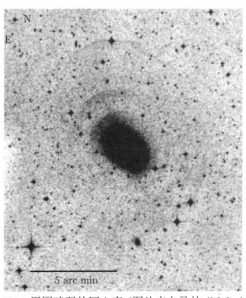

图 26.16 椭圆星系 NGC 3923 周围暗弱的同心壳 (图片来自马林 (Malin) 和卡特 (Carter)，*Nature*，285，643，1980。英澳天文台大卫·马林 (David Malin) 拍摄)

的自然扩散产生了同心圆弧。

从这里及 25.4 节中讨论来看，许多甚至所有的大型椭圆星系似乎都强烈地受并合的影响，星系并合似乎在许多方面产生了与椭圆星系惊人相似的结果。对 cD 星系和其他明显的并合遗迹内部区域的光度测量证实，它们的面亮度分布遵循 $r^{1/4}$ 律 (式 (25.2))，这也是大多数大型椭圆星系所遵循的。计算机模拟表明，$r^{1/4}$ 面亮度分布是并合的正常结果，对并合的计算还可以再现对星系核内外具有明显不同的速度场的观测结果。

然而值得注意的是，矮椭圆星系和矮椭球星系是最常见的椭圆星系类型，而它们似乎并不是由并合产生的。

26.1.7 超大质量双黑洞

两个大星系 (无论是椭圆星系还是旋涡星系) 并合似乎不可避免地会形成超大质量双黑洞系统。如果参与并合的每个星系最初都包含一个超大质量黑洞，那么由于动力学摩擦的存在，这两个黑洞将向并合系统的势阱中心迁移。若它们的轨道合适，这两个黑洞可能会构成一个分离良好的双星系统。NGC 6240 似乎是一个这样的系统，它有两个非常强的 X 射线源 (被认为是超大质量黑洞)，目前相距约 1 kpc(图 26.17)。

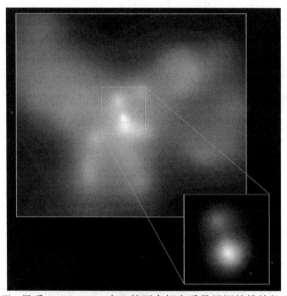

图 26.17　靠近 "蝴蝶形" 星系 NGC 6240 中心的两个超大质量黑洞的钱德拉 X 射线天文台图像 (由 NASA/CXC/MPE/科莫萨 (S. Komossa) 等供图)

由于这两个超大质量黑洞相互环绕，它们将对并合星系中心附近的恒星产生巨大的时变的引力扰动。与其他三体系统一样，当一个成员的质量远小于其余两个的时候，个别恒星很可能会从星系的中心区域弹出。如果以这种方式弹出的恒星的总质量与黑洞的质量相当，那么恒星就会带走足够的角动量和能量，从而使两个黑洞相互旋转靠近。当两个黑洞靠得足够近时，会产生大量的引力辐射，这将进一步夺走它们保持分离所需的能量和角动量 (回顾 18.6 节中对脉冲双星系统引力辐射的讨论)。这个过程的最终结果将是两个黑洞的并合，在并合星系中心产生一个更大的黑洞。有人提出，这种机制可能是大型星系中心常见的超大质量黑洞形成的途径。

26.2 星系的形成

正如我们迄今为止在讨论银河系和其他星系时所看到的，星系结构是复杂多变的。椭圆星系的发光成分以球体质量分布为主，主要由年老恒星组成，而旋涡星系既有包含相对年老恒星的球状体，也有包含可观的年轻恒星、尘埃和气体的星系盘。早型和晚型星系的命名甚至存在重要差异，例如正常椭圆星系的盘状或盒状的程度、矮椭球体的存在，旋涡星系的核球和星系盘的相对大小等，这里仅举几例。此外，暗物质占许多星系质量的 90% 或更多，在确定星系的整体结构方面也起着关键作用。

26.2.1 埃根，林登–贝尔，桑德奇坍缩模型

1962 年，埃根 (Olin J. Eggen, 1919—1998)、林登–贝尔 (Donald Lynden-Bell) 和桑德奇 (Allan R. Sandage) 进行了一个重要的早期尝试，对我们的银河系演化进行建模，通常称为 **ELS 坍缩模型**。他们的工作基于观测到的太阳附近恒星的金属丰度与其轨道偏心率和轨道角动量之间的相关性。埃根、林登–贝尔和桑德奇指出，金属最贫的恒星往往具有最高的偏心率、最大的本动 w 分量 (见 24.3 节) 和围绕银河系自转轴的最低角动量。另一方面，富含金属的恒星往往存在于近乎圆形的轨道中，并且局限在银河系平面附近的区域。

为了解释太阳附近恒星的运动学和化学特性，ELS 认为银河系是由一个大型原银河星云的快速坍缩形成的。最古老的晕族星在坍缩过程的早期形成，此时它们仍处于近乎径向的轨道上，这导致它们最后的轨道高度椭圆，且处于银河平面上方和下方。由于这些晕族星是快速形成的，该模型预测它们自然是非常贫金属的 (星族 II)，因为星际介质还没有时间依靠恒星核合成的副产品增丰。

然而，随着第一代大质量恒星在其内部产生更重的元素，经历超新星爆炸，并将富含金属的物质喷回星际介质，星际介质会随时间发生化学组成的演化。

随着原银河云的继续向内下落，该模型预测，当气体和尘埃粒子之间的碰撞变得更加频繁并且下落的动能被耗散时 (转化为粒子随机运动的热能)，快速坍缩会减慢。此外，初始原银河星云中角动量的存在意味着，随着半径的减小，星云旋转得更快。耗散的增加和角速度的增加共同导致了化学富集的气体盘的发展，由此，星族 I 恒星继续演化直至今日。

例 26.2.1 埃根、林登–贝尔和桑德奇所设想的原银河云自由落体坍塌所需的时间可以从式 (12.26) 估计出来，我们最初是用它来研究原恒星云的坍缩。假设原银河云包含大约 $5 \times 10^{11} M_\odot$，这是银河系在半径为 50 kpc 的近球形体积内的质量估计 (包括暗物质晕，见表 24.1)。如果我们进一步假设质量均匀分布在球体上，那么星云的初始密度为

$$\rho_0 = \frac{3M}{4\pi r^3} = 8 \times 10^{-23} \ \text{kg} \cdot \text{m}^{-3}$$

代入式 (12.26) 得

$$t_{\mathrm{ff}} = \left(\frac{3\pi}{32} \frac{1}{G\rho_0} \right)^{1/2} = 200 \ \mathrm{Myr}$$

当然，如果星云最初有点集中在中央，银河系的内部部分会比外部的稀薄区域更快地坍塌 (见习题 26.8)。这或许可以解释在核球中存在的非常古老的恒星族群。如果第一批大质量、寿命短的恒星能够迅速为银河系那部分相对稠密的星际介质进行金属增丰，那么就会产生高金属丰度的核球恒星。回顾一下，最大质量恒星的寿命约为一百万年，比估计的自由落体坍缩时间尺度要短得多。

26.2.2 ELS 模型的问题

尽管该模型确实解释了在银河系结构中发现的许多基本特征，但这种自上而下的方法涉及单个巨大的原银河云的分化，并不能解释我们目前对银河系形态理解的几个重要方面。例如，假设原银河云具有一个初始旋转，基本上所有的晕族星和球状星团都应该在相同的大方向上移动，即使围绕银河中心的轨道是高度偏心的。然而，天文学家逐渐意识到，大约有一半的外晕恒星是处于逆行轨道上 (见 24.3 节)，且外晕的净转速大约为 0 km·s^{-1}。

另一方面，内晕中的恒星以及内部球状星团的净旋转速度似乎很小。我们目前对晕族星和星团运动学的认识似乎表明，银河系的早期环境是相当动荡和成块的。

标准 ELS 坍缩模型的第二个问题是球状星团和晕族星的表观年龄分布。如果第 24 章中讨论的大约 20 亿年的年龄变化是事实 (年龄范围可能是 11 ~ 13 Gyr)，那么坍缩完成所需时间肯定比埃根、林登–贝尔和桑德奇提出的要长将近一个数量级。该模型也不能很好地解释具有不同年龄组分的星系盘的存在。回顾一下，年轻星系盘的年龄可能大约为 8 Gyr，而厚盘的年龄可能为 10 Gyr，两者都比晕年轻得多。

另一个困难在于球状星团之间的组成成分差异。离银河系中心最近的星团通常是金属含量最高和最古老的星团，而外晕中的星团则有更大的金属丰度变化，并且往往更年轻。这些星团似乎也形成了两种空间分布：一种与核球相关，另一种可能更多地与厚盘相关。

早期 ELS 对银河系形成的观点出现的问题表明，我们对银河系形成及后续演化的理解必须被修正，否则这将是不完整的。此外，星系的丰富多样，以及它们通过相互作用和并合正在进行的动态演化，对发展综合、自洽的星系演化理论提出了有趣的挑战。尽管在撰写本书时，这样的理论还没有达到我们对恒星演化理解的成熟程度，但重要的特征已经开始显现。

26.2.3 恒星诞生率函数

正如我们在 ELS 模型中看到的那样，任何星系形成理论都必须能够解释各种质量恒星的诞生率，以及星际介质的化学演化。由于星际介质是通过恒星风和各种类型超新星的质量损失而进行化学增丰的，所以该理论还必须结合恒星演化的速率和恒星的化学产量。

这样立即出现了一个问题：尽管天文学家已经能够对单个恒星的演化进行合理的描述，但我们对恒星诞生率的理解尚未完成。通常用**恒星形成率 (SFR)** $\psi(t)$ 和**初始质量函数**

(IMF) $\xi(M)$ 表示**恒星诞生率函数** $B(M, t)$:

$$B(M, t)\mathrm{d}M\mathrm{d}t = \psi(t)\xi(M)\mathrm{d}M\mathrm{d}t, \tag{26.4}$$

其中，M 是恒星质量；t 是时间。$B(M, t)$ 表示单位体积中 (对于银盘的情况为单位表面积)，在时间 t 到 $t + \mathrm{d}t$ 之间，从星际介质中形成的质量介于 M 和 $M + \mathrm{d}M$ 之间的恒星数量。

SFR 描述了星际介质中物质转化为恒星的单位体积速率，银盘内当前的 SFR 值被认为是 $(5.0 \pm 0.5)M_\odot \cdot \mathrm{pc}^{-2} \cdot \mathrm{Gyr}^{-1}$(在 z 方向上积分)，这对应于 825 页提到的每年形成 2~3 颗恒星。最后，在 12.3 节中最先讨论的 IMF(图 12.12) 表示在每个质量区间内形成的恒星的相对数量。

为了了解恒星的诞生率及其对星际介质化学演化的后续贡献,不同的研究人员对 SFR 做出了各种假设。例如，一些天文学家假设 SFR 与时间无关，而另一些天文学家则认为 SFR 是一个随时间呈指数递减的函数，或者可能是与星系盘表面质量密度的某个幂成正比的函数。**伯克特 (Andreas Burkert)、特鲁兰 (James W. Truran)** 和**亨斯勒 (G. Hensler)**(1992) 对银盘演化进行的一项计算机模拟显示，SFR 先达到最大值，然后，由于星际介质中可用的气体和尘埃被消耗，则其随时间而降低 (图 26.18)。其他研究已经考虑了 SFR 在空间和时间上都高度可变的可能性，例如短时标的星暴活动，就可能会发生这种情况。

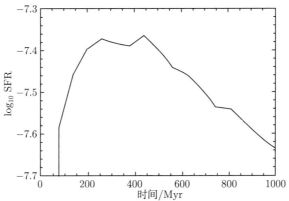

图 26.18　银河系盘面的总恒星形成率随时间变化的模型 (单位为 $M_\odot \cdot \mathrm{pc}^{-2} \cdot \mathrm{yr}^{-1}$) (图改编自伯克特，特鲁兰和亨斯勒，*Ap. J.*, 391, 651, 1992)

IMF 通常用以下形式的幂律拟合模型：

$$\xi(M) = \frac{\mathrm{d}N}{\mathrm{d}M} = CM^{-(1+x)}, \tag{26.5}$$

其中，x 对于不同的质量范围，可能取不同的值；C 是归一化常数。**萨尔佩特 (Edwin E. Salpeter)** 于 1955 年首次尝试推导出太阳邻域的 IMF，他认为 $x = 1.35$。根据最近的计算，似乎 $x = 1.8$ 更适合质量范围在 $7 \sim 35M_\odot$ (也可能低至 $2M_\odot$) 的恒星。对于质量大于 $40M_\odot$ 的恒星，可能需要取 $x = 4$，这意味着随着质量的增加，大质量恒星的产生会非常迅速地减少。

对于质量较小的恒星，通过观测研究很难确定 x。复杂性的出现来源于 IMF 必须与**当前质量函数**及 SFR 分离，这本身就可能非常复杂。有人建议，IMF 可能会在小质量时显著变平。不幸的是，IMF 的确切形式尚不清楚，甚至不清楚 IMF 是否随时间或地点而变化。

26.2.4　G 矮星问题

尝试使用 SFR 和 IMF 来模拟太阳附近银盘的化学演化的预测结果并不总与观测结果一致。如果我们假设第一代恒星诞生时没有任何金属 ($Z_0 = 0$，星族 Ⅲ)，并且星际介质的化学演化发生在一个闭箱内 (这意味着不允许气体或尘埃进入或离开正在模拟的系统)，那么与观测结果相比，计算会预测过多的低金属丰度恒星。例如，这个简单的模型表明，太阳邻域内大约一半恒星的 Z 值应该小于太阳 Z 值的四分之一 ($Z_\odot \simeq 0.02$)。然而，只有大约 2% 的 F 型和 G 型主序星才具有如此低的 Z 值，此即 **G 矮星问题**。

G 矮星问题的一种可能解释称为**快速初始富化**，是假设我们的星系盘形成时 $Z_0 \neq 0$。如果星际介质的重元素富集是由在气体和尘埃落入星系盘之前快速演化的大质量恒星引起的，那么这种情况可能会发生。第二种解释是星系盘在相当长的一段时间内都在积累质量，甚至可能持续到现在 (换句话说，闭箱假设是无效的)。在这种情况下，自银盘最初形成以来，就已有大量贫金属材料落入其上，当气体进入系统时与富含金属的星际介质混合。由于较低的初始质量密度意味着在盘的早期历史中形成的恒星较少，所以今天观测到的贫金属恒星较少。还有一种提议认为在银河系的早期历史中 IMF 是不同的，大部分质量较大的恒星是由相应较少的小质量恒星形成的。由于大质量恒星的寿命很短，这个假设将导致今天贫金属恒星数量较少。

26.2.5　耗散坍缩模型

星系演化综合理论必须解决的另一个问题是自由落体坍缩与缓慢耗散坍塌的问题。自由落体坍缩由自由落体时标支配，有时也称为**动力学时标**，由式 (12.26) 给出 (见例 26.2.1)。另一方面，耗散坍缩可以用星云显著冷却所需的时间来描述。如果**冷却时标 $t_{\rm cool}$** 远小于自由落体时标，那么星云将不会受压力支持并且坍缩将很迅速 (即基本上是自由落体)。然而，如果冷却时标超过自由落体时标，气体就不能足够快地辐射能量以允许快速坍缩，坍缩期间释放的引力势能将使星云被绝热加热。这种情况是位力定理的另一个例子。

为了估计冷却时标，我们必须首先确定气体中每个粒子所包含的热动能的特征量。根据位力定理，如果我们假设气体处于准静态平衡，根据式 (2.46)，则气体的平均热动能必定与其势能有关：

$$-2\langle K \rangle = \langle U \rangle.$$

如果我们进一步假设气体的平均分子量为 μ，包含 N 个粒子，则位力定理给出

$$-2N\frac{1}{2}\mu m_{\rm H} \langle v^2 \rangle = -\frac{3}{5}\frac{GM^2}{R},$$

其中，$m = \mu m_{\rm H}$ 是单个粒子的平均质量；R 是星云的半径；$M = N\mu m_{\rm H}$ 是星云的质量。在上式中，我们使用了一个受引力约束的、密度恒定的球形质量分布来估计系统的势能，见式 (10.22)。求解速度弥散 $\sigma = \langle v^2 \rangle^{1/2}$ 得到

$$\sigma = \left(\frac{3}{5}\frac{GM}{R}\right)^{1/2}. \tag{26.6}$$

注意此式与式 (25.13) 球状星团的位力质量的相似性。

现在我们可以通过让气体粒子的典型动能与其热能相等来确定气体的特征温度, 称为**位力温度**:

$$\frac{1}{2}\mu m_{\mathrm{H}}\sigma^2 = \frac{3}{2}kT_{\mathrm{virial}},$$

得到

$$T_{\mathrm{virial}} = \frac{\mu m_{\mathrm{H}}\sigma^2}{3k}, \tag{26.7}$$

最后, 为了估计冷却时间, 我们必须确定能量从气体中辐射出去的速率。将单位体积的冷却速率表示为

$$r_{\mathrm{cool}} = n^2\Lambda(T),$$

其中, r_{cool} 具有单位时间单位体积的能量量纲; n 是气体中粒子的数密度; $\Lambda(T)$ 是量子力学**冷却函数**。$\Lambda(T)$ 如图 26.19 所示, 包含与在 9.2 节中讨论的恒星不透明度相同的物理过程 (束缚–束缚、束缚–自由、自由–自由和电子散射)。曲线中略高于 10^4 K 和接近 10^5 K 的两个 "凸起" 分别对应于氢和氦的电离/复合温度。当温度高于约 10^6 K 时, 是通过热轫致辐射和康普顿散射冷却。在 r_{cool} 表达式中的 n^2 项是由于气体粒子对之间的相互作用: 碰撞激发离子、原子或分子, 然后以光子的形式辐射能量, 冷却气体。

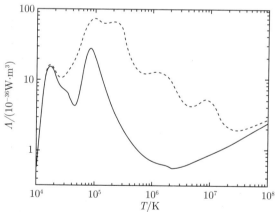

图 26.19　冷却函数 $\Lambda(T)$。实线对应的是粒子数占比 90% 的氢气和 10% 氦气的气体混合物。虚线对应的为太阳丰度 (图改编自宾尼 (Binney) 和特里梅因 (Tremaine),《星系动力学》, 普林斯顿大学出版社, 普林斯顿, 新泽西州, 1987)

如果星云中的所有能量在时间 t_{cool} 内被辐射掉, 那么,

$$r_{\mathrm{cool}}Vt_{\mathrm{cool}} = \frac{3}{2}NkT_{\mathrm{virial}},$$

其中, V 是星云的体积。求解冷却时间得到

$$t_{\text{cool}} = \frac{3}{2} \frac{kT_{\text{virial}}}{n\Lambda}. \tag{26.8}$$

例 26.2.2 为简单起见，假设例 26.2.1 中讨论的原银河云最初由粒子数占比 90% 的氢和 10% 的氦组成 (这对应于 $X \simeq 0.7$ 和 $Y \simeq 0.3$)[①]。如果我们假设完全电离，则平均分子量由式 (10.16) 给出，或 $\mu \simeq 0.6$。此外根据式 (26.6)，气体中粒子的初始速度弥散约为 $\sigma = 160 \text{ km·s}^{-1}$。然后代入式 (26.7)，坍缩时气体的位力温度大致为

$$T_{\text{virial}} \simeq 6 \times 10^5 \text{ K}.$$

在这个温度下，我们假设气体完全电离肯定是有效的。

气体中粒子的数密度由下式给出：

$$n = \frac{\rho}{\mu m_{\text{H}}} = \frac{3M}{4\pi R^3 \mu m_{\text{H}}} \sim 5 \times 10^4 \text{ m}^{-3}.$$

这个值应与今天在银河分子云中发现的典型数密度进行比较，后者在 $n \sim 10^8 \sim 10^9 \text{ m}^{-1}$ 的数量级上 (参见 12.1 节)。

现在根据图 26.19 得到 $\Lambda \sim 10^{-36} \text{ W·m}^3$，则星云的冷却时间根据式 (26.8) 为

$$t_{\text{cool}} = 8 \text{ Myr}.$$

显然，在这种情况下 $t_{\text{cool}} \ll t_{\text{ff}}$。显然，原银河云能够以近自由落体坍缩的速度辐射能量。

考虑 $t_{\text{cool}} > t_{\text{ff}}$ 的情况是有益的。在这种情况下，星云无法有效地辐射掉坍缩释放的引力势能。结果就是，随着星云的坍缩，云的温度会绝热上升，导致内部压力增加并停止坍缩。坍缩停止后，位力定理确定了星云的平衡条件。对于第一批星系形成时原星系云，近似有 $T \sim 10^6$K 和 $n \sim 5 \times 10^4 \text{ m}^{-3}$，可以冷却和坍缩的质量上限约为 $10^{12} M_\odot$，对应半径约为 60 kpc。在气体温度降低到氢复合温度 ($T \sim 10^4$ K) 的星云区域，质量限值变为 $\sim 10^8 M_\odot$。因此，今天观测到的星系的质量预计在 $10^8 \sim 10^{12} M_\odot$。质量下限与最小的矮椭圆星系的质量相当吻合，质量上限与最大质量的巨型旋涡星系 (Sa~Sc) 的测量值一致。尽管一些巨椭圆星系和 cD 星系超过 $10^{12} M_\odot$，但这些星系在整个演化历史中肯定已经受到并合的显著影响，在它们的外边缘附近并不处于位力平衡状态。

尽管原银河云能够辐射掉系统最初释放的引力能量，但在坍缩开始后不久，就有了新的能量来源。第一代超大质量恒星的死亡意味着超新星冲击波以大约 $0.1c$ 的速度穿过星际介质。当膨胀壳撞击气体时，气体被重新加热到几百万 K，从而在一定程度上减缓了坍缩的速度。然而，基于 IMF 估计的对超新星诞生率的计算似乎表明，即使是这种新的能源也无法明显减缓坍缩。

26.2.6 分层并合模型

那么我们如何解释球状星团之间明显的年龄和金属丰度差异，以及银盘 (即厚盘和年轻薄盘) 内不同年龄成分的存在？答案似乎是：星系的构建不仅涉及由埃根、林登–贝尔和桑德奇最初设想的自上而下的过程，而且还包含自下而上的**分层并和过程**。

---

① 请注意，我们在这里假设所有质量都是重子物质的形式，这意味着我们在这个例子中忽略了暗物质的影响。

随着 20 世纪 70 年代和 20 世纪 80 年代人们认识到并合在星系演化中起着重要作用，并且由于对早期宇宙性质的观测和理论发展，分层并合设想受到了极大的关注。科学家现在认为，在宇宙通过大爆炸诞生后不久，物质的整体分布中存在密度波动 (整个宇宙演化的细节将在第 30 章中讨论)。根据我们目前对这些波动的认识，最常见的密度波动发生在最小的质量尺度上。因此，涉及 $10^6 \sim 10^8 M_\odot$ 的密度波动比 $10^{12} M_\odot$ 或更大的密度波动更为常见。

首先考虑银河系的形成作为分层并合过程的一个例子。当这些质量 $10^6 \sim 10^8 M_\odot$ 的原银河碎片被彼此引力吸引时，它们开始合并形成一个不断增长的球体质量分布。最初，许多碎片实际上孤立地演化形成恒星，或在某些情况下在它们的中心形成球状星团，使得它们形成了自己的化学历史和独特的丰度特征。在正在生长的球体的内部区域，物质密度更大，它的坍缩和后续的演化速度会更快。这导致了今天观测到的最古老恒星的产生，同时具有更大化学富集程度 (因此形成了古老的、富含金属的中央核球)。在银河系稀薄的外围区域，化学演化和恒星形成会慢得多。

根据分层模型，合并碎片之间的碰撞和潮汐相互作用破坏了大部分碎片，并使其他球状星团的核心暴露在外。而且在这个模型中，被破坏的碎片导致了目前晕族星的分布，而剩下的球状星团则分散在整个球体中。那些最初相对于银盘和内晕的最终轨道运动逆行的原银河碎片产生了今天观测到的外晕的净零旋转。

当然，在银河系中心附近的碰撞率会更高，最先破坏那些原银河碎片，并比晕区更快地形成核球。因此根据这样的图景，我们可以认为银河系的球体成分是由内而外形成的。

今天仍然存在于银河系中的球状星团总数可能只占最初由原银河碎片形成的球状星团数量的 10%。其他 90% 被早期并合过程中的碰撞和潮汐相互作用以及后续持续的动力学摩擦影响破坏了。这可能有助于解释今天观测到的球状星团质量的相对均匀性 ($10^5 \sim 10^6 M_\odot$)。小质量球状星团的引力结合能很小，这使得它们在银河系年轻时相对容易和迅速地被破坏。另一方面，回忆式 (26.1)，动力学摩擦强烈依赖于星团的质量 ($f_d \propto M^2$)，因此大质量星团会迅速螺旋落入银河系的内部区域，在那里更强且更频繁的相互作用最终也会破坏它们。

注意到，由于银河系的外围是孤立的，并且演化速度较慢，所以该区域的原银河碎片在一段时间内几乎像单个的矮星系一样演化。事实上，本星系群中仍然存在的大量 dSph 星系被认为是幸存下来的原银河碎片。

此外，有明确的证据表明，目前并合也仍在进行，例如矮椭球人马座星系和麦哲伦流，这表明银河系晕的构建仍在进行中。

26.2.7 厚盘的形成

随着被破坏的原银河碎片的气体云发生碰撞，坍缩在很大程度上变得耗散，这意味着气体将缓慢地落入银河系的中心区域。然而，由于系统中存在一些由邻近原星系云的力矩引入的初始角动量，坍缩的物质最终旋转着被支撑住，并落入围绕银河系中心的盘上。当然，已经形成的晕星并没有参与到圆盘的坍缩中，因为它们的碰撞截面现在太小了，除了引力之外它们无法产生明显的相互作用。

一种厚盘形成模型表明，厚盘可能是围绕银河中平面形成的，特征温度为 $T \sim 10^6$ K。

让气体中典型粒子的动能与其在星系盘中平面上方的重力势能相等, 可以估计气体盘的近似标高 h。

为了确定中平面上方高度 z 处的局部引力加速度 g, 假设圆盘的质量密度为 ρ, 由下式给出:

$$\rho(z) = \rho_0 \mathrm{e}^{-z/h},$$

其中, ρ_0 是银河中平面的质量密度 (式 (24.9))。现在, 根据 "高斯定律" 的引力版本 (见习题 24.26 中式 (24.56)), 有

$$\oint \boldsymbol{g} \cdot \mathrm{d}\boldsymbol{A} = -4\pi G M_{\mathrm{in}},$$

其中, 积分是在围绕质量 M_{in} 的闭合表面上进行; $\boldsymbol{g}$ 是 $\mathrm{d}\boldsymbol{A}$ 位置处的局部引力加速度。如果 h 远小于盘的直径, 那么对于以中平面为中心、高度为 $2h$ 且横截面积为 A 的高斯圆柱 (图 26.20), 有

$$2Ag = 4\pi G M_{\mathrm{in}},$$

其中, M_{in} 是包含在圆柱内的星系盘质量, 可以通过对整个圆柱内的质量密度进行积分来估计:

$$M_{\mathrm{in}} = 2\int_0^h \rho_0 \mathrm{e}^{-z/h} A\mathrm{d}z = 1.26\rho_0 Ah.$$

代入之前的表达式, 则高度 h 处的局部引力加速度为

$$g(h) = 2.53\pi G \rho_0 h.$$

然后, 质量为 m 的粒子在中平面上方高度为 h 处的引力势能由下式给出:

$$U(h) = \int_0^h mg(z)\mathrm{d}z = 1.26\pi Gm\rho_0 h^2.$$

让势能等于粒子的平均热动能 $K = 3kT/2$, 我们可以得到

$$h(T) = \left(\frac{3kT}{2.53\pi Gm\rho_0}\right)^{1/2}. \tag{26.9}$$

例 26.2.3 如果原银河厚盘中的气体特征温度 $T \sim 10^6$ K, 且如果我们假设中心质量密度与今天估计的太阳邻域值相当:

$$\rho_0 \simeq 0.15 M_\odot \cdot \mathrm{pc}^{-3} = 1.0 \times 10^{-20}\ \mathrm{kg} \cdot \mathrm{m}^{-3},$$

则有

$$h\left(10^6\ \mathrm{K}\right) \simeq 2.2\ \mathrm{kpc},$$

其中, 我们使用氢原子的质量代入 m。根据表 24.1, 厚盘的标度的测量值约为 1 kpc。

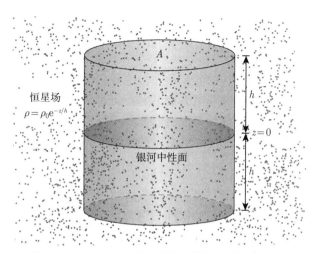

图 26.20 一个完全位于银盘恒星场内的高斯圆柱

由于 $t_{\rm cool} \propto n^{-1}$(式 (26.8))，从而气体局部密度较大的区域冷却得更快。冷却最初是通过热轫致辐射和康普顿散射实现，随后当温度达到约 10^4 K 时，则是通过氢原子发出的辐射冷却。

这意味着一旦达到氢复合温度，就会形成 H I 云并开始产生恒星。在几百万年内，最大质量的恒星经历了核心坍缩的超新星爆炸，形成的冲击波重新加热分子云之间的气体，使云间气体的温度保持在大约 10^6 K。与此同时，超新星中铁的产生将金属丰度从初始值 [Fe/H] < -5.4 (也许最初是通过原银河碎片中形成的恒星稍微增丰) 提高到 [Fe/H] $= -0.5$。在厚盘中产生第一批恒星大约 4 亿年后，恒星的形成几乎停止了。总地来说，在银河系演化的厚盘产生期，百分之几的气体转化为恒星。

上述厚盘形成模型的一个改进版认为，沉降的气体最初要冷得多。这意味着气体 (和尘埃) 能够以更小的标高沉降到中平面上，类似于今天的薄盘。由于气体和尘埃的局部密度更大，恒星形成得以继续进行。然而，由于大约 10 Gyr 前原银河碎片发生的一次重要的并合，该盘被相互作用的能量重新加热，使其膨胀到目前的 1 kpc 标高。

26.2.8 薄盘的形成

在厚盘形成后，冷分子气体继续沉降到中平面上，标高约为 600 pc。在接下来的几十亿年里，恒星形成发生在薄盘中。

保持标高的过程本质上是一种自我调节的过程。如果盘变薄，它的质量密度将会增加，这反过来会导致恒星形成率增大，产生更多的超新星并重新加热盘的云间气体成分。随后盘膨胀，将再次降低恒星形成率，产生更少的超新星，盘将会冷却并收缩。然而，尽管有自我调节过程，但随着星际介质中气体的消耗，恒星形成率从大约 $0.04 M_\odot \cdot {\rm pc}^{-3} \cdot {\rm Myr}^{-1}$ 下降到 $0.004 M_\odot \cdot {\rm pc}^{-3} \cdot {\rm Myr}^{-1}$。与此同时，金属丰度继续上升，达到约 [Fe/H] $= 0.3$。由于 SFR 降低，盘的厚度减少到 350 pc 左右，即今天的薄盘的标高。在薄盘的发展过程中，大约 80% 的可用气体以恒星的形式消耗掉。

最后，随着剩余气体的继续冷却，它们沉降到标高不到 100 pc 的富含金属和气体的薄盘内部。今天，大多数正在进行的恒星形成即发生在薄盘的这个年轻的内部区域，此即太阳所在的部分。

26.2.9 中央核球中年轻恒星的存在

通过刚刚对银河系与富含气体的伴星系并合进而演化的讨论，我们可以理解银河系中央核球中年轻恒星的存在。当这些伴星系被银河系的潮汐相互作用所瓦解时，它们的气体会沉降到银河系的盘上和中心，最终形成新的恒星。似乎，银河系的中心棒旋转时产生的动力学不稳定性促进了尘埃和气体迁移到银河系内部区域。

26.2.10 金属丰度梯度

刚刚概述的分层并合模型预测，经历了耗散坍缩的星系中应该存在金属丰度梯度。如果一个星系的中心金属含量高于系统外围的金属含量，那么颜色梯度也应该存在。金属丰度的增大导致不透明度增大 (见 25.2 节)，因此星系的中心会比外部更红。

当然，金属丰度和颜色梯度的强度可以通过与其他星系足够频繁和高能的并合而得到减弱甚至破坏。例如，许多星暴星系实际上具有倒置的颜色梯度，且星系的中心看起来更蓝。这是因为，当另一个星系被瓦解时富含气体的物质突然涌入星系中心，或者潮汐力矩的影响作用于星暴星系本身，导致其自身的气体螺旋进入星系中心，从而导致了巨大的恒星形成率。值得注意的是，在盒状椭圆星系中观测到的金属丰度梯度比在盘状星系中更弱，这是盒状椭圆星系在其生命周期中经历了重大并合的另一个可能的迹象。

26.2.11 椭圆星系的形成

虽然我们还不了解星系演化的所有复杂细节，但哈勃序列的性质最终可能对应于单个星系的质量、星系形成恒星的效率、自由落体坍缩和耗散坍缩及星系并合的相对重要性。例如，似乎许多椭圆星系可能在星系构建过程的早期，在气体有机会沉降到星系盘中以前，就形成了大部分恒星，而晚型星系则采取了更为悠闲的速度。当前的观测表明，较早哈勃类型星系的星系盘具有更高的气体和尘埃相对丰度 (见表 25.1 和表 25.2)。

然而，正如 26.1 节末尾首次提到的，其他椭圆星系可能是由已经存在的旋涡星系碰撞形成的。碰撞的能量会破坏两个星系盘，并导致并合系统弛豫到椭圆星系的特征 $r^{1/4}$ 分布。

尽管 N 体模拟已经能够产生这样的结果 (图 26.21)，但仍然存在一些问题。例如，相对于旋涡星系，椭圆星系中存在大量的球状星团，这对于论证剧烈的碰撞是所有大型椭圆星系形成的原因方面存在严重困难 (图 25.16 和式 (25.15))。另一方面，也许星系合并实际上可以触发云中恒星的形成来产生球状星团，这样球状星团的较大比频可能并不是问题。也有可能许多观测到的球状星团是被捕获的矮椭球星系，就像银河系中的半人马 ω 球状星团一样。

回顾 26.1 节开头的讨论，在致密的富星系团中心，椭圆星系比旋涡星系更多，而在没那么致密的星系团以及富星系团的外围，旋涡星系则占主导地位 (这种**形态–密度关系**于 1980 年由艾伦·德雷斯勒首次报道)。这种效应的部分原因可能是，在星系堆积更紧密的区域中，相互作用的可能性增加，破坏了旋涡星系并形成了椭圆星系。

然而，也有人提出了一个相互竞争的假说：即使在没有相互作用的情况下，椭圆星系也倾向于优先在深引力势阱的底部附近形成。早期宇宙中较低的质量密度波动可能导致形成了旋涡星系，而最小的波动导致了矮星系的形成。如果是这样，那么目前存在的大量 dSph

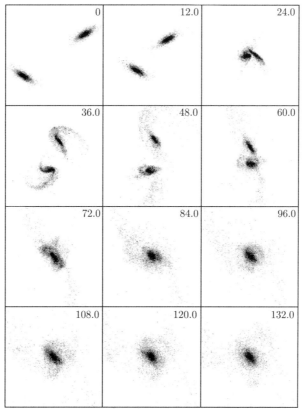

图 26.21　两个旋涡星系合并的 N 体模拟。每个星系盘由 16384 个粒子代表，每个核球包含 4096 个粒子。结果是形成了一个具有 $r^{1/4}$ 轮廓的椭圆星系 (图改编自赫恩奎斯特，*Ap. J.*，409，548，1993)

星系和 dE 星系自然可以通过早期宇宙中形成的大量较小的波动得以解释。如果早期宇宙的初始密度波动在后来成为富星系团中心的地方最大，那么这种机制可有助于解释星系的形态。因为这些地区的引力势阱会更深，原星系云之间碰撞的可能性也应该相应地更大。也许原星系云之间碰撞的频率与星系形态有关。

26.2.12　早期宇宙中的星系形成

虽然我们在发展关于星系形成的自洽理论中仍然存在大量基本的问题，幸运的是存在一种方法 (至少在原则上) 可以通过观测星系随时间的演化来检验我们的想法。由于光速有限，当天文学家在空间上看得越来越远时，我们实际上是在时间上回溯得越来越早。例如，距离 1 Mpc 的星系在 300 万年前就发出了光，这意味着我们今天观测到的来自该星系的光本身就有超过 300 万年的历史——我们"看到"了 300 万年前的星系。

1978 年，**哈维·布彻** (Harvey Butcher) 和**奥古斯都·奥姆勒** (Augustus Oemler) 指出，在两个遥远的星系团中似乎存在过多的蓝色星系。他们推测，星系可能随时间发生了巨大的演化，导致了我们今天所看到的更接近我们的天体类型。现在这称为 **Butcher-Oemler 效应**，认为早期宇宙中的星系平均比现在更蓝，表明恒星诞生水平的增加。该效应已在最近的许多研究中得到证实。

形态–密度关系也被证明是与时间相关的。随着观测到更早的时间 (更远的星系团)，相对于旋涡星系，椭圆星系和透镜状星系变得不那么多。这表明，随着时间的推移，发生了从哈勃晚型星系到早型星系的演变。如果一些哈勃早型星系是由旋涡合并形成的，则这正是预期的结果，这也与分层星系形成的整体图景是一致的。

2004 年，空间望远镜研究所发布了如图 26.22 所示的**哈勃超深场 (HUDF)** 图像。HUDF 图像实际上是两幅图像的合成，一幅由**先进巡天照相机 (ACS)** 拍摄，另一幅来自**近红外相机和多目标光谱仪 (NICMOS)**。HUDF 图像中包含的天空区域一侧宽度仅 3 角分 (大约是满月大小的 1/10)，中心在天炉座 ($\alpha = 3^{\mathrm{h}}32^{\mathrm{m}}40.0^{\mathrm{s}}, \delta = -27°48'00''$)。该图像需要 ACS 曝光 11.3 天 (2003 年 9 月 24 日至 2004 年 1 月 16 日)，而 NICMOS 需要 4.5 天 (2003 年 9 月 3 日至 2003 年 11 月 27 日)。

图 26.22　通过哈勃空间望远镜上的 ACS 和 NICMOS 的图像合成获得的哈勃超深场 (HUDF)。这张 HUDF 图像包含约 10000 个星系，覆盖天炉座中 3 角分 ×3 角分的区域 (大约是满月的 1/10 大小)。HUDF 中的一些星系是如此遥远，以至于我们看到的是在大爆炸后不到 1 Gyr 内的它们 (由 NASA、ESA、贝克威思 (S. Beckwith，STScI) 和 HUDF 团队供图)

HUDF 揭示了一些非常遥远的星系，因为它们仅存在于大爆炸后 400 ~ 800 Myr。从图 26.23 所示的 HUDF 的部分区域特写可以明显地看到，非常遥远的星系看起来与当今宇宙中距离我们较近的雄伟的旋涡星系和椭圆星系大不相同。

像这样的观测表明，在早期宇宙中看到的大量奇怪的、遥远的蓝色星系可能是今天星系哈勃序列的组成部分，它们可能代表了参与分层并合的原星系碎片。直至今天，并合仍在以一个被大大降低了的速度发生。在 30.2 节中，我们将把注意力转向宇宙中最早的结构形成，包括暗物质的聚集，它们可能形成了星系团及其多种多样的成员进行演化的引力势阱。

当然，在我们能够完全认识星系的复杂历史之前，还有大量的工作要做，但星系演化理论的许多基本成分可能已经到位。

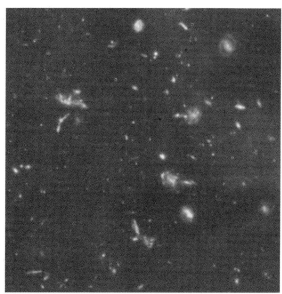

图 26.23   图 26.22 HUDF 图像部分区域的特写。这张图片中的许多星系都非常遥远，因此也非常年轻（由 NASA、ESA、贝克威思 (STScI) 和 HUDF 团队供图）

推 荐 读 物

一般读物

Barnes, Joshua, Hernquist, Lars, and Schweizer, Francois, "Colliding Galaxies, " *Scientific American*, August 1991.

Bothun, Gregory D., "Beyond the Hubble Sequence, " *Sky and Telescope*, May, 2000.

Chiappini, Cristina, "Tracing the Milky Way's History, " *Sky and Telescope*, October, 2004.

Dressler, Alan, "Observing Galaxies through Time, " *Sky and Telescope*, August 1991.

Keel, William C., "Crashing Galaxies, Cosmic Fireworks, " *Sky and Telescope*, January, 1989.

Miller, M. Coleman, Reynolds, Christopher S., and Krishnamurthi, Anita, "Supermassive Black Holes: Shaping Their Surroundings, " *Sky and Telescope*, April, 2005.

Schroeder, Michael C., and Comins, Neil F., "Galactic Collisions on Your Computer," *Astronomy*, December, 1988.

Silk, Joseph, The Big Bang, Third Edition, W. H. Freeman and Company, New York, 2001. S*pace Telescope Science Institute*, http://www.stsci.edu.

Toomre, Alar, and Toomre, Juri, "Violent Tides between Galaxies, " *Scientific American*, December, 1973.

van den Bergh, Sidney, and Hesser, James E., "How the Milky Way Formed, " *Scientific American*, January, 1993.

专业读物

Arp, H. C., "Atlas of Peculiar Galaxies, " *The Astrophysical Journal Supplement*, 14, 1, 1966.

Barnes, Joshua E., and Hernquist, Lars, "Computer Models of Colliding Galaxies, " *Physics Today*, March, 1993.

Bender, Ralf, et al., "HST STIS Spectroscopy of the Triple Nucleus of M31: Two Nested Disks in Keplerian Rotation around a Supermassive Black Hole, " *The Astrophysical Journal*, 631, 280, 2005.

Bertin, Giuseppe, *Dynamics of Galaxies*, Cambridge University Press, Cambridge, 2000.

Binney, James, "Warps, " *Annual Review of Astronomy and Astrophysics*, 30, 51, 1992.

Binney, James, and Merrifield, Michael, *Galactic Astronomy*, Princeton University Press, Princeton, NJ, 1998.

Binney, James, and Tremaine, Scott, *Galactic Dynamics*, Princeton University Press, Princeton, NJ, 1987.

Burkert, A., Truran, J. W., and Hensler, G., "The Collapse of Our Galaxy and the Formation of the Galactic Disk, " *The Astrophysical Journal*, 391, 651, 1992.

Butcher, Harvey, and Oemler, Augustus Jr., "The Evolution of Galaxies in Clusters. I. ISIT Photometry of Cl 0024+1654 and 3C 295, " *The Astrophysical Journal*, 219, 18, 1978.

Chabrier, Gilles, "Galactic Stellar and Substellar Initial Mass Function, " *Publications of the Astronomical Society of the Pacific*, 115, 763, 2003.

Dressler, Alan, "Galaxy Morphology in Rich Clusters: Implications for the Formation and Evolution of Galaxies, " *The Astrophysical Journal*, 236, 351, 1980.

Eggen, O. J., Lynden-Bell, D., and Sandage, A. R., "Evidence from the Motions of Old Stars That the Galaxy Collapsed, " *The Astrophysical Journal*, 136, 748, 1962.

Elmegreen, Bruce G., and Scalo, John, "The Effects of Star Formation History on the Inferred Stellar Initial Mass Function, " *The Astrophysical Journal*, 636, 149, 2006.

Elmegreen, Debra Meloy, *Galaxies and Galactic Structure*, Prentice-Hall, Upper Saddle River, NJ, 1998.

Kormendy, John, and Kennicutt, Robert C., Jr., "Secular Evolution and the Formation of Pseudobulges in Disk Galaxies, " *Annual Review of Astronomy and Astrophysics*, 42, 603, 2004.

Larson, Richard B., "Galaxy Building, " *Publications of the Astronomical Society of the Pacific*, 102, 709, 1990.

Mo, H. J., Mao, Shude, and White, Simon D. M., "The Formation of Galactic Discs," *The Monthly Notices of the Royal Astronomical Society*, 295, 319, 1998.

Silk, Joseph, "Formation and Evolution of Disk Galaxies, " *Astrophysics and Space Science*, 284, 663, 2003.

Spinrad, Hyron, *Galaxy Formation and Evolution*, Praxis Publishing Ltd., Chichester, 2005.

Toomre, Alar, and Toomre, Juri, "Galactic Bridges and Tails, " *The Astrophysical Journal*, 178, 623, 1972.

习　题

26.1　(a) 太阳附近恒星的质量密度约为 $0.05 M_\odot \cdot \mathrm{pc}^{-3}$ (见 24.2 节)。假设质量密度恒定并且所有恒星都是 M 主序星，估计银盘中恒星所占的体积比例。

(b) 假设一颗入侵恒星 (M 主序星) 垂直穿过银盘。入侵恒星在穿过银盘时与另一颗恒星相撞的概率是多少？取盘的厚度约为 1 kpc。

26.2　动力学摩擦的一般表达式写为

$$f_{\mathrm{d}} \simeq C(GM)^a \, (v_M)^b \, \rho^c,$$

其中，C 是无量纲的；a、b、c 是常数。为 a、b、c 建立一个由三个线性公式组成的公式组，使得 f_{d} 具有力的单位，并求解公式组得到式 (26.1)。

26.3　利用 24.2 节中银河系最古老的球状星团的年龄和本地静止标准的轨道速度来估算球状星团可能由于动力学摩擦而螺旋进入星系中心的最大距离。星团的质量为 $5 \times 10^6 M_\odot$。将你的结果与银河系中央核球的大小进行比较。

26.4　(a) 大麦哲伦云 (LMC) 质量约为 $2 \times 10^{10} M_\odot$，在 51 kpc 的距离绕银河系运行。假设银河系的暗物质晕和平坦的旋转曲线延伸到 LMC，估计 LMC 螺旋进入银河系需要多长时间 (取 $C = 23$)。(请注意，小麦哲伦云 (SMC) 可能在引力上受大麦哲伦云的束缚，但它的质量要小一个数量级，因此在这个问题中，SMC 将被忽略。)

(b) 将此粗略估计与书中所引用的 LMC 合并时间进行比较 (该值基于详细的 LMC 与银河系动力相互作用的计算机模拟)。

26.5　使用式 (18.10) 和习题 26.4 中的信息来估计 LMC 绕银河系运行时的潮汐半径。根据表 24.1，取银河系暗物质晕的质量为 $5.4 \times 10^{11} M_\odot$。你的结果与角直径为 $460'$ 的 LMC 的尺寸相比如何？

26.6　SMC 距离我们 60 kpc，质量是 LMC 的十分之一 (见习题 26.4)。SMC 的角直径为 $150'$，与 LMC 的角间距为 $21°$。

(a) LMC 和 SMC 之间的距离是多少？

(b) 忽略银河系的影响，估计当前 LMC 和 SMC 相互导致的潮汐半径。

(c) 麦哲伦云在绕着彼此偏心的轨道上运行，在过去的几亿年里，它们以大约 110 km·s^{-1} 的平均速度分开。LMC 最近一次超出其潮汐半径是什么时候？SMC 最近一次超出其潮汐半径是什么时候？假设麦哲伦流是在 LMC 与 SMC 相互靠近时通过潮汐剥离形成的，你估计麦哲伦流是什么时候形成的？(注意：在这种相互的潮汐剥离之后，银河系从 LMC/SMC 系统中抽取气体。)

26.7　环绕 M96 星系群中央星系的气体环的轨道周期为 4.1×10^9 年。

(a) 两个星系的总质量 (以 $M_\odot$ 为单位) 是多少？

(b) 中央星系 M105 和 NGC 3384 的总视亮度为 $L_V = 2.37 \times 10^{10} L_\odot$ (来自 Schneider, *Ap. J.*, 343，94，1989)。这对星系的质光比是多少？

26.8　假设埃根、林登–贝尔和桑德奇设想的原银河云的原始密度分布具有类似于暗物质晕的径向函

数依赖性 (假设具有式 (24.51) 的形式, 且 $r \gg a$)。直接从径向运动公式开始:

$$\frac{\mathrm{d}^2 r}{\mathrm{d}t^2} = -\frac{GM_r}{r^2},$$

证明自由落体时间将与半径成正比。

提示: 将等式两边乘以 $v = \mathrm{d}r/\mathrm{d}t$ 并使用关系式:

$$v\left(\frac{\mathrm{d}v}{\mathrm{d}t}\right) = \frac{1}{2}\frac{\mathrm{d}v^2}{\mathrm{d}t}.$$

你可能还会发现以下定积分很有帮助:

$$\int_0^1 \frac{\mathrm{d}u}{\sqrt{\ln\left(\frac{1}{u}\right)}} = \sqrt{\pi}.$$

26.9　(a) 假设按照式 (26.5) 中给出的初始质量函数, 如果 $x = 1.8$, 计算质量在 $2 \sim 3M_\odot$ 的恒星数量与质量在 $10 \sim 11M_\odot$ 的恒星数量之比。

(b) 从初始质量函数开始, 并使用主序星的质量–光度关系, 即式 (24.12)(见图 7.7 和习题 10.27), 推导出每单位光度间隔形成的主序星数量的表达式 $\mathrm{d}N/\mathrm{d}L$。

(c) 如果 $x = 0.8$ 且 $\alpha = 4$, 计算主序光度在 $2 \sim 3L_\odot$ 的恒星数量与光度在 $10 \sim 11L_\odot$ 的恒星数量的比值。

(d) 比较你在 (a) 和 (c) 部分的答案, 并根据主序带上恒星的物理特征解释结果。

26.10　使用第 831 页给出的恒星形成率值来估计银河系中目前每年形成的恒星数量。将你的答案与书中引用的值进行比较。请清晰地描述你在得出估计值时所做的假设 (如果有的话)。

26.11　(a) 使用金斯质量 (式 (12.14)), 估计处于位力平衡状态的星系的质量上限。使用例 26.2.2 中确定的位力温度和数密度。

(b) 假设质量最小的星系可能是由初始温度接近氢的电离温度的气体形成的, 估计质量下限。

(c) 使用金斯长度 (式 (12.16)), 估计处于位力平衡的最大星系的半径, 并将你的结果与银河系的近似大小进行比较。

26.12　(a) 通过让冷却时标等于自由落体时标, 证明原星系云的最大质量由下式给出:

$$M = \frac{25}{32}\frac{\Lambda^2}{G^3 \mu^4 m_\mathrm{H}^4 R}.$$

(b) 如果 $R = 60$ kpc, 估计可以经历自由落体坍缩的原星系云的最大质量。假设 $\Lambda \simeq 10^{-37}\mathrm{W \cdot m}^3$。

26.13　(a) M87 是一个靠近室女座星系团中心的巨椭圆星系, 其在 300 kpc 的半径范围内的质量约为 $3 \times 10^{13}M_\odot$。靠近星系外缘的恒星绕中心运行一次需要多长时间? 将你的答案与银河系的大致年龄进行比较。

(b) 根据 (a) 部分的结果, 并假设 M87 一直在捕获较小的伴星系, 你会认为 M87 的外部区域处于位力平衡吗? 为什么?

26.14　(a) 根据习题 26.13 中给出的数据, 计算星系外缘附近可能遵循圆形轨道的恒星的速度。

(b) 假设你在 (a) 中求得的速度是星系外缘附近物质的特征速度弥散, 估计 M87 的位力温度。

(c) M87 的特征冷却时间是多少? 使用 $\Lambda \simeq 10^{-37}\mathrm{W \cdot m}^3$。

(d) 如果 M87 外围的物质发生径向自由落体坍缩, 则估计这种坍缩的自由落体时标, 并将你的答案与冷却时标进行比较。

26.15　估计温度为 10^4 K 的银盘的标高。这样的盘可能与今天银河系的哪个组成部分相对应?

26.16　已经多次指出，以目前的恒星形成速度，银盘将在不久的将来耗尽星际气体。根据表 24.1 和 26.2 节中给出的数据，估计银河系可以不需明显的新物质流入而有效地产生新恒星的时长，以及如何延长恒星形成的周期？

26.17　(a) 根据表 25.4 中的数据，估计一个矮椭圆星系中的逃逸速度。

(b) 将你在 (a) 部分中的答案与典型 II 型超新星的喷射速度进行比较。

(c) 将 (a) 部分中的答案与温度为 10^6 K 的气体中氢离子的热运动速度进行比较。

(d) 你如何解释古老的、缺少气体的星系 (例如 dE 星系和 dSph 星系) 的演化？

计算机习题

26.18　图 25.17 展示了涡状星系 M51 及其伴星系 NGC 5195。使用附录 M 中的程序 Galaxy 重现该系统的外观。使用 10 个环，每个环由 50 颗恒星组成，并让入侵星系的质量为目标星系的四分之一。入侵星系的初始位置为 $(x, y, z) = (30, -30, 0)$，速度为 $(v_x, v_y, v_z) = (0, 0.34, 0.34)$ (使用程序内置单位)。追踪运动 6.48 亿年 (540 个时间步长)。

(a) 目标星系和宿主星系的计算外观何时与图 25.17 相似？指出模拟时间。

(b) 在这段时间末期，系统会发生什么变化？

(c) 重新运行程序，将初始 x 坐标从 30 更改为 −30 (并保持其他一切不变)。描述结果的差异。

26.19　习题 26.18 中使用 Galaxy 程序来再现涡状星系的一些特征，如图 25.17 所示。再次运行程序，使用同样的入侵星系质量、初始位置和初始速度，但只使用两个环，每个环有 24 颗恒星。

(a) 将入侵星系的初始速度与附近恒星的轨道速度进行比较。用文字描述旋涡图案是如何形成的。追踪运动 3.6 亿年 (300 个时间步长)。

(b) 重新运行程序，将初始 x 坐标从 30 更改为 −30 (并保持其他一切不变)。描述并从物理上解释这与 (a) 部分中恒星行为之间的差异。

26.20　图 26.6 显示的车轮星系是一次高速的正面碰撞的结果。使用附录 M 中的程序 Galaxy 来探索一次几乎正面的碰撞是如何产生这个环状星系的。用 10 个环，每个环有 24 颗恒星，并假设所涉及的星系质量相等。

(a) 首先尝试精确的正面碰撞。令入侵星系的初始位置为 $(x, y, z) = (0, 0, 35)$，速度 $(v_x, v_y, v_z) = (0, 0, -1)$(使用程序内置单位)。追踪运动 7800 万年 (65 个时间步长)，并描述会发生什么，这个过程是图 26.6 形成的原因吗？

(b) 解释总是朝向内部的万有引力是如何导致星环膨胀的。

(c) 研究如果 x 坐标的初始值在 0 ∼ 10 变化 (其他一切不变) 时会发生什么。在对目标星系破坏最少的情况下，哪些值 (大致) 能最好地再现环形星系的外观？

第 27 章 宇宙的结构

27.1 河外距离标度

诸天的戏码在二维舞台上展开。通过观测，可以很容易地根据两个坐标，即赤经和赤纬，来确定天体在天球上的位置。但是，天体的距离并不容易获得。今天的天文学家使用许多方法来估计遥远星系的距离。在本节中，我们将介绍各种方法。一些依赖于单个恒星的属性，一些依赖于其他天体 (球状星团、行星状星云、超新星、H II 区)，还有一些依赖于整个星系和星系团的统计特性。距离作为第三维度具有双重意义，因为正如我们在 26.2 节末尾所述：当天文学家越来越深入地窥视空间时，他们也正从时间上回望越来越古老的光。不仅要了解星系在太空中的位置，而且还要了解其在时间上的深度，这一点至关重要。

27.1.1 揭开第三维的面纱

在 3.1 节中介绍了用于确定太阳邻域内距离的技术。1761 年，人们使用三角视差法测量了金星的距离，从而校准了开普勒太阳系的大小。当**弗里德里希·威廉·贝塞尔 (Friedrich Wilhelm Bessel)** 在 1862 年测量天鹅座 61 (61 Cygni) 恒星位置的细微年移时，他将视差方法与他对地球真实轨道大小的了解结合起来，发现天鹅座 61 距离是地球距离太阳的65 万倍。今天，三角视差测量法可以达到 1 kpc 左右[①]。我们还看到了移动星团法 (见 24.3节) 如何使得确定毕星团 (Hyades) 的距离成为可能。在此基础上，我们通过主序拟合方法 (见 13.3 节和 24.3 节)，就是通过比较它们的主序与毕星团的主序在 H-R 图上的位置，可以确定疏散星团的距离，该方法最远可达约 7 kpc。

通过这种标定加测量的模式，对各种方法反复引用，以此构成了**河外距离标度 (extragalactic distance scale)** 的步骤，也称为**宇宙距离阶梯 (cosmological distance ladder)**。

27.1.2 威尔逊–巴布效应

分光视差 (在 8.2 节中讨论) 原则上可以为遥远的恒星提供可靠的距离，最远可达约7 Mpc，尽管实际上它只在几百 kpc 内使用，足以到达麦哲伦星云。一些恒星在其光谱中具有特定的特征，可以计算其绝对星等，从而可以得到其距离。例如，钙的 K 吸收线可能很宽，在光谱类型 K0 处达到最大强度 (见 8.1 节)。在具有色球层的晚型恒星 (G，K 和M 型) 中，可以看到一条窄的发射线，其中心位于宽的 K 吸收线上。这条发射线的宽度与恒星的绝对视星等密切相关。这种**威尔逊–巴布效应 (Wilson-Bappu effect)** 是由**威尔逊 (Olin C. Wilson, Jr., 1909—1994)** 和**巴布 (M. K. Vainu Bappu, 1927—1982)** 在 1956 年发现的，对横跨 15 个星等的恒星都满足。

---

① 通过测量从地球发出并从行星表面反射回来的雷达波所花费的往返时间，可以确定到较近行星的距离。但是，由于反射波的强度迅速减小 (为 $1/r^4$)，所以该方法仅限于大约一光时 (即 10^9 km) 内。

27.1.3 造父变星距离标度

对于更遥远的天体，天文学家转向了**亨利埃塔·莱维特 (Henrietta Leavitt)** 发现的造父变星的**周期–光度关系** (见 14.1 节)。在使用这种关系之前，必须确定与一颗经典造父变星的距离来进行标定。不幸的是，最近的北极星距离太远 (≈ 200 pc)，以至于三角视差无法使用。然而，在 1913 年，**埃纳尔·赫兹伯隆 (Ejnar Hertzsprung)** 利用太阳相对于本地静止标准 (见 24.3 节) 以 16.5 km·s^{-1} 速度的运动为视差测量提供了更长的基线。正是这种**长期视差 (secular parallax)** 方法使他能够以 6.6 天的周期来确定与经典造父变星的平均距离。然后，赫兹伯隆使用此信息来标定周期–光度关系。哈罗·沙普利很快也使用了类似的方法。从那时起，通过视差和其他方法测量了更多造父变星的距离，周期–光度关系已经很好地建立。如 14.1 节所述，当今的天文学家在 V 波段中使用**周期–光度–颜色关系**，例如

$$M\langle V \rangle = -3.53 \log_{10} P_{\mathrm{d}} - 2.13 + 2.13(B - V), \tag{27.1}$$

以考虑 H-R 图上不稳定带的一定宽度 (你应将其与 V 波段中的周期–光度关系式 (14.1) 进行比较)。这里，P_{d} 是以天为单位的脉动周期；$B - V$ 是色指数。对于经典造父变星，$B - V \approx 0.4 \sim 1.1$。计算出恒星的绝对星等后，可以将其与恒星的视星等结合起来以得出其距离模数，若消光已知，则根据式 (24.1) 可得到恒星距离。

造父变星立即证明了其作为恒星标尺的价值。1917 年，沙普利测量了到球状星团中星族 II 型造父变星的距离，从而估计银河系直径为 100 kpc，太阳离银心的距离为 15 kpc[①]。随后，在 1923 年，埃德温·哈勃在仙女星系中发现了几颗造父变星，因此宣布仙女星系的距离为 285 kpc (现代值为 770 kpc，见 25.1 节)。正是哈勃的一系列观测将 M31 确认为河外星系，而不是银河系内较小的星云。

应该注意的是，造父变星的振荡周期与其绝对星等之间存在相关性，这意味着在理解脉动的物理过程之前很多年，这些恒星就可以用作确定距离的**标准烛光**。这会有一些风险，在这种情况下有一个警示故事值得讲述。在过去，当时人们还不知道有三种类型的脉动恒星被用来确定银河系的大小以及到 M31 的距离。此外，尽管**爱德华·巴纳德 (Edward Barnard，1857—1923)** 在 20 世纪初期就确定了星际尘埃云的存在，但能消光的弥散星际尘埃和气体的存在性仍有待证明。麦哲伦星云中勒维特变星是**经典造父变星** (星族 I 恒星)，而沙普利在球状星团中观测到的变星是**室女座 W 型变星和天琴座 RR 型变星** (均为星族 II)[②]。室女座 W 型变星比同周期的经典造父变星暗约 1.5 个星等，这意味着它们的光度是经典造父变星的 1/4。当赫兹伯隆和后来的沙普利标定周期–光度关系时，他们使用了附近的经典造父变星，但却忽略了星际消光的影响。他们两人都没有意识到银盘中的尘埃使这些恒星变暗了恰好约 1.5 个星等。

因此很碰巧，当包含室女座 W 型变星一起使用时，所得到的周期–光度关系几乎是正确的。但是当只使用经典造父变星时，该关系将给出光度偏低的结果。当哈勃使用该标定结果确定到 M31 和其他星系 (在银河系的模糊平面之外观测到的星系) 的距离时，他的造

---

① 回想一下，自那以后，沙普利关于银河系尺寸的值已进行了重大修改，这是 24.2 节中描述的一个持续过程。

② 沙普利使用包含室女座 W 型变星和天琴座 RR 变星的星团来标定天琴座 RR 变星的周期–光度关系。然后，他在缺少明亮的室女座 W 型变星的那些星团中使用了对天琴座 RR 变星的观测结果，因此传播了误差。

父变星的视星等是正确的，但他对其绝对星等的估计过大。因此，它们的距离模数 $(m-M)$ 及距离本身被低估了。这些恒星被人们认为更暗、更近，而不是更亮、更远。因此，它们的母星系的估算距离大约只有其实际距离的一半，估算尺寸也只有其实际尺寸的一半。

沙普利对球状星团中的室女座 W 型变星 (他并不知道) 的观测也没有好到哪里去。尽管他不经意间使用了正确的恒星种类来标定周期–光度关系，但沙普利对室女座 W 变星的观测是在银道面附近的星系内进行的。银盘内的尘埃导致的消光使得星光变暗，并增大了恒星的视星等。由于尚未认识到消光的重要性，沙普利错误地将其恒星的昏暗归因于它们太遥远。结果就是，他计算出的球状星团的距离太大，他计算出的银河系大小也是如此。

显然有什么地方不对劲。这样看来银河系似乎比任何其他被研究的星系都要大得多。这种人格化的优势使天文学家感到不舒服。1930 年，**罗伯特·特朗普勒 (Robert Trumpler, 1886—1956)** 通过星际消光的证据纠正了这一问题。

其余的难题在 1952 年得到解决，**沃尔特·巴德 (Walter Baade)** 宣布有两种类型的造父变星：经典造父变星和本质上更暗的室女座 W 型变星[①]。通过这些修正，测量的其他星系的距离和大小都增加了一倍，银河系减小到比 M31 小一点。

在 20 世纪 90 年代初，使用依巴谷 (Hipparcos) 项目获得的数据对周期–亮度关系进行了标定，如 3.1 节所述。依巴谷天文学家测量了 273 个造父变星的视差角，并使用所得距离推导了式 (14.1) 中的周期–光度关系。这需要业余天文学家的合作，他们对光变曲线的仔细观测使其有可能在适当的阶段测量这些变星的亮度。这是通过直接距离测量获得的第一个周期–光度关系。有趣的是，该结果与 1968 年美国天文学家**艾伦·桑德奇 (Allan Sandage)** 和他的瑞士同事**古斯塔夫·塔曼 (Gustav Tammann)** 获得的关系式几乎相同。尽管肯定会进行进一步的调整，但造父变星无疑为测量其他星系的距离提供了坚实的基础。

使用造父变星作为标准烛光时，星际消光仍然是最大的误差来源，同时金属度也可能有微弱影响。通过在红外波段观测这些恒星，可以减少消光问题，因为红外线更容易穿透尘埃区域 (回忆图 14.6)。然而，由于在红外波段造父变星要暗大约三个星等，所以天文学家并没有放弃在可见光波段寻找他们。

基于造父变星测定的到室女座星系团中星系的距离范围为 15 ~ 25 Mpc。距离存在这么大变化，主要是由于室女座星系团沿视线的空间范围较大，以及观测到造父变星的旋涡星系主要存在于星系团的外围而非核心。迄今为止，已知最遥远的经典造父变星距离是 29 Mpc，位于狮子座方向的旋涡星系 NGC 3370 中[②]。总体而言，使用经典造父变星作为标准烛光所获得的距离的不确定性对于大麦哲伦云为 7%，对于更遥远的星系，可能会升高到 15%。

27.1.4 超新星作为距离指标

超新星可以以多种方式用于测量河外距离。假设观测到超新星光球层的角度范围为 $\theta(t)$。膨胀气体的角速度 $\omega = \Delta\theta/\Delta t$，可以通过比较两个时间间隔 Δt 的观测值得到。如果 d 是到超新星的距离，则膨胀的光球层横向速度为 $v\theta = \omega d$。假设膨胀是球形对称的，则该横向速度应等于从超新星的多普勒频移谱线获得的喷射物视向速度 $v_{\rm ej}$。那么到超新星的

---

① 巴德在 1944 年描述了星族 I 和星族 II 恒星，当时他想知道是否可能有两种相应的造父变星。

② 要了解这些遥远造父变星的观测细节，请参见 Riess 等 (2005)。

距离是

$$d = \frac{v_{\text{ej}}}{\omega}.$$

大多数超新星距离太远，无法采用此方法，因此采用了另一种策略。假设热气体的膨胀壳以黑体的形式辐射 (初步近似)。则超新星的光度由斯特藩–玻尔兹曼定律式 (3.17) 给出：

$$L = 4\pi R^2(t)\sigma T_{\text{e}}^4,$$

其中，$R(t)$ 是膨胀光球半径；t 是超新星的年龄。如果我们假设喷射物的视向速度几乎保持恒定，则 $R(t) = v_{\text{ej}}t$。光球的有效温度来自其黑体光谱的特征。一旦测得了光度，就可以将其转换为绝对星等 (通过式 (3.8))，然后通过将其与观测到的视星等进行比较来得到超新星的距离。当然，超新星膨胀壳的光球既不是完美的球形也不是完美的黑体。两种方法都因为难以获得准确的星际消光值而陷入困境，对于位于新近恒星形成附近的核坍缩超新星 (Ib，Ic 和 II 型)，问题则更为严重。根据该方法所获得距离的典型不确定性范围为 15% (对于 M101) 至 25%(对于室女座星系团)。

例 27.1.1 "平均" 的 Ia 型超新星在发出最大光度后的第 25 天，光谱是有效温度为 (6000±1000) K 的黑体谱。根据多普勒频移吸收线获得其光球壳速度为 (9500±500) km·s^{-1}。如果达到最大光度的上升时间为 (17±3) 天，则当 "平均" 的 Ia 型超新星在 $t = 42$ 天时，其光度为

$$L \approx 4\pi \left(v_{\text{ej}}t\right)^2 \sigma T_{\text{e}}^4 = 1.10 \times 10^{36} \text{ W.} \tag{27.2}$$

根据式 (3.8)，此时的绝对热星等为

$$M_{\text{bol}} = M_{\text{Sun}} - 2.5\log_{10}\left(L/L_{\odot}\right) \approx -18.9.$$

27.1.5 Ia 型光变曲线

使用超新星测量距离的最重要方法是利用 Ia 型光变曲线的相似性。如 18.5 节所述，这些超新星在最大光度下的蓝色和目视绝对星等为 $\langle M_B \rangle \simeq \langle M_V \rangle \simeq -19.3 \pm 0.3$。如果可以确定一个 Ia 型超新星的峰值星等，则可以确定其距离。

为了提高对 Ia 型光变曲线的理解，我们已经做了很多努力，回想一下图 18.21。幸运的是，Ia 型超新星的最大亮度与其光变曲线的下降率之间存在明确的负相关，天文学家已经学会了如何使用此信息来更精确地确定超新星的固有峰值光度

在实际操作中，会在几个波段中随时间依次观测超新星。然后，通过**多色光变曲线形状 (multicolor light curve shapes, MCLS) 方法**将光变曲线的形状与一系列参数化的模板曲线进行比较，从而可以确定最大亮度下的超新星的绝对星等，即使是没有观测到该超新星在其峰值亮度下的光变曲线。

MLCS 方法还可以检测和消除星际尘埃的红化和变暗效果。

另一种方法是**拉伸法 (stretch method)**，该方法使用在时间尺度上拉伸 (或压缩) 的单个模板光变曲线去拟合测得的 B 和 V 星等下的光变曲线 (图 27.1)。然后，峰值星等由

拉伸因子确定。这些技术使天文学家可以使用 Ia 型超新星来确定距离，其不确定度仅为 5%，这对应于距离模数 $m - M$ 的不确定度为 0.1 星等。

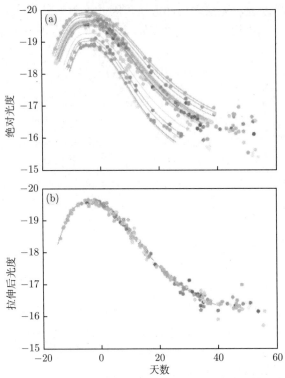

图 27.1　低红移 Ia 型超新星模板光变曲线：(a) 测得的若干 Ia 型超新星的光变曲线；(b) 应用时间尺度拉伸因子后的光变曲线，蓝色绝对星等显示在纵轴上 (图改编自 Perlmutter, *Physics Today*, 56, No.4, 53, 2003)

例 27.1.2　星系 NGC 1084 中的 Ia 型超新星 SN 1963p 在峰值亮度下具有明显的蓝色星等 $B = 14.0$。然后，在该星系消光 0.49 mag 的情况下，到超新星的距离约为

$$d = 10^{(m-M-A+5)/5} = 36.5 \text{ Mpc}.$$

由于 Ia 型超新星比最亮的造父变星亮约 13.3 个星等 (-19.3 相比于 -6)，所以该方法的探测距离是造父变星的 500 倍以上，可实现超过 1000 Mpc 的真正宇宙学意义上的距离估计[①]。先进的超新星搜索项目正在进行，在特定星系中探测到超新星爆炸的可能性不大，但可以通过在广阔的视野中扫描搜寻大量星系进行弥补。在 20 世纪末，两个天文学家团队对高红移的 Ia 型超新星进行了仔细观测，发现宇宙膨胀正在加速，这将在 29.4 节中详细叙述。目前正在设计**超新星/加速探测器 (Supernova/Acceleration Probe, SNAP)**，可能于 2010 年发射。其任务是观测数千颗遥远的 Ia 型超新星，并每年测绘百分之几的天空以供引力透镜研究。

---

① II 型超新星的亮度比 Ia 型暗约 2 个星等，因此最多只能标度其 40% 的距离。

27.1.6　利用新星确定距离

根据新星不断膨胀的光球大小，可以通过与超新星相同的方式得到距离。此外，尽管在峰值亮度下新星的绝对星等存在很大差异，但新星的最大目视星等 $M_V^{\max}$ 和其可见光下降两个星等所需的时间之间存在一定的关系[①]。因此，新星也可以用作标准烛光。

新星中存在这种关系的物理原因是：质量更大、半径更小的白矮星会对其表面积聚的气体产生更大的压缩和加热，因此，以较小的累积质量就可以引发失控的热核反应，请参阅 18.5 节。而质量较小的表面层则更容易被喷出，因此新星亮度下降得更快。将前 2 个星等的平均下降率写为 $\dot{m}$ (单位为 mag·d^{-1})，对于银河系新星，该关系式可以表示为

$$M_V^{\max} = -9.96 - 2.31 \log_{10} \dot{m} \tag{27.3}$$

不确定度约为 ± 0.4 mag。在衰减了两个星等之后，最亮的新星约和最亮的造父变星一样亮，从而这两种方法能够测量相同的空间距离 (至约 20 Mpc，刚刚超过室女座星系团)。

27.1.7　次级距离指标

除了与不可预测的超新星相关的技术外，为了使天文学家能够更深入地探测太空并到达更遥远的星系，必须使用**次级 (secondary) 方法**来测量距离。与已经描述的初级 (primary) 方法不同，这些次级距离指标需要一个具有确定距离的星系进行标定。一种看得更远的方法需要使用星系中最亮的天体。例如，星系中三个最亮的巨型 H II 区已用作标准烛光。这些区域可能会包含 $10^9 M_\odot$ 质量的电离氢，在很远的距离内都可以看到。可以将测量到的 H II 区的角大小和星系的视星等与其他已知距离星系的类似测量结果相对比。

这样就可以计算出 H II 区的线大小 (以 pc 为单位)，以及星系的绝对星等。但是，由于很难明确地定义 H II 区的直径，所以该方法对距离相对不敏感，因此必须谨慎使用。

罗伯塔·汉弗莱斯 (Roberta Humphreys) 对最亮的星系恒星进行的细致研究表明，最亮的红超巨星似乎在所有星系中具有几乎相同的绝对视星等。显然，最亮的红超巨星会损失质量至大约相同的最大质量，这导致它们具有大约相同的光度。对多个星系进行采样后发现，三个最亮红星的平均目视星等为 $M_V = -8.0$。由于必须分辨出单个恒星时才能使用此方法，所以该方法能测得的距离范围与分光视差法相同，约为 7 Mpc。

27.1.8　球状星团的光度函数

前述方法中采样有限 (例如 "三个最亮的……")，这可能导致错误。从统计上讲，应该尽可能完整地清点与该星系相关的某类天体，然后描述这些天体是如何随星等而变化的，这样是更安全的。例如，图 27.2 显示了室女座星系团中四个巨椭圆星系周围的球状星团的**球状星团光度函数 (globular cluster luminosity function)** $\phi(M_B)$[②]。在图中，$\phi(M_B)\mathrm{d}M_B$ 是蓝色绝对星等在 M_B 和 $M_B + \mathrm{d}M_B$ 之间的球状星团的数量。高斯函数 (图中的实线) 很好地描述了该分布，可以看到明显的转折星等 $M_0 \approx -6.5$。(请注意，M_0 的值取决于在计算绝对星等时所使用的室女座星系团的距离。) 转折星等的值提供了一个标准烛光，可用于确定到某一星系周围的球状星团的距离。

---

① 这种关系有几种变体，可以采用新星变暗 2 mag, 3 mag 等所经过的时间。

② 25.4 节介绍了光度函数。

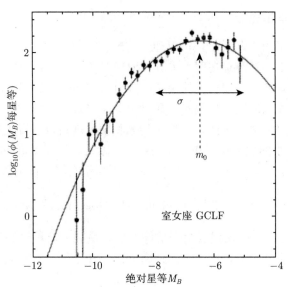

图 27.2　室女座星系团中四个巨椭圆星系周围的球状星团的光度函数, 使用了比 $B = 26.2$ 亮的大约 2000 个星团数据, 室女座星团的距离取为 17 Mpc (改编自 Jacoby(KPNO / NOAO) 的图, 由 Harris(McMaster Univ.) 提供, *Publ. Astron. Soc. Pac.*, 104, 599, 1992)

　　该方法是通过测量待研究星系的光度函数, 并将其视转折星等 m_0 与室女座星系团的 M_0 相比较。对于具有大量球状星团的星系 (例如巨椭圆星系) 可获得最佳结果, 回想一下图 25.16。尽管有 (不太理想) 方法仅拟合光度函数的较亮端, 但还是最好使计算的 $\phi(m_B)$ 点很好地超过转折星等。总地来说, 这种方法计算的星系距离模数只有约 0.4 mag 的不确定性, 相当于约 20% 的距离不确定性。球状星团可以在很远的距离看到, 将来这种方法能测的距离可能会超越室女座星系团, 达到 50 Mpc。

　　不幸的是, 尽管对于 9 个星系 (包括 M31 和银河系) 的转折星等平均值为 $M_0 = -6.6 \pm 0.26$, 但是尚不确定是否存在适用于所有类型星系的通用球状星团光度函数。不同星系的转折星等似乎一致, 其物理基础尚不清楚。但是, 由于球状星团是古老的恒星集团, 可以合理地假设, 与它们相连的星系的后续演化可能不会对它们产生显著影响。

27.1.9　行星状星云的光度函数

　　可以对星系的行星状星云进行类似的统计分析。图 27.3 显示了在 500.7 nm 波长[①]下, 狮子座 I (Leo I) 星系群中的行星状星云的**行星状星云光度函数 (planetary nebula luminosity function, PNLF)** 以绝对星等为自变量的图像。

　　对河外行星状星云使用这种方法, 是确定到 20 Mpc 以内的椭圆星系距离的可靠方式。随着更大样本的星系研究的进行, 图 27.3 所示的截止值降低到了 $M_{5007} = -4.53$。这样就可以将最亮的行星状星云用作标准烛光。如果满足了该方法的条件, 则可以测量到约 50 Mpc 的距离。图 27.4 显示了根据行星状星云光度函数确定的距离和根据造父变星确定的距离之间的良好一致性。

---

① 这是氧的一条禁线 [O III]; 是通过带宽约为 3 nm 的滤波器进行观测的, 见 3.6 节。

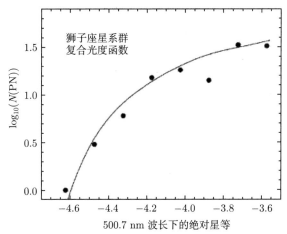

图 27.3　狮子座 I 类星系群的行星状星云光度函数 (图改编自 Ciardullo，Jacoby 和 Ford，*Ap. J.*，344，715，1989)

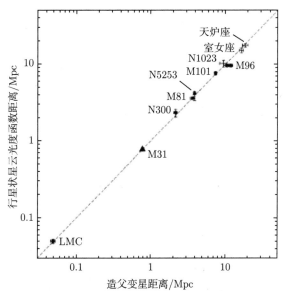

图 27.4　使用行星状星云光度函数和造父变星获得的距离之间的比较 (图改编自雅各比 (Jacoby)，"行星星云光度函数的未来方向"，在《后依巴谷时代的宇宙距离尺度的协调》，rAaSP 会议系列，167，175，1999)

27.1.10　面亮度起伏法

天文学家转向研究星系的整体特性以期探测 100 Mpc 或更远的范围。一种有前景的方法是利用诸如 CCD 相机之类的探测器记录星系的外观。由于星系面亮度的空间波动，某些像素会记录更多的恒星。但是随着距离的增加，整体外观会变得更加平滑。通过统计分析，可以描述像素间差异的幅度，而这与星系的距离相关。利用哈勃太空望远镜，**面亮度起伏法 (surface brightness fluctuation method)** 测量的距离可以达到 125 Mpc，但通常应用于更近的测量。

27.1.11　塔利–费舍尔 (Tully-Fisher) 关系

旋涡星系的塔利–费舍尔关系 (见 25.2 节) 也为确定河外距离提供了有价值的工具。如 25.2 节所述，这是旋涡星系的亮度与其最大自转速度之间的关系。为了完整起见，这里举一个关于此重要方法的例子。

例 27.1.3　对于星系 M81，量 $W_R^i = 484$ km·s^{-1}。根据式 (25.8)，其红外绝对星等是

$$M_H = -9.50(\log_{10} W_R^i - 2.50) - 21.67 = -23.43.$$

M81 的视 H 星等为 $H = 4.29$ (已针对星际消光进行校正)，因此根据塔利–费舍尔关系，到 M81 的距离为

$$d = 10^{(H-M_H+5)/5} = 3.50 \text{ Mpc}.$$

塔利–费舍尔距离测定法的吸引力在于它的准确性 (红外波段中通常为 ± 0.4mag，对于精心挑选的目标，不确定度可能会降低到 ± 0.1mag) 及其广泛的测量范围 (最远可达 100 Mpc)。此外，通过造父变星准确地测量出来的旋涡星系的距离，可用于标定其邻近星系。塔利–费舍尔方法已应用于室女座星系团中的 161 个旋涡星系的距离测量。根据这些测量结果绘制了室女座星系团的三维图，该图表明室女座星系团沿视线延伸的距离约为其在天空上直径的 4 倍。塔利–费舍尔方法还被用于研究距我们约 90 Mpc 的后发座星系团，并且已被应用到远超过该距离的测定中。塔利–费舍尔方法是测量河外距离的最广泛使用的方法之一。

27.1.12　D-σ 关系

椭圆星系中心速度弥散度和光度之间的关系式，即费伯–杰克逊关系 ($L \propto \sigma_r^4$)，表现出相当大的弥散性，回想一下图 25.33。最近，出现了一种改进，即 **D-σ 关系**，该关系将速度弥散度与椭圆星系的直径 D 相联系。更准确地说，D 是面亮度水平为 20.75 B-mag·arcsec^{-2} 时的星系角直径[①]。由于面亮度与星系的距离无关[②] (见 6.1 节和 9.1 节)，所以 D 与星系的距离 d 成反比。如果该星系的距离变为原来的 2 倍，那么它的角直径将是原来的一半。这样，D 提供了一个标准尺而不是标准烛光。σ 和 D 之间的关系比 σ 和 L 之间的关系更加紧密，见图 27.5。星系团中星系 (所有星系距离大约相同) 的 $\log_{10} D$ 和 $\log_{10} \sigma$ 之间的经验关系为

$$\log_{10} D = 1.333 \log_{10} \sigma + C, \tag{27.4}$$

其中，常数 C 的值取决于到星系团的距离。不幸的是，尚无明亮的椭圆星系可通过造父变星等一级距离指标对这种 D-σ 方法进行精确标定。但是，由于图中线的斜率几乎相同，所以两个不同星系团的线之间的垂直距离为

$$\log_{10} D_1 - \log_{10} D_2 = C_1 - C_2.$$

---

① 实际上，这只是 25.4 节中讨论的基面的另一种表示形式，因为它涉及半径、面亮度和速度弥散度。

② 仅当该星系比大约 500 Mpc 的宇宙学距离更近时，该说法才是技术上正确的。在 500 Mpc 之外，时空曲率效应变得很显著 (见第 29 章)。

然后, 由于 D 与银河系距离 d 成反比, 因此可以得到两个星系团之间的相对距离:

$$\frac{d_2}{d_1} = \frac{D_1}{D_2} = 10^{C_1 - C_2}. \tag{27.5}$$

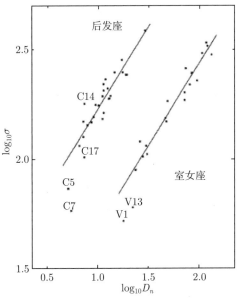

图 27.5 室女座和后发座星系团中星系的直径 D (以角秒为单位) 和速度弥散度 σ (以 km·s^{-1} 为单位) 的对数图 (图改编自 Dressler 等, *Ap. J.*, 313, 42, 1987)

例 27.1.4 在式 (27.4) 中, 室女座星系团的 C 值为 -1.237, 而后发座星系团的 C 值为 -1.967。因此, 后发座星系团与室女座星系团的距离之比为

$$\frac{d_{\text{Coma}}}{d_{\text{Virgo}}} = 10^{C_{\text{Virgo}} - C_{\text{Coma}}} = 5.37$$

后发座星系团的距离是室女星系团的 5 倍多。

D-σ 关系是研究空间中星系群分布的有力工具。由于巨椭圆形星系的固有亮度较大, 该方法可测距离有可能超越塔利–费舍尔方法的范围。

27.1.13 星系团中最亮的星系

就像使用最亮的巨 H II 区或最亮的红超巨星来确定到单个星系的距离一样, 星系团中最亮的星系也可以用来获得星系团的距离。图 27.6 显示了一个复合星系的光度函数, 与图 25.36 中给出的类似。在最亮端 (较小 M) 处函数急剧下降, 这表明最亮星系的绝对星等大小可以以一定的精度确定。10 个邻近星系团中, 最亮星系的绝对目视星等的平均值为 $M_V = -22.83 \pm 0.61$, 比 Ia 型超新星的峰值亮度还高 3.2 星等。因此原则上该方法可测距离应是超新星方法的 4 倍, 可达到 4000 Mpc 以上。从这样远距离接收到的光确实是古老的, 它们已经在太空中传播了 130 亿年。

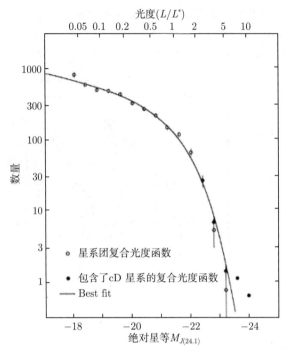

图 27.6　几个星系团中星系的复合光度函数 (图改编自 Schechter，*Ap. J.*，203，297，1976)

如 26.2 节所述，使用此方法来观测如此远的距离存在风险，问题在于星系和星系团都会演化。例如，数十亿年前，现在星系团中最亮的星系可能并不是以现在的形式存在。正如 26.1 节所述，通常在富星系团中心发现的巨 cD 星系可能是星系合并的结果。因此，利用附近星系团标定的一般星系光度函数，可能并不适用于距离很远且因此看起来很年轻的星系团。

27.1.14　距离指标总结

到现在为止，应该清楚的是，河外距离标度并不是一个简单的阶梯，并不是只用一系列步骤就可以测量到最大距离。不同的天文学家使用不同的技术并选择不同的标定方法。每种方法都有各种变化，选择上述关系式仅是代表性的。作为总结，表 27.1 列出了由许多方法确定的到室女座星系团的距离，还显示了与每种方法相关的不确定度 (用星等表示)。总体而言，这些列出的距离都非常吻合，我们将采用 16 Mpc 作为到室女座星系团的距离

表 **27.1**　距离指标 (改编自 Jacoby 等，*Publ. Astron. Soc. Pac.*，**104**，**599**，**1992**)

方法	单一星系的误差/mag	到室女座星系团的距离/Mpc	可测范围/Mpc
造父变星	0.16	15~25	29
新星	0.4	21.1±3.9	20
行星状星云光度函数	0.3	15.4±1.1	50
球状星团光度函数	0.4	18.8±3.8	50
面亮度起伏	0.3	15.9±0.9	50
塔利–费舍尔关系	0.4	15.8±1.5	> 100
D-σ 关系	0.5	16.8±2.4	> 100
Ia 型超新星	0.10	19.4±5.0	> 1000

(见习题 27.19)。这些方法对于确定我们这一宇宙角落附近数百 Mpc 距离内的特征足够精确。

27.2 宇宙的膨胀

在 20 世纪的前 10 年，甚至在人们了解旋涡星云的河外性质之前，天文学家就开始通过测量星系的多普勒频移谱线来对星系的视向速度进行系统观测。人们希望发现如果这些天体的运动是随机的，那么太阳在银河系中的运动应该与星云视向速度的矢量和有关[①]。是洛厄尔天文台的**斯里弗尔 (V.M. Slipher)** 首先发现这个计划注定要失败的。星云的速度并不是随机的，相反，大多数光谱都显示出红移谱线的存在。斯里弗尔在 1914 年宣布，他所研究的 12 个星系中的大多数正在迅速远离地球，尽管仙女星系 (Andromeda) 的蓝移光谱表明它正在以近 300 km·s^{-1} 的速度接近地球。人们很快意识到，这些星系不仅在远离地球，而且也在彼此远离。天文学家开始从膨胀角度来讨论这些星系运动。同时，斯里弗尔继续进行视向速度的测量。到 1925 年，他已经研究了 40 个星系，并确认，显示红移的光谱比显示蓝移的光谱更为普遍。斯里弗尔得出的结论是：他所研究的几乎每个星系都在迅速远离地球。

27.2.1 哈勃宇宙膨胀定律

1925 年，哈勃在 M31 中发现了造父变星，从而证明了仙女座 "星云" 实际上是一个河外星系。哈勃继续搜寻造父变星，确定了到 18 个星系的距离。他将自己的结果与斯里弗尔的速度相结合，发现星系的退行速度 v 与距离 d 成正比。1929 年，哈勃在美国国家科学院的一次会议上发表了一篇论文 "银河系外星云的距离与视向速度之间的关系"，介绍了他的研究结果。这种关系

$$\vartheta = H_0 d, \tag{27.6}$$

今天称为**哈勃定律 (Hubble's law)**，其中 H_0 是**哈勃常数 (Hubble constant)**。通常，v 以 km·s^{-1} 给出，而 d 以 Mpc 给出，因此 H_0 的单位为 km·s^{-1}·Mpc^{-1}。

哈勃意识到，他已经发现了一种仅通过测量红移就可以测量到遥远星系距离的强大方法。他的早期结果显示出速度与距离关系图上分散的点呈现出直线关系，参见图 27.7。

哈勃继续加入新的距离和红移观测，以加强这种关系。哈勃的助手**米尔顿·赫马森 (Milton Humason, 1891—1972)** 做了很多的工作。赫马森在威尔逊山天文台的工作使他在事业上达到了顶峰。在建造天文台时，他最初是作为包装工，并曾在威尔逊山担任餐厅服务生、看门人和夜间助理。在赫马森获得允许在较小的望远镜上进行一些观测后，哈勃对他的观测结果产生了深刻的印象，以至于后来聘用赫马森做了自己的助理。赫马森自己对大多数照相底片进行曝光和测量，到 1934 年，就已经获得了 32 个星系的距离和速度。宇宙的膨胀成为了生活中的观测事实。图 27.8 显示了五个星系的 Ca II 的 H 和 K 线的红移。

[①] 这基本上与 24.3 节中描述的使用邻近恒星来寻找太阳相对于本地静止标准的本动运动的过程相同，见式 (24.30) ～ 式 (24.32)。

有趣的是，理论学者也同时提出了宇宙膨胀的想法。1917 年，荷兰天文学家**威廉·德西特 (Willem de Sitter, 1872—1935)** 用爱因斯坦的广义相对论描述了一个正在膨胀的宇宙[①]。

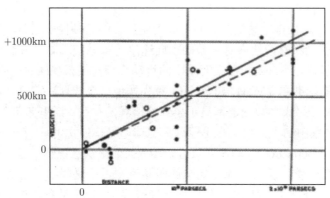

图 27.7　哈勃 1936 年的速度–距离关系。这两条线是对太阳运动使用了不同的校正 (注：纵轴单位应为 km·s^{-1}) (图片来自哈勃，《星云界》(Realm of Nebulae)，耶鲁大学出版社，康涅狄格州，纽黑文，©1936)

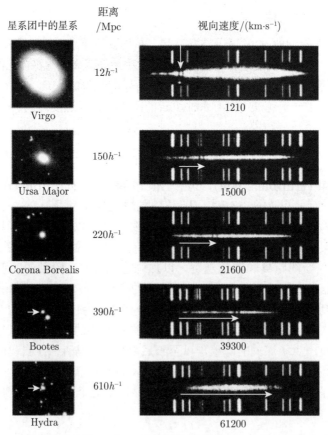

图 27.8　五个星系中钙的 H 和 K 线出现的红移 (由 Palomar / Caltech 供图)

① 第 29 章将更详细地描述这种宇宙模型和其他宇宙模型。

尽管德西特对爱因斯坦方程的解描述了一个没有物质的空宇宙，但它确实预测了红移随离光源的距离增加而增加。哈勃了解德西特的工作，于是在其 1929 年的论文中指出，"其突出的特征 …… 是速度与距离的关系可能代表德西特效应。"也有其他理论学者后来找到的其他解也表明了宇宙在膨胀，但直到 1930 年，天文学家们才意识到这个结论。爱因斯坦本人最初偏爱一个既不膨胀也不收缩的静态宇宙。然而，哈勃和赫马森的观测迫使爱因斯坦在 1930 年放弃了这一观点。图 27.9 显示了爱因斯坦和哈勃在威尔逊山天文台的情景[①]。

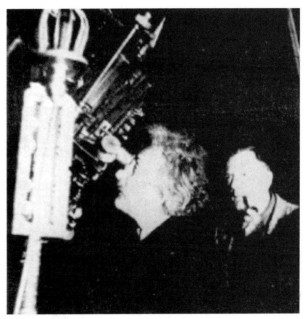

图 27.9　爱因斯坦和哈勃在威尔逊山天文台 (经加利福尼亚州圣马力诺的亨廷顿图书馆许可转载)

27.2.2　空间的膨胀与哈勃流

为了理解"宇宙膨胀"的真正含义，假设地球正在膨胀，在一小时的时间内其大小将增加一倍。最初，盐湖城距黄石国家公园 500 km，距阿尔伯克基 1000 km，距明尼阿波利斯 2000 km。一小时后，盐湖城距黄石公园 1000 km，距阿尔伯克基 2000 km，距明尼阿波利斯 4000 km，因此盐湖城居民发现黄石公园以 500 km·h^{-1} 的速度远离他们，阿尔伯克基为 1000 km·h^{-1}，明尼阿波利斯为 2000 km·h^{-1}。因此，与距离成正比的退行速度是各向同性和均匀膨胀的自然结果 (在每个方向和每个位置都具有相同的大小)。当然，黄石、阿尔伯克基和明尼阿波利斯的观测者也会得出相同的结论。参与膨胀的每个人都看到其他人以遵循哈勃定律的速度远离。

由宇宙膨胀导致的**星系退行速度 (recessional velocity)** 同其在空间中的运动速度 (**本动速度，peculiar velocity**) 之间有着本质的区别。星系的退行速度并不是由它在空间

---

①　在参观天文台期间，有人告知艾尔莎·爱因斯坦 (Elsa Einstein) 望远镜是如何用来探索宇宙结构的。她回答说："好吧，我丈夫只需要粗略地计算。"

中穿行运动引起的，而是随着宇宙的膨胀，星系被其周围膨胀的空间所携带而引起的，在 29.1 节中将更详细地描述。

星系参与宇宙膨胀时的运动称为**哈勃流 (Hubble flow)**。同样，一个星系的**宇宙学红移 (cosmological redshift)**，就是由于星系发射的光的波长随着其传播空间的膨胀而被拉长产生的红移[①]。因此，宇宙学红移与 4.3 节中的由多普勒频移方程得出的星系退行速度无关。这些方程是针对静态欧几里得时空得出的，它没有考虑我们宇宙的膨胀和弯曲时空的影响。

然而，天文学家经常使用式 (4.38) 将测得的红移 z 转换为星系的视向速度，就好像它具有本动速度 (在空间中运动) 而不是其实际的退行速度 (随空间膨胀而移动) 一样。例如，例 4.3.2 中 "类星体 SDSS 1030 + 0524 似乎以大于 96% 光速的速度远离我们" 的陈述必须以这种方式解释。此外，对于 $z \leqslant 2$，根据哈勃定律，使用式 (4.38) 估计距离得出

$$d \simeq \frac{c}{H_0} \frac{(z+1)^2 - 1}{(z+1)^2 + 1}, \tag{27.7}$$

与实际正常计算距离的差异小于 5%[②]。当 $z \ll 1$ 时，距离的表达式采用非相对论形式

$$d = \frac{cz}{H_0}, \tag{27.8}$$

同利用式 (4.39) 结合哈勃定律得到的结果一样。我们将在 29.4 节看到，式 (27.8) 在大约 $z > 0.13$ 的距离就会导致显著误差。在第 29 章中，我们将重新讨论如何在膨胀的宇宙中测量距离的问题。

重要的是要认识到，尽管宇宙在膨胀，但这并不意味着围绕太阳运行的行星轨道正在膨胀。万有引力约束的系统不参与宇宙膨胀。也没有令人信服的证据表明，控制物理基本定律的常数 (例如牛顿的万有引力常量 G) 曾经不同于它们的当前值。因此，原子、行星系统和星系的大小并没有由于空间的膨胀而发生变化 (尽管后两者肯定已经历了演变)。

27.2.3　哈勃常数的值

原则上，可以使用哈勃定律确定到任何可以测量其红移的星系的距离。使用该方法的绊脚石一直是哈勃常数的不确定性。到 20 世纪末，我们只知道 H_0 的值在 50~100 km· s^{-1}·Mpc^{-1}。

从历史上看，确定 H_0 值的困难源于必须使用遥远的星系对其进行标定。不同研究人员获得不同 H_0 值的主要根源在于，他们在测量遥远星系时选择和使用的次级距离指标不同。还有相对于哈勃流的星系大尺度运动尚需加以区分，将在 27.3 节中进行介绍。

此外，还必须防范一种称为**马姆奎斯特偏差 (Malmquist bias)** 的选择效应。当天文学家使用一个星等有限的天体样本时，只看那些比某特定视星等还亮的天体时，就会发生这种情况。在更大的距离处，样本中只会包含内禀最亮的天体，如果未正确校正，这将使统计数据产生偏斜。

[①] 宇宙学红移将在 29.4 节中推导。

[②] 该假定宇宙是 "平坦的"；参见 29.1 节和习题 29.58。Boomerang 和 WMAP 等任务的观测表明空间几乎是平坦的。

正如传统做法一样，为了将 H_0 中的不确定性纳入，在本书中，我们将通过以下表达式定义无量纲参数 h：

$$H_0 = 100\, h\ \text{km} \cdot \text{s}^{-1} \cdot \text{Mpc}^{-1} \tag{27.9}$$

由于早期 H_0 的不确定性，h 的值仅已知落在 0.5~1 的某处。但是，随着 20 世纪末的临近，天文学家对 H_0 的计算开始收敛。

27.2.4 大爆炸

由于宇宙在不断膨胀，所以它在过去一定比现在更小。想象一下，你正在观看一部关于宇宙历史的影片，看着星系飞得越来越远。现在倒放影片，这实际上是在逆转时间方向。反过来看，所有的星系都在互相靠近。根据哈勃定律，距离 2 倍远的星系接近速度也是 2 倍。一个不可避免的结论是：所有星系 (以及所有空间！) 将同时收敛到一个点。随着宇宙中的一切迅速收敛 (依然倒放影片)，宇宙将被加热到极高的温度。从一个点开始的宇宙膨胀被称为 **"大爆炸"(Big Bang)**。

炽热的早期宇宙充满了黑体辐射，随着宇宙的膨胀，辐射逐渐冷却，成为**宇宙微波背景 (cosmic microwave background，CMB)**，我们可以从天空的各个方向观测到。CMB 的观测为热大爆炸提供了令人信服的证据。2001 年发射的**威尔金森微波各向异性探测器 (Wilkinson Microwave Anisotropy Probe，WMAP)**[1]研究了 CMB 的微小波动 (各向异性)。2003 年发布了第一个 WMAP 结果，其详细内容将在第 29 章和第 30 章中讨论。这开启了精密宇宙学的新纪元，哈勃常数 (和 h) 的不确定性从原来的 2 倍降到了只有 10%。由 WMAP 数据确定的 h 值[2]，也是本书采用的标准值：

$$[h]_{\text{WMAP}} = 0.71^{+0.04}_{-0.03}, \tag{27.10}$$

在本章的其余部分中，当计算涉及 h 的量时，将假定使用 $[h]_{\text{WMAP}}$。在常规单位中，哈勃常数为

$$H_0 = 3.24 \times 10^{-18} h\,\text{s}^{-1} \tag{27.11}$$

所以

$$[H_0]_{\text{WMAP}} = 2.30 \times 10^{-18}\,\text{s}^{-1}. \tag{27.12}$$

因此，测得的退行速度为 1000 km·s^{-1} 的星系的距离为 $d = v/H_0 = 10h^{-1}$ Mpc，或者说 $d = 14.1$ Mpc.

为了估计 "大爆炸" 发生的时间，令 t_{H} 为自 "大爆炸" 以来经过的时间。根据哈勃定律，这是星系以给出的退行速度 v 移动至当前距离 d 所需的时间。假设 v 保持不变 (这实

---

① 戴维·威尔金森 (David Wilkinson，1935—2002) 为许多 CMB 实验做出了开创性贡献，包括 COBE 和 WMAP。MAP 卫星在 2001 年发射后重命名为 "WMAP"。

② Bennett 等于 2003 年在表 3 中发布的参数 ("最佳" 宇宙学参数)，例如 H_0，放在带有 "WMAP" 下标的方括号内，而使用这些参数计算出的数量则不用。这些参数的列表可在附录 N 中找到。尽管在本书中将其标识为 "WMAP 参数"，但它们是 WMAP 结果与来自诸如 COBE，宇宙背景成像仪 (CBI)，角分宇宙学辐射热计阵 (ACBAR) 和 2 度视场星系红移巡天 (2dFGRS) 项目的测量结果的组合。

际上是错误的），则有

$$d = vt_{\mathrm{H}} = H_0 dt_{\mathrm{H}}, \tag{27.13}$$

因此**哈勃时间 (Hubble time)** 是

$$t_{\mathrm{H}} \equiv \frac{1}{H_0} = 3.09 \times 10^{17} h^{-1} \mathrm{s} = 9.78 \times 10^9 h^{-1} \mathrm{yr}, \tag{27.14}$$

使用 WMAP 值，则有

$$t_{\mathrm{H}} = 4.35 \times 10^{17} \mathrm{s} = 1.38 \times 10^{10} 年. \tag{27.15}$$

因此，作为一个粗略的估计，宇宙的年龄约为 13.8 Gyr。

27.3 星 系 团

天文学家的一项基本信条是：在最大尺度上，宇宙既是均匀的又是各向同性的，在所有位置和所有方向上都呈现相同的状态，此即称为**宇宙学原理 (cosmological principle)** 的假设。但是，在较小尺度的情况下肯定不是这种情况。

27.3.1　星系团的分类

正如本书中已经多次提到的那样，星系并不是在整个宇宙中随机散布的。相反，几乎所有星系都以群 (groups) 或团 (clusters) 的形式存在关联[①]。在这两种类型中，星系间都通过引力相互约束，并围绕系统的重心 (质心) 运行。

星系群通常少于 50 个成员星系，并且范围跨度约为 $1.4h^{-1}$Mpc。一个星系群的速度弥散度约为 150 km·s^{-1}，平均质量约为 $2 \times 10^{-13} h^{-1} M_{\odot}$ (根据位力定理式 (25.13) 获得)。此外，典型星系群的质光比约为 $260 h M_{\odot}/L_{\odot}$，这表明存在大量的暗物质。

而星系团，则可能包含从大约 50 个 (贫星系团) 到数千个星系 (富星系团)，区域直径范围约 $6h^{-1}$ Mpc 的。星系团中的各个星系相对于其他成员星系的移动速度要快于星系群中的相对速度。星系团的特征速度弥散度为 800 km·s^{-1}，对于非常富的星系团，可能超过 1000 km·s^{-1}。一个典型星系团的位力质量约为 $1 \times 10^{15} h^{-1} M_{\odot}$，其质光比约为 $400 h M_{\odot}/L_{\odot}$，再次表明存在大量暗物质。

在本节中，我们将描述**星系群**、**星系团**和**超星系团** (superclusters) 如何构成宇宙的基本结构。

27.3.2　本星系群

如图 27.10 所示，已知大约有 35 个星系位于银河系周围大约 1 Mpc 之内。这个星系集合称为 **"本星系群"** (local group)。其**零速度面** (zero velocity surface，即星系如果突然向外运动，其转向的地方) 距星系群质心约 1.2 Mpc。它最突出的成员是它的三个旋涡星系：银河系、M31 (仙女星系) 和 M33 (在三角座中)。大小麦哲伦云 (LMC 和

---

① 某些星系不隶属于已知的星系群或星系团，但它们仅代表罕见的例外。

SMC) 是其余最明亮的，它们是本星系群 13 个不规则星系中的两个。LMC 和 SMC 是图 6.28(c) 中银道下方的两个显著特征。其余的星系是矮椭圆星系或矮椭球星系，它们很小且暗弱。从图 27.10 可以明显看出，这些星系中的许多星系都聚集在银河系和仙女星系周围，两者位于本星系群的相对两侧，相距 $r = 770$ kpc[①] (即使在这个距离上，M31 在天空中也有约 $2.5°$ 宽，是月亮直径的 5 倍)。除麦哲伦星云外，还有九个矮椭圆星系和矮椭球星系位于银河系附近。

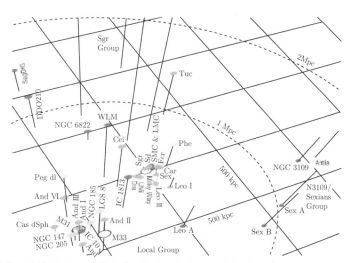

图 27.10　本星系群。虚线圆以 "本星系群" 的质心为中心，半径分别为 1 Mpc 和 2 Mpc。(质心距我们 462 kpc，位于银道坐标 $\ell = 121.7°$ 和 $b = -23.1°$ 的方向上。) 实直线表示在 (任意选择的) 平面上方的距离，虚直线表示在平面下方的距离 (图来自格拉贝尔 (Grebel)，"本星系群"，微引力透镜 2000：微引力透镜天体物理的新时代，太平洋天文学会会议系列 (As. S. P. Conference Series)，239，280，2001)

有趣的是，其中一些是在麦哲伦流中发现的。麦哲伦流是长的中性氢气带，大约 2 亿年前从麦哲伦云中经过潮汐剥离。还应该注意的是，当从盘侧边看时，三个旋涡星系都具有类似于积分符号 ($\oint$) 的扭曲盘 (见图 24.10 中所示的银河系中的 H I 翘曲)。实际上，地球的视线会两次穿过 M33 星系盘的某些部分。

仙女星系和银河系以 $v = 119$ km·s^{-1} 的相对速度相互接近[②]。显然，它们之间的引力吸引胜过了它们随着哈勃流而远离彼此的趋势。因此，它们将在大约 $t_c = r/v = 63$ 亿年的时间内相撞[③]。实际上，天文学家已经发现整个本星系群仍处于坍缩的状态。

由于银河系和仙女星系在本星系群中占主导地位，产生了其 90% 的光度，所以它们相互之间的运动提供了估算其总质量的机会。我们可以假设，在大爆炸之后，两个新形成的星系最初开始分离[④]。在过去的某个时候，它们之间的引力作用阻止并扭转了它们原来的退行运动。因此，银河系和 M31 在轨道上绕着彼此旋转，其偏心率为 $e \cong 1$ (即在碰撞过程

[①] 这种聚集也可以从哈勃自己的速度–距离图 (图 27.7) 中看出。本星系群是原点附近的八个数据点。

[②] M31 以 297 km·s^{-1} 的速度接近太阳，但这很大一部分是由于太阳绕银河系轨道运动。

[③] 这表明它们可能会合并成一个巨椭圆星系。

[④] 请记住，在没有本动速度的情况下，膨胀意味着空间中的每个点都直接远离其他点。

中)。根据能量守恒,轨道速度和分开的距离之间的关系为式 (2.36),即

$$v^2 = GM \left(\frac{2}{r} - \frac{1}{a} \right).$$

其中,M 是两个星系的总质量。轨道的半长轴 a,与周期 P 有关。根据开普勒第三定律,即式 (2.37):

$$P^2 = \frac{4\pi^2}{GM} a^3.$$

组合这些关系式以消除 a,得到

$$v^2 - \frac{2GM}{r} + \left(\frac{2\pi GM}{P} \right)^{2/3} = 0. \tag{27.16}$$

在该方程中[①],$r = 770$ kpc,$v = 119$ km·s^{-1}。为了获得总质量 M,我们需要估算轨道周期 P。当未来两星系相遇时,它们将恢复其初始状态,并且自大爆炸以来已经过去了一个轨道周期。因此,让我们估计

$$P = t_{\mathrm{H}} + t_c,$$

其中,$t_c = r/v$ 大约是从现在到它们碰撞的时间。这个式子高估了周期,因为银河系和 M31 在接近会合点时会加速。对于 WMAP 值 $h = 0.71$ (因此 $H_0 = 71$ km·s^{-1}·Mpc^{-1}),得到总质量为 $M = 7.9 \times 10^{42}$ kg $= 4.0 \times 10^{12} M_\odot$。

　　这个对本星系群质量的估计远超过在这些星系中观测到的发光物质质量。银河系的 B 波段的光度约为 $2.3 \times 10^{10} L_\odot$ (表 24.1),而 M31 的亮度大约是其 2 倍。因此,质光比估计为 $M/L = 57 M_\odot/L_\odot$。注意,较小的周期将得到较大的质量。这意味着,由于 P 的值被高估,所以 M/L 被低估了。这些数字远大于银河系薄盘和中央核球中发光物质的 $M/L \cong 3 M_\odot/L_\odot$ 值 (见 24.2 节)。当包含银河系的暗晕时,我们的 WMAP 结果 $M/L \cong 57 M_\odot/L_\odot$ 与 24.2 节中引用的估计值一致。显然,天文学家所见到的物质不到构成银河系和仙女星系总物质的 10%。

　　对麦哲伦流的仔细研究支持了这一结论。这种中性氢气流的顶端以 220 km·s^{-1} 的速度冲向银河系。研究人员试图重现该流的动力学过程,得到最佳模拟结果的模型中,银河系具有延伸至少 100 kpc 的暗物质晕圈。这种模型的银河系质光比超过 $80 M_\odot/L_\odot$。

27.3.3　距本星系群 10 Mpc 之内的其他星系群

　　本星系群确实是一个星系集中的空间。本星系群中大约有 35 个星系,其空间大小约为 1Mpc。最近的星系存在于**玉夫座星系群 (Sculptor group**, 6 个成员,距离 1.8 Mpc) 和 M81 星系群 (8 个成员,距离 3.1 Mpc)。玉夫座星系群的 6 个旋涡星系在夜空中的跨度约为 20°。你可以伸出一只手,伸直手臂遮住它们[②]。10 Mpc 之内的其他星系群还包括**半人马座星系群 (Centaurus group**, 17 个成员,距离 3.5 Mpc) 和 M101 星系群 (5 个成

---

　　① 式 (27.16) 是 $M^{1/3}$ 的三次方程,具有一个实根和两个复根。实根是具有物理意义的根。
　　② 令人惊奇的是,许多天体其实占据了天空很大的区域,要是我们的眼睛有那么高的敏感度能看到它们就好了!

员，距离 7.7 Mpc)。M66 和 M96 星系群在天空中仅相隔 7°。它们合在一起包含约 10 个星系，两者都距地球约 9.4 Mpc。地球 10 Mpc 之内的最后一个星系群是 NGC 1023 群 (6 个成员，距地球 9.5 Mpc)。我们周围总共有大约 20 个小星系群，都比室女座星系团离我们更近。我们发现的大多数星系都是存在于这样的小星系群和贫星系团中的。据估计，所有星系中，最多只有 20% 存在于像室女座星系团这样的富星系团中。

图 27.11 显示了离我们最近的星系的位置。该图以银河系为中心，延伸到恰好包括 M101 星系群。矮星系比巨星系多得多，而且两种类型的星系通常都在同一区域发现。还有一些扩展的巨大空间，称为**巨洞 (voids)**，其中显然没有星系。另一个引人注目的特征是，星系显示出沿二维平面 (SGZ = 0) 分布的趋势，该二维平面形成了以室女座星系团为中心的本超星系团的一部分 (将在后面讨论)[①]。

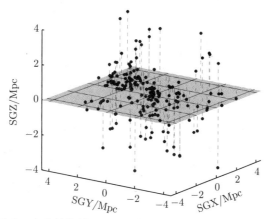

图 27.11　银河系附近的星系。大多数位置 (M31 和其子群中的星系除外) 都是使用红移和哈勃定律确定的。SGY 轴指向室女座星系团

27.3.4　室女座星系团：一个不规则的富星系团

室女座星系团 (Virgo cluster) 是在 18 世纪由威廉·赫歇尔发现的。室女座星系团位于室女座和后发座 (贝伦尼斯的头发) 交会处，覆盖了天空的 10° × 10° 的区域[②]。该星系团的中心位于距地球约 16 Mpc 的位置[③]。这个不规则的富星系团是大约 250 个大型星系和 2000 多个较小的星系的庞大集合，包含在一个约 3 Mpc 的区域内。有趣的是，这些星系中至少有 7 个显示出蓝移的谱线，因为它们的本动速度超过了退行的哈勃流。

像大多数不规则星系团一样，室女座星系团含有所有类型的星系。尽管最亮的四个是巨椭圆星系，但椭圆星系仅占该星系团 205 个最亮星系中的 19%。总体上，旋涡星系占主导地位，占 205 个最亮星系的 68%。但是，在星系团中心 6° 内发现了大致相等数量的旋涡星系和矮椭圆星系，椭圆星系在中心附近呈现越来越多的趋势。实际上，室女座星系团

---

① "SG" 表示由德沃古勒 (de Vaucouleurs) 建立的超星系坐标系。

② 贝伦尼斯 (Berenice) 是埃及国王托勒密三世的妻子，她将她的金色长发献给了阿佛洛狄忒 (Aphrodite) 女神，以感谢丈夫战胜了亚述人。

③ 这个到室女座星系团的距离值与表 27.1 中的值最吻合，参见习题 27.19。

的中心由四个巨椭圆星系中的三个 (M84，M86 和 M87，见图 27.12 和图 28.10) 所控制。这些星系的直径与银河系和仙女星系之间的距离相当，因此，每个巨椭圆星系都差不多是我们整个本星系群的大小。

　　M87 是一个巨 E1 型椭圆星系，是室女座星系团中最大、最明亮的星系。像许多其他明亮的椭圆星系一样，它包含通过正常恒星质量损失机制积累的大约 $10^{10} M_\odot$ 的热气体 (约 10^7 K)。这些气体通过自由–自由发射释放 X 射线光子而损失能量。这个热轫致辐射过程首先在 9.2 节中讨论，这个过程产生了一个特征光谱，可以很容易地识别并将其用于估计星系的质量，见式 (27.18) 和图 27.16。

图 27.12　室女座星系团的中心，显示了巨椭圆星系 M84(右) 和 M86(中心) (由美国国家光学天文台提供)

　　尽管分析很复杂，但是通过观测气体光谱可以了解其温度 $T(r)$ 和质量密度 $\rho(r)$ 随 r (距星系中心的距离) 如何变化。幸运的是，M87 近似球形，简化了几何计算。气体处于流体静力平衡状态 (非常近似)，因此由式 (10.6) 可知

$$\frac{\mathrm{d}P}{\mathrm{d}r} = -G\frac{M_r \rho}{r^2}.$$

根据理想气体定律式 (10.11) 代入压力 P，假设常数 μ，求解内部质量 M_r 得到

$$M_r = -\frac{kTr}{\mu m_H G}\left(\frac{\partial \ln \rho}{\partial \ln r} + \frac{\partial \ln T}{\partial \ln r}\right). \tag{27.17}$$

右侧的所有量都可以通过观测由热气体发出的 X 射线来大致估算，并用于计算左侧的内部质量。请注意，M_r 是内部总质量，包括发光物质质量和暗物质质量。(导数结果本身是负的，所以 M_r 实际是正的。)

　　对 M87 的一项研究结果表明，从中心到大约 300 kpc 处，质量 M_r 随半径线性增加。这与暗物质在旋涡星系中的分布具有相同的特征。半径 $r = 300$ kpc 内包含的总质量为 $M_r \cong 3 \times 10^{13} M_\odot$，中心密度为 $1.5 \times 10^{-2} M_\odot \cdot \mathrm{pc}^{-3}$。相应的质光比为 $M/L \cong 750 M_\odot/L_\odot$。

这是银河系核球和薄盘中恒星质光比的 250 倍 (见 24.2 节), 这表明 M87 的质量中有 99%
以上是暗物质。我们将在 28.1 节中看到, M87 其实不是典型的椭圆星系。然而, 对其他椭
圆星系的研究发现, 它们中的许多也包含大量 (90% 或更多) 的暗物质。

27.3.5 后发座星系团: 一个规则的富星系团

离我们最近的、规则的富星系团是**后发座星系团 (Coma cluster)**。它位于后发座中,
处在室女座星系团以北 15° 处 (赤纬)。回忆例 27.14, 后发座星系团比室女座星系团的距
离远约 5.4 倍, 离地球约 90 Mpc。该星系团的角直径约为 4°, 对应 6 Mpc 的线直径。后
发座星系团可能由大约 10000 个星系组成, 其中大多数矮椭圆星系太暗了, 而看不到它们。
通常, 在一个规则的富星系团中, 绝大多数星系都是椭圆星系和 S0 星系, 后发座星系团就
是这种情况。它包含超过 1000 个明亮的星系, 但其中只有 15% 是旋涡星系和不规则星系。
星系团的中心是两个大而明亮的 cD 椭圆星系, 参见图 26.1。

27.3.6 星系演化的证据

回想一下, 星系团中早型星系占主导, 可能是由于相互作用的可能性增加 (形态-密度
关系)。也许在过去, 后发座星系团和其他规则的富星系团中存在更多的旋涡星系, 但是在
潮汐相互作用和合并下破坏了旋涡星系, 留下了椭圆星系和 S0 星系[1]。或者, 早型星系可
能只是由于星系团引力阱底部附近原星系的层级合并而形成的, 而引力阱底部是暗物质会
自然聚集的区域。

为了支持相互作用的观点, 图 27.13 显示了非常富的星系团 CL 0939 + 4713 的中心,
$z = 0.41$ 的红移说明距离为 $1230h^{-1} = 1730$ Mpc。我们看到的这个星系团大约是它在
$4.0h^{-1} = 56$ 亿年前的样子, 那时在这个中心地区有许多晚型旋涡星系。这与当前时期

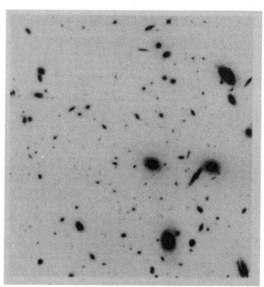

图 27.13 富星系团 CL 0939 + 4713 中心的哈勃空间望远镜图像 (图来自 Dressler 等, *Ap. J. Lett.*,
435, L23, 1994)

---

① 在 26.2 节的末尾讨论了年轻星系团中旋涡星系比例更大。

的任何高密度星系团的中心都非常不同。图 27.13 中的大多数旋涡星系至少显示了一些相互作用的证据。那时相互作用和合并发生的频率可能比当代富星系团中的频率高一个数量级。

天文学家更深入地观测宇宙，发现了一个位于巨蛇座的遥远星系团，其 $z \approx 1.2$，即距离为 $1970h^{-1} = 2770$ Mpc。如图 27.14 所示，这看到的大约是这个星团 $6.4h^{-1} = 90$ 亿年前的样子。它包含显然成熟的椭圆星系，但很少有正常旋涡星系。取而代之的是，有大量奇怪的带偏蓝色的星系碎片 (恒星形成活跃的标志，回想一下布彻–厄姆勒效应)。目前尚不清楚这些是以前旋涡星系的碎片，还是仍在形成过程中的旋涡星系。进一步的观测应该会揭示出更多关于在如此拥挤的年轻星系团的活跃环境中，旋涡星系的形成和破坏的细节。

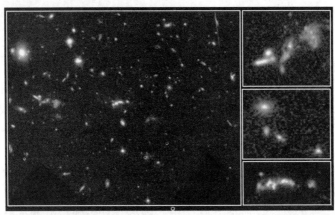

图 27.14　一个年轻星系团的哈勃空间望远镜视图，其中心位于 $z = 1.2$ 处的特殊射电星系 3C 324(也从右下角看到)。右中是一对正常出现的椭圆星系，带有一些暗弱的伴星系。而右上角是一些星系碎片，这些碎片可能之后会变成旋涡星系，或者它们曾经就是旋涡星系的一部分 (由马克·狄金森 (Mark Dickinson STScI) 和 NASA 供图)

27.3.7　星系间的物质优势

1933 年，**弗里茨·兹维基 (Fritz Zwicky)** 根据多普勒频移谱测量了后发座星系团中星系的视向速度。根据这些观测，他计算出了它们的视向速度的弥散度，现在已知为 $\sigma_r = 977$ km·s^{-1}。

然后兹维基使用位力定理来估计后发座星系团的质量。总体而言，后发座星系团的强度轮廓 $I(r)$ 遵循特征的 $r^{1/4}$ 律 (式 (24.13))，就像描述银河系核球和晕以及椭圆星系一样。我们推测，就像组成椭圆星系和旋涡星系球状部分的恒星一样，后发座星系团中的星系已经处于动态平衡状态。这使位力定理成为一种合适的方法。

例 27.3.1　在后发座星系团的情况下，视向速度的弥散度为 977 km·s^{-1}。星系团半径 $R = 3$ Mpc，式 (25.13) 得出后发座星系团质量

$$M \approx \frac{5\sigma_r^2 R}{G} = 3.3 \times 10^{15} M_{\odot}$$

由于后发座星系团的可见光度约为 $5 \times 10^{12} L_\odot$，因此该星系团的质光比为 $M/L \approx 660 M_\odot / L_\odot$[①]。

兹维基理解这一结果的重要性，并指出在后发座星系团中，"总质量 …… 大大超过了单个星系的总和"。他意识到没有足够的可见质量将星系团束缚在一起。如果不是因为存在大量看不见的物质，那么后发座星系团中的星系早就已经分散了。40 年后，当测量到了仙女星系的平坦自转曲线时，其他天文学家也意识到了兹维基这一结果的重要意义。

27.3.8 星系团内的高温气体

兹维基的"缺失质量"的一部分是在 1977 年首次发射的高能天文台 (HEAO) 系列卫星中发现的。它们显示许多星系团从其大部分区域发射 X 射线。这些卫星以及光学观测结果表明，星系团内包含**星系团内介质 (intracluster medium)**。星系团内介质具有两种组成成分。一种是分散的、不规则分布的恒星；另一种是热的**星系团内气体 (intracluster gas)**，它或多或少均匀分布，占据了星系之间的空间，并填充了星系团的引力势阱。X 射线的光度在 $10^{36} \sim 10^{38}$ W 范围内，更富的星系团发射的 X 射线则更亮。室女座星系团的核心包含大约 $5 \times 10^{13} M_\odot$ 的发射 X 射线的气体，后发座星系团的核心也拥有 $3 \times 10^{13} M_\odot$ 的气体。图 27.15 显示了遍布后发座星系团的热气体所发出的 X 射线。通常，气体质量比星系团的星系中所有恒星的总质量大好几倍。

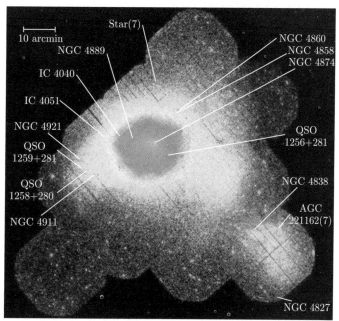

图 27.15 图为由欧洲空间局 XMM-牛顿空间天文台的 X 射线多镜面望远镜 (XMM) 拍摄的后发座星系团的图像。该组合图像显示了从后发座星系团内部气体发出的范围为 $0.3 \sim 2.0 \mathrm{keV}$ 的 X 射线，其视场范围为 $1.5° \times 1.33°$。X 射线的强度朝着星系团的中心持续增加。图 26.1 所示的后发座星系团的一部分占据了该图像的最密集中央区域。X 射线发射的不规则形状表明，后发座星系团可能是由多个子星系团合并而成的 (图片由 U. Briel，德国 Garching 的马克斯·普朗克物理研究所和欧洲空间局提供)

[①] 更详细的计算得出的质光比大约是我们估计的一半。

　　与单个星系中高温气体产生 X 射线的机制相同 (先前在室女座星系团中对 M87 进行了描述)，在星系团中也同样有热致辐射。对于完全电离的氢气，每单位时间单位体积在频率 ν 和 $\nu+\mathrm{d}\nu$ 之间发射的能量由下式给出：

$$\ell_\nu \mathrm{d}\nu = 5.44 \times 10^{-52} \left(4\pi n_\mathrm{e}^2\right) T^{-1/2} \mathrm{e}^{-h\nu/(kT)} \mathrm{d}\nu \ \mathrm{W \cdot m^{-3}}, \tag{27.18}$$

其中，T 是气体温度；n_e 是自由电子的数密度。图 27.16 显示了后发座星系团光谱的一种版本。所有频率下每单位体积每秒发出的总能量 (光度密度 $\mathcal{L}_\mathrm{vol}$) 是通过对整个频率上的 ℓ_ν 进行积分而获得的。这导致

$$\mathcal{L}_\mathrm{vol} = 1.42 \times 10^{-40} n_\mathrm{e}^2 T^{1/2} \ \mathrm{W \cdot m^{-3}}. \tag{27.19}$$

　　例 27.3.2　式 (27.19) 可用于估计后发座星系团内气体的质量。为简单起见，我们将假设可以将星系团建模为热离子化氢气的等温球体。图 27.15 表明中央核心辐射最强，因此我们将半径设为 $R = 1.5$ Mpc(星系团实际半径的一半)。气体是光学薄的，这意味着可以观测到沿视线发射的任何光子。气体温度来自如图 27.16 所示气体的 X 射线光谱。根据式 (27.18)，对数据 (图上的点) 的最佳拟合是在 8.8×10^7 K 的温度下获得的。

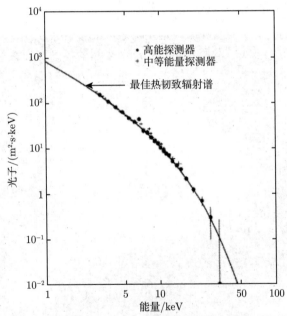

图 27.16　8800 万 K 的热韧致辐射谱 (线)。这些点是后发座星系团的团内气体发射的 X 射线的观测数据。水平轴为光子能量 (图改编自 Henriksen 和 Mushotzky，*Ap. J.*，302，287，1986)

　　使用式 (27.19)，L_X 可以写成

$$L_X = \frac{4}{3}\pi R^3 \mathcal{L}_\mathrm{vol}. \tag{27.20}$$

由于气体的 X 射线光度为 $L_X = 5 \times 10^{37}$ W，所以 n_e 的值 (每 $\mathrm{m^3}$ 的自由电子数) 为

$$n_e = \left[\frac{3L_X}{4\pi R^3 T^{1/2} (1.42 \times 10^{-40} \text{ W} \cdot \text{m}^{-3})} \right]^{1/2} = 300 \text{ m}^{-3}.$$

团内气体的密度是在 12.1 节中描述的巨分子云 ($n_{H_2} \approx 10^8 \sim 10^9 \text{m}^{-3}$) 百万分之一。

对于电离氢,每个电子对应一个质子,因此气体的总质量是

$$M_{gas} = \frac{4}{3}\pi R^3 n_e m_H = 1.05 \times 10^{14} M_\odot,$$

比先前引用的值 $3 \times 10^{13} M_\odot$ 略微高估了一点。

我们将上述星系团内气体的质量与后发座星系团的发光质量进行比较。利用银河系核球和薄盘中恒星的质光比 $M/L \cong 3M_\odot/L_\odot$,和后发座星系团的目视光度 $L_V = 5 \times 10^{12} L_\odot$,可得到后发座星系团的可见质量约为 $1.5 \times 10^{13} M_\odot$。根据这一估计,后发座星系团中的团内气体大约是星系内恒星中气体的 7 倍。但是,$10^{14} M_\odot$ 的团内气体仍仅占后发座星系团总质量的百分之几。

团内气体的 X 射线谱还显示出高度离子化铁 (例如 Fe XXV 和 Fe XXVI),硅和氖的发射线。这表明这些气体已经通过团中星系里的恒星进行过加工,并通过恒星核合成富集了重元素。那么,这么多的质量是如何从星团的星系中逸出的呢?

在星系团的早期历史中一定更频繁地有合并的发生。当星系团在最初的几十亿年内仍在形成时,它的分散程度更高。根据式 (25.13) 表示的位力定理,星系团内的星系移动得更慢,从而增加了动力学摩擦和合并的机会。在许多富星系团中发现的大量的团内气体,很可能就是在这些早期星系相互作用中,或通过恒星形成大爆发,而喷发出来的。一旦该过程启动,冲压剥离就会增强该过程。当一个星系以几千千米每秒的速度穿过团内的气体移动时,便会形成一股狂风,能够将其气体剥离。

27.3.9 超星系团的存在

星系聚类层次结构中的下一个是**超星系团** (supercluster)。顾名思义,超星系团是大尺度 (大至 100 Mpc) 的星系团集群。实际上,几乎每个星系都可能属于一个超星系团。当然,每个已知的富星系团都存在于一个超星系团中。

室女座星系团靠近**本超星系团** (local supercluster) 的中心。本超星系团呈扁平的椭球体,就像一个薄饼,其中包含位于室女座星系团大约 20 Mpc 之内的大多数星系 (包括位于该超星系团边缘附近的本星系群)。图 27.17 显示了本超星系团,它是从图中心延伸的线性星系群。所描绘的视图方向与超星系团的平面平行,因此你正在从侧边看薄饼。将此视图与图 27.11 进行比较,可以看到沿平面聚集的星系群在图 27.17 中继续。在其他已知的超星系团中,最著名的两个是**英仙–双鱼座超星系团** (Perseus-Pisces supercluster),它以发现该超星系团的北天星座命名;而南天则是**长蛇–半人马座超星系团** (Hydra-Centaurus supercluster)。英仙–双鱼座超星系团距离约有 $50h^{-1}$ Mpc,并具有线状外观,是一个平面的丝状结构,长约 $40h^{-1}$ Mpc,见图 27.24。长蛇–半人马座超星系团大约距离为 $30h^{-1}$ Mpc,且方向和前者相反。

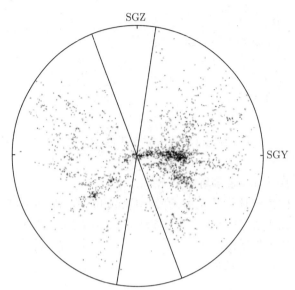

图 27.17　大约 50 Mpc 范围内 2175 个明亮星系的分布。本超星系团向右延伸，银河系 (位于中央) 位于超星系团边缘附近。银河平面一分为二成两个 "空" 切片，这些切片中的星系被银河的尘埃和气体所隐藏 (隐带) (图见塔利 (Tully)，*Ap. J.*，257，389，1982)

由于本星系群位于本超星系团的边缘附近，所以可以预期超星系团的引力是可以探测到的。1958 年，德沃古勒发现，本星系群远离室女座星系团的速度比单纯由宇宙扩张所预期的速度小。在 16 Mpc 的距离处，纯的哈勃流将产生 $v = H_0 d = 1600 h \mathrm{km \cdot s^{-1}}$ 的退行速度。桑德奇 (Sandage) 和塔曼 (Tammann) (1990) 估计，本星系群相对于室女座星系团的实际速度与哈勃流之间的差为 $(168 \pm 50) \mathrm{km \cdot s^{-1}}$，这个速度也称为本星系群的**室女座中心本动速度 (Virgocentric peculiar velocity)**。

现在可以使用与之前讨论银河系和 M31 的靠近过程时所使用的方法思想上类似的方法，来估计本超星系团的质量和质光比。结果表明，本超星系团的质量约为 $8 \times 10^{14} h^{-1} M_\odot$。相应的质光比为 $M/L \simeq 400 h M_\odot / L_\odot$，更加证明了暗物质在质量中占主导地位。

27.3.10　相对于哈勃流的大尺度运动

室女座中心本动速度是哈勃流中更大尺度不均匀性的一个微小扰动。正如我们将在 29.2 节中看到的，有一个大尺度的流运动 (相对于哈勃流)，它带着银河系、本星系群、室女座星系团以及成千上万个其他星系穿过空间向半人马座方向流动。本星系群相对于哈勃流的本动速度为 627 km·s^{-1}。成千上万个星系的这种河流般的运动在上游和下游至少延伸了 $40 h^{-1}$ Mpc。天文学家想利用这种流动来推论出能够施加如此巨大引力的可见物质或暗物质的质量位置。朝着流向的长蛇座–半人马座超星系团并不是，因为它也随着其他星系一起流动。这意味着运动的来源超出了该超星系团。

在 20 世纪 80 年代，美国天文学家**艾伦·德雷斯勒 (Alan Dressler)** 和**桑德拉·法伯尔 (Sandra Faber)** 计算出了一个**巨引源 (great attractor，GA)** 的存在，它是散布在天空 (60°) 区域的星系团的集合。根据他们的计算，巨引源与本超星系团位于同一平面，存在于半人马座方向中，方向 $\ell = 309°$，$b = 18°$(银道坐标)，相距约 $42 h^{-1}$ Mpc。巨引源

的质量估计约为 $2 \times 10^{16} h^{-1} M_\odot$，但是该地区已知只有 7500 个星系，无法解释这么大的质量。这表明巨引源质量的大约 90% 可能是暗物质形式。或者，由于巨引源位于我们银河系的平面后面，并且被尘埃所遮盖，所以在该方向上可能有一个巨大的隐藏的超星系团。如果是这样，它将以一个名为阿贝尔 3627 (Abell 3627) 的星系团为中心。

图 27.18 显示了巨引源区域中 E 和 S0 型星系的速度，图中的虚线是针对巨引源的特定模型计算出的星系速度场。在巨引源的近端，速度明显超过了不受干扰的哈勃流 (图中的对角虚线)。有迹象表明，巨引源的远端有 "逆流"(速度小于哈勃流)，但其他研究者对此有异议[1]。这些天文学家认为，附加的速度其实超出了之前认为的巨引源的位置，认为应该有其他 (或另外的) 密集物质。不管是否如描述的那样有巨引源存在，相对于哈勃流的大尺度流运动的存在似乎都是不可否认的。

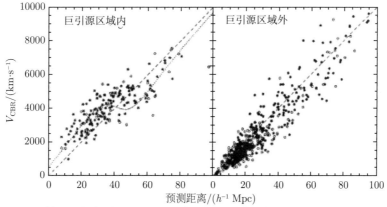

图 27.18　左图：与哈勃流 (虚线) 相比，半人马座区域的星系速度。点线显示了巨引源模型产生的速度的理论变化。长蛇座–半人马座超星系团的中心距离大约为 $30 h^{-1}$ Mpc。右图：从另一个方向观测到的星系比较图 (图改编自 Dressler 和 Faber, *Ap. J. Lett.*, 354, L45, 1990)

另一种可能性是，大尺度的流运动并不完全是由巨引源引起的。星系的**沙普利密集区 (Shapley concentration)** 可能是我们邻近宇宙中质量最庞大的星系集合，见图 27.19。

沙普利密集区的质量为几个 $10^{16} h^{-1} M_\odot$，其核心由万有引力约束的约 20 个富星系团组成，它位于本星系群运动方向上的 $10°$ 范围内，并且非常接近巨引源的方向。但是，其距离为 $140 h^{-1}$ Mpc，为计算的巨引源距离的 3 倍，因此不能认为其就是巨引源。尽管如此，它仍可能导致了本星系群的净加速度的 10%～15% 。

天文学家认为，大尺度的整体运动无法在更大的尺度上继续进行，因为这将违反宇宙各向同性的宇宙学原理。因为这样的大尺度整体运动的方向将是宇宙中的优先方向。基于 Ia 型超新星距离 (不确定性小于这些研究中经常使用的塔利–费舍尔距离) 的最新观测表明，这些巨大的流运动最终在 $50 \sim 60 h^{-1}$ Mpc 的距离处与哈勃流 (没有本动速度) 会合。实际上，一些使用 Ia 型超新星的观测并没有找到任何大尺度一致运动的证据！在解决问题之前，我们将不得不等待更完整、更精确的观测结果的出现。

---

[1] 例如，参见 Mathewson，Ford 和 Buchhorn (1992) 中的类似图表。

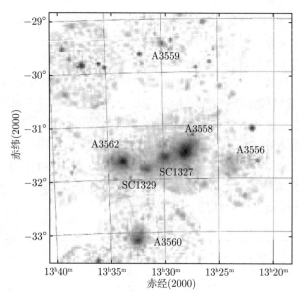

图 27.19　以星系 A3558 及其伴星系为中心的沙普利密集区中心的大尺度视图。整个星系集合在天空中的直径约为 10° (图来自 Bardelli 等，*Astron. Astrophys.*，396，2002)

27.3.11　气泡和巨洞：最大尺度上的结构

为了发现在更大尺度下观测时宇宙的外观，人们已经进行了广泛的巡天。在 20 世纪 50 年代，**帕洛玛天文台巡天项目 (Palomar Observatory Sky Survey)** 在玻璃照相底片上记录了北部天空，每个照相板覆盖 6° × 6° 区域。在这项研究中，针对天空的每个区域制作了两个板，分别记录在对红光和蓝光更敏感的底片上，从而除了显示相对亮度之外，还可以指示被摄天体的温度。图 27.20 显示了使用英国施密特望远镜对南方天空所做的最新巡天的结果。该图显示了大约 200 万个星系，视星等在 17 ~ 20.5，覆盖天空 4300 平方度，以银河系南极为中心。这不是照片，而是表示星系的数量分布图。每个点灰度从黑到白，分别代表 0 ~ 20 个星系。由图可见，显然星系并不是随机分布在整个天空中。明亮的小区域是星系团，而较长的丝状链是超星系团。

人眼和大脑即使在不存在模式的情况下也具有发现模式的才能。在图 27.20 的情况下，发现模式的难度是复杂的，因为它是天空的二维描述。所有的星系都投影在天空的平面上，因此无法将星系间真实的立体联系与因视线的重叠区分开。当三维结构压扁为二维时，它们可能会隐藏或变形。在 20 世纪 80 年代，几组天文学家开始制作宇宙的三维图，使用星系的红移和哈勃定律来提供星系的距离。诸如此类的**红移巡天 (redshift surveys)** 显示出巨洞的存在，就是图 27.11 中所示的巨大空白区域。这些巨洞的最大跨度为 100 Mpc，大致呈球形。相比之下，超星系团所占据空间则像扁平的床单一样。巨洞中的空间没有明亮的旋涡和椭圆星系，尽管可能会出现一些暗弱的矮椭圆星系。

大多数早期的巡天仅对天空的一个区域进行采样，因此不可能对星系的分布有一个整体的了解。为了解决这个问题，哈佛–史密松天体物理台 (CfA) 的**玛格丽特·盖勒 (Margaret Geller)** 和**约翰·胡克拉 (John Huchra)** 及其同事对太空展开了楔形切片巡天，见图 27.21。就像对一块瑞士奶酪进行平行切割一样，这项技术可以显示出空洞区在哪里以及它们之间的相互关系。在一个夜晚的观测中，地球的自转使望远镜经过了大约 9 h 的赤经，由此测量了望远镜所扫过视场的星系的红移。重复此过程，直到测出 6° 赤纬切片中的所有星系，远至视向速度约为 15000 km·s^{-1}（根据哈勃定律，其距离约为 150h^{-1} Mpc）[1]。

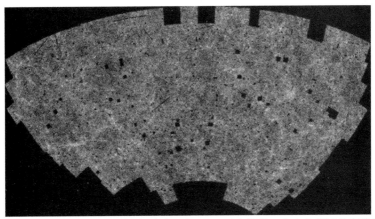

图 27.20　覆盖 4300 平方度，以银河系南极为中心的 200 万个星系。来自由英国施密特望远镜进行的巡
天探测项目合成的图片 (图来自 Maddox 等，*MNRAS*，242，43p，1990)

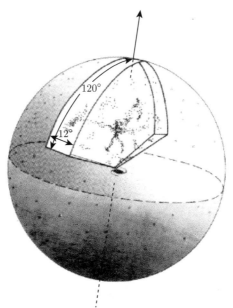

图 27.21　在 CfA 红移巡天项目中使用的两个相邻的 6° 宽的楔形 (图来自 Geller，《水星》(Mercury)，
1990 年 5 月 / 6 月)

　　图 27.22(a) 和 (b) 显示了 1985 年完成的首次切片中的两个。由于当时 H_0 值的不确定性，该距离以视向速度 cz 表示，其中 z 为红移的测量值 (式 (27.8))。图上的每个点都是一个星系。观看图并尝试想象具有这些横截面的星系的三维分布。显然，星系不是随机分

---

① 当距离超过大约 100h^{-1} Mpc 时，只能测量较亮的星系，因此在弯曲边缘附近生成的图比较稀疏。

布的。切片还表明，星系没有形成蜿蜒穿过太空的线状细丝网络。如果是这样的话，则切断细丝的可能性要大得多，而不是沿着它切成薄片 (想象切一碗煮熟的意大利面条)。确实有太多相互联系的特征，很少的孤立团块。

另一个地面类比确实提供了与这些观测结果相匹配的结构：切片看起来很像一片肥皂泡泡的切片。图 27.22(a) 和 (b) 表明，星系位于二维的薄片上，该二维片形成了气泡形空间区域的壁，并且气泡内部是巨洞[①]。

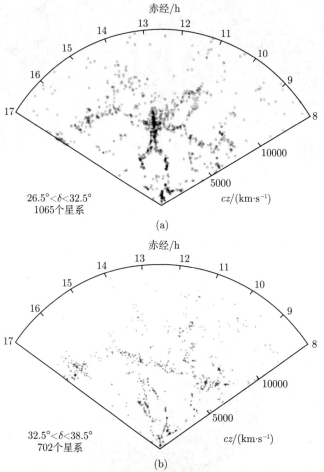

图 27.22　来自 CfA 红移巡天项目的两个切片。在每个图的顶部指示赤经。(a) $26.5° < \delta < 32.5°$；
(b) $32.5° < \delta < 38.5°$ (图摘自 Geller, *Mercury*, 1990 年 5 月 / 6 月)

一个如此大的空洞位于 $\alpha = 15\text{h}$，$v = 7500\ \text{km·s}^{-1}$ 方向，距离 $75h^{-1}$ Mpc，直径为 $5000\ \text{km·s}^{-1}$ ($50h^{-1}$ Mpc)。在图 27.22(a) 中，后发座星系团是位于切片中央的类人像的躯干[②]。显然，富星系团和超星系团存在于气泡的交会处，诸如英仙–双鱼座超星系团之类的长结构会沿着相邻气泡的表面分布。巡天切片切过由星系团组成的空洞壁，从而显示出细丝状特征。图 27.23 加强了这种解释，该图显示了前两个切片的组合。该图不仅显示

---

① 另一种可能性是，空洞像海绵的内部一样连接在一起，而布满星系的薄片将通道隔开。
② 星系团星系的本动速度使它们在视向速度方向上散布开来。这在某种程度上拉长了后发座星系团的外观。

出其特征普遍对应，而且还略有偏移。组合切片的某些特征比单个切片的特征厚。这是因为切片并不垂直于巨洞的壁。相反，壁的曲率会导致相邻的切片在稍微不同的位置处与壁相交。

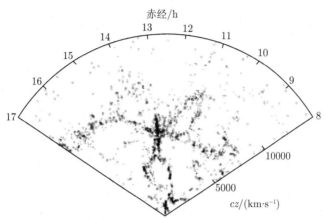

图 27.23　CfA 红移巡天项目的前两个切片的组合，$26.5° < \delta < 38.5°$ (图改编自 Geller, *Mercury*, 1990 年 5 月/ 6 月)

　　图 27.24 显示了 CfA 对北部天空的红移巡天结果与 **L. 尼古拉奇·达科斯塔 (L. Nicolaci da Costa)** 及其同事进行的南部巡天的结果的组合。顶部的长弧是**巨壁 (Great Wall)**，与之相对的是南巨壁，斜对角穿过底部。截至撰写本书时，这些结构是宇宙中已知的最大结构。它们可能由几个相邻气泡的壁组成。巨壁穿过图 27.22 中人形的双臂。其赤经延伸至少 $150h^{-1}$ Mpc，赤纬至少延伸 $60h^{-1}$ Mpc (垂直于图)，但厚度小于 $5h^{-1}$ Mpc。巨壁一端消失在被尘埃遮盖的天空区域，另一端尚未被探测。它实际上可能继续与包含英仙–双鱼座超星系团的南巨壁合并。

　　迄今为止，最深入的巡天是英澳天文台进行的 **2 度视场星系红移巡天 (two-degree-field galaxy redshift survey, 2dFGRS)**。它产生了一个三维图，包含 220929 个比 $m = -19.5$ 亮的星系，覆盖了 5% 的天空。该巡天深入到大约 1 Gpc，$z \approx 0.3$ 的红移。图 27.25 显示了一个 $3°$ 的切片，该切片切穿了北 (左) 和南 (右) 银极。它包括 63000 个星系，清楚地显示了聚集在巨洞壁上的星系。宇宙的海绵状结构在图 27.26 中显而易见，它说明了星系团和超星系团如何聚集在一起。

　　正在进行的**斯隆数字巡天 (Sloan Digital Sky Survey, SDSS)** 是对宇宙进行深入巡天的最新进展。该项目的第一阶段于 2005 年 6 月完成，在五个波段对超过 20% 的天空进行了成像，并记录了约 2 亿个天体。SDSS 获得了超过 675000 个星系，90000 个类星体和 185000 颗恒星的光谱。SDSS 使用位于新墨西哥州阿帕奇天文台 (Apache Point) 的 2.5m 口径望远镜。它的 120 兆像素照相机可以一次拍摄 1.5 平方度的天空 (是满月面积的 8 倍)。完成后，SDSS 将绘制出超过 25% 的天空的三维图。如此宽广的图应该为宇宙的大尺度结构提供更连贯和详细的图景，并提供有关其起源的线索。基于 2dFGRS 和 SDSS 目录，图 27.27 显示了属于双鱼–鲸鱼座超星系团的星系团成员。连接 19 个星系 (平均 $z = 0.0591$ 的红移) 的线勾勒出组成该超星系团的相互连接的细丝组成的宇宙网。

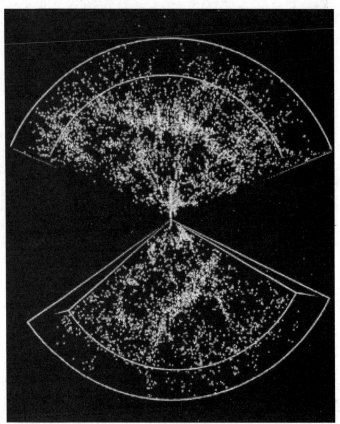

图 27.24　$c_z \leqslant 12000$ km·s^{-1} (在距离地球 $120h^{-1}$ Mpc 范围内) 的宇宙横截面，显示了 9325 个星系。
上部切片的坐标为 $8h < \alpha < 17h$ ，$8.5^\circ < \delta < 44.5^\circ$，下部切片的坐标为 $20.8h < \alpha < 4h$ ，
$-40^\circ < \delta < 2.5^\circ$ (图来自 da Costa 等，*Ap. J. Lett.*，424，L2，1994)

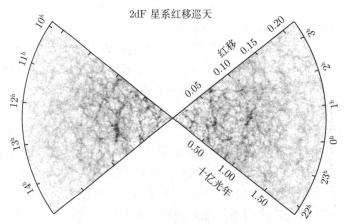

图 27.25　通过 2dFGRS 得到的 3° 切片。它显示了 62559 个星系。北银极在左边，南银极在右边 (图
改编自 Colless 等，arXiv: astro-ph / 0306581，2003)

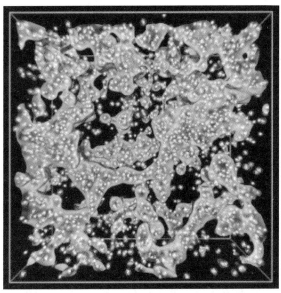

图 27.26   边长为 100 Mpc 长的立方体空间。其中的星系团和超星系团连接在一起，说明了空间的海绵状结构 (图由 2dFGRS 项目提供)

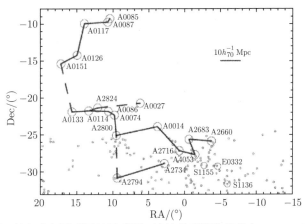

图 27.27   属于双鱼–鲸鱼座超星系团的星系团。连接星系群的线长在 $20 \sim 25h^{-1}$ Mpc (图改编自 Porter 和 Raychaudhury, *Mon. Not. R. Astron. Soc.*, 364, 1387, 2005)

27.3.12   量化大尺度结构

推断大尺度特征存在的另一种方法是使用可用数据以数学方式描述星系的聚集。如果星系以数密度 n 均匀地分布在整个空间中，那么在体积 $\mathrm{d}V$ 中找到一个星系的概率 $\mathrm{d}P$ 应该到处都是相同的，$\mathrm{d}P = n\mathrm{d}V$ [①]。但是，星系并不是随机散布的。在特定星系的距离 r 处，在体积 $\mathrm{d}V$ 内找到星系的概率为

$$\mathrm{d}P = n[1 + \xi(r)]\mathrm{d}V, \tag{27.21}$$

---

① 我们假设 $\mathrm{d}V$ 足够小，使得 $\mathrm{d}P \leqslant 1$。

其中, n 是星系的平均数密度, 而 $\xi(r)$ 是两点相关函数, 它描述了星系是比平均值更集中 ($\xi > 0$) 还是更分散 ($\xi < 0$)。对于来自 SDSS 的 118149 个星系,且其中距离为 $0.1h^{-1}\mathrm{Mpc} < r < 16h^{-1}\,\mathrm{Mpc}$ 的星系, 观测到的**相关函数 (correlation function)** 的形式为

$$\xi(r) = \left(\frac{r}{r_0}\right)^{-\gamma}, \tag{27.22}$$

其中, 相关长度 r_0 为 $r_0 = 5.77h^{-1}\,\mathrm{Mpc}$, 且 $\gamma = 1.8$。相关长度随星系的亮度变化而变化, 范围从 $4.7 \sim 7.4h^{-1}\,\mathrm{Mpc}$, 较亮的星系具有较长的相关长度。

随着如 SDSS 等巡天对更深远的太空区域进行采样 (例如, 在半径 R_s 的球内), 具有采样深度 R_s 的 r_0 的表现引起了人们的关注。如某些人所言, 如果宇宙具有分形结构并且是无标度的, 那么 r_0 应该与 R_s 成比例地增加。如果宇宙在所有尺度上看起来基本相同, 那么更深的观测一定会揭示较小结构的更大版本。但是, 均匀性的宇宙学原理要求 r_0 对于足够深的采样必须保持恒定, 因为超出一定 R_s 后就没有发现更大的结构变化。

寻找宇宙开始变得均匀的 R_s 值的研究正在进行。尽管某些研究 (例如图 27.28 中所示的研究) 已经发现了向各向同性的明显过渡, 但其他一些研究却没有。

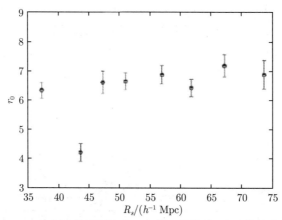

图 27.28　相关长度 r_0 与 CfA-II 目录的采样深度 R_s 的函数关系 (由哈佛大学天体物理学中心编制的星系红移目录); 图右侧数据的平坦高原表明该研究在 $R_s \approx 60 \sim 70h^{-1}\,\mathrm{Mpc}$ 过渡到同质性 (图改编自 Martinez 等, *Ap. J.*, 554, L5, 2001)

人们普遍同意, 宇宙在超过约 $30h^{-1}\,\mathrm{Mpc}$ 的尺度上会具有分形结构 (这并不意味着宇宙是分形, 因为自相似仅适用于较小的尺度, 而不适用于较大的尺度)。普遍的观点是, 各向均匀性的过渡发生在 $R_s \approx 30h^{-1}\,\mathrm{Mpc}$ 左右或更远, 也许要到 $R \approx 200h^{-1}\,\mathrm{Mpc}$。这个尺度与宇宙中最大的连贯结构的范围一致, 即相互连接的充满星系的细丝组成的宇宙网络 (图 27.27)。

27.3.13　结构的种子是什么?

很难想象红移巡天揭示的星系模式是如何由随机分布的星系产生的。当然, 碰巧, 某些区域会比其他区域拥有更多的星系。密度较大的区域在引力作用下会吸引更多的星系, 使

得密度较小的区域最终空出来。尽管引力确实起到了增加高密度和低密度区域之间差异的作用，但不足以解释巨洞。大的巨洞大约有 100 Mpc，但是星系的本动速度只有几百千米每秒。使用约 600 km·s^{-1} 的特征本动速度，星系穿过巨洞的时间至少为 160 Gyr。这比宇宙年龄 t_H 长得多，这意味着星系不可能在空洞内形成然后移出。取而代之的是，星系必须几乎以目前的模式形成。显然，我们今天所看到的结构的种子是在宇宙的最早时刻种下的。在第 30 章将再次讨论这个惊人的星系排列的起源问题。

推 荐 读 物

一般读物

Berendzen, Richard, Hart, Richard, and Seeley, Daniel, *Man Discovers the Galaxies*, Science History Publications, New York, 1976.

Ferris, Timothy, *The Red Limit*, Second Edition, Quill, New York, 1983.

Lake, George, "Cosmology of the Local Group, " *Sky and Telescope*, December 1992.

Landy, Stephen D., "Mapping the Universe, " *Scientific American*, June 1999.

Osterbrock, Donald E., Gwinn，Joel A., and Brashear, Ronald S., "Edwin Hubble and the Expanding Universe, " *Scientific American*, July 1993.

Silk, Joseph, *The Big Bang*, Third Edition, W. H. Freeman and Company, New York, 2001.

Waller, William H., and Hodge, Paul W., *Galaxies and the Cosmic Frontier*, Harvard University Press, Cambridge, 2003.

专业读物

Binney, James, and Tremaine, Scott, *Galactic Dynamics*, Princeton University Press, Princeton, NJ, 1987.

Courteau, S., and Dekel, A., "Cosmic Flows: AStatus Report, " *Astrophysical Ages and Time Scales*, ASP Conference Series, von Hippel, T., Simpson, C., and Manset, N. (eds.), 245, 584, 2001.

Dressler, Alan, et al., "Spectroscopy and Photometry of Elliptical Galaxies. I. A New Distance Estimator, " *The Astrophysical Journal*, 313, 42, 1987.

Dressler, Alan, and Faber, S. M., "New Measurements of Distances to Spirals in the Great Attractor: Further Confirmation of the Large-Scale Flow, " *The Astrophysical Journal Letters*, 354, L45, 1990.

Heck, A., and Caputo, F. (eds.), *Post-Hipparcos Cosmic Candles*, Kluwer Academic Publishers, Dordrecht, 1999.

Hubble, Edwin, "A Relation between Distance and Radial Velocity among Extra-Galactic Nebulae, " *The Proceedings of the National Academy of Sciences*, 15, 168, 1929.

Jacoby, George H., et al., "A Critical Review of Selected Techniques for Measuring Extragalactic Distances, " *Publications of the Astronomical Society of the Pacific*, 104,

599, 1992.

Jones, Bernard J. T., et al., "Scaling Laws in the Distribution of Galaxies, " *Reviews of Modern Physics*, 76, 1211, 2005.

Leibundgut, B., and Tammann, G. A., "Supernova Studies Ⅲ. The Calibration of the Absolute Magnitude of Supernovae of Type Ia, " *Astronomy and Astrophysics*, 230, 81, 1990.

Mathewson, D. S., Ford, V. L., and Buchhorn, M., "No Back-Side Infall into the Great Attractor, " *The Astrophysical Journal Letters*, 389, L5, 1992.

Peebles, P. J. E., *Principles of Physical Cosmology*, Princeton University Press, Princeton, NJ, 1993.

Riess, Adam G., et al., "Cepheid Calibrations from the Hubble Space Telescope of the Luminosity of Two Recent Type Ia Supernovae and a Redetermination of the Hubble Constant, " *The Astrophysical Journal*, 627, 579, 2005.

Rowan-Robinson, Michael, *The Cosmological Distance Ladder*, W. H. Freeman, New York, 1985.

Solanes, José M., et al., "The Three Dimensional Structure of the Virgo Cluster from Tully-Fisher and HI Data, " *The Astronomical Journal*, 124, 2440, 2002.

Sparke, Linda S., and Gallagher, John S., *Galaxies in the Universe: An Introduction*, Cambridge University Press, Cambridge, 2000.

Tremaine, Scott, "The Dynamical Evidence for Dark Matter, " *Physics Today*, February 1992.

Willick, J. A., "Cosmic Velocities 2000: A Review, " arXiv:astro-ph/0003232 v1, 2000.

Zehavi, Idit, et al., "On Departures from a Power Law in the Galaxy Correlation Function, " *The Astrophysical Journal*, 608, 16, 2004.

习　　题

27.1　通过联立周期–光度关系式 (14.1)，以及周–光–色的关系式 (27.1)，估计造父变星的 $B-V$ 色指数的范围。

27.2　如图 15.14 所示的 SN 1987A 产生的中心光环为天文学家提供了确定其距离 (从而确定大麦哲伦星云的距离) 的独特机会。超新星加热了气体环，使其发光。该环的直径为 $1.66''$ (长轴)，假定为圆形，但从地球的角度来看是倾斜的。从环的近侧发出的光比远侧的光迟 340 天到达地球。

(a) 仔细测量照片，并确定环平面与天空平面之间的角度。

(b) 使用时间延迟来确定环的直径 (以 pc 为单位)，并将结果与图 15.14 的标题进行比较。

(c) 使用三角学方法确定到 SN 1987A 的距离。

27.3　星系 M101("风车" 星系，见图 25.5) 中三个最亮的红星的视星等为 $V = 20.9$。假设星际消光为 0.3 mag，则到 M101 的距离是多少？这与使用经典造父变星发现的 7.5 Mpc 的距离相比如何？

27.4　证明：距离模数 $m - M$ 为 0.4 mag 的不确定性对应大约 20% 的距离不确定性。则多少距离模数的不确定性将导致距离中 5% 的不确定性？多少距离模数的不确定性将导致距离中 50% 的不确定性？

27.5　式 (27.4) 中，天炉座星系团的 C 值为 $C = -1.264$。则到室女座星系团和天炉座星系团的距离之比是多少？到后发座星系团和天炉座星系团的距离之比是多少？

27.6　使用哈勃的速度–距离图 (图 27.7) 中的实线确定 H_0 值。为什么他的结果与今天的值差异如此之大？

27.7　在 $h = 0.5$ 的情况下，使用仙女星系和银河系的相对运动来估计它们的总质量。这些星系对应的质光比是多少？

27.8　麦哲伦流围绕银河系运行，从银河系中心 50 kpc 处延伸至 100 kpc。

(a) 考虑流中围绕银河系中心的圆形轨道里的一团气体。轨道半径为 75 kpc，轨道速度为 $244\ \mathrm{km \cdot s^{-1}}$。将银河系和质量团块视为点质量，估计银河系的质量。相应的质光比是多少？

(b) 假设一团气体在流的尖端以零视向速度在距银河系中心 100 kpc 的距离处开始运动，并且在降至 50 kpc 后达到 $-220\ \mathrm{km \cdot s^{-1}}$ 的视向速度。假设该气体团的横向 (轨道) 速度没有变化，请使用能量守恒来估算银河系的质量。找到相应的质光比。和之前一样，将银河系和气体团块视为点质量。

27.9　假设玉夫座星系群占据一个球形空间，找出位于该群前后两端的两个相同天体之间在视星等大小上存在的差异。

27.10　推导式 (27.17)。

27.11　假设 M87 中暗物质和星际气体的密度具有相同的 r 依赖性 (即，它们是成比例的)。使用式 (27.17) 表明气体是等温的。提示：假设 $T \propto r\alpha$ 并显示 $\alpha = 0$。使用平坦自转曲线并利用式 (24.49) 和式 (24.50)。(在一些关于椭圆星系暗物质的研究中使用了有争议的假设，即 $T(r) = $ 常数。)

27.12　像后发座星系团一样，室女座星系团包含大量发出 X 射线的热 (7000 万 K) 星团内气体。

(a) 如果室女座星系团内气体的 X 射线光度约为 1.5×10^{36} W，使用式 (27.20) 得到电子数密度和气体质量。假设室女座星系团是一个半径为 1.5 Mpc 的球体，充满了完全电离的氢。

(b) 使用 $L_V = 1.2 \times 10^{12} L_\odot$ 作为室女座星系团的视光度，以估算该星系团的发光质量。这与 (a) 部分的星系团内气体质量的答案相比如何？

(c) 假设气体没有能量来源，并且只是通过热致辐射而损失能量，请使用式 (10.17) 计算每个气体粒子 (质子和电子) 的平均动能，以估计气体损失所有能量所需的时间。(假设 X 射线的亮度在整个计算过程中保持不变)。你的答案与哈勃时间 t_H 相比如何？

27.13　估计后发座星系团中的一个星系从星系团的一侧运动到另一侧要花费多长时间。假设该星系以恒速移动，速度等于星系团的视向速度弥散度。这与哈勃时间 t_H 相比如何？关于后发座星系团中的星系是否是引力束缚的，你能得出什么结论？

27.14　室女座星系团中的星系，视向速度的弥散度为 $\sigma_r = 666\ \mathrm{km \cdot s^{-1}}$。使用位力定理来估计室女座星系团的质量。

27.15　假定后发座星系团中的所有星系都移离了星系团的中心，但视向速度弥散度的测量值未发生变化。(例如，将每个星系的当前速度都朝外)。在这种情况下，星系团将不会处于平衡状态。位力定理式 (2.44) 中 $\langle \mathrm{d}^2 I / \mathrm{d} t^2 \rangle$ 项的符号将是什么？说明忽略此符号项将如何影响你对后发座星系团质量的估计。如果所有星系都朝着星团的中心移动，答案会有什么不同？

27.16　对于星系 NGC 5585，量 $2v_r / \sin i = 218\mathrm{km \cdot s^{-1}}$，其 H 视星等为 $H = 9.55$ (已修正星际消光)。使用塔利–费舍尔方法确定到该星系的距离。

27.17　A1060 星系团中最亮的星系的视星等大小为 $V = 10.99$。估计到该星系团的距离。使用最亮星系的平均绝对星等的不确定性来确定你的答案可能离正确答案有多远。

27.18　星系在巨引源方向上的大尺度流运动方向的银河坐标为 $\ell = 309°$，$b = 18°$。将其转换为赤道坐标，并使用星图确认你的答案在半人马座内。

计算机习题

27.19　从表 27.1 中到室女座星系团距离的结果中可以看到，如何选择平均距离 d_ave 是个问题。

(a) 可能选择 d_ave 以极小化：

$$\Delta \equiv \sum_i \left(\frac{d_i - d_\mathrm{ave}}{\delta_i} \right)^2,$$

其中, δ_i 是通过表中第 i 种方法确定的距离 d_i 的不确定性 (例如, 对于使用新星进行的估算, $d = 21.1$ Mpc 且 $\delta = 3.9$ Mpc)。最小二乘法拟合一条直线。对于介于 15~22 Mpc 的 d_{ave} 值制作 Δ 与 d_{ave} 的关系图, 并确定 Δ 最小时 d_{ave} 的值, 精确到 0.1 Mpc。

(b) 加权平均值为

$$d_w = \frac{\sum_i \left(d_i/\delta_i^2\right)}{\sum_i \left(1/\delta_i^2\right)}.$$

计算表 27.1 中值的加权平均值, 并将你的答案与在 (a) 部分中找到的结果进行比较。

(c) 证明: (a) 和 (b) 部分的答案始终是一致的。

第 28 章 活 动 星 系

28.1 活动星系的观测

现代天体物理是一个关于宇宙动态演化的故事。在各个尺度上，从行星到恒星再到星系，今日之天体不同于往日之天体，皆随时间而演化。当我们研究来自宇宙遥远角落的古老的光时，我们能够知道星系在年轻时的外观和行为。这些观测揭示了遥远年轻的星系中心的活动水平，而这在较近的星系核中很少见。

28.1.1 赛弗特星系

爱德华·法特 (Edward A. Fath，1880—1959) 在 1908 年观测 "旋涡星云" 的光谱时，发现了当今星系强有力遗迹的第一个线索。大多数星系显示出由恒星的组合光产生的吸收谱，但 NGC 1068 显示出 6 根明亮的发射线。1926 年，哈勃记录了这个星系和其他两个星系的发射线。17 年后，**赛弗特 (Carl K. Seyfert，1911—1960)** 发现一小部分星系具有非常明亮的星系核，具有由处于各种电离状态的原子产生的宽发射线。这些星系核看起来很像是恒星。

今天，这些天体称为**赛弗特星系**，按照光谱被分为两类。赛弗特 1 型星系具有非常宽的发射线，包括**允许线** (H I、He I、He II) 和更窄的**禁线** (例如 [O III])[①]。赛弗特 1 型星系通常也有 "窄" 的允许线，尽管与正常星系的谱线相比也是更宽的。谱线的宽度归因于多普勒展宽，表明允许线来自速度通常在 $1000 \sim 5000$ km·s^{-1} 的源，而禁线来自速度大约 500 km·s^{-1} 的源。

赛弗特 2 型星系只有狭窄的发射线 (允许线和禁线)，其特征速度约为 500 km·s^{-1}。每个光谱还显示出了源自一个小的中心源的无特征无谱线的连续谱。赛弗特 1 型星系的巨大光度来自这个连续谱，它经常超过星系中所有恒星的总光度；而赛弗特 2 型星系中观测到的连续谱的亮度则要低得多。

图 28.1 和图 28.2 分别展示了 Mrk 1243 (一个赛弗特 1 型星系) 和 Mrk 1157 (一个赛弗特 2 型星系) 的可见光谱，其中 "Mrk" 表示其为**马卡良 (E. B. Markarian，1913—1985)** 于 1968 年编订的星系目录中的一个条目。一些光谱同时具有宽的和窄的允许线，因此它们被归为中间类型，例如赛弗特 1.5 型。但是，请注意这只是一种光谱分类。一些赛弗特星系的光谱在几年内几乎从 1.5 型变为 2 型，尽管宽的 Hα 发射线很少甚至完全消失。

已知发射最多 X 射线能量的星系是 1 型和 1.5 型赛弗特星系。X 射线的发射是相当易变的，可以在几天到几小时的时间尺度上发生明显变化。而相比之下，赛弗特 2 型星系测量到的 X 射线的频率较低。对从赛弗特 2 型星系观测到的硬 X 射线的分析表明，"缺失" 的 X 射线已被具有 $10^{26} \sim 10^{28}$ m^{-2} 氢柱密度[②]的中介物质所吸收。

[①] 回忆 11.2 节，禁线涉及原子中的低概率跃迁，暗示着低的气体密度。

[②] 回忆 9.5 节，谱线轮廓可用于计算吸收材料的柱密度。

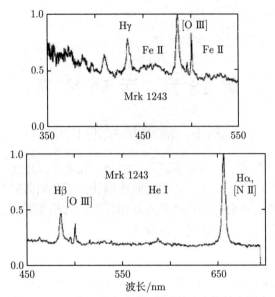

图 28.1   赛弗特 1 型星系 Mrk 1243 的可见光光谱 (图改编自奥斯特布罗克 (Osterbrock)，*QJRAS*，
25，1，1984)

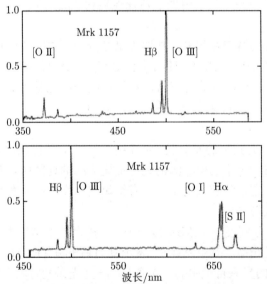

图 28.2   赛弗特 2 型星系 Mrk 1157 的可见光谱 (图改编自奥斯特布罗克，《皇家天文学会季刊》，25，1，
1984)

赛弗特星系仅占所有场星系的千分之几，但有趣的是，在距离足够近、望远镜能够分辨的赛弗特星系中，至少有 90% 是旋涡星系，通常为 Sb 或 SBb 型。它们经常伴随着其他可能会与之发生引力作用的星系。

图 28.3 是赛弗特星系 NGC 4151(Sab 型) 的长曝光视图，显示了其明亮星系核周围的星系盘。

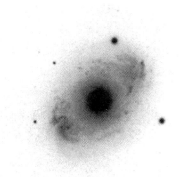

图 28.3 赛弗特 1 型 (或 1.5 型) 星系 NGC 4151 的长曝光图，展示了其明亮的星系核周围的星系盘 (图片来自桑德奇和贝德克，《卡内基星系图集》，华盛顿卡内基研究所，华盛顿，1994)

28.1.2 活动星系核的光谱

赛弗特星系属于具有**活动星系核 (active galactic nuclei, AGN)** 的一类星系。此类的其他成员，例如射电星系、类星体和耀变体，将在接下来的讨论中介绍。图 28.4 是对多种类型的 AGN 观测到的连续谱的粗略示意图 (请注意图的纵轴为乘积 νF_ν 的对数)。这种**能谱分布 (SED)** 最显著的特征是频率范围覆盖超过大约 10 个数量级。这种宽谱与恒星的热 (黑体) 谱或星系中恒星的复合谱明显不同。

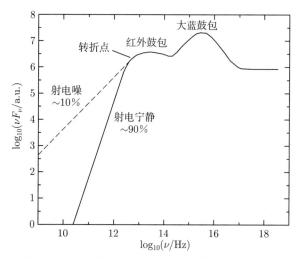

图 28.4 多种类型 AGN 所观测到的连续谱示意图

最初研究 AGN 时，人们认为它们的光谱非常平坦，因此用幂律形式

$$F_\nu \propto \nu^{-\alpha} \tag{28.1}$$

描述单色流量 F_ν[①]，且认为谱指数[②]$\alpha \simeq 1$。

[①] 回顾 3.5 节，$F_\nu \mathrm{d}\nu$ 是每秒到达指向源的探测器单位面积的，频率在 ν 到 $\nu + \mathrm{d}\nu$ 之间的能量。

[②] 注意：一些作者用相反的符号定义谱指数。

在任何频率 ν_1 和 ν_2 间隔内接收到的功率为

$$L_{\text{interval}} \propto \int_{\nu_1}^{\nu_2} F_\nu \mathrm{d}\nu = \int_{\nu_1}^{\nu_2} \nu F_\nu \frac{\mathrm{d}\nu}{\nu} = \ln 10 \int_{\nu_1}^{\nu_2} \nu F_\nu \mathrm{d}\log_{10}\nu \tag{28.2}$$

因此，在 νF_ν 与 $\log_{10}\nu$ 的图像下相等的面积对应于相等的能量，这就是在图 28.4 的纵坐标上绘制 $\log_{10}\nu F_\nu$ 的原因。$\alpha \simeq 1$ 反映了图 28.4 中转折点右侧的水平趋势。

现在我们已经知道，AGN 的连续谱更加复杂，既有热发射又有非热发射。然而，式 (28.1) 仍用于对连续谱进行参数化。

谱指数的值通常在 0.5~2，且通常随着频率的增加而增加，因此图 28.4 中 $\log_{10}\nu F_\nu$-$\log_{10}\nu$ 的曲线通常向下凹。事实上，α 的值仅在有限的频率范围内是恒定的，例如在光谱的红外和可见光区域。可见光–紫外光谱的形状和偏振表明，其可以分解为热源 (黑体谱，低偏振) 和非热源 (幂律谱，显著偏振) 的贡献。热分量表现为图 28.4 中的**大蓝鼓包**，其中可能包含大量的热光度。人们普遍认为，来自大蓝鼓包的发射是由光学厚的吸积盘造成的，但一些研究人员认为这可能是由自由–自由发射造成的。同样明显的是大蓝鼓包左侧的**热红外鼓包**，这可能是来自温尘埃颗粒 ($T \leqslant 2000$ K) 的发射。

纯幂律谱 (具有常数 α) 是同步辐射的特征，在涉及相对论电子和磁场的天文情景中经常遇到这种情况 (见例 4.3.3 和例 16.7.1)。如图 28.5 所示，同步加速辐射谱是由单个电子在围绕磁力线盘旋时发出的辐射组合产生的。如果单个电子能量服从幂律分布，那么产生的同步加速辐射谱由式 (28.1) 描述。然而，同步加速辐射谱不会随着频率的降低而无限制地继续上升。在一个转变频率处，光谱发生转折，随后以 $\nu^{5/2}$ 规律变化 (谱指数 $\alpha = -2.5$)。这是因为螺旋运动电子的等离子体对其自身产生的同步辐射变得不透明，这种效应称为**同步加速自吸收**。

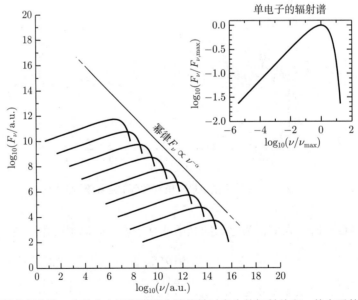

图 28.5   同步辐射的幂律谱，为单个电子围绕磁力线旋转时产生的辐射总和。单电子的辐射谱在右上角。低频处的转折未在图中展示

在一些能谱中，图 28.4 连续谱示意图中明显的 "转折" 可能是由同步加速自吸收造成的。然而，红外鼓包中明显的热成分对连续谱的贡献表明，在其他情况下，转折可能是由于暖尘埃颗粒所产生的黑体谱的长波瑞利–金斯部分。射电宁静的 AGN 具有的较陡峭的低频谱可能是由于尘埃颗粒的热谱，而射电噪的 AGN 具有的较浅的低频谱可能是由于热辐射和非热辐射的组合。

28.1.3 射电星系

第二次世界大战后，由卡尔·央斯基 (Karl Jansky) 开创的射电天文学在澳大利亚和英国的天文学家的带领下取得了飞速发展。第一个分立的射电噪源 (太阳除外) 是在天鹅座中发现的，被命名为 Cyg A(Cyg A 的现代 VLA 射电图像如图 28.6 所示)。根据英国射电天文学家弗朗西斯·格雷厄姆·史密斯 (F. Graham Smith) 提供的准确位置，沃尔特·巴德 (Walter Baade) 和鲁道夫·闵可夫斯基 (Rudolph Minkowski，1895—1976) 的团队得以找到 Cyg A 的光学对应体。这是一个外观奇特的 cD 星系，其中心明显地被一圈尘埃环绕，图 28.7 展示了使用哈勃空间望远镜获得的 Cyg A 的光学图像。Cyg A 的光谱具有 $z = \Delta\lambda/\lambda_{\rm rest} = 0.057$ 的红移，对应于 $16600\ \rm km \cdot s^{-1}$ 的退行速度 (式 (4.38))。根据式 (27.7) 形式的哈勃定律，可以得到 Cyg A 的距离约为 $170\ h^{-1}$ Mpc(即若 $h = [h]_{\rm WMAP}$，则意味着距离为 240 Mpc)。考虑到 Cyg A 是银河系外最亮的射电源，这个距离是非常大的。

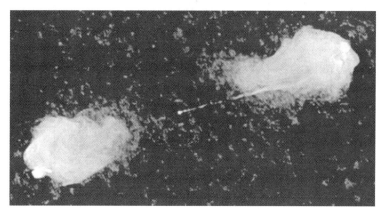

图 28.6 Cyg A 的 VLA 射电图像，图中显示两个射电瓣相隔约 $100h^{-1}$ kpc，喷流从星系延伸到右边的射电瓣。Cyg A 是一个窄线射电星系。中央的 cD 星系没有显示在这张射电图片上 (见图 28.7)。图像的宽度约为 2 角分 (由珀利 (R. A. Perley)、德雷尔 (J. W. Dreher) 和柯万 (J. J. Cowan) (NRAO/AUI) 供图)

事实上，唯一比 Cyg A 更亮的分立射电源是太阳和仙后座 A，其为附近 (3 kpc) 的一个 II 型超新星遗迹。Cyg A 要在这么远的地方被探测到，则其必须释放出大量的射电能量。Cyg A 是被称为**射电星系**的星系的一个例子，它们在射电波段下非常明亮。

例 28.1.1 Cyg A 发射的无线电能量可以根据其距离 $d = 170h^{-1}$ Mpc 以及在 1400 MHz 射电频率下单色流量的观测值来估计：

$$F_{1400} = 1.255 \times 10^{-23}\ \rm W \cdot m^{-2} \cdot Hz^{-1} = 1255\ Jy.$$

射电频谱遵循式 (28.1) 的幂律，且 $\alpha \simeq 0.8$，所以 $F_\nu \propto \nu^{-0.8}$，因此有

$$F_\nu = F_{1400} \left(\frac{\nu}{1400\,\mathrm{MHz}} \right)^{-0.8}.$$

射电光度可以通过在表 3.1 中找到的射电频率范围内对式 (3.29) 给出的单色流量进行积分来得到。频率上限取为 $\nu_2 = 3 \times 10^9\,\mathrm{Hz}$，对应于 0.1 m 的射电波长。正如习题 28.20 所示，射电谱的幂律不会一直持续到 $\nu = 0$，而是当频率下降到约 $\nu_1 = 10^7\,\mathrm{Hz}$ 时，从 Cyg A 接收到的射电流量就会下降。在这些限制下，射电亮度大约为

$$L_{\mathrm{radio}} = 4\pi d^2 \int_{\nu_1}^{\nu_2} F_\nu \mathrm{d}\nu = 4\pi d^2 F_{1400} \int_{\nu_1}^{\nu_2} \left(\frac{\nu}{1400\mathrm{MHz}} \right)^{-0.8} \mathrm{d}\nu = 2.4 \times 10^{37} h^{-2} \cdot \mathrm{W}.$$

WMAP 值使用 $[h]_{\mathrm{WMAP}} = 0.71$，可以估计 Cyg A 的射电亮度为 $L_{\mathrm{radio}} = 4.8 \times 10^{37}\,\mathrm{W}$。这是像 M31 这样的正常星系所产生的射电能量的几百万倍，大约是银河系所有波段所产生能量的 3 倍。

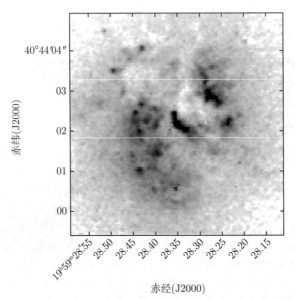

图 28.7　Cyg A(3C 405) 在 622 nm 波长下拍摄的哈勃空间望远镜连续谱图像 (图改编自杰克逊 (Jackson) 等，*MNRAS*，301，131，1998)

　　与赛弗特星系一样，射电星系也可分为两类：**宽线射电星系 (BLRG 星系，对应于赛弗特 1 型星系) 和窄线射电星系 (NLRG 星系，对应于塞弗特 2 型星系)**。BLRG 星系有明亮的类似恒星的星系核，周围环绕着非常暗淡模糊的包层。而另一方面，NLRG 星系是巨型或超巨型椭圆星系 (cD、D 和 E 型)，Cyg A 即是一个 NLRG 星系。

　　尽管赛弗特星系和射电星系具有相似之处，但它们之间还是有明显的不同。虽然塞弗特星系的星系核也发射出一些射电能量，但与射电星系相比，它们在射电波段上相对宁静。此外，几乎所有的赛弗特星系都是旋涡星系，却没有一个射电噪星系是旋涡星系。

28.1.4 射电瓣和喷流

一个射电星系可能会具有延伸的**射电瓣** (图 28.6)，或者可能会同时从其星系核的致密**核心**和与可见星系大小相当或更大的**晕**中辐射能量。图 28.7 中的光学 cD 星系是图 28.6 所示的 Cyg A 射电图像中的中心点。光学星系的两侧有两个巨大的射电瓣，它们是例 28.1.1 中估计的巨大射电光度的来源。每个瓣的直径约为 $17\ h^{-1}$ kpc。

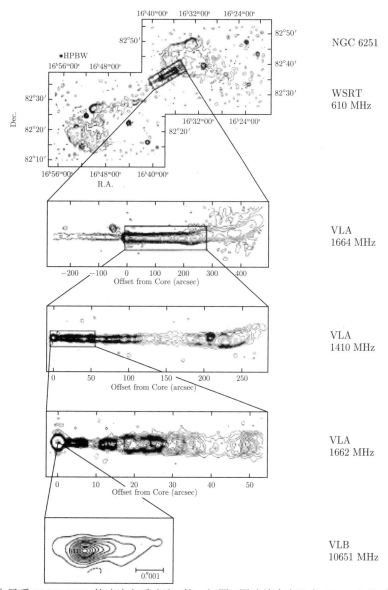

图 28.8　射电星系 NGC 6251 的喷流和反喷流 (第二幅图)(图改编自布里多 (Bridle) 和珀利 (Perley)，《天文学和天体物理学年评》，22，319，1984。经许可转载自《天文学和天体物理学年评》第 22 卷，©1984 by Annual Reviews Inc.)

观测表明，其中一个射电瓣通过一束准直**喷流**连接到 Cyg A 的中央星系，该喷流跨越了星系与射电瓣之间的大约 50 h^{-1} kpc 的距离 (由于喷流和**射电瓣**的方向尚未确定，此处引用的大小值是在天空平面上的投影距离)。至少有一半较强的射电星系有可探测的喷流，四分之三以上的较弱的射电星系也是如此。与强源相关的喷流往往是单侧的 (如 Cyg A 的喷流)，而在亮度较低的射电星系中发现的喷流通常是双侧的。这种情况的一种可能原因是，较强的射电星系可以在更远的距离被看到，从而可能无法观测到其暗淡的反向喷流 (反向喷流对于观测者来说可能不明亮的原因将在 28.3 节中讨论)。

图 28.8 展示了椭圆星系 NGC 6251 在几个射电频率下的强喷流和弱反喷流。请注意，最顶部的两个矩形框中任何一个都恰好是月球的角直径大小，而最底部图的宽度仅为几毫角秒。值得注意的是，喷流基本上可以一直追溯到星系的核心。

其他射电喷流并不像 Cyg A 或 NGC 6251 那样直。图 28.9 展示了从 NGC 1265 发出的喷流的风飘外观，这是当该星系穿过英仙座星团内的气体时产生的。

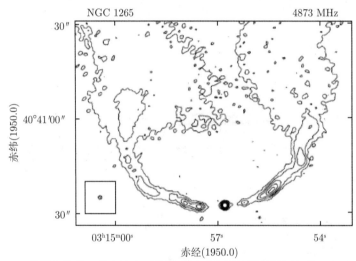

图 28.9   NGC 1265 的射电外观，其喷流由于该星系运动穿过周围的星团气体而产生后掠 (图改编自奥德阿 (O'Dea) 和欧文 (Owen)，*Ap. J.*，301，841，1986)

在 Cyg A 之后，更多的射电星系被发现。其中之一是 M87，这是 27.3 节中描述的位于室女座星系团中心的巨椭圆星系 (E1)。M87 的视星等为 $V = 8.7$，是天空中看起来较亮的星系之一。图 28.10 展示了 M87 的两个哈勃空间望远镜图像，也就是射电天文学家所称的室女座 A。其突出的喷流于 1917 年在光学波段被发现，如右侧图所示。喷流从星系延伸约 1.5 kpc 进入其射电瓣之一。喷流还显示出均匀间隔的结，这些结在射电、可见光和 X 射线波段下都很亮。M87 的 X 射线光度 (包括喷流) 大约为 10^{36} W，大约是 M87 的射电光度的 50 倍。插图显示了位于 M87 核心的旋涡状热气盘。也有证据表明，有微弱的反喷流从 M87 向与主喷流相反的方向延伸。

已知最大的射电星系之一是 3C 236("3C" 表示**第三剑桥射电源表 (Third Cambridge Catalog)**)。其红移 $z = 0.0988$，根据哈勃定律，其距离约为 280 h^{-1} Mpc。3C 236 的射电瓣在天空平面投影的距离超过 1.5 h^{-1} Mpc，而它的射电喷流只有 400 h^{-1} pc 长。

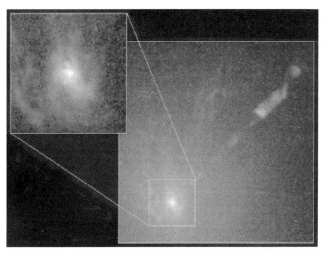

图 28.10 M87 及其喷流的两个哈勃空间望远镜视图。插图显示了 M87 中心的旋涡状热气盘 (由福特 (H. Ford，STScI/约翰斯·霍普金斯大学)、哈姆斯 (R.Harms，应用研究公司)、茨维塔诺夫 (Z. Tsvetanov)，戴维森 (A. Davidsen) 和克里斯 (G. Kriss) (约翰斯·霍普金斯大学)、波林 (R. Bohlin) 和哈蒂格 (G. Hartig) (STScI)、德雷塞尔 (L. Dressel) 和考克哈尔 (A. K. Kochhar)(应用研究公司)、布鲁斯·马贡 (Bruce Margon，华盛顿大学) 供图)

距离我们最近的一个 AGN 示例是半人马射电源 A (NGC 5128)，距离我们 4.7 h^{-1} Mpc。这是一个被厚的尘埃带环绕的 E2 星系，图 28.11 展示了 Cen A 的光学图像，叠加在照片上的是展示射电瓣的等高线 (该图大致对应于图 6.19 的中心区域)。同 M87 一样，Cen A 有一个从它的星系核延伸出来的喷流，包含具有射电和 X 射线发射的几个结。尽管 Cen A 就在我们的天文后院，但从宇宙学角度来看，我们附近的射电星系的平均数量约是赛弗特星系的 1/100。

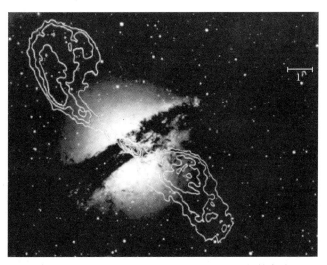

图 28.11 射电星系半人马射电源 A 的光学和射电外观 (叠加等高线)(由 NRAO 供图)

28.1.5 类星体的发现

随着射电望远镜在 20 世纪 50 年代后期发现越来越多的射电源，将这些源与已知物体相认证的任务变得愈加重要。1960 年，**托马斯·马修斯 (Thomas Matthews)** 和**艾伦·桑德奇 (Allan Sandage)** 正在寻找射电源 3C 48 的光学对应体。他们发现了一个 16 等的类星天体，其独特的光谱具有无法根据任何已知元素或分子鉴别的宽发射线。用桑德奇的话说："这件事太奇怪了。"1963 年，另一个具有恒星外观的射电源 3C 273 也发现了类似的奇怪光谱。图 28.12 展示了 3C 273 及其喷流，其喷流从星系核延伸了 39 h^{-1} kpc 的投影距离。

图 28.12 类星体 3C 273 及其喷流 (由 NASA 和巴考尔 J. Bahcall(IAS) 供图)

3C 48、3C 273 和其他类似的源被归类为**类星射电源 (QSR)**，后称为**类星体**。但是名称并不能代替理解，对类星体的理解被证明是十分困难的。直到那年晚些时候，荷兰天文学家**马腾·施密特 (Maarten Schmidt)** 认识到 3C 273 的宽发射线模式与氢的巴尔末线模式相同，谜团才有所解开。这些熟悉的谱线已经严重红移 ($z = 0.158$) 到不熟悉的波长，因此难以识别，见图 28.13。这样的多普勒频移意味着 3C 273 正以 14.6% 光速远离地球。根据哈勃定律，这表明 3C 273 在大约 440 h^{-1} Mpc 的距离处。

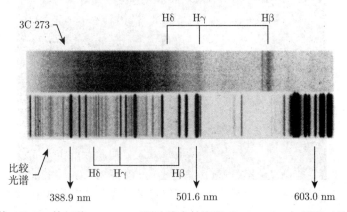

图 28.13 类星体 3C 273 的红移 $z = 0.158$(图改编自帕洛玛 (Palomar，加州理工学院) 提供的图片)

在加州理工学院，施密特的同事**杰西·格林斯坦 (Jesse Greenstein，1909—2002)** 和马修斯计算出 3C 48 具有更大的红移 $z = 0.367$，对应视向速度为 $0.303c$，哈勃距离超过 $900\ h^{-1}\mathrm{Mpc}$。天文学家认识到 3C 48 是宇宙中迄今发现的最遥远的天体之一。

28.1.6 类星体光度

类星体的射电发射可能来自射电瓣，也可能来自其核心的源。类星体是如此遥远，以至于在光学图像中，大多数看起来都是一个围绕有微弱模糊光晕的极其明亮的星状核。在某些情况下，模糊的晕可以分辨出一个暗弱的母星系。要在如此远的距离上可见，则类星体必须异常地强大。

例 28.1.2 类星体 3C 273 的视星等为 $V = 12.8$，式 (3.6) 可用于得到其绝对视星等。使用 $[h]_{\mathrm{WMAP}} = 0.71$ 可以得到距离 $d \simeq 620\,\mathrm{Mpc}$，则有

$$M_V = V - 5\log_{10}\left(\frac{d}{10\,\mathrm{pc}}\right) = -26.2.$$

该值可用于估计类星体在可见光波段下的光度。使用 $M_{\mathrm{Sun}} = 4.82$ 表示太阳的绝对视星等，式 (3.7) 给出了类星体视亮度的估计：

$$L_V \approx 100^{(M_{\mathrm{Sun}} - M_V)/5} L_\odot = 2.6 \times 10^{12} L_\odot = 1 \times 10^{39}\ \mathrm{W}.$$

3C 273 发射的射电能量可以根据距离和 1400 MHz 射电频率的单色流量 $F_{1400} = 4.64 \times 10^{-25}\ \mathrm{W \cdot m^{-2} \cdot Hz^{-1}} = 46.4\ \mathrm{Jy}$ 估算。射电谱遵循式 (28.1) 的幂律，谱指数为 $\alpha \simeq 0.24$。从 $\nu_1 \simeq 0$ 到 $\nu_2 = 3\,\mathrm{GHz}$ 对单色流量进行积分得到

$$L_{\mathrm{radio}} = 4\pi d^2 \int_{\nu_1}^{\nu_2} F_\nu \mathrm{d}\nu = 7 \times 10^{36}\ \mathrm{W}.$$

推断的类星体辐射光度范围从大约 10^{38} W 到超过 10^{41} W，其中 5×10^{39} W 是典型值，见图 28.16。这意味着最明亮的类星体的能量是银河系等正常星系的 10^5 倍。

28.1.7 类星体光谱

3C 273 的单色流量如图 28.14 所示，这个连续的光谱的频率跨越了近 15 个数量级，与恒星的尖峰状的黑体谱相比非常宽。3C 273 的光谱低频端平缓下降，这反映了该区域的谱指数大于平均水平 ($\alpha = 0.24$)。在低频时，3C 273 的光谱辐射主要来自喷流而不是星系核。

对于大多数其他类星体，低频端的频谱下降得更突然 (较小的 α)。典型的光谱在远红外波段大约 5×10^{12} Hz 的频率转折，这可能是由于尘埃和/或同步加速自吸收。此外，尽管一些类星体在红外波段下最亮，其他一些类星体在 X 射线波段最亮，但 3C 273 的峰值能量是以低能伽马射线的形式输出的。

相比于恒星而言，类星体发出更多的紫外线，因此在外观上非常蓝。例如，3C48 的色指数 $U - B = -0.61$ 和 $B - V = 0.38$(注意到，这远高于图 3.11 中的两色图上主序星的位

置)。在图 28.14 中，这种过多的紫外线反映为位于 $10^{14} \sim 10^{16}$ Hz 的大蓝鼓包。大蓝鼓包是大多数 (但不是全部) 类星体光谱的特征。

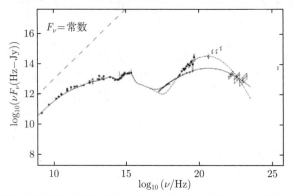

图 28.14　在去除了由哈勃流引起的多普勒频移之后的 3C 273 光谱。水平线对应于谱指数 $\alpha = 1$。作为参考，对角虚线表示 $F_\nu = $ 常数的斜率。右侧的两条线对应于宁静和爆发期间的 3C 273(图改编自佩里 (Perry)，沃德 (Ward) 和琼斯 (Jones)，《皇家天文学会月刊》，228，623，1987)

　　一些类星体光谱中也可能存在吸收线。特别地，在 10% 的类星体光谱中发现的多普勒展宽吸收线源自速度超过 10^4 km·s^{-1} 的源，这些线被认为与类星体本身有关。由氢的莱曼系 (见 5.3 节) 和诸如 C IV 和 Mg II 的金属莱曼系引起的额外窄吸收线在具有高红移 ($z > 2.2$) 的类星体光谱中可以经常看到。这些线通常会出现在紫外波长处，但由于吸收材料的退行速度而红移到可见光谱中。给定类星体的吸收线可以按照红移量分为不同的组。此外，这些窄吸收线的红移几乎总是小于类星体发射线的红移。吸收线的不同组被认为是由位于类星体和地球之间的中介物质云引起的，这将在 28.4 节中讨论。

28.1.8　类星天体

　　类星体类似恒星，但发射更多的紫外线，其独特的外观促使天文学家寻找更多符合这种描述的天体。事实上，选择那些 $U - B < -0.4$ 的天体，即可以得到一个可能为类星体的几乎完整的列表 (因为那些 z 值非常大的天体会更红)，然后必须通过光谱分析来确认是否为类星体。研究者发现，大约 90% 已确认的类星体候选者，以及一般的 AGN，都相对地射电宁静。因此这些天体中的大多数专门称为**类星天体 (quasi-stellar object，QSO)**，而非类星体 (quasar，QSR)。

28.1.9　类星体的术语

　　今天，"类星体" 这个术语对于射电噪的 QSR 和射电宁静的 QSO 都几乎普遍适用。因此，经常会遇到 "射电噪类星体" 和 "射电宁静类星体" 这样的描述。然而，有时也会出现 QSO 被用作 quasar 的缩写的情况。由于某些文献中的术语可能会令人困惑，所以了解使用该术语的上下文很重要。在本书中，我们通常会使用类星体 (quasar) 表示两类天体，并在必要时区分**射电噪**和**射电宁静**[①]。

---

　　① 不止一位天文学家指出，这个令人困惑的术语也有点自相矛盾：说 "一个特定的类星体是射电宁静的"，相当于说 "我们正在讨论一个射电宁静的类星射电源"(基于类星体的原始定义)！

28.1.10 极亮红外星系

几乎所有类星体的光谱都与宽线射电星系和赛弗特 1 型星系的光谱相似，具有明亮的幂律连续谱和宽的发射线 (允许线和更窄的禁线都有)。赛弗特 2 型星系光谱具有窄的发射线 (允许线和禁线都是)，这在类星体中似乎没有相对应的。然而，一些天文学家认为，一些被红外天文卫星编目的**极亮红外星系 (ULIRG)**，应被视为 2 型类星体而非星暴星系 (回忆 26.1 节)。有人认为，红外光是尘埃吸收了来自类星体核心的光，并再次辐射而产生的。

28.1.11 类星体的高宇宙学红移

斯隆数字化巡天 (SDSS) 已对 46420 个类星体进行了编目。目录中 i 波段 (以 748.1 nm 波长为中心) 中最亮的条目是红移 $z = 2.7356$ 的天体 SDSS 17100.62+641209.0，其 $M_i = -30.242$ mag。目录中最遥远的类星体是 SDSS 023137.65−072854.4，其红移 $z = 5.4135$，这意味着退行速度超过 $0.95c$。事实上，SDSS 目录中有 520 个红移大于 $z = 4$ 的类星体。

对于如此大的宇宙学红移，我们必须放弃以式 (27.7) 和式 (27.8) 的形式使用哈勃定律来确定距离。宇宙学红移是由光所穿过的空间的膨胀引起的，所以在距离非常远时，波长的总变化量取决于宇宙膨胀随时间的变化。

膨胀率随着宇宙中所有物质和能量的变化而变化。因此，习惯上一般直接引用红移 z，而不是确定的实际距离。但是你应该记住，宇宙红移波长的变化比例与宇宙大小 R(自光发射的时候起) 的变化比例是相同的[①]，也就是说：

$$z = \frac{\lambda_{\mathrm{obs}} - \lambda_{\mathrm{emitted}}}{\lambda_{\mathrm{emitted}}} = \frac{R_{\mathrm{obs}} - R_{\mathrm{emitted}}}{R_{\mathrm{emitted}}},$$

得到

$$\frac{R_{\mathrm{obs}}}{R_{\mathrm{emitted}}} = 1 + z. \tag{28.3}$$

因此，$z = 3$ 的红移意味着现在的宇宙大小为光最初发射时的 4 倍。

28.1.12 类星体演化的证据

正如在 26.2 节所指出的，在宇宙学上靠近我们的区域构成了 "今天的宇宙"。在观测这些区域时，天文学家可以研究当前时代出现的星系。当我们望向宇宙更深处时，我们其实是看到了已传播了很久的光，而自其旅程开始以来，光的源头可能已经发生了显著的变化。这本质上意味着，望向更深远的空间即凝视更久远的过去。因此，望远镜充当了时间机器，为早期宇宙的研究提供了一个窗口。

在更早的时代，明亮的类星体肯定比现在更为常见，分别在高、低红移 z 下的观测证实了这一点。有几个因素可能导致过去明亮类星体的空间密度更大。那时类星体的总数和光度与现在可能都有所不同，要理清这些影响显然是一项艰巨的任务。宇宙的膨胀引入了进一步的复杂性。今天的宇宙比红移 z 时大 $1 + z$ 倍，因此即使是类星体的数量和光度保持不变，过去类星体的空间密度也会更大。为了避免由宇宙膨胀造成的不必要的混乱，天

[①] 例如，这种变化比例可以通过测量其成员的平均距离得到。"宇宙的大小" 的含义将在 29.1 节中更加精确地介绍。

文学家定义了一个**共动空间密度**，从数学上消除了宇宙膨胀的影响。红移 z 处每 Mpc^3 的天体数量除以 $(1+z)^3$，将空间密度缩小到今天的值 ($z=0$)。恒定数量没有演化的天体的共动空间密度不会随着宇宙的膨胀而改变，因此共动空间密度的变化意味着天体的数量在变化或天体在演化 (或两者兼有)。

统计研究表明，每 Mpc^3(共动空间密度) 中比 $M_B = -25.9$ 亮的类星体数量在 $z=2$ 时是今天 ($z=0$) 的 1000 多倍。然而，有强有力的证据表明，类星体的总数从现在 ($z=0$) 到约 $z=2$ 时并没有显著变化。

图 28.15 展示了几个不同红移区间的类星体的光度函数 Φ，其中 $\Phi(M_g)$ 是每 Mpc^3(共动空间密度) 中绝对星等介于 M_g 和 $M_g + \mathrm{d}M_g$ 之间的类星体的数量。注意到，对于 $z < 2$，如果将光度曲线沿 M_g 轴水平移动，曲线将重叠。这表明对于 $z < 2$，具有不同红移的类星体群仅在光度上有所不同，而在共动空间密度上没有差异。如果是这样，那么今天明亮类星体的稀缺是一种演化效应，是由它们的光度随着时间降低而引起的。类星体的这种光度演化如图 28.16 所示[1]。显然，随着宇宙膨胀，恒定数量的类星体变得越来越暗，这与 $z < 2$ 的观测结果一致。

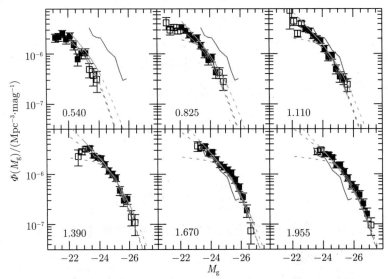

图 28.15   具有不同红移的类星体的光度函数。红移在每一个图中显示，例如，在左上角的图中，$z = 0.540$。每个图中出现的锯齿线 ($z = 0.540$ 的右上角) 代表 $z = 1.390$ 的数据。注意到，红移越大，类星体越明亮。数据来自斯隆数字巡天 (SDSS) 和对 5645 个类星体的 2 度视场红移巡天 (2dF)。g 波段以 480 nm 为中心 (图改编自理查兹 (Richards) 等，《皇家天文学会月刊》，360，839，2005)

在 $z = 2$ 和 $z = 3$ 之间的情况变得更加复杂。天文学家可以研究类星体的诞生和演化，直到 $z \sim 6$。在光学和 X 射线波段的统计调查表明，AGN 的共动空间密度在红移 $z \approx 2.5$ 时达到峰值，在 $z > 3$ 时下降，见图 28.17。这些研究表明，在 $z \approx 4$ 时，共动空间密度减小到了大约峰值的 1/10。

---

[1] 注意图 28.16 假设了 WMAP 预设值为 $h = 0.5$，且对应于特定的 "平坦宇宙" 的宇宙膨胀模型 (减速参数 $q_0 = 0.5$，见式 (29.56))。

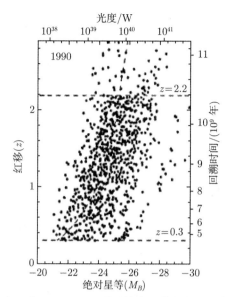

图 28.16 类星体随着时间变暗。对于 $z < 0.3$,附近的类星体太少,无法为此图提供足够的样本。本研究中的观测未对左上角的空白区域进行采样 (图改编自博伊尔 (Boyle),《星系的环境和演化》(The Environment and Evolution of Galaxies),沙尔 (Shull) 和松森 (Thronson) 编辑,克鲁尔 (Kluwer) 学术出版社,多德雷赫特,1993

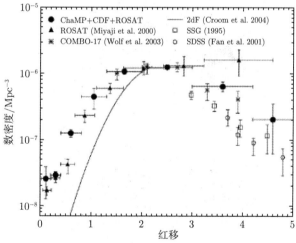

图 28.17 活动星系核的共动空间密度 (每 Mpc^3) 是红移 z 的函数 (图改编自西尔弗曼 (Silverman) 等,*Ap. J.*,624,630,2005)

高 z 类星体数量的不足可能反映了为新生 AGN 提供动力的超大质量黑洞的成长阶段。你可能还记得在图 25.15 中,超大质量黑洞的质量和星系核球的速度弥散之间存在很好的联系,这表明随着星系质量和核球的速度弥散增加,中央超大质量黑洞的质量也会增加。

图 26.17 中也有这种演化关系的证据,该图展示了 NGC 6240 中两个正在并合的超大质量黑洞的钱德拉 X 射线图像。

有证据 (包括观测到的类星体中的相互作用) 表明单个类星体 "事件" 仅持续一个星系动力学时标 (动力学时标, 本质上是特征的自由落体或轨道时间, 这在 26.2 节中有介绍)。图 28.18 展示了类星体 PKS 2349−014 和一个与大麦哲伦云大小相当的伴星系 (类星体正上方的小亮点)。几乎围绕着类星体的弯曲的细线可能是类星体与伴星系之间潮汐相互作用的结果。伴星系距离很近, 可能在不久的将来会与 PKS 2349−014 并合。以类星体为中心的弥漫状星云物质的部分可能 (也可能不) 代表了该类星体所在的宿主星系。

2003 年, 詹姆斯·邓禄普 (James S. Dunlop)、罗斯·麦克卢尔 (Ross J. McLure) 和他们的同事对 33 个射电噪类星体、射电宁静类星体和位于红移带 $0.1 < z < 0.25$ 的射电星系的宿主星系形态进行了广泛的研究。该项研究是使用哈勃空间望远镜结合 VLA 射电成像进行的。研究小组得出结论: 样本星系中所有与射电噪类星体或射电星系有关的星系都是大质量的椭圆星系。在样本星系中的 13 个射电宁静类星体中, 9 个的宿主星系是大质量椭圆星系, 而其余 4 个为盘/球星系。此外, 在 4 个盘/球星系中, 其中 2 个的光度由核球部分主导, 这意味着 13 个射电宁静类星体中有 11 个 (或约 85%) 与球体为主的星系有关。此外, 这 2 个盘主导的星系是迄今为止样本中亮度最低的 AGN 所在的星系, 将它们视为赛弗特 2 型星系可能更合适。从该研究所调查的系统来看, 样本中所有真正的类星体和射电星系似乎都在大质量椭圆星系中, 这些椭圆星系与通常在富星团中心附近发现的低 z 宁静星系几乎无法区分。

图 28.18　类星体 PKS 2349−014 与一个伴星系进行引力相互作用 (图来自巴考尔, 基尔哈科斯和施耐德, *Ap.J. Lett.*, 447, L1, 1995。由巴考尔 (J. Bahcall), 高等研究院, NASA 供图)

该研究还表明, 所有射电噪类星体都包含质量至少 $10^9 M_\odot$ 的中央超大质量黑洞, 而射电宁静类星体则包含质量超过 $5 \times 10^8 M_\odot$ 的黑洞。从这项工作中似乎可以看出, 射电噪类星体比射电宁静类星体少得多 (10% 对比 90%), 这仅仅是因为射电噪类星体需要更大质量的中心黑洞来为强大的射电能量发射提供动力。但是, 尽管该研究确实发现黑洞质量的增加和射电光度的增加两者之间存在广泛的相关性, 但最明亮的射电源不能仅归因于黑洞的质量, 也有猜测认为, 或许也需要黑洞旋转为最强的射电源供能。

在对 SDSS 类星体目录中的 12698 个红移范围为 $0.1 < z < 2.1$ 的类星体进行的第二项统计研究中，麦克卢尔和邓禄普考虑了黑洞质量随着红移增加的演化。他们发现在 $z \sim 2$ 时就有了足以为类星体提供能量的黑洞质量。他们进一步确定了所有中央黑洞的质量都在 $10^7 M_\odot < M_{bh} < 3 \times 10^9 M_\odot$ 范围内，其质量上限对应于迄今为止在近邻宇宙中 (明确地说，是在 M87 和 Cyg A 中) 发现的最大质量的黑洞。

SDSS 类星体研究还能够指出，类星体的热光度随着红移而稳定增加，红移 $z \sim 0.2$ 时热光度大约为 $0.15\, L_{Ed}$，红移 $z \sim 2.0$ 时大约为 $0.5\, L_{Ed}$，其中 L_{Ed} 是爱丁顿光度 (式 (10.114))。从数据中还可以明显看出，爱丁顿光度限制在该研究的高 z 端仍然有效。

28.1.13 AGN 变化的时标

上面讨论的许多 AGN(不包括 NLRG 和赛弗特 2 型) 产生的能量可以在短时间内变化。一些赛弗特 1 型星系和类星体的宽发射线和连续谱的光度可以在几个月、几周甚至几天内改变 2 倍，但窄线却几乎没有或甚至没有这样的变化。在相近的时间尺度上，宽发射线的变化通常落后于连续谱的变化。在短短几分钟的时间内，赛弗特 1 型星系和类星体的可见光和 X 射线输出也有百分之几的变化，其中 X 射线波动通常是最快的。另一方面，也可能会有持续时间更长的变化。例如，在 1937 年左右，类星体 3C 279 在持续数年的爆发期间在可见波段变亮了 250 倍，如图 28.19 所示。

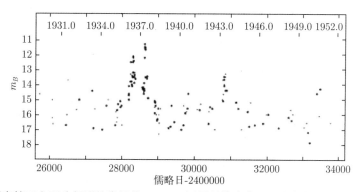

图 28.19　根据存档天文照片得到的类星体 3C 279 视星等的变化 (图改编自埃克斯 (Eachus) 和利勒 (Liller)，*Ap. J. Lett.*，200，L61，1975)

28.1.14 辐射的偏振

类星体通常表现出低的偏振度。在可见光波段，射电宁静类星体和射电噪类星体的线偏振度通常都小于 3%，而少数类星体的偏振度可能高达 35%。高偏振类星体的射电发射主要来自一个致密的核，这样的类星体称为**核主导射电源 (也称为致密源)**。这些类星体在射电波段的偏振程度低于**瓣主导射电源**，后者可能达到 60% 的线偏振度。AGN 射电喷流的线偏振度一般为 40%，但在小范围内可能超过 50%(如 16.7 节所述，同步辐射是高度线偏振的，核主导源的低偏振可能是由于同步加速自吸收)。图 28.20 展示了偏振测量得到的类星体 3C 47 的磁场方向。

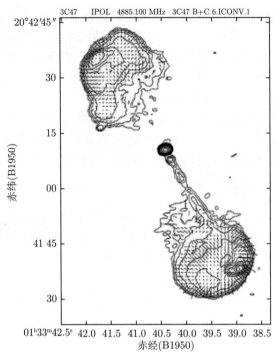

图 28.20　类星体 3C 47 磁场的偏振图，两个瓣都高度偏振 (图片改编自费尔尼尼 (Fernini) 等，*Ap. J.*，381，63，1991)

28.1.15　法纳罗夫–莱利亮度类型

1974 年，**法纳罗夫 (B. L. Fanaroff)** 和**莱利 (J. M. Riley)** 提出，第三剑桥射电源表中的射电噪 AGN 可以大体分为两个光度类型。法纳罗夫和莱利将中心两侧 (不包括中心源) 射电发射最亮点之间的距离与射电源整体尺度之比小于 0.5 的射电源定义为 I 型射电源，而比率大于 0.5 的为 II 型射电源。FR I 型星系的一个例子是 NGC 1265，如图 28.9 所示，而 Cyg A 是 FR II 型星系的一个经典例子，见图 28.6。类星体也是 FR II 型天体。

从分类方式可以明显看出，FR I 源的射电亮度随着距喷流中心距离的增加而减弱，而 FR II 源往往在射电瓣末端亮度最高。FR I 型星系通常有两束可分辨的射电喷流，而 FR II 型星系通常只有一束可分辨的喷流 (反喷流要么非常弱，要么无法观测到)。此外，FR I 型星系可能有弯曲的喷流，而 FR II 型星系的喷流往往是直的。

同样有趣的是，这种形态学分类方案之所以称为光度分类，是因为 FR I 和 FR II 型星系在比光度上也有相当明确的界限。在 1.4 GHz 下比光度小于 10^{25} W $\cdot$ Hz^{-1} 的源被认定为 FR I 型，而那些具有更大比光度的源不可避免地被归类为 FR II 型。

28.1.16　耀变体

具有快速可变性和可见波段的高度线偏振性的一类 AGN 被定义为**耀变体 (blazar)**。此类中最著名的天体是发现于北蝎虎座的**蝎虎天体 (BL Lacertae)**。

由于亮度不规则变化，BL Lac 最初被归类为变星，因此是变星类型的命名。一周时间内，BL Lac 的亮度会增加一倍，而且一个月后亮度会改变 15 倍。但是，尽管 BL Lac 具有类似恒星的外观，但其光谱仅表现为具有非常弱的发射和吸收线的无特征连续谱。更仔细的观测表明，BL Lac 明亮的类星核被一个模糊的晕包围，晕的光谱类似于椭圆星系的光谱。

BL Lac 天体是耀变体的一个子类，其特点是具有快速时变性。值得注意的是，它们的光度可能会在短短 24 h 内变化高达 30%，在更长的时间内变化高达 100 倍。BL Lac 天体的独特之处还在于几乎没有发射线的强偏振的幂律连续谱 (30%~40%线偏振)。然而，对一些微弱谱线的观测揭示了其具有高红移，因此同类星体一样，BL Lac 天体也处于宇宙学距离。那些已经分辨出的 BL Lac 天体中大约 90%似乎位于椭圆星系中。除了 BL Lac 天体外的另一种耀变体是**光学剧变类星体 (OVV)**，它们与 BL Lac 相似，但它们通常更亮，并且它们的光谱中可能有宽发射线。

28.1.17 低电离星系核

值得一提的最后一类天体包含**低电离星系核 (Low Ionization Nuclear Emission-line Regions，LINER)**。

这些星系的核心亮度很低，但具有相当强的低电离种类的发射线，如 [O I] 和 [N II] 的禁线。LINER 的光谱似乎与赛弗特 2 型星系的低光度端相似，并且在高灵敏度研究中，在许多 (也许是大多数) 旋涡星系中都检测到了 LINER 的特征。这些低电离线在星暴星系和 H II 区也可检测到，因此尚不清楚 LINER 是否真正代表了 AGN 现象的低光度极限。

28.1.18 AGN 分类总结

本节介绍了大量具有一些共性和一些明显差异的天体。在继续讨论如何统一描述 AGN 现象之前，我们在表 28.1 中简要总结一下所介绍的天体。

表 28.1 AGN 类别总结

类别	子类	描述
赛弗特星系	1 型	具有宽和窄发射线，弱射电发射，X 射线发射，旋涡星系，可变
	2 型	只有窄发射线，弱射电发射，弱 X 射线发射，旋涡星系，不可变
类星体	射电噪 (QSR)	具有宽和窄发射线，射电噪发射，一些偏振，FR II 型，可变
	射电宁静 (QSO)	具有宽和窄发射线，弱射电发射，弱偏振，可变
射电星系	宽线射电星系 (BLRG)	具有宽和窄发射线，射电噪发射，FR II 型，弱偏振，椭圆星系，可变
	窄线射电星系 (NLRG)	只有窄发射线，射电噪发射，FR I 和 FR II 型都有，无偏振，椭圆星系，不可变
耀变体	蝎虎天体 (BL Lac)	几乎没有发射线，射电噪发射，强偏振，快时变，90%位于椭圆星系中
	光学剧变类星体 (OVV)	具有宽和窄发射线，射电噪发射，强偏振，快时变，比 BL Lac 亮得多
极亮红外星系 (ULIRG)		可能是尘埃笼罩的类星体，也可能是星暴现象
低电离星系核 (LINER)		与低光度赛弗特 2 型类似，低电离发射线，在很多 (或许大多数) 旋涡星系中，也可能是星暴现象或 H II 区发射

28.2　活动星系核的统一模型

28.1 节介绍了一系列令人眼花缭乱的 AGN 观测结果。不同种类的 AGN 之间虽然有许多相似之处，例如明亮致密的星系核、宽广的连续谱、时变性，但也有许多不同之处，包括宽发射线的存在与否，以及射电和 X 射线发射的强度。那么问题来了：不同 AGN 的类型从根本上是不同的还是相同的？

现在看来，活动星系核一般都由同一种引擎提供动力——中央超大质量黑洞的吸积 (见第 782 页)。因此，观测差异是由于从地球上看天体的方向不同以及中央黑洞的吸积率和质量不同。射电瓣的存在是对基本模型的补充，并且符合基本模型。

尽管人们对 AGN 统一模型的一些具体细节尚未达成普遍共识，但该模型确实为组织对 AGN 的观测及其解释提供了一个框架。任何模型都应该是自洽的，这意味着其构成元素都是和谐的。此外，与科学中所有可行的理论和模型一样，成功的 AGN 模型除了解释之前所做的所有观测外，还应该有能力预测新的观测实验的结果。人们在统一模型思想的基础上进行了成功的预测，似乎已经掌握了 AGN 统一模型的基本特征。本节的目的是展示如何推导出此统一模型的特征，并阐述 AGN 可能是什么样的。

28.2.1　走向统一的 AGN 模型

首先，我们来看两个证据，表明追求统一模型确实是合理的。图 28.21 展示了各种

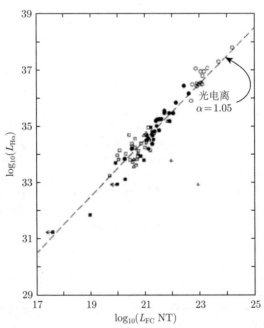

图 28.21　Hα 发射线光度与 480 nm 波长附近无特征连续谱光度 ("NT" 代表 "非热")。类星体是空心圆，赛弗特 1 型是实心圆，赛弗特 2 型是空心正方形，窄线射电星系是三角形，以及更多的赛弗特 2 型和窄线射电星系是实心正方形 (图改编自叔德尔 (Shuder)，*Ap. J.*，244，12，1981)

AGN(不包括耀变体) 的 $L_{\mathrm{H}\alpha}$(Hα 发射线光度) 和 L_{FC}(波长接近 480 nm 的无特征连续谱的光度) 曲线。如果氢发射线是由于氢原子被连续谱辐射光致电离，随后复合产生的，那么这两个光度应该是成比例的，在双对数图上应该找到一条斜率为 1 的直线。虚线的斜率为 1.05，证明 $L_{\mathrm{H}\alpha} \propto L_{\mathrm{FC}}$。这一结果暗示了在赛弗特 1 型和 2 型星系、宽线和窄线射电星系以及射电噪和射电宁静类星体这些 AGN 中所观测到的宽和窄的氢发射线的共同起源。

统一模型的另一个证据来自**罗伯特·安托努奇 (Robert Antonucci) 和约瑟夫·米勒 (Joseph Miller)** 于 1985 年报告的观测结果。当他们在偏振光中观测 NGC1068(一个赛弗特 2 型星系) 时，他们发现了赛弗特 1 型星系的光谱，且具有宽发射线。此后发现的类似案例表明，在这些赛弗特 2 型星系中存在赛弗特 1 型星系的核，它们被一些光学厚的物质隐藏在地球的直接视野之外。减弱的赛弗特 1 型光谱 (通常被直接的赛弗特 2 型光谱所淹没) 来自通过核外的星际介质反射而间接到达我们的光。当电矢量垂直于射电轴时，这种反射也促进了我们所观测到的线偏振。AGN 相对于地球视线的方向将是要叙述的统一模型中的一个重要因素。

28.2.2 中央引擎的性质

中央引擎为 AGN 提供能量，快速时变性是关于其性质的重要线索。如图 28.22 所示，考虑一个半径为 R 的光学厚的球体，其各个部分亮度同时增加 (在其自身所在的静止坐标系下)。亮度改变的消息首先从球的最近端经过距离 ℓ_1 后到达远处的观测者，最后从球的边缘经过距离 ℓ_2 后到达观测者，球的背面不可见。当 $R \ll \ell_1$ 且 $\cos\theta \simeq 1$ 时，根据

$$\ell_2 = \frac{\ell_1 + R}{\cos\theta} \simeq \ell_1 + R$$

从球边缘发出的光比从最近端发出的光必须多行进 $\ell_2 - \ell_1 \simeq R$ 的距离。因此，亮度的增加被分散到了时间段 $\Delta t = R/c$ 内，这样就可以通过亮度变化的快慢来确定该物体的尺寸上限。同时，类星体的高退行速度意味着相对论也在其中起着作用。若上述的球体以速度 v 远离地球，则在地球上确定的半径将是

$$R = c\Delta t \sqrt{1 - \frac{v^2}{c^2}} = \frac{c\Delta t}{\gamma}, \tag{28.4}$$

其中，γ 为由式 (4.20) 定义的洛伦兹常数。该结论留作练习。取 $\Delta t = 1\,\mathrm{h}$ 作为一个典型值，为简便起见，令 $\gamma = 1$，则发光区域的半径不大于

$$R \simeq \frac{c\Delta t}{\gamma} = 1.1 \times 10^{12}\,\mathrm{m} = 7.2\,\mathrm{AU}.$$

考虑到 AGN 是已知的最亮的星体，因此这是一个非常小的尺度。无论一个活动星系核有多大的能量，都能很好地放进我们的太阳系中！

光度为 $L = 5 \times 10^{39}\,\mathrm{W}$ 的典型类星体相当于 360 多个银河系。然而，任何处于平衡态的球对称天体的光度 L 都有一个上限，即爱丁顿极限 $L < L_{\mathrm{Ed}}$。根据式 (10.114) 有

$$L_{\mathrm{Ed}} \simeq 1.5 \times 10^{31}\,\mathrm{W}\left(\frac{M}{M_{\odot}}\right).$$

当光度 $L = 5 \times 10^{39}$W 时，该式给出了质量下限：

$$M > \frac{L}{1.5 \times 10^{31}\text{W}} M_\odot = 3.3 \times 10^8 M_\odot. \tag{28.5}$$

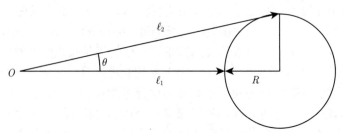

图 28.22   远处观测者在 O 点看球体变亮

在如此小的空间内有如此大的质量，这是超大质量黑洞存在的明确证据。根据式 (17.27) 的施瓦西半径，半径 R 为式 (28.4) 的黑洞质量为

$$M = \frac{Rc^2}{2G} = 3.7 \times 10^8 M_\odot.$$

这两个质量估计具有相同的数量级，这一事实足以支持超大质量黑洞参与了为 AGN 提供能量的猜想。在本节的其余部分，我们将假定典型质量为 $10^8 M_\odot$，对应的施瓦西半径为 $R_\text{S} \simeq 3 \times 10^{11}\text{m} \simeq 2\text{AU} \simeq 10^{-5}\text{pc}$。

28.2.3   通过吸积发光

产生能量的最有效方式是通过质量吸积释放引力势能。正如例 18.1.2 中所示，落入质量为 $1.4M_\odot$ 的中子星表面的物质，其静能的 21% 将被释放出来。

然而，物质直接落到黑洞上是非常低效的，因为没有质量可以撞击的表面。对一个远处的观测者来说，一个自由下落的物体会慢慢停下来，然后在接近施瓦西半径 R_S 时消失。而另一方面，若物质通过吸积盘螺旋进入黑洞，黏性力将动能转化为热和辐射，静能可以得到充足的释放。

对于非旋转黑洞，大质量粒子的最小稳定圆形轨道 (因此也是吸积盘的内边缘) 位于 $r = 3R_\text{S}$。在这个位置，理论计算表明引力结合能是粒子静能的 5.72%，所以质量通过吸积盘螺旋下降即会释放这么多的能量。对于旋转黑洞情况更加有利，因为事件视界位于更小的 r 处。对于可能的旋转速度最快的黑洞，事件视界及最小稳定顺行轨道都在 $r = 0.5R_\text{S}$ 处 (最小稳定逆行轨道在 $4.5R_\text{S}$ 处)。据计算，在这种最大旋转情况下，引力结合能为粒子静能的 42.3%。

吸积盘的质量吸积率为 $\dot{M}$ 时产生的**吸积光度**可写为

$$L_\text{disk} = \eta \dot{M} c^2, \tag{28.6}$$

其中，η 为吸积过程的效率，$0.0572 \leqslant \eta \leqslant 0.423$。对比例 18.1.2 中的情况，吸积到 $0.85M_\odot$ 白矮星和 $1.4M_\odot$ 中子星上的效率分别为 $\eta = 1.9 \times 10^{-4}$ 和 0.21。

通过围绕快速旋转的黑洞的盘吸积物质，这是产生大量能量的极其有效的方式。此外，最小的稳定顺行轨道位于快速旋转黑洞的能层内，惯性拖拽保证了吸积物质将与黑洞一起旋转 (回忆 17.3 节)。因此，大多数天文学家认为超大质量黑洞周围的吸积盘是 AGN 统一模型的重要组成部分。图 28.10 展示了位于 M87 中心的螺旋形气体盘。盘的内边缘以大约 $550 \ \mathrm{km \cdot s^{-1}}$ 的速度旋转，导致圆盘右下边缘的光发生蓝移 (靠近我们)，而右上角的光发生红移 (远离我们)。据计算，该中央超大质量黑洞的质量约为 $3 \times 10^9 M_\odot$。

回顾例 18.2.1，白矮星和中子星周围吸积盘的内部区域分别在紫外和 X 射线波段下是明亮的。可以预期，超大质量黑洞周围的吸积盘会是更高能量光子的来源，但事实并非如此。因为它们受到简并压的支持，白矮星和中子星服从质量–体积关系，即式 (16.14)，这指出恒星随着质量的增加而变小。因此，质量更大的白矮星和中子星周围的吸积盘会更加深入它们的引力势阱中。然而，施瓦西半径随着质量的增加而增加，因此吸积盘的特征温度 T_{disk}(式 (18.20)) 随着黑洞质量的增大而降低 (T_{disk} 的公式是使用牛顿物理推导出来的，但在这种情况下，显然需要进行完全的相对论处理)。

为了看到这一点，我们假设一个快速旋转的黑洞，并采用 $R = 0.5 R_{\mathrm{S}} = GM/c^2$ 作为吸积盘内边缘的位置。将 R 代入式 (18.20)，盘特征温度变为

$$T_{\mathrm{disk}} = \left(\frac{3 c^6 \dot{M}}{8\pi \sigma G^2 M^2} \right)^{1/4}. \tag{28.7}$$

对于辐射占爱丁顿极限的比例为 f_{Ed} 的盘：

$$f_{\mathrm{Ed}} \equiv L_{\mathrm{disk}}/L_{\mathrm{Ed}}. \tag{28.8}$$

由式 (10.114) 和式 (28.6) 得到

$$\eta \dot{M} c^2 = f_{\mathrm{Ed}} \frac{4\pi G c}{\bar{\kappa}} M,$$

即

$$\dot{M} = \frac{f_{\mathrm{Ed}}}{\eta} \frac{4\pi G}{\bar{\kappa} c} M. \tag{28.9}$$

将这个表达式代入式 (28.7) 得到

$$T_{\mathrm{disk}} = \left(\frac{3 c^5 f_{\mathrm{Ed}}}{2 \bar{\kappa} \sigma G M \eta} \right)^{1/4}, \tag{28.10}$$

因此对于吸积盘温度有 $T_{\mathrm{disk}} \propto M^{-1/4}$。

例 28.2.1 考虑一个围绕质量为 $10^8 M_\odot$ 的超大质量黑洞快速旋转的吸积盘。明亮类星体的 f_{Ed} 值可能接近 1，而赛弗特星系的 f_{Ed} 值在 0.01～0.1。在这个例子中，让盘光度

等于爱丁顿极限 ($f_{Ed} = 1$)，所以根据式 (10.114)，$L = 1.5 \times 10^{39}$ W。此外，我们将采用 $\eta = 0.1$ 作为典型的吸积效率，则维持盘光度所需的质量吸积率为

$$\dot{M} = \frac{f_{Ed}}{\eta} \frac{4\pi G}{\bar{\kappa} c} M = 1.64 \times 10^{23} \text{ kg} \cdot \text{s}^{-1} = 2.60 M_\odot \cdot \text{yr}^{-1}.$$

明亮类星体必须以 $1 \sim 10 M_\odot \cdot \text{yr}^{-1}$ 的速度 "喂食"。亮度较低的 AGN 可能相应具有较小的 "胃口"。盘的特征温度为

$$T_{disk} = \left(\frac{3c^5 f_{Ed}}{2\bar{\kappa}\sigma GM\eta} \right)^{1/4} = 7.30 \times 10^5 \text{ K},$$

其中，式 (9.27) 和 $X = 0.7$ 用于求解由电子散射引起的不透明度。根据维恩位移定律 (式 (3.19))，具有该温度的黑体的光谱在 39.7 nm 波长处达到峰值，位于电磁光谱的极紫外区域。

尽管 T_{disk} 的这个表达式充其量只是对盘特征温度的粗略估计，但其数量级 (数十万 K) 与更真实的盘计算结果一致。

人们认为，在类星体光谱中观测到的大蓝鼓包是潜在的吸积盘的热特征。虽然人们相信吸积为 AGN 提供了能量，但吸积盘的理论谱 (图 18.14) 无法解释实际观测到的宽连续谱。

28.2.4 吸积盘的结构

超大质量黑洞周围吸积盘的详细模型很难推导出来，因为其高光度肯定会对吸积盘的结构产生重大影响。理论计算表明吸积盘的结构取决于 f_{Ed}(式 (28.8))。几种可能的结构已经被确定了。如果 $f_{Ed} < 0.01$，则盘的密度太小，无法进行有效冷却。盘的黏性 (内摩擦) 产生的能量无法有效地辐射出去，盘膨胀成一个由热离子压支撑的**离子环**。部分或全部盘将类似于围绕中央黑洞周围的甜甜圈。$0.01 < f_{Ed} < 0.1$ 左右的值意味着几何薄的盘，如 18.2 节中针对密近双星系统所述 (回顾一下，根据定义，在薄盘中的任何径向距离 r 处，垂直高度 $h \ll r$)。随着 L_{disk} 的值变为超爱丁顿的 ($f_{Ed} > 1$)，产生的辐射压平衡了重力，光子能够支撑膨胀的**辐射环**中的物质。

一种具有三个区域的复合盘的设想如图 28.23 所示。在距离中心约 1000 R_S 的范围内，辐射压超过气体压力，从而形成一个厚而热的盘，这是连续谱中大蓝鼓包的可能来源。在它以外到大概 $10^5 R_S$ 内 (对于 $M = 10^8 M_\odot$，这约为 1 pc)，是一个由气体压力支撑的薄盘。盘的这部分向外张开，随着半径的增加而变厚。外盘的凹面可以被中心源或内盘厚而热的部分照射，导致形成从盘内向外流动的风。最后，在大约 $10^5 R_S$ 之后，厚盘分裂成无数小云。

不幸的是，这幅图景仍然存在一些问题。例如，上面引用的赛弗特星系的 f_{Ed} 值似乎与厚盘模型不兼容。

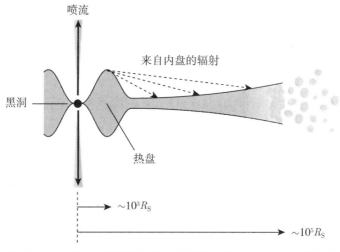

图 28.23　AGN 中吸积盘的结构示意图, 径向方向未按比例绘制

28.2.5　AGN 光谱的含义

至少对于耀变体而言, 人们普遍认为具有幂律谱形式和显著偏振的连续谱是由同步辐射产生的。正如我们在 16.7 节中讨论脉冲星时看到的, 当相对论带电粒子 (例如电子) 围绕磁力线旋转时, 就会产生同步辐射。对于耀变体以外的天体, 情况更为复杂。回想一下, 在其他类型 AGN 的连续谱中观测到的大蓝鼓包被认为是热辐射。此外, 尘埃发射在红外波段中也起着重要作用。

由于可用于电离原子的光子能量范围很广, 同步辐射可以解释在 AGN 的发射线谱中观测到的各种电离状态。例如, 已经观测到禁线的许多电离状态, 包括 [O I] 和 [Fe X]。此外, 同步辐射可以产生高达 70% 的线偏振, 这与在某些 AGN 中观测到的高度偏振一致。

28.2.6　带电粒子产生的相对论外向流

在此系统中发现磁场似乎会令人惊讶, 虽然理论上孤立的黑洞具有磁场是可能的, 但不太可能自然地发生。这是因为虽然黑洞的三个属性 (质量、角动量和电荷) 可以结合产生磁场。但黑洞本质上应该是电中性的, 黑洞获得的任何净电荷都会迅速抵消, 因为它会吸引相反符号的电荷。然而, 电离的盘物质是高度导电的, 所以吸积盘会在绕黑洞运行时产生磁场。

其机制可能类似于 16.7 节中描述的脉冲星产生磁场的机制, 先是盘表面附近变化的磁场感应出一个大电场, 能够将带电粒子加速远离盘。当粒子向外运动时, 它们会被加速到相对论速度, 同时围绕随盘旋转的磁力线盘旋。由于磁力线是固定在导电的盘上的, 所以粒子的能量最终是以消耗吸积能量为代价的。

还有另一种能量来源, 是利用黑洞本身的旋转能量, 这首先是由**罗杰·布兰福德 (Roger Blandford)** 和**罗曼·日伱杰 (Roman Znajek)** 提出的。详细的计算表明, 旋转的黑洞可以被认为是磁场中的旋转导体, 如图 28.24 所示。正如导线运动穿过磁场时会在其两端之间产生电动势一样, 黑洞在磁场中的旋转会在其两极和赤道之间产生电势差。旋转黑洞的两极和赤道之间的有效电阻约为 30 Ω。在这样的图景中, 黑洞就像是一个连接到 30 Ω 电阻的巨大电池。能量是从黑洞的旋转能量中提取的，就像带电粒子流响应电势差流过电阻一样。

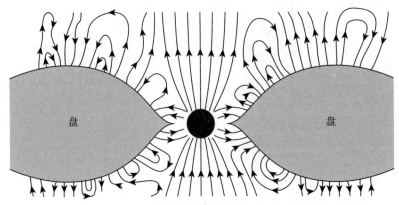

图 28.24   围绕一个旋转黑洞的吸积盘及其磁场

结果就是，黑洞的自转速率降低了。对于 $R_S = 3 \times 10^{11}$ m，具有 1 T 磁场的 $10^8 M_\odot$ 质量的黑洞，**布兰福德–日伪杰机制 (Blandford-Znajek mechanism)** 产生的功率大约是

$$P \simeq \frac{4\pi}{\mu_0} B^2 R_S^2 c$$

$$= 2.7 \times 10^{38} \text{ W} = 7.1 \times 10^{11} \ L_\odot \tag{28.11}$$

能量以电磁辐射和相对论的电子和正电子流的形式存在。以这种方式可以提取最大旋转黑洞静止能量的 9.2%，这是另一个重要的能量来源，可与盘吸积获得的能量相媲美。

刚才描述的两个过程似乎能够产生带电粒子的相对论外向流，尽管机制仍然不确定。当电子围绕磁力线盘旋时会发射同步辐射，这促成了 AGN 的连续谱。还记得在 28.1 节中，观测到 AGN 的幂律同步加速辐射谱意味着电子能量是呈幂律分布的。这种分布是如何产生的尚不清楚，但幂律同步加速辐射谱也在超新星遗迹 (如蟹状星云) 中观测到。

28.2.7   X 射线的产生

AGN 在 X 射线波段中可能非常亮[①]，并且通常会采用几种机制来解释超出由同步辐射直接产生的部分。吸积盘光谱的高频端可能足以解释软 (低能)X 射线的产生。其他来源的低能光子也可能由于与相对论电子的碰撞而散射到更高的能量。顾名思义，这种逆康普顿散射与 5.2 节中描述的康普顿散射过程相反。此外，来自类星体 3C 273 的伽马射线可能就是由逆康普顿散射产生的。热轫致辐射是在星系团中观测到的 X 射线发射的机制，其特征光谱 (图 27.16) 也可能符合对 AGN 的 X 射线的观测。

28.2.8   宽线和窄线发射

AGN 的特征宽发射线 (如果存在) 和窄发射线是连续辐射产生光致电离的结果。对这些发射线的仔细研究可以揭示其形成的条件。所有的宽线都来自原子的允许跃迁，但没有

① 来自 AGN 的 X 射线可能是 X 射线背景 (遍布天空的 X 射线均匀辉光) 产生的原因。X 射线背景于 1962 年被发现，后来扩展到电磁波谱的伽马射线区域。

一条与在某些窄线中看到的禁戒跃迁相关。宽 Hα 和 Hβ 线在一个月或更短的时间尺度上变化，而窄线似乎变化很小 (如果有的话)。这一证据，连同赛弗特 2 型星系可能含有被遮蔽物质隐藏起来而不能直接看到的赛弗特 1 型核的发现，表明 AGN 光谱中的宽线和窄线起源于不同条件下的不同区域。

28.2.9 宽线区域

在许多 AGN 的光谱中观测到的宽发射线形成于一个相对靠近中心的**宽线区域 (BLR)**。对赛弗特星系 NGC 4151 的研究表明，当连续辐射强度变化时，大部分宽发射线响应非常快，响应时间在一个月之内或更短，也许最快一周。光可以在 30 天内传播近 10^{15} m 的距离，因此这提供了对赛弗特星系和宽线射电星系的宽线区域半径的粗略估计。类星体中发射线变化得更慢，因此它们的宽线区域可能大 4 倍左右。对通常存在的宽 Fe II 发射线的研究表明，宽线区域的温度约为 10^4 K。其他发射线表明宽线区域的电子数密度可能介于 $10^{15} \sim 10^{16} m^{-3}$。由于原子之间频繁碰撞，所以不会在这样大的数密度下看到禁线。处于长寿命亚稳态 (这种状态才能产生禁线) 的原子及带电的离子在发生向下辐射跃迁之前就被碰撞而退激发，导致禁线比允许线弱得多。

人们普遍认为，宽线区域一定是成块的，包含部分电离气体云，而非均匀的。实际产生发射线的光学厚的气体云仅占可用体积的 1% 左右，并且可能具有平坦的分布。这些高密度区域可能被稀薄的高温介质所包围，以防止云散开。

根据统一模型，观测到的各种类型的 AGN 现象 (表 28.1) 来源于对中央引擎和周围环境的视角不同。统一模型假设宽线区域的云团周围有一个巨大的、光学厚的气体和尘埃环，这大概是在直接观测赛弗特 2 型星系时宽线区域和中心源被隐藏的原因，见图 28.25。在

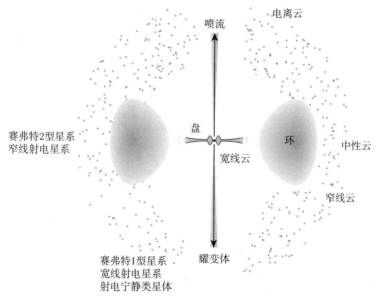

图 28.25　活动星系核统一模型示意图。喷流出现在射电噪 AGN 中。图中标注了各种类型的 AGN 的一种典型观测者视角

这种情况下，连续谱和发射线必须通过反射光才能间接到达观测者，这就解释了为什么赛弗特 2 型星系的连续谱比赛弗特 1 型星系的连续谱要微弱得多。

总地来说，直接从中央核接收到的光使得赛弗特 1 型星系通常比赛弗特 2 型星系更亮。由于赛弗特 2 型星系中观测到的 X 射线是硬 X 射线 (能量高于大约 5 keV)，所以环面对软 X 射线是不透明的。

28.2.10 确定宽线区域中的黑洞质量

宽发射线还表明这些云围绕着中央超大质量黑洞运行。事实上，将谱线的 $5000\ \mathrm{km\cdot s^{-1}}$ 的宽度作为轨道速度，并使用 $r = 10^{15}$ m 作为轨道半径，可以对中心质量进行估计。根据式 (24.49) 有

$$M_{\mathrm{bh}} = \frac{rv^2}{G} = 1.9 \times 10^8 M_\odot,$$

这与之前的质量估计一致。

确定宽线区域中 AGN 中心黑洞质量的第二种方法是基于测量连续谱和发射线亮度变化之间的时间延迟。这种 **反响映射 (reverberation mapping)** 方法将测量到的时间延迟 τ 与发射线的均方根宽度 σ_{line} 相结合，给出了质量估计：

$$M_{\mathrm{bh}} = \frac{fc\tau\sigma_{\mathrm{line}}^2}{G} \tag{28.12}$$

其中，c 是光速；f 是一个取决于结构、运动学和宽线区域方向的因子。

显然，$c\tau$ 是宽线区域大小的度量。当然，在进行测量时使用的电离种类 (换句话说，研究中使用哪条发射线) 保持一致是很重要的，因为高度电离的种类往往具有最短的滞后时间，这表明宽线区域的电离水平依赖于与中心源之间的距离。

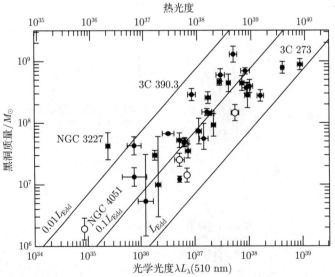

图 28.26   AGN 中超大质量黑洞的质量与其光度之间的函数关系。实对角线代表爱丁顿光度的恒定分数线。质量由反响映射技术确定 (由布拉德利·彼得森 (Bradley Peterson) 供图)

通过与其他黑洞–球体关系 (例如图 25.15 中展示的已分辨的样本星系中心的质量–速度弥散关系) 进行比较,发现式 (28.12) 中的比例因子 $f \approx 5.5$。反响映射方法需要长期的观测以确定滞后时间和需要高的光谱分辨率,但它不需要从空间上分辨宿主星系的中心区域。因此,反响映射技术在测量高 z 值的 AGN 中的黑洞质量方面具有很大的潜力。图 28.26 展示了 AGN 宽线发射区域的一个研究结果。

28.2.11　窄线发射区域

不透明环面之外是窄发射线起源的**窄线区域** **(NLR)**。窄线区域的电子数密度仅为 $10^{10} \mathrm{m}^{-3}$ 左右,与行星状星云和稠密 H II 区中的值相当。窄线区域比宽线区域包含更多的质量,在这样的环境中允许线和禁线都可以产生。窄线区域的温度大致为 10^4 K。

与宽线区域一样,产生窄线光谱的区域也是成块的。它可能是由或多或少的呈球形分布的云组成的。位于遮蔽环平面上方或下方足够远的云可以被来自中心的连续辐射照射和产生光致电离。而其他云与中心源之间有不透明的环面阻挡,因此它们保持中性。

事实上,如果可以将窄线区域视为块状 H II 区,则式 (12.32) 的斯特龙根半径则可用于估计被云占据的窄线区域的比例。如果云占据窄线区域体积的比例为 ϵ(称为**填充因子**),则式 (12.32) 可以经过修改后用以估计该区域的半径:

$$r_{\mathrm{NLR}} \approx \left(\frac{3N}{4\pi\alpha_{\mathrm{qm}}\epsilon} \right)^{1/3} \frac{1}{n_{\mathrm{e}}^{2/3}} \tag{28.13}$$

其中,N 是 AGN 的中心源每秒产生的光子数,这些光子具有足够的能量将氢从基态电离,而 α_{qm} 是量子力学复合系数 (不是谱指数),见第 353 页。

例 28.2.2　为了估计窄线区域的填充因子,我们假设一个 AGN 光度为 $L = 5 \times 10^{39}$ W。连续谱包含有广泛能量范围的光子。我们将假设单色流量 (式 28.1) 服从谱指数为 $\alpha = 1$ 的幂律分布。回顾例 28.1.1,流量与光度的关系为

$$L = 4\pi d^2 \int_{\nu_1}^{\nu_2} F_\nu \mathrm{d}\nu = \int_{\nu_1}^{\nu_2} C\nu^{-1} \mathrm{d}\nu$$

对于连续频谱的频率范围,$\nu_1 = 10^{10}$ Hz,$\nu_2 = 10^{25}$ Hz(图 28.14),C 是待定常数[①]。计算积分并求解 C 得到

$$C = \frac{L}{\ln\left(\nu_2/\nu_1\right)} = \frac{L}{\ln 10^{15}} = 0.029L.$$

我们现在可以计算每秒发射的光子数 N,这些光子的能量需要 $E_{\mathrm{H}} > 13.6$ eV,或频率 $\nu_{\mathrm{H}} > 3.29 \times 10^{15}$ Hz 以将氢从基态电离。用单色流量除以每个光子的能量 $E_{\mathrm{photon}} = h\nu$,得到

$$N = \int_{\nu_{\mathrm{H}}}^{\nu_2} \frac{C\nu^{-1}}{h\nu} \mathrm{d}\nu = \int_{\nu_{\mathrm{H}}}^{\nu_2} \frac{0.029L}{h\nu^2} \mathrm{d}\nu \simeq \frac{0.029L}{h\nu_{\mathrm{H}}} = 6.64 \times 10^{55} \text{ s}^{-1},$$

[①] 常数 C 包括主导因子 $4\pi d^2$。

其中, $\nu_2 \gg \nu_H$。

对最近的赛弗特 2 型星系的观测表明, 其窄线区域直径在 100～1000 pc。如果我们令 $r_{NLR} = 200$ pc, $n_e = 10^{10}$ m^{-3}, 并且 $\alpha_{qm} = 3.1 \times 10^{-19}$ m$^3 \cdot$s^{-1}(同第 353 页), 窄线区域的填充因子约为

$$\epsilon \approx \frac{3N}{4\pi\alpha_{qm}} \frac{1}{n_e^2 r_{NLR}^3} = 2.2 \times 10^{-2}.$$

因此, 云约占窄线区域体积的 2‰。

在赛弗特 2 型星系中看到的窄发射线的轮廓通常有延伸的蓝色翼, 这表明云相对于星系核而言正在向我们移动。这通常被解释为云团远离中心的径向流动。而在 AGN 的远端远离我们而去的云层发出的光可能会因消光而减弱。

如前所述, 产生窄发射线的区域中的云向外流动可能是由辐射压和来自吸积盘的风共同驱动的, 或者也可能与射电喷流中的物质有关。图 28.27 展示了哈勃空间望远镜获得的赛弗特 1 型星系 NGC 4151 的窄线区域图像。

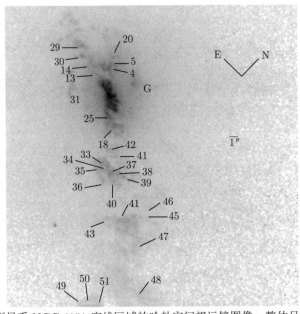

图 28.27　赛弗特 1 型星系 NGC 4151 窄线区域的哈勃空间望远镜图像。整体呈双锥分布, 其中可以看到大量的云团。西南方向的云相对于核而言正接近观测者, 东北方向的云则正在退行。有一些证据表明, 这些云团可能与星系的射电喷流有关。图中标有 1″ 的角标尺, 在 NGC 4151 的距离下, 1″ 对应 63 pc 的线性投影距离。数字标签对应于论文中所识别的云团 (图片来自凯泽 (Kaiser) 等, *Ap. J.*, 528, 260, 2000)

在这张高分辨率图像中可以清楚地看到不同的发射云, 也能很清楚地看到光学发射落在延伸到星系中心东北和西南的两个锥形分布内。当射电分布图叠加在此图像上时, 可以看到射电发射也沿着与双锥光学发射相同的轴分布。

对赛弗特 2 型星系 Mrk 3 也进行了类似的观测。在这个例子中，有额外的证据表明窄线区域是由射电喷流周围的膨胀壳组成的。有人提出，形成射电喷流的物质正以 $0.1c$ 的速度膨胀远离星系中心。当喷流穿过星际物质时，气体在约 10^7 K 的温度下被电离。过热的气体向外膨胀远离喷流，为膨胀壳表面附近的气体提供能量，然后产生窄线发射区域。

产生窄线区域的膨胀喷流模型的另一个结论是，该区域可能寿命相对较短，至少在相对较弱的赛弗特星系中是这样。由于赛弗特星系的射电喷流的长度通常只有几 kpc，根据喷流的膨胀速度可以推断出年龄为 $10^4 \sim 10^5$ 年。如果是这样的话，塞弗特现象可能是相对短暂的事件，可能是由星系超大质量黑洞的暂时"进食"造成的。

28.2.12 AGN 统一模型总结

前面所述包含了 AGN 统一模型框架必须考虑的要素。AGN 的中央引擎是一个围绕旋转超大质量黑洞的吸积盘，由引力势能转换为同步辐射为 AGN 提供动力，但黑洞的旋转动能也可能作为重要的能量来源。吸积盘的结构取决于吸积光度与爱丁顿极限的比率。为了产生所观测到的光度，能量最高的 AGN 必须以 $1 \sim 10\ M_\odot \cdot \mathrm{yr}^{-1}$ 的速度进行吸积。观测者的视角，连同质量吸积率及黑洞质量，在很大程度上决定了 AGN 是称为赛弗特 1 型星系、赛弗特 2 型星系、宽线射电星系、窄线射电星系、射电噪类星体，还是射电宁静类星体。

尽管统一模型的许多细节还没有得到完全证实，但统一模型似乎确实为描述活动星系的许多一般特征提供了一个重要的框架。例如，图 28.28 展示了 NGC 4261 惊人的哈勃空间望远镜图像。这是室女座星系团中的一个椭圆射电星系，在光学上被归类为一个低电离星系核 (LINER)。这个射电噪的天体核心显示有一个明亮的核，周围环绕着一个与射电喷流垂直的巨大遮蔽环。其中心天体可能是一个质量 $10^7 M_\odot$ 的黑洞，但哈勃空间望远镜图

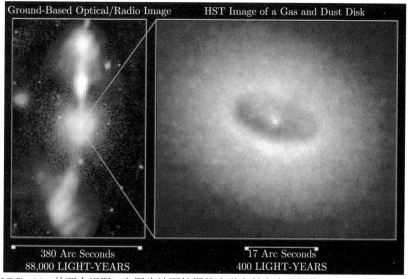

图 28.28　NGC 4261 的两个视图：左图为地面拍摄的光学和射电合成图像，显示了喷流；右图为来自哈勃空间望远镜的光学图像，显示了核周围充满尘埃的环面 (由 NASA 供图)

像分辨率不够而不足以确认这一点。环面的半径约为 70 pc (2×10^{18} m)，喷流从核延伸出约 15 kpc 的距离[①]。

28.3　射电瓣和喷流

　　活动星系有一个基本的划分，即射电噪天体和射电宁静天体。射电噪源通常由一个射电核心、1~2 束可探测的喷流和 2 个主要的射电瓣组成。相比于射电噪源，射电宁静源在射电波段的光度只是前者的 $10^{-3}\sim 10^{-4}$，由微弱的射电核心和或许存在的微弱喷流组成。然而，射电噪 AGN 中活动水平的增加并不仅限于在射电波段，它们在 X 射线波段的亮度也往往是射电宁静 AGN 的 3 倍左右。

28.3.1　喷流的产生

　　回顾图 28.8，射电瓣是由 AGN 中心核以相对论速度射出的带电粒子喷流产生的。这些粒子由吸积能提供能量和/或通过布拉福德–日倁杰机制从黑洞旋转动能中提取能量，在两个相反方向上加速远离中心核。喷流总体上一定是电中性的，但目前尚不清楚喷射出的物质是由电子和离子组成，还是由正负电子等离子体组成。后者质量较小，将更容易加速。盘的磁场与带电粒子流耦合 ("冻结")，产生的磁矩可能会从盘上移除角动量，这将允许吸积物质穿过吸积盘向内移动。

　　一些喷流具有令人难以置信的窄度和准直度，这意味着在非常靠近为喷流提供动力的中央引擎处一定存在一个准直过程。

　　如图 28.29 所示，黑洞周围的一个厚而热的吸积盘可以通过让粒子流经狭窄空间而为流出粒子提供自然准直。因为吸积物质在螺旋向内穿过吸积盘时保留了一些角动量，所以

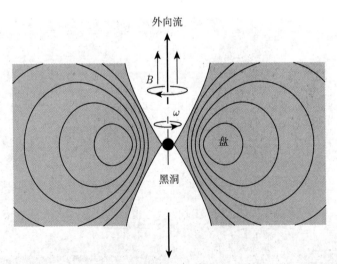

图 28.29　外流物质被厚而热的吸积盘准直的示意图。环代表吸积盘等密度线

---

　　① 质量为 $10^7 M_\odot$ 的黑洞的施瓦西半径为 2.95×10^{10} m，比环面小近 8 个数量级。在图 28.28 的尺度上，黑洞的宽度将小于 1mm。

它会倾向于在与其角动量相容的最小轨道上堆积。在这个"离心屏障"内可能存在一个相对空的腔体可以充当喷嘴,沿着腔体壁引导吸积气体向外喷出。然而正如经常观测到的那样,似乎很难用这种喷嘴机制来产生高度相对论性的喷流。

或者,**磁流体动力学 (MHD) 效应**可以在加速和准直相对论喷流方面发挥重要作用。但不幸的是,MHD 机制的细节也尚未完全建立。无论喷流准直的具体细节如何,它们的准直性都很可能与 AGN 中心旋转的超大质量黑洞有关。

28.3.2 射电瓣的形成

当物质喷流向外传播时,其能量主要存在于粒子的动能中。然而,喷流在穿过宿主星系内的星际介质和星系外的星际介质时会遇到阻力。结果就是,喷流头部的物质被减速,并在那里形成激波前沿。粒子在激波前沿的积累和减速导致喷流的定向能量变得无序,粒子"飞溅"形成一个大波瓣,瓣中能量由动能和磁能平均分配。计算喷流穿过星际介质的问题非常复杂,需要大量的数值计算来模拟这个过程。图 28.30 显示了一系列具有各种初始能量的喷流穿过星际介质时的计算机模拟。

带电粒子的运动和射电噪天体射电瓣内的磁场包含大量能量。对于 Cyg A,每个瓣的能量为 $10^{53} \sim 10^{54}$ J,相当于 10^7 颗超新星爆炸释放的能量。

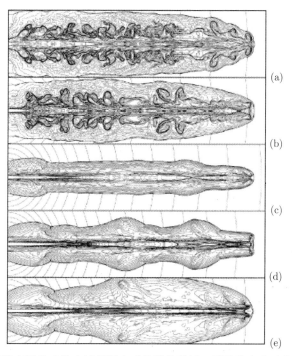

图 28.30 电子–正电子等离子体喷流穿过星际介质的数值模拟。假设其密度随着距喷流源 (每个图的左侧) 的距离增加而降低。这些图对应于喷流源处的初始洛伦兹因子 γ 分别为 (a) 2.0;(b) 2.5;(c) 5.0;(d) 7.0 和 (e) 10.0。当假设喷射物质由电子和质子组成时,模拟中会看到一些不同的行为 (图片来自卡瓦略 (Carvalho) 和奥德阿 (O'Dea),*Ap. J. Suppl.*,141,371,2002)

例 28.3.1 假设 Cyg A 的每个射电瓣包含 $E_{\text{lobe}} = 10^{53}$ J 的能量，并且采用例 28.1.1 中对 Cyg A 给出的值 $h = [h]_{\text{WMAP}} = 0.71$，可以估计射电瓣的寿命。由于 Cyg A 的射电光度 $L_{\text{radio}} = 4.8 \times 10^{37}$ W，将其射电瓣中存储的能量辐射出去的时间为

$$t_{\text{lobe}} = \frac{E_{\text{lobe}}}{L_{\text{radio}}} = 66\text{Myr}.$$

一般来说，射电瓣的射电发射寿命从 10^7 年到 10^8 年以上不等。

瓣中磁场的平均强度可以通过假设能量在动能和磁能之间平均分配来估计。根据式 (11.9)，单位体积储存的磁能为 $u_m = B^2/(2\mu_0)$。若瓣的体积是 V_{lobe}，则有

$$\frac{1}{2}E_{\text{lobe}} = u_m V_{\text{lobe}} = \frac{B^2 V_{\text{lobe}}}{2\mu_0}$$

即

$$B = \sqrt{\frac{\mu_0 E_{\text{lobe}}}{V_{\text{lobe}}}}. \tag{28.14}$$

例 28.3.2 假设 Cyg A 的每个射电瓣都可以考虑为半径 $R = 8.5$ kpc $= 2.6 \times 10^{20}$ m(这是瓣的特征大小) 的球体。当 $E_{\text{lobe}} = 10^{53}$ J 时，瓣中磁场的平均值估计为

$$B = \sqrt{\frac{\mu_0 E_{\text{lobe}}}{\dfrac{4}{3}\pi R_{\text{lobe}}^3}} \approx 41\,\text{nT}.$$

射电瓣中发现的明亮发射区域 (几个 kpc 宽的 "热点") 的磁场强度典型值即为 10 nT 量级。在弥漫射电瓣中，该值可能小一个数量级以上，而射电核心中的场强可能在 100 nT 左右。

28.3.3 加速喷流中的带电粒子

粒子和能量传输到射电瓣的低效使得对喷流的观测成为可能。射电瓣和喷流的频谱遵循幂律谱，典型的谱指数为 $\alpha \simeq 0.65$。幂律谱和高度线偏振的存在强烈表明，射电瓣和喷流发射的能量来自同步辐射。

由同步辐射造成的能量损失是不可避免的，事实上，喷流中的相对论电子将在大约 1 万年后辐射掉它们的能量。这意味着粒子几乎没有足够的时间传播到更大的射电瓣中去。例如，对于大型射电星系 3C 236，即使是以光速运动，粒子传播到射电瓣中也需要数百万年。如此长的传播时间及射电瓣的长寿命意味着必须有某种机制来加速喷流和射电瓣中的粒子。一种可能是，激波可以通过磁力挤压带电粒子，使其在激波中来回反射，从而使其加速。辐射压也可能起作用，但仅靠辐射压还不足以产生足够的加速度。

28.3.4 超光速

尽管喷流和射电瓣的标准模型需要以相对论速度运动的带电粒子的稳定供应，但存在如此高速度的证据却很难获得。幂律谱中相关谱线的缺失说明喷流物质的相对论速度不能直接测量，而只能从间接证据中推断出来。关于相对论速度最令人信服的论据来自于从几个 AGN 中观测到的以所谓**超光速**喷射的物质。这种效应可以在距离 AGN 中心的 100 pc 范围内被观测到，并可能继续向更远处延伸。

例 28.3.3 图 28.31 是类星体 3C 273 核心的射电图，显示了一团射电发射物质正以 $\mu = 0.0008''\mathrm{yr}^{-1}$ 的角速度远离中心核。假设该射电结在天空平面中行进，且与视线垂直，3C 273 的距离使用 $d = 440h^{-1}$ Mpc，根据式 (1.5)，则该团簇远离核的视横向速度为

$$v_{\mathrm{app}} = d\mu = 1.67 \times 10^9 h^{-1}\,\mathrm{m \cdot s^{-1}} = 5.57 h^{-1} c.$$

如果 $h = [h]_{\mathrm{WMAP}}$，则我们发现 $v_{\mathrm{app}} = 7.85c$。这显然是非物理的，因此垂直于视线运动的假设一定是错误的。

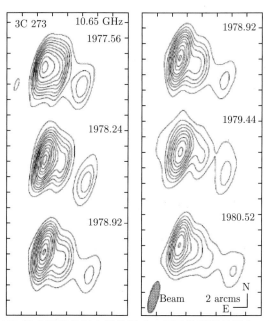

图 28.31 从类星体 3C 273 核心射出的射电结的运动。记录的观测日期为一年的分数形式。为清晰起见，第三张图像重复了一次 (图片改编自皮尔逊 (Pearson) 等，*Nature*，290，365，1981。经许可转载自《自然》第 290 卷，365~368 页，©1981 麦克米兰 (Macmillan) 杂志有限公司)

图 28.32 展示了结朝向观测者的运动如何解决这个难题。假设一个源以速度 v(源的实际速度，而不是它的视速度) 朝着与视线夹角 ϕ 的方向行进。当源与地球的距离为 d 时，在时间 $t = 0$ 沿视线发射一个光子。在稍后的时间 t_e，源到地球的距离为 $d - vt_e\cos\phi$ 时发射另一个光子。

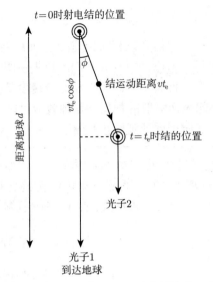

图 28.32   两个光子在 $t = 0$ 和 $t = t_e$ 时由以速度 v 移动的源发射

第一个光子在时间 t_1 时抵达地球，其中，

$$t_1 = \frac{d}{c}.$$

第二个光子抵达地球的时间为

$$t_2 = t_e + \frac{d - vt_e \cos\phi}{c}.$$

因此，地球上接收到两个光子的时间差是

$$\Delta t = t_2 - t_1 = t_e\left(1 - \frac{v}{c}\cos\phi\right),$$

这是一个比 t_e 短的时间。那么在地球上测得的视横向速度为

$$v_{\text{app}} = \frac{vt_e \sin\phi}{\Delta t} = \frac{v\sin\phi}{1 - (v/c)\cos\phi}.$$

解得 v/c 为

$$\boxed{\frac{v}{c} = \frac{v_{\text{app}}/c}{\sin\phi + (v_{\text{app}}/c)\cos\phi}.} \tag{28.15}$$

当角度满足

$$\frac{v_{\text{app}}^2/c^2 - 1}{v_{\text{app}}^2/c^2 + 1} < \cos\phi < 1 \tag{28.16}$$

时，$v/c < 1$，证明留作练习。并且源 v/c 的最小可能值是

$$\frac{v_{\min}}{c} = \sqrt{\frac{v_{\text{app}}^2/c^2}{1 + v_{\text{app}}^2/c^2}}, \tag{28.17}$$

此时角度 $\phi_{\min}$ 满足

$$\cot \phi_{\min} = \frac{v_{\mathrm{app}}}{c}. \tag{28.18}$$

这个 v/c 最小值对应的源的最小洛伦兹因子 (式 (4.20)) 为

$$\gamma_{\min} = \frac{1}{\sqrt{1 - v_{\min^2}/c^2}} = \sqrt{1 + v_{\mathrm{app}}^2/c^2} = \frac{1}{\sin \phi_{\min}}. \tag{28.19}$$

例 28.3.4 参考例 28.3.3，由于 3C 273 发射出的射电结的实际速度必须小于 c，根据式 (28.19) 必有

$$\phi < \arccos \left(\frac{v_{\mathrm{app}}^2/c^2 - 1}{v_{\mathrm{app}}^2/c^2 + 1} \right) = 14.5^\circ$$

也就是说，射电结必须在与视线夹角 14.5° 以内靠近地球。根据式 (28.17)，射电结速度的下限是 $v_{\min} = 0.992c$。因此根据式 (28.19)，得到 $\gamma_{\min} = 7.92$。

对于 $h = [h]_{\mathrm{WMAP}}$ 时，其他超光速源推断的洛伦兹因子的最小值为 $\gamma_{\min} = 4 \sim 12$。3C 273 和其他类似的例子提供了 AGN 的核心可以将物质加速到相对论速度的证明。

28.3.5 相对论射束和单侧喷流

每当光源以相对论速度 ($\gamma \gg 1$) 移动时，都会涉及 4.3 节中描述的前灯效应。在光源的静止参考系中所有发射到前半球的光，在观测者的静止参考系中都集中在一个窄锥体中。锥的半角 θ 由式 (4.43) 给出，$\sin \theta = 1/\gamma$。将此式与上面的式 (28.19) 进行比较，可以看到，如果源在与视线的夹角 $\phi_{\min}$ 内以相对论速度接近地球，则这种相对论射束效应将导致它看起来比预期的要亮得多，并且它看起来会以超光速运动跨越天际。有趣的是，几乎所有显示出超光速运动的 AGN 都被大而昏暗的晕所包围，这些晕可能是从端部看到的射电瓣。耀变体可能是当喷流直接 (或几乎直接) 朝向观测者时的类星体或射电星系。其非常快速的时变性可能会被相对论多普勒频移夸大，见式 (4.31)。对于相对论喷流内的源引起的任何光度变化，地球上的天文学家观测到的变化速度将会大约是实际的 2γ 倍 (见习题 28.12)。

相反，远离我们的相对论源则会显得异常暗淡 (回忆图 28.6)。即使 AGN 显示出有两个射电瓣，所有显示出超光速运动的喷流都是单侧的。预计 AGN 的中心引擎的确会产生两束反向的喷流，然而相对论射束似乎可以解释为什么喷流看起来只是单侧的。

28.3.6 伴星系的角色

AGN 的伴星系可能在为 AGN 星系提供燃料方面发挥重要作用。大多数赛弗特星系 (至少 90%) 是旋涡星系，并且许多都有可能与之发生相互作用的伴星系。正如在那些距我们足够近而可以进行研究的赛弗特星系中经常可以看到的那样，引力扰动会产生扭曲的外观，其棒和/或外环的外观即是明证。如 26.1 节所述，这些相互作用可能会对赛弗特星系中的气体产生引力矩，从而大大降低其角动量并将气体送入星系中心。其结果将是向塞弗特星系的核心输送新的燃料以供黑洞吸积。气体的富集也可能导致核心周围的恒星形成的

爆发。此外，如果发生与伴星系的并合，后续的瓦解可能会产生一个具有活动核的椭圆星系，从而产生一个年轻的射电星系。

对于类星体来说，并合当然也很重要。一些低红移的类星体显示出了过去曾发生相互作用的证据 (图 28.18)，并合在早期宇宙中无疑比今天更为常见。由于人们认为星系在年轻时含有更多的气体，并合可能导致大量气体的流入，促进了中心超大质量黑洞的生长，同时气体也为其活动提供了燃料。此外，并合可能导致超大质量黑洞的并合，从而产生更大的中央引擎。随着黑洞质量的增加，类星体的数量及其能量输出也随之增加，直到为中央引擎提供动力的燃料被大量消耗。

28.3.7　AGN 演化

当类星体燃料耗尽时会发生什么？从广义上讲，高能天体的燃料供应减少可能导致其转变为较不发光的天体。例如，Cen A 具有巨大的射电瓣 (图 28.11)，但它是一个微弱的射电源。它在过去可能明亮得多，但现在正日渐式微。另一方面，较小的光度可能是由于具有较小质量的黑洞，而不是具有较小的吸积率。银河系中心没有一个质量为 $10^8 M_\odot$ 的黑洞，尽管有一个更普通的 $3.7 \times 10^6 M_\odot$ 的黑洞 (见 24.4 节)。如果像推测的那样，每个与银河系相媲美的大星系都有一个至少 $10^6 M_\odot$ 的超大质量黑洞，那么低水平的星系活动可能是普遍现象。

了解活动星系演化的一大障碍是我们目前对它们的寿命缺乏了解。一些研究者发现，从 $z = 2$ 附近到当今时代，明亮的 AGN 的数量在以 $\tau \simeq 2h^{-1}\mathrm{Gyr}$ 的特征衰减时间减少。然而，这只是 AGN 寿命的上限。单个 AGN 可能在这么长的时间内保持活跃，或者单个 AGN 的寿命可能要短得多，比如在 $10^7 \sim 10^8$ 年，这是辐射掉存储在射电瓣中的能量所需的典型时间尺度。在后一种情况下，τ 描述的将是活动星系群的统计变化，而非单个个体的行为。

而单个的星系在其历史上，可能只在发生并合为中央引擎提供燃料时，经历一次或几次短暂的活动。再例如，赛弗特星系可能会反复发生活动 (回忆第 915 页的讨论)。

28.4　利用类星体探测宇宙

类星体是宇宙中最遥远的可见天体之一，因此它们提供了一个探测居间空间的独特机会。在类星体发出的光前往地球的过程中，气体云、星系和暗物质都会产生影响。通过对类星体观测所提供的线索进行解码，天文学家可以了解大量关于视线方向上扰动物体的信息。

28.4.1　类星体的引力透镜和多重像

1919 年，也就是爱丁顿测量到星光在经过太阳附近时的弯曲并验证了爱因斯坦的广义相对论 (见 17.1 节) 的同年，英国物理学家**奥利弗·洛奇爵士 (Oliver Lodge, 1851—1940)** 提出了使用引力透镜聚焦星光 (回忆对引力透镜的讨论，见图 24.14) 的可能性。在 20 世纪 20 年代，天文学家开始考虑如何穿过一个巨大质量天体周围的弯曲时空才能产生光源的多重像。随后，在 1937 年，弗里茨·兹威基 (Fritz Zwicky, 1898—1974) 提出，星系的引力透镜比单个恒星的引力透镜更有可能实现。到了 20 世纪 70 年代，人们开始寻找具有多重像的类星体。1979 年，人们发现类星体 Q0957+561 在天空中出现了两次。如图 28.33 所示，两个像间隔为 $6.15''$，都显示了一个红移 $z = 1.41$ 的类星体。

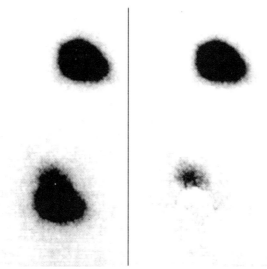

图 28.33 双类星体 Q0957+561 的光学 (负) 视图。左边的照片显示了由引力透镜形成的两个图像。左下角图像中向上延伸的绒毛是透镜星系。在右侧图片中,下图已抠除上图以更清晰地显示透镜星系 (图片来自斯托克顿 (Stockton),*Ap. J. Lett.*,242,L141,1980)

引力透镜效应来自于中间的一个红移 $z = 0.36$ 的巨型 cD 星系的引力,它位于两个像之间,距离其中一个像 $0.8''$。两个像除了具有相同的红移外,还具有相同的两条明亮发射线和许多共同的吸收特征,还显示出相同的射电核心和喷流结构。

图 28.34 显示了也是由引力透镜形成的另一个类星体 Q0142−100 两个像的光谱。与光学透镜一样,引力透镜可以放大和增加物体的亮度 (回顾图 24.15)。由于图像的引力放大,Q0142−100 的两个图像中较亮的一个看起来是已知的最明亮的类星体之一 (Q0142−100 两个像的视星等差异约为 $\Delta m_V = 2.12$)。

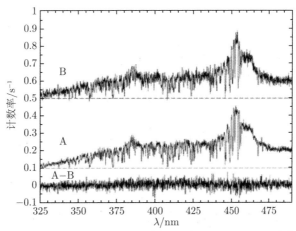

图 28.34 由引力透镜形成的类星体 Q0142−100 图像的光谱。下图显示了两个光谱之间的差异 (图改编自斯迈特 (Smette) 等,*Ap. J.*,389,39,1992)

28.4.2 引力透镜的几何学

当光沿着可能的最直的世界线 (测地线，见 17.2 节) 穿过一个大质量天体附近弯曲的时空时，就会产生引力透镜效应。它类似于玻璃透镜对光的法向折射：当光穿过透镜表面时，即从一个折射率为 n 的材料进入另一个折射率的材料，其中 $n \equiv c/v$，是光在真空中的速度 c 与在介质中的速度 v 的比值。在质量为 M 的球形天体之外 (相当于一个点质量)，光在径向上的坐标速度由式 (17.28) 给出：

$$\frac{\mathrm{d}r}{\mathrm{d}t} = c\left(1 - \frac{2GM}{rc^2}\right),$$

所以对于径向传播的光，假设 $2GM/(rc)^2 \ll 1$ 时，则有效的 "折射率" 是

$$n = \frac{c}{\mathrm{d}r/\mathrm{d}t} = \left(1 - \frac{2GM}{rc^2}\right)^{-1} \simeq 1 + \frac{2GM}{rc^2}.$$

在距离质量为 $10^{11}M_\odot$ 的星系 10^4 pc 处，有效折射率为 $n = 1 + 9.6 \times 10^{-7}$，显然光线传播与直线的偏差将非常小。当然，经过点质量的光永远不会恰好径向传播，这只是用来估计引力透镜中引力影响的大小。

图 28.35 显示了从位于 S 的光源发出的光，由于受到位于 L 点处的质量 M 的引力透镜影响而偏转了一个角度 ϕ，到达了位于 O 点的观测者的位置。

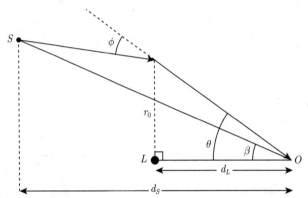

图 28.35　引力透镜的几何学。来自光源 S 的光在到达 O 处的观测者的途中，经过位于 L 处的透镜点，其路径位于距离该质量点 r_0 的范围内。所涉及的角度实际上只是 1° 的几分之一，因此 r_0 非常接近最近点距离

在习题 17.6 中得到了光子在经过与质量 M 距离 r_0 处的位置后 (很接近最近点距离) 的角偏转为

$$\phi = \frac{4GM}{r_0 c^2}\mathrm{rad}, \tag{28.20}$$

这已经包括了该习题 (c) 部分中提到的因子 2。到源的距离是 $d_S/\cos\beta \simeq d_S$，其中 $\beta \ll 1$，d_L 是到透镜质量的距离。之后则是一个简单的三角学问题，证明透镜质量和源像之间的角度 θ 一定满足公式：

$$\theta^2 - \beta\theta - \frac{4GM}{c^2}\left(\frac{d_S - d_L}{d_S d_L}\right) = 0, \tag{28.21}$$

其中，θ 和 β 为弧度制。证明留作习题。

式 (28.21) 为二次公式，表明对于图中所示的几何，θ 将有两个解，因此引力透镜将形成两个图像。将两个解记为 θ_1 和 θ_2，这两个角度可以通过观测得到，然后用于得到 β 和 M 的值。结果是

$$\beta = \theta_1 + \theta_2 \tag{28.22}$$

及

$$M = -\frac{\theta_1 \theta_2 c^2}{4G}\left(\frac{d_S d_L}{d_S - d_L}\right). \tag{28.23}$$

回到图 28.35，注意式 (28.22) 意味着 θ_1 和 θ_2 具有相反的符号，因此，两个像分别成在引力透镜的两侧，故 M 将为正数。

例 28.4.1 对于图 28.33 中所示的类星体 Q0957+561，$\theta_1 = 5.35'' = 2.59 \times 10^{-5}$rad，且 $\theta_2 = -0.8'' = -3.88 \times 10^{-6}$rad(哪个角度假设为负是任意的)。根据类星体的红移 $z_S = 1.41$，和引力透镜红移 $z_L = 0.36$，哈勃定律给出相应的距离 $d_S = 2120h^{-1}$ Mpc 和 $d_L = 890h^{-1}$ Mpc。式 (28.23) 给出

$$M = -\frac{\theta_1 \theta_2 c^2}{4G}\left(\frac{d_S d_L}{d_S - d_L}\right) = 8.1 \times 10^{11}h^{-1}M_{\odot}.$$

这与通过更准确地处理透镜星系的质量分布获得的 $M = 8.7 \times 10^{11}h^{-1}M_{\odot}$ 值符合得很好。

28.4.3 爱因斯坦环和十字

如果类星体或其他明亮的源正好位于透镜质量的视线上，那么它将被成像为围绕透镜的**爱因斯坦环** (爱因斯坦在 1936 年描述了这种现象)。在这种情况下，图 28.35 中的 $\beta = 0$，因此由式 (28.21) 可以立即求解出爱因斯坦环的角半径：

$$\theta_{\mathrm{E}} = \sqrt{\frac{4GM}{c^2}\left(\frac{d_S - d_L}{d_S d_L}\right)}\,\mathrm{rad} \tag{28.24}$$

当然，对于点源，与透镜质量精确对准的机会基本上为零。对于展源，形成爱因斯坦环的要求是 $\beta < \theta_{\mathrm{E}}$，且穿过透镜质量的视线必须穿过展源。图 28.36 展示了对部分环的计算——一个稍微偏离中心的源的像。第一个被发现的爱因斯坦环 MG1131+0456 是由 VLA 在射电波段发现的。图 28.37 展示了该环的射电外观，这被认为是一个射电星系被一个椭圆星系进行引力透镜成像而得到的图像。

对于任何引力透镜都可计算 θ_{E} 的值，而不用考虑透镜和源的对准情况如何。尽管图像可能不是环，但 θ_{E} 确实为描述任何引力透镜的特性提供了一个有用的参数。如果 $\beta < \theta_{\mathrm{E}}$，如图 28.35 所示，则点质量源将形成两个像。如果 $\beta \gg \theta_{\mathrm{E}}$，源像的位置和亮度仅略有改变，但副像则出现在靠近透镜质量的位置，且角尺寸减小到了原来的 $(\beta/\theta_{\mathrm{E}})^4$。

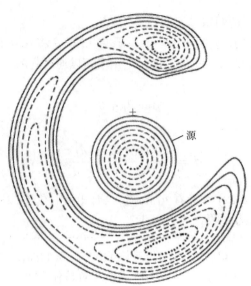

图 28.36　一个略微偏离中心的球状星系由位于十字 ("+") 处的透镜质量形成的图像计算 (图改编自奇特尔 (Chitre) 和纳拉辛哈 (Narasimha)，《引力透镜》(Gravitational Lenses)，施普林格 (Springer-Verlag) 出版社，柏林，1989)

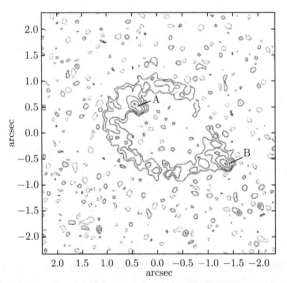

图 28.37　爱因斯坦环 MG1131+0456。标记为 A 的结是由成像射电星系的核心产生的，标记为 B 的结代表它的一个瓣 (图改编自休伊特 (Hewitt) 等，*Nature*，333，537，1988；由休伊特供图)

点质量显然只是实际星系的粗略表示。一个更好的透镜星系模型是一个围绕中心核的等温球，类似于用于银河系中央核球的模型，见 24.4 节。

另一种改进是摆脱球对称使用等温椭球假设，这样可以产生三个或五个像 (延展质量分布将产生奇数个图像)。图 28.38 中所示的**爱因斯坦十字**包含一个遥远的类星体 (Q2237+031，位于 $z = 1.69$) 被附近的一个旋涡星系 (位于 $z = 0.04$) 所成的四个像。可能还有第 5 个微弱的位于中央的像，但被十字中心的透镜星系所淹没了。请注意，在两幅照片的 3 年间隔中，像 A 的亮度增加了 0.5 个星等。

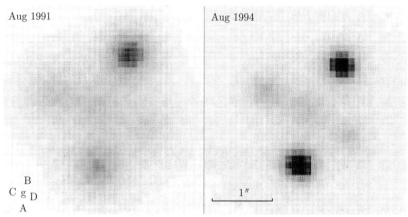

图 28.38　1991 年 8 月 (左) 和 1994 年 8 月 (右) 观测到的爱因斯坦十字 Q2237+031。十字形由类星体的 4 个图像 (标记为 A~D) 组成，透镜星系 (标记为 g) 位于中心 (由杰兰特·刘易斯 (Geraint Lewis) 和迈克·欧文 (Mike Irwin) 供图)

28.4.4　星系团中的明亮光弧

引力透镜的另一个显著例子是光穿过星系团形成的光弧。图 28.39 为星系团阿贝尔 370 中的一个这样的光弧。在该星团中还观测到了多达 60 个额外的 "小弧" 和几个扭曲的遥远

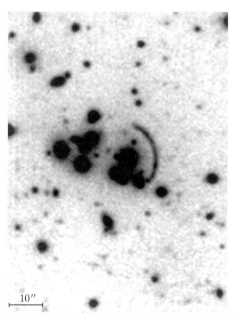

图 28.39　由阿贝尔 370 星系团产生的引力透镜弧，长约 20″(图片来自林茨 (Lynds) 和佩托西安 (Petrosian)，*Ap. J.*，336，1，1989。由 NOAO/林茨供图)

背景星系。大弧的来源一定是一个已分辨的天体，例如星系，而不是类星体的星状核。根据阿贝尔 (Abell) 370 的一个模型，在阿贝尔 370 中成像所需的透镜质量 (可见星系及暗物质) 最多约为 $5 \times 10^{14} M_\odot$。考虑到透镜星系的总光度为几个 $10^{11} L_\odot$，这意味着其质光比至少为 $1000 M_\odot/L_\odot$，表明存在大量的暗物质。

阿贝尔 370 是一个不寻常的星系团，由于它聚集足够集中，才能产生这样的光弧。大多数星系团中的暗物质分布可能更分散，产生的微弱透镜效应只是刚好能够扭曲透过该星系团而看到的遥远星系的外观。图 28.40 展示了一个具有多个小弧的壮观的例子，它是由阿贝尔 2218 星系团产生的背景星系的透镜图像。这种微弱的透镜效应也会导致明显的类星体聚集，因此对早期宇宙中天体聚集的统计研究必须考虑到这种影响。

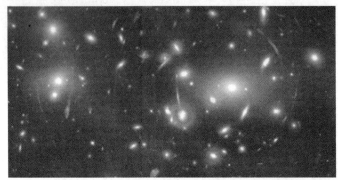

图 28.40   由阿贝尔 2218 星系团产生的背景星系的引力透镜图像的哈勃空间望远镜视图 (由柯西 (W.Couch, 南威尔士大学), 埃利斯 (R. Ellis, 剑桥大学) 和 NASA 供图)

28.4.5   多重像的时变性

当引力透镜所成的一对像所对应的光源亮度增加时，会出现一个有趣的现象。由于光源发出的光在到达观测者的途中经过不同的路径，所以透镜图像的增亮之间会存在时间延迟。

已测量到最早的双类星体 Q0957+561 的时间延迟为 1.4～1.5 年。非周期性的天体事件通常会让天文学家措手不及，但这种时间延迟使得天文学家提前知道了受透镜效应的类星体将有怎样的表现。

事实证明，时间延迟也与哈勃常数成反比。这提供了一种独立于任何其他距离测量方法确定 H_0 值的方法。

在类星体的宇宙学距离上，它们的退行速度应该在其空间本动速度中占主导地位。一项利用 Q0957+561 的研究假设透镜星系包含大量暗物质，得到 $H_0 = (69 \pm 21)$ km·s^{-1}·Mpc^{-1}，与 WMAP 的值 $H_0 = 71^{+4}_{-3}$ km·s^{-1}·Mpc^{-1} 符合得很好。

28.4.6   莱曼-α 森林

高红移类星体的光谱总是显示有大量的窄吸收线叠加在类星体的连续光谱上 (这些线是除了与类星体本身相关的任何宽吸收线之外的)。当类星体发出的光穿过恰好位于视线方向的物质 (星际云、星系晕) 时，就会形成这些窄线。如果这些吸收物质距离地球很远，它的退行运动会导致这些吸收线强烈红移。此外，如果光在到达地球的过程中穿过多个云团或星系晕，则会看到不同组的吸收线，每组线对应于特定云或晕的红移。

类星体光谱中有两类窄吸收线。

• **莱曼-α(Lyα) 森林**是密集的氢吸收线簇。这些吸收线被认为是在星际云中形成的，并显示出各种红移。同时，还检测到原初电离氦 (He Ⅱ) 的吸收线。

• 由**电离金属**形成的线，主要是碳 (C Ⅳ) 和镁 (Mg Ⅱ)，以及硅、铁、铝、氮和氧。元素的混合与在银河系星际介质中发现的相似，表明该物质经过了恒星加工并对重元素进行了富集。这些线被认为是在类星体视线上发现的星系的扩展晕或星系盘中形成的。

大多数这些线通常在紫外波段发现，此时吸收物质相对于地球以光速的很小比例运动 (即具有很小的红移)。它们很少能从地面上看到，因为地球的大气层吸收了大部分紫外线。然而，如果吸收物质的退行速度足够快，多普勒效应可以将紫外线转移到可见光波段，则此时大气是透明的。出于这个原因，从地面只能在高度红移的类星体光谱中才能看到这些吸收线。

例 28.4.2 氢的紫外 Ly α 谱线的静止波长为 $\lambda_{\mathrm{Ly\alpha}} = 121.6$ nm(见 5.3 节)。为了确定将这条线红移到电磁波谱的可见光区域所需的红移，我们可以使用 z 的定义：

$$z = \frac{\lambda_{\mathrm{obs}} - \lambda_{\mathrm{rest}}}{\lambda_{\mathrm{rest}}}.$$

对于可见光谱的蓝端，使用 $\lambda_{\mathrm{rest}} = \lambda_{\mathrm{Ly\alpha}}$ 和 $\lambda_{\mathrm{obs}} = 400$ nm，则为了将 Ly α 线带到可见光谱的边缘，我们需要红移：

$$z > \frac{400\,\mathrm{nm} - 121.6\,\mathrm{nm}}{121.6\,\mathrm{nm}} \simeq 2.3,$$

实际上，一些近紫外线可以穿透地球大气层，因此对于吸收物质的 $z > 1.7$ 时就可以观测到 Ly α 线。

通常，高红移类星体的光谱包含由类星体本身产生的强 Lyα 发射线，可能还有大约 50 条较短波长的 Lyα 吸收线 (较小的红移)，见图 28.41。这些线中的每一条都来自类星体发出的连续辐射在前往地球的旅程中所遇到的不同的星际氢 (可能还有氦) 云。如 9.5 节所述，Lyα 线轮廓可用于计算产生每条线的云中中性氢原子的柱密度，其典型的结果是 10^{18} m^{-2}。换句话说，一个横截面积为 1 m^2 的空心管完全穿过云层将包含 10^{18} 个中性氢原子。这样的云对于通常存在于整个空间的紫外线辐射来说是非常透明的。因此，这种紫外背景可以穿透云层并使其几乎完全电离。计算表明，10^5 个氢原子中只有 1 个在云中能够保持中性，且能够吸收紫外光子。

我们通过比较引力透镜效应类星体对的光谱中的 Lyα 森林来推断星际云的大小。在两个光谱中都可以看到许多吸收线，但有些则没有。这表明这些云平均而言与透镜星系的大小差不多。根据计算出的氢 (电离的和中性的) 的总柱密度，典型云的质量可能在 $10^7 \sim 10^8 M_\odot$。在一些天文学家估计的典型云的温度 (大约 3×10^4 K) 下，云的自引力太弱而无法避免其扩散。它可能是由于密度较小 (但温度较高) 的外部星际介质的压力或云中暗物质的存在而维持在一起的。

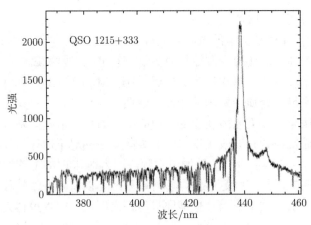

图 28.41 QSO 1215+333 光谱中的强 Ly α 发射线, 以及较短波长处的 Ly α 吸收线 (图改编自贝希托德 (J. Bechtold), 史都华天文台, 亚利桑那大学提供的图片)

28.4.7 类星体中的电离金属吸收线

类星体光谱中电离金属产生的窄吸收谱线来源不同。从地球表面观测, 这些吸收线可分为两组, 对应两个不同的红移范围。大约在 $z = 1.5$ 以下时, Mg II 线占主导地位, 随后的是 Si II、C II、Fe II 和 Al II, 因为它们落在从地面可以看到的波长窗内 (Mg II 线可能是产生于正常星系的晕中或恒星形成区域)。而在 $z = 1.2$ 和 $z = 3.5$ 之间, C IV 线与 Si IV、N V 和 O IV 是常见的。

假设星系晕的通常大小为 30~50 kpc, 这些线的红移分布与宇宙大小是现在的 $1/(1+z)$ 时的早期星系的预期分布大体一致。事实上, 一些 $z < 1$ 的 Mg II 系统已被清晰地认证为在直接的图像中看到的前景星系。C IV 线可能来自年轻星系中被年轻的热 OB 星强烈电离的云团。这些窄金属线表明其重元素丰度低于太阳, 说明它们源自可能仍在形成过程中的年轻星系。

28.4.8 星际云的密度分布

在过去, 星际云的共动空间密度似乎比现在更大, 因此随着宇宙年龄的增长, 星际云的数量一直在减少。对云红移的统计分析显示, 几乎没有证据表明云会倾向于聚集成簇。相反, 它们似乎在整个空间中随机分布。特别地, 在这些星际云的分布中, 似乎没有大的空隙, 类似于 27.3 节中描述的星系的分布 (这个现象的重要性尚不清楚)。He II 的分布同样不确定。

推 荐 读 物

一般读物

Courvoisier, Thierry J.-L., and Robson, E. Ian, "The Quasar 3C 273," *Scientific American*, June 1991.

Finkbeiner, Ann, "Active Galactic Nuclei: Sorting Out the Mess," *Sky and Telescope*, August 1992.

Levi, Barbara Goss, "Space-based Telescopes See Primordial Helium in Spectra of Distant Quasars, " *Physics Today*, October 1995.

Miley, George K., and Chambers, Kenneth C., "The Most Distant Radio Galaxies," *Scientific American*, June 1993. Preston, Richard, First Light, New American Library, New York, 1988.

Schild, Rudolph, E., "Gravity Is My Telescope, " *Sky and Telescope*, April 1991.

Voit, G. Mark, "The Rise and Fall of Quasars, " *Sky and Telescope*, May 1999.

专业读物

Antonucci, Robert, "Unified Models for Active Galactic Nuclei and Quasars, " in *Annual Review of Astronomy and Astrophysics*, 31, 473, 1993.

Balsara, Dinshaw S., and Norman, Michael L., "Three-Dimensional Hydrodynamic Simulations of Narrow-Angle-Tail Radio Sources. I. The Begelman, Rees, and Blandford Model, " *The Astrophysical Journal*, 393, 631, 1992.

Binney James, and Merrifield, Michael, *Galactic Astronomy*, Princeton University Press, Princeton, 1998.

Blandford, R. D., and Narayan, R., "Cosmological Applications of Gravitational Lensing, " *Annual Review of Astronomy and Astrophysics*, 30, 311, 1992.

Carvalho, Joel C., and O'Dea, Christopher P., "Evolution of Global Properties of Powerful Radio Sources. II. Hydrodynamical Simulations in a Declining Density Atmosphere and Source Energetics, " *The Astrophysical Journal Supplement Series*, 141, 371, 2002.

Collin-Souffrin, Suzy, "Observations and Their Implications for the Inner Parsec of AGN, " *Central Activity in Galaxies*, Aa. Sandqvist and T. P. Ray (eds.), Springer-Verlag, Berlin, 1993.

Dunlop, J. S., et al., "Quasars, Their Host Galaxies, and Their Central Black Holes," *Monthly Notices of the Royal Astronomical Society*, 340, 1095, 2003.

Hartwick. F. D.A., and Schade, David, "The Space Distribution of Quasars, " *Annual Review of Astronomy and Astrophysics*, 28, 437, 1990.

Kembhavi, Ajit K., and Narlikar, Jayant V., *Quasars and Active Galactic Nuclei: An Introduction*, Cambridge University Press, Cambridge, 1999.

King, Andrew R., Frank, Juhan, and Raine, Derek Jeffery, *Accretion Power in Astrophysics*, Third Edition, Cambridge University Press, Cambridge, 2002.

Krolik, Julian H., *Active Galactic Nuclei: From the Central Black Hole to the Galactic Environment*, Princeton University Press, Princeton, NJ, 1999.

Osterbrock, Donald E., and Ferland, Gary J., *Astrophysics of Gaseous Nebulae and Active Galactic Nuclei*, Second Edition, University Science Books, Sausalito, CA, 2005.

Perry, Judith J., "Activity in Galactic Nuclei, " *Central Activity in Galaxies*, Aa. Sandqvist and T. P. Ray (eds.), Springer-Verlag, Berlin, 1993.

Peterson, Bradley M., *An Introduction to Active Galactic Nuclei*, Cambridge University Press, Cambridge, 1997.

Silverman, J. D., et al., "Comoving Space Density of X-Ray-Selected Active Galactic Nuclei," *The Astrophysical Journal*, 624, 630, 2005.

Sloan Digital Sky Survey, http://www.sdss.org.

Sparke, Linda S., and Gallagher, John S., *Galaxies in the Universe: An Introduction*, Cambridge University Press, Cambridge, 2000.

Tyson, Anthony, "Mapping Dark Matter with Gravitational Lenses," *Physics Today*, June 1992.

习　题

28.1　射电星系 Cen A 的红移为 $z = 0.00157$。在 1400 MHz 的频率下，Cen A 的单色流量为 $F_\nu = 912$ Jy。谱指数使用 $\alpha = 0.6$，估计 Cen A 的射电光度。

28.2　使用图 28.14 计算类星体 3C 273 在 1400 MHz 射电频率下的谱指数 α。将你的答案与例 28.1.2 中给出的值进行比较。

28.3　对于 7.3×10^5 K 的温度，绘制普朗克函数 (式 (3.24)) 的图形，绘制 $\log_{10} \nu B_\nu(T)$-$\log_{10} \nu$ 图，$\log_{10} \nu$ 在 15.5~17.5。你所绘制的黑体谱的行为与图 28.14 中类星体 3C 273 的连续谱相比如何？

28.4　通过对类星体随年龄增长而变暗的过程进行数学建模，可以粗略地了解类星体的数量在过去为什么有所不同。

(a) 考虑回到 $z = 2.2$ 时类星体总数保持不变的情况，并假设红移 z 的类星体的平均光度 L 具有以下形式：

$$L = L_0(1+z)^a,$$

其中，L_0 是 $z = 0$(今天) 处的光度。利用图 28.16 估计常数 a 的值。

(b) 根据你对 (a) 部分的回答，$z = 2$ 处的平均类星体比 $z = 0$ 处的亮度高多少？

28.5　使用牛顿物理学计算 $10^8 M_\odot$ 黑洞的平均密度和 "表面重力" 值。将这些值与太阳的值进行比较。

28.6　利用式 (18.23) 吸积盘光度的牛顿力学表达式，估计一个非旋转黑洞 ($R = 3R_S$) 周围的吸积盘的吸积效率。对最大旋转的黑洞 ($R = 0.5R_S$) 重复此操作。

28.7　根据习题 17.19，电中性旋转黑洞的最大可能角动量是

$$L_{\max} = \frac{GM^2}{c},$$

使用牛顿物理学来估计本问题。

(a) 对于 $M = 10^8 M_\odot$ 的黑洞，最大角速度 $\omega_{\max}$ 是多少？使用 MR_S^2 作为黑洞转动惯量的估计，其中 R_S 是施瓦西半径。

(b) 考虑一根长度为 $\ell = R_S$ 的导线绕一端旋转，角速度 $\omega_{\max}$ 垂直于 $B = 1$ T 的均匀磁场。导线两端之间的感应电压是多少？

(c) 如果将具有在 (b) 部分中找到的电压的电池连接到电阻为 30Ω 的电线上，则该电线会耗散多少功率？

28.8　重复对式 (12.32) 斯特龙根半径的推导，包括仅占总体积的一小部分 ϵ 的电离气体影响，由此得出式 (28.13) 窄线区域的半径。

28.9　使用例 28.2.2 中的值求出连续谱 (频率在 $10^{10} \sim 10^{25}$ Hz) 中能够电离基态氢的光子比例。

28.10　从对于超光速运动的式 (28.15) 推导出式 (28.16)~ 式 (28.19)。

28.11　考虑从类星体直接抛向地球的物质。

(a) 如果类星体的红移是 z_Q 并且喷射物的红移是 z_{ej}，证明喷射物相对于类星体的速度由下式给出：

$$\frac{v}{c} = \frac{(1 + z_Q)^2 - (1 + z_{ej})^2}{(1 + z_Q)^2 + (1 + z_{ej})^2}.$$

(b) 考虑一个从类星体 3C 273 直接抛向地球的射电发射结。如果天文学家测得结靠近的速度为 $v = 0.9842c$，那么结相对于类星体的速度是多少？从类星体的参考系来看，结的洛伦兹因子是多少？

28.12　考虑直接朝向观测者的相对论 ($\gamma \gg 1$) 耀变体喷流。如果在喷流的静止坐标系中存在时间变化 Δt_{rest}，请使用式 (4.31) 证明：在地球上观测到的变化大约是

$$\Delta t_{obs} \simeq \frac{\Delta t_{rest}}{2\gamma}.$$

28.13　估计在总质量为 $10^{14} M_\odot$ 的球状星系团的 10^4 pc 内通过的光的有效折射率。

28.14　验证式 (28.20) 给出了掠过太阳表面的光线的角偏转的正确数值。

28.15　使用图 28.35 所示的引力透镜的几何形状和式 (28.20) 给出的 ϕ 值推导出式 (28.21)~ 式 (28.23)。提示：首先证明对于这个问题中涉及的小角度有

$$\frac{\sin(\theta - \beta)}{d_S - d_L} = \frac{\sin \phi}{d_S}.$$

28.16　类星体 Q0142−100(也称为 UM 673) 的两个像由引力透镜形成。类星体的红移 $z = 2.727$，像星系的红移 $z = 0.493$。两个像间隔 $2.22''$，透镜星系沿着两个像之间的线，距离其中之一 $0.8''$。估计透镜星系的质量。

28.17　爱因斯坦环 MG1654+1346 的直径为 $2.1''$。源的红移为 $z = 1.74$，透镜星系的红移为 $z = 0.25$。估计透镜星系的质量。

28.18　在 24.2 节中，描述了如何通过大麦哲伦云 (LMC) 中恒星的微引力透镜效应探测晕族大质量致密天体 (MACHO)。假设一个质量是木星 10 倍的 MACHO 在地球和 LMC 的中间轨道运行，并且它垂直于我们到 LMC 的视线运动。则 MACHO 以 $2\theta_E$ 的角度穿过 LMC 中的一颗透镜恒星需要多少时间？取到 LMC 的距离为 52 kpc，MACHO 的轨道速度为 220 km·s^{-1}。在这个问题中，忽略地球和 LMC 的运动。将你的答案与图 24.15 中所示时间进行比较，并说说你的看法。

28.19　当一个小天体接近一个质量大得多的天体时，较小的物体可能会被潮汐瓦解。被潮汐瓦解前的最近距离是洛希极限 (式 (19.4))。如果小天体是恒星，大天体是超大质量黑洞，则洛希极限由下式给出：

$$r_R = 2.4 \left(\frac{\bar{\rho}_{BH}}{\bar{\rho}_\star} \right)^{1/3} R_S,$$

其中，R_S 是施瓦西半径；$\bar{\rho}_{BH}$ 是黑洞的密度；$\bar{\rho}_\star$ 是恒星的平均密度。

(a) 将超大质量黑洞的平均密度设为其质量除以施瓦西半径内所包含的体积，推导出 $r_R = R_S$ 时黑洞质量的表达式。

(b) 如果太阳落入一个超大质量黑洞，太阳在穿越事件视界之前被潮汐瓦解，则黑洞的最大质量是多少？将你的答案与星系核心中典型超大质量黑洞的质量估计值进行比较。

(c) 如果超大质量黑洞的质量超过了 (b) 部分中求得的质量，那么在释放落入恒星的引力势能方面会有什么影响？在这种情况下，落入的恒星能否有效地为 AGN 供能？

计算机习题

28.20 表 28.2 给出了天鹅座 A 在几个射电波长下的单色流量值。

(a) 绘制 $\log_{10} F_\nu$ 与 $\log_{10} \nu$ 的关系图，并确定 $\log_{10} \nu = 8$ 处用于式 (28.1) 给出的幂律的谱指数值。

(b) 对于给定的数据，使用简单的梯形规则对 F_ν 与 ν(不是 $\log_{10} F_\nu$ 与 $\log_{10} \nu$) 曲线下的面积进行积分，并根据你的结果来估计天鹅座 A 的射电光度。

表 28.2 习题 28.20 中天鹅座 A 的数据

$\log_{10}(\nu/\mathrm{Hz})$	$\log_{10}\left(F_\nu/(\mathrm{W \cdot m^{-2} \cdot Hz^{-1}})\right)$
7.0	−21.88
7.3	−21.55
7.7	−21.67
8.0	−21.86
8.3	−22.09
8.7	−22.38
9.0	−22.63
9.3	−22.96
9.7	−23.43
10.0	−23.79

第 29 章　宇　宙　学

29.1　牛顿宇宙学

1831 年 12 月 27 日，一艘帆船从英格兰普利茅斯 (Plymouth) 启航，踏上了一次长达 5 年的环球之旅。在仅仅 90 英尺长的这艘 "贝格尔号"(the Beagle，又称 "小猎犬号") 上有 74 名水手，其中之一便是查尔斯·达尔文 (Charles Darwin)。之后这艘船在南美、新西兰、塔希提 (Tahiti)、加拉帕戈斯 (Galapagos) 群岛和澳大利亚这些地方停留的那些时间里，达尔文展现了他对于自然界非凡的洞察力。1859 年，在长达 20 年的仔细研究与思考之后，达尔文发表了《物种起源》(*On the Orgin of Species by Means of Natural Selection, or the Preservation of Favored Races in the Struggle for Life*, 全名译为《在自然选择，即生存斗争中来保存物种的物种起源》——译者注)。人们第一次开始尝试从科学的角度来理解人类自身这个物种的起源。

在接下来的一个世纪中，人们大胆推理，小心求证，有了许多新的发现。DNA 双螺旋结构的阐释以及板块构造学的提出揭示了我们自身以及我们所处的这个星球的进化机制。恒星核合成模型解释了恒星合成各种各样不同化学元素的过程，进而解释了构成我们的肉体以及我们所处的大千世界的 "砖块" 是从何而来的，甚至连宇宙的本身也被发现是在不断膨胀的。1964 年，两位贝尔实验室的科学家测量到了宇宙大爆炸的余烬，证明了现存所有物质及结构的爆炸性起源。而我们人类自身从傲慢自大到开始有自知之明的飞跃，更是比这一整个世纪所有发现加起来还要令人难以想象。

宇宙学，作为一个整体性学科，旨在研究宇宙起源和演化。本章中，我们将从几个不同的角度去阐释宇宙学。为了直观地解释一些问题，本节，即 29.1 节，将先不考虑广义相对论以及粒子物理等现代物理学观点，而单纯从牛顿力学的观点出发来讨论宇宙的膨胀；接下来的 29.2 节将就宇宙微波背景辐射的发现及意义进行说明；29.3 节将主要从广义相对论角度介绍宇宙几何学；29.4 节会说明一些关键的宇宙学参数是如何通过实际观测进行测量的。而由现代粒子物理得到的一些有趣的结论和推测将会留到第 30 章再作阐述。

29.1.1　奥伯斯佯谬

牛顿认为在一个无限且稳定的宇宙中，恒星应当是均匀散落的。如果物质的分布不是永远保持一种均匀状态的话，它们会因为自身引力作用而坍缩。而和牛顿同属一个时代的艾德蒙·哈雷则提出了一个问题：如果天上恒星的数量是无限的，那么夜里的天空为什么会是黑的呢？

一位德国的内科医生**海因里希·奥伯斯 (Heinrich Olbers，1758—1840)** 以一种最有力的论证方式提出了这个问题。他在 1823 年提出，如果一个布满了恒星的宇宙是无限且透明的，那么我们晚上看天空中的任意一个方向，我们的视线应该都是指向某一颗恒星

的表面的 (相似地, 如果你在一个无限大的密林里, 那么你无论往哪里看, 你的视线都应该会落在某一棵树上)。无论恒星的分布是如牛顿所言的那样的均匀的, 还是分成一个一个的星系, 这个结论都应该成立。奥伯斯的论证非常有力, 牛顿宇宙观与 "夜空是暗的" 这一显而易见的事实之间的矛盾称为**奥伯斯佯谬 (Olbers's paradox)**[①]。

奥伯斯认为要解决这个问题, 那么宇宙就不应该是透明的。热力学理论当时还处于发展阶段, 奥伯斯自己没意识到他的结论是错误的, 这个错误的关键点在于, 任何将恒星遮住的物质都会被恒星发出的光加热直到其亮度与恒星表面相一致。而令人惊讶的是, 对于这个问题第一个基本正确的解答是由美国诗人和作家埃德加·艾伦·坡提出的。坡认为, 光速是一定的, 但宇宙的年龄是有限的, 因此那些距离我们很远的恒星发出的光还没有到达我们地球。这个猜想是以威廉·汤姆孙所发展的一套坚实的科学理论为基础, 独立提出的。在现代宇宙学的观点来看, 对于这一问题的解答则更为简单: 我们的宇宙太年轻, 还不足以被光填满[②]。

29.1.2 直觉的发展: 从牛顿宇宙观出发

很快你们会发现这一章隐含的数学推理其实远多于这章所呈现的内容[③]。比起单纯定性地讲讲故事, 如何定量地去展现这个宇宙, 这是更加值得我们思考和付出精力去研究的事情。尽管广义相对论的相关知识对全面理解宇宙的结构以及演化非常重要, 但先从牛顿的宇宙观出发来看宇宙的膨胀, 由此获得一些启示性的结论仍然是非常必要的。

29.1.3 宇宙学原理

在 27.2 节, 我们提到哈勃定律在一个各向同性以及均匀的膨胀宇宙中是一个自然而然的结论, 这个定律在所有方向以及宇宙中所有位置都成立。这个关于各向同性以及均匀宇宙的假设称为**宇宙学原理 (cosmological principle)**。

为了让宇宙膨胀这个规律对于宇宙中任何位置的观测者来说都是一致的, 我们可以先以地球为坐标原点去观测两个星系 A 和 B(图 29.1), 它们的位矢分别是 r_A 和 r_B。根据哈勃定律, 退行速度由以下两式决定:

$$v_A = H_0 r_A$$

以及

$$v_B = H_0 r_B$$

那么 B 相对于 A 的退行速度则表示为

$$v_B - v_A = H_0 r_B - H_0 r_A = H_0 (r_B - r_A)$$

也就是说, 一个在星系 A 的观测者观测到的星系退行速度规律与地球上的哈勃定律, 两者在形式上是一致的。

---

① 读者请自行回顾本书 24.1 节中所讨论的奥伯斯佯谬。

② 有时有人认为, 宇宙膨胀引起的宇宙学红移是造成夜空黑暗的根本原因, 因为它会将恒星发出的可见光转移到可见光谱之外。但根据实际观测, 这种影响非常小, 对黑暗的夜空没有太大的影响。

③ 在一些推导过程中, 很多中间步骤被省略了。这些被省略的数学步骤会以章后习题的形式出现。

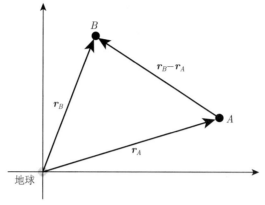

图 29.1　以地球为原点的宇宙的膨胀

尽管在式中我们假定哈勃常数 H_0 的数值一定，但实际上它是一个与时间有关的函数 $H(t)$。如果 t_0 表示我们现在的时间的话，则 $H_0 = H(t_0)$。

29.1.4　一种简单无压强状态下的"尘埃"宇宙模型

为了理解宇宙的膨胀与时间之间的关系，我们首先想象一个由无压强的"尘埃"组成的宇宙，并且"尘埃"的密度 $\rho(t)$ 在宇宙中处处相等，任选一个点作为源头。与我们现实观测到的宇宙不同，这个假想的宇宙在任何尺度上都完美地满足各向同性以及均匀的要求。无压强的"尘埃"代表了均匀分布在宇宙中的所有物质。这种"尘埃"并不是我们通常所说的星际尘埃颗粒，不能混为一谈。在这种单一组分的宇宙模型中，没有光子或者中微子的存在。

随着宇宙的膨胀，这些尘埃从源头呈放射状向外扩展。我们用 $r(t)$ 表示一个薄球壳的半径，这个薄球壳所包含的尘埃质量为 m，t 则表示时间。如图 29.2 所示，这个质量球壳随着宇宙的膨胀而扩张，其退行速度为 $v(t) = \mathrm{d}r/\mathrm{d}t$。这种假设下此质量球壳所包含的尘埃粒子数总是固定的，其机械能 E 可表示为

$$K(t) + U(t) = E$$

随着球壳的膨胀，在内部质量的引力作用下，动能 K 会不断衰减而引力势能 U 会不断增加[①]。但根据能量守恒律，质量球壳的机械能总量 E 是不会变的。为了方便后面的讨论，我们把球壳用两个常数 k 和 ϖ 来表示，这样的 E 表示为 $E = -\frac{1}{2}mkc^2\varpi^2$。常数 k 的量纲为长度的 -2 次方，其意义将会在 29.3 节进行探讨。另外一个常数 ϖ(读作"瓦皮"(varpi))表征了这个特定的质量球壳，可将其视为当前该质量球壳的半径，即 $r(t_0) = \varpi$，则此质量球壳的能量守恒表述如下式：

$$\frac{1}{2}mv^2(t) - G\frac{M_r m}{r(t)} = -\frac{1}{2}mkc^2\varpi^2 \tag{29.1}$$

---

① 见 10.1 节论述，球壳外的质量对球壳上某一点的万有引力合力为 0。

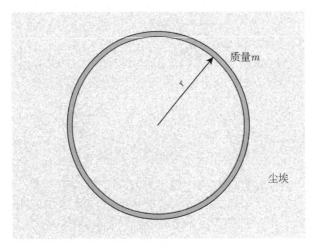

图 29.2　　在一个充满尘埃宇宙中的质量球壳

式 (29.1) 左边的 M_r 是指薄球壳内部的质量:

$$M_r = \frac{4}{3}\pi r^3(t)\rho(t).$$

尽管球壳的半径以及其内部尘埃的质量一直在变化,但由于在球壳内部的质量一直是定值,乘积 $r^3(t)\rho(t)$ 并不会变化。将 M_r 代入式 (29.1),等式两边消去质量 m,得到

$$v^2 - \frac{8}{3}\pi G\rho r^2 = -kc^2\varpi^2. \tag{29.2}$$

常数 k 将会决定宇宙最终的命运。

如果 $k > 0$,则球壳的总能量为负数。在这种情况下宇宙是**有界的**,或者说是**闭合的**,宇宙的膨胀最终会在某一个时刻停止并且开始收缩。

如果 $k < 0$,则球壳的总能量为正数,在这种情况下宇宙是**无界的**,或者说是**开放的**,宇宙将会无限膨胀。

如果 $k = 0$,则总能量亦为 0,在这种情况下宇宙既非开放,也非闭合,而是**平坦的**。宇宙膨胀的速度会持续减少,最终在 $t \to \infty$ 的时候停止,整个宇宙会呈现一种无限弥散的状态。

牛顿宇宙学中关于这一部分的论述是基于式 (17.19) 给出的几何空间展开,在一个平坦的时空概念下进行的。上面所提到的开放、闭合和平坦等概念应当理解成用来描述宇宙在动力学作用下膨胀方式的一些名词。在 29.3 节,这些名词将会被重新解释用来描述时空本身的几何学。

宇宙学原理要求这种膨胀所具有的特性在球壳上每一点都应当是一致的 (均匀性原理——译者注)。举个例子,任选一个球壳,其半径膨胀至当前 2 倍所消耗的时间应与其他任意球壳做对应动作是一致的。对于一个选定球壳,其半径与时间关系可以写作

$$r(t) = R(t)\varpi. \tag{29.3}$$

在这个表达式中，$r(t)$ 称为**坐标距离**。因为 ϖ 是与一个特定球壳相关的变量，并且其值随着该球壳的膨胀而变化，这样的 ϖ 称为**共动坐标**。如图 29.3 所示，$R(t)$ 是一个用来描述膨胀的无量纲**比例因子** (对于所有球壳来说，$R(t)$ 都相同)；且 $R(t_0) = 1$，$r(t_0) = \varpi$。比例因子 R 与式 (28.3) 中的 $R_{\text{emitted}}/R_{\text{obs}}$ 是等价的，由此我们得到 R 与红移之间的关系：

$$R = \frac{1}{1+z}, \tag{29.4}$$

例如，观测红移 $z = 3$ 处的宇宙意味着该处比例因子为 $R = 1/4$。

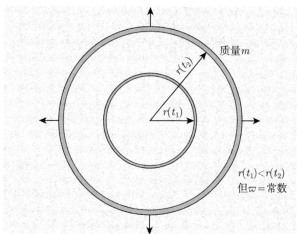

图 29.3　一个正在膨胀的质量球壳在两个不同时刻的状态，$t_1 < t_2$。随着质量球壳膨胀，其共动坐标 ϖ 在时刻 t_1 和 t_2 处都是相等的，但 $r(t_1) < r(t_2)$

由之前提到的 $r^3 \rho$ 不随着特定球壳而变化可导出：$R^3 \rho$ 对于所有球壳来说都是常数，这意味着在我们规定 $R(t_0) = 1$ 的情况下，

$$R^3(t)\rho(t) = R^3(t_0)\rho(t_0) = \rho_0, \tag{29.5}$$

其中，ρ_0 是当前这个充满尘埃的宇宙的密度。考虑到式 (29.4)，密度也可以表示为

$$\rho(z) = \rho_0(1+z)^3, \tag{29.6}$$

该式给出了当我们观测红移为 z 的宇宙时，该处宇宙的平均密度。必须注意的是，式 (29.5) 与式 (29.6) 仅在宇宙的组分只有无压强尘埃时成立，式 (29.5) 更一般的形式将在本节末尾给出。

29.1.5　无压强 "尘埃" 宇宙的演化

牛顿宇宙的演化可以用随着时间变化的比例因子 $R(t)$ 来描述。接下来的几页我们将就这一点展开，而数学的迅速发展为我们提供了必要工具。第一步，我们需要将哈勃参数 $H(t)$ 写成与比例因子相关的形式，对应的哈勃定律为

$$v(t) = H(t)r(t) = H(t)R(t)\varpi. \tag{29.7}$$

因为 $v(t)$ 是 $r(t)$ 对时间的一阶导数，因此根据式 (29.3)，可得

$$v(t) = \frac{\mathrm{d}R(t)}{\mathrm{d}t}\varpi.$$

将该式与式 (29.7) 对比，我们得到

$$H(t) = \frac{1}{R(t)}\frac{\mathrm{d}R(t)}{\mathrm{d}t}. \tag{29.8}$$

将式 (29.3) 与式 (29.7) 代入式 (29.2)，两边消去 ϖ^2，我们得到

$$\left(H^2 - \frac{8}{3}\pi G\rho\right)R^2 = -kc^2, \tag{29.9}$$

或者采用式 (29.8) 的形式，

$$\left[\left(\frac{1}{R}\frac{\mathrm{d}R}{\mathrm{d}t}\right)^2 - \frac{8}{3}\pi G\rho\right]R^2 = -kc^2. \tag{29.10}$$

式 (29.9) 和式 (29.10) 的左边对所有球壳都成立，并且都含 $H(t)$、$\rho(t)$ 和 $R(t)$，而右边都是常数 (不随时间以及空间变化)。将式 (29.5) 代入式 (29.10)，写成包含 R 与 t 的形式，我们得到

$$\left(\frac{\mathrm{d}R}{\mathrm{d}t}\right)^2 - \frac{8\pi G\rho_0}{3R} = -kc^2. \tag{29.11}$$

这个结果与式 (29.9) 与式 (29.10) 联立可以用来描述宇宙的膨胀。

现在，我们用来检验一个质量球壳运动特性的准备工作已经完毕，接下来将在平坦宇宙、开放宇宙和闭合宇宙三种不同的条件下展开论述。首先我们考虑一个平坦的宇宙 $(k = 0)$，该宇宙中每一个质量球壳的膨胀速度刚好等于逃逸速度。为确保 $k = 0$，密度需要取一个特定值 ρ_c，我们称之为**临界密度**。结合式 (29.9)，临界密度值为

$$\boxed{\rho_\mathrm{c}(t) = \frac{3H^2(t)}{8\pi G}.} \tag{29.12}$$

为了估算此时此刻这个值的大小，回顾式 (27.11)，我们可以把哈勃常数写成如下便于计算的形式：

$$H_0 = 100h\ \mathrm{km} \cdot \mathrm{s}^{-1} \cdot \mathrm{Mpc}^{-1} = 3.24 \times 10^{-18}h\ \mathrm{s}^{-1}, \tag{29.13}$$

我们使用 WMAP[①]的探测量值

$$[h]_\mathrm{WMAP} = 0.71,$$

---

　　① 27.2 节已经介绍了 WMAP(Wilkinson Microwave Anisotropy Probe，威尔金森微波各向异性探测器) 对宇宙学各参数的测量，并且在 30.2 节中将作更详细的说明。

得到

$$[H_0]_{\text{WMAP}} = 71 \ \text{km·s}^{-1}\text{·Mpc}^{-1} = 2.30 \times 10^{-18} \ \text{s}^{-1}. \tag{29.14}$$

最后，计算出此时此刻的临界质量 $\rho_{\text{c},0}$ 为

$$\boxed{\rho_{\text{c},0} = \frac{3H_0^2}{8\pi G}} \tag{29.15}$$

$$= 1.88 \times 10^{-26} h^2 \ \text{kg·m}^{-3},$$

其 WMAP 值为

$$\rho_{\text{c},0} = 9.47 \times 10^{-27} \ \text{kg·m}^{-3}. \tag{29.16}$$

这个值差不多相当于每 1m^3 6 个氢原子。但是 WMAP 探测到宇宙中的**重子物质** (baryonic matter) 大约只有临界质量的 4%，也就是每 4m^3 的空间只有 1 个氢原子。当我们说 "重子物质" 时，我们指的是那些由重子构成的物质 (例如质子和中子)，

$$\rho_{\text{b},0} = 4.17 \times 10^{-28} \ \text{kg·m}^{-3} \quad (\text{对于} h = 0.71), \tag{29.17}$$

因此式 (29.17) 中的下标 b 用来表示重子物质[①]。在 29.2 节我们将会详解这个数值 (即 $\rho_{\text{b},0}$——译者注) 在比较轻元素理论丰度及观测丰度的过程中所体现的一致性，例如在宇宙早期阶段形成的氦-3 和锂-7。而非重子的暗物质因为其组成目前还不清楚，其密度不包含在 $\rho_{\text{b},0}$ 中。非重子的暗物质密度只能借由其对重子物质的引力作用而发现。据推测，暗物质与光子及带电粒子只会通过电磁场有很微弱的相互作用 (如果真有的话)，因此它不会吸收、发射或者散射大量的光。我们的无压强尘埃宇宙模型将这两种物质全部包含在内，即重子和非重子，或者说是明物质与暗物质。

测量密度与临界密度的比值是宇宙学中一个很重要的参数。相应地，我们可以定义一个**密度参数**：

$$\Omega(t) \equiv \frac{\rho(t)}{\rho_{\text{c}}(t)} = \frac{8\pi G \rho(t)}{3H^2(t)}, \tag{29.18}$$

此时此刻，其值为

$$\boxed{\Omega_0 = \frac{\rho_0}{\rho_{\text{c},0}} = \frac{8\pi G \rho_0}{3H_0^2}.} \tag{29.19}$$

表 29.1 列出了各种天文系统的质量与光度的比值，以及由此导出的密度参数。除去宇宙大爆炸核合成阶段，其余数值均是通过研究引力效应而得到的，因此重子与暗物质都已经被纳入了考虑范围内。一个很明显的趋势是越大尺度的系统，其质光比和密度参数往往更大。但正如图 29.4 所示，对于最大的天文系统，其密度参数在 $\Omega_0 \simeq 0.3$ 时达到了一个 "上限"，这与 WMAP 观测到的所有类型的重子与暗物质质量平均值是一致的。

$$[\Omega_{m,0}]_{\text{WMAP}} = \left(0.135^{+0.008}_{-0.009}\right) h^{-2} = 0.27 \pm 0.04 \quad (\text{对于} h = 0.71). \tag{29.20}$$

[①] 实际上，任何由已知粒子组成的物质，只要密度符合式 (29.5) 都能算作重子物质。这其中不包括光子和中微子，因为我们将要在 29.2 节中提到，这两种粒子的气体不符合式 (29.5)，会产生压强，因此与我们的无压强尘埃宇宙模型不一致。

对应的密度为

$$\rho_{m,0} = 2.56 \times 10^{-27} \text{ kg} \cdot \text{m}^{-3} \quad (\text{对于} h = 0.71), \tag{29.21}$$

下标 "m" 代表了质量，这也表示我们的宇宙模型中将不只包含质量这一部分，但对于当前单组分模型 (即该宇宙模型中只包含质量，不考虑辐射等其他组分的影响)，此下标将会暂时省略。

表 29.1　各系统中的质光比和密度参数。不包含 M87 的 X 射线晕及本星系群时域对 h 值的复杂依赖关系 (参考 Binney 和 Tremaine，*Galactic Dynamics*，普林斯顿大学，普林斯顿. 纽约州，1987；以及 Schramm，*Physica Scripta*，**T36**，**22**，1991)

方法	$M/L(M_\odot/L_\odot)$	Ω_0
太阳附近	3	$0.002h^{-1}$
椭圆星系核	$12h$	$0.007\,h^{-1}$
局地逃逸速度	30	$0.018\,h^{-1}$
伴星系	30	$0.018\,h^{-1}$
麦哲伦星流	>80	$0.05\,h^{-1}$
M87 的 X 射线晕	>750	$0.46\,h^{-1}$
本星系群计时	100	$0.06\,h^{-1}$
星系群	$260h$	0.16
星系团	$400h$	0.25
引力透镜	—	$0.1\sim0.3$
大爆炸核合成	—	0.065 ± 0.045

WMAP 测得的重子的密度参数值为

$$[\Omega_{b,0}]_{\text{WMAP}} = (0.0224 \pm 0.0009)h^{-2} = 0.044 \pm 0.004 \quad (\text{对于} h = 0.71). \tag{29.22}$$

因此，根据 WMAP 的测量结果，重子物质仅占宇宙物质总量的 16%，剩余的 84% 则是某种非重子的暗物质。

现在，我们可以确定这种无压强尘埃膨胀宇宙模型的大致特征。首先需要注意的是，从式 (29.6) 及式 (29.19)，我们可以得到

$$\frac{\Omega}{\Omega_0} = \frac{\rho}{\rho_0}\frac{H_0^2}{H^2} = (1+z)^3\frac{H_0^2}{H^2},$$

进而得到

$$\Omega H^2 = (1+z)^3 \Omega_0 H_0^2. \tag{29.23}$$

而另一组 Ω 与 H 之间的关系则需要结合密度参数、式 (29.18)、式 (29.9) 得出

$$H^2(1 - \Omega)R^2 = -kc^2 \tag{29.24}$$

特别地，当 $t = t_0$ 时

$$H_0^2(1 - \Omega_0) = -kc^2. \tag{29.25}$$

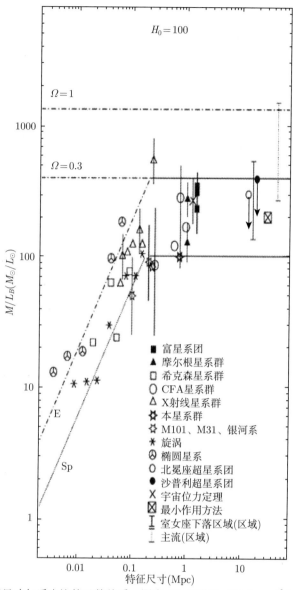

图 29.4 不同系统特征尺寸与质光比的函数关系。图中 H_0 取值为 $100 \text{ km·s}^{-1}\text{·Mpc}^{-1}$ 而不是 WMAP 的测量值 (图源自 Dodelson，*Modern Cosmology*，Academic Press，New York，2003，由 Elsevier 许可. 数据来自 Bahcall 等，*Ap. J.*，541，1，2000)

由该式可以证明：

如果 $\Omega_0 > 1$，那么 $k > 0$，宇宙是闭合的；

如果 $\Omega_0 < 1$，那么 $k < 0$，宇宙是开放的；

如果 $\Omega_0 = 1$，那么 $k = 0$，宇宙是平坦的。

值得注意的是，我们现在处理的只是一个简单的单组分无压强尘埃宇宙模型。之后我们会研究更接近现实的多组分宇宙模型，这种多组分模型可以证明，仅仅靠观测质量密度参数并不足以让我们对宇宙的最终命运下结论。

联立式 (29.24) 及式 (29.25) 并应用式 (29.4)，我们得到

$$H^2(1 - \Omega) = H_0^2(1 - \Omega_0)(1 + z)^2. \tag{29.26}$$

这样我们就有两个公式：式 (29.23) 和式 (29.26)，它们包含两个未知数 Ω 和 H。通过解公式组我们可以得到

$$H = H_0(1 + z)(1 + \Omega_0 z)^{1/2} \tag{29.27}$$

及

$$\Omega = \left(\frac{1 + z}{1 + \Omega_0 z}\right)\Omega_0 = 1 + \frac{\Omega_0 - 1}{1 + \Omega_0 z}. \tag{29.28}$$

式 (29.27) 说明在宇宙早期，即 $R \to 0$，$z \to \infty$ 时，哈勃参数 $H \to \infty$。式 (29.28) 说明 $\Omega - 1$ 的符号并不会变化，特别地，当某一时刻有 $\Omega = 1$，那么 $\Omega = 1$ 在任意时刻都成立。宇宙的特性并不随着宇宙的演化而变化，它或者总是闭合的，或者总是开放的，或者总是平坦的。式 (29.28) 也说明了在宇宙早期，即 $z \to \infty$ 时，密度参数 $\Omega \to 1$，无论当下的 Ω_0 值是多少。因此早期宇宙总是基本平坦的。参见图 29.5，对早期宇宙平坦性的假设将大大简化对宇宙诞生前几分钟的描述。

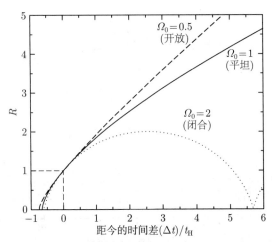

图 29.5   在三种宇宙模型中比例因子 R 从现在开始随着时间的演化，包括开放 $\Omega_0 = 0.5$、平坦 $\Omega_0 = 1$、闭合 $\Omega_0 = 2$。垂直于坐标轴的两条虚线确定了现在的宇宙在三条曲线上的位置。在当前时间点 $(R = 1)$，所有三种宇宙模型的哈勃常数 H_0 都相等，对应图上在当前时间的斜率相等。对于早期宇宙来说 $(R < 1)$，平坦、闭合和开放三种模型都是基本平坦的，因此表现在运动方式上区别较小。流逝时间 t 的单位是哈勃时间 t_H

例 29.1.1   稍后我们将证明在宇宙年龄只有大约 3 min 时，质子和中子将合成氦原子核。这个过程发生在红移 $z = 3.68 \times 10^8$ 处。采用 WMAP 的测量值 $\Omega_{m,0} = 0.27$，记为 Ω_0，可以导出在氦合成时期，Ω 的值为

$$\Omega = 1 + \frac{\Omega_0 - 1}{1 + \Omega_0 z} = 1 + \frac{0.27 - 1}{1 + (0.27)(3.68 \times 10^8)} = 0.99999999265. \tag{29.29}$$

在更早期的时候，Ω 的值包含了更多位的 "9"。20 世纪末，理论学家们认为存在一种机制来调整 Ω，让它能够趋近于一个特定的值而不是使得它的值正好为 $\Omega = 1$，这看起来是非常荒谬的。并且密度参数的实际观测量值仍然在 $\Omega_0 \approx 0.3$ 左右徘徊。这个问题的解决方案将在 29.3 节详细阐述，我们会发现理论学家和观测学家都是正确的。

平坦、单组分无压强尘埃宇宙的膨胀与时间之间的关系可以通过让式 (29.11) 中的 $k = 0$(对应有 $\rho_0 = \rho_{c,0}$ 及 $\Omega_0 = 1$) 来得到：

$$\left(\frac{\mathrm{d}R}{\mathrm{d}t}\right)^2 = \frac{8\pi G\rho_{c,0}}{3R}.$$

两边开方后积分得到

$$\int_0^R \sqrt{R'}\mathrm{d}R' = \sqrt{\frac{8\pi G\rho_{c,0}}{3}} \int_0^t \mathrm{d}t'$$

或

$$R_{\text{flat}} = (6\pi G\rho_{c,0})^{1/3}\, t^{2/3} \tag{29.30}$$

$$= \left(\frac{3}{2}\right)^{2/3} \left(\frac{t}{t_H}\right)^{2/3} \quad (\text{对于 }\Omega_0 = 1), \tag{29.31}$$

第二个表达式是通过式 (29.15) 得到的，并且 $t_H = 1/H_0$ 为哈勃时间 (式 (27.14))。在 $\Omega_0 = 1$ 处 R 的增长曲线如图 29.5 所示，时间单位为哈勃时间。

如果 $\Omega_0 \neq 1$，那么密度与临界密度并不相等，这样我们解式 (29.11) 就会更加困难。如果 $\Omega_0 > 1$，宇宙则是闭合的，结果可由参数公式表示为

$$R_{\text{closed}} = \frac{4\pi G\rho_0}{3kc^2}[1 - \cos(x)] \tag{29.32}$$

$$= \frac{1}{2}\frac{\Omega_0}{\Omega_0 - 1}[1 - \cos(x)] \tag{29.33}$$

以及

$$t_{\text{closed}} = \frac{4\pi G\rho_0}{3k^{3/2}c^3}[x - \sin(x)] \tag{29.34}$$

$$= \frac{1}{2H_0}\frac{\Omega_0}{(\Omega_0 - 1)^{3/2}}[x - \sin(x)], \tag{29.35}$$

其中，仅作为参数的变量 x 取值范围为 $x \geqslant 0$(将该解代入式 (29.11) 可以很方便地验证其正确性，见习题 29.3)。$\Omega_0 = 2$ 的解也已在图 29.5 中画出。宇宙收缩之后发生的 "反弹" 只是数学上的一个延伸，并不意味着宇宙会永远振荡。

另一方面，如果 $\Omega_0 < 1$，则宇宙是开放的，式 (29.11) 的参数形式解就变为

$$R_{\text{open}} = \frac{4\pi G\rho_0}{3|k|c^2}[\cosh(x) - 1] \tag{29.36}$$

$$= \frac{1}{2} \frac{\Omega_0}{1-\Omega_0}[\cosh(x)-1] \tag{29.37}$$

以及

$$t_{\text{open}} = \frac{4\pi G\rho_0}{3|k|^{3/2}c^3}[\sinh(x)-x] \tag{29.38}$$

$$= \frac{1}{2H_0} \frac{\Omega_0}{(1-\Omega_0)^{3/2}}[\sinh(x)-x]. \tag{29.39}$$

回想一下，双曲余弦函数的定义为 $\cosh(x) \equiv (\mathrm{e}^x + \mathrm{e}^{-x})/2 \geqslant 1$。类似地，双曲正弦定义为 $\sinh(x) \equiv (\mathrm{e}^x - \mathrm{e}^{-x})/2 \geqslant x$，因此 R_{open} 随时间 t 单调增长。如图 29.5 中 $\Omega_0 = 0.5$ 的图像，宇宙将会永远膨胀下去。

29.1.6   无压强"尘埃"宇宙的年龄

现在我们可以用一个自变量为红移 z 的函数来表示宇宙的年龄。在我们展开论述之前，我们需要注意任何将时刻 t 称为"宇宙年龄"的表述方法。我们所理解的物理学定律，在 $t \to 0$ 的极端条件下并不能被认为仍然有效，在我们用 t 来表示从宇宙大爆炸到某一时刻时间的时候，必须牢记这只是一个外推时间，不能在宇宙大爆炸最早的那一刻 ($t < 10^{-43}$s，见 30.1 节) 就从通常意义上去理解。

牢记这一个注意点，我们继续推进我们的论述。在一个平坦宇宙中，参考式 (29.4)，将式 (29.31) 中的 R 代换为 $1/(1+z)$，那么在红移 z 处宇宙的年龄为 (以哈勃时间为单位)

$$\frac{t_{\text{flat}}(z)}{t_{\text{H}}} = \frac{2}{3} \frac{1}{(1+z)^{3/2}} \quad (\text{对于 } \Omega_0 = 1). \tag{29.40}$$

在一个闭合宇宙中，将式 (29.33) 中的 R 代换为 $1/(1+z)$，用式 (29.35) 来消去参数 x，我们得到

$$\frac{t_{\text{closed}}(z)}{t_{\text{H}}} = \frac{\Omega_0}{2(\Omega_0-1)^{3/2}} \left[\arccos\left(\frac{\Omega_0 z - \Omega_0 + 2}{\Omega_0 z + \Omega_0}\right) - \frac{2\sqrt{(\Omega_0-1)(\Omega_0 z+1)}}{\Omega_0(1+z)}\right] \tag{29.41}$$

$$(\text{对于 } \Omega_0 > 1).$$

在一个开放宇宙中，对式 (29.37) 做类比处理，用式 (29.39) 消去 x，结果是

$$\frac{t_{\text{open}}(z)}{t_{\text{H}}} = \frac{\Omega_0}{2(1-\Omega_0)^{3/2}} \left[-\text{arccosh}\left(\frac{\Omega_0 z - \Omega_0 + 2}{\Omega_0 z + \Omega_0}\right) + \frac{2\sqrt{(1-\Omega_0)(\Omega_0 z+1)}}{\Omega_0(1+z)}\right] \tag{29.42}$$

$$(\text{对于 } \Omega_0 < 1)$$

在大红移极限的条件下，式 (29.40) 到式 (29.42)，均退变为

$$\frac{t(z)}{t_{\text{H}}} = \frac{2}{3} \frac{1}{(1+z)^{3/2}\Omega_0^{1/2}}, \tag{29.43}$$

其中，更高阶项在 $\Omega_0 \neq 1$ 时可以忽略 (见习题 29.11)。因为无论哪种模型，宇宙早期都非常近似于平坦宇宙，所以需要更加精确的观测来确定宇宙是平坦的、闭合的还是开放的。29.4 节将涉及宇宙学观测方面更详细的内容。

现在这个时刻宇宙的年龄 t_0 可以在式 (29.40)~ 式 (29.42) 中使 $z = 0$，就可以很容易地计算出来：

$$\frac{t_{\text{flat},0}}{t_{\text{H}}} = \frac{2}{3} \quad (\text{对于} \Omega_0 = 1) \tag{29.44}$$

适于平坦宇宙；

$$\frac{t_{\text{closed},0}}{t_{\text{H}}} = \frac{\Omega_0}{2\left(\Omega_0 - 1\right)^{3/2}}\left[\arccos\left(\frac{2}{\Omega_0} - 1\right) - \frac{2\sqrt{\Omega_0 - 1}}{\Omega_0}\right] \quad (\text{对于} \Omega_0 > 1) \tag{29.45}$$

适于闭合宇宙；

$$\frac{t_{\text{open},0}}{t_{\text{H}}} = \frac{\Omega_0}{2\left(1 - \Omega_0\right)^{3/2}}\left[-\text{arccosh}\left(\frac{2}{\Omega_0} - 1\right) + \frac{2\sqrt{1 - \Omega_0}}{\Omega_0}\right] \quad (\text{对于} \Omega_0 < 1) \tag{29.46}$$

适于开放宇宙。

图 29.6 为这些模型以哈勃时间的比值来表示的宇宙年龄。在 30.1 节中我们将看到，根据膨胀假设以及最近的观测结果，宇宙本质上应该是平坦的。如果宇宙的平均密度与临界密度相等，那么宇宙的年龄应当是哈勃时间的三分之二。采用 WMAP 的测量值 $[h]_{\text{WMAP}} = 0.71$，得到宇宙年龄为 92 亿年。尽管这个数值比现在被广泛接受的 137 亿年要小，但值得注意的是，这个无压强尘埃宇宙模型的年龄与最古老球状星团的平均年龄 115 亿年非常接近[①]。

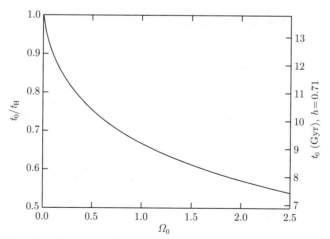

图 29.6 宇宙的年龄与密度参数 Ω_0 之间的关系。年龄用时间与哈勃时间 $t_{\text{H}} \sim 10^{10}h^{-1}\text{yr}$ 之比表示。右侧纵轴在 $h = 0.71$ 的前提下以十亿年为单位表示年龄

---

① 29.3 节将对宇宙年龄和球状星团年龄进行更准确的比较。

完整再现宇宙的历史有点像拼拼图,随着完成度的不断提高,越来越多的图案被集合到一起,缺失拼板的形状可以由那些已经就位的图案决定。对于我们的无压强尘埃宇宙模型来说,拼板之间也有矛盾的地方,最老的一批恒星的年龄竟然大于宇宙的年龄。但宇宙中不是只有无压强尘埃,例如宇宙中是充满了光子的——每有一个重子就有二十亿个光子。光子、重子和其他要素在解释最老的球状星团与宇宙年龄之间的矛盾时有重要意义。

29.1.7 回溯时间

回溯时间 t_L 可以定义为,当观测红移为 z 的物体时,我们所回溯的时间,即宇宙现在的年龄和红移 z 处年龄 $t(z)$ 之差

$$t_L = t_0 - t(z). \tag{29.47}$$

举个例子,在一个平坦宇宙中,根据式 (29.40) 和式 (29.44),以哈勃时间为单位的回溯时间为

$$\frac{t_L}{t_H} = \frac{2}{3}\left[1 - \frac{1}{(1+z)^{3/2}}\right] \quad (\text{对于}\ \Omega_0 = 1). \tag{29.48}$$

图 29.7 为在平坦、闭合以及开放宇宙模型中的回溯时间。

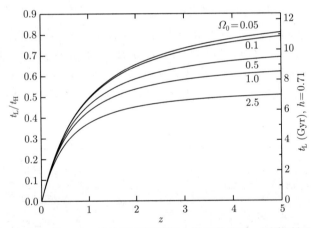

图 29.7 回溯时间与红移 z 在一定密度参数区间上的函数关系。回溯时间以其与哈勃时间 $t_H \sim 10^{10} h^{-1} \mathrm{yr}$ 之比来表示。右侧纵轴在 $h = 0.71$ 的状态下以十亿年为单位标记回溯时间

例 29.1.2   在例 4.3.2 中,类星体 SDSS 1030+0524 的红移观测量值为 $z = 6.28$。假设在一个平坦无压强尘埃宇宙中,利用式 (29.48) 可得该类星体的回溯时间为

$$\frac{t_L}{t_H} = \frac{2}{3}(1 - 0.0509) = 0.633.$$

因为宇宙年龄为

$$\frac{t_L}{t_0} = 0.949.$$

这意味着在该类星体发出我们接受到的光时，宇宙年龄只有当前的 5‰。在那个时候宇宙比现在小了大约 7 倍，根据式 (29.4)，比例因子为

$$R = \frac{1}{1+z} = 0.137.$$

29.1.8 将我们的简单模型推广至包含压强

让我们总结一下到现在为止我们推导出的公式，并且对它们进行初步概括，以此来推测一下我们将在 29.3 节中会遇到的广义相对论公式的一些特性。我们从式 (29.10) 出发，

$$\left[\left(\frac{1}{R} \frac{dR}{dt} \right)^2 - \frac{8}{3} \pi G \rho \right] R^2 = -kc^2.$$

根据爱因斯坦能量公式 $E_{rest} = mc^2$，我们将密度 ρ 的含义推广至包含所有形式的物质。对于非相对论性粒子来说，ρ 就是我们通常意义上的质量密度。而对于相对论性粒子——例如光子和中微子——来说，ρ 的含义是等效质量密度，即能量密度与 c^2 的比值。

式 (29.5) 中 $R^3 \rho - \rho_0$ 描述了在膨胀球壳内质量的守恒性。在承认质量与能量等价性的基础上，这个式子也可以解读为无压强尘埃宇宙中的能量守恒式。

热力学上的推导论证提供了式 (29.5) 的更一般形式，用来描述包含有压强物质组分的宇宙模型。设想一个充满了流体 (尘埃、光子等) 的宇宙有着均匀的密度 ρ、压强 P 以及温度 T，任选一个点作为宇宙的起源。用 r 表示共动球面的半径，球心在起源点上[①]。根据热力学第一定律，内能 U 守恒，将其应用于膨胀球壳内部的流体

$$dU = dQ - dW. \tag{29.49}$$

首先我们要明确的是，整个宇宙的温度应该是相同的，因此应该是没有热交换的，即 $dQ = 0$。也就是说，宇宙的膨胀过程应当是一个绝热过程，内能产生的任何变化的原因都应当是流体做功。以对时间的一阶导数来表示：

$$\frac{dU}{dt} = -\frac{dW}{dt} = -P \frac{dV}{dt}.$$

将 $V = 4\pi r^3/3$ 代入，我们可以得到

$$\frac{dU}{dt} = -\frac{4}{3} \pi P \frac{d(r^3)}{dt}.$$

如果我们将单位体积内的内能，即内能密度 u 定义为

$$u = \frac{U}{\frac{4}{3} \pi r^3},$$

---

① 我们不必担心光子会离开球体，因为根据宇宙学原理，在一部分光子流出时，会有同样数量的等效光子进入球体。

那么我们就可以得到

$$\frac{\mathrm{d}\left(r^3 u\right)}{\mathrm{d}t} = -P\frac{\mathrm{d}\left(r^3\right)}{\mathrm{d}t}.$$

将 u 表示为与质量密度 ρ 等价的形式：

$$\rho = \frac{u}{c^2},$$

可以给出

$$\frac{\mathrm{d}\left(r^3 \rho\right)}{\mathrm{d}t} = -\frac{P}{c^2}\frac{\mathrm{d}\left(r^3\right)}{\mathrm{d}t}.$$

最终，利用 $r = R\varpi$(式 (29.3))，我们可以得到**流体公式**：

$$\frac{\mathrm{d}\left(R^3 \rho\right)}{\mathrm{d}t} = -\frac{P}{c^2}\frac{\mathrm{d}\left(R^3\right)}{\mathrm{d}t}. \tag{29.50}$$

对于一个无压强尘埃宇宙来说，$P = 0$，所以 $R^3 \rho$ 是一个常数，这与式 (29.5) 的结果是一致的。

　　用来描述宇宙在膨胀中加速状态的公式可以通过将式 (29.10) 乘以 R，然后取对时间的一阶导数来导出。根据式 (29.50)，将式 (29.10) 中的 $\mathrm{d}(\rho R^3)/\mathrm{d}t$ 进行代换，消去项 $-kc^2$，我们就能得到**加速度公式**：

$$\frac{\mathrm{d}^2 R}{\mathrm{d}t^2} = -\frac{4}{3}\pi G\left(\rho + \frac{3P}{c^2}\right)R. \tag{29.51}$$

注意，式中压强 P 的作用是延缓膨胀的速度 (假设 $P > 0$)。这看起来是有悖常理的，我们可以回想一下经典力学中，因为宇宙中无论球壳内部还是外部压强都是一致的，并没有压力梯度对球壳的膨胀施加不为 0 的净力。这个问题的答案隐藏在产生流体压强的粒子运动中。粒子动能产生的等效质量会有引力效果，就像实际物质的质量一样来减慢膨胀的速度。实际上 $P = 0$ 的假设对于宇宙历史的大多数阶段来说都是成立的。例如，在习题 29.14 中我们会提到在现在的宇宙中 $\rho \gg P/c^2$。

　　式 (29.51) 是**伯克霍夫定理 (Birkhoff's theorem)** 的一个例证。在 1923 年，美国数学家**伯克霍夫 (G.D.Birkhoff, 1884—1944)** 证明了对于球对称分布的物质，爱因斯坦场方程有唯一解的普遍性。由此可衍生出一个推论，流体宇宙中膨胀球壳的加速度完全由该球壳内所包含的流体决定[①]。式 (29.51) 证明了除了密度 ρ、压强 P 和比例因子 R，加速度不依赖于其他任何因子。因为伯克霍夫定理哪怕在广义相对论的情境下都成立，所以这个定理在宇宙学研究学习中非常重要。

　　式 (29.10)、式 (29.50) 和式 (29.51) 有三个未知量：R、ρ 和 P。然而，这三个公式并不是相互独立的，其中由任意两个都可以导出第三个。为了从这两个公式中就算得 R、ρ 和 P，我们还需要第三个关系式，即**状态公式 (equation of state)**，来联系这些变量。这个公式一般可以写作

$$P = wu = w\rho c^2 \tag{29.52}$$

---

① 我们可以回想一下在习题 10.2 中我们得到了相似的结果。

其中，w 是一个常数，也就是说，压强与流体的能量密度成正比。下面举例说明：如果质量是以无压强尘埃的形式存在的，那么 $w_m = 0$；对于黑体辐射来说，参考 $P_{rad} = u_{rad}/3$ (式 9.11)，可以看出 $w_{rad} = 1/3$。将一般状态公式 (29.52) 代入流体公式 (29.50)，我们很快就能建立如下关系：

$$R^{3(1+w)}\rho = \text{常数} = \rho_0, \tag{29.53}$$

其中，ρ_0 是现在这个时刻的质量密度值 (或等效质量密度)。对于无压强尘埃 ($w_m = 0$) 来说，我们可以回到式 (29.5)，$R^3\rho_m = \rho_{m,0}$。

29.1.9 减速因子

最后，我们来介绍一个比较重要的无量纲量来描述宇宙膨胀的加速度：**减速因子** $q(t)$，其定义为

$$q(t) \equiv -\frac{R(t)\left[\mathrm{d}^2 R(t)/\mathrm{d}t^2\right]}{\left[\mathrm{d}R(t)/\mathrm{d}t\right]^2}. \tag{29.54}$$

无论这个词本身还是式中的负号 (为了保证对于减速运动来说 $q > 0$) 都与 20 世纪天文学家们对于宇宙膨胀一定是随时间推移越来越慢的共识完全相反[①]。习题 29.16 将证明：对于一个无压强尘埃宇宙，

$$q(t) = \frac{1}{2}\Omega(t), \tag{29.55}$$

并且在此时此刻，

$$q_0 = \frac{1}{2}\Omega_0. \tag{29.56}$$

因此，对于一个平坦的无压强尘埃宇宙，那么 $q_0 = 0.5$；如果 $q_0 > 0.5$ 或者 $q_0 < 0.5$，那么分别对应一个开放的宇宙和一个闭合的宇宙。

29.2 宇宙微波背景辐射

1946 年，**乔治·伽莫夫 (George Gamow)** 正在进行有关宇宙中元素丰度的研究。他意识到，刚刚从宇宙大爆炸中诞生的新生致密宇宙应当具有足够高的温度能让核反应发生。他提出早期宇宙中所发生的一系列核反应是我们现在观测到的宇宙元素丰度曲线的形成原因 (图 15.16)。伽莫夫和**拉尔夫·奥尔夫 (Ralph Alpher)** 一起在两年后发表了这个观点[②]，但在那之后，奥尔夫和**罗伯特·赫尔曼 (Robert Herman, 1914—1997)** 经过更加详细的计算论证后，证明伽莫夫的想法仍然是有缺陷的。因为在形成更重的原子核过程中会有一些障碍，仅仅通过将更多的质子或者中子聚集在一起并不能实现。在伽莫夫提出的条件下，五个或八个核子形成的原子核并不能稳定存在，这使得氦-4 成为可以形成的最重的元素 (在早期宇宙中，会有很小一部分锂的同位素锂-7 形成，其成因是氦-4 与氚、氦-4

---

① 在 29.3 节我们将会颠覆这种认知。

② 伽莫夫是一位俄罗斯移民，他以酷爱恶作剧和幽默而出名。当这篇论文第一次出现在人们视野中时，伽莫夫也署了汉斯·贝特 (Hans Bethe) 的名字作为合著者 (但贝特不知情)。伽莫夫认为一篇关于宇宙起源的论文以奥尔夫 (α)、贝特 (β)、伽莫夫 (γ) 的署名作为开篇是非常合适的，当然这只是一种有关前三个希腊字母的文字游戏。

与氢-3 这两组核反应，前一组核反应直接形成锂-7，后一组核反应会生成铍-7 并逐渐放射性衰变为锂-7)。

在那时，还有一个很大的矛盾，那就是这个高温、致密的宇宙在一个哈勃时间之前就已经存在了。埃德温·哈勃 (Edwin Hubble) 常数的初始值是 $H_0 = 500 \text{km} \cdot \text{s}^{-1} \cdot \text{Mpc}^{-1}$ (图 27.7)，对应的哈勃时间 $t_H = 1/H_0 = 10^9$ 年，即宇宙的年龄。而在 1928 年用放射性测年法测得地球的年龄已经有数十亿年，宇宙的年龄甚至只是地球年龄的几分之一，这很明显是不合理的。20 世纪 40 年代末，更加精确的测量显示 $1/H_0 = 1.8 \times 10^9$ 年，但这仍然是小到不合理的数值。毕竟地球的年龄比宇宙还要长这一结论实在是难以让人理解。

29.2.1　宇宙的稳态模型

1946 年，剑桥大学的**亨曼·邦迪 (Hermann Bondi, 1919—2005)**、**托马斯·戈尔德 (Thomas Gold, 1920—2004)** 和**弗雷德·霍伊尔 (Fred Hoyle, 1915—2001)** 尝试找到一种方法来替代伽莫夫这种有缺陷的宇宙大爆炸模型[①]。他们在 1948 年以及 1949 年发表的论文中，提出了**稳态宇宙模型 (model of steady-state universe)**。这个模型将宇宙学原理做了推广，将时间也包含在内，指出宇宙除了是各向同性以及均匀之外，在任意的时间点上也都应该是一致的。一个稳态的宇宙是无始无终的，即没有起源也没有结局，它的寿命是无限的。当这个宇宙膨胀时，物质会被不断创造出来来维持宇宙的平均密度在目前的水平上。这个理论中对哈勃时间的诠释需要做出改变，t_H 不是表征宇宙年龄的时间，而变成了表征物质创造时间的一个量。如果宇宙在 t_H 时间内大致膨胀为初始尺度的 2 倍，那么其体积会是原来的 8 倍，对应所需用来维持像如今这样平衡宇宙的物质创造率大约为 $8\rho_0/t_H = 8H_0\rho_0$。每 100 亿年仅仅只要在每立方米的空间中创造出几个氢原子，这个速率实在是太小，以至于我们目前还没有办法用实验手段去观测它。在稳态的宇宙模型中，被新创造出来的物质 (与质量–能量守恒相矛盾) 是在 "何时" "何地" 以 "什么方式" 自发地出现都是无解的问题。稳态宇宙模型的成功之处在于其对时间尺度上问题的解答[②]。

就像伽莫夫和他的合作者试图利用伴随着大爆炸而发生的核反应来证明宇宙中的元素丰度曲线 (图 15.16) 一样，霍伊尔从恒星内部发生的核反应过程中来寻求答案。他与两位英国同事**杰弗瑞·伯比奇 (Geoffrey Burbidge，理论物理学家)** 和**玛格丽特·伯比奇 (Margaret Burbidge，天文学家)** 以及一位美国物理学家**威廉·福勒 (William Fowler，1911—1995)** 一起合作，在 1957 年发表了一篇有深远意义的论文。这篇论文称为 B^2FH，详细阐述了如本书第 10 章以及第 13 章中所介绍的恒星核合成理论。

这篇 B^2FH 中的分析无疑是大获成功的，其结果可以兼容宇宙大爆炸模型和稳态宇宙模型。在 20 世纪 50 年代，这两种理论都有其支持者和反对者。然而，除了物质如何不断生成这一无法解决的问题之外，稳态模型在解释宇宙中为何能观测到这么多氢元素这个问题上也有重大缺陷。天文学家们已经证实宇宙中大约四分之一 (0.274±0.016) 的重子质量是以氦元素的形式存在的。在用氦丰度与更重元素在宇宙中的丰度相比较之后，很明显可

---

　　① 讽刺的是，是弗雷德·霍伊尔提出了 "大爆炸" 这个专有名词。他在 1950 年英国广播公司 (BBC) 广播电台中戏谑地提到了这一点："在我看来，即使没有某些测试来显示大爆炸理论会导致严重的问题，这个想法也并不令人满意。因为当我们观测自己的星系时，根本没有任何迹象表明这种爆炸发生过。"

　　② 短哈勃时间的解答出现在 1952 年，当时沃尔特·巴德 (Walter Baade) 发现造父变星其实有两种类型，从而修正了周期光度关系这一作为考量宇宙距离尺度的基础关系，见 27.1 节。

以得出结论：恒星的核合成是无法解释为什么能够观测到如此多的氢元素的，尤其是考虑到碳、氮、氧是燃尽恒星氢核之后的产物 (见 13.2 节)。伽莫夫、奥尔夫和赫尔曼已经证明了宇宙大爆炸模型至少可以为宇宙中氢元素丰度提供合理的解释，但哪里有直接证据可以证明发生过如此剧烈的事件呢？对于许多天文学家来说，去论述一个显然超出观测范围的事件似乎并不是非常科学。

29.2.2 宇宙大爆炸之后的冷却

α-β-γ 论文中的一个核心观点是致密的早期宇宙其温度应该是非常高的，在这个极热、致密的宇宙中，光子的平均自由程应该足够短来维持热力学平衡。尽管一个不断膨胀的宇宙并不能精确地处于热力学平衡状态，但这种假设本身是非常好的。就如本书 9.2 节中描述的那样，在热力学平衡的状态下辐射场符合黑体辐射谱。1948 年，奥尔夫和赫尔曼发表论文描述了这种黑体辐射应该如何随着宇宙的膨胀而冷却，并推算出现在的宇宙中应该充满了温度约为 5K 的黑体辐射。

黑体辐射的冷却可以从其能量密度公式 $u = aT^4$(式 (9.7)) 推导而来。根据流体公式 (式 (29.53))，对黑体辐射来说取 $w_{\rm rad} = 1/3$ 且 $R(t_0) = 1$

$$R^{3(1+w_{\rm rad})}u_{\rm rad} = R^4 u_{\rm rad} = u_{\rm rad,0}. \tag{29.57}$$

现在的能量密度 $u_{\rm rad,0}$ 比起更早些时候 $u_{\rm rad}$ 的值小了 R^4：其中 R^3 是因为宇宙的总体积变大了，而剩下的一个 R 是因为宇宙学红移的作用，今天的长波长光子拥有更低的能量 ($E_{\rm photon} = hc/\lambda$)。因此

$$R^4 aT^4 = aT_0^4,$$

并且我们可以发现，现在的黑体辐射温度与更早些时候的黑体辐射温度可以用下式联系起来：

$$RT = T_0. \tag{29.58}$$

也就是说，比例因子与黑体辐射之积随着宇宙的膨胀始终是一个常数，当宇宙大小只有现在的一半的时候，温度是现在的 2 倍。

现在宇宙中残存的黑体辐射的温度估计可以通过考虑在氦合成时期，早期宇宙中的温度以及占主导地位的重子的质量密度来计算得出。氢原子核的核合成所需的条件大致为 $T \sim 10^9$K 和 $\rho_{\rm b} \sim 10^{-2}$kg·m^{-3}。如果温度再高一点，在核聚变反应链中的氘核会由于极高的辐射能量而光致解离，而在温度较低的环境下原子核之间的**库仑势垒 (Coulomb barrier)** 会变得难以克服。上面提到的密度值是能够形成目前所观测到的 $^3_2$He 和其他核子的数量所必需的。根据式 (29.5) 和式 (29.17)，比例因子在氦合成时期的数值大约是

$$R \simeq \left(\frac{\rho_{\rm b,0}}{\rho_{\rm b}}\right)^{1/3} = 3.47 \times 10^{-9}.$$

在那个时候，宇宙的尺度只是现在的数十亿分之一。将比例因子与 $T(R) = 10^9$K 综合考虑，宇宙现在残存的黑体辐射的估值可以用式 (29.58) 得到：

$$T_0 = RT(R) \simeq 3.47 \text{ K},$$

这个值与奥尔夫和赫尔曼在 1948 年的初次估计 5K 接近。维恩位移定律可以给出该黑体辐射光谱的峰值波长为

$$\lambda_{\max} = \frac{0.00290 \text{ m} \cdot \text{K}}{T_0} \simeq 8.36 \times 10^{-4} \text{ m}.$$

29.2.3　宇宙微波背景辐射的发现

在奥尔夫和赫尔曼预测出宇宙已经冷却至 5K 并且充满了黑体辐射之后的 16 年,普林斯顿大学的**罗伯特·迪克 (Robert Dicke, 1916—1997)** 和他的博士后**皮布尔斯 (P.J.E.Peebles)** 不知不觉地跟上了奥尔夫和赫尔曼的脚步。1964 年,皮布尔斯计算出宇宙大爆炸之后残留的黑体辐射温度应当为 10K,这与奥尔夫和赫尔曼的结果是不同的。迪克对搜寻辐射的遗迹更感兴趣,但他没有想到的是,宇宙背景辐射刚刚被仅仅在几英里外的新泽西州霍姆德尔 (Holmdel) 的贝尔实验室工作的两个射电天文学家发现了[①]。**阿诺·彭齐亚斯 (Arno Penzias)** 和**罗伯特·威尔逊 (Robert Wilson)** 当时正在使用一个巨大的喇叭状反射天线 (图 29.8),该天线曾经被用于与新的电星卫星 (Telstar satellite) 进行通信。尽管努力工作了一年多,这两位天文学家还是没有办法彻底去除信号中的一种持续的噪声。这种噪声不断地从天球上的各个方向影响着天线的工作,哪怕彭齐亚斯和威尔逊将天线擦得足够干净、把接缝和铆钉都裹上电工胶带,甚至将在天线喇叭口里筑巢的两只鸽子都移走,仍然无法去除这种噪声[②]。他们知道这种干扰是一种温度为 3K 的黑体辐射,但他们从可能的噪声源中找不到这个源头,直到彭齐亚斯了解到皮布尔斯对背景辐射的 10K 估值。彭齐亚斯给迪克打了电话并且邀请他来到了霍姆德尔。1965 年,拼图的最后一片终于集齐了,彭齐亚斯和威尔逊探测到了弥漫在宇宙中的黑体辐射,其峰值波长为 $\lambda_{\max} = 1.06$ mm,正好落在电磁波谱的微波的区间内,这种宇宙大爆炸的残留现在称为**宇宙微波背景 (Cosmic**

图 29.8　罗伯特·威尔逊和阿诺·彭齐亚斯站在首次识别出宇宙微波背景辐射的天线前 (由 AT&T 档案馆提供)

[①] 有趣的是,卡尔·央斯基就是在霍姆德尔建造了他的第一座射电望远镜。

[②] 鸽子是在 60 英里外被放生的。但不幸的是,这些鸽子是信鸽,不得不一次又一次将它们移走。

Microwave Background)，通常简写为 CMB。迪克、皮布尔斯和他们在普林斯顿的合作者立刻写了一封信给《天体物理学报通信》(*Astrophysical Journal Letters*)，详细陈述了宇宙大爆炸理论以及宇宙微波背景辐射可以作为大爆炸决定性证据的理由。而彭齐亚斯和威尔逊写了一封伴随信件，低调地取名为"4080 MHz 处测量的天线的多余温度"来描述他们的发现。

宇宙微波背景 (CMB) 辐射的发现给稳态宇宙学模型宣判了死刑，并且在这之后更加详细精确的测量显示，宇宙微波背景辐射的波谱完美符合黑体辐射谱。越来越多的天文学家支持大爆炸宇宙理论，而支持稳态宇宙模型的也随之减少，到现在已经几乎没有人支持稳态宇宙理论了。1991 年，科学卫星 COBE(见 6.4 节) 对宇宙微波背景辐射进行了一次划时代的观测，观测得到的波谱如图 29.9 所示，所有数据点几乎都完美地落在了温度为 2.725K 的黑体辐射理论谱上 (测量误差甚至比图中数据点本身还要小)。在图 29.9 中，普朗克公式 $B_\nu(T)$ 在 160GHz 处达到峰值，对应的维恩位移频率为[①]

$$\frac{\nu_{\max}}{T} = 5.88 \times 10^{10} \text{ Hz} \cdot \text{K}^{-1}. \tag{29.59}$$

宇宙微波背景辐射的 WMAP 值为

$$\boxed{[T_0]_{\text{WMAP}} = (2.725 \pm 0.002) \text{ K},} \tag{29.60}$$

与我们在 953 页上通过简单方法得到的估值 3.47K 非常接近。

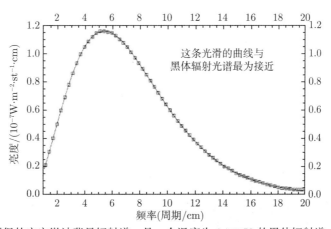

图 29.9 COBE 测得的宇宙微波背景辐射谱，是一个温度为 2.725K 的黑体辐射谱。水平轴 (频率) 实际上是 $1/\lambda(\text{cm}^{-1})$；波谱在 160GHz(每厘米 5.35 个周期) 处达到峰值 (图源 Mather 等，*Ap. J. Lett.*，354，L37，1990. 由 NASA/GSFC 和 COBE 科学工作组提供)

29.2.4 宇宙微波背景辐射的偶极各向异性

宇宙微波背景辐射弥漫在整个宇宙中，它不是由任何物体发出的，而是发源于宇宙大爆炸，一个基本浓缩了整个宇宙的时间与空间的点 (或者说事件) 上。因此，所有相对于哈

[①] 这个形式的维恩位移定律可以通过令式 (3.24) 中的 $dB_\nu(T)/d\nu = 0$ 得到。

勃流静止的观测者 (无本动速度) 观测到的宇宙微波背景辐射都应该是一致的, 在各个方向上的能量密度都应该相同 (宇宙微波背景辐射是各向同性的)。例如, 两个随着哈勃流互相远离的不同星系, 它们中的观测者应当能观测到相同的黑体辐射谱[①]。

　　然而, 由于观测者自身在空间中相对于哈勃流具有的本动速度, 观测到的宇宙微波背景辐射会有多普勒红移效应。根据维恩位移定律, 波长的改变可以表示为黑体辐射温度的改变。例如, 一个微小的蓝移 (更小的 λ) 对应于稍微高一些的温度。假设有一个相对于哈勃流静止的观测者测得宇宙微波背景辐射的温度为 T_{rest}, 那么如习题 29.21 所示, 一个相对于哈勃流具有本动速度 v 的观测者观测到的温度为

$$T_{\text{moving}} = \frac{T_{\text{rest}}\sqrt{1 - v^2/c^2}}{1 - (v/c)\cos\theta}, \tag{29.61}$$

式中, θ 是观测方向与运动方向的夹角。两个观测者得到的都是黑体辐射谱, 但运动的观测者会在运动方向的前方 ($\theta = 0$) 测量到一个略高的温度, 而在后方测到一个略低的温度。如果本动速度 $v \ll c$, 那么

$$T_{\text{moving}} \simeq T_{\text{rest}}\left(1 + \frac{v}{c}\cos\theta\right). \tag{29.62}$$

(证明过程将留作练习)。等式右边第二项称为宇宙微波背景辐射的**偶极各向异性 (dipole anisotropy)**, 这个性质已经被实际观测到。如图 29.10 所示, 由温度的细微差异可以推出太阳相对于哈勃流的本动速度为 (370.6 ± 0.4) km·s^{-1}, 方向为 $(\alpha, \delta) = (11.2^{\text{h}}, -7°)$, 这个方向大致是在狮子座与巨爵座之间。当然, 太阳是环绕银河系中心运动的, 并且银河系是在本星系群中与其余星系一起运动的。当这些运动也被考虑在内的时候, 本星系群相对于哈勃流的本动速度大约是 627 km·s^{-1}, 方向为 $(\alpha, \delta) = (11.1^{\text{h}}, -27°)$, 大致朝着长蛇座

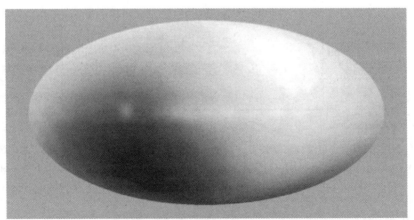

图 29.10　　在银河坐标系中, 由太阳的本动速度引起的宇宙微波背景辐射中的偶极各向异性。该图是在 53 GHz 和 90 GHz 下进行的观测的组合。浅色比 2.725 K 的宇宙微波背景辐射更热, 深色更冷。视野中明亮的水平特征线来源于银河系

　　[①] 假设两位观测者在进行测量时的宇宙年龄是相同的。当然, 每一个星系在看另一个星系时能看到的都是它在更早些时候的样子。

中心的方向。从这些星系以及星系团速度的观测数据出发，天文学家们发现了包含数千个星系在内的大尺度流运动，速度为 ~ 600 km·s^{-1}，方向 $(\alpha, \delta) = (13.3^{\rm h}, -44^\circ)$，大约在人马座方向。长蛇–人马座超级星系团也受到这个哈勃流中长条形 (河流状) 的扰动带的影响 (见 27.3 节)。

在偶极各向异性被从宇宙微波背景辐射中分离之后，剩余辐射拥有令人难以置信的各向同性度。结果显示宇宙微波背景辐射在每个方向上的能量密度几乎都是一致的，但高灵敏度的测量仪器仍然能在宇宙微波背景辐射中区分出较热和较冷的区域。宇宙微波背景辐射看起来就像是由一系列角直径小于 1° 甚至更小的区域拼接而成的，它们的温度与平均值 (T_0) 的差异只有 10^{-5}。WMAP 和一些陆基、高空气球实验对这些区域进行了更加细致的观测与分析，并据此第一次给出了宇宙学各参数的精确测量数据，这些会在 30.2 节进行详细说明。这些参数的 WMAP 值会广泛应用于本章以及第 30 章中。

29.2.5 苏尼阿耶夫–泽尔多维奇 (Sunyaev-Zeldovich) 效应

需要强调的是，在一个随哈勃流运动 (无本动速度) 的星系中的观测者并不会在宇宙微波背景辐射中测量出多普勒红移。在一个距离我们非常远，速度是几分之一光速的退行星系中的观测者所看到的宇宙微波背景辐射与我们看到的是一致的。这是因为低能光子穿过富星系团内的热电离气体 (10^8 K) 时，一小部分 ($10^{-3} \sim 10^{-2}$) 光子被气体中的高能量电子散射到更高的能级，这种逆康普顿散射可以将散射光子的频率平均值提升到

$$\overline{\frac{\Delta\nu}{\nu}} = 4\frac{kT_{\rm e}}{m_{\rm e}c^2}, \tag{29.63}$$

其中，$T_{\rm e}$ 是电子气体的温度 (见习题 29.23)，如图 29.11 所示的宇宙微波背景辐射波谱失真的结果，称为**苏尼阿耶夫–泽尔多维奇 (SZ) 效应** (以俄罗斯天体物理学家**苏尼阿耶夫 (Rashid Sunyaev)** 和物理学家**泽多尔维奇 (Yakov Zeldovich, 1914—1987)** 的名字命名)[①]。尽管这种波谱形状不再精确符合黑体辐射，但其向高频的转变可以用来定义在宇宙微波背景辐射温度 T_0 上的一个有意义的衰减 ΔT：[②]

$$\frac{\Delta T}{T_0} \simeq -2\frac{kT_{\rm e}}{m_{\rm e}c^2}\tau \tag{29.64}$$

式中，τ 是活动星系团气体沿视线方向的光学厚度。$\Delta T/T_0$ 的一般值为数倍 10^{-4}。在许多星系团中对于 SZ 效应的观测证实了这个效应是独立于星系团红移而存在的，就如预想的那样，在一个星系团中观测到的宇宙微波背景辐射波谱并不会被星系团的退行速度所影响。图 29.12 中展示了环绕在两个星系团周围的 SZ 效应，除了证明宇宙微波背景辐射的宇宙学意义之外，SZ 效应是用来探测早期宇宙中富星系团性质和演化的可靠手段。

---

① 如果星系团有一个本动速度，则星系团内气体的整体运动会让散射光子产生额外的多普勒频移。对宇宙微波背景辐射光谱的这种较小的扰动称为动力学苏尼阿耶夫–泽尔多维奇效应。

② 式 (29.64) 中的首项系数仅在光谱的瑞利–金斯 (长波) 侧等于 -2，见式 (3.20)。

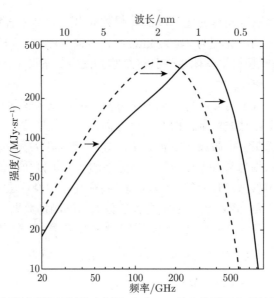

图 29.11　没有失真的宇宙微波背景辐射谱 (虚线) 和在 SZ 效应作用下失真的谱 (实线)。在一个富星系团中，宇宙微波背景辐射的光子有概率会因为与星系团内高温气体的电子碰撞而散射到更高的频率上去。对于低于峰值频率的区域来说，会有更多光子散射出频率间隔而不是散射进入，所以那个频率的辐射强度会增加。最终结果是宇宙微波背景辐射波谱向更高频率移动，计算的失真被一个所采用的质量为标准富星系团质量的 1000 倍的假想星系团放大了 (图改编自 Carlstrom，Holder 和 Reese，*Annu. Rev. Astron. Astrophys.*，40，646，2002。经许可转载自 *the Annual Review of Astronomy and Astrophysics*，Volume 40，©2002 by Annual Reviews Inc.)

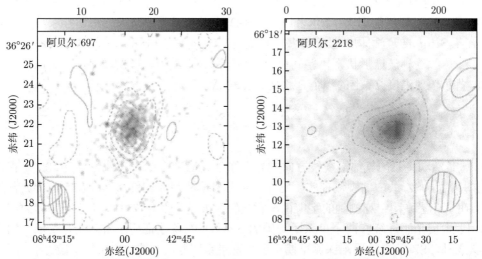

图 29.12　阿贝尔 697(Abell 697, $\Delta T = 1047\mu K$、$z = 0.282$) 星系团和阿贝尔 2218(Abell 2218, $\Delta T = 797\mu K$、$z = 0.171$) 星系团 ROSAT 图像上叠加的射电等高线显示了 SZ 效应的存在。等高线间距为 60μJy(左) 和 80μJy(右)。虚线轮廓表示接收到的射电流量密度降低 (图源自 Jones 等，*MNRAS*，357，518，2005)

29.2.6 宇宙微波背景辐射能否作为一个优先参考系？

很多人会认为能够让宇宙微波背景辐射看起来是各向同性的参考系是一个完全没有运动的优先参考系，这与 4.2 节中所描述的狭义相对论的假设完全相反。然而我们要记住的是，广义相对论只关注于本地参考系 (见 17.1 节)，并没有一个单独的参考系可以用来涵盖整个宇宙。尽管我们可以设定一个本地坐标系与宇宙微波背景辐射的热流相对静止，我们也可以设定一个本地坐标系与周围的恒星相对静止 (相对于本地静止标准已经在 24.3 节中作了描述)，这两个本地惯性参考系都可以测量相对于一个随机静止指标的速度，并且不会导致与相对论张量的矛盾。

29.2.7 一种双组分的宇宙模型

回忆一下我们在 29.1 节中推导的单组分无压强尘埃宇宙模型的膨胀，其膨胀速度也会因为其自身引力作用而减小。但是根据相对论的能量质量等效原理，在膨胀过程中宇宙微波背景辐射对这个过程的影响也必须考虑到。事实上，尽管我们知道在现在的宇宙中宇宙微波背景辐射光子的引力效应可以忽略不计，但这种效应在早期宇宙动力学中却是起主导作用的。

为了将这些新的特性合并到同一个宇宙模型下，我们下面介绍一种双组分宇宙模型。这种宇宙模型同时包含物质的总密度 ρ_m(包括重子物质和暗物质) 以及相对论性粒子的等效质量密度 ρ_{rel}。通过 $P = wu$(式 (29.52)) 我们可以确定我们应该将一个粒子认定为质量 ($w_m = 0$)、相对论性粒子 ($w_{\mathrm{rel}} = 1/3$) 或者暗能量 ($w_\Lambda = -1$)。(中微子质量的引力效应显然是存在的，然而中微子会对 $\Omega_{m,0}$ 的值造成大约 0.003 的影响，我们将该影响忽略不计。)

式 (29.53) 表明，分属不同类别的粒子因为宇宙膨胀而被稀释的程度也是不同的。当然在更早期的阶段宇宙是比现在更热的，哪怕非常重的粒子也会是相对论性的。比如电子气在温度 $T > 6 \times 10^9 \mathrm{K}$ 时，有 $kT > m_\mathrm{e}c^2$，这说明电子气此时也是相对论性的，其状态公式由 $w_{\mathrm{rel}} = 1/3$(见习题 29.24) 描述。但我们会将这些复杂的问题在本章剩余的部分暂时忽略，仍然将光子和中微子当成纯相对论性粒子来对待。

将物质与相对论性粒子都考虑在内，式 (29.10) 变为

$$\left[\left(\frac{1}{R} \frac{\mathrm{d}R}{\mathrm{d}t} \right)^2 - \frac{8}{3} \pi G \left(\rho_m + \rho_{\mathrm{rel}} \right) \right] R^2 = -kc^2. \tag{29.65}$$

宇宙微波背景辐射的等效质量密度可以由黑体辐射的能量密度式 (9.7) 得到，

$$u_{\mathrm{rad}} = aT^4, \tag{29.66}$$

其中，a 是辐射常数。我们可以将上式重新写成下面的形式：

$$u_{\mathrm{rad}} = \frac{1}{2} g_{\mathrm{rad}} aT^4, \tag{29.67}$$

式中，g_{rad} 是光子的自由度数，g 的值反映了旋转状态 n_{spin} 和反粒子存在的可能性 ($n_{\mathrm{anti}} = 1$ 或 2)。一个光子是其本身的反粒子 ($n_{\mathrm{anti}} = 1$) 并且可以在 $n_{\mathrm{spin}} = 2$ 的旋转状态下存在，对应于它的两个极性，其旋转与其运动平行或不平行。因此对于光子来说就如预想的那样：

$$g_{\mathrm{rad}} = 2. \tag{29.68}$$

29.2.8 中微子退耦

我们会忽略我们所涉及的其他相对论性粒子的微小质量，即中微子，并将它们当作无质量粒子对待。早期宇宙非常稠密，以至于中微子可以达到热力学平衡，其能谱与黑体辐射谱式 (3.22) 非常类似，除了分母上的 "−1" 变成了对应于中微子的 "+1"。产生这个现象的原因见 10.2 节，光子是如玻色–爱因斯坦统计力学描述的玻色子，而中微子是如**费米–狄拉克统计力学 (Fermi-Dirac Statistics)** 所描述的费米子。尽管宇宙中微子背景尚未被观测到 (考虑到探测太阳中微子的挑战，这个结果并不让人感到意外)，我们仍然很有信心它确实存在。

回想一下，中微子有三种类别 (或特性)——电子中微子、μ 子中微子和 τ 子中微子——并且每个中微子都有相应的反中微子。三种中微子的总能量密度是

$$u_\nu = 3 \times \frac{7}{8} \times aT_\nu^4 = 2.625aT_\nu^4, \tag{29.69}$$

式中，7/8 由费米–狄拉克统计力学表达式中的 "+1" 推导而来；T_ν 是中微子的温度。就像之前一样，我们把它写成

$$u_\nu = \frac{1}{2}\left(\frac{7}{8}\right)g_\nu aT_\nu^4, \tag{29.70}$$

其中，对于中微子来说，

$$g_\nu = 6. \tag{29.71}$$

一般地，

$$g = (\# \text{ types })n_{\text{anti}}\, n_{\text{spin}}\,. \tag{29.72}$$

因为三种中微子中每种都有其反中微子，所以 $n_{\text{anti}} = 2$，并且中微子只有一种旋转状态 (所有中微子都是左旋的)，这样 $n_{\text{spin}} = 1$。因此，我们可以回归到 $g_\nu = 3 \times 2 \times 1 = 6$。

通常来说，T 在宇宙学中会被认为是黑体光子的温度，式 (29.70) 中的 T_ν 是中微子的温度。当 $T > 3.5 \times 10^{10}$K 时，这两个温度是一样的，即 $T = T_\nu$。但当温度低于 3.5×10^{10}K 时，宇宙的膨胀会淡化中微子的密度，在这种情况下中微子会停止与其他物质的相互作用。基本上来说，宇宙膨胀得比中微子的反应速率更快，中微子与宇宙中其他成分退耦。从中微子退耦期开始，中微子以它自己的速率扩张及冷却，与宇宙微波背景辐射相互独立。

29.2.9 相对论性粒子的能量密度

因为正电子与负电子的相互湮灭会持续增加光子的能量 (通过 $e^- + e^+ \to \gamma + \gamma$)，但不会增加中微子的能量，这样中微子的温度就会比宇宙微波背景辐射的光子低一些，尽管这个结论有些超出本书的论述范围，但可以证明，T_ν 与宇宙微波背景辐射光子的温度 T 之间的关系可表示为

$$T_\nu = \left(\frac{4}{11}\right)^{1/3} T. \tag{29.73}$$

那么中微子的总能量密度就是[①]

$$u_\nu = \frac{1}{2}\left(\frac{7}{8}\right)g_\nu\left(\frac{4}{11}\right)^{4/3}aT^4 = 0.681aT^4. \tag{29.74}$$

因此包括光子与中微子在内的相对论性粒子能量密度是

$$u_{\mathrm{rel}} = \frac{1}{2}g_*aT^4, \tag{29.75}$$

式中,

$$g_* = g_{\mathrm{rad}} + \left(\frac{7}{8}\right)g_\nu\left(\frac{4}{11}\right)^{4/3} = 3.363 \tag{29.76}$$

是相对论性粒子的**有效自由度**。我们还可以将相对论性粒子的等效质量密度定义为

$$\rho_{\mathrm{rel}} = \frac{u_{\mathrm{rel}}}{c^2} = \frac{g_*aT^4}{2c^2}. \tag{29.77}$$

这个 g_* 值在电子–正电子对湮灭结束之前都有效, 大约是 $t = 1.3\mathrm{s}$ 之前。然而, 即将在第 30 章展开论述的更高温度下的更早期宇宙 $(t < 1\mathrm{s})$, 我们会遇到更多的相对论性粒子, g_* 的值也会随之增长。

采用式 (29.8), 式 (29.65) 就变为

$$H^2\left[1 - (\Omega_m + \Omega_{\mathrm{rel}})\right]R^2 = -kc^2, \tag{29.78}$$

其中,

$$\Omega_m = \frac{\rho_m}{\rho_{\mathrm{c}}} = \frac{8\pi G\rho_m}{3H^2} \tag{29.79}$$

即为物质的密度参数 (包括重子与暗物质), 并且

$$\Omega_{\mathrm{rel}} = \frac{\rho_{\mathrm{rel}}}{\rho_{\mathrm{c}}} = \frac{8\pi G\rho_{\mathrm{rel}}}{3H^2} = \frac{4\pi Gg_*aT^4}{3H^2c^2} \tag{29.80}$$

是相对论性粒子 (包括光子和中微子) 的密度参数。注意式 (29.78) 也可说明在一个平坦 $(k = 0)$ 双组分宇宙中, $\Omega_m + \Omega_{\mathrm{rel}} = 1$, 将 $T_0 = 2.725\mathrm{K}$ 代入, 得

$$\Omega_{\mathrm{rel},0} = 8.24 \times 10^{-5},$$

这个值与 $[\Omega_{m,0}]_{\mathrm{WMAP}} = 0.27$ 相比很小。

29.2.10 从辐射时期向物质时期的转变

让我们回忆一下对于相对论性粒子来说, $w_{\mathrm{rel}} = 1/3$, 那么由式 (29.53) 可以得到

---

① 分数 7/8 和 $(4/11)^{4/3}$ 并不描述自由度, 因此我们将它们从 g_* 的定义中分离出来。

$$R^4 \rho_{\mathrm{rel}} = \rho_{\mathrm{rel},0}, \tag{29.81}$$

该式显示了相对论性粒子的等效质量密度是如何随比例因子 R 变化的。将其与式 (29.5) 相比较，

$$R^3 \rho_m = \rho_{m,0}, \tag{29.82}$$

对于大质量粒子来说，我们注意到当比例因子减小时，ρ_{rel} 比质量密度 ρ_m 增长得更快。因此，在早期宇宙中 $R \to 0$ 时，一定会有一个阶段的宇宙由辐射主导其膨胀。从辐射时期到现在物质时期的转变在比例因子满足 $\rho_{\mathrm{rel}} = \rho_m$，或者说 $\Omega_{\mathrm{rel}} = \Omega_m$ 时发生。根据式 (29.79)~式 (29.82)，当 Ω_{rel} 与 Ω_m 相等时，比例因子的值为

$$R_{r,m} = \frac{\Omega_{\mathrm{rel},0}}{\Omega_{m,0}} = 4.16 \times 10^{-5} \Omega_{m,0}^{-1} h^{-2},$$

其 WMAP 值为

$$R_{r,m} = 3.05 \times 10^{-4},$$

对应的红移 (式 (29.4)) 是

$$z_{r,m} = \frac{1}{R_{r,m}} - 1 = 2.41 \times 10^4 \Omega_{m,0} h^2,$$

其 WMAP 值为

$$Z_{r,m} = 3270.$$

这完美符合 WMAP 的测量值

$$[z_{r,m}]_{\mathrm{WMAP}} = 3233^{+194}_{-210},$$

这就是宇宙从辐射主导转变为物质主导时的红移。

采用 $RT = T_0$(式 (29.58))，转变发生时的温度为

$$T_{r,m} = \frac{T_0}{R_{r,m}} = 6.56 \times 10^4 \Omega_{m,0} h^2 \ \mathrm{K},$$

或者用 WMAP 值表示为

$$T_{r,m} = 8920 \ \mathrm{K}.$$

因此，当宇宙冷却至 8920K 并且典型间距仅为现在的 4×10^{-5} 时，相对论性粒子不再主导宇宙的膨胀，物质取而代之。

29.2.11　双组分模型的膨胀

现在我们已经准备好来演绎早期宇宙是如何随时间而膨胀的。为了求出比例因子 R 在辐射时期的行为模式，首先我们可以将式 (29.81) 和式 (29.82) 代入式 (29.65)，求出

$$\left[\left(\frac{\mathrm{d}R}{\mathrm{d}t} \right)^2 - \frac{8}{3}\pi G \left(\frac{\rho_{m,0}}{R} + \frac{\rho_{\mathrm{rel},0}}{R^2} \right) \right] = -kc^2. \tag{29.83}$$

因为早期宇宙基本是平坦的，我们可以令 $k = 0$，并且运用一些代数方法可以得到

$$\int_0^R \frac{R' \mathrm{d}R'}{\sqrt{\rho_{m,0} R' + \rho_{\mathrm{rel},0}}} = \sqrt{\frac{8\pi G}{3}} \int_0^t \mathrm{d}t'.$$

计算这个式子中的积分，最终可以得到一个时间与比例因子 R 的函数表达式：

$$t(R) = \frac{2}{3} \frac{R_{r,m}^{3/2}}{H_0 \sqrt{\Omega_{m,0}}} \left[2 + \left(\frac{R}{R_{r,m}} - 2 \right) \sqrt{\frac{R}{R_{r,m}} + 1} \right], \tag{29.84}$$

式中，

$$\frac{2}{3} \frac{R_{r,m}^{3/2}}{H_0 \sqrt{\Omega_{m,0}}} = 5.51 \times 10^{10} h^{-4} \Omega_{m,0}^{-2} \text{ s} = 1.75 \times 10^3 h^{-4} \Omega_{m,0}^{-2} \text{年}.$$

由辐射主导的宇宙向物质主导的宇宙转换的时间点 $t_{r,m}$ 可以通过令 $R/R_{r,m} = 1$ 来求出，取 WMAP 测量值 $h = 0.71$ 以及 $\Omega_{m,0} = 0.27$，得到

$$t_{r,m} = 1.74 \times 10^{12} \text{ s} = 5.52 \times 10^4 \text{年}. \tag{29.85}$$

在纯辐射时期 (非过渡期) 的时候，$R \ll R_{r,m}$，式 (29.84) 的形式会变得更为简单。求解这个简单形式的过程留给读者 (习题 29.27)，需要证明在这个极限条件下 $\Omega_{m,0}$ 因子会消去，结果为

$$R(t) = \left(\frac{16\pi G g_* a}{3c^2} \right)^{1/4} T_0 t^{1/2} \tag{29.86}$$

$$= \left(1.51 \times 10^{-10} \text{ s}^{-1/2} \right) g_*^{1/4} t^{1/2}. \tag{29.87}$$

上式表明，在辐射时期，$R \propto t^{1/2}$。利用 $T = T_0/R$，很快我们就可以得到在纯辐射时期的温度

$$T(t) = \left(\frac{3c^2}{16\pi G g_* a} \right)^{1/4} t^{-1/2} \tag{29.88}$$

$$= \left(1.81 \times 10^{10} \text{ K} \cdot \text{s}^{1/2} \right) g_*^{-1/4} t^{-1/2}. \tag{29.89}$$

在另一个极限条件 $R \gg R_{r,m}$ 下，式 (29.84) 可以写成

$$t(R) = \frac{2}{3} \frac{R^{3/2}}{H_0 \sqrt{\Omega_{m,0}}} \tag{29.90}$$

因此

$$R(t) = \left(\frac{3}{2} H_0 t \sqrt{\Omega_{m,0}} \right)^{2/3} = \left(\frac{3\sqrt{\Omega_{m,0}}}{2} \right)^{2/3} \left(\frac{t}{t_{\mathrm{H}}} \right)^{2/3}, \tag{29.91}$$

取 $t_{\mathrm{H}} = 1/H_0$ 作为哈勃时间。就如预期的那样,会呈现出我们之前在式 (29.30) 中预测的在平坦无压强尘埃宇宙中的 $R \propto t^{2/3}$ 依赖关系。根据比例因子与红移的关系式 $R = 1/(1+z)$,式 (29.90) 也可以表示成红移 z 的形式:

$$\frac{t(z)}{t_{\mathrm{H}}} = \frac{2}{3} \frac{1}{(1+z)^{3/2} \sqrt{\Omega_{m,0}}}, \tag{29.92}$$

该式可以与在平坦无压强宇宙中成立的式 (29.40) 相比较。根据 WMAP 测量值估算 $R = 1(z = 0)$ 时这些参数的数值,得到宇宙年龄约为 177 亿年,比最老的一批球状星团平均年龄大了六十亿年 (见第 947 页)。然而,我们之后会看到,根据对 WMAP 结果的全面分析,这个对宇宙年龄的估计仍然太短,大约有 10 亿年的差距。

29.2.12 大爆炸核合成

早期宇宙中形成最轻的一批元素的过程称为**大爆炸核合成**。现在我们准备问一个问题,为什么大约四分之一的宇宙重子质量以氢的形式存在?辐射主导阶段,在时刻 t 时的温度由式 (29.89) 给出。当温度刚好低于 $10^{12}\mathrm{K}$ 时 $(t \sim 10^{-4}\mathrm{s})$,宇宙充满光子、正负电子对、电子和 μ 介子中微子以及它们的反粒子 $(\nu_{\mathrm{e}}, \nu_{\mu}, \bar{\nu}_{\mathrm{e}}, \bar{\nu}_{\mu})$。还有很小一部分的质子和中子,每 10^{10} 个光子有 5 个,并且它们之间通过以下核反应持续相互转化:

$$\mathrm{n} \Longleftrightarrow \mathrm{p}^+ + \mathrm{e}^- + \bar{\nu}_{\mathrm{e}}, \tag{29.93}$$

$$\mathrm{n} + \mathrm{e}^+ \Longleftrightarrow \mathrm{p}^+ + \bar{\nu}_{\mathrm{e}}, \tag{29.94}$$

$$\mathrm{n} + \nu_{\mathrm{e}} \Longleftrightarrow \mathrm{p}^+ + \mathrm{e}^-. \tag{29.95}$$

这些持续进行的核转化非常容易完成,因为质子与中子的质量差异只有

$$(m_{\mathrm{n}} - m_{\mathrm{p}})\, c^2 = 1.293\mathrm{MeV},$$

而温度为 $10^{12}\mathrm{K}$ 粒子的特征热能为 $kT = 86\mathrm{MeV}$。玻尔兹曼公式 (8.6) 给出了中子数密度 n_{n} 与质子数密度 n_{p} 的平衡比[①]

$$\frac{n_{\mathrm{n}}}{n_{\mathrm{p}}} = \mathrm{e}^{-(m_{\mathrm{n}} - m_{\mathrm{p}})c^2/(kT)}. \tag{29.96}$$

在温度为 $10^{12}\mathrm{K}$ 时,这个比值为 0.985。因为在如此高的温度下,中子与质子的质量差可以忽略不计,所以它们的数量几乎相等。

随着宇宙的膨胀,温度降低,只要如式 (29.93)~ 式 (29.95) 的核反应能足够迅速地完成,让宇宙始终处于热平衡状态,那么数密度的比值仍然由式 (29.96) 给出。但是,更精确的计算表明,当温度降到 $10^{10}\mathrm{K}$ 左右的时候,这些反应的时间跨度超出了由 $1/H(t) = 2t$ 确定的宇宙膨胀特征时间尺度,见习题 29.26。

当温度略高于 $10^{10}\mathrm{K}$ 时,主要有两个原因会导致反应速率的急剧衰减。其一,膨胀使中微子能量不断降低,直到它们无法参与反应 (式 (29.93)~ 式 (29.95))。并且在那之后很短时

---

① 式 (8.6) 中质子与中子的统计权重是相等的,可以互相消去。

间内,光子的特征热能 kT 会降到 1.022MeV 的阈值以下,经由对偶生成过程 $\gamma \rightarrow e^- + e^+$(见习题 29.30) 创建正负电子对。最后,电子与正电子相互湮灭,并且没有其他物质可以取代,留下了一些多余的电子。综上所述,中子的补充速度并不能抵消其湮灭速度,并且没有足够的时间让这些反应达到平衡状态。在某种意义上,新中子的创造速率并不能赶上宇宙膨胀的速度。最终数密度之比在 $T = 10^{10}$K 时 "定格" 在 $n_{\mathrm{n}}/n_{\mathrm{p}} = 0.223$。

在这个时间点上,每 1000 个质子就有 223 个中子 (或者说,为了接下来叙述方便,每 2000 个质子有 446 个中子),并且基本上没有新的中子生成。但 β 衰变 (式 (29.93) 中前一个反应) 却持续进行并将中子变为半衰期为 $\tau_{1/2} = 614$ s =10.2 min 的质子。质子和中子在此时还不能通过如下反应合成氘核 ($^2_1$H):

$$p^+ + n \Longleftrightarrow {}^2_1H + \gamma.$$

当温度超过 10^9K 时,辐射能量会很快让原子核解离,最终中子与质子会保持相互分离的状态直到温度从 10^{10}K 降低到 10^9K,根据式 (29.89),取 $g_* = 3.363$,我们有估算值

$$t\left(10^9 \text{ K}\right) - t\left(10^{10} \text{ K}\right) = 178 \text{ s} - 1.78 \text{ s} \approx 176 \text{ s}.$$

根据式 (15.10) 的放射性衰变原理,在这个时间段内前面提到的 446 个中子会减少到 366 个,并且质子的数量增长到 2080 个。

在 10^9K 以下的温度时,质子与中子合并的条件已经具备,并且会形成尽可能多的氘核。很多反应会生成 $^4_2$He 这种在大爆炸核合成中形成的最紧密的原子核。能高效生成 $^4_2$He 的反应包括

$$^2_1H + {}^2_1H \Longleftrightarrow {}^3_1H + {}^1_1H,$$

$$^3_1H + {}^2_1H \Longleftrightarrow {}^4_2He + n,$$

以及

$$^2_1H + {}^2_1H \Longleftrightarrow {}^3_2He + n,$$

$$^3_2He + {}^2_1H \Longleftrightarrow {}^4_2He + {}^1_1H.$$

(值得注意的是,这些反应与式 (10.37)∼ 式 (10.45) 在恒星内部合成氦的 pp 链并不相同[①]),尽管有 $^2_1$H、$^3_2$He 和 $^7_3$Li(来自反应 $^4_2He + {}^3_1H \longrightarrow {}^7_3Li + \gamma$) 的痕迹,但没有丰度可以与 $^4_2$He 相比的其他核的形成。图 29.13 展示了大爆炸核合成时期的核反应网络。我们举的 366 个中子和 2080 个质子的例子可以合成 183 个 $^4_2$He 原子核并剩余 1714 个质子 ($^1_1$H),原因是一个 $^4_2$He 原子核的原子量是 $^1_1$H 原子核的 4 倍。根据前面的分析,$^4_2$He 在宇宙中的质量分数大约应是

$$\frac{4(183)}{1714 + 4(183)} = 0.299.$$

[①] 生成氦-4 最显然的反应路径应是 $^2_1H + {}^2_1H \rightleftharpoons {}^4_2He + \gamma$。但这是个 "禁止" 反应,其影响小到可以忽略不计。

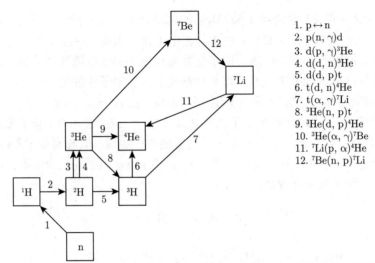

图 29.13   大爆炸核合成相关的核反应网络。字母 "d" 代表氘核，"t" 代表氚核 (图源自 Nollett 和 Burles，*Phys. Rev. D*，61，123505，2000)

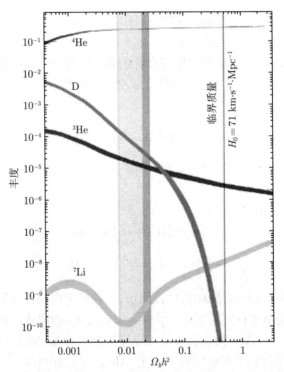

图 29.14   计算得到的氦-4、氘核、氦-3 和锂-7 的质量丰度和现在宇宙中重子物质密度的函数关系。图中的宽长条区域代表了一致性的区间，即与目前所观测到的丰度数值相一致的 $\Omega_{b,0}h^2$ 的范围。一致性区间右边的深色窄条纹与用类星体前方的大红移分子云的莱曼-α 森林吸收线所测得的原始氘的丰度相一致。WMAP 测得的 $\Omega_{b,0}h^2 = 0.0224$ 是深色条纹的中心线，WMAP 测得的临界密度 ($\Omega_{b,0}h^2 = 1h^2 = 0.504$) 则是在右侧。需要注意的是，理论丰度和实际测量丰度之间的一致性跨越了九个数量级 (图改编自 Schramm 和 Turner，*Rev. Mod. Phys*，70,303,1998)

这个大致的估计与根据观测推算出的宇宙初始状况下氦占的百分数一致,在 23%~24%。因为基本上来说所有可以反应的中子都合成进了氦-4 原子核 ($_2^4$He),氦-4 的丰度在那时对宇宙的整体密度并不敏感。但通过这种方式生成的氘、氦-3、锂-7 在反应时对初始物质密度的灵敏度很高。图 29.14 显示了这些原子核的丰度与现在公认的重子物质密度的函数关系。将理论曲线与观测结果对比,很明显,现在重子物质的密度大概率在 $(2\sim5)\times10^{-28}$kg·m^{-3},只有临界密度 $1.88\times10^{-26}h^2$kg·m^{-3} 的百分之几。能够解释轻元素如此之大的丰度并不是通过恒星生成的,这是宇宙大爆炸理论的伟大成就之一。

29.2.13 宇宙微波背景辐射的来源

现在我们已经描述了宇宙膨胀的原理,让我们回到宇宙微波背景辐射从何而来这个问题。当我们观测宇宙微波背景辐射时,我们实际上在观测什么东西呢?极早期宇宙富含电子的高温环境束缚住了宇宙微波背景辐射的光子,让这些光子在被最后散射之前只能穿越一段有限的距离。光子被自由电子散射,这让这两者能处于热力学平衡状态中,也就是说它们有相同的温度[①]。然而,当宇宙的膨胀稀释了自由电子的数密度之后,电子散射一个光子的平均时间就会逐渐与宇宙膨胀的特征时间尺度接近:

$$\tau_{\exp}(t) \equiv \left(\frac{1}{R(t)}\frac{\mathrm{d}R(t)}{\mathrm{d}t}\right)^{-1} = \frac{1}{H(t)}.$$

这个表达式与式 (10.69) 压强标高表达式类似,随着**退耦时代**的到来,光子变得越来越容易脱离电子的束缚[②]。

如果电子保持自由的状态,那么在宇宙年龄大约 2000 万年的时候 (见习题 29.32),它们之间将会退耦。

但是当宇宙年龄只有几百万年的时候 (10^{13}s),另一个重要事件会改变宇宙的透明度,让宇宙由不透明变为透明。当温度足够低,自由电子能与氢和氦的原子核结合的时候,辐射与物质会开始各自独立的演化路径。这种合成中性原子的过程有时候会称为 "复合"。这是一个很奇怪的说法,因为原子核和电子在这之前从来没有组合成原子过。自由电子的减少和由其导致的不透明度的降低,完成了物质与辐射的退耦,让光子能不受阻碍地自由穿越一个崭新的透明宇宙。我们今天所观测到的宇宙微波背景辐射的光子就是在复合时代被最后散射的。

29.2.14 最后散射面

我们将最后散射面定义为一个球面,以地球为球心,刚刚到达地球的宇宙微波背景辐射光子的最后一次散射是在这个球面上发生的,并且在到达地球的过程中畅通无阻。(当然,宇宙中的其他观测者也在他们各自的最后散射面中心。) 最后散射面是目前我们能观测到的最大红移。更准确地说,由于复合并不是在某一个瞬时发生的,最后散射面也有一个厚度 Δz,就像太阳发出的光子是在其光球层的某处进行了最后散射一样,宇宙微波背景辐射

[①] 宇宙微波背景辐射的光子也会被自由质子散射,但光子-质子的散射截面比电子的汤姆孙截面更小,参见式 (9.20) 中 m_e^2/m_p^2 因子,因此这种影响可以被忽略。质子和电子之间的库仑相互作用让质子和电子、光子之间保持热平衡状态。

[②] 见 960 页上关于中微子退耦的讨论。

光子也是在一个片层中发源的，即最后散射 "面"[①]。因此，最后散射面可以被想象成一块幕布，在天文学家们视线前方的最远处遮蔽了一切。宇宙最早期的形态被隐藏在了这层幕布的后面，我们必须通过一些非直接手段去研究这个领域。

29.2.15 复合时代的条件

我们可以用萨哈公式 (8.8) 来估算复合时期的温度

$$\frac{N_{\text{II}}}{N_{\text{I}}} = \frac{2Z_{\text{II}}}{n_{\text{e}}Z_{\text{I}}} \left(\frac{2\pi m_{\text{e}}kT}{h^2}\right)^{3/2} e^{-\chi_{\text{I}}/(kT)}.$$

为简单起见，我们假设 (当然这种假设是错的) 组分为纯氢，如例 8.1.4 所示，采用 $Z_{\text{I}} = 2$、$Z_{\text{II}} = 1$。将 f 定义为电离氢原子的分数是相当有用的，这样有

$$f = \frac{N_{\text{II}}}{N_{\text{I}} + N_{\text{II}}} = \frac{N_{\text{II}}/N_{\text{I}}}{1 + N_{\text{II}}/N_{\text{I}}}, \tag{29.97}$$

或

$$\frac{N_{\text{II}}}{N_{\text{I}}} = \frac{f}{1 - f}. \tag{29.98}$$

对于电离氢来说，每个质子都有一个自由电子，$n_{\text{e}} = n_{\text{p}}$，所以依赖于 f 的电子数密度是

$$n_{\text{e}} = n_{\text{p}} = f(n_{\text{p}} + n_{\text{H}}) = \frac{f\rho_{\text{b}}}{m_{\text{H}}}, \tag{29.99}$$

式中，ρ_{b} 是重子物质的密度。注意在从式 (29.97) 导出式 (29.99) 时，N_{I} 与 n_{H} 一致，为中性氢的数密度；N_{II} 与 n_{p} 一致，为质子 (电离氢原子) 的数密度。使用式 (29.82)，我们可以把电子数密度写成

$$n_{\text{e}}(R) = \frac{f\rho_{\text{b},0}}{m_{\text{H}}R^3}, \tag{29.100}$$

将式 (29.98) 和式 (29.100) 代入萨哈公式，与式 (29.58) 一起来计算黑体温度，我们得到

$$\frac{f}{1-f} = \frac{m_{\text{H}}R^3}{f\rho_{\text{b},0}} \left(\frac{2\pi m_{\text{e}}kT_0}{h^2 R}\right)^{3/2} e^{-\chi_{\text{I}}R/(kT_0)}, \tag{29.101}$$

其中，$T_0 = 2.725$ K，$\chi_{\text{I}} = 13.6$ eV。可以通过数值计算求解得出，当比例因子为 $R \approx 7.25 \times 10^{-4}(z \approx 1380)$ 时，宇宙已经充分冷却，一半的电子和质子组合为中性氢 ($f = 0.5$)，对应温度为 3760 K(同样可以由式 (29.58) 得到)。

更准确地说，在退耦时 (即最后散射面) 红移的 WMAP 值为

$$[z_{\text{dec}}]_{\text{WMAP}} = 1089 \pm 1.$$

[①] 太阳的光球层和最后散射面之间是有区别的。光球层有一个空间厚度，而最后散射面的厚度是从红移角度来说的，等价于时间 "厚度"。

我们将这个红移值同时作为复合时期与退耦时期的红移值。根据式 (29.4) 和式 (29.58)，可以得到复合时期的温度为

$$T_{\mathrm{dec}} = T_0 (1 + z_{\mathrm{dec}}) = 2970 \text{ K}.$$

因为一些原子形成时产生的光子被其他原子所吸收，这反而使其他一部分原子更加容易进入激发态，因此需要一个略低的温度来让复合全部完成，所以最终我们得到的温度比我们估算的 3760K 要低。需要提醒的是，在复合之前，辐射与物质是有一个共同的温度的，但在复合之后，辐射与物质的温度有两个不同的数值，需要区分开来。在本书的剩余部分，辐射温度 (宇宙微波背景辐射的温度) 将会是在复合时代之后我们关注的点。

复合和退耦发生时的时间的 WMAP 值为

$$[t_{\mathrm{dec}}]_{\mathrm{WMAP}} = 379^{+8}_{-7} \mathrm{kyr}. \tag{29.102}$$

当然，这些事情不是在一瞬间发生的。退耦时代时间跨度的 WMAP 值为

$$[\Delta t_{\mathrm{dec}}]_{\mathrm{WMAP}} = 118^{+3}_{-2} \mathrm{kyr}.$$

对应的最后散射面厚度 (以红移衡量) 为

$$[\Delta z_{\mathrm{dec}}]_{\mathrm{WMAP}} = 195 \pm 2.$$

29.2.16　精确宇宙学的黎明

在结束本节之前，我们需要花点时间来思考一下用简单数学来阐明宇宙早期阶段的能力。在发现宇宙微波背景之前，许多物理学家认为关于早期宇宙的理论是伪科学。史蒂文·温伯格在他的书《最初三分钟》(*The First Three Minutes*) 中很好地阐述了这一点：

"在物理学中经常会有这样的状况——我们的错误往往不是我们过于认真地去思考某个理论，而是我们没有足够认真地去思考它。人们总是很难意识到，我们在办公桌上摆弄的这些数字和公式与现实世界是息息相关的。1965 年，3K 辐射背景的最终发现完成了最重要的一步，就是迫使我们大家认真思考早期宇宙存在的观点。"

现在 WMAP 的探测结果已经把宇宙学引导到了一个在 1996 年《当代天体物理学导论》第一版出版时难以想象的水平。2003 年 2 月 11 日，在 WMAP 新闻发布会上的讲话中，天体物理学家约翰·巴考尔 (John Bahcall) 说：

"每一位天文学家都会记得他们第一次听到 WMAP 探测结果时他们自己所处的位置。我正式充满信心地宣布，今天代表了宇宙学这个学科从靠猜测到精确科学转变的'成人仪式'"。

29.3　相对论宇宙学

在真正的宇宙学尺度的距离上，因为光在到达地球之前会穿过时空，所以天体在地球上所呈现的样貌会受到时空曲率的影响，这些时空曲率问题只有爱因斯坦广义相对论能提供详尽的解释。在我们展开这种综合性论述之前，想要整体理解宇宙的几何学特性，我们最好先从简单的类比开始。

29.3.1 欧几里得几何学、椭圆几何学和双曲几何学

平坦几何学的基础 (适合用于描述平坦宇宙) 是欧几里得在约公元前 300 年建立的。欧几里得的贡献主要有 13 本 "著作"(章节)，包含了 465 个定理，这些定理反过来是由仅仅 5 条公理推导而来的。这些理论虽然一开始没有证据可以证明，但表现出了自洽性。用欧几里得的话来说：

(1) 任意两点之前可以作出一条直线；

(2) 一条有限长度的直线可以延伸为无限长度的直线；

(3) 可以用圆心以及半径来描述任何圆；

(4) 直角都是相等的。

而欧几里得对第五公理的表达是很尴尬且模糊的：

(5) 两直线被第三条直线所截，如果同侧两内角和小于两个直角，则两无限延伸的直线会在该侧相交。

第一时间，我们会认为欧几里得的第五公理是有关平行线的特征的[①]。根据一位英国数学家约翰·普雷菲尔 (John Playfair) 的诠释，这条公理与下面的叙述是等价的：

(5a) 给定平面上的一条线 L 和一个不在 L 上的点 P，则过 P 有且只有一条平行于 L 的线。

图 29.15(a) 展示了普雷菲尔版本的欧氏几何平行线公理。

欧氏几何第五条公理的烦琐叙述让很多数学家猜想它可能是从前四条公理中推理出来的。19 世纪，数学家们通过在否认这条公理的前提下进行推演，希望能发现一些矛盾点从而对这条公理的正确性发起挑战。这样的矛盾点将使第五公理依赖于几何学的其余公理，从而废除它作为一个独立公理的正当性。而令人讶异的是，几位著名的数学家并没有像他们所预期的那样找到了矛盾点，反而发现他们自己已经开发出了一些全新的几何学，每一种都像欧氏几何那样有自洽性。

这些数学家中作出比较重要贡献的人包括：**卡尔·弗雷德里希·高斯 (Carl Frederich Gauss 1777—1855)，尼古拉·罗巴切夫斯基 (Nikolai Lobachevski 1793—1856)，约翰·鲍耶 (János Bolyai，1802—1860) 和波恩哈德·黎曼 (Bernhard Riemann，1826—1866)**。一共有三种不同的第五公理，并且每种公理都能推导出完美自洽的一套几何学。1868 年，另外两种非欧几何版本的几何学被证明与欧氏几何在逻辑上是一致的。除了普雷菲尔在欧氏几何基础上给出的平行线公理诠释版本之外，黎曼给出了椭圆几何中第五公理的陈述：

(5b) 给定平面上的一条线 L 和一个不在 L 上的点 P，则过 P 不存在平行于 L 的线。

如图 29.15(b) 所示，这幅图展示了一个球面，球面上的两条都垂直于球体的赤道的线会在球面两极相交。在黎曼几何中三角形的内角和大于 $180°$ 并且圆的周长小于 $2\pi r$。

另一方面，罗巴切夫斯基几何的第五公理是由高斯、鲍耶和罗巴切夫斯基独立推导出来的，这个公理涵盖范围比欧几里得第五公理更加广泛：

(5c) 给定平面上的一条线 L 和一个不在 L 上的点 P，则过 P 至少存在两条平行于 L 的线。

---

① 欧几里得将平行线定义为 "在同一平面上，向两个方向上无限延伸的直线在两个方向上都不相交。"

图 29.15(c) 用鞍形双曲面展示了这种几何学。图上的两条过 P 点的线都不与 L 相交，并且 (在图示情况下) 可以画出无限多这样的线。在罗巴切夫斯基几何学中，三角形内角和小于 $180°$，圆的周长大于 $2\pi r$。

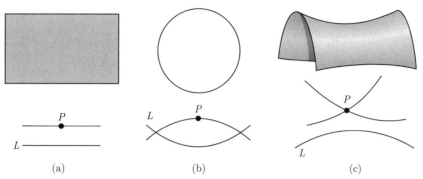

图 29.15　平行线公理在三种几何学中的示意：(a) 欧氏；(b) 椭圆；(c) 双曲线

平行线公理在逻辑上的独立性意味着它不能由欧几里得前四条公理推导而来。采用哪种几何学是随意的，因为所有这三种几何学从数学角度上来说都是等价的。而到底哪种几何学能描述物理学上宇宙的空间结构是一个必须基于我们观测所积累的数据来回答的问题。高斯自己在 1820 年领导在德国汉诺威的研究时，开始了这样一个实验。他仔细测量了三个山峰顶部互相之间的距离，以三个峰顶为顶点所组成的巨大三角形 (最长边为 107km) 的内角和，他发现这个三角形的内角和正好是 $180°$(在实验误差范围内)。但其实高斯的实验灵敏度并不足以让他能测到地表附近的空间曲率。

29.3.2　弯曲时空的罗伯逊–沃克度规

任何大质量物体周围的时空实际上是弯曲的。就如 17.2 节中所描述的那样，空间曲率在施瓦西度规中的径向项式 (17.22) 中有所体现。可是施瓦西度规仅在物质外部有效，我们需要寻找一个另外的度规来描述如 29.1 节中提到的充满尘埃宇宙的时空。尽管这个度规的推导在本书中属于超纲内容，但下面举的例子应该有助于阐明它的一些特性，而宇宙学原理能让我们从某种意义上更容易地找到这个度规。在一个均匀和各向同性的宇宙中，哪怕空间曲率会随时间变化，但在宇宙大爆炸之后如果给定一个时间点，空间曲率应该是处处相等的。

我们首先考虑一个二维表面的曲率。"曲率" 有一个明确的数学定义，例如，一个半径为 R 的球面，面上每一点的曲率都应该是同一个值 K，其中 K 的定义为 $K \equiv 1/R^2$。高斯意识到任何表面的曲率都可以在曲面上任意一小块区域进行局部定义。想象一下一只在球面上的小小 (但高智商) 的蚂蚁会如何去测量半径为 R 的球面的曲率，这样也许会有一些启发性。这只蚂蚁可以自由地在球面活动，但无法离开这个表面从而获得球面整体的外部图样，那么好奇的它会如何确定自己所在的这个表面的曲率呢？

这只蚂蚁从球面的北极出发 (如图 29.16 所示，将这一点标记为 P)，一路上标记另外的一些点，这些点和点 P 之间都有一个固定的距离 D。当把这些点连接起来之后，它们可以形成一个以 P 为圆心的圆周。现在这只蚂蚁可以测量一下这个圆的周长 C_{meas}，并将它

和期望值 $C_{\text{exp}} = 2\pi D$ 对比。事实上，这两个值并不一定一致，因为 $D = R\theta$，

$$C_{\text{exp}} = 2\pi R\theta$$

而

$$C_{\text{meas}} = 2\pi R\sin\theta = 2\pi R\sin(D/R).$$

当蚂蚁将圆的两周长差值与期望周长的比值除以期望面积 $A_{\text{exp}} = \pi D^2$，并乘以 6π，结果 (取极限 limit $D \to 0$) 就是球面的曲率。也就是说，蚂蚁从下式开始：

$$6\pi \cdot \frac{C_{\text{exp}} - C_{\text{meas}}}{C_{\text{exp}}\, A_{\text{exp}}} = 6\pi \cdot \frac{2\pi D - C_{\text{meas}}}{(2\pi D)\,(\pi D^2)} = \frac{3}{\pi}\frac{2\pi D - C_{\text{meas}}}{D^3}.$$

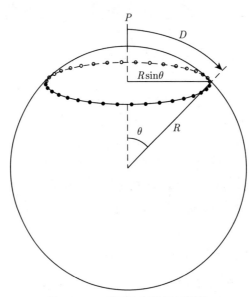

图 29.16　球面曲率的局部测量

将 C_{meas} 值代入，紧接着对 $\sin(D/R)$ 做泰勒级数

$$\frac{3}{\pi}\frac{2\pi D - 2\pi R\sin(D/R)}{D^3} = \frac{6}{D^3}\left\{D - R\left[\frac{D}{R} - \frac{1}{3!}\left(\frac{D}{R}\right)^3 + \frac{1}{5!}\left(\frac{D}{R}\right)^5 + \cdots\right]\right\}$$

$$= \frac{1}{R^2} - \frac{1}{20}\frac{D^2}{R^4} + \cdots.$$

取极限 limit $D \to 0$，球面曲率的计算结果就是 $1/R^2$。实际上，下式

$$K = \frac{3}{\pi}\lim_{D \to 0}\frac{2\pi D - C_{\text{meas}}}{D^3} \tag{29.103}$$

可以被用来计算二维曲面上任意一点的曲率，见图 29.17。对于一个平坦表面，$K = 0$；对于鞍形双曲面，因为周长的测量值大于 $2\pi D$，所以 K 是负值[①]。

———————————

　　① 可惜的是，负曲率的双曲面并不能被我们实际观测到，因为其表面积是无限的 (与球面不同)。我们没办法 "跳出去" 来看双曲面这个整体。

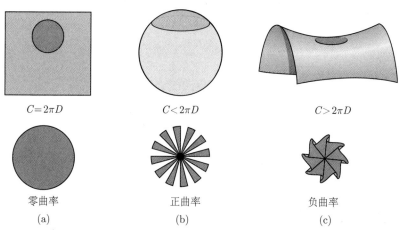

图 29.17　三种几何学表面曲率的计算：(a) 平面；(b) 球面；(c) 双曲面

下一步，在得出描述一个均匀布满尘埃宇宙的时空度规之前，我们首先考虑一段较短的距离是如何在二维面上被测量出来的。在一个平面上，使用极坐标来表示两个变量之间的关系在这里是较为合适的。平面上两个相邻点 P_1 和 P_2 之间距离的微分 $\mathrm{d}\ell$ 表示为

$$(\mathrm{d}\ell)^2 = (\mathrm{d}r)^2 + (r\mathrm{d}\phi)^2$$

极坐标也可以用来表示球面上两个相邻的点之间距离的微分。例如，我们回过头去考虑之前提到过的球面，半径为 R，曲率为 $K = 1/R^2$，如图 29.18(b) 所示，球面上 P_1 与 P_2 两点之间的距离为

$$(\mathrm{d}\ell)^2 = (\mathrm{d}D)^2 + (r\mathrm{d}\phi)^2 = (R\mathrm{d}\theta)^2 + (r\mathrm{d}\phi)^2.$$

又 $r = R\sin\theta$，因此 $\mathrm{d}r = R\cos\theta\mathrm{d}\theta$ 并且

$$R\mathrm{d}\theta = \frac{\mathrm{d}r}{\cos\theta} = \frac{R\mathrm{d}r}{\sqrt{R^2 - r^2}} = \frac{\mathrm{d}r}{\sqrt{1 - r^2/R^2}}.$$

这样球面上距离的微分在平面极坐标系的参数 r 和 φ 下可以写作

$$(\mathrm{d}\ell)^2 = \left(\frac{\mathrm{d}r}{\sqrt{1 - r^2/R^2}}\right)^2 + (r\mathrm{d}\phi)^2.$$

更一般地，用曲率 K 来表示一般二维面上距离的微分，即

$$(\mathrm{d}\ell)^2 = \left(\frac{\mathrm{d}r}{\sqrt{1 - Kr^2}}\right)^2 + (r\mathrm{d}\phi)^2.$$

通过从极坐标到球坐标的转换，可以十分简单地将其扩展到三维空间：

$$(\mathrm{d}\ell)^2 = \left(\frac{\mathrm{d}r}{\sqrt{1 - Kr^2}}\right)^2 + (r\mathrm{d}\theta)^2 + (r\sin\theta\mathrm{d}\phi)^2, \tag{29.104}$$

其中，r 表示二维面到其曲率中心的距离。

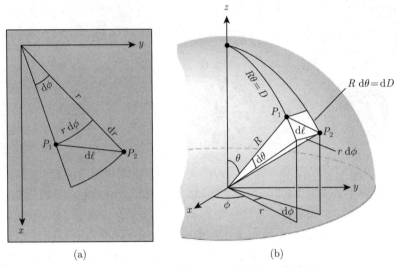

图 29.18　在 (a) 平面、(b) 球面上 $\mathrm{d}\ell$ 的表示

式 (29.104) 可以理解为三维宇宙空间的曲率。尽管二维球面的曲率可以通过跳出这个球面，进入它周围的三维空间来从整体上把握二维球面的状况，但不幸的是并没有第四个维度能让我们跳进去 (至少目前还没有 "跳进去" 的方法) 来观测我们这个宇宙的曲率。

得到时空度规前的最后一步，我们必须明白，当我们提到 "距离" 时，指的是对于观测者来说两个时空事件同时发生时，他们之间的 "固有距离"。在一个不断膨胀的宇宙中，要使两个分离的点其位置有意义的话，它们必须被同时记录。在一个各向同性、均匀的宇宙中，时间在不同的位置不可能以不同的速率流逝，因此，含时项应该就是简单的 $c\mathrm{d}t$[①]。如果我们将下式

$$(\mathrm{d}s)^2 = (c\mathrm{d}t)^2 - \left(\frac{\mathrm{d}r}{\sqrt{1 - Kr^2}}\right)^2 - (r\mathrm{d}\theta)^2 - (r\sin\theta\mathrm{d}\phi)^2$$

当成一个各向同性、均匀的宇宙的度规，那么式 (17.18) 中的固有距离将与式 (29.104) 一致，也就是说，固有距离的微分形式为 $\mathrm{d}\mathcal{L} = \sqrt{-(\mathrm{d}s)^2}$，且 $\mathrm{d}t = 0$。

剩下的工作就是用包含无量纲比例因子 $R(t)$ 的定义式 $r(t) = R(t)\varpi$(式 (29.3)) 来表示这个度规了。宇宙的膨胀会从各方面来影响其几何学属性，包括其曲率，因此用一个依赖于时间的变量和一个不依赖于时间的常数 k 来定义曲率与时间的关系是非常必要的，即

$$K(t) \equiv \frac{k}{R^2(t)}. \tag{29.105}$$

将 r 与 K 代入，有

---

① 读者可以将该式与如式 (17.22) 所示施瓦西度规相比较，施瓦西度规中中心质量与时间之间有更加复杂的依赖关系。

$$(\mathrm{d}s)^2 = (c\mathrm{d}t)^2 - R^2(t)\left[\left(\frac{\mathrm{d}\varpi}{\sqrt{1-k\varpi^2}}\right)^2 + (\varpi\mathrm{d}\theta)^2 + (\varpi\sin\theta\mathrm{d}\phi)^2\right], \tag{29.106}$$

上式称为**罗伯逊–沃克度规**，由该式可得各向同性、均匀宇宙中两个事件的时空间隔，与式 (17.22) 施瓦西度规所表达的是类似的，施瓦西度规通常用来表示一个大质量物体周围弯曲时空中两事件的间隔。**霍华德·伯西·罗伯逊 (Howard Percy Robertson, 1903—1961)** 和**亚瑟·杰弗里·沃克 (Arthur Geoffrey Walker, 1909—2001)** 在 20 世纪 30 年代中期独立发表阐明了这个度规可能是用来描述一个各向同性、均匀宇宙的最一般形式，因此该公式以他们的名字来命名。

事实上，我们会用相同的方法定义 17.2 节中弯曲时空的 ϖ 来明确径向坐标 r 的表达。从罗伯逊–沃克度规出发，当下 ($t = t_0$、$R(t_0) = 1$) 以 $\varpi = 0$ 为中心点，一个球面的表面积为 $4\pi\varpi^2$。根据定义，这个表面由坐标 ϖ 确定。我们在前面提到过关于 ϖ 的重要性，在式 (29.106) 中它是一个跟随膨胀宇宙中某个给定天体的共动坐标。并且时间 t 指的是宇宙时间，是从宇宙大爆炸开始到现在所经历的时间的测度。这不是绝对时间，仅仅是为了表示离我们较远的观测者的时间与我们的同步性。举个例子，宇宙中不同位置的观测者，理论上可以依据宇宙学原理，通过测量宇宙微波背景辐射或哈勃常数的精确数值来将他们的时钟与我们同步。

29.3.3 弗里德曼公式

在一个各向同性、均匀的宇宙中求解爱因斯坦场方程，可以得到一个以比例因子 $R(t)$ 的微分形式来描述宇宙动力学演化的公式。我们称之为**弗里德曼公式**：

$$\left[\left(\frac{1}{R}\frac{\mathrm{d}R}{\mathrm{d}t}\right)^2 - \frac{8}{3}\pi G\rho\right]R^2 = -kc^2, \tag{29.107}$$

该公式以俄罗斯气象学家和数学家**亚历山大·弗里德曼 (Aleksandr Friedmann, 1888—1925)**[①]的名字命名。1922 年，弗里德曼在一个各向同性、均匀的宇宙中求解了爱因斯坦场方程，对于一个非静态的宇宙，得到了上式。比利时神职人员**阿比·乔治·勒马特 (Abbé Georges Lemaître, 1894—1966)** 在 1927 年也推导出了同样的公式[②]。

29.3.4 宇宙学常数

爱因斯坦意识到，正如最初设想的那样，他的场公式并不能推导出一个稳态的宇宙，而哈勃尚未发现膨胀的宇宙。因此在 1917 年，爱因斯坦修正了他的公式，增加了一个包含**宇宙学常数 (cosmological constant)Λ** 的特殊项[③]。在这个额外项的加持下，爱因斯坦场方程的解为

$$\left[\left(\frac{1}{R}\frac{\mathrm{d}R}{\mathrm{d}t}\right)^2 - \frac{8}{3}\pi G\rho - \frac{1}{3}\Lambda c^2\right]R^2 = -kc^2. \tag{29.108}$$

---

① 根据广义相对论，密度 ρ 会包含如式 (29.77) 所示的光子和中微子的等效质量。

② 勒马特 (Lemaître) 是第一个提出现在的宇宙是从一个高密度的初始点演化而来的，因此有人将勒马特称为 "宇宙大爆炸之父"。

③ 有的作者会在 Λ 的定义式中加入一项 c^2。在本书中，Λ 的单位为 (长度)$^{-2}$。

除包含宇宙学常数的项之外，其余部分与弗里德曼公式是一致的。根据 29.1 节中所论述的牛顿宇宙学，包含 Λ 的额外项会产生一个如下势能项添加在式 (29.1) 的左边：

$$U_\Lambda \equiv -\frac{1}{6}\Lambda mc^2 r^2,$$

应用于质量为 m 的膨胀球壳的机械能守恒定律 (在第 937 页上曾经描述过) 为

$$\frac{1}{2}mv^2 - G\frac{M_r m}{r} - \frac{1}{6}\Lambda mc^2 r^2 = -\frac{1}{2}mkc^2\varpi^2.$$

那么这个新的势能产生的力为

$$\boldsymbol{F}_\Lambda = -\frac{\partial U_\Lambda}{\partial r}\hat{\boldsymbol{r}} = \frac{1}{3}\Lambda mc^2 r\hat{\boldsymbol{r}} \tag{29.109}$$

(参考式 (2.15))，$\Lambda > 0$ 时，这个力的方向是沿径向向外的。从实际效果上来说，宇宙学常数如果为正，会对质量球壳产生一种斥力，这样爱因斯坦即可以通过这一项来使一个稳定、闭合的宇宙对抗引力坍缩，从而达到一种 (不稳定的) 平衡。但不久之后，随着宇宙的膨胀被发现，爱因斯坦为在场公式中加入了 Λ 项而感到后悔，并称之为 "一生中犯得最大的错误。"

如果宇宙学常数不为 0，那就意味着即使宇宙中空无一物，空间仍然会被弯曲。这是爱因斯坦非常不喜欢的一个观点，因为这与他之前提出的质量会导致时空弯曲的观点相冲突。讽刺的是，就如 27.2 节中所提到的那样，威廉·德西特利用包含 Λ 项的爱因斯坦场方程成功地描述了一个在宇宙学常数作用下不断膨胀、空无一物的宇宙，并且哈勃在他 1929 年发表的论文中将德西特宇宙里与距离相关联的红移效应作为膨胀宇宙的理论支撑。

29.3.5 暗能量的影响

答案总是隐藏在自然界中。在 20 世纪 90 年代晚期，实际的观测数据让天文学家们不得不正视一个非零宇宙学常数的存在。尽管宇宙学常数的物理源头是第 30 章要讨论的内容，但为了本章讨论方便，我们给宇宙学常数的物理起源一个名字：**暗能量**[①]。

我们从包含 Λ 项的弗里德曼公式开始。先将公式写成三种组分之和的形式，明确我们处理的是一个包含质量 (暗物质和重子)、相对论性粒子 (光子和中微子) 以及暗能量的三组分宇宙学问题。

$$\left[\left(\frac{1}{R}\frac{dR}{dt}\right)^2 - \frac{8}{3}\pi G\left(\rho_m + \rho_{\text{rel}}\right) - \frac{1}{3}\Lambda c^2\right]R^2 = -kc^2. \tag{29.110}$$

流体公式 (29.50) 也能由爱因斯坦场方程 (包含宇宙学常数项) 解出：

$$\frac{d\left(R^3\rho\right)}{dt} = -\frac{P}{c^2}\frac{d\left(R^3\right)}{dt}, \tag{29.111}$$

---

① "暗能量" 这个名词术语来自于宇宙学家迈克尔·特纳 (Michael Turner)。

式中，ρ 和 P 分别是每种组分 (如下面会见到的那样，包含暗能量) 的密度和压强。注意即使场公式包含 Λ 项，流体公式中也不会出现该项。就如我们在 29.1 节中推导过的那样，弗里德曼公式和流体公式可以联立解出**加速度公式 (acceleration equation)**：

$$\frac{\mathrm{d}^2 R}{\mathrm{d}t^2} = \left\{ -\frac{4}{3}\pi G \left[\rho_m + \rho_{\mathrm{rel}} + \frac{3\left(P_m + P_{\mathrm{rel}}\right)}{c^2} \right] + \frac{1}{3}\Lambda c^2 \right\} R. \tag{29.112}$$

(尽管对于无压强尘埃宇宙来说 $P_m = 0$，但为了表达的完整性，我们也把这一项包含进了加速度公式。)

如果我们将暗能量的等效质量密度定义为

$$\rho_\Lambda \equiv \frac{\Lambda c^2}{8\pi G} = \text{常数} = \rho_{\Lambda,0}, \tag{29.113}$$

那么弗里德曼公式就会变成与式 (29.65) 相似的：

$$\left[\left(\frac{1}{R}\frac{\mathrm{d}R}{\mathrm{d}t} \right)^2 - \frac{8}{3}\pi G \left(\rho_m + \rho_{\mathrm{rel}} + \rho_\Lambda \right) \right] R^2 = -kc^2. \tag{29.114}$$

因为随着宇宙的膨胀，ρ_Λ 一直是常数，所以必须有越来越多的暗能量凭空出现来填满这不断增长的体积[①]。

由式 (29.111) 可以得到，暗能量创造的压强为

$$P_\Lambda = -\rho_\Lambda c^2 \tag{29.115}$$

因此在 $P = w\rho c^2$(式 (29.52)) 这个物态公式一般表达式中，$w_\Lambda = 1$。这种物态公式与我们之前所见到的都不同，正的宇宙学常数对应一个正的质量密度和一个负压力！将其代入加速度公式 (29.112) 中的 ρ_Λ 和 P_Λ，可以得到

$$\frac{\mathrm{d}^2 R}{\mathrm{d}t^2} = \left\{ -\frac{4}{3}\pi G \left[\rho_m + \rho_{\mathrm{rel}} + \rho_\Lambda + \frac{3\left(P_m + P_{\mathrm{rel}} + P_\Lambda\right)}{c^2} \right] \right\} R. \tag{29.116}$$

包含了 ρ_Λ 和 P_Λ 之后，这个公式与其牛顿力学中的对应公式 (29.10)、式 (29.50) 以及式 (29.51) 在形式上是相同的。然而，常数 k 的诠释却是不同的。在 29.1 节，k 通过式 (29.1) 与膨胀球壳的机械能建立联系，而在这里，它被看成是当前宇宙的曲率值即式 (29.105) 中令 $R = 1$[②]。

利用式 (29.8) 以及式 (29.12) 中的 $3H^3/(8\pi G) = \rho_\mathrm{c}$，弗里德曼公式可以写成

$$H^2 \left[1 - \left(\Omega_m + \Omega_{\mathrm{rel}} + \Omega_\Lambda \right) \right] R^2 = -kc^2 \tag{29.117}$$

其中，

$$\Omega_\Lambda = \frac{\rho_\Lambda}{\rho_\mathrm{c}} = \frac{\Lambda c^2}{3H^2}. \tag{29.118}$$

[①] 还存在着更一般的模型，在这些模型中宇宙学常数 Λ 并不是真正的常数，暗能量被 "quintessence"("第五元素") 代替，这是一个依赖于时间的能量密度。我们不会详细论述这些模型。

[②] 在一些书中，共动坐标 ϖ 是按比例变化的，因此对于平坦、闭合、开放的宇宙来说，k 分别取 0、+1、−1。

我们将**总密度参数**定义为[①]

$$\Omega \equiv \Omega_m + \Omega_{\mathrm{rel}} + \Omega_\Lambda. \tag{29.119}$$

这样弗里德曼公式就变成

$$H^2(1-\Omega)R^2 = -kc^2, \tag{29.120}$$

因此对于一个平坦的宇宙 $(k=0)$, 我们必有 $\Omega(t)=1$. 需要特别提醒的是, 在 $t=t_0$ 的特殊情况下,

$$H_0^2(1-\Omega_0) = -kc^2. \tag{29.121}$$

利用式 (29.120) 和式 (29.121), 与式 (29.79)、式 (29.80)、式 (29.118) 联立, 可得哈勃参数与红移 z 的函数关系为

$$H = H_0(1+z)\left[\Omega_{m,0}(1+z) + \Omega_{\mathrm{rel},0}(1+z)^2 + \frac{\Omega_{\Lambda,0}}{(1+z)^2} + 1 - \Omega_0\right]^{1/2} \tag{29.122}$$

(与式 (29.27) 相对照).

$\Omega_{m,0}, \Omega_{\mathrm{rel},0}, \Omega_{\Lambda,0}$ 的 WMAP 值为

$$\begin{aligned}
[\Omega_{m,0}]_{\mathrm{WMAP}} &= 0.27 \pm 0.04, \\
\Omega_{\mathrm{rel},0} &= 8.24 \times 10^{-5}, \\
[\Omega_{\Lambda,0}]_{\mathrm{WMAP}} &= 0.73 \pm 0.04,
\end{aligned}$$

其中, $\Omega_{\mathrm{rel},0}$ 的值是从式 (29.80) 中得到的, 将 WMAP 测得的这些值相加得

$$\Omega_0 = \Omega_{m,0} + \Omega_{\mathrm{rel},0} + \Omega_{\Lambda,0} = 1;$$

也就是说, 宇宙是平坦的 $(k=0)$, 并且此时此刻暗能量主导着宇宙的膨胀. 更准确地说, WMAP 的测量值为

$$[\Omega_0]_{\mathrm{WMA.P}} = 1.02 \pm 0.02,$$

与 $\Omega_0 = 1$ 是一致的. 我们永远不能验证 Ω_0 正好等于 1, 因为任何测量都是有一定的小误差的.

减速因子 (式 (29.54)) 可以写成

$$q(t) = \frac{1}{2}\sum_i (1+3w_i)\,\Omega_i(t), \tag{29.123}$$

式中, w 是物态公式 $P_i = w_i\rho_i c^2$ 中的系数, 下标 "i" 表示宇宙中的某一个组分 (也就是无压强尘埃、相对论性粒子或者暗能量). 根据 $w_m = 0$、$w_{\mathrm{rel}} = 1/3$ 以及 $w_\Lambda = -1$, 我们可以得到

$$q(t) = \frac{1}{2}\Omega_m(t) + \Omega_{\mathrm{rel}}(t) - \Omega_\Lambda(t). \tag{29.124}$$

[①] 没有角标 "m""rel" 或者 "Λ" 的 Ω 总是表示某种模型中所有组分的总密度参数.

根据 WMAP 的测量值, 我们发现目前的减速因子值为

$$q_0 = -0.60,$$

负号表示宇宙的膨胀正在加速[①]!

假设 $\Lambda > 0$, 暗能量的等效质量密度 ρ_Λ 增强了弗里德曼公式 (29.114) 中其他密度对宇宙曲率 k 的影响。但在加速公式中, 负压强 P_Λ 对抗由正密度 ρ_Λ 引起的引力作用, 让宇宙膨胀的加速度增大, 可以看到在加速公式 (29.112) 中有正的 $\Lambda c^2/3$ 项。因此宇宙学常数的存在将由 k 来表述的宇宙几何学 (开放、闭合、平坦) 从由 ρ_m、ρ_{rel} 和 ρ_Λ 之间的相互作用主导的宇宙动力学中分离出来。就像我们看到的, 我们的宇宙也许是平坦的 ($k = 0$), 但也可以在这个前提下进行加速膨胀——这种条件与结果的组合在更有局限性的无压强尘埃单组分宇宙模型中是不可能存在的。

29.3.6　Λ 时期

因为 ρ_Λ 一直是一个常数但 $\rho_m \propto R^{-3}$ 且 $\rho_{rel} \propto R^{-4}$, 所以式 (29.114) 和式 (29.116) 中的 Λ 项随着比例因子 R 的增长而变得越来越重要。就像在宇宙年龄大约是 55000 年 (式 (29.85)) 的时候辐射时期转变成物质时期一样, 物质时期结束后会进入 Λ 时期。现在暗能量主导着宇宙的膨胀, 物质时期到如今 Λ 时期的转变发生在比例因子满足 $\rho_m = \rho_\Lambda$ 时。因为 ρ_Λ 是常数, 可以由式 (29.82) 推出转变时 R 的值为

$$R_{m,\Lambda} = \left(\frac{\Omega_{m,0}}{\Omega_{\Lambda,0}}\right)^{1/3}. \tag{29.125}$$

代入 WMAP 值, 得到

$$R_{m,\Lambda} = 0.72, \tag{29.126}$$

对应的红移是

$$z_{m,\Lambda} = \frac{1}{R_{m,\Lambda}} - 1 = 0.39. \tag{29.127}$$

将 WMAP 值代入加速度公式 (见习题 29.43), 我们会发现宇宙膨胀的加速度在比例因子为

$$R_{accel} = 2^{-1/3} R_{m,\Lambda} = 0.57$$

时改变了符号 (由负到正), 对应的红移为

$$z_{accel} = 0.76,$$

这意味着加速度在 Λ 项主导弗里德曼公式之前就已经为正了。当 $R \to 0$ 时我们可以推导出宇宙学常数对宇宙的影响在早期是微乎其微的, 因为 $\rho_m \propto R^{-3}$ 且 $\rho_{rel} \propto R^{-4}$(式 (29.81) 和式 (29.82)) 而 ρ_Λ 一直是常数。幸运的是, 29.1 节与 29.2 节中我们导出的关于早期宇宙的所有结论在目前所论述的相对论宇宙学中仍然适用, 见习题 29.40。

[①] 当提到 "加速" 时, 其含义为 $\mathrm{d}^2 R/\mathrm{d}t^2 > 0$。

平坦宇宙中比例因子 R 的变化可以通过令弗里德曼公式 (29.114) 中的 $k = 0$ 而得到。根据式 (29.79) 和式 (29.80)，进行一些代数变换可以得到

$$t = \sqrt{\frac{3}{8\pi G}} \int_0^R \frac{R' \mathrm{d}R'}{\sqrt{\rho_{m,0} R' + \rho_{\mathrm{rel},0} + \rho_{\Lambda,0} R'^4}}. \tag{29.128}$$

尽管这个积分可以数值解算，但它并没有一个简单的解析解。图 29.19 画出了式 (29.128) 在利用 WMAP 测量值情况下的一个数值解。图中我们可以看到比例因子 R 在辐射、物质和 Λ 时期不同的行为模式。

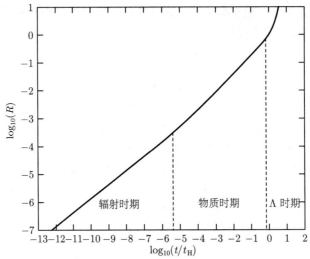

图 29.19　比例因子 R 随时间函数变化的对数坐标图。在辐射时期，$R \propto t^{1/2}$；在物质时期，$R \propto t^{2/3}$；在 Λ 时期，R 呈指数增长

在进一步的计算中，我们会忽略在最初的 55000 年上下的时间里，相对论性粒子的作用，即令 $\rho_{\mathrm{rel},0}=0$。在 $k = 0$ 的情况下，我们得到的积分如下式：

$$t(R) = \frac{2}{3} \frac{1}{H_0 \sqrt{\Omega_{\Lambda,0}}} \ln\left[\sqrt{\left(\frac{\Omega_{\Lambda,0}}{\Omega_{m,0}}\right) R^3} + \sqrt{1 + \left(\frac{\Omega_{\Lambda,0}}{\Omega_{m,0}}\right) R^3} \right]. \tag{29.129}$$

宇宙当下的年龄可以通过将 $R = 1$ 代入式 (29.129)，根据 $\Omega_{m,0}$ 和 $\Omega_{\Lambda,0}$ 的 WMAP 测量值，我们有

$$t_0 = 4.32 \times 10^{17}\ \mathrm{s} = 1.37 \times 10^{10} \text{年}.$$

这与目前已知宇宙年龄的最佳观测量值是一致的，WMAP 的观测量值为[1]

$$[t_0]_{\mathrm{WMAP}} = (13.7 \pm 0.2) \mathrm{Gyr}.$$

---

[1] 当本书的第一版完成时，作者没能料到宇宙的年龄能够测量得如此准确，当然第二版会加入这些内容。

宇宙的加速度在 $R = R_{\text{accel}} = 0.57$ 时改变符号 (由负变正)。根据式 (29.129)，宇宙的膨胀在年龄为

$$t_{\text{accel}} = 2.23 \times 10^{17} \, \text{s} = 7.08 \text{Gyr}$$

时开始加速，因此在宇宙存在的后半段时间里，宇宙的膨胀一直在加速。因为这个原因，t_0 与哈勃时间非常接近：

$$t_0 = 0.993 t_{\text{H}}.$$

在现在这个阶段，辐射和物质时期的减速效应和 Λ 时期的加速效应几乎相互抵消，因此宇宙的年龄就是我们所要计算的恒定膨胀率。

当 $k = 0$ 时，将式 (29.129) 倒过来可以得到

$$R(t) = \left(\frac{\Omega_{m,0}}{4\Omega_{\Lambda,0}} \right)^{1/3} \left(e^{3H_0 t \sqrt{\Omega_{\Lambda,0}}/2} - e^{-3H_0 t \sqrt{\Omega_{\Lambda,0}}/2} \right)^{2/3} \tag{29.130}$$

$$= \left(\frac{\Omega_{m,0}}{\Omega_{\Lambda,0}} \right)^{1/3} \sinh^{2/3} \left(\frac{3}{2} H_0 t \sqrt{\Omega_{\Lambda,0}} \right). \tag{29.131}$$

图 29.20 表示出了比例因子与时间的函数关系。在极限 $3H_0 t \sqrt{\Omega_{\Lambda,0}}/2 \ll 1$(也就是当 $t \ll t_{\text{H}}$ 时)，式 (29.131) 退化到式 (29.91)：

$$R(t) \simeq \left(\frac{3}{2} H_0 t \sqrt{\Omega_{m,0}} \right)^{2/3} = \left(\frac{3\sqrt{\Omega_{m,0}}}{2} \right)^{2/3} \left(\frac{t}{t_{\text{H}}} \right)^{2/3}, \tag{29.132}$$

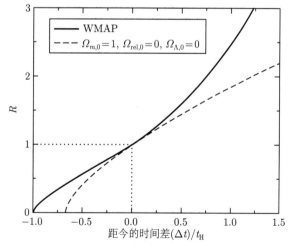

图 29.20 现在测得的比例因子 R 随时间变化的函数关系。对于一个 WMAP 宇宙，$t_0 \simeq t_{\text{H}}$；对于一个平坦、由无压强尘埃组成的单组分宇宙，$t_0 = 2t_{\text{H}}/3$(式 (29.44))。点状虚线标出了在两个曲线上当前宇宙的位置

适用于由物质主导的宇宙。但是当 $t \gg t_{\text{H}}$ 时，式 (29.131) 中的第二个指数项可以被

略去，这样就有

$$R(t) \simeq \left(\frac{\Omega_{m,0}}{4\Omega_{\Lambda,0}}\right)^{1/3} e^{H_0 t \sqrt{\Omega_{\Lambda,0}}}. \tag{29.133}$$

当宇宙学常数在弗里德曼公式中占主导地位时，比例因子 R 呈指数增长，其特征时间为 $t_H/\sqrt{\Omega_{\Lambda,0}}$。我们会在 29.4 节中看到，一个指数膨胀的宇宙对观测天文学的长远发展有着深刻的影响。

29.3.7 在 $\Omega_{m,0} - \Omega_{\Lambda,0}$ 平面上的宇宙学模型

每个三组分 (物质、相对论性粒子和暗能量) 宇宙学模型都可以由三个密度参数 $\Omega_{m,0}$、$\Omega_{\mathrm{rel},0}$ 和 $\Omega_{\Lambda,0}$ 确定。在这个部分中，$\Omega_{\mathrm{rel},0}$ 将被略去，所以我们可以考虑一个如图 29.21 所示，由 $\Omega_{\Lambda,0}$ 和 $\Omega_{m,0}$ 画出的二维图。$\Omega_{m,0} - \Omega_{\Lambda,0}$ 平面被分为若干个区域。由弗里德曼公式 (29.117) 可以得到 $\Omega_{m,0} + \Omega_{\Lambda,0} = 1$，该式决定了 k 的符号，将 $\Omega_{m,0} - \Omega_{\Lambda,0}$ 平面分为开放宇宙区和闭合宇宙区。减速因子 (式 (29.123)) 的符号是由 $\Omega_{m,0} - 2\Omega_{\Lambda,0}$ 的值决定的，因此直线 $\Omega_{m,0} - 2\Omega_{\Lambda,0} = 0$ 将 $\Omega_{m,0} - \Omega_{\Lambda,0}$ 平面分成加速膨胀宇宙和减速膨胀宇宙两部分。

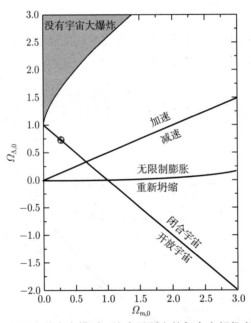

图 29.21 $\Omega_{m,0} - \Omega_{\Lambda,0}$ 平面上的宇宙模型。这个平面上的每个点都代表了一种可能的宇宙。点 ($\Omega_{m,0} = 0.27$、$\Omega_{\Lambda,0} = 0.73$) 已经由圆圈标注了出来

尽管看起来宇宙会因为暗能量的作用而一直膨胀下去，但我们也可以很容易地去设想其他一些最终会重新坍缩的宇宙模型，包括所有 $\Omega_{\Lambda,0} < 0$ 的宇宙或 $\Omega_{\Lambda,0} > 0$ 但有足够多的物质来让宇宙的膨胀在暗能量主导之前就停止。当膨胀停止时，$\mathrm{d}R/\mathrm{d}t = 0$。式 (29.114) 与式 (29.81)、式 (29.82)、式 (29.113) 和式 (29.15) 联立，可以将 $\mathrm{d}R/\mathrm{d}t$ 表示为

$$\left(\frac{\mathrm{d}R}{\mathrm{d}t}\right)^2 = H_0^2 \left(\frac{\Omega_{m,0}}{R} + \frac{\Omega_{\mathrm{rel},0}}{R^2} + \Omega_{\Lambda,0}R^2 + 1 - \Omega_{m,0} - \Omega_{\mathrm{rel},0} - \Omega_{\Lambda,0}\right). \tag{29.134}$$

令等式左边等于 0，消去 H_0^2 项，忽略辐射时期，我们可以得到一个关于比例因子 R 的三次公式：

$$\frac{\Omega_{m,0}}{R} + \Omega_{\Lambda,0}R^2 + 1 - \Omega_{m,0} - \Omega_{\Lambda,0} = 0. \tag{29.135}$$

我们想要知道这个关于 R 的三次公式什么时候会有正实根。其结果为如果 $\Omega_{m,0} < 1$ 且 $\Omega_{\Lambda,0} > 0$，式 (29.135) 就没有正实根。这样我们可以得出结论，宇宙的确可能会无限制膨胀下去[①]，但当 $\Omega_{m,0} > 1$ 时，只在满足下式的情况下会无限制膨胀：

$$\Omega_{\Lambda,0} > 4\Omega_{m,0}\left\{\cos\left[\frac{1}{3}\cos^{-1}\left(\frac{1}{\Omega_{m,0}} - 1\right) + \frac{4\pi}{3}\right]\right\}^3.$$

在这幅图像里，年龄常数 t_0 的图线大致从左下到右上呈对角线分布，并且 t_0 从右下到左上持续增大。事实上，当我们越来越接近图左上角的一条线时，t_0 会变得接近于无穷大，在这条线上方，引力作用和暗能量的斥力之间存在一个 (不稳定的) 平衡。这条线所对应的模型有着无限古老的年龄，这意味着它不可能从一个高温、致密的大爆炸中生成。如果 $\Omega_{m,0} > 0.5$，则这条线的公式为

$$\Omega_{\Lambda,0} = 4\Omega_{m,0}\left\{\cos\left[\frac{1}{3}\arccos\left(\frac{1}{\Omega_{m,0}} - 1\right)\right]\right\}^3,$$

不然的话，"cos" 需要被替换为 "cosh"。在这条线上方的模型代表着那些正在从更早些时候的坍缩中恢复的 "反弹" 宇宙。我们只能知道这些 "反弹" 模型的最大红移 (在反弹点) 满足

$$z_{\text{bounce}} \leqslant 2\cos\left[\frac{1}{3}\arccos\left(\frac{1 - \Omega_{m,0}}{\Omega_{m,0}}\right)\right] - 1. \tag{29.136}$$

天文学家的一项任务就是确定我们的宇宙在图 29.21 中的哪个点上。这个任务并不是无法完成的，因为宇宙膨胀动力学决定了 $q_0 = \Omega_{m,0}/2 - \Omega_{\Lambda,0}$，并且由宇宙几何学可知 $\Omega_0 = \Omega_{m,0} + \Omega_{\Lambda,0}$。在 29.4 节中，我们会了解到 q_0 会如何被测量，但 Ω_0 的估算要等到第 30 章再作阐述。

29.4 观测宇宙学

在 29.3 节中遇到的大多数宇宙学的关键参数，如 H_0、q_0 和各种各样的 Ω_0，都不是天文学家可以直接测量的物理量。观测者主要能直接测量的只有光谱、红移、辐射流量和来自遥远天体的星光偏振等。我们现在需要着手把这些观测结果与我们建立的理论框架联系起来。

29.4.1 宇宙学红移的来源

让我们先从宇宙学红移的来源开始讲起。首先，根据罗伯逊–沃克度规 (式 (29.106))，对于光线来说，取 $ds = 0$(见 17.2 节)，并且对在共动坐标 ϖ_e 处发出，沿径向路径传播到

[①] 读者可以参考费尔腾 (Felten) 和艾萨克曼 (Isaacman)(1986) 来理解这幅图像的完整分析。

位于 $\varpi = 0$ 地球上的光线来说，$\mathrm{d}\theta = \mathrm{d}\varphi = 0$。取负平方根 (这样随时间增加 ϖ 就会减小)，得到

$$\frac{-c\mathrm{d}t}{R(t)} = \frac{\mathrm{d}\varpi}{\sqrt{1 - k\varpi^2}}.$$

从一个较远的距离 ϖ_{far} 和初始时间 t_{i} 开始到一个较近距离 ϖ_{near} 和对应时间 t_{f}，对上式积分，我们有

$$\int_{t_{\mathrm{i}}}^{t_{\mathrm{f}}} \frac{c\mathrm{d}t}{R(t)} = -\int_{\varpi_{\mathrm{far}}}^{\varpi_{\mathrm{near}}} \frac{\mathrm{d}\varpi}{\sqrt{1 - k\varpi^2}} = \int_{w_{\mathrm{near}}}^{\varpi_{\mathrm{far}}} \frac{\mathrm{d}\varpi}{\sqrt{1 - k\varpi^2}}. \qquad (29.137)$$

稍事思考就明白，上式同样描述了一条向外移动的光线。假设光波的一个波峰在时间 t_{e} 时刻发射并在 t_0 时刻被接收，下一个波峰在 $t_{\mathrm{e}} + \Delta t_{\mathrm{e}}$ 时刻发出并在 $t_0 + \Delta t_0$ 时刻被接收。这些描述了光波的连续波峰到达地球所需的时间的时刻，满足如下关系：

对第一个波峰来说，

$$\int_{t_{\mathrm{e}}}^{t_0} \frac{c\mathrm{d}t}{R(t)} = \int_0^{\varpi_{\mathrm{e}}} \frac{\mathrm{d}\varpi}{\sqrt{1 - k\varpi^2}}, \qquad (29.138)$$

对下一个波峰来说，

$$\int_{t_{\mathrm{e}} + \Delta t_{\mathrm{e}}}^{t_0 + \Delta t_0} \frac{c\mathrm{d}t}{R(t)} = \int_0^{\varpi_{\mathrm{e}}} \frac{\mathrm{d}\varpi}{\sqrt{1 - k\varpi^2}}. \qquad (29.139)$$

上面两式等号右边是一样的，因为随着宇宙的膨胀，一个天体的共动坐标并不会改变 (假设本动速度为零)。从式 (29.139) 中减去式 (29.138)，得到

$$\int_{t_{\mathrm{e}} + \Delta t_{\mathrm{e}}}^{t_0 + \Delta t_0} \frac{\mathrm{d}t}{R(t)} - \int_{t_{\mathrm{e}}}^{t_0} \frac{\mathrm{d}t}{R(t)} = 0. \qquad (29.140)$$

又因为

$$\int_{t_{\mathrm{e}} + \Delta t_{\mathrm{e}}}^{t_0 + \Delta t_0} \frac{\mathrm{d}t}{R(t)} = \int_{t_{\mathrm{e}} + \Delta t_{\mathrm{e}}}^{t_{\mathrm{e}}} \frac{\mathrm{d}t}{R(t)} + \int_{t_{\mathrm{e}}}^{t_0} \frac{\mathrm{d}t}{R(t)} + \int_{t_0}^{t_0 + \Delta t_0} \frac{\mathrm{d}t}{R(t)},$$

所以

$$\int_{t_0}^{t_0 + \Delta t_0} \frac{\mathrm{d}t}{R(t)} - \int_{t_{\mathrm{e}}}^{t_{\mathrm{e}} + \Delta t_{\mathrm{e}}} \frac{\mathrm{d}t}{R(t)} = 0.$$

在时间段 Δt_{e} 和 Δt_0 内两个连续波峰发射和接收时 $R(t)$ 的任何变化可以被忽略。我们可以认为在这两个时间段内 $R(t)$ 就是一个不随时间变化的常数，即令 $R(t_0) = 1$，

$$\Delta t_0 = \frac{\Delta t_{\mathrm{e}}}{R(t_{\mathrm{e}})}. \qquad (29.141)$$

Δt_{e} 和 Δt_0 的时间间隔仅仅是发射和接收光波的时段，可以与波长 $\lambda = c\Delta t$ 联系起来。将这个关系式代入式 (29.141)，并且根据红移的定义式 (4.34)，得到宇宙学红移的表达式

$$\frac{1}{R(t_{\mathrm{e}})} = \frac{\lambda_0}{\lambda_{\mathrm{e}}} = 1 + z. \qquad (29.142)$$

上面的推导表明，宇宙学红移产生的原因是光子在向地球传播时，其波长随着宇宙空间的膨胀而增大。式 (29.142) 就是之前讨论过的式 (29.4)(这一结论也在第 897 页上关于类星体距离的上下文论述中提到过)。结合式 (29.141) 和式 (29.142)，我们可以得到**宇宙学时间膨胀**的公式：

$$\boxed{\frac{\Delta t_0}{\Delta t_e} = 1 + z.}$$
(29.143)

注意，不管比例因子 $R(t)$ 的函数形式如何，宇宙学红移和时间膨胀的这些关系都成立。但由于缺乏一个在宇宙尺度上可靠的自然时钟，宇宙学时间膨胀的实验验证过程面临着巨大的挑战。但天文学家们仍然通过对一颗中等红移 ($z = 0.361$) 的 Ia 型超新星光谱时变的观测测量了宇宙学时间膨胀，其结果与式 (29.143) 是一致的。(对宇宙学时间膨胀测量的详细内容参考 Foley 等 (2005)。)

29.4.2 宇宙中最遥远天体的距离

为了进一步探索宇宙并研究其几何学和动力学，我们接下来必须要知道如何观测和测量宇宙中最遥远天体的距离。一个天体到地球的固有距离可以根据罗伯逊-沃克度规求出。回忆一下固有距离的微分式 (17.18)，当 $dt = 0$ 时就是 $\sqrt{-(ds)^2}$。此外，如果某个天体的共动坐标是 ϖ(地球位于 $\varpi = 0$)，那么沿地球到该天体的径向有 $d\theta = d\varphi = 0$。将这些关系式代入罗伯逊-沃克度规式 (29.106)，我们就可以得到固有距离 $d_p(t)$。对于一个 t 时刻的天体来说有积分式

$$d_p(t) = R(t) \int_0^\varpi \frac{d\varpi'}{\sqrt{1 - k\varpi'^2}}.$$
(29.144)

利用式 (29.138)，上式就变为

$$d_p(t) = R(t) \int_{t_e}^{t_0} \frac{c dt'}{R(t')}.$$
(29.145)

该式的物理意义是显然的。当光子从 ϖ_e 开始传播时，在每个时间间隔 dt 内会经过一小段距离 cdt。这些间隔并不能简单地累加，因为宇宙在光子传播的同时也在膨胀。将 cdt 除以 t 时刻的比例因子 $R(t)$，将这一小段距离转化为现在 t_0 时刻其对应的等效距离。积分，然后就能得到从 ϖ_e 开始传播到现在 $\varpi = 0$，t_0 时刻的固有距离了。再乘以比例因子 $R(t)$，就可以把这个距离转化为另外 t 时刻时的等效距离。需要强调的是，现在到一个天体的固有距离值 $d_{p,0} \equiv d_p(t_0)$ 只是现在这个时刻的值，并不是光发出的时候的固有距离。如果这个天体的本动速度为零 (共动坐标 ϖ 为常数)，那么只要计算出 $d_{p,0}$ 就足够了，因为任何其他时刻的固有距离可以表示为

$$d_p(t) = R(t)d_{p,0}.$$
(29.146)

特别地，如果该天体的红移为 z，那么在光发出的 t_e 时刻，其距离为

$$d_p(t_e) = d_{p,0}R(t_e) = \frac{d_{p,0}}{1+z}.$$
(29.147)

对式 (29.144) 做积分，取 $R(t_0) = 1$，可以得到平坦宇宙中当下的固有距离表达式为

$$d_{p,0} = \varpi \quad (\text{对于} k = 0) \tag{29.148}$$

类似地，闭合宇宙的表达式为

$$d_{p,0} = \frac{1}{\sqrt{k}} \arcsin(\varpi\sqrt{k}) \quad (\text{对于} k > 0), \tag{29.149}$$

开放宇宙的表达式为

$$d_{p,0} = \frac{1}{\sqrt{|k|}} \operatorname{arcsinh}(\varpi\sqrt{|k|}) \quad (\text{对于} k < 0). \tag{29.150}$$

在一个平坦宇宙中，当下一个天体的固有距离就是坐标距离 $d_{c,0} = \varpi$ (式 (29.3))，然而，$k \neq 0$ 时，坐标距离就与固有距离不一致了。因为在一个闭合宇宙 $(k > 0)$ 中，$\arcsin(x) \geqslant x$，所以一个天体的固有距离就会大于其坐标距离。类似地，在一个开放宇宙 $(k < 0)$ 中，$\operatorname{arcsinh}(x) \leqslant x$，所以到一个天体的固有距离就会小于其坐标距离。稍后我们会求解固有距离 $d_{p,0}$ 和共动坐标 ϖ 关于红移 z 的表达式。但我们先不检验上述关于 $d_{p,0}$ 的等式，因为在膨胀宇宙中进行测距还有一些有趣的特性。

在一个闭合宇宙 $(k > 0)$ 中的距离尤其惹人注目。解共动坐标 ϖ 式 (29.149)，得

$$\varpi = \frac{1}{\sqrt{k}} \sin\left(d_{p,0}\sqrt{k}\right). \tag{29.151}$$

注意，在一个闭合宇宙中，共动坐标有一个最大值 $\varpi_{\max} = 1/\sqrt{k}$。此外，沿着一条径向线到空间中同一点 X 有无穷多的距离，比如说，在 ϖ_X。如果 $d_p, 0$ 是当下 t 时刻到 X 点固有距离的一个取值，那么对任意整数 $n, d_{p,0} + 2\pi n/\sqrt{k}$ 都会回到 X 点，相同的 ϖ_X。$2\pi n/\sqrt{k}$ 这个额外倍数相当于在 X 点处停止之前，穿越宇宙空间的周期 n 次。但是这样一个在宇宙中绕圈圈的传播路径，在物理上是不可能的。如果这种情况真的发生了，在 $\Lambda = 0$、物质主导的闭合宇宙中，$t = 0$ 时刻发出的光子最终会回到它的起点，宇宙会以大坍缩为结局 (见习题 29.47)。

同样地，我们就像生活在球体表面的微小蚂蚁一样，可以从一个极点走到另一个极点，在到达最终目的地之前，环绕球体 n 圈。这说明，虽然闭合的宇宙没有边界，但它包含的空间仍然是有限的，就像球体的无边界表面一样。此外，闭合宇宙是向内弯曲的，从地球向外移动 (或从任何其他选择的原点)，你能到达的最远点是 $\varpi = 1/\sqrt{k}$。在那个点上，向任何方向多走一步都只会让你离起点更近。

应该引起我们警惕的是，像"宇宙的周长"和"曲线回到自身"这样的暗示性短语并不意味着真的会通过一个三维空间内的弯曲路径，因为随着 ϖ 的增大，我们的方向是没有偏离径向线的。尽管有这些说明，但我们仍然可以将闭合宇宙的周长 (包括时间依赖性) 定义为

$$C_{\text{univ}}(t) = \frac{2\pi R(t)}{\sqrt{k}} \tag{29.152}$$

这就是沿径向能把你带回到出发点的固有距离。周长的这个表达式与我们对曲率的定义式是一致的,因为根据式 (29.105),一个闭合宇宙在时刻 t 的曲率半径是 $1/\sqrt{K(t)} = R(t)/\sqrt{k}$。不过,曲率半径不能视为实际空间内圆形路径的半径。

29.4.3 粒子视界和视界距离

随着宇宙的膨胀与宇宙年龄的增长,从越来越远的天体发出的光子得以到达地球,这意味着随着时间的流逝,越来越多的宇宙部分会与观测者产生因果联系。在时刻 t 时观测者到观测最远点的固有距离 (称之为**粒子视界**) 就是**视界距离 $d_h(t)$**。值得注意的是,当两点之间的距离大于 d_h 时,这两点之间是没有因果联系的,因此 d_h 可以被认为是有最大因果联系区域的直径。

现在我们要推导 $d_h(t)$ 的表达式,即可观测宇宙与时间之间的函数关系。(尤其要注意的是,因为最远的可观测点会随着 ϖ 值的增大而向外移动,$d_h(t)$ 与 $R(t)$ 是不成正比的。) 考虑到在原点 ($\varpi = 0$) 的观测者,在 t 时刻他的粒子视界是 ϖ_e,也就是说一个 $t = 0$ 时在 ω_e 处发出的光子会在时刻 t 到达原点。对式 (29.145) 进行合理变形后,可以推出 t 时刻的视界距离为

$$d_h(t) = R(t) \int_0^t \frac{cdt'}{R(t')}. \tag{29.153}$$

首先我们考虑早期宇宙中,暗能量的影响可以忽略不计 (可以令 $\Lambda = 0$)。辐射时期,宇宙基本上是平坦的并且比例因子的表达式是 $R(t) = Ct^{1/2}$,其中 C 是一个常数 (式 (29.87))。将该式代入式 (29.153),有

$$d_h(t) = 2ct \quad (\text{辐射时期}). \tag{29.154}$$

在辐射时期过去之后,宇宙的膨胀被物质所主导,在那之后则是暗能量。

对于物质时期来说,假设有一个平坦的宇宙,比例因子由式 (29.91) 给出,其表达式为 $R(t) = Ct^{2/3}$,这里 C 是常数。(因为辐射时期在大爆炸之后只持续了 55000 年,为了接下来的计算方便,我们会忽略辐射时期并且设置积分下限为 $t = 0$。) 将上式代入式 (29.153),其结果为

$$d_h(t) = 3ct \quad (k = 0) \tag{29.155}$$

根据式 (29.4) 和式 (29.90),以红移为自变量重写上式:

$$d_h(z) = \frac{2c}{H_0\sqrt{\Omega_{m,0}}} \frac{1}{(1+z)^{3/2}} \quad (\text{对于} k = 0). \tag{29.156}$$

令 $z = 0$,这样我们可以基于 WMAP 测量值得到现在视界距离的估算值:

$$d_{h,0} \approx \frac{2c}{H_0\sqrt{\Omega_{m,0}}} = 5.02 \times 10^{26} \text{ m} = 16300\text{Mpc} = 16.3\text{Gpc}. \tag{29.157}$$

最后,在 Λ 时期,我们将关于比例因子的式 (29.131) 代入关于视界距离的式 (29.153),可以得到在 $k = 0$ 时,

$$d_{\mathrm{h}}(t) = \left(\frac{\Omega_{m,0}}{\Omega_{\Lambda,0}}\right)^{1/3} \sinh^{2/3}\left(\frac{3}{2}H_0 t\sqrt{\Omega_{\Lambda,0}}\right) \int_0^t \frac{c\,\mathrm{d}t'}{\left(\frac{\Omega_{m,0}}{\Omega_{\Lambda,0}}\right)^{1/3} \sinh^{2/3}\left(\frac{3}{2}H_0 t'\sqrt{\Omega_{\Lambda,0}}\right)}.$$
$$(29.158)$$

这个公式没有简单的解析解，必须用数值积分来计算结果。令 $t_0 = 137$ 亿年，我们可以计算：出现在一个平坦宇宙中的粒子视界为

$$d_{\mathrm{h},0} = 4.50 \times 10^{26}\ \mathrm{m} = 14600\mathrm{Mpc} = 14.6\mathrm{Gpc} \qquad (29.159)$$

图 29.22 使用了 WMAP 值，将 d_{h}(可观测宇宙的大小) 表示为时间的函数。当然，在观察粒子视界附近的物体时，天文学家看到的是光发射时的样子，而不是今天宇宙中的样子。

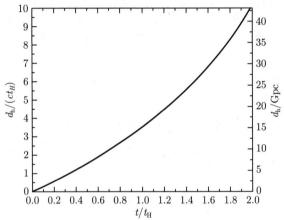

图 29.22　是基于 WMAP 值，可观测宇宙大小 d_{h} 与时间的函数关系。当然，在观测一个在粒子视界极限处的物体时，天文学家看到的只是它在到达地球的这些光刚发出时的样子，并不是现在它在宇宙中的状态

注意，式 (29.154) 和式 (29.155) 中到粒子视界的距离与时间 t 成正比，而比例因子在辐射时期与物质时期分别与 $t^{1/2}$ 和 $t^{2/3}$ 成正比。也就是说在这两个阶段可观测宇宙的增长尺度比宇宙膨胀速度更快，所以随着宇宙年龄增长，宇宙各部分因果联系会越来越强烈。但是，式 (29.158) 中的积分——去掉前面那项——就是到时刻 t 时粒子视界上点的当前距离，我们可以将式 (29.153) 和式 (29.145) 相比较，估算 $t_{\mathrm{e}} = 0$ 时 t_0 的值。当 $t \to \infty$ 时，这个积分会收敛到 19.3Gpc，这意味着今天到未来可观测到的最远天体的固有距离为 19.3Gpc。任何以地球为圆心，19.3Gpc 长度为半径球体以内的天体最终都能被观测到，而球体之外的部分会被永远隐藏。在将来粒子视界和比例因子都会关于 $\mathrm{e}^{H_0 t\sqrt{\Omega_{\Lambda,0}}}$(式 (29.133)) 呈指数增长。

最后，位于粒子视界的天体将随着宇宙的膨胀一直保持在粒子视界内。粒子视界永远追不上目前距离我们超过 19.3 Gpc 的任何物体，因此它们的光永远也无法到达我们周围。那么当粒子视界达到最大时 $(t \to \infty)$，如果去观测一个天体，我们会观测到什么呢？尽管来自该天体的光子将陆续到达，但它们的红移越来越大，并且由于宇宙学时间膨胀，它们

的到达率将一直下降趋于零 (式 (29.143))。因此当这个天体的红移发散到无穷大时，它将从我们的视野里逐渐淡出，在现象上就好像时间冻结了一样。这与 17.3 节中描述的当宇航员掉进黑洞时我们看到的现象，有着惊人的相似性，尽管这两种情况的物理本质是完全不同的。

例 29.4.1 氦核会在温度大约为 10^9K、宇宙年龄 $t = 178$ s 时形成。根据式 (29.58)，那个时间点的比例因子应为 $R = 2.73 \times 10^{-9}$。利用式 (29.154)，可计算出此时视界距离为

$$d_{\mathrm{h}}(t) = 2ct = 1.07 \times 10^{11} \text{ m} = 0.7\mathrm{AU}.$$

这就是宇宙年龄为 178 s 时，有因果关联的区域的直径，我们记该区域为 C。

区域 C(这个区域有一个共动的边界，因此所包含的质量是不变的) 从 $t = 178$ s 开始与宇宙的其余部分一起膨胀。那么区域 C 如今有多大呢？假设宇宙是平坦的，式 (29.146) 证明了 C 膨胀的倍数为 $1/R = 3.66 \times 10^8$，那么其当前直径为

$$\frac{d_{\mathrm{h}}(t)}{R(t)} = 3.92 \times 10^{19} \text{ m},$$

大约是 1.3 kpc。换句话说，在 $t = 178$ s 时有因果关联的区域如今在尺度上只有 1 kpc 大小，大约只是目前视界距离 $d_{\mathrm{h},0}$ 的 8.7×10^{-8}。这说明，早期宇宙中，随着宇宙年龄的增大，相互之间有因果关联的物质总量是急速增加的。当今有因果联系的宇宙尺度远大于 C 的。因为从 $t = 178$ s 开始，比 C 的边界更远的区域中发出的光能够到达我们周围，并且在这些区域与 C 之间建立因果关联，区域 C 共动的边界跟不上粒子视界的迅速远离。

29.4.4 光子的到达

读者也许会感到疑惑，如果比例因子 R 在宇宙大爆炸时取值为零，那说明其实所有物质都是紧挨着的 (光子的传播不需要时间)，那么为什么宇宙大爆炸的光子需要花费宇宙年龄级别的时间才能到达地球呢？光子是按什么路径传播的呢？

在接下来的讨论中，我们会忽略大爆炸时实际相互作用的复杂性，取而代之的是考虑一个完全透明、膨胀中的平坦宇宙，其中有一个光子在 $t = 0$ 时刻在共动坐标 ϖ_{e} 处发出。那么在这之后的某个时间点 t，这个光子距离我们的固有距离是多少？光子在 t 时刻的共动坐标 ϖ 可以通过令式 (29.137) 中的 $k = 0$ 求出，

$$\int_0^t \frac{c\mathrm{d}t'}{R(t')} = \int_{\varpi}^{\varpi_{\mathrm{e}}} \mathrm{d}\varpi'. \tag{29.160}$$

为简化计算起见，我们会忽略 Λ 时期，只考虑一个平坦的、由物质主导的宇宙，其比例因子由下式给出：

$$R(t) = \left(\frac{3}{2} H_0 t \sqrt{\Omega_{m,0}}\right)^{2/3}. \tag{29.161}$$

令 $R = 1$，那么在这个宇宙模型下，求出的宇宙年龄则为

$$R(t) = \left(\frac{t}{t_0}\right)^{2/3}. \tag{29.162}$$

对式 (29.160) 进行积分，得

$$\varpi = \varpi_e - 3ct_0 \left(\frac{t}{t_0}\right)^{1/3}. \qquad (29.163)$$

我们可以通过取 $t = t_0$、$\varpi = 0$ 来估算 ϖ_e，结果为

$$\varpi_e = 3ct_0, \qquad (29.164)$$

这就是这个宇宙模型 (式 (29.155)) 下，当今的视界距离。将光子起始位置的这个值代入式 (29.163)，同时在两边乘上比例因子 $R(t)$，可以证明：对于平坦宇宙来说，光子的固有距离是一个与时间有关的函数，

$$d_p(t) = 3ct_0 \left[\left(\frac{t}{t_0}\right)^{2/3} - \left(\frac{t}{t_0}\right)\right]. \qquad (29.165)$$

从宇宙大爆炸开始，从一开始就非常紧凑的整个共动坐标系一直在扩张。事实上，在这个事件上，"大扩张"这个词比起"大爆炸"来说描述得会更加准确一些。如图 29.23 所示，宇宙最初的膨胀实际上把光子带离了地球。尽管光子的共动坐标总是从初始值 ϖ_e 向 $\varpi = 0$ 时的地球位置衰减，但比例因子 $R(t)$ 的增长非常快，以至于光子与地球之间的固有距离在一开始会随时间而增大。这意味着 $t = 0$ 时，从当前粒子视界发出的光子现在才会到达地球。而从比 ϖ 大的地方发出的光子大于当前的粒子视界，还没有到达地球——并且事实上如果 ϖ 足够大的话，宇宙空间指数级的膨胀会持续将光子带离地球，这样这些光子可能永远也达到不了地球。

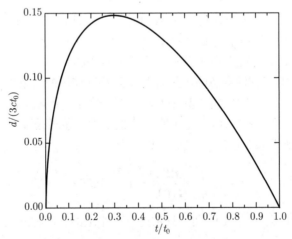

图 29.23   宇宙大爆炸时，从当前粒子视界上发出的光子与地球的固有距离。光子的固有距离以 $3ct_0$ 为单位

29.4.5   天体的最大可测年龄

前面的计算是以假设光子在 $t = 0$ 时刻发出为前提而进行的，那么有没有可能空间的指数膨胀能让一个本来现在在地球上可以看到的物体因为随空间过快地远离地球而变得在

将来某一天之后再也看不到了呢？为了解决这个问题，考虑一个现在能看到的天体 (例如一个星系)，它的光是从之前的某一时刻 t_e 发出的，并且在现在这个时刻 t_0 到达地球。假设这个星系在未来的某一时刻仍然是可见的，我们可以设未来这一时刻 t_i 发射的光子在 t_f 时刻到达地球，且 $t_e < t_i$、$t_0 < t_f$。将这些条件应用于式 (29.140)，我们有

$$\int_{t_e}^{t_0} \frac{\mathrm{d}t}{R(t)} = \int_{t_i}^{t_f} \frac{\mathrm{d}t}{R(t)} \tag{29.166}$$

其中，平坦宇宙 ($k = 0$) 中的比例因子 R 由式 (29.131) 给出。因为比例因子单调增长，所以可能存在一个足够大的 t_i，让我们找不到一个 t_f 的值来满足上面这个等式。在这种情况下，一个在时刻 t_i 发出的光子将永远无法到达地球。最终能到达地球的光子最晚发射时间点 (光源最大可观测年龄)t_{mva} 可以通过令 $t_f = \infty$ 得到[1]。

就像在粒子视界极限处的天体一样，当这个星系发出的光子持续不断地到达地球的时候，它们的红移会不断增大，并且流量密度会以 0 为极限而持续衰减。当红移向无穷大发散时，这个星系最终会黯淡到我们看不见它，在时间上呈现出冻结的状态，越是遥远的光源其冻结速度越快。这是河外天文学研究的一个最根本的障碍，我们永远不可能通过足够长久的观测来确定星系演化和老化的整个过程。图 29.24 显示，如果一个天体的红移大于约 1.8 这个数值，那么 $t_{\mathrm{mva}} < t_{\mathrm{H}}$，我们将永远无法观测到它今天的状态。也就是说，因为光子最终会随着不断加速的哈勃流而远离我们，所以那些天体发出的光将永远无法到达地球。红移范围在 5~10 的天体只有在宇宙年龄是 400 万 ~600 万年时才能被观测到。而随着宇宙的膨胀，越来越多的光会被带离可视宇宙，我们能观测到的天空会变得越来越空洞。类似地，我们向一个 $z \approx 1.8$ 或更大红移的星系发出的信号也将永远无法到达那里。

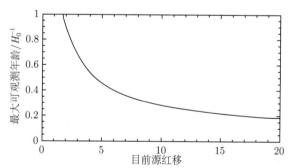

图 29.24 一个光源的最大可观测年龄与其现在红移的函数关系，以 $t_{\mathrm{H}} = 1/H_0$ 为单位 (图来自于 Loeb, *Phys. Rev. D*, 65, 047301, 2002)

因为在未来的任何时候，地球和那个星系之间都不可能有任何信息往来，所以我们不再与它有因果联系。随着宇宙年龄的增长，其中的物质会越来越分散，一个区域也将再也不会对另外一个区域产生影响[2]。

---

① 实际上 t_{mva} 是光源发出最后一个可以到达地球的光子时宇宙的年龄。

② 回想一下，受引力约束的系统不参与宇宙的膨胀，因此我们的太阳系和星系不会在因果联系上支离破碎。

29.4.6　共动坐标 $\varpi(z)$

回到式 (29.148)~ 式 (29.150)，现在我们想要做的是将共动坐标 ϖ 表示为与红移 z 相关的函数。从式 (29.145) 出发，首先要找到此刻固有距离 $d_{\mathrm{p},0}$ 的另一个表达式。利用 $\mathrm{d}t = \mathrm{d}R/(\mathrm{d}R/\mathrm{d}t)$，式 (29.145) 可以写作

$$d_{\mathrm{p},0} = \int_{R(t_{\mathrm{e}})}^{R(t_0)} \frac{c\mathrm{d}R}{R(\mathrm{d}R/\mathrm{d}t)}.$$

令 $R(t_0) = 1$、$R(t_{\mathrm{e}}) = 1/(1+z)$、$\mathrm{d}R = -R^2\mathrm{d}z$(由式 (29.4) 中 $R = 1/(1+z)$ 微分推导而来) 可以让计算大大简化。式 (29.8) 可以定义一个无量纲积分：

$$I(z) = H_0 \int_{\frac{1}{1+z}}^{1} \frac{\mathrm{d}R}{R(\mathrm{d}R/\mathrm{d}t)} = H_0 \int_0^z \frac{\mathrm{d}z'}{H(z')}. \tag{29.167}$$

与式 (29.122) 联立，可以得到

$$I(z) \equiv \int_0^z \frac{\mathrm{d}z'}{\sqrt{\Omega_{m,0}(1+z')^3 + \Omega_{\mathrm{rel},0}(1+z')^4 + \Omega_{\Lambda,0} + (1-\Omega_0)(1+z')^2}}. \tag{29.168}$$

根据积分式 $I(z)$ 的定义，现在的固有距离为

$$d_{\mathrm{p},0}(z) = \frac{c}{H_0}I(z). \tag{29.169}$$

将该式与式 (29.148)~ 式 (29.150) 相比较，并由式 (29.121) 求出 k，我们可以得到共动坐标 $\varpi(z)$ 的表达式：

$$\varpi(z) = \frac{c}{H_0}I(z) \quad (\Omega_0 = 1), \tag{29.170}$$

$$= \frac{c}{H_0\sqrt{\Omega_0 - 1}} \sin\left[I(z)\sqrt{\Omega_0 - 1}\right] \quad (\Omega_0 > 1), \tag{29.171}$$

$$= \frac{c}{H_0\sqrt{1 - \Omega_0}} \sinh\left[I(z)\sqrt{1 - \Omega_0}\right] \quad (\Omega_0 < 1). \tag{29.172}$$

精确的表达式需要通过数值计算加以佐证。为了之后的叙述方便，我们定义

$$S(z) \equiv I(z) \quad (\Omega_0 = 1) \tag{29.173}$$

$$\equiv \frac{1}{\sqrt{\Omega_0 - 1}} \sin\left[I(z)\sqrt{\Omega_0 - 1}\right] \quad (\Omega_0 > 1) \tag{29.174}$$

$$\equiv \frac{1}{\sqrt{1 - \Omega_0}} \sinh\left[I(z)\sqrt{1 - \Omega_0}\right] \quad (\Omega_0 < 1), \tag{29.175}$$

这样我们可以将表达式简单地写成

$$\varpi(z) = \frac{c}{H_0}S(z). \tag{29.176}$$

注意，因为 $\sin(x)=x-x^3/3!+x^5/5!+\cdots$ 且 $\sinh(x)=x+x^3/3!+x^5/5!+\cdots$，我们可以做一个常用的近似 (到 z 的二阶)$S(z) \simeq I(z)$，这样就可以得到

$$\varpi(z) \simeq \frac{c}{H_0} I(z). \quad (\text{对于} z \ll 1). \tag{29.177}$$

因为共动坐标 ϖ 在观测宇宙学中十分重要，所以，找到一个积分式 $I(z)$ 的近似表达对于 ϖ 的计算是十分有用的。(再次提醒，因为我们忽略了短暂的辐射时期，所以 $\Omega_{\text{rel},0} = 0$ 且 $\Omega_0 = \Omega_{m,0} + \Omega_{\Lambda,0}$)，这样被积函数可以表示成 $z=0$ 处的泰勒级数：

$$I(z) = \int_0^z \left\{ 1 - (1+q_0) z' + \left[\frac{1}{2} + 2q_0 + \frac{3}{2}q_0^2 + \frac{1}{2}(1-\Omega_0)\right] z'^2 + \cdots \right\} \mathrm{d}z' \tag{29.178}$$

其中的减速因子如式 (29.124) 所示，$q_0 = \frac{1}{2}\Omega_{m,0} - \Omega_{\Lambda,0}$。对该式进行积分，结果为

$$I(z) = z - \frac{1}{2}(1+q_0) z^2 + \left[\frac{1}{6} + \frac{2}{3}q_0 + \frac{1}{2}q_0^2 + \frac{1}{6}(1-\Omega_0)\right] z^3 + \cdots. \tag{29.179}$$

综上所述，式 (29.170)∼ 式 (29.172) 提供了在红移 z 处天体共动坐标 ϖ 的级数表达。

需要注意的是，式 (29.179) 中的平方项只包含 q_0 参数，因此只与宇宙膨胀的动力学有关；而立方项同时包含 q_0 和 k 两个参数 (根据式 (29.121))，因此与宇宙动力学与宇宙几何学都有关。进一步的简化方式是仅取级数 $I(z)$ 的前两项，代入式 (29.177)，得关于 z 的二阶表达式为

$$\varpi \simeq \frac{cz}{H_0} \left[1 - \frac{1}{2}(1+q_0) z\right] \quad (\text{对于} z \ll 1). \tag{29.180}$$

式 (29.180) 在无论宇宙是不是平坦的或者宇宙学常数 Λ 是否为零的情况下都成立。实际上，式 (29.180) 是在最一般的情况下推出来的，不参考弗里德曼公式或任何特定的宇宙模型。习题 29.52 所概括的步骤利用了减速因子由比例因子对时间的二阶导数的定义 (式 (29.54))。

29.4.7 固有距离

我们已经达成了我们的目标，得到了一个天体在当前时刻固有距离的近似表达式。根据式 (29.169)，我们有

$$d_{\text{p},0} \simeq \frac{cz}{H_0} \left[1 - \frac{1}{2}(1+q_0) z\right] \quad (\text{对于} z \ll 1). \tag{29.181}$$

第一项就是哈勃定律在采用式 (4.39) 后变换成的红移式。因为 $q_0 = \Omega_{m,0}/2 - \Omega_{\Lambda,0}$，我们可以在第二项中看到较大的 $\Omega_{m,0}$ 对应较小的距离 (需要更多质量来减缓宇宙的膨胀)，或者较小的 $\Omega_{\Lambda,0}$(更少的可以加速宇宙膨胀的暗能量)。我们看到第二项使得固有距离整体相较于线性的哈勃定律有一个偏移量，而这个偏移量就是减速因子 q_0。当 $q_0 = -0.6$ 时，如果取 $z = 0.13$，那么第二项的值仅仅是第一项的 10%。这就解释了为什么第 860 页上提到式 (27.8) 在 z 大于 0.13 时无法成立。

29.4.8　光度距离

现在我们可以介绍光度距离的概念了 (以式 (3.2) 的平方反比定律来测量)。下面我们将准备介绍一些关于宇宙学模型的经典观测案例。首先，我们要将光子发射源与望远镜探测器接收到的光子能量速率联系起来。假设测量一个已知光度 L 的光源得到的辐射流量为 F(现在我们假设 F 是一个在所有波长上测量的热辐射流量)。那么如式 (3.2) 所示的平方反比定律可以被用来定义某颗恒星的**光度距离** d_L：

$$d_L^2 \equiv \frac{L}{4\pi F}. \tag{29.182}$$

我们将一个光源固定在一个共动坐标系的原点 ($\varpi = 0$)，这个光源发出光子，这些光子在一段时间后到达的点组成一个以光源为中心的球面，半径为 $\varpi =$ 常数 > 0。根据式 (29.106) 罗伯逊–沃克度规，如图 29.25 所示[①]，此刻 ($R = 1$) 这个球面的面积是 $4\pi\varpi^2$。在光子射出 ϖ 的距离之后，光子会散布在这个球面的表面上，因此辐射流量以 $1/\varpi^2$ 为单位。除了平方反比定律外，还有两个效应进一步降低了在这个球面上测得的辐射流量值。由式 (29.142) 所定义的宇宙学红移可以得到每个光子的能量 $E_{\text{photon}} = hc/\lambda$ 以系数 $1 + z$ 衰减。同样地，式 (29.143) 定义的宇宙时间膨胀影响光源射出光子的时间间隔。这意味着光子到达球面的速率比它们从光源射出的速率小 $1 + z$。综合这些效应，我们可以把球面的辐射流量写成

$$F = \frac{L}{4\pi\varpi^2(1 + z)^2}.$$

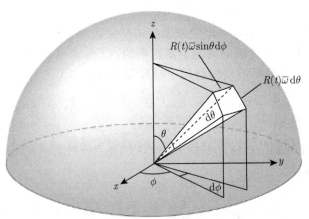

图 29.25　球面上以 $\varpi = 0$ 为球心的一个面元。对角度 θ 和 φ 积分，求得球面面积为 $4\pi[R(t)\varpi]^2$

将该式代入式 (29.182)，我们得到

$$d_L = \varpi(1 + z), \tag{29.183}$$

---

① 我们强调了尽管从发射源看球面的表面积是 $4\pi[R(t)\varpi]^2$，但当 $k \neq 0$ 时，从发射源到球面的距离并不是 $R(t)\varpi$。参见式 (29.149) 和式 (29.150)。

其中, ϖ 必须利用式 (29.168) 和式 (29.170)~ 式 (29.172) 通过数值求解得到。光度距离 d_L 是用距离模数 $m-M$ 实际测量的距离。尽管光度距离与当下的固有距离 (式 (29.148)~ 式 (29.150)) 或者坐标距离 (式 (29.3)) 并不一致, 但这三个距离在 $z \ll 1$ 时大致相等。

式 (29.176) 表明光度距离实际上是由下式给出的:

$$d_L(z) = \frac{c}{H_0}(1+z)S(z). \tag{29.184}$$

采用对 z 的二阶近似式 (29.180),

$$d_L(z) \simeq \frac{cz}{H_0}\left[1 + \frac{1}{2}\left(1 - q_0\right)z\right] \quad (\text{对于}\, z \ll 1). \tag{29.185}$$

将该式与式 (29.181) 对比, 我们看到光度距离只有在 z 很小的时候大致与固有距离相等, 每个展开式的第一项为主导项。当 z 值较大时, $d_{\mathrm{p}}(z) < d_L(z)$。综上所述, 用数值法计算 $d_{\mathrm{p}}(z)$ 和 $d_L(z)$ 的精确表达式 (29.169) 和式 (29.184) 是最常用的。

29.4.9 红移–星等之间的关系

现在我们终于可以描述那些最令人兴奋的宇宙学观测案例了。红移–星等关系是由光度距离和距离模量式 (3.6) 推出的:

$$m - M = 5\log_{10}\left(d_L/10\mathrm{pc}\right). \tag{29.186}$$

式 (29.184) 与 $H_0 = 100h\mathrm{km{\cdot}s^{-1}{\cdot}Mpc^{-1}}$(式 (29.13)) 联立, 很快能得出

$$\begin{aligned} m - M &= 5\log_{10}\left[\frac{c}{\left(100\ \mathrm{km\cdot s^{-1}\cdot Mpc^{-1}}\right)(10\mathrm{pc})}\right] - 5\log_{10}(h) \\ &\quad + 5\log_{10}(1+z) + 5\log_{10}[S(z)] \\ &= 42.38 - 5\log_{10}(h) + 5\log_{10}(1+z) + 5\log_{10}[S(z)]. \end{aligned} \tag{29.187}$$

通过相同的步骤, 采用近似式 (29.185) 计算光度距离以及式 (29.186) 得到在 $z \ll 1$ 时,

$$\begin{aligned} m - M &\simeq 5\log_{10}\left[\frac{c}{\left(100\ \mathrm{km\ s^{-1}Mpc^{-1}}\right)(10\mathrm{pc})}\right] - 5\log_{10}(h) \\ &\quad + 5\log_{10}(z) + 5\log_{10}\left[1 + \frac{1}{2}\left(1 - q_0\right)z\right] \quad (\text{对于}\, z \ll 1). \end{aligned}$$

用泰勒级数在 $z = 0$ 处展开右侧最后一项, 仅保留 z 的一阶项, 得到

$$m - M \simeq 42.38 - 5\log_{10}(h) + 5\log_{10}(z) + 1.086\left(1 - q_0\right)z \quad (\text{对于}\, z \ll 1). \tag{29.188}$$

图 29.26 以对数坐标画出了红移 z 与 $m-M$ 的函数图像。当 $z \ll 1$ 时, 红移–星等关系是线性的。观测事实也证实了 $\log_{10}(z)$ 项在 z 较小时的线性度 (也就是哈勃定律)。在

z 较大时, 式 (29.188) 右侧第四项 $1.086(1 - q_0)z$ 会让图像有向上方扬起的趋势。精确测量这个偏差量可以得到减速因子的值。在 z 更大时, 曲线的弯曲程度对 $\Omega_{m,0}$ 和 $\Omega_{\Lambda,0}$ 各自的值更加敏感。

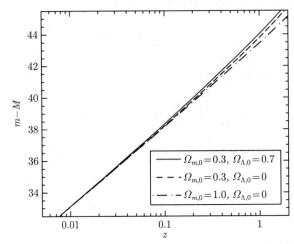

图 29.26　$h = 0.71$ 时不同的 $\Omega_{m,0}$ 和 $\Omega_{\Lambda,0}$ 值对应的红移–星等关系

　　宇宙学红移会影响天体光谱的测量, 因为这些测量通常是在特定的波长范围内进行的。例如, 当宇宙学红移让波长较短的光源发出的光在测量时进入 V 波段内的时候, 在 550nm 处进行的 V 波段观测就会受到影响。如果该天体的光谱 I_λ 是已知的话, 那么这种影响可以通过在式 (29.188) 中添加一个称为 K 修正项的补偿项来进行校正[1]。

　　20 世纪 90 年代中期, 两个对立的天文学小组 SCP 和 HZSNS 对宇宙学尺度上的 Ia 型超新星进行了观测。两个小组都惊奇地发现红移 $z \approx 0.5$ 的超新星在 $\Omega_{m,0} \simeq 0.3$、$\Lambda = 0$ 的宇宙中的观测亮度要比预期亮度暗 0.25 个星等。超新星的位置比标准减速宇宙中的预期位置要远。加速宇宙模型以及非零宇宙学常数存在的可能性立刻出现在他们的脑海里, 但他们仍然花了近一年的时间来证伪其他几个看似合理的替代解释。例如, 有 20% 从大红移的遥远超新星发出的光会被一个假想的 **"灰色尘埃"** 所吸收[2]；又或者是演化效应误导了天文学家们, 因为 z 值较大时, 我们观测到的一个年轻的超新星是形成于一个较年轻的星系环境中, 那时的重元素含量较少。一个又一个类似的解释被仔细论证并排除, 图 29.27 中的红移–星等图线展示了这两个小组对观测结果的更进一步的修订, 两个小组都发现分析结果排除了一个 $\Omega_{m,0} = 1$、$\Lambda = 0$ 的平坦宇宙 (这是当时大多数理论学家都支持的设想), 并且也与 $\Omega_{m,0} \simeq 0.3$、$\Lambda = 0$ 的开放宇宙不符合。取而代之的是一个 $\Omega_{m,0} \simeq 0.3$、$\Omega_{\Lambda,0} = 0.7$ 的宇宙模型, 图 29.28 说明, 对于每一个小组来说, $\Omega_{m,0} - \Omega_{\Lambda,0}$ 平面上置信概率最高的一组数据的位置都与大红移超新星的观测结果相一致。这些关于宇宙学常数为非零的证据是有说服力的。

　　如果我们观测大于 $z_{accel} = 0.76$ 的超新星, 则当宇宙开始加速膨胀时, 我们应该能找

---

① K 修正在前面 25.2 节中讨论过。
② 由大颗粒组成的 "灰色尘埃" 几乎在所有波长都能同等地吸收光, 因此不会对超新星的光谱产生可检测到的红移。

到减速宇宙的特征。图 29.29 展示了更多对大红移超新星的观测结果，包括六个 $z > 1.25$ 的案例。其中有红移 $z = 1.7$ 的至今为止观测到的最远超新星 SN 1997ff。SN 1997ff 和其他在这个大红移区域内的样本比起它们在匀速膨胀宇宙 (即 $\Omega = 0$ 中) 的理论值更加明亮，正如在早期减速宇宙中所预期的那样。如图 29.29 所示，这些观测事实排除了加速效应、"灰色尘埃"、演化效应等可能的解释。很明显天文学家们不得不回到加速宇宙这条路上来，进一步研究由暗能量主导的宇宙动力学。

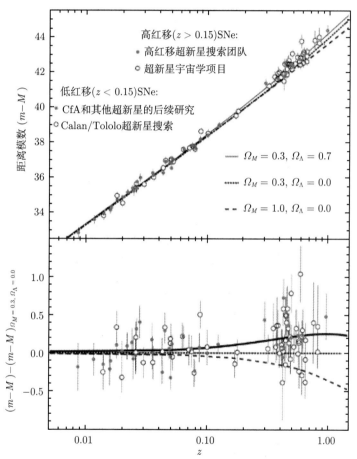

图 29.27　大红移超新星的红移–星等关系，已经对视星等应用了 K 修正。下方的图像为减去 $\Omega_{m,0} = 0.3$，$\Omega_{\lambda,0} = 0$ 理论曲线后的值 (图改编自 Perlmutter 和 Schmidt，*Supernovae and Gamma-Ray Bursters*，K. Weiler (ed.)，*Lecture Notes in Physics*，598，195，2003; 数据来自 Perlmutter 等，*Ap. J.*，517，565，1999 (SCP) 和 Riess 等，*A. J.*，116，1009，1998 (HZSNS))

　　但是，从红移–星等图中得到的哈勃常数值 ($H_0 \sim (70 \pm 10)\mathrm{km\cdot s^{-1}\cdot Mpc^{-1}}$) 并不是非常准确，这点有些许令人诧异。在超新星观测中不同样本群获得的不同的 H_0 值分布是因为对造父变星距离的不同标定。这种系统性的不确定度不会影响 $\Omega_{m,0}$ 和 $\Omega_{\Lambda,0}$ 的值，因为它们是由红移–星等图中的线性偏离决定的。

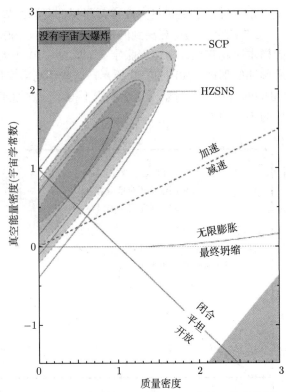

图 29.28　根据大红移超新星观测结果得到的 $\Omega_{m,0}$ 和 $\Omega_{\Lambda,0}$ 值最可能的位置。叠加了 SCP 和 HZSNS 两个小组的观测结果 (图改编自 Perlmutter 和 Schmidt, *Supernovae and Gamma-Ray Bursters*, K. Weiler (ed.), *Lecture Notes in Physics*, 598, 195, 2003；数据来自 Perlmutter 等, *Ap. J.*, 517, 565, 1999 (SCP)，以及 Riess 等, *A. J.*, 116, 1009, 1998 (HZSNS))

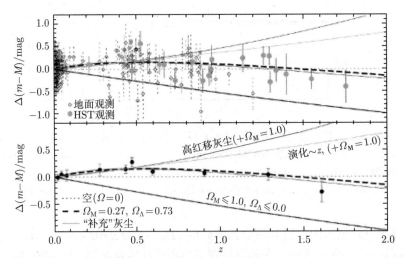

图 29.29　大红移超新星的红移–星等关系。已经对视星等应用了 K 修正，并且已经从数据图线上减去了 $\Omega = 0$(一个 "滑行" 宇宙) 时的理论图线。位于下方的图像显示了处理后的数据的平均值 (根据红移分组)，并将其与包含 "灰尘" 和超新星演化效应在内的替代模型曲线进行了比较 (图源自 Riess 等, *Ap. J.*, 607, 665, 2004)

29.4.10 角直径距离

天体距离的另一个度量可以通过比较它的线直径 D(假设是已知量) 和观测到的角直径 θ(假设 θ 的值很小) 来找到。**角直径距离 d_A** 定义为

$$d_A \equiv \frac{D}{\theta}. \tag{29.189}$$

为了将定义的这一参数与我们先前的结果联系起来，我们考虑一个位于共动坐标 ϖ 处红移为 z 的星系。利用式 (17.18)，$d_L = \sqrt{-(\mathrm{d}s)^2}$ 来找到一个从星系的一边到另一边固有距离 D 的表达式。在该星系的天球上，即取 $\mathrm{d}t = \mathrm{d}\varpi = \mathrm{d}\varphi = 0$ 时，对罗伯逊–沃克度规 (式 (29.106)) 进行积分，得到

$$D = R(t_\mathrm{e}) \varpi\theta = \frac{\varpi\theta}{1+z}.$$

(注意从式 (29.146) 中可以看出，对于一个平坦的宇宙，这就是一个欧氏几何关系式。) 当然，D 是我们接收到的光发出时的 t_e 时刻该星系的直径。由于该星系的光沿径向到达地球，所以 θ 是天文学家们测量到的该星系视角度大小。式 (29.176) 可以被用来表述该直径为

$$D = \frac{c}{H_0} \frac{S(z)\theta}{1+z}. \tag{29.190}$$

因此角直径距离为

$$d_A = \frac{c}{H_0} \frac{S(z)}{1+z}. \tag{29.191}$$

从式 (29.183) 中我们能发现角直径距离与光度距离的关系式为

$$d_A = \frac{d_L}{(1+z)^2}. \tag{29.192}$$

图 29.30 为以 $H_0 D/c$ 为单位的 θ 角与红移 z 在不同宇宙模型下的图像，

$$\frac{c\theta}{H_0 D} = \frac{(1+z)}{S(z)}, \tag{29.193}$$

令人惊讶的是，星系的角直径并没有随着距离的增大而持续减小。事实上，在超过一个特定的红移值后，角度大小实际上会随着距离的增大而增大。

这是因为宇宙可以被当成是一种引力透镜，让星系的外观可以扩大到静态欧几里得宇宙的期望范围之外。原则上，观测者应当首选那些仅对已知线直径 D 的星系进行观测就能够确定的宇宙参数值。而实际上，星系之间没有明显的边界，并且它们会随着宇宙年龄的增长而演化。在撰写本书时，角直径距离的最有效的应用方式是与 SZ 效应的观测相结合。

SZ 效应提供了一个哈勃定律的独立定义。对 $\Delta T/T_0$(式 (29.64)) 和富星系团中团内气体的 X 射线流量 F_X 及温度 T_e 的测量可以用来模拟星系团的物理性质。对比计算得到

的星系团直径 D 和测量得到的星系团角直径 θ，可以得到星系团的角直径距离 d_A。另一方面，测量到的星系团 X 射线流量和式 (27.20) 描述的星系团内气体的 X 射线光度可以决定星系团的光度距离。这两个距离的联系式 (29.192) 就可以被用来定义哈勃常数。在习题 29.55 中，你将推导

$$H_0 = C f(z) \frac{F_X T_e^{3/2}}{\theta \left(\Delta T / T_0\right)^2},$$

其中，$f(z)$ 是与星系团红移 z 有关的一个函数；C 为常数。一个天文学家团队用五个星系团测量[1]了哈勃常数值，得到了平均值 $H_0 = 65\mathrm{km\cdot s^{-1}\cdot Mpc^{-1}}$，这个结果与其他较新的测量结果是一致的。

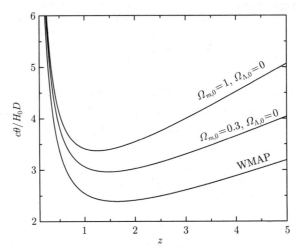

图 29.30 在 $\Omega_{m,0}$ 和 $\Omega_{\Lambda,0}$ 分别取特定几个值的情况下，以 $H_0 D/c$ 为单位的角直径 θ 图像

推 荐 读 物

一般读物

Alpher, R. A., and Herman, R. C., "Evolution of the Universe," *Nature*, 162, 774, 1948.

Goldsmith, Donald, *The Runaway Universe*, Perseus Publishing, Cambridge, MA, 2000.

Harrison, Edward, *Cosmology*, Second Edition, Cambridge University Press, Cambridge, 2000.

Harrison, Edward, *Darkness at Night*, Harvard University Press, Cambridge, MA, 1987.

Kirshner, Robert, *The Extravagant Universe*, Princeton University Press, Princeton, NJ, 2002.

---

[1] H_0 式如何定义的细节请参考 Jones 等 (2005)。

Krauss, Lawrence M., "Cosmological Antigravity, " *Scientific American*, January 1999.

Lineweaver, Charles, and Davis, Tamara, "Misconceptions about the Big Bang, " *Scientific American*, March 2005.

Silk, Joseph, *The Big Bang*, Third Edition, W. H. Freeman and Company, New York, 2001.

Silk, Joseph, *On the Shores of the Unknown*, Cambridge University Press, Cambridge, 2005.

Weinberg, Steven, *The First Three Minutes*, Second Edition, Basic Books, New York, 1988.

专业读物

Bennett, C. L., "First-Year Wilkinson Microwave Anisotropy Probe (WMAP) Observations: Preliminary Maps and Basic Results, " *The Astrophysical Journal Supplement*, 148, 1, 2003.

Binney, James, andTremaine, Scott, *Galactic Dynamics*, Princeton University Press, Princeton, NJ, 1987.

Carlstrom, John E., Holder, Gilbert P., and Reese, Erik D., "Cosmology with the Sunyaev– Zel'dovich Effect, " *Annual Review of Astronomy and Astrophysics*, 40, 643, 2002.

Davis, Tamara M., Lineweaver, Charles H., and Webb, John K., "Solutions to the Tethered Galaxy Problem in an Expanding Universe and the Observation of Receding Blueshifted Objects, " *American Journal of Physics* , 71, 358, 2003.

Dicke, R. H., Peebles, P. J. E., Roll, P. G., and Wilkinson, D. T., "Cosmic Black-body Radiation, " *The Astrophysical Journal*, 142, 414, 1965.

Felten, James E., and Isaacman, Richard, "Scale factors R(t) and Critical Values of the Cosmological Constant Lambda in Friedmann Universes, " *Reviews of Modern Physics*, 58, 689, 1986.

Foley, Ryan J., et al., "ADefinitive Measurement of Time Dilation in the Spectral Evolution oftheModerate-RedshiftType Ia Supernova 1997ex, " *The Astrophysical Journal Letters*, 626, L11, 2005.

Garnavich, Peter M., et al., "Supernova Limits on the Cosmic Equation of State, " *The Astrophysical Journal*, 509, 74, 1998.

Gott, J. Richard III, et al., "A Map of the Universe, " *The Astrophysical Journal*, 624, 463, 2005.

Harrison, Edward R., "Why Is the Sky Dark at Night?" *Physics Today*, February 1974.

Jones, Michael E., et al., "H_0 from an Orientation-Unbiased Sample of SZ and X-ray Clusters, " *Monthly Notices of the Royal Astronomical Society*, 357, 518, 2005.

Kolb, Edward W., and Turner, Michael S., *The Early Universe*, Westview Press, 1994.

Loeb, Abraham, "Long-Term Future of Extragalactic Astronomy, " *Physical Review D*, 65, 047301, 2002.

Peacock, John A., *Cosmological Physics*, Cambridge University Press, Cambridge, 1999.

Peebles, P. J. E., *Principles of Physical Cosmology*, Princeton University Press, Princeton, NJ, 1993.

Penzias, A. A., and Wilson, R. W., "A Measurement of Excess Antenna Temperature at 4080 Mc/s, " *The Astrophysical Journal*, 142, 419, 1965.

Perlmutter, S., et al., "Measurements of ^{2} and ' from 42 High-Redshift Supernovae, " *The Astrophysical Journal*, 517, 565, 1999.

Perlmutter, S., and Schmidt, B. P., "Measuring Cosmology with Supernovae, " *Supernovae and Gamma-Ray Bursters*, K. Weiler (ed.), *Lecture Notes in Physics*, 598, 195, 2003.

Raine, D. J., and Thomas, E. G., *An Introduction to the Science of Cosmology*, Institute of Physics Publishing, Philadelphia, 2001.

Riess, Adam G., et al., "Type Ia Supernova Discoveries at $z > 1$ from the Hubble Space Telescope : Evidence for Past Deceleration and Constraints on Dark Energy Evolution, " *The Astrophysical Journal*, 607, 665, 2004.

Riess, Adam G., et al., "Observational Evidence from Supernovae for an Accelerating Universe and a Cosmological Constant, " *The Astronomical Journal*, 116, 1009, 1998.

Ryden, Barbara, *Introduction to Cosmology*, Addison-Wesley, New York, 2003.

Spinrad, Hyron, Dey, Arjun, and Graham, JamesR., "Keck Observations ofthe Most Distant Galaxy: 8C 1435+63 at $z = 4.25$, " *The Astrophysical Journal Letters*, 438, L51, 1995.

习 题

29.1 也许会有人说，如式 (3.2) 所示的光流密度平方反比定律会给出奥伯斯佯谬一个可行解。但事实并非如此，假设恒星是均匀散布的，单位体积的恒星个数为 n，每个恒星光度为 L。想象有两个半径分别为 r_1 和 r_2 的薄球壳区域，其中充满了恒星，以地球为球心，每个球壳的厚度为 Δr。证明：从两个球壳上到达地球的光流密度是相等的。

29.2 假设宇宙中所有物质都以黑体辐射的形式转化为能量。取物质的平均密度作为重子物质密度的 WMAP 值 $\rho_{b,0}$。根据黑体辐射能量密度式 (9.7)，可以得出在这个状态下宇宙的温度。则在这种情况下黑体辐射的峰值波长是多少呢？这个波长又在电磁光谱的哪个区域可以发现呢？解释你得到的结果将如何应用于奥伯斯佯谬。

29.3 用代入法证明：式 (29.32) 和式 (29.34) 是式 (29.11) 在一个闭合宇宙中的解 $(k > 0)$。

29.4 用代入法证明：式 (29.36) 和式 (29.38) 是式 (29.11) 在一个开放宇宙中的解 $(k < 0)$。

29.5 分别从式 (29.32) 和式 (29.34) 出发，推导式 (29.33) 和式 (29.35)。

29.6 分别从式 (29.36) 和式 (29.38) 出发，推导式 (29.37) 和式 (29.39)。

29.7 (a) 利用式 (29.11) 找到一个在闭合宇宙中使比例因子 R 达到最大的表达式。你得到的结果与式 (29.33) 相一致吗？

(b) 推导闭合宇宙的寿命与密度参数 Ω_0 的函数关系 (以哈勃时间 t_H 为单位)。

29.8　从式 (29.31)、式 (29.33)、式 (29.35)、式 (29.37)、式 (29.39) 和式 (29.4) 出发，推导宇宙年龄公式 (29.40)～ 式 (29.42)。

29.9　考虑一个单组分无压强尘埃宇宙。

(a) 证明：

$$\Omega(t) = \frac{\rho(t)}{\rho_c(t)} = 1 + \frac{kc^2}{(dR/dt)^2}, \tag{29.194}$$

它描述了 Ω 随时间的变化。这和早期宇宙的性质有什么关系？

(b) 证明：当 $t \to 0$ 时，$dR/dt \to \infty$。这又说明了早期宇宙闭合、平坦和开放之间有什么区别？

29.10　对于一个单组分无压强尘埃宇宙，证明：

$$\frac{1}{\Omega} - 1 = \left(\frac{1}{\Omega_0} - 1\right)(1+z)^{-1}. \tag{29.195}$$

随着红移 z 的增大会发生什么？

29.11　证明：在极限 $1 + z \gg 1/\Omega_0$ 的情况下，式 (29.41) 会简化为式 (29.43)。提示：首先将式 (29.41) 以变量 $u \equiv 1/[\Omega_0(1+z)]$ 写出，然后将该式在 $u = 0$ 处泰勒展开。你将得到

$$\arccos(1-x) = \sqrt{2}x^{1/2} + \frac{\sqrt{2}}{12}x^{3/2} + \cdots$$

在 $x \ll 1$ 的条件下恒成立。

29.12　推导加速度公式 (29.51)。

29.13　假设 $P = 0$，证明：质量球壳的加速公式 (29.51) 可以根据牛顿第二定律，从球壳收到的引力出发推导出来。

29.14　考虑由中性氢原子组成的宇宙模型，其中原子的平均速度是 600km·s^{-1}(大约是本星系群相对于哈勃流的速度)。证明：对于气体来说，$\rho \gg P/c^2$。对于绝热膨胀的宇宙来说，R 和 z 取什么值的时候会满足 $\rho = P/c^2$？

29.15　通过将物态公式 $P = w\rho c^2$ 代入流体公式 (29.50)，证明：$R^{3(1+w)}\rho = $ 常数 $ = \rho_0$，其中 ρ_0 是现在时刻 ρ 的值。

29.16　证明：在一个无压强尘埃宇宙中，$q(t) = \frac{1}{2}\Omega(t)$，也就是式 (29.55)。

29.17　氘核 (^2_1H) 并不是十分紧致。

(a) 计算氘核的结合能，计算过程中取 $m_H = 1.007825\text{u}$，$m_\pi = 1.008665\text{u}$ 以及 $m_D = 2.014102\text{u}$。

(b) 在该能量下光子的波长是多少？

(c) 根据维恩位移定律，这是黑体辐射的光子在什么温度下的特征能量？

29.18　来自遥远类星体 Q1331+70 的光通过星系间云时形成的碳吸收线已经由安托瓦内特·松盖拉 (Antoinette Songaila) 以及她的同事进行了测量。吸收线的相对强度表明星系间云的温度是 $(7.4 \pm 0.8)\text{K}$，并且这些吸收线也表明其红移为 $z = 1.776$。星系间云的温度和宇宙微波背景辐射在该红移处的温度数值相比如何？(如果除了宇宙微波背景辐射之外还有星系间云的热源，则必须将其温度视为宇宙微波背景辐射温度的上限)。

29.19　1941 年，通过微波波段的观测发现了分子云中的氰分子 (CN) 引起的吸收线。氰分子有三个第一激发的转动态，每个第一激发态都是简并的，能量高于基态 $4.8 \times 10^{-4}\text{eV}$。对吸收线的分析表明，在基态下，每 100 个分子中，将会有 27 个处于三个第一激发态之一。假设分子云与宇宙微波背景辐射处于热平衡状态，则使用玻尔兹曼公式 (8.6) 估计宇宙微波背景辐射的温度。

29.20　电视上的 6 频道由波长在 $3.41 \sim 3.66\text{m}$ 的无线电波组成。考虑一个距离你家 70km 的电视台，发射功率为 25000W。根据式 (9.5) 计算黑体辐射的能量密度，以估计 6 频道所发出的光子数与电视天线

在该波段接收的宇宙微波背景辐射的光子数之比。(提示：对于电视广播来说，回忆一下电磁波的能量密度与时间平均坡印亭矢量之间的关系 $u = \langle S \rangle / c$。)

29.21   利用相对论性多普勒红移式 (4.32) 推导式 (29.61)。证明：式 (29.61) 在 $v \ll c$ 的条件下简化为式 (29.62)。

29.22   计算由太阳本动速度引起的宇宙微波背景辐射温度变化的大小。

29.23   在这个问题中，你将估算对 SZ 效应产生的物理影响。

(a) 首先，估计低能宇宙微波背景辐射光子被一个速度为 v_e 的高能电子在一个丰富星系团的热团内气体中散射时 (逆康普顿散射) 所产生的频率偏移。虽然光子可以从入射方向和散射后的发射方向都是任意的，但我们将考虑的是图 29.31 中所示的四种同样可能的情况。证明：这四个光子的平均频率偏移为

$$\frac{\Delta \nu}{\nu} = \frac{v_e^2}{c^2} = 3 \frac{k T_e}{m_e c^2},$$

其中，T_e 是电子云的温度。将 $T_e = 10^8 \text{K}$ 代入这个表达式，并解释为什么你可以假设电子在静止参考系中，光子波长 ($\sim \lambda_C$) 的变化可以忽略不计。

(b) 当宇宙微波背景辐射光子通过团内气体时，它们的散射率是多少？假设电子数密度为 $n_e = 10^4 \text{m}^{-1}$，团簇半径为 3 Mpc。

(c) 利用维恩位移定律 (29.59) 中峰值频率的增长值 $\Delta \nu$，获得宇宙微波背景辐射温度降低有效值 $\Delta T / T_0$ 的近似表达式 (SZ 效应)。

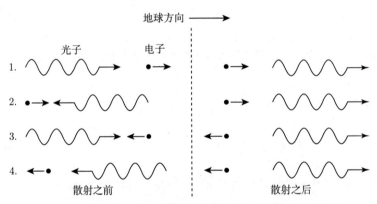

图 29.31   高能电子对宇宙微波背景辐射光子的逆康普顿散射

29.24   证明：在一般物态公式 $P = wu$(式 (29.52)) 中，对于相对论性粒子 ($E \gg mc^2$) 来说，$w = 1/3$。提示：证明过程中压强积分式 (10.8) 也许会非常有用。

29.25   考虑一个共动球面，其面积随着宇宙的膨胀而增大。其球心固定于起源点并且充满了宇宙微波背景辐射光子。证明：式 (29.81) 所示的 $R^4 \rho_{\text{rel}} = \rho_{\text{rel},0}$ 与球壳中能量守恒原理是一致的。

29.26   一些量的行为会服从如 $f(t) = f_0 e^{t/\tau}$ 所示的时间指数形式，其中 τ 是所考虑系统的特征时间。

(a) 证明：

$$\tau = \left(\frac{1}{f} \frac{\mathrm{d}f}{\mathrm{d}t} \right)^{-1}.$$

这个表达式可用于定义任何函数的特征时间，无论其行为是否为指数。(参见 10.4 节中压力标高 H_P 的类似讨论。)

(b) 利用比例因子 $R(t)$ 来证明：宇宙膨胀的特征时间是 $\tau_{\text{exp}}(t) = 1/H(t)$。

(c) 假设有一个只包含物质和辐射的平坦宇宙，求 $\tau_{\exp}$ 作为特征膨胀时间的比例因子 R 函数表达式。

29.27　(a) 证明：辐射时期中 $R \ll R_{r,m}$ 时，式 (29.86) 可以大致替代式 (29.84)。

(b) 对于一个只包含相对论性粒子的平坦的单组分宇宙，求解弗里德曼公式，并将结果与式 (29.86) 进行比较。

29.28　类比得到式 (29.28) 的步骤，证明：一个相对论性粒子组成的单组分宇宙在极限 $z \to \infty$ 时是平坦的。

29.29　假设现在重子物质的密度由式 (29.17) 给出，那么物质密度在 $T \sim 10^{10}\mathrm{K}$ 的大爆炸核合成时期是多少？

29.30　在大约 $10^{10}\mathrm{K}$(式 (29.93)~ 式 (29.95)) 时，造成中子的反应停止的一个因素是当时发生的电子–正电子对湮灭。当温度过低时，电子–正电子对不能被电子对的形成所取代。(这就消除了能与质子结合形成中子的电子供应。) 令光子的特征热能 kT 与电子–正电子对的剩余能量相等，估算出低于哪个特定温度时，湮灭对会不容易被取代。

29.31　在这个问题中，你会推导出当宇宙的温度在 10K 左右时，所有的中子都会和质子结合形成氦核。

(a) 运用与得出式 (9.12) 类似的思想方法，表明在时间 Δt 内中子和质子之间发生碰撞的次数是 $n_{\mathrm{p}}\sigma v\Delta t$，其中 n_{p} 是质子的数密度，σ 是中子的碰撞截面，v 是中子的速度。

(b) 估算 $n_{\mathrm{p}}\sigma v\Delta t$。如果结果远大于 1，那么每个中子都有足够的机会与质子相结合。令 Δt 为氦形成时宇宙的特征时间尺度，$\sigma = \pi(2r)^2$，其中 $r \simeq 10^{-15}\mathrm{m}$ 为中子半径。质子的数密度可以由 $T = 10^9\mathrm{K}$ 时重子物质的密度估算出来。

29.32　(a) 利用电子散射截面 (式 (9.20)) 找出光子被自由电子散射的平均时间间隔的表达式。

(b) 假设电子保持自由，要使散射之间的平均时间等于习题 29.26 的特征膨胀时间 $\tau_{\exp}$，那么 R 和 z 值应该要有多大？(使用 WMAP 值。) 发生这种情况时宇宙的年龄是多少？这就是一个由物质和辐射组成的平坦宇宙仅由膨胀因素而变得透明的时间点。(没有复合。)

29.33　在组分为纯氢的情况下解式 (29.101)，得到半数电子和质子结合形成中性原子时的温度。

29.34　根据 WMAP 数据 $z_{\mathrm{dec}} = 1089$ 以及其他物理量，在一个物质和辐射组成宇宙中计算退耦时代的时刻 t_{dec}，将你的结论与 WMAP 测量值 $379^{+8}_{-7}\mathrm{kyr}$ 做比较。

29.35　根据物质和辐射宇宙的 WMAP 值，估计复合时代开始 (也就是 99%的氢原子都处于电离状态) 和结束 (也就是说，只有 1%氢原子处于电离状态) 之间的时间间隔 Δt。这两个时间点红移 z 之间的差值 Δz 是多少？这就是最后散射面的厚度 (以红移 z 度量)。将你的结论与 WMAP 测量值 $\Delta t = 118^{+3}_{-2}\mathrm{kyr}$ 和 $\Delta z = 195 \pm 2$ 相比较。假定组分为纯氢。

29.36　假设地球是一个完全光滑的球体，那么如果你在地球表面画一个半径为 $D = 100 \mathrm{~m}$ 的圆，你会发现圆周长的预期值和测量值之间有什么差异？

29.37　类比得到式 (29.28) 的步骤，推导总体密度参数 $\Omega(z)$ 与红移 z 之间的函数表达式。证明：在 $\Omega_{\mathrm{rel},0} = \Omega_{\Lambda,0} = 0$ 时，该式退化为式 (29.28)。对于早期宇宙的三组分宇宙几何学，你的表达式又说明了什么？

29.38　根据罗伯逊–沃克度规式 (29.106)，证明以起源点为球心，过共动坐标 ϖ 球面的固有面积 $(\mathrm{d}t = 0)$ 为 $4\pi[R(t)\varpi]^2$。

29.39　爱因斯坦最先提出用一个宇宙学常数 Λ 来使无压强尘埃宇宙模型保持静态，来抵抗膨胀力或者收缩力。

(a) 找到一个在包含宇宙学常数的无压强尘埃宇宙模型中，Λ 关于密度 ρ_{m} 的表达式。

(b) 为该静态模型找到一个固定的曲率 k，这个宇宙模型是平坦的、开放的还是闭合的？

(c) 解释为什么爱因斯坦的静态宇宙模型是处于不稳定的平衡状态，任何偏离平衡 (膨胀或收缩) 的现象都会有愈演愈烈的趋势。

29.40　根据 WMAP 测量值，估算退耦时代 ($z = 1089$) 的密度参数 Ω_m、Ω_{rel} 以及 Ω_Λ。

29.41　证明：式 (29.122) 可以写成

$$H = H_0 \left[\sum_i \Omega_{i,0}(1+z)^{3(1+w_i)} + (1 - \Omega_0)(1+z)^2 \right]^{1/2}, \tag{29.196}$$

其中，w 是物态公式 $P_i = w_i \rho_i c^2$ 中的系数，且下标 "i" 代表了宇宙中的某一种组分 (也就是说，无压强尘埃、相对论性粒子或者暗能量)。

29.42　推导减速因子的一般表达式 (29.123)

$$q(t) = \frac{1}{2} \sum_i (1 + 3w_i) \, \Omega_i(t).$$

29.43　根据加速公式证明：宇宙的加速度符号改变时 (从负号到正号)，比例因子为

$$R_{\text{accel}} = \left(\frac{\Omega_{m,0}}{2\Omega_{\Lambda,0}} \right)^{1/3}.$$

利用 WMAP 测量值，估算此时 R_{accel} 和 z_{accel} 的值。

29.44　(a) 利用式 (29.129)，求回溯时间 t_L 关于红移 z 的表达式。

(b) 图 28.17 为 AGN 的共动空间密度随红移 z 的关系图。根据你用 WMAP 值得到的回溯时间表达式，重新画出 "ChoMP+CDF+ROSAT" 数据图像 (以实心圆标出)，水平轴用 t_L/t_H 作为单位 (回溯时间与哈勃时间的比值)。你会如何解释 AGN 的空间密度随回溯时间的增加而下降？

29.45　在 Λ 时期，宇宙学常数随着比例因子 R 的增加而变得愈发占据主导地位。

(a) 证明：平坦宇宙进入 Λ 时期后期时，哈勃参数是个常数。

(b) 假设从现在开始 ($t = t_0$，$R = 1$)，弗里德曼公式中只有宇宙学常数项[①]。解弗里德曼公式，并证明：在 Λ > 0 时，比例因子会指数增长。

(c) 根据 WMAP 测量值，估算指数膨胀的特征时间 (见习题 29.26)。

29.46　在物质时期，单组分无压强尘埃的闭合宇宙中粒子视界的距离由下式给出：

$$d_{\text{h}}(z) = \frac{c}{H_0(1+z)\sqrt{\Omega_0 - 1}} \arccos \left[1 - \frac{2(\Omega_0 - 1)}{\Omega_0(1+z)} \right]. \tag{29.197}$$

在本题中，你将会导出 d_{h} 的表达式。首先替换式 (29.153) 中的变量，得到

$$d_{\text{h}}(t) = R(t) \int_0^{\frac{1}{1+z}} \frac{c \, \mathrm{d}R}{R(\mathrm{d}R/\mathrm{d}t)},$$

其中积分的极限区间为 $R = 0$(在 $t = 0$ 时刻) 到 $R = 1/(1+z)$(在 t 时刻)。接着证明：

$$\left(\frac{\mathrm{d}R}{\mathrm{d}t} \right)^2 = H_0^2 \left(\frac{\Omega_0}{R} - \Omega_0 + 1 \right),$$

并且将该式替换积分的分母。过程中你也许会用到

$$\int \frac{\mathrm{d}x}{\sqrt{bx - ax^2}} = \frac{1}{\sqrt{a}} \left[\arccos \left(1 - \frac{2ax}{b} \right) - \frac{\pi}{2} \right]$$

---

① 这样的宇宙称为德西特宇宙，为荷兰数学家威廉·德西特 (Willem de Sitter, 1872—1934) 所钟爱。

29.47　根据习题 29.46 的结果，求出一个闭合的、物质主导的宇宙中粒子视界与周长距离之比。在宇宙早期 $z \to \infty$ 时又会发生什么呢？证明：在膨胀达到最大点时 (就在闭合宇宙开始坍缩之前)，这个比值等于二分之一。这意味着，在大崩溃结束的那一刻，粒子视界包含了整个宇宙。

29.48　根据共动坐标的表达式 (29.163)，计算一个平坦宇宙中，刚刚从当前粒子视界到达的光子共动坐标 ϖ，求出该光子经历的最大固有距离。将你的答案表示为与该宇宙模型粒子视界的比值 $d_{h,0} = 3ct_0$。这个距离上的光子所处的宇宙年龄 (t/t_0) 又是多少？注意要正确理解短语 "刚刚从当前粒子视界到达" 的含义。

29.49　考虑如 29.1 节中所描述的 (非相对论性) 平坦、无压强尘埃的单组分宇宙模型。

(a) 证明：在这个模型中，

$$\varpi = \frac{2c}{H_0}\left(1 - \frac{1}{\sqrt{1+z}}\right). \tag{29.198}$$

(b) 求该模型中到具有红移 z 天体处固有距离的表达式。

(c) 求该模型中视界距离的表达式。利用 WMAP 测量值估算视界距离，并将你的计算结果与式 (29.159) 中的精确值相比较。

29.50　推导无压尘埃单组分宇宙的马蒂格 (Mattig) 关系式：

$$\varpi = \frac{2c}{H_0}\frac{1}{1+z}\frac{1}{\Omega_0^2}\left[\Omega_0 z - (2 - \Omega_0)\left(\sqrt{1 + \Omega_0 z} - 1\right)\right], \tag{29.199}$$

或者从减速因子 $q = \Omega_0/2$ 出发 (对于此单组分模型有效)

$$\varpi = \frac{c}{H_0}\frac{1}{1+z}\frac{1}{q_0^2}\left[q_0 z - (1 - q_0)\left(\sqrt{1 + 2q_0 z} - 1\right)\right]. \tag{29.200}$$

证明：这对于一个由无压尘埃组成的单组分宇宙模型，无论平坦、开放和闭合都是有效的。注意 $\Omega_0 = 1$ 时，式 (29.198) 和式 (29.199) 是一致的。

29.51　证明：式 (29.178) 是式 (29.168) 在 $z = 0$ 处的泰勒级数展开式。

29.52　在本题中，你会在不参照任何特定宇宙或宇宙模型的情况下对式 (29.180) 做一个大致推导。

(a) 在现在时刻 t_0 处利用泰勒级数展开比例因子 $R(t)$，得到

$$R(t) = R(t_0) + \frac{\mathrm{d}R}{\mathrm{d}t}\bigg|_{t_0}(t - t_0) + \frac{1}{2}\frac{\mathrm{d}^2 R}{\mathrm{d}t^2}\bigg|_{t_0}(t - t_0)^2 + \cdots$$

$$= 1 - H_0(t_0 - t) - \frac{1}{2}H_0^2 q_0(t_0 - t)^2 + \cdots. \tag{29.201}$$

(b) 证明：$1/R(t)$ 由下式给出：

$$\frac{1}{R(t)} = 1 + H_0(t_0 - t) + H_0^2\left(1 + \frac{1}{2}q_0\right)(t_0 - t)^2 + \cdots.$$

(提示：用长除法将 1 除以 $R(t)$。)

(c) 利用式 (29.142)，$1/R(t) = 1 + z$，再根据 (b) 部分中所得到的结论，写出 z 关于现在时刻的展开式。然后计算 $t_0 - t$，并且将结果表示为关于 z 的级数，得到

$$t_0 - t = \frac{z}{H_0} - \left(1 + \frac{1}{2}q_0\right)\frac{z^2}{H_0} + \cdots.$$

(d) 考虑一个光子，在 t 时刻由共动坐标 ϖ 处发出，并且在当前时刻 t_0 由地球接收。利用与式 (29.138) 类似的公式，求 ϖ 的近似式。在左手边的积分中，你只需要采用 (b) 部分 $1/R(t)$ 展开

式的前两项，并对 $1/\sqrt{1-k\omega^2}$ 泰勒级数展开取前两项，可以求出

$$\omega = c\left(t_0 - t\right)\left[1 + \frac{1}{2}H_0\left(t_0 - t\right)\right] + \cdots.$$

(e) 将该表达式代入 (c) 部分中得到的 $t_0 - t$，写出 ϖ 的表达式。可以证明，关于 z 的二阶有

$$\varpi = \frac{cz}{H_0}\left[1 - \frac{1}{2}\left(1 + q_0\right)z\right] + \cdots.$$

这个结果非常重要，因为它不依赖于任何特定的宇宙学模型。即使宇宙学常数 Λ 不等于零，它也是有效的。

29.53   根据习题 29.41 中的式 (29.196)，证明：光度距离也可以写为

$$d_L = \frac{c(1+z)}{H_0\sqrt{|1-\Omega_0|}}\,\mathrm{sinn}\left\{\sqrt{|1-\Omega_0|}\int_0^z \frac{\mathrm{d}z'}{\left[\sum_i \Omega_{i,0}\left(1+z'\right)^{3(1+w_i)} + \left(1-\Omega_0\right)\left(1+z'\right)^2\right]^{1/2}}\right\},$$
$$(29.202)$$

式中，

若 $\Omega_0 < 1$, $\mathrm{sinn}(x) \equiv \sinh(x)$,

若 $\Omega_0 = 1$, $\mathrm{sinn}(x) \equiv x$,

若 $\Omega_0 > 1$, $\mathrm{sinn}(x) \equiv \sin(x)$.

29.54   本题中，假设宇宙是平坦的单组分无压强尘埃宇宙。

(a) 证明：线直径为 D 的展源，在红移 z 处观测到的角直径为

$$\theta = \frac{H_0 D}{2c}\frac{(1+z)^{3/2}}{\sqrt{1+z}-1}.$$

(b) 求 θ 最小的红移值。将结果与图 29.30 进行比较。

(c) 当观测一个直径为 1 Mpc 的星系团时，θ 的最小值是多少？取 $h = 0.71$。

29.55   将星系团中的热气体模拟为半径为 R、温度为 T_e 的均匀球体。假设 F_X 是观测到的气体发出的 X 射线流量，θ 是从地球上观测到的气体角直径。

(a) 证明：如果对星系团的测量的 SZ 效应为 $\Delta T/T_0$，则哈勃常数可以计算为

$$H_0 = Cf(z)\frac{F_X T_e^{3/2}}{\theta\left(\Delta T/T_0\right)^2}.$$

其中，$f(z)$ 是一个关于星系团红移 z 的函数；C 是一个待定常数。

(b) 根据图 29.12 中的星系团的数据，再加上阿尔贝 2218 星系团的其他参数 (参考 Jones 等 (2005))$\theta = 46''$、$F_X = 7.16 \times 10^{-15}\mathrm{W \cdot m^{-2}}$ 以及 $kT_e = 7.2$ keV，估算哈勃参数 h。你的答案与 WMAP 测量值 $h = 0.71$ 相比而言又如何？

计算机习题

29.56   在式 (29.166) 中，左侧的积分极限跨越了一个时间间隔，这个时间间隔完全是过去的。利用式 (29.132) 来近似等式左侧的比例因子。因此对于等式右边来说，考虑在 $t_\mathrm{mva} > t_0$ 的情况下，积分的极限涵盖了完全处于将来的时间间隔。取式 (29.133) 作为右侧的比例因子。(注意，非常遥远的天体已经发射了能到达我们周围的最后一个光子 $(t_\mathrm{mva} < t_0)$，所以我们必须将我们的注意力放在较近的天体上来确保 $t_\mathrm{mva} > t_0$。) 证明：

$$t_\mathrm{mva} \simeq \frac{t_\mathrm{H}}{\sqrt{\Omega_{\Lambda,0}}}\ln\left[\left(\frac{\sqrt{\Omega_{m,0}}}{2\sqrt{\Omega_{\Lambda,0}}}\right)^{1/3}\left(\frac{\sqrt{1+z}}{\sqrt{1+z}-1}\right)\right].$$

取 WMAP 的测量值, 使得 $t_{mva} > t_H$ 的最大红移值是多少? 以 t_H 为单位, 在光源的红移 z 为 0.1、0.5、1 和 1.5 时, 分别求出可能的最大可视宇宙年龄。

29.57 本题中均取 WMAP 测量值。

(a) 在同一张图上, 画出红移 z 在 0~4 这个范围内, 光度距离、现在的固有距离、角直径距离、相对论哈勃定律的距离估计 (式 (27.7)), 以及非相对论性哈勃定律距离估计 (式 (27.8)) 的图。距离的单位取 c/H_0。

(b) 根据你得到的结果, 确定 z 取什么值的时候, 相对论性哈勃定律距离估计比固有距离大 10%。

29.58 一个遥远的射电星系 8C 1435 ± 63, 其红移为 $z = 4.25$。假设本题中均取 WMAP 测量值。

(a) 在这个红移下, 宇宙的年龄是多大? 将你的答案用年和占当前宇宙年龄的百分比两种形式写出。

(b) 现在 8C 1435 ± 63 的固有距离是多少 (以 Mpc 表示)?

(c) 当我们接收到的 8C 1435 ± 63 的光刚刚发出的时候, 它与我们的固有距离是多少 (以 Mpc 表示)?

(d) 8C 1435 ± 63 的光度距离是多少?

(e) 8C 1435 ± 63 的角直径距离是多少?

(f) 假设 8C 1435 ± 63 星系核的角直径大约为 $5''$, 那么这个星系的线直径是多少 (以 kpc 表示)?

(g) 假设这个星系的红移为 $z = 1$。那么此时线直径又是多少 (采用与 (d) 部分中相一致的角直径值)?

更多关于 8C 1435 ± 63 可能是一个 cD 型椭圆星系前身的信息, 可以参考 Spinrad, Dey 和 Graham (1995)。

第 30 章　早期宇宙

30.1　极早期宇宙与暴胀

在第 29 章中我们建立了膨胀宇宙的数学表达，以描述一个由非相对论性粒子 (重子和暗物质)、相对论性粒子 (光子和中微子) 和暗能量组成的各向同性、均匀宇宙。本章中我们会解决从宇宙大爆炸的无特征釜中是如何诞生宇宙结构的。

在宇宙诞生最初几秒钟的时间里发生了很多事情，而我们只能了解到部分极早期的环境特征。用来描述这些早期时代的现代粒子物理学观点也成功地预言了现今存在的基本粒子类型及数量。正是基于这些理论，我们对略微窥视造物的原动力 (从某种程度上) 怀揣着一丝希望。

30.1.1　基本粒子

根据粒子物理的**标准模型 (standard model)**，有三种基本 (非组合的) 粒子。

• **轻子 (lepton)**，即带电的 $e^{\pm}$, $\mu^{\pm}$, $\tau^{\pm}$ 和中微子 ν_e, ν_μ, ν_τ 及它们的反粒子 $\bar{\nu}_e, \bar{\nu}_\mu, \bar{\nu}_\tau$。轻子是费米子。

• **夸克 (quark)**，包括上夸克、下夸克、粲夸克、奇夸克、顶夸克和底夸克，以及它们的反粒子。每个夸克有三种 "颜色" (三种内部自由度的选择)。由夸克构成的粒子称为**强子 (hadron)**，而强子有两种类型：**重子** (baryon，由三个夸克构成) 和**介子** (meson，由一个夸克–反夸克对构成)。重子是费米子，而介子是玻色子。

• **载力子 (force-carrying particles)**，包含光子、八种不同的胶子 (传导强相互作用并将夸克结合在一起的粒子)、传导弱相互作用的**三矢量规范玻色子** ($W^{\pm}$ 和 Z^0) 和**标量希格斯 (Higgs) 玻色子** (仍然需要实验去验证)。上述所有载力子都是玻色子。(其中希格斯玻色子虽然在成书时尚未确认存在，但在 2013 年已被欧洲核子研究组织宣布确认存在——译者注)

表 30.1 总结了这些粒子的一些性质。以现有的技术可以重现 10^{-5} s 左右**夸克–强子相跃迁 (quark-hadron Transition)** 时自由夸克和胶子的等离子体凝聚形成强子——包括我们熟悉的质子和中子——这个阶段的温度、能量和密度。

表 30.2 显示了大爆炸后第一秒钟内不同时期的典型时间和温度 (kT) 特征。(在此想提醒读者，本章中提到的任何 "宇宙年龄" 值都是由弗里德曼宇宙模型中时间的后推得到的。) 温度与时间的关系由式 (29.89) 给出，我们可以将其重写为

$$T(t) = (1.81 \times 10^{10}\ \text{K} \cdot \text{s}^{1/2})\, g_*^{-1/4} t^{-1/2}. \tag{30.1}$$

g_* 的值，即所有相对论性粒子在温度 T 下的有效自由度由下式给出：

表 **30.1** 标准模型下粒子的相对论性 (高温) 极限。参见式 (29.72) 以及相关的关于 n_{anti} 和 n_{spin} 的讨论；f 是式 (30.2) 中的费米因子

粒子	类型	n_{anti}	n_{spin}	g	f	对 g_* 的贡献
光子	1	1	2	2	1	2.00
带电轻子	3	2	2	12	7/8	10.50
中微子	3	2	1	6	7/8	5.25
夸克	18	2	2	72	7/8	63.00
胶子	8	1	2	16	1	16.00
矢量规范玻色子	3	1	3	9	1	9.00
标量希格斯玻色子	1	1	1	1	1	1.00

表 **30.2** 早期宇宙的时代或事件。参数值只是估算

时代或事件	时间	温度 (kT)
普朗克时代	$< 5 \times 10^{-44}$ s	$> 10^{19}$ GeV
普朗克跃迁	5×10^{-44} s	10^{19} GeV
大一统时代	$5 \times 10^{-44} \sim 10^{-36}$ s	$10^{19} \sim 10^{15}$ GeV
暴胀	$10^{-36} \sim 10^{-34}$ s	10^{15} GeV
弱电相互作用时代	$10^{-34} \sim 10^{-11}$ s	$10^{15} \sim 100$ GeV
弱电跃迁	10^{-11} s	100 GeV
夸克时代	$10^{-11} \sim 10^{-5}$ s	100 GeV ~ 200 MeV
夸克–强子相跃迁	10^{-5} s	200 MeV
中微子退耦	0.1 s	3 MeV
电子–正电子相互湮灭	1.3 s	1 MeV

$$g_* = \sum_{\text{bosons } i} g_i + \frac{7}{8} \sum_{\text{fermions } i} g_i \left(\frac{T_\nu}{T}\right)^4 \tag{30.2}$$

因子 $(T_\nu/T)^4 = (4/11)^{4/3}$ (式 (9.73)) 仅对中微子成立，且仅在温度低于中微子退耦温度 $(kT \approx 3 \text{ MeV})$ 时成立。

图 30.1 展示了 g_* 值随 kT 的变化，其中 kT 的单位为 MeV。现今的值 $g_* = 3.363$ (式 (29.76)) 在图中靠右的位置，由光子和三种类型的中微子及反中微子组成。在中微子退耦的温度 (约 3MeV) 和 100MeV 之间，仅有电子和正电子会转变成相对论性粒子，那么就有 $g_* = 10.75$。在大于约 200MeV 时，强子会被分解成夸克和胶子，让 g_* 的值变得更大一些。最终，在 $kT \sim 300$ GeV 时 (大于图上左侧最大值)，所有标准模型中的粒子都是相对论性的，此时 $g_* = 106.75$。在弱电时代的能量范围内没有预言新的粒子质量，因此我们可以认为这整个时段内的 $g_* \simeq 100$。由于缺乏新的粒子，弱电时代有时又称为 "大沙漠"。在更早些时候，采用最简单的模型估算值为 $g_* \simeq 160$。幸运的是，$T(t)$ 只对 g_* 的 1/4 次方敏感，所以估算时不需要知道 g_* 的精确值。

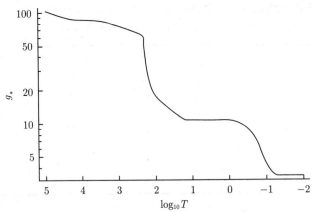

图 30.1　有效自由度 g_* 与温度的关系。温度实际上是以 kT 表示，单位为 MeV。夸克–强子相跃迁是在 200MeV 时发生的 (图源自 Coleman 和 Roos，*Phys. Rev. D*，6，8027702，2003)

30.1.2　热暗物质和冷暗物质

　　表 30.2 中缺失的部分就是组成暗物质的粒子。确定暗物质的组成是当今宇宙学家面临的最大挑战之一。一些暗物质可能由普通重子物质组成，尽管重子物质的总质量 (包括明物质和暗物质) 不会超过宇宙总质量的 4%。WMAP 的测量值和大爆炸核合成轻元素所施加的限制与大量的重子物质是不一致的 (图 29.14)。24.2 节所描述的大麦哲伦星云中的恒星受大质量银晕致密天体 (massive compact halo object，MACHO) 的微引力透镜影响，可能表明一些重子暗物质隐藏在银晕中，以褐矮星或者恒星级黑洞的形式而存在。然而，对微引力透镜事件的统计分析表明，只有大约 19% 的银河系暗物质晕的质量可以用 MACHO 来解释。

　　暗物质通常可以分为两大类，**热暗物质 (hot dark matter，HDM)** 和**冷暗物质 (cold dark matter，CDM)**。热暗物质由相对论性速度运动的粒子组成[①]，主体部分为大质量的中微子 (中微子是轻子)。回忆我们在 10.3 节中提到的，对电子中微子质量上限的最佳估计是 $2.2\text{eV}/c^2$。冷暗物质的组分为运动缓慢的假想粒子，如弱相互作用的大质量粒子 (weakly interacting massive particle，WIMP)，除了引力作用，它们几乎不与正常物质发生任何其他相互作用[②]。有人认为弱相互作用大质量粒子的能量在 10GeV (大约是质子质量的 10 倍) 到几个 TeV(10^{12}eV)。另一种假想的冷暗物质成分是**轴子** (axion)，一种极小质量的玻色子 ($mc^2 \approx 10^{-5}$eV)。如果轴子真的存在且构成了大部分的暗物质的话，那么它们应当是目前为止存在数量最多的一类粒子。尽管目前还没有证据表明弱相互作用大质量粒子或轴子是确实存在的，但对于它们的探索还会继续下去。

　　探究热暗物质和冷暗物质之间的区别是非常重要的，因为相对论性热暗物质很难在引力作用下聚集在一起，从而参与早期宇宙结构的形成。因此，我们会在 30.2 节中看到，目前包含冷暗物质在内的宇宙模型更受到青睐。实际上，宇宙学中的标准模型就是指 Λ CDM 模型，其同时包含了宇宙学常数和冷暗物质。

---

　　① 更准确地说，呈现相对论性的应当是粒子的内部速度弥散。

　　② 在 24.2 节中，我们讨论过弱相互作用大质量粒子曾经作为星系的暗物质晕的一个候选组成部分。

30.1.3 时间、质量和长度的普朗克极限

现代物理理论能解释的最早的时间称为**普朗克时间 (Planck time)**

$$t_{\mathrm{P}} \equiv \sqrt{\frac{\hbar G}{c^5}} = 5.39 \times 10^{-44} \text{ s}. \tag{30.3}$$

普朗克时间是具有时间单位的基本常数的唯一组合，包括普朗克常量、牛顿万有引力常量以及光速，因此是基本物理理论中的特征量，而还没有统一的理论能同时涵盖量子力学、万有引力和相对论。

现在物理学家们所运用的工具手段还没有办法突破这一障碍。一部分对普朗克时间限制的理解来自于式 (5.19) 所示的海森伯的不确定性原理。假设有一个质量为 M 的黑洞，其质量可以包含在最致密的区域内。黑洞的中心奇点需要被限定在视界内，因此奇点的位置不确定性就是它的施瓦西半径，

$$\Delta x \approx R_{\mathrm{S}}.$$

因此其动量的不确定性为

$$\Delta p \approx \frac{\hbar}{\Delta x} \approx \frac{\hbar}{R_{\mathrm{S}}}.$$

对于宇宙大爆炸之后很短时间内形成的小质量原初黑洞来说，R_{S} 的值会非常小，这样的话 Δp 的值就会很大。在相对论性的极限内，根据式 (4.48) 可知奇点所具有的能量是 $E = pc$，所以能量的不确定性是

$$\Delta E = (\Delta P)c \approx \frac{\hbar c}{R_{\mathrm{S}}}.$$

能量的期望值至少应该大于 ΔE，所以奇点的动能大致为 $K \approx \hbar c / R_{\mathrm{S}}$。而对引力来说，当这个能量与黑洞的 (牛顿) 引力势能——根据式 (10.22) 所示大约为 $U \approx -GM^2/R_{\mathrm{S}}$——的大小相当时，其量子解释和经典解释之间是有矛盾点的。难道说黑洞是有界的？还是说在奇点视界中存在与 17.3 节中讨论过的 "宇宙审查法则" 不一致的规律呢？当动能 K 和势能 U 之和为零时，量子物理学和经典物理学在万有引力上的矛盾就可能会显露出来：

$$\frac{\hbar c}{R_{\mathrm{S}}} - \frac{GM^2}{R_{\mathrm{S}}} = 0.$$

计算所得的质量就称为**普朗克质量 (Planck mass)**：

$$m_{\mathrm{P}} \equiv \sqrt{\frac{\hbar c}{G}} = 2.18 \times 10^{-8} \text{ kg}. \tag{30.4}$$

习题 17.21 中我们会提到，这是对原初黑洞最小质量的估计。将普朗克质量代入式 (17.27) 求解施瓦西半径，得 $R_{\mathrm{S}} = 2GM/c^2$，略去这个估计量中的因数 2，求解 R_{S} 可得一个特征长度，称为**普朗克长度 (Planck length)**：

$$\ell_{\mathrm{P}} \equiv \sqrt{\frac{\hbar G}{c^3}} = 1.62 \times 10^{-35} \text{ m}. \tag{30.5}$$

普朗克时间满足 $t_p = l_p/c$，也就是光通过一个普朗克长度所需要的时间。因此，与式 (29.154) 相比较可知，普朗克长度就是那个时期因果关联区域 (视界距离) 的直径。尽管前面论证的严谨程度仅比量纲分析法好一些，但它确实在一定程度上说明了将这些基本常数结合起来所产生的特征时间、特征质量和特征长度的意义。

式 (30.1) 说明在普朗克时代的温度大约是 1032K，所以粒子的典型热能为 $kT \sim 10^{19}$GeV！而在普朗克时代之前对宇宙的描述，无论是多么强烈的想象，最终也都可能让人错愕。宇宙本来就是一个原初黑洞不断形成、蒸发和复合的集合。在这个过程中，时空的不同区域的联系会迅速连接或断开，最后形成了泡沫状结构。我们现有的物理理论体系会在时间早于 t_p 时崩溃，并且实际上在普朗克时代之前，空间和时间这两个独立的概念就已经消失了。一种量子引力理论能够描述这个复杂的领域，在这个领域中，空间和时间已经不是我们所熟悉的样子，需要创造一些相互独立的概念来描述它们。

在普朗克时代之后，时空开始呈现出一种更为连贯的结构，它们的大部分会建立因果联系。而时间本身究竟是如何从大爆炸中诞生的，这是物理学家和哲学家都需要思考的问题[①]。

30.1.4 统一与自发对称破缺

如图 30.2 所示，物理学家们一直相信，在普朗克时代之前，自然界的四种基本力 (引力、电磁力、强相互作用力和弱相互作用力) 可以全部包含在一个包罗万象的**万有理论 (theory of everything, ToE)** 中。尽管这样一个理论的大致框架如何构建仍然是个问题，但该理论的模型必须具有一定的数学对称性，以保证以上四力的统一性。当宇宙年龄大于普朗克时间时，单一的、包罗万象的统一力自发地分为引力 (由爱因斯坦的广义相对论所解释) 和统合

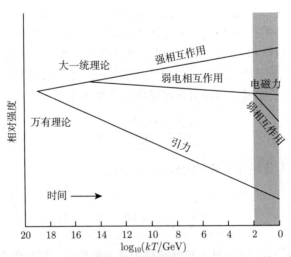

图 30.2　根据万有理论的四力统一示意图。电磁力和弱相互作用力在 10^{-11}s 以前是统一的；弱电相互作用力和强相互作用力在 10^{-34}s 以前是统一的。在时间小于普朗克时间 $t_p = 5 \times 10^{-44}$s 时，四力统一。"E&M" 代表电磁力。只有弱电统一理伦 (阴影部分) 被实验验证了

---

① 举个例子，在说"时间是由大爆炸创造的"这句话的时候是有意义的吗？因为任何创造的行为都涉及一个时间序列 ("先不是，然后才是")。那么在这个逻辑框架下，时间本身可以被创造吗？

其余三种力的形式。这个过程称为**自发对称破缺** (spontaneous symmetry breaking)，一个用于指代该理论公式的数学对称性的术语 [1]。

自发对称破缺的数学方法与描述普通物质中常见的相变的方法类似。例如，在大于 273K 时，水是液态的。假设没有来自外部的某种作用能影响到水分子的优先方向，那么水分子在所有方向的选择上都应当是随机的。当温度低于 273K 时，水会经历一次相变并结冰。此时因为冰晶晶格中 H_2O 分子的排列会优先沿晶格轴线的方向，液态水所具有的对称性就被打破了。就像水结冰时会释放潜热一样，早期宇宙经历自发对称性破缺时释放的则是能量。

描述其余三种力的统一的理论 (有几种变体)，称为**大一统理论** (grand unified theories，GUT)。最简单的大一统理论是在 1973 年由美国物理学家谢尔顿格拉肖和霍华德乔治 (Sheldon Glashow 和 Howard Georgi，都供职于哈佛大学) 提出，称为 SU。大一统理论有一些成功之处，如为质子和电子的电平衡提供了一个基础的解释；当然它也有一些缺陷，如未能成功测量到 SU 所预言的质子衰减，这也让这个理论无法成为一个成功的大一统理论。

综上所述，基于大一统理论所作的预测应当谨慎对待。

强弱核力和电磁力的统一将一直持续到宇宙温度下降到 10^{29}K 左右，此时一个粒子的特征热能 (kT) 约为 10^{15}GeV，宇宙年龄约为 10^{-36}s。在这个时间点，随着另一个自发对称性破缺的阶段到来，强相互作用核力和弱电力 (电磁力和弱相互作用力的统一体) 会分开。

弱电统一理论是由三位物理学家在 20 世纪 60 年代提出的：谢尔顿·格拉肖、史蒂文·温伯格 (Steven Weinberg，美国人) 和阿卜杜斯萨拉姆 (Abdus Salam，巴基斯坦人)。他们描述了当温度超过 2×10^{15}K，也就是宇宙年龄大约是 10^{-11}s 时，电磁力和弱相互作用力是如何结合在一起的 [2]。在这个温度下，一个粒子的特征热能为 150GeV。他们的理论预言了三种作为弱相互作用媒介而存在的新粒子 (三矢量规范玻色子 $W^{\pm}$ 和 Z^0)，类似于光子作为电磁力传导的媒介一样。在温度 kT 大于几百 GeV 时，三矢量规范玻色子会失去质量，并无法与光子相区分，这样电磁力和弱相互作用就会统一。当温度低于 2×10^{15}K 时，自发对称破缺会让三矢量规范玻色子具有质量。当这些粒子在 20 世纪 80 年代被发现时，实验数据和理论推论的一致性有力地证明了弱电的统一性，且这次成功令致力于研究大一统理论和万有理论的科学家们大为振奋。

30.1.5 标准大爆炸理论的问题

现在我们把时间倒回到普朗克时代来弄清楚伴随着比热的释放，自发对称性破缺是如何影响早期宇宙的膨胀的。当我们从普朗克时代开始后推的时候，我们迄今为止所讨论的简单的大爆炸物理图像面临着三个问题。

- 为什么宇宙微波背景辐射会如此均匀？假设有两个宇宙微波背景辐射光子从相反的两个方向被观测者接收到，这两个光子来自的区域应该是永远不可能彼此通信的，因为它们发出的光子刚刚才在观测者所在的点相遇。事实上，这个问题要比初看上去更严重，在

---

[1] 一个物理上自发对称性破缺的例子是一块大理石在圆轮的轮缘上滚动。最初，大理石等概率地出现在任何编号的 bin 上方，但随着大理石失去能量，它会落入其中一个 bin 并被困住。

[2] 这是最早的可以通过实验进行测量的时间点。

退耦时期，天球上间距大于 2° 的区域的宇宙微波背景辐射是不可能有因果联系的 (见习题 30.11)。如图 30.3 所示的时空关系示意图简单表示了这种状况。现在到达地球 (设为点 A) 的光子，是在复合时期的点 B 和点 C 被放出的，并且位于点 A 过去时空的光锥上。然而，当时间倒推到宇宙大爆炸时，B 和 C 的时空光锥不会相交，它们之间是没有因果联系的，因为它们互相都在对方的粒子视界之外。宇宙微波背景辐射的均匀性是很难被解释的，尤其是在已经被计算出来的差异性很小 ($\delta T/T \sim 10^{-5}$) 的情况下。如何能让宇宙的左手知道宇宙的右手在做什么，能解决这个问题的机制又是什么呢？这个问题称为**视界问题 (horizon problem)**。

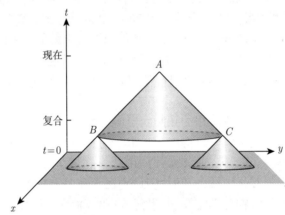

图 30.3　视界问题。在点 A 可以观测到从点 B 和点 C 发出的相同的宇宙微波背景辐射波谱，尽管 B 和 C 永远不可能有因果联系

• 为什么宇宙是近乎平坦的 ($\Omega_0 \simeq 1$)？回忆一下例 29.1.1，如果 Ω_0 大体上是秩序统一的，那么在极早期 ($z \gg 1$) 时密度参数应该更接近于 1。例如 29.1 节中所论述的无压强尘埃宇宙模型，

$$\frac{1}{\Omega_0} - 1 = \left(\frac{1}{\Omega} - 1\right)(1 + z) \tag{30.6}$$

(见习题 29.10)。如果早期宇宙中的 Ω 与 1 有细微差距，那么今天的 Ω_0 值大大偏离于 1。假设在退耦时期 ($[t_{dec}]_{WMAP} = 379\text{kyr}$，对应 $[z]_{WMAP} = 1089$)，密度参数与 1 的差值仅为 0.0009。如果 $\Omega_{dec} = 0.9991$，那么由式 (30.6) 可得现在的密度参数应为 $\Omega_0 \simeq 0.5$；若 $\Omega_{dec} = 1.0009$，那么 $\Omega_0 \simeq 50$。这种低密度和高密度对宇宙动力学影响很大。例如，若 $\Omega_{dec} = 0.5$，那么只要过几十万年，宇宙和它所含的物质就会分散得太广，膨胀得太快，从而无法形成星系或恒星。另一方面来说，若 $\Omega_{dec} = 2$，那么只要过几十万年，膨胀就会停止转为收缩，最终宇宙会在一次大坍缩中终结。现在我们存在于地球上反映了早期宇宙中会有围绕 $\Omega = 1$ 的微调。要不然我们今天就不会在这里问这问那了。我们将这个近乎平坦的宇宙的起源问题称为**平坦性问题 (flatness problem)**。

• 为什么到目前为止还没发现磁单极子？磁单极子就是一个单一的磁荷，相当于一个孤立的磁极。当宇宙在大一统时代后期经历了自发对称性破缺之后，空间中的每一个点都要对涉及量子场 (又称 "希格斯场") 的 "方向" 进行一次选择。这里的 "方向" 并不是一般

意义上用来描述空间定向的概念，而是涉及场理论描述中的一些离散值 (类似于量子数)。而如果这种选择的值不连续，那么在那个地方就会出现**缺陷** (defects)，而点状的不连续则对应于**磁单极子** (magnetic monopole)。

尽管一个磁单极子可能比一个质子重约 10^{16} 倍 ($mc^2 \sim 10^{16}\text{GeV}$)，但在大一统时代的末期仍然应该有足够的能量来生成大量的磁单极子。但事实上尽管耗费了很多精力去搜寻磁单极子，但只有一次实验找到了一丝线索，也只探测到了一个疑似的磁单极子 (在 1982 年的情人节)，并且没有其他测试结果可以与其相互印证。如果我们对大一统理论的理解是正确的，那么根据它的推测所应该产生的磁单极子在哪里呢？这个问题称为**单极子问题** (monopole problem)[①]。

关于宇宙起源的大爆炸理论本身是无法有效地解答这些问题的。当然，我们也可以说，"就是这样！"——因为 $t = 0$ 时的一些初始条件使得宇宙诞生之初就是平坦均匀的。但比起指定一些变量的初始值来让结果正确无误，宇宙学家们更愿意去寻找一个自然事件的序列，使得无论宇宙诞生之初是什么状况 (即无论初始值是什么样的)，在经历这些自然事件之后必然会导致我们今天所观测到的宇宙。

30.1.6 暴胀

1980 年，一位供职于斯坦福大学的美国天文学家阿兰·古斯 (Alan Guth) 提出了一个解决方法。根据古斯的方案，大爆炸理论基本上是正确的，但在宇宙诞生的第一个瞬间，t 只比零仅大一点的时候，宇宙整体上来说比标准大爆炸模型所描述的要紧凑得多。那时每个点与其他点离得都足够近，可以构成因果联系，且整个宇宙都达成了热平衡。紧接着会爆发一个非常迅速的指数级膨胀来平滑宇宙，使它达成 $\Omega_0 = 1$ 的完全平坦 (或无限接近)。古斯把这个指数级增长过程称为**暴胀** (inflation)。这个暴胀阶段可以解释宇宙总体上的各向同性，尤其能很好地解释宇宙微波背景辐射的均匀性。经历暴胀之后，宇宙的膨胀按标准大爆炸理论模型推进。

古斯暴胀理论的细节涵盖了粒子物理学的前沿观点，事实上，人们已经提出了很多基于原始暴胀理论的变体。随着观测数据的积累，某一种模型可能会被人们抛弃，也可能在以后随着更多数据信息的积累而再度复活。这一领域许多研究仍然在进行中，下面要进行的讨论中所描述的暴胀理论在某些细节上可能是错误的。但大多数宇宙学家相信，因为这个理论对许多问题作出了令人满意的解答，所以早期宇宙中一定有某种类型的暴胀发生。

30.1.7 虚拟粒子与真空能量

普朗克时代 $\sim 10^{19}\text{GeV}$ 的粒子能量实在是太大了，以至于在较低温度下我们熟悉的重子 (包括质子、中子和它们的反粒子) 不会存在。我们不需要关心当时存在的高度相对论性粒子，而需要关注的是另外一种早期宇宙及其重要的组成部分，即**真空** (vacuum) 能量，并且我们有必要对 "真空" 这个术语进行一些解释。在我们的日常用语中，这个词代表没有能量和物质的完全空白。但是物理学家们所说的真空是用来描述系统的基态的。举个例子，在例 5.4.2 中一个被限制在一个小区域内的电子能被算出一个最小能量，即它的基态能量。因为没有更低的量子态可以让电子跃迁过去，所以这个能量是无法耗散或被提取的。

---

① 任何时候对称性的破缺都会产生缺陷，但大一统时代结束时的对称性破缺尤其受到关注。

对**卡西米尔效应 (Casimir effect**, 根据荷兰物理学家亨德里克·卡西米尔的名字来命名, Hendrick Casimir, 1909—2000) 的观测证实了真空能的存在。两个不带电平行板如果间距很小, 将改变平板之间的真空特性。真空的这种特性变化会在用于测试的平板之间产生一个吸引力, 并且这种吸引力被实际测出来了。可惜的是卡西米尔效应其实并不能用来计算真空的能量密度。

我们现在可以利用不确定性原理 $\Delta x \Delta p \approx \hbar$ (式 (5.19)) 和 $\Delta E \Delta t \approx \hbar$ (式 (5.20)) 来估算真空的能量密度。真空可以被认为是一个不断产生和湮灭物质–反物质粒子对的地方。这些粒子无法被直接观测到, 它们的能量也不能被利用, 因此将它们称为**虚拟粒子 (virtual particles)**。它们从真空中吸取剩余能量 ΔE 并在很短时间 Δt 内互相湮灭, 以至于无法观测到它们。

现在我们考虑一个质量为 $m \approx (\Delta E)/c^2$ 的虚拟粒子, 被限制在一个边长为 $L \approx \Delta x$ 的立方体盒子中, 粒子寿命为

$$\Delta t = \hbar/\Delta E \approx \hbar/mc^2.$$

另一方面, 粒子的速度大约是

$$v \approx \frac{\hbar}{m\Delta x} \approx \frac{\hbar}{mL}$$

(参见例 5.4.2)。因为最快的粒子在 Δt 时间内能通过的最远距离为 $v\Delta t$, 我们设 $L = v\Delta t$ 以确保粒子不会由于它自身的运动而跑到盒子外面去, 因此

$$L = v\Delta t \approx \frac{\hbar}{mL} \frac{\hbar}{mc^2}.$$

解 L, 得

$$L \approx \frac{\hbar}{mc}.$$

真空的能量密度必须要能够在盒子中产生一对粒子, 以保证守恒定律 (如电荷守恒)。也就是说, 真空的能量密度至少应该是

$$u_{\text{vac}} \approx \frac{2mc^2}{L^3} \approx \frac{2m^4c^5}{\hbar^3}.$$

这对粒子中每个粒子的最大质量可以被看作普朗克质量 $m_{\text{P}} = \sqrt{\hbar c/G}$ (式 (30.4))。这样我们对真空能量密度的估值应为

$$u_{\text{vac}} \approx \frac{2m_{\text{P}}^4 c^5}{\hbar^3} \approx \frac{2c^7}{\hbar G^2},$$

也就是 $u_{\text{vac}} \approx 10^{114} \text{J} \cdot \text{m}^{-3}$。当然这只是一个粗略的估计, 更复杂的计算 (也需要引进一个任意的截断点来避免无穷大的结果) 得出 $u_{\text{vac}} \approx 10^{111} \text{J} \cdot \text{m}^{-3}$。

爱因斯坦的广义相对论对任何形式的能量都会有响应, 包括真空能。此外, 真空的能量密度也是一个常数, 就像暗能量一样。流体公式 (29.50) 表明作为常数的真空能量密度会产生一个负压强

$$P_{\text{vac}} = -\rho_{\text{vac}}c^2 = -u_{\text{vac}}, \tag{30.7}$$

是一个 $w = -1$ 的物态公式 (式 (29.52))。很自然地我们会猜想暗能量就是真空能。然而，真空能的数值相比于暗能量高出许多。根据式 (29.113)

$$u_{\text{dark}} \equiv \rho_\Lambda c^2 = \rho_{c,0} \Omega_{\Lambda,0} c^2 = 6.22 \times 10^{-10} \ \text{J} \cdot \text{m}^{-3}. \tag{30.8}$$

如果将暗能量看作真空能量密度的话，我们会发现理论值与实际观测量值存在着大约 120 个量级的巨大差异，真空能量密度巨大的理论值与观测到的哈勃流速率有很大的矛盾。如果随着宇宙的膨胀以及其体积的增长，每 1m^3 的空间都有大约 10^{111}J 的真空能，那么宇宙会膨胀得过于迅速，以至于没有星系或恒星会在引力的影响下发生并合。

能够将真空能量密度理论值降低到现在的观测量值 u_{dark} 的物理机制尚未找到。根据一些前沿粒子理论，玻色子和费米子对真空能作出贡献的符号应该是相反的，因此会相互抵消，从而产生零真空能。如果对消不完全，那么我们就会观测到量级很小的残留真空能。但又是为什么这种对消对前 120 个量级都有效但到最后仍然无法完全平衡呢？迄今为止，宇宙学家和粒子物理学家为解决这一谜团而共同努力着，但几乎没有任何解释。尽管如此，我们暂时仍继续将暗能量和真空的能量密度视作同一概念，并接受目前观测到的接近零的数值。

30.1.8 假真空

在大一统时代末期，当 $t \sim 10^{-36}$s、$T \sim 10^{28}$K 的时候，宇宙进入一个称为**假真空 (false vacuum)** 的极其不稳定的阶段。假真空在宇宙年龄大约是 10^{-36}s 的时候存在并且不是真正的真空，所以宇宙并不是处于其能量密度最低的状态。取而代之的是宇宙会进入一个过冷的状态，温度骤降到远低于 10^{28}K 的水平，这个温度也是自发对称性破缺的温度。当相变速度比冷却速度慢得多时，就会发生过冷。例如水可以过冷到冰点以下 20K 而不发生相变。由于凝固会释放水的潜热，所以存在较低能量密度的态 (冰)，而过冷水在较高能量密度的液体状态下会持续存在。类似地，尽管自发对称性破缺对于能量密度为零的真真空在能量上是有利的，但宇宙仍然保持着高能量密度的不间断对称的假真空状态。根据大一统理论，假真空的能量密度为常数[①]：

$$u_{\text{fv}} \approx 10^{105} \text{TeV} \cdot \text{m}^{-3} = 1.6 \times 10^{98} \ \text{J} \cdot \text{m}^{-3} \tag{30.9}$$

30.1.9 量子涨落以及暴胀的开始

当时间 $t < 10^{-36}$s 时，宇宙膨胀是由相对论性粒子主导的。暴胀始于式 (5.20) 所示量子涨落的不确定性原理，这个原理允许在一个假真空宇宙中，有一小部分区域进入真正的真空状态。虽然真真空的气泡内部压力基本上为零，但是包围它的假真空是负压。泡沫内部的压力更大，导致泡沫会以惊人的速度变大。这样大约在 $t_i = 10^{-36}$s 时，假真空恒定的能量密度会在加速度公式 (29.116) 中占主导地位，那么这个公式就变成了如下形式：

$$\frac{\text{d}^2 R}{\text{d}t^2} = \left[-\frac{4}{3}\pi G \left(\frac{u_{\text{fv}}}{c^2} + \frac{3P_{\text{fv}}}{c^2} \right) \right] R. \tag{30.10}$$

---

① 重要提醒，在暴胀时期，暗能量所起的作用是微不足道的。如果暗能量被认为就是真空的能量密度的话，那么该膨胀机制需要一个额外的真空能量源，称为膨胀场，当膨胀结束时，这个真空能量源会被耗尽 (或者几乎耗尽)。

由式 (30.7)，$P_{fv} = -u_{fv}$，那么上式可变为

$$\frac{\mathrm{d}^2 R}{\mathrm{d}t^2} = \frac{8\pi G u_{fv}}{3c^2} R. \tag{30.11}$$

其指数解为

$$R(t) = R(t_i)\, \mathrm{e}^{t/\tau_i}, \tag{30.12}$$

其中，$R(t_i)$ 是暴胀开始时比例因子的初始值，而 τ_i 则是由下式给出的暴胀时间尺度：

$$\tau_i = \sqrt{\frac{3c^2}{8\pi G u_{fv}}} \approx 10^{-36}\ \mathrm{s}. \tag{30.13}$$

那么暴胀的时间间隔 Δt 又是多少呢？现在的基础物理学还不能提供答案，但是我们可以通过研究暴胀所导致的后果来估算最短的时间间隔：我们现在的宇宙和均匀的微波背景辐射是有因果联系的。在初始时间 $t_i = 10^{-36}$s 时，由式 (29.154) 可知视界距离仅有

$$d_i = 2ct_i = 6 \times 10^{-28}\ \mathrm{m}, \tag{30.14}$$

当暴胀在 $t_f = t_i + \Delta t$ 结束时，视界的膨胀必须至少要包含所有迄今为止可以观测到的宇宙，以解释宇宙微波背景辐射的均匀性。因此，我们可以将暴胀结束时最终的视界距离写为当前视界距离 $d_{h,0} = 14.6\mathrm{Gpc}$（式 (29.159)），再乘以比例因子 $R(t_f)$。根据式 (29.87)，

$$d_f = d_{h,0} R(t_f) = \left(4.5 \times 10^{26}\ \mathrm{m}\right) \left(2.04 \times 10^{-10}\ \mathrm{s}^{-1/2}\right) \left(t_i + \Delta t_{\min}\right)^{1/2}, \tag{30.15}$$

然后，可通过与均匀宇宙微波背景辐射相一致的条件去求解最小时间间隔：

$$2ct_i \mathrm{e}^{\Delta t_{\min}/\tau} = \left(4.5 \times 10^{26}\ \mathrm{m}\right) \left(2.04 \times 10^{-10}\ \mathrm{s}^{-1/2}\right) \sqrt{\tau} \left(\frac{t_i}{\tau} + \frac{\Delta t_{\min}}{\tau}\right)^{1/2}. \tag{30.16}$$

该式可以由数值求解得

$$\frac{\Delta t_{\min}}{\tau} = 62.4 \tag{30.17}$$

或

$$\Delta t_{\min} = 6.25 \times 10^{-35}\ \mathrm{s}. \tag{30.18}$$

在这个很短的时间段内，可观测宇宙的尺寸从 6×10^{-28} m 膨胀到 0.73 m！没有理由去说宇宙会耍心眼，使暴胀持续的时间长度正好只够让目前可观测的宇宙拥有均匀的宇宙微波背景辐射。一般来说都会假设暴胀阶段持续了 10^{-34}s 以上，在这段时间里宇宙的大小增长了约 $\mathrm{e}^{100} \simeq 3 \times 10^{43}$ 倍。这是一个最粗略的估计，实际上增长的倍数大概率会超过 10^{50}，这个值也经常被引用。

今天的可观测宇宙开始于一个真正真空的小气泡内，我们取气泡的初始直径为 10^{-36}s 时粒子视界的距离，也就是 $d_i = 6 \times 10^{-28}$m。在暴胀初始阶段，气泡中的每一个点都位于另一个点的粒子视界内，其内物质处于热力学平衡状态。我们今天在宇宙中观测到明显的各向同性和均匀性就是在那个较早的时期建立起来的。假设暴胀结束于 10^{-34}s，那么这个气泡的最终直径为

$$d_f = \mathrm{e}^{100}\, d_i = 1.6 \times 10^{16}\ \mathrm{m}.$$

那么，在这个膨胀的气泡中，有哪一部分会被构成当前可观测宇宙的物质所占据呢？为了回答这个问题，我们采用反向推导的方法。假设宇宙是平坦的，那么今天能观测到距离最远点的视界距离是 $d_{h,0} = 4.5 \times 10^{26}$m (式 (29.159))。根据式 (29.87)，10^{-34}s 时的比例因子是 $R = 4.9 \times 10^{-27}$。这意味着从式 (29.148) 中解出当时可观测到的宇宙的直径是

$$2Rd_{h,0} = 4.4 \text{ m} = 2.8 \times 10^{-16} \, d_f.$$

这个数值暗示了真真空的小气泡膨胀的程度。当暴胀阶段在 10^{-34}s 结束时，今天的可观测宇宙占据了总体积的 $5/10^{46}$。如果在暴胀之后，当前可观测到的宇宙是一个氢原子的大小，那么它所在的真真空气泡将暴胀为一个半径 200 km 的球体！

当大一统时代在自发对称性破缺后结束时，暴胀就终止了，并且强核力会与弱电力区分开来。假真空的高能量密度随后会被释放，就像凝固过程中潜热的释出一样。这些热量会重新加热宇宙，使宇宙的温度达到 10^{28}K，即膨胀的预期值，并且进入了粒子–反粒子对生成的爆发期。从这个时间点往后，宇宙的演化和之前讨论过的标准大爆炸模型便一致了。如图 30.4 所示，唯一的区别在最初的 10^{-34}s 左右。但是在加入这个瞬间暴胀的阶段之后，标准大爆炸模型所遇到的问题就一举解决了。

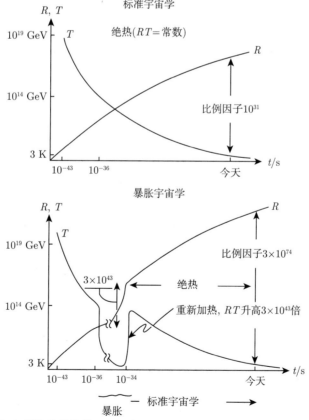

图 30.4 在加入和不加入暴胀阶段的情况下，宇宙温度和比例因子的演化。除了下限值，温度由 kT 给出 (图源自 Edward W. Kolb 和 Michael S. Turner，*The Early Universe* (第 274 页)，©1990 by Addison-Wesley Publishing Company，Inc.，Reading，MA。经出版商许可转载)

30.1.10 标准大爆炸理论相关问题的解决方法

真真空小气泡的指数级膨胀会将它内部大部分体积带离我们今天能看到的宇宙的边界。不过由于气泡的体积在暴胀前处于热力学平衡状态，所以宇宙微波背景辐射的光谱非常平滑，从而解决了视界问题。

暴胀也解决了平坦性问题。当真真空小气泡暴胀时，比例因子 R 增长的倍数大于 e^{100}。式 (29.194) 和式 (30.12) 显示了在暴胀阶段，密度参数会随下式变化：

$$\Omega(t) = 1 + \frac{kc^2}{(\mathrm{d}R/\mathrm{d}t)^2} = 1 + \frac{kc^2\tau_{\mathrm{i}}^2}{R^2(t)}.$$

R 至少 43 个量级的巨大增速迫使 $\Omega \to 1$。在暴胀模型中，可以有充足的理由指定暴胀后的密度参数和曲率分别为 $\Omega = 1$、$k = 0$，且暴胀宇宙是平坦的。注意这个对于平坦性问题的解答是根据物理学思想自然而然推导出来的，不需要特别指定初始条件或者初始值。

这个暴胀模型也能够解决单极子问题。回忆一下在大一统时代末期，我们预测缺陷会出现在内部自由度不连续的位置。

这些缺陷是假真空的残骸，仍然处在对称性未被破坏的状态中，所具有的能量由式 (30.9) 给出。它们的质量应当是极大的，一个点状的不连续性对应于一个磁单极子，并且由此可以推断其他类型的不连续也会对应于另外的一些对称性破缺的遗迹。举个例子，线性的不连续会引起**宇宙弦 (cosmic string)**，而平面的不连续称为**畴壁 (domain wall)**。图 30.5 为这些缺陷的几何示意图，另有一种称为**纹理 (texture)** 的缺陷没有在图上表示出来，因为这种不连续不是局限于点、线或平面的，无法通过这些来准确表达，它更像是弥漫的三维团块。

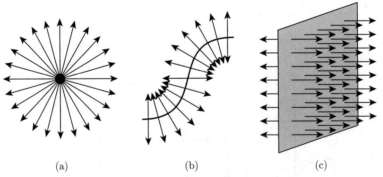

(a) (b) (c)

图 30.5 缺陷的种类：(a) 磁单极子；(b) 宇宙弦；(c) 畴壁。图中的箭头表示每种缺陷对应的几何图形

单极子和畴壁的质量非常大，如果宇宙的暴胀没办法将它们的影响力削弱到微不足道的程度，则它们的引力效应将会压倒普通物质。这些缺陷很可能会在均匀区域的边界上被发现——也就是说，会在真真空泡的表面附近存在。普遍认为，每个真真空泡仅存在数量极少的单极子或畴壁，就像我们前面提到过的，当暴胀阶段结束后，现在我们能观测到的宇宙仅占我们所处的真真空泡的很小一部分 (10^{46} 分之几)，所以磁单极子和畴壁在现在的宇宙中可以说是极其稀少的。

而宇宙弦和纹理在当今宇宙中会更多一些。典型宇宙弦是充满了假真空空间中的一条长裂纹，其拥有的线密度可能是约 $10^{21}\mathrm{kg\cdot m^{-1}}$。从最简单的理论出发，这些细的假真空管要么是无限长的，要么是它们会形成闭环，推测尺度应该有数百或数千 pc。宇宙弦也许可以通过它的引力透镜效应观测到，它会使从它两边经过的星光发生偏折，从而形成光源的双重图像。纠缠在一起的弦在被慢慢拉直时会被弯曲或者扭转，最终剥离形成小环，而这些小环有时也会把弦剪成更小的环。理论上来说这些小环会因为不断发出引力波而最终消失。

30.1.11　物质–反物质不对称

宇宙学家们面临的另一个挑战是如何解释为什么宇宙是由物质而不是反物质组成的。对我们星系所发出宇宙线的取样结果显示，除了 0.01% 有可能是反物质之外，几乎所有射线都是由物质发出的。而所检测到的那一小部分反粒子可以用高能相互作用加以解释，如两个高能质子碰撞时产生的质子–反质子对。能量超过 $10^{11}\mathrm{GeV}$ 的**稀有超高能宇宙线 (rare ultra-high-energy cosmic rays, UHECR)** 也许是 (或不是) 来自于室女座星系团的 M87 星系。(来源只是一个推测，银河系复杂的电磁场环境会使稀有超高能宇宙线的轨道复杂化。) 对于稀有超高能宇宙线的观测并没有收集到有反粒子存在的迹象。也没有任何迹象表明存在一种物质和反物质的大量集中发生碰撞、剧烈湮灭所导致的某种特定能级的伽马射线。这表明，至少在银晕区域内，甚至可以延伸到距离约 16 Mpc 外的室女座星系团，这中间的宇宙线绝大多数是由物质组成的。

大一统理论的一些细节和暴胀后宇宙的冷却相结合可以解释**物质–反物质不对称 (matter-antimatter asymmetry)**。我们之前提到过，在暴胀前存在的任何粒子都会被指数级的膨胀稀释到微不足道的程度。所有当今宇宙中的粒子都来源于粒子–反粒子大爆发——这种爆发是由假真空释放的能量 (潜热) 推动的[①]。宇宙中充满了夸克、轻子、光子和其他一些奇异的假设粒子，这些粒子可以简单地表示为 X 的玻色子以及它们的反粒子 $\overline{\mathrm{X}}$。大一统时代晚期的自发对称性破缺赋予了 X 粒子以质量，就像矢量规范玻色子在弱电统一结束之后获得了质量一样。这些质量极大的 X 粒子 $(m_\mathrm{X}c^2 \sim 10^{15}\ \mathrm{GeV})$ 在现今能量过低的宇宙中并不存在。

根据万有理论，X 粒子和 $\overline{\mathrm{X}}$ 粒子存在的数量是相同的，并且可以通过以下反应分别转变为两个夸克和两个反夸克：

$$X \rightleftharpoons \mathrm{q} + \mathrm{q}, \tag{30.19}$$

$$\overline{X} \rightleftharpoons \overline{\mathrm{q}} + \overline{\mathrm{q}}. \tag{30.20}$$

通常认为第一个反应比第二个反应发生得要更频繁一些[②]。

实验中已经发现了与反应速率有关的物质–反物质的不对称。其中有一种称为 K 介子的粒子，可以通过 $\mathrm{K} \rightarrow \pi^- + \mathrm{e}^+ + v_\mathrm{e}$ 和 $\mathrm{K} \rightarrow \pi^+ + \mathrm{e}^- + \overline{v}_\mathrm{e}$ 两种核反应衰变为另外一种粒子，称为 π 介子。第一种反应比第二种反应发生得略微频繁一些 (可以被观测到)。

最开始温度足够高，式 (30.19) 和式 (30.20) 所示的反应以正反向等速率发生。但随着宇宙的冷却和粒子特征能量的降低，从而没有足够的补充能量能跟上 X 粒子和 $\overline{\mathrm{X}}$ 粒子衰退

[①] 阿兰·古斯曾经称之为"终极的免费午餐"。

[②] 如果你对现代物理学有一定的了解，那么你一定会注意到重子数和 CP 对称性 (即电荷和宇称对称性) 是不一致的。这两种不一致都是大一统理论的整体特征。

的速率。这样，比起反夸克的数量，夸克的数量就会永久过剩，并且这种过剩在 $t \sim 10^{-11}$ s 时发生弱电对称性破缺后仍能保留下来，一直持续到宇宙年龄为几微秒的时候。此时宇宙已经充分冷却 ($T \sim 10^{12}$ K)，夸克–强子相跃迁得以发生。当夸克和反夸克互相之间结合产生大量重子和反重子时，重子就会稍微过剩。在这之后就是剧烈的粒子–反粒子湮灭，消除了几乎所有的反粒子，只留下一小部分稍微过剩的重子组成了我们今天宇宙中的可见部分。随后，大量释放的光子会被宇宙的膨胀不断冷却，最终成为宇宙背景辐射。宇宙中几乎所有的光子都来自于宇宙微波背景辐射，其他光源发出的光子 (如恒星) 根本无法与其相比较。宇宙中重子与光子数量之比大约是 5×10^{-10} (见习题 30.1)。因为一对重子与反重子的湮灭可以创造两个光子，所以根据这个数值可以推测大约每一百万重子–反重子对中会出现一个未配对的重子。这些未配对的重子是湮灭之后的微小残留，构成了如今的物质世界。

30.1.12　宇宙微波背景辐射及物质和辐射的解耦

在氦核形成之后的几千年里，宇宙一直是由光子、氢核、氦核和电子组成的热汤。辐射是宇宙膨胀动力学的主导组分，比例因子随着宇宙膨胀以 $R \propto t^{1/2}$ 的比例增长。最终，在 $t \simeq 2 \times 10^{12}$ s 的时候，宇宙微波背景辐射已经足够黯淡，大量的粒子开始主导宇宙的膨胀。在温度约为 9000 K 的时候，辐射时期结束，物质时期开始。

自由电子的大量存在会继续阻碍宇宙微波背景辐射的光子，直到电子与原子核结合形成中性原子，此时温度会下降到 3000 K 左右。由此导致的不透明度下降使辐射与宇宙中的物质分离，光子也能够在宇宙中自由传播。正如我们将要看到的，这种解耦对高密度区的崩坏和随后宇宙结构的形成有着重大影响。

30.2　宇宙大尺度结构的起源

即使是随便看一眼夜空，我们也能够获得足够的证据来证明宇宙并非完全均匀的。从行星到星系再到超星系团，宇宙在各种尺度上都有着丰富的结构。一个典型星系的密度大约是整个宇宙平均密度的 10^5 倍，所以现在的宇宙在小尺度上可以被认为是块状的。本书的最后一节将会论述宇宙大爆炸中出现的无特征坍塌结构，而对星系和星系团的研究揭示了早期密度波动的存在。

30.2.1　绝热和等温密度涨落

早期宇宙 (复合之前) 充满了由光子和粒子组成的热等离子体。电子和光子会由于康普顿散射和电磁相互作用而紧密耦合，并且电子会将质子与光子耦合。其结果为，光子、电子和质子会一起运动从而产生**光子–重子流体 (photon-baryon fluid)**。由海森伯不确定性定理可以导出，因为粒子的位置的不确定性，早期宇宙中一定存在密度的不均匀性。

这些扰动在所有尺度上几乎都是相同的，因此由密度起伏引起的引力势扰动的大小也应该几乎相同，即我们可以认为密度涨落几乎是**标度不变 (scale-invariant)** 的[①]。一般认为它们的质量分布在恒星质量到星系团质量之间的任何范围内，而质量波动较小的则更为常见。

① 我们说几乎是标度不变的，因为根据暴胀理论的测算，在较小的质量尺度上，波动也会稍微弱一些。WMAP 于 2006 年 3 月公布了能够证实这一测算的观测结果，有力地支持了暴胀宇宙学模型。

质量涨落的类型共有两种。原则上讲，早期宇宙中的四种组分：光子、重子、中微子和暗物质都应该有它们独立的涨落。如果一种组分的涨落与另一种组分的涨落是成比例的，那么它们之间就没有能量交换，我们称之为**绝热涨落 (adiabatic fluctuations)** 或**曲率涨落 (curvature fluctuations**，如此命名是因为非零质量涨落会影响局部的时空曲率)；另一种被称为**等温涨落 (isothermal fluctuations)** 或**等曲率涨落 (isocurvature fluctuations)**，这四种密度涨落的和为零。这些涨落与势能密度的增大、减小或被"冻结"有关。举个例子，不同空间所拥有的粒子类型如果不同就可能会产生压力差，但由于物质与均匀辐射场密切的相互作用，粒子的运动会受到抑制，这使得压力差并不能使实际的密度不同得到平衡。而密度涨落的任何集合都可以用绝热涨落与等温涨落之和来表示。

这种绝热涨落和等温涨落之间的区分直到退耦时期辐射与物质能够区分开之后才结束。处于等温涨落中的粒子从周围的辐射阻力中解放出来，从而能够在压力差作用下开始运动，产生事实上的密度扰动，绝热涨落和等温涨落之间的区别也就随之消失了。等温涨落的重要性在于它深度冻结的能力，能够保持潜在的密度涨落，并保护它们不受绝热涨落的耗散过程的影响 (会在稍后进行描述)。因为在退耦之前，等温涨落并没有发生显著的变化，所以我们将集中讨论绝热过程。

30.2.2 绝热密度涨落的演化

量子力学密度涨落保证了即使是在第一时间观测，宇宙大爆炸也不是完全均匀的。任何空间区域总是会在低密度和高密度之间随机摇摆。然而，与光子耦合的重子物质仍然均匀地分布在整个等离子体中。大约在 10^{-36} s 时，暴胀的出现让宇宙突然以指数级的速度膨胀，导致密度过高区域和密度过低区域的大小都远远超过了当时的粒子视界，从而让这些密度涨落之间失去了因果联系，基本处于一种冻结的状态。这些区域内粒子的运动会因为它们无法受到视界外环境的影响而处于抑制状态，由此这些区域只能被动地随宇宙一起膨胀。

为了帮助理解超视界大小的密度增强区是如何在宇宙膨胀的大背景下随时间演化的，我们首先关注一个特别简单的例子：假设在一个密度为 $\rho(t)$ 的平坦宇宙中，有一个球形区域，其密度 $\rho'(t) > \rho(t)$，见图 30.6，因为该球体内密度涨落的动力学只取决于它所包含的

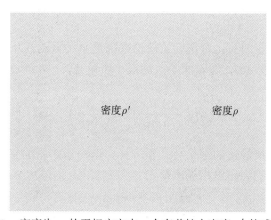

图 30.6   密度为 ρ 的平坦宇宙中一个有着较大密度 ρ' 的球形区域

质量，所以可以把它的演变看成一个独立的实体，就像一个微型的封闭宇宙。

假设哈勃流一直是均匀的，那么高密度区域的扩张速度与周围区域相同，因此这两个区域可以用相同的比例因子 $R(t)$ 和相同的哈勃常数 $H(t)$ 来描述[①]。式 (29.9) 说明，对于高密度区域来说，

$$H^2 R^2 - \frac{8}{3}\pi G \rho' R^2 = -kc^2,$$

且对于平坦宇宙来说，

$$H^2 R^2 - \frac{8}{3}\pi G \rho R^2 = 0.$$

将这些结果除以 $8\pi G \rho / 3$，得到密度涨落 $\delta\rho/\rho$ 为

$$\frac{\delta\rho}{\rho} = \frac{\rho' - \rho}{\rho} = \frac{3kc^2}{8\pi G \rho R^2}. \tag{30.21}$$

在辐射时期，$\rho = \rho_{\text{rad}} \propto R^{-4}$ (式 (29.57))。将这些依赖关系应用于式 (30.21)，得到密度涨落可以表示为

$$\frac{\delta\rho}{\rho} = \left(\frac{\delta\rho}{\rho}\right)_{\text{i}} \left(\frac{t}{t_{\text{i}}}\right) \quad \text{(辐射时期)}, \tag{30.22}$$

其中，$(\delta\rho/\rho)_{\text{i}}$ 表示在一些特定初始时刻 t_{i} 时 $\delta\rho/\rho$ 的值。因此，在辐射时期，超视界的绝热涨落振幅会随时间而线性增加。（在 $\delta\rho/\rho = 0$ 时等温涨落会冻结。）

同样地，在物质时期，$\rho \propto R^{-3}$ (式 (29.5))，并且比例因子在平坦宇宙中随时间变化关系满足 $R \propto t^{2/3}$ (式 (29.31))，所以

$$\frac{\delta\rho}{\rho} = \left(\frac{\delta\rho}{\rho}\right)_{\text{i}} \left(\frac{t}{t_{\text{i}}}\right)^{2/3} \quad \text{(物质时期)} \tag{30.23}$$

注意，$\delta\rho/\rho$ 的增长与高密度区域和哈勃流的分离无关。密度扰动幅度的增加是由于随着宇宙的膨胀，涨落内外密度降低的速率不同。现在我们将时间推进到辐射时期的后期，此时粒子视界已经扩展到能够包含整个绝热密度涨落区域。这时密度增强区域是有因果联系的，可以作为一个整体对内部的物理条件作出反应。从这一刻开始，涨落的演化由其质量和金斯质量的相对值决定。

金斯质量随宇宙膨胀的演化对我们的理论来说是至关重要的。由静态 (不膨胀) 介质的公式 (12.14) 可知，能使 $\delta\rho/\rho$ 随时间增大的最小质量是[②]

$$M_{\text{J}} \simeq \left(\frac{5kT}{G\mu m_{\text{H}}}\right)^{3/2} \left(\frac{3}{4\pi\rho}\right)^{1/2}. \tag{30.24}$$

尽管低于这个最小质量所导致的结果会大不一样，但对于膨胀的宇宙，同样的质量表达式依然是有效的，很快我们会作出相应诠释。

[①] 实际上比例因子仍会有微小的变化，但在早期宇宙中这种变化可以被忽略。

[②] 在 12.2 节金斯质量的推导过程中，我们必须要注意 M_{J} 代表的一定是重子物质。举个例子，在 M_{J} 推导中采用的 $K = \frac{3}{2}NkT$ 关系式不能用于非重子物质的推导。

金斯质量也可由绝热声速给出。一般地，声速定义为

$$v_{\mathrm{s}} = \sqrt{\frac{\partial P}{\partial \rho}}. \tag{30.25}$$

对我们所熟悉的空气中的绝热声速来说，$P = C\rho^{\gamma}$，式中 C 是一个常数，通过反演式 (10.84)，我们有

$$v_{\mathrm{s}} = \sqrt{\frac{\gamma P}{\rho}} = \sqrt{\frac{5kT}{3\mu m_{\mathrm{H}}}}, \tag{30.26}$$

其中，最右边的表达式来源于理想气体公式 (10.11)，对于理想单原子气体来说 $\gamma = 5/3$。重新整理该式并代入式 (30.24)，则金斯质量为

$$M_{\mathrm{J}} = \frac{9\rho}{2\pi^{1/2}} \frac{v_{\mathrm{s}}^3}{(G\rho)^{3/2}}. \tag{30.27}$$

在复合时期，金斯质量对温度的依赖性发生了显著的变化。尽管这一性质在式 (30.27) 中并不明显，但是针对复合时期之前金斯质量更细致的推导发现，分子中的 ρ 即为重子质量密度 ρ_{b}。因为物质与辐射的温度在这个时间段里是相等的，则式 (29.5) 和式 (29.58) 表明，$\rho_{\mathrm{b}} = \rho_{\mathrm{b},0}/R^3 = \rho_{\mathrm{b},0}T^3/T_0^3$。然而，分母中的 ρ (式 (30.27)) 所包含的是光子主导的效应，所以分母中 $\rho \propto T^4$ (式 (29.77))。此外，在复合时期之前，$P_{\mathrm{rel}} = u_{\mathrm{rel}}/3 = \rho_{\mathrm{rel}}c^2/3$ (式 (9.11))，因此声速为

$$v_{\mathrm{s}} = \sqrt{\frac{\partial P}{\partial \rho}} = \frac{c}{\sqrt{3}}, \tag{30.28}$$

大约是光速的 58%。如图 30.7 所示，我们可以得到的结论是，金斯质量在复合时期到来之前与 T^{-3} 成正比。复合时期之后，分母中的密度转而采用质量密度，也因此声速会骤降

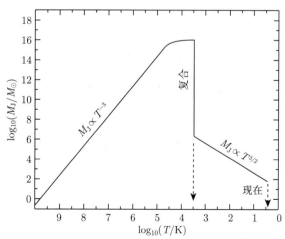

图 30.7　宇宙膨胀过程中金斯质量 M_{J} 随温度的变化。复合 ($M_{\mathrm{J}} \simeq 10^{16}M_{\odot}$) 时尖锐的峰事实上由于暗物质的存在，被削平了

到理想气体中的取值。由于辐射和物质在复合时期之后被解耦，质量密度与温度不再相关。唯一与温度有关的物理量就是如式 (30.26) 所示的声速，也因此复合之后金斯质量转而与 $T^{3/2}$ 成正比。

图 30.7 表明了金斯质量与温度之间的依赖关系，事实上，由于暗物质的存在，其在复合时期之前的峰会有所降低，从而在 $M_J \simeq 10^{16} M_\odot$ 处产生一个平台。

在复合发生之前，金斯质量大约会比一个因果关联区域内重子物质的质量大一个量级 (见习题 30.7)，所以亚视界尺度质量的密度涨落总是小于金斯质量。因此，在此期间，绝热密度波动的增长会受到抑制。换句话说，$\delta\rho/\rho$ 在进入物质时期之前，会一直是个常数。

30.2.3　声学振荡和阻尼

从绝热涨落变为亚视界大小再到复合，它经历了类似于恒星脉动的**声学振荡** (见 14.2 节)。声波传播的速度与光速成固定比例 $(c/\sqrt{3})$，直到复合发生。这些声波会产生压缩的区域 (温度略高) 和扩张的区域 (温度略低)。在退耦时，宇宙微波背景辐射波谱上会留下这些温度不同区域的线索。在讨论完密度涨落的演化之后，我们将再一次讨论这些非常重要的声学振荡。

较小的绝热涨落在声学振荡阶段是无法继续存在的。因为当声波的波长足够短时，光子会扩散并从被压缩的区域泄漏。逃逸的辐射和物质之间的密切相互作用产生了一种平滑效应，抑制了短波的压缩。

30.2.4　能够克服阻尼所需的最小质量

为了弄清楚到底要多大的涨落才足以克服阻尼，我们首先考虑一个在退耦时刻 $t_{\text{dec}} = 3.79 \times 10^5 \text{yr}$ (式 (29.102)) 之前密度略高的区域。粗略地估计，如果这个区域大于一个弥漫的、随机漫游其中的光子到之前退耦的传播距离的话，那么密度涨落将会继续存在。光子的平均自由程由式 (9.12) 给出，取 $\ell = 1/(n\sigma)$，这里 $\sigma = 6.65 \times 10^{-29} \text{m}^2$，是电子散射截面 (式 (9.20))，且 n 是电子数密度。这样用宇宙年龄来表示光子的散射次数即为

$$N = \frac{t_{\text{dec}}}{\ell/c} = n\sigma c t_{\text{dec}}.$$

光子从起点开始的平均位移就可以由式 (9.29) 导出，

$$d = \ell\sqrt{N} = \frac{\sqrt{n\sigma c t_{\text{dec}}}}{n\sigma} = \sqrt{\frac{c t_{\text{dec}}}{n\sigma}}.$$

波长大于 d 的声波可以在弥漫光子的阻尼效应下存续。较短波长振荡的阻尼称为**希尔克阻尼 (Silk damping)**，以美国天文学家**约瑟夫·希尔克 (Joseph Silk)** 的名字来命名。

能够在密度涨落下存续的最小质量必须大致等于半径为 d 的球体内的质量。式 (29.5) 和式 (29.4) 表明，退耦时 $(z = 1089)$ 重子质量密度为

$$\rho_b = \frac{\rho_{b,0}}{R^3} = \rho_{b,0}(1+z)^3 \simeq 5.4 \times 10^{-19} \text{ kg} \cdot \text{m}^{-3}, \tag{30.29}$$

式中，当下的重子质量密度 $\rho_{b,0}$ 由式 (29.17) 给出。电子的数密度可以取 $n \simeq \rho_b/m_H$，为简便起见，假设组分为纯氢 (一个电子对应一个质子)。令 $\rho = \rho_b$，则球体内包含的质量大

约为

$$\frac{4}{3}\pi d^3 \rho_{\mathrm{b}} = \frac{4\pi}{3\rho_{\mathrm{b}}^{1/2}}\left(\frac{m_{\mathrm{H}}ct_{\mathrm{dec}}}{\sigma}\right)^{3/2} = 7.7\times 10^{13}M_\odot.$$

任何小于这个的绝热涨落的质量都不能在复合过程中存续。有趣的是,这个大约是 $10^{13}M_\odot$ 的数值会让人想起椭圆 cD 星系或其他小星系团的质量。

30.2.5 等温密度涨落

现在我们将注意力放回到等温密度涨落上。复合时期之后密度扰动的质量比 $10^{13}M_\odot$ 要小,这仅仅是因为 "冻结" 的等温涨落不受声学振荡阶段的耗散效应的影响。复合后,这些涨落实际上会转化为密度较大的区域。之前受辐射场限制的压力扰动就会被释放,从而让粒子运动起来并产生真正的密度差,这样就不需要进一步区分绝热和等温密度涨落了。

30.2.6 复合之后的金斯质量

复合时偏离平均密度的幅度是相当小的 ($\delta\rho/\rho \sim 10^{-4}$,我们之后会提到),但这些涨落的质量包含了许多不同的量级,大概从恒星到星系团都有。我们只能估算复合之后那一刻,也就是 $T \simeq 2970\mathrm{K}$ 时的金斯质量,密度由式 (30.29) 给出。假定成分为 $X = 0.77$、$Y = 0.23$ (式 (10.16)),取分子量的平均值为 $\mu = 0.584$,那么金斯质量就是

$$M_{\mathrm{J}} \simeq \left(\frac{5kT}{G\mu m_{\mathrm{H}}}\right)^{3/2}\left(\frac{3}{4\pi\rho}\right)^{1/2} \simeq 1.9\times 10^6 M_\odot,$$

这与球状星团的质量相当。复合后,质量超过大约 $10^6 M_\odot$ 的涨落会被放大。密度扰动的增长率就如式 (30.23) 给出的那样,$\delta\rho/\rho = (\delta\rho/\rho)_{\mathrm{i}}(t/t_{\mathrm{i}})^{2/3}$。

30.2.7 宇宙结构形成的时间

值得注意的是,从我们对密度涨落的分析中得出的两个特征质量值 $10^6 M_\odot$ 和 $10^{13}M_\odot$,包含了从星团到星系团的一系列质量范围,包括大多数我们感兴趣的星系天体。现在我们会根据这些高密度区域的演化,研究它们能否生成宇宙中可以实际观测到的天体。

例 30.2.1 红移最大的类星体是 J114816.64+525150.3 (本书撰写时),是由斯隆数字巡天发现的。其红移为 $z = 6.43$,对应的 $R_{\mathrm{q}} = 1/(1+z) = 0.135$ (下标 "q" 表示 "quasar",即 "类星体")。取 WMAP 值,利用式 (29.129) 求解,当光离开类星体时宇宙的年龄为 $2.75\times 10^{16}\mathrm{s} = 872$ Myr。我们假设一个区域内的引力坍缩在 $\delta\rho/\rho \approx 1$ 时就可以开始。在这个时间点上,非线性效应开始变得明显,这个区域会从哈勃流中分离出来并且开始坍缩。令 $(\delta\rho/\rho)_{\mathrm{q}} = 1$ 作为能够形成这个最远类星体的坍缩的参数,式 (30.23) 就可以被用来求解复合时密度涨落的尺度。取 $[t_{\mathrm{dec}}] = 3.79\times 10^5$ yr (式 (29.102)),其结果为

$$\left(\frac{\delta\rho}{\rho}\right)_{\mathrm{rec}} = \left(\frac{\delta\rho}{\rho}\right)_{\mathrm{q}}\left(\frac{t_{\mathrm{dec}}}{t_{\mathrm{q}}}\right)^{2/3} \simeq 0.005.$$

也就是说，要能够形成这个最遥远的类星体，则在退耦发生时，一定会有千分之几的密度涨落。

这个例子中得到的结论与宇宙背景辐射各向异性的细致观测结果相矛盾。退耦时，当光子逃出最大涨落周围的引力势阱时，它们会经历一段引力红移。(这些最大的涨落会在第 1041 页详细阐述。) 来自密度增强区域的辐射应比背景 CMB 略冷，而来自密度较低区域的辐射温度应该略高。这些宇宙微波背景辐射温度的涨落的范围已经被测定为 $\delta T/T \simeq (1 \sim 7.5) \times 10^{-5}$。这些性质可以由式 (29.5) 和式 (29.58) 转化为密度差异，上述特征都说明 $\rho \propto T^3$。证明这种关系的线性化将被留作练习：

$$\frac{\delta \rho}{\rho} = 3 \frac{\delta T}{T}. \tag{30.30}$$

其结果数值 $\delta \rho/\rho \simeq (0.3 \sim 2.3) \times 10^{-4}$ 大约要比例 30.2.1 中所预测的结果低两个量级。以这些温度涨落为代表的重子物质，其本身是没有办法进行足够快的积累以达到坍缩所需的量并形成目前宇宙中常见的大尺度结构的。即使是这种对重子物质的简单分析无法探测到这些涨落，但在复合的时候的密度涨落一定会比这些大上几百倍。

非重子暗物质可能是解答这个问题的一条思路。如果忽略暗物质与辐射的相互作用，那么在物质时期开始、退耦之前，暗物质可能早就开始积累了[①]。(回想一下，重子涨落不能在这段时间内增长，因为辐射和重子物质的密切的相互作用导致了声速为 $c\sqrt{3}$，这反过来又导致了一个极高的重子质量值。) 在物质时期，暗物质的浓度会以式 (30.23) 给出的速率增长，即 $\delta \rho/\rho = (\delta \rho/\rho)_i (t/t_i)^{2/3}$。到退耦的时候，暗物质的相对密度可能已经增强到了十分之几的水平，如例 30.2.1。在退耦之后，重子物质会因为引力作用而被吸引到这些暗物质团中。人们认为，由此产生的重子涨落的大小将很快赶上暗物质的涨落，此后它们将拥有共同的 $\delta \rho/\rho$ 值，它们的增长则形成了整个宇宙可见的普通物质的聚集。当 $\delta \rho/\rho \approx 1$ 时，这些暗物质和重子物质的区域将从哈勃流中分离出来，并开始坍塌，形成星系的球状部分、类星体的中心引擎和其他的早期结构，参见表 30.3。然而，这个解释有着很严格的时间限制，暗物质区域的坍缩是否能解释观测到的早期结构尚无定论。

表 30.3　结构形成的红移。不同结构形成时的大致红移 (改编自 Peebles, *Principles of Physical Cosmology*, Princeton University Press, Princeton, NJ, 1993)

宇宙结构	红移
宇宙微波背景辐射密度涨落	$[z_{\text{dec}}]_{\text{WMAP}} = 1089$
星系球状成分	$z \sim 20$
第一个活动星系核中央引擎	$z \geqslant 10$
星际介质	$z \sim 10$
星系暗晕	$z \sim 5$
最初 10% 的重元素	$z \geqslant 3$
富星系团	$z \sim 2$
旋涡星系的薄盘	$z \sim 1$
超星系团、壁和空洞	$z \sim 1$

[①] 在辐射时期早期，由于宇宙膨胀得过快，从而没有任何亚视界大小的密度涨落可以增长，不管它们的组分如何。

30.2.8　确定第一批恒星和星系形成的时间

有一个远在星系团阿贝尔 2218 (Abell 2218) 之外的星系被发现，这说明了可供星系形成的时间到底有多紧张。其在红移大约为 $z \simeq 7$ 处，这是我们发现的最远的星系。

我们观测到的光是在宇宙尺寸仅为现在的 $1/(1 + z) = 0.125$ 时离开这个星系的。根据式 (29.129)，取 WMAP 测量值，对应宇宙大爆炸之后仅仅 7 亿 8000 万年，只有目前宇宙年龄的 5.7%。这个星系很小，直径大概只有 600 pc，但无论如何，这是一个非常活跃的恒星形成地。幸运的是，阿贝尔 2218 作为一个引力透镜，放大了这个最远星系的图像，使它能够被探测到。这样一个年轻星系的存在为宇宙大尺度结构形成的理论提供了诸多限制。因为它在大爆炸后不到 10 亿年就形成了，所以它的形成速度肯定非常快 (可能经由了 26.2 节所讨论的耗散坍塌过程)。

反映第一批恒星和星系形成时间的一条线索来自对高红移类星体中莱曼 α 丛光谱的观测 (见 28.4 节)。密集的莱曼 α 吸收线是由类星体和地球之间红移较小的中性氢云产生的，中性氢可以非常有效地吸收 122nm(UV) 的光子。但如果在 $z = 1089$ 的复合之后，所有星系际介质中的氢仍然保持中性，那么几乎所有莱曼 α 线都应该会因为受星系间中性氢影响而衰减至接近于零。实际上，星系际介质中的中性氢会充当一个吸收云的角色，在朝向地球的方向上红移会持续降低，这进一步说明星系际介质中的氢不是中性的，而是几乎完全电离的。

在复合之后，我们可以下结论：宇宙在第一代恒星和活动星系核 (AGN) 形成并开始发光之前，会进入一个 "**黑暗时期 (dark age)**"。第一代恒星和活动星系释放出的紫外辐射会将这个宇宙重新电离，并且直到现在也仍然保持着电离状态。如果我们可以在大红移类星体的莱曼 α 光谱上找到一处平台，那么就可以说我们观测到的这个类星体处于**再电离时代 (epoch of reionization)**。这个类星体光谱上的平台区域称为**耿恩–彼得森槽 (Gunn-Peterson trough)**，这个名字来源于预言它存在的天文学家**詹姆斯·耿恩 (James Gunn，美国)** 和**布鲁斯·彼得森 (Bruce Peterson，澳大利亚)**。图 30.8 为高红移类星体的**耿恩–彼得森槽**。莱曼 α 谱线的相对迅速地黯淡表明，星系际中性氢的再电离在 $z = 6$ 时完成，其最后阶段发生得很快。我们很可能已经接触到了 "黑暗时期" 的结束时期。

根据 WMAP 结果，第一批恒星在宇宙大爆炸之后大约两亿年被点燃。斯皮策空间望远镜可能已经探测到了由引发宇宙再电离的第一代天体所发出的这种光 (会向红外方向偏移)。在镜头对准天龙座方向进行了 10h 的深度曝光之后，所有已知的天体都被仔细地从图像中剔除了，只留下一个红外背景，可能包括第一批恒星 (星族 Ⅲ) 发出的光芒，见图 30.9。

30.2.9　自上而下的星系形成和热暗物质

之前提到过，计算得到的复合时期的两个质量值刚好粗略地跨越了星系结构的质量范围。金斯质量 $M_J \simeq 10^6 M_\odot$ 是球状星团的典型质量。另外，在复合前的声学振荡阶段幸存下来的绝热涨落质量下限 $10^{13} M_\odot$ 是 cD 型椭圆星系或者一个小星团的特征质量。(绝热密度涨落和热暗物质被认为具有一致的行为，因为它们都有阻拦成群通过它的光子和快速移动粒子的倾向。)

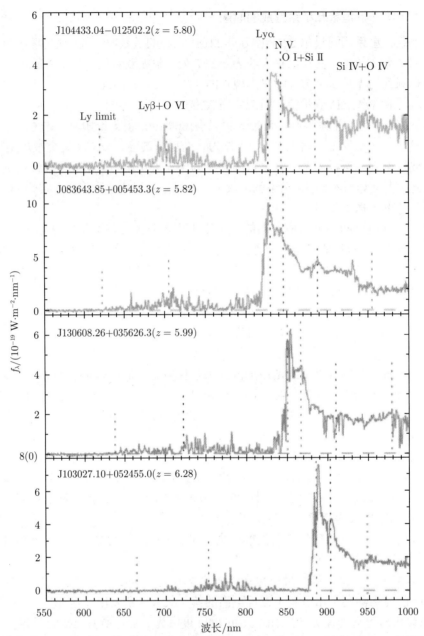

图 30.8 观测四个高红移类星体得到的耿恩–彼得森槽, 说明了随红移 z 的增大莱曼 α 丛谱线快速衰减。这表明电离氢的丰度在 $z \sim 5$ 到 6 时会显著下降, 而宇宙进入再电离时代的时间点在 $z \sim 6$ 附近 (图源自 Becker 等, A. J., 122, 2850, 2001)

由此产生的自上而下的星系形成过程会涉及更大尺度结构的破坏。这个过程所隐含的问题是, 结构的破坏可能发生得太晚了, 而与观测到的最早星系形成时间并不一致。任何聚集效应都涉及非常大的质量 ($10^{13} \sim 10^{15} M_\odot$, 为星系团和超星系团的特征质量), 因此必须要求有一个自上而下的过程, 由更大的实体分裂形成小一些的星系。

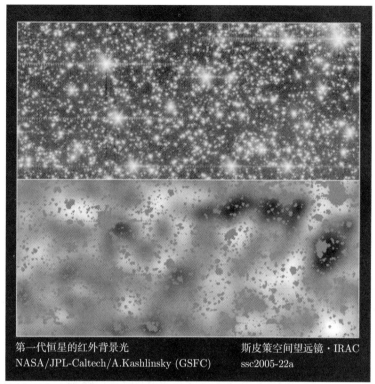

图 30.9　上方的图像是斯皮策空间望远镜经过 10h 曝光后的照片；下方的图像为去除所有已知天体之后剩余的红外辐射，也许是来自于第一代恒星

30.2.10　自下而上的星系形成和冷暗物质

　　另一方面，冷暗物质运动缓慢，理论上来说更容易积累。当物质时期开始时，冷暗物质的浓度可以开始在各种质量尺度上聚集，从而产生一种自下而上的假设，即由较小的部分组成更大的星系。而冷暗物质模型所面临的问题在于，早期宇宙的数值模拟很难再现红移观测中发现的星系空洞，如图 27.22 所示。已经发现，如果星系的形成是有偏差的，那么星系往往更容易在密度过大的区域形成，冷暗物质的这个问题就可以克服。

　　图 30.10 展示了冷暗物质自下而上聚集和热暗物质自上而下碎裂而形成宇宙大尺度结构的数值模拟图像。如 24.2 节和 26.2 节所阐述的那样，目前的观测事实和数据分析强烈支持自下而上的星系形成过程。今天我们观测到的亮星系是由高红移区域的星系碎片拼接而成的。

　　高红移星系和类星体是几乎所有大尺度结构形成理论所面临的巨大挑战。斯隆数字巡天发现了数个 $z > 6$ 的明亮类星体，这表明在宇宙年龄还不到 1 Gyr 的时候，存在着 $10^9 \sim 10^{10} M_\odot$ 的超大质量黑洞。更重要的是，最贴近实际的大尺度结构形成数值模拟可以重现宇宙中这些非常早期的组成部分。由英国、德国、日本、加拿大和美国科学家组成的国际组织——室女座联盟 (Virgo Consortium) 计算了 $\sim 10^{10}$ 个粒子从 $z = 127$ 时开始演化，最终在一个边长 $500h^{-1}$ Mpc 的立方体中形成了大约 2×10^7 个星系，这个项目被该组织称为 "**千禧年模拟**"。其结果 (图 30.11) 表明，几个大质量黑洞能够形成得足够快 (大约

是几个 10^8 年)，这个速度可以解释斯隆数字巡天的观测结果。这些黑洞最后演化成为一些质量最大的星系，它们位于最大星系团的中心。

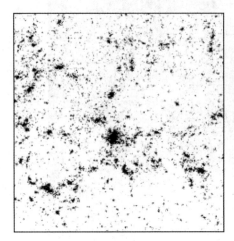 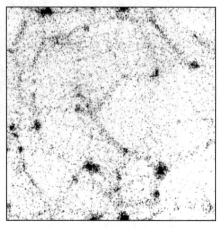

图 30.10　自下而上冷暗物质聚集模型 (左) 和自上而下热暗物质碎裂模型 (右) 的大尺度结构数值模拟结果。两者都取 $\Omega_0 = 1$ 和 $h = 0.5$(图源自 Frenk，*Physica Scripta*，T36，70，1991)

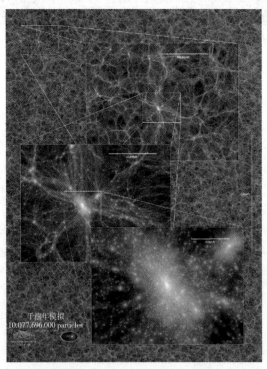

图 30.11　对 2 亿个星系进行的千禧年模拟。这是一个厚度为 15 Mpc h^{-1} 的薄片，红移 $z = 0$。细部图的放大倍数为 4，放大倍数最大的图像显示了一个富星系团的亚结构 (图由室女座联合提供)

30.2.11 宇宙学谐波和声学振荡

庄子（公元前 4 世纪[①]）讲道：”地籁则众窍是已，人籁则比竹是已，敢问天籁？” 意为 "地籁是从万种窍穴里发出的风声，人籁之音是由于吹笙竽等乐器的竹管发出的。我再冒昧地向你请教什么是天籁？"

现在我们回到第 1028 页上提到的声学振荡。回忆一下在复合之前，光子、电子和质子会一起运动构成光子–重子流。量子力学密度涨落导致空间区域的密度在低密度和高密度之间随机变化。在大约 10^{-36} s 的时候，暴胀突然发生，让宇宙空间以指数级扩张，其速度如此之快，以至于密度过高和密度过低的区域的大小远远超过了当时的粒子视界。这些密度涨落基本上是被冻结的，这些区域作为一个整体相互之间是无法应答的，因为它们之间的因果联系是被掐断的。

当粒子视界最终增长到足以吞噬密度涨落时，涨落就会被释放，与周围环境发生相互作用。在这个时刻，宇宙年龄约为 10^5 年，穿过等离子体的声波充满了各个角落。当一个区域的密度因被压缩而略微增大时，同时也会被略微加热 ($\delta T/T \approx 10^{-5}$) 直到辐射施加的压力能抵抗这种运动。同样地，当密度因膨胀而减小时，同时也会被略微冷却。声波的小振幅意味着通过的波会使光子–重子流体受迫产生简谐运动。这种运动一直会持续到退耦时期，此时正值大爆炸核合成，电子会与质子或更重的原子核相结合。此时宇宙微波背景辐射光子被释放，能够自由传播并携带早期声学振荡的特征信号。宇宙微波背景辐射图像上的一些区域的温度会略微高一些 (频率略高)，而另一些区域会显得低一些。

光子的频率也会因逃出密度涨落所造成的引力势阱时能量的消耗被**萨克斯–沃尔夫效应 (Sachs-Wolfe effect)** 所影响。密度过大的区域会导致光子频率的略微降低 (也因此温度会略低)，而密度不足的区域则会产生相反的效果。

之前在第 14 章中曾经提到过，天球上宇宙微波背景辐射温度变化的总体模式 (图 30.12) 可以表示为一系列球谐函数之和 $Y_m^\ell(\theta, \varphi)$，参考图 14.16，注意一个给定的 $Y_m^l(\theta, \varphi)$ 图像有 ℓ 条节线 (节线上 $Y_m^l(\theta, \varphi) = 0$)，其中有 $|m|$ 条节线过图像的北极点 ($\varphi = 0$)。

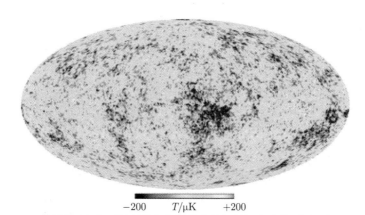

$$-200 \quad T/\mu\mathrm{K} \quad +200$$

图 30.12　由 WMAP 轨道天文台观测到的宇宙微波背景辐射温度涨落 (图源自 Bennett 等，*Ap. J. Suppl.*, 148，1，2003)

---

① 引自《庄子之道》，托马斯 • 默顿（译），New Direction 出版社，1965。

在给定的方位角 (θ,ϕ) 处的温度涨落为

$$\frac{\delta T(\theta,\phi)}{T} = \sum_{\ell=1}^{\infty} \sum_{m=-\ell}^{\ell} a_{\ell,m} Y_m^\ell(\theta,\phi).$$

系数 $a_{\ell,m}$ 通常来说是复数，因为球谐函数本身就是复变函数。$a_{\ell,m}$ 的值可通过观测宇宙微波背景辐射并计算各个方向的 $\delta T/T$ 来确定。$\ell=1$ 体现的是宇宙微波背景辐射的偶极各向异性 (由观测者所处空间相对于哈勃流的本动速度引起的宇宙微波背景辐射谱的多普勒频移，见式 (29.62))，这在之前的分析中是被忽略的。

为了消除 $\varphi=0$ 时方向任意性的影响，可以将 m 取为 $2\ell+1$ 个值的角平均：

$$C_\ell = \frac{1}{2\ell+1} \sum_{-\ell}^{\ell} |a_{\ell,m}|^2 = \frac{1}{2\ell+1} \sum_{-\ell}^{\ell} a_{\ell,m} a_{\ell,m}^*,$$

其中，a^* 是 a 的复共轭。这样角功率谱就可以定义为 $\ell(\ell+1)C_\ell/(2\pi)$。注意，其中的每一项都大于等于 0，因此不管正的还是负的温度涨落都对角功率谱有贡献，它们都不会相互抵消。

C_ℓ 的值包含了许多关于早期宇宙的物理状况和组成成分的信息。图 30.13 为宇宙微波背景辐射的角功率谱以及 ΛCDM 宇宙模型理论上的最佳拟合，其结果是令人啧啧称奇的。如果从声乐的角度去类比这个波形，它很像某种乐器 (比如长笛) 发出的声音显示在示波器上的图像。波形确定了长笛的基波和谐振频率，峰的高度决定了谐波的相对功率。类似地，图 30.13 可以看到早期宇宙声学振荡的基波 (最高峰) 和二次谐波。就像长笛里的空气有几种振动方式一样，天球上的宇宙微波背景辐射也是如此。

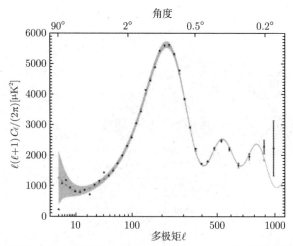

图 30.13　宇宙微波背景辐射温度涨落的角功率图。实线是 ΛCDM 宇宙模型的最佳匹配线 (图改编自 Hinshaw 等，*Ap. J.* (submitted)，2006；以及 NASA 和 WMAP 的科学团队)

30.2.12　对宇宙谐波的理解的略微调整

那又是为什么宇宙 "交响乐" 会包含这些特殊的 "和声" 呢？又是为什么在 ℓ 值很小时会有一个又低又缓的平台呢？而当 $\ell \simeq 200$ 时会有一个基本峰 (在天空中的角大小大约为 $1°$)，在这之后出现了几个谐波峰，当 ℓ 值达到 1000 时，其峰会大大下降，这些又该作何解释呢？这些都是很难解决的问题，因为实际上我们是在观测声波的截面，其与最后散射面是相交的 (我们很容易忽略这一复杂的状况)。但我们仍然可以用一些简单的模型来理解角功率谱的主要特征。

让我们先从 $\ell \simeq 200$ 处的第一个峰开始。我们想确定对声波有反应的最大区域的角直径。要使该区域能作为一个整体作出某种反应，声波必须要在退耦时期，即 t_dec 时穿过该区域，这称为**声波视距 (sonic horizon distance)**。因为退耦前的声速与光速成正比，声波视距 d_s 与粒子视界的关系为 $d_s = d_h/\sqrt{3}$。而早在退耦时刻之前，物质总量就已经超过了辐射总量，即 $t_{r,m} \ll t_\mathrm{dec}$，其中 $t_{r,m}$ 是辐射与物质相等的时间点 (式 (29.85) 和式 (29.102))，因此声学振荡基本上是在物质时期出现的。在物质时期，利用粒子视界式 (29.155)，$d_\mathrm{h} = 3ct$，那么声波视距就是

$$d_\mathrm{s}(t) = ct\sqrt{3}.$$

利用求解退耦时刻的式 (29.102)，得到

$$d_\mathrm{s}\left(t_\mathrm{dec}\right) = ct_\mathrm{dec}\sqrt{3} = 6.21 \times 10^{21}\ \mathrm{m} = 201\mathrm{kpc}.$$

现在我们已经估算了到最后散射面的固有距离，这个距离就是宇宙微波背景辐射光子的发源处以及我们所处区域的直径 $d_\mathrm{s}(t_\mathrm{dec})$。对于一个平坦宇宙来说，固有距离 d_p 和角距离 d_A 由下式联系起来 (式 (29.169)、式 (29.173) 和式 (29.191))：

$$d_\mathrm{p} = d_\mathrm{A}(1+z) = \frac{D(1+z)}{\theta}, \tag{30.31}$$

其中，θ 是直径为 D 的天体在红移 z 处的角直径。根据式 (29.145) 以及 $R(t) = Ct^{2/3}$ (式 (29.91)，C 是个常数)，在物质时期，我们可以得出固有距离：

$$d_\mathrm{p} = Ct_0^{2/3} \int_{t_\mathrm{dec}}^{t_0} \frac{c\mathrm{d}t}{Ct^{2/3}} = 3ct_0 \left[1 - \left(\frac{t_\mathrm{dec}}{t_0}\right)^{1/3}\right] = \frac{D(1+z)}{\theta}. \tag{30.32}$$

令 $D = d_\mathrm{s}(t_\mathrm{dec})$，取 $[z_\mathrm{dec}]_\mathrm{WMAP}=1089$，算出其对应的 t_dec 和 t_0，我们得到

$$\theta = 1.79 \times 10^{-2}\mathrm{rad} = 1.03°,$$

这对应于 $\ell \simeq \pi/\theta = 175$，与观测所得的第一个声波峰对应的值 $\ell \simeq 200$ 是比较接近的。更详细的分析表明，第一个峰的位置对 Ω_0 值敏感，由 $200/\Omega_0$ 给出。实际上，我们是通过被 Ω_0 确定的宇宙整体几何引力透镜来观测一个已知大小为 d_s 的区域，并将其角度大小与我们的理论预期进行比较。回旋镖天文台 (The Boomerang Observatory)[①]，这种装置是由

[①] 这个缩写的意思是 "毫米河外辐射各向异性和地球物理学的气球观测" (Balloon Observations Of Millimetric Extragalactic Radiation ANisotropy and Geophysics)。

一个持续时间很长的平流层气球带到高空并进行观测的,是最早完成这项测量的仪器之一。图 30.14 比较了回旋镖天文台的观测结果与闭合、平坦和开放宇宙的理论模型模拟。其结果是非常令人信服的,宇宙几乎是完美平坦的。

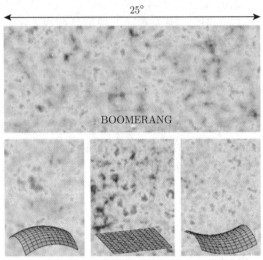

图 30.14　回旋镖天文台 (上) 观测到的宇宙微波背景辐射温度涨落和闭合 (左)、平坦 (中) 以及开放 (右) 宇宙模型的理论模拟。结果显示宇宙几乎是完美平坦的 (图由回旋镖天文台合作组织提供)

30.2.13　声学振荡的一个简单模型

为了进一步研究这些声学振荡,我们将考虑一个仍然保留基本物理的模型问题。假设有一个横截面面积为 A 和长度为 $2L$,充满气体的圆柱体,如图 30.15 所示。为了模拟声波通过时光子–重子流的涨落,我们希望研究圆柱体中的气体简谐运动的状态。

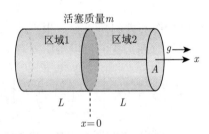

图 30.15　一个长 $2L$、横截面面积 A 的圆柱体,充满气体。一个可动活塞置于圆柱体中间

当然,圆柱体中的气体会形成一个驻波,但我们要的是近似的物理模型,而不是精确的答案。为此,在圆柱体中间放置一个可移动的活塞,活塞代表了重子的惯性,所以我们将活塞的质量设为圆柱体中气体的质量。如果平衡压强和密度分别为 P_0 和 ρ_0,那么活塞的质量为 $m = 2LA\rho_0$。

如果圆柱体移动了,那么为了达到平衡,两侧的密度都会略微改变 $\Delta\rho$。压强也会随之变化:

$$\Delta P = P_1 - P_2,$$

式中压强的一阶展开为

$$P_1 = P_0 + \frac{\mathrm{d}P}{\mathrm{d}\rho}\Delta\rho_1$$

和

$$P_2 = P_0 + \frac{\mathrm{d}P}{\mathrm{d}\rho}\Delta\rho_2.$$

根据式 (30.25)，我们得到

$$\Delta P = \frac{\mathrm{d}P}{\mathrm{d}\rho}\left(\Delta\rho_1 - \Delta\rho_2\right) = v_\mathrm{s}^2\left(\Delta\rho_1 - \Delta\rho_2\right).$$

在两侧气体的质量都没有改变的情况下，如果活塞移动距离为 x，则

$$\Delta\rho_1 = \rho_1 - \rho_0 = \rho_0\left(\frac{\rho_1}{\rho_0} - 1\right) = \rho_0\left(\frac{L}{L+x} - 1\right),$$

类似地

$$\Delta\rho_2 = \rho_2 - \rho_0 = \rho_0\left(\frac{\rho_2}{\rho_0} - 1\right) = \rho_0\left(\frac{L}{L-x} - 1\right).$$

因此

$$\Delta P = v_\mathrm{s}^2\rho_0\left(\frac{1}{1+x/L} - \frac{1}{1-x/L}\right).$$

所以，x 的一阶项为

$$\Delta P = -2v_\mathrm{s}^2\rho_0\left(\frac{x}{L}\right).$$

质量为 $m = 2LA\rho_0$ 活塞的牛顿第二定律就是

$$m\frac{\mathrm{d}^2x}{\mathrm{d}t^2} = A\Delta P$$

或

$$2LA\rho_0\frac{\mathrm{d}^2x}{\mathrm{d}t^2} = -2v_\mathrm{s}^2A\rho_0\left(\frac{x}{L}\right).$$

解活塞的加速度，我们得到运动公式为

$$\frac{\mathrm{d}^2x}{\mathrm{d}t^2} = -\frac{v_\mathrm{s}^2}{L^2}x.$$

活塞的简谐运动解为

$$x = x\sin(\omega t),$$

其角频率为

$$\omega = \frac{v_\mathrm{s}}{L}. \tag{30.33}$$

这与两端闭合的风琴管的基频 $\omega = \pi \nu_{\mathrm{s}}/2L$ 是一致的。这表明更大范围的密度波动 (较大的 L) 的振荡频率会更低。

现在我们要施加一个均匀的重力场,强度为 g,指向正 x 方向。这代表了暗物质浓度对光子–重子流中重子的影响。因为暗物质不会受到宇宙微波背景辐射巨大辐射压力的影响,它可以聚集成团,并且在重力作用下协助或抵抗流体的运动。回到我们的圆柱体模型,牛顿第二定律此时变为

$$m\frac{\mathrm{d}^2 x}{\mathrm{d}t^2} = A\Delta P + mg,$$

化简得

$$\frac{\mathrm{d}^2 x}{\mathrm{d}t^2} = -\frac{v_{\mathrm{s}}^2}{L^2}x + g.$$

为了解这个微分公式,定义

$$y \equiv x - \frac{L^2}{v_{\mathrm{s}}^2}g,$$

那么牛顿第二定律就写为

$$\frac{\mathrm{d}^2 y}{\mathrm{d}t^2} = -\frac{v_{\mathrm{s}}^2}{L^2}y.$$

就像之前一样,活塞以角频率 $\omega = \nu_{\mathrm{s}}/L$ 做简谐运动,但现在的振荡围绕着 $y = 0$,对应的平衡位置是 $x_{\mathrm{eq}} = L^2 g/\nu_s^2 > 0$。这意味着在区域 2 中,重力场方向上的压缩比该区域中的稀释作用更明显。区域 2 中的平衡密度 (当 $y = 0$ 时) 则是

$$\rho_{2,\mathrm{eq}} = \rho_0\left(\frac{L}{L - x_{\mathrm{eq}}}\right), \tag{30.34}$$

这个数值比圆柱体中气体的平均密度 ρ_0 要大。

我们将以区域 2 作为光子–重子流在局部聚集的暗物质作用下振荡的模型。该模型表明,密度涨落的起始状态更可能是向内落入暗物质而不是向外膨胀的状态。产生这种偏差的原因是量子密度涨落在低密度 (在我们的模型里即 $\rho_2 < \rho_0$) 和高密度 ($\rho_2 > \rho_0$) 之间的随机变化,高低是相对于宇宙的平均密度 (在我们的模型中是 ρ_0) 而言的,而不是相对于暗物质存在时平衡组态的密度 ($\rho_{2,\mathrm{eq}}$)。类似地,如果我们的模型中活塞的初始位置 $x = 0$ 是随机选择的,那么我们将更有可能得到一个模型,区域 2 最初会在 $+x$ 方向 (在重力场的方向) 移动,因为 $x_{\mathrm{eq}} > 0$ 引入了一个偏差。因此,在早期宇宙中,初始的坍塌构型比膨胀构型更受欢迎。由于重力场方向上的压缩比气体的稀释更为明显,我们期望角功率谱的峰对于奇次谐波 (压缩) 增强,对于偶次谐波 (稀释) 减小。

30.2.14 角功率谱峰中的暗示

如图 30.16 所示,宇宙微波背景辐射角功率谱中第一个峰 (图 30.13) 是因为较大块的区域 (较大的 L) 的压缩从而在退耦时达到了它的最大压缩值。第一个谷值是由较小的区域 (较小的 L) 当其满足亚视界尺寸条件后,能先一步开始振荡导致的。这些较小的区域振荡得比较快 (较大的 ω,见式 (30.33)),所以它会在退耦时满足 $\delta T = 0$,其中 δT 是温度与平

衡点的差值。第二个峰是由于一个更小区域的振荡，该区域达到其最大压缩值，然后在退耦时达到其最大稀释。注意，在退耦时，第一个峰 δT 的大小大于第二个峰解耦时 δT 的大小。这是由于暗物质的局部聚集，对重子的引力产生了偏压效应。因此，被压缩区域的 δT 比稀释区的 δT 要大 (量级上)，第二个峰的高度要小于第一个峰的高度，并且第二个峰的相对抑制随着 Ω_b 值的增加而增加。比较一次谐波和二次谐波峰的高度可以解算宇宙中重子物质的密度。

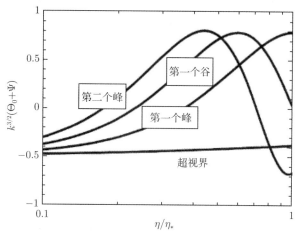

图 30.16　早期宇宙中声学振荡的几种模式。纵轴所代表的势能之和可以理解为 δT，因此正值表示光子–重子流的压缩，负值表示稀释。时标 η 绘制在横轴上，数值为与复合时间 (η_*) 的比值，所以复合时 $\eta/\eta_* = 1$。由于重子被暗物质的局部聚集所吸引，振荡在 $\delta T = 0$ 附近是不对称的 (图改编自 Dodelson, *Neutrinos, Flavor Physics, and Precision Cosmology: Fourth Tropical Workshop on Particle Physics and Cosmology*, José F. Nieves 和 Raymond R. Volkas (eds.)，AIP Conference Proceedings，689，184，2003)

　　第三个峰 (三次谐波) 是由在退耦时完成第二次最大压缩的振荡造成的。正如前两个峰的相对高度暗示了宇宙中重子物质的质量一样，第三个峰的高度对暗物质的质量密度很敏感。基本上来说，三个峰的位置和高度可以用来确定三个密度参数 Ω_0、$\Omega_{b,0}$ 和 $\Omega_{dark,0}$ 的具体数值，并且具有一定的精度。第二个峰和第三个峰的相对高度表明宇宙中大部分物质都是暗物质。

　　图 30.16 中标记为 "超视界" 的线描述了密度涨落的行为，这种密度涨落非常大，在复合之前一直保持在粒子视界之外，因此从未经历过声学振荡。来自这样一个超视界区域的宇宙微波背景辐射光子在逃出引力势阱时，既受到原始温度涨落的影响，又受到萨克斯–沃尔夫效应的引力红移的影响。这些区域的角大小大致相当于 $\ell < 50$，因此角功率谱的左侧对于这些较低的 ℓ 值仅显示一个低而缓的平台。

　　如图 30.17 所示，在角功率谱的右侧，当 $\ell > 1000$ 时，峰会消失。这是由于随机运动的光子可以弥漫在短波声波的被压缩区域和稀释区域，从而降低其振幅时发生的希尔克阻尼。

　　当你沉醉于这些天体声波的谐波结构时，你会惊讶地发现，谐波的存在有力地支持了暴胀的观点。这种谐波结构的规律性意味着，给定大小的所有密度涨落 (因此具有相同的频率) 的振荡必须同时达到其最大压缩点和稀释点，这就要求它们同时开始振荡。暴胀理论提供了产生密度涨落并将其扩大到超视界大小的自然机制。这些涨落保持"冻结"状态，直到粒子视界变大到足以将它们包含在内并允许它们振荡。如果没有这种膨胀机制，一系列随机产生的密度涨落将不会同相，也不会观测到功率谱中一系列均匀分布的峰。

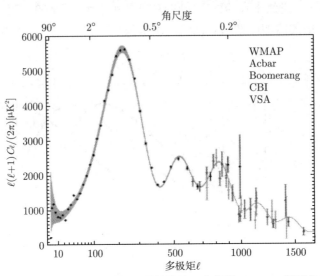

图 30.17 最近几个不同的项目对角功率系统测量的结果。实线是 WMAP 测量值的最佳拟合 (图源自 Hinshaw 等，*Ap. J.* (submitted)，2006；以及 NASA 和 WMAP 的科学团队)

图 30.18 为几个不同的宇宙学参数对角功率谱的影响。下载 CMBFAST 程序 (在参考

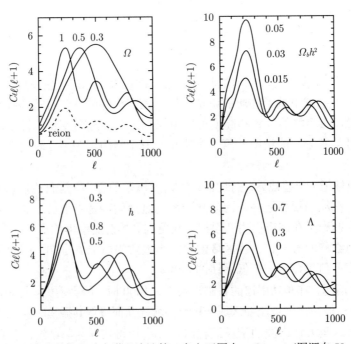

图 30.18 几个宇宙学参数的角功率谱理论计算。在右下图中，$\Omega_0 = 1$ (图源自 Kamionkowski 和 Kosowsky，*Annu. Rev. Nucl. Part. Sci.*, 49，77，1999)

资料中会给出) 也许对你有很大帮助，该程序可以快速准确地计算选定的模型输入参数所会呈现的角功率谱。未来的项目计划是更好地解决高次谐波峰，从而为模型提供更多的约束。通过与实际观测到的角功率谱进行比较，在决定性的证据面前，一些大尺度结构形成的理论模型已经被否认了。例如，假真空的奇异遗迹，包括单极子和畴壁，曾经被认为是大尺度结构形成的"种子选手"，然而，它们的角功率谱与观测到的谱有很大的不同。这些遗迹可能存在，也可能不存在，但它们在大尺度结构的演化中并不起重要作用。

30.2.15 宇宙微波背景辐射各向异性的偏振

2006 年 3 月，WMAP 公布了最新发现，包括对宇宙微波背景辐射各向异性偏振的分析。偏振信号小于温度涨落的 1%，所以这是一个精度极高的测量，需要考虑许多复杂的情况，如由银河系同步辐射和尘埃热辐射产生的偏振前景。偏振起源于光子–重子流中自由电子对宇宙微波背景辐射光子的汤普森散射。图 30.19(a) 展示了入射的非偏振辐射 (在 $+y$ 方向) 的电场如何引起电子振动。这会在 $+x$ 和 $+z$ 方向产生线偏振的散射光。然而，对于从各个方向到达电子的各向同性辐射场是没有净偏振的。因此，观测到的宇宙微波背景辐射部分偏振所对应的辐射场沿某个轴的方向一定比在另一个轴的方向上更强烈。图 30.19(b) 表明 $+y$ 方向的入射光比 $+x$ 方向的入射光强 ($E_1 > E_2$)。我们说这样的辐射场有一个四极矩。其结果是，沿 z 轴的散射辐射在 x 方向上会有部分偏振。

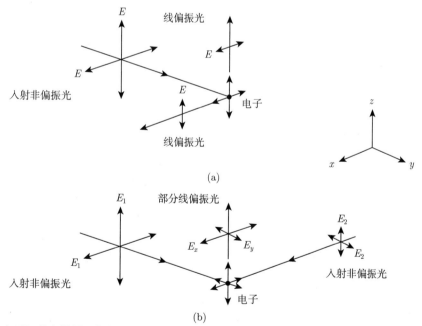

图 30.19 电子汤普森散射引起的光的偏振。在图 (a) 中，当在 x-z 平面上观测时，从一个方向入射的非偏振光在散射时会产生线偏振光；图 (b) 中，从两个方向入射不同强度的非偏振光 ($E_1 > E_2$)，在沿 z 轴观测时会发现部分线偏振光 ($E_x > E_y$)

如果经常发生汤普森散射，那么光子的方向很快就会随机化，辐射场的四极矩就无法维持。这意味着观测到的偏振必须在退耦时建立，在这之后宇宙变得透明，汤普森散射就会停止。退耦之后，在第一代恒星使宇宙再电离之前，没有自由电子能够散射宇宙微波背景辐射光子。再电离发生时红移应比退耦时 ($[z_{\text{dec}}]_{\text{WMAP}} = 1089$) 要低很多，我们可以从偏振测量中收集再电离时期的特征。结果表明，再电离发生时的红移为 $z = 10.9^{+2.7}_{-2.3}$。

在宇宙微波背景辐射中产生局部四极矩有两种方式：通过光子–重子流的流动和引力辐射的影响。光子–重子流体的声学振荡意味着流体中存在速度梯度。为了简单起见，考虑流体径向向内移动到暗物质的局部聚集区域的情况 (图 30.20)。以流体中的电子为参考系，流体的相邻元素都朝着它移动，(在本例中) 径向的流体比横向的流体移动得更快。相对论的前灯效应 (见 4.3 节) 导致径向辐射比横向辐射更为强烈。这在局部辐射场中产生了四极矩，当光子被电子散射时，四极矩使光子部分偏振。偏振模式 (观测到的宇宙微波背景光子的电场方向) 在温度涨落为负值时会被引导为径向 ($\Delta T < 0$)，在温度涨落为正时 ($\Delta T > 0$) 周围会形成切向环。这种图像称为 E 模。(在图 30.19(b) 中提示过，部分偏振光的电场沿着强度较小的光源方向，垂直于强度较大的光源方向。)

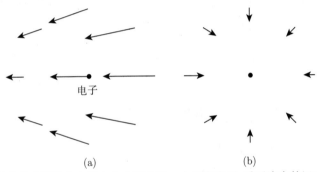

电子

(a)   (b)

图 30.20 (a) 当流体向最大压缩方向径向向内移动时，电子在光子–重子流中的运动；(b) 以电子为静止参考系的速度场

在宇宙微波背景辐射中产生局部四极矩的第二种方法是经由原始密度涨落产生的引力辐射效应。当引力波通过光子–重子流时，包含光子的空间将某一个轴向拉伸，同时沿垂直方向压缩。由此导致光子的拥挤和稀释在辐射场中产生四极矩，从而观测到宇宙微波背景辐射的部分偏振。除了偏振的 E-模外，引力波还可以产生一种称为 B-模的弯曲图像，这种模式从温度涨落中向外螺旋 (螺旋的方向取决于温度涨落的符号)。任何偏振图像都可以分解为 **E-模和 B-模**，因此对宇宙微波背景辐射偏振的观测能够发现许多退耦时的信息。

图 30.21 是 WMAP 测得的五个波段的宇宙微波背景辐射的偏振。首先需要明确：纵轴是对数坐标，刻度为如图 30.13 所示的角功率谱的平方根。当 $\ell > 50$ 时 (大于由萨克斯–沃尔夫效应导致的低缓平台区域)，我们期望在 TT 和 EE 的曲率之间建立某种相关性。这是因为在退耦时，对于接近其平衡构型的模式，声学振荡的速度梯度应达到最大，而不是在其最大压缩或稀释处。(对于谐波来说，最大速度梯度出现在波位移最大处，而介质的最大压缩或稀释出现在零位移处。) 因此，角功率谱中的峰应该与 E-模中的峰不同步。举个例子，角功率谱中的第一个峰应该对应于 E-模曲线中的某个最小值，这是已经实际观测到的。标记为 "TE" 的曲线代表了温度 T 和 E-模观测量值之间的相关性期望。

从数据来看，WMAP 并没有发现 B-模存在的证据，但科学家认为这是由 B-模的信号

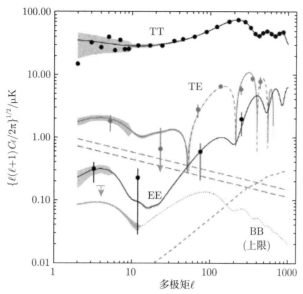

图 30.21　WMAP 测到的角功率谱图 (TT)、温度/E-模相关性 (TE)、E-模偏振 (EE) 和 B-模偏振 (BB)。WMAP 并没有发现 B-模留下的痕迹，因此这些模式的上限如点状线所示。这些曲线是与宇宙学模型最为匹配的 (图改编自 Page 等，*Ap. J.* (submitted)，2006，以及 NASA 和 WMAP 的科研团队)

过于微弱造成的，WMAP 天文台和欧洲空间局的普朗克飞船 (计划于 2007 年发射) 将继续寻找 B-模存在的线索。在 $\ell < 100$ 的区间内，对 B-模的存在性做一次决定性的观测将有助于我们增强对暴胀末期，能量在 $10^{15} \sim 10^{16}\mathrm{GeV}$ 时早期宇宙的物理学理解。

　　B-模的探测也会对另一种宇宙学，即循环模型产生影响。这种激进的 (但可测试的) 循环宇宙理论为大爆炸/暴胀的理论提供了一个替代模型。在循环宇宙理论中，宇宙的大尺度结构是在宇宙大爆炸之前一个缓慢的收缩的阶段建立起来的，随后便是更早到来的暴胀。我们所观测到的被认为是大爆炸产生的能量实际上是由两个宇宙的碰撞释放出来的，这两个宇宙位于两个平行的三维膜上，在第四维度中被分开。大爆炸/暴胀模型和循环宇宙模型都提供了使得绝热涨落尺度不变的唯一可能机制 (WMAP 观测到了这个现象)。在宇宙微波背景辐射的偏振过程中，三维膜的碰撞不可能产生 B-模，因此对 B-模的观测将决定是否证伪这种想象模型，并且同时证实暴胀模型[1]。

30.2.16　宇宙大尺度结构中谐波存在的证据

　　如果被聚集的暗物质放大的量子密度涨落真的是宇宙大尺度结构形成的 “种子”，并且密度涨落揭示出声学谐波结构的话，那么对这个谐波结构是否对应于宇宙的大尺度结构进行讨论是非常合理的，并且其答案是肯定的，这两者具有惊人的一致性。经过对斯隆数字巡天的 46748 个星系的巨大样本进行了研究，看它们的位置是否有任何关联，结果发现在相隔约 $100h^{-1}$ Mpc 的距离上星系是会略微过剩的，如果取 $[h]_{\mathrm{WMAP}} = 0.71$，这个距离大约就是 140 Mpc。这与我们预测的宇宙膨胀引起宇宙结构的发育，最后导致一次声波谐波

---

① 循环宇宙模型并不否认宇宙是从 137 亿年前一个高温高密度的点膨胀而来。如果有证据证明循环宇宙模型是正确的，那么本书中只有第 30 章需要修正或重写。读者可以参考 Steinhardt 和 Turok (2002)，来了解他们的循环宇宙模型。

的分离是非常吻合的。天文学家们有强大的统计工具来探究早期宇宙蕴藏的奥秘。

因为第一个峰的位置对 $\Omega_0 = \Omega_{m,0} + \Omega_{\Lambda,0}$ 非常敏感，我们可以在 $\Omega_{m,0} - \Omega_{\Lambda,0}$ 平面上将 WMAP 的结果图线和观测高红移超新星得到的结果图线一起画出来 (图 29.28)。另外，我们还需要在图上加入钱德拉轨道天文台对星系团 X 射线的研究成果，结合引力透镜的数据，最终可以确定 $\Omega_{m,0}$ 的取值。图 30.22 为最终图像，该图呈现出一种完美的一致性——利用理论模型推算出的 WMAP 测量值与实际测量的角功率谱惊人的一致。

精确宇宙学的时代到来了。

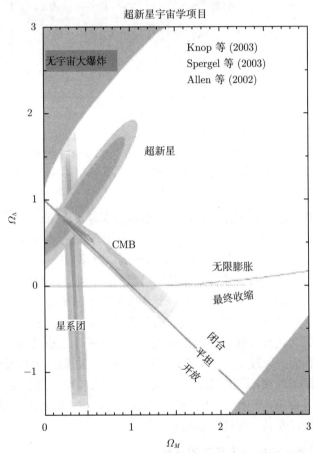

图 30.22　$\Omega_{m,0} - \Omega_{\Lambda,0}$ 平面上三个不同观测项目成果呈现的宇宙中的一致性 (图改编自超新星宇宙学项目)

30.2.17　终极问题

在我们的一节天体物理课上，一个学生曾问道：“我们为什么会在这里？” 答案无论对我们来说还是对课堂上其他同学来说，都是令人回味的：

我们在这里，因为 137 亿年前，宇宙从真空中抽出了能量，创造了数量几乎相等的物质和反物质。它们中的大多数都互相湮灭了，让光子充满了整个宇宙。只有少于十亿分之一的物质存续了下来并且形成了质子、中子，紧接着合成了氢、氦，它们构成了我们身边的世界。其中的一些氢和氦坍缩形成了第一代大质量恒星，在星核的火光中创造了第一批重元素。这些恒星最终爆炸、毁灭，丰富了星际云，成为下一代恒星的温床。最终，在约 46 亿年前，某个星系中的某团星际云坍缩形成了我们的太阳及其行星系统。在第三行星 (即地球——译者注) 上，基于在原恒星云中的氢、碳、氮、氧和其他元素，生命之花盛开了。生命的发展也反过来改变了大气的组成，让生命能够上岸。6500 万年前，一次与大型小行星的偶然碰撞为恐龙的灭绝按下了加速键，让一些小小的，毛茸茸的哺乳动物能够站到演化舞台的中央。原始人开始迁移，离开非洲，用他们所掌握的工具、语言和农业知识征服新的世界。你的祖先，你的父母，在这片土地上耕作、丰收，然后你吞下了这些食物，呼吸了被生物改造过的空气。你的身体就是数十亿年前恒星内部创造出来的原子的集合体，在宇宙诞生的第一秒内，逃过湮灭的那一小部分物质的更小一部分。现代天体物理学解释了你的生活和你周围世界的一切的由来，在无数方面都与你紧密相连。

推 荐 读 物

一般读物

Abbott，Larry，"The Mystery of the Cosmological Constant，"*Scientific American*，May 1988.

Bucher，MartinA.，and Spergel，David N.，"Inflation in a Low-Density Universe，" *Scientific American*，January 1999.

Guth，Alan，*The Inflationary Universe: The Quest for a New Theory of Cosmic Origins*，Addison-Wesley，Reading，MA，1997.

Hawking，Stephen W.，*A Brief History of Time*，Bantam Books，Toronto，1988.

Hedman，Matthew，"Polarization of the Cosmic Microwave Background，"*American Scientist*，93，236，2005.

Hu，Wayne，and White，Martin，"The Cosmic Symphony，"*Scientific American*，February 2004.

Lemonick，Michael D.，"Before the Big Bang，"*Discover*，February 2004.

Riordan，Michael，and Schramm，David N.，*The Shadows of Creation*，W. H. Freeman and Company，New York，1991.

Seife，Charles，*Alpha & Omega: The Search for the Beginning and End of the Universe*，Viking，New York，2003.

Silk，Joseph，*The Big Bang*，Third Edition，W. H. Freeman and Company，New York，2001.

Strauss，Michael A.，"Reading the Blueprints of Creation，"*Scientific American*，February 2004.

专业读物

Allen，Steven W.，"Cosmological Constraints from Chandra Observations of Galaxy Clusters，"*Philosophical Transactions of the Royal Society of London. Series A.*，360，

2005，2002.

Bennett，C. L.，et al.，"First-Year Wilkinson Microwave Anisotropy Probe (WMAP) Observations: Preliminary Maps and Basic Results，"*The Astrophysical Journal Supplement Series*，148，1，2003.

Carroll，Sean M.，Press，William H.，and Turner，Edwin L.，"The Cosmological Constant，"*Annual Review of Astronomy and Astrophysics*，30，499，1992.

Dodelson，Scott，"Coherent Phase Argument for Inflation，" *Neutrinos, Flavor Physics, and Precision Cosmology: Fourth Tropical Workshop on Particle Physics and Cosmology*，José F. Nieves and Raymond R. Volkas (eds.)，AIP Conference Proceedings，689 ，184，2003.

Eisenstein，Daniel J.，et al.，"Detection of the Baryon Acoustic Peak in the Large-Scale Correlation Function of SDSS Luminous Red Galaxies，"*The Astrophysical Journal*，633，560，2005.

Fukugita，Masataka，and Peebles，J. P. E.，"*The Cosmic Energy Inventory*，" *The Astrophysical Journal*，616，643，2004.

Gott，J. Richard III，et al.，"A Map of the Universe，"*The Astrophysical Journal*，624，463，2005.

Hinshaw，G.，et al.，"First-Year Wilkinson Microwave Anisotropy Probe (WMAP) Observations: The Angular Power Spectrum，"*The Astrophysical Journal Supplement Series*，148，135，2003.

Hinshaw，G.，et al.，"Third-Year Wilkinson Microwave Anisotropy Probe (WMAP) Observations: Temperature Analysis，" submitted to *The Astrophysical Journal*，2006.

Hu，Wayne，"The Physics of Microwave Background Anisotropies，" http://background. uchicago.edu/.

Hu，Wayne，Sugiyama，Naoshi，and Silk，Joseph，"The Physics of Microwave Background Anisotropies，"*Nature*，386，1997.

Kolb，Edward W.，and Turner，Michael S.，*The Early Universe*，Addison-Wesley，Redwood City，CA，1990.

Page，L.，et al.，"Three-Year Wilkinson Microwave Anisotropy Probe (WMAP) Observations: Polarization Analysis，" submitted to *The Astrophysical Journal*，2006.

Raine，D. J.，and Thomas，E. G.，*An Introduction to the Science of Cosmology*，Institute of Physics Publishing，Bristol，England，2001.

Roos，Matts，*Cosmology*，Third Edition，John Wiley & Sons，West Sussex，England，2003.

Ryden，Barbara，*Introduction to Cosmology*，Addison-Wesley，San Francisco，2003.

Seljak，Uros，and Zaldarriaga，Matias，CMBFAST software，http://www.cmbfast.org/.

Steinhardt，Paul J.，and Turok，Neil，"A Cyclic Model of the Universe，"*Science*，296，1436，2002.

Springel，Volker，et al.，"Simulations of the Formation，Evolution，and Clustering of Galaxies and Quasars，"*Nature*，435，629，2005.

习　　题

30.1　在习题 9.3 中，你已经推导了式 (9.65) 黑体辐射光子的数密度：

$$n = \frac{u}{2.70kT} = \frac{aT^3}{2.70k}.$$

运用这个结果以及重子密度 $\rho_{b,0}$ 来估算当今宇宙中重子数密度与光子数密度之比。为简便起见，假设宇宙是由纯氢组成的。

30.2　(a) 假设对大麦哲伦星云中恒星微透镜效应的观测表明，银河系暗晕中的大部分暗物质是以普通褐矮星或木星大小的天体的形式存在的。解释这是否能支持热暗物质或冷暗物质这样的非重子物质在宇宙中的存在，为什么？

(b) 实际观测并不能支持这一点，只有少于 20% 的银河系暗物质以普通褐矮星或木星大小的形式存在。那么你将如何修改 (a) 部分中所假设的结论？

30.3　一个自发性对称破缺的例子可以通过令一个质量为 $m = 1/9.8$ kg 的球在一个高度为

$$h(x) = kx^2 + \varepsilon x^4.$$

的平面上自由滚动而得到。其中 $k = \pm 1\text{m}^{-1}$ 且 $\varepsilon = 0.5\text{m}^{-3}$。这样这个球的引力势能为 $V(x) = mgh(x)$。

(a) 对 k 的两个不同值，作出两张 $V(x)$ 从 $x = -2$ m 到 $x = +2$ m 的图。

(b) 当 $k = 1\text{m}^{-1}$ 时，对应于对称假真空。那么平衡点在哪里呢？这个平衡点是稳定的还是不稳定的？(在稳定平衡的情况下，如果给球一个小位移，它仍然会回到平衡点。)

(c) 当 $k = -1\text{m}^{-1}$ 时，对应于破缺的真真空。那么此时的平衡点在哪里呢？这个平衡点是稳定的还是不稳定的？

(d) 当 $k = -1\text{m}^{-1}$ 时，假设这个质量球静止在原点。那么不确定性原理式 (5.20) 对保持原位的球有何影响？这种情况与暴胀前的过冷假真空有什么相似之处？

30.4　比较大一统末期宇宙微波背景辐射光子能量密度与假真空能量密度。

30.5　根据标准大爆炸宇宙学，在辐射时期中的普朗克时代，比例因子 R 的值是多少？考虑暴胀之后 (取 $t/\tau_i = 100$)，普朗克时代比例因子的值是多少？在两种情况，当今可观测宇宙在普朗克时代又有多大？

30.6　估算典型宇宙弦的厚度。

30.7　(a) 估算辐射时期 $T = 10^9\text{K}$ 时，一个有因果联系区域内重子物质的质量 (直径 = 视界距离)。将你的结果表达为太阳质量的倍数。这个质量和图 30.7 中的金斯质量相比如何？

(b) 证明：在辐射时期，重子物质在一个因果联系的区域内的质量随 T^{-3} 变化。这说明在整个辐射时期，该区域的质量和金斯质量相比如何？

30.8　估算辐射时期向物质时期转变时，一个有因果联系区域内重子物质的质量。将你的结果表达为太阳质量的倍数。(取 WMAP 测量值。) 从你得到结果的量级来看，大多数重子密度涨落是在辐射时期还是在物质时期变成了亚视界大小？

30.9　证明：如果当今重子密度波动的值为 $(\delta\rho/\rho)_0 = 1$，那么其在物质时期红移 z 处的值是 $\delta\rho/\rho = (1+z)^{-1}$。在物质时期，$\delta\rho/\rho < 1$ 的值从红移 z_1 到红移 $z_2(z_1 > z_2)$ 之间增加了多少倍？你可以假设宇宙几乎是平的，且对重子涨落来说，$z < 1100$。

30.10　遵照例 14.3.1 的线性化程序，并通过式 (30.30) 说明宇宙微波背景辐射温度的变化与重子密度波动有关。

30.11　假设宇宙是平坦的，求出宇宙微波背景辐射中有因果联系区域的最大角大小。提示：我们看到的这个区域是因为在退耦时它就已经存在，且宇宙微波背景辐射光子被自由释放。

30.12　当希尔克阻尼对宇宙微波背景辐射各向异性角功率谱变得更为重要时，估算 ℓ 的值。

30.13　根据 WMAP 测得的宇宙微波背景辐射偏振结果，第一批恒星是在宇宙年龄为多大时点燃核反应的？

附录 A 天文学和物理学常数

量	值	单位
太阳质量	1.9891×10^{30}	kg
太阳辐照度	1.365×10^{3}	$W \cdot m^{-2}$
太阳光度	3.839×10^{26}	W
太阳半径	6.95508×10^{8}	m
太阳有效温度	5777	K
太阳绝对热星等	4.74	
太阳视热星等	-26.83	
太阳视紫外星等 (U)	-25.91	
太阳视蓝星等 (B)	-26.10	
太阳视目视星等 (V)	-26.75	
太阳热改正 (BC)	-0.08	
地球质量	5.9736×10^{24}	kg
地球半径 (赤道)	6.378136×10^{6}	m
天文单位 (AU)	$1.4959787066 \times 10^{11}$	m
光年 (ly, Julian 儒略历)	$9.460730472 \times 10^{15}$	m
秒差距 (pc)	2.06264806×10^{5}	AU
	3.0856776×10^{16}	m
	3.2615638	ly (儒略)
恒星日	$8.61640905309 \times 10^{4}$	s
太阳日	8.6400×10^{4}	s
恒星年	3.15581450×10^{7}	s
	3.65256308×10^{2}	d
回归年	$3.155692519 \times 10^{7}$	s
	$3.652421897 \times 10^{2}$	d
儒略年	3.1557600×10^{7}	s
	3.6525×10^{2}	d
公历年	3.1556952×10^{7}	s
	3.652425×10^{2}	d
引力常数 (G)	6.673×10^{-11}	$N{\cdot}m^{2}{\cdot}kg^{-2}$
光速 (c)	2.99792458×10^{8}	$m{\cdot}s^{-1}$
真空磁导率 (μ_0)	$1.25663706144 \times 10^{-6}$	$N{\cdot}A^{-2}$
真空电容率 (ϵ_0)	$8.854187817 \times 10^{-12}$	$F{\cdot}m^{-1}$
电荷 (e)	$1.602176462 \times 10^{-19}$	C
电子伏 (eV)	$1.602176462 \times 10^{-19}$	J
普朗克常量 (h)	$6.62606876 \times 10^{-34}$	$J{\cdot}s$
$(\hbar)$	$1.054571596 \times 10^{-34}$	$J{\cdot}s$
玻尔兹曼常量 (k)	$1.3806503 \times 10^{-23}$	$J{\cdot}K^{-1}$
斯特藩–玻尔兹曼常量 (σ)	5.670400×10^{-8}	$W{\cdot}m^{-2}{\cdot} K^{-4}$
辐射常数 (a)	7.565767×10^{-16}	$J{\cdot}m^{-3}{\cdot} K^{-4}$
原子质量单位 (u)	$1.66053873 \times 10^{-27}$	kg
电子质量 (m_e)	$9.10938188 \times 10^{-31}$	kg
质子质量 (m_p)	$1.67262158 \times 10^{-27}$	kg
中子质量 (m_n)	$1.67492716 \times 10^{-27}$	kg
氢原子质量 (m_H)	$1.673532499 \times 10^{-27}$	kg

量	值	单位
阿伏伽德罗常量 (N_A)	$6.02214199 \times 10^{23}$	mol^{-1}
气体常数 (R)	8.314472	$\mathrm{J \cdot mol}^{-1} \cdot \mathrm{K}^{-1}$
玻尔半径 (a_0)	$5.291772083 \times 10^{-11}$	m
里德伯常量 (R_infty)	$1.0973731568549 \times 10^7$	m^{-1}

附录 B 单位转换

SI 到 cgs 的单位转换

量	SI 单位	cgs 单位	转换因子 (SI 至 cgs)
距离	米 (m)	厘米 (cm)	10^{-2}
质量	千克 (kg)	克 (g)	10^{-3}
时间	秒 (s)	秒 (s)	1
电流	安培 (A)	esu·s^{-1}	$3.335640952 \times 10^{-10}$
电荷	库仑 (C; A·s)	esu	$3.335640952 \times 10^{-10}$
速度	m·s^{-1}	cm·s^{-1}	10^{-2}
加速度	m·s^{-2}	cm·s^{-2}	10^{-2}
线动量	kg·m·s^{-1}	g·cm·s^{-1}	10^{-5}
角动量	kg·m^2·s^{-1}	g·cm^2·s^{-1}	10^{-7}
力	牛顿 (N; kg·m·s^{-2})	达因 (dyne; g·cm·s^{-2})	10^5
能量 (功)	焦耳 (J; N·m)	尔格 (erg; dyne·cm)	10^{-7}
功率 (光度)	瓦特 (W; J·s^{-1})	erg·s^{-1}	10^{-7}
压强	帕斯卡 (Pa; N·m^{-2})	dyne·cm^{-2}	10^{-1}
质量密度	kg·m^{-3}	g·cm^{-3}	10^3
电荷密度	C·m^{-3}	esu·cm^{-3}	$3.335640952 \times 10^{-4}$
电流密度	A·m^{-2}	esu·s^{-1}·cm^{-2}	$3.335640952 \times 10^{-6}$
电势	伏特 (V; J·C^{-1})	静电伏特 (statvolt; erg·esu^{-1})	2.997924580×10^2
电场	V·m^{-1}	statvolt·cm^{-1}	2.997924580×10^4
磁场	特斯拉 (T; N·A^{-1}·m^{-1})	Gauss(G; dyne·esu^{-1})	10^{-4}
磁流	韦伯 (Wb; T·m^2)	G·cm^2	10^{-8}

SI 到其他单位转换

量	SI 单位	其他单位	转换因子 (SI 至其他单位)
长度	米 (m)	埃 (Å)	10^{-10}
长度	纳米 (nm)	埃 (Å)	10^{-1}
谱流量密度	W·m^{-2}·Hz^{-1}	央斯基 (Jy)	10^{-26}

附录 C　太阳系数据

行星物理量

行星	质量 [a]/$M_\oplus$	赤道半径 [b]/$R_\oplus$	平均密度/$(kg \cdot m^{-3})$	恒星自转周期/d	扁率/$(R_e - R_p)/R_e$	邦德反照率
水星	0.05528	0.3825	5427	58.6462	0.00000	0.119
金星	0.81500	0.9488	5243	243.018	0.00000	0.750
地球	1.00000	1.0000	5515	0.997271	0.0033396	0.306
火星	0.10745	0.5326	3933	1.02596	0.006476	0.250
木星	317.83	11.209	1326	0.4135	0.064874	0.343
土星	95.159	9.4492	687	0.4438	0.097962	0.342
天王星	14.536	4.0073	1270	0.7183	0.022927	0.300
海王星	17.147	3.8826	1638	0.6713	0.017081	0.290
冥王星	0.0021	0.178	2110	6.3872	0.0000	0.4-0.6
齐娜 2003	0.002 ?	0.188	2100 ?			0.6 ?

[a] $M_\oplus = 5.9736 \times 10^{24}$ kg。

[b] $R_\oplus = 6.378136 \times 10^6$ m。

行星轨道和卫星数据

行星	半长轴/AU	轨道偏心率	恒星轨道周期/年	相对黄道的轨道倾角/($°$)	相对赤道的轨道倾角/($°$)	自然卫星数
水星	0.3871	0.2056	0.2408	7.00	0.01	0
金星	0.7233	0.0067	0.6152	3.39	177.36	0
地球	1.0000	0.0167	1.0000	0.000	23.45	1
火星	1.5236	0.0935	1.8808	1.850	25.19	2
木星	5.2044	0.0489	11.8618	1.304	3.13	63
土星	9.5826	0.0565	29.4567	2.485	26.73	47
天王星	19.2012	0.0457	84.0107	0.772	97.77	27
海王星	30.0476	0.0113	164.79	1.769	28.32	13
冥王星	39.4817	0.2488	247.68	17.16	122.53	3
齐娜 2003	67.89	0.4378	559	43.99		1

一些大卫星的数据

卫星	母行星	质量/$(10^{22}$ kg)	半径/$(10^3$ km)	密度/$(kg \cdot m^{-3})$	轨道周期/d	轨道半长轴/$(10^3$ km)
月球	地球	7.349	1.7371	3350	27.322	384.4
木卫一	木星	8.932	1.8216	3530	1.769	421.6
木卫二	木星	4.800	1.5608	3010	3.551	670.9
木卫三	木星	14.819	2.6312	1940	7.155	1070.4
木卫四	木星	10.759	2.4103	1830	16.689	1882.7
土卫六	土星	13.455	2.575	1881	15.945	1221.8
海卫一	海王星	2.14	1.3534	2050	5.877	354.8

附录 D 星 座

拉丁名	属格单词	缩写	译意	赤经/h	赤纬/(°)
仙女座	Andromedae	And	埃塞俄比亚公主	1	+40
唧筒座	Antliae	Ant	气筒	10	−35
天燕座	Apodis	Aps	天堂鸟	16	−75
水瓶座	Aquarii	Aqr	水瓶	23	−15
天鹰座	Aquilae	Aql	鹰	20	+5
天坛座	Arae	Ara	祭坛	17	−55
白羊座	Arietis	Ari	公羊	3	+20
御夫座	Aurigae	Aur	车夫	6	+40
牧夫座	Boötis	Boo	牧人	15	+30
雕具座	Caeli	Cae	凿子	5	−40
鹿豹座	Camelopardis	Cam	长颈鹿	6	+70
巨蟹座	Cancri	Cnc	螃蟹	9	+20
猎犬座	Canum Venaticorum	CVn	猎狗	13	+40
大犬座	Canis Majoris	CMa	大狗	7	−20
小犬座	Canis Minoris	CMi	小狗	8	+5
摩羯座	Capricorni	Cap	山羊	21	−20
船底座	Carinae	Car	船的龙骨	9	−60
仙后座	Cassiopeiae	Cas	埃塞俄比亚的女王	1	+60
半人马座	Centauri	Cen	半人马	13	−50
仙王座	Cephei	Cep	埃塞俄比亚的国王	22	+70
鲸鱼座	Ceti	Cet	海怪 (鲸鱼)	2	−10
蝘蜓座	Chamaeleontis	Cha	变色龙	11	−80
圆规座	Circini	Cir	指南针	15	−60
天鸽座	Columbae	Col	鸽子	6	−35
后发座	Comae Berenices	Com	贝伦尼斯的头发	13	+20
南冕座	Coronae Australis	CrA	南边的皇冠	19	−40
北冕座	Coronae Borealis	CrB	北边的皇冠	16	+30
乌鸦座	Corvi	Crv	乌鸦	12	−20
巨爵座	Crateris	Crt	杯子	11	−15
南十字座	Crucis	Cru	南边的十字	12	−60
天鹅座	Cygni	Cyg	天鹅	21	+40
海豚座	Delphini	Del	海豚, 鼠海豚	21	+10
剑鱼座	Doradus	Dor	剑鱼	5	−65
天龙座	Draconis	Dra	龙	17	+65
小马座	Equulei	Equ	小马	21	+10
波江座	Eridani	Eri	埃里达纳斯河	3	−20
天炉座	Fornacis	For	火炉	3	−30
双子座	Geminorum	Gem	双胞胎	7	+20

续表

拉丁名	属格单词	缩写	译意	赤经/h	赤纬/(°)
天鹤座	Gruis	Gru	鹤	22	−45
武仙座	Herculis	Her	宙斯之子	17	+30
时钟座	Horologii	Hor	时钟	3	−60
长蛇座	Hydrae	Hya	水蛇	10	−20
水蛇座	Hydri	Hyi	海蛇	2	−75
印第安座	Indi	Ind	印第安	21	−55
蝎虎座	Lacertae	Lac	蜥蜴	22	+45
狮子座	Leonis	Leo	狮子	11	+15
小狮座	Leonis Minoris	LMi	小狮子	10	+35
天兔座	Leporis	Lep	野兔	6	−20
天秤座	Librae	Lib	平衡秤，天平	15	−15
豺狼座	Lupi	Lup	狼	15	−45
天猫座	Lyncis	Lyn	猞猁	8	+45
天琴座	Lyrae	Lyr	七弦竖琴，竖琴	19	+40
山案座	Mensae	Men	桌子、山脉	5	−80
显微镜座	Microscopii	Mic	显微镜	21	−35
麒麟座	Monocerotis	Mon	独角兽	7	−5
苍蝇座	Muscae	Mus	苍蝇	12	−70
矩尺座	Normae	Nor	直角尺、水平尺	16	−50
南极座	Octantis	Oct	八分仪	22	−85
蛇夫座	Ophiuchi	Oph	捕蛇人、耍蛇人	17	0
猎户座	Orionis	Ori	猎人	5	+5
孔雀座	Pavonis	Pav	孔雀	20	−65
飞马座	Pegasi	Peg	带翅膀的马	22	+20
英仙座	Persei	Per	仙女座的拯救者	3	+45
凤凰座	Phoenicis	Phe	凤凰	1	−50
绘架座	Pictoris	Pic	画家，画架	6	−55
双鱼座	Piscium	Psc	鱼	1	+15
南鱼座	Piscis Austrini	PsA	南边的鱼	22	−30
船尾座	Puppis	Pup	船尾	8	−40
罗盘座	Pyxidis	Pyx	船上的指南针	9	−30
网罟座	Reticuli	Ret	网	4	−60
天箭座	Sagittae	Sge	箭矢	20	+10
人马座	Sagittarii	Sgr	弓箭手	19	−25
天蝎座	Scorpii	Sco	蝎子	17	−40
玉夫座	Sculptoris	Scl	雕塑家	0	−30
盾牌座	Scuti	Sct	盾	19	−10
巨蛇座	Serpentis	Ser	蛇	17	0
六分仪座	Sextantis	Sex	六分仪	10	0
金牛座	Tauri	Tau	公牛	4	+15
望远镜座	Telescopii	Tel	望远镜	19	−50
三角座	Trianguli	Tri	三角形	2	+30
南三角座	Trianguli Australis	TrA	南边的三角形	16	−65

续表

拉丁名	属格单词	缩写	译意	赤经/h	赤纬/(°)
杜鹃座	Tucanae	Tuc	犀鸟、巨嘴鸟	0	−65
大熊座	Ursae Majoris	UMa	大熊	11	+50
小熊座	Ursae Minoris	UMi	小熊	15	+70
船帆座	Velorum	Vel	船帆	9	−50
室女座	Virginis	Vir	少女、未婚女子	13	0
飞鱼座	Volantis	Vol	飞鱼	8	−70
狐狸座	Vulpeculae	Vul	小狐狸	20	+25

附录 E　最亮的恒星

名字	光谱型			V^a		M_V	
	恒星	A	B	A	B	A	B
天狼星	α CMa	A1 V	wd[b]	−1.44	+8.7	+1.45	+11.6
老人星	α Car	F0 Ib		−0.62		−5.53	
大角星	α Boo	K2 II Ip		−0.05		−0.31	
南门二	α Cen	G2 V	K0 V	−0.01	+1.3	+4.34	+5.7
织女星	α Lyr	A0 V		+0.03		+0.58	
五车二 [c]	α Aur	G8 III	G0 III	+0.08	+10.2	−0.48	+9.5
参宿七	β Ori	B8 Ia	B9	+0.18	+6.6	−6.69	−0.4
南河三	α CMi	F5 IV–V	wd[b]	+0.40	+10.7	+2.68	+13.0
参宿四	α Ori	M2Ib		+0.45v		−5.14	
水委一	α Eri	B3 Vp		+0.45		−2.77	
马腹一	β Cen	B1 III	?	+0.61	+4	−5.42	−0.8
河鼓二 (牛郎星)	α Aql	A7 IV–V		+0.76		+2.20	
南十字二	α Cru	B0.5 IV	B3	+0.77	+1.9	−4.19	−3.5
毕宿五	α Tau	K5 III	M2V	+0.87	+13	−0.63	+12
角宿一	α Vir	B1 V		+0.98v		−3.55	
心宿二	α Sco	M1 Ib	B4eV	+1.06v	+5.1	−5.58	−0.3
北河三	β Gem	K0 III		+1.16		+1.09	
北落师门	α PsA	A3 V	K4V	+1.17	+6.5	+1.74	+7.3
天津四	α Cyg	A2 Ia		+1.25		−8.73	
南十字三	β Cru	B0.5 III	B2 V	+1.25v		−3.92	

[a] 标记有 v 的值表明是变星。

[b] wd 表示白矮星。

[c] 五车二有光谱型为 M5 V 的第三个成员，$V = +13.7$ 和 $M_V = +13$。

名字	赤经[a]/ (h m s)	赤纬[a]/ (° ′ ″)	视差[b]/ (″)	距离[c]/ (pc)	自行[d]/ ((″)·yr^{-1})	径向速度/ (km·s^{-1})
天狼星	06 45 08.92	−16 41 58.0	0.37921(158)	2.64	1.33942	−7.7
老人星	06 23 57.11	−52 41 44.4	0.01043(53)	95.88	0.03098	+20.5
大角星	14 15 39.67	+19 10 56.7	0.08885(74)	11.26	2.27887	−5.2
南门二	14 39 36.50	−60 50 02.3	0.74212(140)	1.35	3.70962	−24.6
织女星	18 36 56.34	+38 47 01.3	0.12893(55)	7.76	0.35077	−13.9
五车二	05 16 41.36	+45 59 52.8	0.07729(89)	12.94	0.43375	+30.2
参宿七	05 14 32.27	−08 12 05.9	0.00422(81)	237	0.00195	+20.7
南河三	07 39 18.12	+05 13 30.0	0.28593(88)	3.50	1.25850	−3.2
参宿四	05 55 10.31	+07 24 25.4	0.00763(164)	131	0.02941	+21.0
水委一	01 37 42.85	−57 14 12.3	0.02268(57)	44.09	0.09672	+19
马腹一	14 03 49.40	−60 22 22.9	0.00621(56)	161	0.04221	−12
河鼓二 (牛郎星)	19 50 47.0	+08 52 06.0	0.19444(94)	5.14	0.66092	−26.3
南十字二	12 26 35.90	−63 05 56.7	0.01017(67)	98.33	0.03831	−11.2
毕宿五	04 35 55.24	+16 30 33.5	0.05009(95)	19.96	0.19950	+54.1
角宿一	13 25 11.58	−11 09 40 .8	0.01244(86)	80.39	0.05304	+1.0
心宿二	16 29 24.46	−26 25 55.2	0.00540(168)	185	0.02534	−3.2
北河三	07 45 18.95	+28 01 34.3	0.09674(87)	10.34	0.62737	+3.3
北落师门	22 57 39.05	−29 37 20.1	0.13008(92)	7.69	0.36790	+6.5
天津四	20 41 25.91	+45 16 49.2	0.00101(57)	990	0.00220	−4.6
南十字三	12 47 43.26	−59 41 19.5	0.00925(61)	108	0.04991	+10.3

[a] 赤经和赤纬采用儒略日 2000.0 历元。

[b] 视差数据来自依巴谷卫星。数据的不确定性放在括号中，比如，天狼星的视差是 0.37921″ ± 0.00158″。

[c] 通过视差测量计算出距离。

[d] 自行数据来自依巴谷卫星。

附录 F 最近的恒星

名字	HIP[a]	光谱型	V[b]	M_V	$B - V$	视差[c]$/('')$	距离[d]$/\text{pc}$
比邻星 (α Cen C)	70890	M5 Ve	11.01	15.45	+1.81	0.77233(242)	1.29
半人马 B α	71681	K1 V	1.35	5.70	+0.88	0.74212(140)	1.35
半人马 A α	71683	G2 V	−0.01	4.34	+0.71	0.74212(140)	1.35
巴纳德星	87937	M5 V	9.54	13.24	+1.57	0.54901(158)	1.82
Gl 411	54035	M2 Ve	7.49	10.46	+1.50	0.39240(91)	2.55
天狼星 A (α CMa)	32349	A1 V	−1.44	1.45	+0.01	0.37921(158)	2.64
天狼星 B (α CMa)		wd (DA)	8.44	11.33	−0.03	0.37921 (158)[e]	2.64[e]
Gl 729	92403	M4.5 Ve	10.37	13.00	+1.51	0.33648 (182)	2.97
波江 ε	16537	K2 V	3.72	6.18	+0.88	0.31075 (85)	3.22
Gl 887	114046	M2 Ve	7.35	9.76	+1.48	0.30390 (87)	3.29
罗斯 128 (Gl 447)	57548	M4.5 V	11.12	13.50	+1.75	0.29958 (220)	3.34
天鹅 A 61 (Gl 820)	104214	K5 Ve	5.20	7.49	+1.07	0.28713(151)	3.48
南河三 A (α CMi)	37279	F5 IV–V	0.40	2.68	+0.43	0.28593 (88)	3.50
南河三 B (α CMi)		wd	10.7	13.0	+0.00	0.28593 (88)[e]	3.50[e]
天鹅 B 61 (Gl 820B)	104217	K7 Ve	6.05	8.33	+1.31	0.28542 (72)	3.50
Gl 725B	91772	M5 V	9.70	11.97	+1.56	0.28448 (501)	3.52
Gl 725A	91768	M4 V	8.94	11.18	+1.50	0.28028 (257)	3.57
GX And	1475	M2 V	8.09	10.33	+1.56	0.28027 (105)	3.57
印第安 ε	108870	K5 Ve	4.69	6.89	+1.06	0.27576 (69)	3.63
鲸鱼 τ	8102	G8 Vp	3.49	5.68	+0.73	0.27417 (80)	3.65
Gl 54.1	5643	M5.5 Ve	12.10	14.25	+1.85	0.26905 (757)	3.72
鲁坦星 (Gl 237)	36208	M3.5	9.84	11.94	+1.57	0.26326 (143)	3.80
卡普坦星	24186	M0 V	8.86	10.89	+1.55	0.25526 (86)	3.92
AX Mic	105090	M0 Ve	6.69	8.71	+1.40	0.25337 (113)	3.95
克鲁格 60	110893	M2 V	9.59	11.58	+1.61	0.24952 (303)	4.01
罗斯 614 (GL 234A)	30920	M4.5 Ve	11.12	13.05	+1.69	0.24289 (264)	4.12

[a] HIP 表示依巴谷星表序号。

[b] 标记有 V 的值表明是变星。

[c] 视差数据来自依巴谷卫星。数据的不确定性放在括号中，比如，比邻星的视差是 $0.77233'' \pm 0.00242''$。

[d] 从依巴谷视差数据计算出距离。

[e] 取明亮的伴星的视差和距离。

名字	自行				
	赤经 [a] /(h m s)	赤纬 [a] /(° ′ ″)	赤经 [b] /((″)· a^{-1})	赤纬 [b] /((″)· a^{-1})	径向速度 /(km·s^{-1})
比邻星 (α Cen C)	14 29 42.95	-62 40 46.1	$-3.77564(152)$	0.76816(182)	-33.4
半人马 B α	14 39 35.08	-60 50 13.8	$-3.60035(2610)$	0.95211(1975)	-23.4
半人马 A α	14 39 36.50	-60 50 02.3	$-3.67819(151)$	0.48184(124)	-23.4
巴纳德星	17 57 48.50	$+04$ 41 36.2	$-0.79784(161)$	10.32693(129)	-112.3
Gl 411	11 03 20.19	$+35$ 58 11.6	$-0.58020(77)$	$-4.76709(77)$	$-85.$
天狼星 A (α CMa)	06 45 08.92	-16 41 58.0	$-0.54601(133)$	$-1.22308(124)$	-7.7
天狼星 B (α CMa)	18 49 49.36	-23 50 10.4	0.63755(222)	$-0.19247(145)$	-7.0
Gl 729	03 32 55.84	-09 27 29.7	$-0.97644(98)$	0.01797(91)	$+13.$
波江 ϵ	23 05 52.04	-35 51 11.1	6.76726(70)	1.32666(74)	-6.4
Gl 887	11 47 44.40	$+00$ 48 16.4	0.60562(214)	$-1.21923(186)$	$-31.$
罗斯 128 (Gl 447)	21 06 53.94	$+38$ 44 57.9	4.15510(95)	3.25890(119)	$-65.$
天鹅 A 61 (Gl 820)	07 39 18.12	$+05$ 13 30.0	$-0.71657(88)$	$-1.03458(38)$	-3.2
南河三 A (α CMi)	21 06 55.26	$+38$ 44 31.4	4.10740(43)	3.14372(59)	$-65.$
南河三 B (α CMi)	18 42 46.90	$+59$ 37 36.6	$-1.39320(1150)$	1.84573(1202)	$+1.$
天鹅 B 61 (Gl 820B)	18 42 46.69	$+59$ 37 49.4	$-1.32688(310)$	1.80212(358)	$-1.$
Gl 725B	00 18 22.89	$+44$ 01 22.6	2.88892(75)	0.41058(63)	$+13.5$
Gl 725A	22 03 21.66	-56 47 09.5	3.95997(55)	$-2.53884(42)$	-40.4
GX And	01 44 04.08	-15 56 14.9	$-1.72182(83)$	0.85407(80)	-16.4
印第安 ϵ	01 12 30.64	-16 59 56.3	1.21009(521)	0.64695(391)	$+37.0$
鲸鱼 τ	07 27 24.50	$+05$ 13 32.8	0.57127(141)	$-3.69425(90)$	$+18.$
Gl 54.1	05 11 40.58	-45 01 06.3	6.50605(95)	$-5.73139(90)$	$+242.8$
鲁坦星 (Gl 237)	21 17 15.27	-38 52 02.5	$-3.25900(128)$	$-1.14699(56)$	$+23.$
卡普坦星	22 27 59.47	$+57$ 41 45.1	$-0.87023(300)$	$-0.47110(297)$	$-34.$
AX Mic	06 29 23.40	-02 48 50.3	0.69473(300)	$-0.61862(248)$	$+23.2$

[a] 赤经和赤纬采用儒略日 2000.0 历元。

[b] 自行数据来自依巴谷卫星。数据的不确定性放在括号中，比如，比邻星赤经的自行是 $-3.77564''\mathrm{yr}^{-1}\pm0.00152''\mathrm{yr}^{-1}$。

附录 G 恒 星 数 据

					主序星 (光度型是 **V**)				
光谱型	T_e/K	$L/L_\odot$	$R/R_\odot$	$M/M_\odot$	M_{bol}	BC	M_V	$U - B$	$B - V$
O5	42000	499000	13.4	60	−9.51	−4.40	−5.1	−1.19	−0.33
O6	39500	324000	12.2	37	−9.04	−3.93	−5.1	−1.17	−0.33
O7	37500	216000	11.0	—	−8.60	−3.68	−4.9	−1.15	−0.32
O8	35800	147000	10.0	23	−8.18	−3.54	−4.6	−1.14	−0.32
B0	30000	32500	6.7	17.5	−6.54	−3.16	−3.4	−1.08	−0.30
B1	25400	9950	5.2	—	−5.26	−2.70	−2.6	−0.95	−0.26
B2	20900	2920	4.1	—	−3.92	−2.35	−1.6	−0.84	−0.24
B3	18800	1580	3.8	7.6	−3.26	−1.94	−1.3	−0.71	−0.20
B5	15200	480	3.2	5.9	−1.96	−1.46	−0.5	−0.58	−0.17
B6	13700	272	2.9	—	−1.35	−1.21	−0.1	−0.50	−0.15
B7	12500	160	2.7	—	−0.77	−1.02	+0.3	−0.43	−0.13
B8	11400	96.7	2.5	3.8	−0.22	−0.80	+0.6	−0.34	−0.11
B9	10500	60.7	2.3	—	+0.28	−0.51	+0.8	−0.20	−0.07
A0	9800	39.4	2.2	2.9	+0.75	−0.30	+1.1	−0.02	−0.02
A1	9400	30.3	2.1	—	+1.04	−0.23	+1.3	+0.02	+0.01
A2	9020	23.6	2.0	—	+1.31	−0.20	+1.5	+0.05	+0.05
A5	8190	12.3	1.8	2.0	+2.02	−0.15	+2.2	+0.10	+0.15
A8	7600	7.13	1.5	—	+2.61	−0.10	+2.7	+0.09	+0.25
F0	7300	5.21	1.4	1.6	+2.95	−0.09	+3.0	+0.03	+0.30
F2	7050	3.89	1.3	—	+3.27	−0.11	+3.4	+0.00	+0.35
F5	6650	2.56	1.2	1.4	+3.72	−0.14	+3.9	−0.02	+0.44
F8	6250	1.68	1.1	—	+4.18	−0.16	+4.3	+0.02	+0.52
G0	5940	1.25	1.06	1.05	+4.50	−0.18	+4.7	+0.06	+0.58
G2	5790	1.07	1.03	—	+4.66	−0.20	+4.9	+0.12	+0.63
太阳 [a]	5777	1.00	1.00	1.00	+4.74	−0.08	+4.82	+0.195	+0.650
G8	5310	0.656	0.96	—	+5.20	−0.40	+5.6	+0.30	+0.74
K0	5150	0.552	0.93	0.79	+5.39	−0.31	+5.7	+0.45	+0.81
K1	4990	0.461	0.91	—	+5.58	−0.37	+6.0	+0.54	+0.86
K3	4690	0.318	0.86	—	+5.98	−0.50	+6.5	+0.80	+0.96
K4	4540	0.263	0.83	—	+6.19	−0.55	+6.7	—	+1.05
K5	4410	0.216	0.80	0.67	+6.40	−0.72	+7.1	+0.98	+1.15
K7	4150	0.145	0.74	—	+6.84	−1.01	+7.8	+1.21	+1.33
M0	3840	0.077	0.63	0.51	+7.52	−1.38	+8.9	+1.22	+1.40
M1	3660	0.050	0.56	—	+7.99	−1.62	+9.6	+1.21	+1.46
M2	3520	0.032	0.48	0.40	+8.47	−1.89	+10.4	+1.18	+1.49
M3	3400	0.020	0.41	—	+8.97	−2.15	+11.1	+1.16	+1.51
M4	3290	0.013	0.35	—	+9.49	−2.38	+11.9	+1.15	+1.54
M5	3170	0.0076	0.29	0.21	+10.1	−2.73	+12.8	+1.24	+1.64
M6	3030	0.0044	0.24	—	+10.6	−3.21	+13.8	+1.32	+1.73
M7	2860	0.0025	0.20	—	+11.3	−3.46	+14.7	+1.40	+1.80

[a] 在正文中采用的数值。

巨星 (光度型是 III)									
光谱型	T_e/K	$L/L_\odot$	$R/R_\odot$	$M/M_\odot$	M_{bol}	BC	M_V	$U-B$	$B-V$
O5	39400	741000	18.5	—	−9.94	−4.05	−5.9	−1.18	−0.32
O6	37800	519000	16.8	—	−9.55	−3.80	−5.7	−1.17	−0.32
O7	36500	375000	15.4	—	−9.20	−3.58	−5.6	−1.14	−0.32
O8	35000	277000	14.3	—	−8.87	−3.39	−5.5	−1.13	−0.31
B0	29200	84700	11.4	20	−7.58	−2.88	−4.7	−1.08	−0.29
B1	24500	32200	10.0	—	−6.53	−2.43	−4.1	−0.97	−0.26
B2	20200	11100	8.6	—	−5.38	−2.02	−3.4	−0.91	−0.24
B3	18300	6400	8.0	—	−4.78	−1.60	−3.2	−0.74	−0.20
B5	15100	2080	6.7	7	−3.56	−1.30	−2.3	−0.58	−0.17
B6	13800	1200	6.1	—	−2.96	−1.13	−1.8	−0.51	−0.15
B7	12700	710	5.5	—	−2.38	−0.97	−1.4	−0.44	−0.13
B8	11700	425	5.0	—	−1.83	−0.82	−1.0	−0.37	−0.11
B9	10900	263	4.5	—	−1.31	−0.71	−0.6	−0.20	−0.07
A0	10200	169	4.1	4	−0.83	−0.42	−0.4	−0.07	−0.03
A1	9820	129	3.9	—	−0.53	−0.29	−0.2	+0.07	+0.01
A2	9460	100	3.7	—	−0.26	−0.20	−0.1	+0.06	+0.05
A5	8550	52	3.3	—	+0.44	−0.14	+0.6	+0.11	+0.15
A8	7830	33	3.1	—	+0.95	−0.10	+1.0	+0.10	+0.25
F0	7400	27	3.2	—	+1.17	−0.11	+1.3	+0.08	+0.30
F2	7000	24	3.3	—	+1.31	−0.11	+1.4	+0.08	+0.35
F5	6410	22	3.8	—	+1.37	−0.14	+1.5	+0.09	+0.43
G0	5470	29	6.0	1.0	+1.10	−0.20	+1.3	+0.21	+0.65
G2	5300	31	6.7	—	+1.00	−0.27	+1.3	+0.39	+0.77
G8	4800	44	9.6	—	+0.63	−0.42	+1.0	+0.70	+0.94
K0	4660	50	10.9	1.1	+0.48	−0.50	+1.0	+0.84	+1.00
K1	4510	58	12.5	—	+0.32	−0.55	+0.9	+1.01	+1.07
K3	4260	79	16.4	—	−0.01	−0.76	+0.8	+1.39	+1.27
K4	4150	93	18.7	—	−0.18	−0.94	+0.8	—	+1.38
K5	4050	110	21.4	1.2	−0.36	−1.02	+0.7	+1.81	+1.50
K7	3870	154	27.6	—	−0.73	−1.17	+0.4	+1.83	+1.53
M0	3690	256	39.3	1.2	−1.28	−1.25	+0.0	+1.87	+1.56
M1	3600	355	48.6	—	−1.64	−1.44	−0.2	+1.88	+1.58
M2	3540	483	58.5	1.3	−1.97	−1.62	−0.4	+1.89	+1.60
M3	3480	643	69.7	—	−2.28	−1.87	−0.4	+1.88	+1.61
M4	3440	841	82.0	—	−2.57	−2.22	−0.4	+1.73	+1.62
M5	3380	1100	96.7	—	−2.86	−2.48	−0.4	+1.58	+1.63
M6	3330	1470	116	—	−3.18	−2.73	−0.4	+1.16	+1.52

超巨星 (光度型大约是 Iab)

光谱型	T_e/K	$L/L_\odot$	$R/R_\odot$	$M/M_\odot$	M_{bol}	BC	M_V	$U-B$	$B-V$
O5	40900	1140000	21.2	70	−10.40	−3.87	−6.5	−1.17	−0.31
O6	38500	998000	22.4	40	−10.26	−3.74	−6.5	−1.16	−0.31
O7	36200	877000	23.8	—	−10.12	−3.48	−6.6	−1.14	−0.31
O8	34000	769000	25.3	28	−9.98	−3.35	−6.6	−1.13	−0.29
B0	26200	429000	31.7	25	−9.34	−2.49	−6.9	−1.06	−0.23
B1	21400	261000	37.3	—	−8.80	−1.87	−6.9	−1.00	−0.19
B2	17600	157000	42.8	—	−8.25	−1.58	−6.7	−0.94	−0.17
B3	16000	123000	45.8	—	−7.99	−1.26	−6.7	−0.83	−0.13
B5	13600	79100	51.1	20	−7.51	−0.95	−6.6	−0.72	−0.10
B6	12600	65200	53.8	—	−7.30	−0.88	−6.4	−0.69	−0.08
B7	11800	54800	56.4	—	−7.11	−0.78	−6.3	−0.64	−0.05
B8	11100	47200	58.9	—	−6.95	−0.66	−6.3	−0.56	−0.03
B9	10500	41600	61.8	—	−6.81	−0.52	−6.3	−0.50	−0.02
A0	9980	37500	64.9	16	−6.70	−0.41	−6.3	−0.38	−0.01
A1	9660	35400	67.3	—	−6.63	−0.32	−6.3	−0.29	+0.02
A2	9380	33700	69.7	—	−6.58	−0.28	−6.3	−0.25	+0.03
A5	8610	30500	78.6	13	−6.47	−0.13	−6.3	−0.07	+0.09
A8	7910	29100	91.1	—	−6.42	−0.03	−6.4	+0.11	+0.14
F0	7460	28800	102	12	−6.41	−0.01	−6.4	+0.15	+0.17
F2	7030	28700	114	—	−6.41	0.00	−6.4	+0.18	+0.23
F5	6370	29100	140	10	−6.42	−0.03	−6.4	+0.27	+0.32
F8	5750	29700	174	—	−6.44	−0.09	−6.4	+0.41	+0.56
G0	5370	30300	202	10	−6.47	−0.15	−6.3	+0.52	+0.76
G2	5190	30800	218	—	−6.48	−0.21	−6.3	+0.63	+0.87
G8	4700	32400	272	—	−6.54	−0.42	−6.1	+1.07	+1.15
K0	4550	33100	293	13	−6.56	−0.50	−6.1	+1.17	+1.24
K1	4430	34000	314	—	−6.59	−0.56	−6.0	+1.28	+1.30
K3	4190	36100	362	—	−6.66	−0.75	−5.9	+1.60	+1.46
K4	4090	37500	386	—	−6.70	−0.90	−5.8	—	+1.53
K5	3990	39200	415	13	−6.74	−1.01	−5.7	+1.80	+1.60
K7	3830	43200	473	—	−6.85	−1.20	−5.6	+1.84	+1.63
M0	3620	51900	579	13	−7.05	−1.29	−5.8	+1.90	+1.67
M1	3490	60300	672	—	−7.21	−1.38	−5.8	+1.90	+1.69
M2	3370	72100	791	19	−7.41	−1.62	−5.8	+1.95	+1.71
M3	3210	89500	967	—	−7.64	−2.13	−5.5	+1.95	+1.69
M4	3060	117000	1220	—	−7.93	−2.75	−5.2	+2.00	+1.76
M5	2880	165000	1640	24	−8.31	−3.47	−4.8	+1.60	+1.80
M6	2710	264000	2340	—	−8.82	−3.90	−4.9	—	—

附录 H 梅西叶星云星团表

编号	NGC	名字	星座	m_V [a]	赤径 [b] h	赤径 [b] m	赤纬 [b] (°)	赤纬 [b] (′)	类型 [c]
1	1952	蟹状星云	Tau	8.4:	5	34.5	+22	01	SNR
2	7089		Aqr	6.5	21	33.5	−0	49	GC
3	5272		CVn	6.4	13	42.2	+28	23	GC
4	6121		Sco	5.9	16	23.6	−26	32	GC
5	5904		Ser	5.8	15	18.6	+2	05	GC
6	6405		Sco	4.2	17	40.1	−32	13	OC
7	6475		Sco	3.3	17	53.9	−34	49	OC
8	6523	礁湖星云	Sgr	5.8:	18	03.8	−24	23	N
9	6333		Oph	7.9:	17	19.2	−18	31	GC
10	6254		Oph	6.6	16	57.1	−4	06	GC
11	6705		Sct	5.8	18	51.1	−6	16	OC
12	6218		Oph	6.6	16	47.2	−1	57	GC
13	6205		Her	5.9	16	41.7	+36	28	GC
14	6402		Oph	7.6	17	37.6	−3	15	GC
15	7078		Peg	6.4	21	30.0	+12	10	GC
16	6611		Ser	6.0	18	18.8	−13	47	OC
17	6618	天鹅星云 [d]	Sgr	7:	18	20.8	−16	11	N
18	6613		Sgr	6.9	18	19.9	−17	08	OC
19	6273		Oph	7.2	17	02.6	−26	16	GC
20	6514	三叶星云	Sgr	8.5:	18	02.6	−23	02	N
21	6531		Sgr	5.9	18	04.6	−22	30	OC
22	6656		Sgr	5.1	18	36.4	−23	54	GC
23	6494		Sgr	5.5	17	56.8	−19	01	OC
24	6603		Sgr	4.5:	18	16.9	−18	29	OC
25			Sgr	4.6	18	31.6	−19	15	OC
26	6694		Sct	8.0	18	45.2	−9	24	OC
27	6853	哑铃星云	Vul	8.1:	19	59.6	+22	43	PN
28	6626		Sgr	6.9:	18	24.5	−24	52	GC
29	6913		Cyg	6.6	20	23.9	+38	32	OC
30	7099		Cap	7.5	21	40.4	−23	11	GC
31	224	仙女星系	And	3.4	0	42.7	+41	16	SbI–II
32	221		And	8.2	0	42.7	+40	52	cE2
33	598	三角星云	Tri	5.7	1	33.9	+30	39	Sc(s)II–III
34	1039		Per	5.2	2	42.0	+42	47	OC
35	2168		Gem	5.1	6	08.9	+24	20	OC
36	1960		Aur	6.0	5	36.1	+34	08	OC
37	2099		Aur	5.6	5	52.4	+32	33	OC
38	1912		Aur	6.4	5	28.7	+35	50	OC
39	7092		Cyg	4.6	21	32.2	+48	26	OC
40			UMa	8:	12	22.4	+58	05	DS
41	2287		CMa	4.5	6	47.0	−20	44	OC
42	1976	猎户星云 [e]	Ori	4:	5	35.3	−5	23	N
43	1982		Ori	9:	5	35.6	−5	16	N

续表

编号	NGC	名字	星座	m_V [a]	赤径 [b]		赤纬 [b]		类型 [c]
					h	m	(°)	(′)	
44	2632	鬼星团	Cnc	3.1	8	40.1	+19	59	OC
45		昴星团	Tau	1.2	3	47.0	+24	07	OC
46	2437		Pup	6.1	7	41.8	−14	49	OC
47	2422		Pup	4.4	7	36.6	−14	30	OC
48	2548		Hya	5.8	8	13.8	−5	48	OC
49	4472		Vir	8.4	12	29.8	+8	00	E2
50	2323		Mon	5.9	7	03.2	−8	20	OC
51	5194	涡状星系 [f]	CVn	8.1	13	29.9	+47	12	Sbc(s)I–II
52	7654		Cas	6.9	23	24.2	+61	35	OC
53	5024		Com	7.7	13	12.9	+18	10	GC
54	6715		Sgr	7.7	18	55.1	−30	29	GC
55	6809		Sgr	7.0	19	40.0	−30	58	GC
56	6779		Lyr	8.2	19	16.6	+30	11	GC
57	6720	环状星云	Lyr	9.0:	18	53.6	+33	02	PN
58	4579		Vir	9.8	12	37.7	+11	49	Sab(s)II
59	4621		Vir	9.8	12	42.0	+11	39	E5
60	4649		Vir	8.8	12	43.7	+11	33	E2
61	4303		Vir	9.7	12	21.9	+4	28	Sc(s)I
62	6266		Oph	6.6	17	01.2	−30	07	GC
63	5055	向日葵星云	CVn	8.6	13	15.8	+42	02	Sbc(s)II–III
64	4826	凶眼星云	Com	8.5	12	56.7	+21	41	Sab(s)II
65	3623		Leo	9.3	11	18.9	+13	05	Sa(s)I
66	3627		Leo	9.0	11	20.2	+12	59	Sb(s)II
67	2682		Cnc	6.9	8	50.4	+11	49	OC
68	4590		Hya	8.2	12	39.5	−26	45	GC
69	6637		Sgr	7.7	18	31.4	−32	21	GC
70	6681		Sgr	8.1	18	43.2	−32	18	GC
71	6838		Sge	8.3	19	53.8	+18	47	GC
72	6981		Aqr	9.4	20	53.5	−12	32	GC
73	6994		Aqr	9.1	20	58.9	−12	38	OC
74	628		Psc	9.2	1	36.7	+15	47	Sc(s)I
75	6864		Sgr	8.6	20	06.1	−21	55	GC
76	650/651		Per	11.5:	1	42.3	+51	34	PN
77	1068		Cet	8.8	2	42.7	−0	01	Sb(rs)II
78	2068		Ori	8:	5	46.7	+0	03	N
79	1904		Lep	8.0	5	24.5	−24	33	GC
80	6093		Sco	7.2	16	17.0	−22	59	GC
81	3031		UMa	6.8	9	55.6	+69	04	Sb(r)I–II
82	3034		UMa	8.4	9	55.8	+69	41	Amorph
83	5236		Hya	7.6:	13	37.0	−29	52	SBc(s)II
84	4374		Vir	9.3	12	25.1	+12	53	E1
85	4382		Com	9.2	12	25.4	+18	11	S0 pec
86	4406		Vir	9.2	12	26.2	+12	57	S0/E3
87	4486	室女 A	Vir	8.6	12	30.8	+12	24	E0
88	4501		Com	9.5	12	32.0	+14	25	Sbc(s)II
89	4552		Vir	9.8	12	35.7	+12	33	S0
90	4569		Vir	9.5	12	36.8	+13	10	Sab(s)I–II
91	4548		Com	10.2	12	35.4	+14	30	SBb(rs)I–II
92	6341		Her	6.5	17	17.1	+43	08	GC
93	2447		Pup	6.2:	7	44.6	−23	52	OC

续表

编号	NGC	名字	星座	m_V [a]	赤径 [b]		赤纬 [b]		类型 [c]
					h	m	(°)	(′)	
94	4736		CVn	8.1	12	50.9	+41	07	RSab(s)
95	3351		Leo	9.7	10	44.0	+11	42	SBb(r)Ⅱ
96	3368		Leo	9.2	10	46.8	+11	49	Sab(s)Ⅱ
97	3587	夜枭星云	UMa	11.2:	11	14.8	+55	01	PN
98	4192		Com	10.1	12	13.8	+14	54	SbⅡ
99	4254		Com	9.8	12	18.8	+14	25	Sc(s)I
100	4321		Com	9.4	12	22.9	+15	49	Sc(s)I
101	5457	纸风车星系	UMa	7.7	14	03.2	+54	21	Sc(s)I
102	5866		UMa	10.5	15	06.5	+55	46	S0
103	581		Cas	7.4:	1	33.2	+60	42	OC
104	4594	草帽星系	Vir	8.3	12	40.0	−11	37	Sa/Sb
105	3379		Leo	9.3	10	47.8	+12	35	E0
106	4258		CVn	8.3	12	19.0	+47	18	Sb(s)Ⅱ
107	6171		Oph	8.1	16	32.5	−13	03	GC
108	3556		UMa	10.0	11	11.5	+55	40	Sc(s)Ⅲ
109	3992		UMa	9.8	11	57.6	+53	23	SBb(rs)I
110	205		And	8.0	0	40.4	+41	41	S0/E pec

[a] 表示大概的视星等。

[b] 赤经和赤纬采用儒略日 2000.0 历元。

[c] 类型缩写对应于: SNR = 超新星遗迹, GC = 球状星团, OC = 疏散星团, N = 弥漫星云, PN = 行星状星云, DS = 双星。星系由哈勃形态分类标明。

[d] M17, 天鹅星云, 又称为 ω 星云。

[e] M42 又对应于猎户四边形 H Ⅱ 区。

[f] M51 又包括涡状星系的卫星系 NGC 5195。

附录 I 程序模块 Constants

Constants 是一个 Fortran 95 程序模块，可以读取附录 A 中所给出的天文和物理学常量 (C++ 头文件版本也同时提供)。Constants 还包括高精度的数学常数 (π, e)，以及度与弧度之间的转换因子。此外，Constants 还提供让代码在各种特定平台上运行的机器常量。例如，在执行 Fortran 95 版本时，Constants 包含了机器查询读取的 KIND 指针，以说明单精度、双精度和四倍精度，计算机能以特定精度表示的最小和最大的数字，以及每个精度级别所能代表的有效数字的数长。

后面附录中描述的其他代码都可以使用 Constants 模块。

可以从以下网页的资源选项卡下载源代码: www.cambridge.org/astrophysics。

附录 J 行星轨道代码 Orbit

Orbit 计算机程序可用于计算围绕大质量恒星运行的行星的位置 (或者,也可以计算折合质量围绕系统质心运行的轨道)。该程序基于第 2 章中提到的开普勒行星运动定律。在代码的注释部分给出了相关方程的参考。

用户需要输入母星的质量 (以太阳质量计),轨道的半长轴 (以天文单位计),以及轨道的偏心率。用户还需要输入计算所需的时间步数 (可能是 1000∼100000) 和将时间步长打印到输出文件 (Orbit.txt) 的频率。如果指定 1000 个时间步长,频率为 10,那么将打印 100 个均匀间隔 (按时间) 的时间步长。

输出文件可以直接被导入图形或电子表格程序,以生成轨道图形。注意,在将数据列导入图形或电子表格程序之前,可能有必要删除 Orbit.txt 中的头信息。

源代码有 Fortran 95 和 C++ 两种版本。代码的编译版本也可用。

该代码可从相应的网站下载:www.cambridge.org/astrophyisics。

附录 K　一个双星系统的计算程序 TwoStars

正如第 7 章所讨论的，双星系统在确定各种恒星特性 (包括质量和半径) 方面起着非常重要的作用。此外，分析使用复杂精细的双星建模代码可以提供有关表面流量变化如临边昏暗 (见 9.3 节) 和星斑的存在 (例如，11.3 节) 或反射性加热。高级代码还可以详细说明引力潮汐作用和离心力的影响，这些作用导致恒星偏离球对称性 (有时是显著的)，见第 18 章。

本附录开发了一个简单的双星代码，它结合了更复杂代码的许多基本特征。TwoStars 旨在提供位置、视向速度和双星光变曲线信息，可用于确定质量 (m_1 和 m_2，通过确定轨道的半长轴和周期)、半径 (通过测量掩食时间确定 R_1 和 R_2)、有效温度比 (来自主极小和次极小的相对深度)、临边昏暗、轨道偏心率 (e)、轨道倾角 (i) 和近星体方向 (φ)。然而，为了大大简化代码，假设两颗恒星严格球对称，它们不会相互碰撞，并且它们的表面流量只随恒星半径变化 (即，没有异常星斑或局部加热)。

首先，假设两颗恒星的轨道位于 x-y 平面，系统的质心位于坐标系的原点，如图 K.1 所示 (z 轴在页面外)。为了使轨道的方向普适，恒星 1 的近星点 (轨道上最靠近质心的点) 定为从 x 轴正方向向轨道运动方向成逆时针方向测量的角度 ϕ。还假设轨道平面相对于天空平面 (y'-z' 平面) 倾斜角度为 i，如图 K.2 所示。从观测者到质心的视线沿着 x' 轴，质心位于带撇坐标系的原点。最后，y' 轴指向页面外并与图 K.1 的 y 轴对齐。

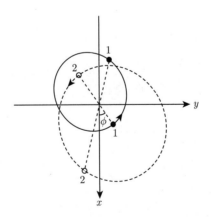

图 K.1　双星系统中恒星的轨道位于 x-y 平面，z 轴指向页面外。系统的质心位于坐标系的原点。在此示例中，$m_2/m_1 = 0.68$，$e = 0.4$，且 $\phi = 35°$。恒星 1 和恒星 2 的两个位置相隔 $P/4$，其中 P 为轨道周期

证明两个坐标系之间的变换由下式给出，是一个简单的过程：

$$x' = z \cos i + x \sin i \qquad (K.1)$$

$$y' = y \qquad (K.2)$$

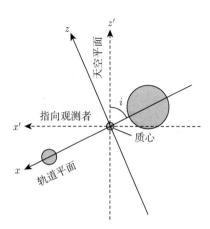

图 K.2　轨道平面相对于天空平面 (y'-z' 平面) 倾斜了角度 i。从观测者到质心的视线沿着 x' 轴，质心位于带撇坐标系的原点。y' 轴与图 K.1 的 y 轴对齐，并且都指向页面外。此图中的前景星是较小的那颗星

$$z' = z \sin i - x \cos i, \tag{K.3}$$

当然，对于质心沿 x-y 平面 (即 $z = 0$) 的情况来说，这就大大简化了。

　　恒星在 x-y 平面中的运动是通过使用开普勒定律并调用折合质量的概念直接确定的，如第 2 章所述。该方法类似于附录 J "Orbit" 中使用的方法，除了没有假设系统中两颗源的相对质量 (在 "Orbit" 中，假设一个天体 (行星) 的质量比另一个天体 (母星) 小得多)。

　　仔细阅读配套网站上提供的代码，会发现与变量 vr、v1r、v2r、x1、y1、x2 和 y2 相关的几个明确的加号和减号实例。减号的选择对应于坐标系的选择及其与观测者的关系。例如，如果倾角为 $i = 90°$，则 x 轴和 x' 轴对齐，沿 x 正方向的运动对应于朝向观测者的运动 (负视向速度)。

　　为了计算食的光变曲线，需要对观测者在每颗恒星的表面上可见的部分光度进行积分。要做到这一点，首先要确定哪颗星在另一颗星的前面。鉴于天空平面对应于 y'-z' 平面，离观测者最近的恒星质心的坐标值 $x' > 0$ (图 K.3)。

　　如果前面的恒星部分或完全地遮住了背景恒星，那么它们投影到 y'-z' 平面上的质心之间的距离必须小于它们的半径之和；或者，要发生食，

$$\sqrt{(y'_{\mathrm{fc}} - y'_{\mathrm{bc}})^2 + (z'_{\mathrm{fc}} - z'_{\mathrm{bc}})^2} < R_{\mathrm{f}} + R_{\mathrm{b}}, \tag{K.4}$$

其中，$(y'_{\mathrm{fc}}, z'_{\mathrm{fc}})$ 和 $(y'_{\mathrm{bc}}, z'_{\mathrm{bc}})$ 是前景和背景恒星质心分别投影到天空平面上的位置。

　　为了优化流量积分的计算，定位两颗恒星的质心之间的对称线是合适的。再次参考图 K.3，我们看到 y' 轴与连接投影质心的线之间的角度由下式给出：

$$\theta'_0 = \arctan\left(\frac{z'_{\mathrm{fc}} - z'_{\mathrm{bc}}}{y'_{\mathrm{fc}} - y'_{\mathrm{bc}}}\right). \tag{K.5}$$

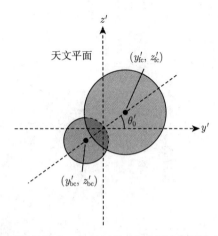

图 K.3　投影到天空平面上的两颗恒星的盘。前景恒星 (在本图中假设为较大的恒星) 具有 $x'_c > 0$，其中 x'_c 是其质心的 x' 坐标。y' 轴与投影到天空平面上的两颗恒星的盘中心连线之间的夹角为 θ'_0

　　一旦确定了背景恒星并确定了对称线，就可以通过首先找出前景恒星后面的背景恒星来计算由食引起的光量的减少。如果被食盘上的一个点在距离前景恒星投影到 y'-z' 平面的盘中心的 R_f 内，则恒星表面的那个点在前景恒星的后面。换句话说，背景星盘上的一点 (y'_b, z'_b) 位于前景星盘后面的条件为

$$\sqrt{\left(y'_b - y'_{fc}\right)^2 + \left(z'_b - z'_{fc}\right)^2} < R_f. \tag{K.6}$$

　　然后，可以画出被食区域，即，通过沿着距离背景恒星盘中心一定距离 r 处的对称线开始，从 θ'_0 向 $\Delta\theta'$ 移动，直到不等式 (K.6) 不再满足或直到 $\Delta\theta'$ 超过 $180°$。在后一种情况下，这意味着其中心半径 r 内的整个盘被遮住了。在球对称假设的情况下，对于给定的 r，背景星盘在 $\theta'_{min} = -\Delta\theta' + \theta'_0$ 和 $'\theta'_0$ 之间的区域与 θ'_0 和 $\theta'_{max} = \Delta\theta' + \theta'_0$ 之间的区域是相同的 (图 K.4)。对于半径为 r、宽度为 dr 的弧形曲面，该曲面的面积为

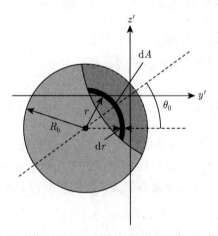

图 K.4　被食的背景恒星区域以深灰色显示。对不同半径 r 和厚度 dr 的弧上流量的数值积分能够确定有多少光被前景星遮挡

$$dA = r dr \left(\theta'_{max} - \theta'_{min}\right) = 2 r dr \Delta\theta'. \tag{K.7}$$

现在，如果与背景恒星盘中心距离为此半径处的流量是 $F(r)$，则该弧中被阻挡的流量由下式给出：

$$dS = F(r) dA = 2 F(r) r dr \Delta\theta'. \tag{K.8}$$

通过从未遮蔽恒星的总光中减去每个食弧造成的光损失，我们可以确定在偏食或全食期间从背景恒星接收到的总光量。(请注意，由于临边昏暗的影响，整个圆盘上的 $F(r)$ 不是恒定的。)

最后，剩下的就是将接收到的光的总量转换为星等 (式 (3.8))。

TwoStars 实现了所描述的每个设想，所需输入参数和输出的前 10 行示例展示在图 K.5。

```
Specify the name of your output file: c:\YYSgr.txt


Enter the data for Star #1
    Mass (solar masses):            5.9
    Radius (solar radii):           3.2
    Effective Temperature (K):      15200

Enter the data for Star #2
    Mass (solar masses):            5.6
    Radius (solar radii):           2.9
    Effective Temperature (K):      13700

Enter the desired orbital parameters
    Orbital Period (days):          2.6284734
    Orbital Eccentricity:           0.1573
    Orbital Inclination (deg):      88.89
    Orientation of Periastron (deg): 214.6

Enter the x', y', and z' components of the center of mass velocity vector:
Notes:  (1)  The plane of the sky is (y',z')
        (2)  If v_x' < 0, then the center of mass is blueshifted

    v_x' (km/s)                     0
    v_y' (km/s)                     0
    v_z' (km/s)                     0


    The semimajor axis of the reduced mass is      0.084318 AU
    a1 =      0.040971 AU
    a2 =      0.043166 AU

        t/P         v1r (km/s)      v2r (km/s)       Mbol        dS (W)
        0.000000    112.824494     -118.868663     -2.457487   0.000000E+00
        0.000999    114.247263     -120.367652     -2.457487   0.000000E+00
        0.001998    115.660265     -121.856351     -2.457487   0.000000E+00
        0.002997    117.063327     -123.334576     -2.457487   0.000000E+00
        0.003996    118.456275     -124.802147     -2.457487   0.000000E+00
        0.004995    119.838940     -126.258884     -2.457487   0.000000E+00
        0.005994    121.211155     -127.704610     -2.457487   0.000000E+00
        0.006993    122.572755     -129.139152     -2.457487   0.000000E+00
        0.007992    123.923575     -130.562338     -2.457487   0.000000E+00
        0.008991    125.263455     -131.973998     -2.457487   0.000000E+00
```

图 K.5　对于 YY Sgr 系统 (图 7.2)，TwoStars Fortran 95 命令行版本所需的输入示例，以及输出到屏幕的前 10 行

TwoStars 的源代码以及程序的编译版本可从以下网页的资源下载：www.cambridge.org/astrophysics。

附录 L　恒星结构的计算程序 StatStar

StatStar 是基于第 9 章和第 10 章中推导出的恒星结构方程和本构关系的计算程序。StatStar 计算结果的案例可以在配套网站上找到。

设计 StatStar 这个程序是为了尽可能清楚地说明数值恒星天体物理学的许多最重要的方面。为了实现这一目标，StatStar 模型假设恒星的初始组分固定 (换句话说，它们是均匀的零龄主序 (ZAMS) 模型)。

用函数 dPdr(式 (10.6))、dMdr (式 (10.7))、dLdr (式 (10.36)) 和 dTdr (式 (10.68) 或式 (10.89) 分别用于辐射传能或绝热对流传能) 计算四个基本恒星结构方程。

在子程序 FUNCTION Opacity 中，给定压强 ($P(r)$ = P)、温度 ($T(r)$ = T) 和平均分子量 (μ = mu，这里假设仅为完全电离气体)，密度 ($\rho(r)$ = rho) 直接由理想气体定律和辐射压强方程 (式 10.20) 计算得到。一旦确定了密度，就计算出不透明度 ($\bar{\kappa}(r)$ = kappa) 和核能产生率 ($\epsilon(r)$ = epsilon)。在子程序 FUNCTION Opacity 中，使用束缚–束缚和束缚–自由不透明度公式 (分别是式 (9.22) 和式 (9.23))，以及电子散射 (式 (9.27)) 和 H^-(式 (9.28)) 的贡献，确定不透明度。在子程序 Function Nuclear 中，根据 pp 链 (式 (10.46)) 和 CNO 循环 (式 (10.58)) 的所有方程，计算出能量产生率[①]。

该程序首先要求用户提供所需的恒星质量 (Msolar，以太阳质量为单位)、试验性的有效温度 (Teff，以开尔文表示)、试验性的光度 (Lsolar，也是以太阳光度为单位)，以及氢 (X) 和金属 (Z) 的质量占比。利用恒星结构方程，该程序继续从恒星表面向中心进行积分，当检测到问题或得到令人满意的答案时就停止。如果向内积分不成功，则必须选择新的试验性光度和/或有效温度。回想一下第 274 页，沃格特–罗素定理指出，对于给定质量和组分，存在唯一的恒星结构。因此，满足中心边界条件需要特定的表面边界条件。正因为此，所以一定存在主序。

由于 StatStar 采用的粗略的超射法几乎不可能精确地满足中心边界条件，因此在接近核心时终止计算。此处使用的停止标准是：当半径 $r < R_{\min}$ 时，内部质量 $M_r < M_{\min}$ 和内部光度 $L_r < L_{\min}$，其中 $M_{\min}$、$L_{\min}$ 和 $R_{\min}$ 分别指恒星质量 (M_s)、光度 (L_s) 和半径 (R_s) 的占比。一旦检测到停止积分的标准，就会通过外推过程来估计恒星中心的条件。

StatStar 作了一些简化假设，即恒星表面的压强、温度和密度都为零。因此，有必要从基本的恒星结构方程的近似情形开始计算。注意到质量、压强、光度和温度的梯度都与密度成正比，所以它们在表面恰好为零，这个情况是很容易理解的。令人好奇的是，因为每一步的密度都会保持为零，所以应用这些梯度的通常形式，就意味着基本物理参数不能从它们的初始值开始变化！

克服这个问题的一种方法是假设内部质量和光度在穿过少数的表面区域内是恒定的。对于光度，这显然是一个有效的假设，因为在 ZAMS 恒星表面附近的温度不足以产生核反

[①] 最顶尖的研究代码采用更复杂的状态方程对策。

应；此外，由于 ZAMS 恒星是静态的，引力势能的变化必然为零。对于内部质量，这个假设并不那么明显。然而，我们将看到，在现实的恒星模型中，靠近表面的密度是如此之低，以至于该近似确实是非常合理的。当然，重要的是要核实在规定的范围内没有违反这些假设。

给定表面值 $M_r = M_s$ 和 $L_r = L_s$，并假设表面区域是辐射传能，用式 (10.68) 除以式 (10.6)，可以得到

$$\frac{\mathrm{d}P}{\mathrm{d}T} = \frac{16\pi ac}{3} \frac{GM_s}{L_s} \frac{T^3}{\overline{\kappa}}$$

由于恒星的稀薄外层大气中存在的自由电子相对较少，电子散射和 H^- 对不透明度的贡献在表面区域近似中将被忽略。在这种情况下，$\overline{\kappa}$ 可以被束缚–自由和自由–自由的克拉默斯不透明度定律 (式 (9.22) 和式 (9.23)) 所取代，分别表示为 $\overline{\kappa}_{bf} = A_{bf}\rho/T^{3.5}$ 和 $\overline{\kappa}_{ff} = A_{ff}\rho/T^{3.5}$ 这样的形式。定义 $A \equiv A_{bf} + A_{ff}$ 并根据理想气体定律 (假设辐射压可以忽略) 中的压强和温度，利用式 (10.11) 来表示密度，我们得到

$$\frac{\mathrm{d}P}{\mathrm{d}T} = \frac{16\pi}{3} \frac{GM_s}{L_s} \frac{ack}{A\mu m_H} \frac{T^{7.5}}{P}.$$

对温度积分并求解压强，我们找到

$$P = \left(\frac{1}{4.25} \frac{16\pi}{3} \frac{GM_s}{L_s} \frac{ack}{A\mu m_H} \right)^{1/2} T^{4.25}. \tag{L.1}$$

现在可以通过式 (10.68) 用自变量 r 来写出 T，再次使用理想气体定律和克拉默斯不透明度定律以及式 (L.1)，消除对压强的依赖性。积分，给出

$$T = GM_s \left(\frac{\mu m_H}{4.25k} \right) \left(\frac{1}{r} - \frac{1}{R_s} \right). \tag{L.2}$$

首先用式 (L.2) 得出 $T(r)$ 的值，然后通过式 (L.1) 给出 $P(r)$。此时，就可以从通常的状态方程程序计算出 ρ、$\overline{\kappa}$ 和 ϵ。

在表面是对流的情况下，使用非常类似的程序。在这种情况下，如果 γ 为常数，式 (10.89) 可以直接积分，给出

$$T = GM_s \left(\frac{\gamma - 1}{\gamma} \right) \left(\frac{\mu m_H}{k} \right) \left(\frac{1}{r} - \frac{1}{R_s} \right). \tag{L.3}$$

现在，由于在我们的简单模型的内部，假设对流是绝热的，因此可以从式 (10.83) 中找到压强。子程序 Surface 计算出式 (L.1) ～ 式 (L.3)。

从通过直接数值积分计算出的最后一个区域的外推来估计恒星中心的条件。从式 (10.6) 开始并识别 $M_r = 4\pi\rho_0 r^3/3$，其中 ρ_0 取为中心球的平均密度 (是用通常程序计算出最后一个区域内的这个中心球)[①]，我们得到

$$\frac{\mathrm{d}P}{\mathrm{d}r} = -G \frac{M_r \rho_0}{r^2} = -\frac{4\pi}{3} G\rho_0^2 r.$$

---

① 大家可能注意到，当接近中心时，$\mathrm{d}P/\mathrm{d}r$ 趋近于零。这种行为表明解的平滑本质。仔细检查 11.1 节中显示的太阳内部详细结构的图表，可以发现许多物理量的一阶导数在中心趋于零。

积分, 得到

$$\int_{P_0}^{P} \mathrm{d}P = -\frac{4\pi}{3} G \rho_0^2 \int_0^r r \mathrm{d}r,$$

求解中心压强, 得出

$$P_0 = P + \frac{2\pi}{3} G \rho_0^2 r^2.$$

现在可以更直接地得出其他的中心参量。具体来说, 中心密度可以估计为 $\rho_0 = M_r / (4\pi r^3/3)$, 其中 M_r 和 r 是计算出的最后一个区域的值。通过迭代程序 (牛顿–拉弗森 (Newton-Raphson) 法) 由理想气体定律和辐射压强确定 T_0。最后, 利用 $\epsilon_0 = L_r/M_r$ 计算出中心区域核能产生率的值。

本书所采用的数值积分技术是一种龙格–库塔 (Runge-Kutta) 算法。龙格–库塔算法估算出在质量壳层边界之间的若干中间点上的导数, 以显著提高数值积分的精度。在这里该算法的细节将不会深入讨论; 要了解程序执行的细节, 鼓励大家查询普雷斯 (Press)、弗兰纳里 (Flannery)、特科尔斯基 (Teukolsky) 和维特林 (Vetterling) 在 1996 年出版的著作。

可从以下网页的资源选项中下载源代码以及编译了的程序版本: www.cambridge.org/astrophysics。

附录 M 一个潮汐交互作用的计算程序 Galaxy

Galaxy 是一个程序，它计算在星系盘上的两个星系核在近距离通过彼此时的引力效应，改编自 M. C. Schroeder 和 Neil F. Comins 编写并发表在《天文学》(Astronomy) 期刊上的程序。Galaxy 与 1972 年 Alar 和 Juri Toomre 对星系之间的剧烈潮汐影响进行开创性研究时所使用的程序非常相似。

在程序中，有两个质量分别为 M_1 和 M_2 的星系核。它们被视为点质量，受引力的影响相互吸引运动。为了加快计算速度，程序假设只有 M_1 被恒星盘包围，这些恒星最初位于圆形开普勒轨道，而且这些恒星对星系核或恒星彼此之间的引力影响忽略不计。不计动力摩擦，星系核遵循第 2 章中讨论过的简单双体轨迹。非自引力盘的一个优点是结果不取决于盘中的恒星数量。您可以进行试验，通过仅使用几颗恒星来更改初始条件以加快运行时间，然后增加恒星数以查看更多细节。恒星只对两个星系核的引力作出反应。

程序的目标是通过由时间间隔 Δt 分隔的多个时间步 (time step) 计算星系核和恒星的位置。设星系核在时间步 i 的位置是

$$[X_1(i), Y_1(i), Z_1(i)] \quad \text{和} \quad [X_2(i), Y_2(i), Z_2(i)],$$

并设一个恒星的位置为[1]

$$[x(i), y(i), z(i)].$$

并且，设星系核和该恒星的速度为

$$[V_{1,x}(i-1/2), V_{1,y}(i-1/2), V_{1,z}(i-1/2)],$$

$$[V_{2,x}(i-1/2), V_{2,y}(i-1/2), V_{2,z}(i-1/2)],$$

而且

$$[v_x(i-1/2), v_y(i-1/2), v_z(i-1/2)].$$

速度是当前时间步 (i) 和之前时间步 $(i-1)$ 之间的平均速度，所以

$$v_x\left(i - \frac{1}{2}\right) = \frac{x(i) - x(i-1)}{\Delta t} \tag{M.1}$$

是恒星速度的 x 分量。以类似的方式，恒星加速度的 x 分量是

$$a_x(i) = \frac{v_x(i+1/2) - v_x(i-1/2)}{\Delta t}. \tag{M.2}$$

因此，在每个确定时间步的位置和加速度时，"跨越"了在时间步之间的确定速度。

---

① 结果不随使用的恒星数而变化，因此一颗恒星足以说明该过程。

给定这些位置和速度的值，程序则按以下方式计算下一个时间步的位置和速度的 x 分量。

(1) 使用牛顿万有引力定律式 (2.11)，求出当前时间步 i 处恒星的加速度：

$$a_x(i) = \frac{GM_1}{r_1^3(i)}\left[X_1(i) - x(i)\right] + \frac{GM_2}{r_2^3(i)}\left[X_2(i) - x(i)\right], \tag{M.3}$$

其中，$r_1(i)$ 是恒星和 M_1 之间在时间步 i 处的距离，

$$r_1(i) = \sqrt{\left[X_1(i) - x(i)\right]^2 + \left[Y_1(i) - y(i)\right]^2 + \left[Z_1(i) - z(i)\right]^2 + s_{\mathrm{f}}^2}, \tag{M.4}$$

$r_2(i)$ 同理。

请注意，由于星系核和恒星被作为点处理，所以它们的间隔可能会非常小，甚至为零 (尽管角动量守恒使这不太可能)。其结果是，任意大的 $1/r_1^3$ 和 $1/r_2^3$ 值可能会导致数值溢出并使冗长的计算突然停止。为了避免这种数值灾难，在所有的间隔计算中都包含了一个软化因子 s_{f}。这是程序允许的最小间隔。它的值大到足以防止溢出，但小到对整体结果几乎没有影响。

(2) 找到在 $i + 1/2$ 处的恒星平均速度，

$$v_x\left(i + \frac{1}{2}\right) = v_x\left(i - \frac{1}{2}\right) + a_x(i)\Delta t. \tag{M.5}$$

(3) 使用下式找到下一个时间步 $i + 1$ 处的恒星位置：

$$x(i + 1) = x(i) + v_x\left(i + \frac{1}{2}\right)\Delta t. \tag{M.6}$$

(4) 使用牛顿万有引力定律，找到当前时间步 i 处星系核的加速度，

$$A_{1,x}(i) = \frac{GM_2}{s^3(i)}\left[X_2(i) - X_1(i)\right] \tag{M.7}$$

并且

$$A_{2,x}(i) = \frac{GM_1}{s^3(i)}\left[X_1(i) - X_2(i)\right], \tag{M.8}$$

其中，$s(i)$ 是星系核在时间步 i 处的间隔，

$$s(i) = \sqrt{\left[X_1(i) - X_2(i)\right]^2 + \left[Y_1(i) - Y_2(i)\right]^2 + \left[Z_1(i) - Z_2(i)\right]^2 + s_{\mathrm{f}}^2}. \tag{M.9}$$

(5) 找到星系核在 $i + 1/2$ 处的速度，

$$V_{1,x}\left(i + \frac{1}{2}\right) = V_{1,x}\left(i - \frac{1}{2}\right) + A_{1,x}(i)\Delta t, \tag{M.10}$$

并且同理找到 $V_{2,x}(i+1/2)$。

(6) 使用下式找到在时间步 $i+1$ 处星系核的位置，

$$X_1(i+1) = X_1(i) + V_{1,x}\left(i + \frac{1}{2}\right)\Delta t, \tag{M.11}$$

同理可找到 $X_2(i+1)$。

y 和 z 分量的过程相同。通过反复应用这个方法，使追踪星系核和恒星的运动成为可能。

目标星系 (M_1) 最初设置在原点处于静止状态。程序将要求你提供入侵星系 (M_2) 的初始位置、速度、质量 (与 M_1 的比值) 以及目标星系周围的恒星数量。在每个时间步之后，分别在 x-y 和 x-z 两个平面图上显示星系核和恒星所在的位置结果。

在源代码中，你会注意到该程序使用特殊的单位系统来加速计算。单位质量设定为 $2 \times 10^{10} M_\odot$。即当程序指定目标星系的质量为 5 时，其实际质量为 $10^{11} M_\odot$。单位时间设定为 120 万年。其也被设定为时间间隔 Δt，所以 (在该单位设定下)$\Delta t = 1$。因此，Δt 没有明确出现在程序中。(因为它只会将所涉及的项乘以 1 并浪费计算机时间。) 单位距离设定为 500 pc，因此单位速度为 (500 pc)/(120 万年)≈ 400 km·s^{-1}。根据设计，在这些单位设定中，重力常数 $G = 1$，因此 G 也没有明确出现在程序中。

Galaxy 的源代码以及可执行版本，都可从以下网页上的资源选项下载:www.cambridge.org/astrophysics。

附录 N WMAP 数据

"最佳" 宇宙学参数 [a]

描述	符号	数值	＋ 误差	− 误差
总密度	Ω_0	1.02	0.02	0.02
典型物态方程 [b]	w	< -0.78	95%CL	
暗能量密度	$\Omega_{\Lambda,0}$	0.73	0.04	0.04
重子密度	$\Omega_{b,0}h^2$	0.0224	0.0009	0.0009
重子密度	$\Omega_{b,0}$	0.044	0.004	0.004
重子密度/m^{-3}	$n_{b,0}$	0.25	0.01	0.01
物质密度	$\Omega_{m,0}h^2$	0.135	0.008	0.009
物质密度	$\Omega_{m,0}$	0.27	0.04	0.04
轻中微子密度/m^{-3}	$\Omega_{v,0}h^2$	< 7600	95 %CL	
CMB 温度/K [c]	T_0	2.725	0.002	0.002
CMB 光子密度 [d] /m^{-3}	$n_{\gamma,0}$	4.104×10^8	0.009×10^8	0.009×10^8
重子–光子比	η_0	6.1×10^{-10}	0.3×10^{-10}	0.2×10^{-10}
重子–物质比	$\Omega_{b,0}\Omega_{m,0}^{-1}$	0.17	0.01	0.01
退耦时红移	z_{dec}	1089	1	1
退耦厚度/FWHM	Δz_{dec}	195	2	2
哈勃常数	h	0.71	0.04	0.03
宇宙年龄/Gyr	t_0	13.7	0.2	0.2
退耦时年龄/kyr	t_{dec}	379	8	7
再电离时年龄/Myr(95%CL)	t_r	180	220	80
退耦时间间隔/kyr	Δt_{dec}	118	3	2
物质–能量等量时红移	$z_{r,m}$	3233	194	210
再电离光学深度	τ	0.17	0.04	0.04
再电离时红移 (95 %CL)	z_r	20	10	9
退耦声波视界/(°)	θ_A	0.598	0.002	0.002
角大小距离 /Gpc	d_A	14.0	0.2	0.3
声学尺度 [e]	ℓ_A	301	1	1
退耦声波视界 [f] /Mpc	r_s	147	2	2

[a] 所有数据来自 Bennett 等, *Ap. J. S*, 148, 1, 2003。

[b] CL 意思是 "置信水平"。

[c] 来自 COBE (Mather 等, *Ap. J,*. 512, 511, 1999)。

[d] 源自 COBE (Mather 等, *Ap. J.,* 512, 511, 1999)。

[e] $\ell_A = \pi\theta_A^{-1}$，$\theta_A$ 以弧度表示。

[f] $\theta_A = rd_A^{-1}$，θ_A 以弧度表示。

索　引

C

M